Nr. 51
S. 22189–22572

1963
18. Dezember

Chemisches Zentralblatt

Vollständiges Repertorium für alle Zweige der reinen und angewandten Chemie

1830 gegründet. 1897—1945 von der Deutschen Chemischen Gesellschaft fortgeführt. Im Auftrage der Deutschen Akademie der Wissenschaften zu Berlin, der Chemischen Gesellschaft in der DDR, der Akademie der Wissenschaften zu Göttingen und der Gesellschaft Deutscher Chemiker (in der BRD)

herausgegeben von Prof. Dr. Heinrich Bertsch und Prof. Dr. Dr. h. c. Wilhelm Klemm

134. Jahrgang

1963

Chefredakteure: Dr. Eugen Klever und Prof. Dr.-Ing. Eberhard Leibnitz

Akademie-Verlag GmbH., Berlin — Verlag Chemie, GmbH., Weinheim/Bergstr.

Inhalt

Sprachenbezeichnung in den Referaten des Chemischen Zentralblattes

(Abkürzungen laut DIN-Normblatt 1502, Beiblatt 1)

Albanisch	= alb.	Griechisch	= griech.	Rumänisch	= rum.
Bulgarisch	= bulg.	Irisch	= ir.	Russisch	= russ.
Chinesisch	= chin.	Italienisch	= ital.	Schwedisch	= schwed.
Dänisch	= dän.	Japanisch	= jap.	Serbokroatisch	= serbokroat.
Deutsch	= dt.	Lateinisch	= lat.	Slowakisch	= slowak.
Englisch	= engl.	Litauisch	= litau.	Slowenisch	= slowen.
Estnisch	= estn.	Niederländisch	= niederl.	Spanisch	= span.
Finnisch	= finn.	Norwegisch	= norw.	Tschechisch	= tschech.
Flämisch	= fläm.	Persisch	= pers.	Türkisch	= türk.
Französisch	= franz.	Polnisch	= pol.	Ukrainisch	= ukrain.
		Portugiesisch	= port.	Ungarisch	= ung.

Namenregister

Patentregister

Chemisches Zentralblatt

1963 Nr. 51 18. Dezember

Geschichte. Unterricht

Jakob Büchi. Hans Kaiser. (Arch. Pharmaz. **296** (68), VII—IX, 1963; dt.) — Glückwunschadresse zum 60. Geburtstag von Prof. Dr. Dr. med. h. c. J. Büchi (geb. 25/7. 1903 in Bischoffszell/Kanton Thurgau), Direktor des Instituts für Pharmazeut. Chemie an der ETH. Kurze Beschreibung seines wissenschaftlichen Werdegangs. — Bild. Ch. Weiske. 1◇

Zum 80. Geburtstag von James Franck. Werner Kroebel. (Naturwissenschaften **49**, 361—63, 1962; Kiel, Univ., Inst. für Angew. Phys.; dt.) — Glückwunschadresse für den früheren Ordinarius für Physik in Göttingen (bis 1933) bzw. für physikal. Chemie in Chicago (bis 1949) u. Nobelpreisträger 1925, bes. bekannt durch seine Arbeiten über Gasentladungen, Atom- u. Mol.-Spektroskopie (Franck-Hertz-Vers.; Franck-Condon-Prinzip) u. Photosynthese (geb. 26/8. 1882 in Hamburg). A. Blaschette. 1◇

K. Täufel zum 70. Geburtstag am 10. Dezember 1962; M. Ulmann zum 65. Geburtstag am 22. Oktober 1962. H.-K. Gräfe. (Ernährungsforschung **7**, 477—79, 1963; Potsdam-Rehbrücke, Inst. für Ernährung; dt.) — Kurze Würdigung des bisherigen Lebenswerkes der beiden auf dem Gebiete der Lebensmittelchemie arbeitenden Forscher. M. Ulmann. 1◇

Kurt Täufel zum 70. Geburtstag. S. Walter Souci. (Nahrung **6**, 589—95, 1962; München; dt.) — Glückwunschadresse für den Leiter des Instituts für Ernährung der DAW in Potsdam-Rehbrücke u. des Institutes für Lebensmittelchemie u. -technologie. in Berlin-Weißensee (geb. 10/12. 1892 in Crimmitschau/Sa.). A. Blaschette. 1◇

Gabriel Bertrand. M. Lemoigne. (C. R. hebd. Séances Acad. Agric. France **1962**, 670—74; franz.) — Nachruf auf den französ. Biochemiker Bertrand (geb. 17/5. 1867 in Paris; gest. 1962), bekannt durch zahlreiche Arbeiten über Schlangengifte, Hormone, Vitamine, Enzyme, Zucker u. Oligoelemente. A. Blaschette. 1◇

Gabriel Bertrand. Louis de Saint Rat. (Ind. agric. aliment. **79**, 547—50, 1962; franz.) — Vgl. vorst. Referat. — Nachruf. — Bild. A. Blaschette. 1◇

Jean Chervet 1904—1962. J. Geffroy. (Bull. Soc. franç. Minéralog. Cristallogr. **85**, 2—4, 1962; franz.) — Nachruf auf den bekannten französ. Mineralogen u. Direktor des Service de Minéralogie des Commissariat à l'Énergie Atomique (geb. 31/8. 1904 in Nancy; gest. 17/8. 1961). — Bild. A. Blaschette. 1◇

Das Werk von André Duparque. Charles Delattre und Pierre Pruvost. (Bull. Soc. géol. France [7] **3**, 363—69, 1961; franz.) — Nachruf auf den französ. Geologen u. Professor an der Universität Lille, Duparque (geb. 11/10. 1892 in Lille; gest. 11/6. 1960 in Lille), bes. bekannt durch zahlreiche Unterss. über die Struktur der Kohle. — Chronolog. Verzeichnis der 103 Veröffentlichungen. A. Blaschette. 1◇

Hermann Otto Laurenz Fischer. Anonym. (Advances Carbohydrate Chem. **17**, 1—14, 1962; engl.) — Nachruf auf H. O. L. Fischer (geb. 16/12. 1888 in Würzburg, gest. 9/3. 1960), emeritierter Prof. für Biochemie der University of California in Berkeley. H. O. L. Fischer ist der älteste Sohn von Emil Fischer u. ist bekannt durch seine Unters. über die China- u. Shikimisäure sowie seine Arbeiten auf dem Gebiete der Zuckerchemie. Ch. Weiske.1◇

Martin H. Fischer. W. A. Mitchell. (Kolloid-Z., Z. Polymere **182**, 4—7, 1962; Lincoln Park, N.J.; engl.) — Nachruf auf den amerikan. Physiologen (geb. 10/11. 1879; gest. 19/1. 1962 in Cincinnati), bes. bekannt durch kolloidchem. Untersuchungen. — Bild. A. Blaschette. 1◇

Kirill Alexewitsch Golbert. Anonym. (Petrochem. [UdSSR] **2**, 802—03, 1962; russ.) — Nachruf auf A. Golbert, den bekannten Fachmann auf dem Gebiete der Theorie u. Anwendung von Sorptionsprozessen (Gaschromatographie). — Bild. Ch. Weiske. 1◇

In Memoriam Friedrich Richter. Th. Wieland. (Naturwissenschaften **49**, 193 bis 194, 1962; Frankfurt/M.; dt.) — Nachruf auf den Leiter der Beilstein-Redaktion (geb. 1/9. 1896 in Berlin; gest. 22/11. 1961). A. Blaschette. 1◇

Alois Zinke. N. J. L. Megson. (Chem. and Ind. **1963,** 1076; engl.) — Nachruf auf Alois Zinke (geb. 29/2. 1892 in Bärnbach/Steiermark, gest. 8/3. 1963 in Graz), Professor für Organ. u. Pharmazeut. Chem. der Univ. Graz, bekannt durch Arbeiten über natürliche Harze, hochkondensierte Ring-Syst. u. Phenol-Formaldehyd-Harze. — Bild. H. Bürger. 1◇

Erinnerungen an P. N. Lebedew. P. P. Lasarew. (Fortschr. physik. Wiss. [UdSSR] **77,** 571—82, 1962; russ.) — Persönliche Erinnerungen an den bedeutenden Physiker Petr Nikolajewitsch Lebedew als Gelehrten, als Institutsdirektor u. als Persönlichkeit aus Anlaß der 50. Wiederkehr des Todestages (13/3. 1912). E. Klever. 1◇

Krzemionki Opatowskie — ein Denkmal altertümlichen Bergbaus und Werkzeugmacherei. Tadeusz Żurowski. (Wiadomości hutnicze **17,** 130—36, 1961; pol.) — Übersicht über neuere Forschungsergebnisse einer Fundstätte aus der jüngeren Steinzeit. F. Urban. 2◇

Die Rolle der Chemie bei Rechenmaschinen. A. H. Sporer. (J. chem. Eduat. **38,** 323—25, 1961; San Jose, Calif., IBM Corp.; engl.) — Vf. behandelt die Rolle der Rechenmaschinen in der chem. Forschung, z. B. Röntgenstrukturforschung, u. umgekehrt die Abhängigkeit der Weiterentw. der Rechenmaschinen von der Chemie; z. B. Untersuchung von Halbleitern für Transistoren u. von lichtempfindlichem Material zur Aufnahme u. Speicherung von Informationen. D. Hoene. 2□

Theorie und Praxis im physikalisch-chemischen Laboratorium. 2. Mitt. **Untersuchung an Stelle des Experiments.** S. Lewin. (Lab. Pract. **9,** 35—39, 1960; London, S.W. Essex Coll. of Technol., Phys. Chem. Lab.; engl.) — 1. vgl. Lab. Pract. **8,** [1959], 401. — Es werden Richtlinien für den Chemieunterricht im Sinne einer Bevorzugung der eingehenden Unters. von im Zusammenhang mit einem Experiment auftretenden Problemen gegenüber dem auf das bloße Ergebnis ausgerichteten Experimentieren aufgestellt u. an Hand von Beispielen erläutert. W. Betcke. 6◇

Theorie und Praxis im physikalisch-chemischen Laboratorium. 3. Mitt. **Prüfungen.** S. Lewin. (Lab. Pract. **9,** 106—08, 1960; engl.) — 2. vgl. vorst. Referat. — Vf. erörtert die Frage nach der Notwendigkeit von Prüfungen in prakt. physikal. Chemie u. unterbreitet Vorschläge für ihre Durchführung. Gerhard Schulze. 6◇

Theorie und Praxis im physikalisch-chemischen Laboratorium. 5. Mitt. **Beaufsichtigung im Laboratorium.** S. Lewin. (Lab. Pract. **9,** 245—47, 1960; engl.) — 4. vgl. Lab. Pract. **9,** [1960], 167; 3. vgl. vorst. Referat. — Betrachtung der Anforderungen, die an eine aufsichtführende Person im Unterrichts-Labor. gestellt werden müssen, ihrer Aufgaben u. Möglichkeiten. Gerhard Schulze. 6◇

Theorie und Praxis im physikalisch-chemischen Laboratorium. 6. Mitt. **Einige Gesichtspunkte über Hilfe und Instandhaltung im Laboratorium.** S. Lewin. (Lab. Pract. **9,** 310—12, 326, 1960; engl.) — 5. vgl. vorst. Referat. — Vf. behandelt die Aufgaben eines Labor.-Gehilfen mit u. ohne Spezialkenntnisse. Gerhard Schulze. 6◇

Theorie und Praxis im physikalisch-chemischen Laboratorium. 7. Mitt. **Einige Gesichtspunkte zur Wasserreinigung.** S. Lewin. (Lab. Pract. **9,** 387—92, 1960; engl.) — 6. vgl. vorst. Referat. — Vf. betrachtet die Meth. der Dest. u. des Ionenaustauschs zur Herst. von reinem W. für Unterrichts-Labor. u. erörtert die Frage nach der Wahl der Methode. Gerhard Schulze. 6◇

Theorie und Praxis im physikalisch-chemischen Laboratorium. 8. Mitt. **Einige Gesichtspunkte zur Bestimmung von pH-Werten.** S. Lewin. (Lab. Pract. **9,** 719—21, 724, 1960; engl.) — 7. vgl. vorst. Referat. — Die Grundlagen der pH-Messung werden unter besonderer Berücksichtigung der Ausbildung im Unterrichts-Labor. erörtert. Gerhard Schulze. 6◇

Demonstration der Wirkung gemeinsamer Ionen auf die Löslichkeit mittels Radioisotopen. E. Roig, I. G. Rieckehoff, C. S. Russo und J. D. Curet. (J. chem. Educat. **38,** 350—51, 1961; Rio Piedras, Puerto Rico, Univ., Puerto Rico Nuclear Center; engl.) — Es werden eingehende Anweisungen für die Durchführung eines chem. Unterrichtsexperimentes gegeben, bei dem der Einfl. der Konz. eines gemeinsamen Ions auf die Löslichkeit eines 1:1-Salzes demonstriert werden soll. Dazu wird $^{204}TlCl$ verwendet, dessen Löslichkeit in Lsgg. von KNO_3, $TlNO_3 + KNO_3$ u. $KCl + KNO_3$ durch Best. der Radioaktivität der resultierenden Lsgg. bestimmt wird. W. Reusse. 6□

Phasenübergangstemperaturen. 2. Mitt. R. T. Bottle und G. N. Copley. (School Sci. Rev. **91,** 420—26, 1960; Liverpool, Coll. of Technol.; engl.) — 1. vgl. C. **1963,** 1564. — Beschreibung der Meßmeth. (thermometr., dilatometr., visuelle, tensimetr., Löslichkeits-Meth.). Ch. Weiske. 6◇

A. Allgemeine, physikalische und anorganische Chemie

Anomale Lösungen der Dirac- und Schrödinger-Gleichungen für das Coulomb-Potential. Baxter H. Armstrong. (Physic. Rev. [2] **130,** 2506–18, 1963; Palo Alto, Calif., Lockheed, Missiles & Space Comp.; engl.) Gerhard Schmidt. 10◇

Bemerkungen zum relativistischen Kepler-Problem. L. C. Biedenharn. (Physic. Rev. [2] **126,** 845–51, 1962; Durham, N.C., Duke Univ.; engl.) — Mittels einer neuen Darst. werden die Dirac-Coulomb-Kugelwellenfunktionen in einer Weise behandelt, die zu einer engen formalen Ähnlichkeit zwischen diesen Lsgg. u. den Kugelwellen-Lsgg. für das Problem des freien Elektrons führt. Die Radialfunktionen in der neuen Darst. haben die gleiche Form wie die nichtrelativist. radialen Coulomb-Funktionen, jedoch mit einem irrationalen Bahn-„Drehimpuls". Herbert Weber. 10◇

Bemerkungen zu den Transformationseigenschaften der Dirac-Gleichung. Pong Y. Pac. (Progr. theoret. Physics [Kyoto] **22,** 857–62, 1959; Kyoto, Kyoto Univ., Res. Inst. for Fundamental Phys.; engl.) — Die physikal. Eigg. der dynam. Veränderlichen in der extrem-relativist. Darst. werden diskutiert. O. Jansen. 10◇

Physikalische Deutung des mathematischen Ausdrucks des Huygens-Prinzips in der Theorie des Elektrons von Dirac. Phan-van-log. (Cahiers de Physique **12,** Nr. 97, 327–40, 1958; Toulouse, Fac. des Sci.; franz.) — Das Huygens-Prinzip für Dirac-Elektronenwellen wird allg. formuliert u. neu interpretiert. M. Wiedemann. 10□

Die Bestimmung von Phasen von Wellenfunktionen. M. J. Seaton und G. Peach. (Proc. physic. Soc. **79,** 1296–97, 1962; London, Univ. Coll., Dep. of Phys.; engl.) — Unters. nach einer von Bengt Strömgren vorgeschlagenen Methode. Herbert Weber. 10◇

Analytizität und Unitarität. 2. Mitt. J. C. Polkinghorne. (Nuovo Cimento [10] **25,** 901–11, 1962; Princeton, N.J., Inst. for Advanc. Stud.; engl.) — 1. vgl. Nuovo Cimento [10] **23,** [1962], 360. — Vf. erweitert die l. c. begonnene Diskussion der Singularitäten der Unitaritätstheorien in Richtung auf Diskontinuitäten, die mit Singularitäten des 2. Typs assoziiert sind. Gerhard Schmidt. 10□

Singularitäten der Fünfpunktefunktion in der Störungstheorie. Francis R. Halpern. (Physic. Rev. [2] **127,** 1819–20, 1962; San Diego, La Jolla, Calif., Univ. of California; engl.) Herbert Weber. 10◇

A_1. Kernphysik und Kernchemie

Ein Beispiel eines Bündels von Myonen in ausgedehnten Luftschauern. Saburo Miyake, Kensaku Hinotani, Tatsunosuke Kaneko und Nobuo Ito. (J. physic. Soc. Japan **18,** 464–65, 1963; Osaka, Japan, Osaka City Univ.; engl.) — Auf einer Nebelkammeraufnahme auf Bergeshöhe wurden in einem ausgedehnten Luftschauer 5 Myonen, die 21 Pb-Platten von 1 cm Dicke ohne Wechselwrkg. durchliefen, von 10 cm Ø beobachtet. Die Gesamtenergie wird auf einige Hundert GeV geschätzt. M. Wiedemann. 85◇

Das Impulsspektrum der Höhenstrahlmyonen bei einem Winkel von 80° zum Zenit auf Seehöhe. F. Ashton und A. W. Wolfendale. (Proc. physic. Soc. **81,** 593–603, 1963; Durham, Univ., Dep. of Phys.; engl.) — Mittels eines Magnetspektrographen wurde das differentielle Impulsspektrum im Bereich von 1,5–40 GeV/c gemessen. Danach können alle Myonen aus Pionen stammen, der Anteil der Kaonen kann verschwindend sein. M. Wiedemann. 85◇

Das Größenspektrum und die Zenitwinkelverteilung von Luftschauern, die 10^5 bis 10^6 Teilchen enthalten. H. Coxell, P. S. Scull und A. W. Wolfendale. (Proc. physic. Soc. **81,** 604–11, 1963; engl.) — Vgl. vorst. Referat. — Mittels einer Anordnung aus Ne-Blitzröhren von insgesamt 1 m^3 wurden Dichtespektrum u. Zenitwinkelverteilung von Schauern bestimmt. Das differentielle Spektrum gehorcht einem Potenzgesetz mit dem Exponenten $-2{,}61 \pm 0{,}05$ für Größen von $2 \cdot 10^5$ Teilchen u. mit $-3{,}3 \pm 0{,}3$ für $8 \cdot 10^5$ Teilchen. Die Winkelverteilung entspricht einer Abschwächungslänge von 115 ± 14 g/cm^2 für $1-10 \cdot 10^5$ Teilchen. M. Wiedemann. 85◇

Über die Spins von Meson–Meson-Resonanzen. G. F. Wolters. (Nuovo Cimento [10] **28,** 843–49, 1963; Amsterdam, Zeeman Labor.; engl.) — Vgl. C. **1963,** 16788. — Anwendung der l. c. entwickelten Meth. der Spin–J_0-Best. auf Meson–Meson-Resonanzen. Gerhard Schmidt. 90◇

Wie unterscheidet sich die Regge-Bahn des ϱ-Mesons von einer geraden Linie? P. G. O. Freund. (Physics Letters [Amsterdam] **3,** 123–24, 1962; Chicago, Ill., Univ.,

Enrico Fermi Inst. for Nucl. Stud.; engl.) — Für die anomal kleinen Effekte der ϱ-Bahn im physikal. Bereich u. damit die Abweichung der Regge-Bahn von einer Geraden wird eine Erklärung gegeben. M. Wiedemann. 90◇

Breite von Dreipionenresonanzen. William R. Frazer und David Y. Wong. (Physic. Rev. [2] **128,** 1927—29, 1962; La Jolla, Calif., Univ. of California; engl.) — Die berechnete Breite der ω-Resonanz ergibt sich zu ca. 10—20 MeV in Abhängigkeit von der Reichweite der π–ϱ-Wechselwirkung. Herbert Weber. 90◇

Methode zur Messung der Zerfallsbreite des ω-Mesons. J. J. Sakurai. (Physic. Rev. Letters **8,** 300—02, 1962; Pasadena, Calif., California Inst. of Technol.; engl.) — Diskussion der Prozesse $\omega^0 \to \pi^+ + \pi^- + \pi^0$ u. $\pi^- + \pi^0 \to \omega^0 + \pi^-$ unter 2 extremen dynam. Annahmen. Gerhard Schmidt. 90◇

Analyse von Vielkanalreaktionen. Gordon L. Shaw und Marc H. Ross. (Physic. Rev. [2] **126,** 806—13, 1962: San Diego, La Jolla, Calif., Univ. of California; Bloomington, Ind., Indiana Univ.; engl.) — Die Energieabhängigkeit der Querschnitte wird in der Approximation der effektiven Reichweite behandelt. Die Korrekturen zur Streuamplitude infolge der Massendifferenzen zwischen Isotopenspinmultipletts u. Coulomb-Streuung werden untersucht. Herbert Weber. 90◇

Effektive-Reichweite-Analyse von s-Wellen-K^-p-Reaktionen. Gordon L. Shaw und Marc H. Ross. (Physic. Rev. [2] **126,** 814—23, 1962; engl.) — Vgl. vorst. Referat. Herbert Weber. 90◇

K^-p-Wechselwirkungen bei 1,15 GeV/c. William Graziano und Stanley G. Wojcicki. (Physic. Rev. [2] **128,** 1868—80, 1962; Berkeley, Calif., Univ. of California, Lawrence Radiat. Labor.; engl.) — Mit der H_2-Blasenkammer wurden die Rkk. $K^- + p \to KN, \to KN\pi, \to \Sigma\pi, \to \Lambda\pi$ untersucht. Die Ergebnisse sprechen für einen K^*-Spin von 0 oder 1. Herbert Weber. 90◇

Die Bindungsenergie von Λ^0-Teilchen in leichten Hyperfragmenten. Jitka Polanská und Zdeněk Turzík. (Československ. Časopis Fysiku **11,** 386—89, 1961; Praha, Fak. techn. a jader fys.; tschech.) — In Anschluß an eine frühere Arbeit (vgl. Korbel u. Rob, C. **1963,** **11495**) werden Ergebnisse von 8 weiteren Zerfallsmessungen von leichten Hyperfragmenten (H, He u. Li) angeführt. J. Tůmová. 90□

Elastische Äthertheorie der Elementarteilchen. 2. Mitt. Hideo Fukutome. (Progr. theoret. Physics [Kyoto] **28,** 731—50, 1962; Kyoto, Univ., Res. Inst. for Fundament. Phys.; engl.) — 1. vgl. C. **1963,** 768. — Es wird eine erweiterte Theorie des relativist. elast. Kontinuums (Äther), als dessen angeregte Zustände die Elementarteilchen betrachtet werden können, mit intrins. Drehimpuls entwickelt. M. Wiedemann. 90◇

Rotatormodell von Elementarteilchen, die als relativistische ausgedehnte Strukturen im Minkowski-Raum angesehen werden. Louis de Broglie, David Bohm, Pierre Hillion, Francis Halbwachs, Takehiko Takabayasi und Jean-Pierre Vigier. (Physic. Rev. [2] **129,** 438—50, 1963; Paris, Inst. Henri Poincaré; London, Birkbeck Coll.; Nagoya, Nagoya Univ.; engl.) Herbert Weber. 90◇

Raum-Zeit-Modell von relativistischen ausgedehnten Teilchen im Minkowski-Raum. 2. Mitt. **Freies Teilchen und Wechselwirkungstheorie.** Louis de Broglie, Francis Halbwachs, Pierre Hillion, Takehiko Takabayasi und Jean Pierre Vigier. (Physic. Rev. [2] **129,** 451—66, 1963; engl.) — Vgl. vorst. Referat. Herbert Weber. 90◇

Das natürliche Koordinatensystem in Minkowskis Isoraum für Teilchen mit dem Spin 1/2. Jerzy Lukierski. (Progr. theoret. Physics [Kyoto] **27,** 262—72, 1962; Wroclaw, Univ., Inst. of Theor. Phys.; engl.) M. Wiedemann. 90◇

Zum „Nagoya"-Modell der Elementarteilchen. Nikola St. Kalitzin. (Progr. theoret. Physics [Kyoto] **25,** 719—20, 1961; Sofia. Bulg. Acad. of Sci., Inst. of Phys.; engl.) — Vgl. C. **1959,** 1006 u. C. **1958,** 6727. — Vf. verweist auf seine früheren Arbeiten zum Thema des „Nagoya"-Modells, bevor dieses von Maki u. Mitarbeitern (C. **1962,** 8497) erarbeitet wurde, u. schlägt vor, das „Nagoya"-Modell als „Sofia-Nagoya"-Modell zu bezeichnen. H. Schroeder. 90□

Leptonen-Erhaltungssätze und die Existenz zweier Neutrinos. P. K. Kabir. (Nuovo Cimento [10] **28,** 165—74, 1963; Pittsburgh, Pa., Carnegie Inst. of Technol.; engl.) — Die Existenz von 4 unabhängigen Neutrinozuständen werden auf die beiden Erhaltungssätze für Leptonen bezogen. Die experimentelle Grundlage dieser Sätze wird diskutiert. Gerhard Schmidt. 90◇

Kopplungskonstanten und unsubstrahierte Dispersionsbeziehungen. Richard H. Capps. (Physic. Rev. [2] **128,** 2842—50, 1962; Evanston, Ill., Northwestern Univ.; engl.) — Es wird argumentiert, daß das gewöhnliche Auftreten von Resonanzen niedriger

Energie u. die Tatsache, daß sich die Querschnitte für stark wechselwirkende Teilchen in den Grenzen hoher Energie Werten $\neq 0$ nähern, zu einem physikal. Prinzip in Beziehung gebracht werden können, das die Werte der Kopplungs-Konst. für starke Wechselwrkg. bestimmt. Herbert Weber. 90◇

Eine statistische Interpretation der elastischen Streuung unter großen Winkeln. G. Fast, R. Hagedorn und L. W. Jones. (Nuovo Cimento [10] **27**, 856–59, 1963; Geneva, CERN; engl.) H. Schroeder. 90◇

Ein halbklassisches Bild für die energiereiche Streuung. Masakuni Ida. (Progr. theoret. Physics [Kyoto] **28**, 943–44, 1962; Kyoto, Univ., Dep. of Nucl. Sci.; engl.) — Die elast. Streuung energiereicher Teilchen wird mittels eines halbklass. Modells ohne jede spezif. Approximation beschrieben. M. Wiedemann. 90◇

Phänomenologische Analyse energiereicher Stöße von Elementarteilchen. Masakuni Ida. (Progr. theoret. Physics [Kyoto] **28**, 945–46, 1962; engl.) — Vgl. vorst. Referat. — Es werden 2 weitere Annahmen gemacht, daß der reelle Teil der Streuamplitude gegenüber dem imaginären zu vernachlässigen ist u. der elast. Wrkg.-Querschnitt bzgl. der Impulsübertragung exponentiell abnimmt. Für den Stoßparameter ergibt sich dann aus den Daten für elast. p–p-Streuung $0{,}8 \cdot 10^{-13}$ cm. M. Wiedemann. 90◇

Quasielastische Streuung. Yoshiyuki Sakamoto. (Progr. theoret. Physics [Kyoto] **28**, 803–08, 1962; Uppsala, Univ., Gustaf Werner Inst.; engl.) — Die Wrkg. der Verzerrung infolge des Kernpotentials bei der quasielast. Streuung werden behandelt, im Falle des ^{12}C wird gute Übereinstimmung mit den experimentellen Daten erhalten. M. Wiedemann. 90◇

Čerenkov-Strahlung und zusätzliche Wellen bei einem Dielektrikum. F. G. Bass, M. I. Kaganow und W. M. Jakowenko. (Festkörperphysik [UdSSR] **4**, 3260–65, 1962; Charkow, Akad. der Wiss. der UkrainSSR, Inst. für Radiophys. u. Elektron., Phys.-techn. Inst.; russ.) — Die Čerenkov-Strahlung eines sich senkrecht zur Grenzfläche eines Dielektrikums bewegenden Teilchens wird theoret. bestimmt. Dabei werden die in Ggw. räumlicher Verteilung zusätzlich auftretenden transversalen Wellen berücksichtigt. Der Einfl. der Grenzbedingungen auf den Polarisationsvektor wird besprochen. H. Roschkowski. 90◇

Theorie von Čerenkov- und Cyclotronstrahlungen in Plasmen. Taro Kihara, Osamu Aono und Ryo Sugihara. (Nuclear Fusion [Wien] **1**, 181–88, 1961; Tokyo, Univ., Dep. of Phys.; engl.) — Vgl. C. **1963**, 13815. — Die von einer Ladung, die sich schraubenförmig in einem Magnetoplasma bewegt, ausgehende Strahlung wird theoret. untersucht. Cyclotronstrahlung von einem Elektron mit nichtrelativist. Geschw. geht mit zunehmender Plasmadichte gegen Null, während die von einem Positron ausgehende Strahlung verstärkt wird. Die Dämpfung der Čerenkov-Strahlung auf Grund von Stößen der Plasmaelektronen wird diskutiert. H. Schroeder. 90□

Unelastische Streuung des Photons im Coulomb-Feld des Kerns. Ss. Ss. Ssannikow. (J. exp. theoret. Physik [UdSSR] **42**, 282–85, 1962; Akad. der Wiss. der UkrainSSR, Phys.-techn. Inst.; russ., Auszug: engl.) — Vf. untersucht den Zerfall eines hochenerget. Photons in 2 Photonen im Coulomb-Feld eines Kerns. Es werden Gleichungen für den differentiellen Querschnitt dieses Prozesses für Photonen geringer Energie angegeben. I. Zoll. 90◇

Die Bestimmung der maximalen Energie einer β-Strahlung durch Messung der Halbwertsdicke der reellen Absorption. L. Danguy, J. Franeau und A. Lhost. (Bull. Cl. Sci., Acad. roy. Belgique [5] **46**, 774–90, 1960; Mons, Fac. Polytechnique; franz.) — Messungen mit Schirmen aus *Al*, *Ag* u. *Au* u. β-Quellen von ^{35}S, ^{147}Pm, ^{204}Tl u. ^{32}P. Herbert Weber. 90◇

Streuung energiereicher Positronen an Protonen. D. Yount und J. Pine. (Physic. Rev. [2] **128**, 1842–49, 1962; Stanford, Calif., Stanford Univ., High-Energy Phys. Labor.; engl.) — Die Streuquerschnitte für Positronen u. Elektronen wurden bei 200 u. 300 MeV für q^2 von $0{,}3-5{,}2\ F^{-2}$ gemessen u. verglichen. Die Ergebnisse zeigen keinen Beweis für anomale Zweiphotoneneffekte. Die spezif. Ionisationen der Positronen u. Elektronen bei 300 MeV in H_2 bei 1 atm sind innerhalb $\pm 0{,}3\%$ gleich. Herbert Weber. 90◇

Elastische und unelastische Monopol-Streuung hochenergetischer Elektronen. G. R. Bishop. (Nuclear Physics [Amsterdam] **41**, 118–29, 1963; Orsay, Labor. de l'Accélérateur Linéaire; engl.) — Theoret. Auswertung von Streu-Verss. (J. Physique Radium **22**, [1961], 541) von Elektronen an ^{18}O u. ^{32}S. H. Schroeder. 90◇

Über die Wechselwirkung im Nucleonencore. Shigeo Minami. (Progr. theoret. Physics [Kyoto] **24**, 216–18, 1960; Osaka, Osaka City Univ., Dep. of Phys.; engl.) — Vgl. C. **1962**, 4412. — Feldtheoret. Unters. (Diskussion der Pion–Nucleon-Wechselwrkg.). Herbert Weber. 90◇

Eine Untersuchung der Jets, die sich auf Meson–Nucleon-Stoß gründet. Interpretation des Nucleon–Nucleon-Stoßes. K. Imaeda. (Nuovo Cimento [10] **28,** 908—22, 1963; Dublin, Dublin Inst. for Advanc. Stud., School of Cosm. Phys.; engl.) — Die Nucleon–Nucleon-Stöße werden als aus zwei unabhängigen π-Meson–Nucleon-Stößen zusammengesetzt betrachtet. Die Impulsverteilung u. Energie des π-Mesons im Eigenfeld des Nucleons werden unter Verw. der experimentell beobachteten Verteilung der sek. Teilchen der Jets abgeleitet. Gerhard Schmidt. 90◇

Einige statistische und kinematische Kommentare über hochenergetische Jets. K. Kobayakawa, K. Mori, K. Daiyasu und H. Yokomi. (Nuovo Cimento [10] **28,** 992—1010, 1963; Osaka, Osaka Univ., Fac. of Engng. Sci., Dep. of Appl. Math.; Tokyo, Tokyo Inst. of Technol., Phys. Dep. and Osaka Univ., Dep. of Phys.; engl.) — Theoret. Behandlung der statist. u. kinemat. Probleme für die Analyse hochenerget. Jets unter Verw. der Feuerballmodelle. Gerhard Schmidt. 90◇

Chew-Low-Formalismus für Zweinucleonen–Meson-Systeme. William M. Frank. (Ann. Physics **17,** 205—39, 1962; Silver Spring, Md., U. S. Naval Ordnance Labor.; engl.) — Das Syst. zweier nichtrelativist. Nucleonen, die mit symm. pseudo skalaren Mesonen in Wechselwrkg. treten, wird mit der Vorstellung der Mesonenwolke fixierter Nucleonen betrachtet; eine Chew-Low-Formulierung für das fixierte Zweinucleonen-Syst. wird konstruiert. H. Schroeder. 90◇

Theorie der Nucleon–Nucleon-Streuung in der „Strip-Approximation" zur Mandelstam-Darstellung. John M. Charap, Elihu Lubkin und Antonio Scotti. (Ann. Physics **21,** 143—231, 1963; Berkeley, Calif., Univ. of California, Lawrence Radiat. Labor.; Providence, R.I., Brown Univ., Dep. of Phys.; San Diego, Calif., Univ. of California, Dep. of Phys.; engl.) — Theoret. Diskussion der N–N-Streuamplitude innerhalb des Rahmens der „Strip-Approximation" von Chew u. Frautschi (C. **1962,** 1871). Die Unitaritätsgleichungen werden explizit in den N–N- u. N–$\overline{\text{N}}$-Kanälen abgeleitet. Gerhard Schmidt. 90◇

Die $^1S_0$-Nucleonenwechselwirkung im Grenzbedingungsmodell. E. L. Lomon und M. Nauenberg. (Nuclear Physics [Amsterdam] **24,** 474—79, 1961; Cambridge, Mass., MIT, Dep. of Phys.; Ithaca, N.Y., Cornell Univ.; engl.) — Das Modell der N–N-Wechselwrkg. besteht aus einer energieabhängigen Grenzbedingung mit einem exponentiellen Potentialschweif u. wird für S-Zustände analyt. gelöst. Die Stärke des erforderlichen Potentials ist in Übereinstimmung mit einer Mesonentheorie. Herbert Weber. 90◇

Energieabhängigkeit der Pionenasymmetrie bei Antinucleon–Nucleon-Vernichtung. 2. Mitt. Erweiterung des Modells auf einen anderen Prozeß und eine Neuuntersuchung einiger früherer Ergebnisse. A. Stajano. (Nuovo Cimento [10] **28,** 197—201, 1963; Roma, Univ., Scuola di Perfezion. in Fis. Sez. di Roma, Ist. Naz. di Fis. Nucl.; engl.) — 1. vgl. Nuovo Cimento [10] **24,** [1962], 774. — Erweiterung der Berechnung auf die Rk. $\overline{p} + p \rightarrow \pi^+ + \pi^+ + \pi^- + \pi^- + \pi^0$. Herbert Weber. 90◇

Suche nach Multipionen-Resonanzen bei der Reaktion $\overline{p} + p \rightarrow 3\pi^+ + 3\pi^- + n\pi^0$. Nguyen-huu Xuong und Gerald R. Lynch. (Physic. Rev. [2] **128,** 1849—67, 1962; Berkeley, Calif., Univ. of California, Lawrence Radiat. Labor.; engl.) — Obige Rkk. mit $n = 0, 1, 2$ bei 1,61 GeV/c wurden mittels Blasenkammer mit fl. H_2 untersucht. Die Existenz des ω-Mesons wird bekräftigt. Es wird keine Dreipionenresonanz mit $T = 0$ bei 550 MeV (η-Meson) beobachtet. Obere Grenzen für Zerfallsraten von ϱ- u. ω-Mesonen werden wiedergegeben. Herbert Weber. 90◇

Mögliche Tests des TCP-Theorems bei Proton–Antiproton-Streuung. Kazuo Gotow und Susumu Okubo. (Physic. Rev. [2] **128,** 1921—27, 1962; Rochester, N.Y., Univ. of Rochester, Dep. of Phys. and Astronomy; engl.) Herbert Weber. 90◇

Streuung hochenergetischer Nucleonen durch schwerere Kerne. T. Takemiya und Y. Sakamoto. (Nuovo Cimento [10] **22,** 1284—86, 1961; Kyoto, Univ., Dep. of Phys.; Yoshida Coll.; engl.) — Zusätzliche Berechnungen zu einer früheren Arbeit (C. **1962,** 14017), die zu Übereinstimmung der theoret. u. experimentellen Daten führen. H. Schroeder. 90□

Analyse der Energieabhängigkeit der Neutronenpolarisation nahe 1 MeV nach dem optischen Modell. D. J. Hooton. (Physic. Rev. [2] **128,** 1805—10, 1962; Wellington, New Zealand, Univ. of Wellington, Dep. of Phys.; engl.) — Theoret. Unters. zur Polarisation der an einer Reihe von mittelschweren Kernen (Mo, Cd, Cu, Zn, Fe, Ni) bei ca. 1 MeV elast. gestreuten Neutronen. Herbert Weber. 90◇

Streuung von 14-MeV-Neutronen an Molybdän. M. K. Machwe. (Physica [Utrecht] **28,** 1011—14, 1962; Delhi, India, Univ. of Delhi, Dep. of Phys.; engl.) — Die Messungen sind über den Winkelbereich 10—138° ausgedehnt. Der gefundene Streuquerschnitt in Abhängigkeit vom Winkel deckt sich im wesentlichen mit der theoret. Kurve von Bjorklund u. Fernbach. Der differentielle unelast. Streuquerschnitt wird von 9,6—12,2 MeV erhalten. K. Mauersberger. 90◇

Totale Querschnittsmessungen von Titan, Zirkonium und Hafnium für langsame Neutronen. E. G. Joki, J. E. Evans und R. R. Smith. (Nuclear Sci. Engng. **11**, 298—303, 1961; Idaho Falls, Idaho, Phillips Petroleum Co., Atom. Energy Div.; engl.) — Die Messungen werden an metall. Proben von Ti, Zr u. Hf mit dem MTR-Kristallspektrometer durchgeführt. Der Ti-Querschnitt wird im E_n-Bereich von 0,025—45 eV, der Zr-Querschnitt im E_n-Bereich von 0,02—78 eV u. der Hf-Querschnitt im E_n-Bereich von 0,04—3,5 eV gemessen. Energiewerte von $1{,}095 \pm 0{,}005$ u. $2{,}378 \pm 0{,}016$ eV werden für die Peak-Querschnitte der beiden ersten Hf-Resonanzen bestimmt. Gerhard Schmidt. 90◇

Neutronenresonanz in Samarium. Brother Austin Bernabei, L. B. Borst und V. L. Sailor. (Nuclear Sci. Engng. **12**, 63—67, 1962; New York, N.Y., Manhattan Coll. and New York Univ.; Upton, N.Y., Brookhaven Nat. Labor.; engl.) — Mit einem Kristallspektrometer wird der totale Neutronenquerschnitt von ^{152}Sm von 6,84—9,18 eV gemessen. Die Resonanz bei 8,063 eV wird durch eine Breit-Wigner-Einniveauformel wiedergegeben. Sämtliche Breit-Wigner-Parameter lassen sich aus den totalen Querschnittsmessungen allein bestimmen. Die Resonanzparameter werden mitgeteilt. Gerhard Schmidt. 90◇

Inelastische Streuung von 14,7-MeV-Neutronen an ^{238}U. P. Huber, Z. Lewandowski, R. Plattner, C. Poppelbaum und R. Wagner. (Helv. physica Acta **34**, 815—18, 1961; Basel, Univ., Phys. Anstalt; dt.) — Für die Kern-Temp. von ^{238}U wurde unter Berücksichtigung der Spaltneutronen ein Wert von $0{,}36 \pm 0{,}02$ MeV errechnet, der um den Faktor 3 kleiner ist als die entsprechenden Werte für ^{208}Pb u. ^{209}Bi, was auf einen ausgeprägten Effekt der mag. Neutronenzahl 126 hinweist. H. Schroeder. 90◇

Über die Dispersionsvorstellung des Deuteron-Formfaktors. W. W. Anissowitsch. (J. exp. theoret. Physik [UdSSR] **41**, 1907—14, 1961; Leningrad, Akad. der Wiss. der UdSSR, Phys. techn. Inst.; russ., Auszug: engl.) — Die zweite anomale Singularität des Deuteronformfaktors wird zu $s \sim 9\,\mu^2$ bestimmt. I. Zoll. 90◇

Über den unelastischen Formfaktor des Deuterons. L. Rosenberg. (Nuovo Cimento [10] **28**, 1107—10, 1963; Philadelphia, Pa., Univ. of Pennsylvania, Dep. of Phys.; engl.) — Hinweis auf die Ähnlichkeit, die zwischen dem Formfaktor F u. der n–p-Streuamplitude besteht. Gerhard Schmidt. 90◇

Energieniveaukorrekturen und Übergangswahrscheinlichkeiten in deformierten gerade-gerade-Kernen. A. Covello und G. Varcaccio. (Nuovo Cimento [10] **28**, 191—96, 1963; Napoli, Univ., Ist. di Fis. Teor.; Ist. Naz. di Fis. Nucl., Sez. di Napoli; engl.) — Berechnung der Korrekturen an den Niveaus u. den Übergangswahrscheinlichkeiten als Funktionen der Parameter, welche die Kopplung zwischen den γ- u. β-Schwingungsbanden beschreiben. Gerhard Schmidt. 95◇

Kollektive gyromagnetische Verhältnisse ungerader Atomkerne. Ju. T. Grin und I. M. Pawlitschenkow. (J. exp. theoret. Physik [UdSSR] **41**, 954—58, 1961; russ., Auszug: engl.) — Es wird gezeigt, daß das gyromagnet. Verhältnis von ungeraden Protonenkernen größer u. von ungeraden Neutronenkernen kleiner ist als das von benachbarten gerade–gerade-Kernen. I. Zoll. 95◇

Über die relativistischen Korrekturen der magnetischen Momente von ^{3}H und ^{3}He. N. Ss. Selenskaja und Ju. M. Schirokow. (J. exp. theoret. Physik [UdSSR] **41**, 1934—37, 1961; russ., Auszug: engl.) — Es wird ein allg. Ausdruck für relativist. Korrekturen der magnet. Kernmomente entwickelt. Für ^{3}H u. ^{3}He werden die Korrekturen berechnet. I. Zoll. 95◇

Über den Einfluß der Nucleonenzahl-Parität auf den Strahlungseinfang. T. Ss. Belanowa und O. D. Kasatschkowski. (Atomenergie [UdSSR] **14**, Nr. 2, 185—92, 1963; russ.) — Die Daten über den Strahlungseinfang für Neutronen mit Energien von 24—830 keV werden zusammengestellt. Es ergibt sich, daß die Wrkg.-Querschnitte bei Kernen mit einer geraden Anzahl von Neutronen (bei geradem sowie ungeradem Z) kleiner sind als bei Kernen mit ungerader Neutronenzahl. M. Wiedemann. 103◇

Der Mechanismus der Wechselwirkung schneller Nucleonen mit Kernen. V. S. Barashenkov, V. M. Maltsev und E. K. Mikhul. (Reactor Sci. Technol. **16**, 324—25, 1962; engl.) — Berechnungen über die innere Kernkaskade wurden mittels der Monte-Carlo-Meth. für die Wechselwrkg. von 9-GeV-Nucleonen mit einem Kern ausgeführt. Für die Schauer- u. Kaskadenteilchen ergibt sich bzgl. der Zahl sowie der Energie Übereinstimmung mit den experimentellen Daten, bei den Verdampfungsteilchen ist der Vgl. nicht ohne weiteres möglich. Die Daten sprechen für den Mechanismus der inneren Kernkaskade. M. Wiedemann. 103◇

Effektive Wirkungsquerschnitte für die Reaktion (p, p π^+). V. S. Barashenkov und V. M. Maltsev. (Acta physica polon. **22**, 173—78, 1962; Dubna, Joint Inst. for Nucl. Res., Labor. of Theor. Phys.; engl.) — Unter der Annahme peripherer Wechselwrkg. mit Austausch eines geladenen Pions u. unter Berücksichtigung der Absorption der Sekundärteilchen im Kern wurden die Querschnitte für (p, p π^+) berechnet. Im Falle ^{27}Al(p, p π^+)^{27}Mg wird Übereinstimmung mit den Meßwerten erhalten. M. Wiedemann. 103◇

(p–pd)-Reaktion. Y. Sakamoto. (Nuovo Cimento [10] **28**, 206—09, 1963; Ottawa, Ontario, Canada, Nat. Res. Counc., Div. of Pure Phys.; engl.) — Theoret. Unters. der Komponenten hohen Impulses durch die (p — pd)-Rk. mit Koinzidenz zwischen dem gestreuten Proton u. dem knocked-out-Deuteron. Gerhard Schmidt. 103◇

Über einige mögliche Erklärungen des Verlaufes des differentiellen Querschnittes der (p, α)- und (α, p)-Reaktionen im Gebiet großer Winkel. I. B. Teplow. (J. exp. theoret. Physik [UdSSR] **42**, 211—16, 1962; russ., Auszug: engl.) — Vf. versucht, die Maxima in den Kurven der differentiellen Querschnitte der (p, α)- u. (α, p)-Rkk. zu erklären. Für ^{19}F(p, α)^{16}O wird eine Näherungsrechnung für die Winkelverteilungen angegeben. I. Zoll. 103◇

Untersuchung der Winkelverteilung der Protonen aus ^{27}Al(α, p)^{30}Si. Bahriye Yaramiş. (Istanbul Univ. Fen Fak. Mecmuasi [Rev. Fac. Sci. Univ. Istanbul], Ser. C **26**, 166—80, 1961; Istanbul, Univ., Nucl. Phys. Dep.; engl.) — Obige Winkelverteilung bei 4-MeV-α-Teilchen u. einer 0,2-mc-Po-Quelle wurde mit Ilford-C2-Platten untersucht. 7700 Protonen zum Grund- u. 10630 Protonen zum ersten angeregten Zustand wurden registriert. Die ersteren zeigten isotrope Verteilung, die letzteren 2 Maxima bei 45 u. 135° u. eine symm. Verteilung um 90°. M. Wiedemann. 103◇

(n, d)-Reaktionen mit 14-MeV-Neutronen an ^{27}Al, ^{40}Ca, ^{55}Mn, ^{63}Cu, ^{103}Rh. L. Colli, F. Cvelbar, S. Micheletti und M. Pignanelli. (Nuovo Cimento [10] **14**, 1120—29, 1959; Milano, Univ., Ist. di Sci. Fis.; Milano, Labor. CISE; Ist. Naz. di Fis. Nucl., Sez. di Milano; engl.) — Vgl. C. **1961**, 732. — Die Deuteronenmaxima, welche sowohl dem Grundniveau als auch einigen angeregten Niveaus des Restkernes entsprechen, werden wiedergegeben. O. Jansen. 103◇

Emission geladener Teilchen beim Beschuß von Silber mit Stickstoffionen. J. S. Lilley. (Proc. physic. Soc. **77**, 833—44, 1961; Birmingham, England, Univ. of Birmingham, Phys. Dep.; engl.) — Eine Ag-Folie von 4,4 mg cm^{-2} wurde mit $^{14}N^{6+}$-Ionen (bis zu 120 MeV) aus dem 150-cm-Birmingham-Cyclotron beschossen, u. die Rk.-Prodd. wurden in C2-Emulsion nachgewiesen. Es wurden Energie- u. Winkelverteilung der emittierten Protonen u. α-Teilchen gemessen u. die Ergebnisse für große Winkel mit den Aussagen der Verdampfungstheorie verglichen. J. Blume. 103◇

0—350-keV-γ-Strahlen aus dem Einfang thermischer Neutronen in S, Sc und J. M. Cristu, D. Dorcioman, V. Cojocaru und D. Dragomirescu. (Rev. Physique [Bucarest] **6**, 509—17, 1961; Bucharest, Inst. for Atom. Phys.; engl.) — S, $Sc_2(SO_4)_3$ u. J wurden mit therm. Neutronen bestrahlt u. die γ-Spektren mit einem Scintillationsspektrometer mit NaJ(Tl)-Kristall aufgenommen. Für ^{33}S, ^{46}Sc u. ^{128}J sind Energien u. Intensitäten der γ-Strahlung zusammengestellt. Für ^{46}Sc u. ^{128}J sind die Termschemata aufgestellt. M. Wiedemann. 103◇

Relative Wirkungsquerschnitte für die ^{127}J(d, p)-Reaktion. D. J. Silvester und G. C. Jack. (J. inorg. nuclear Chem. **24**, 1181—84, 1962; London, Hammersmith Hosp., Cyclotron Unit; engl.) — Aus den bei der Rk. ^{127}J(d, p)^{128}J in Abhängigkeit von der Deuteronenenergie im Intervall von 5,26—14,84 MeV bestimmten Ausbeuten wurden die entsprechenden Wrkg.-Querschnitte berechnet. In Übereinstimmung mit theoret. Berechnungen, weist der energieabhängige Verlauf der Wrkg.-Querschnitte bei 11 MeV ein Maximum auf. W. Wiechmann. 103◇

Obere Grenze der Halbwertszeit des angeregten 351-keV-Niveaus von ^{143}Pr. Serge Gorodetzky, Robert Manquenouille, Raymond Richert und Albert Knipper. (C. R. hebd. Séances Acad. Sci. **253**, 428—29, 1961; franz.) — Messung der verzögerten β-γ-Koinzidenzen bei der Bestrahlung von CeO_2 lassen eine obere Grenze von $T_{1/2} < 1 \cdot 10^{-10}$ s erkennen. Gerhard Schmidt. 103◇

Halbwertszeit des angeregten 217-keV-Niveaus in ^{179}Hf. M. Vergnes. (J. Physique Radium **24**, 131—33, 1963; Orsay, Inst. du Radium, Labor. Joliot-Curie de Phys. Nucl.; franz.) — Mit einem Zeit/Amplituden-Konverter ergibt sich diese Halbwertszeit zu $(1,5 \pm 0,15) \cdot 10^{-9}$ s. Die Wahrscheinlichkeit des 217-keV-El-Überganges wird mit derjenigen des 321-keV-El-Überganges in ^{177}Hf u. mit den nach dem Nilsson-Modell

berechneten Wahrscheinlichkeiten verglichen. Zwischen den Wahrscheinlichkeiten der beiden El-Übergänge besteht eine beträchtliche Differenz.
Gerhard Schmidt. 103◇

Ein 2,8-Stunden-Rheniumisotop. G. B. Baró und J. Flegenheimer. (Radiochim. Acta [Frankfurt/M.] **1**, 2—3, 1962; Buenos Aires, Comis. Nac. de Energía Atóm.; engl.) — Die durch schnelle Neutronen ausgelösten Rkk. Ir(n, α)Re u. Os(n, p)Re führen je nach Zus. des Targets zu einem Gemisch verschiedener Re-Isotope. Durch Analyse der komplexen Aktivitätsabfallkurve dieses Gemisches konnte u. a. ein Re-Isotop mit einer Halbwertszeit von 2,8 Std. festgestellt werden. Aus der Target-Zus. u. der durch die Neutronenenergie bedingten Rk-Weise wurde für dieses Re-Isotop die Massenzahl 190 ermittelt. W. Wiechmann. 103◇

Monoenergetische Positronen. H. J. Leisi, J. H. Brunner, C. F. Perdrisat und P. Scherrer. (Helv. physica Acta **34**, 161—88, 1961; Zürich, ETH, Phys. Inst.; dt.) — Für den Nachw. der von Sliv theoret. vorausgesagten Emission monoenerget. Positronen (aus der inneren Paar-Bldg. beim Abklingen eines beim K-Einfang angeregten Kerns, wobei das Elektron des Paars den freien Platz in der K-Schale einnimmt) wurde der Elektroneneinfangzerfall von ^{206}Bi gewählt, der zu dem 3,403-MeV-Niveau von ^{206}Pb führt. Aus der gemessenen Intensität der „K-Positronlinie" ließ sich die totale Kernlebensdauer im 3,403-MeV-Zustand zu $1{,}8 \cdot 10^{-15}$ s bestimmen. Die Übergangswahrscheinlichkeiten der γ-Strahlen werden an Hand der Schalenmodelltheorie von ^{206}Pb diskutiert. J. Blume. 103◇

Untersuchung der Positronenspektren der Zerfälle von ^{205}Bi und ^{206}Bi. C. F. Perdrisat, J. H. Brunner und H. J. Leisi. (Helv. physica Acta **35**, 175—210, 1962; franz.) — Vgl. vorst. Referat. — Eine Unters. der Positronenspektren beim Zerfall von ^{205}Bi u. ^{206}Bi führt zur Beobachtung der monoenerget. K-Positronen von 2 Übergängen, die den Elektroneneinfangzerfällen folgen. Drei neue Übergänge mit Energien von 1845, 1880 u. 1903 keV werden aus ihren Konversionslinien u. den inneren Paarspektren nachgewiesen, alle drei gehören zum ^{206}Bi-Zerfall. Die beiden ersten werden als E1-Übergänge identifiziert, der dritte kann ein E2- oder M1-Übergang sein. Das zu ^{205}Bi gehörende β^+-Kontinuum hat eine maximale Energie von 990 ± 10 keV u. einen log ft-Wert von $9{,}35 + 0{,}3$. Gerhard Schmidt. 103◇

β-Zerfall von RaE. V. Geshkenbein, S. A. Nemiroskaya und A. P. Rudik. (Nuclear Physics [Amsterdam] **13**, 60—73, 1959; Moscow, USSR, Acad. of Sci.; engl.) — Theoret. Unters. zu Effekten infolge Nichterhaltung der Parität beim β-Zerfall des RaE. Ausdrücke für longitudinale Polarisation von β-Elektronen des *RaE* u. Winkelverteilung von β-Elektronen eines orientierten Kerns wurden erhalten.
O. Jansen. 103◇

Die zeitliche Verteilung der bei der ^{235}U-Spaltung emittierten Gammastrahlung. S. Dési, A. Lajtai und L. Nagy. (Acta physica Acad. Sci. hung. **15**, 185—92, 1962; Budapest, Central Res. Inst. of Phys.; engl.) — Es wurde die zeitliche Verteilung der γ-Strahlung im Energiebereich >25 keV, die bei der Spaltung von ^{235}U mit therm. Neutronen emittiert wird, bis auf einige ns gemessen. Sie variiert mit der Strahlungsenergie. Mit abnehmender Energie beobachtet man größere Verzögerungen.
R. Worbis. 103◇

Manganbad-Messungen von η für ^{239}Pu. R. L. Macklin, G. de Saussure, J. D. Kington und W. S. Lyon. (Nuclear Sci. Engng. **14**, 101—03, 1962; Oak Ridge, Tenn., O.R.N.L.; engl.) — Vgl. Nuclear Sci. Engng. **8**, [1960], 210. — Der Wert η (Zahl der Spaltneutronen pro Absorption) wurde für ^{239}Pu, bezogen auf eine Neutronen-Geschw. von 2200 m/s, zu $2{,}143 \pm 0{,}020$ bestimmt. Auf besondere Schwierigkeiten bei der Festlegung der Neutronenenergie während der Verss. wird hingewiesen.
T. Tamberg. 103◇

Massenspektrometrische Isotopenanalyse des Bors in Bortrifluorid und Bestimmung der natürlichen Konzentration des Bor-10. P. G. Bentley. (J. sci. Instruments **37**, 323—28, 1960; Capenhurst, Chester, U.K.A.E.A., Res. and Dev. Branch; engl.) — Vf. beschreibt die Eichung eines Massenspektrometers zur Best. des Verhältnisses $^{10}B/^{11}B$ in BF_3. Besondere Aufmerksamkeit wurde dem Verf. zur rechner. u. konstruktiven Ausschaltung des Memory-Effektes gewidmet. Auf der Grundlage dieser Unterss. u. unter Berücksichtigung der Massendiskriminierung in der Ionenquelle wurde die natürliche ^{10}B-Konz. zu $19{,}27 \pm 0{,}13\%$ bestimmt. W. Herfurt. 104◇

Trennung der Sauerstoffisotope in der Elektrosynthese von Ozon. 3. Mitt. **Berechnung des Gleichgewichtsverteilungskoeffizienten.** I. A. Ssemiochin, G. M. Pantschenkow und W. K. Korowkin. (J. physik. Chem. [UdSSR] **36**, 2561—63, 1962; Moskau, Lomonossow-Univ.; russ.) — 2. vgl. J. physik. Chem. [UdSSR] **35**, [1961], 1648; 1. vgl. C. **1961**, 4587. — Die Gleichgewichtsverteilungs-Koeff. für ^{16}O

u. ^{18}O u. ihre Temp.-Abhängigkeit werden ausgehend vom Ozonmodell u. den Kraft-Konst. berechnet, sie widersprechen jedoch den Befunden bei der Elektro-Synth. von Ozon. Dies dürfte daran liegen, daß die Isotopenverteilung durch kinet. Effekte der einzelnen Stadien der Bldg. bzw. Zers. von O_3 bedingt ist. M. Wiedemann. 104◇

Der Betrieb von Kernreaktoren. A. Colomb. (Schweiz. Arch. angew. Wiss. Techn. **27**, 305—12, 1961; Oak Ridge, Tenn., Oak Ridge Nat. Labor.; franz.) — Es wird allg. der prakt. Betrieb eines Reaktors erörtert, im einzelnen die Aufgaben u. die personelle u. sachliche Organisation der Betriebsabteilung, Fragen der Planung u. der Umgebungsbedingungen. Unter den herausgestellten Gesichtspunkten werden dann die drei in Oak Ridge betriebenen Reaktoren, ihre Aufgaben u. ihre bisherigen Leistungen unter Berücksichtigung der Wirtschaftlichkeit besprochen. W. Reusse. 110□

Betriebserfahrung mit dem schnellen Dounreay-Reaktor. J. L. Phillips. (Nuclear Power **7**, Nr. 76, 50—54, 1962; Dounreay, UKAEA, Reactor Div.; engl.) — Lösung der Kontroll-, Kühlmittel- u. physikal. Probleme. Gerhard Schmidt. 110◇

Aufgaben und Wirkungsweise des Impulskanals beim Anfahren eines Reaktors. F. H. Rinn. (Kerntechn., Isotopentechn. u. -chem. **3**, 179—85, 1961; Karlsruhe; dt.) — Beschreibung des Steuerungsmechanismus. Herbert Weber. 110◇

Angleichung der experimentellen Anfahrdaten von Yankee an ein einfaches Reaktoranalysenmodell. Wm. Howard Arnold jun. (Nuclear Sci. Engng. **14**, 144—52, 1962; Washington, D. C., Nucl. Utility Serv., Inc.; engl.) — Anwendung eines Eingruppenmodells der Reaktorstreuungstheorie auf die Daten der Anfahrversuche. Die Ergebnisse geben die heißen Daten (514° F) ausgezeichnet wieder. Gerhard Schmidt. 110◇

Kritizitätsbetrachtungen beim Transport von Spaltmaterialien. E. R. Woodcock und H. C. Paxton. (Reactor Technol., Part B **3**, 213—46, 1962; Risley, UKAEA, Health and Safety Branch; Los Alamos, N. Mex., Univ. of California, Los Alamos Scient. Labor.; engl.) — Überblick. K.-D. Asmus. 110◇

Zurückhaltung von Fragmenten durchgegangener Kernreaktoren. Ein Überblick über Modelluntersuchungen, die im Stanford Research Institute durchgeführt wurden. Donald E. Davenport, George B. Huber und Norman R. Zabel. (Reactor Technol., Part B **3**, 296—315, 1962; Menlo Park, Calif., Stanford Res. Inst.; engl.) — Es wird eine Modelltechnik beschrieben, die die meisten wichtigen Kennzeichen eines Reaktors einschließlich des Durchgehens berücksichtigt, sowie eine genaue Unters. der Bldg. von Bruchstücken (Stahl-, Al-, U-Stäbe; Betonblöcke), die als Geschosse wirken, ermöglicht. Die Experimente werden mit vereinfachten Reaktormodellen durchgeführt, die keine Röhrenverbindungen, Testlöcher, Kontrollstäbe besitzen u. W. als Moderator haben. K.-D. Asmus. 112◇

Die Doppelgitter-Ionisationskammer. Iwao Ogawa, Tadayoshi Doke und Masahiro Tsukuda. (Nuclear Instruments Methods [Amsterdam] **13**, 169—76, 1961; Toshimaku, Tokyo, Rikkyo St. Paul's Univ., Dep. of Phys.; engl.) — Es wird eine Doppelgitter-Ionisationskammer beschrieben. Die Signale werden am Kollektor sowie dem kathodennahen Gitter abgenommen, so daß neben der Energie der registrierten Teilchen auch ihre Emissionsrichtung ermittelt werden kann. Das 2. Gitter dient als Schirmgitter, seine Funktionsweise wird erläutert. Die Konstruktion der Kammer, ihre Kennlinien u. einige Anwendungen werden behandelt. W. Reusse. 112□

Neuer Typ eines Teilchendetektors. Die Entladungskammer. S. Fukui und S. Miyamoto. (Nuovo Cimento [10] **11**, 113—15, 1959; Osaka, Univ., Dep. of Phys.; engl.) — Der beschriebene Teilchendetektor besteht aus Glaszellen mit Glasfüllung aus einem Ne/Ar-Gemisch bei Atmosphärendruck. Platten aus Metall oder einem leitenden Glas sind als Elektroden eingebracht. Legt man unmittelbar nach Durchgang eines ionisierenden Teilchens einen kurzen (10^{-7} s) Spannungsimpuls (12,5—15 kV) an die Platten (Abstand 2 cm), dann zeigen sich längs der Teilchenbahn schwache Luminescenzerscheinungen. Als Beispiel sind Bahnen durchdringender Teilchen photograph. wiedergegeben. Die Auflösungszeit ist 10 μs u. die Erholungszeit 0,1 s. W. Reusse. 112◇

Über die Arbeitsweise der Entladungskammer. F. T. Arecchi, G. Cavalleri, E. Gatti und G. Redaelli. (Energia Nucleare **8**, 213—16, 1961; Segrate, Labor. CISE; Milano, Ist. di Fis. del Politecn., Cattedra di Elettron. Appl.; engl.) — Wiederholung der von Colli u. Mitarbeitern (C. **1963**, 3086) durchgeführten Verss. unter bes. kontrollierten Bedingungen bzgl. Reinheit der Gase u. der verwendeten Materialien. Die besten Ergebnisse werden mit Mischungen bei 1 at von 2,5% Ar u. 97,5% Ne erhalten; das Licht der Bahnen erscheint weiß. Gerhard Schmidt. 112◇

Genauigkeit der Spurlage in Funkenkammern. 1. Mitt. J. G. Rutherglen und J. M. Paterson. (Rev. sci. Instruments **32**, 519—21, 1961; Glasgow, Univ., Dep. of

Natur. Philos.; engl.) — Es wurden verschiedene Funkenkammern mit einer Zählfläche von 6×6 in. bei Ne-, Ar- u. Ne–Ar-Füllungen auf ihr Ansprechen gegenüber Höhenstrahlung untersucht. Die Elektronen in unmittelbarer Nähe der negativen Elektrode bestimmen die Lage des Funkens. H. Liepack. 112◇

Genauigkeit der Spurlage in Funkenkammern. 2. Mitt. J. G. Rutherglen und J. M. Paterson. (Rev. sci. Instruments **32,** 522—23, 1961; engl.) — 1. vgl. vorst. Referat. — Unterss. in Abhängigkeit vom Spurwinkel, von Verzögerungszeit u. Reinigungsfeld. H. Liepack. 112◇

Automatisches Abtasten von Funkenkammeraufnahmen. L. J. Koester jun. (Rev. sci. Instruments **32,** 529—30, 1961; Urbana, Ill., Univ. of Illinois; engl.) — Diskussion verschiedener Methoden. H. Liepack. 112◇

Bemerkung zum Problem der automatischen Abtastung von Funkenkammeraufnahmen. Arthur Roberts. (Rev. sci. Instruments **32,** 531, 1961; Argonne, Ill., Argonne Nat. Labor.; engl.) — Hinweis auf die Schwierigkeiten bei einer großen Zahl von Ereignissen. H. Liepack. 112◇

Qualitative und quantitative Gamma-Analyse niedriger Aktivitäten nach der Graukeilmethode. R. Tzschaschel. (Telefunken Ztg. **34,** 249—56, 1961; Jülich, Kernforschungsanlage, Abt. Strahlenschutz; dt.) — Vf. berichtet über Erfahrungen mit einem Graukeilspektrometer zur Überwachung der Umgebungsstrahlung bei der Kernforschungsanlage Jülich. Als Detektor wurde dabei ein Scintillationszähler in einer großen Bleikammer verwendet. Im Spektrum von Bodenproben wurden die 4 Nuclide ^{40}K (1,46 MeV), ^{144}Ce (0,13 MeV), ^{137}Ba (0,66 MeV) u. *Th*-Zerfalls-Prodd. (0,24 MeV), im Spektrum von Niederschlagsproben die Nuclide ^{144}Ce, ^{103}Ru (0,50 MeV) u. ^{95}Zr (0,76 MeV) gefunden. Es wird ferner über die Auswertung der Spektren u. über eine einfache Aktivitätseichung berichtet. W. Reusse. 112□

Erfahrungen bei der Verwendung eines Scintillationsdetektors in einem β-Spektrometer vom Toroid-Sektor-Typ. D. Berényi und Gy. Máthé. (Nuclear Instruments Methods [Amsterdam] **13,** 161—68, 1961; Debrecen, Hung. Acad. Sci., Inst. of Nuclear Res.; engl.) — Es werden Unterss. über einen Scintillationsdetektor für Elektronen bis zu 225 keV mitgeteilt. Dabei werden dünne Scheiben aus Anthracen u. plast. Phosphoren in Verbindung mit den RCA-Multipliern 6342 A u. 5819 verwendet. Es werden experimentelle Unterss. über die Pulshöhenverteilung in einem Strahl, Signal/Rausch-Verhältnisse u. die Ausbeute des Detektors als Funktion der einzelnen Parameter beschrieben. W. Reusse. 112□

Die Thermoluminescenzdosimeter. Zenon Polacki. (Postępy Fizyki **13,** 165—75, 1962; Gdańsk, Politechn., I Kat. Fiz.; pol.) — Übersicht: Mechanismus der Thermoluminescenz; in der Dosimetrie verwendete Phosphore; Konstruktion u. charakterist. Werte der Dosimeter. — 9 Literaturangaben. R. K. Müller. 112◇

Totale Wirkungsquerschnitte für schnelle Neutronen nach einer Laufzeitmethode. P. Huijer, C. C. Jonker, J. Van Den Berg und J. Rethmeier. (Physica [Utrecht] **24,** 331—42, 1958; Amsterdam, Nederland, Vrije Univ., Natuurkundig Labor.; engl.) — Die Meth. beruht auf dem zweimaligen Nachw. der Neutronen längs ihrer Flugbahn mit Stilben-Scintillationszählern. Das Zeitintervall zwischen den Impulsen der 2 Zähler wurde mittels einer Verzögerungskoinzidenzschaltung gemessen. Der totale Querschnitt von *S* zwischen 400 u. 1200 keV wurde gemessen. O. Jansen. 112◇

Zur Absolutbestimmung von Neutronenflüssen mit Indiumsonden. Klaus Stelzer. (Nukleonik [Berlin] **1,** 10—13, 1958; Frankfurt/Main, Univ., Inst. für Kernphys.; dt.) — Die in der Folge des 54-Min.-β-Überganges von ^{116m}In auftretende γ-Strahlung von ^{116}Sn wird zur Aktivitätsmessung verwendet. Die von Eigenabsorption in der Sonde freie Messung der γ-Strahlung erlaubt, die Wrkg. der Neutronenabsorption durch die Sonde zu erfassen, wogegen sie bei Messung der β-Aktivität durch Eigenabsorption der Sonden-β-Strahlung verdeckt wird. Die Best. der Aktivierungsstörung u. der β-Eigenabsorptionsfaktoren wird vereinfacht. Die genaue Messung der Massenbelegung dünnster Sonden ist möglich. W. Wesly. 112□

Neutronenflußmessungen unter Benutzung von Dysprosiumdetektoren. G. Ben-David und B. Huebschmann. (Reactor Sci. Technol. **16,** 291—95, 1962; Rehovoth, Israel, Israel Atom. Energy Comm.; engl.) — Als Aktivierungsdetektor wurde eine Dy–Al-Legierung mit 10 Gew.-% Dy benutzt. Herbert Weber. 112◇

Miniaturspaltkammer für schnelle Neutronen. G. D. Hickman. (Nuclear Instruments Methods [Amsterdam] **13,** 190—96, 1961; Schenectady, N.Y., Knolls Atomic Power Labor.; engl.) — Beschreibung der Spaltkammer WX-4422 zur Messung schneller Neutronen in einem Reaktor, deren Ansprechen durch eine zylindr. gebogene Folie aus $^{238}U_3O_8$ von 1,7 mg/cm² Dicke bewirkt wird. Die Eichung wurde durch Aktivitätsmessungen mit ^{32}P durchgeführt, das nach der Rk. $^{31}P(n,\gamma)^{32}P$ in dem gleichen Neutronenfluß aktiviert wurde wie die Spaltkammer. Für therm. Neutronen u. γ-Strahlen ist die Kammer unempfindlich. W. Reusse. 112□

Der Einfluß der Reflexion auf die Wirkungsweise von mechanischen Neutronenmonochromatoren. Laurence Passell, William C. Dickinson und William Bartolini. (Rev. sci. Instruments **32,** 870—71, 1961; Livermore, Calif., Lawrence Radiat. Labor.; engl.) — Es wird die Totalreflexion von Neutronen an den Schlitzwänden eines mechan. Monochromators untersucht, u. zwar bes. ihr Einfl. auf die Durchlaß-Eigg. des Monochromators. Zur Vermeidung von Verlusten durch Totalreflexion wird vorgeschlagen, Monochromator-Rotoren aus Kunststoff oder Fe mit rauher Oberfläche zu verwenden. W. Reusse. 112□

Diskussion eines numerischen Verfahrens zur Verbesserung des Auflösungsvermögens beim Neutronenchopper. Gerhard Locke. (Atomkernenergie **3,** 299—304, 1958; Hamburg, Ges. für Kernenergieverwertung in Schiffbau u. Schiffahrt m.b.H.; dt.) — Vf. beschreibt ein Näherungs-Verf., bei welchem aus der am Ende der Laufstrecke eines Choppers gemessenen zeitlichen Verteilung der Neutronenintensität $m(\tau)$ das Neutronenspektrum der Quelle $f(\tau)$ ermittelt werden kann. Das Auflösungsvermögen läßt sich hiermit um den Faktor 5—10 steigern. O. Jansen. 112◇

Ausgleichswirkung von Untersetzern. J. Sandstad. (Nuclear Instruments [Amsterdam] **4,** 243, 1959; Oslo, Univ., Inst. of Phys.; engl.) — Vf. korr. die von Pryor u. Klein (Nuclear Instruments [Amsterdam] **4,** [1959], 2) angegebene Ausgleichs-Wrkg. einer schnellen Untersetzerstufe, die langsameren vorgeschaltet ist. Auf Grund eigener Berechnung wird ein Diagramm relativer Zählverluste gegen das Verhältnis von Totzeit zu durchschnittlichem Eingangsimpulsabstand für verschiedene Untersetzungen angegeben. H. Hauswald. 112□

Eine neue Methode zur Registrierung großer Höhenstrahl-Luftschauer. C. B. A. McCusker und M. M. Winn. (Nuovo Cimento [10] **28,** 175—78, 1963; Sydney, Univ. of Sydney, School of Phys., Falkiner Nucl. Dep.; engl.) — Vorschlag einer Meßmeth., bei der die Zeit des Durchganges von Schauerfronten an jeder Detektorstation in bezug auf die Zeit gemessen wird, die durch einen Zeit-Signal-Übertrager in oder nahe der Zähleranordnung gegeben ist. Gerhard Schmidt. 112◇

A$_2$. Optisches Verhalten der Materie

Die Geschichte des Crab-Nebels. N. U. Mayall. (Science [Washington] **137,** 91—102, 1962; Tucson, Ariz., Kitt Peak Nat. Observ.; engl.) — Übersicht über Beobachtungen am Crabnebel seit 1731. H. Roschkowski. 113◇

Automatische Berechnung der Häufigkeiten in der Sonnenatmosphäre: Häufigkeit von Kohlenstoff. M. Andrews und D. Mugglestone. (Monthly Notices Roy. astronom. Soc. **125,** 347—65, 1963; Birmingham, Univ., Dep. of Math. Phys.; engl.) — Die Meth. aus dem Fraunhofer-Spektrum durch automat. Berechnung die Häufigkeit eines Elementes in der Sonnenatmosphäre zu erhalten, wird auf C angewandt. Hierzu werden die Formeln von Faulkner u. Mugglestone für die Linien des neutralen Elementes verwendet. M. Wiedemann. 113◇

Massen- und Energiebilanz im Sonnensystem. R. Lüst. (Naturwissenschaften **50,** 186—91, 1963; München, MPI für Phys. u. Astrophys.; dt.) — Ergebnisse, die durch Raumsonden u. Satelliten erhalten wurden, werden auf die Massen- u. Energieverteilung im Sonnen-Syst. angewandt. Im einzelnen werden diskutiert: Die Temp.-Verteilung in der Sonne, die nicht-therm. Erscheinungen in der Sonnenatmosphäre, die Korpuskularstrahlung u. das interplanetar. Medium, der Einfl. der Korpuskularstrahlung auf die nähere Erdumgebung (Temp.-Verlauf der Erdatmosphäre), die Auswirkungen der solaren Aktivität u. die Gesamtbilanz. Ernst Schulte. 113◇

Quantentheorie. Abhandlung über vibronische Wechselwirkungen höherer Ordnung. Andrew D. Liehr. (Annu. Rev. physic. Chem. **13,** 41—76, 1962; Murray Hill, N.J., Bell Telephone Labor., Inc.; engl.) — Übersicht. — 89 Literaturangaben. P. Golinske. 114◇

Korrektur der Wellenfunktion für Krypton. Beatrice H. Worsley. (Proc. Roy. Soc. [London], Ser. A **274,** 284, 1963; Toronto, Univ., McLennan Labor., Inst. of Computer Sci.; engl.) — Berichtigung zu C. **1963,** 13426. A. Blaschette. 114◇

Über die Berechnung von α_e und $\omega_e x_e$ aus Funktionen der potentiellen Energie mit 3 Konstanten. M. R. Katti. (Indian J. Physics Proc. Indian Assoc. Cultivat. Sci. **36 (45),** 180—88, 1962; Kirkee, Fac. of Appl. Phys. and Mech. Engng., Inst. of Armament Studies; engl.) — Analog der Meth. von Varshni u. Shukla (C. **1962,** 13309) wird die Rotations-Konst. α_e berechnet. Die Genauigkeit des Verf. wird am Beispiel von H_2, *ZnH, CdH, HgH, CH, OH, HF, HCl, HBr, HJ*, Li_2, Na_2, K_2, N_2, P_2, O_2, *SO*, Cl_2, Br_2, J_2, *JCl, CO* u. *NO* zufriedenstellend geprüft. Aus der Unters. ergibt sich eine empir. Beziehung für $\omega_e\chi_e$, deren Wert für den Grundzustand von Cl_2 mit dem experimentellen Ergebnis nicht übereinstimmt. J. Blume. 114◇

Energiereiche Bremsstrahlung von einem Siliciumeinkristall. G. Bologna, G. Diambrini und G. P. Murtas. (Physic. Rev. Letters **4,** 572—75, 1960; Frascati, Italy, Labor. Naz. di Frascati del Comitato Naz. per le Ric. Nucl.; engl.) — Vff. berichten über Messungen an Bremsstrahlung von einem Target aus einem Si-Einkristall u. vergleichen sie mit theoret. Voraussagen von Überall (C. **1958,** 2031) u. Schiff (Physic. Rev. [2] **117,** [1960], 1394). Das experimentelle Verhältnis $R_{ex}(\Theta) = N(\Theta, k) \cdot \sigma_p(k_0)/N(\Theta, k_0)\sigma_p(k)$ (Θ Winkel zwischen einfallendem 1-GeV-Elektronenstrahl u. Kristallachse, $N(\Theta, k)$ = Zahl der symm. Paare, $\sigma_p(k)$ Wrkg.-Querschnitt der symm. Paarerzeugung in Al) zeigt 2 symm. Maxima um $\Theta = 0$ u. daselbst ein zentrales Minimum in qual. Übereinstimmung mit Überalls Berechnung. J. M. Spaeth. 116□

Optische Hyperfeinstruktur von Neon-21. Ebbe Rasmussen und V. Middelboe. (Kong. danske Vidensk. Selsk., mat.-fysiske Medd. **32,** Nr. 14, 1—15, 1960; Copenhagen, Univ., Phys. Dep.; Roy. Veterinary and Agricult. Coll., Phys. Dep., Isotope Labor.; engl.) H. Roschkowski. 118◇

Das Spektrum von atomarem Aluminium, Al I. Karl Börje S. Eriksson und H. Bengt S. Isberg. (Ark. Fysik **23,** 527—42, 1963; Lund, Univ., Phys. Dep.; engl.) — Es wird das Spektrum von *Al I* aufgenommen u. die Wellenlängen von über 100 Linien im Bereich 1762—21164 Å werden vermessen (Tabellen). Das gesamte Termsyst., einschließlich der bekannten Hyperfeinstrukturniveaus, wird neu berechnet, wobei an Stelle der Terme $5s'^2P$, $4d'^2P$, $6s'^2P$ u. $5d'^2F$ die Terme $3d'^2F$, $4d'^2D$, $4d'^2F$ u. $5d'^2D$ treten. Auf Grund der Ionisierungsenergie von $48278{,}37 \pm 0{,}02$ cm^{-1} stellen Vff. Formeln für das normale Dublett-Syst. auf. W. Sobieski. 118◇

Absorptionsspektrum von durch Stoß angeregtem Barium. W. R. S. Garton, W. H. Parkinson und E. M. Reeves. (Proc. physic. Soc. **80,** 860—67, 1962; London, Imp. Coll.; Cambridge, Mass., Harvard Coll. Obs.; engl.) — Die Absorptionsspektren, die von $BaCl_2$ durch Stoßanregung in Ar erhalten wurden, zeigten eine große, z. T. noch unklassifizierte Linienzahl von Ba I u. die stärkeren Linien von Ba II. Die meisten Linien gehen von Niveaus aus, die 1,1—1,7 eV über dem Grundzustand liegen. Das Spektrum enthält die erste Beobachtung einer „erzwungenen Selbstionisation". I. Zoll. 118◇

Lichtabsorption in paramagnetischen Co^{2+}-Ionen im Lösungszustand. A. Mookherji und N. S. Chhonkar. (Indian J. Physics Proc. Indian Assoc. Cultivat. Sci. **34 (34),** 336—37, 1960; Agra, Agra Coll., Phys. Labor.; engl.) — Vgl. C. **1963,** 6459. — Absorptionsmessungen an ca. 15 Co-Salzen in wss. Lsg. zeigen in Übereinstimmung mit den von Chakravarty u. Chatterji (Indian J. Physics Proc. Indian Assoc. Cultivat. Sci. **33 (42),** [1959], 531) entwickelten theoret. Ableitungen für die magnet. Susceptibilitäten der Hydrathülle um das Co^{2+}-Ion in Kristallen eine einzelne Bande bei 19550 cm^{-1} u. 2 unterscheidbare bei 20900 u. 21800 cm^{-1}. Aus den opt. Daten wurde für ca. 12 Co^{2+}-Salze in wss. Lsg. der Termabstand E für das Co^{2+}-Ion im krist. Zustand berechnet; der Wert von E'/E = ca. 0,95 (E = Termabstand des freien Ions) steht in vollständiger Übereinstimmung mit den erwähnten Ableitungen. P. Scharner. 118□

Das Absorptionsspektrum von Germanium und Substanzen vom Zinkblendetyp bei Energien, die höher sind als die Absorptionskante des Grundgitters. Manuel Cardona und Günther Harbeke. (J. appl. Physics **34,** 813—18, 1963; Zurich, Labor. RCA; engl.) — Die Absorptionsspektren von *Ge, InSb, GaAs, InAs, ZnSe, ZnTe, CdTe, HgSe* u. *HgTe* wurden an dünnen aufgedampften Schichten untersucht (T = 80°K u. 295°K). Messungen der Absorption u. Reflexion anderer Autoren wurden zum Vgl. u. zur Deutung herangezogen. Ein pulsierendes elektr. Feld bis zu 40 kV/cm führte in der Absorption des CdTe noch zu keiner Ecxitonenionisation. Neben der Absorptionskante des Grundgitters wird bei höheren Energien eine weitere Struktur gefunden. R. Rass. 119◇

Untersuchung der Lichtstreuung in entfärbten Objekten. A. P. Iwanow. (Optik u. Spektroskopie [UdSSR] **11,** 754—58, 1961; russ.) — Vf. untersucht theoret. nach der in Optik u. Spektroskopie [UdSSR] **8,** [1960], 556 angegebenen Meth. die Änderung von Reflexions- u. Durchlässigkeits-Koeff. eines sich unter der Wrkg. der auffallenden Strahlung entfärbenden Objektes im Verlauf der Entfärbung. U.-L. Rau. 119□

Die Laser. Lubomir Gabła. (Postępy Fizyki **13**, 395—405, 1962; Kraków, Uniw. Jagiell., Kat. Fiz. dośw.; pol.) — Übersicht über die Grundlagen, die Konstruktionstypen u. die Anwendungen. — 15 Literaturangaben. R. K. Müller. 119◇

Räumliche Kohärenz im Ausgang eines optischen Masers. D. F. Nelson und R. J. Collins. (J. appl. Physics **32**, 739—40, 1961; Murray Hill, N.J., Bell Telephone Labor., Inc.; engl.) — Es wird die räumliche Kohärenz des aus einem gepulsten opt. Rubinmasers austretenden Lichtes untersucht, indem 2 Spalte in Kontakt mit dem Rubinstab gebracht werden. Die Beobachtung der mit dieser Anordnung hergestellten Interferenzfiguren stellt erstmalig dar, daß der klass. Vers. von Young mit kohärentem Licht durchgeführt wurde. Es ergibt sich, daß nur kleine Bereiche des Rubinstabes der Maser-Wrkg. unterliegen u. daß die opt. Vollkommenheit des Rubinkristalls sehr wichtig ist, wenn die Charakteristika des austretenden Strahles optimalisiert werden sollen. J. M. Spaeth. 119□

Infrarotspektren von LiOH-, LiOD- und LiOH·LiOD-Einkristallen. R. M. Hexter. (J. chem. Physics **34**, 941—47, 1961; Pittsburgh, Pa., Mellon Inst.; engl.) — Vf. stellt die IR-Spektren von LiOH, LiOD u. LiOH·LiOD (2400—4200 cm^{-1}) den von Mara u. Mitarbeiter (C. **1950/54**, 2974 S) veröffentlichten IR-Spektrum von $Mg(OH)_2$ u. dem von $Ca(OH)_2$ (vgl. Busing u. Mitarbeiter (C. **1959**, 2352) gegenüber. Trotz der Veränderung der Masse u. Ladung des Kations sowie der stöchiometr. u. geometr. Verhältnisse besteht eine große Ähnlichkeit der Spektren, sie enthalten die gleiche Anzahl von Banden. Das Spektrum des LiOD zeigt die gleiche Verschiebung gegenüber dem des LiOH wie $Mg(OD)_2$ gegenüber $Mg(OH)_2$. Das Spektrum der festen Lsg. von LiOH in LiOD (ca. 50 : 50) zeigt keine neuen Linien. M. Walther. 120◇

Untersuchung über die Beziehung zwischen Infrarotspektren und Struktur von Vanadin-Sauerstoff-Verbindungen. Leo D. Frederickson jun. und Donald M. Hausen. (Analytic. Chem. **35**, 818—27, 1963; Denver, Colo., Spectran Labor., Inc.; Grand Junction, Colo., Union Carbide Nuclear Co.; engl.) — Vff. nahmen die IR-Spektren von $VOCl_3$, V_2O_5, K-Fluorovanadat, $NaVO_3$, NH_4VO_3, KVO_3, $Ca(VO_3)_2$, $Hg(VO_3)_2$, $Na_2V_6O_{17}\cdot 3\,H_2O$, $K_2V_6O_{17}\cdot 3\,H_2O$, $(NH_4)_2V_6O_{17}\cdot 3\,H_2O$, $BaV_6O_{17}\cdot 3\,H_2O$, $CaV_6O_{17}\cdot 3\,H_2O$, $MgV_6O_{17}\cdot 3\,H_2O$, $Ca_6V_{10}O_{28}\cdot 15\,H_2O$, $K_2Mg_2V_{10}O_{28}\cdot 16\,H_2O$, Amindekavanadat, $Na_4\cdot(NH_4)_2V_{10}O_{28}\cdot 16\,H_2O$, $Na_4V_2O_7\cdot n\,H_2O$, $Ca_2V_2O_7\cdot 2\,H_2O$, $Sr_2V_2O_7\cdot n\,H_2O$, $Zn_2V_2O_7\cdot n\,H_2O$, Na_3VO_4, $Mg_3(VO_4)_2$, $Cu_3(VO_4)_2\cdot 3\,H_2O$, $Pb_5(VO_4)_3Cl$, V_2O_4, V_2O_3, $VOCl_2$, $VOSO_4$, NH_4-Vanadyltartrat u. Vanadyloxalat im Bereich von 5000—650 cm^{-1} auf u. fanden, daß bei Hexavanadaten, Dekavanadaten u. Vanadyl-Verbb. eine gute Übereinstimmung zwischen den Spektren u. der Struktur ihrer Verb.-Klasse besteht. Metavanadate können durch das Auftreten stärkerer Banden identifiziert werden, während Ortho- u. Pyrovanadate am Auftreten von Banden bei niedrigen Frequenzen zu erkennen sind. P. Kurzmann. 120◇

Infrarotspektren von „Isoperthiocyansäure" und einigen verwandten Verbindungen. H. J. Emeléus, A. Haas und N. Sheppard. (J. chem. Soc. [London] **1963**,

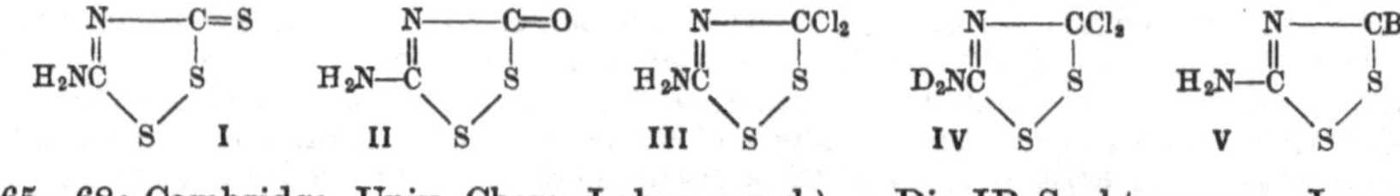

3165—68; Cambridge, Univ. Chem. Labor.; engl.) — Die IR-Spektren von „Isoperthiocyansäure" *$(SCN)_2\cdot H_2S$* (**I**) u. der verwandten Substanzen *$(SCN)_2\cdot H_2O$* (**II**), *$(SCN)_2\cdot 2\,HCl$* (**III**), *$(SCN)_2\cdot 2\,DCl$* (**IV**) u. *$(SCN)_2\cdot 2\,HBr$* (**V**) wurden zwischen 4000 u. 400 cm^{-1} aufgenommen (Abb. u. Tabelle). Ihre Zuordnung läßt sich nur mit obenst. Strukturen vereinbaren. H. Bürger. 120◇

Infrarotspektren und Strukturen von „Perthiocyansäure", ihrem Bariumsalz, $(SCN)_4Cl_2$ und $(ClSCN)_5$. H. J. Emeléus, A. Haas und N. Sheppard. (J. chem. Soc. [London] **1963**, 3168—71; engl.) — Vgl. vorst. Referat. — Die IR-Spektren von

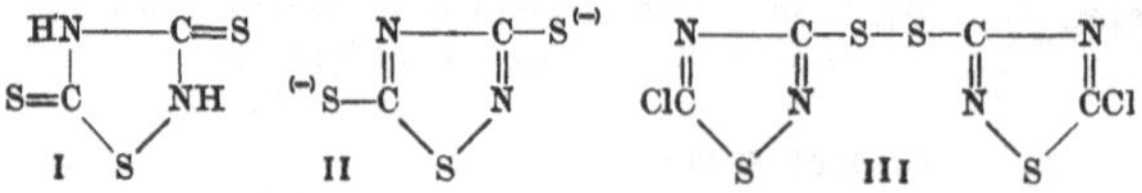

„Perthiocyansäure" *$(SCN)_2\cdot H_2S$* (**I**), ihrem *Ba-Salz* (**II**), *$(SCN)_4Cl_2$* (**III**) u. *$(ClSCN)_5$* (**IV**) werden mitgeteilt (4000 bis 400 cm^{-1}, Abb. u. Tabelle) u. zugeordnet. Aus ihnen werden nebenst. die wahrscheinlichsten Strukturen abgeleitet. **IV** liegt als Pentameres (Kristalle aus $HCCl_3$) mit der Struktur [—CCl=N—S—]$_5$ vor. H. Bürger. 120◇

Rotationsschwingungsspektroskopie. Harry C. Allen jun. und Bruce Olson. (Annu. Rev. physic. Chem. **13**, 221—40, 1962; Washington, D.C., Nat. Bureau of Stand.; engl.) — Übersicht über theoret. Unterss. u. über die Feinauflösung von Spektren einfacher Moleküle. — 113 Literaturangaben. P. Golinske. 120◇

Lorentz-Parameter und Konstanten der Schwingungs–Rotations-Wechselwirkung für die Grundbande von HF. R. J. Lovell und W. F. Herget. (J. opt. Soc. America **52**, 1374—76, 1962; Knoxville, Tenn., Univ. of Tennessee, Dep. of Phys. and Astronomy; engl.) — Der Lorentz-Parameter wurde für die druckverbreiterten Spektrallinien mit kleinem J-Wert in der HF-Grundschwingung bestimmt. Aus den Linienintensitäten wurden das Quadrat des Matrizenelementes für das elektr. Dipolmoment eines nichtrotierenden anharmon. Oscillators u. eine Reihe von Rotationskorrekturfaktoren $F_0^1(m)$ berechnet. Die effektive Ladung u. die Konst. der Schwingungs–Rotations-Wechselwrkg. wurden berechnet. Experimentell u. theoret. erhaltene $F_0^1(m)$-Werte wurden verglichen. H. J. Altmann. 120◇

Schwingungsspektren geschmolzener Quecksilberhalogenide. 1. Mitt. **Quecksilber(II)-chlorid, Quecksilber(II)-bromid und Quecksilberchloridbromid.** George J. Janz und David W. James. (J. chem. Physics **38**, 902—05, 1963; Troy, N.Y., Rensselaer Polytechn. Inst., Dep. of Chem.; engl.) — In den Raman-Spektren von $HgCl_2$, $HgBr_2$ u. HgClBr im reinen geschmolzenen Zustand wurden folgende Maxima beobachtet: $HgCl_2$, 313 (cm^{-1}), 376; $HgBr_2$, 195, 271; HgClBr, 111, 203, 236, 319 u. 335. Die Zuordnung der Schwingungen u. die Berechnung der Kraft-Konst. erfolgt unter der Annahme, daß auch in den Schmelzen lineare X–Hg–X-Moll. wie im krist. u. gasförmigen Zustand vorliegen. Das Auftreten zweier Raman-Linien von $HgCl_2$ u. $HgBr_2$ (319 u. 203) im Spektrum von HgClBr wird als Folge einer Disproportionierungs-Rk. gedeutet. Wolfgang Krüger. 120◇

Schwingungsspektren geschmolzener Quecksilberhalogenide. 2. Mitt. **Trichloro- und Tetrachloromercurationen.** George J. Janz und David W. James. (J. chem. Physics **38**, 905—09, 1963; engl.) — 1. vgl. vorst. Referat. — Lsgg. von KCl u. NH_4Cl, mit 10—70% Gelöstem, in geschmolzenem $HgCl_2$ wurden ramanspektroskop. untersucht. Neben $HgCl_2$ wurden $HgCl_3^-$ u. $HgCl_4^{2-}$ als hauptsächlich vorliegende Teilchen beobachtet. $HgCl_3^-$ ist eben, $HgCl_4^{2-}$ tetraedr. gebaut. Die Kraft-Konst. wurden für alle 3 Teilchenarten berechnet. Aus den Intensitätsänderungen der stärksten Raman-Linien, 374 (cm^{-1}), 282 u. 267, wurden die Konzz. der 3 Teilchenarten in Abhängigkeit von der Menge des zugegebenen Cl^- ermittelt. Der Ionenbindungsanteil der Hg–Cl-Bindung steigt von 23% in $HgCl_2$ über 50% in $HgCl_3^-$ auf 70% in $HgCl_4^{2-}$. Wolfgang Krüger. 120◇

Indicatrix des Raman-Lichtes. N. K. Ssidorow. (Optik u. Spektroskopie [UdSSR] **9**, Nr. 4, 546—47, 1960; russ.) — Vf. zeigt, daß die von Kondilenko, Korotkow u. Strishewski (Optik u. Spektroskopie [UdSSR] **8**, [1960], 471) erhaltene Formel für die Indicatrix des Raman-Lichtes wesentlich einfacher aus den Intensitätskomponenten des gestreuten Lichtes abgeleitet werden kann. R. Gerbatsch. 120□

Ramanspektren kristalliner Doppelsulfate. 2. Mitt. **Ammoniumdoppelsulfate.** V. Ananthanarayanan. (Z. Physik **166**, 318—27, 1962; Bangalore, India, Indian Inst. of Sci., Dep. of Phys.; engl.) — 1. vgl. Z. Physik **163**, [1961], 144. — Einkristalle der Zus. $(NH_4)_2Me(SO_4)_2 \cdot 6\,H_2O$ (Me = Mg, Zn, Ni oder Co) wurden nach der l. c. beschriebenen Meth. hergestellt u. ihre Raman-Spektren nach Anregung mit Licht ($\lambda = 2537$) gemessen. Die Spektren der Doppelsalze werden mit den bekannten Kristallstrukturen u. mit den der l. c. beschriebenen Verbb. $K_2Me(SO_4)_2 \cdot 6\,H_2O$ in Verbindung gebracht. Erstmalig wird auch über das Raman-Spektrum von $NaNH_4SO_4 \cdot 2\,H_2O$ berichtet. H. Roschkowski. 120□

Spin–Rotations-Hyperfeinstruktur im Mikrowellenspektrum des Sauerstoffdifluorids. Louis Pierce und Nicholas DiCianni. (J. chem. Physics **38**, 2029—30, 1963; Notre Dame, Ind., Univ. of Notre Dame, Dep. of Chem.; engl.) — Die magnet. Hyperfeinstruktur im Mikrowellenspektrum des OF_2 wird für 3 Rotationsübergänge mit hohen J-Werten mit Hilfe eines konventionellen Spektrometers vom Wellenleitertyp mit Stark-Modulation (100 kHz) aufgelöst. A. Blaschette. 121◇

Elektrische Quadrupolwechselwirkungen in einigen Feldspäten. E. Brun, St. Hafner und P. Hartmann. (Helv. physica Acta **33**, 495—96, 1960; Zürich, Univ., Phys. Inst.; Zürich, ETH, Inst. für Kristallographie u. Petrographie; dt.) — Vgl. Z. Kristallogr., Kristallgeometr., Kristallphysik, Kristallchem. **113**, [1960], 65. — Die l. c. durchgeführten Unterss. für einen *Albit*-Einkristall ($NaAlSi_3P_8$) wurden auf eine Messung der inneren elektr. Felder ausgedehnt. Der Asymmetrieparameter ergab für *Al*:

$(V_{xx} - V_{yy})/V_{zz} = 0{,}634$, für *Na*: 0,250. Die Best. der Quadrupolkopplungs-Konst. führte zu folgenden Resultaten für $e\,QV_{zz}/h$: Al 3,37 ± 0,03 MHz, Na 2,62 ± 0,03 MHz.

M. Guerlin. 121□

Speicherung und Übertragung der Anregungsenergie in Kristallphosphoren. W. L. Lewschin. (Nachr. Akad. Wiss. UdSSR, physik. Ser. **26,** 450—59, 1962; Moskau, Phys. Lebedew-Inst. der Akad. der Wiss. der UdSSR u. Lomonossow-Univ.; russ.) — Übersicht: Bldg. von Einfangstellen u. ihre Füllung mit Elektronen u. Löchern; Übertragung u. sek. Lokalisierung von Elektronen; Energieübertragung in Kristallphosphoren u. Wechselwrkg. von Aktivatoren. — Diskussion. 21 Literaturangaben.

R. K. Müller. 125◇

Absorption und Strahlung der Aktivatorfallenzentren in Alkalihalogenidkristallphosphoren. M. L. Katz. (Nachr. Akad. Wiss. UdSSR, physik. Ser. **26,** 506—13, 1962; Ssaratow, Tschernyschewski-Univ.; russ.) — Vgl. C. **1962,** 2627. — Der Einfl. von Röntgenbestrahlung auf die prim. u. sek. Absorptions- u. Emissionsspektren von NaCl–Ni-, KCl–Ni- u. KBr–Ni-Kristallen wird untersucht. Bei nichtbestrahlten NaCl–Ni-Kristallen findet sich neben der Bande 246 nm eine schwache Bande 276 nm, die nach Röntgenbestrahlung zunimmt, zugleich treten neue Banden (306, 365, 400—410 nm) u. eine Lochtypbande 216—226 nm auf, die bei Entfärbung der F-Bande ebenso wie die Bande 246 nm abnimmt. Bandenserien zeigen KCl–Ni (213, 254, 272 nm) u. KBr–Ni (214, 250, 271, 302 nm). Die Banden 246, 254 bzw. 250 nm werden Ni^{2+} zugeschrieben. Bei wss. Lsgg. treten nur die Banden 274—276 u. 400 nm auf. NaCl–Cu- u. KCl–Cu-Kristalle zeigen im Absorptionsspektrum Maxima bei 255 u. 262 nm, die Cu^+ zugeschrieben werden. Die Banden 235, 295, 335 bzw. 242, 305, 365 nm nach Röntgenbestrahlung sind Elektronen- nicht Lochfallen zuzuschreiben, da sie bei additiver Färbung auftreten. Bei KCl–Ag- u. KBr–Ag-Kristallen werden sek. Zentren durch additive Färbung gebildet (Maxima 264 bzw. 270 nm); die starke Bande entspricht dem Übergang $1\,S \rightarrow 2\,P$, die schwache kurzwellige Bande $1\,S \rightarrow 3\,P$. R. K. Müller. 125◇

Einfluß des Verzerrungsgrades des Kristallgitters von Luminophoren auf die Helligkeit der Luminescenz. L. N. Alexandrow. (Nachr. Akad. Wiss. UdSSR, physik. Ser. **26,** 532, 1962; russ.) — Die Helligkeitsabnahme von mit Sb u. Mn aktiviertem Ca-Halogenphosphat wird in Abhängigkeit von der Mahldauer untersucht. Die Versetzungsdichte wird hierbei auf Grund von Röntgenspektren bestimmt. Die ursprüngliche Dichte der Defekte ($5 \cdot 10^8$ cm^{-2}) nimmt bei 2 std. Mahlen auf das 100fache zu, in weiteren 2 Std. nur noch wenig (auf $6 \cdot 10^{10}$ cm^{-2}). Die Helligkeit nimmt in den ersten 2 Std. auf 85%, dann nur noch langsam auf 80% ab. Die Zunahme des Verzerrungsgrades des Kristallgitters ist also mit einer Abnahme der Leuchtausbeute verbunden.

R. K. Müller. 125◇

Luminescenz bei KJ:Tl. J. E. Alderson und S. E. Williams. (Austral. J. Physics **14,** 368—80, 1961; Nedlands, Univ. of Western Australia, Dep. of Phys.; engl.) — KJ:Tl-Einkristalle mit verschiedener Tl-Konz. werden in einem Vakuummonochromator mit Photonen der Energie bis 11 eV zwischen —140 u. 45° bestrahlt. Die Luminescenzerscheinungen in der Nähe der Raum-Temp. stimmen mit den Ergebnissen der Unters. an AgJ–AgBr-Mischkristallen bei der Temp. der fl. Luft von Moser u. Mitarbeiter (vgl. C. **1958,** 323) überein. Sie werden mit der Annahme erklärt, daß Löcher von flacheren zu tieferen Einfangzentren in der Nähe von Luminescenzzentren wandern u. anschließend eine Rekombination mit freien Elektronen stattfindet.

H. Schibilla. 125□

Photoluminescenz von α-SiC. Arrigo Addamiano, Ralph M. Potter und Vernon Ozarow. (J. electrochem. Soc. **110,** 517—20, 1963; Nela Park, Cleveland, Ohio, Gen. Electr. Co., Lamp. Res. Labor.; engl.) — Die Photoluminescenz (PL) von SiC-Einkristallen bei Raum-Temp. wird untersucht. An Kristallen mit pn-Übergängen, die durch abwechselnde Dotierung mit BCl_3 u. N_2 hergestellt wurden, werden breite Emissionsbanden mit Maxima bei 5450—6700 Å beobachtet. Lediglich der n-leitende Bereich der Übergänge zeigt eine beträchtliche Luminescenz. Änderungen der PL-Spektren stehen im Zusammenhang mit Änderungen der Kristallstruktur u. der opt. Absorptionskante. Eine Auswertung der Emissions- u. Absorptionsspektren sowie der Temp.-Abhängigkeit der Helligkeit deutet darauf hin, daß die PL-Übergänge zwischen einem tiefliegenden Donatorniveau u. einem B-Acceptorniveau, ca. 0,3 eV oberhalb des Valenzbandes, liegen. Im Temp.-Bereich von 77° K bis Raum-Temp. liegt die Quantenausbeute der PL in der Größenordnung von 1%. Die Röntgenbeugungsanalyse weist auf die Ggw. von hexagonalem SiC vom 6 H-Typ, daneben auch vom 4 H-Typ. Neuere Unterss. ergeben, daß das B-Acceptorniveau tiefer liegt als bei 0,3 eV.

P. Frenzel. 125◇

Löschung der Photoluminescenz von Lösungen durch Fremdsubstanzen. Jan Głowacki. (Postępy Fizyki **13**, 431—54, 1962; Gdańsk, Wyż. Szkola Pedagog., Kat. Fiz.; pol.) — Übersicht: Löschung durch nichtabsorbierende Stoffe; Migration von Elektronenanregungsenergie in Lösungen. — 80 Literaturangaben.
R. K. Müller. 125◇

Anregung von Elektroluminophoren durch Impulsspannung. A. M. Bontsch-Brujewitsch. (Nachr. Akad. Wiss. UdSSR, physik. Ser. **26**, 468—74, 1962; russ.) — Verschiedene Typen von rechtwinkligen Impulsen werden auf ZnS–Cu, Al-Phosphore mit 10^{-4} bis $3 \cdot 10^{-3}$ g Cu/g angewandt, die in fl. Dielektriken zwischen Elektroden mit dünnen dielektr. Überzügen suspendiert sind. Eine Beziehung zwischen elektr. u. Luminescenzprozessen wird nicht festgestellt. Die Kinetik ist von der Amplitude unabhängig. Die Abhängigkeit der Amplitude der Leuchtimpulse (I_m) u. der emittierbaren Lichtsumme L von der Amplitude der Anregungsspannung U_m bei t = konst. folgt einer Exponentialfunktion der Form $A \exp(-B/U_m^{1/2})$ ($B = 200\ V^{1/2}$). Amplituden, Zerfall u. L hängen von der Impulsdauer ab u. sind für blaue u. grüne Luminescenz verschieden. Aus den Ergebnissen lassen sich Schlüsse auf den Ionisationsmechanismus dieser Phosphore ziehen.
R. K. Müller. 125◇

Der Einfluß der Dielektrizitätskonstanten des Einbettungsmittels auf die Intensität der Elektroluminescenz. John Tanaka und Daniel Berg. (J. electrochem. Soc. **110**, 580—82, 1963; Pittsburgh, Pa., Westinghouse Electr. Corp., Res. Labor.; engl.) — Der Einfl. der DK (bis zu 65) fester Einbettungsmittel für Phosphore in Form dünner Filme auf leitendem Glas auf die Helligkeit von Fluorescenzlampen wird untersucht. Als Einbettungsmittel dienen *Acetatreyon* (*AR*), *Cyanäthylcellulose* (*CEC*), 66,2% AR + 33,8% CEC, 35,3% AR + 64,7% CEC, *α-Naphthylphenylsulfon* (?), *Succinonitril* (**I**) u. 50,2% CEC + 49,8% **I**. Die Ergebnisse stimmen mit der Robertschen Theorie (J. opt. Soc. America **42**, [1952], 850) überein, nach der die Lichtintensität um das 4fache mit zunehmender DK des suspendierenden Mediums im Bereich von 4—65 bei konst. äußerem Feld von 100 V/mil zunimmt. Bei DK >30 besteht nur eine geringe DK-Abhängigkeit.
P. Frenzel. 125◇

Doppel-Acceptor-Fluorescenz in II–VI-Verbindungen. R. E. Halsted und B. Segall. (Physic. Rev. Letters **10**, 392—95, 1963; Schenectady, N.Y., Gen. Electr. Res. Labor.; engl.) — Eine kürzlich bei anderen Messungen nachgewiesene Eigenstörstelle in der Form eines doppeltionisierten Acceptors dicht unter dem Leitungsband, über dessen Natur allerdings noch nichts bekannt ist, wird zur Erklärung der Kantenemission in *ZnO*, *ZnS*, *ZnSe*, *CdS* u. *CdTe* herangezogen. Die energieärmere Serie wird durch Wiedervereinigung eines an den nur einfach ionisierten Acceptor gebundenen Excitons bzw. eines an den 2fach ionisierten Acceptor gebundenen Loches erklärt. Die energiereichere Serie entsteht durch Wiedervereinigung eines Loches mit dem Zentrum. Die Valenzbandaufspaltung in Kristallen vom Wurtzittyp soll eine dritte Serie ermöglichen.
R. Rass. 125◇

Über das Fluorescenzabklingen einiger anorganischer Scintillatoren bei Anregung durch α-Teilchen, Protonen oder γ-Strahlen (Elektronen). H. Neuert. (Halbleiterprobleme **7**, 239—59, 1962; Hamburg, Univ., I. Inst. für Experimentalphys.; dt.) — Übersicht. — 42 Literaturangaben.
H. Roschkowski. 125◇

Über die Beziehung zwischen den Gesetzen des Abklingens beim Nachleuchten und der Abnahme der Photoleitfähigkeit. K. K. Rebane. (Optik u. Spektroskopie [UdSSR] **5**, 95—96, 1958; Inst. für Phys. u. Astronomie der Akad. der Wiss. der EstnSSR; russ.) — Die gesuchte Beziehung wird allgemeiner gefaßt. 1. Zunächst wird beim früheren Zonenschema eine reine Elektronenleitfähigkeit vorausgesetzt, das Gesetz des Abklingens jedoch willkürlich, d. h. nicht mehr nach Becquerel angenommen. In diesem Falle sieht die Beziehungsformel anders aus. 2. Nimmt man nun auch ein allgemeineres Zonenschema zum Ausgang, so daß auch die Leitfähigkeit als eine gemischte aufgefaßt wird, so ergeben die Formeln, daß man ohne zusätzliche Meßdaten bzw. Annahmen keine Abhängigkeit der Leitfähigkeit (bzw. ihrer Komponenten) von der Zeit eindeutig bestimmen kann.
A. v. Wilpert. 125□

Zur Veröffentlichung von M. G. Kaminsky: „Über die ballistische Methode zur Untersuchung der Phosphorescenzauslöschung“. B. A. Pjatnitzki. (Optik u. Spektroskopie [UdSSR] **7**, 577—78, 1959; russ.) — Vgl. Kaminski, C. **1963**, 3479. — Vf. legt dar, daß in dem von ihm u. seinen Mitarbeitern veröffentlichten Arbeiten über Phosphorescenzauslöschung mit Hilfe eines ballist. Galvanometers die Leuchtstärke I u. nicht wie bei Kaminsky die Lichtsumme L, gemessen wurde u. daß nicht die Lichtsumme L proportional dem ballist. Abfall ist, sondern die Leuchtstärke I. Auch seien verschiedene Aussagen, die Kaminsky hinsichtlich des Temp.-Einfl. gemacht hat, unbegründet. Weiterhin sei ein Hinweis Kaminskys auf 2 Arbeiten des Vf. unpassend, da dort nichts über das Abklingen nach dem Gesetz der Summe zweier Exponenten gesagt ist, sondern daß die Phosphorescenzauslöschung des Paraffins bei niedrigen Temp. nach der komplizierten Exponentialfunktion nach Wawilow erfolgt, die die Form $I = I_0 f(t)$ besitzt. Heinz Fischer. 125□

A$_3$. Elektrizität. Magnetismus. Elektrochemie

Verallgemeinerte self-consistent-field-Theorie und die dielektrische Formulierung des Mehrkörperproblems. Morrel H. Cohen. (Physic. Rev. [2] **130**, 1301–09, 1963; Chicago, Ill., Univ. of Chicago, Dep. of Phys. and Inst. for the Study of Metals; engl.) — Es wird ein Parameter in die Energie eingeführt, durch den die Wechselwrkg. der Teilchen mit einem self-consistent-Feld, die dynam. Wechselwrkg. der Teilchen untereinander mit dem richtigen Feld oder beide Wechselwrkg. gleichzeitig ausgedrückt werden. Die Theorie wird für zeitabhängige u. -unabhängige Probleme, für endliche Temp. u. für gleichförmige u. ungleichförmige Syst. entwickelt. H. Liepack. 130◇

Dielektrische Formulierung für Mehrteilchensysteme mit allgemeinen Wechselwirkungen. Pedro Pascual und L. M. Falicov. (J. Physic. Rev. [2] **130**, 1310–11, 1963; Chicago, Ill., Univ. of Chicago, Inst. for the Study of Metals; engl.) — Es wird eine Erweiterung der Näherungsformulierung von Cohen (vgl. vorst. Ref.) auf Wechselwrkg. vorgeschlagen, die von Lage, Impulsen, Spin usw. abhängen. H. Liepack. 130◇

Über eine Dispersionsrelation in der Theorie der nichtlinearen longitudinalen Schwingungen eines relativistischen Plasmas. Mircea Draganu. (C. R. hebd. Séances Acad. Sci. **254**, 3508–10, 1962; franz.) — Relativist. Erweiterung der theoret. Unters. der nichtlinearen Schwingungen eines vollständig ionisierten Plasmas mit genügend hohem Verdünnungszustand. Ausgehend von der relativist. Boltzmann-Gleichung wird eine Dispersionsrelation abgeleitet. J. M. Spaeth. 131◇

Ausbreitung elektromagnetischer Wellen in Plasmen. Donald F. DuBois, Victor Gilinsky und Margaret G. Kivelson. (Physic. Rev. [2] **129**, 2376–97, 1963; Santa Monica, Calif., The RAND-Corporation; engl.) — Theoret. Unters. der Dämpfung in einem einheitlichen vollionisierten Plasma, das sich ungefähr im Gleichgewicht befindet, mit schwacher Wechselwrkg. ohne äußeres Magnetfeld. Bes. wird das heiße verd. Elektron–Ion-Plasma untersucht. J. Blume. 131◇

Kollektive Betrachtungen der Bremsstrahlungsemission und elektrische Leitfähigkeit in einem Plasma. Otto Theimer. (Ann. Physics **22**, 102–22, 1963; University Park, N. Mex., New Mexico State Univ., Res. Center; engl.) — Ausgehend von einem Modell, in dem eine Wechselwrkg. der Elektronen mit dem Plasma als Ganzes angenommen wird, werden Bremsstrahlungsspektrum u. elektr. Leitfähigkeit nach klass. Meth. berechnet. H. Liepack. 131

Messung der Elektronenkonzentration aus der Intensität des Kontinuums des Plasmas einer Funkenentladung. A. A. Mak. (J. techn. Physik [UdSSR] **31**, 94–99, 1961; Leningrad, Opt. Wawilow-Inst.; russ.) — Vgl. C. **1961**, 11224, 12351. — Experimentelle Best. der Elektronen-Konz. im Plasma eines Kanals einer Hochdruckfunkenentladung in *He* aus der Intensität der Brems- u. Rekombinationsstrahlung. Die Ergebnisse ($\approx 10^{19}$ cm^{-3}) werden mit den früheren Bestimmungen (vgl. l. c.) aus Breite u. Verschiebung der Linie He II 4686 Å verglichen, welche um etwa den Faktor 3 niedrigere Konz. ergeben hatten. Mögliche Ursachen dieser Diskrepanz werden diskutiert. F. Lenz. 131□

Phänomene an Plasma-Festkörper-Grenzflächen. R. S. Pease. (Rend. Scuola int. Fisica „Enrico Fermi", Corso XIII **1959**, 151–57, 1960; Harwell, AERE; engl.) — Übersichtsartikel (Energieübertragung, elektr. Potentiale, Sekundäremission). — 17 Literaturangaben. H. Schroeder. 131◇

Zerstäubung von Festkörpern durch eindringende Ionen. R. S. Pease. (Rend. Scuola int. Fisica „Enrico Fermi", Corso XIII **1959**, 158–65, 1960; Harwell, AERE; engl.) — Beschreibung des Phänomens u. Ableitung von Gleichungen zur Berechnung. H. Schroeder. 131◇

Rekombination zwischen Elektronen und Atomionen. 2. Mitt. **Optisch dichte Plasmen.** D. R. Bates, A. E. Kingston und R. W. P. McWhirter. (Proc. Roy. Soc. [London], Ser. A **270**, 155–67, 1962; Belfast, Queen's Univ. of Belfast, Dep. of Appl. Mater.; Liverpool, Univ., Dep. of Appl. Math.; Abingdon, Berks., UKAEA, Culham Labor.; engl.) — 1. vgl. Proc. Roy. Soc. [London], Ser. A **267**, [1962], 297. — Vff. berichten über den Einfl. der Selbstabsorption auf die Geschw. der Strahlungsrekombination bei Zusammenstößen mit Hilfe der von Vff. entwickelten statist. Theorie. Für ein H-Ionenplasma werden Berechnungen mitgeteilt. Es zeigt sich, daß die Selbstabsorption die Rekombinations-Koeff. selbst bei niedrigen Elektronendichten beträchtlich beeinflußt. G. M. Neumann. 131◇

Anregungs- und Ionisierungsraten von Quecksilber in Entladungsplasmen. M. A. Cayless. (Brit. J. appl. Physics **10,** 186—90, 1959; Rugby, Brit. Thomson-Houston Co. Ltd.; engl.) — Anregungs- u. Ionisierungsraten von Hg durch unelast. Elektronenstöße in Gasentladungsplasmen mit Maxwellscher Elektronenenergieverteilung wurden aus den Stoßquerschnittsdaten für Elektronen-Temp. von 5000—54000°K berechnet. Diese Werte werden mit denen anderer Autoren verglichen. G. Lehmpfuhl. 131□

Pseudo-energiereiche positive Ionen im Plasmastrahl. H. H. Teh. (Plasma Physics-Accelerators-thermonuclear Res. **4,** 415—16, 1962; Malaya, Kuala Lumpur, Univ. of Malaya, Phys. Dep.; engl.) — Bei einer Bogenentladung in Ar mit W-Kathode u. kalter Anode mit einer kleinen Öffnung (0,8 mm ∅) zu einer Niederdruckkammer erfolgt eine intensive Gasströmung durch das Loch, die kleine W-Tröpfchen oder -Fragmente transportiert. Es wird gezeigt, daß es sich in der Niederdruckkammer um einen Plasmastrahl handelt u. daß Harrison (Nature [London] **184,** [1959], 245) auf Grund von Ablenkungs-Verss. zu der falschen Annahme kam, daß 1000 eV positive Ionen bei einer Bogenentladung in Ar aus dem Entladungsbogen von nur 60 V Spannungsdifferenz strömten. J. Blume. 131◇

Untersuchung am Ionenstrahl einer 2-MeV-Beschleunigungsanlage. K. H. Krebs und E. Zilinski. (Mber. dtsch. Akad. Wiss. Berlin **3,** 531—33, 1961; Zeuthen, Kernphysik. Inst. der Dt. Akad. der Wiss.; dt.) — Es wird über die Zus. eines in einem Ionenrohr beschleunigten H-Ionenstrahles berichtet. Der abgelenkte Ionenstrahl wurde in einem Faraday-Käfig aufgefangen. Durch Veränderung der Feldstärke des Ablenkmagneten wurde ein Impulsspektrum aufgenommen. Das Verhältnis der Hauptpeaks von H^+ u. H_2^+ zu den kleineren (Dissoziations-Prodd. von H_2^+- u. H_3^+-Ionen) beträgt ca. 1000 : 1. H. Schroeder. 131□

Suche nach einer kleinen, von Molekülen getragenen Ladung. John G. King. (Physic. Rev. Letters **5,** 562—65, 1960; Cambridge, Mass., MIT, Dep. of Phys. and Res. Labor. of Electron.; engl.) — Es werden vorläufige Ergebnisse eines ausführlich beschriebenen Piccard-Kessler-Vers. zusammengestellt, in dem H_2-Moll. (u. ebenfalls He-Atome) eine Ladung erkennen lassen, die ca. 40mal kleiner ist, als sie nach der Annahme von Lyttleton u. Bondi (C. **1962,** 5914) sein sollte. Folgende Elementarladung/Mol. wird aus den Vers.-Daten entnommen: für H_2 $(7 \pm 2{,}5)\cdot 10^{-20}$ u. $(0 \pm 2)\cdot 10^{-22}$ für He. H. Schibilla. 131□

Funkenionisation von Halbmetallen und Metallen sowie von Ionenkristallen. Toshiyoshi Yuasa. (Bull. chem. Soc. Japan **35,** 211—14, 1962; Kyoto, Kyoto Univ., School of General Studies, Dep. of Chem.; engl.) — Vf. untersuchte die beim Abfunken von *C, Si, Ge, Se, Te, Sb, Bi, Al, Ti, Fe, Ni, Cu, Zn, Zr, In, Sn, Pt,* Cu-plattiertem Pt, *Au, NaCl, LiF, KBr* u. der Elektrodenpaare *C/Si, C/Ge, C/Pt, Ge/Pt, Ni/Pt, NaCl/KBr* u. *LiF/KBr* entstehenden Ionen massenspektrometrisch. Nur Halbmetalle vermögen mehratomige Ionen in größeren Konzz. zu bilden. Die Einkristalle der Alkalihalogenide behielten beim Abfunken ihre Form bei u. zeigten danach farbige Stellen. DieAlkalimetalle bildeten mehrfach geladene einatomige Ionen, die Halogene nur einfach geladene einatomige Ionen. Mol.-Ionen, wie $NaCl^+$ oder Na_2^+, wurden nicht gefunden. Beim Abfunken der Elektrodenpaare aus verschiedenen Elementen werden die gleichen Prodd. erhalten wie beim Abfunken der einzelnen Elemente. Mol.-Ionen, wie SiC usw., wurden nicht gefunden. Die Ergebnisse lassen den Schluß zu, daß zwischen der Kristallstruktur der festen Probe u. der Bldg. des gasförmigen Mol.-Ions möglicherweise ein Zusammenhang besteht. P. Kurzmann. 131◇

Ein Massenspektrometer für die Untersuchung von Ionisierungsgraden unter Verwendung eines Elektronengeschwindigkeitsselektors. P. Marmet und J. D. Morrison. (J. chem. Physics **35,** 746—48, 1961; Melbourne, Div. of Chem. Phys., C.S.I.R.O., Chem. Res. Labor.; engl.) — Vgl. C. **1963,** 10344. — Vff. berichten über die Verw. des Elektronen-Geschw.-Selektors in einem Massenspektrometer zur Unters. der Ionisierungswirksamkeit. Messungen der Ionisierungswirksamkeiten an Ne^+ u. Ar^+ zeigen, daß die Energieverteilung in der Größenordnung von 0,03 eV Halbwertsbreite liegt. Damit ist es möglich, die beiden Ionisierungsprozesse beim Ne^+ deutlich voneinander zu trennen. Ferner wurden damit Beobachtungen von Fineman u. Bouffard (vgl. Bull. Amer. physic. Soc. **5,** [1960], 15) über einen weiteren Ionisationsprozeß beim Ar^+ bestätigt. G. M. Neumann. 131□

Wärmeintensitäts- und Stromdichteverteilungen an der Anode von Starkstrom-Edelgasbögen. O. H. Nestor. (J. appl. Physics **33,** 1638—48, 1962; Indianapolis, Ind., Linde Comp., Div. of Union Carbide Corp.; engl.) — Intensitätsverteilungen der Wärmeübertragung u. die Stromdichteverteilungen an der Anode von Starkstrombögen

in vorwiegend Edelgasatmosphäre (*Ar*, *He*, *Ar–H₂*, *Ar–N₂*) wurden experimentell bestimmt. Die Messungen wurden für stabile, axialsymm. Bogen mit einer Kathode aus einem schwer schm. Metall kleinen Durchmessers u. einer ebenen, gekühlten Cu-Anode ausgeführt. Die experimentelle Meth. bestand darin, die Anode zu spalten u. den Wärmefluß u. den Strom eines der Sektoren als Funktion der Bogenposition relativ zur Spaltungsebene zu messen u. daraus die Verteilungsfunktionen zu berechnen. Es wurden die Effekte von Gasdruck (195—790 Torr), Kathodengeometrie u. Material (W u. W–1% ThO_2), Elektrodenabstand (1,6—12,7 mm), Bogenstrom (100—300 A), Gas-Zus. u. lokalisiertem Zusammenziehen der Plasmasäule berücksichtigt. Die maximalen Wärmeübertragungsintensitäten bewegen sich im Bereich von 1,0—20 kW/cm² u. die maximalen Stromdichten von 100—2500 A/cm². Die Wärme- u. Stromdichteverteilungskurven waren von ähnlicher Gestalt u. im allg. schärfer als Gauß-Kurven. Die Wärmeverteilungen wurden z. T. aufgelöst entsprechend den Übertragungsmechanismen. Es wurde eine obere Grenze für die mittlere kinet. Energie der an der Anode ankommenden axialen Elektronen aufgestellt. Dies wurde benutzt, um Grenzen für die Gas–Wärme-Übertragungsintensitäten für bestimmte Bedingungen zu spezifizieren. Die Dichte des Raumladungsbereiches an der Anode wurde an der Bogenachse zu 10^{-4} bis 10^{-3} cm bestimmt
J. M. Spaeth. 131◇

Durchgang intensiver Impulse von Elektronenbündeln durch dielektrische Röhren. 1. Mitt. A. K. Beresin, W. G. Stupak, L. I. Bolotin und G. P. Beresina. (J. techn. Physik [UdSSR] **32**, 593—99, 1962; Charkow, Physik.-techn. Inst. der Akad. der UkrainSSR; russ.) — Der Durchgang durch Quarz- u. Glasröhren von 8—10 mm Ø wurde bei gepulsten Elektronenbündeln mit Stromstärken bis zu 1 A/cm² u. Spannungen bis zu 25 kV untersucht. Die Elektronendichte wurde mit einem Hochfrequenzresonator gemessen, Größe u. Form der Impulse oscillograph. bestimmt. Es ergab sich eine fokussierende Wrkg. der Dielektrika, die daher derartige Elektronenbündel über weite Entfernungen kanalisieren können. M. Wiedemann. 131◇

Durchgang intensiver Impulse von Elektronenbündeln durch dielektrische Röhren. 2. Mitt. A. K. Beresin, W. G. Stupak, L. I. Bolotin und G. P. Beresina. (J. techn. Physik [UdSSR] **32**, 600—05, 1962; Charkow, physik.-techn. Inst. der Akad. der Wiss. der UkrainSSR; russ.) — 1. vgl. vorst. Referat. — Im Energiespektrum der eine dielektr. Röhre durchquerenden Elektronen wurden 2 Gruppen gefunden: schnelle u. langsame oder sekundäre. Das Auftreten der beiden Gruppen in Abhängigkeit von Energie des Bündels, Stromstärke, Druck des Restgases wurde untersucht. M. Wiedemann. 131◇

Feld- und Strominhomogenitäten bei hohen elektrischen Belastungen in Isolatoren und Photoleitern. K. W. Böer. (Halbleiterprobleme **7**, 38—71, 1962; New York, N.Y., New York Univ., Phys. Dep.; dt.) — Der makroskop. Feld- u. Stromverlauf im Innern eines festen Körpers wird untersucht, wobei für Unterss. an *CdS*-Einkristallen eine neue elektroopt. bzw. elektro-thermoopt. Meth. verwendet wird. Randschichten u. Stromkanäle im Durchschlagsbereich werden bestätigt, einige neue Effekte, wie plasmaähnliche Raumladungen u. kinet. Erscheinungen im gleichen Gebiet werden ausführlich besprochen. H. Roschkowski. 132◇

Anisotropie der Aktivierungsenergie der elektrischen Leitfähigkeit von Wasser im adsorbierten Zustand. W. M. Fedorow und I. W. Shilenkow. (Kolloid-J. [UdSSR] **25**, 242—46, 1963; Woronesh, Landwirtsch. Inst.; russ., Auszug: engl.) — Die Größe des dielektr. Verlustfaktors C'' bei niedrigen Frequenzen u. die der Kondensatorkapazität C' von Silicagelen kann zur Berechnung der mittleren Aktivierungsenergie der elektr. Leitfähigkeit in der Schicht des adsorbierten W. in normaler (u_n) u. tangentialer (u_t) Richtung zur Oberfläche des Adsorbens benutzt werden. Die Leitfähigkeitswerte u_n u. u_t für an Silicagel adsorbiertes W. sind verschieden; u_n ist nahe dem Wert der Aktivierungsenergie von fl. W., u_t der Aktivierungsenergie der Leitfähigkeit von Eis.
J. v. Schroeder. 132◇

Schnellmethode zur Messung des Seebeck-Koeffizienten bei Annäherung von Δ T an Null. J. E. Ivory. (Rev. sci. Instruments **33**, 992—93, 1962; Washington, D.C., U. S. Naval Res. Labor.; engl.) — Durch Auftragen der Seebeck-Spannung über den Querschnitt der Probe mit Bezug auf ein Material eines Wärmepaars gegen die gleiche Seebeck-Spannung in bezug auf ein zweites Material kann der Seebeck-Koeff. aus dem Anstieg der Kurve bis zu $\Delta T = 0$ ermittelt werden. Angabe des Beispiels Alumel–Chromel gegen Alumel–Konstantan. H. Roschkowski. 133◇

Vergleich von Theorie und Versuch für einen thermoelektrischen Kühler. M. H. Norwood. (J. appl. Physics **32**, 2559—63, 1961; Dallas, Tex., Texas Instrum., Inc., Central Res. Labor.; engl.) — Die Leistungsfähigkeit einstufiger Peltier-Wärmepaare (*n*- bzw. *p-BiTe*) wurde aus den experimentellen Werten der thermoelektr. Kraft,

des elektr. Widerstands u. der Wärmeleitfähigkeit als Funktionen der Temp. berechnet u. mit den experimentellen Daten verglichen. Die Übereinstimmung der Werte ist gut. Der Einfl. von Änderungen der Temp. auf die Material-Eigg. u. damit die Leistung des Wärmepaars wurde durch Vgl. exakter Berechnungen mit solchen, bei denen eine Material-Eig. gemittelt über die Temp. als konst. angesehen wurde, bestimmt. Die Temp.-Abhängigkeit des elektr. Widerstands ist der Hauptgrund für die Abweichungen zwischen exakten u. nach den Joffe-Gleichungen berechneten Werten.
C. Gottfried. 133

Das System $Na(Nb_{1-x}V_x)O_3$ und die „Ferrielektrizität“. Robert C. Miller, Elizabeth A. Wood, Joseph P. Remeika und Albert Savage. (J. appl. Physics **33,** 1623—30, 1962; Murray Hill, N.J., Bell Telephone Labor., Inc.; engl.) — Vff. untersuchten $NaNbO_3$ u. $Na(Nb_{1-x}V_x)O_3$ elektr., opt. u. röntgenographisch. Ein Einbau von V in $NaNbO_3$ konnte nur bis $x \approx 0{,}005$ erreicht werden. Die V-dotierten Kristalle unterschieden sich in ihren Eigg. nicht vom reinen $NaNbO_3$. Eine unkompensierte Antidipolkonfiguration, d. h. eine „ferrielektr.“ Struktur, wie sie frühere Autoren postulierten, konnte nicht festgestellt werden. K. Jaeger. 133◇

Mögliche Erklärung des positiven Temperaturkoeffizienten des Widerstandes von halbleitenden Ferroelektrika. W. T. Peria, W. R. Bratschun und R. D. Fenity. (J. Amer. ceram. Soc. **44,** 249—50, 1961; Minneapolis, Minn., Univ. of Minnesota, Dep. of Electr. Engng.; Hopkins, Minn., Minneapolis-Honeywell Regulator Co., Ceramics Section, Res. Center; engl.) — Vff. geben eine Erklärung für den von verschiedenen Seiten an halbleitenden Erdalkalimetalltitanaten mit Einbau 3wertiger Seltenerdmetallionen beobachteten positiven Temp.-Koeff. des elektr. Widerstands. Aus der summar. Darst. der bekannten Temp.-, Spannungs-, Druck- u. Frequenzabhängigkeit des Effekts u. dem Einfl. der Darst.-Bedingungen der Probe wird geschlossen, daß der positive Temp.-Koeff. nicht eine Eig. des Materials an sich ist, sondern vom Widerstands-Verh. der interkristallinen Grenzgebiete abhängt, das auf Änderungen der oben angeführten Parameter stark anspricht. H. Roschkowski. 133◇

Ferroelektrische und pyroelektrische Eigenschaften von natürlichem und synthetischem Colemanit. H. H. Wieder, A. R. Clawson und C. R. Parkerson. (J. appl. Physics **33,** 1720—25, 1962; Corona, Calif., U. S. Nav. Ordn. Labor.; engl.) — Natürlicher u. synthet. Colemanit wurden auf ihre ferroelektr. u. pyroelektr. Eigg. untersucht. Die synthet. Verb. wurde durch Dehydratation wasserreicherer Ca-Borate dargestellt; sie zeigte einen deutlich tieferen Curie-Punkt (um —35°) als der natürliche Colemanit (zwischen 0 u. —10°). Dieses wird auf eine Sr-Verunreinigung (im Mittel 0,8% Sr auf Ca-Plätzen) des Minerals zurückgeführt. Eine doppelte dielektr. Anomalie (bei —28 u. —12°) wird bei einigen Proben des natürlichen Colemanit festgestellt. Die untere Anomalie ist dem ferroelektr. Übergang zuzuschreiben, der auch an synthet. Material beobachtet wird. Die obere Anomalie dagegen ist charakterist. für die bekannteren Ca–Sr-Boratpentahydrate. K. Jaeger. 133◇

Zur Temperaturabhängigkeit der Sekundärelektronenemission von Ionenkristallen. Bernhard Petzel. (Ann. Physik [7] **9,** 44—47, 1961; Berlin-Adlershof, DAW, Heinrich-Hertz-Inst. für Schwingungsforsch.; dt.) — Vgl. C. **1962,** 13295. — Für *KCl*-Einkristalle wurde δ zwischen —180 u. 300° bei 6 u. 8 keV Primärenergie bei tiefen Temp. in Übereinstimmung mit dem nach Dekker (C. **1956,** 634) theoret. zu erwartenden Verlauf gefunden. Bei verschiedenen Temp. aufgenommene Gegenspannungskurven zeigen eine schwache Temp.-Abhängigkeit der Energieverteilung der Sekundärelektronen.
H. Liepack. 134◇

Sekundärelektronenemission von einer reinen Wolframoberfläche bei Beschuß mit verschiedenen positiven Ionen. L. N. Large. (Proc. physic. Soc. **81,** 1101—03, 1963; Baldock, Herts., Serv. Electron. Res. Labor.; engl.) — Der Sekundärelektronen-Koeff. γ wurde für H^+, H_2^+, He^+, N^+, O^+, Ne^+, Ar^+, Kr^+, N_2^+ u. O_2^+ im Energiebereich 10—140 keV gemessen. Die Messungen erfolgten bei 10^{-8} Torr innerhalb ca. 5 Min. nach Reinigung der Oberfläche. Mit Ausnahme von H^+ nahm γ mit der Ionenenergie zu; für H^+ erreichte γ ein Maximum bei ca. 110 keV. Bei konst. Energie nimmt γ mit zunehmender Masse der Ionen zu, ist jedoch für Ne^+, Ar^+ u. Kr^+ kleiner als für O_2^+. Die γ-Werte für H_2^+, N_2^+ u. O_2^+ sind ca. doppelt so groß wie die für die entsprechenden Atomionen.
H. Liepack. 134◇

Der Einfluß absorbierter Gase auf protoninduzierte Elektronenemission von Titan. L. N. Large. (Proc. physic. Soc. **81,** 175—80. 1963; Baldock, Herts., Admiralty, Serv. Electron. Res. Labor.; engl.) — Vgl. C. **1962,** 15489. — Der Einfl. von O_2, H_2 u. N_2 sowie von *Luft* mit Atmosphärendruck auf den Sekundäremissions-Koeff. γ von Ti beim Auftreffen von Ionen mit Energien von 10—130 keV wurde untersucht. Durch einen O_2-

Druck von $2 \cdot 10^{-6}$ Torr wurde γ einer entgasten Ti-Oberfläche für 100-keV-Protonen um 40% erhöht. Für N_2 wurde eine druckabhängige Zunahme von γ gefunden, wenn das Ti-Target bei 800° in N_2 geheizt wurde. Durch H_2 wurde selbst nach Heizen bei 400, 800 u. 1000° bei 1 Torr keine Änderung von γ bewirkt. Während der Oxydation des Ti in Luft bei Atmosphärendruck nahm die Sekundäremission zunächst stark zu, nach einigen Min. war jedoch die Geschw. der Zunahme von γ für 100-keV-Protonen sehr langsam. Die Ergebnisse werden nach der Theorie von Sternglass (C. **1958**, 2928) diskutiert. H. Liepack. 134◇

Feldemissionsbeobachtungen von Kohlenstoff auf Tantal. Ralph Klein und Lewis B. Leder. (J. chem. Physics **38**, 1863—66, 1963; Washington, D.C., Nat. Bur. of Standards; engl.) — Die Ta-Spitze eines Feldelektronenmikroskops wurde durch Glühen eines Kohlefadens mit C bedampft. Bei Spitzen-Temp. ⩾ 890° K wurden Bildänderungen in (0 0 1)-Umgebung bis zu den [1 1 1]-Zonenlinien hin beobachtet, wobei letztere bei höheren Temp. zunehmend durch helle Punkte hervorgehoben werden. Die Flächen um (1 1 1) zwischen den [1 1 1]-Zonenlinien zeigen keine Kontraste. Aus der bei gegebener Temp. zur Einstellung eines bestimmten Bildes erforderlichen Zeit wurde eine Aktivierungsenergie für die Oberflächenwanderung von 54 kcal ermittelt. In einem engen Temp.-Bereich wurden die (3 3 4)-Flächen beobachtet. Es war nicht möglich, C durch Glühen von der Ta-Oberfläche zu entfernen. Die Beobachtungen werden durch Lsg., Ausscheidung u. Oberflächenwanderung der Carbidphase gedeutet. H. Liepack. 134◇

Feldemissionsuntersuchung von Kohlenmonoxid auf Tantal. Ralph Klein und Lewis B. Leder. (J. chem. Physics **38**, 1866—72, 1963; engl.) — Vgl. vorst. Ref. u. C. **1960**, 6064. — Die Ta-Spitze eines in fl. He befindlichen Feldelektronenmikroskops wurde von der Seite mit CO bedampft u. Oberflächenwanderung sowie Desorption in Abhängigkeit von der Temp. beobachtet. Das am schwächsten gebundene CO wurde ohne sichtbare Oberflächenwanderung oberhalb 125° K desorbiert. Im Gegensatz zum bei 650° K desorbierten Zustand liegt Van der Waals-Bindung vor. Der 3. Zustand dissoziiert vor der Desorption u. ergibt ein Sauerstoffbild. Die Oberflächenwanderung für den 2. chemisorbierten Zustand erfolgt mit einer Aktivierungsenergie von 38 kcal. Die Austrittsarbeit des mit einer CO-Monoschicht bedeckten Ta wurde aus Fowler-Nordheim-Geraden zu 5,0 eV ermittelt (reines Ta 4,2 eV als Bezug). H. Liepack. 134◇

Laser-induzierte Glühemission. C. M. Verber und A. H. Adelman. (Appl. Physics Letters **2**, 220—22, 1963; Columbus, Ohio, Battelle Memorial Inst.; engl.) — Die thorierte W-Kathode einer Diode wurde auf 1900° K geheizt. Auf die Kathode wurden Laser-Impulse von 1,5 ms, 1 J auf einen Fleck von 0,030 cm² fokussiert. Dabei wurde ein Elektronenemissionssignal beobachtet, das aus einem mit dem Laser-Signal koinzidierenden Maximum u. einem langen Ausläufer bestand. Es wird nachgewiesen, daß es sich bei letzterem um einen Glühemissionsbeitrag handelt. H. Liepack. 134◇

Bestimmung der Fluorescenzausbeute durch Messen des Röntgenstrahlphotoeffektes an einer massiven Kathode. M. A. Rumsch und W. N. Schtschemelew. (J. exp. theoret. Physik [UdSSR] **42**, 727—35, 1962; Leningrad, Univ.; russ., Auszug: engl.) — Vff. untersuchen den Einfl., den Röntgenphotoelektronen auf den äußeren Photoeffekt einer massiven Kathode haben. Einer Änderung der Röntgenwellenlänge folgt eine Änderung der Quantenausbeute. Die diskontinuierliche Änderung der Quantenausbeute steht in Beziehung zum Auger-Effekt. Man kann den Auger-Effekt sowie die Fluorescenzausbeute aus Änderungen der Ausbeute des äußeren Photoeffektes berechnen. Die Berechnungen werden für *Cr* durchgeführt. Weiterhin wird die Photoeffekt-Meth. benutzt, um von Ti, V u. Mn die Fluorescenzausbeute zu bestimmen. I. Zoll. 134◇

Hochfrequenzleitfähigkeit eines Quantenplasmas in einem Magnetfeld. Carl Oberman und Amiram Ron. (Physic. Rev. [2] **130**, 1291—94, 1963; Princeton, N.J., Princeton Univ., Plasma Phys. Labor.; engl.) — Das Problem des elektromagnet. Absorptions-Koeff. in einem Quantenplasma in Ggw. eines gleichförmigen Magnetfeldes wird nach einer kinet. Meth. untersucht. Die Anwendung der Theorie auf stark dotierte Halbleiter wird vorgeschlagen. H. Liepack. 135◇

Einfluß der Stoßrekombination auf den Abfall der Nichtgleichgewichtskonzentration der Ladungsträger in Halbleitern. G. M. Guro. (Festkörperphysik [UdSSR] **4**, 1938—45, 1962; Moskau, Physik. Inst. der Akad. der Wiss. der UdSSR; russ.) — Vf. untersucht theoret. den Abfall der Nichtgleichgewichts-Konz. der Ladungsträger in Ggw. der Auger-Rekombination. Der Abfall ist hyperbol. bei hohen u. exponentiell bei tiefen Erzeugungsniveaus. In Ggw. der Auger-Rekombination tritt ein zusätzlicher Bereich mit exponentiellem Abfall bei mittleren Erzeugungsniveaus mit kleinerer Zeit-

Konst. als $\tau_{p_0} + \tau_{n_0}$ auf (vgl. Guro, C. **1959,** 1347). Dieser Effekt stellt eine Meth. dar, um die Auger-Rekombination unter leicht erreichbaren experimentellen Bedingungen zu untersuchen. A. Kumm. 135◇

Theorie nichtlinearer galvanomagnetischer Vorgänge in Halbleitern. R. F. Kasarinow und W. G. Skobow. (J. exp. theoret. Physik [UdSSR] **42,** 1047—53, 1962; Leningrad, Phys.-techn. Inst. der Akad. der Wiss. der UdSSR; russ.) — Theoret. Betrachtung des Stromes in einem im elektr. u. magnet. Feld befindlichen Halbleiter. I. Zoll. 135◇

Einfache Methode zur Berechnung des Tunnelstromes einer Esaki-Diode. Jaroslav Karlovský. (Physic. Rev. [2] **127,** 419, 1962; Praha, Radio Commun., Popov Res. Inst.; engl.) — An Stelle der äußerst schwierigen exakten Lösung der Gleichung von Esaki für die Spannungsabhängigkeit des Tunnelstromes wird eine Meth. mit einfacher Lösung angegeben, die voraussetzt, daß die Energieabstände der Bandkanten zur Fermi-Grenze auf beiden Seiten des Überganges den Wert 2 kT nicht übersteigen. Hierdurch kann die Fermi-Funktion durch eine Gerade angenähert werden. R. Nink. 135□

Untersuchung der Struktur der schnellen Zustände an der Oberfläche von Germanium vom n-Typ. A. Balzarotti, G. Chiarotti und A. Frova. (Nuovo Cimento [10] **26,** 1205—20, 1962; Pavia, Univ., Ist. di Fis.; engl.) — Feldeffektmessungen wurden an nahezu eigenleitenden Ge-Proben vom n-Typ, die in verschiedener Weise geätzt waren u. mit verschiedenen gasförmigen Stoffen in Kontakt standen, zur Unters. der Abhängigkeit der Strukturen der schnellen Zustände von den Bedingungen an der Oberfläche ausgeführt. Bei gleichmäßig oxydierter Oberfläche wird ein Teil der Oberflächenzustände als fast symm. beobachtet, wobei lokalisierte Energien bei −8 kT, −5 kT, −2kT, +2kT, +4,5kT u. +7,5kT u. mit der Zeit ansteigende Dichte festgestellt wurden. Das Verh. der Kurven der Feldeffektbeweglichkeit in Abhängigkeit vom Oberflächenpotential bei nahezu flachen Bändern läßt vermuten, daß die Red. der Beweglichkeit der Löcher in Inversionsschichten größer ist als die der Elektronen in Akkumulationsschichten. Die Meßergebnisse sind in Diagrammen zusammengefaßt. H. Schroeder. 135◇

Elektrische Leitfähigkeit von Germanium in stark pulsierenden Magnetfeldern im Gebiet der Mischleitfähigkeit. E. A. Sawadski und I. G. Fakidow. (Festkörperphysik [UdSSR] **4,** 1704—09, 1962; Swerdlowsk, Metallphysik. Inst. der Akad. der Wiss. der UdSSR; russ.) — Die magnet. Widerstandsänderung von Ge wurde in Magnetfeldern bis zu 400000 Oe bei 0—100° gemessen. Das beobachtete Verh. in bezug auf Temp. u. Feldstärke kann verstanden werden, ohne die Quantelung der Energie der Träger im Magnetfeld zu berücksichtigen. A. Kumm. 135◇

Induzierter Verunreinigungsdurchschlag und Stromschwankungen in kompensiertem Germanium. Ss. M. Rywkin, W. P. Dobrego, B. M. Konowalenko und I. D. Jaroschetzki. (Festkörperphysik [UdSSR] **4,** 1911—14, 1962; Leningrad, Physik.-techn. Inst. der Akad. der Wiss. der UdSSR; russ.) — Durchschläge bei tiefer Temp. können erzeugt werden, wenn die Proben vor dem Anlegen des elektr. Feldes belichtet werden. Diese induzierten Durchschläge werden im einzelnen untersucht u. sind von Stromschwankungen begleitet. A. Kumm. 135◇

Kinetik der Gammaleitfähigkeit in Cadmiumsulfidkristallen. P. G. Litowtschenko und W. I. Usstjanow. (Festkörperphysik [UdSSR] **4,** 1689—94, 1962; Kiew, Inst. für Phys. der Akad. der Wiss. der UkrainSSR; russ.) — Die γ-Leitfähigkeit in CdS-Kristallen wurde bei Zimmer-Temp. untersucht. Die Kinetik der γ-Leitfähigkeit wird stark durch den Zustand der Verunreinigungszentren u. die Bestrahlungsintensität beeinflußt. Der Einfl. der zusätzlichen Belichtung mit sichtbarem Licht, die Anstiegs- u. Abklingraten u. der Mechanismus der Anregung, der von der Wellenlänge u. der Lichtintensität abhängt, wurden untersucht. A. Kumm. 135◇

Silberantimontellurid. Michael Lorant. (Chem. Rdsch. [Solothurn] **15,** 446, 1962; London; engl.) — Erörterung der Herst., der thermoelektr. u. Leitfähigkeits-Eigg. von $AgSbTl_2$, das als wirkungsvollstes Material für thermoelektr. Anwendungen angesehen wird. P. Frenzel. 135◇

Photoleitfähigkeit von Silberbromid. A. A. Ssadykowa und P. W. Meikljar. (Festkörperphysik [UdSSR] **4,** 1701—03, 1962; Kasan, Allunions-Photo-Kino-Forsch.-Inst.; russ.) — Es wurde die bei Belichtung auftretende Änderung der spektralen Verteilung der Photoleitfähigkeit von AgBr-Kristallen untersucht, die durch Freisetzung von Löchern entsteht. Die spektrale Verteilung wird auch durch Erhitzen in Bromdampf beeinflußt. A. Kumm. 135◇

Eine Bemerkung zur zweiten „Radom-Phase-Approximation“ für den supraleitenden Zustand. 1. Mitt. G. Fano und J. Sawicki. (Nuovo Cimento [10] **26,** 1097—1103, 1962; Bologna, Ist. di Fis. dell'Univ.; engl.) — Die Meth. wird speziell zur Unters. von Einzel-Fermionen-Zuständen entwickelt. H. Liepack. 136◇

Differentialer paramagnetischer Effekt in Supraleitern. Robert A. Hein und Raymond L. Falge jun. (Physic. Rev. [2] **123,** 407—15, 1961; Washington, D.C., U.S. Naval Res. Labor.; engl.) — An kugelförmigen Proben aus *Sn* u. *Tl* wurden in Abhängigkeit vom Magnetfeld u. von der Temp. das magnet. Moment u. die differentielle magnet. Susceptibilität gemessen. Sowohl bei Wechselstrom- als auch bei Gleichstrommessungen der Gegeninduktivitäten zeigt sich der differentiale paramagnet. Effekt (DPE) immer dann, wenn auch ein guter Meißner-Ochsenfeld-Effekt vorhanden ist. Wenn der letztere Effekt durch unendliche Leitfähigkeit im Zustande der Supraleitung überdeckt ist, kann der DPE höchstens durch Gleichstrommessungen festgestellt werden. Damit kann dann auch festgestellt werden, ob der DPE reproduzierbar (idealer Meißner-Effekt) oder nichtreproduzierbar (unendliche Leitfähigkeit) ist. Der Übergang von der Supraleitung zur Normalleitung wird mit dem Auftreten u. der Größe der DPE, mit der Vol.-Aufteilung der Proben in supraleitende Bezirke u. mit der Beziehung „der charakterist. Magnetfelder“ zum krit. Gesamtfeld der Probe in Beziehung gebracht. H. Fahlenbrach. 136◇

Wärmeleitfähigkeit von Supraleitern zweiter Art. L. Dubeck, P. Lindenfeld, E. A. Lynton und H. Rohrer. (Physic. Rev. Letters **10,** 98—101, 1963; New Brunswick, N.J., Rutgers Univ.; engl.) — Für Zn + 3 Atom-% Bi wurde die Wärmeleitfähigkeit K in Abhängigkeit vom Magnetfeld H bei konst. Temp. untersucht. Mit wachsendem H ist K zunächst konst., fällt bei H_{C2} stark ab, durchläuft ein Minimum u. erreicht bei H_{C1} den Endwert. Bei Abnahme von H ist die Kurve bis H_{C2} nahezu reproduziert, steigt aber dann zu einem kleineren als dem Anfangswert an. Das Verhältnis von H_{C1} zu H_{C2} in der Nähe von T_C entspricht dem aus dem Restwiderstand bestimmten Ginzburg-Landau-Parameter $\varkappa = 1{,}41$. Die Gitter- u. Elektronenbeiträge zu K in der normalen u. supraleitenden Phase werden ermittelt. Die Ergebnisse werden mit denen für Zn + 20 Atom-% Tl verglichen (Sladek, C. **1956,** 2382). H. Liepack. 136◇

Präzisionsmessungen des kritischen Feldes supraleitender Sn-Filme in der Londonschen Grenze. D. H. Douglass jun. und R. H. Blumberg. (Physic. Rev. [2] **127,** 2038—43, 1962; Cambridge, Mass., MIT, Dep. of Phys. and Res. Labor. of Electron.; Kingston, N.Y., Federal Syst. Div., IBM Command Control Center; engl.) — Diese Messungen des krit. Feldes als Funktion der Temp. u. Sn-Filmdicke, bes. nahe der Übergangs-Temp., zeigten, daß sich in Übergangs-Temp.-Nähe das krit. Feld H_c mittels der temperaturunabhängigen Parameter γ u. ε durch $H_c = (\Delta t)^{1/2} \gamma (1 + \varepsilon \Delta t)$ ausdrücken läßt. γ bestimmt die Eindringtiefe λ, u. ε ist eine für unterschiedliche Modifikationen der feldunabhängigen freien Energie unterschiedliche Konstante. Die so bestimmten λ-Werte erwiesen sich als von der Filmdicke d abhängig. Unter der Annahme, daß die Kohärenzlänge ξ durch d bestimmt wird sowie unter Verw. der von Tinkham (C. **1958,** 11147) angegebenen Formel für die d-Abhängigkeit von λ ergeben sich (für $d = \infty$) eine räumliche (bulk) Kohärenzlänge $\xi_0 \approx 2100$ Å u. eine räumliche Eindringtiefe $\lambda_B \approx 510$ Å. Diese Meth. zur ξ_0-Best. ist völlig unabhängig von der Pippardschen Hochfrequenzmethode. Die ε-Werte werden nach verschiedenen Theorien berechnet, experimentell ergab sich ein Mittelwert von $\varepsilon = 0{,}14 \pm 0{,}10$. D. Jörchel. 136◇

Zur Quantisierung des magnetischen Flusses in supraleitenden Zylindern. Wolfgang Weller. (Z. Naturforsch. **17a,** 182—83, Febr. 1962; Leipzig, Univ., Inst. für theoret. Phys.; dt.) — Zur Erklärung der experimentellen Ergebnisse von Deaver u. Fairbank (Physic. Rev. Letters **7,** [1961], 43) u. von Doll u. Näbauer (Physic. Rev. Letters **7,** [1961], 51) über den eingefrorenen magnet. Fluß, der von einem supraleitenden Hohlzylinder umschlossen wird u. ein ganzes Vielfaches von hc/2e statt von hc/e ist, wird die Quantisierung des Magnetflusses auf Grund der phänomenolog. Theorie von Ginsburg u. Landak theoret. betrachtet. H. Fahlenbrach. 137□

Abschirmparameter für Zwei-, Drei- und Vier-Elektronen-Systeme. James P. Considine und Robert P. Bauman. (J. chem. Physics **38,** 1278—81, 1963; Brooklyn, N.Y., Polytechn. Inst.; engl.) — Die früher (C. **1962,** 14761) beschriebene Berechnungs-Meth. für die Abschirmparameter von Zwei-Elektronen-Atomen wird etwas abgewandelt u. auf Atome mit drei oder mit vier Elektronen angewendet. Die zur Beschreibung des Interelektronenpotentials notwendigen Winkel- u. Abstandsparameter werden als Wahrscheinlichkeitswerte festgelegt. Das führt zu vier algebraischen Gleichungen mit vier Unbekannten. Die Genauigkeit der Lösung beträgt wenige % des Atomabstandes. H. Fahlenbrach. 137◇

Die diamagnetische Abschirmung von Atomkernen in Metallen. J. E. Hebborn und M. J. Stephen. (Proc. physic. Soc. **80,** 991—92, 1962; London, Univ., Westfield Coll., Dep. of Math.; New Haven, Conn., Yale Univ., Dep. of Phys.; engl.) — Vff. haben voneinander getrennt (vgl. Hebborn, C. **1963,** 11908 bzw. Stephen, Proc. physic. Soc. **79,** [1962], 987) das Problem der diamagnet. Abschirmung von Atomkernen durch die Leitungselektronen der Metalle nach verschiedenen Meth. berechnet u. zeigen jetzt, daß ihre Ergebnisse nahezu die gleichen sind. Bes. führt der Stephensche Ausdruck für die Volumenstromdichte für den Fall eines Metalls mit einem Symmetriezentrum exakt zum Hebbornschen Ergebnis für die Abschirmkonstante.
H. Fahlenbrach. 137◇

Kritische Konzentrationen beim Magnetismus. S. H. Charap. (Physic. Rev. [2] **126,** 1393—94, 1962; Yorktown Heights, N.Y., IBM, Thomas J. Watson Res. Center; engl.) — Im Anschluß an Unterss. von Smart (C. **1962,** 9986) über die Wechselwrkg. von magnet. Schwärmen mit ihrer Umgebung bei verd. magnet. Stoffen nach der Bethe-Peierls-Weiss-Meth. werden verbesserte Rechnungen durchgeführt. Dabei kann das Molekularfeld auf der ersten Schale der Schwärme von Platz zu Platz variieren, so daß die Wechselwrkg. von der relativen Lokalisierung der magnet. Atome in der ersten Schwarmschale u. in der umgebenden Schicht stark abhängt. Dabei ergibt sich, daß die krit. Konz. für dreidimensionale Gitter sehr nahe bei 2/Z ist, wobei Z die Koordinationszahl des Gitters ist. H. Fahlenbrach. 137□

Die Korrelationen langer Reichweite verschiedener Ising-Gitter. H. S. Green. (Z. Physik **171,** 129—48, 1963; Adelaide, South Africa, Univ.; engl.) — Für beliebige Ising-Gitter, deren Verteilungsfunktionen bestimmt werden können, werden die Parameter der Ordnung langer Reichweite ermittelt. Die Zustandssumme allg. zweidimensionaler Gitter wird mit der Meth. von Hurst u. Mitarbeitern (C. **1961,** 13103) ermittelt. Eine Erweiterung dieser Meth. führt zur Berechnung der Korrelationskoeffizienten. Dabei wird die Berechnung dieser Koeff. zu einem Eigenwertproblem red., das mit algebraischen Meth. gelöst werden kann. Für die Parameter der Ordnung langer Reichweite wird dabei eine einfache Formel erhalten, die aber viel allgemeingültiger ist als das bereits bekannte Ergebnis für das rechteckige Gitter.
H. Fahlenbrach. 137◇

Strukturuntersuchungen von Kristallen mit der kernmagnetischen Resonanzmethode. N. M. Aleksandrov und F. I. Skripov. (Fortschr. Physik **11,** 33—80, 1963; dt. — C. **1962,** 12560.) A. Blaschette. 137◇

Elektronen- und Kernspinresonanz. R. G. Shulman. (Annu. Rev. physic. Chem. **13,** 325—50, 1962; Cambridge, England, Univ., Dep. of Theoret. Chem.; engl.) — Übersicht über Elektronenspinresonanz von Übergangsmetallionen, bestrahlten Kristallen, ESR-Theorie, ESR u. Ladungsaustausch, ESR im Triplettzustand u. in Lsg., Kovalenzeffekte in Verbb. mit Übergangsmetallionen, elektr. Quadrupolresonanz, elektr. Felder, kernmagnet. Resonanz in diamagnet. Festkörpern, magnet. Stoffen, Gasen u. Fll. u. Anwendungen in der Biologie. — 268 Literaturangaben. P. Golinske. 137◇

Kernmagnetische Eigenschaften von adsorbiertem ^{3}He. G. Careri, M. Giura und M. Santini. (Physics Letters [Amsterdam] **4,** 61—62, 1963; Roma, Univ., Ist. di Fis.; engl.) — Die Temp.-Abhängigkeit der Kernmagnetisierung M einer Monoschicht von an Zeolith adsorbiertem ^{3}He wird durch Kernresonanz bei der Temp. des fl. He untersucht. Dabei gehorcht das Verh. von M nicht dem Curie-Gesetz. Die Ergebnisse zeigen, daß M zu niedrigen Temp. hin temperaturunabhängig ist. Die Unterss. werden nach verschiedenen Adsorptionsprozessen ausgeführt. Die Kurven der Temp.-Abhängigkeit verlaufen alle ähnlich, die M-Werte sind jedoch unterschiedlich. Diese Tatsache wird durch eine nichteinheitliche ^{3}He-Konz. erklärt. Die erhaltenen Kurven gleichen den Kurven der spontanen Magnetisierung einiger ferromagnet. Materialien unterhalb der Curie-Temperatur. Die Ergebnisse deuten darauf hin, daß die Voraussetzungen für Ferromagnetismus in der adsorbierten Monoschicht gegeben werden. H. Schibilla. 137◇

Quadrupolwechselwirkung in kalt bearbeitetem Kupfer. Pierre Averbuch. (Arch. Sci. [Genève] **13 (165),** Sonderh. 406—09, 1960; Grenoble, Inst. Fourier; franz.) — Kurze Wiedergabe der C. **1963,** 1175 referierten Arbeit von Averbuch u. Mitarbeitern.
C. Gottfried. 137△

Zur Beeinflussung der Spin-Gitter-Relaxationszeit in Ionenkristallen durch die Kernquadrupolwechselwirkung. Ines Ebert und G. Seifert. (Z. Physik **161,** 150 bis 162, 1961; Berlin, Dt. Akad. der Wiss. zu Berlin, Inst. für Gerätebau, Inst. für Kristallphysik; dt.) — Die Berechnung der Spin-Gitter-Relaxationszeit T_1 durch Reif (C. **1957,** 8424) wird durch Berücksichtigung stat. Quadrupol-Wechselwrkg. erweitert. Es ergeben sich Verschiebungen der Energieniveaus, die die Übergangswahrscheinlichkeiten zwischen diesen beeinflussen. Die Berechnung von T_1 wird für Kerne mit $I = 3/2$

durchgeführt, deren Satellitenlinien durch stat. Quadrupol-Wechselwrkg. so verbreitert werden, daß nur noch die Zentrallinie gemessen werden kann. Es ergibt sich, daß T_1 außer von der mittleren Sprunghäufigkeit u. der Konz. der diffundierenden Defekte noch von der Form u. Breite der Satellitenlinien abhängt. Mit zunehmender Linienbreite nimmt T_1^{-1} ab, das Maximum von T_1^{-1} verschiebt sich etwas nach tiefen Temperaturen. Für *AgBr* wird nach den aufgestellten Formeln T_1^{-1} bei einer Lücken-Konz. von $c = 10^{-4}$ Mol berechnet u. in Abhängigkeit von der Temp. graph. wiedergegeben. G. Klotz. 137◇

Spindiffusion in inhomogen verbreiterten Systemen. A. Kiel. (Physic. Rev. [2] **125,** 1451—55, 1962; Baltimore, Md., Johns Hopkins Univ., Radiat. Labor.; engl.) — Es wird die Theorie der Kreuzrelaxation innerhalb inhomogener Spin-Syst. diskutiert. Dabei wird die qual. Theorie von Bloembergen u. Mitarbeitern (C. **1960,** 1402) verallgemeinert. Für den Spezialfall, daß der austausch- u. konzentrationsunabhängige Beitrag zur Kreuzrelaxationslinienbreite Null ist, wird ein Ausdruck für die Spindiffusionszeit τ angegeben. Es wird ferner eine exakte Theorie der Kreuzrelaxation hergeleitet, wobei die Spindiffusion durch eine kombinierte Integral- u. Differentialgleichung beschrieben wird. Ferner werden die Bedingungen geprüft, unter denen eine gewöhnliche Diffusionsgleichung die Spindiffusion beschreibt. Der abgeleitete Ausdruck für τ wird durch diese Theorie bestätigt. H. Fahlenbrach. 137□

Breite von magnetischen Kernresonanzspektren bei schnellen Austauschvorgängen. S. Alexander. (J. chem. Physics **38,** 1787—88, 1963; Rehovoth, Israel, Weizmann Inst.; engl.) — Hinausgehend über die klass. Beziehung von Gutowsky, McCall, Slichter u. McConnel, die auf Austausch-Rkk. mit $1/\tau \ll \delta$ anwendbar ist, berechnet Vf. die Breite der Resonanzlinie für den Bereich sehr schneller Austauschvorgänge. Die abgeleiteten Formeln gelten unter den Bedingungen, daß nur gleichwertige Kerne ausgetauscht werden, daß der Austausch mehrerer Kerne unabhängig voneinander erfolgt, u. daß die Kopplungen zwischen den Kernen im Rest des Mol. schwach sind. K. Scheffler. 137◇

Experimentelle Untersuchung des Einflusses eines äußeren Magnetfeldes auf die Kernresonanz von metallischem pulverförmigen Kobalt. Jean-Noël Abrun und Jacques Hervé. (C. R. hebd. Séances Acad. Sci. **254,** 4012—14, 1962; Fontenay-aux-Roses, Seine, Labor. d'Électron. et de Radioélectr.; franz.) — An drei Co-Pulvern wird die Kernresonanzamplitude in Abhängigkeit vom äußeren Magnetfeld gemessen. Dabei wird eine Theorie der Vff. (C. **1963,** 19919) bestätigt. Bes. gilt dieses für die Annahme, daß die Quasigesamtheit des Resonanzsignals von Co von den Kernen herrührt, die in den Bloch-Wänden liegen. Bestätigt wird dabei auch die Existenz eines krit. Feldes, dessen Größe experimentell bestimmt werden konnte. Dabei zeigte sich bei den drei verschiedenen Pulvern, daß dieses krit. Magnetfeld von der Korngröße abhängt. Die magnet. Kernresonanz gestattet eine angenäherte Best. ferromagnet. Größen wie Koerzitivkraft u. Remanenz. H. Fahlenbrach. 137□

Magnetische Kernresonanzuntersuchungen des Elektronenüberganges zwischen Tris-[2.2'-dipyridyl]-osmium(II)- und -(III)-Ionen, zwischen Bis-[cyclopentadienyl]-eisen(II)- und -(III)-Ionen und zwischen Tris-[1.10-phenanthrolin]-eisen(II) und -(III)-Ionen. M. W. Dietrich und A. C. Wahl. (J. chem. Physics **38,** 1591—96, 1963; Saint Louis, Mo., Washington Univ., Dep. of Chem.; engl.) — Die Protonenresonanzspektren von Substanzmischungen, die jeweils beide Oxydationsstufen von Os bzw. Fe enthalten, zeigen charakterist. Verschiebungen der Absorptionsbanden u. Änderungen der Halbwertsbreiten der Linien gegenüber den reinen Substanzen. Die chem. Verschiebungen u. Halbwertsbreiten relativ zur Absorptionsbande des Lsgm. werden in Abhängigkeit von den Konzz. der Mischungspartner, der diamagnet. 2- u. der paramagnet. 3wertigen Form untersucht. Dabei errechnen sich unter der Voraussetzung, daß der Elektronenübergang nach dem Geschw.-Gesetz 1. Ordnung verläuft, folgende unteren Grenzwerte der Rk.-Geschw.-Konst. k: $Os(dipy)_3^{2+} \rightleftharpoons Os(dipy)_3^{3+}$ in D_2O ($5 \cdot 10^{-3}$ m D^+, 0,14 m Cl^-) bei 6^0 u. 26^0 k $> 5 \cdot 10^4$ $Mol^{-1}s^{-1}$; $Fe(phen)_3^{2+} \rightleftharpoons Fe(phen)_3^{3+}$ in D_2O (3 formal an D_2SO_4) bei 26^0 k $> 1 \cdot 10^5$ $Mol^{-1}s^{-1}$; $Fe[C_5H_5]_2 \rightleftharpoons Fe[C_5H_5]_2^+$ in CD_3COCD_3 bei 26^0 k $> 1 \cdot 10^5$ $Mol^{-1}s^{-1}$. K. Scheffler. 137◇

Protonenspin-Relaxation in flüssigem und gasförmigem Chlorwasserstoff. J. S. Blicharski und K. Krynicki. (Acta physica polon. **22,** 409—16, 1962; Cracow, Jagellonian Univ., Inst. of Phys.; Inst. of Nuclear Phys.; engl.) — Für reines fl. HCl wurde die Protonenspin-Gitter-Relaxationszeit T_1 von -48^0 bis zur krit. Temp. von $51{,}4^0$ mit einer Resonanzfrequenz von 28 MHz gemessen, für gasförmiges HCl bis 95^0. T_1 nimmt mit steigender Temp., sehr stark in der Nähe der krit. Temp., ab. Das Verh. kann mit der Annahme einer Rotations-Spin-Wechselwrkg. erklärt werden. H. Schroeder. 137◇

Paramagnetische Elektronenresonanz. 1. Mitt. Theoretische Grundlagen. Apparatur. Marek Krzysztof Kalinowski und Andrzej Jerzy Sadlej. (Wiadomości chem. **17**, 91—113, 1963; Warszawa, Uniw., Kat. Chem. Nieorgan., Wydział Chem.; pol.) — Übersicht über die Theorie der paramagnet. Elektronenresonanz, des Paramagnetismus u. der Fein- u. Hyperfeinaufspaltung. H. Roschkowski. 137◇

Paramagnetisches Resonanzspektrum von Fe^{3+} in Calcit. J. Wakabayashi. (J. chem. Physics **38**, 1910—12, 1963; Berkeley, Calif., Univ. of California, Electronics Res. Labor.; engl.) — Obwohl Fe in Verunreinigungen von natürlichem Calcit als Fe^{2+} vorliegen sollte, da $FeCO_3$ (Siderit) dem $CaCO_3$ isomorph ist, wird auch Fe^{3+} durch Aufnahme des paramagnet. Resonanzspektrums nachgewiesen. In isomorphen $MgWO_4$-$FeWO_4$-Mischkristallen werden die gleichen Verhältnisse beobachtet. Das Vorliegen von Fe^{3+} wird durch unvollkommenen Kristallaufbau erklärt.
K. Scheffler. 137◇

Paramagnetische Resonanz von Nickelionen in Doppelnitratkristallen. J. W. Culvahouse. (J. chem. Physics **37**, 2724, 1962; Lawrence, Kans., Univ. of Kansas, Dep. of Phys. and Astronom.; engl.) — Berichtigung zu C. **1963**, 3863.
A. Blaschette. 137◇

Untersuchung von Verbindungen des fünfwertigen Chroms mit Hilfe von ESR- und optischen Spektren. H. Kon. (J. inorg. nuclear Chem. **25**, 933—44, 1963; Kawasaki, Japan, NAIG Nucl. Res. Labor.; engl.) — Vgl. C. **1963**, 15303. — Von nachst. nach Weinland (1905/07) dargestellten Cr(V)-Verbb. werden die ESR-Spektren (Linienbreiten, $g_{\parallel}$, $g_{\perp}$) polykristalliner u. in Eisessig oder Nitrobenzol gelöster Proben (300 u. 77° K), die sichtbaren (in Nitrobenzol) sowie die IR-Absorptionsspektren (in KBr) mitgeteilt u. im Rahmen der MO-Theorie diskutiert: K_2CrOCl_5, $CrOCl_3 \cdot RCl$ mit R = *Pyridinium, Chinolinium* u. *Tetramethylammonium.* Die Ähnlichkeit der aus sehr schmalen Linien (2—3 Gauß) bestehenden ESR-Spektren deutet auf die Existenz der gleichen paramagnet. Gruppe, wahrscheinlich $CrOCl_4^-$, in sämtlichen untersuchten Verbindungen. Unbeständige ESR-Spektren mit ähnlich schmalen Linien treten auch bei der Red. von $K_2Cr_2O_7$ durch organ. Säuren wie *Trifluoressig-, Oxal-, Milch-, Citronen-* oder *Weinsäure* in Eisessig als Lsgm. sowie bei der Auflösung von CrO_3 in Eisessig auf. Sie werden einem Zwischenprod. der Red. Cr(VI) → Cr(III) zugeordnet, dessen Lebensdauer je nach Bedingungen zwischen einigen Min. u. einer Woche schwankt u. das als Oxoanion des Cr(V) zu formulieren ist (wahrscheinlich CrO_2^+). A. Blaschette. 137◇

Elektronenspinresonanz einiger einfacher Oxoradikale. Martyn C. R. Symons. (Advances Chem. Ser. **36**, 76—89, 1962; Leicester, England, Univ., Dep. of Chem.; engl.) — Neuere Ergebnisse der ESR-Unters. von Radikalen vom Typ XO, XO_2 u. XO_3 werden zusammenfassend dargestellt u. zur Deutung der Spektren u. zur Identifizierung von Radikalen herangezogen, die durch Radiolyse in kristallinen Salzen von Nichtmetalloxosäuren (Phosphaten, Sulfaten, Perchloraten usw.) gebildet u. eingefangen werden. Die wichtigsten untersuchten Radikale der vorst. Typen sind: NO, N_2^-, HO, O_2^-, ClO, Cl_2^-, CO_2^-, NO_2, NO_2^{2-}, NF_2, $N(SO_3)_2^{2-}$, NH_2, O_3^-, HO_2, SO_2^-, ClO_2, NO_3, NO_3^{2-}, R_2NO, R_2CO^-, NH_3^+, $^-O_3SNH_2^+$, CH_3, $ON(SO_3)_2^{2-}$, PO_3^{2-}, HPO_2^-, SO_3^-, ClO_3. — 46 Literaturangaben. A. Blaschette. 137◇

Kohärente paramagnetische Diffusion der Phononen in einem paramagnetischen Kristall. Joseph Seiden. (C. R. hebd. Séances Acad. Sci. **256**, 393—95, 1963; Orsay, Fac. des Sci., Inst. d'Électron.; franz.) — Neben der früher (C. R. hebd. Séances Acad. Sci. **255**, [1962], 1721) behandelten Raman-Diffusion der Phononen durch paramagnet. Ionen besteht noch ein anderer kohärenter Diffusionsmechanismus in einer gleichzeitigen Absorption u. Emission von Phononen gleicher Frequenz. Diese kohärente Diffusion wird berechnet. Sie trägt nicht zur Relaxation der paramagnet. Ionen bei. Ihr Beitrag zum Wärmewiderstand des Kristalls ist aber mindestens von der gleichen Größenordnung wie der Beitrag der Raman-Diffusion. Die Theorie wird wieder auf Ionen mit einer geradzahligen Anzahl magnet. Ionen beschränkt.
H. Fahlenbrach. 137◇

Die spezifische Wärme von $MnCl_2 \cdot 4\,H_2O$ zwischen 0,9 und 4,2° K bei drei verschiedenen magnetischen Feldern: 3,84, 7,61 und 10,48 kOe. W. H. M. Voorhoeve und Z. Dokoupil. (Physica [Utrecht] **27**, 777—82, 1961; Leiden, Nederland, Kamerlingh Onnes Labor.; engl.) — Die spezif. Wärme von gepulvertem $MnCl_2 \cdot 4\,H_2O$ wurde im Temp.-Bereich von 0,9—4,2° K bei magnet. Feldstärken von 0; 3,84; 7,61 u. 10,48 kOe gemessen. Unterhalb 1,62° K ist $MnCl_2 \cdot 4\,H_2O$ bei der magnet. Feldstärke 0 antiferromagnetisch. Das mit der Umwandlung antiferromagnet.-paramagnet. verbundene Maximum in der Cp-Temp.-Kurve nimmt mit steigender magnet. Feldstärke ab. Von 0—1° K nimmt die magnet. Entropieänderung zu, von 1—4° K ab. Die Gesamtänderung der magnet. Entropie beträgt 14,90 J/Mol·Grad. Wolfgang Krüger. 137◇

Über die Theorie der anisotropen Magnetisierung. S. H. Charap. (Physics Chem. Solids **20,** 315—16, 1961; Yorktown Heights, N.Y., IBM Res. Center; engl.) — Vf. erläutert eine Begrenzung in der Theorie des anisotropen Teiles der spontanen Magnetisierung von Callen u. Callen (C. **1963,** 787). Herbert Müller. 137□

Greensche Funktion für kubische Ferromagnetika. 1. Mitt. **Einteilchen-Green-Funktion.** Jan Szaniecki. (Acta physica polon. **21,** 481—89, 1962; Poznan, Pol. Acad. of Sci., Inst. of Phys., Dep. of Ferromagnetics; engl.) — Für die Magnetisierung eines kub. ferromagnet. Stoffes ist früher vom Vf. (C. **1963,** 21065) mit der Spinwellentheorie eine Formel abgeleitet worden. Zum gleichen Ergebnis gelangt man mit einer Einteilchen-Green-Funktion in der Formulierung von Schwinger [1951]. Die Magnetisierung ergibt sich dabei als die Summe aus einem konst. Term (im wesentlichen Sättigungsmagnetisierung) u. der Einteilchen-Green-Funktion.
H. Fahlenbrach. 137◇

Greensche Funktion für kubische Ferromagnetika. 2. Mitt. **Zweidimensionale Greensche Funktionen.** Jan Szaniecki. (Acta physica polon. **21,** 491—500, 1962; engl.) — 1. vgl. vorst. Referat. — Es wird jetzt eine allg. Formulierung der zweidimensionalen zeitabhängigen Greenschen Funktionen hergeleitet. Dabei handelt es sich um eine Verallgemeinerung von Theorien von Bogoljubow u. Tjablikow über deren Gültigkeitsrahmen (Ferromagnetika mit Atomspin = 1/2) auf willkürliche Atomspins hinaus. H. Fahlenbrach. 137◇

Greensche Funktion für kubische Ferromagnetika. 3. Mitt. **Zweidimensionale zeitabhängige Greensche Funktionen. Spontane Magnetisierung.** Jan Szaniecki. (Acta physica polon. **21,** 501—08, 1962; engl.) — 2. vgl. vorst. Referat. — Mit Hilfe der l. c. abgeleiteten zweidimensionalen zeitabhängigen Green-Funktion wird die spontane Magnetisierung berechnet. Dabei werden die beiden Fälle tiefer Temp. u. von Temp. in der Nähe des Curie-Punktes unterschieden. Bes. im letzteren Falle wird eine brauchbare Übereinstimmung mit dem Experiment erreicht, die besser als die der klass. Theorie von Weiss ist. H. Fahlenbrach. 137◇

Entwicklung der Anschauungen über die Domänenstruktur der Ferromagnetika. Walerian Ziętek. (Postępy Fizyki **13,** 407—29, 7 Tafeln, 1962; Wrocław, Uniw., Inst. Fiz. teor. u. PAN, Inst. Fiz.; pol.) — Übersicht. — 80 Literaturangaben.
R. K. Müller. 137◇

Einfluß der Anisotropie des g-Faktors auf ferromagnetische Eigenschaften. M. M. Farstdinow. (Metallphysik u. Metallkunde [UdSSR] **13,** 333—39, 1962; Sterlitamak, Pädagog. Inst.; russ.) — Auf Grund der phänomenolog. Theorie der Spinwellen werden Gleichungen für die Abhängigkeit der Magnetisierbarkeit von der Temp. u. dem äußeren Feld für einachsige Ferromagnetika abgeleitet, die Anisotropien des magnetomechan. Verhältnisses (g-Faktor) aufweisen. Auch die Temp.-Abhängigkeit der 1. Anisotropie-Konst. u. des effektiven g-Faktors wird mathemat. behandelt. R. K. Müller. 137◇

Einfluß des äußeren axialen Magnetfeldes auf die Elementarbezirke im einachsigen Ferromagnetikum. W. Ziętek. (Acta physica polon. **22,** 127—42, 1962; Wrocław, Univ., Inst. für Theoret. Phys.; dt.) — Mit einem früher (C. **1963,** 9970) beschriebenen quantentheoret. Rechen-Verf. wird der Einfl. eines äußeren axialen Magnetfeldes auf die magnet. Struktur eines einachsigen ferromagnet. Einkristalls bei Vernachlässigung der Einflüsse der Randbereiche untersucht. Die Unters. zeigt, daß das äußere Magnetfeld vorwiegend eine Verschiebung der Bloch-Wände im Kristallinnern hervorruft. Die auf dieser Grundlage berechnete Magnetisierungskurve gibt die bekannte Sättigungserscheinung der Magnetisierung befriedigend wieder. H. Fahlenbrach. 137◇

Beeinflußbarkeit der Festigkeitseigenschaften von Ferromagnetika im Magnetfeld. H. Jahn. (Technik **13,** 94—99, 1958; Freiberg/Sa.; dt.) — Durch Luftabkühlung kohlenstoffarmer Stähle im Magnetfeld sollen die Festigkeits-Eigg. erheblich gesteigert werden, womit eine Einsparung teurer Leg.-Bestandteile zu ermöglichen sei.
H. Fahlenbrach. 137

Auftreten eines schwachen Ferromagnetismus in kleinen Teilchen von antiferromagnetischen Stoffen. W. J. Schuele und V. D. Deetscreek. (J. appl. Physics, Suppl. **33,** Nr. 3, 1136—37, 1962; Philadelphia, Pa., Franklin. Inst. Labor.; engl.) — Susceptibilitäts-Unterss. an feinen *NiO*-Teilchen können als Bestätigung des von Néel vermuteten schwachen Ferromagnetismus u. Superparamagnetismus von antiferromagnet. Stoffen angesehen werden. H. Roschkowski. 137◇

Antiferromagnetismus von $NiCO_3$. R. A. Alikhanov. (J. physic. Soc. Japan, Suppl. B-III **17,** 58—60, 1962; Moscow, Acad. of Sci. of USSR, Inst. for Phys. Problems; engl.) — Der von Bizette u. Mitarbeiter (C. **1956,** 12181) angegebene Antiferromagnetismus von $NiCO_3$ wird bestätigt. Eine Néel-Temp. von ca. 25° K wird festgestellt.

Aus dem gleichzeitigen Erscheinen der (1 1 1)- u. (1 0 0)-Reflexe wird in Übereinstimmung mit der Theorie von Dsjaloschinski die Ggw. eines schwachen Ferromagnetismus abgeleitet, der jedoch wegen der geringen Ausprägung des Effektes schwierig quant. zu erfassen ist. H. Roschkowski. 137◇

Magnetische Eigenschaften von $KMnF_3$. 2. Mitt. **Schwacher Ferromagnetismus.** A. J. Heeger, Olof Beckman und A. M. Portis. (Physic. Rev. [2] **123,** 1652—60, 1961; Berkeley, Calif., Univ. of California; engl.) — 1. vgl. C. **1961,** 11230. — Mit der Messung des Drehmomentes im homogenen Magnetfeld an Einkristallen aus $KMnF_3$ bei verschiedenen Temp. zwischen 70 u. 100° K werden drei verschiedene Eig.-Bereiche ermittelt. Oberhalb 88,3° K sind die Kristalle paramagnet., zwischen 88,3 u. 81,5° K antiferromagnet. mit einachsiger Anisotropie u. unter 81,5° K antiferromagnet. mit verkanteter Spinausrichtung. In dem letztgenannten Temp.-Bereich werden Hysterese u. Unstetigkeiten im Drehmoment beobachtet, die einem schwachen Parasitenferromagnetismus zukommen. Zwischen 81,5 u. 88,3° K tritt nur in starken Magnetfeldern spontane Magnetisierung auf. Diese tritt in verkanteten Spinstrukturen wegen der im Magnetfeld zunehmenden Parallelsusceptibilität auf. Die Umwandlung bei 81,5° K ist eine Umwandlung vom Jahn-Teller-Typ. Die Umwandlung bei 88,3° K ist mit einer Änderung der Gitter-Konst. verbunden u. daher eine von der Austausch-Wechselwrkg. bestimmte Umwandlung erster Ordnung. H. Fahlenbrach. 137◇

Über die Natur der magnetischen Tieftemperatur-Anomalie von Kompensationspunkte aufweisenden Ferriten. K. P. Below. (J. exp. theoret. Physik [UdSSR] **41,** 692—95, 1961; Moskau, Univ.; russ., Auszug: engl.) — Um die Voraussetzungen für das Auftreten eines Kompensationspunktes des magnet. Momentes im Untergitter oder für eine anomale Temp.-Änderung der spontanen Magnetisierung im Bereich tiefer Temp. zu finden, wird die Temp.-Abhängigkeit der spontanen Magnetisierung in Lithiumferritchromit ($Li_{0,5}Fe_{2,5-a}Cr_aO_4$) untersucht. Eines der magnet. Untergitter soll eine starke Austausch-Wechselwrkg. besitzen, ein anderes eine schwache. Dies führt (in Ggw. antiferromagnet. Wechselwrkg. im Untergitter mit starker Austausch-Wechselwrkg.) zu einer „verschmierten" Temp.-Abhängigkeit der spontanen Magnetisierung. In Ferriten mit Kompensationspunkten entsprechen die magnet. Tieftemp.-Anomalien einer starken Änderung des magnet. Zustandes im Untergitter mit schwacher Austauschwechselwirkung. I. Zoll. 137◇

Über die magnetischen Tieftemperatur-Anomalien in Lithiumferritchromiten. A. N. Gorjaga und Tschshan-da Lin. (J. exp. theoret. Physik [UdSSR] **41,** 696—99, 1961; russ., Auszug: engl.) — Vff. messen die Temp.-Abhängigkeit der spontanen Magnetisierung, der Koerzitivkraft, der magnet. Susceptibilität u. des elektr. Widerstandes von Lithiumferritchromiten ($Li_2O \cdot 3\ Fe_2O_3 \cdot 2\ Cr_2O_3$, $Li_2O \cdot 2{,}5\ Fe_2O_3 \cdot 2{,}5\ C_2O_3$ u. $Li_2O \cdot 5\ Fe_2O_3$) mit Kompensationspunkten der magnet. Momente des Untergitters. Die im tiefen Temp.-Bereich beobachteten Anomalien bestätigen die Annahme von Below (vgl. vorst. Ref.), daß in Ferriten mit Kompensationspunkten magnet. Tieftemp.-Anomalien beobachtet werden sollten. Sie entsprechen einer starken Änderung des magnet. Zustandes eines Untergitters mit schwacher Austauschwechselwirkung. I. Zoll. 137◇

Über die Anomalien der physikalischen Eigenschaften von Gadoliniumferrit-Granat im Gebiet tiefer Temperaturen. A. W. Pedko. (J. exp. theoret. Physik [UdSSR] **41,** 700—02, 1961; russ., Auszug: engl.) — Von Gadoliniumferrit–Granat werden im tiefen Temp.-Bereich die Temp.-Abhängigkeit der magnet. u. magnetoelast. Eigg. sowie die ferromagnet. Resonanz gemessen. Bei 100° K zeigen die Temp.-Kurven der ursprünglichen Susceptibilität u. der des Paraprozesses Maxima, während Koerzitivkraft- u. Resonanzkurven ein Minimum durchlaufen. Bei der gleichen Temp. besitzen die Magnetostriktion des Paraprozesses u. der Einfl. gleichmäßigen Druckes auf die spontane Magnetisierung ein Maximum. Die Ergebnisse bestätigen die Belowsche Deutung über die magnet. Tieftemp.-Anomalien. I. Zoll. 137◇

Eine Bemerkung zum anomalen Verlauf des Rechteck-Koeffizienten von Mangan–Magnesium-Ferriten. J. Brož und J. Šternberk. (Czechoslov. J. Physics **11,** 70—71. 1961; Prague, Czechoslov. Acad. Sci., Inst. of Phys.; engl.) — Zur Erklärung der früher mitgeteilten (Czechoslov. J. Physics **9,** [1959], 531) anomalen Temp.-Abhängigkeit des Rechteck-Koeff. B_r/B_{max} von Mn–Mg-Ferriten wird der Begriff des Keim-Bldg.-Feldes H_n nach Braginski (C. **1962,** 10744) eingeführt. Für die drei Ferrite: 1. $Mn_{0,36} \cdot Mg_{0,79}Fe_{1,85}O_{4,08}$; 2. $Mn_{0,63}Mg_{0,52}Fe_{1,85}O_{4,08}$ u. 3. $Mn_{0,88}Mg_{0,27}Fe_{1,85}O_4$ wird H_n bei Temp. T zwischen —200° u. + 130° ermittelt. Wenn man von zusätzlichen Anomalien bei den Ferriten 1. u. 3. bei Temp. um —70° absieht, so ist der H_n–T-Verlauf bei den drei Ferriten ähnlich: Zunahme von H_n mit wachsendem T bei tiefen Temp. bis zu einem Maximum, das sich von 1. nach 3. stark zu höheren Temp. hin verschiebt. Abnahme von H_n mit wachsendem T bei hohen T. H. Fahlenbrach. 137□

Untersuchungen des remanenten Drehmoments an polykristallinem $BaFe_{12}O_{19}$. P. J. Flanders und S. Shtrikman. (J. appl. Physics, Suppl. **33**, Nr. 3, 1318—19, 1962; Philadelphia, Pa., Franklin Inst. Labor.; engl.) — Die von den Vff. (J. appl. Physics **33**, [1962], 216) früher zur Best. der Anisotropieverteilung beschriebene Meth. der remanenten Drehmoment-Unters. wird jetzt auf Bariumferrit ($BaO \cdot 6\ Fe_2O_3$) angewendet. Dabei werden zwei isotrope Pulverproben mit H_c-Werten von 1500 u. 4000 Oe untersucht. Die remanenten Drehmomentkurven sind für beide Proben prakt. gleich u. ergeben eine Anisotropieverteilung mit einem Mittelwert von $(2{,}1 \pm 0{,}2)$ 10^6 erg/cm^3. Bei Einkristallen beträgt die Anisotropie-Konst. dagegen $3{,}3 \cdot 10^6$ erg/cm^3. Die Ursache dieser Anisotropieunterschiede ist noch nicht geklärt. Vermutlich liegt sie in der Aufspaltung in Elementarbereiche begründet. H. Fahlenbrach. 137□

Bemerkungen zu „Eine Untersuchung über mit Neodym substituiertem Yttrium–Eisengranat" von T. H. Ramsey jun., H. Steinfink und E. J. Weiss. S. Geller, H. J. Williams und R. C. Sherwood. (J. Physics Chem. Solids **24**, 583, 1963; Murray Hill, N. J., Bell Telephone Labor., Inc.; engl.) — Vgl. C. **1963**, 5717. — Vff. widerlegen die Behauptung der im Titel genannten Arbeit, daß die magnet. Momente in mit Nd substituiertem Yttrium–Eisengranat (YIG) sich ferromagnet. ordnen. In YIG handelt es sich vielmehr, wie Vff. bereits früher zeigten (C. **1962, 9614**), um eine ferrimagnet. Kopplung. K. H. Härdtl. 137◇

Spinwellen und Spinresonanzen in ferrimagnetischen Oxiden. H. Severin. (Halbleiterprobleme **7**, 260—73, 1962; Hamburg, Philips Zentrallabor. G.m.b.H.; dt.) — Übersicht. — 43 Literaturangaben. H. Roschkowski. 137◇

Magnetische Eigenschaften der Seltenerdmetalle Praseodym und Samarium bei tiefen Temperaturen. Peter Graf. (Z. angew. Physik **13**, 534—38, 1961; München, TH, Phys. Inst.; Herrsching, Bayr. Akad. der Wiss., Inst. für Tieftemp.-Forsch.; dt.) — An kompaktem Pr- u. Sm-Metall wurden bei Temp. T von 1,5—300° K u. in Magnetfeldern bis zu 4000 Oe die Susceptibilitäten χ bzw. Magnetisierungen gemessen. Pr war bis zu 1,5° K paramagnetisch. Im Gegensatz zu Messungen an Metallpulvern von Leipfinger (C. **1959**, 9479) zeigten sich infolge von Kristallfeldeinflüssen bei tiefen Temp. Abweichungen vom Curie-Gesetz, das bei höheren Temp. für kompaktes Pr gilt. Bei kompaktem Sm wurden unterhalb 155° K Magnetisierungs (σ)-Feldstärke (H)-Kurven der Form $\sigma = \sigma_0 + \chi H$ gefunden, wobei die remanente Magnetisierung σ_0 von der Vorbehandlung der Proben u. von den Vers.-Bedingungen abhing. Es wurde nahegelegt, daß σ_0 durch Verunreinigungen, bes. von N zustande kommt. Die Temp.-Abhängigkeit der Susceptibilität [χ(T)] zeigte bei 15° K einen Néel-Punkt an. H. Fahlenbrach. 137□

Die magnetischen Susceptibilitäten und Strukturen einiger Koordinationsverbindungen von Kupfer(II), Kobalt(II) und Nickel(II). Paavo Lumme. (Suomen Kemistilehti B **32**, 203—07, 1959; Helsinki, Univ., Labor. of Propaedeutic Chem.; engl.) — Vgl. C. **1961**, 7144. — Die magnet. Susceptibilitäten von $CuX_2 \cdot nH_2O$, (HX =) *Chinolincarbonsäure-(2)* (**I**), n = 1, (μ_{eff}) 1,85 (B.M.); *Chinolincarbonsäure-(8)* (**II**), n = 3, 1,82; *Pyridincarbonsäure-(2)* (**III**), n = 1, 1,82; *Anthranilsäure* (**IV**), n = 0, 1,88; *Salicylaldoxim* (**V**), n = 0, 1,88, von $CoX_2 \cdot nH_2O$, (HX =) **I**, n = 2, 4,74; **II**, n = 2, 5,05; **III**, n = 4, 4,94; **IV**, n = 0, 4,98; **V**, n = 0, 2,84 u. von $NiX_2 \cdot nH_2O$, (HX =) **I**, n = 3, 3,22; **II**, n = 2, 3,20; **III**, n = 4, 3,18; **IV**, n = 0, 3,24 u. **V**, n = 0, diamagnet., wurden bei 21—22° gemessen u. mit älteren Angaben verglichen. An Hand der magnet. Momente, IR-Spektren, Röntgen- u. thermogravimetr. Unterss. werden für alle diese Verbb. transplanare oktaedr. oder quadrat. Strukturen mit den organ. Liganden in trans-Stellung zu den in der gleichen Ebene befindlichen Metallatomen vorgeschlagen. G. Heller. 137◇

Magnetische Untersuchungen von einigen intermetallischen Verbindungen zwischen Kobalt und den Seltenerdmetallen. L. V. Cherry und W. E. Wallace. (J. appl. Physics **33**, 1515—17, 1962; Pittsburgh, Pa., Univ. of Pittsburgh, Dep. of Chem.; engl.) — Thermomagnet. Unterss. von intermetall. Verbb., die die Stöchiometrie ACo_5 besitzen, in der A entweder Y oder ein Seltenerdmetall bedeutet, werden bei der Temp. von fl. He durchgeführt. Bei angelegten Magnetfeldern von 2600 u. 7200 Oe werden bei hohen Feldern nichtauftretende Anomalien im Verh. von *$PrCo_5$* u. *$NdCo_5$* festgestellt. Diese Anomalien sind ein scheinbar sek. (Niedertemp.-) Curie-Punkt bei ca. 126° K in $PrCo_5$ u. ein Maximum in der thermomagnet. Kurve von $NdCo_5$ in der Nähe von 270° K. Die für *YCo_5*, *$SmCo_5$*, *$ErCo_5$*, *$CeCo_5$*, *$HoCo_5$*, *$DyCo_5$*, *$TbCo_5$* u. *$GdCo_5$* erhaltenen Werte stimmen mit den von Nesbitt u. Mitarbeitern (C. **1962**, 14772) angegebenen Werten überein. Die Ergebnisse für $PrCo_5$ u. $NdCo_5$ zeigen eine ferromagnet. Kopplung der Co-Momente bei der Abkühlung unter 910° bzw. 925°, während in jedem Falle bei geringen Feldern die Momente der Lanthanide ungeordnet bleiben. Bei $PrCo_5$ zeigen die Werte eine ferromagnet. Kopplung der Pr- u. Co-Momente unterhalb 126° K an. Werte für $NdCo_5$ lassen vermuten, daß sich bei der Abkühlung eine ähnliche Kopplungsart bei ca. 270° K entwickelt, sie wird jedoch fast unmittelbar danach durch eine antiferromagnet. Kopplung der Nd-Momente untereinander bei niedrigeren Temp. ersetzt. H. Hochstein. 137◇

Magnetisierungsgesetze von natürlichem Pyrrhotin als Funktion des Magnetfeldes. Marie-Jeanne Besnus. (C. R. hebd. Séances Acad. Sci. **254**, 1587—89, 1962; Strasbourg, Inst. de Phys., Labor. Pierre Weiss; franz.) — Auf der Grundlage früherer Ergebnisse (C. **1959**, 11807) über die Struktur der Pyrrhotinkristalle wird die Abhängigkeit der Magnetisierung von der äußeren Feldstärke berechnet, wobei die Richtung dieser Feldstärke parallel zu einer Richtung leichter Magnetisierbarkeit liegt oder auch senkrecht zu einer magnet. Ebene einwirkt. Im letzteren Falle stimmen die experimentellen Ergebnisse gut mit den Rechnungen überein. Das trifft für den erstgenannten Fall nur im Bereich der Einmündung in die Sättigung zu. Der Angleich der Messungen an die Rechnungen gestattet Aussagen über die Kristallanisotropieenergie: $E_c = K_0 + K_3 \cos^2 \Theta + K_4 \cos^4 \Theta$, wobei Θ der Winkel zwischen der Magnetisierungsrichtung u. [0 0 1] ist. Dabei ist $K_3 = 7{,}0 \cdot 10^6$ erg/cm³. Für allgemeinere Fälle sind auch K_1 u. K_2 bestimmbar. H. Fahlenbrach. 137□

Einfache adiabatische Entmagnetisierungsapparatur. Vincent D. Arp und R. H. Kropschot. (Rev. sci. Instruments **32**, 217—18, 1961; Boulder, Colo., Nat. Bur. of Stand., Cryogenic Engng. Labor.; engl.) H. Roschkowski. 137◇

Elektronischer Prozentmesser für die Messung und Registrierung der Änderung des Widerstandes z = r + jx oder der Leitfähigkeit y = g + jb von Elektrolyten oder Halbleitern. W. A. Reeben. (J. physik. Chem. [UdSSR] **35**, 934—38, 1961; Tartu, Univ.; russ., Auszug: engl.) I. Zoll. 138◇

Die spezifische elektrische Leitfähigkeit von Lösungen von Metallen in ihren geschmolzenen Halogeniden. 5. Mitt. **Praseodym–Praseodymtrichlorid.** A. S. Dworkin, H. R. Bronstein und M. A. Bredig. (J. physic. Chem. **66**, 1201—02, 1962; Oak Ridge, Tenn., Oak Ridge Nat. Labor., Chem. Div.; engl.) — 3. vgl. C. **1962**, 12561. — Die spezif. elektr. Leitfähigkeit ($\varkappa$) von $PrCl_3$ gehorcht zwischen 800 u. 860° der Gleichung $\varkappa = -1{,}189 + 2{,}75 \cdot 10^{-3}\, t\ (\Omega^{-1}\, cm^{-1})$. Zusammen mit den $\varkappa$-Werten von $LaCl_3$, $CeCl_3$ u. $NdCl_3$ ergibt sich ein regelmäßiges Absinken von $\varkappa$ mit steigender Atomnummer oder sinkender Kationengröße. Im Syst. *Pr–PrCl₃* steigt $\varkappa$ bei 830° von 1,20 (Ω^{-1} cm^{-1}) bei 1,1 Mol-% bis 3,37 bei 17,8 Mol-% Pr (Zwischenwerte sind tabelliert). Lsgg. von La u. Ce in ihren Trihalogeniden zeigen erhebliche Erhöhungen von $\varkappa$ mit steigender Konz., Nd beeinflußt $\varkappa$ von $NdCl_3$ wenig, Pr nimmt eine Mittelstellung ein. Während La u. Ce durch Orbitalüberlappung für die nach $Me \rightleftharpoons Me^{3+} + 3\,e$ auftretenden Elektronen Leitfähigkeitsbänder ausbilden können u. Wechselwrkg. zwischen Elektronen u. Me^{3+}-Ionen nach $Me^{3+} + e \rightleftharpoons Me^{2+}$ erlauben, treten im Syst. Nd–$NdCl_3$ die stabilen, nicht leitenden festen Phasen $NdCl_2$, $NdCl_{2,27}$ u. $NdCl_{2,37}$ auf. Entsprechend wird angenommen, daß Pr ähnlich stabil wie Nd^{2+}, also wesentlich stabiler als La^{2+} u. Ce^{2+} ist. P. Sartori. 138□

Lösungen von Elektrolyten. T. F. Young und D. E. Irish. (Annu. Rev. phys. Chem. **13**, 435—58, 1962; Chicago, Ill., Univ., George Herbert Jones Chem. Labor.; Waterloo, Ontario, Univ. Dep. of Chem.; engl.) — Übersicht über Struktur u. Eigg. von W., Transportprozesse, relative Stärke von Elektrolyten, Hydrolyse von Ionen, wss. Lsgg. von H_2SO_4, wasserfreies H_2SO_4, Oleum, Phosphorsäure, Lsgg. mit zwei oder mehr Elektrolyten, Best. von Dissoziations-Konst. nach verschiedenen Meth., Dissoziations-Konst. von HSO_4^-, Lsgg. bei hohen Temp., geschmolzene Salze, Gemische mit den gewöhnlichen Anionen u. reziproke Salzsysteme. — 204 Literaturangaben. P. Golinske. 139◇

Molekulartheorie elektrostatischer Wechselwirkungen zwischen Ionen in einem Lösungsmittel. 8. Mitt. **Einfluß der dielektrischen Sättigung auf das Potential der mittleren Kraft zwischen zwei Ionen in einem dipolaren Lösungsmittel.** J. Stecki. (Bull. Acad. polon. Sci., Sér. Sci. chim. **9**, 663—67, 1961; Pol. Acad. of Sci., Inst. of Phys. Chem.; engl.) — 7. vgl. C. **1963**, 20300. P. Frenzel. 139◇

Molekulartheorie elektrostatischer Wechselwirkungen zwischen Ionen in einem Lösungsmittel. 9. Mitt. **Freie Energie der Ladung eines Einzelions in einem polaren**

Lösungsmittel mit einem starren Gitter punktförmiger nichtpolarisierbarer Dipole. J. Stecki. (Bull. Acad. polon. Sci., Sér. Sci. chim. **9,** 669—78, 1961; engl.) — 8. vgl. vorst. Referat. P. Frenzel. 139◇

Über eine bitetraedrische $(H_2O)_4$-Struktur und die Bildung einer p^+–e^--Bindung im Wasser. Georges Perrault. (C. R. hebd. Séances Acad. Sci. **256,** 4655—56, 1963; Strasbourg, Fac. des Sci., Labor. de Chim. phys. du Solide et Electrochim.; franz.) — Von der Vorstellung ausgehend, daß in fl. H_2O eine aus $(H_2O)_4$-Gruppen bestehende kub. Struktur vorliegt, wird angenommen, daß die „Dissoziation" des W. über die Zwischenstufe eines instabilen „akt. Komplexes" $(H_7O_4)p^+ e^-(H_2O)_n$ verläuft. B. Krebs. 139◇

Pertechnetiumsäure: Eine aperiodische Variation der Säurestärke. Charles L. Rulfs, Roland F. Hirsch und Richard A. Pacer. (Nature [London] **199,** 66, 1963; Ann Arbor, Mich., Univ. of Michigan, Dep. of Chem.; engl.) — Vff. bestimmten bei 25,4° die Ionisations-Konst. von $HTcO_4$ zu $K_{Ion} = (5 \pm 2) \cdot 10^{-1}$. Dieser Wert ist etwa um den Faktor 100 kleiner als der Erwartungswert 32 u. wesentlich kleiner als der für $HReO_4$ gemessene Wert von $K_{Ion} = 18$. Die sich daraus ergebenden Konsequenzen für die $[H^+]$-Abhängigkeit des Verh. von Tc(VII) bei Lsg.-Extraktionen, Tc–Re-Trennung an Anionenaustauscherharzen sowie bei der Polarographie u. Spektrophotometrie werden diskutiert. F. Weigel. 139◇

Potentiometrische Säure–Basen-Titration in Salzschmelzen. Das System $Cr_2O_7^{2-}$–CrO_4^{2-}–O^{2-}. A. M. Shams el Din und A. A. A. Gerges. (J. electroanalyt. Chem. [Amsterdam] **4,** 309—13, 1962; Dokki, Cairo, Nat. Res. Centre, Labor. of Electrochem. and Corrosion; engl.) — In einer KNO_3-Schmelze wurde $K_2Cr_2O_7$ mit den (festen) Basen K_2CO_3, Na_2O_2 u. $NaHCO_3$ potentiometr. an einer O_2-Elektrode (Pt) u. einer $Ag/AgNO_3$-Elektrode titriert. Die Neutralisations-Rkk. verlaufen gemäß $Cr_2O_7^{2-} + CO_3^{2-} \rightarrow 2\,CrO_4^{2-} + CO_2$ bzw. $Cr_2O_7^{2-} + O_2^{2-} \rightarrow 2\,CrO_4^{2-} + \frac{1}{2}\,O_2$ völlig wasserfrei, während nach $Cr_2O_7^{2-} + 2\,HCO_3^- \rightarrow 2\,CrO_4^{2-} + 2\,CO_2 + H_2O$ gleichzeitig W. gebildet wird. In allen 3 Fällen wurden beim stöchiometr. Äquivalenzpunkt scharfe Potentialsprünge von 300—700 mV beobachtet. Eine Beeinflussung der Potentiale durch geringe Mengen W. wurde nicht beobachtet. E. Moisar. 139◇

Bau und Anwendung von Pulverelektroden. W. Tomassi. (J. electroanalyt. Chem. [Amsterdam] **4,** 343—58, 1962; Warszawa, Politechn., Katedra Chem. Fiz.; franz.) — Beschreibung von 6 verschiedenen Typen von Elektroden, bei denen eine indifferente Ableitelektrode (Pt) in leitender Verb. mit einer Suspension des Elektrodenmaterials (z. B. Metallpulver) steht. Das Potential der Ableitelektrode wird wesentlich vom Oberflächenzustand des gepulverten Elektrodenmaterials bestimmt, wobei das Dispersionsmittel (Elektrolyt-Lsg.) entweder ein Neutralsalz ist oder Ionen des Elektrodenmaterials (z. B. Pt vernickelt + Ni-Pulver/Ni^{2+}-haltige Lsg./Gegenelektrode) enthält. Übersicht über analyt. u. andere Anwendungen. — 30 Literaturangaben. E. Moisar. 140◇

Pulverelektroden und ihre Anwendungen. Witold Tomassi. (Advances chem. Physics **3,** 239—65, 1961; engl.) — Vgl. vorst. Referat. — Übersicht. — 41 Literaturangaben. A. Blaschette. 140◇

Untersuchung des kritischen Abscheidungspotentials des Silbers aus sehr verdünnten Lösungen mit ^{111}Ag als Indicator. József Molnár. (Magyar Kémiai Folyóirat [Ung. Z. Chem.] **68,** 498—504, 1962; Budapest, Zentralforsch.-Inst. für Phys.; ung.) — Die Unterss. wurden an Pt-Kathoden in sehr verd. Salz-Lsgg. durchgeführt. Die Differenz zwischen den gemessenen u. den aus der Gleichung von Nernst berechneten Werten in Lsgg., in welchen die Ag^+-Ionen schwerlösl. Verbb. bilden, ist ca. 0,39 V; in Lsgg., in welchen die Ag^+-Ionen Komplexe bilden, ist die Differenz ca. 0,21 V. Die Abhängigkeit des krit. Abscheidungspotentials der Ag^+-Ionen vom pH-Wert wurde bei der Ag^+-Konz. 10^{-7}m untersucht. Im sauren Bereich bis pH 3 ist die Differenz ca. 0,45 V, bei pH 5 ca. 0,37 V, im pH-Bereich 7—10,6 ca. 0,14 V. Die Abhängigkeit des Abscheidungspotentials der Ag^+-Ionen bzw. des Potentials einer Pt-Kathode gegen die Kalomelelektrode ist bei stark geglühter Kathode am kleinsten (0,06 V), bei frisch polierter am größten (0,7 V). Diese Unterss. unterstützen die Hypothese, daß die Differenz eine theoret. Ursache hat. Vf. empfiehlt daher zum Berechnen des krit. Abscheidungspotentials statt der klass. Gleichung von Nernst für sehr verd. Lsgg. eine empir. Gleichung: $E = E^0 + RT/zF \cdot \ln a + E_f$, wobei E_f vom pH-Wert bzw. von der Vorbehandlung der Kathode abhängt. J. Kis. 140△

Reduktion von dreiwertigem Europium mit Cadmiumamalgam in Gegenwart von Chlorid. Mylène Bréant und Jean-Claude Merlin. (C. R. hebd. Séances Acad. Sci. **255,** 1609—11, 1962; Lyon, Rhône, Fac. des Sci., Labor. de Chim. min.; franz.) — Die Strom–Spannungs-Kurven für die Oxydation von Cd zu Cd^{2+} in Cd(Hg) u. für die Red. von Eu^{3+} zu Eu^{2+} zeigen, daß eine Redox-Rk. zwischen Cd(Hg) u. Eu^{3+} in Lsgg.

ohne Komplexbildner nicht möglich ist. In Cl^--haltigen Lsgg. verschiebt sich jedoch auf Grund der komplexbildenden Wrkg. des Cl^- das Oxydationspotential des Cd(Hg) gegen negativere Werte, so daß bei genügend hoher Cl^--Konz. das Red.-Potential $Eu^{3+} \rightarrow Eu^{2+}$ unterschritten wird. Eu^{3+} wird dann quant. zu Eu^{2+} reduziert. Im Gegensatz zum klass. Red.-Verf. mittels Zn(Hg) in saurer Lsg. findet keine Gas-Entw. statt. K. Scheffler. 140◇'

Die Stabilität der stationären Zustände von Elektrolytsystemen. A. Ja. Gochstein. (Ber. Akad. Wiss. [UdSSR] **149**, 880—83, 1963; Akad. der Wiss. der UdSSR, Inst. für Elektrochem.; russ.) — Theoret. Betrachtung der stationären Zustände, die sich bei Anlegen einer Spannung an Elektrolyt-Lsgg. einstellen (unter Berücksichtigung der Diffusionsvorgänge). Ch. Weiske. 141◇

Experimentelle Bestimmung von Geschwindigkeitskonstanten für die Dimerisierung von elektrolytisch bei kontrolliertem Potential gebildeten Zwischenprodukten. Louis Meites. (J. electroanalyt. Chem. [Amsterdam] **5**, 270—80, 1963; Brooklyn, N.Y., Polytechn. Inst. of Brooklyn, Dep. of Chem.; engl.) — Es werden Gleichungen u. graph. Darst. angegeben, die die direkte algebraische Ermittlung der Geschw.-Konst. für die Dimerisierung eines Zwischenprod. ermöglichen, das bei einer Elektrolyse mit kontrolliertem Potential gebildet wird. E. Beyerle. 141◇

Messungen der Elektrogravitationstrennung für große Elektrodenabstände. Andrzej Fuliński. (Roczniki Chem. [Ann. Soc. chim. Polonorum] **35**, 1351—62, 1961; Warszawa, Pol. Acad. of Sci., Inst. of Phys. Chem.; engl.) — Gleichungen werden für tern. u. quatern. Elektrolyt-Lsgg. abgeleitet u. Ergebnisse von Trennverss. von *$CuSO_4$*-, *$CdSO_4$*- u. *$ZnSO_4$*-$CuSO_4$-Lsgg. mitgeteilt. Weiterhin werden energet. Betrachtungen über die Anwendung der Meth. für die Kondens. u. Trennung von Lsgg. gegenüber der therm. Verdampfung angestellt u. die zeitabhängige Anreicherung in tern. u. quartern. Lsgg. erörtert. — 12 Literaturangaben. P. Frenzel. 141◇

Reduktion von gelöstem Sauerstoff an Borcarbidelektroden. Donald T. Sawyer und Eddie T. Seo. (J. electroanalyt. Chem. [Amsterdam] **3**, 410—12, 1962; Riverside, Calif., Univ. of California, Dep. of Chem.; engl.) — Die elektrolyt. Red. von gelöstem O_2 führt an Borcarbidelektroden, die sich infolge fehlender Oxid-Bldg. wie weitgehend inerte Elektroden verhalten, in einer pH-unabhängigen Red.-Stufe (bei ca. —0,6 V gegen gesätt. Kalomelelektrode) zu H_2O_2, welches in einer bei ca. —0,9 V gelegenen Stufe weiter zu W. red. wird. In stark alkal. Lsg. kann die Red. von O_2 direkt zum OH^--Ion (Red.-Stufe bei —0,9 V) verlaufen. E. Moisar. 141◇

Einfluß der Anodenrotation auf die Darstellung von Perchloraten. K. C. Narasimham, S. Sundararajan und H. V. K. Udupa. (Roczniki Chem. [Ann. Soc. chim. Polonorum] **36**, 685—91, 1962; Karaikudi, India, Central Electrochem. Res. Inst.; engl.) — Der Einfl. der Rotation der PbO_2- bzw. Pt-Anode auf die Oxydation von $NaClO_3$ (I) zu *$NaClO_4$* (II) in saurer u. alkal. Lsg. wird untersucht. Bei niedriger u. hoher [I] u. Verw. der PbO_2-Anode nimmt die Stromausbeute bei Bewegung der Anode ab. Bessere Stromausbeuten werden fast unabhängig von der Konz. der alkal. Lsg. bei ruhender u. bewegter Pt-Anode erzielt. In verd. Lsgg. tritt hierbei bei niedriger [I] u. ruhender Anode eine geringe Konz.-Polarisation auf. Die Ggw. von **II** begünstigt auch bei Verw. der PbO_2-Anode die Bldg. von **II**. P. Frenzel. 141◇

Isotopieeffekte in festem Li_2SO_4 bei 600—790°. Arnold Lundén. (J. Chim. physique Physico-Chim. biol. **60**, 259—62, 1963; Göteborg, Chalmers Inst. of Technol., Dep. of Phys.; engl.) — Unter Verw. einer Kathode aus fl. Zn u. einer Au-Anode wurde festes Li_2SO_4 bei Temp. zwischen 600 u. 790° elektrolysiert. Dabei wurde für den Kationenwanderungsprozeß, der zur Anreicherung von ^7Li an der Anode führte, eine temperaturunabhängiger Masseneffekt von $\mu = -0{,}14$ gemessen. Bei einer Stromdichte von 1 A/cm² wurde die Li_2SO_4-Säule mit einer Geschw. von 1 cm/h aufgezehrt. An der Kathode bildete sich eine Li-Zn-Leg. (Trennfaktor 1,01) u. eine Reihe von Red.-Prodd., die nur teilweise in W. lösl. waren u. wenig verschiedene Isotopen-Zus. aufwiesen. T. Tamberg. 141◇

Einfluß der Temperatur auf den Verlauf der Ladungskurven der als Katalysator dienenden platinierten Platinelektrode. D. W. Ssokolski und K. N. Kombarow. (Ber. Akad. Wiss. KasachSSR **18**, Nr, 8, 84—87, 1962; russ., Auszug: kasach.) — Es wird gezeigt, daß sich durch Temp.-Erhöhung zwischen 20 u. 70° in 1n H_2SO_4- bzw. HCl-Lsg. die Bindungsenergie zwischen H u. der Oberfläche der als Katalysator dienenden platinierten Pt-Elektrode erniedrigt. Durch Temp.-Erhöhung werden das Potential der sog. „H-Hemmung" sowie die Kapazität der Elektrode u. der H-Geh. an ihrer Oberfläche (H_2SO_4- bzw. HCl-haltiges Medium) erhöht. S. Baryschnikow. 142△

Adsorption von Netzmitteln an der Quecksilber-Tropfelektrode in alkalischen Lösungen. Chuan-Sin Tza und Deh-Dong Whang. (Acta chim. sinica **28**, 5—11,

1962; Wuhan Univ., Dep. of Chem.; chin., Auszug: engl.) — In stark alkal. Lsgg. werden Netzmittel des mol. u. Kationentyps an der Oberfläche der Hg-Tropfelektrode in einem großen Potentialbereich adsorbiert. Die Desorption von Peregal erfolgt nur, wenn die Elektrode auf ein negativeres Potential als —1,8 V polarisiert ist; seine Löslichkeit in 10n KOH-Lsg. ist groß. W. Wesly. 142◇

Polarographie mit gesteuertem Stromanstieg. Untersuchung eines Systems, welches ein polarographisches Maximum zeigt. Harry B. Mark jun. und Charles N. Reilley. (J. electroanalyt. Chem. [Amsterdam] **3**, 353—62, 1962; Chapel Hill, N.C., Univ. of North Carolina, Dep. of Chem.; engl.) — Es werden die Strom-Spannungs-Kurven der polarograph. Red. von Ni^{2+} a) bei konventioneller Polarographie (gesteuerter Spannungsanstieg) u. b) bei gesteuertem Stromanstieg (zwischen 1 u. 100 μA regelbare Stromquelle) verglichen. Während nach a) Polarogramme mit ausgeprägtem Maximum erhalten werden, zeigen die nach b) gewonnenen Polarogramme bei gesteuerter Stromstärkeerhöhung u. -erniedrigung unterschiedliche Form. Nur im letztgenannten Fall werden reproduzierbare Diffusionsströme gemessen, deren Höhe proportional der Konz. des Depolarisators ist. Parallelschaltung eines Kondensators zu den Elektroden unterdrückt die Potentialschwankungen, die im Laufe der Tropflebensdauer auftreten. Als Ursache für die Anomalien in den Polarogrammen nach b) werden die gleichen Einfl. angenommen, die zum Auftreten der Maxima nach a) führen, also Schwankungen der Kapazität der Doppelschicht u. Änderungen der Grenzflächenspannung der Hg-Elektrode. E. Moisar. 142◇

Anwendung der hängenden Quecksilbertropfelektrode zur Untersuchung von Halogenokomplexen von Chrom(III). W. Kemula und E. Rakowska. (Bull. Acad. polon. Sci., Sér. Sci. chim. **9**, 657—62, 1961; Warsaw, Univ., Dep. of Inorg. Chem.; Pol. Acad. of Sci., Inst. of Phys. Chem.; engl.) — Lsgg. von $[Cr(H_2O)_6]Cl_3$ (**I**) u. $[CrCl_2 \cdot (H_2O)_4]Cl \cdot 2\,H_2O$ (**II**) in 0,1n KCl-Lsg., von **II** in 0,1n HCl, von $Cr_2(SO_4)_3 \cdot 15\,H_2O$ in 0,1n KCl-, KBr-, KSCN-, K_2SO_4-, $NaClO_4$- bzw. KNO_3-Lsg. sowie von **I** in 0,1n, 3n u. 10n $CaCl_2$-Lsg. werden mit Hilfe der cycl. Voltammetrie untersucht. **I** wird zunächst zum Cr(II)-Komplex red., dieser darauf oxydiert. Das neu beobachtete sek. Maximum entspricht der Red. von grünem $[CrX(H_2O)_5]^{2+}$ ($X = Cl^-, Br^-$). Es wird angenommen, daß nur ein Teil der durch Red. gebildeten Cr(II)-Komplexionen oxydiert wird. Austauschprozesse Cl^-/H_2O sowie Cr(III)/Cr(II) werden vernachlässigt. P. Frenzel. 142◇

Untersuchung der Dodekawolframatoborsäure nach der derivativ polarographischen Methode. Raluca Ripan, A. Duca und Mariana Puşcaşu. (Studii Cercetări Chim. [Cluj] **12**, 209—27, 1961; Acad. R.P.R., Filiala Cluj, Inst. de Chim.; rum., Auszug: franz.) — Die Stabilität der Verb. $H_5BW_{12}O_{40}$ (**I**) bei der Neutralisation u. Verdünnung wurde untersucht. Beim Potential $E_{1/2} = -0{,}55$ V, der ersten polarograph. Welle, das der gesätt. Form (W : B = 12) entspricht, ist der Diffusionsstrom der Konz. proportional. Bei der Neutralisation ist das komplexe Anion in Lsg. bei der Konz. von $1{,}4 \cdot 10^{-3}$m bis zum Verhältnis (B–12 W) : 26 NaOH (ca. pH 12) beständig. Mit steigendem NaOH-Geh. erfolgt langsame Zers. nach $H_5BW_{12}O_{40} + 27\,NaOH \rightarrow Na_3BO_3 + 12\,Na_2WO_4 + 16\,H_2O$. Bei der Verdünnung bleibt das Anion bis zu einer Konz. von ca. $1{,}4 \cdot 10^{-6}$m (bezogen auf W) beständig. Beim Potential $E_{1/2} = -0{,}55$ V bildet sich Wolframblau mit dem Verhältnis $W^{6+} : W^{5+} = 3 : 1$. Die logarithm. Analyse der ersten Welle u. die Berechnung nach der Meth. von Stackelberg zeigen, daß Reversibilität vorherrscht. Die Pentabasizität von **I** wurde bestätigt. Bei den Wellen mit $E_{1/2} = -0{,}97$ V u. $-1{,}2$ V ($1{,}4 \cdot 10^{-3}$m) wird hauptsächlich H^+ reduziert. Nach 10facher Verdünnung verschmelzen beide Wellen zu $E_{1/2} = 1{,}06$ V. Die Red. des H^+ wird von **I** bzw. den Red.-Prodd. von **I** katalysiert u. findet daher bei weniger negativen Potentialen als bei starken Säuren statt. K. Roß. 142◇

Die Passivität von Eisen–Chrom-Legierungen. Gerald Aronowitz und Norman Hackerman. (J. electrochem. Soc. **110**, 633—40, 1963; Austin, Tex., Univ. of Texas, Dep. of Chem.; engl.) — Die Bldg. von Passivschichten auf Fe–Cr-Legg. (2,70—19,1% Cr) bei der anod. Oxydation in 0,1m Na_2SO_4-Lsg. (pH 0,6—13,6; H_2SO_4 bzw. NaOH) wird mit Hilfe von chronopotentiometr. Messungen u. Best. der differentiellen Kapazität C_d untersucht. Die Gleichgewichtseinstellung erfolgt durch elektron. Steuerung des Elektrodenpotentials E. Unterss. der kathod. Red. deuten auf 3 verschiedene Oberflächenschichten; a) ein auf Fe u. Legg. mit niedrigerem Cr-Geh. gebildeter Film ohne Schutzwrkg., der jedoch bei Legg. mit ca. 12% Cr beträchtliche Stabilität gegenüber Red. u. Auflösung zeigt; b) eine für die Passivierung von Fe u. Legg. mit $<$12% Cr bedeutungsvolle Schicht, die die elektr. Eigg. von Filmen auf letzteren wesentlich beeinflußt; c) ein als Nebenprod. der Vorgänge im transpassiven Bereich angesehener Film. Die C_d/E-Kurven für Legg. mit 2,70—9,02% Cr haben ähnliche Form; es gilt $C_d = f(1/E)$.

Hieraus wird eine Beziehung zwischen Schichtdicke, DK u. die für die Red. des Filmes erforderliche Ladungsmenge abgeleitet. Die DK des Filmes variiert unter der Annahme der Red. von normalem Fe_2O_3 im Bereich von 29,1—87,5. Bei Legg. mit ca. 12% Cr ergibt sich eine optimale Schutz-Wrkg. des Filmes. Mit zunehmendem Cr-Geh. werden Sprünge in den C_d/E-Kurven, die gleichzeitig in Richtung höherer C_d-Werte verschoben werden, festgestellt. P. Frenzel. 143◇

Der Einfluß der Filmdicke auf die thermodynamischen Eigenschaften dünner Oxidschichten auf Eisen. K. G. Weil. (J. electrochem. Soc. **110**, 640—44, 1963; Darmstadt, TH, Eduard-Zintl-Inst.; engl.) — Die Eigg. dünner, bei höheren Temp. (815°) hergestellter FeO-Filme auf Magnetreineisen werden untersucht. Das Gleichgewichts-Verh. fester Schichten auf Festkörpern ist von der Schichtdicke abhängig. Ein eindeutiger Mechanismus kann nicht abgeleitet werden, jedoch scheinen durch Unterschiede der Gitterparameter von Grundmetall u. Deckschicht bewirkte mechan. Spannungen eine Rolle zu spielen. Die Spannungsenergie wird hierbei in der Grenzfläche u. ihrer unmittelbaren Umgebung gespeichert. Die Bedeutung einer Oberflächenenergie wird erörtert. Die Berechnung des Gleichgewichtspotentials einer oxidbedeckten Elektrode nach Vetter aus der Freien Bldg.-Energie des Oxids dürfte nur für kompakte Oxide u. nicht für Deckschichten möglich sein. P. Frenzel. 143◇

Die Einleitung der Porenbildung in auf Aluminium in sauren Lösungen hergestellten anodischen Oxidfilmen. T. P. Hoar und J. Yahalom. (J. electrochem. Soc. **110**, 614—21, 1963; Cambridge, England, Univ. of Cambridge, Dep. of Metallurg.; engl.) — Bei der Passivierung von 99,99%ig. Al bei konst. Formierspannung in H_2SO_4-, H_2SO_4 + $NaHSO_4$ (I)-, I-, I + Na_2SO_4- bzw. NH_4–Borat- u. –Tartrat-Lsg. (pH 0—7) fällt die dem Filmwachstum entsprechende Stromdichte I innerhalb der ersten Sek. für alle Lsgg. in qual. u. angenähert quant. gleicher Weise ab. Darauf steigt I bis zu einem konst. Wert an. Dieser Anstieg erfolgt um so früher, je niedriger der pH-Wert ist. Der Abfall von I wird auf die Bldg. einer Sperrschicht, der Anstieg auf beginnende Poren-Bldg. zurückgeführt, wenn das Feld durch die Sperrschicht genügend schwach ist, um das Eindringen von Protonen in den Film zu erlauben. Elektronenmikrographien der Filmoberfläche zeigen, daß Proben, deren Anodisierung vor Erreichen des Minimums von I abgebrochen wurde, nur sehr wenige Poren aufweisen. Vollständige Ausbildung der Poren tritt am Maximum von I ein. P. Frenzel. 143◇

Die Korrosion von Aluminium 1100 in sauerstoffgesättigtem Wasser bei 70°. J. E. Draley, Shiro Mori und R. E. Loess. (J. electrochem. Soc. **110**, 622—27, 1963; Argonne, Ill., Argonne Nat. Labor.; engl.) — Geschw. r u. Umfang der Korrosion von Al in O_2-gesätt. dest. W. bei kurzzeitiger Einw. werden allg. durch die Vers.-Bedingungen (pH-Wert) beeinflußt. Bes. wird r durch Verunreinigungen, die während der Rk. auftreten, erhöht. Während der ersten 7 Std. ist der Umfang der Korrosion dem log der Expositionszeit t proportional, in den ersten darauffolgenden Tagen variiert er ebenfalls mit log t, jedoch mit größerer Korrosionsgeschwindigkeit. Unterbrechung der Einw. u. Trocknen bewirkt eine beträchtliche Herabsetzung von r. Die Abhängigkeit von log t gilt für Vers.-Zeiten von 180 bzw. 650 Tage. Die Ergebnisse werden durch lokales Aufreißen u. Wachstum der Deckschicht erklärt. P. Frenzel. 143◇

A_4. Thermodynamik. Thermochemie

Nichtlineare Probleme in der Thermodynamik irreversibler Prozesse. Thor A. Bak. (Advances chem. Physics **3**, 33—57, 1961; Copenhagen, Univ., Inst. for Phys. Chem.; engl.) — Zusammenfassende Darst. der Thermodynamik linearer u. nichtlinearer Syst. sowie oscillierender Reaktionen. — 20 Literaturangaben. A. Blaschette. 146◇

Variationsprinzipien in der Thermodynamik und der statistischen Mechanik irreversibler Prozesse. Syu Ono. (Advances chem. Physics **3**, 267—321, 1961; Tokyo, Univ. of Tokyo, Coll. of Gen. Educ.; engl.) — Zusammenfassende Darstellung. — 63 Literaturangaben. A. Blaschette. 146◇

Statistische Mechanik von Transportvorgängen in Gasen mittlerer Dichte. Syu Ono und Toshio Shizume. (J. physic. Soc. Japan **18**, 29—54, 1963; Tokyo, Univ. of Tokyo, Coll. of Gen. Educ., Inst. of Phys.; Musashi Inst. of Technol.; engl.) — Vgl. vorst. Referat. — Unter Verw. einer für die klass. Mechanik neu formulierten Störungsrechnung wird die Entw.-Meth. nach Ursell u. Mayer auf den Liouville-Operator angewendet; auf diese Weise gelingt es, die Transport-Koeff. dichter Gase nach Potenzen der numer. Dichte zu entwickeln u. den exponentiellen Abfall der Korrelationsfunktionen der Flüsse abzuleiten. In zweiter Näherung wird der Viscositäts-Koeff. in einer Form erhalten, die sich für numer. Berechnungen gut eignet. A. Blaschette. 146◇

Einige Bemerkungen zur statistischen Mechanik von irreversiblen Prozessen in Gasen. R. Balescu. (Canad. J. Physics **40**, 1664—69, 1962; Bruxelles, Univ. Libre, Fac. des Sci.; engl.) — Die von Wu (C. **1963**, 17207) vorgebrachten Einwände gegen die von Prigogine u. Vf. entwickelte Theorie werden diskutiert u. zurückgewiesen. K. Roß. 146◇

Bemerkungen zur statistischen Mechanik von irreversiblen Prozessen in Gasen. T. Y. Wu. (Canad. J. Physics **40**, 1686—87, 1962; Ottawa, Nat. Res. Council, Div. of Pure Phys.; engl.) — Entgegnung auf vorst. Veröffentlichung. K. Roß. 146◇

Die quantenmechanische Verteilungsfunktion molekularer Systeme: Translations- und Rotationsbewegungen. H. Friedmann. (Advances chem. Physics **4**, 225—302, 1962; Brussels, Univ. Libre Bruxelles; engl.) — Entw. der Theorie u. Anwendung auf die Dampfdrücke isotoper N_2-, CO-, NO- u. CH_4-Moleküle. — 27 Literaturangaben. A. Blaschette. 146◇

Der Begriff der Wärme im historischen Wandel und im axiomatischen Aufbau der Thermodynamik. H. D. Baehr. (Brennstoff. Wärme. Kraft **15**, 1—7, 1963; Braunschweig, TH, Wärmetechn. Inst.; dt.) — In der Thermodynamik hat sich der Wärme-Begriff erheblich gewandelt, er soll nicht mehr als eine Grundgrößenart, sondern als eine Energieform aufgefaßt werden (Definition der Wärme als Bezeichnung einer Art der Energie beim Übergang über die Systemgrenze). A. Knickenberg. 146◇

Lösungen von Nichtelektrolyten. M. L. McGlashan. (Annu. Rev. physic. Chem. **13**, 409—34, 1962; Reading, England, Univ.; engl.) — Übersicht über thermodynam. Untersuchungen. — 235 Literaturangaben. P. Golinske. 146◇

Hochtemperaturchemie. Jean Drowart und Paul Goldfinger. (Annu. Rev. physic. Chem. **13**, 459—78, 1962; Bruxelles, Univ. Libre, Serv. de Chim. Phys.; engl.) — Übersicht über Meth. u. Ergebnisse. — 315 Literaturangaben. P. Golinske. 146◇

Über die Zustandsgleichung von Kristallen am absoluten Nullpunkt. N. A. Dmitrijew. (J. exp. theoret. Physik [UdSSR] **42**, 772—76, 1962; russ., Auszug: engl.) — Mit Hilfe der Störungstheorie kann der Druck im Kristallgitter dargestellt werden als Summe eines kinet. Druckes (bestimmt durch Wellenfunktionen) u. eines Coulomb-Druckes (bestimmt durch Coulomb-Wechselwrkg. zwischen den Zellen), so daß Wechselwrkg. innerhalb der Zelle ausgeschaltet werden. I. Zoll. 146◇

Zustandsgleichung für binäre fluide Mischungen. Charles E. Hecht. (J. chem. Physics **38**, 1008—18, 1963; Madison, Wis., Univ. of Wisconsin, Theoret. Chem. Inst.; engl.) — Die Kompressibilitätsfaktoren z = PV/RT für verschiedene fluide Mischungen von CH_4–C_2H_6, CH_4–C_3H_8, CH_4–CO_2, CH_4–N_2, C_2H_6–CO_2 u. N_2–CO_2 werden aus einer red. Zustandsgleichung für reine Substanzen berechnet. Die bin. Mischungen werden dazu als Pseudo-Einkomponenten-Syst. behandelt, die einem Lennard-Jones-(12–6)-Potential gehorchen, dessen Parameter so gewählt wurden, daß sie den 2. Virial-Koeff. der Mischung wiedergeben. Die Übereinstimmung mit experimentellen Werten ist bei höheren Temp. u. bei den Mischungen, bei denen sich die Vol.-Parameter der Komponenten wenig unterscheiden, am günstigsten. Wolfgang Krüger. 148◇

Optische Bestimmung der Kompressibilität von festem Argon. B. L. Smith und C. J. Pings. (J. chem. Physics **38**, 825—27, 1963; Pasadena, Calif., California Inst. of Technol.; engl.) — Die Kompressibilität von festem Ar wurde im Temp.-Bereich von 78,10—83,81° K mittels einer opt. Meth. gemessen. Bei 78,10° K wurde der Wert k_T = (6,65 ± 0,19)·10^{-11} cm²·dyn⁻¹ gefunden. Der therm. Ausdehnungs-Koeff. wurde für 81° K zu β = (1,95 ± 0,07)·10^{-3}·Grad⁻¹ berechnet. Die experimentelle Meth. wird diskutiert u. die Ergebnisse werden mit den aus anderen Meth. erhaltenen verglichen. Wolfgang Krüger. 148◇

Die Dichte des flüssigen Wismuts vom Schmelzpunkt bis zum normalen Siedepunkt und eine Abschätzung seiner kritischen Konstanten. J. A. Cahill und A. D. Kirshenbaum. (J. inorg. nuclear Chem. **25**, 501—06, 1963; Philadelphia, Pa., Temple Univ., Res. Inst.; engl.) — Die Dichte des fl. Bi wurde nach einer auf dem Prinzip von Archimedes beruhenden Meth. im Temp.-Bereich von 544,5° K (F.) bis 1832° K (Kp.) gemessen. Die Dichte des fl. Bi beträgt beim F. 10,022 (g/cm³), am Kp. 8,498. Für die Temp.-Abhängigkeit der Dichte wurde die Beziehung D = 10,665—11,820·10^{-4} T (± 0,013) gefunden. Die Dichte des festen Bi am F. wurde zu 9,680 berechnet. Die Vol.-Änderung beim Schmelzen beträgt demnach —3,28% des Vol. des festen Bi. Ferner wurden für den untersuchten Temp.-Bereich die spezif. Vol., Atom-Vol. u. kub. Ausdehnungs-Koeff. berechnet. Für die krit. Größen wurden folgende Werte erhalten: T_K = (4620 ± 460)° K, D_K = 2,60 ± 0,3 u. Atom-Vol.$_K$ = 80 ± 8 cm³/g-Atom. Die Dichte des fl. Bi oberhalb des normalen Kp. wurde bis zu einer Temp. von 4500° K ermittelt. Sie beträgt bei dieser 4,9. Wolfgang Krüger. 148◇

Stoß-Adiabaten und Null-Isothermen von sieben Metallen bei hohen Drücken. L. W. Altschuler, A. A. Bakanowa und R. F. Trunin. (J. exp. theoret. Physik [UdSSR] **42**, 91—104, 1962; russ., Auszug: engl.) — Unters. der Stoßkompression bei Drücken bis zu $9 \cdot 10^6$ at. Die Dichte stieg bei *Cu*, *Fe* u. *Ni* auf das 1,94—2,01 fache, bei *Zn* u. *Cd* auf das 2,21—2,36 fache u. bei *Sn* u. *Pb* auf das 2,58—2,66 fache an. Die Stoßkompressions-Temp. liegen für die weniger komprimierbaren Metalle bei $(15-35) \cdot 10^3$, für Zn, Sn, Cd u. Pb bei $(50-70) \cdot 10^3$ Grad. Extrapolationen für Null-Isothermen werden angegeben. I. Zoll. 148◇

Über die Berechnung der thermischen Transpiration. George A. Miller. (J. physic. Chem. **67**, 1359—61, 1963; Atlanta, Ga., Georgia Inst. of Technol., School of Chem.; engl.) — Auf der Grundlage der Theorie von Weber (1937) leitet Vf. eine allg. Gleichung für die therm. Transpiration (TT) ab. Aus Literaturangaben werden die TT-Konst. für H_2, *He*, *Ne*, *Kr* u. *Xe* u. die Werte der verallgemeinerten Koordinaten der TT berechnet. Die Werte sind graph. u. tabellar. wiedergegeben. G. Gattow. 149◇

Thermodiffusionsfaktoren für Krypton und Xenon. S. C. Saxena und R. K. Joshi. (Physica [Utrecht] **29**, 257—60, 1963; Jaipur, Rajasthan Univ., Phys. Dep.; engl.) — Die von Moran u. Watson [1958] für Kr u. Xe im Temp.-Bereich von 232—598 bzw. 572° K ermittelten therm. Diffusionsdaten werden einer krit. Unters. unterzogen, da sie kleiner als die theoret. berechneten Werte sind. Die Abweichungen werden auf einen systemat. Fehler in der Meßanordnung (Trennschaukel-Verf.) zurückgeführt. Wolfgang Krüger. 149◇

Selbstdiffusionskoeffizient von festem Argon. A. Bernè, G. Boato und M. de Paz. (Nuovo Cimento [10] **24**, 1179—81, 1962; Genova, Univ., Ist. di Fis., Ist. Naz. di Fis. Nucl.; engl.) — Der Selbstdiffusions-Koeff. von festem Ar wurde im Temp.-Bereich von 78° K bis zum Tripelpunkt mit Hilfe einer Isotopen-Meth. (^{36}Ar) gemessen. Aus den erhaltenen Werten wurde $D_0 = 350 \pm 150$ cm²/s u. die Aktivierungsenergie zu $Q = 4150 \pm 150$ cal/Mol berechnet. Ein Vgl. der berechneten Werte für D_0 u. Q mit aus theoret. Überlegungen ermittelten ergibt für Q lediglich eine größenordnungsmäßige Übereinstimmung, während D_0 50—100 fach größer ist, als theoret. zu erwarten wäre. Die vermutlichen Ursachen dieser Unterschiede werden kurz diskutiert. Wolfgang Krüger. 149◇

Dampfeinschlüsse in festem Argon. Gerald L. Pollack und H. P. Broida. (J. chem. Physics **38**, 968—69, 1963; Washington, D.C., Nat. Bur. of Standards; engl.) — Die Bldg. von Dampfeinschlüssen („vapor snakes") in festem Ar in der Nähe der Temp. des Tripelpunktes bei der Krist. wird beschrieben. Die bei der Bldg. u. dem Wachstum der Einschlüsse maßgeblichen energet. Verhältnisse werden diskutiert. Wolfgang Krüger. 149◇

Ein gesteuertes isothermes Entmagnetisierungssystem zur Erzeugung stabiler Temperaturen unterhalb 1° K. P. W. Matthews. (J. sci. Instruments **39**, 509—12, 1962; Bristol, Univ. of Bristol, H. H. Wills Phys. Labor.; engl.) H. Roschkowski. 149◇

Das Verhalten der fluiden Stoffe am kritischen Punkt, gezeigt am Beispiel des Wasserdampfes. R. Plank. (Brennstoff. Wärme. Kraft **15**, 8—14, 1963; Karlsruhe; dt.) — Der Kreislauf der krit. Isochore im Zweiphasengebiet des Temp.-Entropie-Diagramms bietet ein Kriterium für die Genauigkeit u. die thermodynam. Konsistenz der in den Dampftafeln angegebenen Werte für die Vol., die Enthalpien u. Entropien von sd. Fll. u. kondensierendem Dampf. Es wird nachgewiesen, daß die verschiedenen Zustandsänderungen den krit. Punkt in den Diagrammen ohne Knick durchlaufen. A. Knickenberg. 150◇

Bestimmung des Trennfaktors für die Verdampfung von Protium- und Tritiumoxid-Mischungen. Hilton A. Smith und Karl R. Fitch. (J. physic. Chem. **67**, 920—21, 1963; Knoxville, Tenn., Univ. of Tennessee, Dep. of Chem.; engl.) — Nach einer früher beschriebenen Meth. (Smith u. Mitarbeiter, C. **1955**, 2608) wurden für verschiedene Temp. zwischen 20,00 u. 60,00° die Trennfaktoren $\alpha = (H/T)_g (H/T)_{fl.}$ (H/T Atomverhältnis in der Probe) bestimmt. Der Trennfaktor folgt danach angenähert der Beziehung $\alpha = \sqrt{p^0_{H_2O}/p^0_{T_2O}}$. D. Noack. 150◇

Abschätzung des dritten Virialkoeffizienten von Kalium aus dem Dampfdruck. J. F. Walling. (J. physic. Chem. **67**, 1380—82, 1963; Columbus, Ohio, Battelle Memorial Inst.; engl.) — Die Dampfdrücke von hochgereinigtem K wurden sowohl nach einer modifizierten Kp.-Meth. (783—1430° K), als auch manometr. (bei < 2 at) u. mit der Bourdon-Spirale (> 2 at) bestimmt: $\log P = 4794{,}3\ T - 1{,}97108 \cdot \log T + 4{,}9800 \cdot 10^{-4} T - 1{,}0659 \cdot 10^{-7} T^2 + 10{,}1451 + (1915{,}4\ T) \cdot \exp\ (-4338{,}9\ T) + (7{,}40 \cdot 10^4\ T) \cdot \exp(-1{,}056 \cdot 10^4\ T)$. Die Sublimationswärme beträgt bei 0° K $\Delta H_0^0 = 21710 \pm 30$ cal/

Mol. Die Bldg.-Wärme u. Normalentropie von gasförmigem trimerem K_3 errechnen sich bei 1300° K zu $\Delta H_f = -23 \pm 12$ kcal/Mol u. $S^0 = 106 \pm 14$ cal/Grad·Mol; der 3. Virialkoeff. u. die Bldg.-Konst. zu $C = -1{,}5 \cdot 10^{-3}$ at^{-2} u. $K_3 = (1{,}2 \pm 0{,}3) \cdot 10^{-3}$ atm^{-2}. G. Gattow. 150

Bestimmung des Sublimationsdruckes von Bor nach der Langmuir-Methode. Robert C. Paule und John L. Margrave. (J. physic. Chem. **67**, 1368—70, 1963; Madison, Wis., Univ. of Wisconsin, Dep. of Chem.; engl.) — Mit Hilfe der Langmuir-Meth. wurden die Sublimationsdrücke (SD) von festem B zwischen 1781 u. 2152° K bestimmt (in at): $\log P = 7{,}239 - 28840/T$. Aus den SD wurden der Kp. zu 4050 ± 100° Ku. die Sublimationswärme bei 298° K zu 136,9 ± 0,3 kcal/Mol B berechnet. G. Gattow. 150◇

Der Dampfdruck von festem Dekaboran. George A. Miller. (J. physic. Chem. **67**, 1363—64, 1963; Atlanta, Ga., Georgia Inst. of Technol., School of Chem.; engl.) — Mit Hilfe einer Knudsen-Zelle wurden die Dampfdrücke von festem $B_{10}H_{14}$ (I) zwischen 10^{-3} u. 10^{-5} Torr von 240—270° K bestimmt: $\log P[\mathrm{Torr}] = -4225{,}345/T - 0{,}0107975T + 6{,}63911$. Unter Verw. bekannter Literaturwerte folgt für die Sublimationswärme von I bei 25° 18,33 kcal/Mol. Thermodynam. Funktionen von I sind zwischen 240 u. 380° K für den idealen Gaszustand tabelliert. G. Gattow. 150◇

Probleme der Differentialthermoanalyse bei hohen Registrierempfindlichkeiten. B. D. Mitchell. (Clay Minerals Bull. **4**, 246—48, 1961; Aberdeen, The Macaulay Inst. for Soil Res.; engl.) — Diskussion des Einfl. von Probengröße, Aufheizgeschw. u. erhöhter Registrierempfindlichkeit auf die DTA-Kurve. Walter Franke. 150◇

Gitterdynamik und spezifische Wärme von Indium. L. J. Slutsky und Ann Livingston. (J. chem. Physics **32**, 1093—96, 1960; Austin, Tex., Univ. of Texas, Dep. of Chem.; engl.) — Das Frequenzverteilungs-Spektrum der normalen Schwingungsformen wurde für In näherungsweise berechnet. Die Wechselwrkg. mit den nächsten u. übernächsten Nachbarn wurde dabei berücksichtigt. Die zwischenatomaren Kraft-Konst. wurden aus den Elastizitäts-Konst. bei Zimmer-Temp. berechnet. Die von 4—80° K berechnete spezif. Wärme des In steht mit den experimentell gefundenen Werten in gutem Einklang. K. Jaeger. 151◇

Wärmeinhalt bei hohen Temperaturen und Entropien der Sesquioxide von Erbium, Holmium, Thulium und Ytterbium. L. B. Pankratz und E. G. King. (U. S. Dep. Interior, Bur. Mines, Rep. Invest. **1963**, Nr. 6175, 1—8; Berkeley, Calif., Bur. of Mines, Berkeley Thermodynamics Labor.; engl.) — Der Wärmeinhalt der kub. Modifikation von Er_2O_3, Ho_2O_3, Tm_2O_3 u. Yb_2O_3 wurde im Temp.-Bereich von 298—1800° K gemessen. Der Verlauf der Wärmeinhalt-Temp.-Kurve ist bei Er_2O_3 u. Ho_2O_3 geradlinig, während bei Tm_2O_3 u. Yb_2O_3 je eine kleine Anomalie bei 1680 bzw. 1365° K mit einer Enthalpieänderung von 310 (cal/Mol) bzw. 150 auftritt. Die Temp.-Abhängigkeit der Wärmeinhalte u. der Molwärmen läßt sich durch folgende Funktionen ausdrücken: Er_2O_3, $H_T - H_{298,15} = 29{,}66T + 1{,}00 \cdot 10^{-3}T^2 + 4{,}50 \cdot 10^5 T^{-1} - 10441$ (± 0,1% von 298—2000° K), $C_p = 29{,}66 + 2{,}00 \cdot 10^{-3}T - 4{,}50 \cdot 10^5 T^{-2}$; Ho_2O_3, $H_T - H_{298,15} = 28{,}93T + 1{,}30 \cdot 10^{-3}T^2 + 2{,}40 \cdot 10^5 T^{-1} - 9546$ (± 0,2% von 298—2000° K), $C_p = 28{,}93 + 2{,}60 \cdot 10^{-3}T - 2{,}40 \cdot 10^5 T^{-2}$; Tm_2O_3, $(\alpha) H_T - H_{298,15} = 31{,}00T + 0{,}39 \cdot 10^{-3}T^2 + 3{,}42 \cdot 10^5 T^{-1} - 10424$ (± 0,1% von 298—1680° K), $(\beta) H_T - H_{298,15} = 32{,}00T - 10490$ (± 0,1% von 1680 bis 2000° K), $(\alpha) C_p = 31{,}00 + 0{,}78 \cdot 10^{-3}T - 3{,}42 \cdot 10^5 T^{-2}$, $(\beta) C_p = 32{,}00$; YbO_3, $(\alpha) H_T - H_{298,15} = 32{,}58T - 0{,}31 \cdot 10^{-3}T^2 + 4{,}62 \cdot 10^5 T^{-1} - 11236$ (± 0,1% von 298 bis 1365° K), $(\beta) H_T - H_{298,15} = 32{,}20T - 10800$ (± 0,1% von 1365 bis 2000° K), $(\alpha) C_p = 32{,}58 - 0{,}62 \cdot 10^{-3}T - 4{,}62 \cdot 10^5 T^{-2}$, $(\beta) C_p = 32{,}20$. Für den genannten Temp.-Bereich wurden ferner die Entropiezunahmen berechnet. Die zur Anomalie des Tm_2O_3 bzw. Yb_2O_3 gehörenden Entropieänderungen betragen 0,18 bzw. 0,11 cal/Grad·Mol. Es wird vermutet, daß inneratomare Vorgänge in den Anomalien ihren Ausdruck finden, da makrokristalline Umwandlungen infolge der Kleinheit der Enthalpieänderungen auszuschließen sind. Wolfgang Krüger. 151◇

Zirkoniumcarbid: Molwärme und thermodynamische Eigenschaften von 5—350° K. Edgar F. Westrum jun. und George Feick. (J. chem. Engng. Data **8**, 176—78, 1963; Ann Arbor, Mich., Univ. of Michigan, Dep. of Chem.; Cambridge, Mass., Arthur D. Little, Inc.; engl.) — Die Molwärme von ZrC wurde im Temp.-Bereich von 5—350° K gemessen. Die C_p–T-Kurve zeigt keine Umwandlungen oder Anomalien. Aus den Molwärmen wurden die thermodynam. Funktionen für den gleichen Temp.-Bereich berechnet. Für 298,15° K wurden folgende Werte erhalten: $C_p = 9{,}13$ (cal/Grad·Mol), $S^0 = 7{,}90$, $(H^0 - H_0^0)/T = 4{,}70$, $(G - H_0^0)/T = 3{,}20$ u. $H^0 - H_0^0 = 1401$ cal/Mol. Wolfgang Krüger. 151◇

Über die spezifische Wärme von Mn–Zn- und Ni–Zn-Ferrit zwischen 20 und 350°. J. L. Verhaeghe, G. G. Robbrecht und W. M. Bruynooghe. (Appl. sci. Res. [The Hague], B **8**, 128—34, 1960; Ghent, Rijksuniv., Natuurk. Labor.; engl.) — Mit einem adiabat. Vakuumcalorimeter wurden die spezif. Wärmen zweier Ferrite, $Mn_{1-a}Zn_aFe_2O_4$ (a = ca. 0,38) u. $Ni_{1-a}Zn_aFe_2O_4$ (a = ca. 0,50) gemessen. Die Abweichungen der tabellierten Meßwerte von ausgeglichenen Werten liegen innerhalb ± 1%. In der Umgebung der Umwandlungs-Temp. ferrimagnet.-paramagnet. (172° bzw. 308,5°) zeigt sich der von den Curie-Punkten ferromagnet. Stoffe her bekannte Verlauf. Messungen bei steigender und fallender Temp. ergaben keine Hysterese. Die Größe des Sprunges der Molwärme bei der Umwandlungs-Temp. (12 bzw. 9,28 cal/Grad·Mol) wird diskutiert. Heinrich Arnold. 151◇

Entropie- und Enthalpieänderungen einiger Flüssigkeit–Dampf-Übergänge im System NaCl–H_2O bei überkritischen Temperaturen. Sidney W. Benson und Charles S. Copeland. (J. chem. Engng. Data **8**, 186—88, 1963; Los Angeles, Calif., Univ. of Southern California, Dep. of Chem.; engl.) — Die Entropie- u. Enthalpieänderungen bei überkrit. Temp. wurden für folgende isotherm-isobare Prozesse ermittelt: a) Verdampfung einer gesätt. fl. wss. NaCl-Lsg. zur Dampf-Lsg. u. festem Salz; b) Überführung von NaCl u. H_2O in einem der Gleichgewichts-Dampf-Lsg. entsprechendem Mol-Verhältnis aus einer unendlichen Menge ungesätt. fl. Lsg. zur Dampf-Lösung. Für a) ist im Temp.-Bereich 385—296° ΔS = ca. 7 ± 0,3 (cal/Mol·Grad) u. ΔH = ca. 4,5 ± 0,3 (kcal/Mol). Für b) steigt bei 390° mit zunehmender Konz. der fl. Lsg. von 15 Gew.-% NaCl bis zur Sättigung (ca. 45 Gew.-%) ΔS von 5,4—7,9 u. ΔH von 3,6—5,2. Wolfgang Krüger. 155◇

Thermodynamische und physikalische Eigenschaften von Berylliumverbindungen. 3. Mitt. **Bildungswärme und Entropie von BeF_2(g).** Michael A. Greenbaum, M. Louis Arin und Milton Farber. (J. physic. Chem. **67**, 1191—94, 1963; Pasadena, Calif., Rocket Power, Inc., Thermodynam. Sect.; engl.) — 2. vgl. C. **1963**, 17974. — Mit Hilfe der Effusions-Meth. (Zelle aus BeO) wurde das Gleichgewicht der Rk. BeO (fest) + 2 HF (Gas) $\rightleftharpoons$ BeF_2 (Gas) + H_2O (Gas) zwischen 943 u. 1243° K bestimmt u. die durchschnittliche Rk.-Enthalpie u. -Entropie zu ΔH_r = 20,5 ± 1,7 kcal/Mol u. ΔS_r = 6,0 ± 0,3 cal Grad·Mol. ermittelt Unter Zugrundelegung bekannter thermodynam. Daten folgt für die Bldg.-Wärme u. Normalentropie von gasförmigem BeF_2 bei 298° K ΔH_f = —191,3 ± 2,0 kcal/Mol u. S^0 = 52,4 ± 0,3 cal/Grad Mol. G. Gattow. 156◇

Thermodynamische Eigenschaften von nichtstöchiometrischen Titanhydriden im Bereich von 24 bis 360° K. B. Staliński und Z. Bigański. (Bull. Acad. polon. Sci., Sér. Sci. chim. **10**, 247—51, 1962; Wrocław, Polish Acad. of Sci., Wrocław Branch, Inst. of Phys. Chem.; TU, Dep. of Inorg. Chem., Low Temp. Labor.; engl.) — Vff. bestimmten die Molwärmen (MW) von $TiH_{1,607}$ (I) u. $TiH_{1,718}$ (II) zwischen 25 u. 360° K; für 298,15° K werden für I u. II angegeben: C_p = 7,28 u. 7,30 cal/Grad·Mol, $H^0-H_0^0$ = 1208,2 u. 1195,6 cal/Mol, S^0 = 7,29 u. 7,24 cal/Grad·Mol. Die Bldg.-Wärmen (in kcal/Mol) wurden nach der Verbrennungswärmen-Meth. in einer Calorimeterbombe bestimmt: $-\Delta H_f^0$ (298,15) = 27,3 (für I), 28,0 (II), 28,7 ($TiH_{1,851}$) u. 29,5 ($TiH_{1,974}$). Über den H-Anteil an der MW von Titanhydriden wird diskutiert. G. Gattow. 156◇

Thermodynamische Eigenschaften fester Blei–Zinn-Legierungen. Ryoichi Nozato. (Bull. Univ. Osaka Prefect., Ser. A **10**, 109—16, 1962; Osaka, Univ., Coll. of Engng., Dep. of Metallurg. Engng.; engl.) — Die Bldg.-Enthalpie u. -Entropie fester Pb–Sn-Legg. wurde unter der Annahme der Gültigkeit der Regel von Kopp-Neumann aus der zwischen 25 u. 183° gemessenen Molwärme–Temp.-Kurve ermittelt. Die Bldg.-Enthalpie u. -Entropie nimmt mit steigendem Sn-Geh. bis zu einem Atombruch von X = 0,28 zu u. nimmt mit weiter zunehmendem Sn-Geh. wieder ab. Die Maximalwerte betragen ΔH = (680 ± 60) cal/Mol u. ΔS_0= (1,68 ± 0,18) cal/Mol·Grad. Die Löslichkeitskurve von Sn in festem Pb wurde aus den thermodynam. Daten abgeleitet. Sie zeigt bei ca. 110° u. 10 Atom-% Sn einen Knick. Wolfgang Krüger. 156◇

Bildungswärmen und Freie Bildungsenthalpien von Blei- und Manganvanadaten. K. K. Kelley, L. H. Adami und E. G. King. (U.S. Dep. Interior, Bur. Mines, Rep. Invest. **1963**, Nr. 6197, 1—9; Berkeley, Calif., Bur. of Mines, Berkeley Thermodynam. Labor.; engl.) — Krist. $Pb_2V_2O_7$ (I), $Pb_3V_2O_8$ (II) bzw. MnV_2O_6 (III) wurden mittels Festkörper-Rkk. aus stöchiometr. Mischungen von V_2O_5 u. $PbCO_3$ bzw. $MnCO_3$ hergestellt. Die Best. der thermodynam. Kenngrößen erfolgte lösungscalorimetr. bei 303,15° K in HCl·12,731 H_2O. Die Bldg.-Wärmen (in kcal/Mol) von **I, II** bzw. **III** aus den Elementen u. den entsprechenden Oxiden betragen bei 298,15° K ΔH = —509,9 ± 0,7 u. —34,45 ± 0,25, ΔH = —567,7 ± 0,8 u. —39,8 ± 0,3, bzw. ΔH = —477,9 ± 0,5 u. —15,25 ± 0,15. Unter Zugrundelegung der Normalentropien ($S_{298,15}^{\circ}$ = 65,5, 84,5 bzw. 47,5 cal /Grad·Mol) wurden die Freien Bldg.-Enthalpien (in kcal/Mol) aus den Elementen u. den Oxiden bei 298,15° K berechnet: ΔG^0 = 465,0 ± 0,8 u. —35,4 ± 0,4 (I), ΔG^0 = —516,5 ± 0,9 u. —41,7 ± 0,5 (II), bzw. ΔG^0 = —441,9 ± 0,7 u. —15,8 ± 0,5 (III). Aus einem

Vgl. bekannter ΔG^0-Werte folgt, daß die therm. Stabilität von vergleichbaren Vanadaten in der Reihenfolge Mg—Mn—Pb—Ca—Na zunimmt. G. Gattow. 156◇

Verdampfungseigenschaften von Eisenphosphiden. Gordon Lewis und Clifford E. Myers. (J. physic. Chem. **67**, 1289—92, 1963; Alfred, N.Y., State Univ. of New York, Coll. of Ceram. at Alfred Univ.; engl.) — Durch Kombination einer Effusions-Zelle mit einer Quarzspiralmikrowaage wurden die Gleichgewicht-Drücke über *Fe* P_2 (I), *Fe P* (II) u. Fe_2P (III) zwischen 800 u. 1380° K bestimmt. Für die Dissoziationswärmen u. -entropien der nachst. Rkk. folgt: 2 I (fest) → 2 II (fest) + P_2 (Gas) bei 900° K $\Delta H^0 = 70{,}6 \pm 2{,}0$ kcal/Mol P_2 u. $\Delta S^0 = 52{,}9 \pm 1{,}0$ cal/Grad·Mol P_2; 4 II (fest) → 2 III (fest) + P_2 (Gas) bei 1000° K 84,8 ± 2,0 u. 50,3 ± 3,1; 6 III (fest) → 4 Fe_3P (fest) + P_2 (Gas) bei 1250° K 111,2 ± 2,0 u. 51,60. Unter Zugrundelegung bekannter thermodynam. Daten wurden die Bldg.-Wärmen nachst. fester Phosphide aus krist. Fe u. rotem P bei 900° K berechnet: Fe_3P $\Delta H = -35{,}2$ kcal/Mol; III $-35{,}2 \pm 2$; II $-28{,}6 \pm 2$ u. ½ I $-21{,}8 \pm 2$. G. Gattow. 156◇

Thermodynamische Überlegungen über die Entschwefelung von Gußeisen beim Vakuumschmelzen. Reiichi Ohno. (Sci. Rep. Res. Inst. Tôhoku Univ., Ser. A **12**, 353—67, 1960; Res. Inst. for Iron, Steel and Other Metals; engl.) — Zur Aufklärung des Entschwefelungsverlaufes beim Vakuumschmelzen von Gußeisen werden die Syst. *Fe–S*, *Fe–C*–S, Fe–*Si*–S u. Fe–C–Si–S im Vakuum geschmolzen, wobei (außer bei Fe–S) beträchtliche Entschwefelung stattfindet. Die Beziehungen zwischen der Entschwefelung u. den C- u. Si-Konzz. der Syst. werden auf Grund der Phasenregel erläutert. Die beim Schmelzen einer Fe–C–S-Leg. im Vakuum im Graphittiegel bei 1300—1700° erhaltenen Ergebnisse werden mit den aus der Gleichgewichtsbeziehung errechneten Werten verglichen. W. Wesly. 156 ◇

Die Wärmeleitfähigkeit von Eis; neue Werte des Temperaturkoeffizienten. E. H Ratcliffe. (Philos. Mag. [8] **7**, 1197—1203, 1962; Teddington, Middlesex, U.K., Nat. Phys. Labor., Basic Phys. Div.; engl.) — Gemessen wurde die Wärmeleitfähigkeit k von Eis im Temp.-Bereich bis —180°. Eine quadrat. Abhängigkeit von der Temp. wird vorgeschlagen: $10^6 \cdot k = 22500 - 62\,t + 1{,}15\,t^2$. Für Temp. nicht unter 120° K zeigt auch die lineare Abhängigkeit $k = 7{,}8/T - 0{,}00615$ gute Übereinstimmung mit dem Experiment. K. Jaeger. 158◇

Wärmeleitfähigkeit und elektrischer Widerstand von Indium. R. W. Powell, Margaret J. Woodman und R. P. Tye. (Philos. Mag. [8] **77**, 1183—86, 1962; Teddington, Middlesex, U.K., Nat. Phys. Labor.; engl.) — Werte für die Wärmeleitfähigkeit, den spezif. elektr. Widerstand u. die Lorenz-Zahl in Abhängigkeit von der Temp. (— 190 bis + 120°) werden für In mitgeteilt. Die Ergebnisse zeigen, daß die bisher gültigen Werte für die Wärmeleitfähigkeit des In um den Faktor 3,5 zu niedrig sind. Mit den neuen Werten tritt auch die Anomalie im Gang der Lorenz-Zahl nicht mehr auf. K. Jaeger. 158◇

Relative Wärmeleitfähigkeit und Ausdehnungseigenschaften von sieben Transducer-Materialien. K. G. Skinner. (Rep. NRL Progr. **1962**, PB 181077, 8—12; Washington, D.C., U.S. Nav. Res. Labor., Solid State Div., Crystals Branch; engl.) — Die relative Wärmeleitfähigkeit u. die linearen Ausdehnungs-Koeff. von *$BaTiO_3$*, $BaTiO_3$ mit 0,04% Co, $BaTiO_3$–*$CaTiO_3$*, zwei verschiedenen *Pb–Zr-Titanaten*, glasartigem *Al_2O_3* u. *Pt* (nur Wärmeleitfähigkeit) wurden im Temp.-Bereich von 20—800° bzw. 1200° gemessen. Im Wärmeleitverh. bestehen keine großen Unterschiede zwischen Ba- u. Pb–Zr-Titanaten, dagegen sind die Unterschiede der linearen Ausdehnungs-Koeff. beträchtlich. Wolfgang Krüger. 158◇

A₅. Kolloidchemie. Grenzschichtforschung

Polydispersität kolloider Systeme. R. Hosemann und F. Motzkus. (Abh. Fritz-Haber-Inst. Max-Planck-Ges. Berlin-Dahlem **37**, 157—59, 1960; Berlin, MPG, Fritz-Haber-Inst.; dt.) — Vgl. C. **1961**, 2896. — Für drei polydisperse Syst. *Polystyrol*-Latex, kolloides *Au* u. *Ruß* wird die massenstatist. Verteilung der Teilchenradien aus Röntgenkleinwinkelstreuungs-Aufnahmen nach dem Ästekriterium von Hosemann berechnet u. aus elektronenmkr. Aufnahmen ausgemessen u. ausgezählt. Die Werte stimmen sehr gut überein. K. Jaeger. 162◇

Einfluß des Dispersionsmediums auf die Stabilität von Silberjodidsol. Virendra Kumar Srivastava und Rama Shanker Rai. (Kolloid-Z. **177**, 153—55, 1961; Gorakhpur, India, Univ., Chem. Labor.; engl.) — Die Stabilität von AgJ-Solen in wss. Aceton (2—20%ig) wächst mit abnehmender DK des Dispersionsmittels. Beim schrittweisen Zusatz von ein- u. zweiwertigen Elektrolyten [$Ba(NO_3)_2$; KNO_3] in wss. Aceton zum Sol steigt der pH-Wert bis zum Koagulationspunkt an, fällt dann rasch ab u. steigt nach dem Verschwinden der dispersen Phase wieder etwas. Diese Effekte werden Änderungen der DK des Mediums u. der Konz., der Wertigkeit des Elektrolyten sowie der Adsorption an akt. Zentren des Koagulats zugeschrieben. Die elektr. Leitfähigkeit der Lsg. steigt während der Koagulation an. W. Betcke. 163◇

Das „Zerbrechen" von gespannten Flüssigkeiten durch ionisierende Teilchen. B. Hahn. (Nuovo Cimento [10] **22**, 650—53, 1961; Fribourg, Univ. of Fribourg, Dep. of Phys.; engl.) — Es wird ein Mechanismus besprochen, mit dem Löcher von überkrit. Größe mit ziemlich hohen negativen Drücken (hydrostat. Dehnungsspannung) mit Hilfe ionisierender Teilchen erzeugt werden können. Das Zerbrechen von Fll. mit verschiedenen negativen Drücken auf Grund von α-Zerfall innerhalb der Fl. u. auf Grund von Neutronen- u. γ-Bestrahlung wird untersucht. Die Aufspaltung wird mit einem rotierenden Syst. erreicht, das bis zu 120 U/s ausführt. Die reziproken Wartezeiten bis zum Bruch liegen je nach Zus. der Fl. [z. B. ^{210}Po u. Th (C + C′) in *Freon 113* (CCl_2F–$CClF_2$) bei 20°] u. je nach Umdrehungszahl zwischen 0,01 u. 0,15 s^{-1}. Die entpsrechenden negativen Drücke werden für *Isopentan*, *n-Hexan*, *Aceton*, *Trichloräthylen*, *Cyclohexanol*, *Äthylenbromid* u. *Acetophenon* mit den jeweiligen Viscositäten zusammengestellt. Der Unters.-Ablauf mit einer PuBe-Neutronenquelle u. mit γ-Strahlen von einer ^{137}Cs-Quelle wird beschrieben. Ohne radioakt. Quelle wird Freon 113 bei 1 Sek. Wartezeit bei —120 at „zerbrochen". Das Zerbrechen von Fll. auf Grund ionisierender Teilchen wird mit der Bldg. von Blasen durch ionisierende Teilchen in einer überhitzten Fl. bei positiven Drücken verglichen. H. Schibilla. 166□

Die Adhäsion von Metallen an Kristallflächen. P. Benjamin und C. Weaver. (Proc. Roy. Soc. [London], Ser. A **274**, 267—73, 1963; Glasgow, Royal Coll. of Sci. and Technol., Dep. of Natural Phil.; engl.) — Metallfilme von *Ag*, *Au*, *Al*, *Cr*, *Cu*, *Zn* u. *Cd* wurden auf den (100)-Flächen von Alkalihalogenidkristallen (*NaCl*, *KCl*, *KBr*) abgeschieden u. die Adhäsion durch Messung der Scherkräfte, die zur Entfernung der Filme aufgewendet werden müssen, bestimmt. Die Adhäsion ist relativ klein, u. es werden keine Veränderungen mit der Zeit festgestellt, wie sie bei Metallfilmen auf Glassubstraten auftreten. Verschiedene Adhäsionsmechanismen werden diskutiert; alle Ergebnisse lassen sich hinreichend allein durch van der Waalssche Kräfte erklären. Für jedes Metall-Substrat-Paar besteht zwischen den experimentellen Werten u. berechneter van der Waals-Anziehung eine lineare Beziehung. Ernst Schulte. 166◇

Notiz zu B. Kamieński's Abhandlung „Die Natur des elektrischen Potentials an der freien Oberfläche von wässerigen Lösungen". A. N. Frumkin. (Electrochim. Acta [London] **2**, 351—54, 1960; Moscow, Acad. of Sci. of the USSR, Inst. of Elektrochem.; engl.) — Vf. weist die Annahme von Kamieński (C. **1961**, 7851) zurück, daß die Potentialdifferenz W./Luft von der Größenordnung 1 V ist, da sie zu unmöglichen Werten für die chem. Hydratationsenergien einwertiger Ionen führt. H. Jehne. 168◇

Notiz über die Trennung und Lösung von Gleichungen des Diffusionstyps. W. R. Gardner. (Proc. Soil Sci. Soc. America **26**, 404, 1962; Riverside, Calif., U.S. Salinity Labor.; engl.) — Am Beispiel der Best. der Diffusion von W. im Boden wird eine allg. eindimensionale Lösung von partiellen Differentialgleichungen vom Typ der Transportgleichungen vorgeschlagen. Die Gleichung $(1/T)\,(dT/dt) = (D/X)\,(d^2X/dx^2) = -a^2 =$ const. wird als Funktion $\theta_{(x,t)} = X_{(x)}T_{(t)}$ betrachtet. $X_{(x)}$ u. $T_{(t)}$ werden getrennt gelöst u. multipliziert, um $\theta_{(x,t)}$ zu erhalten. Der Wert für a^2 wird aus den Grenzbedingungen für x bestimmt. Eine entsprechende Trennung der Gleichungen u. ihre getrennte Lösung mit anschließender Multiplikation wird für den Fall gezeigt, daß D eine Funktion von θ ist. K. Roß. 171◇

Verfahren zur Trennung gelöster Stoffe auf Grund unterschiedlicher Diffusionsgeschwindigkeiten. W. Niesel und H. Röskenbleck. (Naturwissenschaften **50**, 328—29, 1963; Kiel, Univ., Physiol. Inst.; dt.) — Der aus einem Vorratsgefäß abfließenden Lsg. der zu trennenden Stoffe wird ein Strom von reinem Lsgm. entgegengeschickt. Beide Ströme werden durch eine für die Substanzen durchlässige Membran voneinander getrennt. Gut diffundierende Stoffe gelangen in den Lsgm.-Strom u. fließen in das Vorratsgefäß zurück, schlecht diffundierende verbleiben in der abfließenden Lösung. Ist die Geschw. des Lsgm. größer als die der Lsg., so ist der Trenneffekt bes. hoch; überschüssiges Lsgm. im Vorratsgefäß wird abgedampft (Anwendung auf *Patentblau*–$K_2Cr_2O_7$–*KCl*). J. Simon. 171◇

Halbautomatische Messung der Adsorption nach der Volumenmethode. M. Smíček, S. Černý und L. Minářová. (J. physik. Chem. [UdSSR] **35**, 939—41, 1961; Wiss.-Forsch.-Inst. für Lufttechnik, ČSR; russ., Auszug: engl.) — Vff. konstruieren ein Gerät zur Konstanthaltung des Drucks. Es kann bei der Einstellung des Adsorptionsgleichgewichts verwendet u. an einen Adsorptions-App. angeschlossen werden. Der gewünschte Druck wird manuell eingestellt u. hält sich dann automat. durch Zu- u. Abgabe kleiner Hg-Mengen konstant. I. Zoll. 176◇

Methode zur Herstellung von Proben zur infrarotspektroskopischen Untersuchung der Chemisorption von Gasen an Metallen. W. I. Lygin, N. N. Kawtaradse und Je. G. Boresskowa. (J. physik. Chem. [UdSSR] **35,** 932—33, 1961; Akad. der Wiss. der UdSSR, Inst. für phys. Chem.; russ., Auszug: engl.) — Die Proben werden aus gepreßten Aerosilplättchen, die mit dem zu prüfenden Metall überzogen werden, hergestellt. Die Chemisorption wird spektralanalyt. untersucht. I. Zoll. 176◇

Ein Beitrag zum Mechanismus der Chemisorption von Sauerstoff. K. Schwabe und Ch. Wissmantel. (Mber. dtsch. Akad. Wiss. Berlin **5,** 23—32, 1963; Dresden, TU, Inst. für Elektrochem. u. phys. Chem.; dt.) — Zur Erklärung der bei der Chemisorption von Sauerstoff an Metallen auftretenden Besonderheiten (hoher Bedeckungsgrad, hohe Sorptionswärmen, geringe Beweglichkeit des Sorbats) wird ein Modell entwickelt, das davon ausgeht, daß die Bindung der O-Atome nicht an individuelle Metallatome, sondern an Elektronen eines oder mehrerer Oberflächenbänder erfolgt. — 42 Literaturangaben. A. Blaschette. 176◇

Wechselwirkung von molekularem Sauerstoff mit Wolframoberflächen. Ja. P. Singerman und W. A. Morosowski. (Festkörperphysik [UdSSR] **4,** 1833—40, 1962; Kiew, Physik. Inst. der Akad. der Wiss. der UkrainSSR; russ.) — In abgewandelter Form wurde die Ionisations-Meth. der Vff. (Festkörperphysik [UdSSR] **3,** [1961], 123) zur Unters. der Kinetik von Sauerstoffadsorption an festen Oberflächen benutzt. Folgende Parameter einer *W*-Oberfläche wurden gemessen: Reflexions-Koeff., Adsorptions- u. Desorptions-Geschw., Austrittsarbeit u. ihre Abhängigkeit von der Konz. des adsorbierten Sauerstoffs. Mit der beschriebenen Anordnung kann ein Mol.-Strahl bei $5 \cdot 10^{-5}$ mm Hg erzeugt werden. A. Kumm. 176◇

Untersuchung der Chemisorption durch Messung der Desorptionsgeschwindigkeit; CO_2 an ZnO und NiO; CO an NiO. Yutaka Kubokawa und Osamu Toyama. (Bull. chem. Soc. Japan **35,** 1407—12, 1962; Sakai-shi, Osaka, Univ. of Osaka Prefecture, Coll. of Engng., Dep. of Appl. Chem.; engl.) — Vff. untersuchten die Desorption von CO_2 von ZnO u. NiO (bei 450° im Vakuum ausgeheizt u. bei 300° mit CO_2 beladen) u. von CO von NiO (450°, Vakuum, CO chemisorbiert bei Raum-Temp. u. 260°). Die Aktivierungsenergie (AE) der Desorption von CO_2 nahm mit der Verringerung der adsorbierten Gasmenge zu. Für ZnO beträgt AE 16—40 kcal/Mol u. für NiO 7—30 kcal/Mol. Für an NiO chemisorbiertes CO ergeben sich zwei Desorptionstypen. AE für die reversible Desorption bei tiefen Temp. (bis 200°) liegt im Bereich von 5—18 kcal/Mol. Bei höheren Temp. wird in zunehmendem Maße an Stelle von CO CO_2 desorbiert. Sauerstoffbehandlung bei 450° u. anschließendes Evakuieren bei 260° für CO_2 bzw. 100° für CO beeinflußt die Chemisorption an ZnO bzw. NiO nicht. Die Chemisorption ist also unabhängig vom Elektronenzustand des Adsorbens. Elektr. Doppelschichten an den Grenzflächen (nach Hauffe) spielen keine entscheidende Rolle. Für NiO wird die Adsorption von CO_2 durch O_2 erniedrigt. Am Syst. ZnO-CO_2 werden zwei Typen der Chemisorption festgestellt. D. Hoene. 176◇

Adsorption von Benzol- und n-Hexandämpfen an Magnesiumhydroxid. A. W. Kisselew und D. P. Poschkuss. (Kolloid-J. [UdSSR] **21,** 653—63, 1959; russ., Auszug: engl.) — Vgl. C. **1963,** **20742.** — Es werden die Adsorptionsisothermen von Bzl.- u. n-Hexandämpfen an Magnesiumhydroxidproben (mit unterschiedlicher Vorbehandlung) gemessen. Bzl. wird stärker als Hexan adsorbiert. Die Adsorptionsisotherme von Hexan verläuft im Gebiet der monomol. Oberflächenschicht erst konkav, dann konvex. Eine Dehydratisierung der Magnesiumhydroxidoberflächen verringert die Adsorption von Hexan u. bes. von Benzol. I. Zoll. 176◇

Infrarotuntersuchungen der Adsorption von Ölsäure und Natriumoleat an Fluorit, Baryt und Calcit. A. S. Peck. (U. S. Dep. Interior, Bur. Mines, Rep. Invest. **1963,** Nr. 6202, 1—16; Salt Lake City, Utah, Bur. of Mines, Salt Lake City Metallurg. Res. Center; engl.) — Die Chemisorption von Ölsäure (**I**) u. Na-Oleat (**II**) an Fluorit (**III**), Baryt (**IV**) u. Calcit (**V**) wurde IR-spektroskop. untersucht (IR 4, Bereich 2—15 μ, KBr-Preßtechnik, **I**-Suspensionstechnik u. Gaszelle zur Unters. desorbierter Gase). Oberflächen-Rkk. zwischen **III, IV** u. **V** mit **I** oder Lsgg. von **II** ergeben fest anhaftende Monoschichten, die aus Adsorbatanionen u. Oberflächenkationen bestehen. Bei den Adsorptionserscheinungen in wss. Lsg. kann nicht unterschieden werden, ob die Chemisorption nach einem Neutral-Mol.- oder Ionenaustauschmechanismus verläuft. Ein nichtion. Mechanismus wird abgeleitet für die Wechselwrkg. zwischen **I**-Adsorbat u. Mineraloberfläche in wasserfreien Systemen. Dieser verläuft über folgende Stufen: 1. Physisorption von **I**, 2. Dissoziation der COOH-Gruppe, 3. Verdrängung eines Anions der Mineraloberfläche, 4. Bldg. einer Mol.-Assoziation zwischen Adsorbatanion u.

Mineralkation u. 5. Entstehung freier Mineralsäure. Es wird angenommen, daß dieser Adsorptionsmechanismus auch in wss. Syst. vorliegen kann. D. Kunath. 176◇

Adsorption von H^+- und OH^--Ionen an verschiedenen metallischen und oxidischen Oberflächen. E. Herczynska und K. Proszynska. (Naturwissenschaften **50**, 351—52, 1963; Warsaw, Inst. of Nucl. Res., Dep. of Radiochem.; engl.) — Mit Hilfe der pH-metr. Meth. wurde die Adsorption von H^+- u. OH^--Ionen an verschiedenen Metallen u. Oxiden bei pH 4—10 untersucht; die Werte sind graph. wiedergegeben. Der Anteil von adsorbiertem H^+ nimmt mit steigendem pH-Wert ab, der von OH^- zu. Durch Extrapolation konnte die Beendigung („Nullpunkt") der H^+-Adsorption („isoelektr. pH-Wert") ermittelt werden: Al bei pH 7,0; Ni u. Fe 8,5; Al_2O_3 10,0; NiO u. Fe_2O_3 7,9. G. Gattow. 176◇

Untersuchung der Adsorption reiner und gemischter Filme gesättigter aliphatischer Amine an Platin durch Messung der Kontaktpotentiale. K. W. Bewig und W. A. Zisman. (J. physic. Chem. **67**, 130—35, 1963; Washington, D.C., U. S. Naval Res. Labor.; engl.) — Bei der Unters. der Adsorption prim. gesätt. aliphat. Amine mit C_{14}, C_{16} u. C_{18} (I) wurde die Änderung des Kontaktpotentials zwischen der mit einer dicht gepackten, monomol. **I**-Schicht bedeckten Platinelektrode u. einer mit FEP-Teflon überzogenen Goldelektrode als Bezugs-Syst. gemessen. Dabei wurden hochreine Amine eingesetzt u. die Pt-Oberfläche in einem speziellen Verf. poliert u. vorbehandelt. Gemessen wurde bei 20° u. 50% relativer Feuchtigkeit in gefilterter Luft, die sorgfältig von organ. Bestandteilen befreit war. Die Packung der Amin-Moll. in der monomol. Schicht ließ sich über den Benetzungswinkel von reinem Methylenjodid indirekt bestimmen. Unter den angegebenen Bedingungen sind die Kontaktpotentiale innerhalb $\pm 2\%$ reproduzierbar. Auftragen des Benetzungswinkels gegen die Zahl der C-Atome pro Amin-Mol. sowie der Kontaktpotentialdifferenzen gegen den Benetzungswinkel gibt Aufschluß über den Einfl. der homologen Eigg., der Molekülpackung, der Orientierung u. des Lsgm.-Einschlusses in der Adsorptionsschicht. Lsgm., wie 1-Phenyldodecan, Pristan u. Squalan, die eine Phenylgruppe oder verzweigte KW-Ketten enthielten, wurden mit geradkettigen Alkanen (C_7—C_{18}) verglichen. E. Beyerle. 176◇

Coulostatische Untersuchung der Adsorptionskinetik an einer Metall–Elektrolyt-Grenzfläche. Paul Delahay. (J. physic. Chem. **67**, 135—37, 1963; Baton Rouge, La., Louisiana State Univ., Coates Chem. Labor.; engl.) — Für einen Adsorptionsprozeß an einer ideal polarisierten Elektrode, der im Gleichgewicht der logarithm. Temkin-Isotherme gehorcht, u. für Prozesse, die gleichzeitig adsorptionskinet. als auch durch Diffusion bestimmt sind, wurden Veränderungen von Oberflächen-Konz. u. Potential mit der Zeit theoret. abgeleitet. Es wird angenommen, daß sich die Ladungsdichte entsprechend einer stufenförmigen Zeitfunktion derartig verändert, daß die Zelle mit ideal polarisierter Elektrode im Augenblick der plötzlichen Änderung der Ladungsdichte stromlos ist. Grenzfälle, die entweder durch reine adsorptionskinet. Vorgänge oder durch reine Diffusion bedingt sind, werden berücksichtigt. Es wird gezeigt, wie die Adsorptions-Austausch-Geschw. v^0 aus Potential–Zeit-Veränderungen bestimmt werden kann ($v^0 \leq 10^{-5}$ Mol·cm^{-2}·s^{-1} für Meßzeiten $t \leq 1\ \mu s$). Schnellere Prozesse könnten unter Zuhilfenahme kürzerer Meßzeiten untersucht werden. E. Beyerle. 176◇

Absorption in der vibrierenden Schicht. 1. Mitt. **Kohlendioxidabsorption in Kalilauge und Kaliumcarbonatlösungen.** D. Mirev, L. Bojadžiev und Chr. Balarew. (C. R. Acad. bulg. Sci. **14**, 151—54, 1961; dt., Auszug: russ.) — Die vibrierende Schicht wird von einem schwingenden Sieb (stehende Wellen) erzeugt. Der Schaum ist feinporiger u. homogener als der bei der sog. „Schaumabsorption". Das neue Verf. wird bei der Absorption von CO_2 in wss. KOH- u. K_2CO_3-Lsg. angewendet. Das CO_2–Luft-Gemisch enthielt 15, 35 u. 40% CO_2, Gas-Geschw. 27, 60 u. 100 Liter/h, Temp. $20^0 \pm 0{,}5^0$, Druck 730 ± 5 Torr. K_2CO_3 besitzt im Vgl. zu KOH u. $KHCO_3$ das höchste Schaum-Bldg.-Vermögen. I. Zoll. 176◇

Chromatographische Untersuchung anionischer Komplexe: Trennung einiger Ionen in Gegenwart von Oxalat unter Verwendung von Methanol als Lösungsmittel. Eric John Singh und Arun K. Dey. (J. Indian chem. Soc. **38**, 193—94, 1961; Allahabad, Univ. of Allahabad, Chem. Labor.; engl.) — Die Ergebnisse chromatograph. Trenn-Verss. von Cu(II), Ni, Co(II), Fe(III), Fe(II) u. Cd(II) in 50%ig. wss. Methanol in Ggw. von Oxalat werden kurz zusammengestellt. Zur Vers.-Durchführung wird auf eine frühere Mitt. (C. **1963**, 19730) verwiesen. H. Roschkowski. 177◇

Untersuchung der Adsorption von Aminen an Montmorilloniten. 1. Mitt. **Die chemischen Prozesse.** Albert Servais, José J. Fripiat und André Léonard. (Bull. Soc. chim. France **1962**, 617—25; Heverlé, Louvain, Belgique, Univ., Inst. Agronom., Labor. des Coll. et de Chim. Min.; franz.) — Die Adsorption von *Propylamin*,

Butylamin, *Äthylendiamin* u. *Propylendiamin* in benzol. Lsg. an sauren u. mit Na^+ sowie Ca^{2+} gesätt. Montmorilloniten (M) wird untersucht. Saure M adsorbieren die Amine als Alkylammonium- bzw. -diammoniumsalze. Die adsorbierte Diaminmenge ist höher als die Austauschkapazität; von gesätt. M werden Diamine physikal. adsorbiert. $NaOCH_3$ zerstört M–Monoamin-Komplexe, während Diamine nur teilweise aus den Zwischenräumen verdrängt werden. H. Bürger. 178◇

Untersuchung der Adsorption von Aminen an Montmorilloniten. 2. Mitt. **Die Struktur der Komplexe.** André Léonard, Albert Servais und José J. Fripiat. (Bull. Soc. chim. France **1962**, 625–35; franz.) — 1. vgl. vorst. Referat. — Mit Hilfe von Röntgenbeugung wurden Komplexe von sauren u. an Na^+ bzw. Ca^{2+} gesätt. Montmorilloniten (M) mit Butylamin, Propylamin, Äthylendiamin u. Propylendiamin untersucht. Alkyldiammonium-Verbb. liegen parallel, alle anderen senkrecht zur Silicat-Schicht orientiert in den Zwischenräumen, in denen die organ. Moll. von O-Atomen eingeschlossen werden. $NaOCH_3$ bewirkt eine vollständige Schließung der Zwischenräume bei Monoamin-M, während bei Diamin-M die einzelnen Schichten sich nähern. Mit steigender Menge an adsorbiertem Amin vervollkommnet sich die Orientierung der Kristallite. H. Bürger. 178◇

Untersuchung der Adsorption von Aminen an Montmorilloniten. 3. Mitt. **Die Natur der Bindung Amin–Montmorillonit.** José J. Fripiat, Albert Servais und André Léonard. (Bull. Soc. chim. France **1962**, 635–44; franz.) — 2. vgl. vorst. Referat. — Komplexe von sauren (**A**) sowie von an Ca^{2+} u. Na^+ gesätt. Montmorilloniten (**B**) mit Propyl- u. Butylamin sowie Äthylen- u. Propylendiamin werden IR-spektroskop. untersucht. In **A** bilden Amine Ammoniumionen; Diamine gehen bei steigender Adsorbatmenge von $H_3N-R-NH_3^{2+}$ in $H_2N-R-NH_3^+$ über; daneben liegen wie in **B** auch neutrale Amine vor. Die Verschiebung der NH-Deformationsfrequenz wird im Sinne der l. c. angegebenen Orientierung der Amin-Moll. interpretiert. Einw. von $NaOCH_3$ führt zu Spektren, die festem CH_3OH ähnlich sind. Wird jedoch durch Diamine der höhere Schichtenabstand aufrecht erhalten, erhält man ein dem gasförmigen CH_3OH ähnliches Spektrum. H. Bürger. 178◇

Organische Komplexe des Vermiculits. H. H. Sutherland und D. M. C. MacEwan. (Clay Minerals Bull. **4**, 229–33, 1961; Dundee, Queen's Coll., Carnegie Labor. of Phys.; engl.) — Komplexe Verbb. von Vermiculit mit geradkettigen Aminen bis zu 20 C-Atomen bzw. mit den entsprechenden Ammoniumsalzen wurden hergestellt. Der d-Wert(001) ist eine lineare Funktion der Zahl der C-Atome. Walter Franke. 178◇

A₆. Strukturforschung

Elektronenbeugung in Gasen und Molekülstruktur. O. Bastiansen und P. N. Skancke. (Advances chem. Physics **3**, 323–62, 1961; Trondheim, TU of Norway, Inst. of Theoret. Chem.; engl.) — Übersicht: Theorie; experimentelle Meth. u. Rechen-Verff.; Best. der Mol.-Struktur (Atomabstände; Valenzwinkel; Konstellationsanalyse); Mol.-Schwingungen. — 81 Literaturangaben. A. Blaschette. 181◇

Die Streuung von Röntgenstrahlen durch N_2. G. E. Kilby. (Acta crystallogr. [Copenhagen] **16**, 476–79, 1963; Sheffield, Univ., Dep. of Phys.; engl.) — Vf. berechnete mit Hilfe der Wellenfunktion von Scherr die kohärente Röntgenstreuung des N_2. Es wurden getrennte Betrachtungen für eine dreizentr. u. eine einzentr. Ladungswolke angestellt. Die theoret. Werte unterscheiden sich wenig von der Wrkg. überlagerter Atome im Mol. u. weichen bei Berücksichtigung der inkohärenten Streuung nach Freeman von den Messungen Gajewskis [1932] beträchtlich ab. Es wird angenommen, daß die Wellenfunktion von Scherr die Bindungen nicht ausreichend berücksichtigt. R. Uttech. 181◇

Ausdehnungswerte des Platins für die thermische Kalibrierung von Hochtemperatur-Röntgenbeugungskameras und Diffraktometern. William J. Campbell. (U. S. Dep. Interior, Bur. Mines, Inform. Circ. **1962**, Nr. 8107, 1–9; College Park, Md., Bur. of Mines, Metallurg. Res. Center; engl.) — Nach $A = [8{,}91 + 1{,}28 \cdot 10^{-3}\,(t - 25) + 0{,}04 \cdot 10^{-6}\,(t - 25)]\,(t - 25)/10^4$ (A lineare Ausdehnung in %; t in °C) maschinell berechnete Werte wurden im Bereich 25–1700° in Abständen von 2° tabelliert. Für Temp.-Messungen auf ±1° werden auf ±0,001% genaue Dehnungswerte gefordert; erreichbare Genauigkeit ±2° innerhalb 0–700°, ±5° 700–1000°, ±25° 1000–1700°. R. Uttech. 181◇

Eine Vorrichtung zur Aufnahme von Röntgenphotographien an Einkristallen bei hohen Temperaturen. Issai Lefkowitz und Helen D. Megaw. (Acta crystallogr. [Copenhagen] **16**, 453–55, 1 Tafel, 1963; Cambridge, England, Cavendish Labor., Crystallograph. Labor.; engl.) — Die Vorr. gestattet Aufnahmen bei Temp. bis zu

1000°. Die Heizung aus zwei Pt-Spiralen dicht oberhalb u. unterhalb des Kristalls paßt auf einen Standardgoniometerkopf u. ist daher für Oszillations-, Weissenberg- u. Präzessionskameras verwendbar. Eine Abwandlung des Weissenberg-Diffraktometers wird beschrieben. Der Filmträger bedarf keiner besonderen Kühlung.
R. Uttech. 181◇

Kühlgehäuse für die Benutzung mit einer Weissenberg-Röntgenbeugungskamera. K. W. Allen, G. A. Jeffrey und R. K. McMullan. (Rev. sci. Instruments **34**, 300—01, 1963; Pittsburgh, Pa., Univ. of Pittsburgh, Crystallogr. Labor.; engl.) — Es wird ein aus doppelten Plexiglaswänden gebautes Kühlgehäuse beschrieben, das mit 45 kg Trockeneis beschickt die gesamte Kamera 8—12 Std. auf ca. —20° zu halten gestattet. Bei Tieftemp.-Arbeiten nach der Meth. des kalten Luftstroms kann die Vorr. als Trockengehäuse zum Schutz gegen Vereisung benutzt werden. R. Uttech. 181◇

Lichtschutz für photographische Filme in Röntgenkameras. Victor E. Buhrke. (Rev. sci. Instruments **34**, 301—02, 1963; San Francisco, Calif., Picker Analyt. Labor.; engl.) — Polaroid-4 × 5-Land-Filme werden als Lichtschutz photograph. Filme in Röntgenkameras empfohlen. Die Absorption ungefilterter Cr-Strahlung wird als unbedeutend angegeben. R. Uttech. 181◇

Mikroröntgenbeugungskamera zur Untersuchung von Orientierungstexturen und Mikroeinkristallen. J.-E. Glas. (J. sci. Instruments **39**, 60—62, 1962; Stockholm, Karolinska Inst., Dep. of Med. Phys.; engl.) — Beschreibung einer evakuierbaren Mikrokamera mit verschiedenen Präp.-Haltern, die Textur-Unterss., Einkristall- u. gewöhnliche Beugungsaufnahmen ermöglicht. Als Anwendungsbeispiele sind ein Drehkristalldiagramm eines kleinen *Fluorapatit*-Kristalls, Faserstrukturaufnahmen eines dünnen Splitters von *Zahnemail*, eine Pulveraufnahme eines synthet. *Apatits* sowie eine Aufnahme eines organ. Kristalls von *Amoeba proteus* wiedergegeben. C. Gottfried. 181△

Eine schnell auswechselbare, rotierende Probehalterung für die Röntgenbeugung an Pulvern. Jerry M. Waite. (Amer. Mineralogist **48**, 406—10, 1963; Dallas, Tex., Socony Mobil Oil Co., Inc., Field Res. Labor.; engl.) — Eine Halterung für flache Proben, die zur Vermeidung von Abweichungen der Beugungsintensitäten rotiert u. einen schnellen Austausch der Proben gestattet, wird als Zubehör für die Röntgengoniometer Gen. Electr. XRD-3D u. Norelco beschrieben. R. Uttech. 181◇

Herstellung von Pulverproben. R. McL. Birnie. (Lab. Pract. **11**, 925—27, 1962; Heywood, Lancs., Salford Electr. Instruments Ltd., Times Mill; engl.) — Für die Röntgen-Unters. in Kameras nach van Arkel u. Bradley-Jay werden zylindr. Pulverproben benötigt. Auf einer Glasplatte liegen in einigem Abstand 2 Rollen mit dem für die Probe gewünschten Durchmesser. Das angefeuchtete Pulver (zu trocken: krümelt; zu feucht: klebt auf der Glasplatte) wird zunächst mit den Fingern gerollt u. in die Mitte zwischen die beiden Rollen gelegt. Durch vorsichtiges Rollen mit einer darüber gelegten Glasplatte wird die Probe auf den Durchmesser der Rollen gebracht. Die vollkommen zylindr. Probe bleibt auf der unteren Platte zum Trocknen liegen.
K. Roß. 181◇

Zwei Vorrichtungen zur schnellen Ausmessung und zum schnellen Vergleich von Röntgenpulveraufnahmen. Sigmund Ch. Koritnig. (Amer. Mineralogist **48**, 418 bis 420, 1963; Göttingen, Univ., Miner. Inst.; engl.) — Die zur Filmausmessung beschriebene Vorr. besteht aus einer rahmenförmigen Metallschiene zur Aufnahme des Films, einer festen u. einer verschiebbaren Meßskala u. einem Schlitten. Der Nullpunkt der verschiebbaren Skala läßt sich auf den berechneten Nullpunkt des Films einstellen. Zum Vgl. von Debye-Scherrer-Aufnahmen zwecks Identifizierung wird eine Vorr. angegeben, bei der durch Spieglung beide Aufnahmen gleichzeitig projiziert werden können. R. Uttech. 181◇

Über die wahrscheinlichsten Differenzen, die bei der Lipson-Hesse-Differenzmethode zur Indizierung von Pulveraufnahmen auftreten. Lehel Zsoldos. (Acta crystallogr. [Copenhagen] **16**, 572—73, 1963; Budapest, L. Eötvös Univ., Inst. for Exper. Phys.; engl.) — Vf. führt für die von Hesse (Acta crystallogr. [Copenhagen] **1**, [1948], 200) u. Lipson (Acta crystallogr. [Copenhagen] **2**, [1949], 43) angegebene Meth. die überhaupt nur zu erwartenden Differenzen an. Für das orthorhomb. [z. B. α-Cu·$(NH_3)_2Cl_2$] u. tetragonale Syst. sollen hohe Maxima gewöhnlich für N (oder N_1, N_2, N_3) = 4, 8, 16... auftreten, zu denen auch die meisten Differenzen der stärkeren Linien gehören.
R. Uttech. 181◇

Einfluß kleinster Gitterdeformationen auf den Weg und die Absorption interferierender Röntgen-Strahlen. U. Bonse. (Z. Naturforsch. **18a**, 421—22, 1963; Münster/Westf., Univ., Phys. Inst.; dt.) — Ableitung von Ausdrücken für den Einfl. der drei Hauptdeformationen des Gitters auf das Wellenfeld u. für den auf den Strahlen-

weg bezogenen Absorptions-Koeff. mit komplexem ξ (Verhältnis der Amplituden der dielektr. Verschiebung der Wellenfeldkomponenten). Krümmung der Netzebenen, FF $\neq$ 0.
R. Uttech. 181◇

Analyse dreidimensionaler Patterson-Diagramme durch Vektorverifikation. Alan D. Mighell und Robert A. Jacobson. (Acta crystallogr. [Copenhagen] **16**, 443—45, 1963; Princeton, N.J., Princeton Univ., Dep. of Chem.; engl.) — Vff. geben eine Meth. an, die von der Patterson-Funktion zur Elektronendichteverteilung führt. Jeder Punkt im x, y, z-Raum wird über die Harker-Vektoren mit seiner Vereinbarkeit auf dem Patterson-Diagramm geprüft. 95% aller Lagen im x, y, z-Raum lassen sich im ersten Schritt eliminieren. Nach Ermittlung einer wahren Atomlage werden die noch möglichen an ihr u. an den zu ihr symmetrieverwandten Lagen getestet. Die Meth. benutzt einen Digitalrechner, ist bes. geeignet für Raumgruppen mit vier u. mehr-äquivalenten Lagen, ist anwendbar auf Strukturen mit etwa gleichschweren Atomen u. wird an B_8Cl_8 demonstriert.
R. Uttech. 181◇

Ein Beitrag zum Absorptionsfaktor für Ellipsoide und Zylinder mit elliptischem Querschnitt. Kurt Weber. (Acta crystallogr. [Copenhagen] **16**, 535—42, 1963; Heidelberg, Univ., Miner. Inst., Röntgenabt.; dt.) — Es wird ein von der Kugel u. vom Kreiszylinder ausgehendes Näherungs-Verf. abgeleitet. Durch graph. Tests wird gezeigt, daß die Abweichungen $<2\%$ sind für Achsenverhältnisse zwischen 1 u. 1,8 sowie $\mu \cdot R \leq 1{,}8$ (R = Radius einer das Ellipsoid umschreibenden Kugel). Bei Drehung um eine Achse maximaler Symmetrie u. bei der Weissenberg-Äquiinklinations-Meth. wird der Absorptionsfaktor eines Rotationsellipsoids gleich dem einer Kugel.
R. Uttech. 181◇

Berechnung der Transformationen der Form kristalliner Polyeder. A. M. Jelisstratow und R. A. Swintschuk. (Kristallographie [UdSSR] **7**, 199—207, 1962; Akad. der Wiss. der UdSSR, Halbleiter-Inst.; russ.) — Angewendet wird eine allg. Meth. zur Berechnung von Transformationen auf die Kombination von Würfel u. Oktaeder. Für verschiedene Beziehungen zwischen einfachen geometr. Formen werden numer. Rechnungen mitgeteilt.
K. Jaeger. 181◇

Tabellen der Darstellungen von Permutationsgruppen für Molekülintegrale. Shigetoshi Katsura. (J. chem. Physics **38**, 3033, 1963; Eugene, Oreg., Univ. of Oregon, Dep. of Chem.; engl.) — Die Tabellen sind als Dokument Nr. 7567 von der Library of Congress, Washington 25, erhältlich.
A. Blaschette. 182◇

Behandlung des H_2^+-Ions mit Hilfe von Ein-, Zwei- und Dreizentren-Wellenfunktionen. I. Tamássy-Lentei und Á. Bába. (Acta physica Acad. Sci. hung. **16**, 13—20, 1963; Debrecen, L. Kossuth-Univ., Inst. of theoret. Phys.; engl.) — Berechnung der Energie des H_2^+-Grundzustands mit Hilfe der Variations-Meth. unter Verw. von Ein- u. Mehrzentren-Wellenfunktionen. Die besten Werte werden mit einer Dreizentrenfunktion erhalten, die durch lineare Kombination von 1s-Funktionen mit Zentren an den beiden Kernen u. am Mittelpunkt zustande kommt: $E = -0{,}5972\ e^2/a_0$; $R = 2a_0$ (exakte Werte: $-0{,}60263$ u. $2a_0$).
A. Blaschette. 182◇

Die Berechnungen der 1 sns^{1}S-Zustände des Wasserstoffmoleküls auf Grund der Methode der Molekülbahnen. F. Berencz. (Acta physica Acad. Sci. hung. **16**, 49—56, 1963; Szeged, József-Attila-Univ., Inst. für Theoret. Phys.; dt.) — MO-Berechnung der Bindungsenergie des 1s2s^{1}S-Zustands von H_2 u. Angabe von Mol.-Integralen zwischen 1s- u. 2s-Elektronen.
A. Blaschette. 182◇

Elektronendichteverteilungen in den Molekülen von Hydriden. Das Ammoniak-Molekül. R. F. W. Bader und G. A. Jones. (J. chem. Physics **38**, 2791—2802, 1963; Ottawa, Ontario, Canada, Univ., Dep. of Chem.; engl.) — Für das NH_3-Mol. im Gleichgewichtszustand wird eine Elektronendichteverteilung derart abgeleitet, daß von den Elektronen Kräfte auf die Kerne ausgeübt werden, die den Kernabstoßungskräften gleich u. entgegengerichtet sind. Die so erhaltene Verteilung wird mit SCF-Verteilungen verglichen, wobei nachst. Größen betrachtet werden: die an den Kernen angreifenden Kräfte; das Dipolmoment; der Gradient des elektr. Felds am N-Kern; die diamagnet. Suszeptibilität; der diamagnet. Beitrag zur Kernabschirmungskonstante.
A. Blaschette. 182◇

Bindende Wellenfunktionen in den Xenonfluoriden. Richard Bersohn. (J. chem. Physics **38**, 2913—14, 1963; New York, N.Y., Columbia Univ., Dep. of Chem.; engl.) — Zur Unters. der Bindungsverhältnisse in XeF_2 u. XeF_4 wird die Messung der Quadrupolkopplung als Kriterium vorgeschlagen. Lokalisierte Valenzbindungen lassen für ^{131}Xe eine weit höhere Quadrupolkopplungs-Konst. erwarten als delokalisierte lineare Kombinationen von p-Funktionen, wie sie zur Beschreibung der Bindungen in den Polyhalogenidionen benutzt werden.
A. Blaschette. 182◇

Über die Hallsche Methode zur Berechnung von Bindungsgraden. Alojzy Gołębiewski. (Acta physica polon. **23**, 235—42, 1963; Kraków, Jagellonian Univ., Dep. of Theoret. Chem.; engl.) — Die Hallsche Meth. zur Berechnung von Bindungsgraden ohne Lösung der Eigenvektorgleichung wird für Moll. vom Typ MX_k u. alternierend konjugierte Radikale erweitert. Eine Vereinfachung der Meth. wird dadurch erreicht, daß sie mit den Symmetrie-Eigg. einer richtig gewählten Symmetrieuntergruppe des Mol. kombiniert wird (Anwendung auf konjugierte KW-Stoffe, bes. *Triphenylen*).
A. Blaschette. 182◇

Über die Äquivalenz der Paulingschen Theorie der gerichteten Bindungen, des Prinzips der maximalen Überlappung und der Molecular-orbital-Methode. Alojzy Gołębiewski. (Acta physica polon. **23**, 243—54, 1963; engl.) — Vgl. vorst. Referat. — Diskussion der allg. Eigg. der drei Methoden. Die Meth. der maximalen Überlappung wird zur Deutung der experimentell beobachteten Unterschiede der Bindungslängen in PCl_5, $SbCl_5$, SF_4 u. ClF_3 u. zur halbquant. Erklärung der Bindungsverkürzung in $Cr(CO)_6$, $Fe(CO)_5$ u. $Ni(CO)_4$ herangezogen. Weiterhin wird ein Verf. zur Ermittlung bester Hybridorbitale für angeregte Zustände skizziert. A. Blaschette. 182◇

Berechnung der Elektronenaffinität der Halogene aus den ultravioletten Eigenschwingungen der kristallisierten Alkalimetallhalogenide. Ernst Kordes. (Naturwissenschaften **48**, 667, 1961; Bonn, Univ., Chem. Inst.; dt.) — Vgl. C. **1963**, 4989. — Berechnung der Elektronenaffinität (eV) von *F* (4,09 ± 0,07), *Cl* (3,73 ± 0,02), *Br* (3,55 ± 0,01) u. *J* (3,41 ± 0,05) mit Hilfe der empir. Beziehung $\lambda_s/\lambda_R = (\lambda_{+e}/\lambda_R)^{J/E}$ mit λ_s = Wellenlänge der ersten Absorptionsbande des krist. Salzes im UV, λ_{+e} = Wellenlänge der ersten UV-Resonanzlinie des zum Kation isoelektron. Edelgases, λ_R = Wellenlänge der Rydberg-Konst., J = Ionisierungsenergie des Alkalimetalls, E = Elektronenaffinität des Halogens. A. Blaschette. 182◇

Potentialfunktion für zweiatomige Moleküle. T. Tietz. (J. chem. Physics **38**, 3036—37, 1963; Lódz, Univ., Dep. of Theoret. Phys.; engl.) — Angaben einer neuen Potentialfunktion, für die die Schrödinger-Gleichung exakt gelöst werden kann; Anwendung zur Berechnung der Anharmonizität für H_2, *ZnH*, *CdH*, *HgH*, *CH*, *OH*, *HF*, *HCl*, *HBr*, *HJ*, Li_2, Na_2, K_2, N_2, P_2, *SO*, Cl_2, Br_2, J_2, *JCl*, *CO*, *NO*.
A. Blaschette. 182◇

Orbitalvalenzkraftkonstanten von Molekülen vom tetraedrischen Typ XY_4. R. Thanalakshmi. (Current Sci. [Bangalore] **31**, 374—75, 1962; Annamalainagar, Annamalai Univ., Dep. of Phys.; engl.) — Für GeF_4, $AlCl_4$, $TeBr_4$, $InBr_4$, $CdBr_4$, AlH_4 u. BH_4 wurden die Kraft-Konst. für die Valenz- u. Spreizschwingung aus jeweils vier gemessenen Frequenzen unter Zugrundelegung des Orbitalvalenzkraftfeldes von Heath u. Linnett berechnet. W. Betcke. 182◇

Das Verhalten von Silber in Glas. 1. Mitt. **Die Diffusion von Silber in Glas aus einer Schmelze von Silbernitrat.** Taro Ito. (Bull. chem. Soc. Japan **35**, 1312—16, 1962; Yamagata City, Yamagata Univ., Fac. of Liberal Arts and Sci.; engl.) — Durch Unters. des Absorptionsspektrums u. Dichtemessungen bestimmte Vf. den Diffusions-Koeff. D_0 von Ag aus $AgNO_3$-Schmelzen bei 250, 280, 310, 340, 370 u. 400 ± 1° in ein Glas der Zus. 70,89 (Gew.-%) SiO_2, 14,11 Na_2O, 8,22 CaO, 4,43 MgO, 1,31 Al_2O_3, 0,13 Fe_2O_3 u. 0,03 TiO_2. $D_0 = 9{,}85 \cdot 10^{-1}$ cm²/s, E = 26,3 kcal/mol. D. Hoene. 186◇

Kinetische Vorgänge bei heterogenen Reaktionen. Keimbildung in der Masse des Festkörpers. B. Delmon. (Rev. Inst. franç. Pétrole Ann. Combustibles liquides **17**, 243—81, 1962; Louvain, Univ., Labor. de Cinét. chim.; Inst. Francais du Pétrole; franz.) — Theoret. Abhandlung über die Entstehung u. das Wachstum von Keimen an den Korngrenzen u. im Innern von Körnern. Im Innern der Körner ist die Keim-Bldg. von der Form der Körner unabhängig. Sofern die Keim-Bldg. an zufällig verteilten Stellen stattfindet, läßt sie sich mathemat. behandeln. Umgekehrt läßt sich aus der Kenntnis des Phänomens die Kinetik der Rk. ermitteln. K. Roß. 190◇

Einfluß der thermischen Bedingungen auf die Struktur der Kristallisationsfront von Systemen mit einer Komponente. W. T. Borissow und A. I. Duchin. (Kristallographie [UdSSR] **7**, 280—85, 1962; Zentrales Wiss. Bardin-Inst. der Eisenmetallurg., Inst. für Metallkunde u. Metallphys.; russ.) — Das Prinzip der maximalen Wachstums-Geschw. wird benutzt, um eine Beziehung aufzustellen zwischen den Abmessungen der Kristalle an der Kristallisationsfront und der Verschiebungsgeschwindigkeit.
K. Jaeger. 190◇

Temperaturverteilung um die ruhende oder sich bewegende Feststoff-Flüssigkeits-Grenze in einem Stab. Mikio Yamamoto. (J. physic. Soc. Japan **16**, 1644, 1961; Sendai, Tohoku Univ., Res. Inst. for Iron, Steel and Other Metals; engl.) — Theoret. Unters. in bezug auf die Züchtung von Einkristallen aus der Schmelze.
H. Roschkowski. 190◇

Einfluß der Bewegung und der Flächenausbildung des Kristalls auf die Wachstumsgeschwindigkeit seiner Flächen. A. W. Beljusstin und W. N. Portnow. (Kristallographie [UdSSR] **7**, 276—79, 1962; Gorki, Lobatschewski-Univ., Phys.-Techn. Forsch.-Inst.; russ.). — Gemessen wurden die Wachstums-Geschw. der Flächen von $KAl(SO_4)_2 \cdot 12\,H_2O$-Kristallen (in natürlichem Habitus u. in Kugelform) unter stat. u. dynam. Bedingungen. Es zeigte sich, daß der Einfl. des Habitus u. der Einfl. der Bewegung des Kristalles auf die abs. u. relative Wachstums-Geschw. miteinander verknüpft sind. Unter dynam. Bedingungen hängt die Wachstums-Geschw. viel stärker von der Oberflächenbeschaffenheit des Kristalls ab als unter stat. Bedingungen. Planetenförmige u. axiale Rotation erhöhen die Wachstums-Geschw. derjenigen Flächen ganz beträchtlich, die auch unter stat. Bedingungen schon größere Wachstums-Geschw. aufweisen. Dieses gilt bes. für die kugelförmigen Proben. Die Erscheinungen werden auf die nicht einheitlichen Übersättigungen über den Flächen mit jeweils verschiedenen dynam. Wachstums-Gleichgewichten zurückgeführt. K. Jaeger. 190◇

Über das Wachstum von NaCl aus wässerigen Lösungen mit Kupfer(II)-chlorid-Zusatz. W. Kleber, H. Peibst und M. Heinrich. (Naturwissenschaften **50**, 222, 1963; Berlin, Humboldt-Univ., Inst. für Mineral.; dt.) — Zur Züchtung von NaCl-Kristallen aus wss. Lsgg. wurde eine App. nach dem Prinzip der Umlaufkristallisation verwendet. Die einzelnen Wachstumsphasen der Würfelflächen konnten mit Hilfe eines neuen Projektions-Verf. registriert werden. Es war so möglich, die linearen Verschiebungs-Geschw. von (1 0 0)-Flächen in Abhängigkeit von Temp. u. Übersättigung zu messen u. vor allem Details von Oberflächenstörungen zu analysieren. Im Intervall der Sättigungs-Temp. zwischen 30 u. 60° ist prakt. kein regelmäßiges Flächenwachstum, sondern bevorzugtes Kantenwachstum zu beobachten. Im Mischsyst. NaCl–$CuCl_2$ treten glatte ebene Kristallflächen auf. Im untersuchten Konz.-Bereich nimmt die lineare Verschiebungs-Geschw. für die Würfelflächen der Mischkristalle mit steigendem $CuCl_2$-Geh. in der Lsg. zu. Ernst Schulte. 190◇

Ein Miniatur-Laboratoriumsgerät zum Züchten von Einkristallen aus Lösungen. M. Topic. (Croat. chem. Acta **33**, 93—95, 1961; Zagreb, Inst. Ruder Bošković, Dep. of Struct. and Inorg. Chem.; serbokroat.) — Beschreibung einer App. zur Züchtung von Kristallen bis zu ca. 2 cm^3 Größe mit einer Umlaufpumpe mit Magnetrührer. Die erforderliche Menge Lsg. beträgt nur 75 ml. Das Verf. wird am Beispiel des *Seignette*-Salzes demonstriert. W. Wesly. 190◇

Tiegelfreies Zonenschmelzen von Alkalihalogenideinkristallen. Roger W. Warren. (Rev. sci. Instruments **33**, 1378—86, 1962; Pittsburgh, Pa., Westinghouse Res. Labor.; engl.) — Eine ausführliche Diskussion der Faktoren, die bei Anwendung der Induktionsheizung bei einer Vielzahl von Materialien zu einer stabilen *Schmelzzone* führen. Einzelheiten der App. u. des Verf. zum tiegelfreien Zonenschmelzen von *NaCl*-, *KCl*-, *KBr*-, *KJ*- u. *LiF*-Einkristallen werden beschrieben. K. Roß. 190◇

Zur Herstellung von Ferriteinkristallen nach dem Verneuil-Verfahren. G. Elbinger. (Abh. dtsch. Akad. Wiss. Berlin, Kl. Chem. Geol. Biol. **1961**, Nr. 3, 14—17; Jena, Dt. Akad. der Wiss. zu Berlin, Inst. für Magnet. Werkstoffe; dt.) — Übersicht über Meth. der Einkristallzüchtung. Beschreibung des Verneuil-Verfahrens. Als Beispiele wurden dargestellt: $Ni_xFe^{2+}_{1-x}Fe_2O_4$, $Mg_xFe^{2+}_{1-x}Fe_2O_4$ u. $(MgO)_{0,35}(MnO)_{0,25}(Fe_2O_3)_{0,40}$. Bei Absenk-Geschw. von 3—6 mm/Std. lagen die Kristalldurchmesser bei 4—10 mm. K. Jaeger. 190◇

Laboratoriumsmethode zur Herstellung von Ferritstäbchen. G. G. Robbrecht und E. T. Jacobs. (Rev. sci. Instruments **33**, 376, 1962; Gent, Belgium, Rijksuniv., Labor. Verschaffelt; engl.) — Vorgesinterte Oxidmischungen wurden mit ca. 10 Gew.-% A. angeteigt u. mit 12,5 t/cm^2 in einer Matrize mit zwei beweglichen Stempeln hydraul. gepreßt. Nach erneutem Sintern konnten so *Mg-Zn-Ferrite*, *Mn-Zn-Ferrite* u. *γ-Fe-Granate* von 12 cm Länge u. 1 cm Durchmesser erhalten werden. K. Jaeger. 190◇

Über die Epitaxie von Metall- und Ionenkristallen. I. I. Papirow und L. Ss. Palatnik. (Kristallographie [UdSSR] **7**, 286—90, 1962; Charkow, Polytechn. Lenin-Inst.; russ.) — An regulären Verwachsungen von Metall- u. Ionenkristallen u. auch in einigen anderen Fällen der Epitaxie verschiedener Substanzen wird keine Pseudomorphie der Kontaktebene beobachtet. Die entstehende Orientierung entspricht nicht den minimal möglichen geometr. Unterschieden der Parameter der sich berührenden Gitter. Vorgeschlagen wird eine Erklärung des Bldg.-Mechanismus der Orientierung für den Fall der dargestellten „partiellen" Epitaxie. K. Jaeger. 190◇

Ätzgrübchen auf Diamantoberflächen. A. R. Patel und S. Ramanathan. (Philos. Mag. [8] **7**, 1305—14, 1962; Vallabh Vidyanagar, India, Sardar Vallabhbhai Vidyapeeth, Phys. Dep.; engl.) — (1 1 1)- u. (1 0 0)-Flächen von Diamant wurden zwischen 380 u. 960⁰ mit $KClO_3$ u. $NaClO_4$ geätzt. Schon bei 380⁰ traten erste Ätzerscheinungen auf. Ätzpyramiden mit gleichseitigen Dreiecken ab Grundfläche traten in negativer (380 u. 600⁰) u. positiver (500 u. 960⁰) Orientierung auf. Die Bldg.-Mechanismen werden beschrieben. K. Jaeger. 190◇

Eine elektronenmikroskopische Studie der Graphitoxydation. J. A. Hedley. (Nature [London] **188**, 44—45, 1960; Newcastle-upon-Tyne, U.K., C. A. Parsons and Co. Ltd., Nucl. Res. Centre; engl.) — Dünne Graphitblättchen wurden bei 600⁰ an der Luft oxydiert u. elektronenmkr. beobachtet. Die Oxydation setzt an den Ecken der Kristalle u. an Spaltstufen ein u. setzt sich dann zum Kristallinneren hin fort. Die Oxydierbarkeit wird durch Versetzungen erhöht; Versetzungsdichte ca. $10^9 cm^{-2}$. Auch Baufehler, entstanden durch Versetzungen in der Grundebene gemäß $a[1 0 \bar{1} 0] \rightarrow a/3[1 1 2 0] + a/3[2 \bar{1} \bar{1} 0]$, erhöhen die Angreifbarkeit des Graphits. Die zusätzliche Energie der Gitterfehlstellen wird auf 0,25 erg/cm^2 geschätzt. K. Jaeger. 190◇

Ätzen von Graphitoberflächen mit Sauerstoff. E. E. Glenda Hughes, B. R. Williams und John M. Thomas. (Trans. Faraday Soc. **58**, 2011—16, 4 Tafeln, 1962; Bangor, Univ. Coll. of North Wales, Dep. of Chem.; engl.) — Die durch Oxydation mit O_2 im Temp.-Bereich 700—870⁰ hervorgerufenen Ätzfiguren wurden untersucht. Die Orientierung u. innere Gestalt der Ätzfiguren wird an Hand der Struktur des Graphitgitters interpretiert. Die Ergebnisse zeigen, daß die C-Atome der (1 1 2 1)-Flächen langsamer reagieren als die anderer prismat. Flächen. Die verschiedenen Faktoren, die für die Bdlg. der hexagonalen Ätzfiguren verantwortlich sind, werden diskutiert. Ernst Schulte. 190◇

Die Oxydation von Graphit. 1. Mitt. **Die Beobachtung der Oxydation von synthetischem Graphit vor und nach Bestrahlung.** I. M. Dawson und E. A. C. Follett. (Proc. Roy. Soc. [London], Ser. A **274**, 386—94, 24 Tafeln, 1963; Glasgow, Univ., Chem. Dep.; engl.) — Ultradünnschnitte von synthet. Graphit wurden elektronenmkr. vor u. nach der Oxydation in Luft bei 500⁰ untersucht. Bei unbestrahltem Material setzt die Oxydation an Korngrenzen u. Poren zwischen einzelnen Kristalliten ein. An mit einer Dosis von $8{,}7 \cdot 10^{19}$ n.v.t. bestrahltem Graphit wurde zusätzlich ein oberflächlicher Angriff auf den (0 0 0 1)-Flächen beobachtet. Die Dichte dieser Oberflächengrübchen liegt zwischen $5 \cdot 10^{10}$ u. $5 \cdot 10^{11}/cm^2$. Spuren von Verunreinigungen lassen den Oxydationsgrad stark ansteigen. Bei unbestrahltem Graphit werden die Verunreinigungen an Poren u. Korngrenzen adsorbiert, die Oxydation nimmt von diesen Plätzen ihren Ausgang, während bei bestrahltem Graphit die Verunreinigungen auch an den Flächen adsorbiert werden. Die Oxydation führt zu Ätzfiguren verschiedener Tiefe u. Dichte. Ein Mechanismus für die Grübchen-Bldg. in Abhängigkeit von Grübchendichte u. Fehlstellen-Geh. wird vorgeschlagen. Ernst Schulte. 190◇

Bildungsenergie von Leerstellen in Graphitkristallen. C. A. Coulson, M. A. Herraez, Matilde Leal, E. Santos und S. Senent. (Proc. Roy. Soc. [London], Ser. A **274**, 461—79, 1963; Oxford, Univ., Math. Inst.; Univ. of Valladolid, Labor. de Quím. Fís., Inst. „A. de G. Rocasolano"; engl.) — Für einzelne durch Neutronenbestrahlung hervorgerufene Leerstellen in einem sonst perfekten Graphitgitter werden einige Energiefaktoren theoret. diskutiert. Der Verlust von π-Elektronenenergie beträgt $2{,}76 \pm 0{,}05\, \beta$, wobei β das MO-Resonanzintegral für eine C—C-Bindung ist. Die Symmetrien der verschiedenen Elektronenzustände, die unter der Annahme, daß die drei Elektronen der der Fehlstelle benachbarten Atome reagieren können u. ein Pseudo-Mol. bilden, wurden berechnet. Die Berechnung der Energien dieser Zustände erfolgte unter Berücksichtigung ster. Behinderung. Es wird gezeigt, daß der energieärmste Zustand für eine neutrale Fehlstelle ein 2fach entarteter Symmetriezustand $^2E'$ ist, was zu einer Jahn-Teller-Gleichgewichts-Deformation führt. Die Bldg.-Wärme für eine Fehlstelle wurde zu 10,7 (eV) berechnet, während der gemessene Wert bei ca. 3,4 liegt. Das führt zu dem Schluß, daß das benutzte Modell für eine Fehlstelle möglicherweise nicht korrekt ist. Ernst Schulte. 190◇

Versetzungsätzgruben in poliertem Bleitellurid. G. P. Tilly. (Brit. J. appl. Physics **12**, 524, 1961; Rugby, Warwickshire, Assoc. Electr. Ind. Ltd., Semiconductor Mater. Res. Group; engl.) — Beschrieben werden ein elektrolyt. Polier-Verf. u. ein anschließendes chem. Ätz-Verf. (mit 10 Vol. KOH, 10 Vol. Glykol u. 1 Vol. H_2O_2) zur Bearbeitung von PbTe-Einkristallen. K. Jaeger. 190◇

Wirkung von Wasserstoffionenbeschuß auf Aluminium- und Magnesiumoxid. L. B. Griffiths. (Nature [London] **188**, 43, 1960; Harwell, A.E.R.E., Metallurgy Div.; engl.) — Polykristalline Proben von Al_2O_3 u. MgO wurden einem H-Ionenbeschuß von 300 μA ausgesetzt (Maximum der Energieverteilung bei 500 eV). Die Durchdringung der Proben betrug 100 Å. Nach einer Anlaufzeit nahm der spezif. elektr.

Widerstand der Proben mit wachsender Bestrahlungsdauer linear ab. Nach beendeter Bestrahlung nahmen die Widerstände wieder ihre Anfangswerte an (Zimmer-Temp.). Die Aktivierungsenergie lag bei 0,1 eV. Der Regenerationsprozeß folgt dem Zeitgesetz $t^{1/2}$, was auf einen Diffusionsmechanismus schließen läßt. K. Jaeger. 190◇

Neue Methode der Dekorierung kristalliner Oberflächen. G. I. Disstler und Ss. A. Darjussina. (Kristallographie [UdSSR] **7**, 266—70, 1962; Akad. der Wiss. der UdSSR, Inst. für Kristallograph.; russ.) — Die Dekorierung von Glimmeroberflächen durch Ausfällen von PbS wurde unter einem Elektronenmikroskop beobachtet. Dabei wurde zum ersten Male das Phänomen einer „Sekundärdekorierung" entdeckt, bei der die Dekorierung nicht direkt auf der Glimmeroberfläche auftritt, sondern auf einer vorher ausgefällten polykristallinen PbS-Schicht. Es wird gezeigt, daß die Dekorierungsmuster abhängig sind von der Übersättigung. K. Jaeger. 190◇

Über die Kinetik der Ordnung bei Phasenübergängen zweiter Art. I. M. Lifschitz. (J. exp. theoret. Physik [UdSSR] **42**, 1354—59, 1962; Akad. der Wiss. der UkrainSSR, Physik.-techn. Inst.; russ., Auszug: engl.) — Bei Phasenübergängen 2. Art erfolgt der Gitterumbau nicht durch homogene Relaxation oder einen Keimmechanismus, sondern durch einen eigenartigen Prozeß der Bldg. spinnwebartiger geordneter Gebiete u. deren nachfolgende Aufquellung. Die Zwischenstufen dieses Prozesses werden untersucht. Ihre Geschw. wird als Funktion der Zeit u. der charakterist. Parameter bestimmt. R. K. Müller. 190◇

Über die Hoch-Tief-Umwandlung von Quarz. Matthias Coenen. (Silicates ind. **28**, 147—56, 1963; Würzburg, MPI für Silikatforsch.; dt.) — An Hand von therm., dilatometr., röntgenograph., elast. u. opt. (IR-) Messungen an Quarz im Bereich —150 bis 900° wird die Hoch-Tief-Umwandlung als einphasig (Umwandlung 2. Ordnung) angegeben. Anomalien im Ausdehnungs-Verh. von Hochquarz werden mit einem unterschiedlichen Einfl. der O-Deformationsschwingung auf die spezif. Wärme u. das Vol. erklärt. J. Heinze. 190◇

Tieftemperatur-Phasenumwandlungen in β-$Ca_3(PO_4)_2$ und ähnlichen Verbindungen. H. Koelmans, J. J. Engelsman und P. S. Admiraal. (Physics Chem. Solids **11**, 172—73, 1959; Eindhoven, Netherlands, N. V. Philips Gloeilampenfabrieken, Philips Res. Labor.; engl.) — Mit Sn(II) aktiviertes *β-$Ca_3(PO_4)_2$* (I) zeigt bei —190° nach schneller Abkühlung von Raum-Temp. starke Luminescenz (Anregung mit 2537 Å), bei langsamem Abkühlen aber keine Luminescenz. Die Temp.-Kurve der Luminescenzintensität weist beim Erhitzen der Probe anomale Sprünge bei —40 u. +35° auf. Beim Abkühlen in umgekehrter Richtung liegen diese Sprünge bei tieferen Temperaturen. Die Temp.-Kurve der Molwärme c_p weist, auch in Abwesenheit von Sn(II), Unstetigkeiten bei den gleichen Temp. auf. Der Gesamtwärmeeffekt bei den gleichen Sprüngen beträgt 1700 cal/Mol, die Gesamtentropieänderung 9,2 cal/Grad·Mol. Aktiviertes *Sr-Orthophosphat* dotiert mit kleinen Mengen Mg, Zn, Ca, Cd oder Al, zeigt analoge Effekte. Es wird auf 2 Tieftemp.-Phasenumwandlungen geschlossen, die wahrscheinlich auf Ordnungseffekten beruhen. Die Effekte können bei evtl. Verw. der Phosphore in Fluorescenzlampen bei tiefen Temp. Störungen hervorrufen. G. Winkhaus. 190◇

Einige Beobachtungen zu dem Einfluß von Verunreinigungen auf die Anatas-Rutil-Umwandlung. C. N. R. Rao, A. Turner und J. M. Honig. (Physics Chem. Solids **11**, 173—75, 1959; Lafayette, Ind., Purdue Univ., Dep. of Chem.; engl.) — Röntgenunterss. zeigten, daß 5 Atom-% Beimengungen von Al^{3+}, Zn^{2+}, PO_4^{3-}, SO_4^{2-} u. Cl^- zu Titandioxid die *Anatas*-Form stabilisieren u. die Umwandlung in *Rutil* verzögern. Der Einfl. nimmt in der Reihe Zn < Al u. Cl < SO_4 < PO_4 zu. Der Einfl. der Anionen kann auf die Größe, der der Kationen auf ihre Ladung zurückgeführt werden. K. Winkhaus. 190◇

Olivin-Spinell-Übergang in Kobaltorthosilicat. A. E. Ringwood. (Nature [London] **198**, 79—80, 1963; Canberra, Australian Nat. Univ., Dep. of Geophys.; engl.) — Eine Mischung von Co_3O_4 u. erhitzter Kieselsäure, entsprechend der Zus. von Orthosilicat, wurde in Tabletten gepreßt u. 6 Std. lang bei 1350° gesintert. Röntgenograph. wurde für das Prod. Olivinstruktur festgestellt. Das Prod. wurde dann gemörsert, mit 5% NH_4Cl gemischt, mit W. angefeuchtet u. in einem einachsigen Druck-App. 1 Std. lang bei verschiedenen Drücken auf 700 ± 10° erhitzt. Die Proben wurden nach Abschreckung röntgenograph. u. opt. untersucht. Bei Drücken < 60 kbar bleibt die Olivinstruktur unverändert erhalten. Bei höheren Drücken wird eine neue Phase (bis zu 50%) mit Spinellstruktur, a = 8,140 ± 0,005 (Å), gebildet. $D._R$ 5,17 g/cm³. Der genaue Übergangsdruck konnte nicht ermittelt werden. Die d-Werte sind angegeben. Olivinstruktur des Co_2SiO_4 **a = 4,799; b = 10,340; c = 5,996** (Å). $D._{ber.}$ 4,71. Ernst Schulte. 190◇

Physikochemische Eigenschaften von alkali- und eisendotiertem Nickeloxid. Adam Bielański, Jerzy Derén, Jerzy Haber und Jerzy Słoczyński. (Trans. Faraday Soc. **58**, 166—75, 1962; Cracow, School of Mining and Metallurgy, Dep. of Inorg. Chem.; Pol. Acad. of Sci., Res. Inst. of Phys. Chem., Dep. of Surface Phenomena; engl.) — Die mit Li, Na, K bzw. Fe dotierten Ni-Oxide wurden aus bas. Ni-Carbonat u. Alkalicarbonaten bzw. Fe-Hydroxid bei 500—1100° hergestellt. Der jodometr. bestimmte O_2-Überschuß besteht aus einem bei 400° im Vakuum desorbierbaren, d. h. auf der Oberfläche chemisorbierten oder in den obersten NiO-Gitterschichten eingebauten Teil u. einem nicht desorbierbaren, d. h. im Innern des Kristalls eingebauten Teil. Das Gesamt-O_2 wird mit steigender Zers.-Temp. T_c der Ausgangssubstanzen geringer u. nähert sich dem theoret. Wert (der Menge der anderswertigen Zusatzoxide entsprechend). Die nichtdesorbierbare O_2-Menge wird erst bei ausreichender Li-Dotierung u. ab T_c = 900° größer, wenn bis zu 90% des Li durch Diffusion in das NiO-Gitter gelangen. Wegen der größeren Ionenradien werden Na wenig u. K gar nicht eingebaut. Dies zeigt sich auch in den Abhängigkeiten der Leitfähigkeit u. Aktivierungsenergie von der Konz. der Zusätze. Das desorbierbare O_2 pro Flächeneinheit ist für dotiertes NiO stets größer als für reines, auch wenn keine Diffusion ins Innere auftritt (Oberflächenaktivierung). Bei $T_c < 900°$ entspricht die O_2-Menge noch keiner ganzen monomol. Schicht; oberhalb 900° steigt die O_2-Menge stark an u. wird auch in den obersten NiO-Schichten adsorbiert. Die O_2-Mengen für Fe-Dotierung sind noch widersprüchlich; die Leitfähigkeit wird verringert. U. Siggel. 190◇

Differentialthermo- und Röntgenanalyse von Opal. J. B. Jones, E. R. Segnit und Norma M. Nickson. (Nature [London] **198**, 1191, 1963; Univ. of Adelaide, School of Geol.; Melbourne, C.S.I.R.O., Div. of Building Res.; engl.) — Von 30 natürlichen Opalen wurden die DTA-Kurven aufgenommen. Die Proben lassen sich danach grob in drei Gruppen aufteilen: Die erste mit einem sehr kleinen (oder gar keinem) endothermen Peak zwischen 100 u. 200°, die zweite mit einem abgerundeten endothermen Peak im Bereich 125—140° u. die dritte mit einem scharfen endothermen Peak bei 140°. Über 100 Opalproben wurden röntgenograph. untersucht. Alle Pulverdiagramme sind sehr ähnlich; die meisten Edelopale u. Hyalite sind nahezu amorph. Die Unterss. ergaben, daß der größte Teil des W. in Opal nicht chem. gebunden ist. Ernst Schulte. 190◇

Eigene Betrachtungen zur Untersuchung von Ferriten. R. Perthel. (Abh. dtsch. Akad. Wiss. Berlin, Kl. Chem. Geol. Biol. **1961**, Nr. 3, 7—9; Jena, Dt. Akad. der Wiss. zu Berlin, Inst. für Magnet. Werkstoffe; dt.) — Übersicht über die Unters.-Meth. an Ferriten. Beispiele: $NiFe_2O_4$–Fe_3O_4 u. $MgFe_2O_4$–Fe_3O_4. K. Jaeger. 190◇

Nichtstöchiometrie von Nickeloxid. Yoshio Iida, Kenzo Shimada und Shunro Ozaki. (Bull. chem. Soc. Japan **33**, 1372—75, 1960; Kita-ku, Nagoya, Japan, Ind. Res. Inst.; engl.) — NiO wird durch therm. Zers. von $Ni(NO_3)_2$, $Ni(OH)_2$ u. $NiCO_3$ bei niedrigen Temp. (400—1000°) dargestellt. Mit höheren Zers.-Temp. erniedrigt sich der Sauerstoffüberschuß in NiO. Mit dem Sauerstoffüberschuß wächst die Ni^{3+}-Konz., verringern sich die Dichten der Proben und die Aktivierungsenergien der elektr. Leitfähigkeit. Die Gitter-Konst. bleiben unverändert. Eine Diffusion der Gitterleerstellen an die Kristalloberflächen wird beobachtet. K. Jaeger. 190◇

Kristallchemie der Silicate und Strukturchemie der Organopolysiloxane. W. Noll. (Naturwissenschaften **49**, 505—12, 1962; Leverkusen, Farbenfabriken Bayer A.G., Anorgan.-wiss. Labor.; dt.) — Betrachtung des Aufbaus der Strukturen von Silicaten u. Methylpolysiloxanen. Gemeinsamkeiten u. Verschiedenheiten, Auswahlregeln, Valenzwinkel u. Bindungscharakter. D. Hoene. 190◇

Zur Kristallchemie intermetallischer AB_2-Verbindungen, speziell der Laves-Phasen. Manfred Hähnert. (Wiss. Z. Humboldt-Univ. Berlin, math.-naturwiss. R. **11**, 765—70, 1962; Berlin, Humboldt-Univ., Inst. für Mineral.; dt.) — Übersicht. — 26 Literaturangaben. M. Hähnert. 190◇

Röntgenuntersuchung der Umwandlung I ⇄ II von NH_4Cl. Kauko Mansikka und Jorma Pöyhönen. (Suomalaisen Tiedeakatemian Toimituksia [Ann. Acad. Sci. fenn.], Ser. A VI **1962**, Nr. 118, 1—9; Turku, Finland, Univ. of Turku, Wihuri Phys. Labor.; engl.) — Die Gitterparameter der Modifikationen I u. II von NH_4Cl wurden zwischen 167 u. 200° nach der Debye-Scherrer-Meth. bestimmt. Bei der Umwandlung I ⇌ II beträgt die Vol.-Änderung 0,1314 cm^3/g u. steht in guter Übereinstimmung mit dem dilatometr. Wert von Pöyhönen; $a_I^{185°} = 6{,}5960$, $a_I^{200°} = 6{,}6004$ Å, jedoch abweichend von Werten älterer Arbeiten. R. Uttech. 195◇

Verfeinerung der Atomparameter von α-Quarz. Gordon S. Smith und Leroy E. Alexander. (Acta crystallogr. [Copenhagen] **16**, 462—71, 1963; Pittsburgh, Pa., Mellon Inst.; engl.) — Vff. verfeinerten anisotrop die Atom- u. Schwingungsparameter von natürlichem α-SiO_2 unter Verw. von mit Hilfe eines Proportionalzählrohres erhaltener D..ten nach Differential-Synth. u. Meth. der kleinsten Fehlerquadrate; x = 0,4145, y = 0,2662, z = 0,1189, u = 0,4698; Si—O 1,597 u. 1,617 ± 0,003 Å, Si—O—Si 144,0 ± 0,2. Die therm. Schwingungsellipsoide von Si u. O werden diskutiert.
R. Uttech. 195◇

Über die Regularität der Tetraeder im Quarz. Gordon S. Smith. (Acta crystallogr. [Copenhagen] **16**, 542—45, 1963; engl.) — Vgl. vorst. Referat. — Auf Grund von Symmetriebetrachtungen werden die geometr. Bedingungen bestimmt, unter denen im Quarz streng reguläre SiO_4-Tetraeder auftreten: Si—O $(\sqrt{(3)}a - c)/2$, $c/a < (3/2)(\sqrt{(3)} - 1)$ für α-Quarz; $c/a = (3/2)(\sqrt{(3)} - 1)$ für β-Quarz. Aus Literaturwerten der Gitter-Konst. wird gefolgert, daß nahe Raum-Temp. weder im α- noch im β-Quarz reguläre SiO_4-Tetraeder möglich sind.
R. Uttech. 195◇

Die Kristallstruktur von Antimon bei 4,2, 78 und 298° K. C. S. Barrett, P. Cucka und K. Haefner. (Acta crystallogr. [Copenhagen] **16**, 451—53, 1963; Chicago, Ill., Univ. of Chicago, Inst. for Study of Metals; engl.) — Vff. bestimmten nach der Präzisions-Meth. von Bond die Gitter-Konst. u. aus diffraktometr. gemessenen 0 0 *l*-Reflexen geringer Extinktion unter Verw. monochromatisierter Ag-K_{α}-Strahlung den Atomparameter z bei 4,2, 78 u. 298° K: (z = 0,23362, 0,23364, 0,23349) ± 0,00002; a = 4,3007, 4,3012, 4,3084; c = 11,222, 11,232, 11,274 Å, Standardfehler 1 in $2 \cdot 10^4$; Tabelle der Atomabstände.
R. Uttech. 195◇

Die Kristallographie der Hydrate des Natriumcarbonats und des Natriumsulfits. Helen S. Dunsmore und J. C. Speakman. (Acta crystallogr. [Copenhagen] **16**, 573—74, 1963; Glasgow, Scotland, Univ., Chem. Dep.; engl.) — Nach mit Cu- bzw. Al-Linien kalibrierten Weissenberg-Aufnahmen krist. $Na_2CO_3 \cdot 10\,H_2O$ monoklin, a = 12,571, b = 9,049, c = 13,469 (Å), β = 121° 26′; C 2/c; Z = 4, D_{exp} 1,45, $D_{Röntg}$ 1,454 (g/ml); $Na_2CO_3 \cdot 7\,H_2O$ (I), orthorhomb., a = 19,491, b = 7,008, c = 14,477; P b c a; Z = 8; D_{exp} 1,51, $D_{röntg}$ 1,559; $Na_2SO_3 \cdot 7\,H_2O$ (II), monoklin, a = 12,765, b = 7,260, c = 11,922, β = 107° 22′; P 2_1/n; Z = 4; D_{exp} 1,56, $D_{röntg}$ 1,588; $Na_2SO_4 \cdot 10\,H_2O$, monoklin, a = 11,520, b = 10,344, c = 12,840, β = 107° 48′; P 2_1/c; Z = 4; D_{exp} 1,485, $D_{röntg}$ 1,469 g/cm³. Auf eine strukturelle Beziehung zwischen I u. II wird eingegangen.
R. Uttech. 195◇

Die Struktur von Bultfonteinit, $Ca_4Si_2O_{10}F_2H_6$. E. J. McIver. (Acta crystallogr. [Copenhagen] **16**, 551—58, 1963; Cambridge, Cavendish Labor., Crystallograph. Labor.; engl.) — Auf Grund zweidimensionaler Daten aus der Weissenberg-Multifilmtechnik wurde nach Fourier-Meth. eine Struktur gemäß $Ca_4[SiO_2(OH_{1/2})_2]_2F_2 \cdot 2\,H_2O$, Raumgruppe P 1, gefunden, die durch Ca—O—Ca-, Ca—F—Ca-, Ca—H_2O—Ca- u. Ca—O—Si-Bindungen zusammengehalten wird. $^2/_3$ des H erscheinen im H_2O, $^1/_3$ tritt in H-Bindungen mit einem Abstand von 2,5 Å auf. Si kommt in isolierten $[SiO_2(OH_{1/2})_2]^{3-}$-Tetraedern vor. Ca wird 7zählig trigonal prismat. koordiniert mit dem 7. Atom in einer der quadrat. Flächen. Die Struktur wird mit der des Afwillits verglichen.
R. Uttech. 195◇

Komplexketten in der Kristallstruktur von Dihydrazinzinkchlorid. Adolfo Ferrari, Antonio Braibanti und Gino Bigliardi. (Acta crystallogr. [Copenhagen] **16**, 498—502, 1963; Parma, Univ., Ist. di Chim. e Ist. di Miner.; engl.) — $[Zn(N_2H_4)_2]Cl_2$ krist. monoklin, stets verzwillingt, a = 8,99 (± 0,01), b = 7,92, c = 4,13 Å, β = 105° 30′; C_{2h}^3 — C 2/m; Z = 2; Tabelle der Atomkoordinaten u. -abstände. Die Zn sind über NH_2—NH_2-Doppelbrücken zu Ketten parallel c verknüpft. Zn besitzt verzerrt oktaedr. Koordination u. ist planar kovalent an vier N verschiedener $(NH_2)_2$ (I) gebunden, Zn—N 2,15 Å. Senkrecht dazu ist es an zwei Cl^- ion. gebunden, Zn—Cl 2,58 Å. I weist C_2-Symmetrie auf, N—N 1,46 Å. Die lamellare Verzwillingung gemäß (1 0 0) wird erörtert.
R. Uttech. 195◇

Die Struktur der Aluminiumcarbidnitride. G. A. Jeffrey und Victor Y. Wu. (Acta crystallogr. [Copenhagen] **16**, 559—66, 1963; Pittsburgh, Pa., Univ. of Pittsburgh, Crystallography Labor.; engl.) — Nach Erhitzen von AlN in C-Tiegeln unter N_2 bei 2000° wurde durch Einkristallröntgenanalyse die Bldg. von $Al_6C_3N_2$ (I), $Al_7C_3N_3$ (II) u. $Al_8C_3N_4$ (III) nachgewiesen. Vff. stellen auf Grund von Weissenberg-Aufnahmen u. Proportionalzählrohrgoniometermessungen zwei strukturverwandte polytype Reihen des $(AlN)_n \cdot Al_4C_3$ auf mit für AlN (IV) u. ungeraden n Z = 2, P 6_3 m c, für Al_4C_3 (V) u. geraden n Z = 3, R $\bar{3}$ m: IV a = 3,111, c = 4,978 (Å), $D_{röntg}$ 3,262, D_{exp} 3,20 (g/ml); V, a = 3,330, c = 24,89, $D_{röntg}$ 3,000, D_{exp} 2,93; Al_5C_3N, a = 3,281, c = 21,67, $D_{röntg}$

3,039, $D_{exp.}$ 2,99; I, a = 3,248, c = 40,03, $D_{röntg.}$ 3,076, $D_{exp.}$ 3,04; II, a = 3,226, c = 31,70, $D_{röntg.}$ 3,102, $D_{exp.}$ 3,046; III a = 3,211, c = 55,08, $D_{röntg.}$ 3,133, $D_{exp.}$ 3,05. Die beiden Reihen basieren auf einer hexagonalen Packung mit ähnlichen Grundabständen u. verschiedenen Periodizitäten längs c. Für II wurde nach dreidimensionalen Weissenberg-Multifilmdaten eine vollständige Strukturanalyse durchgeführt; Tabelle der Atomkoordinaten, Bindungslängen u. -winkel. R. Uttech. 195◇

Gitterkonstanten des dehydratisierten Natroliths. J. H. Fang. (Amer. Mineralogist **48,** 414—17, 1963; Cambridge, Mass., MIT, Labor. for Insulat. Res.; engl.) — $Na_2Al_2 \cdot Si_3O_{10} \cdot 2\ H_2O$ (I) verliert nach Schwenk- u. Präzisionsaufnahmen bei 300° gleichzeitig beide H_2O u. geht in eine monokline Form über; a = 16,34 ± 0,04, b = 17,09 ± 0,04, c = 6,60 ± 0,02 Å, γ = 90° ± 2′; wahrscheinlich F 2. Die Schrumpfung der Zelle wird durch eine Verzerrung der Struktur von I erklärt. R. Uttech. 195◇

Über kontinuierliche und reversible Transformationen des Anorthits ($CaAl_2Si_2O_8$) zwischen 25 und 350°. W. L. Brown, W. Hoffmann und F. Laves. (Naturwissenschaften **50,** 221, 1963; Zürich, ETH, Inst. für Kristallogr. u. Petrogr.; dt.) — Anorthit hat bei Raum-Temp. eine 4mal so große Elementarzelle wie die Alkalifeldspäte. Röntgenaufnahmen des Anorthits zeigen daher mehr Reflexe (b- u. c-Reflexe), die durch Wärmebehandlung (Abschrecken von Temp. nahe F. 1540°) zum Verschwinden gebracht werden können. Das Verh. der c-Reflexe wird im abgeschreckten Zustand u. bei hohen Temp. untersucht. Aufnahmen bei 1000° ließen keine c-Reflexe erkennen, bei Abkühlung treten sie in diffuser Form bei ca. 350° wieder auf u. bei Raum-Temp. sind die Reflexe wieder so scharf wie bei den unbehandelten Proben. Aufnahmen zwischen Raum-Temp. u. 350° zeigten kontinuierliche u. reversible Abhängigkeit der Reflexdiffusität von der Temp., auch ändern sich hierbei deutlich die Intensitätsverhältnisse von a- zu b-Reflexen. Ernst Schulte. 195◇

Die Kristallstruktur von Cer(IV)-acetylacetonat. B. Matković und D. Grdenić. (Acta crystallogr. [Copenhagen] **16,** 456—61, 1963; Zagreb, Rudjer Bošković Inst., Dep. of Structural and Inorg. Chem.; Univ., Fac. of Sci., Labor. of Gen. and Inorg. Chem.; engl.) — Die Struktur des $Ce(C_5H_7O_2)_4$ wurde nach der Schweratom-Meth. mit Hilfe von Elektronendichteprojektionen bestimmt; Tab. der Atomkoordinaten, Atomabstände u. Bindungswinkel. Ce wird von O in Form eines leicht verzerrten archimed. Antiprismas koordiniert; Ce–O 2,40 ± 0,03 Å, O–Ce–O 72 ± 1°. Die Atome jedes Acetylacetonatringes sind fast koplanar angeordnet. R. Uttech. 195◇

Zur Kristallstruktur des $TiCl_2$. Je. L. Galperin und R. A. Ssandler. (Kristallographie [UdSSR] **7,** 217—19, 1962; Allunions Al- u. Mg-Inst.; russ.) — Bestimmt wurde aus Debye-Scherrer-Aufnahmen (Cu–K_α u. Mo–K_α) die Kristallstruktur der Hochtemp.-Modifikation von $TiCl_2$. $TiCl_2$ ist hexagonal, CdJ_2-Typ, mit a = 3,43 ± 0,01, c = 6,10 ± 0,01 Å; D^3_{3d}–C$\bar{3}$m. D_R 3,15, D_{exp} 3,13 u. 3,15. Die Atomabstände betragen: Ti–Ti 2,50; Cl_I–Cl_{II} 3,43; Cl_I–Cl_{II}* (in verschiedenen Schichten) 3,64 Å. K. Jaeger. 195◇

Über die Existenz einer Überstruktur von Ti_3S_4 mit geordneten Leerstellen. Yves Jeannin. (C. R. hebd. Séances Acad. Sci. **256,** 3111—13, 1963; Paris, E.N.S.C.P., Labor. de Chim. appl.; franz.) — Mischungen von Ti u. S werden 3 Wochen lang in evakuierten Quarzgefäßen auf 1000° erhitzt u. anschließend röntgenograph. mit CuK_α-Strahlung unter Verw. eines gebogenen Quarzkristalls als Monochromator untersucht. Das Beugungsdiagramm kann mit einer monoklinen Überstruktur gedeutet werden, die sich von einer einfachen hexagonalen Struktur vom NiAs-Typ ableitet. Die Gitter-Konst. sind a = 5,98 ± 0,01 (Å), b = 3,440 ± 0,006, c = 10,14 ± 0,02 u. β = 95° 40′ ± 20′. Pyknometr. wird die Dichte 3,798 ± 0,005 g/cm³ bestimmt, die dem Vorliegen von 2 Moll. Ti_3S_4 in der Elementarzelle entspricht. Herbert Müller. 195◇

Die Kristallstruktur von $SnBr_4$. P. Brand und H. Sackmann. (Acta crystallogr. [Copenhagen] **16,** 446—51, 1963; Halle/Saale, Martin-Luther-Univ. Halle-Wittenberg, Inst. für phys. Chem. mit Metall- u. Werkstoff-Labor.; dt.) — Vgl. C. **1963,** 14591. — $SnBr_4$ krist. nach Schwenk- u. Weissenberg-Aufnahmen monoklin, a = 10,59 ± 0,03, b = 7,10 ± 0,02, c = 10,66 ± 0,03 Å, β' = 103° 35′ ± 10′; C^5_{2h}–P 2_1/c; Z = 4; Tab. der Atomkoordinaten u. Bindungslängen aus geometr. Betrachtungen, Patterson- u. Elektronendichteprojektionen. Im $SnBr_4$ entspricht die Anordnung der Br einer deformiert hexagonal dichtesten Kugelpackung. R. Uttech. 195◇

Die Kristallstruktur von Stokesit, $CaSnSi_3O_9 \cdot 2\ H_2O$. Atso Vorma. (Bull. Commiss. géol. Finlande **1963,** Nr. 208, 1—48; engl.) — $CaSnSi_3O_9 \cdot 2\ H_2O$ krist. orthorhomb., a = 14,465 ± 0,005, b = 11,625 ± 0,004, c = 5,235 ± 0,003 Å; Pnna; Z = 4; Tab. der Atomkoordinaten, Bindungslängen u. -winkel nach zweidimensionalen Fourier-Meth. auf Grund von Daten nach der Weissenberg-Multifilmtechnik; Tab. indizierter Pulverdaten. Spiralartige $(SiO_3)_n$-Ketten parallel b mit der Periode n = 6 bauen die Struktur auf. Sie werden von oktaedr. koordinierten Sn^{4+} u. Ca^{2+} verknüpft; $[SnO_6]$ ist fast regulär, Sn–O 2,033 Å, $[CaO_6]$ ist unregelmäßiger, Mittelwert Ca–O 2,376 Å. Die gefundene Struktur gehört einem neuen Typ von Kettensilikaten an. R. Uttech. 195◇

Die Polyerdalkalimetalluranate Sr_2UO_5 und Ca_2UO_5. J. O. Sawyer. (J. inorg. nuclear Chem. **25**, 899—02, 1963; Victoria, Australia, Univ. of Melbourne, Chem. Dep.; engl.) — Vff. stellen Ca_2UO_5 u. Sr_2UO_5 mittels Festkörper-Rk. nach $CaUO_4 + Ca_3UO_6 \rightarrow Ca_2UO_5$ (bei 975°) u. $SrUO_4 + SrUO_6 \rightarrow Sr_2UO_5$ (1000°) dar u. bestimmen die Röntgenstruktur aus Einkristall- u. Pulveraufnahmen. Ca_2UO_5 krist. monoklin in der Raumgruppe $P\,2_1/c$ mit $a = 7{,}914 \pm 0{,}004$, $b = 5{,}442 \pm 0{,}003$, $c = 11{,}45 \pm 0{,}005$ Å, $\beta = 108^0\,48' \pm 3'$, $D.^{21,5}$ 5,55 gcm^{-3}; Z = 4. Sr_2UO_5 krist. ebenfalls monoklin in $P\,2_1/c$ mit $a = 8{,}112 \pm 0{,}004$, $b = 5{,}656 \pm 0{,}003$, $c = 11{,}92 \pm 0{,}006$ Å, $\beta = 108^0\,58' \pm 3'$, $D.^{21,5}$ 6,08 gcm^{-3}. Aus Patterson- u. Fourier-Analysen ergaben sich für Sr_2UO_5 die Positionen für die U- u. Sr-Atome. F. Weigel. 195◇

Röntgenographische Untersuchung der nichtstöchiometrischen Phase $Ni_{3\pm x}S_2$ bei hoher Temperatur. Gérard Liné und Michel Huber. (C. R. hebd. Séances Acad. Sci. **256**, 3118—20, 1963; Paris, E.N.S.C.P., Labor. de Chim. appl.; franz.) — Aus Röntgenbeugungs-Unterss. von $Ni_{3\pm x}S_2$ bei 640° folgt das Vorliegen einer kub. flächenzentrierten β-Phase, deren Zus. mit $Ni_{4-z}\square_zS_2$ u. $0{,}32 \leq z \leq 1{,}44$ (□ Ni-Leerstelle) beschrieben wird. Die Gitter-Konst. beträgt $a = 5{,}216 \pm 0{,}02$ Å. Die Phase kann durch Abschrecken nicht bis Raum-Temp. stabilisiert werden. Die Atomlagen u. Leerstellenanordnungen werden diskutiert. Herbert Müller. 195◇

Co–Ni–Fe-Diarsenide: Zusammensetzung und Gitterdimensionen. Eugene H. Roseboom. (Amer. Mineralogist **48**, 271—99, 1963; Washington, D.C., U. S. Geol. Surv.; engl.) — Unter den natürlichen Co–Ni–Fe-Diarseniden bestehen auf Grund der Analyse zwei Gruppen unterschiedlicher Zus.; Ni-reiche *Rammelsbergite* (I) u. *Pararammelsbergite* u. Ni-arme *Löllingite* (II)–*Safflorite* (III). Synthet. Diarsenide gehen bei 800° ausgedehnte feste Lsgg. ein. In der Reihe $FeAs_2$ (IV)–$NiAs_2$ (V) besteht ein Solvusbereich nahe V, der sich in das Gebiet tern. fester Lsgg. zum $CoAs_2$ (VI) hin ausdehnt u. die Trennung zwischen I von den Reihen II—III in der Natur erklärt. Bei 800° hat synthet. I stöchiometr. Zus.: $NiAs_{2,00}$. Für II wurde ein Homogenitätsbereich, $FeAs_{1,98}$–$FeAs_2$, gefunden. Homogener, monokliner *Co-Safflorit* wurde mit den Zus. $CoAs_{1,99}$ u. $CoAs_{1,98}$ erhalten. Vf. bestimmte die Gitter-Konst. von synthet. IV—VI in Übereinstimmung mit älteren Werten natürlicher u. synthet. Prodd.; graph. Darst. der Gitter-Konst. der Diarsenide in Abhängigkeit von der Zusammensetzung. R. Uttech. 195◇

Die Struktur von Diacetylruthenocen. J. Trotter. (Acta crystallogr. [Copenhagen] **16**, 571—72, 1963; Vancouver, Canada, Univ. of British Columbia, Dep. of Chem.; engl.) — $C_{14}H_{14}O_2Ru$ (I), F. 149—150°, krist. triklin, $a = 5{,}73 \pm 0{,}01$, $b = 8{,}15 \pm 0{,}01$, $c = 13{,}70 \pm 0{,}02$ Å, $\alpha = 77{,}8 \pm 0{,}1$, $\beta = 85{,}1 \pm 0{,}1^0$, $\gamma = 69{,}4 \pm 0{,}1^0$; $P\bar{1}$; Z = 2, $D_{exp.}$ ca. 1,8, $D_{röntg.}$ 1,78 gcm^{-3}; Tab. der Atomkoordinaten nach Patterson- u. Elektronendichte-Projektionen auf Grund zweidimensionaler Diffraktometerdaten. I besitzt cis-Konfiguration. R. Uttech. 195◇

Die Kristallstruktur eines Hexamethylendiamin–Vermiculit-Komplexes. D. J. Haase, E. J. Weiss und Hugo Steinfink. (Amer. Mineralogist **48**, 261—70, 1963; Austin, Texas, Univ. of Texas, Dep. of Chem. Engng.; engl.) — Einkristalle natürlichen Mg-Vermiculits wurden in die Na-Form übergeführt u. mit Hexamethylendiammoniumdichlorid-Lsg. behandelt, bis sich röntgenograph. eine einheitliche Phase der Zus. $(Mg_{2,88}\cdot Al_{0,12})(Si_{2,84}Al_{1,16})[O_{10}(H_2O)][NH_2(CH_2)_6NH_3]_{0,5}Na_{0,5}$ gebildet hatte; $a = 5{,}33$, $b = 9{,}18$, $c = 17{,}12$ Å, $\beta = 97{,}0^0$; C 2, Z = 2; Tab. der Atomkoordinaten u. Bindungslängen nach Elektronendichteprojektionen. Das Diamin-Mol. (I) ist zur Oberfläche der hexagonal angeordneten O in der Silicatschicht geneigt; Neigungswinkel zur a–b-Ebene 32°, Neigungswinkel der Projektion auf a—b zur a-Achse 56°. I ist statist. über vier kristallograph. Lagen in der Elementarzelle verteilt. R. Uttech. 195◇

Polymorphie bei Alkaliamphibolen. W. G. Ernst. (Amer. Mineralogist **48**, 241 bis 260, 1963; Los Angeles, Calif., Univ. of California, Dep. of Geol., Inst. of Geophys. and Planetary Phys.; engl.) — Die Gitter-Konst. von synthet. Glaukophan (I), $Na_2Mg_3\cdot Al_2Si_8O_{22}(OH)_2$, *Magnesioriebeckit* (II), $Na_2Mg_3Fe_2^{III}Si_8O_{22}(OH)_2$, *Riebeckit* (III), $Na_2\cdot Fe_3^{II}Fe_2^{III}Si_8O_{22}(OH)_2$ u. dreier Zwischenglieder der I—III-Reihe wurden in Abhängigkeit von Temp. u. Gesamtdruck untersucht. Der Oxydationsgrad wurde durch einen Hämatit–Magnetit-Puffer kontrolliert. Die Vol. der Elementarzelle sind für II (901 ± 3 Å³) u. III (913 ± 2 Å³) zwischen 400 u. 800° bis zu 40 Kb konst. u. betragen für I 897 ± 4 Å³ bei 800°, 1 Kb u. 877 ± 4 Å³ bei 800°, 20 Kb. Hoch- u. Tiefdruckform von I genügen C 2/m u. entsprechen einem Phasenübergang 2. Ordnung zwischen den pT-

Punkten 300⁰, 2,5 Kb u. 800⁰ 17,5 Kb. Die synthet. Glieder der I—III-Reihe zeigen eine entsprechende Polymorphie mit ΔV proportional dem Molenbruch Al/(Fe^{3+} + Al). Vf. nimmt an, daß in der Hochdruckform Al auf M_2-Lagen konz. ist u. in der Tiefdruckform mehr statist. über alle oktaedr. Lagen verteilt ist. Die natürlichen Alkaliamphibole entsprechen, soweit untersucht, dieser Hochdruck-Tieftemp.-Reihe. R. Uttech. 195◇

Orientierung der Mikrokristalle in dünnen Cadmiumsulfidschichten. A. F. Andruschko. (Kristallographie [UdSSR] **7,** 220—23, 1 Tafel, 1962; Moskau, Energie-Inst.; russ.) — Analysiert wird die Röntgenbeugung an einer Anhäufung von Mikrokristallen, deren jeder eine kristallograph. Achse parallel zur Probennormalen hat. Diese Analyse wird zur Beschreibung der Diagramme von rotierenden Proben mit axialer Textur benutzt. Es wird nachgewiesen, daß dünne CdS-Filme, aufgedampft auf *NaCl-* u. *Glas*-Plättchen bei 350—450⁰, eine axiale Textur in [0 0 0 1] besitzen. Die Texturachse liegt parallel zur Oberflächennormalen. Die Streubreite der Textur in Schichten auf NaCl beträgt 8—10⁰, auf Glas 15—20⁰. K. Jaeger. 196◇

Die Epitaxie von aufgedampften Bariumtitanatfilmen. E. K. Müller, B. J. Nicholson und G. L'E. Turner. (Brit. J. appl. Physics **13,** 486, 1962; Blue Bell, Pa., Philco Sci. Labor.; engl.) — $BaTiO_3$-Einkristallfilme von ca. 900 Å Dicke konnten aus der Dampfphase auf Unterlagen aus *LiF* u. aus *Au*-Einkristallfilmen aufgebracht werden. Hierzu wurde feines $BaTiO_3$-Pulver Körnchen für Körnchen auf einen Ir-Faden gestreut, der auf einer Temp. von 2300⁰ gehalten wurde. Das verdampfende $BaTiO_3$ wuchs bei 600⁰ auf die Unterlage als Einkristallfilm auf. Dampfdruck: $3 \cdot 10^{-5}$ Torr, Wachstums-Geschw. des Films: 2 Å/s. Elektronenbeugungsbilder bestätigen die vollkommen parallele Orientierung des Filmes auf der Unterlage. K. Jaeger. 196◇

Untersuchung der Anisotropie der Kathodenzerstäubung von Kupfereinkristallen in Abhängigkeit von ihrer Temperatur. W. Je. Jurassowa und W. M. Buchanow. (Kristallographie [UdSSR] **7,** 257—60, 1962; Moskau, Lomonossow-Univ.; russ.) — Untersucht wurden die Ablagerungsmuster, die sich während der Kathodenzerstäubung von Cu-(1 0 0)- u. -(1 1 1)-Einkristallflächen beim Abkühlen auf —170⁰ u. Erhitzen auf 950⁰ bildeten. Über den ganzen untersuchten Temp.-Bereich werden die zerstäubten Partikel entlang der dichtgepackten kristallograph. Richtungen emittiert, wenngleich bei hohen Temp. die Schärfe der einzelnen Flecke der Ablagerung abnimmt.
K. Jaeger. 196◇

Einige experimentelle Techniken zur Untersuchung von Tieftemperatur-Strahlungsschäden. R. L. Chaplin und P. E. Shearin. (Rev. sci. Instruments **33,** 459—62, 1962; Chapel Hill, N.C., Univ. of North Carolina, Dep. of Phys.; engl.) — Angabe eines Verf. zur Erzeugung von Strahlungsschäden in Metallen mit beschleunigten Elektronen.
H. Roschkowski. 197◇

Diffusion in festen Metallen. M. J. Druyvesteyn. (Nederl. Tijdschr. Natuurkunde **28,** 430—53, 1962; Delft, Labor. voor Metaalkde.; niederl.) — Ableitung einer Gleichung für den Diffusions-Koeff. in einem kub. Metall, Übersicht über die Diffusion von Atomen auf Zwischengitterplätzen, die Selbstdiffusion, bes. als Folge eines Temp.-Gradienten, die Kinetik u. Thermodynamik der Diffusion in substituierten Mischkristallen u. die Diffusion längs Versetzungen u. Korngrenzen. — 44 Literaturangaben.
W. Wesly. 197◇

Bevorzugte Orientierung und Anisotropie in Titan. W. T. Roberts. (J. less-common Metals [Amsterdam] **4,** 345—61, 1962; Witton, Birmingham, I.C.I. Metals Div., Res. Dep.; engl.) — Es wurde die Änderung einiger physikal. u. mechan. Eigg. von polykristallinem Ti in Abhängigkeit von der Testrichtung untersucht u. mit der bevorzugten Orientierung in Beziehung gesetzt. Der Young-Modul für wahllos orientiertes α-Ti beträgt $17{,}3 \cdot 10^6$ lbs./sq. in., für Ti-Kristalle mit (0 0 0 1)-Flächen parallel zur Dehnungsachse dagegen $15{,}4 \cdot 10^6$ lbs./sq. in.; der höchste Wert, ca. $21{,}5 \cdot 10^6$ lbs./sq. in., wurde in der c-Richtung gefunden. Der mittlere Wärmeausdehnungs-Koeff. von α-Ti im Bereich 20—600⁰ beträgt in der a-Richtung $10{,}0 \cdot 10^{-6}$/Grad, in c-Richtung $9{,}95 \cdot 10^{-6}$/Grad. Weiter wurden das Walzgefüge, die Dehnungs- u. Biegefestigkeit, Härte u. Kompressibilität unter verschiedenen Bedingungen geprüft. G. Talsky. 197◇

Über die Umwandlung von weißem Zinn (β-Sn) in die kubisch raumzentrierte Form unter Druck. W. J. P. Musgrave. (J. Physics Chem. Solids **24,** 557—58, 1963; Teddington, Middlesex, Nat. Phys. Labor., Basic Phys. Div.; engl.) — Vf. untersucht theoret. die Umwandlung *β-Sn* → *α-Sn,* die bei Raum-Temp. unter einem Druck von 110 bis 115 kbar beobachtet wird, mit Hilfe eines dynam. Gittermodells. Die notwendigen Atomverschiebungen können aus den opt. Gitterschwingungen in β-Sn ermittelt werden, die nur eine geringe Steife besitzen. Herbert Müller. 197◇

Röntgenbestimmung der Atomlagen in α-Uran bei 22 und 600⁰. W. T. Eeles und A. L. Sutton. (Acta crystallogr. [Copenhagen] **16,** 575, 1963; Central Electricity

Generating Board, Berkeley Nucl. Labor.; London, Northampton Coll. of Advanced Technol.; engl.) — Vff. erhielten aus den Intensitäten von Pulveraufnahmen über dreidimensionale Fourier- u. Differenz-Synth. y = 0,1021 bei 22° u. y = 0,1071 bei 597 ± 4°.
R. Uttech. 197◇

Verteidigung der Spannungsenergie-Annäherung für kleine, gelöste Atome. A. S. Nowick. (Physics Chem. Solids **5**, 147, 1958; New York City, N.Y., Columbia Univ., IBM Watson Labor.; engl.) — Vf. bestreitet die Richtigkeit der von Oriani (C. **1959**, 8065) vertretenen Einwände bei Verw. des elast. Modells zur Berechnung der Bldg.-Energie von prim., festen Metall-Lsgg. als Spannungsenergie. Vf. zeigt, daß die Größe der Oberflächenenergie einer Atomreihe nicht in die Berechnung eingeht.
W. Wesly. 197□

Phasendiagramme von Titan-Legierungen mit Seltenerdmetallen. E. M. Savitskii und G. S. Burkhanov. (J. less-common Metals [Amsterdam] **4**, 301—14, 1962; Moscow, Acad. of Sci., Inst. of Metallurg., Labor. of Rare Metals and Alloys; dt.) — Es wurden die Phasendiagramme der Legg. Ti–*La*, Ti–*Ce*, Ti–*Nd*, Ti–*Y*, *Ti–Sc* sowie die Ti-Ecken der tern. Phasendiagramme Ti–*Al*–La, Ti–Al–Ce, Ti–*V*–La u. Ti–V–Ce untersucht. Alle Seltenerdmetalle bilden mit Ti den gleichen Typ der Phasendiagramme. La, Ce, Nd, Y u. Sc wirken als Stabilisatoren für die α-Phase von Ti u. erhöhen die Temp. der polymorphen Ti-Umwandlung; sie sind in beiden Ti-Modifikationen begrenzt lösl. u. nehmen entsprechend der Lanthanidenkontraktion von La nach Lu zu; sie bilden mit Ti keine intermetall. Verbindungen. Bei 1450 ± 7° wurde eine polymorphe Sc-Umwandlung festgestellt; Ti-Zusatz setzt die Umwandlungs-Temp. bis auf 1330° herab. Al u. V vermindern bedeutend die Löslichkeit von La u. Ce in Ti. Seltenerdmetalle mit geraden Ordnungszahlen üben den größten Einfl. auf die Festigkeit von Ti bei höheren Temp. aus.
G. Talsky. 197◇

Untersuchung der Struktur und elektrischen Eigenschaften von Legierungen der Zusammensetzung $CrTe_x$. Kieu Van Con und Jacques Suchet. (C. R. hebd. Séances Acad. Sci. **256**, 2823—26, 1963; Bellevue, Seine-et-Oise, C.N.R.S., Labor. de Magnétisme et de Phys. du Solide, Labor. de Cristallogr.; franz.) — Pulvermischungen aus 99,999%ig. Cr u. Te mit 47—62 Atom-% Te werden in evakuierten Quarzgefäßen 3 Tage lang auf 1050° erhitzt u. anschließend durch Hochfrequenzinduktion bei 1250° geschmolzen. Die Proben werden röntgenograph. nach Debye-Scherrer untersucht. $CrTe_x$ ist für Te-Geh. zwischen 52 u. 61 Atom-% homogen. Die Gitter-Konst. der monoklin deformierten hexagonalen Kristallite fallen von a = 4,05 (Å) u. c = 6,18 für $CrTe_{1,10}$ auf 3,95 u. 5,94 für $CrTe_{1,50}$; β schwankt zwischen 90,10 u. 91,31°. Die Gitterkontraktion ist auf Cr-Leerstellen zurückzuführen. Aus Seemann-Bohlin-Aufnahmen leiten Vff. das Auftreten einer Überstruktur ab. Der spezif. Widerstand ϱ der Proben wird zwischen Raum-Temp. u. 150° bestimmt. Für Temp. zwischen 75° bei $CrTe_{1,10}$ u. 36° bei $CrTe_{1,47}$ weist ϱ ein Maximum auf. Die Abnahme der Temp. des Maximums mit steigendem Te-Geh. entspricht dem Verlauf der Curie-Temperatur. Herbert Müller. 197◇

Die Struktur der σ-Phase Co_2Mo_3. J. B. Forsyth und L. M. D'Alte Da Veiga. (Acta crystallogr. [Copenhagen] **16**, 509—12, 1963; Cambridge, Cavendish Labor., Crystallograph. Labor.; engl.) — Vgl. C. **1963**, 1585. — Vff. bestätigen durch zweidimensionale Einkristallstrukturanalyse über Differenz-Synth. für Co_2Mo_3 die Struktur der σ-Phase, Raumgruppe P 4_2/m n m. Die Struktur wurde verfeinert, u. die Atomabstände wurden mit denen im μ-Co_7Mo_6, σ-*CoCr*, σ-Nb_2Al u. σ-*FeMo* verglichen. Co besetzt die 12fach, Mo die 15fach u. Co + Mo die 14fach koordinierten Gitterplätze.
R. Uttech. 197◇

Deformationspackungsfehler in der zementierten Kobaltphase von Hartlegierungen. A. Je. Kowalski und L. Ch. Piwowarow. (Kristallographie [UdSSR] **7**, 208 bis 211, 1962; Allunions Wiss. Forsch.-Inst. für Hart-Legg.; russ.) — Mitgeteilt werden Messungen des Packungsfehlers von techn. polykrist. Co (kub. Phase) u. für die Co-Zementierungsphase in gemischten Co–W-Carbiden. Linienversetzungen werden (ohne Standard) benutzt. Die Deformationsfehler in der Zementierungsphase sind größer als diejenigen der homogenen festen Lösung. K. Jaeger. 197◇

Verbindungen vom Typ W_6Fe_7 im System Ta–Ni und Nb–Ni. P. I. Kripjakewitsch, Je. I. Gladyschewski und Je. N. Pylajewa. (Kristallographie [UdSSR] **7**, 212—16, 1962; Lwow, Franko-Univ.; russ.) — *TaNi* krist. im W_6Fe_7-Typ. Es ist von gleicher Struktur wie die Verb. mit der ungefähren Zus. NbNi. Eine Zus. R_6X_7 (analog W_6Fe_7) ist für TaNi u. NbNi ausgeschlossen. K. Jaeger. 197◇

Anfängliche Gitterstörungen von Mangan in Kupfer, Silber und Gold. L. D. Calvert und W. G. Henry. (Canad. J. Physics **40**, 1411—16, 1962; Ottawa, Canada,

Nat. Res. Council, Div. of Appl. Chem.; engl.) — Vff. bestimmen röntgenograph. die Gitterparameter der Syst. Cu–Mn, Ag–Mn u. Au–Mn bei verschiedenem Mn-Geh. u. ermitteln die durch den Einbau geringer Mengen Mn hervorgerufenen mittleren Gitterstörungen zu 0,383 ± 0,003; —0,003 ± 0,002 u. —0,070 ± 0,002 kX/Mol. — Das ähnliche Verh. von *Zn* in den Edelmetallen wird diskutiert. W. Sobieski. 197◇

Anomalie des elektrischen Widerstandes und Bildung von K-Zuständen in den Systemen Palladium–Wolfram und Palladium–Molybdän. W. Ss. Messkin, R. I. Ssergijenko und L. A. Popowa. (Metallphysik u. Metallkunde [UdSSR] **13**, 126—31, 1962; russ.) — Bei Legg. von Pd mit 5—13% W oder 2—5,5% Mo nimmt der elektr. Widerstand nach Anlassen u. langsamer Abkühlung ab, bei Pd-Legg. mit 13—20% W oder 5,5 bis >10% Mo dagegen zu unter gleichzeitiger starker Abnahme des Temp.-Koeff.; das Maximum liegt bei 18,5% W bzw. >10% Mo. Diese Anomalie kann mit der Bldg. des K-Zustandes erklärt werden, wie dies schon bei Ni–Cr-, Ni–Cr–V- u. Ni–Cr–Mo-Legg. geschehen ist. In diesem Anomaliegebiet nimmt die Thermo-EMK u. die Härte zu. Die Bldg. des K-Zustandes beginnt bei 500° u. erreicht ihr Maximum bei 700°; von 800° an bilden sich neue feine, gleichachsige Körner, bei 900° ist das Gefüge völlig rekrist., bei 1000° vergröbern sich die neuen Körner stark. Raschere Abkühlung führt zu einer Abnahme der Härte. Die Natur des K-Zustandes wird erörtert, als Ursache werden Ordnung u. Änderung der Elektronenkonfiguration angenommen. R. K. Müller. 197◇

Hysterese im System Palladium–Wasserstoff. D. H. Everett und P. Nordon. (Proc. Roy. Soc. [London], Ser. A **259**, 341—60, 1960; Bristol, Univ., Dep. of Phys. and Inorgan. Chem.; engl.) — Bei 120° wurde ein hystereseähnliches Verh. zwischen der Aufnahme von H durch Pd-Schwamm u. dem H_2-Gleichgewichts-Druck untersucht. Aus den Ergebnissen wird die Theorie von Lacher [1937] zur Löslichkeit von H in Pd bestätigt. H. Roschkowski. 197◇

Über die entmischende Wirkung von Chrom im System Eisen–Nickel–Schwefel. Rudolf Vogel. (Arch. Eisenhüttenwes. **33**, 723—27, 1962; Göttingen, Univ., Inst. für Metallphys.; dt.) — Vgl. C. **1962**, 18385. — Cr wirkt wie Mn auf homogene Fe–Ni–S-Schmelzen entmischend. Für 3, 5 u. 10% Cr werden durch Gefüge-Unterss. die Schnittkurven der quatern. Entmischungsfläche ermittelt. Der kleinste Cr-Geh., bei dessen Überschreitung die Entmischung beginnt, beträgt 1,5%. Dieser Punkt liegt bei 6% Ni u. 9% S. Bei 3% Cr wird eine in sich geschlossene Kurve erhalten. Da im tern. Syst. Fe–Cr–S der kleinste entmischend wirkende Cr-Geh. bei ca. 3,5% Cr liegt, wird die Entmischung durch kleine Ni-Geh. zunächst erhöht. Bei 5% Cr ist die Mischungslücke, entsprechend ihrem Ausgang von der des Syst. Fe–Cr–S zwischen 8 u. 18% S, bereits offen u. erstreckt sich bis 30% Ni. Bei 10% Cr ist der Entmischungsbereich auf der Seite Fe–FeS erheblich vergrößert, er liegt hier zwischen 4 u. 23% S u. schließt sich erst bei 60% Ni. In der Nähe des durchschnittlichen meteor. Ni-Geh. von 8% entspricht die Sulfidlöslichkeit in der metall. Schicht noch 2,5% S, während sie bei Mn schon durch 0,5% auf 1% S erniedrigt wird. H. Hochstein. 197◇

Die Kristallographie der Umwandlung Austenit–Martensit in einer Fe–Cr–C-Legierung. K. A. Johnson und C. M. Wayman. (Acta crystallogr. [Copenhagen] **16**, 480—85, 1963; Los Alamos, N.Mex., Los Alamos Sci. Labor.; Urbana, Ill., Univ. of Illinois, Metallurg. Dep.; engl.) — Es wurde eine kristallograph. Analyse an einer Fe-1,51 C-3,09 Cr (Gew.-%)-Leg. hoher Reinheit durchgeführt; Gitter-Konst.: Austenit (I) a = 3,626 Å, Martensit (II) a = 2,854, c = 3,060 Å; Orientierungsbeziehungen $(1\,1\,1)_{I}$ 0,3° von $(0\,1\,1)_{II}$, $[0\,1\,\bar{1}]_{I}$ 2,8° von $[1\,1\,\bar{1}]_{II}$, $[\bar{1}\,1\,0]_{I}$ 6,1° von $[\bar{1}\,1\,\bar{1}]_{II}$; Darst. der Habitusebenen in stereograph. Projektion mit sehr geringer Schwankung der Pole. Das Ergebnis läßt sich durch bestehende kristallograph. Theorien nicht ausreichend erklären. Vff. fordern die Berücksichtigung einer anisotropen Grenzflächenverzerrung. Eine inverse Analysen-Meth. zur Best. der Inhomogenität wird im Hinblick auf die Orientierungsbeziehung diskutiert, u. es wird gezeigt, daß letztere für die theoret. Berechnungen eine zu ungenaue Größe darstellt. R. Uttech. 197◇

Strukturanalogie zwischen den Eisencarbiden Fe_3C und Fe_5C_2. Jean-Pierre Senateur und Robert Fruchart. (C. R. hebd. Séances Acad. Sci. **256**, 3114—17, 1963; Vitry-sur-Seine, C.N.R.S., Centre d'Études de Chim. métallurg.; franz.) — Aus Röntgen-Unterss. folgt für das Häggsche Carbid Fe_5C_2 (I) eine monokline Struktur $C\,2/c—C_{2h}^6$ mit a = 11,563 (Å), b = 4,573, c = 5,058 u. β = 97° 44′, während Zementit Fe_3C (II) orthorhomb. mit a = 4,526, b = 5,087 u. c = 6,744 kristallisiert. Die II-Struktur kann als Folge abwechselnd gerader u. schiefer, trigonaler Prismenflächen beschrieben werden; die Flächen überlagern sich senkrecht zur c-Achse. In der I-Struktur wird eine analoge Anordnung der Prismen beobachtet, jedoch sind jeweils ein gerades u. schiefes Prisma an benachbarten Flächen verbunden. Die Prismen sind dadurch schwach verformt. Außer-

dem wird von den Proben Magnetisierung u. thermomagnet. Verh. untersucht. Die abs. magnet. Sättigung beträgt für I 1,65 ± 0,01 bzw. II 1,85 ± 0,01 μ_B/g-Atom Fe.
Herbert Müller. 197◇

Beobachtung der Versetzungen in Mikrokristallen des Eisens mit der Ätzmethode. I. P. Kuschnir. (Kristallographie [UdSSR] **7**, 247—51, 1962; Inst. für Metallkunde u. Metallphys., Zentrales Wiss. Bardin-Forsch.-Inst. für Eisenmetallurg.; russ.) — Untersucht wurde die Versetzungsstruktur von Fe-Mikrokristallen, die aus der Gasphase durch Zers. von $FeCl_2$ gezüchtet wurden. Mit Hilfe der Ätz-Meth. wurde die Bewegung einzelner Versetzungen während der Verformung der Probe durch mechan. Drücke verfolgt. „Junge" u. „gealterte" Versetzungen werden unterschieden. K. Jaeger. 197◇

Struktur der „Anpassungs-Zonen" in der Nähe der Tieftemperaturzwillinge einer Eisensilicidlegierung. B. W. Molotilow. (Kristallographie [UdSSR] **7**, 252—56, 1962; Zentrales Wiss. Bardin-Forsch.-Inst. für Eisenmetallurg.; Inst. für Präzisionslegg.; russ.) — Untersucht wurde die Struktur der „Anpassungszonen" in der Nähe von Zwillingen, die in Kristallen einer Fe-Leg. mit 3,2% Si durch Deformation bei —196 u. —252,7° hergestellt worden waren. Die magnet. Meth., die zur Unters. der „Anpassungszonen" benutzt wurde, ermöglicht die Best. der Verteilung des Restdruckes in der Nähe eines Zwillings in verschiedenen Abschnitten des Kristalles. K. Jaeger. 200◇

Die Deformations- und Brucheigenschaften von polykristallinem Molybdän. A. S. Wronski und A. A. Johnson. (Philos. Mag. [8] **7**, 213—27, 1962; London, U. K., Metallurgy Dep.; engl.) — Die duktilen u. spröden Eigg. von Mo wurden zwischen 20 u. 293° K untersucht, um die Theorie von Cottrell (1958) über die mechan. Eigg. der Übergangsmetalle quant. zu prüfen. Das Experiment zeigte für eine Kornvergrößerung von 0,034 auf 0,39 eine Erniedrigung der Übergangs-Temp. duktil-spröde um 14°, statt einer Erhöhung um 80°, wie sie die Theorie fordert. Außerdem zeigte sich, daß für 195° K der Druck für die Bruchspaltbarkeit im duktilen Bereich nicht, wie von der Theorie vorausgesagt, direkt proportional $d^{-1/2}$ (d = Kornhalbmesser) war. K. Jaeger. 200◇

Anisotrope plastische Verformung von Indiumantimonid. E. Peissker, P. Haasen und H. Alexander. (Philos. Mag. [8] **7**, 1279—1303, 1962; Göttingen, Univ., Inst. für Metallphys.; engl.) — In InSb hängen die Meßwerte für die stationäre Kriech-Geschw. ε_w u. für die Inkubationszeit t_i von der Biegerichtung ab. Die Beweglichkeit der „In-Versetzungen" ist größer als diejenige der „Sb-Versetzungen", was dem größeren Selbstdiffusions-Koeff. des In gegenüber Sb in InSb entspricht; die Versetzungsbeweglichkeit ist also diffusionsabhängig im InSb. K. Jaeger. 200◇

Die plastische Verformung von Titandioxid-Einkristallen. K. H. G. Ashbee und R. E. Smallman. (Proc. Roy. Soc. [London], Ser. A **274**, 195—205, 1963; Birmingham, Univ., Dep. of Phys. Metallurg.; engl.) — An TiO_2-Einkristallen wurden Druck-Verss. in Luft von Atmosphärendruck u. im Vakuum bei Temp. bis zu 1300° unter Verw. einer Presse mit einer Verformungs-Geschw. von $3{,}4 \cdot 10^{-4}$ durchgeführt. Unter Gleiten auf den Syst. {1 0 1} ⟨1 0 1⟩ u. {1 1 0} ⟨0 0 1⟩ tritt Deformation auf, wobei das erste Syst. das wirksamere ist. Der Burgers-Vektor für die Fehlstellengleitung auf dem Syst. {1 0 1} ⟨1 0 1⟩ wird zu ½ ⟨a 0 c⟩ vorgeschlagen. Paare von partiellen Fehlstellen können durch Stapelfehler separiert werden. Die Stapelfehler konnten elektronenmkr. nachgewiesen werden. In dem Maße wie die Zus. des TiO_2 von der stöchiometr. Zus. abweicht, wird ein Ansteigen der resultierenden Spannung beobachtet. Der Einfl. von Temp. u. O_2-Druck auf die resultierende Streckspannung u. die Verfestigungs-Geschw. wurde untersucht. E. Schulte. 200◇

Rosettenhärte und Abdruckform von kubischen Kristallen. Ju. Ss. Bojarskaja und M. I. Walkowskaja. (Kristallographie [UdSSR] **7**, 261—65, 1962; Kischinew, Univ.; russ.) — Untersucht wurde die Anisotropie der Ritzhärte von *Fluorit*-Kristallen. Die Ergebnisse wurden mit der Rosettenhärte von Alkalihalogenidkristallen (*NaCl*, *KCl* u. *LiF*) u. *Bleiglanz* verglichen. Die Rosettenhärte des Kristalles steht offensichtlich mit den Gleiteigg. in Zusammenhang, was durch die Abdruckformen der Diamantpyramide gestützt werden konnte. Eine Begründung der gekrümmten Abdruckseitenflächen wird vorgeschlagen. K. Jaeger. 200◇

Hochdruckverdichtung von Glas und Spannungseffekte. J. D. Mackenzie und R. P. Laforce. (Nature [London] **197**, 480—81, 1963; Schenectady, N.Y., Gen. Electr. Res. Labor.; engl.) — Werden bestimmte Oxidgläser hohen Drücken ausgesetzt, so wird eine große „permanente" Dichtezunahme nach der Druckentlastung beobachtet. Bei der Unters. wurden Unterschiede bei der Verdichtung von Glas in Abhängigkeit vom Behältermaterial gefunden. In einem Al-Behälter betrug die Verdichtung z. B. bei 60 kbar u. 400° 14%, in einem AgCl-Behälter nur 4%. Ernst Schulte. 200◇

A$_7$. Gleichgewichte. Kinetik

Spektrophotometrische Untersuchung der Umsetzung von Natrium-1.8-dihydroxy-2-[2'-hydroxyazobenzol]-3.6-naphthalindisulfonat mit Zinkionen. W. N. Tolmatschew, G. G. Lomakina und L. A. Schtutschkina. (J. physik. Chem. [UdSSR] **33**, 808—12, 1959; Charkow, Gorki-Univ.; russ.) — Bei pH $\geqq$ 10 wurde bei der Unters. ein Komplex ZnR_2^{6-} gefunden, dessen Instabilitäts-Konst. $3{,}3 \cdot 10^{-11}$ beträgt. Die Rk. ist von Interesse für die colorimetr. Best. von Zn. W. Pump. 223◇

Physikochemische Untersuchungen über die Zusammensetzung von Metall–Thiosulfat-Verbindungen. 1. Mitt. **Thermometrische Untersuchungen der Wismut–Thiosulfat-Komplexe.** Mahendra Singh Bhadraver. (Bull. chem. Soc. Japan **35**, 1768—70, 1962; Rajasthan, India, Lohia Coll. Churu, Chem. Labor.; engl.) — Thermometr. Titrationen von $Bi(NO_3)_3$-Lsgg. mit $Na_2S_2O_3$-Lsg. u. umgekehrt in wss. u. alkohol. Medium zeigen die Bldg. der Verb. $Na_3Bi(S_2O_3)_3$ an. R. Krämer. 223◇

Physikochemische Untersuchungen der Zusammensetzung von komplexen Metallarseniten. 1. Mitt. **Konduktometrische und thermometrische Untersuchungen der Zusammensetzung von Kupfer–Arsenit-Komplexen (Scheeles Grün).** Mahendra Singh Bhadraver. (Bull. chem. Soc. Japan **35**, 1770—71, 1962; engl.) — Vgl. vorst. Referat. — Konduktometr. u. thermometr. Titrationen von $CuSO_4$-Lsg. mit $NaAsO_2$-Lsg. u. umgekehrt ergeben für Scheeles Grün die Zus. $Cu(AsO_2)_2$. R. Krämer. 223◇

Untersuchung der Reaktion von Mandelsäure mit Natriummolybdat und Natriumwolframat. S. P. Banerjee und Arun K. Bhattacharya. (Current Sci. [Bangalore] **30**, 380—81, 1961; Saugar, Univ. of Saugar, Chem. Labor.; engl.) — Vgl. C. **1962**, 16249. — Nach der Meth. der einfachen Variation u. der nach Job wurde gefunden, daß Na-Molybdat u. Na-Wolframat mit Mandelsäure 1 : 2-Komplexe bilden. K. Roß. 223◇

Bestimmung der Zusammensetzung und der Instabilitätskonstante der Am(III)- und Cm(III)-Lactatkomplexe mit der Ionenaustauschmethode. I. A. Lebedew und G. N. Jakowlew. (Radiochemie [UdSSR] **3**, 455—57, 1961; russ.) — Die Komplex-Bldg. von Am(III) u. Cm(III) in milchsäurehaltiger Lsg. verschiedener Konz. wurde nach einer früher (Radiochemie [UdSSR] **2**, [1960], 549) beschriebenen Ionenaustausch-Meth. an KU-2 bestimmt. Folgende Komplexe wurden gefunden (in Klammern Instabilitäts-Konst. bei der Ionenstärke $\mu = 0$): $[AmLact]^{2+}$ ($1{,}90 \cdot 10^{-4}$), $[AmLact_2]^+$ ($3{,}1 \cdot 10^{-3}$), $[CmLact]^{2+}$ ($1{,}83 \cdot 10^{-4}$), $[CmLact_2]^+$ ($4{,}0 \cdot 10^{-3}$). K.-D. Schubert. 223◇

Eine Untersuchung der Stabilität und Basizität von Diphosphatokupfer(II)-Komplexen unter Verwendung der tropfenden Amalgamelektrode. Orion E. Schupp III, Peter E. Sturrock und James I. Watters. (Inorg. Chem. [Washington] **2**, 106—12, 1963; Columbus, Ohio, Ohio State Univ., McPherson Chem. Labor.; engl.) — Mit Hilfe von Potentialmessungen an einer tropfenden Cu-Amalgam-Elektrode wurde die Assoziation von H^+-Ionen an Diphosphato-Cu(II)-Komplexe untersucht u. dabei der Zusammenhang zwischen der Zahl der assoziierten H^+-Ionen u. der Stabilität sowie der Basizität der Komplexe studiert. Anod. u. kathod. Polarogramme wurden unter folgenden Bedingungen aufgenommen: $P_2O_7^{4-}$ 0,0500 m; Cu^{2+} $1{,}000 \cdot 10^{-3}$ m; $\mu = 1{,}00$ mit $[N(CH_3)_4]NO_3$ eingestellt; Methylrot 0,0005%; Amalgam 0,0005% Cu; 25°; pH 3,10 (ohne $P_2O_7^{4-}$); 4,78; 6,03; 6,89; 8,44; 9,60; 10,53. Die Bldg.-Konst. von $[Cu(P_2O_7)]^{2-}$ u. $[Cu(P_2O_7)_2]^{6-}$ sind $10^{9,07}$ u. $10^{4,58}$. Die individuellen Bldg.-Konst. für die stufenweise Addition von H^+-Ionen an $[Cu(P_2O_7)]^{2-}$ sind $10^{5,25}$ u. $10^{3,31}$; an $[Cu(P_2O_7)_2]^{6-}$ $10^{6,76}$, $10^{5,78}$, $10^{4,40}$ u. $10^{3,21}$. Dabei entsprechen diese Konst. dem induktiven Effekt, vorausgesetzt, daß jedes Diphosphation über einen 6gliedrigen Chelatring an das Cu gebunden ist. Die Assoziation von H^+-Ionen verringert die Stabilität der Komplexe beträchtlich. Für eine Assoziation von Alkalimetallionen an $[Cu(P_2O_7)_2]^{6-}$ spricht die Zunahme der Stabilität dieses Komplexions in Ggw. von Na^+ oder K^+ (bis 0,1 m). E. Beyerle. 223◇

Komplexe des Systems Rhodium(III)–Chlorid in saurer Lösung. Wayne C. Wolsey, Charles A. Reynolds und Jacob Kleinberg. (Inorg. Chem. [Washington] **2**, 463—68, 1963; Lawrence, Kans., Univ. of Kansas, Chem. Labor.; engl.) — Vff. isolierten mit Hilfe von Ionenaustauschern die Komplexe $RhCl^{2+}$ (die koordinativ gebundenen H_2O-Moll. sind nicht angegeben), $RhCl_2^+$, *cis*- u. *trans*-$RhCl_3$, $RhCl_4^-$, $RhCl_5^{2-}$ u. $RhCl_6^{3-}$ u. nahmen die Absorptionsspektren auf. Die Komplex-Bldg.-Konst. $k_n = [RhCl_n^{3-n}]/[RhCl_{n-1}^{3-1-n}][Cl^-]$ wurden bei 120° u. der Ionenstärke 6,0 m wie folgt bestimmt: $k_1 > 10^3$, $k_2 > 10^3$, $k_3 \sim 10^3$, $k_4 = 250 \pm 120$, $k_5 = 28 \pm 8$ u. $k_6 = 0{,}56 \pm 0{,}18$. U. Wenzel. 223◇

Struktur und Eigenschaften der Lösungen von Metallen in Ammoniak. Tara Prasad Das. (Advances chem. Physics 4, 303—88, 1962; Riverside, Calif., Univ. of California, Dep. of Phys.; engl.) — Übersicht: opt., elektr., thermo- u. photoelektr. Eigg.; magnet. Verh.; ESR- u. KMR-Spektren; Eigg. konz. Lsgg.; theoret. Modelle. — 91 Literaturangaben. A. Blaschette. 224◇

Die Löslichkeit von Indiumhydroxid in saurem und basischem Medium bei 25°. L. C. A. Thompson und R. Pacer. (J. inorg. nuclear Chem. 25, 1041—44, 1963; Toledo, Ohio, Univ. of Toledo; engl.) — Die Löslichkeit des Indiumhydroxids wurde in wss. Lsgg. von NaOH u. $HClO_4$ bestimmt. Dabei wurde In^{3+} komplexometr. gegen 1-[2-Pyridylazo]-2-naphthol als Indicator titriert. Messungen in verschiedenen Konz.-Bereichen ergaben eine größere Löslichkeit in Säuren als in Basen, d. h., daß $In(OH)_3$ weit basischer als sauer ist u. daß es nur geringe amphotere Eigg. aufweist. In den untersuchten Bereichen herrschen folgende Rkk. vor: $In(OH)_3$ (fest) $+ OH^- \rightleftharpoons H_2InO_3^- + H_2O$ im alkal. Medium u. $In(OH)_3$ (fest) $+ H^+ \rightleftharpoons In(OH)_2^+ + H_2O$ im sauren Bereich. M. Olivier. 224◇

Flüssig-flüssig-Gleichgewicht in Systemen anorganisches Nitrat-Wasser-organisches Lösungsmittel. W. J. McManamey. (J. appl. Chem. 11, 44—52, 1961; Sydney, Univ., Chem. Engng. Dep.; engl.) — Die Gleichgewichte fl.-fl. der tern. Syst. aus *Ca(NO₃)₂*, *Cu(NO₃)₂* u. *Zn(NO₃)₂* in H_2O u. den Lsgm. *n-Butanol* u. *Pentanol* sowie der Syst. *Ni(NO₃)₂*–H_2O–n-Butanol u. *Co(NO₃)₂*–$Ni(NO_3)_2$–H_2O–n-Butanol wurden bei 25° bestimmt. Für die Beschreibung der Gleichgewichts-Konz. des Gelösten in den Phasen werden empir. Gleichungen abgeleitet, die auf thermodynam. Gleichgewichtsbeziehungen basieren. Mit diesen Gleichungen werden die Gleichgewichtsdaten für das Syst. $Co(NO_3)_2$–$Ni(NO_3)_2$–H_2O–n-Butanol berechnet; die gut mit den experimentellen übereinstimmen. — 21 Literaturangaben. K. Roß. 224◇

Eine neue extraktionsphotometrische Methode zur Bestimmung von Titan. 1. Mitt. **Ein Peroxotitan-Komplex im Isoamylphosphorsäureextrakt.** Ju. B. Kletenik. (J. analyt. Chem. [UdSSR] 17, 1063—67, 1962; Nowosibirsk, Chem.-Metallurg. Inst., Sibir. Abt. der Akad. der Wiss. der UdSSR; russ., Auszug: engl.) — Ti u. eine Ti–H_2O_2-Verb. können aus H_2SO_4, HCl u. HNO_3 in einem weiten Konz.-Bereich mit einer benzol. Lsg. eines Gemisches aus Diisoamylorthophosphor- u. Diisoamyldiphosphorsäure (DAPS) extrahiert werden. Der Verteilungs-Koeff. ist >2000; das Gleichgewicht stellt sich schnell ein. In dem Extrakt liegt die gleiche Ti–H_2O_2-Verb. (Verhältnis Ti : H_2O_2 = 1 : 1) vor wie in wss. Lösung. Die Instabilitäts-Konst. dieser Verb. [Dissoziation nach $Ti(DAPS)_n \cdot H_2O_2 \rightleftharpoons Ti(DAPS)_n + H_2O_2$] wurde zu $4 \cdot 10^{-3}$ bestimmt. P. Kurzmann. 224◇

Lösungsextraktion von Pertechnetat-Ion mit Methyltricaprylammoniumchlorid. G. B. S. Salaria, Charles L. Rulfs und Philip J. Elving. (Analytic. Chem. 35, 983—85, 1963; Ann Arbor, Mich., Univ.; engl.) — Die Lösungsextraktion von Pertechnetation mit einer Chlf.-Lsg. von Methyltricaprylammoniumchlorid (I) oder „Aliquat 336" (Gemisch aus Trialkylmethylammoniumsalzen $[R_3CH_3N]Cl$, wobei R = C_8H_{17} bis $C_{10}H_{21}$) ermöglicht die quant. Extraktion dieses Ions aus wässerigen Medien im Bereich von 4 m H_2SO_4 oder 9m HCl bis zu pH = 13 (KOH). Die Selektivität der Extraktion wird dadurch belegt, daß auch ReO_4^- auf diese Weise von fast allen anderen Elementen abtrennbar ist. Voraussetzung für die TcO_4^--Extraktion scheint die Ausbildung eines 1 : 1-Komplexes zu sein, gemäß $TcO_4^- + R_4NCl \rightleftharpoons R_4NTcO_4 + Cl^-$. Die Gleichgewichts-Konst. dieser Rk. hat die Form $K_e = [R_4NTcO_4][Cl^-]/[R_4NCl][TcO_4^-]$. Wird das Verteilungsverhältnis zwischen organ. u. wss. Phase definiert durch $D = [R_4NTcO_4]/[TcO_4^-]$, so ergibt sich für D als Funktion von K_e: $D = K_e[R_4NTcO_4]/[Cl^-]$. Für 2m HCl u. Konzz. von I im Bereich 0,1—8m ergibt sich $K_e = (7{,}2-7{,}8) \cdot 10^3$. Für I-Konzz. im Bereich 0,08—0,8 mMol/Liter u. 0,5m HCl ist $K_e = (4{,}8-6{,}1) \cdot 10^3$. F. Weigel. 224◇

Zweizähnige organische Phosphorverbindungen als Extraktionsmittel. 1. Mitt. **Extraktion von Cer-, Promethium- und Americiumnitrat.** T. H. Siddall III. (J. inorg. nuclear Chem. 25, 883—92, 1963; Aiken, S.C., E. I. du Pont de Nemours and Co., SRL; engl.) — Die Verw. von Tetraalkylmethylendiphosphonaten $[(RO)_2P(O)CH_2P(O)(OR)_2]$, Dialkyl-N.N-dialkylcarbamylphosphonaten $[(RO)_2P(O)C(O)NR_2]$ u. Dialkyl-N.N-dialkylcarbamylmethylenphosphonaten $[(RO)_2P(O)CH_2C(O)NR_2]$ als Extraktionsmittel wird untersucht. Die Synth. der verwendeten Phosphonate erfolgte nach der Arbusow-Umlagerung. Extraktionskurven für die Extraktion von ^{147}Pm, ^{241}Am u. ^{144}Ce aus HNO_3 werden als Funktion von $\log[HNO_3]$ für die folgenden speziellen Extraktionsmittel angegeben: Dibutyl-N.N-diäthylcarbamylphosphonat (DDCP), Tetrabutylmethylendiphosphonat (TBMDP), Dibutyl-N.N-diäthylcarbamylmethylenphosphonat

DBDÄCMP), Tetrabutyläthylen-1.2-diphosphonat (TBÄDP), Tetrabutylbutylen-1.4-diphosphonat (TBBDP), Tetrabutylpropylen-1.3-diphosphonat (TBPDP), Dibutylbutylphosphonat (DBBP). Die gemessenen Verteilungs-Koeff. sind in Tabellen zusammengestellt. Alle genannten Verbb. eignen sich gut als Extraktionsmittel. Tetrabutyloxamid $(C_4H_9)_2N-CO-CO-N(C_4H_9)_2$ u. Tetrabutylmalonamid $(C_4H_9)_2N-C(O)-CH_2-C(O)-N(C_4H_9)_2$ zeigen demgegenüber nur schlechte Extraktionseigenschaften. F. Weigel. 224◇

Abtrennung verschiedener Komponenten von Uran durch Oxydations-Reduktions-Reaktionen in einem flüssigen System Kaliumchlorid-Lithiumchlorid/Zink. Premo Chiotti und Sidney J. S. Parry. (J. less-common Metals [Amsterdam] **4**, 315—37, 1962; Ames, Iowa, Iowa State Univ., Inst. for Atomic Res. and Dep. of Chem.; engl.) — Es wurde die Verteilung von *Fe, Mo, Nb, Cr, Y, Zr, Th, U, Pa* u. *Ce* im Syst. KCl-LiCl/Zn bei 500° u. 700° untersucht. Die Reihenfolge des Überganges vom Zn zur Salzphase bei 500° unter Zugabe von $ZnCl_2$ als Oxydationsmittel ist Ce, U, mit Y, Th, Pa, Zr u. Cr. Nb, Mo u. Fe werden nicht oxydiert u. verbleiben im Zn. Die Red. mit Mg erfolgt in umgekehrter Reihenfolge. Auf diese Weise kann U von Fe, Mo, Nb, Zr u. Cr abgetrennt werden; Ce u. Pa lassen sich von U nur annähernd abtrennen. Im Falle von U-Th u. U-Y gelingt die Trennung dagegen nicht in einem Arbeitsgang. Während der Oxydation hat Zr als Chlorid die Oxydationszahl 4, während der Red. ~3. Verteilungs-Koeff. werden mitgeteilt sowie die Aktivitäts-Koeff. von U, Zr u. Y in den Zn- bzw. Salz-Lsgg. berechnet u. mit thermodynam. Daten verglichen. G. Talsky. 224◇

„Random walk" und verwandte physikalische Probleme. Francis H. Ree, Teresa S. Ree, Taikyue Ree und Henry Eyring. (Advances chem. Physics **4**, 1—66, 1962; Salt Lake City, Utah, Univ. of Utah, Dep. of Chem.; engl.) — Zusammenfassende Darstellung der „Random walk"-Theorie u. ihrer Anwendung auf Probleme der Diffusion, des Kristallwachstums u. bes. der chem. Kinetik. — 41 Literaturangaben. A. Blaschette. 225◇

Korrekturen für große Tunneleffekte in der Theorie der Geschwindigkeit chemischer Reaktionen. Harold S. Johnston. (Advances chem. Physics **3**, 131—70, 1961; Univ. of California, Dep. of Chem.; engl.) — Am Beispiel der Abspaltung von *H*- oder *D*-Atomen aus verschiedenartigen Substanzen durch CH_3- oder CD_3-Radikale wird der derzeitige Stand der Theorie beschrieben. — 39 Literaturangaben. A. Blaschette. 225◇

Thermokinetische Analyse einer chemischen Reaktion in der Gasphase in einem zylindrischen Reaktionsgefäß. Jacques Villermaux. (J. Chim. physique Physico-Chim. biol. **59**, 960—69, 1962; Nancy, Ecole Nat. Sup. des Ind. Chim.; Fac. des Sci., Labor. de Chim.-Phys.; franz.) — Theoret. Behandlung des Problems. K. Roß. 225◇

Berechnung der Geschwindigkeitskonstanten von Reaktionen erster Ordnung, die zu Gleichgewichten führen, mit dem Hydrointegrator. Ferenc Nagy, György Horányi und Dénes Kalló. (Magyar Kémiai Folyóirat [Ung. Z. Chem.] **67**, 522—27, 1961; Budapest, Zentralforsch.-Inst. für Chem.; ung.) — Mit Hilfe eines (der hydrodynam. Vorr. analogen) „Hydrointegrators" wurden auf Grund von Konversionskurven der katalyt. Isomerisierung von *Butylenen*, die bei verschiedenen Temp. aufgenommen wurden, die Geschw.-Konst. der Rkk. berechnet. I. Náray-Szabó. 225

Gleichungen für die Kinetik von Reaktionen im Gebiet der Diffusion unter Strömungsbedingungen. B. W. Romanowski. (J. physik. Chem. [UdSSR] **35**, 1040 bis 1045, 1961; russ., Auszug: engl.) — Es werden Differentialgleichungen entwickelt u. Näherungslösungen für eine Anzahl Einzelfälle angegeben. I. Zoll. 225◇

Fortpflanzung von Flammen und Detonationen. J. O. Hirschfelder und C. F. Curtiss. (Advances chem. Physics **3**, 59—129, 1961; Univ. of Wisconsin, Theoret. Chem. Labor.; engl.) — Zusammenfassende Übersicht (hydrodynam. Gleichungen; Flammenerzeugung durch exotherme monomol. Rkk. u. durch komplexe Ketten-Rkk.; Detonationen auf Grund von monomol. Rkk.). — 27 Literaturangaben. A. Blaschette. 225◇

Kinetik der Zersetzung von Titantetrajodid. K. McG. Bowling. (Austral. J. Chem. **16**, 66—75, 1963; Univ. of New South Wales, School of Chem. Engng.; engl.) — Die Zers. von strömendem TiJ_4-Dampf an einem heißen Draht (Meth. von van Arkel u. de Boer [1925]) wurde zwischen 1100 u. 1500° untersucht u. die Zeitabhängigkeit der abgeschiedenen Ti-Menge bestimmt. Bei gegebener Draht-Temp. ist die Abscheidungs-Geschw. eine lineare Funktion der Dampf-Konz. u. unabhängig von der Zersetzungsoberfläche. Zur Erklärung wird angenommen, daß die Zers. des TiJ_4-Dampfes als homogene Dampfphasen-Rk. in einer heißen Zone um den Draht erfolgt, wobei ein Teil der

Ti-Atome sich auf dem Draht niederschlägt u. so die gemessene „effektive Zers.-Geschw." ergibt, u. ein anderer Teil aus der heißen Zone wieder auswandert u. mit J_2 rekombiniert oder mit TiJ_4 TiJ_2 bzw. TiJ_3 bildet. P. Sartori. 225◇

Übersicht über die Eigenschaften und Reaktionen einiger freier anorganischer Radikale. F. O. Rice. (Advances Chem. Ser. **36,** 3—9, 1962; Washington, D.C., Georgetown Univ., Dep. of Chem.; engl.) — Berücksichtigt werden S_x-Radikale, 2wertige Radikale (CH_2, NH, O), NO. — 33 Literaturangaben. A. Blaschette. 225◇

Bildung freier Radikale und ihre physikalischen Eigenschaften im flüssigen und festen Zustand. G. Wilse Robinson. (Advances Chem. Ser. **36,** 10—25, 1962; Pasadena, Calif., California Inst. of Technol., Gates and Crellin Labor. of Chem.; engl.) — Übersicht über die Darst.-Meth. für freie anorgan. Radikale u. Diskussion der Einfl. eines Mediums hoher Dichte (fl. bzw. feste Phase) auf ihre physikal., bes. spektroskop. Eigenschaften. — 49 Literaturangaben. A. Blaschette. 225◇

Anorganische freie Radikale in Lösung und einige Aspekte der Autoxydation. N. Uri. (Advances Chem. Ser. **36,** 102—12, 1962; Waltham Abbey, Essex, Min. of Aviat., Expl. Res. and Dev. Establ.; engl.) — Unter krit. Benutzung thermodynam. Daten (Bindungsenergien, Ionisationspotentiale, Elektronenaffinitäten, Solvatationsenthalpien) werden die Eigg. der einfachen Radikale H, HO, HO_2 u. O sowie ihre Rolle bei der katalyt. Zers. von H_2O_2 diskutiert. Weiterhin werden summar. behandelt: die photochem. Bldg. freier Radikale unter bes. Berücksichtigung des photochem. angeregten Elektronenüberganges; photobiolog. Syst.; anorgan. Photokatalyse; Redoxpolymerisation; Autoxydation. — Die Hypothese des Vf., daß zahlreiche, scheinbar nichtkatalysierte Autoxydationsvorgänge in Wirklichkeit durch Schwermetallspuren katalysiert sind, wird an Hand neueren experimentellen Materials belegt. — 27 Literaturangaben. A. Blaschette. 225◇

Chemie anorganischer freier Radikale in wässeriger Lösung. 4. Mitt. Stöchiometrie der Reaktion von Peroxodisulfat-Ionen mit Wasserstoffperoxid und Hinweise auf die Aciditätskonstante des HO_2-Radikals. Maak-Sang Tsao und W. K. Wilmarth. (Advances Chem. Ser. **36,** 113—22, 1962; Los Angeles, Calif., Univ. of Southern California, Dep. of Chem.; engl.) — 3. vgl. C. **1963,** 6505. — Das Schicksal des bei der Rk. $S_2O_8^{2-} + H_2O_2 \rightarrow O_2 + 2\,HSO_4^-$ (therm. Zers. bei 30° bzw. Initiierung durch ^{60}Co-γ-Strahlung) als wesentliches Zwischenprod. der Ketten-Rk. auftretenden HO_2-Radikals (vgl. l. c.) wurde im pH-Bereich 1—7 kinet. verfolgt. H_2O_2 u. $S_2O_8^{2-}$ wirken dabei als Radikalfänger, die stöchiometr. wichtigen Rkk. sind im Bereich niedriger pH-Werte: $HO_2 + S_2O_8^{2-} \rightarrow O_2 + HSO_4^- + SO_4^-$ ($SO_4^- + H_2O \rightarrow HSO_4^- + HO$) u. $HO_2 + H_2O_2 \rightarrow O_2 + H_2O + HO$, bei höheren pH-Werten: $O_2^- + S_2O_8^{2-} \rightarrow O_2 + SO_4^{2-} + SO_4^-$ ($SO_4^- + H_2O \rightarrow HSO_4^- + HO$), $O_2^- + H_2O_2 \rightarrow O_2 + HO^- + HO$ u. $HO_2 + HO_2^- \rightarrow O_2 + HO + HO^-$. Aus den Ergebnissen folgt, daß die Ionisation $HO_2 \rightleftharpoons H^+ + O_2^-$ bei pH 4,5—6,5 wesentliche Ausmaße annimmt. A. Blaschette. 225◇

Einleitende Untersuchungen über die Beständigkeit von $Cr^{II}SO_4$-Lösungen. Maksymilian Kranz, Anna Witkowska und Ryszard Kozłowski. (Poznańskie Towarzystwo Przyjaciół Nauk, Wydział mat.-przyrodniczy, Prace Komisji mat.-przyrodniczej **10,** 125—34, 1962; Poznań, Uniw. im. A. Mickiewicza, Kat. Chem. Stosowanej; pol.) — Der Prozeß der Oxydation von $CrSO_4$ wurde unter Luftausschluß im stark sauren Medium untersucht. Spuren von $HAuCl_4$, H_2PtCl_6 u. $PdCl_2$, jeweils in Form von verd. Lsgg. hinzugefügt, beschleunigten den Oxydationsprozeß stark ($Cr^{2+} \rightarrow Cr^{3+}$). Andere Substanzen, bes. $Na_2S_2O_3$, $Co(NO_3)_2$, $CuSO_4$, $(NH_4)_6Mo_7O_{21}$, Na_2WO_4, SiO_2 u. $FeSO_4$ verlangsamen die Reaktion. KSCN, $(UO_2)(CH_3COO)_2$, $MnSO_4$ u. $Ce\cdot(OH)SO_4$ verhindern die Reaktion. In einigen Fällen konnte eine direkte Beziehung zwischen hinzugefügter Menge der betreffenden Substanz u. dem Oxydationsprozeß ermittelt werden. D. Zobel. 225◇

Kinetische und spektrophotometrische Untersuchung über Silber(II) in Perchloratmedium. J. B. Kirwin, F. D. Peat, P. J. Proll und L. H. Sutcliffe. (J. physic. Chem. **67,** 1617—21, 1963; Liverpool, Univ. of Liverpool, Donnan Chem. Labor.; engl.) — Die Absorptionsspektren von Ag(II) in $HClO_4$ u. HNO_3 wurden im Bereich von 350 bis 750 nm aufgenommen. Die Änderung der Spektren mit der Anionen-Konz. beweist das Auftreten einer Komplexbildung. Kinet. Werte für die Zers. von Ag(II) in $HClO_4$ lassen ebenfalls auf die Beteiligung von Perchloratkomplexen schließen. Ein Mechanismus für die Red. des Ag(II) zum Ag(I) wird vorgeschlagen. Gerhard Schulze. 225◇

Durch Eisen katalysierte Autoxydation von Mercaptoacetat. Erleichterung eines Zweielektronenüberganges durch Koordination. D. L. Leussing und T. N. Tischer. (Advances Chem. Ser. Nr. **37,** 216—25, 1963; Madison, Wis., Univ. of Wisconsin; engl.) — Aus einer eingehenden Unters. der Oxydation von Fe(II)-Mercaptoacetat-Lsgg. durch O_2 bzw. H_2O_2 wird geschlossen, daß die Rk. über einen Mechanismus verläuft, an dem

freie Radikale beteiligt sind. Bei verhältnismäßig hohen Konzz. an Fe(II) u. Mercaptoessigsäure (RSH_2) gilt nachst. schemat. Mechanismus: $Fe(II) + O_2 \rightarrow Fe(III) + HO_2$, $HO_2 + RSH^- \rightarrow H_2O_2 + RS$, $Fe(II) + H_2O_2 \rightarrow Fe(III) + HO$, $HO + RSH^- \rightarrow H_2O + RS$, $2\,RS \rightarrow RSSR$. Im mittleren Konz.-Bereich gewinnt die Rk. $[(HO_2)(HO)(RS)] + [Fe^{III}(OH)(RS)_2]^{2-}$ (I) $\rightarrow Fe(II) + RSSR + [(H_2O_2)(H_2O)(RS^-)]$ an Bedeutung. Auch O_2 vermag ähnlich wie die Radikale mit **I** unter Bldg. von Fe(II) zu reagieren.
A. Blaschette. 225◇

Durch Kobalt katalysierte Spaltung von N-Hydroxyäthyläthylendiamin zu Äthylendiamin in Gegenwart von Sauerstoff. Dale Huggins und W. C. Drinkard. (Advances Chem. Ser. Nr. **37**, 181—91, 1963; Los Angeles, Calif., Univ. of California; engl.) — Bei der Oxydation von Co(II) zu Co(III) durch O_2 in Ggw. von *N-Hydroxyäthyläthylendiamin* (**I**) u. Aktivkohle bei 96—98° entstehen große Mengen *Äthylendiamin* (**II**) neben *Formaldehyd* (**III**), *Ameisensäure* (**IV**) u. *NH_3*. Die molare Menge der Prodd. **II** + NH_3 ist dabei gleich der Gesamtmenge des oxydierten Co(II). Es stellt sich ein stationäres Verhältnis [Co(III)]/[Co(II)] = 1,207 ein, d. h., die Co-Ionen wirken als echter Katalysator bei der Spaltung von **I**. Die Menge X des je Zeiteinheit oxydierten Co(II) bzw. gebildeten **II** + NH_3 entspricht der Gleichung $X = 3{,}8 + 7{,}0 \cdot k_2 t - 3{,}8 \exp(-2{,}2 \cdot k_2 t)$ mit $k_2 = 0{,}65\ h^{-1}$. Als Rk.-Mechanismus wird vorgeschlagen, daß der aus **I** u. Co(II) gebildete Komplex ein O_2-Mol. am Zentralatom anlagert,worauf Elektronenverschiebung unter Bldg. von Co(III) u. (weiterhin als Ligand fungierendem) O_2^- erfolgt. Das Hyperoxidion bewirkt nun den oxydativen Abbau der Hydroxyäthylgruppe, wobei 2 Moll. **III** u. 1 Mol. **II** entstehen. NH_3 wird in einem parallel hierzu ablaufenden analogen Schritt gebildet, indem das O_2^- nicht an der Hydroxyäthylgruppe, sondern an dem zum prim. N-Atom von **I** benachbarten C-Atom angreift; das hierbei statt **II** zu erwartende Prod. (Äthanolamin) konnte jedoch nicht nachgewiesen werden. **IV** entsteht als sek. Oxydations-Prod. aus **III**. A. Blaschette. 225◇

Die Auflösung von Metallen in Dioxan–Wasser-Lösungen von Chlorwasserstoff. M. Allbutt und G. Tolley. (J. appl. Chem. **11**, 52—68, 1961; Birmingham, Coll. of Adv. Technol., Chem. Dep.; engl.) — Die Auflösungs-Geschw. von *Al* u. *Zn* in Dioxan (I)–H_2O–HCl-Mischungen wurde durch Best. der entwickelten H_2-Menge u. des Gew.-Verlusts untersucht. In wss. HCl durchläuft die Lösungs-Geschw. des Al ein Maximum. Die Zunahme der Rk.-Geschw. wird erklärt durch eine Ausbreitung der anod. Rk. über die oxidfreie Oberfläche. Während der Rk. werden die kub. (1 0 0)-Flächen freigelegt, die durch Ausbldg. eines stabilen Cl^--Adsorptionskomplexes die Geschw. der Rk. auf einen Wert herabsetzen, der weit unter dem liegt, der nach dem Säureverbrauch erwartet werden kann. In wasserreichen **I**-Lsgg. ist die Rk.-Geschw. dem Partialdampfdruck des HCl proportional. In reinem **I** scheint die Rk. nach einem Radikalmechanismus abzulaufen, der durch W. inhibiert wird. Beim Mol-Verhältnis H_2O : HCl ca. 4—5 ist die Rk.-Geschw. sehr klein. Dieser Einfl. des W. wird dadurch erklärt, daß das Al^{3+} nur in vollständig hydratisiertem Zustand in Lsg. gehen kann. Die Auflösungs-Geschw. des Zn in wss. HCl-Lsg. wird durch einen Diffusionsprozeß bestimmt. Bei starkem Rühren ist die Rk.-Geschw. der Ionenaktivität des HCl proportional. Das Cl^- ist direkt an der anod. Rk. beteiligt. Durch die Adsorption von **I** an der Metalloberfläche wird der normale Elektrodenprozeß inhibiert zugunsten einer direkten Rk. zwischen Zn u. HCl-Molekülen. K. Roß. 225◇

Notiz über den Jodaustausch zwischen gasförmigem HJ und mit ^{131}J markiertem festem $KAlJ_4$. Ignacy Złotowski und Andrzej Polaczek. (Nukleonika [Warszawa] **6**, 229—30, 1961; Warszawa, Univ., Dep. of Nucl. Chem.; engl.) — $KAlJ_4$, hergestellt durch Erhitzen von markiertem AlJ_3 mit der stöchiometr. Menge an gewöhnlichem KJ bzw. durch Erhitzen von markiertem KJ mit der entsprechenden Menge an gewöhnlichem AlJ_3, zeigt unterhalb 140° keine meßbare Austausch-Rk. bei mehrtägigem Kontakt mit HJ. Oberhalb 150° tritt Austausch bis zum Gleichgewicht ein. Ausgehend von den Messungen der ausgetauschten Jodmengen in Abhängigkeit von der Temp. (160—200°) wurde die Aktivierungsenergie der Austausch-Rkk. zu 13,2 kcal/Mol ermittelt (Aktivierungsenergie der Jodaustausch-Rk. im Syst. AlJ_3/HJ bei Zimmer-Temp.: 3,2 ± 0,2 kcal/Mol). D. Zobel. 225◇

Eine Traceruntersuchung des Systems Ni–S bei hohen Temperaturen. Andrzej Brückman, Stanisław Mrowec und Teodor Werber. (Nukleonika [Warszawa] **6**, 17—21, 1961; Cracow, School of Mining and Metallurg., Dep. of Phys. II; engl.) — Vff. untersuchten die Rk. zwischen Nickel u. Schwefeldampf bei 600° mit Hilfe von ^{35}S. Die Sulfid-Bldg. findet ausschließlich dadurch statt, daß Nickelatome, die in Richtung der Metalloberfläche diffundieren, dort mit Schwefeldampf reagieren.
D. Zobel. 225◇

Die Oxydation von Beryllium. W. B. Jepson. (Res. appl. in Ind. **15**, 288—94, 1962; Harwell, AERE, Metallurg. Div.; engl.) — Zusammenstellung von Literaturdaten zur Oxydation von Be in O_2- u. CO_2-Atomsphären mit oder ohne Ggw. von W. bei Temp. bis 500° in Verb. mit der Verw. von Be in gasgekühlten Reaktoren.
H. Roschkowski. 225◇

Hochtemperatur-Oxydation von Wolfram, Molybdän und Kohlenstoff. Earl A. Gulbransen. (Nature [London] **198**, 82—83, 1963; Pittsburgh, Pa., Westinghouse Res. Labor., Dep. of Phys. Chem.; engl.) — Die Oxydation von C, Mo u. W im Temp. Bereich 1000—1700° u. bei O_2-Drücken von 2—76 Torr wurde untersucht. Oberhalb 1250° u. 76 Torr beginnt die Oxydation des W ohne Bldg. eines Oxidfilmes, da WO_3 flüchtig ist. Im Falle des C u. des Mo werden flüchtige Prodd. schon bei tieferen Temp. gebildet. Der Oxydationsgrad von C u. Mo steigt an, wenn die Temp. auf Werte erhöht wird, die nur vom Material u. vom Druck abhängen. Weitere Temp.-Steigerung hat nur geringen Einfl. auf den Reaktionsgrad. Die Aufklärung des Oxydationsmechanismus ist für C u. Mo im Bereich 800—1200° leicht, da diese Elemente nicht mit dem Al der Tiegel reagieren. Im Falle des W ist es schwer, reproduzierbare Werte zu erhalten, da sich gasförmiges WO_3 oberhalb 1350° in Al löst. Ein tabellar. Vgl. der Rk.-Geschw. von C, Mo u. W bei 19 u. 38 Torr O_2-Druck u. Oberflächen von 0,6—0,7 cm³ ist angegeben.
Ernst Schulte. 225◇

Die Bildung poröser Oxide auf Metallen. 2. Mitt. Wolfram und das paralineare Geschwindigkeitsgesetz. W. B. Jepson und D. W. Aylmore. (J. electrochem. Soc. **108**, 942—47, 1961; Univ. of Exeter, Dep. of Chem.; engl.) — 1. vgl. C. **1960**, **9482**. — W-Proben werden in O_2-Atmosphäre bei 750 u. 800° mit zunehmenden Vers.-Zeiten oxydiert. Die Menge an porösem Oxid wird mit Hilfe von Best. der Kr-Sorption ermittelt. Die Geschw. der Bldg. der porösen Oxids nimmt mit der Zeit bis zu einem konst. Wert zu, so daß das paralineare Modell nicht angewendet werden kann. Metallograph. Unters. partiell oxydierter Proben bestätigen diesen Schluß. Ergebnisse bei der Oxydation bei 600° stützen die Annahme, daß kinet. Daten allein zur Prüfung der Anwendbarkeit der paralinearen Geschw.-Gleichung nicht ausreichen. P. Frenzel. 225◇

Oxydation von Uranmonocarbid. K. A. Peakall und J. E. Antill. (J. less-common Metals [Amsterdam] **4**, 426—35, 1962; Harwell, Berks., A.E.R.E., Metallurg. Div.; engl.) — Vff. untersuchen die Rk.-Kinetik der Oxydation von UC-Preßlingen der Dichte 11,7—12,7 gcm^{-3} mit Hilfe thermogravimetr. Meth. in CO_2, O_2, N_2 u. CO von 1 atm Druck im Temp.-Bereich 350—1000°. In allen untersuchten Fällen wird ein lineares Geschw.-Gesetz gefunden, die Geschw.-Koeff. wachsen mit steigender Temperatur. In CO_2 tritt die Rk. $UC + 2\,CO_2 \rightleftharpoons UO_2 + C + 2\,CO$ ein. Oberhalb 500° macht sich der Einfl. des Gleichgewichtes $CO_2 + C \rightleftharpoons 2\,CO$ bemerkbar. In O_2 entsteht U_3O_8 gemäß $3\,UC + 4\,O_2 \rightleftharpoons U_3O_8 + 3\,C$. Dabei prim. gebildetes C verbrennt mit O_2 zu CO_2. Als Zwischenprodd. scheinen niedere Uranoxide, wie UO_2, aufzutreten. In N_2 entsteht ein Nitrid „UN_2", das jedoch eine anomale Gitter-Konst. (5,28 Å) zeigt, nach der Rk. $UC + N_2 \rightleftharpoons$ „UN_2" + C. Mit CO bilden sich UO_2 u. UC_2 nach $UC + 2\,CO \rightleftharpoons UO_2 + 3\,C$ u. $UC + C \rightleftharpoons UC_2$. Ein Vgl. der Rk.-Geschw. mit denjenigen für die Rk. von Uranmetall zeigt, daß UC gegen die genannten Gase widerstandsfähiger ist als U.
F. Weigel. 225◇

Die Kinetik der Entwässerung von Kristallhydraten. 2. Mitt. I. G. Murgulescu und E. I. Segal. (Rev. Chim. [Bucarest] **4**, 159—70, 1959; Bucarest, Univ. C. I. Parhon, Labor. de Chim. Phys.; franz. — C. **1962**, 10764.) A. Blaschette. 225◇

Die Kinetik der Entwässerung von Kristallhydraten. 3. Mitt. I. G. Murgulescu und E. I. Segal. (Rev. Chim. [Bucarest] **5**, 5—16, 1960; franz. — C. **1963**, 17619). — 2. vgl. vorst. Referat. M. Engel. 225◇

Spektroskopische Untersuchungen einiger angeregter anorganischer freier Radikale. Norman Basco. (Advances Chem. Ser. **36**, 26—33, 1962; Sheffield, England, Univ., Dep. of Chem.; engl.) — Zusammenfassende Darst. der durch kinet. Spektroskopie ermöglichten Unterss. über angeregte Zustände der Radikale *HO* (Blitzlichtphotolyse von O_3 in Ggw. von NH_3, H_2, HCl, CH_4, H_2O) *NO* (direkte Anregung oder Blitzlichtphotolyse von NOCl bzw. NOBr) u. *CN* (Blitzlichtphotolyse von C_2N_2, CNBr, CNJ). — 20 Literaturangaben. A. Blaschette. 226◇

Über die Bildung von H_2O_2 in luftfreien wässerigen Lösungen unter dem Einfluß von ^{60}Co-Strahlung und der Einfluß der Hydratationsenergie der Kationen auf die Durchschnittsausbeute des untersuchten Prozesses. Eugeniusz Wézranowski und Stefan Minc. (Nukleonika [Warszawa] **6**, 33—47, 1961; Warszawa, Pol. Acad. of

Sci. Inst. of Nucl. Res., Dep. of Rad. Chem.; engl.) — Mit Hilfe der polarograph. Meth. wurde das gebildete H_2O_2 (Konz.-Bereich: 10^{-6} bis 10^{-4} m) bestimmt. Vff. untersuchten den Einfl. der γ-Strahlung auf der Lsg. hinzugefügte Hg^{2+}-Ionen sowie die durch den „Käfigeffekt" (nach Franck-Rabinowitsch) zu erwartenden Beziehungen zwischen Durchschnittsausbeute an H_2O_2 u. Hydratationsenergie der zugefügten Kationen. Folgender Ausdruck wurde ermittelt: $G = 1{,}2\ Q^{-0{,}29} - 0{,}062\ c$. Es bedeuten: G = Durchschnittsausbeute an H_2O_2 (Moll. pro 100 eV); Q = Hydratationsenergie (kcal/Mol); c = Konz. der Kationen (Mol/Liter) im Konz.-Bereich 0,2—1,0 Mol.
D. Zobel. 226◇

Chemische Wirkung der γ-Strahlen des ^{60}Co auf wässerige Goldchloridlösungen. 1. Mitt. Reduktion der Chlorogoldsäure bei pH 2,8. Einfluß von Chloridionen. Anne-Marie Koulkés-Pujo und Stanislas Ziemecki. (J. Chim. physique Physico-Chim. biol. **59**, 843—49, 1962; Paris, Inst. du Radium, Labor. Curie; franz.) — Die Red. von $AuCl_4^-$ durch die γ-Strahlung des ^{60}Co wurde bei Au-Konzz. von $0{,}3 \cdot 10^{-5}$ — 0,28 m untersucht. Bei einer Konz. von $Au^{3+} \geqslant 10^{-3}$ m u. Extrapolation auf die Konz. Null für Cl^- werden bei pH 2,8 für je 100 eV absorbierte Energie 2,15 Val reduziert. Eine Erhöhung der Cl^--Konz. führt zu einer Verminderung der Red.-Ausbeute. In einer Lsg. mit 1 n Cl^- wird bei $Au^{3+} \leq 0{,}3 \cdot 10^{-2}$ m kein Au^{3+} reduziert. Bei $Au^{3+} \geqslant 1{,}6 \cdot 10^{-2}$ m bewirken Cl^--Ionen nur eine Verminderung der Ausbeute. K. Roß. 226◇

Metallkatalysatoren. 1. Mitt. Darstellung von Nickelkatalysatoren durch elektrolytische Abscheidung. B. B. Bagalkote und J. G. Kane. (Indian J. appl. Chem. **24**, 29—34, 1961; India; engl.) — Untersucht wurde die katalyt. Wirksamkeit (Hydrierung von Erdnußöl) von Ni-Katalysatoren, die durch elektrolyt. Abscheidung hergestellt worden waren. Die Katalysatoren zeigten bei 180° geringe, bei Zimmer-Temp. keine Aktivität. Die Oberfläche ist sehr viel kleiner als die von Raney-Ni. K. Jaeger. 227◇

Reaktion von NiO und Al_2O_3 in einer Wasserdampf-Atmosphäre und ihr Einfluß auf die Katalysatoreigenschaften von Nickel-Aluminiumoxid. L. Ch. Freidlin, N. W. Borunowa und W. D. Krylow. (J. physik. Chem. [UdSSR] **35**, 2458—64, 1961; Akad. der Wiss. der UdSSR, Zelinsky-Inst. für Org. Chem.; russ., Auszug: engl.) — Durch Behandlung einer Mischung von γ-Al_2O_3 u. >15% NiO mit Wasserdampf bei 380° u. 100 atm bildet sich eine feste Lsg. von NiO in γ-Al_2O_3 u. α-$Al_2O_3 \cdot H_2O$. In Abwesenheit der NiO-Phase (bei Mischen von Al_2O_3 mit <15% NiO) wird die Hydrierung von Bzl. nicht katalyt. beeinflußt, dagegen wird eine Hydrierung von C=C- u. C=O-Bindungen katalysiert. Eine Mischung mit 30 u. 50 Mol-% NiO katalysiert die Hydrierung von Bzl. u. die Dehydrierung von Cyclohexan. I. Zoll. 227◇

Beziehung zwischen den elektrischen und katalytischen Eigenschaften von Nickeldisulfid. Denise Delafosse, Pierre Barret und Jean-Dominique Joffrin. (C. R. hebd. Séances Acad. Sci. **256**, 1531—33, 1963; Dijon, Fac. des Sci., Labor. de Chim. gén.; franz.) — Vff. untersuchen die Temp.-Abhängigkeit der elektr. Leitfähigkeit $\sigma = \sigma_0 \exp(-E/RT)$ von NiS_2 zwischen 25 u. 230°; die Aktivierungsenergie von σ beträgt im Vakuum E = 1,3 (kcal) u. unter Atmosphärendruck E = 0,4. Aus der Best. von σ nach Chemisorption von O_2, H_2, H_2S, H_2O, SO_2 bzw. C_2H_4 folgt für NiS_2 quasimetall. n-Leitung. Der Ladungsaustausch zwischen NiS_2 u. den chemisorbierten Moll. wird im Hinblick auf die katalyt. Eigg. diskutiert.
Herbert Müller. 227◇

Glaszelle mit leitenden Wänden zur Messung einer Kontaktpotentialdifferenz. W. A. Ljando, Ju. A. Alabushew, I. Ss. Ssasonowa und L. A. Ssasonow. (Kinetik u. Katalyse [UdSSR] **3**, 794—96, 1962; Sibir. Abt. der Akad. der Wiss. der UdSSR, Katalyseinst.; russ.) — Die Austrittsarbeit eines Elektrons aus der Oberfläche eines Katalysators wird durch Messung der Kontaktpotentialdifferenz (KPD) zwischen der Probe u. einer Bezugselektrode bestimmt. Wegen der Entstehung elektrostat. Ladungen auf der Glaswand der Meßzellen konnten bisher reproduzierbare Ergebnisse nicht erhalten werden. Für Messungen bei 20—600° wird eine Zelle benutzt, deren Wände durch Abscheidung von SnO_2 leitend gemacht wurden. Dies geschieht durch Aufsprühen von $SnCl_4$ + A. (oder Methanol) 1:10 auf die erhitzte Wandfläche; optimale Temp. für Glas ca. 500°, für Quarz ca. 400°. Der Überzug ist durchsichtig, beständig gegen konz. Säuren, gegen Temp. bis 450° in oxydierender u. reduzierender Atmosphäre (O_2, CO, H_2, C_3H_6, C_3H_7OH) u. mechan. fest. Er stört nicht beim Schmelzen von Glas auf Glas. Bei der beschriebenen Zelle können die Bezugselektrode u. die Probe getrennt bis auf 450° bzw. 900° erhitzt werden. Die Werte für die Austrittsarbeit werden bei Verw. dieser Zelle mit einer Genauigkeit von ±0,1 V reproduzierbar erhalten.
R. K. Müller. 227◇

A_8. Präparative anorganische Chemie. Komplexverbindungen. Metallorganische Verbindungen

Tieftemperatur-Filtriereinrichtung und Methode zur Reinigung von Roh-Stickstofftrifluorid. C. W. Schoenfelder. (J. sci. Instruments **39,** 88, 1962; Denville, N. J., Thiokol Chem. Corp., Reaction Motors Div.; engl.) — Beschreibung einer bis —196° kühlbaren Vakuumfiltrationsanlage, in der bis zu 100 ml verflüssigtes NF_3 durch Filtration weitgehend von N_2O u. N_2F_2 befreit werden (Reinheit 98,8%). P. Sartori. 246◇

Die Umsetzung von Trityldifluoramin mit Schwefelsäure. Eine einfache Methode zur Darstellung von Difluoramin. W. H. Graham und Charles O. Parker. (J. org. Chemistry **28,** 850, 1963; Huntsville, Ala., Rohm and Haas Co., Redstone Arsenal Res. Div.; engl.) — *Trityldifluoramin* (I), F. 82—83°, wurde aus 7 g Tritylchlorid in 400 ml Chlorbenzol unter 675 Torr N_2F_4 in einem 1-Liter-Gefäß durch Zugabe einiger Tropfen Hg u. portionsweises Einströmenlassen von ca. 1 Liter N_2F_4 unter Zutropfen von 50 g Hg, Abziehen von überschüssigem N_2F_4, Einengen der filtrierten Lsg. im Vakuum, Aufnehmen in Pentan u. Umkristallisieren aus Methanol erhalten; Ausbeute 6 g. Durch Zersetzen von 0,3 g I mit 10 ml H_2SO_4 u. Auskondensieren der entstandenen Gase bei 128° läßt sich 99%ig. *HNF_2* in nahezu quant. Ausbeute erhalten. P. Sartori. 246◇

Solvatbildung in Schwefelmonochlorid. K. L. Jaura und I. P. Bhatia. (J. sci. ind. Res. [New Delhi], Sect. B **20,** 315—16, 1961; Chandigarh, Panjab Univ., Dep. of Chem.; engl.) — Eine Reihe von Metalloxiden u. -salzen gibt beim Erhitzen in Schwefelmonochlorid unlösl. Solvate. Die Bldg. von $6\,Cu_2Cl_2 \cdot S_2Cl_2$ aus Cu_2J_2 läßt sich dabei nur erklären, wenn man folgende Ionisation annimmt: $S_2Cl_2 \rightarrow S_2Cl^+ + Cl^-$, $2\,Cl^- + Cu_2J_2 + 2\,S_2Cl^+ \rightleftharpoons Cu_2Cl_2 + S_2Cl_2 + 2\,S + J_2$. Diese Annahme steht in Einklang mit dem Dipolmoment (1,6 D) u. der DK (4,90 bei 25°) sowie mit dem ∢ S—S—Cl = 103°. Folgende Solvate wurden unter Luft- u. Feuchtigkeitsausschluß durch Erhitzen in reinstem S_2Cl_2 dargestellt (in Klammern Ausgangsstoff u. Aussehen): *$3\,ZnO \cdot 2\,S_2Cl_2$* (ZnO; graugelb, fest); *$2\,CdO \cdot S_2Cl_2$* (CdO; graurosa, fest); *$5\,CuC_2O_4 \cdot S_2Cl_2$* ($CuC_2O_4$; hellgrünes Pulver); *$2\,BaC_2O_4 \cdot S_2Cl_2$*, ($BaC_2O_4$; hellgelbes Pulver); *$Ba(CH_3COO)_2 \cdot S_2Cl_2$* [$Ba(CH_3 \cdot COO)_2$; weiß, fest]; *$6\,Cu_2Cl_2 \cdot S_2Cl_2$* ($Cu_2J_2$; durch adsorbiertes Jod violett gefärbter Festkörper); *$8\,CdC_2O_4 \cdot 3\,S_2Cl_2$* ($CdC_2O_4$; weiß, fest); *$SnO \cdot 2\,S_2Cl_2$* (SnO; schwarzer, zerfließender Festkörper); *$4\,MgO \cdot S_2Cl_2$* (MgO; hellgrau-rosa, fest, hygroskop.); *$Fe_2(SO_4)_3 \cdot S_2Cl_2$* [$Fe_2(SO_4)_3$; dunkelgrau, fest]; *$5\,Sr(CH_3COO)_2 \cdot 2\,S_2Cl_2$* [$Sr(CH_3COO)_2$; weiß, fest]; $2\,SbOCl \cdot 3\,S_2Cl_2$ (SbOCl; schokoladenbraun, fest). M. Olivier. 253◇

Über Selenite. 2. Mitt. **Über Ahlfeldit und Kobaltomenit.** G. Gattow und O. J. Lieder. (Naturwissenschaften **50,** 222—23, 1963; Göttingen, Univ., Anorg.-chem. Inst.; dt.) — 1. vgl. C. **1960,** 12259. — Wenige mg Materials von blaßrosafarbenem bzw. fahlbraunem Ahlfeldit u. rosarotem Kobaltomenit der Selenerzlagerstätte Pacajake, Colquechaca (Bolivien), zeigten im Röntgendiagramm völlige Übereinstimmung mit den untereinander prakt. ident. Diagrammen von synthet. *$NiSeO_3 \cdot 2\,H_2O$* (I) u. *$CoSeO_3 \cdot 2\,H_2O$* (II). Röntgenspektroskop. konnte festgestellt werden, daß beide Mineralien Ni u. Co enthalten, Ahlfeldit im Verhältnis Ni:Co = 4:1 u. Kobaltomenit im Verhältnis von ca. 1:1. Es ist anzunehmen, daß zwischen I u. II Mischkristalle vorliegen, in denen das Verhältnis Ni:Co in gewissen Grenzen, die durch die Zus. des Hauptminerals Penroseit (Ni, Cu, Co, Fe, Ag, Hg, Pb) Se_2 u. die Löslichkeit der entsprechenden Selenite gegeben sind, schwanken kann. Diese Annahme wurde durch Verss. mit synthet. (Ni, Co)·$SeO_3 \cdot 2\,H_2O$ von variabler Zus. bestätigt. Ahlfeldit ist als *$(Ni, Co)SeO_3 \cdot 2\,H_2O$* u. Kobaltomenit als *$(Co, Ni)SeO_3 \cdot 2H_2O$* zu formulieren. Durch Rk. der Chloride mit H_2SeO_3 entstehen bei pH 5,5 gut ausgebildete, flächenarme Kristalle (triklin oder monoklin) unter hydrothermalen Bedingungen; $D._4^{25}$ 3,416 ± 0,004 (g/cm³) für I u. 3,410 ± 0,001 für II. Die H_2O-Abspaltung tritt bei II bei 190° ein, während sich I bei ca. 140° an der Luft therm. zersetzt. Folgende isostrukturelle Verbb. wurden gefunden: $MeSeO_3 \cdot 2\,H_2O$ mit Me = Ni, Co, Zn u. Mg. Mn, Cu, Cd, Pb u. a. fallen aus der Reihe heraus. Ernst Schulte. 254◇

Über die Einwirkung von Wasser auf SiO_2 bei höheren Drücken und Temperaturen. H. G. Wendlandt und O. Glemser. (Naturwissenschaften **50,** 352—53, 1963; Göttingen, Univ., Anorg.-chem. Inst.; dt.) — Im Zusammenhang mit experimentellen Unterss. am Syst. SiO_2 (Quarz)–H_2O bis zu Drücken, die von 1 atm bis oberhalb des krit. Druckes des W. reichen, beschreiben Vff. eine Auswertemeth., mit der die Assoziationszahlen ermittelt werden können. In Verbindung mit den Vers.-Ergebnissen anderer Autoren werden nachst. Rkk. für verschiedene Dichtebereiche durch

Berechnung wahrscheinlich gemacht: $SiO_2 + 2\,H_2O \rightleftharpoons Si(OH)_4$(Gas) bis 0,05 g/cm³, $2\,SiO_2 + 3\,H_2O \rightleftharpoons Si_2O(OH)_6$(Gas) bis 0,45 u. $SiO_2 + H_2O \rightleftharpoons SiO(OH)_2$(Gas) bis >0,65 g/cm³. G. Gattow. 261◇

Hexaalkylphosphorigsäuretriamidborine. Theodor Reetz und B. Katlafsky. (J. Amer. chem. Soc. **82,** 5036—39, 1960; St. Louis, Mo., Monsanto Chem. Co., St. Louis Res. Dep., Org. Chem. Div.; engl.) — *Hexamethylphosphorigsäuretriamidborin* (**I**), $[(CH_3)_2N]_3P\cdot BH_3$, entsteht a) neben $N(CH_3)_3$ aus Phosphorigsäure-tris-[dimethylamid] (**II**) u. $(CH_3)_3N\cdot BH_3$ (**III**); b) neben *Na-Formiat* aus **II**, $NaBH_4$ (**IV**) u. CO_2; c) (in geringer Ausbeute) neben *Na-Acetat* u. H_2 aus **II, IV** u. Essigsäure; d) neben *n-Propanol* u. *NaOH* aus **II, IV**, Aceton u. H_2O; e) neben *NaCl* u. H_2 aus **II** u. **III** u. HCl sowie f) aus 2 Mol **II** u. Diboran. Da **IV** mit **II** allein nicht reagiert, wird die Bldg. von reaktionsfähigeren Zwischenverbb. angenommen [nach b) *Na-Formiatoboranat*, nach c) *Na-Acetatoboranat*], die dann mit **II** weiter reagieren. Aus Rk. a folgt, daß **II** eine stärkere Lewis-Base ist als $N(CH_3)_2$. Das Gleichgewicht der Rk. a liegt zu 80% auf seiten der Bldg. von **I**. Im Gegensatz zu **II** ist **I** relativ beständig gegenüber wss. Säuren, Alkylhalogeniden u. CS_2. **I** löst sich bei niedrigen Temp. vollständig in konz. HCl unter langsamer H_2-Entw. u. Bldg. von instabilem $[(CH_3)_2N]_3P\cdot BH_3\cdot HCl$, das in Ggw. von W. quant. zu **I** hydrolysiert. Ähnliches Verh. zeigt $[(CH_2CH_2)_2N]_3P\cdot BH_3$. Die Konstit. von **I** wird bewiesen durch dessen fast quant. Bldg. nach Rk. a bzw. f, weiterhin durch Verbrauch von 8 Val J_2 in wss. methanol. Lsg. unter Bldg. von $OP[N(CH_3)_2]_3$ u. HJ, durch Bldg. von H_3BO_3 u. H_3PO_3 bei längerer Einw. von warmem, konz. HCl sowie durch das IR-Spektrum, das B—H- u. H—B—H-, jedoch keine B—N-Banden aufweist u. große Ähnlichkeit mit dem Spektrum von **II** zeigt.

Versuche: Phosphorigsäuretriamidborine: *Hexamethyl-* (**I**), $C_6H_{21}BN_3P$, F. 32,5°, Kp.$_{0,1}$ 49—50°, a_1) durch Erhitzen eines Gemisches aus 3,64 g **III** u. 8,2 g **II** auf 90° unter Rühren, 20 Min. langes Erhitzen bei 90°, dann bei 110°; krist. Prod. von campherartigem Geruch; 9,2 g; daneben ab 70° $N(CH_3)_3$; a_2) wie vorst., jedoch durch langsames Erhitzen in Dioxan auf ca. 112° in 90 Min., Filtrieren u. Zugabe von verd. HCl; 86% (Ausbeute); b) durch Einleiten von CO_2 in eine Mischung von **II, IV** u. Tetrahydrofuran (THF) bei 25—30° unter Rühren bis zum Ende der Rk., kristallin; 65%; c) durch Zutropfen von Essigsäure/THF zu einer Mischung von **IV** u. THF bei —20 bis —30° unter Rühren in 45 Min., nach Beendigung der H_2-Entw. Zugabe von **II** bei 0°, 3 Std. langes Rühren bei Raum-Temp. u. 1 Std. lang bei 60°; 46%; d) durch portionsweise Zugabe von wss. Aceton zu einer Mischung von **IV, II** u. THF unter starkem Rühren bei 27° in 3 Std., 30 Min. Erwärmen auf 55°, Zutropfen von W. bei 40°; 53%; e) durch Zugabe von HCl/THF zu einer Mischung von **IV** u. THF bei —60° in 1 Std., nach Beendigung der H_2-Entw. Zugabe von **II**, langsames Erwärmen auf Raum-Temp., 2std. Halten bei Raum-Temp., 1std. Erhitzen auf 45°; 63%; f) durch Zugabe von $BF_3\cdot$Ae./Ae. zu einer Mischung von **IV** u. THF bei —40° unter Rühren in 45 Min., langsames Erwärmen auf ca. 58°, Einleiten von N_2, Einleiten des entstehenden Diborans in eine Lsg. von **II** in THF unter starkem Rühren u. Kühlen auf —20°, Erwärmen auf Raum-Temp.; 89%; $[(CH_3)_2N]_3P\cdot BH_3\cdot HCl$, durch Zutropfen von HCl/Ae. zu einer Lsg. von **I** in Ae. bei —30° unter Rühren, feinkrist. Nd.; hydrolysiert mit W. unter quant. Rückbldg. von **I**; bei Raum-Temp. Zers. zu einem gelbbraunen, nichtidentifizierten Prod.; *N.N.N-Tris-[tetramethylen]-*, $C_{12}H_{27}BN_3P$, F. 58°, analog a aus N.N.N-Tris-[tetramethylenamino]-phosphin, **III** u. Dioxan bei 130°; 94%; *Hexakis-[n-butyl]-*, $C_{24}H_{57}BN_3P$, analog f aus Tris-[n-butylamino]-phosphin bei 25—30°; ölig; 92%; *Hexaäthyl-*, $C_{12}H_{33}BN_3P$, Kp.$_{0,15}$ 89°; analog f aus Tris-[diäthylamino]-phosphin bei ca. 10°; 86%. R. Schönfelder. 264□

Trialkylphosphitborine. Ein neuer Typ von Phosphor-Bor-Verbindungen. Theodor Reetz. (J. Amer. chem. Soc. **82,** 5039—42, 1960; engl.) — Vgl. vorst. Referat. — *Trialkylphosphitborine* (A) entstehen a) aus Trialkylphosphiten (B), $NaBH_4$ (**I**) u. aktivierenden Hilfsstoffen, wie CO_2, HCl, CH_3COOH (**II**), Isovaleriansäure (**III**), Phenol, H_3BO_3, wss. Aceton oder $BF_3\cdot O(C_2H_5)_2$; b) neben $N(CH_3)_3$ (**IV**) aus B u. Trimethylaminborin (**V**), c) in exothermer Rk. aus B u. B_2H_6. Die Wrkg. der Hilfsstoffe bei Rk. b wird der Bldg. von Zwischenverbb., z. B. $Na[BH_3OOCCH_3]$ (**VI**) u. analogen Verbb., die in diesem Falle isolierbar sind, zugeschrieben. A sind stabil gegen W., verd. Säuren u. J_2 u. reagieren nur langsam mit wss.-methanol. 0,05 n J_2-Lsg. im Gegensatz zu $[(CH_3)_2N]_3P\cdot BH_3$ (**VII**), **V** oder B, die schnell u. quant. reagieren. Im Gegensatz zu **VII** geben die A keine HCl-Additionsverbindungen. Die Reaktivität der A gegenüber J_2 steigt mit zunehmender Elektronegativität der Alkylreste an u. ist bes. groß im Falle des Tris-[β-fluoräthyl]-Derivates. Die A sind starke Lewis-Basen; das Gleichgewicht der Rk. **V** + Triisopropylphosphit (**VIII**) $\rightleftharpoons$ $(iso\text{-}C_3H_7O)_3P\cdot BH_3$ + **IV** liegt zu 53% auf der rechten

Seite, die Basizität von **VIII** entspricht also etwa der von **IV**. Auf Grund von Verdrängungs-Rkk. kann man für Borine die Basizitätsreihe $(CH_3)_3P \cdot BH_3$, **VII** > **V**, A ≫ $F_3P \cdot BH_3$ aufstellen.

Versuche: Phosphitborine: *Trimethyl-*, Kp.$_5$ 45°, Kp.$_{23}$ 86°, nach Meth. a) durch Einleiten von CO_2 in ein Gemisch äquimol. Mengen **I**, Trimethylphosphit u. Tetrahydrofuran (THF) bei 28° unter starkem Rühren bis zum Ende der exothermen Rk.; n_D^{25} 1,4162; 82,5% (Ausbeute); *Tri-n-butyl-*, Kp.$_{0,15}$ 83—85°, analog vorst. Verb.; n_D^{25} 1,4329; 85%; *Triphenyl-*, F. 54°; 70%; *Tris-[β-chloräthyl]-*, Zers.; 82%; *Tricyclohexyl-*, F. 69°, analog bei 30°; 83%; *Triäthyl-*, Kp.$_{0,4}$ 39°, Kp.$_{0,5}$ 40°, Kp.$_{22}$ 106°, n_D^{25} 1,4200; a) analog bei 30°; 73%; b) durch Zugabe einer Lsg. von Phenol in THF zu einem Gemisch äquimol. Mengen **VII**, **IV** u. THF unter Rühren in 1—3 Std. bei 5° u. kurzes Erwärmen auf 50°; 75%; c) analog b) mit **III** an Stelle von Phenol bei 10°; 75%; d) analog mit **II** bei 8°; 88%; e) durch Einleiten von B_2H_6 in eine Lsg. von $(C_2H_5O)_3P$ in THF bei —20° unter starkem Rühren; 92,5%; f) durch längeres Erhitzen von $(C_2H_5O)_3P$ mit **IV** in THF; 65%; *Triisoproypl-*, Kp.$_{0,1}$ 42—43°, n_D^{25} 1,4170; a) analog vorst. Verb. nach a) mit CO_2 bei 30°; 79%; b) mit HCl bei —25°; 72%; c) mit $BF_3 \cdot O(C_2H_5)_2$ bei —30°; 87%; d) mit Aceton/W. (1:1) bei 18°; 82%; e) mit **II** bei —40°; 80%; f) mit H_3BO_3 bei 18°; 32%; g) durch Zugabe von Eisessig zu **I** u. THF bei —40° unter Rühren in 1 Std. unter H_2-Entw., Erwärmen auf 55°, nach 10 Min. Zugabe von **VIII**, 3std. Erwärmen auf 55°; 81%; h) durch allmähliches Erhitzen einer Mischung von **III**, **VIII** u. Dioxan auf 120° unter Entw. von **IV** ab 50—60° u. Durchleiten von N_2; 84,6%, daneben 94% **IV**. — *Natriummonoacetatoboranat* (**IV**), $Na[BH_3OOCCH_3]$, durch Zutropfen einer Lsg. von 12 g **II** in THF zu einer Mischung von 7,5 g **I** u. THF bei —30° bis —35° unter starkem Rühren in 1½ Std., 1std. Erwärmen auf 30—40°; 14,8 g. R. Schönfelder. 264□

N-Sulfinyldialkylphosphorsäureamide. J. Wieczorkowski. (Chem. and Ind. **1963**, 825; Łódź, Polen, Pol. Acad. of Sci., Inst. of Org. Synth.; engl.) — Dialkylphosphorsäureamide reagieren bei 50—55°, dann 80° mit $SOCl_2$ in Bzl. zu *N-Sulfinyldialkylphosphorsäureamiden* (I) nach $(RO)_2P(O)NH_2 + SOCl_2 \rightarrow (RO)_2P(O){-}N{=}S{=}O$ (**I**) + 2 HCl: (Alkyl =) C_2H_5 (**II**), $C_4H_{10}NO_4PS$, Kp.$_1$ 77°, n_D^{20} 1,4576; 78% (Ausbeute); *n*-C_3H_7, $C_6H_{14}NO_4PS$, Kp.$_{0,05}$ 71°, n_D^{20} 1,4562; 70%; *n*-C_4H_9, $C_8H_{18}NO_4PS$, Kp.$_{0,1}$ 84°, n_D^{20} 1,4552; 78%. Ihre IR-Spektren zeigen die —N=S=O-Bande bei 1275 cm^{-1}. **I** reagieren mit W. u. Alkoholen nach $(RO)_2P(O)NSO + H_2O \rightarrow (RO)_2P(O)NH_2 + SO_2$ bzw. $(RO)_2P(O)NSO + 2\,R'OH \rightarrow (RO)_2P(O)NH_2 + R'OSOOR'$. In sd. Bzl. gelang mit **II** eine Dien-Synth.: **II** + $CH_2{=}CHCH{=}CH_2 \rightarrow (C_2H_5O)_2P(O)\underline{N{-}CH_2CH{=}CHCH_2S}{=}O$ (**III**), 3.6-Dihydro-2-diäthoxyphosphinyl-1.2-thiazin-1-oxid, $C_8H_{16}NO_4PS$, Kp.$_{0,05}$ 122°, n_D^{20} 1,4945; gelbliches Öl. M. Olivier. 264◇

Thermisches Diagramm des ternären Systems (Na, K, Cl, Br) im festen Zustand. Nguyen-ba-chanh. (J. Chim. physique Physico-Chim. biol. **58**, 500—05, 1961; Bordeaux, Fac. des Sci., Labor. de Minéral. et Rayons X et Centre de Phys.-chim. Struct.; franz.) — Ausschließlich durch Röntgenanalyse wurde das vollständige Phasendiagramm bestimmt. NaCl–NaBr u. KCl–KBr ergeben in allen Mischungsverhältnissen feste Lsgg., die bei Raum-Temp. stabil sind. NaCl–KCl entmischt sich <535° u. NaBr–KBr <430°. Das Maximum der Entmischungskurve liegt bei 40% KCl u. 60% NaCl bzw. 40% KBr u. 60% NaBr. Außerdem wurden die Gleichgewichtskurven bis zu 530° bestimmt. Zwischen 20 u. 485° führt die Rk. NaCl + KBr zur Bldg. von 2 festen tern. Lsgg. A_1 u. A_2, wobei A_1 reich an K u. A_2 reich an Na ist. Beide Lsgg. sind bei Raum-Temp. instabil. K. Roß. 275◇

Hydratation von Calciumaluminaten in Gegenwart von Wasserdampf. Paul Longuet und Michèle de Tournadre. (C. R. hebd. Séances Acad. Sci. **256**, 2830—33, 1963; Paris, Centre d'Études et de Rech. de l'Ind. des Liants Hydraul.; Marseille, Inst. de Microcalorimetr. et de Thermogenèse; franz.) — Vff. untersuchen gravimetr. u. mit Hilfe eines Mikrocalorimeters die Hydratation von $CaO \cdot Al_2O_3$ (**I**) u. $3\,CaO \cdot Al_2O_3$ (**II**) in wasserdampfgesätt. Luft bei 17 u. 30°. Die Hydratation führt nach Röntgenbeugungs-Unterss. bei **I** u. **II** zur Bldg. von $3\,CaO \cdot Al_2O_3 \cdot 6\,H_2O$. Bei 30° beträgt die Hydratationswärme von **I** 263,5 (cal/Mol), von **II** 102. Bei tieferen Temp. sinkt die Rk.-Geschw. beträchtlich ab. Herbert Müller. 294◇

Alkylaluminiumhalogenidkomplexe mit Alkalimetallhalogeniden. G. J. Sleddon. (Chem. and Ind. **1961**, 1492—93; Stevenston, Ayrshire, Imp. Chem. Ind. Ltd., Nobel Div. Res. and Dev. Dep.; engl.) — Chloride u. Bromide des Li, Na u. K bilden beim Erhitzen mit CH_3AlCl_2 u. $C_2H_5AlCl_2$ leicht Komplexe. Die Verbb. sind weiße oder graue Festkörper von hoher Dichte u. geringer Löslichkeit in gesätt. KW-Stoffen. Bei Normal-

druck sind sie bis 300° stabil, unter vermindertem Druck findet Zers. statt. Sie reagieren mit Luft-O, H_2O u. einfachen Alkoholen. Mit Ae. werden Additions-Verbb. gebildet. Die Komplexe fungieren als alkylierende Agentien. Folgende Verbb. wurden dargestellt: *$K(CH_3)AlCl_3$*, F. 150°; *$Na(CH_3)AlCl_3$*, F. 125°; *$Li(CH_3)AlCl_3$*, F. ca. 74°; *$K(C_2H_5)AlCl_3$*, F. 94°; *$Na(C_2H_5)AlCl_3$*, F. 73°; *$Li(C_2H_5)AlCl_3$*, F. ca. 33°.
K. W. Rowe. 294◇

Thermische Zersetzung des Lanthansulfathydrates $La_2(SO_4)_3 \cdot 9\,H_2O$. 1. Mitt. **Die verschiedenen Hydrate. Röntgenographische Untersuchung des Enneahydrates.** Guy Pannetier und André Dereigne. (Bull. Soc. chim. France **1963,** 1059—62; Paris, Fac. des Sci., Labor. de Chim. Gén. du Centre d'Orsay; franz.) — Die therm. Zers. von *$La_2(SO_4)_3 \cdot 9\,H_2O$* (I) wurde thermogravimetr. u. differentialthermoanalyt. untersucht. Bevor das Endprod. *$La_2(SO_4)_3$* entsteht, bilden sich als Zwischenprodd. das *Hexa-* u. das *Tetrahydrat.* Mit Hilfe von Debye-Scherrer-Aufnahmen wurde I röntgenograph. untersucht. Die Verb. krist. hexagonal mit a = 10,98 Å u. c = 8,11 Å, C_{6h}^2 — P 6_3/m, Z = 2.
B. Krebs. 301◇

Thermischer Abbau der Selenite einiger Seltenerdmetalle. Ernesto Giesbrecht, Madeleine Perrier und Wesley W. Wendlandt. (An. Acad. brasil. Ci. **34,** 37—43, 1962; S. Paulo, Univ., Dep. de Quím.; Lubbock, Tex., Techn. Coll., Chem. Dep.; engl.) — Na-Selenit gibt mit Chloriden der Seltenerdmetalle in W. Selenite der allg. Zus. $M_2(SeO_3)_3 \cdot nH_2O$ (n = 4—5). Die Bldg. der Selenite wurde durch potentiometr. u. konduktometr. Titration verfolgt. Der therm. Abbau liefert übereinstimmende Abbaukurven mit Stufen bei 230—290° (Abgabe des W.) u. oberhalb 700°. Bei 930° entspricht die Zus. der von Oxidselenaten; vielleicht handelt es sich auch um Gemische aus Oxiden oder Seleniden u. Selenaten oder Oxoselenaten. Erst nach 3—4std. Erhitzen auf 1100—1200° erfolgt quant. Abbau in Metalloxid u. SeO_2. Zur Darst. der Selenite der Seltenerdmetalle wurden die Oxide mit konz. HCl behandelt u. die neutralen Lsgg. (0,05 m) mit 0,05 m Na_2SeO_3-Lsg. umgesetzt: *$La_2(SeO_3)_3 \cdot 4\,H_2O$, $Pr_2(SeO_3)_3 \cdot 5\,H_2O$, $Nd_2(SeO_3)_3 \cdot 4\,H_2O$, $Sm_2(SeO_3)_3 \cdot 5\,H_2O$, $Eu_2(SeO_3)_3 \cdot 4\,H_2O$, $Gd_2(SeO_3)_3 \cdot 4{,}5\,H_2O$.*
M. Olivier. 303◇

Angriff von Molybdän durch Cerschmelzen. Françoise Gaume-Mahn und Monique Blanchard. (C. R. hebd. Séances Acad. Sci. **254,** 1082—83, 1962; franz.) — Zwecks Darst. von reinem, O-freiem Ce unter Verw. von Mo-Schiffchen als Tiegelmaterial untersuchten Vff. den Mo-Geh. einer Cerschmelze in Ar-Atmosphäre (1 Std. im Temp.-Bereich zwischen 800 u. 1200°). Mo wurde mit Cyclohexanol als Mo(V)–Rhodanid-Komplex extrahiert u. spektrophotometr. bestimmt. Der Mo-Gehalt steigt schnell mit steigender Temp. ($10 \cdot 10^{-6}$% bei 800°, 175—10^{-6}% bei 1200°). Vgl.-Unterss. bei 790° nach dem Zonenschmelz-Verf. stimmen gut mit den für 800° gefundenen Werten überein. Mo-Schiffchen können zur Reindarst. von Ce, bes. nach dem Zonen-Verf., empfohlen werden, sofern die Verunreinigungen 10^{-6}% betragen können. Von ihrer Verw. bei Vakuumschmelzen zwischen 1100 u. 1200° ist abzuraten. G. Hédo. 304◇

Über die Phasenbildung bei der Einwirkung von Ammoniak auf Zirkoniumdioxid: Struktur und Eigenschaften. Jean-Claude Gilles und Robert Collongues. (C. R. hebd. Séances Acad. Sci. **254,** 1084—86, 1962; Vitry, Labor. du C.N.R.S.; franz.) — Ab 950° wird ZrO_2 von NH_3 angegriffen, je nach der Rk.-Temp. entstehen dabei verschiedene neue Phasen: die Zr-Oxidnitride ZrO_xN_y (mit dreiwertigem N). Beim Erhitzen von ZrO_2 im NH_3-Strom (950°, mehrere Std.) entsteht eine weiße, rhomboedr. β-Phase, deren Debye-Diagramm u. a. die für Flußspatstruktur charakterist. Linien enthält (a_β = 6,246 Å, α = 99° 35′). Die Struktur dieser Phase kann von der ZrO_2-Struktur abgeleitet werden, sie ist analog dem Aufbau des Syst. ZrO_2–Seltenerdmetalloxid vom Tl_2O_3-Typ. Längere Einw. von NH_3 bei 950° führt zu einer gelben, kub. zentrierten γ-Phase des Tl_2O_3-Typs (a = 10,135 Å), die bei höheren Temp. (z. B. 1100°) unter N_2-Abgabe in die vorst. β-Phase u. ZrN übergeht. Bei dieser Temp. entsteht aus ZrO_2 u. NH_3 allein die β-Physe, die ihrerseits beim Erhitzen über 2000° in ZrN u. eine der β-Phase verwandte β'-Modifikation umgewandelt wird ($a_{\beta'}$ = 8,061 Å, $\alpha_{\beta'}$ = 65° 28′). Auch diese kann oberhalb 2000° direkt aus den Rk.-Partnern erhalten werden. Es scheint ein kontinuierlicher Übergang zwischen β u. β' vorzuliegen. In keinem Fall wurde die direkte Bldg. von ZrN beobachtet. Für die γ-Phase wird die Zus. ~ Zr_2ON_2 vorgeschlagen, für die β-Phase ~ $Zr_7O_8N_4$ (Vol. der rhomboedr. Elementarzelle = 232,118 Å³, entsprechend 7 ZrO_2-Gruppen in der Elementarzelle). β' soll bei hohen Temp. die Zus. ~ $Zr_7O_{11}N_2$ haben, ihr Homogenitätsbereich verschiebt sich mit sinkender Temp. in das stickstoffreichere Gebiet. Weiter wurde für alle Komponenten die Leitfähigkeit bei Raum-Temp. u. der Abstand Zr–A (A = O oder N) gemessen; er beträgt für ZrO_2 2,212, β' 2,209, β 2,208, γ 2,194, ZrN 2,288 Å. Daraus folgt, daß N in den Mischphasen β, β' u. γ nicht metallartig gebunden ist. G. Hédo. 322◇

Alkoxyzirkoniumbromide. R. N. Kapoor und R. C. Mehrotra. (J. less-common Metals [Amsterdam] **3,** 188—93, 1961; Gorakhpur, India, Univ. of Gorakhpur, Dep. of Chem.; engl.) — *Isopropoxyzirkoniumbromide* (**A**) bilden sich leicht aus $Zr(OR)_4 \cdot ROH$ (R im folgenden Isopropyl) u. CH_3COBr (**I**) sowie durch Symproportionierungs-Rkk., wie $ZrBr_2(OR)_2 \cdot ROH + Zr(OR)_4 \cdot ROH$ (**II**) → $2\,ZrBr(OR)_3 \cdot ROH$. Überschüssiges **I** reagiert weiter zu $ZrBr_4 \cdot 2\,ROCOCH_3$ um, das sich therm. leicht zersetzt u. mit ROH zu $ZrBr_3(OR)$, $ZrBr_2(OR)_2$, $ROCOCH_3$ u. HBr reagiert. Die **A** mit 1 oder 2 Br tauschen die OR-Gruppen mit höheren Alkoholen oder Estern leicht aus; mit tert.-Butanol bzw. tert.-Butylacetat treten Neben-Rkk. auf.

Versuche: *Zirkoniumbromidtriisopropanolat-1-Isopropanol*, aus **II** u. **I** (1:1); farblose Kristalle aus ROH. — Analog: *Zirkoniumdibromiddiisopropanolat-1-Isopropanol*, gelblichweiß. — *Zirkoniumtetrabromid-2-Isopropylacetat*, durch Rk. von $Zr(OR)_4$ mit überschüssigem **I** in der Kälte, Einengen im Vakuum; gelb. H. Bürger. 322◇

Einige fluoraromatische Derivate des Zinns. J. M. Holmes, R. D. Peacock und J. C. Tatlow. (Proc. chem. Soc. [London] **1963,** 108; Birmingham, Univ., Dep. of Chem.; engl.) — Es wird über Darst. u. Eigg. von Pentafluorphenyl-Derivv. des Sn(IV) berichtet. Auf Grund von Messungen des Mössbauer-Effektes in $Sn(C_6F_5)_4$ (**I**) scheint die C_6F_5-Gruppe ungefähr die gleiche Elektronegativität wie Br zu haben. **I** ist reaktionsträge; die Cl-haltigen Verbb. werden schon von verd. Basen hydrolysiert. Die C_6F_5-Gruppe kann z. B. mit Oxin oder mit $[(CH_3)_4N]Cl$ (→ $[(CH_3)_4N]_2SnCl_6$) abgespalten werden. — $Sn(C_6F_5)_4$ (**I**), F. 221°, aus C_6F_5MgBr (**II**) u. $SnCl_4$; Nadeln; pseudokub. Elementarzelle (17,45 Å). — $Sn(CH_3)_2(C_6F_5)_2$, Kp.$_{1,7}$ 94—96°, aus **II** u. $SnCl_2(CH_3)_2$; gegen W. beständig. — $Sn(C_6H_5)(C_6F_5)_3$, F. 100—102°, aus **II** u. $C_6H_5SnCl_3$; gegen W. beständig. — $SnCl(C_6F_5)_3$, F. 106°, analog **I** bei geeignetem Mol-Verhältnis; gegen W. beständig. — $SnCl_2(C_6F_5)_2$, Kp.$_2$ 130°, a) aus $Sn(CH_3)_2(C_6F_5)_2$ u. $SnCl_4$; b) analog **I** bei geeignetem Mol-Verhältnis. — $SnCl_3(C_6F_5)$ (nicht näher charakterisiert).
F. Huber. 327◇

Synthese von Triphenylblei(IV)-azid. E. Lieber und F. M. Keane. (Chem. and Ind. **1961,** 747; Chicago, Ill., Roosevelt Univ., Dep. of Chem.; engl.) — Aus Tetraphenylblei wurde Triphenylbleichlorid u. daraus Triphenylbleihydroxid (**I**) nach bekannten Verff. hergestellt. Eine äthanol. Suspension von **I** wurde mit einer Chlf.-Lsg. von HN_3 12 Std. lang bei ca. 25° behandelt u. durch Fällung in W. Triphenylbleiazid (**II**) als weißes, mikrokristallines Pulver erhalten. Das IR-Spektrum zeigt eine starke, für die N_3-Gruppe charakterist. Bande bei 2030 cm^{-1}. **II** explodiert in der Bunsenflamme nicht, brennt aber heftig unter Gasentwicklung. Bis 123° verändert sich das Prod. nicht, der F. liegt bei 186—187°. H. Clees. 328◇

Komplexe von Niob- und Tantalhydroxiden mit Diolen. F. Fairbrother, N. Ahmed, K. Edgar und A. Thompson. (J. less-common Metals [Amsterdam] **4,** 466—75, 1962; Manchester, Univ., Dep. of Chem.; engl.) — Vff. untersuchen die Auflösung von Nb- u. Ta-Hydroxiden in alkal. Lsgg. von Brenzcatechin u. anderen 1.2-Diolen u. isolieren eine Reihe kristalliner Komplexe, deren Zus. mit der durch Alterung bedingten Polymerisation der Hydroxide schwankt. Bei Verw. von Nb konnten orangerote Kristalle der folgenden Verbb. isoliert werden: Aus NaOH $Na_3[NbO(C_6H_4O_2)_3] \cdot H_2O$, aus KOH das entsprechend *K-Salz*, aus NH_3 das *NH_4-Salz*. Mit Isopropylamin wurde das Salz $[(CH_3)_2CHNH_3]_3[NbO(C_6H_4O_2)_3] \cdot 2\,H_2O$ erhalten. Die Verbb. lassen sich durch Umkristallisieren aus Aceton reinigen. 2.3-Dihydroxynaphthol liefert ein rosafarbenes Salz, das beim Trocknen orangerot wird u. die Zus. $H_3[NbO(C_{10}H_6O_2)_3] \cdot 2\,H_2O$ besitzt. Ta liefert in alkal. Brenzcatechin-Lsg. Komplexe der Zus. $(NH_4)_5[Ta(C_6H_4O_2)_5] \cdot 3\,H_2O$.
F. Weigel. 332◇

Herstellung und Stabilität reduzierter α-Molybdatokieselsäuren. René Massart und Pierre Souchay. (C. R. hebd. Séances Acad. Sci. **256,** 4671—73, 1963; Paris, Fac. des Sci., Labor. de Chim. P.C.B.IV; franz.) — Die durch Red. von *α-Molybdatokieselsäure* auf elektrolyt. Wege oder mit Mo^{3+} erhaltenen Säuren mit den Anionen $[Si(Mo^{VI}_{10}Mo^{V}_{2}O_{40})]^{6-}$ (**I**) u. $[Si(Mo^{VI}_{8}Mo^{V}_{4}O_{40})]^{8-}$ (**II**) konnten isoliert werden. **I** u. **II** sind gegen Erhöhung des pH-Wertes der Lsg. über 4 recht stabil. **I** disproportioniert bei höherem pH-Wert leicht in **II** u. Molybdat + SiO_2. Das krist. Salz $K_8[Si(Mo_8Mo_4O_{40})] \cdot 15\,H_2O$ konnte isoliert werden, während die Darst. von Salzen von **I** wegen Disproportionierung nicht leicht möglich ist. B. Krebs. 336◇

Photolytische Darstellung von Uran(IV)-Sulfat-Komplexen. U. K. Das, S. K. Pujari, Balaram Sahoo und D. Patnaik. (Current Sci. [Bangalore] **30,** 380, 1961; Cuttack, Utkal Univ., Ravenshaw Coll., Dep. of Chem.; engl.) — Durch Photolyse im Sonnenlicht von UO_2SO_4 (**I**) u. variablen Konzz. von $(NH_4)_2SO_4$ (**II**) oder Na_2SO_4 (**III**) bzw. K_2SO_4 (**IV**) in Ggw. von A. wurden leicht lösl. grüne Komplexe des U(IV) hergestellt, die nicht kristallin isoliert werden konnten. **I** u. **II** im Verhältnis 1:8 → $2\,UOSO_4 \cdot 1{,}5$

$(NH_4)_2SO_4 \cdot n\,H_2O$; I u. II (1:16) → *$UOSO_4 \cdot (NH_4)_2SO_4 \cdot n\,H_2O$*; I u. III (1:4) → *$UOSO_4 \cdot 0{,}75\,Na_2SO_4 \cdot n\,H_2O$*; I u. III (1:8 u. 1:12 u. 1:16) → *$UOSO_4 \cdot Na_2SO_4 \cdot n\,H_2O$*; I u. IV (1:8) → *$UOSO_4 \cdot K_2SO_4 \cdot n\,H_2O$*; I u. IV (1:12) → *$UOSO_4 \cdot 1{,}75\,K_2SO_4 \cdot n\,H_2O$*. K. Roß. 339◇

Thermolyse von Uranverbindungen. 1. Mitt. **Uranylsulfat.** K. J. Notz und H. H. Jaffé. (J. inorg. nuclear Chem. **25**, 851–57, 1963; Cincinnati, Ohio, Univ. of Cincinnati; engl.) — Vff. untersuchen die Thermolyse von Uranylsulfat mittels DTA u. thermogravimetr. Analyse (TGA). Als Ausgangsmaterial diente die aus W. umkrist. orthorhomb. Modifikation von $UO_2SO_4 \cdot 3\,H_2O$. Die DTA-Kurve zeigt bei 100° einen Übergang zu $UO_2SO_4 \cdot 2\,H_2O$, das bei 210° in $UO_2SO_4 \cdot H_2O$ u. bei 320° in das wasserfreie Salz übergeht. Bei 755° tritt eine enantiotrope Umwandlung ein, oberhalb 800° zersetzt sich das Salz unter Bldg. von U_3O_8. Die DTA-Messungen werden durch die TGA-Befunde bestätigt. Die Zers.-Geschw. des wasserfreien Salzes zu U_3O_8 ist durch die Gleichung Zers.-Geschw. [mg/min] = $11 \cdot 10^4 \cdot \exp(-58600/RT)$ darstellbar. F. Weigel. 339◇

Neuere Entwicklungen in der metallorganischen Chemie des Technetiums. Darstellung und Eigenschaften eines mehrkernigen Technetiumcarbonyls. H. D. Kaesz und D. K. Huggins. (Canad. J. Chem. **41**, 1250–54, 1963; Los Angeles, Calif., Univ. of California, Dep. of Chem.; engl.) — Durch Behandlung von in THF gelöstem $Tc_2(CO)_{10}$ (I) mit 5% ig. Na-Amalgam, Dekantieren der entstehenden Lsg. u. Eindampfen hinterbleibt ein tiefroter Rückstand, aus dem Cyclohexan kein Tc extrahiert. Wird der Rückstand bei 0° mit H_3PO_4 behandelt u. erneut mit Cyclohexan extrahiert, so läßt sich ein hell beigefarbenes, in Blättchen kristallisierendes Prod. der Zus. $[Tc(CO)_4]_n$ (II) erhalten. Aus Molgew.-Best. ergibt sich n = 3. Die Struktur von II scheint mit der von $[Os(CO)_4]_3$ isoster zu sein. F. Weigel. 351◇

Physikalisch-chemische Untersuchungen an basischem Kobaltcarbonat. D. S. Bharadwaj und A. R. Vasudeva Murthy. (J. Indian Inst. Sci. **44**, 68–76, 1962; Bangalore, Indian Inst. of Sci., Dep. of Inorg. and Phys. Chem.; engl.) — In wss. Lsg. bildet $CoSO_4$ mit NaOH u. Na_2CO_3 bas. Salze der Zus. *$CoSO_4 \cdot 4\,Co(OH)_2$* (bei der Umsetzung mit NaOH) u. *$4\,CoCO_3 \cdot 5\,Co(OH)_2 \cdot 5\,H_2O$* (I) bzw. *$4\,CoCO_3 \cdot 5\,Co(OH)_2 \cdot H_2O$* (II; bei der Umsetzung mit Na_2CO_3). Die Existenz dieser Salze konnte durch potentiometr. Titration einer $CoSO_4$-Lsg. nachgewiesen werden. Der therm. Abbau der Carbonate führt zum Co_3O_4, unter N_2 oder im Vakuum bis zum CoO. I gibt dabei zunächst zwischen 100 u. 180° 5 H_2O ab. Oberhalb 180–240° verlieren I u. II Hydroxylwasser u. CO_2 bis zur Zus. Co_3O_4. Vff. untersuchten weiter die Veränderung der Oberflächen von Carbonatfällungen beim Stehen unter der Mutterlauge. Die Adsorption von Methylenblau nimmt mit steigendem Alter zu u. erreicht bei 190 Std. ein Maximum. M. Olivier. 355◇

Die Natur der Dikobaltkomplexe mit Peroxobrücken. G. L. Goodman, H. G. Hecht und J. A. Weil. (Advances Chem. Ser. **36**, 90–97, 1962; Argonne, Ill., Argonne Nat. Labor.; engl.) — Übersicht über die chem. Eigg. u. die bisherigen Ergebnisse der Strukturaufklärung von μ-Peroxodikobaltkomplexen unter besonderer Berücksichtigung der paramagnet. Typen. — 46 Literaturangaben. A. Blaschette. 355◇

Reaktion von Kupfer(II)-halogeniden mit 8-Hydroxychinolin. J. C. Fanning und H. B. Jonassen. (Chem. and Ind. **1961**, 1623–24; New Orleans, La., Tulane Univ., Richardson Chem. Labor.; engl.) — Vgl. C. **1963**, 14976. — Gibt man äquivalente Mengen $CuCl_2$ oder $CuBr_2$ u. 8-Hydroxychinolin in abs. CH_3OH oder Aceton zusammen, so bildet sich 8-Hydroxychinolinatokupfer(II)-chlorid (I) bzw. -bromid (II). Die Komplexe sind in den Lsgm. u. W. unlösl. u. zersetzen sich in Pyridin u. HCl. In W. findet oberhalb von 50° ebenfalls Zers. statt. I besteht aus blaßbraunen faserigen Kristallen. Das Reflexionsspektrum besitzt Absorptionsmaxima bei 375 u. 850 nm für I u. bei 400 u. 870 nm für II. Das magnet. Moment beträgt 0,97 B.M. (25°) für I u. 1,10 B.M. (24°) für II. Im IR-Spektrum besitzt I eine Bande bei 1114 u. II bei 1111 cm^{-1}, die der $Ar-O^-$-Schwingung zugeordnet werden. Die mögliche Struktur des Komplexes wird erläutert. K. W. Rowe. 358◇

Ausfällung der Chromate des Silbers, Bleis und Bariums. C. P. Trivedi und K. Kant. (Indian J. Chem. **1**, 137, 1963; Jodhpur, Univ. of Jodhpur, M.B.M. Engng. Coll., Dep. of Chem.; engl.) — Es werden Ag-, Pb- u. Ba-Chromate aus Lsgg. mit verschiedenem K_2CrO_4- u. CrO_3-Geh. ausgefällt. Wegen der Hydrolyse des K_2CrO_4 u. $K_2Cr_2O_7$ haben die aus sauren Lsgg. ausgefällten Chromate verschiedene Zusammensetzung. Bei kleiner Metallionen-Konz. kommt es vorwiegend zur Bldg. von MCr_2O_7 oder $M_2Cr_2O_7$ (M = Ag, Pb, Ba). Reine Dichromate können nicht ausgefällt werden. Die Ausbeute steigt aber mit dem Aciditätsgrad der Lsgg. an. Im alkal. Medium (CrO_3/KOH = 1:2 oder 1,0:1,5) hat der Nd. die Zus. $MCrO_4$ oder M_2CrO_4. K. W. Rowe. 359◇

Cyclopentadiensilberperchlorat. T. L. V. Ulbricht. (Chem. and Ind. **1961,** 1570; Cambridge, Univ., Chem. Labor.; engl.) — Durch Zusatz von frisch dest. Cyclopentadien (I) zu einer Lsg. von $AgClO_4$ in u. ohne Ggw. von $(C_2H_5)_3N$ in wasserfreiem Bzl. entsteht Cyclopentadiensilberperchlorat (II) als krist. Nd., der bald braun wird. II ist hygroskop., lichtempfindlich u. bei höherer Temp. explosiv. Die wss. Lsg. des Komplexes ist instabil; es scheidet sich ein brauner Nd. ab. Beim Erwärmen bildet sich ein Ag-Spiegel. Silbertetrafluoroborat gibt einen ähnlichen Komplex. Das KMR-Spektrum in Aceton besitzt Singuletts bei + 6,68 u. + 2,93 ppm, die zu den entsprechenden Banden des I bei + 7,08 u. + 3,50 leicht verschoben sind. Weitere Banden bei + 5,73 u. + 2,60 werden dem Zers.-Prod. zugeordnet. Die Art der Ag-Bindung an den Ring wird mit Hilfe des KMR-Spektrums u. der Röntgenstrukturanalyse diskutiert.
K. W Rowe. 359◇

Darstellung und Eigenschaften eines hydratisierten Rutheniumoxides. C. J. Keattch und J. P. Redfern. (J. less-common Metals [Amsterdam] **4,** 460—65, 1962; London, Internat. Nickel Co. [Mond] Ltd., Dev. and Res. Dep.; Battersea Coll. of Techn., Chem. Dep., Inorg. Res. Labor.; engl.) — Vff. untersuchen die Rk. von in W. gelöstem RuO_4 mit H_2 von 60 lbs./sq.in. Druck bei 45—50°. Das schwarze Rk.-Prod. wurde thermogravimetr., IR-spektroskop. u. röntgenograph. untersucht. Bis zu einer Temp. von 110° besteht es aus $RuO_2 \cdot H_2O$; es ist röntgenamorph u. zeigt stark katalyt. Eigg. in bezug auf die Zers. von 30%ig. H_2O_2. Im Temp.-Bereich 100—1120° liegt ein Gemisch von nicht hydratisiertem RuO_2 mit einer anderen, noch nicht identifizierten Phase, bei 1120° blaues RuO_2 als einzige Phase vor. Dieses katalysiert die H_2O_2-Zers. nicht u. zeigt ein scharfes Röntgendiagramm. Die Rk. $RuO_2 \cdot H_2O$(fest) → RuO_2(fest) + H_2O(Gas) ist von 2. Ordnung, die Aktivierungsenergie wird zu 21,5 kcal/Mol gefunden.
F. Weigel. 363◇

Alkyle und Aryle von Übergangsmetallen. 5. Mitt. **Rhodiumderivate.** J. Chatt und A. E. Underhill. (J. chem. Soc. [London] **1963,** 2088—89; Frythe, Welwyn, Herts., Imp. Chem. Ind., Heavy Org. Chem. Div., Akers Res. Labor.; engl.) — 4. vgl. C. **1963,** **443.** — Bei der Rk. von 1-Naphthylmagnesiumbromid (I) mit $[RhBr_3L_3]$ (L = Tri-n-propyl- bzw. Diäthylphenylphosphin) entstehen in geringer Ausbeute 5fach koordinierte Verbb. der Zus. $[RhBr(1\text{-naphthyl})_2L_2]$ von großer Stabilität. Sie sind monomer, diamagnet. u. besitzen Dipolmomente μ von ca. 3 D. Es sind 1-Naphthyl-Derivv., da sie bei 48std. Rk. mit Essigsäure-²H bei 60° 1-Naphthalin-(²H) u. bei der therm. Zers. 1.1'-Dinaphthyl ergeben. Ihre Struktur wird diskutiert.

Versuche: *Bromo-bis-[1-naphthyl]-bis-[tri-n-propylphosphin]-rhodium(III)*, $C_{38}H_{56} \cdot BrP_2Rh$, F. 137—139°, a) durch Zugabe einer Lsg. von Tribromo-tris-[tri-n-propylphosphin]-rhodium(III) (aus äthanol. $RhCl_3$-Lsg. u. dem Phosphin) zu einer Lsg. von I in Tetrahydrofuran, 30 Min. langes Rühren, Abkühlen auf 0° u. Hydrolyse mit kaltem verd. HBr; 3% (Ausbeute); b) aus μ-Dibromotetrabromotetrakis-[tri-n-propylphosphin]-dirhodium(III); 1%; μ 3,1 (D); Pulver. — *Bromo-bis-[1-naphthyl]-bis-[diäthylphenylphosphin]-rhodium(III)*, $C_{40}H_{44}BrP_2Rh$, F. 144—146°, analog aus Tribromo-tris-[diäthylphenylphosphin]-rhodium(III); μ 3,5; aus Äthylacetat blaßrosafarbene Tafeln; 10%.
P. Scharner. 364◇

Darstellung von Platinschwarz im Ultraschallfeld. W. Wawshitschek. (J. physik. Chem. [UdSSR] **35,** 723—26, 1961; Olschtyn, Polen, Landwirtsch. Inst.; russ., Auszug: engl.) — Wss. Hexachloroplatin(IV)-säure-Lsgg. werden durch Ultraschall (21 kHz u. 4,5 W/ml) reduziert. In Ggw. von H_2 entsteht ein Platinschwarz, das H_2O_2 heftig zersetzt. Der Geh. an Pt(IV) hängt u. a. von der $H_2[PtCl_6]$-Konz. u. der Stärke der Ultrabeschallung ab. In Abwesenheit von H_2 bilden sich hellbraune Ndd., die H_2O_2 nur langsam zersetzen. Der Red.-Mechanismus von $H_2[PtCl_6]$ in Ggw. von H_2 im Ultraschallfeld wird folgendermaßen angenommen: $H_2O \rightarrow H + OH$, $OH + H_2 \rightarrow H_2O + H$; $H_2[PtCl_6] + 4\,H \rightarrow 6\,HCl + Pt$.
I. Zoll. 368◇

A₉. Mineralogische und geologische Chemie

Beitrag zur Geochemie des Bors. 3. Mitt. **Bor in metamorphen Gesteinen und im geochemischen Kreislauf.** Hermann Harder. (Nachr. Akad. Wiss. Göttingen, math.-physik. Kl., IIa math.-physik.-chem. Abt. **1961,** 1—26; Münster, Univ., Miner.-Petrograph. Inst.; dt.) — 2. vgl. C. **1960,** 14637. — Diagenese u. Metamorphose setzen durch Umkristallisation u. Neubldg. von Mineralen den B-Geh. der Sedimente, u. z. T. auch der magmat. Gesteine, wesentlich herab. Dieses B wird der Hydrosphäre wieder zugeführt. Ein geringer Teil des B der Sedimente kann von Silicatschmelzen in tieferen Zonen aufgenommen werden u. erklärt so die unterschiedlichen B-Geh. der Granite, während die bas. Gesteine — ebenso wie die Meteorite — einheitlich niedrige Werte (5 g B/t) aufweisen. Aus der Berechnung der geochem. Stoffbilanz folgt, daß mehr B im Meerwasser u. in den Sedimenten enthalten ist, als bei der Verwitterung frei wurde. Dieses B befindet sich im Gegensatz zu den Halogeniden nicht im Meerwasser, sondern fast ausschließlich in den tonigen Sedimenten. J. Heinze. 378◇

Zur Geochemie des Zirkoniums und Berylliums in ultrabasischen Alkaligesteinen. A. A. Kucharenko und Ja. M. Krawzow. (Ber. Akad. Wiss. UdSSR **134**, 931—34, 1960; Leningrad, Shdanow-Univ.; russ.) — Nach den Ergebnissen der spektralen u. chem. Analyse der ultrabas. Gesteine von der Halbinsel Kola schwankt der Geh. an Zr bzw. Be in den einzelnen Massiven zwischen 0,027 u. 0,041% bzw. 0,00078 u. 0,00085%; der mittlere Geh. beträgt 0,035% Zr u. 0,0008% Be. Diese Werte liegen fast um eine Größenordnung höher als bei den Hyperbasiten der normalen Kalk–Basen-Reihe. 55—65% des Gesamt-Geh. an Zr u. Be entfallen auf die Pyroxene (I). Maximal ist der Zr-Geh. mit 0,3% in den an Aegirin reichen I. Be kommt maximal in I aus den metasomat. Gesteinen vor. Zwischen den Geh. an Zr u. Be besteht eine lineare Beziehung. Die isomorphe Verdrängung von Ca, Mg u. Si durch Zr in I erfolgt nach dem Schema: $Ca^{2+}Mg^{2+}(Si^{4+}) \leftarrow Na^{+}Zr^{4+}[(Al, Fe)^{3+}]$. Während das durch die Phlogopitisierung u. Carbonatisierung der I freigesetzte Zr in den metasomat. Gesteinen wieder angereichert wurde, fand diese Anreicherung nach der Zerstörung der I bei Be nicht statt.
O. Lebtag. 378△

Verluste an radiogenem Argon und Strontium in Mineralien der algonkischen Dolerite von Britisch-Guayana. I. McDougall, W. Compston und D. D. Hawkes. (Nature [London] **198**, 564—67, 1963; Canberra, Australian Nat. Univ., Dep. of Geophys.; engl.) — Alters-Best. an Mineralen der intrusiven Dolerite der Roraima-Formation in Britisch-Guayana nach der K/Ar- u. Rb/Sr-Meth. ergaben Werte zwischen 1,54 u. 2,09 Milliarden Jahren. Die Schwankungen sind durch unterschiedliche Ar-Verluste sowie durch Sr-Abwanderung aus Orthoklas zu erklären. Walter Franke. 378◇

Fehlen von Kohlenstoff-14-Aktivität im Dolomit der Florida-Bay. Kenneth S. Deffeyes und E. L. Martin. (Science [Washington] **136**, 782, 1962; Houston, Tex., Shell Dev. Co., Explor. and Prod. Res. Div.; engl.) — Proben von Dolomit-Kristallen aus neueren Carbonatsedimenten der Florida-Bay ergaben ein ^{14}C-Alter von mindestens 35000 Jahren. Da die neuerliche Sedimentation in der Florida-Bay vor weniger als 4000 Jahren begann, müssen die Dolomite älteren Gesteinen entstammen. Die Hypothese von Taft (vgl. Science [Washington] **134**, [1961], 561), daß sich die Dolomite in heutiger Zeit bilden, trifft nicht zu. Ernst Schulte. 378□

Natürliche Radioaktivität von Kupfererzen aus dem niederschlesischen Revier. Jerzy Grabczak und Jerzy Niewodniczański. (Nukleonika [Warszawa] **7**, 115—22, 1962; Kraków, Akad. Górn.-Hutn., Kat. Fiz. II; pol., Auszug: engl.) — Die erhöhte γ-Radioaktivität der Cu-Erze aus dem niederschles. Vork. wird auf ihren U-Geh. zurückgeführt. Die Expositionsdosis in den Bohrlöchern (in μr/h) ist $D = (2,4 \pm 1,3) + (3,7 \pm 0,4)\, q$ (q = % Cu). Die Gleichung gilt nur für $q > 1$.
R. K. Müller. 378◇

Über das Alter und die Entstehung des Rotondogranites. Marc Grünenfelder und Stefan Hafner. (Schweiz. mineralog. petrogr. Mitt. **42**, 169—207, 1962; Zürich, ETH, Inst. für Kristallographie u. Petrographie; dt.) — Zur Best des Alters des Rotondogranits wurde dieser aufbereitet u. daraus *Zirkon* u. *Na–K-Feldspat* isoliert. U u. Pb in den beiden Mineralien wurden mittels Isotopenverdünnungsanalyse, die Isotopenverhältnisse massenspektrometr. bestimmt. Für den Zirkon ergab sich aus den Verhältnissen $^{238}U/^{206}Pb$, $^{235}U/^{207}Pb$ u. $^{207}Pb/^{206}Pb$ ein konkordantes Alter von 140 Millionen Jahren. In dem Na–K-Feldspat wurde ein anomales Pb-Isotopenverhältnis festgestellt. Der Mineralbestand (*Quarz*, Na–K-Feldspat, *Albit*, *Biotit*, *Muskovit*, *Granat*, *Epidot*, *Magnetkies*, *Pyrit* u. Zirkon) u. das Gefügebild des Granits wird ausführlich beschrieben. Das neu bestimmte Alter wurde im Zusammenhang mit der Geologie u. Petrographie des Gebiets eingehend besprochen. C. Gottfried. 378△

Geochemische Forschungen im gipshaltigen Gebiet von Radnewo. 3. Mitt. Kr. Kulelijew und B. Kosstow. (Annu. Inst. minier géol. [Sofia] **7**, Nr. 2, 9—21, 1 Tafel, 1960/61; bulg., Auszug: dt.) — Vff. beschreiben die Verbreitung u. die Art der in dem gipshaltigen Gebiet von Radnewo vorkommenden mangancarbonat. u. FeS_2-Konkretionen. Es wird der Vers. gemacht, die Entstehung dieser Konkretionen auf Grund von Literaturdaten zu erklären. — 16 Literaturangaben.
Ernst Schulte. 378◇

Über den aufeinanderfolgenden Ersatz von Calciumzeolithen in vertikalen Schnitten von Sedimentschichten. A. Ss. Saporoshzewa, T. N. Wischnewskaja und G. P. Dubar. (Ber. Akad. Wiss. UdSSR **141**, 448—51, 1961; Akad. der Wiss. der

UdSSR, Forsch.-Inst. für die Geol. der Arktis u. Labor. für Kohlengeol.; russ.) — Die Unterss. über die Zeolithführung von Sedimentgesteinen (Sandsteine, Aleurolithe, Tone, Argillite) ergeben eine Reihenfolge in Abhängigkeit von der Fazies der Gesteine u. ihrer Tiefenlage: Desmin → Heulandit → Epidesmin → Laumontit → Skolezit. Die Endglieder dieser Reihe stellen demnach Bldg. katagenet. Stadien dar, die sich aus den physikal.-chem. Änderungen, der Sedimentmächtigkeit usw. ergeben. Die Zeolithe sind beschränkt auf Sedimente küstennaher mariner Fazies u. alkal. oder neutraler Süßwasserfazies, so daß sie sowohl in Sedimenten aus Plattformregionen (erste Glieder der Reihe), als auch in Geosynklinalablagerungen (letzte Glieder) zu finden sind. H.-J. Bautsch. 378◇

Zur physikochemischen Charakteristik von flüssigem H_2O und CO_2 als den Medien der Mineralbildung der polymetallischen Gänge der Nagolnij-Gebirgskette (Donbass). W. A. Kaljushni und O. Ss. Schtschiritzja. (Geol. J. [UdSSR] **22**, Nr. 2, 29—41, 1962; Inst. für Geol. der Akad. der Wiss. der UkrainSSR; ukrain., Auszug: russ.) — Vff. untersuchen Fl.- u. Gaseinschlüsse in *Bergkristallen* u. *Sphalerit.* Drei Gruppen von H_2O- u. CO_2-Einschlüssen werden beschrieben: 1. Zweiphasige Einschlüsse ($H_2O:CO_2 = 1:1$); 2. dreiphasige Einschlüsse (neben H_2O u. gasförmigem CO_2 noch fl. CO_2); 3. drei- u. zweiphasige Einschlüsse gemischt. Die Einschlüsse der ersten Gruppe kommen in den äußeren Schichten aller untersuchten Mineralien vor. Die Einschlüsse der zweiten Gruppe wurden an Bergkristallen u. Sphalerit einiger Vork. beobachtet. In Gangquarz lassen sich diese Einschlüsse schwer nachweisen. Es werden Phasendiagramme u. chem. Analysen von Einschlüssen angeführt. Nachgewiesene Ionen: Na^+, K^+, Ca^{2+}, Mg^{2+}, Fe^{3+}, Al^{3+}, Cl^-, HCO_3^-, BO_3^{3-}; pH zwischen 8 u. 7. Das mineralbildende Medium war eine wss. Lsg. mit 30—60% CO_2, Temp. $>300^0$, Druck 600 bis 700 at. Die Heterogenisierungs-Temp. betrug 164—150°, der entsprechende Druck 700—800 atm. Eine neue Art sek. Einschlüsse, sog. „trigonale Rosetten", wurde festgestellt. Als feste Einschlüsse wurden bestimmt: hellgrüner u. hellblauer *Chlorit, Donbassit, Allevardit, Muskovit.* Die d-Werte werden mitgeteilt. P. Krüger. 378◇

Beziehungen zwischen der Mineralassoziation, der chemischen Zusammensetzung und den physikalischen Eigenschaften der Chloritserie. Arden L. Albee. (Amer. Mineralogist **47**, 851—70, 1962; California Inst. of Technol., Div. of Geol. Sci.; engl.) — An Hand von über 200, in der Literatur mitgeteilten Chloritanalysen zeigt Vf. graph. die Beziehungen zwischen der geolog. Assoziation, der chem. Zus. u. den opt. Eigenschaften. C. Gottfried. 378△

Über die Bedingungen der Bildung und Klassifizierung exogener Uranvorkommen. W. I. Dentschew. (Atomenergie [UdSSR] **14**, Nr. 3, 296—308, 1963; russ.) — Die Prinzipien, die den verschiedenen Klassifizierungen der U-Vork. zugrunde liegen, werden krit. behandelt, die Erz-Bldg. wird diskutiert. M. Wiedemann. 378◇

Die Herkunft des Urans im Gas/Hill-Gebiet, Wyoming. R. R. Guilinger. (Econ. Geol. **58**, 285—86, 1963; Riverton, Wyo., Globe Mining Co.; engl.) — Erkundungsbohrungen förderten das Bruchstück einer Uranader, umgeben von Granodiorit, zu Tage. An Hand dieses Fundes wird eine neue Theorie über die Herkunft des U aufgestellt. Danach stammt das U aus Gängen hydrothermaler Entstehung in präkambr. Magmatiten der Granit-Mountains. Durch Erosion gelangte das U mit nordwärts fließenden Strömungen in das Gas/Hill-Gebiet. Wiederholte cycl. Oxydation u. Red. durch H_2S aus bakteriolog. Prozessen bildeten die Erzkörper entlang den durchlässigen Sandsteinen der Wind/River-Formation. J. Heinze. 378◇

Die Entstehung einiger Grenzschicht-Sulfiderzlagerstätten. C. F. Davidson. (Econ. Geol. **57**, 265—74, 1962; St. Andrews, Scotland, Univ.; engl.) — Krit. Betrachtung der Arbeit von Love u. Zimmerman (C. **1963**, 830) über die Entstehung des *Pyrits* in den Schiefertonen von Mount Isa durch Mikroorganismen. F. Ensslin. 378◇

Bemerkungen über biogene Sulfide. Eric S. Cheney und M. L. Jensen. (Econ. Geol. **57**, 624—27, 1962; New Haven, Conn., Yale Univ., Labor. of Econ. Geol.; engl.) — Der Annahme von Davidson (vgl. vorst. Ref.), wonach biogene Cu-Lagerstätten infolge der niedrigen Cu-Konz. im Meerwasser nicht entstehen können, wird auf Grund der Isotopen-Unters. des S in Sulfiden widersprochen. Aus diesen geht hervor, daß ein Teil der Sulfide durch biogene Red. von Sulfaten aus dem Meerwasser entstanden sein muß. Der Cu-Geh. im Meerwasser von 0,003 ppm allein ist nicht maßgebend, da durch die Fällung des Cu als Sulfid das Gleichgewicht dauernd gestört wird u. wieder Cu aus den Sedimenten in Lsg. gehen kann. F. Ensslin. 378◇

Über Love: „Mikrofossilien und Pyritkügelchen". J. R. Vallentyne. (Trans. New York Acad. Sci. [2] **25**, 177—89, 1962; Ithaca, N.Y., Cornell Univ., Dep. of Zoology; engl.) — Die von Love [1958] erstmalig beschriebenen Pyritkügelchen wurden auf ihr Verh. beim Anfärben u. beim Erhitzen mkr. untersucht, um die angeblich organ. Herkunft zu klären. Vf. stellt die Hypothese auf, daß diese Mikroformen während der Entstehung u. späteren Geschichte syngenet. Pyrite gebildet wurden. Auf keinen Fall sind sie direkter biogenet. Entstehung u. enthalten auch nicht die kalkigen Überreste von Mikroorganismen. J. Heinze. 378◇

Untersuchung an radioaktiven ägyptischen Mineralien. 2. Mitt. **Allanit.** O. M. Hilal und A. M. Kiwan. (J. Chem. U.A.R. **3**, 283—87, 1960; Cairo, Nat. Res. Centre; engl.) — 1. vgl. C. **1962**, 4853. — Vff. untersuchten 2 Allanite, die aus Pegmatitadern isoliert worden waren, die erste Probe (**I**) stammte vom Wadi El Gimal, die zweite (**II**) von Naslet Abu Kalb. Die chem. Analyse lieferte für **I** die Werte SiO_2 31,54 (%); CaO 12,41; MgO 0,89; FeO 7,44; Fe_2O_3 8,02; Al_2O_3 14,28; La_2O_3 11,46; Ce_2O_3 6,34; MnO 0,81; TiO_2 0,61; P_2O_5 0,09; Na_2O 0,47; K_2O 0,15; PbO 0,051; H_2O^- 0,19; H_2O^+ 3,19; ThO_2 2,05; U_3O_8 0,056; Cordierit (Verunreinigung) 0,59 u. für **II** SiO_2 38,39; CaO 18,41; MgO 0,08; FeO 4,24; Fe_2O_3 8,81; Al_2O_3 19,70; La_2O_3 0,37; Ce_2O_3 0,15; MnO 0,03; TiO_2 2,30; P_2O_5 0,20; Na_2O 0,45; K_2O 0,15; PbO 0,004; H_2O^- 0,19; H_2O^+ 1,47; ThO_2 —; U_3O_8 0,089; Cordierit 5,5. Mit Hilfe der Pb-Meth. ergab sich für **I** ein angenähertes Alter von $529 \cdot 10^6$ Jahren (Präkambrium) u. für **II** von $333 \cdot 10^6$ Jahren (Silur). C. Gottfried. 380

Eisen-Aluminium-Anthophyllite vom nördlichen Archipel Stockholms, Schweden. Thomas Lundqvist. (Ark. Mineralog. Geol. **3**, 187—92, 1963; engl.) — Das Vork., die Paragenese, chem. Zus. u. opt. Eigg. eines Anthophyllits aus den Gesteinen des Ljuströ-Lagnö-Svartlöga-Gebiets wird angeführt. Die Gitter-Konst. wurden berechnet. Nach der chem. Zus. u. den opt. Eigg. ($n_\alpha = 1{,}675$; $n_\gamma = 1{,}695$, $2\,V_\gamma = 75^0$) handelt es sich um ein intermediäres Glied zwischen normalen Mg-reichen u. Fe-Al-reichen Anthophylliten. J. Heinze. 380◇

Arsenolith aus der Oxydationszone des Vorkommens von Gulschad. K. Ss. Gasisowa. (Schr. mineralog. Allunions-Ges. [UdSSR] [2] **91**, 107—09, 1962; russ.) — Nach den Entstehungsbedingungen, den physikal. u. opt. Eigg., der chem. Zus. u. dem Röntgenogramm ist das in der Oxydationszone des Erzlagers Gulschad (Zentralkasachstan) vorkommende As_2O_3-Mineral ein Arsenolith (**I**), der in den an Arsenopyrit reichen Sulfiderzen durch Oxydation entstanden ist. **I** wurde hier nur in 2 Fällen als farblose Rinde auf Limonit u. unmittelbar auf den Arsenopyritaggregaten bzw. in Form von oktaedr. Kristallen auf Limonit gefunden. Die letzte **I**-Art füllt eine offene Spalte im arsenopyritreichen Erz. O. Lebtag. 380△

Eine Neubestimmung von Bolivarit. R. van Tassel. (Mineralog. Mag. J. mineralog. Soc. **32**, 419—20, 1960; Brussels, Inst. roy. Sci. Natur. de Belgique; engl.) — Das amorphe, typ. Material von Pontevedra in Spanien wird opt., röntgenograph. u. chem. neu untersucht. D. $2{,}04 \pm 0{,}01$; $n = 1{,}506 \pm 0{,}01$, Zus. Al_2O_3 36,2 (%), P_2O_5 24,9, Glühverlust 39,5. J. Heinze. 380□

Zur Mineralogie und Kristallographie des Calzirtits aus basischen Gesteinen und Carbonatiten. A. G. Bulach und I. D. Schewalejewski. (Schr. mineralog. Allunions-Ges. [UdSSR] [2] **91**, 14—29, 1962; Moskau, Inst. für Geochemie u. analyt. Chemie der Akad. der Wiss. der UdSSR; Leningrad, Allunions Forschungs-Inst. für Geol.; russ.) — Aus der mineralog., opt., chem., physikal. u. röntgenograph. Unters. der *Calzirtite* (**I**) der Kola-Halbinsel u. der Lagerstätte am Fluß Kotui ergibt sich für **I** folgende chem. Zus.: $CaO \cdot TiO_2 \cdot 3\,ZrO_2$. **I** ist eine feste Lsg. verschiedener Komponenten in ZrO_2. $N_0 = 2{,}20 \pm 0{,}02$; $N_e = 2{,}25 \pm 0{,}02$; D. 5,09; $a = 15{,}28 \pm 0{,}03$; $c = 10{,}17 \pm 0{,}03$ kX. Angabe der d-Werte. O. Lebtag. 380△

Die Zusammensetzung von Davidit. (Diskussion.) J. R. Butler. (Econ. Geol. **56**, 442—43, 1961; London, Imp. Coll., Dep. of Geol., Pure Geochem. Sect.; engl.) — Vgl. Hayton, C. **1963**, 10784. — La^{2+} u. Ce^{3+} nehmen andere Gitterplätze ein als U^{4+}, Y^{3+}, Dy^{3+}, Er^{3+} u. Yb^{3+}. Davidit ist chem. charakterisiert durch ein relativ hohes Sr/Ca-Verhältnis, verbunden mit niederen Erdalkali-Geh., u. durch ein relativ hohes U/Th-Verhältnis, verknüpft mit einem niederen Geh. an ThO_2. J. Heinze. 380◇

Einige Beziehungen zwischen Vertretern der Epidot-Gruppe. R. G. J. Strens. (Nature [London] **198**, 80—81, 1963; Austin, Tex., Univ. of Texas, Dep. of Geol.; engl.) — Im Bereich der festen Lsgg. zwischen den Endgliedern Al-Epidot $Ca_2Al_3Si_3 \cdot O_{12}OH$ (Cz) u. Fe-Epidot $Ca_2Fe_3Si_3O_{12}OH$ (Ps) existieren vier wichtige Minerale: α- u. β-Zoisit (rhomb.), Klinozoisit u. Epidot (monoklin). Gewöhnlicher Epidot hat die Zus. $Cz_{67}Ps_{33}$, jedoch sind Abweichungen bis zu 46% Ps bekannt. Unterss. an Epidotmineralien der ordovician. vulkan. Gesteine von Borrowsdale ergaben Koexistenz von Epidot u. Klinozoisit. Die Kristallisationsperioden beider Mineralien überlappen sich, es werden keine Anzeichen von Austausch oder Veränderung der Eigg. festgestellt. Ein Nebeneinander-Vork. von α- u. β-Zoisit sowie von α-Zoisit u. Epidot wurde nicht beobachtet. Angenäherte Bereiche der drei „stabilen" Komponenten: gewöhnlicher Epidot 30 ± 10 (% Ps), Klinozoisit 11 ± 4, β-Zoisit 5 ± 2, α-Zoisit 0—5. Ernst Schulte. 380◇

Die Morphologie von Eskolait, Cr_2O_3. Christel Tennyson. (Amer. Mineralogist **46**, 998—1000, 1961; Berlin, TU; engl.) — Vf. berichtet über die goniometr. Vermessung des von Kouvo u. Mitarbeiter (vgl. C. **1960**, 4776) neu gefundenen Minerals Eskolait von Ontokumpu in Finnland. Das hexagonale Achsenverhältnis wurde zu c/a = 1,3715, der Rhomboederwinkel zu 85° 22′ bestimmt. Folgende Flächen wurden vermessen: 0 0 0 1, 1 1 $\bar{2}$ 0, 1 0 $\bar{1}$ 1 u. $\bar{2}$ 2 4 3 oder in rhomboedr. Indizierung 1 1 1, 1 0 $\bar{1}$, 1 0 0 u. 3 1 $\bar{1}$. C. Gottfried. 380△

Kobaltreiche Abart von Glaukodot. N. N. Schischkin. (Schr. mineralog. Allunions-Ges. [UdSSR] [2] **91**, 102—103, 1962; russ.) — Glaukodot enthält gewöhnlich 9—18% Co. Es wird über Glaukodot mit wesentlich höherem Co-Geh. berichtet, der in einer Kobaltlagerstätte in Tuwa gefunden wurde. Nach der chem. u. Röntgenanalyse gilt für Glaukodot der genannten Art folgende Zus. in Gew.-%: 25,30 Co, 1,56 Ni, 6,76 Fe, 44,95 As, 18,45 S, 1,12 SiO_2. W. Kundorf. 380◇

Beitrag zur Untersuchung von hypogenem Gold in einigen Erzlagerstätten Bulgariens. W. Weltschew. (Annu. Inst. minier géol. [Sofia] **7**, Nr. 2, 87—100, 6 Tafeln, 1960/61; bulg., Auszug: engl.) — Mkr. feinverteiltes Au wurde in den Au-Lagerstätten von Zlata, in den Quarz–Sulfid-Gängen in Nordwestbulgarien, in den Cu-Lagern von Rossen u. Vurly-Brak, den Cu–Pyrit-Lagern von Elshitsa u. den komplexen Ablagerungen von Vatia untersucht. Au wurde in *Bornit*, *Tetraedrit*, *Sphalerit*, *Bleiglanz*, *Calcit–Ankerit*, selten in *Pyrit*, dagegen sehr oft in *Kupferkies* gefunden.
Ernst Schulte. 380◇

Hydrothermaler Huttonit. A. W. Kossterin und W. N. Sujew. (Schr. mineralog. Allunions-Ges. [UdSSR] [2] **91**, 99—102, 1962; russ.) — Der genet. u. räumlich mit den obervarisc. Alaskiten zusammenhängende hydrothermale *Huttonit* (I) der Härte 4,7, dem Brechungsindex 1,670—1,705, 2 V = 5—10° ist gewöhnlich metamikt, isotrop, seltener anisotrop. Im Vgl. zum I aus Neuseeland ist der hier beschriebene I durch geringere Werte von Brechungsindex, 2 V u. Doppelbrechung gek., ferner durch erhöhte Geh. an Fe, H_2O u. Mn. I zeigt bei 200° einen endotherm. Effekt (H_2O-Verlust) u. bei 800° einen exothermen Effekt (Umwandlung der metamikten Form in die kristalline). Das spezif. Gew. ist geringer als beim I aus Neuseeland. O. Lebtag. 380△

Über chemische Formeln von Perowskiten. W. A. Frank-Kamenetzki und I. Wesselski. (Geochemie [UdSSR] **1961**, 1035—36; russ.) — Vgl. C. **1963, 3514**. — Vff. geben 22 Formeln für Perowskite an, die nach der Meth. von Kucharenko u. Bagdassarow [1961] unter Berücksichtigung der kristallchem. Eigg. erhalten wurden.
H. Noack. 380△

Roméit aus Zentralkysylkum. Ch. R. Rachmatullajew. (Usbek. geol. J. **1962**, Nr. 3, 81—83; Inst. für Geol. der Akad. der Wiss. der UsbekSSR; russ.) — Romeit entwickelt sich auf Antimonit u. bildet dichte Kristalle mit einer Länge bis 12 cm. Die Farbe variiert von Blaßgelb bis Grau, die Härte beträgt 5—6, D. 4,785. Analysen ergaben Ggw. von Sb_2O_5 (56,57%), Na_2O (ca. 3,0%), Mg, Si, Fe, Ca, La, Y, Ce, Ag, Mn, Cu, Zn, Co, Ni, Mo u. andere mehr. Therm. Analysen zeigten zwei starke endotherme Effekte, u. zwar bei 280° (Abgabe von Kristallwasser) u. bei 605° sowie zwei exotherme (480 u. 950°) u. zwei kleinere Effekte. Angabe der röntgenograph. d-Werte.
M. Gordienko. 380◇

Ein kleineres Vorkommen von Sepiolith aus Puyvalador bei Quérigut, Frankreich. W. A. Watters. (Mineralog. Mag. J. mineralog. Soc. **32**, 412—15, 1960; Lower Hutt, New Zealand, Geol. Surv.; engl.) — Ein Sepiolith wird kurz beschrieben u. die opt. Daten werden gegeben. Das Mineral kommt in einem dolomit. Marmor vor, der im Kontakt mit einem Tremolitgestein steht. Der Fundort liegt in der südlichen Kontaktzone zum Quérigut-Granit. Mögliche Entstehungsbedingungen werden angegeben, die einen Zerfall des Tremolits unter Einw. von CO_2 voraussetzen. J. Heinze. 380□

Talk in der Oxydationszone. W. N. Dubinina. (Schr. mineralog. Allunions-Ges. [UdSSR] [2] **91**, 93—96, 1962; russ.) — Im halboxydierten Erz vom Baikalgebiet ist der *Cerussit* (I) teilweise durch *Talk* (II) verdrängt. Neben faserförmigem I kommen schneeweiße I-Schuppen vor. Die therm. Analyse der Probe ergibt die Ggw. von II, Goethit u. Beimengungen von I u. Galenit. Häufig ist II mit *Plumbojarosit* assoziiert. Die hypergene II-Bldg. wurde durch die Zers. von Schiefer u. Argillit gefördert. I begünstigte die Ausfällung von II, wobei auch eine Auflösung von I erfolgte.
O. Lebtag. 380△

Akzessorischer Tscheffkinit aus pneumatolytisch-metasomatischen Gebilden der Asowküste aus dem Vorkambrium. Je. Ja. Martschenko und Je. I. Gontscharowa. (Ber. Akad. Wiss. UkrainSSR **1962,** 793—95; Inst. für Mineralvorkommen der Akad. der Wiss. der UkrainSSR; ukrain., Auszug: engl.) — Der in Paragenese mit *Britholith* u. *Fluorit* in der Ukrain. Tafel vorkommende akzessor. *Tscheffkinit* (I) ist im durchfallenden Licht rotbraun, zeigt Pleochroismus, besitzt die Härte 6 u. zeigt auf dem Erhitzungsdiagramm einen Exoeffekt bei 853°, entsprechend der Zers. des Minerals. Im Vgl. zu den in der Literatur beschriebenen I ist der Geh. an SiO_2, TiO_2 u. Fe_2O_3 vermindert, der Geh. an FeO, CaO u. Seltenerdmetallen erhöht. Die chem. Zus. von I entspricht der Formel 2,7 $(Fe^{2+}, Ca, Mn, Mg) O (Ce, V, Al, Fe^{3+})_2O_3 \cdot 3{,}2 (Si, Ti, Th)O_2$. Das abs. Alter des I beträgt mindestens $1{,}5 \cdot 10^9$ Millionen Jahre. I ist etwa gleichaltrig mit Britholith u. jünger als Fluorit. Die I-Bldg. ist die Folge postmagmat. pneumatolyt.-hydrothermaler Prozesse in den bas. Gesteinen des Vorkambriums. O. Lebtag. 380△

Über den Wadeit aus den Chibina-Massiven und seine Bildungsbedingungen. I. P. Tichonenkow, M. W. Kuchartschik und Ju. A. Pjatenko. (Ber. Akad. Wiss. UdSSR **134,** 920—23, 1960; Inst. für Miner., Geochem. u. Kristallchem. der Seltenen Elemente der Akad. der Wiss. der UdSSR; russ.) — Der in den Nephelin-Feldspatadern des bas. Chibina-Massivs vorkommende hellrosa gefärbte (manchmal farblose) hexagonale *Wadeit* (I) besitzt die Mikrohärte 797 kg/mm², entsprechend der Mohs-Härte 6, das spezif. Gew. 3,130, a = 6,94; c = 10,17 Å, C_{6h} — 6/m. I ist opt. einachsig, positiv; $N_g = 1{,}653$; $N_p = 1{,}624$; unvollkommene Spaltbarkeit nach 2 Achsen. Chem. entspricht I der Formel $K_2ZrSi_3O_9$. Die Entstehung ist ähnlich der des I aus Kimberley. O. Lebtag. 380△

Wenkit, ein neues Mineral von Candoglia. Jean Papageorgakis. (Schweiz. mineralog. petrogr. Mitt. **42,** 269—74, 1962; Athen; dt.) — Vf. untersuchte die physikal., opt., chem. u. strukturellen Eigg. eines neuen Minerals aus den Marmoren von Candoglia, für das er den Namen *Wenkit* vorschlägt. Das Mineral wurde am NW-Kontakt des Marmors der Cava Mergozzoni zwischen Barytlagen u. Kalksilicatfels gefunden u. ist das Prod. eines starken Metamorphismus; es bildet hellgraue bis zu 5 cm lange u. 1 cm dicke säulige Kristalle, hat Glas- bis Pechglanz, ist spröde, hat die Härte 6 u. D. 3,19 ±0,01. Mkr. ist das Mineral farblos, einachsig negativ mit der opt. Achse parallel zu dem Prisma. Die Brechungsindices für Na-Licht sind: $\omega = 1{,}595$; $\varepsilon = 1{,}589$; $\omega - \varepsilon = 0{,}006$. Röntgenograph. erwies sich das Mineral als hexagonal mit a = 13,528 ± 0,003, c = 7,471 ± 0,002 Å; wahrscheinlichste Raumgruppe ist P 6/m m m. Zus.: $(OH)_5 \cdot (SO_4)_2Ba_{4,5}Ca_{4,5}Al_9Si_{12}O_{42}$. Z = 1. IR-spektroskop. konnten OH-Gruppen nachgewiesen werden. C. Gottfried. 380△

Über die Zinkblenden der Erzfelder vom Elbrus. G. I. Botscharowa. (Nachr. Moskauer Univ., Ser. IV **15,** Nr. 5, 45—50, 1960; Moskau, Univ., Lehrst. für Miner.; russ.) — Die chem. Unterss. zeigen Abhängigkeit des spezif. Gew., der Mikrohärte u. des Reflexionsvermögens vom Fe-Gehalt. Die Sphalerite entstammen verschiedenen Paragenesen. H.-J. Bautsch. 380◇

Ein beschreibendes Verzeichnis radioaktiver Mineralien. James W. Crosby III. (Bull. Washington State Inst. Technol., Divis. ind. Res., Ser. B **230,** 1—148, 1955; Div. of Ind. Res., Mining Exp. Stat.; engl.) A. Blaschette. 380◇

Zur Petrochemie des Roccamonfina-Vulkans (Prov. Caserta, Italien). Pilar Arévalo Carretero, Conrad Burri und Max Weibel. (Schweiz. mineralog. petrogr. Mitt. **42,** 237—68, 1962; Madrid, CSIC, Inst. de Edafología y Fisiología vegetal; Zürich, ETH, Inst. für Kristallographie u. Petrographie; dt.) — Petrograph. Untersuchung. 14 neue chem. Analysen. C. Gottfried. 386△

Radiochemie von Meteoriten. Oliver A. Schaeffer. (Annu. Rev. physic. Chem. **13,** 151—70, 1962; Upton, Long Island, N.Y., Brookhaven Nat. Labor., Chem. Dep.; engl.) — Übersicht. — 80 Literaturangaben. P. Golinske. 388◇

Meteoritentrümmer in der südkalifornischen Wüste. Kurt Fredriksson und Robert Gowdy. (Geochim. cosmochim. Acta [London] **27,** 241—43, 1963; San Diego, Calif., Univ. of California, Scripps Instn. of Oceanography; U. S. Navy Electronics Labor.; engl.) — Bei Unterss. der magnet. Bestandteile von Wüstensand wurden zwei kosm. Kügelchen gefunden. Das eine besteht aus einem Fe-Oxidmantel mit einem Ni–Fe-Kern, während das andere 85% Mg–Fe-Silicat (Olivin) u. 15% Ni–Fe enthält.
J. Heinze. 388◇

Langkettige Fettsäuren aus dem Orgueil-Meteoriten. Bartholomew Nagy und Mary Carol Bitz. (Arch. Biochem. Biophysics **101,** 240—48, 1963; New York, N.Y., Fordham Univ., Dep. of Chem.; engl.) — Vff. isolieren eine Serie langkettiger

Fettsäuren (C_{14}—C_{30}) aus dem Orgueil-Meteoriten. Die durch Extraktion erhaltenen Verbb. werden in die Methylester übergeführt u. deren Harnstoffaddukte gaschromatograph. getrennt. Die relative Häufigkeit der gradzahligen gegenüber den ungradzahligen Verbb. gleicht der der Fettsäuren in alten Erdsedimenten. J. Weiner. 388◇

Organisierte Elemente: Mögliche Identifizierung im Orgueil-Meteoriten. Frank W. Fitch und Edward Anders. (Science [Washington] **140,** 1097—99, 1963; Chicago, Ill., Univ. of Chicago, Dep. of Pathology; Enrico Fermi Inst. of Nucl. Stud.; engl.) — „Ragweed"-Pollen (*Ambrosia trifida* u. a.), die nach der Gridley-Meth. angefärbt wurden, verzerren sich u. gleichen den von Claus u. Nagy als Typ 5 bezeichneten organisierten Elementen. Die Probe des C-haltigen Chondriten Orgueil, in der Typ 5 nachgewiesen wurde, war ebenfalls nach der Gridley-Meth. angefärbt worden. Ernst Schulte. 388◇

Untersuchung der Radioaktivität der Wässer des Atlantischen Ozeans. B. A. Nelepo. (Ber. Akad. Wiss. UdSSR **134,** 810—11, 1960; Moskau, Lomonossow-Univ.; russ.) — Durch Messungen der Radioaktivität im Atlant. Ozean vom 1/10.—20/10. 1959 in einem Gebiet, begrenzt durch 15°22′ bzw. 22°45′ nördliche Breite u. 20°56′ bzw. 63°06′ westliche Länge, in einer Tiefe bis zu 120 m wurden ^{40}K, ^{137}Cs, ^{85}Kr u. ^{155}Eu(?) nachgewiesen. Die Verteilung der Radioaktivität beweist ihren atmosphär. Charakter. Bis zur Tiefe 120 m ergeben sich 3 Zonen der Radioaktivität: obere Schicht mit hohen Werten; mittlere Schicht mit stark abnehmenden Werten; untere Schicht mit geringer Aktivität. Die Abnahme der spezif. Aktivität nimmt mit sinkender Halbwertzeit des Zerfalls zu. O. Lebtag. 393△

Hochdisperse Mineralien in den Sedimenten des Indischen Ozeans. S. N. Gorbunowa. (Ber. Akad. Wiss. UdSSR **134,** 935—38, 1960; russ.) — Die therm., röntgenograph. u. elektronenmkr. Unters. der feindispersen Fraktion der Sedimente aus dem Ind. Ozean u. dem Südwestteil des Stillen Ozeans ergab, daß der *Hydroglimmer* überall vorherrschend ist. Die tonhaltigen Mineralien sind hochdispers. In beträchtlichen Mengen kommt *Kaolinit* in den kalkhaltigen Sedimenten vor. Er ist terrigener Natur. Aus der Zus. der tonhaltigen Mineralien der oberen Sedimentschicht folgt, daß zwischen der mineral. Zus. der Lehme u. dem Typ der Sedimente keine direkte Beziehung besteht. Die mechan. Anschwemmung von tonhaltigen Mineralien als Folge der Unterspülung der Küsten ist von entscheidender Bedeutung. O. Lebtag. 393△

Gelöste Gase in ostafrikanischen Seen. G. Mueller. (Nature [London] **198,** 569, 1963; Conception, Univ., Dep. of Geol.; engl.) — Vgl. vorst. Referat. — Diskussionsbemerkung zum Ursprung der gelösten Gase. Walter Franke. 393◇

Die Ausfällung von Aluminium, Eisen und Mangan am Zusammenfluß des Deer Creek und Snake River im Summit County, Colorado. P. K. Theobald jun., H. W. Lakin und D. B. Hawkins. (Geochim. cosmochim. Acta [London] **27,** 121—32, 1963; Denver, Colo., U. S. Geol. Surv.; engl.) — Bedeutendstes Ausfällungs-Prod. am Grund des Snake Rivers ist Fe-Hydroxid mit kleinen Mengen anderer Metalle, während im Deer Creek Mn-Oxid, Fe-Oxid u. große Mengen anderer Metalle abgeschieden werden. Unterhalb des Zusammenflusses liegt der pH-Wert nahe am Neutralpunkt. Fe wird aus dem Snake River entfernt, Al wird weiter unten abgeschieden. Die Al-Ausfällung enthält andere Metalle in etwas geringerer Konz. als die Mn-Ausfällung des Deer Creeks. Diese Prozesse könnten nach den Vorstellungen von Ansheles [1927] zur Bldg. von Bauxit führen. J. Heinze. 393◇

Mineralogische Untersuchung suspendierter Teilchen neun englischer Flüsse. R. F. Packham. (Clay Minerals Bull. **4,** 239—42, 1961; Redhill, Surrey, Water Res. Association; Garston, Watford, Herts, Building Res. Station; engl.) — Die mineralog. Zus. der suspendierten Trübe neun engl. Flüsse wird röntgenograph. bestimmt. Der Mineral-Geh. ist abhängig vom Chemismus u. dem geolog. Alter der Gesteine des Wassereinzugsgebietes. Walter Franke. 393◇

Messung der β-Aktivität einiger Quellen im Departement Côtes-du-Nord. Der Gehalt an Uran und Radium. J. Pincet und J. Guelfi. (J. Radiol. Electrol. Méd. nucléaire **43,** 307—08, 1962; Rennes; franz.) — Der Geh. des W. verschiedener Brunnen im Bezirk Côtes-du-Nord an *K* u. β-akt. Stoffen, bes. an *U* u. *Ra* wurde fluorimetr. bzw. durch *Rn*-Best. ermittelt. Die Meßwerte sind tabelliert, der U-Geh. ist von der Größenordnung 10^{-7} bis 10^{-8}, der Ra-Geh. 10^{-11} bis 10^{-12} c/Liter. W. Reusse. 393◇

Untersuchung von aufgesammelten Proben radioaktiven atmosphärischen Staubes nach Atomexplosionen in der Sahara. F. Demichelis und C. Oldano. (Atti Accad. Sci. Torino, Cl. Sci. fisiche, mat. natur. **94 (1),** 900—09, 1960; Torino, Politecnico, Ist. di Fis. Sperimentale; ital.) — Mit Hilfe eines NaJ(Tl)-Scintillationsspektrometers untersuchten Vff. radioakt. Staub, der durch Filtration der Luft in Neapel in der Zeit vom 13. Februar bis zum 21. Mai nach 2 Atomexplosionen erhalten worden war. Es wurden Energiemaxima bei 0,08—0,09 (MeV); 0,15; 0,23; 0,30; 0,36; 0,49; 0,66 u. 0,75 gemessen. Für diese Maxima kommen die folgenden radioakt. Kerne in Frage: ^{144}Ce, ^{133}Xe, ^{140}La, ^{147}Nd; ^{141}Ce, ^{140}Ba; ^{132}Te; ^{147}Nd; ^{140}La, ^{131}J; ^{140}La, ^{140}Ba; ^{103}Ru; ^{137}Cs, ^{131}J; ^{95}Zr, ^{95}Nb, ^{140}La. C. Gottfried. 396△

Fallout von Rhodium-102: Schwankungen bei der Ablagerung und Konzentrationen im Niederschlag. M. W. M. Leo und A. Walton. (Science [Washington] **140**, 1398—1400, 1963; Westwood, N.J., Isotopes, Inc.; engl.) — Bei den amerikan. Kern-Verss. in großer Höhe im August 1958 fiel ^{102}Rh als Spurenelement an, es wurde seit Oktober 1961 in Ndd. messend verfolgt. Zwischen Januar u. September 1961, als die Kernwaffen-Verss. wieder aufgenommen wurden, stieg der Geh. an ^{102}Rh im Fallout wieder an. Ernst Schulte. 396◇

B. Allgemeine und theoretische organische Chemie

Effekt der Wasserstoffbindung auf die Elektronenabsorption einiger sekundärer Amine. Abani Bhusan Sannigrahi und Asish Kumar Chandra. (J. physic. Chem. **67**, 1106—09, 1963; Calcutta, India, Univ. Coll. of Sci. and Technol., Dep. of Chem.; engl.) — Die Wrkg. der H-Bindung auf die Absorptionsspektren im nahen UV von *Pyrrol* (**I**), *2-Methylindol* (**II**), *Carbazol* (**III**) u. *Diphenylamin* (**IV**) in Äthern wurde untersucht. Aus der Rotverschiebung der $\pi-\pi^*$-Banden der Protonendonatoren wurden die Gleichgewichts-Konst. K zwischen Donator u. Acceptor ermittelt: **IV** mit Ae. K = 0,18, Tetrahydrofuran (THF) 0,40, 1.4-Dioxan 0,58; **I** (Reihenfolge wie vorst.) 0,28, 0,38, 0,78; **II** 0,48, 0,56, 1,87; **III** 0,70, 1,50, 2,49. Die Protonenacceptorfähigkeit fällt in der Folge 1.4-Dioxan > THF > Ae., die Donatorstärke steigt in obiger Folge der Amine. Der Mechanismus der H-Bindung wird diskutiert. W. Schramm. B 118◇

Chromophore und optische Aktivität. Albert Moscowitz. (Dansk Kemi **43**, 113—17, 1962; dän.) — Vf. teilt Chromophore in 2 Gruppen ein: 1. in sich selbst dissymm. u. 2. in sich selbst symm., aber von umgebenden asymm. Moll. beeinflußte Chromophore. Diese Klassifikation wird durch Beispiele (*Lumisterin*, *Ergosterin*, *trans-9-Methyl-1.4.9.10-tetrahydronaphthalin*, *Norbornenon* u. *Hexahelicen*) erläutert; sie erleichtert das Verständnis der opt. Rotation kleiner Moleküle. — 22 Literaturhinweise. W. Knoch. B 119◇

Ramanspektren und Infrarotabsorptionsspektren einiger Olefine; charakteristische Raman-Linien und Absorptionsbanden der Ozonidbindung. Émile Briner, Colette Christol, Henri Christol und Sándor Fliszár. (C. R. hebd. Séances Acad. Sci. **252**, 2166—69, 1961; Montpellier, École Nat. Supér. de Chim.; Genève, Univ., Labor. de Chim. phys.; franz.) — Vgl. C. **1963**, 10791. — Ident. mit der C. **1962**, 14447 referierten Arbeit. H. Fries. B 120□

Derivate von Alkylselenophosphonsäuren und Alkyltellurophosphonsäuren. 2. Mitt. **Infrarotspektroskopische Untersuchung der Diester von Alkylselenophosphonsäuren.** Eustache Gryszkiewicz-Trochimowski, Jean Quinchon, Oleg Gryszkiewicz-Trochimowski und Maryvonne Le Sech. (Bull. Soc. chim. France **1961**, 739—43; Vert-le-Petit, Seine-et-Oise, Centre d'Étud. du Bouchet; franz.) — 1. vgl. C. **1963**, 12770. — Die IR-Spektren der *Methan- u. Äthanselenophosphonsäuredialkylester* (Alkyl = C_2H_5, C_3H_7 bzw. C_4H_9) im Bereich 400—4000 cm^{-1} werden ausführlich beschrieben u. mit denen der entsprechenden Dichloride verglichen. Es zeigt sich dabei, daß die Umgruppierung der Elektronenverteilung, für die die anomalen Deformationsschwingungen der an P gebundenen CH_3-Gruppe ein Beweis sind, vom Rest des Mol. prakt. unabhängig ist. Auch Se ist ohne Einfluß. Die Elektronenverteilung der C_2H_5-Gruppe am P erscheint dagegen normal. Gerhard Müller/Bitterfeld. B 120□

Untersuchung der Reorientierungsbewegung von 1.2.3-Trichlorbenzol und Hexachlorbenzol im festen Zustand durch reine Quadrupolresonanz. Itaru Tatsuzaki. (J. physic. Soc. Japan **14**, 578—83, 1959; Sapporo, Hokkaido Univ., Res. Inst. of Appl. Electricity; engl.) — Die Linienbreite im Quadrupolresonanzspektrum von *1.2.3-Trichlor-* (**I**) u. *Hexachlorbenzol* (**II**) nimmt mit der Temp. abrupt zu, was auf eine Reorientierungsbewegung der Moll. weit unterhalb ihrer FF. hinweist. Es wird angenommen, daß diese Reorientierung um die hexagonale Achse von **II** erfolgt, die Potentialbarriere W wird auf 12,6 > W ≧ 9,9 kcal/Mol geschätzt. Zusätzliche Messungen der protonenmagnet. Resonanz u. der DK bei **I** machen hier eine Bewegung um die normale Achse des Mol. wahrscheinlich, die Potentialbarriere beträgt 6,0 > W ≧ 5,0 kcal/Mol. W. Schramm. B 121◇

Untersuchungen über die asymmetrische Induktion mit optisch-aktiven Biphenylen. 3. Mitt. **Die Reaktionen von Phenylglyoxylaten der Phenyldihydrothebainreihe mit Methylmagnesiumjodid.** Jerome A. Berson und Michael A. Greenbaum. (J. Amer. chem. Soc. **80,** 445–51, 1958; Los Angeles, Calif., Univ. of California, Dep. of Chem.; engl.) — Vgl. C. **1958,** 65. — Die von Vff. l. c. geäußerte Vermutung einer ster. bedingten asymm. Induktion von CH_3MgJ an Phenylglyoxylsäureester von Phenyldihydrothebain-Derivv. (l. c.) wird weiter ausgebaut. Da der Phenylglyoxylsäurerest keine freie Drehbarkeit hat, wird angenommen, daß die Konformation mit der geringsten Abstoßungsenergie an der Synth. bes. beteiligt ist. Die Konfiguration der nach dem Modell entstehenden Atrolactinsäure ist ident. mit der abs. Konfiguration der in Wirklichkeit entstehenden Säure. Eine Modellvorstellung, die intermediär einen Chelatkomplex mit dem Grignard-Reagens vorsieht, halten Vff. nicht für zutreffend.

Versuche: (+)-*α-Phenyldihydrothebain* (I), aus Thebain durch Umsetzung mit Phenyl-MgBr über das *Perchlorat* (F. 247–248°, Zers.; $[\alpha]_D^{32}$ + 39°, c = 0,21 in 95%ig. A.; $[\alpha]_D^{32}$ + 8,6°, c = 0,94 in Aceton). *Methojodid,* F. 215–218°; $[\alpha]_D^{29}$ + 43,5 (c = 0,4 in A.) — (+)-*α-Phenyldihydrothebainisomethin* (**II**; (+)-*2-[β-Dimethylamino-β-phenyläthyl]-2'-vinyl-5.5'-dimethoxy-6-hydroxybiphenyl*), F. 101–102°, $[\alpha]_D^{30,5}$ +281° (A.), aus I-Methojodid durch Hofmannschen Abbau; Isolierung über das *Perchlorat,* F. 112 bis 116°, $[\alpha]_D^{30}$ –198° (A.). *Methojodid,* F. 102–108°, $[\alpha]_D^{30}$ –208,5° (c = 1,5; A.). — (+)-*α-Phenyldihydrothebaindihydroisomethin* (**III**; (+)-*2-[β-Dimethylamino-β-phenyläthyl]-2'-äthyl-5.5'-dimethoxy-6-hydroxybiphenyl*), F. 71–72°, $[\alpha]_D^{31}$ + 177° (A.), aus **II** durch Hydrierung; Reinigung über das *Perchlorat,* F. 184–185°; $[\alpha]_D^{30}$ –27,8° (c = 1,0; A.). — (+)-*α-Phenyldihydrothebain-bis-methin* (**IV**; (+)-*2-[β-Phenylvinyl]-2'-vinyl-5.5'-dimethoxy-6-hydroxybiphenyl*], F. 148–149°; $[\alpha]_D^{25}$ + 46,0° (c = 0,5; Essigester), aus **II**-Methojodid durch Hofmannschen Abbau. — Phenylglyoxylate (PhG), durch Veresterung von **I**–**IV** mit Phenylglyoxylchlorid in trockenem Pyridin: **I**-*PhG, Perchlorat,* $C_{33}H_{31}NO_5 \cdot HClO_4$, F. 288° (Zers.), $[\alpha]_D^{31}$ + 5,9° (c = 0,5; 95%ig. A.). — **II**-*PhG, Perchlorat,* $C_{34}H_{33}NO_5 \cdot HClO_4$, F. 151–152°, $[\alpha]_D^{30}$ –58,8° (c = 1,05; 95%ig. A.). — **III**-*PhG, Perchlorat,* $C_{34}H_{35}NO_5 \cdot HClO_4$, F. 184–185°, $[\alpha]_D^{31}$ –28,0° (c = 1,04; A.). — **IV**-*PhG,* $C_{32}H_{26}O_5$, F. 62–63,5°, $[\alpha]_D^{30}$ 28,4° (c = 0,75; A.). — (–)-*Atrolactinsäure,* F. 115–116°; $[\alpha]_D^{29}$ –50,8 bis –53,1° (1n NaOH); 70–93%ig. opt. Ausbeute; aus 0,018–0,024 Mol der Phenylglyoxylate **I**–**IV** mit CH_3MgJ in abs. Ae. u. anschließender Verseifung mit HCl. A. Grohmann. B 123◇

Untersuchungen über die asymmetrische Induktion mit optisch-aktiven Biphenylen. 4. Mitt. **Die Synthese und vollständige Antipodentrennung von 2-Hydroxybinaphthyl-(1.1') und die Reaktion seines Phenylglyoxylats mit Methylmagnesiumjodid.** Jerome A. Berson und Michael A. Greenbaum. (J. Amer. chem. Soc. **80,** 653–56, 1958; engl.) — 3. vgl. vorst. Referat. — Das Phenylglyoxylat von (+)-2-Hydroxybinaphthyl-(1.1') (I) reagiert mit CH_3MgJ unter Bldg. von (–)-*Atrolactinsäure* (**II**) in 85%ig. opt. Ausbeute. Das Ergebnis unterstützt die früher geäußerte Annahme (vgl. l. c.), daß kein besonderer Chelatkomplex des Grignard-Reagens (der mit **I** nicht gebildet werden kann) notwendig ist, um eine stereospezif. Synth. von **II** zu ermöglichen.

Versuche: *2-Methoxybinaphthyl-(1.1'),* $C_{21}H_{16}O$, F. 110,5° (wss. Methanol), aus 2-Methoxynaphthyl-(1)-MgBr (aus 123 g 1-Brom-2-methoxynaphthalin) mit 75,9 g Tetralon-(1) in abs. Ae., Zers. mit 5n HCl, Abdampfen des Ae., Dest. u. Dehydrierung des Destillats bei 250° mit S; 76 g (Ausbeute). — *2-Hydroxybinaphthyl-(1.1')* (**I**), $C_{20}H_{14}O$, F. 188–189° (wss. Methanol), aus 75 g vorst. Verb. durch Ätherspaltung mit $AlCl_3$ in abs. Bzl., 24 Std. bei Zimmer-Temp.; 53,4 g. *Phenylglyoxylat,* $C_{28}H_{18}O_3$, F. 141,5° (Hexan), aus 1,7 g Phenylglyoxylchlorid u. 2,7 g **I**, 18 Std. bei Zimmer-Temp. in Pyridin; 3,0 g. *Bernsteinsäurehalbester* (**IV**), F. 221° (wss. Methanol), aus 50 g **I** u. 18,5 g Bernsteinsäureanhydrid. *Chininsalz von* **IV**, F. 200–201° (lösl. in Aceton), $[\alpha]_D^{30}$ –84,3° bzw. F. 181,5° (Acetonitril), $[\alpha]_D^{30}$ –165,4° (Methanol). (+)- bzw. (–)-**IV**, $C_{24}H_{18}O_4$, F. 238–239°, $[\alpha]_D$ + 37,61° bzw. –37,45° (c = 4,50 bzw. 4,55; Methanol), durch Zers. der diastereomeren Salze mit NH_4OH. (+)- bzw. (–)-**I**, $C_{20}H_{14}O$, F. 197–198°, $[\alpha]_D^{30}$ + 21,70 bzw. –21,73° (c = 3,55 bzw. 3,50; Methanol), durch Zers. von (+)- bzw. (–)-**IV** mit $LiAlH_4$ in abs. Ae. am Rückfluß. — (–)-*Atrolactinsäure,* F. 95–99°, $[\alpha]_D^{30}$ –48,25° (85%ig. opt. Ausbeute), aus 10 g (+)-I-Phenylglyoxylat (F. 156–157°; $[\alpha]_D^{30}$ + 32,64°, c = 3,25; Methanol), durch Grignard-Rk. mit CH_3MgJ u. anschließender Verseifung mit HCl; 2,55 g. A. Grohmann. B 123◇

Untersuchungen über die Konfiguration in der Biphenylreihe. 1. Mitt. **Die konfigurative Beziehung zwischen optisch- aktiven Biphenylen und zentral-asymmetrischen Verbindungen. Die absolute Konfiguration von 6.6'-Dinitro-2.2'-diphensäure.**

Paul Newman, Philip Rutkin und Kurt Mislow. (J. Amer. chem. Soc. **80**, 465—73, 1958; New York, N.Y., Univ., Wm. H. Nichols Chem. Labor.; engl.) — Die unvollständige Meerwein-Ponndorf-Verley-Red. von 1.11-Dinitrodibenz-[a;c]-cycloheptadienon-(6) (**I**) mit S(+)-Pinakolinalkohol (**III**) oder S(+)-Octanol-(2) (**IV**), in Ggw. von Al-tert.-Butylat in Dioxan bei 63° führt zu S(+)-**I** u. *R*(—)-*1.11-Dinitrodibenz-[a;c]-cycloheptadienol-(6)* (**II**). Das Verhältnis der Geschw.-Konst. zwischen R- u. S-**I** beträgt dabei mit S-**III** k_R/k_S 2,2, mit S-**IV** 1,4; R(—)-**I** wird demnach schneller red. als S(+)-**I** ($k_R > k_S$). Vff. zeigen am Modell, unter Zugrundelegung der bekannten abs. Konfiguration von **III**, daß die Red. der atropisomeren S-Form ster. behindert ist. Die Zuordnung von (+)-**I** zur S-Reihe ist daher richtig. Der stereospezif. Effekt muß nach der Modellvorstellung bei **III** größer sein als bei **IV** (vgl. k_R/k_S). Die Kinetik der pseudomonomol. Rk. ist angegeben. Da S(+)-**I** aus *S*(—)-*6.6'-Dinitrodiphensäure-(2.2')* entsteht, ist deren abs. Konfiguration auch der S-Reihe zuzuordnen.

Versuche: (—)-*6.6'-Dinitrodiphensäure-(2.2')-dimethylester*, $C_{16}H_{12}N_2O_8$, F. 141 bis 142° (95%ig. A.), $[\alpha]_D^{28}$ —113° (c = 4,9; Essigester), aus 18,5 g (—)-6.6'-Dinitro-2.2'-diphensäure (F. 230—233°, $[\alpha]_D^{23}$ —125°, c = 2,1; Methanol) in Methanol in 2 Std. am Rückfluß. (+)-*Verb.*, F. 141—142°, $[\alpha]_D^{27}$ + 113° (c = 5,1; Essigester). — (±)-*6.6'-Dinitro-2.2'-bis-[hydroxymethyl]-biphenyl*, $C_{14}H_{12}N_2$, F. 142—144° (Bzl.), aus 21 g vorst. (±)-Verb. mit $LiAlH_4$ u. $AlCl_3$ in abs. Ae.; 45% (Ausbeute). (—)-*Verb.*, F. 120—121°, $[\alpha]_D^{20}$ —65° (c = 0,71; Essigester), analog aus vorst. (—)-Verbindung. — (±)-*6.6'-Dinitro-2.2'-bis-[brommethyl]-biphenyl*, $C_{14}H_{10}Br_2N_2O_4$, F. 183—185° (A.), a) aus 5,0 g vorst. (±)-Verb. mit N-Bromsuccinimid u. Dibenzoylperoxid in CCl_4; 10%; b) aus 8,0 g vorst. (±)-Verb. u. 48%ig. HBr, 40 Min. am Rückfluß; 58%. (—)-Verb., F. 171,5—172,5°, $[\alpha]_D^{32}$ —8,9° (c = 2,0, Tetrahydrofuran), aus vorst. (—)-Verb. analog. (+)-*Verb.*, F. 172—173°, $[\alpha]_D^{32}$ + 8,3° (c = 6,3, Tetrahydrofuran). — (±)-*1.11-Dinitro-5-cyan-6-iminodibenz-[a;c]-cycloheptadien*, $C_{16}H_{10}N_4O_4$, F. 304° (Zers.), aus 0,5 g vorst. (±)-Verb. in A.-W. mit KCN, 90 Min. am Rückfluß; kanariengelbe Kristalle aus Acetonitril; 61%. (+)-*Verb.*, F. 295—300° (Zers.), $[\alpha]_D^{28}$ + 837° (c = 1,0, Pyridin), analog; krist. aus Bzl.-Acetonitril. — (±)-*1.11-Dinitrodibenz-[a;c]-cycloheptadienon-(6)* (**I**), $C_{15}H_{10}N_2O_5$, F. 234—236° (Zers., Essigester); 0,32 g (65%) aus 0,53 g vorst. (±)-Verb. durch Verseifung mit H_2SO_4 in W. u. Eisessig, 1¼ Std. am Rückfluß; 65%. (+)-*Verb.*, F. 227 bis 229° (Zers.), $[\alpha]_D^{25}$ + 218° (c = 1,1, Essigester), $[\alpha]_D^{25}$ + 209° (c = 0,9, Pyridin). — (±)-*1.11-Dinitrodibenz-[a;c]-cycloheptadienol-(6)* (**II**), $C_{15}H_{12}N_2O_5$, F. 199—200° (Bzl.), aus 1,0 g (±)-**I** mit Al-Isopropylat u. Isopropylalkohol, 3 Std. am Rückfluß; 55%. (+)-*Verb.*, F. 133—137°, $[\alpha]_D^{26}$ + 674° (c = 0,22, Pyridin), $[\alpha]_D^{27}$ + 696° (c = 0,23, Essigester), krist. nicht aus den gebräuchlichen Lsgm., sondern fällt stets als Öl an. — (+)-*6.6'-Dimethyl-2.2'-bis-[cyanmethyl]-biphenyl*, $C_{18}H_{16}N_2$, F. 122—123° (A.), $[\alpha]_D^{29}$ +20° (c = 1,1, Pyridin), aus (+)-6.6'-Dimethyl-2.2'-bis-[brommethyl]-biphenyl in A.-W. mit KCN, 5½ Std. am Rückfluß. — (+)-*1.11-Dimethyl-5-cyan-6-iminodibenz-[a;c]-cycloheptadien*, $C_{18}H_{16}N_2$, F. 254—256° (Zers., Acetonitril), $[\alpha]_D^{29}$ + 496° (c = 1,1, Pyridin) aus 3,3 g vorst. Verb. in abs. A. mit Na unter N_2, 1 Std. am Rückfluß; 66%.

A. Grohmann. B 123◇

Untersuchungen über die Konfiguration in der Biphenylreihe. 2. Mitt. Die konfigurative Wechselbeziehung optisch-aktiver Biphenyle bei der thermischen Analyse. Maurice Siegel und Kurt Mislow. (J. Amer. chem. Soc. **80**, 473—76, 1958; engl.) — 1. vgl. vorst. Referat. — Die Schmelzdiagramme von *6.6'-Dimethyl-* (**I**, reine Antipoden) u. *6.6'-Dichlordiphensäure-(2.2')* (**II**) untereinander oder mit *6.6'-Dinitrodiphensäure-(2.2')* (**III**) zeigen zwei Eutektika u. Verb.-Bldg. (1:1 Quasiracemat), wenn die gemischten Verbb. verschiedene Konfiguration haben, aber nur ein oder kein Eutektikum bei Verbb. analoger Konfiguration. Demgemäß ist (+)-**I** u. (—)-**II** die S-Form zuzuordnen, da die abs. Konfiguration von **III** bekannt ist (vgl. l. c.). Einem entsprechenden Schmelzdiagramm gemäß ist die Konfiguration von (+)-*6.6'-Dimethyl-* (**IV**) mit der von (—)-*6.6'-Dichlor-2.2'-bis-[hydroxymethyl]-biphenyl* identisch. Eine Zuordnung der Konfiguration von (—)-*2.2'-Bis-[hydroxymethyl]-binaphthyl-(1.1')* durch Thermoanalyse mit (+)-**IV** gelang nicht.

Versuche: *6.6'-Dinitrodiphensäure-(2.2')*, *Racemat*, F. 265,5—267°; (—)-*Form*, F. 230—231,5°, $[\alpha]_D^{29}$ — 127° [α = 1,6, Methanol (M)]; (+)-*Form*, F. 229—230,5°, $[\alpha]_D^{25}$ + 127° (c = 2,4; M); Spaltung der rac.-Form mit (—)-α-Phenäthylamin. — *6.6'-Dichlordiphensäure-(2.2')*, *Racemat*, F. 289,5—291°; (+)-*Form*, F. 263—264,5° $[\alpha]_D^{29}$ + 7,3 (c = 4,3, M); (—)-*Form*, F. 261—263°, $[\alpha]_D^{29}$ —7,2 (c = 4,1, M); Spaltung der rac.-Form mit Brucin. — *6.6'-Dimethyldiphensäure-(2.2')*, *Racemat*, F. 236—237,5°; (+)-*Form*, F. 211,5—213,5° $[\alpha]_D^{31}$ + 25° (c = 1,2, M); (—)-*Form*, F. 207—211°, $[\alpha]_D^{23}$ — 22° (c = 1,0, M); Spaltung der rac.-Form mit Morphin. — *Binaphthyl-(1.1')-dicarbonsäure-*

(*2.2'*), *Racemat*, F. 269,5—273°; (—)-*Form*, F. ca. 135° (Zers.), $[\alpha]_D^{30}$ —84° (c = 0,46, 0,1nNaOH); Spaltung der rac.-Form mit Chinin. — *6.6'-Dimethyl-2.2'-bis-[hydroxymethyl]-biphenyl*, alle Formen F. 122—123,5°; $[\alpha]_D^{24}$ —30° (c = 2,3, M) bzw. +31° (c = 3,1, M); durch Red. der Carbonsäure mit $LiAlH_4$. — Analog: *2.2'-Bis-[hydroxymethyl]-binaphthyl-(1.1')*, *Racemat*, F. 190,5—191,5°; (—)-*Form*, F. 163,5—165,5°, $[\alpha]_{546}^{24}$ —8,4° (c = 1,6; Aceton). — *6.6'-Dichlor-2.2'-bis-[hydroxymethyl]-biphenyl*, $C_{14}H_{12}Cl_2O_2$, *Racemat*, F. 119—120°; (+)-*Form*, F. 106—107°, $[\alpha]_D^{30}$ +75° (c = 0,63, M), $[\alpha]_D^{30}$ +141° (c = 0,91, Bzl.). A. Grohmann. B 123◇

Untersuchungen über die Konfiguration in der Biphenylreihe. 3. Mitt. **Direkte Konfigurationszuordnung von 6.6'-Dinitro-, 6.6'-Dichlor- und 6.6'-Dimethyldiphensäure-(2.2'). Absolute Konfiguration von 6.6'-Dimethyl-2.2'-diaminobiphenyl.** Francis A. McGinn, Allan K. Lazarus, Maurice Siegel, John E. Ricci und Kurt Mislow. (J. Amer. chem. Soc. **80**, 476—80, 1958; engl.) — 2. vgl. vorst. Referat. — Die abs. Konfiguration von *S*-(—)-*6.6'-Dimethyl-2.2'-diaminobiphenyl* (**I**) wurde durch Synth. aus S-(—)-6.6'-Dinitrodiphensäure-(2.2') (**II**) bekannter Konfiguration (vgl. 1. Mitt.) bewiesen. Auch wurde S-(—)-**I** über S-(—)-6.6'-Dichlor-2.2'-dimethylbiphenyl (**III**, aus **I** durch Sandmeyer-Rk.) mit R-(+)-6.6'-Dichlordiphensäure-(2.2') (**IV**) in Beziehung gebracht [R-(+)-**III** aus R-(+)-**IV** über das Hydroxymethyl- u. das Brommethyl-Deriv.) u. analog R-(+)-**I** über R-(+)-6.6'-Dicyan-2.2'-dimethylbiphenyl (**V**, aus **I** durch Sandmeyer-Rk.) mit S-(+)-6.6'-Dimethyldiphensäure-(2.2') [**VI** → S-(—)-**V**], womit die abs. Konfiguration der Verbb. in Übereinstimmung mit der indirekten Meth. (vgl. l. c.) bestimmt wurde. Die Drehwerte $[\alpha]_D$ von S-**I** sind in neutralen Lsgm. negativ, in aciden positiv u. in 50%ig. wss. Dioxan steigen sie bei konst. Ionenstärke mit der HCl-Zugabe von —50° [Molverhältnis HCl/I = 0, unprotoniertes S-(—)-**I**, trans-Form] auf +30° [HCl/I > 1, monoprotoniertes S-(+)-**I**, cis-Form]. Den gefundenen Dissoziations-Konst. (K_2 2,7·10^{-4}, K_1 >0,1) u. der Änderung von $[\alpha]_D$ zufolge entsteht kein diprotoniertes **I**. Vff. geben folgende Derivv. von **I** mit R-Konfiguration an: R-(—)-6.6'-Diacetamido-2.2'-dimethylbiphenyl u. -diphensäure-(2.2'), R-(—)-6.6'-Dimethyldiisatyl-(7.7') u. R-(+)-2.2'-Bis-[salicylidenamino]-6.6'-dimethylbiphenyl-Cu^{II}-Komplex ($[\alpha]_D^{24}$ +75° Äthanol).

Versuche: (—)-*6.6'-Bis-[hydroxymethyl]-2.2'-diaminobiphenyl*, $C_{14}H_{16}N_2O_2$, F. 157 bis 158° (Methanol–Bzl.), $[\alpha]_D^{20}$ —135° (c = 0,77; Methanol), aus (—)-6.6'-Bis-[hydroxymethyl]-2.2'-dinitrophenyl durch Hydrierung an Pd-Holzkohle in abs. A. bei 1 at u. 26°, ca. 9 Minuten. — (—)-*6.6'-Dinitro-2.2'-dimethylbiphenyl* (**VII**), $C_{14}H_{12}N_2O_4$, F. 95—97° (Hexan), $[\alpha]_D^{27}$ —25° (c = 2,5, A.), aus (—)-6.6'-Dinitro-2.2'-bis-[brommethyl]-biphenyl mit $NaBH_4$ u. $AlCl_3$ in Diglyme, 1 Std. bei 75°. (±)-Verb., F. 108—110°, analog. — (±)-*6.6'-Dimethyl-2.2'-diaminobiphenyl* (**I**), F. 207—209,5°, aus vorst. (±)-Verb. durch Hydrierung an Pd-Kohle in abs. A. bei 26° u. 1 at. (—)-*Verb.*, F. 156—158°, $[\alpha]_D^{33}$ —49° (c = 2,9, A.), $[\alpha]_D^{30}$ +34° (c = 3,5, 1nHCl), a) analog der (±)-Verb.; b) durch Spaltung über das Tartrat; aus den Mutterlaugen. *Diacetylderiv.*, F. 233—235°, $[\alpha]_D^{25}$ +128° (c = 1,0; abs. A.). (+)-*Verb.*, F. 156—158°, $[\alpha]_D^{31}$ +48° (c = 2,5; abs. A.), $[\alpha]_D^{33}$ —35° (c = 3,5; nHCl). *Diacetyl-Deriv.*, F. 232—234°; $[\alpha]_D^{25}$ —126° (c = 1,2; abs. A.). — (+)-*6.6'-Dichlor-2.2'-bis-[brommethyl]-biphenyl*, $C_{14}H_{10}Br_2Cl_2$, F. 70—71° (Methanol), $[\alpha]_D^{29}$ +77° (c = 0,93; Bzl.), aus (+)-6.6'-Dichlor-2.2'-bis-[hydroxymethyl]-biphenyl in 48%ig. HBr, 1std. Kochen; 72%. — (±)-*6.6'-Dichlor-2.2'-dimethylbiphenyl* (**III**), $C_{14}H_{12}Cl_2$, F. 117—119°, aus (±)-**I** mit $NaNO_2$ in 28%ig. HCl bei —5°, Zugabe von CuCl u. 5 Min. bei 60°. (+)-*Verb.*, F. 110—111° (wss. A.), $[\alpha]_D^{27}$ +33° (c = 2,8, abs. A.), $[\alpha]_D^{27}$ +45° (c = 1,0; Hexan); aus vorst. (+)-Verb. mit $NaBH_4$ u. $AlCl_3$ in Diglyme, 1 Std. bei 75°, Zers. mit 6nH_2SO_4 u. Hydrierung des entstehenden Öls an Pd-Holzkohle in Methanol; 65%. (—)-*Verb.*, F. 109—111° (95%ig. A.), $[\alpha]_D^{27}$ —30° (c = 4,6; abs. A.), aus diazotiertem S-(—)-**I** in 28%ig. HCl bei —5° mit CuCl u. 5 Min. bei 60°. — (+)-*6.6'-Dicyan-2.2'-dimethylbiphenyl* (**V**), $C_{16}H_{12}N_2$, F. 157—157,5° (Bzl.–Hexan), $[\alpha]_D^{28}$ +20° (c = 1,9; Tetrahydrofuran), aus diazotiertem R-(+)-**I** in HCl bei 0—5° mit NaCN u. aufgeschwemmten CuCl, Wasserdampf-Dest. u. Umkristallisation; 2%. (—)-*Verb.*, F. 157—157,5° (Bzl.–Ligroin), $[\alpha]_D^{28}$ —18° (c = 5,6; Tetrahydrofuran) u. p-Toluolsulfonamid mit PCl_5 durch Dest. bei 200—205°; 39%. A. Grohmann. B 123◇

Untersuchungen über die Konfiguration in der Biphenylreihe. 4. Mitt. **Konformation und optische Drehung von behinderten Biphenylen. Konfigurative Wechselbeziehung von Biarylen bei optischer Verschiebung. Die absolute Konfiguration von behinderten 1.1'-Binaphthylen.** Donald D. Fitts, Maurice Siegel und Kurt Mislow. (J. Amer. chem. Soc. **80**, 480—86, 1958; New York, N.Y., Univ., Wm. H. Nichols Labor.; New Haven, Conn., Yale Univ., Sterling Chem. Labor.; engl.) — 3. vgl. vorst. Referat. — Der Zusammenhang zwischen dem energet. bevorzugten Winkel Θ zwischen den Phenylebenen von R-(+)-*6.6'-Dichlor-2.2'-dimethylbiphenyl* (**I**) u. dem Drehwinkel $[\alpha]_D$ des Biphenyls wird nach der Kirkwood-Theorie der Polarisierbarkeit berechnet; Θ ergibt sich zu ca. 92° (in A.) bzw. 92,5° (in Hexan). Beim Übergang von *R*-(+)-*6.6'-Dimethyl-2.2'-diaminobiphenyl* (**II**, trans-Form) zur monoprotonierten Verb. (**II-H**$^+$, cis-Form) ändert sich die Drehrichtung u. gemäß vorst. Theorie wechselt Θ den Quadranten (z. B. Θ von 92° → 88° ergibt $[\alpha]_D$ von +30° → −30°). Der Übergang in die cis-Form wird mit der Bldg. einer H-Brücke beim monoprotonierten **II** erklärt. Die Konfiguration von *S*-(−)-*Binaphthyl-(1.1')-dicarbonsäure-(2.2')* u. ihrer Derivv. u. von dem aus ihr entstehenden *S*-(+)-*3.4-Dihydrodibenz-[a;g]-phenanthren* (**III**) folgern Vff. aus der Tatsache, daß **III** in der cis-Form vorliegen muß u. im Einklang mit vorst. Theorie eine positive Drehrichtung hat. Vff. stellen folgenden Verschiebungssatz auf: „Ein symm. substituiertes, blockiertes Biaryl hat die S- (bzw. R-)-Konfiguration, wenn beim Übergang vom offenen zum Brücken-Syst. die opt. Aktivität eine bemerkenswerte Verschiebung in die positive (bzw. negative) Richtung erfährt". Demgemäß haben folgende Verbb. die S-Konfiguration: *S*-(−)-*2.2'-Diaminobinaphthyl-(1.1')*, *S*-(+)-*1.3.8.10-Tetramethyldibenzo-[c;e]-1.2-dithiin-5.5-dioxid*, *S*-(+)-*Dinaphtho-[2.1:c;1'.2':e]-1.2-dithiin* u. *-1.2-dithiin-3.3-dioxid*, *S*-(+)-*4.4-Dimethyldinaphtho-[2.1:d;1':2'.f]-1.3-dithiepin*, *S*-(+)-*Dianthra-[2.1:c;1'.2':e]-oxepin*, *S*-(+)-*Dianthra-[2.1:a;1'.2':c]-cyclohexadien* u. die Dianthryle-(1.1'): *unsubstituiert*, *S*-(+)-*2.2'-Bis-[brommethyl]*-, *S*-(+)-*2.2'-Bis-[carbamoyl]*-, *S*-(+)-*2.2'-Bis-[acetoxymethyl]*-, *S*-(+)-*2.2'-Bis-[carbomethoxy]*-, *S*-(+)-*2.2'-Bis-[carboxy]*-, *S*-(+)-*2.2'-Diamino-*, *S*-(+)-*2.2'-Dibrom-* u. *S*-(+)-*2.2'-Dicyan-*. Auf Verbb. mit zusätzlichen asymm. Zentren kann der Verschiebungssatz nicht angewendet werden.

Versuche: (+)-*6.6'-Dinitrobiphenyl-2.2'-dicarbonsäureamid*, $C_{14}H_{10}N_4O_6$, F. 217,5 bis 218,5° (Methanol–Hexan), $[\alpha]_D^{28}$ +290° (c = 0,92; Methanol), aus dem festen Umsetzungs-Prod. (F. 147°; aus CCl_4) von (+)-6.6'-Dinitrodiphensäure-(2.2') (F. 228,5 bis 230,5°, $[\alpha]_D^{26}$ 127°, Methanol) mit $SOCl_2$ u. Pyridin, mit konz. wss. NH_4OH. — (+)-*6.6'-Dichlorbiphenyl-2.2'-dicarbonsäureamid*, $C_{14}H_{10}Cl_2N_2O_2$, F. 242—244°, $[\alpha]_D^{25}$ +119° (c = 0,14; Methanol), wie vorst. Verb. aus (+)-6.6'-Dichlordiphensäure-(2.2') (F. 263—265°, $[\alpha]_D^{24}$ 5,7°, Methanol) über das Chlorid (F. 132—135°, CCl_4). — (−)-*1.11-Dinitrodibenz-[c;e]-dihydro-N.N-pentamethylenazepiniumbromid*, $C_{19}H_{20}BrN_3O_4$, F. 168—169° (Zers.), $[\alpha]_D^{28}$ −527° (c = 1,0; A.), aus 0,19 g Piperidin u. 0,35 g (+)-6.6'-Dinitro-2.2'-bis-[brommethyl]-biphenyl (F. 169—171°, $[\alpha]_D^{25}$ +46°, Dioxan) in Bzl. als gelber Nd. über Nacht u. Umfällung aus W. mit wss. konz. KOH; 0,1 g. — (−)-*1.11-Dichlordibenz-[c;e]-dihydro-N.N-pentamethylenazepiniumbromid*, $C_{19}H_{20}BrCl_2N$, F. 297—298,5° (Zers., Aceton), $[\alpha]_D^{27}$ −83° (c = 1,2, A.), wie vorst. Verb. aus 0,16 g (+)-6.6'-Dichlor-2.2'-bis-[brommethyl]-biphenyl (F. 70—71°, $[\alpha]_D^{29}$ +77°, Bzl.); 0,08 g. — (−)-*6.6'-Dichlordiphensäure-(2.2')-dimethylester*, $C_{16}H_{12}Cl_2O_4$, F. 104—105,5° (A), $[\alpha]_D^{27}$ −5,8 (c = 1,0; Methanol), $[\alpha]_D^{27}$ −11,5° (c = 1,0; Äthylacetat), aus der Säure in Ae. mit Diazomethan. — (−)-*Binaphthyl-(1.1')-dicarbonsäure-(2.2')-dimethylester*, $C_{24}H_{18}O_4$, F. 154—155°, $[\alpha]_D^{29}$ −18° (c = 1,2; Methanol), $[\alpha]_D^{27}$ −27° (c = 1,4; Äthylacetat), aus der Säure (F. ca. 135°, Zers.; $[\alpha]_{546}^{22}$ −123°, 0,1nNaOH) in Ae. mit Diazomethan. — (+)-*2.2'-Dimethylbinaphthyl-(1.1')*, $C_{22}H_{18}$, F. 64—67° (A.), $[\alpha]_D^{22}$ +19° (c = 1,2; A.), aus (−)-2.2'-Bis-[brommethyl]-binaphthyl-(1.1') (F. 183,5—185,5° $[\alpha]_{546}^{29}$ −200°, c = 0,90; Bzl.) durch Red. mit $LiAlH_4$ in Ae., 1std. Kochen. A. Grohmann. 123◇

Untersuchungen über die Konfiguration in der Biphenylreihe. 5. Mitt. **Stereochemie des Dibenz-[a;c]-cyclooctadien-(1.3)-Systems.** Leo V. Dvorken, R. Bruce Smyth und Kurt Mislow. (J. Amer. chem. Soc. **80**, 486—92, 1958; engl.) — 4. vgl. vorst. Referat. — Der gesätt. Teil der *Dibenz-[a;c]-cyclooctadiendicarbonsäure-(6.7)* (**I**) kann in seiner Konformation mit Cyclohexan verglichen werden. Demgemäß gibt es bei gehinderter Drehung des Biphenyl-Syst. eine cis-Form der benachbarten —COOH-Gruppen (meso-Form, ae-Konformation) u. 2 trans-Formen (aa- bzw. ee-Konformation). Bei Drehung der Phenylebenen gegeneinander geht die cis-Form in das Spiegelbildenantiomere über (ae- in ea-Konformation, Racemisierung), sie verliert ihre opt. Aktivität. Die trans-Form geht in die diastereomere trans-Form über (aa- in ee-Konformation, Mutarotation). Entsprechend ihrem Verh. wurde β-**I** (Racemisierung) der cis-Form u. α-**I** (Mutarotation) der trans-Form zugeordnet. Ein drittes Enantiomerenpaar konnte nicht isoliert werden. Aus den Daten der Racemisierungs-Rk. (monomol.) errechneten Vff. für t = 31,5°; für β-**I** in abs. A.: E. 22,8 (kcal/Mol), A 3,16·10^{12} (s^{-1}); $\Delta H^{\neq}$ 22,2 (kcal/Mol); $\Delta S^{\neq}$ −3,4 (cal/Grad·Mol); ΔF 23,3 (kcal/Mol); in 2,32 nNaOH: 25,4; 3,98·10^{14}; 24,8; +6,3; 22,9. Ein stabiles opt.-akt. Deriv. von **I** konnte nicht isoliert werden.

Versuche: *Dibenz-[a;c]-cycloheptadiendicarbonsäure-(6.6)*, F. 200—203° (Zers.), durch Verseifung des Diäthylesters ($C_{21}H_{22}O_4$, F. 48—49°, aus 2.2'-Bis-[brommethyl]-biphenyl u. Na-Malonester; 52% Ausbeute); 77%. — *Dibenz-[a;c]-cycloheptadiencarbonsäure-(6)*, F. 160—162°, aus vorst. Verb. in 15 Min. bei 210°. — *1.11-Dinitrodibenz-[a;c]-cyclohepta-*

diendicarbonsäure-(6.6), $C_{17}H_{12}N_2O_8$, F. 247—249° (Zers., A.), durch Verseifung des Diäthylesters ($C_{21}H_{20}N_2O_8$, F. 150—156°) A., aus 6.6'-Dinitro-2.2'-bis-[brommethyl]-biphenyl mit Na-Äthylat u. Malonester in Dioxan, 15 Min. am Rückfluß; 64%); 67%. — *Dibenz-[a;c]-cyclooctadientetracarbonsäure-(6.6.7.7)*, *Tetraäthylester* (**II**), $C_{28}H_{32}O_8$, F. 110 bis 111°, aus 2.2'-Bis-[brommethyl]-biphenyl (**III**) u. Äthantetracarbonsäuretetraäthylester (**IV**) mit K in abs. Toluol, 40 Std. am Rückfluß; 77%. *Tetrabenzylester*, $C_{48}H_{40}O_8$, F. 172—173°, aus **III** u. nachst. Verb. mit K in abs. Toluol, 24 Std. am Rückfluß; 50%. Hydrogenolyse führte zu einem Säuregemisch mit unterschiedlichem Decarboxylierungsgrad. — *Äthantetracarbonsäuretetrabenzylester*, $C_{34}H_{30}O_8$, F. 92—93° (Bzl.–PAe., 1:10), aus Malonester u. Na mit Benzylalkohol in Bzl. u. Zusatz von Jod nach Abzug des azeotropen Gemisches A.–Benzol; 19%. — *Äthantetracarbonsäure*, F. 163—165° (Zers.), aus vorst. Verb. durch Hydrogenolyse an 5%ig. Pd-Holzkohle bei 1 at in A. bei Zimmertemperatur. — *4.4'-Dinitro-2.2'-bis-[hydroxymethyl]-biphenyl*, $C_{14}H_{12}N_2O_6$, F. 159—161° (A.–Äthylacetat, 4:1), aus 4.4'-Dinitrodiphensäure-(2.2')-dimethylester (F. 175—176°, aus 2.7-Dinitrophenanthren-9.10-chinon durch Oxydation u. Veresterung der entstehenden Säure) mit $NaBH_4$ u. wasserfreiem $CaCl_2$ in abs. Tetrahydrofuran; 51%. — *6.6'-Dinitro-2.2'-bis-[hydroxymethyl]-biphenyl*, F. 142—144°, analog aus 6.6'-Dinitrodiphensäure-(2.2')-dimethylester; 53%. — *4.4'-Dinitro-2.2'-bis-[brommethyl]-biphenyl*, $C_{14}H_{10}Br_2N_2O_4$, F. 152 bis 153°, aus vorvorst. Verb. in 48%ig. HBr durch Einleiten von HBr, 2std. Kochen; 70%. — *3.10-Dinitrodibenz-[a;c]-cyclooctadientetracarbonsäure-(6.6.7.7)-tetraäthylester*, $C_{28}H_{30}N_2O_{12}$, F. 169—171°, aus vorst. Verb. u. **IV** mit Na in abs. Dioxan, 3 Std. am Rückfluß; 41%. — *3.10-Diaminodibenz-[a;c]-cyclooctadientetracarbonsäure-(6.6.7.7)-tetraäthylester* $C_{28}H_{34}N_2O_8$, unrein, F. 60—80°, durch Hydrierung von vorst. Verb. an 5%ig. Pd-Holzkohle in A. bei 30° in 24 Std.; 97%. — *α-Dibenz-[a;c]-cyclooctadiendicarbonsäure-(6.7)* (**I**), $C_{18}H_{16}O_4$, F. 219—220° (Zers., Essigsäure), aus **II** durch Verseifung mit KOH in Äthylenglykol, 2 Std. am Rückfluß; 82%. *Dimethylester*, $C_{20}H_{20}O_4$, F. 127—128°; λ_{max} (Methanol) 236 mμ, ε 12,0; aus α-**I** mit Diazomethan in Ae. bei 5°; 99%. (+)-α-**I**, F. 221—222° (Zers.), $[\alpha]_D^{31.5}$ +159° (c = 5,0, A.), über das Brucinsalz von (±)-α-**I**, Auslaugen mit Aceton u. Zers. des Rückstands [Brucinsalz von (+)-α-**I**, $C_{41}H_{42}N_2O_8$, F. 227 bis 229° (Zers.), $[\alpha]_D^{31}$ +71,5° (c = 1,3; $CHCl_3$) keine Mutarotation] mit NH_4OH. (+)-*Dimethylester*, F. 159—160° (A.), $[\alpha]_D^{31,5}$ +178° (c = 2,0, Diglyme). (—)α-**I**-, F. 223 bis 225° (Zers.), $[\alpha]_D^{31,5}$ —158° (c = 5,9; A.), aus den Mutterlaugen vorst. Brucinsalzes mit NH_4OH. (—)-*Dimethylester*, F. 159—160°, $[\alpha]_D^{31,5}$ —178° (c = 2,0; Diglyme). — *β-Dibenz-[a;c]-cyclooctadiendicarbonsäureanhydrid-(6.7)*, $C_{18}H_{14}O_3$, F. 171—174° u. F. 306—307° (Bzl.–PAe.), aus α-**I** bei 250° unter N_2. 78%. — (±)-β-**I**, F. 196—198° (Zers.), aus nachst. Verb. durch Verseifung mit KOH in wss. A., 1std. Kochen. *Dimethylester*, $C_{20}H_{20}O_4$, F. 139—140° (Methanol), λ_{max} (Methanol) 236 mμ ε 13,0. *Diäthylester*, $C_{22}H_{24}O_4$, F. 91° (PAe.). (—)-β-**I**, F. 189—210°, $[\alpha]_D^{31,5}$ —103° (c = 1,6 A.), aus dem in Aceton ausfallenden Morphinsalz [$C_{35}H_{35}NO_7$, F. 195—203 (Zers.), $[\alpha]_D^{27}$ —11,3° (c = 2,5, Äthylenglykolmonomethyläther, Mutarotation mit k_1^{27} $1,2 \cdot 10^{-4} \cdot s^{-1}$]. (—)-*Dimethylester*, F. 125—135°, $[\alpha]_D^{31,5}$ —77,2° (c = 1,6; Diglyme), schnelle Racemisierung mit k = $6,31 \cdot 10^{12}$ exp(—22,8 RT). (+)-β-**I**, F. 185—200°, $[\alpha]_D^{31,5}$ +175° (c = 5,0, A.), aus dem in Aceton unlösl. Brucinsalz ($C_{41}H_{42}N_2O_8$, F. 160—164°). A. Grohmann. B 123◇

Untersuchungen über die Konfiguration in der Biphenylreihe. 6. Mitt. **Bestimmung der absoluten Konfiguration von behinderten 1.1'-Binaphthylen durch die asymmetrische Meerwein-Ponndorf-Verley-Reduktion.** Kurt Mislow und Francis A. McGinn. (J. Amer. chem. Soc. **80**, 6036—38, 1958; New York, N.Y., Univ., Wm. H. Nichols Chem. Labor.; Zürich, ETH, Labor. für Org. Chem.; engl.) — 5. vgl. vorst. Referat. — Nach der unvollständigen Meerwein-Ponndorf-Verley-Red. von (±)-Dinaphtho-[2'.1':1.2;1''.2'':3.4]-cycloheptadienon-(6) (**I**) konnte (—)-*Dinaphtho-[2'.1':1.2;1''.2'':3.4]-cycloheptadienol-(6)* (**II**) u. (—)-**I** isoliert werden. Da die Red. der R-Konfiguration von **I** schneller verläuft ($k_R > k_S$; bei 63° k_R/k_S 1,3; vgl. auch 1. Mitt.) entsteht R-(—)-**II** neben S-(—)-**I**. Damit ist auch die abs. Konfiguration von *R-(+)-Binaphthyl-(1.1')-dicarbonsäure-(2.2')*, dem synthet. Vorläufer von R-(—)-**II**, u. seiner Derivv. *R-(+)-2.2'-Bis-[brommethyl]-binaphthyl-(1.1')* (**III**, F. 182—186°; $[\alpha]_D^{28}$ 161,8°, c = 0,89, Bzl.), *R-(—)-9.10-Dihydro-3.4;5.6-dibenzphenanthren* u. *R-(—)-5-Cyan-6-iminodinaphtho-[2'.1':1.2;1''.2'':3.4]-cycloheptadien* in Übereinstimmung mit dem Ergebnis aus der Polarisierbarkeitstheorie (vgl. 4. Mitt.) fixiert.

Versuche: *5-Cyan-6-iminodinaphtho-[2'.1':1.2; 1''.2'':3.4]-cycloheptadien*, $C_{24}H_{16}N_2$, *Racemat*, F. 269—271° (Acetonitril), aus 30 g (±)-**III** (F. 151—153°) u. KCN in wss. A., 6 Std. am Rückfluß u. ½std. Kochen des Nd. mit Na-Äthylat in abs. A.; 68%, (—)-*Form*, F. 296—298° (Acetonitril), $[\alpha]_D^{20}$ —837° (c = 0,62; Pyridin), analog aus (+)-**III**. — *Dinaphtho-[2'.1':1.2; 1''.2'':3.4]-cycloheptadienon-(6)* (**I**), $C_{23}H_{16}O$, *Racemat*, F. 207—210°

(Bzl.), aus 14,4 g vorst. Verb. u. 86% ig. H_3PO_4 in Eisessig, 5 Std. aus Rückfluß; 50%. (+)-*Form*, $Kp._{0,005}$ ca. 160° (Bad) $[\alpha]_D^{20}$ + 134° (c = 0,4; Bzl.), analog aus vorst. (—)-Verbindung. — *Dinaphtho-[2'.1':1.2; 1''.2'':3.4]-cycloheptadienol-(6)* (II), $C_{23}H_{18}O$, *Racemat*, F. 162—163° (Hexan), λ_{max} (A.) 219, 230,5, 305 mμ (lg ε 5,03, 4,92 bzw. 4,13) aus 0,147 g (±)-I mit $LiAlH_4$ in abs. Ae., 30 Min. am Rückfluß; 100%. (—)-*Form*, glasförmig, $[\alpha]_D^{20}$ — 634° (c = 2,2, Bzl.), a) analog (±)-II aus (+)-I; b) durch asymm. Red. von 0,701g (±)-I mit 13,2 g (+)-Octanol-(2) ($[\alpha]_D^{21}$ +9,66°, 100% ig. opt. Reinheit) u. 0,548 g Al-tert.-Butylat (F. 197—198°) in Dioxan, 15 Min. bei 82,5° (bzw. in 15 Min. bei 63°). Chromatograph. Trennung von 0,128 g (—)-I ($[\alpha]_D^{20}$ —46,4° Bzl.) u. 0,549 g (—)-II ($[\alpha]_D^{20}$ — 64,5°, Bzl.) mit Bzl.-Hexan. A. Grohmann. B 123◇

Untersuchungen über die Konfiguration in der Biphenylreihe. 7. Mitt. **Untersuchungen über asymmetrische Synthesen.** 9. Mitt. **Die Bestimmung der absoluten Konfiguration von (—)-Dinaphtho-[2'.1':1.2; 1''.2'':3.4]-cycloheptadienol-(6), eines atropisomeren Enantiomeren, durch asymmetrische Atrolactinsäure-Synthese.** K. Mislow, V. Prelog und H. Scherrer. (Helv. chim. Acta **41**, 1410—13, 1958; Zürich, ETH, Org.-chem. Labor.; dt.) — 6. vgl. vorst. Ref. bzw. 8. vgl. C. **1957**, 5803; 11. vgl. C. **1963**, 16873. — Aus dem Phenylglyoxylsäureester von (—)-*Dinaphtho-[2'.1':1.2; 1''.2'':3.4]-cycloheptadienol-(6)* (I) entsteht beim Umsatz mit CH_3MgJ R-(—)-Atrolactinsäure in 20% ig. opt. Ausbeute. Gemäß der Erklärung am Modell hat demnach (—)-I (vgl. l. c.) auch die R-Konfiguration.

Versuche: *Phenylglyoxylsäureester von R-(—)-Dinaphtho-[2'.1':1.2;1''.2'':3.4]-cycloheptadienol-(6)*, $C_{31}H_{22}O_3$, F. 168—169° (Ae.-PAe.), $[\alpha]_D$ —275° (c = 1,18; Bzl.); aus 286 mg Alkohol u. 159 mg Phenylglyoxylsäurechlorid in Bzl. u. Pyridin über Nacht bei Zimmer-Temp.; 350 mg (Ausbeute). — *Atrolactinsäure*, F. 87—90°, $[\alpha]_D$ —7,5 (c = 1,96, A.), aus 250 mg vorst. Esters u. CH_3MgJ in abs. Ae., ½ std. bei 0° u. 1½ Std. am Rückfluß, Verseifung des entstehenden Atrolactinsäureesters mit 1% ig. meth. KOH, 5 Std. am Rückfluß; 69%. A. Grohmann. B 123◇

Thermoluminescenz bei mit Gammastrahlen bestrahlten Biochemikalien. Untersuchung der Emissionsspektren. C. J. Weinberg, D. R. Nelson, J. G. Carter und L. G. Augenstine. (J. chem. Physics **36**, 2869—79, 1962; Oak Ridge, Tenn., Oak Ridge Nat. Labor.; Health Phys. Div.; engl.) — Die spektrale Verteilung (zwischen 3000 u. 6500 Å) der Thermoluminescenz (TL) von mit ^{60}Co-γ-Strahlung bei 77° K von über $9 \cdot 10^5$ r bestrahltem kristallinem *Tyrosin* (I), *Tryptophan* (II), *Phenylalanin* (III) u. *Trypsin* (IV) werden im Temp.-Gebiet von 80—320° K untersucht. Die therm. Aktivierungsenergie für die TL wird auf 0,2 eV bei I, II u. III u. mit 0,1 eV bei IV geschätzt. Die TL enthält längere Wellenlängen als die UV-angeregte Fluorescenz bei Raum-Temp. bzw. die langlebige Phosphorescenz bei 77° K. Mögliche Einfl. der Gitterfehler werden diskutiert. H. Schibilla. B 125□

Änderung des Fluorescenzvermögens organischer Lösungen nach Einwirkung von UV-Licht. Wilhelm Ludwig und Lieselott Herforth. (Wiss. Z. Techn. Univ. Dresden **11**, 905—09, 1962; Leuna-Merseburg, TH, Inst. für Phys. Chem.; dt.) — Die Änderungen der Fluorescenzintensität in Abhängigkeit von der UV-„Bestrahlungsdosis" (in $erg \cdot cm^{-2}$) u. vom Lsgm. u. gelösten Gas werden untersucht; die Ergebnisse sind für folgende Stoffe graph. angegeben: *Stilben*, *Tolan*, *α.ω-Diphenylbutadien*, *-hexatrien*, *-octatetra*, *-buten-(1)-in-(3)*, *Acenaphthen*, *Naphthalin*, *Pyren*, *Chrysen*, *Anthracen*, *Anthron* u. *Anthranol*. G. Pötzscher. B 125◇

Lebensdauer des Triplettzustandes von Anthracen in Lucit. W. H. Melhuish und R. Hardwick. (Trans. Faraday Soc. **58**, 1908—11, 1962; Los Angeles, Calif., Univ. of California, Dep. of Chem.; engl.) — Unter der Annahme, daß keine dynam. Schwächung des Triplettzustandes in festen Lsgg. auftritt, wird die „wahre" Lebensdauer des Triplettzustandes von *Anthracen* (I) in Lucit (II, Polymethylmethacrylat) in Abhängigkeit von der Temp. (80° u. 300° K) mit Hilfe der Blitzphototechnik gemessen. Die Absorptions- u. Fluorescenzspektren zeigen, daß I keine chem. Verb. mit II eingeht. Für die Lebensdauer des Triplettzustandes von I in II werden folgende Halbwertszeiten (ms) gefunden: für $5 \cdot 10^{-4}$ Mol/Liter I in II bei 300° K: 12,6 (entgast); 13,0 (mit Luft); 13,0 (mit O_2); bei 80° K: 20 ± 2 (mit Luft). Die Meßtechnik wird beschrieben. Die Ergebnisse beweisen, daß der strahlungslose Übergang T → S im wesentlichen für die Desaktivierung des Triplettzustandes verantwortlich ist. H. Schibilla. B 125◇

Abhängigkeit der monomolekularen Umwandlung aus dem Triplettzustand von der Viscosität. G. Porter und L. J. Stief. (Nature [London] **195**, 991—92, 1962; Sheffield, Univ., Dep. of Chem.; engl.) — An *9.10-Dibromoanthracen* wird die Geschw.-Konst. des Triplettzerfalls 1. Ordnung im Temp.-Bereich zwischen + 150 u. —196° bei drei Lsgm. verschiedener Viscosität [V.; Propylenglykol (I), 3-Methylpentan u. Iso-

pentan] untersucht. In den Gebieten besonders hoher u. besonders niedriger V. bleibt die Geschw.-Konst. nahezu unabhängig vom Lsgm. u. z. T. von der Temperatur. In einem Zwischengebiet der V (je nach Lsgm. bei verschiedener Temp. in der Nähe des jeweiligen F.) nimmt die Geschw.-Konst. mit zunehmender V schnell ab. Die V, bei der die Geschw.-Konst. abzunehmen beginnt, beträgt bei **I** 50 cP. Es wird gefolgert, daß in den Gebieten besonders hoher u. besonders niedriger V zwei unterschiedliche Mechanismen des monomol. Zerfalls des Triplettzustandes auftreten u. daß die Geschw.-Konst. in dem Gebiet niedriger V mit einem strahlungslosen Übergang zusammenhängt, bei dem die Kopplung von Mol.-Rotation u. Elektronenbewegung ausschlaggebend für das Übergangsmoment ist.
H. Schibilla. B 125□

Anwendung der Bestimmung des elektrischen Dipolmomentes in der chemischen Wissenschaft und Industrie. 1. Mitt. **Dipolmoment und Struktur chemischer Verbindungen.** Mirko Kesler. (Kem. u Ind. [Zagreb] **10**, 73—80, 1961; Zagreb; serbokroat.) — Zusammenfassende Darst.: Grundlagen, Dipolmoment u. Elektronenkonfiguration des Mol.; Bindungs- u. Gruppenmomente in Anwendung auf Strukturprobleme organ. Verbb.; Meth. u. Technik der Best.; Unterss. an Phthalylharnstoff.
R. K. Müller. B 132◇

Dipolmomente und Relaxationszeiten einiger Chlornitrobenzole in verdünnten Lösungen. S. I. Ahmad und K. C. Lal. (Indian J. pure appl. Physics **1**, 104—06, 1963; Lucknow, Univ., Dep. of Phys.; engl.) — Relaxationszeiten u. Dipolmomente von *o-, m-, p-Chlornitrobenzol, 3.4-, 2.4-, 2.5-Dichlornitrobenzol, 4-Chlor-1.3-* u. *1-Chlor-2.4-dinitrobenzol* wurden in verd. Hexan- u. Bzl.-Lsgg. im Mikrowellenbereich ($\lambda = 3{,}137$ cm) bei $34^0 \pm 0{,}5^0$ bestimmt. DK u. dielektr. Verlustfaktoren wurden mit einer Genauigkeit von 0,2 bzw. 0,96% ermittelt. Die Unterschiede zwischen den hier gefundenen u. den nach anderen Meth. errechneten Dipolmomenten der trisubstituierten Verbb. werden zurückgeführt auf induzierte Momente u. auf die bei der Berechnung nicht berücksichtigte DK der Kernzwischenräume.
M. Reiher. B 132◇

Stereoelektronische Effekte bei organischen Basen. 10. Mitt. **Die Protonierung einiger gesättigter Alkohole in wässeriger Schwefelsäure.** Edward M. Arnett und John N. Anderson. (J. Amer. chem. Soc. **85**, 1542—43, 1963; Pittsburgh, Pa., Univ. of Pittsburgh, Dep. of Chem.; engl.) — 8. vgl. C. **1962**, 16979. — Mit einer Lsg.-Extraktions-Gas-Fl.-Chromatographie-Technik wurde die Oxoniumion-Bldg. aus *n-, sek-, tert.-Butyl-* u. *tert.-Amylalkohol* in wss. H_2SO_4 untersucht. Die Ergebnisse zeigen, daß die Verzweigung der KW-Stoffkette nur geringen Einfl. auf die Basizität der Alkohole hat. Die Basizitäten sind deutlich größer als die vergleichbarer Äther, was die frühere Annahme bestätigt, daß eine ster. Hinderung der Solvatation ein wesentlicher Faktor bei der Protonierung von Sauerstoffbasen ist. Die Ergebnisse u. Vgl. machen es wahrscheinlich, daß viele veröffentlichte Werte für den Anstieg in der Beziehung log. Indikatorverhältnis gegen H_0 bei schwachen Basen nur mit Vorsicht benutzt werden dürfen. Es kann sogar günstiger sein, H_0 beim Halbionisationspunkt als Maß der Basizität innerhalb einer Reihe verwandter Verbb. zu nehmen, als diesen Anstieg.
W. Schramm. B 139◇

Molale Aktivitätskoeffizienten von Methan- und Äthansulfonsäuren und ihren Salzen. Harry P. Gregor, Michael Rothenberg und Norman Fine. (J. physic. Chem. **67**, 1110—12, 1963; Brooklyn, N.Y., Polytechn. Inst. of Brooklyn, Dep. of Chem.; engl.) — Die molalen Aktivitäts-Koeff. von *Methan-* u. *Äthansulfonsäure* sowie ihren Li-, Na-, K-, NH_4^+-, $(CH_3)_4N^+$-, $(C_2H_5)_4N^+$- u. $(C_4H_9)_4N^+$-Salzen (Darst. der Salze beschrieben) wurden bei Molalitäten von 0,1—8 u. 25 u. 30⁰ isopiest. bestimmt. Das Verh. der organ. Ionen wird unter Benutzung der Vorstellungen über die eisähnliche Struktur von W. erklärt. Das $(C_4H_9)_4N^+$-Salz zeigt Micellbldg. bei relativ niedrigen Konzentrationen.
W. Schramm. B 139◇

Relative Wasserstoffbrückenbindung mit Deuterium. 1. Mitt. **Ionisationskonstanten von Malein- und Fumarsäure und ihren Monoäthylestern in H_2O und D_2O.** George Dahlgren jun. und F. A. Long. (J. Amer. chem. Soc. **82**, 1303—08, 1960; Ithaca, N.Y., Cornell Univ., Dep. of Chem.; engl.) — Vff. bestimmen durch EMK-Messung bei 25⁰ die pK-Werte in $H_2O[D_2O]$ von *Maleinsäure* (**I**), F. 132—133⁰, W.) pK_1 $1{,}910 \pm 0{,}004$ [$2{,}535 \pm 0{,}003$]. pK_2 $6{,}332 \pm 0{,}002$ [$6{,}711 \pm 0{,}005$]; *-monoäthylester* (**II**), pK $3{,}077 \pm 0{,}005$ [$3{,}532 \pm 0{,}002$]; *Fumarsäure* (F. 276⁰, W.) pK_1 $3{,}095 \pm 0{,}007$ [$3{,}557 \pm 0{,}005$]; pK_2 $4{,}602 \pm 0{,}007$ [$5{,}025 \pm 0{,}004$]; u. *-monoäthylester* [$C_6H_8O_4$, F. 69⁰ (korr., Ae. u. Chlf.), aus Maleinsäureanhydrid in A. 15 Std. am Rückfluß] pK $3{,}396 \pm 0{,}002$ [$3{,}847 \pm 0{,}04$]. Aus dem Verhältnis $K_1^H/K_1^D = 4{,}2$ u. $K_2^H/K_2^D = 2{,}4$ für **I** wird eine geringe intramol. H-Bindung im D-Bimaleation in D_2O hergeleitet. Nach Westheimer u. Benfey (vgl. C. **1957**, 2685) werden für **I** u. **II** halbquant. K'_H u. K'_D, das Verhältnis des gebundenen zum nichtgebundenen H bzw. D im Bimaleation, berechnet, $K'_H = 6{,}4$; $K'_D = 4{,}0$. Daraus ergibt sich eine merkliche Abnahme der H-Bindung im D-Bimaleation.

Kurt Becker. B 139◇

Relative Wasserstoffbrückenbindung mit Deuterium. 2. Mitt. **Säureionisationskonstanten in H_2O und D_2O.** A. O. McDougall und F. A. Long. (J. physic. Chem. **66**, 429—33, 1962; engl.) — 1. vgl. vorst. Referat. — Vff. bestimmen durch Leitfähigkeits- bzw. EMK-Messungen an einer Glaselektrode in W. bzw. D_2O bei 25° die pK-Werte von *Jodsäure, Oxalsäure, γ-Resorcylsäure* [*2.6-Dihydroxybenzoesäure*, F. 167°, W.], *Phosphorsäure* (K_1), *Chloressigsäure, Salicylsäure* (F. 159—160°, W.), *m-Nitrobenzoesäure, Glykolsäure, 2.6-* (F. 62—63°, W.), *2.4-Dinitrophenol* (F. 111°, W.) sowie *o-* (F. 46°, W.) u. *p-Nitrophenol* (F. 112—114°, W.). Die Ergebnisse werden zusammen mit den von anderen Autoren gefundenen Werten für schwache Säuren diskutiert. Im Diagramm pK_{HA} gegen ΔpK_{HA} werden 3 Geraden unterschieden für Carbonsäuren, anorgan. Säuren u. Phenole, von denen jeweils aber Abweichungen auftreten, die z. T. auf innere H-Bindungen zurückgeführt werden.

Kurt Becker. B 139◇

Starke basische Lösungen in Tetramethylensulfon (Sulfolan). Cooper H. Langford und Robert L. Burwell jun. (J. Amer. chem. Soc. **82**, 1503—04, 1960; Evanston, Ill., Northwestern Univ., Dep. of Chem.; engl.) — Vff. bestimmen in wss. Sulfolan (I) mit Phenyltrimethylammoniumhydroxid die pK_a-Werte von *p-Nitrobenzylcyanid*, 13,45, *6-Brom-2.4-dinitroanilin*, 13,71, *4-Nitrodiphenylamin*, 15,76, *2.4-Dinitroanilin*, 15,34, *4.4'-Dinitrodiphenylmethan*, 15,82, *4-Chlor-2-nitroanilin*, 17,21, *2-Nitrofluoren*, 17,59, *p-Nitroanilin*, 18,47, *9-Phenylfluoren*, 18,49. H_- gegen C_{OH^-} aufgetragen ergibt bei I mit 35 bzw. 21% Wasser Geraden mit der Neigung 1, bei kleinerem Wasser-Geh. ist die Steigung größer. In wss. I werden größere Basizitäten gefunden als in den früher benutzten Lsgm.; auch ist 0,01 m H_2SO_4 in I viel stärker acid als in wss. Lösung.

Kurt Becker. B 139◇

Eine Apparatur zur Messung der 2. Virial-Koeffizienten der Dämpfe von n-Alkanen und von Mischungen mit n-Alkanen. M. L. McGlashan und D. J. B. Potter. (Proc. Roy. Soc. [London], Ser. A **267**, 478—500, 1962; Reading, Univ., Dep. of Chem.; engl.) — Die App. zur Messung der 2. Virial-Koeff. von Dämpfen arbeitet mit einer Differential-Meth.: Die zu untersuchende Gasprobe wird direkt mit N_2 als Bezugsgas verglichen. Die 2. Virial-Koeff. der *n-Alkane* C_3—C_8 werden zwischen Zimmer-Temp. u. über 140° gemessen. Die Ergebnisse bilden eine Gruppe, wobei Abweichungen von dem Prinzip der übereinstimmenden Zustände mit wachsender Kettenlänge gleichmäßig zunehmen. Es wird eine einfache Formel aufgestellt, die auf dem Prinzip der übereinstimmenden Zustände basiert, u. mit der es gelingt, sowohl die ausgeführten Messungen als auch frühere Messungen anderer Autoren an verschiedenen Substanzen bei höheren Temp. u. an *Methan* u. *Äthan* zu erfassen. Es werden außerdem Messungen an äquimol. Mischungen von *Propan* u. *n-Hexan* u. von Propan u. *n-Octan* ausgeführt. Die Ergebnisse zeigen mit der Guggenheim-McGlashan-Regel (vgl. Guggenheim u. McGlashan, Proc. Roy. Soc. [London], Ser. A **206**, [1951], 448), die geringfügig erweitert worden ist, gute Übereinstimmung.

H. Schibilla. B 149□

Über die kritischen Eigenschaften von Dimethyloxalat. Peter F. Linde und Jarue S. Manning. (J. chem. Physics **37**, 1372—73, 1962; San Francisco, Calif., San Francisco State Coll., Dep. of Chem.; engl.) — Die krit. Daten von *Dimethyloxalat* (I), die in den „International critical Tables" [Mc Graw-Hill Book Comp. N.Y. **3**, [1928], 237) aufgeführt sind, beruhen auf einer falschen Auslegung der Arbeit von Regnault (Mem. Acad. Sci. Paris **26**, [1862], 485). Aus einer systemat. Unters. der therm. Instabilität von I, aus der Best. der Zers.-Geschw. von I in Abhängigkeit von der Temp. u. mit Hilfe der Stoßröhrentechnik, mit der die Zers. von I möglichst gering gehalten wird, können die krit. Eigg. von I abgeschätzt werden. Die vorläufigen Näherungswerte lauten: krit. Temp.: 365°; krit. Druck: 39,4 atm; krit. Vol.: 312 cm^3/Mol. Diese Werte stimmen nicht mit den Literaturangaben überein.

H. Schibilla. B 149◇

Anwendung der reduzierten Dampfdruck-Gleichung auf Nicht-Kohlenwasserstoff-Substanzen. Enrique G. Reynes und George Thodos. (Ind. Engng. Chem. Fundamentals **1**, 127—31, 1962; Evanston, Ill., Northwestern Univ., Technol. Inst.; engl.) — Die red. Frost-Kalkwarf-Dampfdruckgleichung (vgl. C. **1955**, 7638) wird außer auf KW-Stoffe u. inerte Gase auf Elemente, anorgan. Verbb. u. organ. Derivv. angewandt. Die Dampfdruckdaten von 32 polaren u. nicht polaren Substanzen werden analysiert u. daraus die entsprechenden Dampfdruck-Koeff. β u. γ bestimmt. Daten sind angegeben für CH_3CO_2H, $(CH_3)_2CO$. NH_3, $C_6H_5NH_2$, Br_2, n-C_4H_9OH, CO_2, CS_2, CO, CCl_4, Cl_2, C_6H_5Cl, *Chlf.*, *A.*, C_2H_5Cl, C_6H_5F, H_2, HBr, HCl, H_2S, CH_3OH, CH_3Cl, NO_2, N_2, NO, O_2, C_6H_5OH, $COCl_2$, n-$C_2H_5CH_2OH$, SO_2, SO_3 u. *Wasser*. Die Unters. ergibt, daß das lineare Verhältnis zwischen β u. γ bei den KW-Stoffen auch auf die betrachteten Substanzen solange anwendbar ist, wie keine H-Bindungseffekte auftreten. Es genügt also, nur einen red. Dampfdruck zu kennen, um die vollständige Dampfdruckfunktion der oben angeführten Substanzen zu beschreiben. Diese red. Gleichung wird an 10 willkürlich ausgewählte Substanzen, im Dampfdruckgebiet zwischen dem Tripelpunkt u. dem krit. Punkt geprüft. Die red. Gleichung erweist sich als zuverlässig. H. Schibilla. B 150□

Die Wärmekapazität von Aceton, Methyljodid und deren Mischungen im flüssigen Zustand. D. I. R. Low und E. A. Moelwyn-Hughes. (Proc. Roy. Soc. [London], Ser. A **267**, 384—94, 1962; Cambridge, Univ., Chem. Labor.; engl.) — Die Eigg. polarer Lsgg., bei denen weder Ionisation noch Komplex-Bldg. sehr wahrscheinlich ist, werden am Syst. *Aceton* (I)/*Methyljodid* (II) bei verschiedenen Zus., bei atmosphär. Druck u. bei Temp. von —20 bis 35° untersucht. Die entsprechenden Kompressibilitäten werden gemessen, u. die Wärmekapazitäten (**C**) bei konst. Vol. werden als Funktion der Temp. u. des Vol. bestimmt. **C** nimmt bei isothermer Kompression zu, ebenso mit steigender Temp. bei konst. Volumen. Die Auflösung der gesamten **C** in ihre zahlreichen Komponenten zeigt, daß der konfigurationelle Beitrag zu **C** beim F. gerade R (cal/Mol·Grad) für **II** beträgt u. über 2 R für **I**. Ein Vgl. mit den Unterss. des Syst. **I**/*Chlf.* ergibt, daß die Wahrscheinlichkeit für eine Verb.-Bldg. zwischen **I** u. **II** sehr gering ist. Für verschiedene Mischungen werden die Werte der folgenden Eigg. bei verschiedenen Temp. tabellar. zusammengestellt: Mol-Vol. (V^0), Wärmekapazität bei konst. Druck, Ultraschall-Geschw., Koeff. der isobaren Expansion, adiabat. u. isotherme Kompressibilität u. Cv^0. H. Schibilla. B 151□

Latente Verdampfungswärme von Buten-(1). William Kozicki, R. F. Cuffel und B. H. Sage. (J. chem. Engng. Data **7**, 173—75, 1962; Pasadena, Calif., California Inst. of Technol., Chem. Engng. Labor.; engl.) — Für *Buten-(1)* werden bei Temp. zwischen 37 u. 105° die Werte für die Enthalpieänderung bei Verdampfung calorimetr. bestimmt. Die Ergebnisse werden zusammen mit den volumetr. Korrekturfaktoren tabelliert. Die Abhängigkeit des volumetr. Korrekturfaktors von der Temp. wird behandelt. Die Fehlermöglichkeiten der Messung werden diskutiert. Es werden Beziehungen aufgestellt, mit denen aus den Meßergebnissen das spezif. Vol., beim Taupunkt, die Änderung der inneren Energie bei Verdampfung u. die latente Verdampfungswärme berechnet werden können. Die erhaltenen Werte werden mit den Ergebnissen der direkten Messung von Olds (vgl. Olds, Sage u. Lacey, Ind. Engng. Chem. **38**, [1946], 301) u. Rossini (Selected Values of Properties of Hydrocarbons and Related Compounds, Amer. Petrol. Inst. Res. Proj. **44.** Petrol Res. Labor., Carnegie Inst. Technol.) verglichen; die Übereinstimmung ist befriedigend. H. Schibilla. B 155□

Thermodynamische Eigenschaften von Dimethylsulfoxid und Dimethylsulfon. H. Mackle und P. A. G. O'Hare. (Trans. Faraday Soc. **58**, 1912—15, 1962; Belfast, Queen's Univ., David Keir Building, Dep. of Chem.; engl.) — Die thermodynam. Eigg. von *Dimethylsulfoxid* (**I**) u. *Dimethylsulfon* (**II**) werden mit Hilfe der statist. Thermodynamik aus calorimetr., spektroskop. u. Mol.-Strukturdaten berechnet. Die mol. thermodynam. Funktionen $(G^0 - H_0^0)/T$; $(H^0 - H_0^0)/T$; $(H^0 - H_0^0)$; S^0; C_p^0; ΔH_f^0; ΔG_f^0 u. $\log K_f^0$ werden für **I** für den idealen Gaszustand im Temp.-Gebiet zwischen 298,16 bis 1000° K u. für **II** bei 298,16° K tabelliert. Die $S-CH_3$-Barrieren für die innere Rotation werden diskutiert. H. Schibilla. B 156◇

Bildungswärmen und Bindungsenergien. 6. Mitt. **n-Butylisobutyraldimin, n-Butylisobutylamin, Pyrazol und Imidazol.** A. F. Bedford, P. B. Edmondson und C. T. Mortimer. (J. chem. Soc. [London] **1962**, 2927—31; Keele, Staffordshire, Univ.; engl.) — 5. vgl. C. **1963**, 19177. — Die Verbrennungswärmen nachst. Verbb. werden gemessen u. tabellar. angegeben. Aus den Ergebnissen werden die Bldg.-Wärmen ΔH_f^0 berechnet: *N-n-Butylisobutyraldimin* ($Kp._{752}$ 139,0°, aus n-Butylamin u. Isobutyraldehyd) $-31{,}8 \pm 0{,}8$; *n-Butylisobutylamin* ($Kp._{753}$ 148,0°, aus vorst. Verb. durch Red. mit H_2/Pd-Aktivkohle oder mit $LiAlH_4$) $-51{,}6 \pm 1{,}2$; *Pyrazol* (**I**, krist., F. 70°) $+ 28{,}3 \pm 1{,}1$ u. *Imidazol* (**II**, krist., F. 88,0—89,0°) $+ 14{,}6 \pm 0{,}8$ kcal/Mol. Die Bindungsenergien E_{C-N} 74,7 u. $E_{C=N}$ 142,6 kcal werden abgeleitet u. zur Best. der Resonanzenergien (bei **I** 29,3 u. bei **II** 14,2 kcal/Mol) verwendet. H. Schibilla. B 156□

Bildungswärmen und Bindungsenergien. 7. Mitt. **Pentaphenylphosphol, 9-Phenyl-9-phosphafluoren und ihre Oxide.** A. F. Bedford, D. M. Heinekey, Ian T. Millar und C. T. Mortimer. (J. chem. Soc. [London] **1962**, 2932—36; engl.) — 6. vgl. vorst. Referat. — Die Verbrennungswärmen des kristallinen *Pentaphenylphosphols* (**I**, F. 254—255°) u. seines *Oxides* (**II**, F. 283—284°) sowie des *9-Phenyl-9-phosphafluorens* (**III**) u. dessen *Oxides* (**IV**) bei der Verbrennung zu krist. Orthophosphorsäure. fl. W. u. gasförmigem CO_2 werden bestimmt: **I** $-4349{,}17 \pm 3{,}4$; **II** $-4308{,}26 \pm 5{,}2$; **III** $-2385{,}6 \pm 2{,}0$; **IV** $-2319{,}4 \pm 6{,}0$ kcal/Mol. Die Bldg.-Wärmen für die kristallinen

Verbb. werden abgeleitet: für I = + 93,7 ± 3,4; II + 52,8 ± 5,2; III + 44,9 ± 2,0; IV = − 21,3 ± 6,0 kcal/Mol. Aus diesen Ergebnissen werden die Resonanzenergien abgeschätzt.

Versuche: *9-Phenyl-9-phosphafluoren*, $C_{18}H_{13}P$, Kp.$_{0,05}$ 152—156°, aus 2.2'-Dibromdiphenyl durch Rk. mit Li in Ae. unter N_2 zur Di-Li-Verb. u. deren Umsatz mit Dichlorphenylphosphin in Bzl.; 45% (Ausbeute). — *9-Methyl-9-phenyl-9-phosphoniafluorenjodid*, $C_{19}H_{16}JP$, F. 204—205°, aus vorst. Verb. u. CH_3J. — *9-Phenyl-9-phosphafluoren-P-oxid*, $C_{18}H_{13}OP$, F. 163,5—164°, aus vorvorst. Verb. durch Oxydation mit H_2O_2 in Aceton. H. Schibilla. B 156□

Die Mischungswärme binärer Mischungen von Pyridin mit Kohlenwasserstoffen. T. J. V. Findlay. (Austral. J. Chem. **14**, 646—48, 1961; Broadway, N. S. W., Univ. of New South Wales, Dep. of Phys. Chem.; engl.) — Die Mischungswärmen bin. Mischungen von *Pyridin* (I) mit *Toluol* u. *p-Xylol* bei 25, 45 u. 65° sind aufgeführt in Abhängigkeit vom Molenbruch von I. Günter Falkenburg. B 156◇

Diffusion in einer idealen Mischung aus drei vollständig mischbaren, nichtelektrolytischen Flüssigkeiten: Toluol, Chlorbenzol, Brombenzol. John K. Burchard und H. L. Toor. (J. physic. Chem. **66**, 2015—22, 1962; Pittsburgh, Pa., Carnegie Inst. Technol., Dep. of Chem. Engng.; engl.) — Mit der modifizierten Diaphragmenzellen-Meth. wird die isotherme Diffusion (Diff.) in dem thermodynam. nahezu idealen Fl.-Syst. *Toluol* (I)–*Chlorbenzol* (II)–*Brombenzol* (III) untersucht. Die Diff.-Koeff. der 3 entsprechenden bin. Syst. verlaufen linear mit dem Molekülbruch. Im tern. Syst. bestehen zwischen den bin. Diff.-Koeff. zweier jeweils in der 3. Fl. gelösten Fll. nur geringe Unterschiede. Die Resultate der Unterss. des tern. Syst. im gesamten Konz.-Bereich werden mit einer modifizierten Diff.-Gleichung für ideale Mehrkomponentengasmischungen erfaßt. Bei Abwesenheit des Diff.-Koeff. für wechselseitige Diffusion sind die Haupt-Diff.-Koeff. gleich groß. Für das untersuchte Syst. trifft das näherungsweise zu. Daraus folgt, daß nur ein Diff.-Koeff. (der aus bin. Lsg.-Daten bestimmt wird) das tern. Syst. unter den meisten Bedingungen ausreichend beschreiben kann. Dieser Diff.-Koeff. stellt einfach den mol. Durchschnitt der bin. Diff.-Koeff. bei unendlicher Verdünnung dar. H. Schibilla. B 171◇

Viscositäten und Dichten binärer Mischungen von Dimethylsulfoxid mit Wasser, Essigsäure, Chloroform und Benzol. J. Johan Lindberg und Rabbe Laurén. (Finska Kemistsamfundets Medd. **71**, 37—43, 1962; Helsingfors, Univ., Dep. of Chem.; engl.) — Mit einem Ostwald-Viscosimeter u. -Pyknometer wurden die Dichten u. Viscositäten der bin. Syst. *Dimethylsulfoxid* (I)/*W.*, I/*Essigsäure* (II), I/*Chlf.* u. I/*Bzl.* bei 25°, 35° u. 45° in Abhängigkeit von der Konz. gemessen. Die Temp.-Abhängigkeit der Viscositäten gehorcht danach der Eyringschen Gleichung besser als einer vom Arrhenius-Typ. Die entsprechenden Aktivierungsenthalpien wurden für die gleichen Mischungen bei 25° berechnet. Die Überschußaktivierungsenthalpie ist im Maximum um 0,8 kcal/mol größer für das Syst. I–W. als für das Syst. I–Essigsäure, obgleich die Mischungswärmen nahezu gleich sind (etwa — 0,7 kcal/Mol.). S. v. Schieszl. B 172◇

Kristallisation von unterkühlten organischen Flüssigkeiten auf Teilchen von Beimengungen bei verschiedenen Temperaturen. G. L. Michnewitsch. (Kolloid-J. [UdSSR] **21**, 449—57, 1959; Odessa, Univ., Fak. für Mol.-Phys.; russ., Auszug: engl.) — Es wird eine Deutung der Temp.-Abhängigkeit der Zahl N der Kristallzentren in unterkühlten Fll. gegeben. Diese Abhängigkeit wird durch eine Kurve dargestellt, die in 3 Abschnitte zerfällt, denen verschiedene Mechanismen des Keimwachstums entsprechen. Der Abschnitt für niedrige Temp. entspricht dem Stadium, in dem mit einer Kristallschicht der geschmolzenen Verb. (*Piperin, Chinasäure, Betol*) bedeckte Verunreinigungen als Keim-Bldg.-Zentren fungieren. Diese Zentren, deren Durchmesser größer als der krit. der Keim-Bldg. ist, wachsen monoton, u. es fehlt die Bldg. reiner Kristallkeime. Der Hochtemp.-Abschnitt der Kurve entspricht einem Stadium, in dem als Resultat der Fluktuation die Verunreinigungsteilchen in Kristallzentren (mit Dimensionen, die kleiner als die krit. sind) umgewandelt werden. Für diesen Bereich gilt die Beziehung $\log N = k_1 - k_2/T(\Delta T)^2$, worin k_1 u. k_2 Konst. u. ΔT die Unterkühlung sind. G. Pötzscher. B 190◇

Kristallstruktur von Buttersäure. Frederick J. Strieter und David H. Templeton. (Acta crystallogr. [Copenhagen] **15**, 1240—44, 1962; Berkeley, Calif., Univ. of California, Lawrence Radiation Labor. and Dep. of Chem.; engl.) — Mit $Cu_{K\alpha}$-Strahlung u. aus dreidimensionalen Auswertungsdaten wird die Kristallstruktur von *Buttersäure* bei — 43° bestimmt. Die gefundene Struktur ist zwischen dem F. u. — 55° beständig. (monoklin; Raumgruppe C 2/m; a = 8,01 ± 0,08; b = 6,82 ± 0,02; c = 10,14 ± 0,03 Å; β = 111° 27' ± 15'; Z = 4; berechnete Dichte = 1,135 g·cm^{-3}). Die Moll. treten als

Dimere auf, mit O- u. C-Atomen in der Spiegelebene, jedoch mit großen Schwingungsamplituden aus der Ebene heraus. Die Bindungsabstände betragen nach der Korrektur, die die therm. Bewegung bis zu 0,03 Å berücksichtigt: C–O = 1,22 u. 1,35 Å; C–C = 1,54; 1,53 u. 1,53 Å (in der Reihenfolge vom Carboxyl zum Methyl) mit einer Genauigkeit von ±0,02 Å. Die H-Bindungslänge beträgt 2,62 Å. Die Mol.-Gestalt ähnelt der der Propionsäure (vgl. Acta crystallogr. [Copenhagen] **15**, [1962], 1233.)
H. Schibilla. B 195◇

Kristallstruktur von Valeriansäure. Ronald F. Scheuerman und Ronald L. Sass. (Acta crystallogr. [Copenhagen] **15**, 1244–47, 1962; Houston, Tex., Rice Univ., Dep. of Chem.; engl.) — Zum Vgl. mit der Struktur der Buttersäure (vgl. vorst. Ref.) wird die Struktur der *Valeriansäure* bei -135 ± 2^0 mit $Cu_{K\alpha}$-Strahlung untersucht: monoklin; Raumgruppe $C_{2h}^5 = P2_1/c$; a = 5,55 ± 0,01; b = 9,664 ± 0,007; c = 11,341 ± 0,011 Å; $\beta = 101^0\ 49' \pm 2\ 0'$; Z = 4; berechnete Dichte = 1,11 $g \cdot cm^{-3}$. Aus der Patterson-Projektion in Richtung der a-Achse u. nach der Verbesserung mit der Meth. der kleinsten Quadrate ergibt sich die Struktur in der Anordnung von Dimeren um ein Symmetriezentrum mit H-Bindungen (Bindungslänge: 2,63 Å). Die beobachteten anisotropen Atomabstände betragen: C–O = 1,35; 1,26 Å; C–C (von Carbonyl nach Methyl) = 1,53; 1,53; 1,57 u. 1,57 Å. $O_{(1)}$, $O_{(2)}$, $C_{(1)}$ u. $C_{(2)}$ liegen nahezu in einer Ebene (+0,01 Å); $C_{(3)}$, $C_{(4)}$, $C_{(5)}$ liegen außerhalb dieser Ebene. Die zwischenmol. Abstände sind normal. H. Schibilla. B 195◇

Über das Assoziationsverhalten stellungsisomerer geradkettiger und verzweigter Octanole. G. Geiseler, J. Fruwert und E. Stöckel. (Z. physik. Chem. [Frankfurt/M.] [N. F.] **32**, 330–39, 1962; Leipzig, Karl-Marx-Univ., Physik.-Chem. Inst.; dt.) — Es wird das Assoziations-Verh. von *n-Octanol-(1)* (Kp.$_{760}$ 195°; n_D^{20} 1,4296; $D._4^{20}$ 0,8255), *-(2)* (Kp.$_{760}$ 180°; n_D^{20} 1,4260; $D._4^{20}$ 0,8206), *-(3)* (Kp.$_{760}$ 177°; n_D^{20} 1,4271; $D._4^{20}$ 0,8258) *-(4)* (Kp.$_{760}$ 176°; n_D^{20} 1,4250; $D._4^{20}$ 0,8243), *2.2.4-Trimethylpentanol-(3)* u. *2.3.4-Trimethylpentanol-(3)* in CCl_4 als Lsgm. untersucht. Aus der Konz.-Abhängigkeit des Maximalextinktions-Koeff. der freien OH-Valenzbande wird nach der Meth. von Kreuzer die mittlere Zähligkeit bestimmt. Sie nimmt mit steigender Temp. ab u. ist bei geradkettigen Octanolen um so kleiner, je weiter innen sich die OH-Gruppe befindet. Die Assoziations-Konst. K_{12}, K_{13} u. K_{14} werden bei 15, 30 u. 45° ermittelt. Die mengenmäßige Zus. der verschiedenzähligen Assoziate wird abgeschätzt. Beim prim. Octanol übersteigt die maximale Zähligkeit kaum den Wert 8. Bei den sek. Isomeren liegt sie noch darunter. Die beiden hochverzweigten Alkohole bilden unter vergleichbaren Bedingungen nur Zweierassoziate oder Gemische aus Zweier- u. Dreierassoziaten.
H. Schibilla. B 223□

Molekulare Wechselwirkung in Mischungen von Dioxan und Chloroform. R. P. Rastogi und H. L. Girdhar. (J. chem. Engng. Data **7**, 176–77, 1962; Chandigarh, India, Panjab Univ., Chem. Dep.; engl.) — Es wird untersucht, ob Komplexe der Form AB, AB_2 oder andere bei Mischungen von *Dioxan* (**I**, F. 11,8–11,6°) u. *Chlf.* in festem Zustand (F. −63,4°) existieren. Für verschiedene Molenbrüche von **I** werden FF. u. Taupunkte tabelliert. Aus dem Phasendiagramm ist zu entnehmen, daß AB_2 in festem Zustand existiert, ebenso AB, aber nur unterhalb des inkongruenten F. von **I**. Für den fl. Zustand zwischen den beiden eutekt. Gemischen wird die Gleichung aufgestellt: $-2{,}303 \lg (x_A)^m (x_B)^n = K_1(1/T - 1/T_c) + K_2$ (T_c = kongruenter F. von A_mB_n; m, n = ganze Zahlen, x = stöchiometr. Molenbruch in der fl. Phase, K_1 u. K_2 = Konstanten. Beide Komplexe gehorchen der obigen Gesetzmäßigkeit. Für K_1 wird gefunden: Für den Komplex AB = 670° u. für AB_2 = 3280°. K_1 kann dabei gleich dem Prod. aus Schmelzwärme (bei konst. Druck u. Temp.) u. Gas-Konst. gesetzt werden.
H. Schibilla. B 223□

Wasserstoffbindung bei angeregten Zuständen. E. J. Bowen, N. J. Holder und G. B. Woodger. (J. physic. Chem. **66**, 2491–92, 1962; Oxford, Univ., Phys. Chem. Labor.; engl.) — Die Fluorescenz-Quantenausbeute bei *Acridin* (**I**), gelöst in verschiedenen Mischungen aus W. u. A., Formamid, Dioxan u. Dimethylformamid, wird in Abhängigkeit von der Zus. des Lsgm. u. der Temp. gemessen u. berechnet. Die Ergebnisse werden unter der Annahme einer H-Bindung mit dem Lsgm. u. bes. mit W. erklärt. Diese H-Bindung findet, gleich nachdem das Mol. durch Absorption eines Lichtquantes angeregt worden ist, statt; die gebildeten Komplexe stellen die fluorescierenden Einheiten dar. Therm. verursachter Bruch der H-Bindung führt zu einem Abbau der Elektronenanregungsenergie. Die Temp.-Abhängigkeit u. die Änderung der Fluorescenz mit der Zus. des Lsgm. sind bei dem Ion von **I** nur gering. H. Schibilla. B 223◇

Intramolarer Protonenübergang bei einer basenkatalysierten Allylumlagerung. Donald J. Cram und Roy T. Uyeda. (J. Amer. chem. Soc. **84**, 4358–59, 1962; Los Angeles, Calif., Univ. of California, Dep. of Chem.; engl.) — Vgl. J. Amer. chem. Soc.

83, [1961], 3696. — Nach Erhitzen von (+)-*2-Phenylbuten-(3)* (**I**) in $D_{(OD)}$-tert.-Butylalkohol mit K-tert.-Butylat (257 Min. auf 75°) wird **I** [α_D^{25} 3,25°; l = 1] zu 75% zurückerhalten; daneben bildet sich cis-2-Phenylbuten-(2) (**II**), das nach dem NMR-Spektrum zu 46% aus $D_{(4)}$-**II** besteht. Hieraus wird geschlossen, daß bei der Umlagerung zu mindestens 54% ein intramol. Protonenübergang ($C_{(2)} \rightarrow C_{(4)}$ stattfindet. Dies wäre damit das erste Beispiel eines intramol. Carbanionenprozesses. Kurt Becker. B 225◇

Zur Frage des Mechanismus der Isomerisierung und des Deuteroaustausches von Naphthenen in flüssigem HBr. A. I. Schatenstein, K. I. Shdanowa und W. M. Bassmanowa. (Ber. Akad. Wiss. UdSSR **133**, 1117—20, 1960; Karpow-Inst. für phys. Chem.; russ.) — Die Rk.-Kinetik der Isomerisierung u. des H-Austausches von *Cyclopentan* (**I**), *Methylcyclopentan* (**II**), *Cyclohexan* (**III**) u. *Methylcyclohexan* (**IV**) wird in fl., mit DBr angereichertem HBr untersucht. Dazu wurde die Isomerisierungs-Geschw. von **II** zu **III** bei 25° an Hand der Änderung des Brechungsindex verfolgt, im Gleichgewicht enthielt das Isomerisat 12,5% **II**. Die Geschw.-Konst. k wurde nach einer Rk. 1. Ordnung berechnet u. ist der Katalysator-Konz. c proportional; mit $AlBr_3$ als Katalysator beträgt $k \cdot 10^4/c \cdot 10^3$ 1,2, mit $GaBr_3$ 0,2. Durch Zusatz von 10% Cyclohexylbromid (**V**) zu **II** erhöht sich $k \cdot 10^4/c \cdot 10^3$ für die durch $AlBr_3$ katalysierte Isomerisation auf 9. Die Geschw.-Konst. $k'(s^{-1}) = k \cdot 10^5/c \cdot 10^2$ des D-Austausches bei 25° betragen für **I** k' = 5 (bei Zusatz von 0,1 Mol Cyclopentylbromid oder Cyclopenten/Mol **I** k' = 40), für **II** 1,3, für **III** 1,4 (bei analogem Zusatz von **V** bzw. Cyclohexen 5) u. für **IV** 3,6 (bei Zusatz von **V** 9). Für beide Rkk. wird ein Mechanismus mit Carboniumionen als Zwischenstufen angenommen, deren Bldg. durch Zusätze von Alkylhalogeniden nach RBr + $AlBr_3 \rightarrow R^+AlBr_4^-$ beschleunigt wird. Da der H-Austausch mit geringerer Geschw. erfolgt als die Isomerisierung, findet diese Rk. prakt. an dem Gleichgewichtsgemisch der Isomeren statt. G. Engelhardt. B 225◇

Oxydation von Methan bei 400°. 1. Mitt. **Die durch die Licht-Zersetzung des Acetons katalysierte Reaktion.** I. P. Fisher und C. F. H. Tipper. (Trans. Faraday Soc. **59**, 1163—73, 1963; Liverpool, Univ. of Liverpool, Donnan Labor.; engl.) — Vff. untersuchen die durch UV-Licht-Zers. des Acetons (**I**) katalysierte Rk. zwischen CH_4 u. O_2 in einem stat. System. Bei Verw. eines neu eingesetzten Rk.-Gefäßes war die therm. Rk. bei 414° zu vernachlässigen. Die max. Geschw. der Druckänderung war proportional $[CH_4]^{0,7}[I]^{1,5}[O_2]^{0,45}$ u. unabhängig von der Intensität des verwendeten UV-Lichtes. Als Prodd. wurden CO, CO_2, H_2O, HCHO u. CH_3OH festgestellt, wobei die Ausbeuten an HCHO u. CH_3OH ein Maximum erreichen u. CH_3OH erst in späteren Rk.-Stadien gebildet wird. Nach Durchführung mehrerer Verss. im selben Rk.-Gefäß wird die therm. Rk. relativ schnell, so daß die Temp. auf 395° red. wurde. Geschw. u. Prodd. der Oxydation hängen nun von der Vorbehandlung der Oberfläche ab. Nach einer Anzahl UV-Licht-initiierter Oxydationen (aktivierte Gefäßoberfläche) sind in den Prodd. merkliche Mengen H_2O_2 u. Methylhydroperoxid (**II**) vorhanden u. die CH_3OH-Ausbeute ist beträchtlich. Nach der Durchführung mehrerer therm. CH_4–O_2-Rkk. (desaktivierte Gefäßoberfläche) wird die Geschw. einer nachfolgend durchgeführten UV-Licht-initiierten Rk. merklich geringer, wobei die Menge des gebildeten CH_3OH abnimmt u. in den Rk.-Prodd. keine Peroxide nachzuweisen sind. Bei Vorliegen aktivierter Gefäßoberfläche ist die Kinetik verschieden. Es wird angenommen, daß die Oxydation als degenerierende Kettenverzweigungs-Rk. verläuft. Die möglichen Elementar-Rkk. des Syst. u. der Einfl. der Gefäßoberfläche werden diskutiert. Die Hauptmenge des gebildeten CO_2 stammt wahrscheinlich aus der Rk. von CH_3COCH_2-Radikalen mit O_2. Es ist wahrscheinlich, daß an desaktivierter Gefäßoberfläche die Verzweigung auf der Rk. von HCHO mit O_2 beruht, an aktivierter Gefäßoberfläche auch auf der Zers. von H_2O_2 u. von **II**.
C. E. Döring. B 225◇

Oxydation von Methan bei 400°. 2. Mitt. **Die Rolle der Peroxide und die Reaktion von Methylradikalen und Sauerstoff.** I. P. Fisher und C. F. H. Tipper. (Trans. Faraday Soc. **59**, 1174—80, 1963; engl.) — 1. vgl. vorst. Referat. — Die Ausbeuten an HCHO u. CH_3OH bei der therm. Oxydation von *Methan* bei 395° im stat. Syst. sind an einer aktivierten Oberfläche etwas größer als an einer desaktivierten (vgl. l. c.). Methylhydroperoxid (**I**) trat in merklichen Mengen nur in Verss. an aktivierten Oberflächen auf. Die Zers. von **I** bei 395° ergibt HCHO, CH_3OH, H_2O u. wahrscheinlich O_2. Die Halbwertszeit betrug 30 Sek. an aktivierter ($[HCHO]/[CH_3OH] \approx 1$), u. 5—10 Sek. an desaktivierter Oberfläche ($[HCHO]/[CH_3OH] \approx 4$). Bei der Licht-initiierten Oxydation unter Verw. von $(^{14}CH_3)_2CO$ wurden in Abhängigkeit von den Vers.-Bedingungen wechselnde Mengen $^{14}CH_4$ gebildet, woraus auf H-Entzug durch CH_3-Radikale in Konkurrenz zu ihrer langsamen Oxydation geschlossen wird. Die Rkk. der $CH_3\cdot$- u. $CH_3OO\cdot$-Radikale, die zur HCHO-, CH_3OH- u. **I**-Bldg. führenden Vorgänge sowie die Rolle von **I** bei der unkatalysierten u. Licht-initiierten CH_4-Oxydation werden diskutiert. In den Anfangsstadien zersetzen sich $CH_3OO\cdot$-Radikale wahrscheinlich unter HCHO-Bldg., dem sie später H-Atome unter I-Bldg. entziehen. An desaktivierten Oberflächen wird I schnell entfernt. Im Fall aktivierter Oberflächen ist homogene Zers. von I unter $CH_3O\cdot$-Bldg. möglich, die HCHO oxydieren oder aus HCHO H-Atome entziehen, wobei CH_3OH gebildet wird. C. E. Döring. B 225◇

Untersuchungen zur Oxydation. 4. Mitt. Lösungsmitteleffekte auf die Oxydation von sekundären Alkoholen mit Chrom(VI)-oxid. N. Venkatasubramanian. (J. sci. ind. Res. [New Delhi], Sect. B **20**, 541—43, 1961; Madras, Madras Christian Coll., Dep. of Chem.; engl.) — 3. vgl. J. sci. ind. Res. [New Delhi], Sect. B **20**, [1961], 385; 2. vgl. C. **1962**, 14460. — Der Einfl. von Essigsäure/Wassergemischen verschiedener Konz. als bin. Lsgm.-Syst. auf die Oxydation nachst. sek. Alkohole durch CrO_3 wird untersucht. Die Ergebnisse werden auf der Grundlage der von Laidler u. Eyring (Trans. New York Acad. Sci. **39**, [1940], 303), Amis (C. **1956**, 12775) u. Gelles, Hughes u. Ingold (J. chem. Soc. [London] **1954**, 2910) angegebenen Theorie des Lsgm.-Einfl. gedeutet. Die Unters. erstreckt sich auf *Isopropanol, Benzhydrol* u. *Cyclohexanol.* Werte für das elektr. Dipolmoment μ wurden außerdem auch für *Butanol-(2), Pentanol-(2), Octanol-(2), α-Phenyläthylalkohol, Cyclopentanol* u. *Fluorenol* bestimmt. Da bei der Oxydation sek. Alkohole Hydridionen abgespalten werden, wird angenommen, daß die Alkohole als Dipole reagieren. Weiterhin schließt Vf. aus den Ergebnissen, daß das Oxydationsmittel als $HCrO_3^+$- oder $H_3CrO_4^+$-Ion reagiert. S. Hiller. B 225◇

Stereochemie der Lithium-Ammoniak-Reduktion von α,β-ungesättigten Ketonen. Gilbert Stork und S. D. Darling. (J. Amer. chem. Soc. **82**, 1512—13, 1960; New York, N.Y., Columbia Univ., Chandler Labor.; engl.) — *$\Delta^{1,9}$-10-Methyl-6-methoxyoktalon-(2)* liefert bei der Li/NH_3-Red. in Ggw. von A., Oxydation u. Wolff-Kishner-Red. in 65%ig. Ausbeute 2-Methoxy-10-methyldekalin, das bei der Gaschromatographie 2 Komponenten mit 84 bzw. 16 ± 3% Anteilen ergibt. Beide müssen trans-Dekaline sein, da bei der Acetolyse u. anschließende Hydrolyse 10-Methyldekalol-(2) entsteht, das in beiden Fällen nach Oxydation mit HNO_3 trans-1-Methylcyclohexan-1.2-diessigsäure (I, F. 197,4—198,8°) liefert. Mit dem cis-Isomeren (F. 191,2—192,9°) erfolgt F.-Depression. In der gleichen Rk.-Folge liefert *$\Delta^{1,9}$-7.10-Dimethyl-6-methoxyoktalon-(2)* ebenfalls **I**. Aus den Ergebnissen u. der Tatsache, daß *opt.-akt. $\Delta^{1,9}$-1.10-Dimethyl-7-isopropyloktalon-(2)* bei der Li/NH_3-Red. auf Grund der Rotationsdispersion ein trans-Dekalon liefert (Djerassi, Privatmitt.) schließen Vff., daß dasjenige Isomere jeweils gebildet wird, bei dem das neu eingeführte H-Atom (an $C_{(9)}$) axial zum Ketonring liegt. Kurt Becker. B 225◇

Die α-Alkylierung von Enolaten aus der Lithium-Ammoniak-Reduktion von α,β-ungesättigten Ketonen. Gilbert Stork, Perry Rosen und Norman L. Goldman. (J. Amer. chem. Soc. **83**, 2965—66, 1961; engl.) — Vgl. vorst. Referat. — *$\Delta^{1,9}$-Oktalon-(2)* (I) liefert nach Red. mit Li in fl. NH_3 u. Rk. mit CH_3J 55% trans-1-Methyldekalon-(2) (2.4-Dinitrophenylhydrazon, F. 180—182°). *$\Delta^{1,9}$-10-Methyloktalon-(2)* gibt nach Red. mit Li in fl. NH_3, Ersatz des fl. NH_3 durch Ae., Zugabe von Trockeneis, Ansäuern u. Veresterung mit Diazomethan 1-Carbomethoxy-10-methyldekalon-(2) (2.4-Dinitrophenylhydrazon, F. 184—185,5°). Bei Verw. von Äthylchlorcarbonat in Bzl. entsteht das entsprechende 1-Carbäthoxy-Deriv., während bei Zugabe von CH_3J, Hydrolyse u. Decarboxylierung 1.10-Dimethyldekalon-(2) (2.4-Dinitrophenylhydrazon, F. 185—186°) gebildet wird. Analog bildet sich bei der Alkylierung des Red.-Prod. von I in fl. NH_3 mit C_4H_9J 1-Butyldekalon-(2) (2.4-Dinitrophenylhydrazon, F. 125—126,5°), während beim Ersatz des fl. NH_3 durch Dimethylsulfoxid nach der Red. 3-Butyldekalon-(2) (2.4-Dinitrophenylhydrazon, F. 173—174,5°) entsteht. Die Rkk. bestätigen die früheren Annahmen (vgl. l. c.), daß in fl. NH_3 bei der Red. ein Zwischenprod. mit Carbanionencharakter am $C_{(\beta)}$ (bzgl. >C=O) entsteht, das mit H aus NH_3 reagiert. Dies wird auch dadurch bestätigt, daß aus dem Red.-Prod. von I bei Ersatz von NH_3 als Lsgm. durch Bzl. u. Zers. mit D_2O u. Erwärmen mit verd. Base D-freies Dekalon-(2) entsteht. In fl. NH_3 muß die Alkylierung schneller erfolgen als die Einstellung des Enol-Gleichgewichts mit dem Δ^2-Enol, da die Alklyierung nur in 1-Stellung erfolgt u. nicht in 3-Stellung (vgl. dagegen Rk. in Dimethylsulfoxid). Kurt Becker. B 225◇

Stereochemie eines basenkatalysierten Austausches an $D_{(\alpha)}$-Äthylbenzol. A. Streitwieser jun., D. E. Van Sickle und L. Reif. (J. Amer. chem. Soc. **82**, 1513, 1960; Berkeley, Calif., Univ., Dep. of Chem.; engl.) — Vff. untersuchen die Kinetik der Racemerisierung von *opt.-akt. $D_{(\alpha)}$-Äthylbenzol* (D-I) beim H-D-Austausch mit Li-Cyclohexylamid (II) in Cyclohexylamin, dabei wird auch ein Anteil λ von $H_{(\alpha)}$ durch H ersetzt. Die Geschw. der Racemerisierung ergibt sich zu $k_{rac} = k_D + \lambda k_H$. Bei vollständiger

Konfigurationserhaltung, Racemerisierung bzw. Inverserion ist dann λ 0;1 bzw. 2. Bei 49,9°. 0,049 m **II** u. 0,71 m D-I sind k_{rac} bzw. k_D 3,0 bzw. 1,07 [$10^{-5} \cdot s^{-1}$], k_H wird aus dem prim. Isotopeneffekt aus k_D/k_T ($T_{(\alpha)}$-I) nach Swain u. Mitarbeitern (vgl. C. **1959,** 10851) bestimmt. Hieraus ergibt sich λ zu 0,17, d. h. der H/H-Austausch erfolgt mit 17% Racemerisierung. Die Ergebnisse bestätigen die Beobachtung von Crom u. Mitarbeitern (vgl. C. **1962,** 1941), daß Amine „konfigurationserhaltende Lsgm." bei Rkk. sind, in denen Carbanionen als Zwischenprodd. auftreten. Kurt Becker. B 225◇

Aromatische Reaktivität. 15. Mitt. **Detritiierung von Biphenyl und Naphthalin.** C. Eaborn und R. Taylor. (J. chem. Soc. [London] **1961,** 1012—16; Leicester, Univ.; engl.) — 14. vgl. J. chem. Soc. [London] **1961,** 542; 13. vgl. C. **1963,** 18797; 21. vgl. C. **1963,** 21499. — Es wurden die Geschw. der Detritiierung von 2-, 3- u. 4-$^3H_1$-Biphenyl (x-$^3H_1$-I) u. von α- u. β-$^3H_1$-Naphthalin (x-$^3H_1$-II) in wss. H_2SO_4 bzw. wss. $HClO_4$ enthaltender Trifluoressigsäure bei 25° gemessen, wobei im H_2SO_4-haltigen Medium die mit dem H-Austausch konkurrierenden Sulfonierungs-Rkk. (9% [des Gesamtumsatzes] bei 2- u. 4-$^3H_1$-I, 3% bei α-$^3H_1$-II, 19% bei β-$^3H_1$-II in 2,48 mol-%ig., 97% bei 3-$^3H_1$-I in 8,50 mol-%ig. H_2SO_4) zu berücksichtigen sind; in $HClO_4$-haltigem Medium finden keine Neben-Rkk. statt. Bei der H-Austausch-Rk. sind die 2- u. die 4-Stellung des **I** annähernd gleich reaktiv u. wesentlich reaktiver als eine einzelne Stellung im Bzl., während die 3-Stellung des **I** weniger reaktiv ist als eine einzelne Stellung im Benzol. Im Naphthalin-Mol. ist die α-Stellung reaktiver als die β-Stellung, die etwa gleiche Reaktivität zeigt, wie die 4-Stellung im Biphenyl. Im einzelnen werden folgende Relativ-Geschw. (im Vgl. zu T-Bzl.) gemessen: T-Bzl. 1 (in CF_3COOH–H_2O–H_2SO_4 = 95,31 : 2,21 : 2,48) u. 1 (in CF_3COOH–H_2O–$HClO_4$ = 92,04 : 5,45 : 2,51); 2-$^3H_1$-I 133; 52; 3-$^3H_1$-I —; 0,68; 4-$^3H_1$-I 143; 52; α-$^3H_1$-II 1079; 370; β-$^3H_1$-II 127; 62. Die Teilgeschw.-Faktoren für die 4-Stellung des **I** u. die 2-Stellung des **II** werden mit denen anderer elektrophiler aromat. Substitutionen verglichen u. gezeigt, daß die Aktivierung dieser Stellungen, bezogen auf die Aktivierung der p-Stellung in Toluol, in starkem Maße vom Elektronenbedarf abhängig ist, jedoch liegen bei der Aktivierung von **I** u. **II** keine qual. Anomalien vor. M. Schenk. B 225□

Katalytische Kondensationen von α-ungesättigten Aldehyden und Ketonen in heterogenem basischem Milieu. Joseph Wiemann und Jacques Dupayrat. (Bull. Soc. chim. France **1961,** 209—18; Paris, Labor. de Chim. Org. Structurale; franz.) — Bei der Kondens. von *Crotonaldehyd* (**I**) mit *Acrolein* (**II**, 200—350°) bzw. *α-Methyl-* (**III**) u. *α-Äthylacrolein* (**IV**; alle bei 300°) in Ggw. von bas. Katalysatoren (gefälltes MgO) kommen als Rk.-Mechanismen die Crotonisation, die Dien-Synth. u. die Michael-Rk. in Frage. Der Beitrag der langsam verlaufenden Diensynth. an den Rk.-Prodd. ist gering. Bei der Rk. von **II** mit **I** (1 : 1) entstand neben einer höher sd. Fraktion ein Gemisch von Benzaldehyd (**V**) mit ca. 25% Tetrahydrobenzaldehyd (**VI**; 2.4-Dinitrophenylhydrazon, F. 205—210°). Bei 310° erreicht diese niedrigsd. Fraktion mit annähernd 50 Vol.-% ein Maximum. Vff. nehmen an, daß eine Synth. nach Michael, gefolgt von einer Cyclisierung, stattgefunden hat: $CH_2{=}CH{-}CH_2{-}CHO + CH_2{=}CH{-}CHO \rightarrow CH_3{-}CH{=}C(CHO){-}CH_2{-}CH_2{-}CHO \rightarrow$ Dihydrobenzaldehyd, welcher in **V** u. **VI** dismutiert. Letzterer geht z. T. unter H-Abspaltung in **V** über. Bei der Kondens. von **III** u. **IV** mit **I** entstehen analog m-Toluylaldehyd (Kp.$_{12}$ 83,5—84°; daneben aus der Fraktion Kp.$_{12}$ > 85° eine Verb., $C_{13}H_{18}O_2$, Kp.$_{0,5}$ 74°, n_D^{22} 1,5168, die unter Aufspaltung des Mol. ein 3.5-Dinitrobenzoat, $C_{16}H_{12}N_2O_6$, F. 105—109°, gibt) u. m-Äthylbenzaldehyd (Kp.$_{15}$ 98,5 bis 99°; 2.4-Dinitrophenylhydrazon, $C_{15}H_{14}N_4O_4$, F. 217—217,5° [Essigester]). Daneben findet auch Selbstkondensation von **I** statt, die zum o-Toluylaldehyd (p-Nitrophenylhydrazon, F. 219—220°) führt; sie macht 40 bzw. 30% der Rk. aus. Zwischen 200 u. 300° findet mit *Mesityloxid* (**VII**) allein keine Kondens. statt, bei Zugabe von **I** nur Selbstkondens. von **I**. Durch Kondens. bei ca. 100° erhält man in fl. Phase mit bas. Katalysatoren neben einem großen Anteil Harzen Dihydro-o-toluylaldehyd ([2-Methylcyclohexadien-(1.3)-yl]-formaldehyd, Kp.$_{19}$ 79,5—80,5; Semicarbazon, $C_9H_{13}N_3O$, F. 194 bis 195,5° [A.–W.]) u. 2-Methylnonatrien-(2.5.7)-on-(4), (F. 25°, Kp.$_{12}$ 122°, Kp.$_{0,02}$ 60°), das aus **I** u. **VII** entstanden ist. Folgerungen: Die Dien-Synth. ist immer möglich, wenn unter den gegebenen Bedingungen auch in geringem Umfang. Wenn die Michael-Rk. möglich ist, läuft sie bevorzugt ab; sie es aber ster. gehindert, wenn der Donator in α-Stellung zur CHO-Gruppe substituiert ist. Konkurrenz-Rk. ist im allg. die Selbstkondens. von **I**. Im Fall der Kondens. von **I** mit **VII** geht der Rk. I-Polymerisation voraus. W. Penn. B 225□

Die Beständigkeit von 4-Aminoisoxazolidon-(3) in wässeriger Lösung. Ernst Felder und Ugo Tiepolo. (Ann. Chimica **49,** 600—05, 1959; Milano, Bracco Ind. Chim. S.p.A., Labor. di Ric.; ital.) — Die quant. Zers. 0,1- u. 1%ig. wss. Lsgg. von *4-Amino-isoxazolidon-(3)* (*Cycloserin*, **I**; $[\alpha]_D^{25°}$ + 116°) wird bei 0, 20 u. 38° colorimetr. untersucht.

Die Zers. des ampholyt. I (isoelektr. Punkt bei pH 5,9) ist 2. Ordnung, die des *Hydrochlorids* (II) 1. Ordnung. Daraus folgt, daß im Blut der Hämatin-Geh. in 24 Std. um nur ca. 2% abnimmt. Die bei der Zers. von II isolierten Prodd. sind: $NH_2OH \cdot HCl$, Serin u. β-Aminooxy-α-aminopropionsäuremonohydrochlorid; letztes führt durch längeres Erhitzen in mit HCl gesätt. Methanol zum β-Aminooxy-α-aminopropionsäuremethylester-dihydrochlorid; aus den Lsgg. von I werden 2.5-Bis-[aminooxymethyl]-3.6- u. 2.5-Bismethylen-3.6-diketopiperazin erhalten. Die Geschw.-Konst. k[h^{-1}] (für Konz. von 0,1 g pro Liter) im angegebenen Temp.-Bereich sind: II $9{,}6 \cdot 10^{-4}$—$3{,}0 \cdot 10^{-2}$; I $4{,}0 \cdot 10^{-6}$—$1{,}5 \cdot 10^{-4}$. G. Platzer. B 225□

Bedingungen für stereospezifische Olefin–Mercaptan-Radikaladditionen. Philip S. Skell und Richard G. Allen. (J. Amer. chem. Soc. **82**, 1511—12, 1960; University Park, Pa., Pennsylvania State Univ., Dep. of Chem.; engl.) — Vff. bestätigen die Ergebnisse anderer Autoren, wonach Olefin–Mercaptan-Additionen nicht stereospezif. verlaufen: Die Addition von CH_3SD bei -70^0 an *cis-* bzw. *trans-2-Butylen* bei -70^0 liefert das gleiche Gemisch an erythro- (I) u. threo-$D_{(3)}$-2-Methylmercaptobutan (II). In Ggw. von DBr erfolgt die Addition dagegen stereospezif., wie durch Vgl. mit auf anderem Wege dargestelltem I u. II (IR-Spektrum, Gaschromatographie) gefunden wird. Das Verhältnis des H-Übergangs auf $CH_3CHX\dot{C}HCH_3$ (**A**) beträgt $k_{HBr}/k_{CH_3SH} = 1{,}94$. Aus den Ergebnissen wird geschlossen, daß DBr allein mit **A** reagiert u. daß das Gleichgewicht $Br\cdot + CH_3SD \rightarrow DBr + CH_3S\cdot$ sich schneller einstellt, als die Addition von $Br\cdot$ u. $CH_3S\cdot$ an das Olefin erfolgt. Die Rk. von **A** mit HBr verläuft auch schneller als die Isomerisierung der **A**. Kurt Becker. B 225◇

Kinetik und Mechanismus der Pyrolyse von n-Butan. 1. Mitt. **Die nichtinhibierte Zersetzung.** N. H. Sagert und K. J. Laidler. (Canad. J. Chem. **41**, 838—47, 1963; Ottawa, Canada, Univ. of Ottawa, Dep. of Chem.; engl.) — Gaschromatograph. u. durch Best. der Druckänderung wurde die Kinetik der Pyrolyse von *n-Butan* (I) im Temp.-Bereich 520—590° u. bei einem Druck von 30—600 mm Hg untersucht. Die Rk. ist von der Ordnung 3/2, sie gehorcht der Gleichung $k_{3/2} = 3{,}24 \cdot 10^{15} \exp(-59900/RT) \cdot ccm^{1/2} \cdot Mol^{-1/2} \cdot s^{-1}$. Packung u. Vorbehandeln des Rk.-Gefäßes (durch 48std. Pyrolyse von I) verringert die Rk.-Geschw. u. erhöht die Aktivierungsenergie. Die Rk. ist weitgehend homogen u. verläuft überwiegend nach einem freien Radikal-Mechanismus mit dem Kettenstart I $\rightarrow$ 2 C_2H_5 u. der Abbruch-Rk. 2 C_2H_5 $\rightarrow$ I bzw. $C_2H_6 + C_2H_4$. W. Schramm. B 225◇

Kinetik und Mechanismus der Pyrolyse von n-Butan. 2. Mitt. **Die durch NO inhibierte Reaktion.** N. H. Sagert und K. J. Laidler. (Canad. J. Chem. **41**, 848—57, 1963; engl.) — 1. vgl. vorst. Referat. — Die Kinetik der Pyrolyse von *n-Butan* wurde im Temp.-Bereich 540—610° u. bei einem Druck von 30—600 mmHg bei maximaler Inhibierung durch NO untersucht. Die Rk. ist von der Ordnung 3/2 u. gehorcht der Gleichung $k_{3/2} = 5{,}3 \cdot 10^{16} \exp(-65900/RT)\ ccm^{1/2} \cdot Mol^{-1/2} \cdot s^{-1}$. Die Rk. wird weniger als die l. c. untersuchte durch die Oberfläche inhibiert u. verläuft nach einem freien Radikal-Mechanismus. Der Startschritt ist vorwiegend I + NO $\rightarrow$ C_4H_9 + HNO, der Abbruch wahrscheinlich $C_2H_5 + C_2H_5NO \rightarrow C_4H_{10} + NO$ oder $C_2H_6 + C_2H_4 + NO$. W. Schramm. B 225◇

Infrarotspektrometrische Untersuchung der Pyrolyse von Acetylen. 1. Mitt. **Die homogene Reaktion.** C. F. Cullis, G. J. Minkoff und M. A. Nettleton. (Trans. Faraday Soc. **58**, 1117—27, 1962; London, Imp. Coll., Dep. of Chem. Engng. and Chem. Technol.; engl.) — Vff. untersuchten IR-spektroskop. während der Pyrolyse von *Acetylen* (I) bei Temp. $< 600^0$ gebildete Rk.-Produkte. Die hierbei erhaltenen kinet. Ergebnisse werden mit den nach manometr. Messungen erhaltenen verglichen. Zwischen 400 u. 500° verläuft die Anfangs-Geschw. nach einem Zeitgesetz zweiter Ordnung mit einer scheinbaren Aktivierungsenergie von 48,1 kcal/Mol; manometr. ergeben sich etwas kleinere Werte. Die analyt. Ergebnisse zeigen, daß bei Variation der experimentellen Bedingungen über einen weiten Bereich I zunächst in Polymere u. Bzl. umgewandelt wird, die sich langsam weiter vorwiegend zu CH_4 zersetzen. Daneben wurden auch C_2H_6 u. C_2H_4 gefunden. Radikalbildende Zusätze (Diacetyl, Äthylenoxid) beschleunigen, Radikal-abfangende (NO, n-Propyl-, Äthylchlorid, Äthylbromid, -jodid, HCl, HBr) verzögern die Reaktion. Die Halogen-Verbb. verhindern fast vollständig die Bldg. von Polymeren u. Benzol. Es wird ein Mechanismus vorgeschlagen, wonach in einer bin. Rk. aus 2 I-Moll. zuerst ein Biradikal gebildet wird, das weitere Polymerisationsketten startet. C. E. Döring. B 225◇

Zersetzung von n- und sek.-Butylperoxyacetat. Lois J. Durham, Leon Glover und Harry S. Mosher. (J. Amer. chem. Soc. **82**, 1508—09, 1960; Stanford, Calif., Univ., Dep. of Chem. and Chem. Engng.; engl.) — Vff. untersuchen IR-spektroskop. (5,63 μ) die therm. Zers. bei 64,6° von *n-Butylperoxyacetat* [I, $\rightarrow$ Butyraldehyd (II),

Essigsäure (III), Butanol, Methyl-n-butyläther, Butylacetat, Butylformiat, CO_2 u. CH_4] u. *sek.-Butylperoxyacetat* (**IV**, → Methyläthylketon u. **III**). Die Halbwertszeiten betragen für **I** in Brombenzol (**V**) 3,1 [10^{-3} Min.], in α-Methylstyrol (**VI**) 3,2; für **IV** in **V** 0,9. Für *tert.-Butylperoxyacetat* wird aus Literaturwerten (vgl. Bartlett u. Hiatt, J. Amer. chem. Soc. **80**, [1958] 1398) der Wert 280 extrapoliert. Bei **I** sind **II** u. **III** Hauptprodd., in Ggw. von **VI** nimmt die Ausbeute an den übrigen Verbb. sehr stark ab. Aus **IV** werden bei der Zers. ohne Lsgm. bzw. in **VI** die Nebenprodd. nicht gebildet. Vff. nehmen an, daß **I** u. **IV** nach einem „cycl. concertet"-Mechanismus zersetzt werden, analog dem der Zers. von Peroxyhemiacetalen beobachteten (vgl. Durham u. Mitarbeiter C. **1960**, 11614).

Kurt Becker. B 225◇

Singulett–Methylen-Radikale aus der thermischen Zersetzung des Diazomethans. Unimolekulare Reaktionen von chemisch aktiviertem Cyclopropan und Dimethylcyclopropan. D. W. Setser und B. S. Rabinovitch. (Canad. J. Chem. **40**, 1425–51, 1962; Seattle, Wash., Univ. of Washington, Dep. of Chem.; Ottawa, Canada, Nat. Res. Council, Div. of Appl. Chem.; engl.) — Vgl. C. **1961**, 12795. — Die therm. Zers. von Diazomethan (I) zu *Singulett-CH_2-Radikalen* u. N_2 im Temp.-Bereich 225–450° wurde in Olefin–I-Gemischen (10 : 1) untersucht. Bei p = 2,5 cm ergab sich $k = 1{,}2 \cdot 10^{12} \cdot e^{-34000/RT} s^{-1}$. Therm. erzeugte CH_2-Radikale besitzen ähnliche Reaktivität wie photolyt. erzeugte, wie aus den Folge-Rkk. mit C_2H_4 u. cis-Buten-(2) (**II**) zu schließen ist. Die Struktur-Isomerisierungs-Rkk. energiereichen Cyclopropans (**III**) sowie die Struktur- u. geometr. Isomerisierungs-Rkk. des 1.2-Dimethylcyclopropans, die bei der Addition therm. erzeugter CH_2-Radikale an C_2H_4 bzw. **II** entstanden, wurden zwischen 250–400° in einem weiten Druckbereich gemessen. Zum Vgl. wurde auch **III** untersucht, das durch Rk. von photolyt. bei 4358 Å u. 25° erzeugten CH_2-Radikalen mit C_2H_4 hergestellt war. Ein Vgl. der experimentell gefundenen Geschw.-Konst. der Isomerisierung ergab, daß die Energie des so erzeugten **III** gleich der des therm. bei 350° erzeugten **III** ist. Die experimentell erhaltenen Geschw.-Konst. wurden mit solchen verglichen, die mit Hilfe quantenstatist. Modelle berechnet wurden. Die mittlere Energie der im therm. Syst. gebildeten Moll. wurde in Abhängigkeit von der Temp. zu 107–115 kcal/Mol bestimmt. Photolyt. bei 25° u. 3200 Å aus Keten u. C_2H_4 sowie bei 4358 Å aus **I** u. C_2H_4 erzeugtes **III** besitzt 103 bzw. 111 kcal/Mol. Diese aus kinet. Daten erhaltenen Werte werden mit verfügbaren thermodynam. Daten verglichen, wobei für die Bldg.-Enthalpie von **I** als besserer Wert 80 kcal/Mol gegenüber dem bisher verwendeten Wert von 67 kcal/Mol angegeben werden. Es werden Argumente angeführt, die für eine schnelle intramol. Relaxation der Schwingungsenergie in **IV** relativ zum Relaxationsprozeß der Zers. sprechen. Vgl. von Literaturdaten über die photolyt. aus Keten u. aus **I** erzeugten CH_2-Radikale ergibt, daß die aus dem Keten stammenden CH_2-Radikale einen größeren Teil der überschüssigen Lichtenergie (0,65–0,8) tragen als die aus **I** erzeugten CH_2-Radikale (0,3–0,5). Verschiedene Berechnungs-Meth. für die Geschw.-Konst. der Olefin-Bldg. aus dem energiereichen **III** werden geprüft u. mit genauen quantenstatist. Rechnungen verglichen.

C. E. Döring. B 225◇

Freie Radikal-Reaktionen mit aromatischen Äthern. 1. Mitt. **Benzoylperoxid mit Anisol.** Brian M. Lynch und Ralph B. Moore. (Canad. J. Chem. **40**, 1461–70, 1962; St. Johns, Newfoundland, Memorial Univ. of Newfoundland, Chem. Dep.; engl.) — Vff. führen eine Neuunters. der Prodd. der therm. Zers. von *Dibenzoylperoxid* in *Anisol* (**I**, Kp.154°, n_D^{25} 1,5151) bei 80–154° durch. Neben der erwarteten Phenylierung von **I** unter Bldg. von isomeren Methoxybiphenylen tritt merkliche Benzoyloxylierung unter Bldg. von isomeren Methoxyphenylbenzoaten ein. Die Isomerenverteilung wird IR- u. UV-spektroskop. bestimmt. Aus den Ergebnissen wird geschlossen, daß die Best. relativer Reaktivitäten mit der Konkurrenz-Meth. nur bei Fehlen größerer Neben-Rkk. möglich ist.

C. E. Döring. B 225◇

Gasphasenphotolyse von Äthylbromid. R. Barker und Allan Maccoll. (J. chem. Soc. [London] **1963**, 2839–42; London, Univ. Coll., William Ramsey and Ralph Forster Labor.; engl.) — Die Photolyse von *Äthylbromid* (**I**, $Kp._{750}$ 38,0°, n_D^{25} 1,4212) zu C_2H_4 u. HBr wurde in der Gasphase bei 150–300° durch kontinuierliche Druckmessung u. HBr-Titration verfolgt. Oberhalb eines bestimmten, von der Temp. abhängigen Druckes wird die Rk.-Geschw. gegeben durch: $-d[I]/dt = K \cdot I_0^{1/2}$ [I]; I_0 = Intensität des einfallenden Lichtes. Die Quantenausbeute für die HBr-Bldg. ist sehr groß ($\gg 1$), die Aktivierungsenergie der Geschw.-Konst. 1. Ordnung beträgt 10,5 kcal/Mol. Bei niedrigem Druck gewinnt eine Rk. 2. Ordnung an Einfl.: $-d[I]/dt = K' \cdot I_0 [I]^2$. HBr beschleunigt die Rk. etwas. Propylen inhibiert sie merklich.

W. Schramm. B 226◇

Die Photolyse von Azomethan bei höheren Drücken: eine zweite Reaktion der Äthanbildung. S. Toby und B. H. Weiss. (J. physic. Chem. **66**, 2681–83, 1962; New Brunswick, N.J., Rutgers Univ., School of Chem.; engl.) — Vgl. C. **1961**, 5035. —

Vff. untersuchten die Kinetik der Photolyse von *Azomethan* (I) zwischen 25 u. 150° bei 10 u. 200 Torr. Oberhalb 50° u. 50 Torr wird die Rk. komplex, als hinzukommende Rk. der Äthan (II)-Bldg. wird die Rk. $2\,CH_3N_2 \rightarrow C_2H_6 + 2\,N_2$ (A) angenommen. Ein weiterer möglicher Rk.-Weg $I + h\nu \rightarrow I^*$; $I^* \rightarrow 2\,CH_3\cdot + N_2$; $2\,I^* \rightarrow II + N_2 + I$ wird nicht in Betracht gezogen, da mit steigendem I-Druck der neue Rk.-Weg A der II-Bldg. an Bedeutung gewinnt. Kurt Becker. B 226◇

Die Photooxydation von Azomethan. 2. Mitt. R. L. Strong und K. O. Kutschke. (Canad. J. Chem. **37**, 1456—61, 1959; Ottawa, Canada, Nat. Res. Council, Div. of Pure Chem.; engl.) — 1. vgl. C. **1956**, 4969. — Die Fortführung der l. c. durchgeführten Unters. zeigte, daß eine Änderung der Lichtintensität um einen Faktor von 30 nur von geringer Wrkg. ist, eine Zunahme des Ausmaßes der Umsetzung von ½ auf 1% jedoch einen deutlichen Abfall der Ausbeute aller Prodd. (bestimmt wurden N_2, CO, CH_2O, N_2O, CO_2) mit Ausnahme von CO bewirkt. Bei Verss. mit niedrigeren Drücken an *Azomethan* werden die Prodd. in Ausbeuten erhalten, die denen bei höheren Umwandlungen entsprechen. Folgerungen für den Mechanismus der Photooxydation werden gezogen. W. Schramm. B 226◇

Die fördernde Wirkung des Lichtes auf die Umsetzung bestimmter Amine mit Ninhydrin. Eugène Neuzil, Jacques Josselin und Jean-Christian Breton. (C. R. hebd. Séances Acad. Sci. **252**, 119—21, 1961; Dakar, Univ., Fac.de Méd. et de Pharm., Labor. de Biochim. méd.; franz.) — Die *prim. Amine* $RR'CH-NH_2$ geben in einer Lsg. von 1,56 [μMol/ml] 1-Phenyl-2-aminopropansulfat, 3,12 Ninhydrin 8,33 KH_2PO_4 u. 8,33 Na_2HPO_4 in 75%ig. Trimethylcarbinol nur bei Belichtung die Ninhydrin-Rk. (Ruhlemann-Purpur), wobei die Färbung von der Temp., der Belichtungsdauer, der Rk.-Dauer im Dunkeln, der Menge u. Struktur des zugesetzten Alkohols, der Ggw. u. Konz. der Puffer u. vom O_2-Geh. der Lsg. abhängt. Die Ggw. eines aromat. Kerns oder einer langen Kette im Amin begünstigen die Reaktion. Die *Amine* R_3C-NH_2 u. $R-NH-R'$ reagieren überhaupt nicht, *Aminosäuren* u. die *Amine* $R-CH_2NH_2$ auch im Dunkeln (Licht beschleunigt die Rk. nicht), wodurch eine Unterscheidungsmöglichkeit gegeben ist. Die Rk. wird als cycl. Elektronenverschiebung im 8-Ring formuliert. Gisela Schreiber. B 226□

Photolyse von Cyclobutan-D_6-Aceton-Mischungen. Reaktionen des Cyclobutyl-Radikals. Alvin S. Gordon, S. Ruven Smith und Charles M. Drew. (J. chem. Physics **36**, 824—29, 1962; China Lake, Calif., U.S. Naval Ordnance Test Station, Chem. Div.; engl.) — Vff. photolysieren *Cyclobutan* (I)–D_6-*Aceton* (II)-Mischungen u. bestimmen aus dem Verhältnis CD_3H/CD_4 das Verhältnis der Geschw.-Konst. der Rkk. (1) $\cdot CD_3 + I \rightarrow CD_3H +$ Cyclobutyl-Radikal (III) u. (2) $\cdot CD_3 + II \rightarrow CD_4 + \cdot CD_2COCD_3$ im Bereich von 180—425°, wobei $E_2-E_1 = 0{,}97$ kcal/Mol u. $A_1/A_2 = 1{,}3$ erhalten werden. Mit dem bekannten Wert $E_2 = 11{,}3$ kcal/Mol (Whittle u. Steacie, J. chem. Physics. **18**, [1950] 1097) folgt $E_1 = 10{,}3$ kcal/Mol. Bei Temp. bis 200° ist die Addition von $\cdot CD_3$ an III unter Bldg. von D_3-Methylcyclobutan die Hauptreaktion. Mit steigender Temp. wird die Ringaufspaltung zum *Butenylradikal* (IV) vorherrschend ($E = 18{,}1 \pm 0{,}8$ kcal/Mol), daneben tritt Abspaltung eines H_2-Mol. ein. IV ist ungewöhnlich stabil u. zersetzt sich bei 325° nicht merklich, bei 425° langsam in C_2H_4 u. ein Vinylradikal. Die Haupt-Rk. von IV ist der Abzug eines H- oder D-Atoms aus der Ausgangsmischung. Es vereinigt sich auch mit einem CH_3-Radikal unter Bldg. von Penten-(1). Experimentelle Hinweise sprechen für eine Isomerisierung von IV oberhalb 350° zum resonanzstabilisierten $CH_3\dot{C}H\dot{C}HCH_2$-Radikal ($E = 20{,}0 \pm 0{,}7$ kcal/Mol). C. E. Döring. B 226◇

Die strahlungsinduzierte Synthese des Insekticids „Gammexan". 1. Mitt. Synthese durch ultraviolettes Licht. P. R. Hills, R. Roberts und M. W. Spindler. (Int. J. appl. Radiat. Isotopes **7**, 207—16, 1960; Wantage, Berks., Wantage Radiat. Labor., Isotope Res. Div., U.K. Atomic Energy Authority; engl.) — 2. vgl. C. **1963**, 3181. — Vff. bestimmen die Ausbeuten an *Hexachlorcyclohexan* $C_6H_6Cl_6$ (I) bei der durch UV-Licht (3650 Å) induzierten Synth. aus Bzl. u. Cl_2 in Abhängigkeit von den Rk.-Bedingungen (Reinheit u. Vorbehandlung der Rk.-Partner, Konzz., Belichtungszeit, Zusätze von Aktivatoren). Ohne Zusätze u. Vorbehandlung wurde eine Quantenausbeute von $1{,}58 \cdot 10^3$ (= 6,17 Mol.-%) gefunden, die durch geeignete Vorbehandlung des Bzl. (Sättigung mit Cl_2 durch 1std. Durchleiten vor der Belichtung) auf $8{,}67 \cdot 10^3$ (= **33,79** Mol.-%) gesteigert werden konnte. Der Anteil an γ-I betrug dabei zwischen 11,58 u. 15,31%, unabhängig von den Rk.-Bedingungen. Verschiedenste Zusätze zum Rk.-Gemisch [W., Essigsäure, Aceton, Ae., Dioxan, Al_2O_3, Kohle, CuCl, P_2O_5, Na_2SO_3, $(NH_4)_2S_2O_8$, $Na_2S_2O_3$, $Na_2S_2O_4$, $KMnO_4$] hatten keinen Einfl. auf die Ausbeute an γ-I (F. 112,2—112,7°); durch Zusatz von $FeCl_3$ bzw. J_2 wurde die I-Bldg. völlig unterdrückt. M. Schenk. B 226◇

Stabilität und Reaktionen des Tetrachloräthyl-Radikals. G. Huybrechts, L. Meyers und G. Verbeke. (Trans. Faraday Soc. **58**, 1128—36, 1962; Bruxelles, Belgium, Univ. Libre de Bruxelles; engl.) — Bei Temp. > 410° laufen bei der Photochlorierung von *Trichloräthylen* eine Reihe von Konkurrenz-Rkk. ab, die im einzelnen manometr. u. massenspektrometr. verfolgt werden. Es wird ein Mechanismus abgeleitet, der von den Unters.-Ergebnissen einfacherer Syst. ausgeht. Die Geschw.-Konst. folgender Teil-Rkk. wurden erhalten: $C_2HCl_3 + Cl \rightarrow C_2HCl_4$, $\log k_2 = 9{,}75 \pm 0{,}3$. $C_2HCl_4 \rightarrow C_2HCl_3 + Cl$, $\log k_4 = (13{,}7 \pm 0{,}5) - (20400 \pm 1000)/4{,}576T$. $C_2HCl_4 + Cl \rightarrow C_2HCl_5$ bzw. $C_2Cl_4 + HCl$ oder $C_2HCl_3 + Cl_2$, $\log k_7 = 10{,}85$. Die Geschw.-Konst. der Rück-Rk. der Kettenfortpflanzung $C_2HCl_5 + Cl \rightarrow C_2HCl_4 + Cl_2$ wurde mit Hilfe thermodynam. Daten berechnet: $\log k_5 = (10{,}8 \pm 0{,}5) - (17900 \pm 1000)/4{,}576$ T. Die Möglichkeit des Eintritts des Cl–Cl-Kettenabbruchs u. der Bldg. des prim. gebildeten aktivierten $C_2HCl_4^*$-Radikals werden diskutiert. C. E. Döring. B 226◇

Photochemische Reaktionen. 9. Mitt. **Isomerisierung von Eucarvon.** G. Büchi und Edward M. Burgess. (J. Amer. chem. Soc. **82**, 4333—37, 1960; Cambridge, Mass., MIT, Dep. of Chem.; engl.) — 8. vgl. C. **1961**, 1934. — UV-Bestrahlung von Eucarvon (**I**) in alkohol. Lsg. gab vorwiegend *1.4.4-Trimethylbicyclo-[3.2.0]-hepten-(6)-on-(2)* (**II**), das durch Pyrolyse bei 320° in **I** zurückgewandelt wurde. Weiterbestrahlung des 1. Photoprod. **II** führte über eine neue photochem. Umlagerung zu *4.4.6-Trimethylbicyclo-[3.2.0]-hepten-(6)-on-(2)* (**III**), das durch Pyrolyse bei 380° in *3.3.5-Trimethylcycloheptadien-(4.6)-on-(1)* übergeht, das seinerseits durch Red. in *3.3.5-Trimethylcycloheptanon* umgewandelt wird. Die Umwandlung **II** → **III** erfolgte nahezu quant. auch durch Erhitzen von **II** in Bzl. unter Lichtausschluß in Ggw. von Spuren Toluolsulfonsäure u. verläuft über eine kation. Zwischenstufe. Die photochem. Umwandlung **II** → **III**, die eine Gleichgewichts-Rk. darstellt (**II** : **III** ca. 4 : 1), wird diskutiert.

Versuche (FF. korr.): *Eucarvon* (**I**), $Kp._{14}$ 58,5—59°, aus D(+)-Carvon; 60% (Ausbeute). — *1.4.4-Trimethylbicyclo-[3.2.0]-hepten-(6)-on-(2)* (**II**), $C_{10}H_{14}O$, $Kp._{45}$ 95 bis 96°, aus **I** in 95%ig. A. durch 22 Tage langes Bestrahlen mit Eintauchquarzlampe unter Durchleiten von N_2 u. Wasserkühlung; n_D^{25} 1,4562; 36,7%. *2.4-Dinitrophenylhydrazon*, $C_{16}H_{18}N_4O_4$, F. 161,5—162,5° (CH_3OH). — *1.4.4-Trimethylbicyclo-[3.2.0]-heptanon-(2)* (**IIa**), $C_{10}H_{16}O$, $Kp._{45}$ 110—111°, aus vorst. Verb. durch Hydrieren mit 20%ig. Pd-Kohle in abs. Ae. (26°, 1 at); n_D^{25} 1,4556; 56%. *2.4-Dinitrophenylhydrazon*, $C_{16}H_{20}N_4O_4$, F. 147,5—148° (CH_3OH). — *4.4.6-Trimethylbicyclo-[3.2.0]-hepten-(6)-on-(2)* (**III**), $C_{10}H_{14}O$, $Kp._{30}$ 101—103°, aus **II** in n-Hexan durch 10 Tage langes Bestrahlen wie oben; n_D^{25} 1,4705; 31,5%. *2.4-Dinitrophenylhydrazon*, $C_{16}H_{18}N_4O_4$, F. 149—150° (CH_3OH). — *4.4.6-Trimethylbicyclo-[3.2.0]-heptanon-(2)* (**IV**), $C_{10}H_{16}O$, $Kp._{40}$ 120—121°, aus vorst. Verb. mit H_2–Pd-Kohle in abs. A. (25°, 1 at); n_D^{25} 1,4662; 66%. *2.4-Dinitrophenylhydrazon*, $C_{16}H_{20}N_4O_4$, F. 134—135° (CH_3OH). — *3.3.5-Trimethylcycloheptadienon-(1)* (**V**), $C_{10}H_{14}O$, $Kp._{25}$ 115—116°, aus **III** durch Pyrolyse bei 380—390° im Pyrexrohr u. Gaschromatographie; n_D^{25} 1,5060; 53,5%. *2.4-Dinitrophenylhydrazon*, $C_{16}H_{18}N_4O_4$, F. 143 bis 144° (CH_3OH). — *3.3.5-Trimethylcycloheptanon-(1)* (**VI**), aus **V** mit H_2–Pd-Kohle in abs. A. (28°, 1 at); 49%. *Semicarbazon*, F. 186—186,5° (CH_3OH, W.); keine Depression mit Semicarbazon von **VI**, erhalten aus Dihydroisophoron durch Demjanow-Ringerweiterung. K. Maier. B 226□

Die Zersetzung organischer Hydroperoxide. 5. Mitt. **Durch Nitrile und Base katalysierte Zersetzung von tert.-Butylhydroperoxid.** H. Berger. (Trans. Faraday Soc. **58**, 1137—47, 1962; Amsterdam, Shell Internat. Res. Mij. N.V., Kon./Shell-Labor.; engl.) — 4. vgl. C. **1963**, 19186. — Vf. untersucht die durch nachst. Benzonitrile: *2-, 3-, 4-Nitro-, 2.4-, 3.5-Dinitro-, 3.5-Dinitro-4-methyl-, 2.6-Dinitro-4-methyl-, 3-Nitro-4-methyl-, 6-Nitro-2-methyl-, 5-Nitro-2-methyl-* u. *3.5-Dinitro-2-methyl-*, (jeweils 0,09 m) unter bas. Bedingungen (0,09 m K-tert.-Butylat) katalysierte Zers. von *tert.-Butylhydroperoxid* (ROOH) (3 m) zu tert.-Butanol (**I**) u. O_2 bei 40° in Bzl. als Lösungsmittel. Die ausschließliche Bldg. von **I** u. O_2 als Rk.-Prodd., die Bedeutung eines vom ROO^--Anion abgeleiteten katalyt. Intermediären, die Isolierung eines aus dem ROO·-Radikal u. 2.6-Di-tert.-Butyl-4-methylphenol als phenol. Antoxydans erhaltenen Deriv. u. das durch ESR-Spektroskopie zu beobachtende Auftreten eines intermediären freien Radikals lassen schließen, daß die Nitril-katalysierte Zers. von ROOH ähnlich wie die durch Cu^{2+}-Ion katalysierte Zers. verläuft. Im ersten Rk.-Schritt bilden ROO^- u. das Nitril (R′CN) ein Addukt ($R'-C(OOR)=N^{(-)}$), das sich durch Homolyse der O—O-Bindung unter Bldg. des stabilen $R'-C(=N^{(-)})O\cdot$ -Radikals zersetzt. C. E. Döring. B 227◇

C. Präparative organische Chemie. Naturstoffe

Eine kurze Übersicht über die Carbenchemie. Roy C. De Selms. (Org. chem. Bull. **34**, Nr. 1, 1—6, 1962; Rochester, N.Y., Eastman Kodak Co.,Res. Labor.; engl.) — 36 Literaturangaben. P. Golinske. 460◇

Stickstofffluoride und ihre organischen Derivate. Charles J. Hoffman und Roy G. Neville. (Chem. Reviews **62**, 1—18, 1962; Sunnyvale, Calif., Lockheed Aircraft Corp., Missilesand Space Div., Chem. Dep.; engl.) — Übersicht über anorgan. u. organ. Stickstoffverbindungen. — 183 Literaturangaben. P. Golinske. 460◇

Polyhydroxyamine via Diensynthese mit Nitrosoverbindungen. G. Kresze, Gerhard Schulz und J. Firl. (Angew. Chem. **75**, 375, 1963; München, TH, Organ.-chem. Inst.; dt.) — Vgl. C. **1961**, 10895. — Durch Dien-Synth. mit NO-Dienophilen erhaltene cycl. 1-Aminobuten-(2)-ole-(4) werden in Polyhydroxyamino-Verbb. bekannter Stereochemie übergeführt. Aus Nitrosobenzol (**I**) u. Cyclohexadien wird über *3-Phenyl-2-oxa-3-azabicyclo-[2.2.2]-octen-(5)* (F. 65—66°), *cis-1-[N-Acetylanilino]-4-acetoxycyclohexen-(2)* (F. 56—57°, durch Einw. von Zn/Essigsäure u. Acetanhydrid) u. *1-[N-Acetylanilino]-2-trans.3-trans-dihydroxy-4-cis-acetoxycyclohexan* (durch $KMnO_4$-Oxydation; Stereochemie bezogen auf die Acetanilidogruppe; *Tetraacetyl-Deriv.*, F. 130—131°) *1-Aminocyclohexantriol-(2-trans.3-trans.4-cis)* („*Didesoxyinosamin*", F. 93—95°) erhalten. Analog liefern Cyclopentadien u. **I** über *3-Phenyl-2-oxa-3-azabicyclo-[2.2.1]-hepten-(5)* (F. 32—34°) u. *cis-1-[N-Acetylanilino]-4-acetoxycyclopenten-(2)* (F. 102—103°) durch dessen Oxydation zum Glykol u. HJO_4-Spaltung oder Ozonisierung *erythro-2-[N-Acetylanilino]-4-acetoxyglutardialdehyd*, der als inneres *Halbacetal* (**II**) *des Monohydrats* vorliegt. **II** ergibt bei der $NaBH_4$-Red. *2.3-Didesoxy-2-phenylaminoerythrit* (*Tetraacetyl-Deriv.*). Schließlich entsteht aus p-Chlornitrosobenzol u. Hexadien-(2.4)-säurediester über *2-[p-Chlorphenyl]-3-methyl-6-äthoxycarbonyl-3.6-dihydro-1.2-oxazin* (F. 63°) u. *N-[p-Chlorphenyl]-2-acetoxy-5-aminohexen-(3)-säurelactam* (F. 120°) *N-[p-Chlorphenyl]-5.6-didesoxy-5-amino-DL-allonsäurelactam* (F. 166°). B. Gnauck. 470◇

Für organische Verbindungen günstige katalytische Tritiummarkierung. John L. Garnett. (Nucleonics [New York] **20**, Nr. 12, 86—91, 1962; Sidney, N.S.W., Univ.; engl.) — Die Verb. wird in einer evakuierten Ampulle mit T_2O u. red. PtO_2 oder einem anderen Metall der Übergangsgruppe in aktivierter Form bei 20—150° bis zur Einstellung eines Gleichgew. geschüttelt. Bei einer weiteren Meth. wird die Verb. mit T_2O u. dem Katalysator gekocht. Vff. markierten $>$300 Verbb., u. a. (Austausch-Geschw. in Klammern): *Bzl.* (schnell), *Benzoesäure* (schnell), *Na-Benzoat* (schnell), mehrere *Benzoesäureester* (schnell), *Diphenyläther* (schnell), *Phenol* (schnell), *Anisol* (schnell), *Dibenzyl* (schnell), *Diphenyl* (schnell), *Stilben* (schnell), *Fluorbenzol* (schnell), *Chlorbenzol* (schnell), *Brombenzol* (langsam), *Jodbenzol* (gering), *Nitrobenzol* (gering), *Naphthalin* (mittel), *Phenanthren* (mittel), *Anthracen* (mittel), *Chrysen* (mittel), *Pyren* (schnell), *Naphthacen* (mittel), *Azulen* (mittel), *Pyrrol* (schnell), *Pyridin* (schnell), *Chinolin* (schnell), *Isochinolin* (schnell), Acridin (schnell), *Bipyridyl* (schnell), *Anilin* (schnell), *N-Methylanilin* (schnell), *N.N-Dimethylanilin* (schnell), *Trimethylphenylammoniumjodid* (gering), *N.N-Dimethylbenzylamin* (schnell), *n-Octan* (langsam), *Cyclohexan* (langsam), *Thiophen* (gering), *Nitroäthan* (wenig), *α-Chlornaphthalin* (schnell), *α-Bromnaphthalin* (langsam), *Tetralin* (schnell), *Inosite* (langsam), *Östron* (mittel), *trans-Stilböstrol* (mittel) u. *cis-Stilböstrol* (mittel) (schnell = vollständige, mittel = 25—50%ig., langsam = 5—25%ig., gering $<$5%ig. Einstellung des Gleichgew. nach 24 Std. bei 130°). Die Ergebnisse (spezif. Aktivität bis 500 mc/mg) sind besser als die durch Bestrahlung im Gaszustand erreichten. — Weiter werden besprochen: Anwendungsbereich der Rk., Verw. von Lsgm., Katalysatoraktivierung, Einfl. der Art der organ. Verb. des Lsgm. oder der Temp. auf die Orientierung des T im Mol., Anwendungsbeispiele u. Rk.-Mechanismus; 33 Literaturhinweise. U. Wenzel. 480◇

Addition von Jodhalogeniden an fluorierte Olefine. 1. Mitt. **Die Richtung der Addition von Jodmonochlorid an Perhalogenolefine und einige verwandte Reaktionen.** Murray Hauptschein, Milton Braid und Arnold H. Fainberg. (J. Amer. chem. Soc. **83**, 2495—2500, 1961; Philadelphia, Pa., Pennsalt Chem. Corp., Res. and Developm. Dep.; engl.) — Bei der Addition von JCl an Trifluorchloräthylen (**I**) entsteht ein Gemisch aus *Trifluor-1.2-dichlor-* (**II**) u. *1.1-dichlor-2-jodäthan* (**III**). Das Verhältnis von **II** zu **III** ist von der Rk.-Temp. abhängig, bei hoher Temp. entsteht hauptsächlich **III**, bei 0° fast reines **II** u. in Ggw. von Fe ein Gemisch mit 65% **III**. Fe ist bei dieser Rk. kein Gleichgew.-Katalysator, da beim Erhitzen von annähernd reinem **II** bzw. **III** mit Fe u. JCl auf 40—50° nahezu unverändert reines **II** bzw. **III** erhalten werden. Reines **III** erhält man aus dem Isomerengemisch durch selektive Rk. mit Chlorsulfonsäure (**VI**), wobei nur **II** *Trifluor-1.2-dichloräthylchlorsulfat* (**V**) bildet. Das dritte Isomere *1.1.1-Trifluordichlorjodäthan* entsteht analog in Ggw. von $AlCl_3$. Bei der Addition von

JCl an 1.1-Difluordichloräthylen (**VI**) bei -10^0 entsteht nur *1.1-Difluortrichlor-2-jodäthan*, bei höherer Temp. oder in Ggw. von Fe auch *1.1.1-Trichlordifluorjodäthan* (**VII**) u. *Tetrachlor-2.2-difluoräthan* (**VIII**). Die Addition von JCl an Perfluorpropen (**IX**) bei 98^0 gibt ein Gemisch aus *Hexafluor-2-jod-3-chlorpropan* u. wenig *-2-chlor-3-jodpropan*. Die Isomeren wurden durch Gaschromatographie analysiert u. getrennt. Retensionszeiten sowie UV- u. IR-Maxima s. Original.

Versuche: *Trifluor-1.2-dichlor-2-jodäthan* (**II**), $C_2Cl_2F_3J$, Kp. 101^0, Kp.$_{100}$ 45^0, a) durch $^3/_4$std. Zutropfen von JCl in CH_2Cl_2 zu 415 g **I** bei -78^0 unter Rühren unter N_2 im Glasreaktor, 4std. Rk. bei -8 bis -5^0, Verkochen von überschüssigem **I**, Waschen mit W., wss. $NaHCO_3$-Lsg., W., Einengen [430 g (Rohausbeute mit 2% **III**)] u. Gaschromatographie; n_D^{25} 1,4493; $D._4^{25}$ 2,199; b) analog durch Rk. bei 50^0 ohne Lsgm.; enthält bis 55% **III**; c) analog a) bei $0-50^0$ mit Fe-Draht oder $FeCl_3$ als Katalysator; enthält 63—66% **III**; d) analog a) in Eisen- bzw. Edelstahlautoklaven bei 5 at ohne u. mit Fe bei 40 bzw. 100^0 ohne Lsgm.; enthält 63 bzw. 60% **III**. — *Trifluor-1.1-dichlor-2-jodäthan* (**III**), Kp. 101^0, durch 2½std. Rk. eines Gemisches aus 34% **II** u. 66% **III** mit überschüssigem **IV** unter Rühren bei $50-52^0$, Gießen auf Eis u. Rühren mit 10%ig. wss. NaOH; n_D^{25} 1,4446; $D._4^{25}$ 2,189. — *Trifluor-1.2-dichloräthylchlorsulfat* (**V**), $C_2Cl_3F_3O_3S$, Kp.$_{100}$ 76^0, durch 10 Min. langes Zutropfen von 23 g **II**/**III**-Gemisch (7:3) bei 50^0 unter Rühren, 2std. Rühren bei 60^0 u. Gießen auf Eis; n_D^{30} 1,392; 12 g. — *Trifluor-2.2-dichloräthylchlorsulfat*, $C_2Cl_3F_3O_3S$, Kp.$_{100}$ 76^0, analog durch ½std. Zutropfen von 30 g **III** zu **IV** unter Rühren u. 2std. Rühren bei 100^0; n_D^{25} 1,3943; 15 g; daneben *1.1.2-Trichlortrifluoräthan* (**X**). — *Difluorchloressigsäure, Na-Salz*, durch Hydrolyse von 1 g **V** mit verd. NaOH; 0,6 g. *Äthylester*, durch Rk. von 3 g **V** mit abs. A. bei 0^0 u. 3std. Kochen; 1,5 g. *Amid*, F. $81-82^0$ (CCl_4/CH_2Cl_2), durch $^1/_4$std. Einleiten von NH_3 in 0,4 g **V** in abs. Ae. bei 0^0; 0,2 g. — *1.1.1-Trifluordichlorjodäthan*, $C_2Cl_2F_3J$, F. 21^0, Kp.$_{100}$ 45^0, durch 3std. Zutropfen von 195 g **I** zu JCl, $AlCl_3$ u. wenig J_2 bei $35-40^0$, Verdünnen mit Trichlor-1.1.2-trifluoräthan (**X**) u. Gaschromatographie; n_D^{25} 1,4535; daneben 15 Gew.-% *1.1.1-Trifluortrichloräthan* (mit 10% **X**), 60 Gew.-% *Tetrachlor-2.2-difluoräthan* (**VIII**), 5 Gew.-% *Trichlorfluoräthylen*, 2 Gew.-% *1-Jod-1-chlordifluoräthylen*, 1 Gew.-% *Perchloräthylen* u. 2 Gew.-% nicht identifizierte Produkte. — *1.1-Difluortrichlor-2-jodäthan*, F. 37^0, Kp.$_{75}$ 75^0, a) durch 3½std. Zutropfen von JCl zu 300 g **VI** im Glasreaktor unter Rühren unter N_2 bei $0-3^0$, $2^3/_4$std. Rühren u. Gaschromatographie; daneben 1 Gew.-% **VIII** u. *1.1.1-Trichlorfluorjodäthan* (**VII**); b) analog a) in 6 Std. bei $10-13$ ^{0} u. in Ggw. von Fe; 59% (mit 20% **VII**); daneben 14 Gew.-% **VIII**; c) analog a) durch Zutropfen von **VI** zu JCl u. Kochen; daneben 20 Gew.-% **VIII**. — *Hexafluor-2-jod-3-chlorpropan*, C_3ClF_6J, Kp. 78 bis $78{,}5^0$, durch mehrstd. Schütteln von 629 g **IX** im Autoklaven bei 98^0, Waschen mit $Na_2S_2O_3$-Lsg., Dest. [Kp. $78-78{,}5^0$; n_D^{25} 1,3757; 437 g; enthält 8,5% *Hexafluor-2-chlor-3-jodpropan*, C_3ClF_6J; n_D^{25} 1,3741] u. Gaschromatographie; n_D^{25} 1,3757; daneben im Vorlauf *Hexafluor-2.3-dichlorpropan*. — *Nonafluor-2-jodbutan*, C_4F_9J, durch Rk. von **IX** mit Trifluorjodmethan bei 195^0 im Autoklaven, Dest. [Kp. 64^0; enthält 8% *Nonafluor-1-jodisobutan*, C_4F_9J; n_D^{25} 1,3330] u. Gaschromatographie; n_D^{25} 1,3290. — *Tridekafluor-2-jodhexan*, analog aus Heptafluor-1-jodpropan mit **IX** (roh; Kp. 111^0; enthält 2% *Tridekafluor-2-methyl-1-jodpentan*) u. Gaschromatographie; n_D^{25} 1,3287. D. Jahnke. 510△

Addition von Jodhalogeniden an fluorierte Olefine. 2. Mitt. **Die Addition von Jodmonofluorid an halogenierte Olefine.** Murray Hauptschein und Milton Braid. (J. Amer. chem. Soc. **83**, 2383—86, 1961; engl.) — 1. vgl. vorst. Referat. — Eine neue Meth. der Addition von JF an Perfluor- u. Perfluorchlorolefine wird beschrieben, wobei JF während der Rk. aus J_2/JF_5 in Ggw. eines Katalysators gebildet wird. IR- u. UV-Maxima s. Original.

Versuche: *1.1.1-Trifluordichlorjodäthan* (**I**), a) durch 2½std. Schütteln von J_2, JF_5, Al u. AlJ_3 im Autoklaven bei $130-135^0$ unter N_2, Kühlen auf -70^0, Evakuieren, Zugeben von 1.1-Difluordichloräthylen, 17std. Schütteln bei -70^0, Gießen in gesätt. $NaHSO_3$-Lsg. von 0^0 u. Neutralisieren; 83% [Ausbeute; enthält 5% *1.2.2-Trifluordichlorjodäthan* (**II**)]; b) analog a) bei 0^0; 77% (mit 2% **II**); c) analog a) bei $20-25^0$ (Meth. **A**) 81% (mit 23% **II**); d) analog a) bei $20-25^0$ mit u. ohne Vorerhitzen auf 100^0 u. ohne Katalysator; 24—48% (mit 10% **II**); e) analog a) bei 0^0 u. 3std. Vorerhitzen auf 130^0 mit Fe-freiem Al; 60% (mit 0—2% **II**). — *Trifluor-1.2-dichlor-2-jodäthan*, analog durch 1½std. Erhitzen von J_2, JF_5 u. Al auf 130^0 u. 17std. Rk. mit 1.2-Difluor-1.2-dichloräthylen bei $20-25^0$; 23%. — *Gemisch aus 45% Tetrafluor-2-chlor- u. 55% -1-chlor-2-jodäthan*, C_2ClF_4J, Kp. $54-56^0$, durch 2std. Erhitzen von J_2 u. JF_5 auf 100^0, Kühlen mit fl. N_2, Evakuieren, Zugeben von Chlortrifluoräthylen, 2std. Schütteln bei $0-10^0$, 2tägige Rk. bei $20-25^0$ u. weiter analog **I**; 95%. — *2-Jodheptafluorpropan*, C_3F_7J, Kp. 40^0, durch $1^3/_4$std. Erhitzen von J_2, JF_5, Al u. AlJ_3 auf $140-150^0$, Kühlen mit festem CO_2, Evakuieren, Zufügen von Perfluorpropen u. 7std. Schütteln bei 125^0; n_D^{20}

1,327; 77%. — *Pentafluorjodäthan*, durch 2std. Erhitzen von J_2, JF_5, Al u. AlJ_5 auf 130 bis 140°, Kühlen, Zugeben von Trichlor-2.2-difluor-1-jodäthan, Kühlen mit fl. N_2, Evakuieren, Zugeben von Tetrafluoräthylen, mehrstd. Schütteln bei Raum-Temp., u. 7std. Rk. bei 50°; 78%. — *1.1.1-Trifluorchlorjodäthan*, C_2HClF_3J, Kp. 80°, aus 1-Chlor-2.2-difluoräthylen nach a); n_D^{26} 1,4304; 48%. — *1.1.1.2-Tetrafluorjodäthan*, C_2HF_4J, analog durch 2std. Erhitzen von J_2, JF_5, Al u. AlJ_3 auf 130°, Kühlen in fl. N_2, Evakuieren, Zufügen von 62 g Trifluoräthylen, 16std. Schütteln bei Raum-Temp. u. 15std. Rk. bei 70 bis 83°; n_D^{25} 1,3665; 15 g. — *1.1.1-Trifluorjodäthan*, analog aus 1.1-Difluoräthylen durch 18½std. Schütteln bei 0—12° u. 3std. Rk. bei 50°. D. Jahnke. 510△

Fluoralkylhalogensulfate und ein neuer Weg zu Fluorcarbonsäuren und Derivaten. 1. Mitt. **Polyfluoralkylchlorsulfate.** Murray Hauptschein und Milton Braid. (J. Amer. chem. Soc. **83**, 2500—05, 1961; Philadelphia, Pa., Pennsalt Chem. Corp., Res. and Developm. Dep.; engl.) — Bei der Rk. von Chlorsulfonsäure (I) mit Fluoralkyljodiden entstehen *Fluoralkylchlorsulfate* (**A**) oder *Fluoralkylchloride*. Der Rk.-Mechanismus wird diskutiert. Durch Rk. der **A** mit W., A. oder NH_3 entstehen die entsprechenden *Fluorcarbonsäuren* bzw. deren *Ester* oder *Amide*. IR- u. UV-Maxima s. Original.

Versuche: *Perfluor-n-propylchlorsulfat* (II), $C_3ClF_7O_3S$, Kp. 80°, durch 65std. Schütteln von I u. 1-Jodheptafluorpropan unter N_2 im Bombenrohr bei 130°, Kühlen mit festem CO_2, Erwärmen auf Raum-Temp. u. Dest. des Rückstandes; n_D^{24} 1,3124; 89% (Ausbeute); daneben 11% *1-Chlorheptafluorpropan*. — *Pentafluorpropionsäure, Na-Salz*, durch Hydrolyse von II mit wss. NaOH, Eindampfen u. Ae.-Extraktion; 100%. *Amid*, F. 93,5—94,5° [1.1.2-Trichlortrifluoräthan (TTÄ)], durch 10 Min. langes Einleiten von NH_3 in abs. äther. II-Lsg. bei —75° unter Schütteln, Erwärmen auf Raum-Temp., Filtrieren u. Einengen (Meth. **A**); 100%. *Äthylester*, durch 1std. Kochen von II mit abs. A. (Meth. **B**); 100%. — *5.7.9.11-Tetrakis-[trifluormethyl]-ω-jodperfluoralkan-Gemisch*, $C_2F_5 \cdot CF_2[CF_2CF(CF_3)]_4[CF_2CF_2]_nJ$ (n = 9—25; Durchschnitt n = 12), $C_{39}F_{79}J$, durch 18std. Schütteln von 4.6.8-Tris-[trifluormethyl]-2-jodperfluordodecan mit Tetrafluoräthylen bei 190° im Autoklaven; 75%. — 5.7.9.11-Tetrakis-[trifluormethyl]-ω-jodperfluoralkylchlorsulfatgemische: $C_{33}ClF_{67}O_3S$ (III), Kp.$_{0,1}$ 120—142°, durch 17std. Schütteln vorst. Gemisches mit I bei 150° unter N_2 u. Dest.; opalescierendes Öl. — $C_{37}ClF_{75}O_3S$, Kp.$_{0,1}$ 180—190°; neben III; wachsartig. — $C_{41}ClF_{83}O_3S$, Kp.$_{0,1}$ 190—200°, neben III; wachsartig. — $C_{65}ClF_{131}O_3S$, F. 245—281°, neben III. — *5.7.9.11-Tetrakis-[trifluormethyl]-ω-carbamoylalkangemisch*, $C_{33}H_2F_{65}NO$, Kp.$_{0,1}$ 115—119°, aus III nach **A**; 83%. *Freie Säure*, durch mehrstd. Kochen von III mit Wasser. — *7-Trifluormethyl-2.2.4.4.6.6 H-perfluornonylchlorsulfat* (IV), $C_{10}H_6ClF_{15}O_3S$, Kp.$_{0,1}$ 80°, durch 20 Min. langes Zutropfen von 7-Trifluormethyl-2.2.4.4.6.6 H-perfluor-1-jodnonan unter Rühren zu I unter N_2 bei 4 bis 5°, 1½std. Rühren bei 0—4°, Hydrolysieren mit Eiswasser u. TTÄ-Extraktion; n_D^{27} 1,352; 90%. — *7-Trifluormethyl-2.2.4.4.6.6 H-perfluorpelargonsäure*, $C_{10}H_7F_{13}O_2$, Kp.$_{0,1}$ 110—111°, durch mehrstd. Kochen von IV in W. unter Zugeben von $NaHCO_3$, Ansäuern u. Ae.-Extraktion; 80%. *Amid*, $C_{10}H_8F_{13}NO$, Kp.$_{<0,1}$ 109—110°, aus IV u. NH_3 in abs. Ae. bei 0°; 91%. *Äthylester*, Kp.$_{0,1}$ 80—81°, aus IV nach **B**; n_D^{29} 1,345; 92%. — *7-Trifluormethyl-2.4.4.6.6 H-perfluornonen-(2)-säure*, $C_{10}H_6F_{12}O_2$, Kp.$_{0,1}$ 89—90°, durch Schütteln von 11 g IV mit 20%ig. wss. NaOH bei Raum-Temp., Ansäuern u. TTÄ- u. Ae.-Extraktion; gelbliches Öl; n_D^{27} 1,370; 3 g. — *7-Trifluormethyl-2.4.6.6 H-perfluornonadien-(2.4)-säure*, $C_{10}H_5F_{11}O_2$, Kp.$_{0,1}$ 95—97°, durch 2std. Kochen von 1 g vorst. Verb. mit überschüssiger 20%ig. NaOH, Neutralisieren u. Ae.-Extraktion; braunes, viscoses Öl; 0,5 g. — *Gemisch aus $CF_2ClCF(CF_3)(CH_2CF_2)_{3,5}CH_2COOH$ u. den entsprechenden Säurefluoriden*, Kp.$_{0,1}$ 64—>126°, durch Zugeben von I zu $CF_2ClCF(CF_3)(CH_2CF_2)_{4,5}J$ unter N_2 bei 0°, Hydrolysieren mit W., TTÄ-Extraktion u. Waschen mit verd. $Na_2S_2O_3$-Lsg.; 85%. *Amidgemisch*, $C_{12}H_{11}ClF_{13}NO$, F. 49—50° (TTÄ), Kp.$_{0,1}$ 156—162°, aus vorst. Gemisch u. NH_3 in abs. Ae.; 76%. — *2-Chlorperfluorhexan*, Kp. 83—84°, a) durch 112std. Erhitzen von 2-Jodperfluorhexan mit I im Bombenrohr auf 148°; n_D^{26} 1,2826; 100%; b) analog durch 4¼std. Erhitzen auf 75° u. 2std. Rk. bei 95°; daneben *Perfluorhexyl-(2)-chlorsulfat* (V). — *Perfluorvaleriansäure* (?), *Na-Salz*, durch Schütteln von V mit W., Neutralisieren der wss. Lsg. mit NaOH, Eindampfen u. Ae.-Extraktion. D. Jahnke. 590△

Fluoralkylhalogensulfate und ein neuer Weg zu Fluorcarbonsäuren und Derivaten. 2. Mitt. **Polyfluoralkylfluorsulfate.** Murray Hauptschein und Milton Braid. (J. Amer. chem. Soc. **83**, 2505—07, 1961; engl.) — 1. vgl. vorst. Referat. — Durch Rk. von Fluorsulfonsäure (I) mit Fluoralkyljodiden entstehen *Fluoralkylfluorsulfate*, die durch Ammonolyse in die entsprechenden *Amide* übergeführt wurden. IR-Maxima s. Original.

Versuche: *n-Perfluorpropylfluorsulfat*, $C_3F_8O_3S$, Kp. 46°, durch 5std. Schütteln von 1-Jodheptafluorpropan mit I im Bombenrohr bei 150°, Gießen auf Eis, Waschen der organ. Phase mit $NaHCO_3$-Lsg. u. W. u. Gaschromatographie; n_D^{25} <1,290; 95%

(Ausbeute). — *Perfluorpropionsäureamid*, durch Rk. vorst. Verb. in abs. Ae. mit NH_3 bei 0° (Meth. **A**); 100%. — *1.2-Dichlortrifluoräthylfluorsulfat*, $C_2Cl_2F_4O_3S$, Kp. 89°, durch ½std. Zutropfen von 1.2-Dichlor-1-jodtrifluoräthan zu **I** unter Rühren bei 70°, 2std. Rühren, Hydrolysieren mit Eis u. Gaschromatographie; n_D^{24} 1,3468; 90%. — *Difluorchloressigsäureamid*, F. 76—77° (CH_2Cl_2), aus vorst. Verb. u. NH_3 in 1.1.2-Trichlortrifluoräthan bei 0°; 97%. — *5-Trifluormethyl-2.2.4.4H-perfluorheptylfluorsulfat*, $C_8H_4F_{14}O_3S$ $Kp._{100}$ 114°, durch ¼std. Zutropfen von 5-Trifluormethyl-2.2.4.4H-perfluor-1-jodheptan zu **I** unter Rühren bei 40°, 1¼std. Rühren, Gießen auf Eis u. Dest.; 75%; daneben wenig *5-Trifluormethyl-2.2.4.4H-perfluorheptansäurefluorid* [*Amid*, $C_8H_6F_{11}NO$, $Kp._{0,1}$ 85—86°, aus dem Chlorid nach **A**; 98%]. D. Jahnke. 590△

Über die Synthese von Vinylacetat aus Äthylendiacetat. Yasushi Shibahara, Tadashi Yoshijima und Shigeru Tsutsumi. (Technol. Rep. Osaka Univ. **11**, 405 bis 408, Okt. 1961; Osaka, Univ., Dep. of Chem. Technol.; engl.) — Die optimalen Bedingungen für die Rk. von 1.2-Dichloräthan (**I**) u. Na-Acetat (**II**) zu *1.2-Diacetoxyäthan* (**III**) u. für die Pyrolyse von **III** zu *Vinylacetat* werden ermittelt. — *1.2-Diacetoxyäthan* (**III**) Kp. 190,5°, a) durch Rk. von 3 (Mol) **I** u. 6,1 **II** bei 210° im Autoklaven; n_D^{22} 1,4156; 32% (Ausbeute); daneben 5 g *Essigsäureäthylester* (**IV**); b) analog a) aus 1,5 **I** u. 2,5 **II** bei 190° in A.; 16%; daneben 25 g **IV**; c) analog a) aus 3,6 **I** u. 2,5 **II** in Ggw. von Acetanhydrid bei 190°; 75%; daneben 5 g **IV**; d) analog c) aus 3,6 **I** u. 6,1 **II**; 54%; daneben 15 g **IV**; e) analog c) aus 15,3 **I**, 24,4 **II** u. 2,1 Acetanhydrid in 15 Std. bei 180°; 8,4%; daneben 25 g **IV**; f) analog c) bei 195°; 83%; daneben 170 g **IV**; g) analog e) bei 205°; 86%; daneben 180 g **IV**. — *Vinylacetat*, a) durch Pyrolyse von **III** im Quarzrohr bei 550° 78% (mit abnehmender Durchfluß-Geschw. sinkt die Ausbeute bei steigendem Umsatz); b) analog a) im Stahlgefäß; 81%; weitere Pyrolyse-Verss. unter variierten Bedingungen mit niedrigeren Ausbeuten sind aufgeführt; wird bei 500 bzw. 550° zu *Aceton* (7 bzw. 31%) gespalten. — Das IR-Spektrum vom **III** ist abgebildet. A. Ackermann. 810◇

Über die Synthese des 1.4-Dibrombutan- und des 1.5-Dibrompentan-2-carbonsäureäthylesters. I. Kapovits und Á. Kucsman. (Acta chim. Acad. Sci. hung. **34**, 79—86, 1962; Budapest, L. Eötvös Univ., Inst. für Organ. Chem.; dt.) — Aus Methoxymethyl-β-phenoxyäthylmalonsäure wird durch Erhitzen *Methoxymethyl-β-phenoxyäthylessigsäure* u. weiterhin über *Methoxymethyl-3-benzyloxypropyl*–*Methoxymethyl-3-hydroxypropylessigsäure* dargestellt. Durch Einw. von HBr u. anschließende Veresterung werden diese in *1.4-Dibrombutan-* (**VI**) bzw. *1.5-Dibrompentan-2-carbonsäureäthylester* übergeführt. α-Methoxymethyl-2-benzyloxyäthylmalonsäurediäthylester gibt durch Hydrogenolyse *α-Methoxymethyl-α-carbäthoxy-γ-butyrolacton*, dessen Ring mit HBr nicht spaltbar ist. Methoxymethyl-β-äthoxyäthylessigsäure liefert durch Einw. von HBr vorwiegend *α-Brommethyl-γ-butyrolacton.*

Versuche: Methoxymethylmalonsäurediäthylester: *β-Phenoxyäthyl-* (**I**), $Kp._{0,7}$ 171—173°, durch Zugabe von Na zu β-Phenoxyäthylmalonsäurediäthylester in abs. Ae., Zutropfen von Monochlordimethyläther unter schwachem Sieden u. 2std. Kochen; dickfl. Öl; 75,5% (Ausbeute). *Freie Säure* (**II**), $C_{13}H_{16}O_6$, F. 129—130° (Ameisensäure), durch 8std. Kochen von **I** mit KOH in A.; 95,6%. — *γ-Benzyloxypropyl-*, $C_{19}H_{28}$·O_6, $Kp._{0,8}$ 198—202°, analog **I** aus dem entsprechenden Alkylmalonsäurediäthylester u. ½std. Kochen; dickfl. Öl; 76%. — *γ-Hydroxypropyl-* (**III**), $C_{12}H_{22}O_6$, $Kp._1$ 161—163°, durch Hydrogenolyse vorst. Verb. in Ggw. von 20%ig. Pd/Kohle; 99%. — *β-Benzyloxyäthyl-* (**IV**), $C_{18}H_{26}O_6$, $Kp._{0,8}$ 184—186°, analog **I** u. ½std. Kochen; 52%. — *β-Äthoxyäthyl-* (**V**), $C_{13}H_{24}O_6$, $Kp._{0,8}$ 126—130°, analog **I** u. 3std. Kochen; 78%. — *Methoxymethyl-β-phenoxyäthylessigsäure*, $Kp._{0,5}$ 157—159°, durch Erhitzen von **II** im Heizbad auf 150° bis zum Aufhören der Gas-Entw., dickfl. Öl; 93%. — *1.4-Dibrombutan-2-carbonsäureäthylester* (**VI**), $C_7H_{12}Br_2O_2$, $Kp._1$ 101—105°, durch 8std. Kochen vorst. Verb. mit 48%ig. u. rauchender HBr, Zugabe von W. u. $(NH_4)_2SO_4$, Extrahieren mit Ae., Abdampfen des Ae., Zugabe von A., Durchleiten von HBr unter Eiskühlung u. 7tägiges Stehen; 47%. — *1.5-Dibrompentan-2-carbonsäureäthylester*, $Kp._1$ 113—118°, analog **VI** aus **III** in 13 Std. u. nach Abdampfen des Ae. Sättigen mit HBr u. 7tägiges Stehen im Eisschrank. — *α-Methoxymethyl-α-carbäthoxy-γ-butyrolacton*, $C_9H_{14}O_5$, $Kp._{0,8}$ 117—118°, analog **III** aus **IV**; 72%. — *Methoxymethyl-β-äthoxyäthylessigsäure*, $C_8H_{16}O_4$, $Kp._{1-3}$ 115—130°; durch 4std. Erwärmen von **V** in A. mit KOH auf dem Wasserbad; 42,7%. — *α-Brommethyl-γ-butyrolacton*, $C_5H_7BrO_2$, $Kp._{1,5}$ 84—110°, analog **VI** aus 17,6 g vorst. Verb., u. nach Abdampfen des Ae. 10std. Erwärmen mit 48%ig. HBr im Bombenrohr auf 100°; 5 g.

M. Mirsch. 810◇

Isolierung und Struktur einer neuen konjugierten Trienfettsäure. Mary J. Chisholm und C. Y. Hopkins. (J. org. Chemistry **27**, 3137—39, 12/9. 1962; Ottawa, Canada, Nat. Res. Council., Div. of Pure Chem.; engl.) — Eine durch Verseifen des Öls der Samen von Jacaranda mimosifolia (Bignoniaceae) erhaltene u. *Jacarandasäure* genannte Verb. wird als *Octadecatrien-(cis-8.trans-10.cis-12)-säure* (I) identifiziert. Für die Konstit. sprechen neben der Analyse, dem IR- u. dem UV-Spektrum die Hydrierung zu *Stearinsäure*, die oxydative Spaltung zu *Korksäure* u. *Hexansäure*, die Überführung in die *all-trans-Form* u. das Ausbleiben der Rk. mit Maleinsäureanhydrid. Die Konfiguration wurde durch Unters. von UV- u. IR-Spektren bestimmt. Die IR-Spektren von I in CS_2 bzw. in festem Zustand u. von Punicsäure in CS_2 sind abgebildet.

Versuche: *Octadecatrien-(cis-8.trans-10.cis-12)-säure* (I), $C_{18}H_{30}O_2$, F. 43,5—44° (Pentan), durch Extraktion gemahlener Samen von J. mimosifolia mit PAe. bei Raum-Temp., Eindampfen bei 25—30° unter N_2, $^1/_2$std. Kochen mit 10%ig. alkohol. KOH unter N_2, Waschen mit PAe., Ansäuern mit 2n HCl, Extraktion mit PAe., Eindampfen unter N_2 bei Raum-Temp. im Vakuum (→ 17 g Gemisch), Lösen in Aceton, Kühlen auf —20°, Filtrieren, Kühlen auf —45°, Abfiltrieren u. Kristallisieren aus Aceton bei —45°; 0,96 g Ausbeute. [*p-Phenylphenacylester*, $C_{32}H_{40}O_3$, F. 70—72° (A.), durch Rk. mit ω-Brom-4'-phenylacetophenon in 0,1n NaOH)]; gibt durch Hydrieren in CH_3OH an Adams-Katalysator *Stearinsäure*, F. 69—69,5°; 1std. Stehen in Pentan im Licht in Ggw. von J_2 gibt *all-trans-Octadecatrien-(8.10.12)-säure*, F. 76—77°; Oxydation mit Permanganat/Perjodat nach Lemieux u. Rudloff (C. **1958**, 9021) u. Verestern der Prodd. führt zu *Hexan-* u. *Korksäuremethylester*. M. Wolff. 810◇

Pyrolyse von Estern. 24. Mtt. **2.3-Dicarboxybutadien-(1.3).** William J. Bayley, Robert L. Hudson und Edwin T. Yates. (J. org. Chemistry **28**, 828—31, 1963; College Park, Md., Univ. of Maryland, Dep. of Chem.; engl.) — 23. vgl. J. org. Chemistry **27**, [1962], 3088; 18. vgl. C. **1961**, 6835. — Die Darst. des zur Gewinnung von Diels-Alder-Polymeren interessanten *2.3-Dicarboxybutadiens-(1.3)* (I) aus Diacetyldicyanhydrin (II) gelingt durch Verseifung mit konz. HCl, Veresterung mit Methanol zu *α.α'-Dimethylweinsäuredimethylester*, Pyrolyse des Diacetats (IV) bei 490° zu *2.3-Dicarbomethoxybutadien-(1.3)* (III) u. *2.3-Dicarbomethoxy-3-acetoxybuten-(1)*. III wird als *Maleinsäureanhydridaddukt* charakterisiert u. ergibt mit verd. NaOH I, dessen Struktur durch UV- u. IR-Spektrum bewiesen wird. Durch Rk. von II mit Acetylchlorid entsteht *α.α'-Dimethyl-α.α'-diacetoxysuccindinitril*, dessen Pyrolyse ein Gemisch aus *2.3-Dicyanbutadien-(1.3)* u. *2.3-Dicyan-3-acetoxybuten-(1)* liefert. Wird II dagegen mit Acetanhydrid umgesetzt, so entsteht *3-Cyan-3-acetoxybutanon-(2)*. Durch Verseifung von II zu *α.α'-Dimethylweinsäure* u. Rk. mit Acetanhydrid bildet sich *Di-O-acetyl-α.α'-dimethylweinsäureanhydrid*, das durch Pyrolyse bei 440° in *α-Acetoxy-α-methylitaconsäureanhydrid* (VI) übergeht. Pyrolyse von VI bei 540° liefert *Dimethylmaleinsäureanhydrid*.

Versuche: *Diacetyldicyanhydrin* (II), F. 109—110°, a) durch Zutropfen von Diacetyl (V) bei 0° zu einem Gemisch aus fl. HCN u. einigen Tropfen gesätt. K_2CO_3-Lsg.; 99% (Ausbeute); b) durch Zugabe von V unter Rühren zu sd., fl. HCN; 70%. — *α.α'-Dimethyl-α.α'-diacetoxysuccindinitril*, $C_{10}H_{12}N_2O_4$, F. 172—173° (Chlf./PAe.), durch 2tägiges Kochen von II in Chlf. mit Acetylchlorid; 72%. — *2.3-Dicyanbutadien-(1.3)*, Kp.$_{2,5}$ 54°, durch Pyrolyse vorst. Verb. nach Prill (A. P. 2 446 167 [1948]; 2 480 961 [1949]); 10%; daneben 15% *2.3-Dicyan-2-acetoxybuten-(3)*, Kp.$_{1,4}$ 94°. — *3-Cyan-3-acetoxybutanon-(2)*, $C_7H_9NO_3$, Kp.$_{1,0}$ 52°, durch 2wöchiges Erhitzen von ungereinigtem II mit Acetanhydrid u. Mg-Pulver; n_D^{25} 1,4260; 43%. *2.4-Dinitrophenylhydrazon*, $C_{13}H_{13}N_5O_6$, F. 164—166°. — *α.α'-Dimethylweinsäuredimethylester*, $C_8H_{14}O_6$, Kp.$_{0,3}$ 70°, F. 45—47°, durch 24std. Stehen von II u. konz. HCl bei Raum-Temp., 3std. Kochen, Eindampfen, Lösen in Methanol u. 72std. Kochen mit konz. H_2SO_4; 45%. *Diacetat* (IV), $C_{12}H_{18}O_8$, F. 148,5—149,5° (Eisessig), durch 24std. Kochen mit Acetylchlorid. — *2.3-Dicarbomethoxybutadien-(1.3)* (III), Kp.$_1$ 52—64°, durch Pyrolyse von IV bei 490°; n_D^{25} 1,4502—1,4738; 23%; daneben 33% *2.3-Dicarbomethoxy-2-acetoxybuten-(3)*, $C_{10}H_{14}O_6$, Kp.$_{1,2}$ 107—108°; n_D^{25} 1,4589. — *4.5-Dicarbomethoxy-Δ^4-tetrahydrophthalsäureanhydrid*, $C_{12}H_{12}O_7$, F. 156—157° [Chlf./PAe.], durch 44std. Kochen von III mit Maleinsäureanhydrid in Toluol; 23%. — *2.3-Dicarboxybutadien-(1.3)* (I), $C_6H_6O_4$, F. 182—185° (in zugeschmolzener Capillare; Essigester), durch 24std. Rühren von III mit 3n NaOH in Ggw. von 4-tert.-Butylbrenzcatechin bei Raum-Temp.; 19%. — *Di-O-acetyl-α.α'-dimethylweinsäureanhydrid*, $C_{10}H_{12}O_7$, F. 144—145° (Bzl./PAe.), durch Hydrolyse von II mit konz. HCl zu *α.α'-Dimethylweinsäure* [F. 177—179° (Zers.); 50%] u. 15std. Kochen mit Acetanhydrid; 23%; daneben 21% eines *Isomeren vom F. 158—159°* (Bzl./PAe.). — *α-Acetoxy-α-methylitaconsäureanhydrid* (VI), $C_8H_8O_5$, Kp.$_{1,3}$ 113—114°, durch Pyrolyse vorst. Anhydrids in Aceton bei 440° im Rohr; n_D^{25} 1,4725; 20%. — *Dimethylmaleinsäureanhydrid*, F. 95—96° (Bzl./PAe.), Kp.$_{1,3}$ 58—65°, analog aus vorst. Verb. in Ae. bei 545°; 16%. G. Ziebarth. 820△

Ein neues Verfahren zum Schutz von Aminogruppen. A. T. Kader und C. J. M. Stirling. (Proc. chem. Soc. [London] **1962**, 363—64, Nov.; Belfast, Queen's Univ.; engl.) — Der Chlorameisensäureester (II; F. 48°, aus I) von 2-Hydroxyäthyl-p-tolylsulfon (I) reagiert mit Aminosäuren zu *N-[2-(p-Tolylsulfonyläthoxy)-carbonyl]*-Derivv., die sich nach der p-Nitrophenylester-Meth. zu geschützten Dipeptidestern umsetzen lassen. Die Schutzgruppe ist mit 1n wss.-äthanol. NaOH in 1 Std. bei 20° unter gleichzeitiger Hydrolyse der Estergruppe abspaltbar (Beispiele: Darst. von *Glycylglycin*, *Glycyl-L-alanin*, *L-Alanylglycin* u. *L-Alanyl-L-alanin* in mindestens 77%ig. Ausbeute), gegenüber katalyt. Hydrierung in tert.-Butanol jedoch stabil (Beispiel: Darst. von *N-[2-(p-Tolylsulfonyläthoxy)-carbonyl]-glycylglycin* aus dem Benzylester in 89%ig. Ausbeute). 1/4std. Behandlung von Dipeptidäthylestern mit 1n äthanol. NaOH führt zu einer selektiven Entfernung der Schutzgruppe (Beispiel: Darst. von *Glycylglycinäthylester* in 92%ig. Ausbeute). Analog reagiert **II** mit Anilin zu *N-Phenylcarbaminsäure* (**III**)-*2-p-tolylsulfonyläthylester*, das mit 1n äthanol. KOH zu p-Tolyl-2-äthoxyäthylsulfon u. dem mit Säure zu Anilin hydrolysierbaren K-Salz von **III** gespalten.

E. Schröder. 950◇

Darstellung von kristallinen N^G-Tosylarginindérivaten. Janakiraman Ramachandran und Choh Hao Li. (J. org. Chemistry **27**, 4006—09, Nov. 1962; Berkeley, Calif., Univ., Hormone Res. Labor.; engl.) — *N^α-Carbobenzoxy (Cbo)-N^G-tosyl-L-arginin*, *N^G-Tosyl-L-arginin*, *N^α-tert.-Butyloxycarbonyl* (BOC)-*N^G-tosyl-L-arginin*, *N^G-Tosyl-L-argininbenzylester* u. *N^α-Cbo-N^G-tosyl-L-arginyl-L-prolinbenzylester* werden in kristalliner Form dargestellt.

Versuche: *N^α-Cbo-N^G-tosyl-L-arginin* (**I**), $C_{21}H_{26}N_4O_6S$, F. 86—89° (Essigester), durch 1std. Rühren des Salzes in Methanol mit 2n HCl, Einengen bei 20°, Lösen in W. u. Extrahieren mit Essigester; $[\alpha]_D^{25}$ —0,5° (c = 7,5; Methanol), —1,3° [c = 4; Dimethylformamid (DMF)]; 95,8°, wird in fl. NH_3 durch Na zu *Arginin*, $[\alpha]_D^{25}$ +27,3° (c = 1,7; 6n HCl) gespalten. *Cyclohexylaminsalz*, $C_{27}H_{39}N_5O_6S$, F. 152—154° (Methanol/Ae.), durch Rk. von N^α-Cbo-L-arginin in wss. NaOH/Aceton (pH 11—11,5) mit p-Toluolsulfonylchlorid in Aceton bei 0°, 3std. Rühren bei 0°, Neutralisieren mit 1 n HCl, Einengen bei Raum-Temp., Zusatz von W., Extrahieren mit Ae., Ansäuern (pH 3) mit 6n HCl, Extrahieren mit Essigester, Eindampfen bei Raum-Temp., Lösen in Methanol bei 0° u. Zugeben von Cyclohexylamin u. Ae.; $[\alpha]_D^{25}$ 6,1° (c = 3,2; Methanol); 48,6%. — *N^G-Tosyl-L-arginin*, $C_{13}H_{20}N_4O_4S$, F. 146—150° (W.), durch katalyt. Hydrierung vorst. Säure in Methanol in Ggw. von Pd; $[\alpha]_D^{25}$ —5,5° (c = 1,3; Methanol), +5° (c = 2; DMF); 85,3%. *N^α-BOC-Deriv.*, $C_{18}H_{28}N_4O_6S$, F. 99—100° (Essigester), durch 30std. Rk. vorst. Verb. in wss. Dioxan mit BOC-azid in Ggw. von MgO bei 45—50°, Verdünnen mit W., Waschen mit Essigester, Ansäuern (pH 4) mit eiskalter 10%ig. Citronensäure, Sättigen mit NaCl u. Extrahieren mit Essigester; $[\alpha]_D^{25}$ —3,3° (c = 4; DMF); 86%. *Benzylester*, $C_{20}H_{26}N_4O_4S$, F. 74—75° (Essigester/PAe.), aus der Säure mit Benzylalkohol/HCl; $[\alpha]_D^{25}$ + 3,3° (c = 2; DMF); 56%. — *N^α-Cbo-N^G-tosylarginyl-L-prolinbenzylester*, $C_{33}H_{39}N_5O_7S$, F. 80—82° (A.), durch 1std. Rk. von **I** mit L-Prolinbenzylesterhydrochlorid u. N-Äthyl-5-phenylisooxazolium-3'-sulfonat in Acetonitril/Triäthylamin bei 0° u. mehrstd. Stehen bei Raum-Temp.; $[\alpha]_D^{25}$ —39,3° (c = 1; Methanol); 85%.

E. Schröder. 950◇

α-L- und -D-Asparagylglycin und D-α-Asparagin. Y. Liwschitz, E. Nemes und E. Levi. (J. org. Chemistry **27**, 3555—56, Okt. 1962; Jerusalem, Israel, Hebrew Univ., Dep. of Organ. Chem.; engl.) — Durch Rk. des gemischten Anhydrids aus N-Benzyl-L- bzw. D-asparaginsäure (L- bzw. D-**I**) u. Chlorameisensäure in Dioxan mit Glycinäthylester (**II**) entsteht *N-Benzyl-α-L-* bzw. *-D-asparagylglycin* (L- bzw. D-**III**)-*Äthylester*. Durch alkal. Verseifung u. anschließende katalyt. Hydrierung wird opt. reines *α-L(D)-Asparagylglycin* erhalten. Durch Rk. des gemischten Anhydrids von D-**I** u. Chlorameisensäure mit NH_3 wird *N-Benzyl-α-D-asparagin* u. daraus *D-α-Asparagin* synthetisiert.

Versuche: *N-Benzyl-α-D-asparagylglycin* (D-**III**), $C_{13}H_{16}N_2O_5$, F. 198° (wss. A.), durch 1½std. Stehen von D-**III**-Äthylester mit 1n NaOH u. Ansäuern (pH 4); $[\alpha]_D^{21}$ +17,6° (c = 12,5; 5%ig. $NaHCO_3$-Lsg.); 94%; *Äthylester* (D-**III**), $C_{15}H_{20}N_2O_5$, F. 137°, durch 35 Min. langes Einleiten von $COCl_2$ in eine Lsg. von D-**I** in abs. Dioxan, Einleiten von N_2 u. mehrstd. Stehen mit **II**; Nadeln aus A., $[\alpha]_D^{23}$ +24° (c = 6,25; W.); 53% (Ausbeute). Analog: L-**III**, F. 197° (wss. A.); $[\alpha]_D^{23}$ —17,0° (c = 12,5; 5%ig. $NaHCO_3$-Lsg.); 93%; *Äthylester*, F. 136°; $[\alpha]_D^{24}$ —23,8° (c = 4,5; W.); 51%. — *α-Asparagylglycin*, *D-Form*, $C_6H_{10}N_2O_5$, F. 178° (W.), durch katalyt. Hydrierung von D-**III** in abs. A. in Ggw. von Pd; $[\alpha]_D^{25}$ —35,2° (c = 10,06; 1n HCl); 60%; *Äthylester*, $C_8H_{14}N_2O_5$, F. 167° (A.), durch katalyt. Hydrierung von D-**III**-Äthylester in A. in Ggw. von Pd; 50%. Analog: *L-Form*, F. 187°; $[\alpha]_D^{24}$ +31,5° (c = 2,5; 1n HCl); 57%. *Äthylester*, F. 166—167°; 45%. — *N-Benzyl-α-D-asparagin*, $C_{11}H_{14}N_2O_3$, F. 167° (A.), durch Rk. des gemischten Anhydrids aus D-**I** u. $COCl_2$ mit NH_3 in Dioxan; $[\alpha]_D^{21}$ +24° (c = 12,5; W.); 52%. — *α-D-Asparaginhydrat*, $C_4H_8N_2O_3 \cdot H_2O$, durch katalyt. Hydrierung vorst. Verb. in abs. A.; Nadeln aus W./A.; $[\alpha]_D^{23}$ —14,2° (c = 3; 0,1n HCl); 67%. E. Schröder. 950◇

Peptidsynthese durch oxydative Aktivierung von Säurehydraziden. Y. Wolman, P. M. Gallop, A. Patchornik und A. Berger. (J. Amer. chem. Soc. **84**, 1889—92, 20/5. 1962; Rehovoth, Israel, Weizmann-Inst. of Sci., Dep. of Biophys.; Bronx, N.Y., Yeshiva Univ., Albert Einstein Coll. of Med., Dep. of Biochem. and Unit for Res. in Ageing; engl.) — Ausführliche Fassung der C. **1961**, 13877 referierten Arbeit. Ergänzend wird mitgeteilt: Die Eignung weiterer Oxydationsmittel zur Synth. von Peptiden wird an der Rk. von N-Carbobenzoxy (Cbo)-glycinhydrazid (**I**) mit Glycin-p-nitrobenzylester (**II**) untersucht. J_2 führt in guter Ausbeute zu reinen Prodd.; Verss. mit N-Chloracetamid waren erfolglos. Das in den meisten Fällen als Nebenprod. auftretende *1.2-Bis-[N-cbo-glycyl]-hydrazin* (**III**), das auch durch Rk. des gemischten Anhydrids aus N-Cbo-glycin (**IV**) u. Chlorameisensäureisobutylester (**V**) mit **I** erhalten wird, reagiert mit **II** in Ggw. von Oxydationsmitteln nicht zum entsprechenden Dipeptid u. ist deshalb auch nicht Zwischenstufe der beschriebenen Peptidsynthese. Wenn das Oxydationsmittel zuerst auf **I** einwirkt u. dann erst **II** zugegeben wird, wird nur **III** erhalten. Durch Rk. von N-Cbo-glycyl-L-seryl-L-alanin (**VI**)-benzylester mit N_2H_4 zu **VI**-Hydrazid, Decarbobenzoxylierung mit HBr/Eisessig u. Oxydation mit J_2 in Dimethylacetamid (DMA) wird *Poly-[glycyl-L-seryl-L-alanyl]* mit einem Molgew. von ca. 2800 dargestellt.

Versuche: *1.2-Bis-[N-cbo-glycyl]-hydrazin*, $C_{20}H_{22}N_4O_6$, F. 211—212° (Essigsäure/W. und dann aus Eisessig), durch Rk. von **IV** in Dimethylformamid mit **V**/Triäthylamin bei 0° u. mehrstd. Stehen mit **I**; 73 % (Ausbeute). — *Cbo-glycylglycin, p-Nitrobenzylester*, $C_{19}H_{19}N_3O_7$, F. 107—108° (Dioxan/W. oder A./W.), a) durch 5 Min. lange Rk. von **I** u. **II** in DMA/Triäthylamin mit 2 Val N-Bromsuccinimid (**VII**) bei 0° u. Zugeben von W.; 83—86° (Meth. **A**); b) analog a) durch Oxydation mit 2 Val J_2; 85% (Meth. **B**); c) analog a) durch Zugabe von 30%ig. H_2O_2 u. 18std. Stehen bei Raum-Temp.; 36%; d) analog a) durch Oxydation mit 4 Val $K_3[Fe(CN)_6]/K_2CO_3$ in W.; 48%; e) analog a) mit J_2 in DMA/W. (1 : 1); 89%; f) analog a) mit J_2 in DMA/W. (1 : 1) in Ggw. von Na_2CO_3 statt Triäthylamin; g) analog c) ohne Triäthylamin; 35%; h) analog g) in Ggw. von KJ in 5 Std.; 56%; analog g) in Ggw. von 4 Val KJ in DMA/W. (3 : 1) in $^1/_2$ Std. bei Raum-Temp.; 83%; i) analog a) mit N-Bromacetamid; 46%; j) analog a) mit N-Chlorsuccinimid; 51%; k) analog a) mit tert.-Butylhypochlorit; 28%; l) analog a) mit Ag_2O in 18 Std. bei 4° ohne Triäthylamin. *Äthylester*, F. 84—85° (W.), durch Rk. von **I** u. Glycinäthylester (**VIII**)-Hydrochlorid in wss. Dioxan/Triäthylamin mit J_2; 75%. — *Cbo-glycinbenzylamid*, F. 120—121° (Methanol), nach **B** in DMA; 75%. — *Cbo-DL-alanylglycin-p-nitrobenzylester*, F. 116—117° (A./W.), a) nach **A** in Tetrahydrofuran (THF); 75%; b) nach **B** in DMA; 73%. — *Di-cbo-L-lysylglycin-p-nitrobenzylester*, F. 94—95° (A./W.), a) aus Di-cbo-L-lysinhydrazid (**IX**) u. **II** nach **A** in THF; 99%; b) nach **B** in DMA; 90%. — *Di-cbo-L-lysyl-L-glutaminsäure-α-p-nitrobenzylester-γ-äthylester*, F. 106° (A./W.), a) aus **IX** u. L-Glutaminsäure-α-p-nitrobenzylester-γ-äthylester nach **A** in THF; 82%; b) nach **B** in DMA; 69%. — *Di-cbo-L-lysyl-L-phenylalaninäthylester*, F. 120—121° (A./W.), aus **IX** u. L-Phenylalaninäthylester nach **B** in DMA; 58%; daneben *Bis-di-cbo-L-lysylhydrazin*; 38%. — *Cbo-glycyl-L-phenylalaninäthylester*, nach **A** in DMA; Öl; 76%. — *Cbo-glycyl-L-phenylalanylglycinäthylester*, F. 116—117° (A.), a) aus Cbo-glycyl-L-phenylalaninhydrazid u. **VIII** nach **A** in THF; 62%; daneben 1,1% Racemat; b) nach **B** in DMA/W. (2 : 1); 68%; daneben 2,2% Racemat. — *Cbo-L-prolylglycylglycin-p-nitrobenzylester*, F. 152—153° (Essigester), aus Cbo-L-prolinhydrazid u. Glycylglycin-p-nitrobenzylester (**X**) nach **B** in DMA/W. (2 : 1); 61%. — *Cbo-L-hydroxyproplylglycylglycin-p-nitrobenzylester*, F. 139—140° (Essigester), aus Cbo-L-hydroxyprolinhydrazid u. **X** nach **B** in DMA/W. (2 : 1); 42%. — *Cbo-glycyl-L-seryl-L-alaninbenzylester*, F. 132—133° (Essigester), aus Cbo-glycyl-L-serinhydrazid u. L-Alaninbenzylester nach **B** in DMA; 50%. — *Cbo-glycyl-L-seryl-L-alaninhydrazid*, $C_{16}H_{23}N_5O_6$, F. 198—201° (A.), durch mehrstd. Stehen des Benzylesters mit Hydrazinhydrat in A.; 90%. — *Glycyl-L-seryl-L-alaninhydraziddihydrobromid*, $C_8H_{19}Br_2N_5O_4$, F. 163—165° (A./W.), durch 10 Min. lange Rk. vorst. Verb. mit 33%ig. HBr/Eisessig u. Zugeben von Ae.; 95%. — *Poly-[glycyl-L-seryl-L-alanyl]* u. $(C_8H_{13}N_3O_4)_n$ durch 10 Min. lange Rk. vorst. Verb. in DMA/Triäthylamin mit J_2, Zugeben von $Na_2S_2O_3$ u. Ae., Lösen in W. u. Gefriertrocknen; 50%.

E. Schröder. 950◇

Über Peptide. 22. Mitt. **Über unsymmetrische, offenkettige Cystinpeptide.** Helmut Zahn und Hans G. Otten. (Liebigs Ann. Chem. **653**, 139—48, 1962, herausgeg. 24/4. 1962; Aachen, TH, Deutsches Wollforsch.-Inst.; dt.) — 21. vgl. C. **1962**, 3061; weitere 22. vgl. C. **1963**, 12777. — *Acetylglycyl-L-cysteinyl-S-[S-L-cystein]-glycinmethylamid* wurde aus *Acetylglycyl-L-cysteinylglycinmethylamid* (**I**) u. L-Cystein-S-sulfonsäure (**II**) bei pH 5 synthetisiert u. durch Elektrophorese von symm. Neben-Prodd. getrennt. Die Darst. von *γ-L-Glutamyl-L-cysteinyl-S-[S-L-cystein]-glycin* gelang durch Rk. von Glutathion (**VI**) mit Cystinmonosulfoxid [aus Cystinperchlorat mit

Monoperphthalsäure (**III**) in Acetonitril; verpufft in lösungsmittelfreier Form] oder mit **II** u. durch anschließende elektrophoret. Trennung. Durch Oxydation der Peptide mit Peroxyameisensäure, Totalhydrolyse der Prodd. u. Analyse nach Heilmann u. Mitarbeitern (C. **1959**, 4261) werden die Mengenverhältnisse von Glycin (**VII**) u. Cysteinsäure (**VIII**) (0,8 : 1) bzw. Glutaminsäure/**VII**/**VIII** (1 : 1 : 2) bestimmt.

Versuche: *Acetylglycin-p-nitrophenylester*, $C_{10}H_{10}N_2O_5$, F. 129—130° (Bzl. u. A.), a) durch 3std. Rk. von Acetylglycin (**IV**) mit Bis-[p-nitrophenyl]-sulfit in Chlf./Pyridin bei 50°; 24% (Ausbeute); b) aus **IV** u. p-Nitrophenol in CH_2Cl_2 durch Zutropfen von N.N'-Dicyclohexylcarbodiimid in CH_2Cl_2 bei 50°; 81%. — *Acetylglycyl-S-benzyl-L-cysteinylglycin, Äthylester*, $C_{18}H_{25}N_3O_5S$, F. 119—120° (A./W. oder A.), a) durch Rk. von **IV** in Dimethylformamid (DMF)/Triäthylamin mit Chlorameisensäureäthylester bei —10° u. Zugeben von S-Benzyl-L-cysteinylglycinäthylester (**V**; aus dem Hydrochlorid) in Chlf./Triäthylamin; $[\alpha]_D^{20}$ —52° (c = 2; A.); 75%; b) durch $3^1/_2$tägige Rk. vorst. Verb. mit **V**-Hydrobromid in DMF/Triäthylamin bei Raum-Temp. u. Gießen auf Eis; 69%. *Methylamid*, $C_{17}H_{24}N_4O_4S$, F. 162,5—163,5° (A.), durch 2tägige Rk. des Esters mit Methylamin in A. bei Raum-Temp.; $[\alpha]_D^{20}$ —35° (c = 1; DMF); 90%. — *Acetylglycyl-L-cysteinylglycinmethylamid* (**I**), $C_{10}H_{18}N_4O_4S$, F. 193—194° (A.), durch Rk. vorst. Verb. mit Na/fl. NH_3, Zugeben von $(NH_4)_2SO_4$, Einengen, Lösen in W., Zugeben von 1n H_2SO_4 bis pH 5, Eindampfen im Vakuum u. Extrahieren mit abs. A.; 66%. — *Acetylglycyl-L-cysteinyl-S-[S-L-cystein]-glycinmethylamid*, durch 1std. Rk. von **I** mit **II** in O_2-freiem W. bei pH 5, Zugeben von 1n H_2SO_4 bis pH 2, Einleiten von N_2, Zugeben von $Ba(OH)_2$, Chromatographie an Cellulosephosphat mit Ameisensäure/Essigsäure-Puffer (pH 1,9) bei 40° u. Hochvoltpapierelektrophorese bei pH 1,9. — *γ-L-Glutamyl-L-cysteinyl-S-[S-L-cystein]-glycin*, F. 200° (Zers.), durch Rk. von L-Cystinperchlorat (aus L-Cystin u. 70%ig. $HClO_4$) in abs. Acetonitril bei —10° mit Monoperphthalsäure in Ae., 1std. Rühren bei 0°, Filtrieren, Einengen im Vakuum, Fällen mit abs. A., Lösen des Nd. in A., Zugabe von **VI** u. 1n KOH in O_2-freiem W., 1std. Rühren bei pH 6 unter N_2, Zusatz von 1n $HClO_4$ bis pH 3,2 u. von 1n HCl bis pH 2, Eindampfen im Vakuum bei 20°, Lösen in 0,01n HCl, Filtrieren u. Zugeben von A.; b) durch 2std. Rk. von 4,7 g **VI** mit **II** in O_2-freier KOH bei pH 5 unter N_2, Zugabe von 1n $HClO_4$ bis pH 2, Einleiten von N_2, Aufarbeiten wie bei a) u. präparative Elektrophorese in Pyridin/Essigsäure-Puffer (pH 3,5); 45 mg. Eberhard Schröder. 950◇

Synthese von Alkylhydridcyclosilazanen. Je. A. Ssemenowa, D. Ja. Shinkin und K. A. Andrianow. (Nachr. Akad. Wiss. UdSSR, Abt. chem. Wiss. **1962**, 269—71; russ.) — Bei der Ammonolyse von Äthyl- (**I**) oder Methyldichlorsilan (**II**) werden *1.3.5-Triäthylcyclotrisilazan* u. *1.3.5.7-Tetraäthylcyclotetrasilazan* bzw. *1.3.5.7-Tetramethylcyclotetrasilazan* u. *Si-Hexamethyl-1.5-endosilylencyclopentasilazan* erhalten.

Versuche: *1.3.5.7-Tetraäthylcyclotetrasilazan*, $C_8H_{28}N_4Si_4$, $Kp._{0,5}$ 102°, durch 2std. Einleiten von NH_3 (1,5 Liter/Min.) bei 10—20° in 150 g **I** u. 500 ml Bzl.; $D._4^{20}$ 0,9767; n_D^{20} 1,4810; 25,0 g (Ausbeute). Daneben *1.3.5-Triäthylcyclotrisilazan*, $C_6H_{21}N_3Si_3$, $Kp._{0,5}$ 62°, $D._4^{20}$ 0,9596; n_D^{20} 1,4700; 5,35 g. — *1.3.5.7-Tetramethylcyclotetrasilazan*, $C_4H_{20}N_4Si_4$, $Kp._1$ 54°, aus **II** u. NH_3; $D._4^{20}$ 1,0069; n_D^{20} 1,4780; 25% (bezogen auf Kondens.-Prodd.). Daneben *1.3.5.7.9.11-Hexamethyl-1.5-endosilylencyclopentasilazan*, $C_6H_{27}N_5Si_6$, $Kp._{1,5}$ 116°; $D._4^{20}$ 1,0371; n_D^{20} 1,4860; 10%. Helmut Schäfer. 980△

Arbusow-Umlagerung unter Teilnahme von Acetylenhalogeniden mit einem Halogenatom an der Dreifachbindung. B. I. Ionin und A. A. Petrow. (J. allg. Chem. [UdSSR] **32** (**94**), 2387—88, 1962; Leningrad, Technolog. Lensowjet-Inst.; russ.) — Phenyl- u. Vinylbromacetylen reagieren mit Triäthylphosphit unter Abspaltung von Äthylbromid u. Arbusow-Umlagerung zu *Phenylacetylenyl-* [$Kp._2$ 154,5°; n_D^{20} 1,5310; 67% (Ausbeute)] u. *Vinylacetylenylphosphonsäurediäthylester* ($C_8H_{13}O_3P$, $Kp._{2,5}$ 107 bis 108°; $D._4^{20}$ 1,0630; n_D^{20} 1,4696; 48%). Helmut Schäfer. 980△

Aminosulfide und Aminosulfone. 21. Mitt. **Reaktion von Nitrobenzolsulfochloriden mit Aminosäuren.** I. Ch. Feldman. (J. allg. Chem. [UdSSR] **32** (**94**), 1039—42, 1962; Leningrad, Chem.-Pharmazeut. Inst.; russ.) — 19. vgl. C. **1962**, 14107. — Durch Kondens. von o-, p-Nitrobenzolsulfochlorid u. m-Nitro-p-toluolsulfochlorid mit β-Alanin, Serin, Leucin u. β-Phenyl-β-alanin wurden die entsprechenden *N-Arylsulfonylaminosäuren* dargestellt. Diese wurden in die *Äthylester* bzw. durch Red. der NO_2-Gruppe in die entsprechenden *Amino-Verbb.* übergeführt.

Versuche: β-Alanine: *N-o-Nitrobenzolsulfonyl-*, $C_9H_{10}N_2O_6S$, F. 129,5—131° (W.), durch Zugabe von 0,42 g Na_2CO_3 in 1 Std. zu 0,89 g β-Alanin, 0,42 g Na_2CO_3 u. 2,21 g o-Nitrobenzolsulfochlorid in 10 ml W., 5std. Rühren u. 16—18std. Stehenlassen; glänzende Nadeln; 60% (Ausbeute). *Äthylester*, $C_{11}H_{14}N_2O_6S$, F. 45—47° (A.–W.), durch Verestern der Säure mit A.–HCl; 56%. — *N-o-Aminobenzolsulfonyl-*, *Äthylesterhydro-*

chlorid, $C_{11}H_{17}ClN_2O_4S$, F. 157—159° (Dioxan), durch Hydrierung vorst. Esters in A. an Raney-Ni; 90%. — Analog: Serine: *N-o-Nitrobenzolsulfonyl-*, $C_9H_{10}N_2O_7S$, F. 89 bis 91°; 62%. *Äthylester*, gelbes Öl. — *N-o-Aminobenzolsulfonyl-*, *Äthylester*, $C_{11}H_{16}$·N_2O_5S, F. 83—85° (W.); 50%. — *N-m-Nitro-p-toluolsulfonyl-*, $C_{10}H_{12}N_2O_7S$, F. 156 bis 157°; 42%. *Äthylester*, $C_{12}H_{16}N_2O_7S$, F. 121—122°; 48,3%. *Äthylesteracetat*, $C_{14}H_{18}$·N_2O_8S, F. 74—75°; 54,5%. — *N-m-Amino-p-toluolsulfonyl-*, $C_{10}H_{14}N_2O_5S$, F. 188,5 bis 189°; 66,0%. *Äthylester*, $C_{12}H_{18}N_2O_5S$, F. 85—86°; 60,0%. *Äthylesteracetat*, $C_{14}H_{20}N_2O_6S$, F. 165—166°; 58,0%. — *N-[p-Nitrobenzolsulfonyl]-β-phenyl-β-alanin*, $C_{15}H_{14}N_2O_6S$, F. 175—176°; 60,7%. — Leucine: *N-p-Nitrobenzolsulfonyl-*, $C_{12}H_{16}N_2O_6S$, F. 158 bis 160°; 50,0%. — *N-m-Aminobenzolsulfonyl-*, $C_{12}H_{18}N_2O_4S$, F. 183—184°; 76,5%.

Helmut Schäfer. 1090△

Aminosulfide und Aminosulfone. 22. Mitt. **Sulfonmethylierung von Aminosäuren.** I. Ch. Feldman. (J. allg. Chem. [UdSSR] **32 (94)**, 1043—46, 1962; russ.) — 21. vgl. vorst. Referat. — Durch Kondens. von p-Nitro-, m-Nitro- u. m-Nitro-p-hydroxyphenyl-[hydroxymethyl]-sulfon mit β-Alanin, β-Phenyl-β-alanin, β-Phenyl-α-alanin, Glycinäthylester, Valinäthylester, Leucinäthylester u. Glutaminsäure wurden die entsprechenden *N-[Nitrophenylsulfonylmethyl]-aminosäuren* dargestellt. Die Verbb. wurden durch Hydrierung in die entsprechenden *N-[Aminophenylsulfonylmethyl]-aminosäuren* übergeführt.

Versuche: β-Alanine: *N-m-Nitrophenylsulfonylmethyl-*, $C_{10}H_{12}N_2O_6S$, F. 131 bis 132° (A.–Ae.), durch 1½ std. Rühren von 3 g p-Nitrophenyl-[hydroxymethyl]-sulfon mit 1,23 g β-Alanin in 25 ml abs. A. in Ggw. von Hydrochinon bei 40—50°; gelb; 87% (Ausbeute). — *N-m-Aminophenylsulfonylmethyl-*, *Hydrochlorid*, $C_{10}H_{15}ClN_2O_4S$, F. 187 bis 188°, durch Hydrierung von 3 g vorst. Verb. in 100 ml A. an 4,5 g Raney-Ni in Ggw. einiger Tropfen NH_4OH; 68%. — Analog: β-Phenyl-β-alanine: *N-m-Nitrophenylsulfonylmethyl-*, $C_{16}H_{16}N_2O_6S$, F. 172—173°; 80%. — *N-m-Aminophenylsulfonylmethyl-*, *Hydrochlorid*, $C_{16}H_{19}ClN_2O_4S$, F. 123—125°; 70%. — β-Phenyl-α-alanine: *N-m-Nitrophenylsulfonylmethyl-*, $C_{16}H_{16}N_2O_6S$, F. 207—210°; 63%. — *N-m-Aminophenylsulfonylmethyl-*, *Hydrochlorid*, $C_{16}H_{19}ClN_2O_4S$, F. 203—205°; 71%. — Glycinäthylester: *N-p-Nitrophenylsulfonylmethyl-*, $C_{11}H_{14}N_2O_6S$, F. 142—144°; 82%. — *N-p-Aminophenylsulfonylmethyl-*, *Dihydrochlorid*, $C_{11}H_{18}Cl_2N_2O_4S$, F. 124—126°; 68%. — Valinäthylester: *N-p-Nitrophenylsulfonylmethyl-*, $C_{14}H_{20}N_2O_6S$, F. 153—155°; 70%. — *N-p-Aminophenylsulfonylmethyl-*, $C_{14}H_{22}N_2O_4S$, F. 135—137°; 67%. — Leucinäthylester: *N-p-Nitrophenylsulfonylmethyl-*, $C_{15}H_{22}N_2O_6S$, F. 161—162°; 75%. — *N-p-Aminophenylsulfonylmethyl-*, $C_{15}H_{24}N_2O_4S$, F. 116—118°; 52%. — *N-[m-Nitro-p-hydroxyphenylsulfonylmethyl]-glutaminsäure*, $C_{12}H_{14}N_2O_8S$, F. 156—158°; 71%.

Helmut Schäfer. 1090△

Aminosulfide und Aminosulfone. 25. Mitt. **Anlagerung von p-Acetaminophenylsulfinsäure an einige Aldehyde.** I. Ch. Feldman und L. F. Michejewa. (J. allg. Chem. [UdSSR] **32 (94)**, 1046—50, 1962; russ.) — 22. vgl. vorst. Referat. — Durch Anlagerung von p-Acetylaminobenzolsulfinsäure (I) an p-Dimethylamino-, p-Amino-, p-Methoxy-, p-Methyl-, p-Chlor-, 4-Hydroxy-3-methoxy- u. 3.4-Dimethoxybenzaldehyd wurden die entsprechend substituierten *p-Acetylaminobenzolsulfonylphenylcarbinole* dargestellt. Die Rk. von I mit Citral lieferte *p-Acetylaminobenzolsulfonyl-[2.6-dimethylheptadien-(1.5)-yl-(1)]-carbinol* neben *3.7-Dimethyl-1.3-bis-[p-acetylaminobenzolsulfonyl]-octen-(6)*. Aus I u. Chloracetaldehyd wurde *1-[p-Acetylaminobenzolsulfonyl]-2-chloräthanol-(1)* erhalten. Bei der Rk. mit 5-Nitrofurfurol u. m-Nitrobenzaldehyd wird I zu *p-Acetylaminobenzolsulfonsäure* oxydiert.

Versuche: p-Acetylaminobenzolsulfonylcarbinole: *p-Dimethylaminophenyl-*, $C_{17}H_{20}N_2O_3S$, F. 45°, durch Erhitzen von 0,02 Mol p-Dimethylaminobenzaldehyd mit 0,015 Mol I in 70 ml abs. A. bis zur negativen Rk. auf I (1 Std., 55°), Eindampfen, Verreiben mit Ae. u. Umfällen aus abs. Methanol mit Ae.; 43% (Ausbeute). — Analog: *p-Aminophenyl-*, $C_{15}H_{16}N_2O_4S$, F. 98—100°, aus I u. p-Aminobenzaldehyd (6 Std., 65°); 70%. — *p-Methoxyphenyl-*, $C_{16}H_{17}NO_5S$, F. 85—87°, aus I u. p-Anisaldehyd (3 Std., 55°); 40%. — *p-Tolyl-*, $C_{16}H_{17}NO_4S$, F. 78—80°, aus I u. p-Toluylaldehyd (3½ Std., 65°); 60%. — *p-Chlorphenyl-*, $C_{15}H_{14}ClNO_4S$, F. 52—55°, aus I u. p-Chlorbenzaldehyd (5 Std., 65°); 62%. — *4-Hydroxy-3-methoxyphenyl-*, $C_{16}H_{17}NO_6S$, F. 92 bis 94°, aus I u. Vanillin (3 Std., 55°); 50%. — *3.4-Dimethoxyphenyl-*, $C_{19}H_{19}NO_6S$, F. 60 bis 62°, aus I u. Veratrumaldehyd (3 Std., 55°); 55%. — *p-Acetylaminobenzolsulfonyl-[2.6-dimethylheptadien-(1.5)-yl-(1)]-carbinol*, $C_{18}H_{25}NO_4S$, F. 142—144°, aus I u. Citral (2 Std., 40°); 14,5%. Daneben *3.7-Dimethyl-1.3-bis-[p-acetylaminobenzolsulfonyl]-octen-(6)*, $C_{26}H_{34}N_2O_7S_2$, F. 272—274°; 7,3%. — *1-[p-Acetylaminobenzolsulfonyl]-2-chloräthanol-(1)*, $C_{10}H_{12}ClNO_4S$, F. 96—98°, aus I u. Chloracetaldehyd (4 Std., 50°); 25%.

Helmut Schäfer. 1090△

Organische Tellurverbindungen. 3. Mitt. **Die Anlagerung von Tellurderivaten an ungesättigte Verbindungen.** M. de Moura Campos und N. Petragnani. (Tetrahedron [London] **18**, 521—26, Mai 1962; São Paulo, Brazil, Univ., Escola Politécn., Engng. Chem. Dep.; engl.) — 2. vgl. C. **1963**, **21908**. — Cyclohexen (**I**) reagiert mit Aryltellurtrichloriden (**A**) bzw. $TeCl_4$ in sd. CCl_4 zu *Aryl-[2-chlorcyclohexyl]-tellurdichloriden* bzw. *2-Chlorcyclohexyl-TeCl₃* (**II**). Styrol, Diisobutylen u. 1.4-Diphenylbutadien-(1.3) (**III**) reagieren nicht mit p-Äthoxyphenyl-$TeCl_3$ (**IV**), mit $TeCl_4$ liefern sie in CCl_4 nicht identifizierbare *Halogen-Verbb.* u. *Te.* Stilben reagiert mit $TeCl_4$ nicht. Die Red. von **II** bzw. p-Äthoxyphenyl-2-chlorcyclohexyl-$TeCl_2$ mit Na_2S-Hydrazinsulfat bzw. $NaHSO_3$ führt zu *Te.* Bei der Rk. von $\gamma.\delta$-ungesätt. Carbonsäuren mit **A** entstehen *δ-Aryldichlortelluro-γ-valerolactone.* 2.2-Diphenylpenten-(4)-säure (**V**) reagiert mit 1 Val $TeCl_4$ unter Bldg. einer nicht identifizierten Verb.; mit 2 Val $TeCl_4$ entsteht *Bis-[4.4-diphenyl-5-oxofurfuryl]-tellurdichlorid.* **II** reagiert mit **V** zu *2-Chlorcyclohexyl-4.4-diphenyl-5-oxofurfuryltellurdichlorid. 2.2-Diphenyl-5-[p-äthoxyphenyldichlortelluro]-4-hydroxypentanolacton* wird mit Na_2S enthalogeniert u. das Prod. wird mit J_2 als *Dijodid* identifiziert. Bei drast. Red. entsteht *Di-[p-äthoxyphenyl]-ditellurid.*

Versuche: 2-Chlorcyclohexyltellurdichloride, durch Kochen des entsprechenden **A** mit **I**: *p-Phenoxyphenyl-*, F. 121—124° (Zers.), in ½ Std.; Plättchen aus A.; 72% (Ausbeute). — *Phenyl-*, F. 129—131° (Zers.), in 3 Std.; Prismen aus A.; 63%. — *[Naphthyl-(1)]-*, F. 158—160° (Zers.), in 2 Std.; Prismen aus Bzl./PAe.; 87%. — *Naphthyl-(2)]-*, F. 136—138° (Zers.), Nadeln aus A.; 96%. — *Verb. vom F. ca. 100°* (A.); durch Rk. von **III** mit $TeCl_4$ in CCl_4; daneben *Te.* — *2-Chlorcyclohexyltellurtrijodid,* $C_6H_{10}ClJ_3Te$, F. 175—190° (Zers.), durch Rk. von **II** in A. mit KJ-Lsg., dunkelrote Nadeln aus Bzl./PAe.; 88%. — 2.2-Diphenyl-4-hydroxypentanolactone: a) durch Rk. von **A** u. **V** in Chlf.; b) durch Kochen von 2.2-Diphenyl-5-chlormercuri-4-pentanolacton (**VI**) u. **A** in abs. Dioxan: *5-[p-Phenoxyphenyldichlortelluro]-*, F. 122 bis 125°, nach a) bzw. b); Nadeln aus Bzl./CH_3OH; 80% bzw. 100%. — *5-Phenyldichlortelluro-*, F. 188—189°, nach a), Nadeln aus Bzl./PAe.; 90%. — *5-[Naphthyl-(1)-dichlortelluro]-*, F. 209—211°, nach a), Nadeln aus Bzl./CH_3OH; 75%. — *5-[p-Methoxyphenyldichlortelluro]-*, nach b); 100%. — *2.2-[o.o'-Biphenylen]-5-[p-äthoxyphenyldichlortelluro]-4-hydroxypentanolacton,* $C_{25}H_{22}Cl_2O_3Te$, F. 206—209° (Zers.), durch 2½std. Kochen von **IV** u. 9-Allylfluoren-9-carbonsäure in Chlf.; Nadeln aus Bzl./PAe.; 58%. — *Bis-[4.4-diphenyl-5-oxofurfuryl]-tellurdichlorid,* $C_{34}H_{30}Cl_2O_4Te$, F. 195—198°, a) durch 2std. Kochen von 0,54 g $TeCl_4$ u. 1 g **V** in abs. Dioxan u. Gießen des Rk.-Gemisches in 2% ig. HCl; aus Bzl. u. CH_3OH Nadeln; 1,4 g (roh), b) durch 1½std. Kochen von 0,07 g $TeCl_4$ u. 2,24 g **VI** in abs. Dioxan u. Zugabe von 2% ig. HCl, 1,75 g. — *2.2-Diphenyl-5-[2-chlorcyclohexyldichlortelluro]-4-hydroxypentanolacton,* $C_{23}H_{25}Cl_3O_2Te$, F. 95—120° (roh), durch Rk. von **II** u. **V** in Chlf.; amorph. *2.2-Diphenyl-5-[p-äthoxyphenyldijodtelluro]-4-hydroxypentanolacton,* $C_{25}H_{24}J_2O_3Te$, F. 187—188° (Zers.), a) durch 48std. Stehen von 2.2-Diphenyl-5-[p-äthoxyphenyldichlortelluro]-4-hydroxypentanolacton u. $NaHSO_3$-Lsg. bei Zimmer-Temp., Extraktion mit PAe., Eindampfen, Lösen in Bzl., Behandlung mit 1 Val J_2 in Bzl; rötliche Nadeln aus Chlf./PAe.; 93%, b) analog a) in Aceton. — *Bis-[p-äthoxyphenyl]-ditellurid,* F. 107°, durch Red. vorst. Verb. mit Na_2S bei 100°. J. Ruhnke. 1090□

Organische Tellurverbindungen. 4. Mitt. **Vinyl- und Äthinyltellurderivate.** M. de Moura Campos und N. Petragnani. (Tetrahedron [London] **18**, 527—30, Mai 1962; engl.) — 3. vgl. vorst. Referat. — $TeCl_4$ reagiert mit Acetylen-Verbb. zu substituierten *β-Chlorvinyltellurtrichloriden.* Die Rk. von asymm. substituierten Acetylenen führt wahrscheinlich zu Verbb., bei denen der Te-Substituent am β-C-Atom steht. 2-Chlor-2-phenylvinyl-$TeCl_2$ geht bei der Einw. von hydroxylgruppenhaltigen Lsgm. in ein Gemisch von *Bis-[2-chlor-2-phenylvinyl]-TeCl₂* (**I**) u. wegen seiner Hydrolyse nicht isolierbarem *TeCl₄* über. 2-Chlor-1.2-diphenylvinyl-$TeCl_3$ wird durch Na_2S zu *Bis-[2-chlor-1.2-diphenylvinyl]-ditellurid* red., während die Red. von 2-Chlor-2-phenylvinyl-$TeCl_3$ nur *Te* liefert. Die Red. von **I** gibt *Bis-[2-chlor-2-phenylvinyl]-tellurid,* das durch Anlagerung von J_2 in das auch aus **I** u. KJ erhältliche *Bis-[2-chlor-2-phenylvinyl]-TeJ₂* übergeführt wird. Beim Vers. der Anlagerung von Br_2 an Vinyltellurtrichloride entsteht nur *TeBr₄*. Die Rk. von Naphthyl-(2)-TeJ (**II**) u. β-Styryl-MgBr (**III**) liefert das als *Dijodid* isolierte *[Naphthyl-(2)]-[2-phenylvinyl]-tellurid.* Bei der analogen Rk. mit Phenyläthinyl-MgBr (**IV**) entsteht *[Naphthyl-(2)]-phenyläthinyltellurid.* Aus dem Rk.-Prod. aus $TeCl_4$ u. **IV** wird *Di-[phenyläthinyl]-tellurid* als *Dijodid* ausgefällt. Daneben werden *Diphenyldiacetylen* u. ein nicht identifizierbares Prod. isoliert. Ein Vers., analog Di-β-styryltellurid darzustellen, führte zu einem Gemisch nicht identifizierter Te-Verbindungen. Die Konfiguration der Vinyl-Verbb. wurde nicht bestimmt. **I** ließ sich nicht direkt aus $TeCl_4$ u. überschüssigem Phenylacetylen (**V**) darstellen. p-Äthoxyphenyl-$TeCl_3$ reagiert nicht mit **V** oder Diphenylacetylen (**VI**) in $CHCl_3$.

Versuche: *2-Chlor-2-phenylvinyltellurtrichlorid*, $C_8H_6Cl_4Te$, F. 205—215° (Zers.), aus $TeCl_4$ u. **V** in CCl_4, aus Bzl. gelbe Prismen; 94% (Ausbeute). — *Bis-[2-chlor-2-phenylvinyl]-tellurdichlorid* (**I**), $C_{16}H_{12}Cl_4Te$, F. 205—215°, durch Erhitzen vorst. Verb. in Eisessig oder A., aus Eisessig Nadeln; 83%; daneben *TeO_2* u. *$TeOCl_2$*. — *Bis-[2-chlor-2-phenylvinyl]-tellurid*, $C_{16}H_{12}Cl_2Te$, F. 59—61°. durch 1/4 std. Erhitzen von **I** u. $Na_2S \cdot 9\,H_2O$ auf 100°, aus A. orangegelbe Nadeln; 100%. — *Bis-[2-Chlor-2-phenylvinyl]-tellurdijodid*, $C_{16}H_{12}Cl_2J_2Te$, F. 50—70°; Zers. bei 168—169°, a) durch Rk. von **I** in wenig A. mit überschüssiger KJ-Lsg.; 98%; b) durch Rk. von **I** in Bzl. mit 1 Val J_2 in C_6H_6, aus Bzl./PAe. rote Kristalle. — *2-Chlor-1.2-diphenylvinyltellurtrichlorid*, $C_{14}H_{20}Cl_4Te$, F. 125 bis 128°, durch 2std. Kochen von $TeCl_4$ u. **VI** in Eisessig, aus Eisessig gelbe Prismen; 77%. — *Bis-[2-chlor-1.2-diphenylvinyl]-ditellurid*, $C_{28}H_{20}Cl_2Te_2$, F. 151—152°, durch Rk. vorst. Verb. mit $Na_2S \cdot 9\,H_2O$ bei 100°, aus PAe. orangefarbene Nadeln; 100%. — *$TeBr_4$*, schm. nicht <300° (Sublimation bei 320°/2 mm), durch mehrstd. Kochen vorvorst. Verb. in Bzl. mit Br_2. — *[Naphthyl-(2)]-[2-phenylvinyl]-tellurid*, F. 80—95° (unrein; CH_3OH), durch Zugabe von 1,8 g **III** in Bzl./Ae. zu 1,8 g **II** in abs. Bzl.; 1,8 g. *Dijodid*, $C_{18}H_{14}J_2Te$, F. 153—154° (Zers.), durch Rk. in Bzl. mit 1 Val J_2 in Bzl., braungrünliche Nadeln aus Bzl./PAe.; 59%. — *[Naphthyl-(2)]-phenyläthinyltellurid*, $C_{18}H_{12}Te$, F. 88 bis 89°, durch Rk. von **II** u. **IV** in Bzl./Ae.; aus CH_3OH gelbliche Plättchen; 95%. — *Bis-[phenyläthinyl]-tellurdijodid*, $C_{16}H_{10}J_2Te$, F. 120—125° (Zers.), durch Zutropfen von **IV** in Bzl./Ae. zu $TeCl_4$ in abs. Ae. unter Durchleiten von N_2 u. Eiskühlung, 1std. Kochen, Isolieren u. Rk. mit J_2 in Bzl.; rote Nadeln aus Bzl./PAe.; 33%. J. Ruhnke. 1090□

Organische Tellurverbindungen. 5. Mitt. **Notiz über die Synthese asymmetrischer Diaryltelluride durch Spaltung von Diarylditelluriden mit Grignard-Verbindungen.** Nicola Petragnani. (Chem. Ber. **96**, 247—48, 1963; São Paulo, Brasilien, Univ., Fac. de Filos., Cienc. e Letras, Dep. de Quim.; dt.) — 4. vgl. vorst. Referat. — Bei der Rk. von Diarylditelluriden (**A**) mit Grignard-Verbb. entstehen die *unsymm. Diaryltelluride*. Die als Nebenprodd. anfallenden *Mg-Derivv.* zerfallen an der Luft in *Te* u. *Te-Hydrid*. Verss., aus den Mg-Derivv. durch Rk. mit Äthyl- oder Benzylhalogeniden aliphat.-aromat. Telluride zu erhalten, blieben erfolglos. Auch durch Rk. von Alkyl-Grignard-Verbb. mit **A** konnten keine gemischten Telluride erhalten werden. Phenyl-Li reagiert mit Ditellurid leichter als die entsprechende Grignard-Verbindung.

Versuche: *Phenyl-[p-methoxyphenyl]-tellurid*, F. 60,5—61,5°, durch Zutropfen von 4,7 g Bis-[p-methoxyphenyl]-ditellurid in abs. Ae. zu Phenyl-MgBr in abs. Ae. unter Eiskühlung u. in N_2-Atmosphäre, Zugabe von PAe. u. 2std. Stehen unter N_2; Nadeln aus CH_3OH; 3,1 g (Ausbeute); daneben durch Zugabe von PAe. ein Prod., das an der Luft in *Te* u. *Te-Hydrid* zerfällt. — *[p-Äthoxyphenyl]-[naphthyl-(1)]-tellurid*, $C_{18}H_{16}OTe$, F. 65—66°, analog vorst. Verb. aus 5,0 g Bis-[p-äthoxyphenyl]-ditellurid in Bzl. u. [Naphthyl-(1)]-MgBr in abs. Ae., Lösen des Nd. in CCl_4, Rk. mit SO_2Cl_2, Fällen mit PAe. u. 10—15 Min. langes Erhitzen von 0,9 g des *Dichlorids* ($C_{18}H_{16}Cl_2OTe$, F. 193—194°, aus Eisessig oder Bzl./PAe. Nadeln; 100%) mit 7,2 g kristallwasserhaltigem Na_2S auf 95—100°; 0,75 g; Nadeln aus CH_3OH. — *Phenyl-[p-phenoxyphenyl]-tellurid*, F. 128,5 bis 129,5°, analog vorst. Verb. aus 5 g Bis-[p-phenoxyphenyl]-ditellurid u. Phenyl-MgBr; Plättchen aus Chlf./PAe.; 4,5 g. J. Ruhnke. 1090◇

Organische Tellurverbindungen. 6. Mitt. **Umsetzung von elementarem Tellur mit Phenylmagnesiumbromid und Phenyllithium.** Nicola Petragnani und Marcello de Moura Campos. (Chem. Ber. **96**, 249—52, 1963; São Paulo, Brasilien, Univ., Escola Politécn., Dep. de Eugenharia Quím.; dt.) — 5. vgl. vorst. Referat. — Bei der Rk. von amorphem Te mit Phenyl-MgBr (**I**) oder C_6H_5Li entsteht ein Gemisch von *Diphenyltellurid* u. *-ditellurid*, das durch Behandlung mit SO_2Cl_2 in *Phenyl-$TeCl_3$* (**II**) u. *Diphenyl-$TeCl_2$* zerlegt wird. Mögliche Mechanismen der Rk. von Te u. **I** bzw. C_6H_5Li werden diskutiert.

Versuche: *Amorphes Te*, durch Lösen von Te in konz. HNO_3, Zugabe von konz. HCl, mehrmaliges Eindampfen u. Ausfällen durch Hydrazinsulfatlösung. — *Diphenyltellurdichlorid*, F. 162—163°, a) durch Zugabe von amorphem Te zu **I** in abs. Ae. unter N_2, Rühren, 2std. Kochen u. Aufarbeiten, durch Zugabe von Bzl. u. NH_4Cl-Lsg. unter Eiskühlung, Abtrennung des *Te* [41% (Ausbeute)], Eindampfen, Lösen in Bzl., Zugabe von SO_2Cl_2 u. PAe., u. Digerieren mit A.; 36%; b) analog a); Aufarbeiten durch Zers. mit Pb-Acetat u. Eisessig in W. u. Aufarbeiten wie bei a); 21%; c) durch Zutropfen äther. 1,34 m C_6H_5Li-Lsg. zu amorphem Te in abs. Ae. unter Ar, 1std. Kochen, Zugabe von Bzl. u. W., Filtrieren (→ 27,5% *Te*) u. Aufarbeiten der Benzolschicht wie bei a); 13%; d) analog c) durch Filtrieren vor der Zugabe von H_2O; Nadeln aus Bzl./Petroläther. — *Phenyltellurtrichlorid* (**II**), F. 215—218° (Zers.), neben vorst. Verb. nach a), b), c) bzw. d); aus Bzl. Plättchen; 12, 40, 51 bzw. 51%. J. Ruhnke. 1090◇

Cyanäthylierung von Hydrazinderivaten. 1. Mitt. Synthese von α-[2-Cyanäthyl]-phenylhydrazin und α-[2-Cyanäthyl]-phenylhydrazonen von Aldehyden. W. E. Hahn. (Soc. Sci. Lodziensis, Acta chim. **8**, Sect. **3**, 37—43, 1962; Lodz, Univ., Dep. of organ. Chem.; engl.) — Inhaltlich ident. mit Teilen der C. **1962**, 17006 referierten Arbeit. Nachzutragen sind folgende Verbb.: *α-[2-Cyanäthyl]-phenylhydrazin*, $C_9H_{11}N_3$, $Kp._{11}$ 191—194°, durch Zutropfen von Acrylnitril zu Phenylhydrazin, in Ggw. von Triäthylamin u. NaOH bei 40—45°, Ae.-Extraktion u. Waschen mit W.; 70% (Ausbeute). *Oxalat*, $C_{11}H_{13}N_3O_4$, F. 146,5—148°; aus A. Plättchen. — α-[2-Cyanäthyl]-phenylhydrazone: *o-Chlorbenzaldehyd-*, F. 120—121°, aus CH_3OH Tafeln. — *Zimtaldehyd-*, F. 116—117,5°, aus CH_3OH gelbe Nadeln. — *Glyoxal-bis-*, F. 212—213°. — Saure Hydrolyse von Benzaldehyd-α-[2-cyanäthyl]-phenylhydrazon (I) gibt C_6H_5CHO; alkal. das *Phenylhydrazon* von C_6H_5CHO, F. 155—157° (CH_3OH; 1 g aus 2,5 g I). — *Salicylaldehyd-α-[2-cyanäthyl]-phenylhydrazon* wird jetzt mit F. 109—110° angegeben. — Weiter sind Kristallform u. -farbe, Umkristallisationsmedium u. Art der Farb-Rk. mit konz. H_2SO_4 der l. c. bereits erwähnten Verbb. angeführt. M. Schenk. 1310◇

Synthese einiger substituierter Azoderivate des Benzols. I. Ch. Feldman und Tsch. Ss. Frankowski. (J. allg. Chem. [UdSSR] **32(94)**, 2115—18, 1962; Leningrad, Chem.-pharmazeut. Inst.; russ.) — Durch Diazotierung von 2.4-Dichloranilin (I) oder 2.4-Dichlor-5-aminobenzoesäure u. Kupplung der Diazoniumsalze mit Phenolen u. Naphtholen wurden substituierte *2.4-Dichlor-* u. *2.4-Dichlor-5-carboxyazobenzole* dargestellt.

Versuche: *2.4-Dichlor-5-aminobenzoesäure*, $C_7H_5Cl_2NO_2$, F. 196—197° (A.), durch Red. von 2.4-Dichlor-5-nitrobenzoesäure mit Zn/verd. Essigsäure; 90% (Ausbeute). — 2.4-Dichlorazobenzole: *4'-Hydroxy-2'-methyl-*, $C_{13}H_{10}Cl_2N_2O$, F. 132—134° (W.–A.), durch Zugabe von 20 ml 1 n $NaNO_2$ bei 0° zu 3,24 g I in 10 ml konz. HCl u. 60 ml W., Gießen bei 0° in 2 Std. in die Lsg. von 2,38 g m-Kresol, 3 g Na_2CO_3 u. 0,8 g NaOH in 60 ml W. u. 1std. Rühren; gelb; 63,5% (Asbueute). — Analog: *4'-Hydroxy-3'-methyl-*, $C_{13}H_{10}Cl_2N_2O$, F. 155—156°; 55,5%. — *2'-Hydroxy-5'-methyl-*, $C_{13}H_{10}Cl_2N_2O$, F. 144°; 46,5%. — *2'.4'-Dihydroxy-*, $C_{12}H_8Cl_2N_2O_2$, F. 208—209°; 64,6%. — *2'-Methyl-4'-hydroxy-5'-isopropyl-*, $C_{16}H_{16}Cl_2N_2O$, F. 132—134°; 63,5%. — *2'-Hydroxy-5'-benzoyloxy-*, $C_{19}H_{12}\cdot Cl_2N_2O_3$, F. 185—187°; 20,3%. — *4-[2.4-Dichlorbenzolazo]-naphthol-(1)*, $C_{16}H_{10}Cl_2N_2O$, F. 212—213°; 48,9%. — *1-[2.4-Dichlorbenzolazo]-naphthol-(2)*, $C_{16}H_{10}Cl_2N_2O$, F. 187 bis 188°; 47,3%. — 2.4-Dichlor-5-carboxyazobenzole, *4'-Hydroxy-*, $C_{13}H_8Cl_2N_2O_3$, F. 226—228°; 77,2%. — *4'-Hydroxy-3'-methyl-*, $C_{14}H_{10}Cl_2N_2O_2$, F. 223—224°; 64,9%. — *4'-Hydroxy-2'-methyl-*, $C_{14}H_{10}Cl_2N_2O_3$, F. 216—217°; 84,0%. — *2'-Hydroxy-5'-methyl-*, $C_{14}H_{10}Cl_2N_2O_3$, F. 252—253°; 60,4%. — *2'.4'-Dihydroxy-*, $C_{13}H_8Cl_2N_2O_4$; 44,8%. — *2'-Methyl-4'-hydroxy-5'-isopropyl-*, $C_{17}H_{16}Cl_2N_2O_3$, F. 208—209°; 63,5%. — *3'.4'-Dihydroxy-*, $C_{13}H_8Cl_2N_2O_4$, F. 217—218°; 46,3%. — *4-[2.4-Dichlor-5-carboxybenzolazo]-naphthol-(1)*, $C_{15}H_{10}Cl_2N_2O_3$, F. 217—218°; 64,9%. — *1-[2.4-Dichlor-5-carboxybenzolazo]-naphthol-(2)*, $C_{15}H_{10}Cl_2N_2O_3$, F. 279—280°; 72,5%. Helmut Schäfer. 1310△

Acetylwanderung bei der Hydrierung von p-Nitrophenylacetat. Ronald Feldstein, Mary H. Aldridge und B. H. Alexander. (J. org. Chemistry **26**, 1656, 1961; Washington, D.C., American Univ., Dep. of Chem.; engl.) — Bei der Hydrierung von p-Nitrophenylacetat entsteht unter gleichzeitiger Wanderung des Acetylrestes *p-Hydroxyacetanilid*.

Versuche: *p-Nitrophenylacetat*, F. 79—80°, aus p-Nitrophenol u. Acetanhydrid in Ggw. von konz. H_2SO_4; 95% (Ausbeute). — *p-Hydroxyacetanilid*, F. 168—169° (Äthylacetat), aus vorst. Verb. durch 6std. Hydrierung in CH_3OH in Ggw. von PtO_2 bei 120° u. 850 lbs./sq.in.; 77%. Rolf Pester. 1320◇

Sterisch gehinderte Phenole. 1. Mitt. Synthese einiger 3.5-Di-tert.-butyl-4-hydroxybenzylamine. A. A. Wolodkin und W. W. Jerschow. (Nachr. Akad. Wiss. UdSSR, Abt. chem. Wiss. **1962**, 342—45; Akad. der Wiss. der UdSSR, Inst. für chem. Physik; russ.) — Durch Aminomethylierung von 2.6-Di-tert.-butylphenol (I) oder durch Rk. von 3.5-Di-tert.-butyl-4-hydroxybenzylbromid (II) mit entsprechenden Aminen, NaCN sowie Acetamidomalonester (III) wurden *N.N-Bis-[β-hydroxyäthyl]-*, *N.N-Dimethyl-*, *N.N-Diäthyl-*, *N.N-Bis-[β-chloräthyl]-3.5-di-tert.-butyl-4-hydroxybenzylamin*, *N-[3.5-Di-tert.-butyl-4-hydroxybenzyl]-piperidin*, *-morpholin*, *-hexamethylenimin*, *-phthalimid*, *3.5-Di-tert.-butyl-4-hydroxybenzylcyanid* bzw. *-acetamidomalonsäurediäthylester* dargestellt.

Versuche: *2.6-Di-tert.-butylphenol* (I), $Kp._{30}$ 147°, F. 36° (A.), durch 8std. Erhitzen von Phenol mit Isobutylen (1:2 Mol) in Ggw. von Al-Phenolat im Autoklaven auf 100°; 60% (Ausbeute). — *4-Brom-4-methyl-2.6-di-tert.-butylcyclohexadien-(2.5)-on-(1)*, F. 91 bis

92° (Hexan), durch tropfenweise Zugabe von 5,4 g Br_2 bei 0—5° zu 30 g Jonol in 360 ml Essigsäure u. 90 ml W.; 78%. — *3.5-Di-tert.-butyl-4-hydroxybenzylbromid* (II), F. 53—54° (Hexan), durch 3std. Einleiten von Luft in vorst. Verb. u. Bzl. in der Siedehitze oder durch 2½ Monate langes Stehenlassen vorst. Verb. bei 20°; 60 bzw. 100%. — 3.5-Di-tert.-butyl-4-hydroxybenzylamine: *N.N-Bis-[β-hydroxyäthyl]-*, $C_{19}H_{33}NO_3$, F. 104° (n-Octan), durch 3std. Kochen von 7,5 ml 36%ig. Formalin (IV), 10,5 g Diäthanolamin u. 20,6 g I in 110 ml A.; 81%. *Hydrochlorid*, F. 123°. — *N.N-Bis-[β-chloräthyl]-*, *Hydrochlorid*, $C_{19}H_{32}Cl_3NO$, F. 153—154°, durch tropfenweise Zugabe von 5 ml $SOCl_2$ bei 0° zu 8 g vorst. Hydrochlorids, Erwärmen auf 35° u. Zugabe von 3 ml $SOCl_2$; 98%. — *N.N-Dimethyl-*, F. 93° (n-Hexan), aus I, IV u. Dimethylamin; 95%. *Hydrochlorid*, F. 197°. *Hydrobromid*, F. 209° (Zers.). — *N.N-Diäthyl-*, *Hydrochlorid*, $C_{19}H_{34}ClNO$, F. 156° (Zers.), aus I, IV u. Diäthylamin; 75%. *Hydrobromid*, F. 158° (Zers.). — *N-[3.5-Di-tert.-butyl-4-hydroxybenzyl]-piperidin*, $C_{20}H_{33}NO$, F. 78° (n-Hexan), a) aus I, IV u. Piperidin; 90%; b) durch tropfenweise Zugabe von 9 g II in 60 ml abs. Bzl. zu 5,1 g Piperidin in 20 ml Bzl. u. 2std. Rühren bei 30—35°; 88%. *Hydrochlorid*, F. 216°. *Hydrobromid*, F. 228° (Zers.). — *N-[3.5-Di-tert.-butyl-4-hydroxybenzyl]-morpholin*, $C_{19}H_{31}NO_2$, F. 93—94° (n-Hexan), aus I, IV u. Morpholin oder aus II u. Morpholin; 72 bzw. 75%. *Hydrochlorid*, F. 214—215° (Zers.). — *N-[3.5-Di-tert.-butyl-4-hydroxybenzyl]-hexamethylenimin*, $C_{21}H_{35}$·NO, F. 49—50° (Hexan), aus I, IV u. Hexamethylenimin; 68%. *Hydrochlorid*, F. 188 bis 190° (Zers.). — *N-[3.5-Di-tert.-butyl-4-hydroxybenzyl]-phthalimid*, $C_{23}H_{27}NO_3$, F. 166 bis 167° (A.), durch 3std. Kochen von 1,5 g II mit 1 g K-Phthalimid in 25 ml abs. Xylol; 76%. — *3.5-Di-tert.-butyl-4-hydroxybenzylcyanid*, $C_{16}H_{23}NO$, F. 107° (A.), durch tropfenweise Zugabe von 5 g II in 20 ml Ae. zu 4,9 g NaCN in 20 ml W.–A. u. 2std. Erhitzen auf 30—35°; 82%. — *[3.5-Di-tert.-butyl-4-hydroxybenzyl]-acetamidomalonsäurediäthylester*, $C_{24}H_{37}NO_6$, F. 129—130° (n-Hexan, A.), durch Zugabe von 4,4 g III zu Na-Äthylat (0,46 g Na, 50 ml A.), ¼std. Rühren, tropfenweise Zugabe von 4,2 g II in 20 ml abs. Ae. u. 2std. Kochen; 90%. Helmut Schäfer. 1320△

2-Arylaminoäthanole und ihre Derivate. 1. Mitt. **Synthese von Nitroanilinoäthanolen und ihren N-Nitrosoderivaten.** B. Oprzadek. (Soc. Sci. Lodziensis, Acta chim. **8**, Sect. 3, 83—94, 1962; Lodz, Univ., Dep. of org. Chem.; engl.) — Die Synth. von *Nitroanilinoäthanolen* aus Chlornitrobenzolen (I) u. Aminoäthanol (II) wird verbessert u. die Nebenprodd. werden untersucht. Es bilden sich nebenher *Dichlorazobenzole*, aus p-I auch *Dichlorazoxybenzol* u. eine *Verb.* $C_{12}H_8Cl_2N_2O_2$. m-I reagiert mit II nur zu *m-Chloranilin* u. *3.3'-Dichlorazobenzol*. *β-[m-Nitroanilino]-äthanol* (III) wird daher durch Hydrolyse der N-Benzolsulfonyl-Verb. erhalten, oder weniger gut aus m-Nitranilin u. Äthylenchlorhydrin (IV). III tritt in 3 Kristallformen auf: gelbe Nadeln bei Raum-Temp., hellgelbe Platten bei 5° u. rote Blättchen in der Kälte. Die N-Nitroso-Verbb. u. ihre Ester werden dargestellt.

Versuche (FF. korr.): β-Anilinoäthanole: *p-Nitro-* (V), F. 110—111° (W. oder A.), a) durch 3std. Kochen von p-I u. II in Butanol, Dampf-Dest., Filtration u. Auskochen mit W.; 44% (Ausbeute); daneben *4.4'-Dichlorazobenzol* [F. 188—189° (Bzl.); 21%] u. *Verb.* $C_{12}H_8Cl_2N_2O_2$ [F. 159—160° (A.); durch Chromatographie gelbliche Nadeln] u. *4.4'-Dichlorazoxybenzol*, F. 154—155°; b) durch Zugabe von Na_2CO_3 zum Benzolsulfonat in sd. Methanol; 63%. *Benzolsulfonat*, $C_{14}H_{16}N_2O_6S$, F. 236—238° (A.), durch 9std. Erhitzen von N-Benzolsulfonyl-V mit CH_3COOH u. konz. HCl im Autoklaven bei von 100 auf 135° steigender Temp. u. Einengen; 94%. — *o-Nitro-* (VI), F. 73—74° (W. oder Bzl.), in 12 Std. aus o-I; rote Kristalle; 77%; daneben *2.2'-Dichlorazobenzol*, F. 138—139°. — *m-Nitro-* (III), $C_8H_{10}N_2O_3$, F. 47—48° (Bzl.), a) aus der N-Benzolsulfonyl-Verb. bei 130° im Ölbad, Einengen nach 5 Std., Neutralisieren u. Chromatographie; 50%; daneben *N-[2-Chloräthyl]-m-nitranilin*, $C_8H_9ClN_2O_2$, F. 64—65° (Bzl.); 17,5%; b) durch Zugabe von IV zu m-Nitroanilin u. NaOH in A./W. bei 55°, 2std. Kochen u. Isolierung durch Chromatographie oder über die N-Nitroso-Verb.; 30%; daneben *N-[m-Nitrophenyl]-diäthanolamin*, F. 99—100°; c) durch Zugabe der N-Nitroso-Verb. zu Harnstoff in 30%ig. H_2SO_4; 81%; d) wie c) in A./HCl; 62%. *Benzolsulfonat*, $C_{14}H_{16}$·N_2O_6S, F. 105—110° (A.), in 15 Std. bei 100°. — β-[N-Nitrosoanilino]-äthanole: *p-Nitro-*, F. 116—116,5° (A./Bzl.), durch Zugabe von $NaNO_2$ zu V in HCl/Eis bei 0°; 100%. *Acetat*, F. 79,5—81° (A.), a) mit Essigsäureanhydrid in Pyridin; 97%; b) durch Nitrosierung von V-Acetat. *Benzoat*, F. 112,5—113,5° (A.), mit Benzoylchlorid (VII) in Pyridin. *p-Nitrobenzoat*, F. 136—137°. — *o-Nitro-*, *Benzoat*, F. 88—89°, durch Nitrosieren von VI in 60%ig. $HClO_4$, Neutralisieren, Chromatographie in Bzl. u. Rk. mit VII. — *m-Nitro-*, F. 72,5—73,5°. *Benzoat*, F. 74—75°. W. Holland. 1320◇

Reaktionsfähige Methylenverbindungen. 5. Mitt. **Kondensationen mit Benzoldiazoniumsalzen.** H. G. Garg. (J. Indian chem. Soc. **38**, 113—14, Febr. 1961;

engl.) — 4. vgl. C. **1963,** 11217; 3. vgl. C. **1963,** 22313. — *1-Benzolazo-1-benzoylacetone* werden durch Rk. von Benzoylacetonen mit Benzoldiazoniumsalzen dargestellt.

Versuche: 1-[4-Chlorbenzoyl]-acetone: *1-Benzolazo-*, $C_{16}H_{13}ClN_2O_2$, F. 144° (CH_3COOH), durch Diazotieren von Anilin, Filtrieren der Lsg., Zugeben zu Na-Acetat u. 1 Val 4-Chlorbenzoylaceton in 50% ig. A. u. 8 std. Stehen; hellbraun; 88% (Ausbeute). — Analog: *1-[4-Methoxybenzolazo]-*, $C_{17}H_{15}ClN_2O_3$, F. 122°, goldgelb; 84%. — *1-[4-Brombenzolazo]-*, $C_{16}H_{12}BrClN_2O_2$, F. 140°, hellgelb; 92%. — *1-[4-Chlorbenzolazo]-*, $C_{16}H_{12}$·$Cl_2N_2O_2$, F. 147°, schmutziggelb; 91%. — *1-[3-Chlorbenzolazo]-*, F. 114°, hellgelb; 93%. — *1-[2-Chlorbenzolazo]-*, F. 144°, hellgelb; 91%. — *1-[4-Nitrobenzolazo]-*, $C_{16}H_{12}ClN_3O_4$, F. 181°, schmutziggelb; 95%. — *1-[3-Nitrobenzolazo]-*, F. 140°, schmutziggelb; 91%. — *1-[p-Toluolazo]-*, $C_{17}H_{15}ClN_2O_2$, F. 124°, kanariengelb; 84%. — *1-[2-Chlor-4-nitrobenzolazo]-*, $C_{16}H_{11}Cl_2N_3O_4$, F. 192°, hellgelb; 91%. — *1-[2-Nitro-4-chlorbenzolazo]-*, F. 190°, hellorangefarben; 90%. — Analog folgende 1-[4-Brombenzoyl]-acetone: *1-Benzolazo-*, $C_{16}H_{13}BrN_2O_2$, F. 150°, hellrot; 89%. — *1-[4-Methoxybenzolazo]-*, $C_{17}H_{15}BrN_2O_3$, F. 132°; 84%. — *1-[4-Brombenzolazo]-*, $C_{16}H_{12}Br_2N_2O_2$, F. 138°, gelb; 92%. — *1-[4-Chlorbenzolazo]-*, $C_{16}H_{12}BrClN_2O_2$, F. 142°, bräunlichgelb; 92%. — *1-[3-Chlorbenzolazo]-*, F. 121°, gelb; 91%. — *1-[4-Nitrobenzolazo]-*, $C_{16}H_{12}BrN_3O_4$, F. 184°, schmutziggelb; 95%. — *1-[p-Toluolazo]-*, $C_{17}H_{15}BrN_2O_2$, F. 125°, goldgelb; 84%. — *1-[m-Toluolazo]-*, F. 134°; gelb; 83%. — *1-[2-Chlor-4-nitrobenzolazo]-*, $C_{16}H_{11}BrClN_3O_4$, F. 178°, schmutziggelb; 91%. — *1-[2-Nitro-4-chlorbenzolazo]-*, F. 198°, kanariengelb; 90%. — Analog folgende 1-[4-Methylbenzoyl]-acetone: *1-Benzolazo-*, $C_{17}H_{16}N_2O_2$, F. 148°, hellgelb; 86%. — *1-[4-Methoxybenzolazo]-*, $C_{18}H_{18}N_2O_3$, F. 132°, hellorangefarben; 84%. — *1-[4-Brombenzolazo]-*, $C_{17}H_{15}BrN_2O_2$, F. 138°, kanariengelb; 91%. — *1-[4-Chlorbenzolazo]-*, $C_{17}H_{15}ClN_2O_2$, F. 112°, kanariengelb; 91%. — *1-[3-Chlorbenzolazo]-*, F. 124°, hellgelb; 90%. — *1-[2-Chlorbenzolazo]-*, F. 126°, goldgelb; 91%. — *1-[4-Nitrobenzolazo]-*, $C_{17}H_{15}$·N_3O_4, F. 116°, hellgelb; 95%. — *1-[3-Nitrobenzolazo]-*, F. 114°, hellgelb; 92%. — *1-[m-Toluolazo]-*, $C_{18}H_{18}N_2O_2$, F. 112°, gelb; 83%. — *1-[2-Chlor-4-nitrobenzolazo]-*, $C_{17}H_{14}$·ClN_3O_4, F. 198°, kanariengelb; 91%. — *1-[2-Nitro-4-chlorbenzolazo]-*, F. 184°, hellgelb; 90%. — Analog folgende 1-[4-Methoxybenzoyl]-acetone: *1-Benzolazo-*, $C_{17}H_{16}$·N_2O_3, F. 138°, hellgelb; 85%. — *1-[4-Methoxybenzolazo]-*, $C_{18}H_{18}N_2O_4$, F. 126°, goldgelb; 83%. — *1-[4-Chlorbenzolazo]-*, $C_{17}H_{15}ClN_2O_3$, F. 116°, kanariengelb; 91%. — *1-[3-Chlorbenzolazo]-*, F. 128°, kanariengelb; 90%. — *1-[2-Chlorbenzolazo]-*, F. 137°, gelb; 90%. — *1-[4-Nitrobenzolazo]-*, $C_{17}H_{15}N_3O_5$, F. 141°, gelb; 94%. — *1-[3-Nitrobenzolazo]-*, F. 165°, gelb; 93%. — *1-[m-Toluolazo]-*, $C_{18}H_{18}N_2O_3$, F. 124°, kanariengelb; 82%. — *1-[2-Chlor-4-nitrobenzolazo]-*, $C_{17}H_{14}ClN_3O_5$, F. 195°, gelb; 92%. — *1-[2-Nitro-4-chlorbenzolazo]-*, F. 192°, gelborangefarben; 91%. H. Pagel. 1340◇

Reaktionsfähige Methylenverbindungen. 6. Mitt. **Kondensationen mit Benzoldiazoniumsalzen.** H. G. Garg. (J. Indian chem. Soc. **38,** 115—16, Febr. 1961; engl.) — 5. vgl. vorst. Referat. — Durch Rk. von Dibenzoylmethanen mit Benzoldiazoniumsalzen werden *Dibenzoyl-[benzolazo]-methane* dargestellt.

Versuche: [4-Chlordibenzoyl]-methane: *Benzolazo-*, $C_{21}H_{15}ClN_2O_2$, F. 130° (CH_3COOH), durch Zutropfen von Benzoldiazoniumchlorid-Lsg. zu 4-Chlordibenzoylmethan u. Na-Acetat in A. u. 10 std. Stehen; gelb; 86% (Ausbeute). — Analog: *4-Methoxybenzolazo-*, $C_{22}H_{17}ClN_2O_3$, F. 148°, kanariengelb; 84%. — *4-Brombenzolazo-*, $C_{21}H_{14}$·$BrClN_2O_2$, F. 163°, gelb; 90%. — *4-Chlorbenzolazo-*, $C_{21}H_{14}Cl_2N_2O_2$, F. 186°, kanariengelb; 89%. — *3-Chlorbenzolazo-*, F. 168°; goldgelb; 89%. — *4-Nitrobenzolazo-*, $C_{21}H_{14}ClN_3O_4$, F. 221°, gelb; 94%. — *3-Nitrobenzolazo-*, F. 170°, hellgelb; 92%. — *p-Toluolazo-*, $C_{22}H_{17}$·ClN_2O_2, F. 168°, gelb; 84%. — *m-Toluolazo-*, F. 169°, hellgelb; 84%. — *2-Chlor-4-nitrobenzolazo-*, $C_{21}H_{13}Cl_2N_3O_4$, F. 198°, kanariengelb; 92%. — *2-Nitro-4-chlorbenzolazo-*, F. 182°; 91%. — Analog folgende [4-Bromdibenzoyl]-methane: *Benzolazo-*, $C_{21}H_{15}BrN_2O_2$, F. 153°, goldgelb; 89%. — *4-Methoxybenzolazo-*, $C_{22}H_{17}BrN_2O_3$, F. 189°, orangefarben; 86%. — *4-Brombenzolazo-*, $C_{21}H_{14}Br_2N_2O_2$, F. 205°, goldgelb; 92%. — *4-Chlorbenzolazo-*, $C_{21}H_{14}BrClN_2O_2$, F. 202°, gelb; 91%. — *3-Chlorbenzolazo-*, F. 160°, orangefarben; 91%. — *2-Chlorbenzolazo-*, F. 154°, schmutziggelb; 90%. — *4-Nitrobenzolazo-*, $C_{21}H_{14}BrN_3O_4$, F. 196°, goldgelb; 95%. — *3-Nitrobenzolazo-*, F. 159°, hellgelb; 94%. — *p-Toluolazo-*, $C_{22}H_{17}BrN_2O_2$, F. 186°, gelb; 86%. — *m-Toluolazo-*, F. 151°, orangefarben; 86%. — *2-Chlor-4-nitrobenzolazo-*, $C_{21}H_{13}BrClN_3O_4$, F. 212°, hellgelb; 91%. — *2-Nitro-4-chlorbenzolazo-*, F. 180°, gelb; 91%. — Analog folgende [4-Methyldibenzoyl]-methane: *Benzolazo-*, $C_{22}H_{18}N_2O_2$, F. 123°, gelb; 87%. — *4-Methoxybenzolazo-*, $C_{23}H_{20}N_2O_3$, F. 124°, hellgelb; 85%. — *4-Brombenzolazo-*, $C_{22}H_{17}BrN_2O_2$, F. 153°, goldgelb; 90%. — *4-Chlorbenzolazo-*, $C_{22}H_{17}ClN_2O_2$, F. 152°, gelb; 89%. — *3-Chlorbenzolazo-*, F. 140°, goldgelb; 89%. — *4-Nitrobenzolazo-*, $C_{22}H_{17}N_3O_4$, F. 168°, gelb; 94%. — *3-Nitrobenzolazo-*, F. 162°, gelb; 93%. — *p-Toluolazo-*, $C_{23}H_{20}N_2O_2$, F. 156°, goldgelb; 85%. — *2-Chlor-4-nitrobenzolazo-*, $C_{22}H_{16}ClN_3O_4$, F. 182°, hellgelb; 91%. —

2-Nitro-4-chlorbenzolazo-, F. 188°, goldgelb; 90%. — Analog folgende [4-Nitrodibenzoyl]-methane: *4-Methoxybenzolazo-*, $C_{22}H_{17}N_3O_5$, F. 175°, gelborangefarben; 83%. — *4-Brombenzolazo-*, $C_{21}H_{14}BrN_3O_4$, F. 205°, gelb; 89%. — *4-Chlorbenzolazo-*, $C_{21}H_{14}ClN_3O_4$, F. 214°, gelb; 88%. — *3-Chlorbenzolazo-*, F. 182°, hellgelb; 87%. — *2-Chlorbenzolazo-*, F. 193°; gelb; 86%. — *2-Nitro-4-chlorbenzolazo-*, $C_{21}H_{13}ClN_4O_6$, F. >250°, gelb; 88%. H. Pagel. 1340◇

Über die Reaktionen aliphatischer Diazoverbindungen mit ungesättigten Verbindungen. 21. Mitt. **Untersuchung der Reaktion von Diazoessigester mit 1-Phenylpropin in Gegenwart kleiner Mengen von Kupfersulfat oder in Abwesenheit eines Katalysators.** I. A. Djakonow, M. I. Komendantow und Ss. P. Korschunow. (J. allg. Chem. [UdSSR] **32** (**94**), 923—28, 1962; russ.) — 20. vgl. J. allg. Chem. [UdSSR] **31** (**93**), [1961], 3881; 19. vgl. C. **1956**, 7794. — Die Rk. von Diazoessigester (I) mit 1-Phenylpropin-(1) (**II**) liefert je nach der Menge des als Katalysator verwendeten $CuSO_4$ *1-Methyl-2-phenylcyclopropen-(1)-carbonsäure-(3)* (**III**)-*Äthylester* oder **III**-Äthylester im Gemisch mit *2-Methyl-3-phenyl-5-äthoxyfuran* (**IV**). Durch Hydrierung von **III** oder **III**-Äthylester wird *cis.cis-1-Methyl-2-phenylcyclopropan-3-carbonsäure* (**V**) bzw. **V**-*Äthylester* erhalten. cis.cis-**V** läßt sich in *cis.trans*-**V** überführen.

Versuche: *1-Methyl-2-phenylcyclopropen-(1)-carbonsäure-(3)* (**III**), $C_{11}H_{10}O_2$, F. 139° (A.), durch Hydrolyse von **III**-Äthylester mit 5%ig. methanol. KOH; 76% (Ausbeute). *Äthylester*, $C_{13}H_{14}O_2$, $Kp._{0,3}$ 86—87°, durch tropfenweise Zugabe von 30 g **I** bei 115° zu 70 g **II** u. 0,05 g $CuSO_4$ unter N_2; $D._4^{20}$ 1,0504; n_D^{20} 1,53086; 9,6 g. Danben 46 g **II** u. 9,0 g eines Gemisches aus **II** u. *Diäthylfumarat*, $Kp._{10}$ 70—100°. — *2-Methyl-3-phenyl-5-äthoxyfuran* (**IV**), durch Rk. von 50 g **II** mit 25 g **I** in Ggw. von 0,15 g $CuSO_4$ bei 90—95°, Behandeln des erhaltenen Gemisches aus **III**-Äthylester u. **IV** ($Kp._{0,3}$ 85—91°) mit 5%ig. methanol. KOH u. Extraktion mit Ae.; n_D^{20} 1,5770; 8,3 g. — *Acetoacetylbenzol*, F. 59—60°, durch $KMnO_4$-Oxydation von **III**; 57,1%. Daneben *Acetophenon*; 23% (*Semicarbazon*, F. 198°). — *1-Methyl-2-phenylcyclopropan-3-carbonsäure* (**V**), *cis.cis*-**V**, $C_{11}H_{12}O_2$, F. 142° (PAe.), a) durch Hydrolyse von cis.cis-**V**-Äthylester mit methanol. KOH; 71,4%; b) durch Hydrierung von 1,1 g **III** in A. an $Pd/CaCO_3$; 1,1 g. *cis.cis*-**V**-*Äthylester*, $C_{13}H_{16}O_2$, $Kp._{0,3}$ 80—82°, durch Hydrierung von 3 g **III**-Äthylester in A. an $Pd/CaCO_3$; $D._4^{20}$ 1,0395; n_D^{20} 1,51005; 3 g. *cis.trans*-**V**, $C_{11}H_{12}O_2$, F. 80° (PAe.), durch 10 Min. langes Erhitzen von cis.cis-**V** mit $SOCl_2$, 4std. Erhitzen des erhaltenen **V**-Chlorids im Rohr auf 120° u. Hydrolysieren mit 3%ig. KOH; 57%. Helmut Schäfer. 2010△

Über die Reaktionen aliphatischer Diazoverbindungen mit ungesättigten Verbindungen. 22. Mitt. **Katalytische Kondensation von Diazoessigester mit cis- und trans-Stilben und -Octen-(4). Synthese neuer Cyclopropanderivate.** I. A. Djakonow, M. I. Komendantow, Gui-ssija Fu und G. L. Koritschew. (J. allg. Chem. [UdSSR] **32** (**94**), 928—39, 1962; Leningrad, Univ.; russ.) — 21. vgl. vorst. Referat. — Die Rk. von Diazoessigester (**I**) mit cis- u. trans-Stilben liefert *cis*- bzw. *trans-1.2-Diphenylcyclopropan-3-carbonsäure* (**II**)-*äthylester*, die zu *cis*- u. *trans*-**II** verseift werden. cis-**II** ist opt. inakt., trans-**II** wird als *Racemat* erhalten u. läßt sich in *trans-D*-**II** u. *trans-L*-**II** trennen. Bei der Rk. von **I** mit cis- u. trans-Octen-(4) werden *cis*- bzw. *trans-1.2-Di-n-propylcyclopropan-3-carbonsäure* (**III**)-*äthylester* erhalten, die zu *cis*- u. *trans*-**III** verseift werden. cis-**III** ist opt. inakt., trans-**III** liegt als Racemat vor.

Versuche: *1.2-Diphenylcyclopropan-3-carbonsäure* (**II**), *trans-DL*-**II**, $C_{16}H_{14}O_2$, F. 155—157° (PAe.-Bzl.), durch alkal. Hydrolyse von trans-DL-**II**-Äthylester; 79,8% (Ausbeute). *trans-D*-**II**, $C_{16}H_{14}O_2$, F. 136—137°, durch Zers. des Chininsalzes mit 2%ig. NaOH; $[\alpha]_D^{20}$ + 9,1 (Chlf.) u. —23,7 (A.); 76,9% (*D-Chininsalz*, $C_{36}H_{38}N_2O_4$, F. 222 bis 223°, aus trans-DL-**II** u. D-Chinin in A.; 85%). *trans-L*-**II**, $C_{16}H_{14}O_2$, F. 136—137°, durch Zers. des Ephedrinsalzes mit 2%ig. NaOH; $[\alpha]_D^{20}$ —9,1 (Chlf.) u. + 23,6 (A.); 85% (*L-Ephedrinsalz*, $C_{26}H_{31}NO_4$, F. 134° (Äthylacetat), aus trans-DL-**II** u. L-Ephedrin in Chlf.; 54,3%). *trans-DL*-**II**-*Äthylester*, $C_{18}H_{18}O_2$, $Kp._{0,2}$ 144,5—145°, man gibt zu 36 g trans-Stilben u. 0,8 g $CuSO_4$ in 30 ml Cyclohexan bei 90° in 5 Std. 22,8 g **I** in 10 ml Cyclohexan, fraktioniert, verseift mit alkohol. NaOH zu racem. **II**, überführt mit $SOCl_2$ in das Chlorid u. verestert mit A.; $D._4^{20}$ 1,0868; n_D^{20} 1,5631; 57,9%. *trans-DL*-**II**-*β-Diäthylaminoäthylesterhydrochlorid*, $C_{22}H_{28}ClNO_2$, F. 186—187°, aus trans-DL-**II**-Na-Salz u. β-Diäthylaminoäthylchlorid durch Erhitzen in Isopropanol; 53,4%. *trans-D*-**II**-*β Diäthylaminoäthylesterhydrochlorid*, $C_{22}H_{28}ClNO_2$, F. 159,5—160°; 60,0%. *trans-D*-**II**-*β-Diäthylaminoäthylester*, F. 159,5—160°; 88,6%. *cis*-**II**, $C_{16}H_{14}O_2$, F. 151—152°, durch Verseifung von cis-**II**-Äthylester; 60,2% (*Chininsalz*, $C_{36}H_{38}N_2O_4$, F. 185—187°. *L-Ephedrinsalz*, $C_{26}H_{31}NO_4$, F. 145—147°; 90,9%). *cis*-**II**-*Äthylester*, $C_{18}H_{18}O_2$, F. 116—117° (A.), aus **I** u. cis-Stilben in Ggw. von $CuSO_4$; 63,4%. *cis*-**II**-*β-Diäthylaminoäthylesterhydrochlorid*, $C_{22}H_{28}ClNO_2$, F. 157—157,5°; 55,6%. — *1.2-Di-n-propylcyclopropan-3-carbonsäure* (**III**), *trans-DL*-**III**, $C_{10}H_{18}O_2$, $Kp._5$ 129,5—130,5°, durch Verseifung von trans-DL-**III**-Äthylester mit methanol. NaOH; $D._4^{20}$ 0,9332; n_D^{20} 1,4481; 87%. *trans-DL-III-Äthylester*, $C_{12}H_{22}O_2$, $Kp._6$ 89—90°, aus I u. trans-Octen-(4) in Ggw. von $CuSO_4$ bei 90°; $D._4^{20}$ 0,8945; n_D^{20} 1,4353; 62,8%. *cis-III*, $C_{10}H_{18}O_2$, $Kp._4$135—136°, durch Verseifung von cis-III-Äthylester; $D._4^{20}$ 0,9407; n_D^{20} 1,4530; 70%. *cis-III-Äthylester*, $C_{12}H_{22}O_2$, aus I u. cis-Octen-(4); $D._4^{20}$ 0,9012; n_D^{20} 1,4384; 40%. Helmut Schäfer. 2010△

Darstellung von Bis-cyclopentadienyltitanperfluoracyloxyderivaten. G. W. Drosdow, A. L. Klebanski und W. A. Bartaschow. (J. allg. Chem. [UdSSR] **32** (**94**), 2390—91, 1962; russ.) — Dicyclopentadienyltitandichlorid reagiert mit K- oder Ag-Trifluoracetat u. Ag-Heptafluorbutyrat (1 : 1 Mol in Bzl. oder Aceton kochen) in quant. Ausbeute unter Bldg. von *Dicyclopentadienyltitan-bis-[trifluoracetat]* [$C_{14}H_{10}F_6O_4Ti$, F. 177—178,5° (Toluol); dunkelrot] bzw. *-bis-[heptafluorbutyrat]* [$C_{18}H_{10}F_{14}O_4Ti$, F. 110 bis 111° (Bzl.); dunkelrot]. Helmut Schäfer. 2180△

Aromatische Kohlenwasserstoffe. 23. Mitt. **Diphenyle.** W. R. Skwartschenko, Wejen-ljan Lin, N. W. Ssedych und R. Ja. Lewina. (J. allg. Chem. [UdSSR] **32** (**94**), 217—22, 1962; Moskau, Univ.; russ.) — 22. vgl. J. allg. Chem. [UdSSR] **32** (**94**), [1962], 111; 16. vgl. C. **1963**, 15393. — Die Diensynth. von Phenyl- (**I**), p-Tolyl- (**II**), p-Äthylphenyl- (**III**), p-n-Propylphenyl- (**IV**), p-Isopropylphenyl- (**V**), p-Diphenylmethylallylcarbinol (**VI**) u. 1-Mesitylenylbutadien-(1.3) (**VII**) mit Maleinsäureanhydrid liefert die entsprechenden *3-Methyl-5-aryl-1.2.3.6-tetrahydrophthalsäureanhydride*. Diese werden durch Einw. von P_2O_5 in die entsprechenden *Alkyl-Derivv.* des *Diphenyls* bzw. in *3-Methyl-p-terphenyl* übergeführt.

Versuche: Methylallylcarbinole: *Phenyl-* (**I**), $Kp._{15}$ 98—112°, aus Acetophenon u. Allyl-MgCl; 70—90% (Ausbeute). — Analog: *p-Tolyl-* (**II**), $Kp._7$ 93—96°; n_D^{20} 1,5235. — *p-Äthylphenyl-*(**III**), $Kp._8$ 105—115°; n_D^{20} 1,5808. — *p-n-Propylphenyl-* (**IV**), $Kp._{15}$ 130—140°. — *p-Isopropylphenyl-* (**V**), $Kp._9$ 115—120°. — *p-Diphenylyl-* (**VI**); zähes Öl. — *Mesitylenylallylcarbinol*, $C_{13}H_{18}O$, $Kp._{12,5}$ 145—146°, nach Grignard aus 94 g Mesitylenaldehyd, 77 g Allylchlorid u. 24 g Mg; $D._4^{20}$ 0,9863; n_D^{20} 1,5370; 85%. — *1-Mesitylenylbutadien-(1.3)* (**VII**), $C_{13}H_{16}$, $Kp._{12}$ 120,5—122°, durch langsame Dest. vorst. Verb. bei 110—125°/13 mm; $D._4^{20}$ 0,9156; n_D^{20} 1,5670; 60%. — 3-Methyl-1.2.3.6-tetrahydrophthalsäuren: Durch 7std. Erhitzen von **I**—**VI** mit Maleinsäureanhydrid (1 : 1 Mol) in Acetanhydrid–Xylol in Ggw. von $KHSO_4$, Phenthiazin u. Pikrinsäure auf 140—150°: *5-Phenyl-*, *Anhydrid*, F. 132° (Äthylacetat); 70%. — *5-p-Tolyl-*, $C_{16}H_{18}O_4$, F. 185° (W.–Aceton, W.–Essigsäure). *Anhydrid*, F. 107—108° (PAe.–Bzl.); 55%. — *5-[p-Äthylphenyl]-*, *Anhydrid*, $C_{17}H_{18}O_3$, F. 105° (PAe.); 40%. — *5-[p-n-Propylphenyl]-*, $C_{18}H_{22}O_4$, F. 166,5—167,5° (W.–Essigsäure). *Anhydrid*, F. 102—103° (PAe.–Aceton 4 : 1); 66%. — *5-[p-Isopropylphenyl]-*, *Anhydrid*, $C_{18}H_{20}O_3$, F. 145—146° (Cyclohexan); 55%. — *5-p-Diphenylyl-* (**VIII**), *Anhydrid*, $C_{21}H_{18}O_3$, F. 179—181° (Bzl.–Aceton 1 : 1); 35%. — *3-Mesitylenyl-1.2.3.6-tetrahydrophthalsäure* (**IX**), $C_{17}H_{20}O_4$, F. 210—211° (W.–Aceton). *Anhydrid*, F. 156—157,5° (Aceton–PAe. 3 : 1), durch Kochen von je 25 g **VII** u. Maleinsäureanhydrid; 46%. — Diphenyle: durch Erhitzen vorst. Anhydride mit P_2O_5 (1 : 1 Mol) auf 260—300°: *3-Methyl-*, $C_{13}H_{12}$, $Kp._{20}$ 145—146,5°; $D._4^{20}$ 1,0104; n_D^{20} 1,6025; 70% ($KMnO_4$-Oxydation → *Diphenyl-3-carbonsäure*, F. 166° aus A.). — *3.4'-Dimethyl-*, $C_{14}H_{14}$, $Kp._3$ 98—99°, $Kp._{752}$ 288—289°, F. 9—10°, Ep. 4—5°; $D._4^{20}$ 0,9985; n_D^{20} 1,5980; 70% (Oxydation → *Diphenyl-3.4'-dicarbonsäure*, F. 325° aus Essigsäure; *Dimethylester*, F. 95° aus Methanol–Ligroin). — *3-Methyl-4'-äthyl-*, $C_{15}H_{16}$, $Kp._{10}$ 122°; $D._4^{20}$ 0,9916; n_D^{20} 1,5885; 65%. — *3-Methyl-4'-n-propyl-*, $C_{16}H_{18}$, $Kp._{13}$ 174—175°; $D._4^{20}$ 0,9740; n_D^{20} 1,5782; 68%. — *3-Methyl-4'-isopropyl-*, $C_{16}H_{18}$, $Kp._7$ 152—153°; $D._4^{20}$ 0,9663; n_D^{20} 1,5724; 60%. — *2.4.6-Trimethyl-*, $C_{15}H_{16}$, $Kp._{13,5}$ 141—141,5°, $Kp._{746}$ 276—278°; $D._4^{20}$ 0,9782; n_D^{20} 1,5695; 29% (Nitrierung → *3.5.4'-Trinitro-2.4.6-trimethyldiphenyl*, F. 216 bis 216,5° aus Aceton). — *3-Methyl-p-terphenyl*, F. 123,5° (A.), aus **VIII**-Anhydrid; 80%. — *Mesitylen*, $Kp._{752}$ 163,5—164,5°, durch 2std. Erhitzen von **IX** mit P_2O_5 auf 220—250°; n_D^{20} 1,5000; 41%. Daneben *Benzoesäure*, F. 121,5—122°. Helmut Schäfer. 2210△

Über die Bildung und Spaltung von Dihydroxydiarylmethanderivaten. H. Schnell und H. Krimm. (Angew. Chem. **75**, 662—68, 1963; Uerdingen, Farbenfabriken Bayer AG; dt.) — Überblick über Darst. u. Eigg. von *x.x-Bis-[hydroxyaryl]-alkanderivaten*. Behandelt werden: Synth. aus 2 Moll. aromat. Hydroxy-Verb. u. 1 Mol. Aldehyd oder Keton in Ggw. von Säuren oder Kationenaustauschern bzw. in Ggw. von Alkalien oder aus je 1 Mol aromat. Hydroxy-Verb. u. Alkenylphenol oder Alkenylphenol bildenden Verbb. (z. B. Phenol + C_2H_2, Allen, Propin, 2-Chlorpropen, 1-Chlorcyclohexen oder Isopropenylacetat) in Ggw. von Säuren oder Basen; Reinigung der Prodd.; Mechanismus der Bldg.; Eigg., quant. Best., Reinheitsprüfung, Charakterisierung u. Identifizierung; therm. u. hydrolyt. Spaltung u. Hydrogenoloyse. — 62 Literaturhinweise.

H. Pagel. 2260◇

Über Reaktionen von Diarylacetaldehyden mit Säureamiden. Fritz Eiden und Bhupatiram S. Nagar. (Naturwissenschaften **48,** 599—600, 2. Sept.-H. 1961; Marburg, Univ., Inst. für Pharmaz. Chem. u. Lebensmittelchem.; dt.) — Diphenylacetaldehyd (I) reagiert mit Säureamiden in Ggw. von p-Toluolsulfonsäure oder H_2SO_4 zu *N-[2.2-Diphenylvinyl]-carbonsäureamiden,* wenn man das entstehende W. azeotrop abdestilliert. 9-Formylfluoren (II) reagiert analog I. Als Säureamide können auch Urethane u. Harnstoff-Derivv. eingesetzt werden. Amide der HCOOH reagieren unter den gleichen Bedingungen weiter zu *N.N-Bis-[2.2-diphenylvinyl]-aminen;* $HCONH_2$ selbst gibt *N-[2.2-Diphenylvinyl]-2.2-diphenyläthylidenamin.* Benzamid reagiert mit I zu *1.1-Diphenyl-2.2-bis-[benzamido]-äthan;* dieser Verb.-Typ entsteht häufig bei der Rk. von Amiden aromat. Säuren. — Beispiele: *N-[2.2-Diphenylvinyl]-acetamid,* F. 164°, aus I u. Acetamid. — *1-[2.2-Biphenylen-(2.2')-vinyl]-1.2-dimethylharnstoff,* F. 152°, aus II u. N.N'-Dimethylharnstoff. — *N-[2.2-Diphenylvinyl]-äthylurethan,* F. 70°, aus I u. Äthylurethan. — *N-[2.2-Diphenylvinyl]-caprolactam,* F. 131°, aus I u. Caprolactam. — *[2.2-Diphenylvinyl]-2.2-diphenyläthylidenamin,* F. 135°, aus I u. Formamid. — *N.N-Bis-[2.2-diphenylvinyl]-anilin,* F. 242°, aus I u. Formanilid. — *1.1-Diphenyl-2.2-bis-[benzamido]-äthan,* F. 254—258°, aus I u. Benzamid. — UV-Maxima der Verbb. sind angegeben.

J. Winkler. 2500◇

Zur Darstellung des 4.4'-Dihydroxy-2''-aminomethyltriphenylmethans. 8. Mitt. **über Laxantien.** Otto-Erich Schultz und Jörg Schnekenburger. (Arch. Pharmaz. Ber. dtsch. pharmaz. Ges. **293/65,** 733—39, 1960; Kiel, Univ., Pharmaz. Inst.; dt.) — 7. vgl. C. **1962,** 6399. — Die Rk. von *4.4'-Dihydroxy-2''-brommethyltriphenylmethan* (I) mit NH_3 in abs. CH_3OH gab *Bis-[2-(4.4'-dihydroxybenzhydryl)-benzyl]-amin* u. *4.4'-Dihydroxy-2''-aminomethyltriphenylmethan* (II). Da II weder diazotierbar ist, noch mit Folin-Reagens auf prim. Amine positiv reagiert, liegt die Verb. wahrscheinlich als inneres Salz vor, woraus sich auch die Schwerlöslichkeit in Ae. u. CH_3OH erklärt. II wurde auch durch Curtius-Abbau von *4.4'-Dihydroxytriphenylmethan-2''-essigsäure,* die mit NaCN in Ggw. von NaJ aus dem Diacetat von I dargestellt wurde, erhalten. Aus II konnte mit Thiophosgen bei erhöhter Temp. *4.4'-Dihydroxy-2''-isothiocyanatomethyltriphenylmethan* gewonnen werden. UV-Daten von 4.4'-Dihydroxytriphenylmethan, 2''-Methyl-, 2''-n-Butylaminomethyl-, 2''-Amino-, u. 2''-Carboxy-4.4'-dihydroxytriphenylmethan sowie von II, 3.3-Bis-[4-hydroxyphenyl]-4.5-benzodihydrofuran, Phenolphthalein u. 3.3-Bis-[4-hydroxyphenyl]-isoindolinon-(1) werden angegeben.

Versuche: *Bis-[2-(4.4'-dihydroxybenzhydryl)-benzyl]-amin,* $C_{40}H_{35}NO_4$, F. 163° (CH_3OH), aus I u. NH_3-gesätt. abs. CH_3OH bei ca. 0° in 24 Std. u. Abtrennen des in Ae. lösl. Anteiles; 51% (Ausbeute). *Hydrochlorid,* $C_{40}H_{35}NO_4 \cdot HCl$, F. 219°. — *4.4'-Dihydroxy-2''-aminomethyltriphenylmethan* (II), $C_{20}H_{19}NO_2$, F. 260° (CH_3OH), neben vorst. Verb. aus dem in Ae. unlösl. Anteil; 25%. *Hydrochlorid,* $C_{20}H_{19}NO_2 \cdot HCl \cdot \frac{1}{2} H_2O$, F. 296°. — *4.4'-Dihydroxytriphenylmethan-2''-essigsäure,* $C_{21}H_{18}O_4$, F. 198°, aus dem Diacetat von I u. NaCN/NaJ in sd. abs. Aceton u. anschließendes Verseifen mit sd. 30%ig. KOH; Nadeln aus verd. CH_3OH; 68%. *Methylester,* F. 103° (CH_3OH), aus der Säure in abs. CH_3OH mit $POCl_3$ durch Kochen in 4 Std.; 100%. *Hydrazid,* F. 232°, aus dem Methylester u. sd. abs. N_2H_4. *Azid,* aus Hydrazid in Essigsäure/H_2SO_4 u. $NaNO_2$-Lsg. bei 0—5°. — *4.4'-Dihydroxy-2''-aminomethyltriphenylmethan* (II), aus vorst. Verb. durch Eintropfen der äther. Lsg. in abs. Toluol bei 100°, Abdestillieren des Ae., 1std. Erhitzen auf 100°, Eintragen des Rohprod. in 80° warme alkal. $Na_2S_2O_4$-Lsg. u. 1std. Erwärmen auf dem Wasserbad. *Triacetyl-Deriv.,* $C_{26}H_{25}NO_5$, F. 191,5° (Aceton), aus II mit Acetanhydrid-Pyridin in 24 Std. bei Raum-Temperatur. — *4.4'-Dihydroxy-2''-isothiocyanatomethyltriphenylmethan,* $C_{21}H_{17}NO_2S$, F. 189° (1.2-Dichloräthan/Essigester), aus II in wss. HCl durch Zusatz von $CaCO_3$ u. Thiophosgen in Chlf. in 20 Std. bei 55—60°. — *N-[2-(4.4'-Dihydroxybenzhydryl)-benzyl]-N'-phenylthioharnstoff,* $C_{27}H_{24}N_2O_2S$, F. 220—221° (CH_3OH), aus vorst. Verb. u. Anilin in 24 Std. bei Raum-Temp. u. 1 Std. auf dem Wasserbad.

K. Maier. 2520◇

Die Stabilitätenreihenfolge der stereoisomeren Hydrindan- und Hydrindanon-Verbindungen. G. Quinkert. (Experientia [Basel] **13,** 381—89, 1957; dt.) — Übersicht. — 37 Literaturstellen. Gottfried Schreiber. 2650△

1.2.3.4-Tetrachlornaphthalin aus Trichloräthylen und Benzoylperoxid. William L. Howard und Ronald E. Gilbert. (J. org. Chemistry **27,** 2685, 1962; Freeport, Tex., Dow Chem. Co.; engl.) — *1.2.3.4-Tetrachlornaphthalin* entsteht als Nebenprod. bei der Einw. von Dibenzoylperoxid auf Trichloräthylen (**A**) neben *Pentachlorbutadien* u. *Hexachlorbuten.*

Versuche: *1.2.3.4-Tetrachlornaphthalin,* $C_{10}H_4Cl_4$, F. 194—200°, durch Zugabe von 16,8 Mol **A** während 96 Std. bei 88—100° zu 20 g Dibenzoylperoxid, Abdestillieren des unveränderten **A**, 12std. Erhitzen des Rückstandes auf 150—160°, Abdestillieren von 0,32 Mol *Pentachlorbutadien* u. 3 Mol *Hexachlorbuten* bei 3 Torr u. Filtieren; aus Ae. Kristalle; 5 g. B. Göber. 2700◇

Autoxydation enolierbarer Anthranylketone; neue Spaltungsmethode unter Kohlenmonoxidbildung. Guy Rio, Pierre-Jean Cornu und Richard Wagner. (Bull. Soc. chim. France **1961**, 587—89, März; Coll. de France, Labor. de Chim. org. de l'Ecole Pratique des Hautes Et., Serv. de Chim. org. des Hormones; franz.) — Vff. untersuchen die Autoxydation einiger [Anthryl-(9)]-ketone im alkal. Milieu zu *Anthrachinon* bzw. *10-Phenyloxanthron*. Dabei gehen die Carbonylgruppe in *CO* u. die übrige Seitenkette in eine *Carbonyl-Verb.* über. Die bisher nicht bekannten *9-Acetyl-10-phenylanthracen* (**I**) u. *9-Phenacetylanthracen* (**II**) wurden durch Acylierung nach Friedel-Crafts dargestellt. 9-Diphenylacetyl- u. 9-[3-Carbomethoxypropionyl]-10-phenylanthracen (**V**) konnten nicht auf diese Weise dargestellt werden. **I** u. **V** unterliegen nicht der Autoxydation. Der mögliche Mechanismus der Autoxydation wird diskutiert.

Versuche: *9-Acetyl-10-phenylanthracen* (**I**), $C_{22}H_{16}O$, F. 181—182°, durch Zugabe von $AlCl_3$ zu 9-Phenylanthracen (**VI**) u. CH_3COCl in Bzl. bei —10°, Behandlung mit Eis u. HCl, Entfernen von gebildetem Acetophenon mit Wasserdampf u. Ae.-Extraktion; hellgelbe Kristalle aus n-Butanol; 72% (Ausbeute). — *9-Phenacetylanthracen* (**II**), $C_{22}H_{16}O$, F. 74—75°; aus $AlCl_3$, Anthracen u. Phenacetylchlorid (**VII**) in Bzl.; hellgelbe Kristalle aus A.; 45%. — *9-Phenacetyl-10-phenylanthracen* (**III**), $C_{28}H_{20}O$, durch Zugabe von $AlCl_3$ zu **VI** u. **VII** in Bzl. bei —10°; 72%. — *Verb. vom F. ca. 100°*, aus **VI**, Diphenylacetylchlorid u. $AlCl_3$; gelbe Kristalle. — Autoxydationen zu *Anthrachinon*, a) aus **II** in CH_3OH/K-Methylat durch Einleiten von O_2; 55%; daneben *Benzaldehyd* (**IV**; 80%) u. 65—75% *CO*; b) analog a) aus 9.10-Bis-[phenacetyl]-anthracen; 75%; daneben 50% **IV** u. 75% *CO*. — *10-Phenyloxanthron*, a) aus **III**; 70%; daneben 65% *CO*; b) aus 9-[β-Acetoxy-α-phenylstyryl]-10-phenylanthracen; 90%; daneben 85% *Benzophenon* u. *CO*; 85%. — **V** gibt beim Autoxydations-Vers. 70% *9-[3-Carboxypropionyl]-10-phenylanthracen* u. kein CO. Gottfried Schreiber. 2800□

Die Nef-Reaktion von 1.2.3.4.5.6.7.8.9.10.11.14-Dodekahydro-9-nitrophenanthren. Boris Weinstein und A. H. Fenselau. (J. org. Chemistry **27**, 4094—96, 1962; Stanford, Calif., Stanford Univ., Dep. of Chem.; engl.) — Bei der Isomerisierung der oben genannten Verb. (**I**) unter Nef-Bedingungen entsteht ein Gemisch aus *9-Keto-*$\Delta^{4a,4b}$*-*(**II**) u. *9-Keto-*$\Delta^{4b,8a}$*-dodekahydrophenanthren* (**III**), ebenso bei der sauren Hydrolyse von **I**. Durch therm. Isomerisierung geht **II** in **III** über. Mit Hilfe der KMR-, IR- u. UV-Spektren werden die Stereochemie von **I** u. die Lage der Doppelbindung in **III** diskutiert.

Versuche: *Dicyclohexyldiol-(1.1')*, F. 123,0—124,0°, durch Al-Amalgam-Red. von Cyclohexanon; 33—35% (Ausbeute). — *Dicyclohexen-(1)-yl-(1.1')* (**IV**), F. ~26°, Kp.$_{0,09}$ 48,4—49,3°, durch Dehydratisierung vorst. Verb. mit $POCl_3$ in Pyridin; Nadeln; 80—82%. — *Essigsäure-2-nitroäthylester*, Kp.$_{1,2}$ 68—69°, aus Acetanhydrid u. 2-Nitroäthanol; 83—85%. — Dodekahydrophenanthrene: *9-Nitro-*$\Delta^{4a,4b}$*-* (**I**), $C_{14}H_{21}NO_2$, F. 72,5—73,4° (A.; Sublimation bei 60°/0,1 Torr), durch ½std. Zutropfen vorst. Verb. zu **IV** in Bzl. u. Na-Acetat unter Rühren, 16std. Kochen, Filtrieren u. Eindampfen; 40,9%. — *9-Keto-*$\Delta^{4b,8a}$*-* (**III**), $C_{14}H_{20}O$, Kp.$_{0,12}$ 70°, durch langsames Zugeben von NaOH in A. zu 10,9 g **I** unter Rühren, ½std. Rk. bei 0—2° unter N_2, Gießen in kalte 2n HCl, 2std. Rühren bei 5°, 1tägiges Erwärmen auf Raum-Temp., Ae.-Extraktion u. langsame Dest. bei 70°; n_D^{23} 1,5472; 0,46 g. *2.4-Dinitrophenylhydrazon*, $C_{20}H_{24}N_4O_4$, F. 231,0 bis 231,5° (Essigester–A.; A.), brilliantrote Kristalle. *Semicarbazon*, $C_{15}H_{23}N_3O$, F. 181,5 bis 182° (Methanol–Ae.). — *Gemisch aus 9-Keto-*$\Delta^{4a,4b}$*-* (**II**) u. *-*$\Delta^{4b,8a}$*-dodekahydrophenanthren* (**III**), durch 12—15tägiges Kochen von **I** in A./konz. HCl oder in n-HCl u. Eindampfen. D. Jahnke. 2850△

Darstellung von Aldrin und Dieldrin. N. A. Belikowa, L. G. Wolfsson, K. W. Kusnetzowa, N. N. Melnikow, A. I. Persson, A. F. Plate und M. A. Prjanischnikowa. (J. angew. Chem. [UdSSR] **33**, 454—63, 1960; russ.) — Es wurde die Kondens. von Cyclopentadien mit Acetylen bei 5—20 at/290—380° untersucht. Die Ausbeute an *Bicyclo-[2.2.1]-heptadien-(2.5)* (**I**; C_7H_8, Kp. 90,3°, Ep. —19,1°; D_4^{20} 0,9064; n_D^{20} 1,4702) beträgt bei 20 at/345° 48%. **I** wird beim Erhitzen auf 390° zu *Cycloheptatrien* (Kp. 115,4°, Ep. —72,5°; D_4^{20} 0,8915; n_D^{20} 1,5240) u. wenig *Toluol* isomerisiert. Die Kondens. von **I** mit Hexachlorcyclopentadien (2,5:1 Mol; 18 Std. auf 90—110° erhitzen) liefert in ca. 95%ig. Ausbeute *Aldrin* (*1.2.3.4.10.10-Hexachlor-1.4;5.8-diendomethylen-1.4.4a.5.8.8a-hexahydronaphthalin*, F. 104—104,5°), das in 80%ig. Essigsäure durch 27%ig. H_2O_2 bei 100° in 70%ig. Ausbeute zu *Dieldrin* (*Aldrin-6.7-oxid*, F. 175—176°) oxydiert wird. Helmut Schäfer. 2950△

Anthrachinon- und Anthronreihe. 22. Mitt. **3.4;9.10-Dibenzopyren und Pentaphen aus Indanthrenscharlach 4 G und Mayvat Brilliantrot AF.** B. D. Tilak, M. K. Unni und K. Venkataraman. (Tetrahedron [London] **3**, 62—67, 1958; Bombay, Univ., Dep. of Chem. Technol.; Poona, Nat. Chem. Labor.; engl.) — 21. vgl. C. **1961**, 1902. — Mayvat Brilliantrot AF (**I**) wurde als Halogen-Deriv. von *3.4; 9.10-Dibenzopyrenchinon-(5.8)* (**II**) identifiziert; letzteres wurde durch Enthalogenierung von **I** oder von Indanthrenscharlach 4 G (**III**) mit Raney-Ni, NaOH u. H_2 erhalten. **II** wird durch Red. mit Al-Tricyclohexylat (**IV**) in *3.4; 9.10-Dibenzopyren* (**V**) durch Oxydation mit CrO_3/Eisessig in *Pentaphendichinon-(5.14; 8.13)* (**VI**) übergeführt. Durch Red. von **VI** mit **IV** wird *Pentaphen* erhalten; Kondens. von **VI** mit N_2H_4 ergibt *1.2-Diaza-3.4;9.10-dibenzopyrenchinon-(5.8)*, aus welchem mit **IV** *1.2-Diaza-3.4;9.10-dibenzopyren* erhalten wird.

Versuche: 3.4;9.10-Dibenzopyrene: *-chinon-(5.8)* (**II**), $C_{24}H_{12}O_2$, F. 373°, a) durch 6std. Rk. von 1 g **I** [$C_{24}H_{10}Br_{1,6}Cl_{1,8}O_2$, aus 50 g I-„double paste; aus o-Dichlorbenzol (D) rote Nadeln; 0,12 g (Ausbeute)] in 50%ig. wss. NaOH mit H_2 (38 lbs.) an Raney-Ni, Filtrieren, Waschen des Ni mit 2%ig. NaOH bei Ggw. von Glucose u. Oxydieren mit Luft; aus D rote Nadeln; 0,58 g; b) durch Kochen von nachst. Verb. mit wss. CrO_3; c) analog a) aus 5 g **III** ($C_{24}H_{10}Br_{1,6}Cl_{2,4}O_2$; aus D orangerote Nadeln); 3 g. — *Unsubstituiert* (**V**), $C_{24}H_{17}$, F. 281°, durch Kochen von Al-Spänen in Cyclohexanol bei Ggw. von $HgCl_2$, Zugabe von 0,5 g **II**, 48std. Kochen, Dest. des Lsgm., Eintragen in 5%ig. NaOH, Dampf-Dest., Zugabe von $NaHSO_3$ u. Chromatographieren in warmem Bzl. an Al_2O_3; aus Bzl./Hexan hellgelbe Nadeln bzw. Platten; 0,32 g. — *5.8-Dibenzoyloxy-*, $C_{38}H_{22}O_4$, F. 343°, durch 10 Min. lange Rk. von 0,05 g **II** mit 5%ig. NaOH u. $NaHSO_3$ bei 70—80° u. 5 Min. langes Schütteln mit Benzoylchlorid; aus Bzl. hellgelbe Nadeln; 0,06 g. — *5.8-Diacetoxy-*, $C_{28}H_{18}O_4$, F. 310—315° (Zers.), durch 2std. Kochen von 0,1 g **II** in Acetanhydrid mit Zn-Staub u. Gießen auf Eis; aus Bzl. hellgelbe Nadeln; 0,1 g. — *Pentaphendichinon-(5.14;8.13)* (**VI**), $C_{22}H_{10}O_4$, F. 332°, durch Zugabe von CrO_3 in Eisessig zur sd. Lsg. von 0,5 g **II** im gleichen Lsgm. während 40 Std. in 5 Anteilen, aus Chlorbenzol gelbe Nadeln; 0,44 g. — *5.8.13.14-Tetraacetoxypentaphen*, $C_{30}H_{22}O_8$, F. 295 bis 300° (Zers.), durch reduktive Acetyliernng von **VI** analog der von **II**; aus Bzl./Hexan hellgelbe Nadeln. — *1.2-Diaza-3.4;9.10-dibenzopyrenchinon-(5.8)*, $C_{22}H_{10}N_2O_2$, F. >360° (Zers.), durch 1std. Kochen von 1,0 g **VI** mit 85% ig. $N_2H_4 \cdot H_2O$ in Pyridin; aus D rötlich-orangefarbene Nadeln; 0,1 g. — *1.2-Diaza-3.4;9.10-dibenzopyren*, $C_{22}H_{12}N_2$, F. 304°, durch 12std. Rk. von 1 g vorst. Verb. mit **IV** analog **V**; aus Bzl. zitronengelbe Nadeln; 0,6 g. — *Pentaphen*, $C_{22}H_{14}$, F. 262°, analog vorst. Verb. aus 0,2 g **VI**; aus Bzl./Hexan hellgelbe Nadeln; 0,15 g. H.-J. Weigmann. 2950△

Umlagerung cyclischer Borverbindungen unter der Einwirkung von Methylborat. B. M. Michailow, L. Ss. Wassiljew und E. N. Ssafonowa. (Ber. Akad. Wiss. UdSSR **147**, 630—33, 1962; russ.) — Vff. untersuchen die Rk. von Bis-[1-boracycloalkyl]-alkanen u. 1-Methoxyboracycloalkanen mit Trimethylborat (**I**) in Ggw. von Tetraalkyldiboranen.

Versuche (alle unter N_2): *1-Methoxy-1-boracyclopentan* (**II**), $C_5H_{11}BO$, Kp.$_{83}$ 40,5 bis 41°, man kocht 93,8 g 1.4-Bis-[1-boracyclopentyl]-butan (**III**), 54 g **I** u. 2 g Tetra-n-propyldiboran (**IV**) 1½ Std. u. erhitzt noch 1½ Std. auf 130—135°; $D._4^{20}$ 0,8421; n_D^{20} 1,4172; 80,5% (Ausbeute). Daneben 22,3 g *1.6-Dimethoxy-1.6-diboracyclodecan*, $C_{10}H_{22}B_2O_2$, Kp.$_{2,5}$ 69,5—70°; $D._4^{20}$ 0,9055; n_D^{20} 1,4538. — *Tetramethylen-bis-[boronsäuredimethylester]* (**V**), $C_8H_{20}B_2O_4$, Kp.$_2$ 53—53,5°, Kp.$_{2,5}$ 54—56°, a) man kocht 15,2 g **III**, 42,6 g **I** u. 2,3 g Tetraisoamyldiboran 7 Std. u. versetzt mit 2,5 ml Methanol; $D._4^{20}$ 0,9441; n_D^{20} 1,4185; 75,2%; daneben 3,6 g *Bis-[4-(dimethoxyboryl)-butyl]-borinsäuremethylester* (**VI**), $C_{13}H_{31}B_3O_5$, Kp.$_{1,5}$ 115—116°; $D._4^{20}$ 0,9428; n_D^{20} 1,4358; b) man kocht 20,6 g **II**, 27,9 g **I** u. 1,3 g **IV** 3½ Std. u. versetzt mit 1,5 ml abs. Methanol; n_D^{20} 1,4175; 71,5%. Daneben 2,8 g **VI**. — *Tetramethylen-bis-[boronsäuredi-n-hexylester]*, $C_{28}H_{60}B_2O_4$, Kp.$_{1,5}$ 198—200°, durch Umsetzen von **V** mit n-Hexylalkohol; $D._4^{20}$ 0,8667; n_D^{20} 1,4402; 98,5%. Gibt bei 1½ std. Erhitzen auf 270—310° *1-Hexyloxy-1-boracyclopentan*, $C_{10}H_{21}BO$, Kp.$_2$ 44—45°; $D._4^{20}$ 0,8386; n_D^{20} 1,4382; 72,4% u. *Tri-n-hexylborat*, Kp.$_{2,5}$ 129—133°; n_D^{20} 1,4270; 89,5%. — *6-[1-Boracycloheptyl-(1)]-hexen-(1)*, $C_{12}H_{23}B$, Kp.$_3$ 57—59°, in die Lsg. von 82 g Diallyl in 250 ml Ae. leitet man unter Wasserkühlung Diboran (aus 13,5 g LiH, 80 g $AlBr_3$ u. 79 g BF_3-Ätherat in 430 ml Ae.) u. läßt über Nacht stehen; $D._4^{20}$ 0,8214; n_D^{20} 1,4630; 26,2 g. Daneben *1.6-Bis-[1-boracycloheptyl-(1)]-hexan* (**VII**), Kp.$_2$ 141—142°; n_D^{20} 1,4848; 44,4 g. — *1-Methoxy-1-boracycloheptan*, $C_7H_{15}BO$, Kp.$_{15}$ 42—43°, a) durch 2std. Erhitzen von 15,1 g **VII**, 5,7 g **I** u. 0,7 g **IV** auf 120—130°; $D._4^{20}$ 0,864; n_D^{20} 1,4391; 81%; daneben 3,3 g Polymere; b) man erhitzt 13,9 g **VII** u. 2,2 g **IV** auf 130°, gibt in 2 Std. 26,4 g **I** zu u. kocht 2 Std.; 8,9 g; daneben *Hexamethylen-bis-[boronsäuredimethylester]*, Kp.$_{1,5}$ 82—84°; $D._4^{20}$ 0,9325; n_D^{20} 1,4252; 16,2 g.

Renate Richter. 3000◇

Kleine geladene Ringe. 2. Mitt. **Die Synthese von Aziridiniumsalzen.** Nelson J. Leonard und Klaus Jann. (J. Amer. chem. Soc. **84**, 4806—13, 1962; Urbana, Ill., Univ., Noyes Chem. Labor.; engl.) — 1. vgl. C. **1961**, 13518. — Inhaltlich z. T. ident. mit der 1. Mitt.; die Darst. u. die NMR-Spektren der aufgeführten Verbb. werden ausführlich besprochen. Die Struktur von *2.2-Pentamethylen-1.1-tetramethylenaziridiniumperchlorat* (**I**) wird noch durch Thiosulfattitration nach Cohen u. Mitarbeitern (C. **1953**, 832, 833) u. Molgew.-Best. gestützt. Diazoäthan (**II**) bzw. Diazopropan (**III**) reagieren analog CH_2N_2 mit N-Cyclohexylidenpyrrolidiniumperchlorat (**IV**) zu *3-Methyl-* bzw. *3-Äthyl-2.2-pentamethylen-1.1-tetramethylenaziridiniumperchlorat*, deren Strukturen durch die NMR-Spektren u. durch Methanolyse gestützt werden. Das durch Rk. von 1-Piperidinocyclohexen (**V**) mit HBr in Ae. u. Konversion des Bromids mit $AgClO_4$ darstellbare *N-Cyclohexylidenpiperidiniumperchlorat* gibt mit CH_2N_2 analog *1.1*; *2.2-Bis-[pentamethylen]-aziridiniumperchlorat*, das durch IR- u. NMR-Spektren identifiziert wird.

Versuche: *N-Cyclohexylidenpyrrolidiniumhydroxid, Perchlorat* (**IV**), F. 230—231° (Zers.), durch Zutropfen von A./70%ig. $HClO_4$ (1:1) zu 1-Pyrrolidinocyclohexen in eiskaltem Ae. bis zur sauren Rk. (Kongorot); aus abs. A. Nadeln; 93% (Ausbeute). *Fluoroborat*, $C_{10}H_{18}BF_4N$, F. 219—221°, analog **IV** mit 48%ig. HBF_4 statt $HClO_4$; aus Isopropanol Tafeln. — *2.2-Pentamethylen-1.1-tetramethylenaziridiniumhydroxid, Perchlcrat* (**I**), F. 133 bis 134°, durch Zugabe von überschüssigem CH_2N_2 in Ae. zu **IV** in abs. CH_3OH bei —10°, ½ std. Rühren bei — 10 bis 0° u. Kühlen auf —40°; aus abs. A. Nadeln; 93%. *Fluoroborat* (**VI**), $C_{11}H_{20}BF_4N$, F. 110—113°, analog **I** aus vorst. Fluoroborat; aus A. Nadeln; 92%. — *N-[1-Methoxycyclohexylmethyl]-pyrrolidin*, $Kp._{13}$ 133°, a) durch Freisetzen aus dem Perchlorat; n_D^{24} 1,4806; b) durch portionsweise Zugabe von NaH zu 1-Hydroxycyclohexancarbonsäuremethylester (**VII**; $Kp._{14-15}$ 98—99°) in abs. Hexan, 2std. Rühren bei 25°, Zusatz von CH_3J, 1std. Kochen, Filtrieren, Eindampfen im Vakuum, Lösen in abs. Hexan, Rk. mit NaH u. CH_3J, Filtrieren, Eindampfen, Dest. (→ **VII**-*Methyläther*, $C_9H_{16}O_3$, $Kp._{14-15}$ 92—93°, n_D^{24} 1,4490), 10std. Rk. mit konz. NH_4OH bei 100° im geschlossenen Gefäß, Lösen des Prod. (*1-Methoxycyclohexancarbonsäureamid*, $C_8H_{15}NO_2$, F. 155—156°, aus Essigester Tafeln; 60%), in abs. Ae./abs. Tetrahydrofuran (3:1), Zutropfen zu $LiAlH_4$ in abs. Ae., 20std. Kochen, Zers. mit W., Kühlen der äther. Phase, Sättigen mit HCl, Abfiltrieren [→ *1-Methoxycyclohexylmethylamin* (**VIII**)-*Hydrochlorid*, F. 151—152° (abs. A.); 89%], Lösen in W., Alkalisieren, Extraktion mit Ae., Eindampfen (→ **VIII**), 60std. Erhitzen mit 1.4-Dibrombutan (**IX**) u. Na_2CO_3 in abs. A. auf dem Dampfbad, Zusatz von W., Extraktion mit Ae., Extrahieren mit verd. HCl, Alkalisieren mit NaOH, Ausäthern u. Eindampfen; 60%. *Perchlorat*, F. 122—123°, a) durch 1std. Kochen von **I** in abs. CH_3OH, Kühlen u. Zusetzen von Ae.; aus A./Ae. Tafeln; 87%; b) aus dem Amin in Ae. u. wss.-alkohol. $HClO_4$; *²H-Perchlorat*, F. 119—122°, durch Erwärmen des Perchlorats in 99%ig. D_2O u. Gefriertrocknung. — *N-[1-Äthoxycyclohexylmethyl]-pyrrolidinperchlorat*, F. 93—94°, durch 1std. Kochen von **I** in abs. A. u. Zusatz von Ae.; Prismen aus A./Ae.; 78%. — *2.2-Pentamethylen-4.4-tetramethylenmorpholiniumperchlorat*, F. 190—192°, durch 5std. Erhitzen von **I** u. Äthylenchlorhydrin auf dem Dampfbad, Eindampfen im Vakuum, Lösen in W., Alkalisieren mit 40%ig. KOH, Ausäthern, 24std. Kochen des Extrakts, Kühlen, Lösen des Nd. in A. u. Zugeben von $HClO_4$; Tafeln; 43%. — *N-[1-Methylcyclohexyl]-pyrrolidin*, $Kp._{26-27}$ 114—115°. *Perchlorat*, F. 122—123°, a) durch Hydrieren von **I** in abs. CH_3OH in Ggw. von PtO_2, Filtrieren, Eindampfen im Vakuum, Lösen in W., Sättigen mit K_2CO_3, Extraktion mit Ae. u. Ansäuern mit $HClO_4$; aus A./Ae. Nadeln; 70%; b) durch langsames Zugeben von **IV** in Ae. zu CH_3MgJ in Ae., 2½ std. Kochen, Zers. mit gesätt. NH_4Cl-Lsg., Zusatz von NaF, Filtrieren, Alkalisieren mit 40%ig. KOH, Aufarbeiten mit Ae., Dest. im Vakuum (→ 2,6 g) u. Rk. mit $HClO_4$. *Pikrat*, $C_{17}H_{24}N_4O_7$, F. 184—185°, aus A. gelbe Nadeln. — *3-Methyl-2.2-pentamethylen-1.1-tetramethylenaziridiniumperchlorat*, $C_{12}H_{22}ClNO_4$, F. 166—166,5°, durch 4 std. Rk. von **IV** in abs. CH_3OH mit **II** (aus N-Nitroso-N-äthylharnstoff u. 60%ig. KOH bei ca. 70°) in Ae. bei 0°, Eindampfen im Vakuum bei 0°, Lösen in verd. KOH, Waschen mit Ae. u. Extraktion mit Chlf.; aus A. Nadeln; ca. 40%; Einw. von H_2 in abs. CH_3OH in Ggw. von PtO_2 bei 3 oder 300 at gibt kein Hydrierungs-Prod. (75%ig. Rückgewinnung); 170std. Kochen in CH_3OH u. Zusatz von Ae. geben *N-[α-(1-Methoxycyclohexyl)-äthyl]-pyrrolidinperchlorat*, $C_{13}H_{26}ClNO_4$, F. 158—158,5°; 82%. — *3-Äthyl-2.2-pentamethylen-1.1-tetramethylenaziridiniumperchlorat*, $C_{13}H_{24}ClNO_4$, F. 204—205°, analog vorst. Verb. durch Rk. von **III** (aus N-Nitroso-N-propylharnstoff) u. **IV**; aus Isopropanol Nadeln; 52%; 170std. Methanolyse wie bei vorst. Verb. → *N-[α-(1-Methoxycyclohexyl)-propyl]-pyrrolidinperchlorat*, $C_{14}H_{28}ClNO_4$, F. 144—145°; 72%. — Zum Vgl. dargestellte Pyrrolidiniumperchlorate: *N-Cyclopentyliden-*, $C_9H_{16}ClNO_4$, F. 231—233°, durch Rk. von *1-Pyrrolidinocyclopenten* [$Kp._{4,2}$ 71—73°, aus Cyclopentanon u. Pyrrolidin (**X**); 88%] in Ae. mit wss.-alkohol. $HClO_4$; aus abs. A. Nadeln. — Analog: *N-Cycloheptyliden-*, $C_{11}H_{20}ClNO_4$,

F. 234—235° (Zers.,) aus Cycloheptanon u. **X** über *1-Pyrrolidinocyclohepten*, $Kp._{1,9}$ 84—86° (45%); aus abs. A. Tafeln; 82%. — *N-Cyclooctyliden-*, $C_{12}H_{22}ClNO_4$, F. 140—141°, aus 1-Pyrrolidinocycloocten, $Kp._{2,2}$ 102—103° (55%); aus abs. A. Tafeln; 69%. — *N-Isobutyliden-*, $C_8H_{16}ClNO_4$, F. 227—229° (Zers.), durch Überführen von N-Isobutenylpyrrolidin [2-Methyl-1-pyrrolidinopropen-(1)] in Ae. mit HBr in das Hydrobromid, Eindampfen mit abs. A., Lösen in abs. A., Erhitzen mit $AgClO_4$, Filtrieren der heißen Lsg. u. Wiederholen der Rk.; aus A. Tafeln. — *N-Cyclohexylidenpiperidinium-perchlorat*, F. 246—249°, durch Zusatz von **V** zu HBr in abs. Ae. bei 0°, Abfiltrieren, Waschen mit abs. Ae., Lösen in abs. A., Zugeben von $AgClO_4$ in abs. A., Filtrieren, Waschen des Nd. mit heißem abs. Aceton u. Zusetzen von Ae. zum Filtrat u. zum Waschaceton; Tafeln; 53%. — *1.1;2.2-Bis-[pentamethylen]-aziridiniumperchlorat*, $C_{10}H_{22}ClNO_4$, F. 236—238° (Zers.), durch 4std. Rk. vorst. Verb. in abs. CH_3OH mit CH_2N_2 in abs. Ae. bei 0°, Einengen im Vakuum bei 0° u. Kühlen auf —40°; aus abs. A. Nadeln; 73%. — *1-Pyrrolidinocyclohexylmethanol*, $C_{11}H_{21}NO$, F. 71—72°, durch Rk. von Nitrocyclohexan mit CH_2O zu *1-Nitrocyclohexylmethanol*, Red. zu *1-Aminocyclohexylmethanol*, $Kp._{1,3-1,4}$ 82—83°, n_D^{25} 1,4951, 84std. Kochen mit **IX** u. Na_2CO_3 in abs. A., Zusatz von W., Waschen mit Ae., Alkalisieren mit NaOH, Ausäthern, Eindampfen u. Sublimation bei 100°/0,2 Torr; Prismen; 79%. *Perchlorat*, $C_{11}H_{22}ClNO_4$, F. 92—93°, aus abs. A. Prismen. — *1.1-Dimethylpyrrolidiniumperchlorat*, $C_6H_{14}ClNO_5$, F. >330°, durch Rk. von 1.1-Dimethylpyrrolidiniumjodid in Ae. mit $AgClO_4$ in abs. A., Filtrieren u. Zusetzen von Ae.; aus A. Tafeln; 86%. — Die beiden letzten Verbb. wurden zum Vgl. dargestellt. Das integrierte NMR-Spektrcm von **VI** in $CDCl_3$ ist abgebildet. **I** wirkt, peroral gegeben, tox. auf Mäuse. H. Pagel. 3030◇

Umwandlungen sekundär-tertiärer α-Glykole der Acetylenreihe unter Einwirkung von Schwefelsäure. E. D. Venus-Danilova, W. M. Albitzkaja, S. W. Prinzewa und L. N. Worobjew. (J. allg. Chem. [UdSSR] **32** (**94**), 2118—22, 1962; Leningrad, Technolog. Lensowjet-Inst.; russ.) — 3-Methyl-5-phenylpentin-(4)-diol-(2.3) (**I**) geht bei der Einw. konz. H_2SO_4 in der Kälte in *2.3-Dimethyl-5-phenylfuran* (**II**), bei der Einw. von 22%ig. H_2SO_4 in der Hitze in *2.3-Dimethyl-5-phenyltetrahydrofuran-(4)* u. **II** (5,5:1) über.

Versuche: *2.3-Dimethyl-5-phenylfuran* (**II**), $C_{12}H_{12}O$, $Kp._3$ 110—111°, durch Zugabe von 6,7 g **I** (F. 104—105° oder F. 54—56°) bei —11° in 1 Std. zu 70 ml konz. H_2SO_4 u. ½std. Stehenlassen; $D._4^{20}$ 1,0371; n_D^{20} 1,5880; 32% (Aubeute). — *2.3-Dimethyl-5-phenyltetrahydrofuranon-(4)*, $C_{12}H_{14}O_2$, $Kp._2$ 129—130°, durch 3std. Kochen von 27 g **I** in 270 ml 22%ig. H_2SO_4; 62,2% (daneben 11,1% **II**). *Semicarbazon*, F. 116—117° (W.-A.). — *3.4-Dimethylhexanol-(4)-on-(2)*, $C_8H_{16}O_2$, $Kp._8$ 100—102°, durch Kochen von 4 g vorst. Verb. in 20 ml 20%ig. NaOH unter Abdestillieren der flüchtigen Prodd. (daneben *Phenylessigsäure*, F. 72°). *Semicarbazon*, $C_9H_{19}N_3O_2$, F. 138° (A.). *2.4-Dinitrophenylhydrazon*, $C_{14}H_{20}N_4O_5$, F. 142° (A.). Helmut Schäfer. 3061△

Synthese von Nitroderivaten α,β-ungesättigter Ketone, die Benzol- und Thiophenkerne enthalten. Ss. W. Zukerman, W. M. Nikittschenko und W. F. Lawruschin. (J. allg. Chem. [UdSSR] **32** (**94**), 2324—30, 1962; Charkow, Univ.; russ.) — Durch Kondens. von 5-Nitrothiophen-2-aldehyd (**I**), 5-Nitro-2-acetylthiophen (**II**), β-[5-Nitrothienyl-(2)]-acrolein (**III**), β-[Thienyl-(2)]-acrolein (**IV**), Thenyliden-(2)-aceton (**V**) u. 2-Acetylthiophen (**VI**) mit Acetophenon (**VII**), Benzaldehyd (**VIII**), Benzalaceton (**IX**), Zimtaldehyd (**X**), p-Nitroacetophenon (**XI**), p-Nitrobenzaldehyd (**XII**), p-Nitrozimtaldehyd (**XIII**), p-Nitrobenzalaceton (**XIV**), p-Methoxyacetophenon (**XV**), Anisaldehyd (**XVI**), 2.4-Dimethoxybenzaldehyd (**XVII**), 2.4-Dimethoxyacetophenon (**XVIII**) u. 2.4.6-Trimethoxybenzaldehyd (**XIX**) wurden nach 3 verschiedenen Meth. die nachst. Verbb. erhalten: Meth. **A**: Man erhitzt die Komponenten (1:1 Mol) in 5—10%ig. NaOH; **B**: Man gibt 1—2 ml konz. H_2SO_4 unter Kühlung zu je 0,01 Mol der Komponenten in 10—15 ml Eisessig, läßt 12 Std. lang stehen u. kristallisiert aus Essigsäure um; **C**: Man kocht je 0,01 Mol der Komponenten in 5—10 ml Eisessig u. 1—2 ml Acetanhydrid 2—3 Std. u. kristallisiert aus A., Bzl. oder Eisessig um: 1-[5-Nitrothienyl-(2)]-3-phenylpropenone-(3): *Unsubstituiert*, $C_{13}H_9NO_3S$, F. 181°, aus **I** u. **VII** nach **B**; grüngelbe Nadeln; 48% (Ausbeute). *2.4-Dinitrophenylhydrazon*, $C_{19}H_{13}N_5O_6S$, F. 241°. — *p-Nitro-*, $C_{13}H_8N_2O_5S$, F. 259°, aus **I** u. **XI** nach **B**; grüngelbe Nadeln; 41%. — *p-Methoxy-*, $C_{14}H_{11}NO_4S$, F. 212°, aus **I** u. **XV** nach **B**; grüngelbe Nadeln; 40%. *2.4-Dinitrophenylhydrazon*, $C_{20}H_{15}N_5O_7S$, F. 217°. — *o.p-Dimethoxy-*, $C_{15}H_{13}NO_5S$, F. 162°, aus **I** u. **XVIII** nach **C**; grüngelbe Prismen; 15%. *2.4-Dinitrophenylhydrazon*, $C_{21}H_{17}N_5O_8S$, F. 224°. — 1-[5-Nitrothienyl-(2)]-3-phenylpropenone-(1): *Unsubstituiert*, $C_{13}H_9NO_3S$, F. 191°, aus **II** u. **VIII** nach **B**; gelbe Würfel; 60%. *2.4-Dinitrophenylhydrazon*, $C_{19}H_{13}N_5O_6S$, F. 221°. — *p-Nitro-*, $C_{13}H_8N_2O_5S$, F. 205°, aus **II** u. **XII** nach **B**; Nadeln; 90%. — *p-Methoxy-*,

$C_{14}H_{11}NO_4S$, F. 180°, aus **II** u. **XVI** nach **B**; gelbe Prismen; 81%. *2.4-Dinitrophenylhydrazon*, $C_{20}H_{15}N_5O_7S$, F. 219°. — *o.p-Dimethoxy-*, $C_{15}H_{13}NO_5S$, F. 154°, aus **II** u. **XVII**. — *o.o'.p-Trimethoxy-*, $C_{16}H_{15}NO_6S$, F. 222°, aus **II** u. **XIX** nach **B**; braune Plättchen; 50%. *2.4-Dinitrophenylhydrazon*, $C_{22}H_{19}N_5O_9S$, F. 241°. — Pentadien-(1.4)-one-(3): *1-[5-Nitrothienyl-(2)]-5-phenyl-*, $C_{15}H_{11}NO_3S$, F. 172°, aus **I** u. **IX** nach **C**; grüngelbe Nadeln; 20%. *2.4-Dinitrophenylhydrazon*, $C_{21}H_{15}N_5O_6S$, F. 261°. — *1-[Thienyl-(2)]-5-[p-nitrophenyl]-*, $C_{15}H_{11}NO_3S$, F. 184°, aus **V** u. **XII** nach **A**; gelbe Prismen; 52%. *2.4-Dinitrophenylhydrazon*, $C_{21}H_{15}N_5O_6S$, F. 241°. — *1-[5-Nitrothienyl-(2)]-5-[p-nitrophenyl]-*, $C_{15}H_{10}N_2O_5S$, F. 233°, aus **I** u. **XIV** nach **B**; grüngelbe Plättchen; 40%. — Pentadien-(1.3)-one-(5): *1-[5-Nitrothienyl-(2)]-5-phenyl-*, $C_{15}H_{11}NO_3S$, F. 176°, aus **III** u. **VII** nach **B**; grüngelbe Nadeln; 53%. *2.4-Dinitrophenylhydrazon*, $C_{21}H_{15}N_5O_6S$, F. 249°. — *1-[Thienyl-(2)]-5-[p-nitrophenyl]-*, $C_{15}H_{11}NO_3S$, F. 133°, aus **IV** u. **XI** nach **A**; grüngelbe Plättchen 78%. *2.4-Dinitrophenylhydrazon*, $C_{21}H_{15}N_5O_6S$, F. 225°. — *1-Phenyl-5-[5-nitrothienyl-(2)]-* $C_{15}H_{11}NO_3S$, F. 194°, aus **II** u. **X** nach **B**; grüngelbe Plättchen; 60%. *2.4-Dinitrophenylhydrazon*, $C_{21}H_{15}N_5O_6S$, F. 243°. — *1-[p-Nitrophenyl]-5-[thienyl-(2)]-*, $C_{15}H_{11}NO_3S$, F. 210°, aus **VI** u. **XIII** nach **A**; grüngelbe Nadeln; 40%. *2.4-Dinitrophenylhydrazon*, $C_{21}H_{15}N_5 \cdot O_6S$, F. 253°. Helmut Schäfer. 3071△

Elektrophile Substitution an Skatol und seinen Derivaten. Wayland E. Noland und Donald N. Robinson. (Tetrahedron [London] **3**, 68—72, 1958; Minneapolis, Minn., Univ. of Minnesota, School of Chem.; engl.) — An Hand der mit sauren Katalysatoren möglichen Rk. von Skatol (**I**) u. Derivv. mit Benzaldehyd (**II**) wird gezeigt, daß bei elektrophiler Substitution die 2-Stellung bevorzugt wird. 2.3-Dimethylindol gibt unter diesen Bedingungen keine Reaktion. IR- u. UV-Absorption vgl. Original.

Versuche: *α.α-Bis-[3-methylindolyl-(2)]-toluol*, F. 162—163° (A.), durch Rk. von **I** mit **II** in A. bei Ggw. von H_2SO_4 (vgl. Dostal [1938]); 44% (Ausbeute). — *1.3-Dimethylindol*, durch Anwendung der BF_3-Ätherat/Essigsäure-Meth. (vgl. Snyder u. Mitarbeiter, J. Amer. chem. Soc. **65**, [1943], 2452) auf die Indol-Synth. nach Fischer; n_D^{25} 1,5862; 41%. — *α.α-Bis-[1.3-dimethylindolyl-(2)]-toluol*, $C_{27}H_{26}N_2$, F. 207—209° (Aceton/W.), durch mehrstd. Rk. vorst. Verb. mit **II** u. $ZnCl_2$ bei Raum-Temp.; 16%. — *α.α-Bis-[2-methylindolyl-(3)]-toluol*, F. 252—255° (Aceton/W.), durch mehrstd. Rk. von 2-Methylindol mit **II** in Ggw. von Eisessig; 91%. H.-J. Weigmann. 3081△

Hofmannscher Abbau von 3a-[3.4-Methylendioxyphenyl]-1-methyloktahydroindol. P. F. Highet und W. C. Wildman. (J. org. Chemistry **25**, 287—89, 1960; Bethesda, Md., Labor. of Chem. of Nat. Prod., Nat. Heart Inst., Nat. Inst. of Health; engl.) — Das durch reduzierende Methylierung von cis-3a-[3.4-Methylendioxyphenyl]-oktahydroindol (**I**) erhaltene *N-Methyl-Deriv.* (**II**) wird als Methojodid durch Hofmannschen Abbau in *1-[β-Dimethylaminoäthyl]-1-[3.4-methylendioxyphenyl]-cyclohexen-(2)* (**III**) übergeführt. Durch katalyt. Hydrierung von **III** bildet sich das entsprechende *Cyclohexan-Deriv.* (**V**), das auf anderem Wege aus 2-[3.4-Methylendioxyphenyl]-cyclohexanon u. β-Chloräthyldimethylamin über *2-[β-Dimethylaminoäthyl]-2-[3.4-methylendioxyphenyl]-cyclohexanon* (**IV**) gewonnen wird. Methylierung von **I** mit Ameisensäure u. Formalin führt zu (±)-*Crinan*, dessen Konfiguration durch obige Verss. bestätigt wird.

Versuche: *cis-3a-[3.4-Methylendioxyphenyl]-1-methyloktahydroindol* (**II**), aus 234 mg **I** in A. durch 45 Min. langes Rühren mit H_2 bei Raum-Temp. u. Normaldruck in Ggw. von 230 mg 10%ig. Pd-Kohle u. Formalin (85% H_2-Aufnahme), Filtrieren, Eindampfen u. Chromatographie an Al_2O_3. *Methojodid*, $C_{17}H_{24}JNO_2$, F. 198,5—199°, durch Behandeln von 231 mg **II** in Aceton mit CH_3J; aus Chlf./Äthylacetat Prismen; 258 mg. *Pikrat*, $C_{16}H_{21}NO_2 \cdot C_6H_3N_3O_7$, F. 196—198°; aus Aceton/A. oder Aceton/Ae. Kristalle. — *1-[β-Dimethylaminoäthyl]-1-[3.4-methylendioxyphenyl]-cyclohexen-(2)* (**III**), aus 194 mg Methojodid von **II** in A./W. (1:1) durch Behandeln mit aus 93 mg $AgNO_3$ frisch hergestelltem Ag_2O, einige Min. langes Rühren, Zentrifugieren, Waschen des Nd. mit W., Eindampfen der vereinigten Fll. bei 40—50° im Vakuum zur Trockne, 25 Min. langes Erhitzen von 125 auf 165°, Behandeln mit 1 n HCl u. Ae., Alkalisieren mit NH_4OH, Extraktion mit Ae., Eindampfen der Ae.-Extrakte, Chromatographie an Al_2O_3 u. Elution mit 1—5%ig. Äthylacetat; Öl; 20 mg. — *2-[β-Dimethylaminoäthyl]-2-[3.4-methylendioxyphenyl]-cyclohexanon* (**IV**), durch tropfenweise Zugabe einer Suspension von aus 690 mg Na hergestelltem $NaNH_2$ in Bzl. zu einer Lsg. von 2,22 g 2-[3.4-Methylendioxyphenyl]-cyclohexanon in abs. Bzl. u. 3std. Erhitzen, Zufügen von aus 10,9 g Aminhydrochlorid hergestelltem β-Chloräthyldimethylamin u. 16std. Kochen, nach Chromatographie an Al_2O_3 u. Elution mit Äthylacetat Öl; 770 mg. *Hydrochlorid*, $C_{17}H_{24}ClNO_3$, F. 245—249° (Zers.); Nadeln aus A./Äthylacetat. — *1-[β-Dimethylamino]-1-[3.4-methylendioxyphenyl]-cyclohexan* (**V**), a) durch 29 Min. lange Hydrierung von 38 mg **III** in A. bei Raum-Temp. u. Normaldruck in Ggw. von 40 mg 10%ig. Pd-Kohle, Filtrieren u. Eindampfen; Öl; 40 mg. *Pikrat*, $C_{17}H_{25}NO_2 \cdot C_6H_3N_3O_7$, F. 133,5—135°, aus 40 mg **V** in A.; aus A. Prismen;

nach 3 Monate langem Stehen F. 174—176°; 27 mg; b) durch 6½std. Kochen von 488 mg **IV**, KOH u. Hydrazinhydrat in Diäthylenglykol bei 150—160°, nach Chromatographie an Al_2O_3 u. Elution mit Äthylacetat Öl; 77 mg. *Pikrat*, $C_{17}H_{25}NO_2 \cdot C_6H_3N_3O_7$, F. 173—174°; aus A. Prismen; Misch-F. mit dem Pikrat von **V** nach a) 173,5—174,5°. — (±)-*Crinan*, F. 108—111° (Ae.), durch 23std. Kochen von 654 mg **I** mit Ameisensäure u. Formalin u. Alkalisierung mit konz. NaOH; 323 mg. W. Farr. 3081◇

Untersuchungen über Adrenochromderivate. 1. Mitt. Bestimmung der Struktur von Adrenochrommonosemicarbazon. Jun-ichi Iwao. (Pharmac. Bull. [Tokyo] **4**, 244—47, 1956; Osaka, Gohei Tanabe & Co. Ltd., Osaka Res. Labor.; engl.) — Adrenochrommonosemicarbazon (**VII**) ist *1-Methyl-3-hydroxy-5-semicarbazono-6-oxo-2.3.5.6-tetrahydroindol.* Vff. bewiesen, daß von den beiden C=O-Gruppen des Adrenochroms die in 5-Stellung mit Semicarbazid reagiert. Dazu wurde **VII** zu *1-Methyl-5-semicarbazido-6-hydroxyindol* (**I**) katalyt. hydriert. Die Methylierung von **I** ergab *1-Methyl-5-semicarbazido-6-methoxyindol* (**II**), das durch Pyrolyse unter N_2-Entw. in *1-Methyl-6-methoxyindol* übergeführt wurde. Dies konnte andererseits durch Methylierung von 6-Methoxyindol erhalten werden. Die Hydrierung von Adrenochrommonooxim (**IV**) in A. bzw. Eisessig u. anschließende Acetylierung lieferte *1-Methyl-3-acetyl-5-acetylamino-6-acetyloxyindol* (**VIII**) bzw. *1-Methyl-5-acetylamino-6-acetyloxyindol* (**V**). **V** konnte zu **VIII** acetyliert werden.

Versuche: *1-Methyl-5-semicarbazido-6-hydroxyindol* (**I**), $C_{10}H_{12}N_4O_2$, F. 205° (Zers.), durch ¼std. Hydrierung einer Suspension von Adrenochrommonosemicarbazon u. 10%ig. Pd/Kohle in Eisessig bis zur Entfärbung, Abfiltrieren, Dest. bei 40—50° im Vakuum, Waschen mit CH_3OH u. Ae.; aus CH_3OH Nadeln; lösl. in 10%ig. HCl u. NaOH, unlösl. in 10%ig. Na_2CO_3. — *1-Methyl-5-semicarbazido-6-methoxyindol* (**II**), $C_{11}H_{14}N_4O_2$, F. 210° (Zers.), durch Zutropfen 40%ig. NaOH zu einer Suspension von **I** u. $(CH_3)_2SO_4$ in CH_3OH bei 20—25° unter Rühren; aus CH_3OH Nadeln. — *1-Methyl-6-methoxyindol*, $C_{10}H_{11}NO$, F. 30—32°, Kp.$_1$ 145°, a) durch Zugeben von $Fe(NO_3)_3$ zu einer Lsg. von Na in fl. NH_3, Zutropfen einer Lsg. von 6-Methoxyindol in Ae., ca. ¼std. Rühren, Zugeben von CH_3J, ¼std. Rühren, Verdampfen, Zufügen von W., Extrahieren mit Ae., Trocknen u. Dest.; b) durch Erhitzen eines Gemisches aus **II**, Na_2CO_3 u. Glycerin aus 185—195° (Entw. von N_2), Gießen in W., Extrahieren mit Ae., Trocknen, Dest., Extrahieren mit Ligroin u. Destillation. *Pikrat.* $C_{16}H_{14}N_4O_8$, F. 123°; aus A. rotbraune Nadeln. — *Substanz vom F. 220—222°* (**III**, Zers.), durch Hydrierung einer Lsg. von 0,5 g Adrenochromoxim (**IV**) in A. in Ggw. von 10%ig. Pd/Kohle bis zur Gelbfärbung, Filtrieren, Dest. im Vakuum; helle, gelbgrüne, schuppige Kristalle. — *1-Methyl-3-acetyl-5-acetylamino-6-acetyloxyindol*, $C_{15}H_{16}N_2O_4$, F. 169—171°, a) durch 1½std. Kochen von **III** mit Essigsäureanhydrid (**VI**) u. Gießen in W.; b) analog aus 0,2 g **V** u. **VI**; aus CH_3OH hellgelbe, schuppige Kristalle; 0,2 g (Ausbeute). — *1-Methyl-5-acetylamino-6-acetyloxyindol* (**V**), $C_{13}H_{14}N_2O_3$, F. 205—206°, durch 10 Min. langes Hydrieren von 1 g **IV** in Eisessig an 5%ig. Pd/Kohle, Filtrieren, 1½std. Kochen mit **VI**, Gießen in W. u. Neutralisieren mit $NaHCO_3$; aus CH_3OH-A. Nadeln. S. Hiller. 3081△

Untersuchungen über Adrenochromderivate. 5. Mitt. **Die Solubilisierung von Adrenochrommonosemicarbazon und seinen Derivaten.** 1. Mitt. **Synthese von 4-[β-Hydroxyäthyl]-semicarbazonen.** Jun-ichi Iwao. (Pharmac. Bull. [Tokyo] **4**, 247—50, 1956; engl.) — 4. vgl. J. pharmac. Soc. Japan [Yakugakuzasshi] **76**, [1956], 814; 1. vgl. vorst. Referat. — Die Löslichkeit von Verbb. des 5.6-Dioxo-2.3.5.6-tetrahydroindol- bzw. 6.7-Dioxo-1.2.3.4.6.7-hexahydrochinolin-Typs wird erhöht, wenn man ihre 4-[β-Hydroxyäthyl]-semicarbazone, von denen 4 bzw. 2 beschrieben werden, darstellt. *Adrenochrom-4-[β-hydroxyäthyl]-semicarbazon* ist in W. ca. 3½mal so lösl. wie Adrenochrommonosemicarbazon (0,3 mg/ml bei 0°). *4-[β-Hydroxyäthyl]-semicarbazid* wird durch mineralsaure Hydrolyse von *Aceton-4-β-hydroxyäthylsemicarbazon* (**I**) erhalten. **I** bildet sich beim Erhitzen von Acetonsemicarbazon mit β-Hydroxyäthylamin auf 180°. UV-Spektren vgl. Original.

Versuche: *Aceton-4-[β-hydroxyäthyl]-semicarbazon* (**I**), $C_6H_{13}N_3O_2$, F. 94—96°, durch 13std. Kochen eines Gemisches aus 5,7 g Acetonsemicarbazon, Äthanolamin u. Toluol, Kühlen, Abtrennen des Öls u. Versetzen mit Ae.; aus A.–Ae. Schuppen; 2,2 g (Ausbeute). — *4-[β-Hydroxyäthyl]-semicarbazidhydrochlorid* (**II**), *Hemihydrat*, $C_3H_{10}ClN_3 \cdot O_2 \cdot {}^1/_2 H_2O$, F. 130—133°, a) durch 2std. Erhitzen von **I** mit 10%ig. HCl, Dest. im Vakuum, Zugeben von A., Dest.; b) durch Zugeben von Acetonsemicarbazon zu Äthanolamin bei 180° u. Halten der Temp. bis zur Lsg., Zugeben von 10%ig. HCl, 10 Min. langes Erwärmen auf dem Wasserbad, Dest. im Vakuum; aus A. Platten. — *1-Methyl-3-hydroxy-5-[4′-(β-hydroxyäthyl]-semicarbazono]-6-oxo-2.3.5.6-tetrahydroindol*, $C_{12}H_{16}N_4O_4$, F. 208 (Zers.), durch Zugeben einer Lsg. von 4,5 g **II** u. $CH_3COONa \cdot 3\,H_2O$ (**III**) in W. zu einer

Lsg. von 3 g Adrenochrom in W.; aus wss. CH_3OH rote Nadeln; 3,5 g. — *1-[β-Hydroxyäthyl]-3-hydroxy-5-[4'-(β-hydroxyäthyl)-semicarbazono]-6-oxo-2.3.5.6-tetrahydroindol*, $C_{13}H_{18}N_4O_5$, F. 197—199° (Zers.), durch Zugeben von Ag_2O zu einer Lsg. von α-[ω-Hydroxyäthylaminomethyl]-3.4-dihydroxybenzylalkoholhydrochlorid in CH_3OH bei Raum-Temp. bis zur Rotviolettfärbung, Filtrieren, Zugeben von **II**, **III** u. W., Dest. im Vakuum, Zufügen von A., 12std. Stehen u. Filtrieren; aus CH_3OH orangegelbe Kristalle. — *1-Methyl-5-[4'-(β-hydroxyäthyl)-semicarbazono]-6-oxo-2.3.5.6-tetrahydroindol*, $C_{12}H_{16}N_4O_3$, F. 198° (Zers.), durch Zufügen einer Lsg. von $K_3[Fe(CN)_6]$ u. $NaHCO_3$ in W. zu einer Lsg. von 4 g Epininhydrobromid in W. unter Kühlung (Rotfärbung), Zufügen von 4,4 g **II**, **III** u. W. u. Filtrieren; aus CH_3OH gelbe Nadeln; 1,2 g. — *1-Methyl-2-äthoxycarbonyl-5-[4'-(β-hydroxyäthyl)-semicarbazono]-6-oxo-2.3.5.6-tetrahydroindol*, $C_{15}H_{20}N_4O_5$, F. 165 bis 167°, durch Zugabe von $K_3[Fe(CN)_6]$ u. $NaHCO_3$ in W. zu einer Lsg. von 1,7 g β-[3.4-Dihydroxyphenyl-α-methylaminopropionsäureäthylester in W.-CH_3OH (Rotfärbung), Zugeben von **II**, **III** u. W.; aus A. gelbe Nadeln; 1,3 g. — *1-Methyl-6-[4'-(β-hydroxyäthyl)-semicarbazono]-7-oxo-1.2.3.4.6.7-hexahydrochinolin*, $C_{13}H_{18}N_4O_3$, F. 186—187° (Zers.), durch Oxydation von 4,9 g 1-Methyl-6.7-dihydroxy-1.2.3.4-tetrahydrochinolinhydrobromid in CH_3OH mit Ag_2O unter Rotviolettfärbung, Filtrieren, Zugeben von **II**, **III** u. W., Dest. im Vakuum, Zugeben von CH_3OH, Filtrieren, Dest. u. Zufügen von Aceton-Ae.; aus A. rote Nadeln; 2,8 g. — *1-Methyl-4-hydroxy-6-[4'-(β-hydroxyäthyl)-semicarbazono]-7-oxo-1.2.3.4.6.7-hexahydrochinolin, Hemihydrat*, $C_{13}H_{18}N_4O_4 \cdot {}^1/_2\, H_2O$, F. 194° (Zers.), durch Oxydation von α-[2-Methylaminoäthyl]-3.4-dihydroxybenzylalkoholhydrobromid (durch Red. von ω-*M*ethylamino-3.4-dihydroxy-propiophenonhydrobromid) in A. mit Ag_2O, Filtration der rotvioletten Lsg., Zugeben von **II**, **III** u. W., Dest., Zufügen von CH_3OH, Filtrieren u. Dest.; aus CH_3OH rote Prismen. S. Hiller. 3081△

Untersuchungen über Adrenochromderivate. 6. Mitt. **Die Solubilisierung von Adrenochrommonosemicarbazon und seinen Derivaten.** 2. Mitt. **Synthese und Struktur von Natrium-1-methyl-5-semicarbazono-6-oxo-2.3.5.6-tetrahydroindol-3-sulfonat.** Junichi Iwao. (Pharmac. Bull. [Tokyo] **4**, 251—57, 1956; engl.) — 5. bzw. 1. vgl. vorst. Referat. — Durch Rk. von Adrenochrommonosemicarbazon (**II**) mit $NaHSO_3$ wird das in W. lösl. *Na-[1-Methyl-5-semicarbazono-6-oxo-2.3.5.6-tetrahydroindol-3-sulfonat]* (**I**) (15 mg/ml bei 0°) dargestellt. **I** bildet mit 10%ig. HCl *1-Methyl-5-semicarbazono-6-oxo-2.3.5.6-tetrahydroindol-3-sulfonsäure* (**III**), die mit Ba, Cu, Ag u. anderen Metallen die entsprechenden Salze liefert. Durch katalyt. Red. von **I** wird *1-Methyl-5-semicarbazido-6-hydroxyindol* (**IV**) erhalten. 1-Methyl-4-hydroxy-6-semicarbazono-7-oxo-1.2.3.4.6.7-hexahydrochinolin reagiert mit $NaHSO_3$ zu dem in W. lösl. *Na-[1-Methyl-6-semicarbazono-7-oxo-1.2.3.4.6.7-hexahydrochinolin-4-sulfonat]*. IR- u. UV-Spektren vgl. Original.

Versuche: *Na-[1-Methyl-5-semicarbazono-6-oxo-2.3.5.6-tetrahydroindol-3-sulfonat]* (**I**), *Trihydrat*, $C_{10}H_{11}N_4NaO_5S \cdot 3\, H_2O$, F. 227—228° (Zers.), a) durch 48std. Schütteln von 40 g Adrenochrommonosemicarbazon (**II**) u. $NaHSO_3$ in SO_2-haltigem W. (pH 1 bis ca. 1,2) bei 30° u. Filtrieren; 48,2 g (Ausbeute); b) durch Neutralisation von **III** mit $NaHCO_3$; aus W. orangegelbe Nadeln. — *1-Methyl-5-semicarbazono-6-oxo-2.3.5.6-tetrahydroindol-3-sulfonsäure* (**III**), *Sesquihydrat*, $C_{10}H_{12}N_4O_5S \cdot 1^1/_2\, H_2O$, F. 195° (Zers.), durch Zugeben von 10%ig. HCl zu einer konz. Lsg. von **I** in W.; gelbes, kristallines Pulver; unlösl. in A. u. CH_3OH, in heißem W. löslich. *Ca-Salz, Oktahydrat*, $C_{10}H_{11}Ca_{1/2}N_4O_5S \cdot 8\, H_2O$, durch Erwärmen einer konz. wss. Lsg. von **I** mit $CaCl_2$ u. Stehen; rote Prismen. Analog: *Ba-Salz*; gelbe Prismen. *Cu-Salz*; braune Nadeln. *Co-Salz*; rotbraune Prismen. *Zn-Salz*; orangefarbene Prismen. *Mg-Salz*, F. 190° (Zers.); gelbe Prismen. *Al-Salz*, F. 130° (Zers.); orangegelbe Prismen. *Ag-Salz, Hydrat.* $C_{10}H_{11}AgN_4O_5S \cdot H_2O$; rote Prismen. *K-Salz, Hydrat*, $C_{10}H_{11}KN_4O_5S \cdot H_2O$, F. 243° (Zers.), analog **I** nach a); orangefarbene Prismen. *NH_4-Salz*, F. 223° (Zers.), analog **I** nach b); orangerote Prismen. — *Na-[1-Methyl-6-semicarbazono-7-oxo-1.2.3.4.6.7-hexahydrochinolin-4-sulfonat]*, *Tetrahydrat*, $C_{11}H_{13}N_4NaO_5S \cdot 4\, H_2O$, F. 210° (Zers.), durch 1std. Kochen eines Gemisches aus 1-Methyl-4-hydroxy-6-semicarbazono-7-oxo-1.2.3.4.6.7-hexahydrochinolin, $NaHSO_3$ u. SO_2-haltigem W., Kühlen, Filtrieren, Dest. im Vakuum, Zugeben von CH_3OH zum Rückstand, Filtrieren, Dest., Lösen in W. u. Zufügen von Aceton; aus W. rotes, kristallines Pulver. — *1-Methyl-5-semicarbazido-6-hydroxyindol* (**IV**), F. 205° (Zers.), durch 7std. Hydrieren von **I** in CH_3OH an 5%ig. Pd-Kohle bei Raum-Temp. bis zur Entfärbung, Filtrieren, Behandeln mit warmem CH_3OH u. Dest.; aus CH_3OH weißgraue Nadeln; die gleiche Red. in wss. Lsg. liefert durch Zugeben von Benzaldehyd, Dest. im Vakuum, Zugeben von A., Filtrieren u. Dest. ein *Benzaldehyd-$NaHSO_3$-Addukt* (Pulver, lösl. in 10%ig. HCl unter SO_2-Entw. u. Freisetzung von Benzaldehyd).

S. Hiller. 3081△

Synthese von Bis-[2-methyl-3-oxoindolinyl-(2)]. Tomoyoshi Komai. (Pharmac. Bull. [Tokyo] **4**, 314—15, 1956; Tokyo, Nat. Inst. of Health; engl.) — *Bis-[2-methyl-*

3-oxoindolinyl-(2)] (I) wurde aus Anthranilsäure u. α-Brompropionsäure nach der Meth. von Alphen (Recueil Trav. chim. Pays-Bas **61**, [1942], 888) u. durch reduktive Methylierung von Indigo, bei der außerdem *2.2-Dimethylindoxyl* (**II**) entstand, erhalten. I war mit einem der bei der Red. von Indoxyl-2-carbonsäureäthylester mit $LiAlH_4$ entstehenden Prodd. identisch.

Versuche: *2.2-Dimethylindoxyl* (**II**), $C_{10}H_{11}NO$, F. 88—88,5°, durch 100std. Schütteln einer Suspension von 2,5 g Indigo u. 10 g CH_3J in einer Lsg. von NaOH u. $Na_2S_2O_4$ in W., Lösen in Aceton, Verdampfen, Lösen in Bzl. u. Chromatographie an Al_2O_3; aus Ligroin gelbe Kristalle; 300 mg (Ausbeute). — *Bis-[2-methyl-3-oxoindolinyl-(2)]* (**I**), $C_{18}H_{16}N_2O_2$, F. 192—193° (Zers.), a) neben **II** durch Säulenchromatographie; aus Essigester gelbe Kristalle; 100 mg; b) durch Schütteln eines Gemisches aus 1-Acetyl-2-methyl-3-acetoxyindol in A. u. KOH in W. in O_2. S. Hiller. 3081△

Die Reduktion des Indoxyl-2-carbonsäureäthylesters. 1. Mitt. Katalytische Reduktion von Acetylderivaten des Indoxyl-2-carbonsäureäthylesters. Tomoyoshi Komai. (Pharmac. Bull. [Tokyo] **4**, 261—66, 1956; engl.) — Vgl. vorst. Referat. — Die Hydrierung von *O-Acetylindoxyl-2-carbonsäureäthylester* (**I**) bzw. *N.O-Diacetylindoxyl-2-carbonsäureäthylester* (**III**) bei 100—110° unter 85 at in Ggw. eines Ni-Katalysators liefert *3-Acetyloxy-4.5.6.7-tetrahydroindol-2-carbonsäureäthylester* (**II**) bzw. *1-Acetyl-2.3-dihydroindol-2-carbonsäureäthylester* (**IV**). *1-Acetylindoxyl-2-carbonsäureäthylester* (**VI**) wird bei 60° unter 60 at zu *1-Acetyl-3-hydroxy-2.3-dihydroindol-2-carbonsäureäthylester* (**VII**) u. bei 110—120° unter 150 at zu *1-Acetyl-3-hydroxyoktahydroindol-2-carbonsäureäthylester* (**VIII**) hydriert. UV-Spektren vgl. Original.

Versuche: *O-Acetylindoxyl-2-carbonsäureäthylester* (**I**), F. 134,5—135,5° (A.), durch 1std. Kochen von Indoxyl-2-carbonsäureäthylester u. Acetylchlorid u. Gießen in Eiswasser. — Analog: *1-Acetylindol-2-carbonsäureäthylester*, F. 51,5—52,5° (A.), durch kurzes Kochen von 1 g **VII** mit 5 g Acetylchlorid; 0,7 g (Ausbeute). — *N.O-Diacetylindoxyl-2-carbonsäureäthylester* (**III**), F. 83—84° (A.), durch 1std. Kochen einer Lsg. aus 6 g **I** u. CH_3COONa in Essigsäureanhydrid (**IX**) u. Gießen in W.; 4,7 g. — *1-Acetyl-3-acetoxy-2.3-dihydroindol-2-carbonsäureäthylester*, $C_{15}H_{17}NO_5$, F. 104,5 bis 105,5° (A.), aus 2 g **VII**, CH_3COONa u. **IX**; 1,6 g. — *3-Acetoxy-4.5.6.7-tetrahydroindol-2-carbonsäureäthylester* (**II**), F. 144,5—146° (A.), durch Hydrieren einer Lsg. von 5 g **I** in A. in Ggw. von Ni-Katalysator bei 100—110° unter 85 at, Schütteln, Filtrieren u. Konzentrieren; 90%. — *1-Acetyl-2.3-dihydroindol-2-carbonsäureäthylester* (**IV**), $C_{13}H_{15}\cdot NO_3$, F. 62,5—64° (Bzl.-Ligroin), $Kp._{0,5}$ 153—154°, durch Hydrieren von **III** u. Dest. des Rückstandes im Vakuum. — *1-Acetyl-3-hydroxy-2.3-dihydroindol-2-carbonsäureäthylester* (**VII**), $C_{13}H_{15}NO_4$, F. 121—122,5°, aus **VI** bei 60° unter 60 at; aus Bzl. Nadeln. — *1-Acetyl-3-hydroxyoktahydroindol-2-carbonsäureäthylester* (**VIII**), $C_{13}H_{21}NO_4$, F. 167 bis 168,5° (A.-Bzl.), aus **VI** bei 110—120° unter 150 at; klebrige Substanz. — *3-Hydroxy-4.5.6.7-tetrahydroindol-2-carbonsäureäthylester*, F. 94,5—96° (A.), durch 1std. Kochen einer Lsg. von **II** in 0,5%ig. alkohol. KOH. — *1-Acetyl-3-hydroxy-2.3-dihydroindol-2-carbonsäure, Hydrat*, $C_{11}H_{11}NO_4\cdot H_2O$, F. 164—165° (Zers.; A.-Bzl.), aus **VII**, Ansäuern, Extrahieren mit Essigester u. Destillation. — *1-Acetyl-2.3-dihydroindol-2-carbonsäure* (**V**), $C_{11}H_{11}NO_3$, F. 191,5—192,5°, aus **IV** mit 1%ig. äthanol. KOH; Nadeln. — *Indol-2-carbonsäure*, F. 203—204° (Zers.; Bzl.), aus **VII** mit 3%ig. äthanol. KOH. — *Adipinsäure*, F. 145—147° (W.), a) durch Oxydation von **II** in Essigsäure mit $KMnO_4$, Gießen in W., Extrahieren mit $CHCl_3$ u. Dest.; b) durch Zufügen einer 2%ig. $KMnO_4$-Lsg. zu einer heißen Suspension von **VIII** in 5%ig. KOH unter Rühren, Ansäuern mit HCl, Extrahieren mit Ae. u. Destillation. — *1-Acetylindoxyl-2-carbonsäureäthylester* (**VI**), F. 114,5—116°, durch Zufügen einer C_2H_5ONa-Lsg. zu einer Lsg. von 18 g N-Acetyl-N-[o-carbäthoxyphenyl]-glycinäthylester in A. unter Schütteln, ½std. Stehen bei Raum-Temp. u. Ansäuern mit 20%ig. CH_3COOH; 10,5 g. — *Indol-2-carbonsäureäthylester*, F. 121,5—122°, a) durch 2std. Kochen eines Gemisches aus A., HCl u. 1 g **VII** u. Dest. im Vakuum; aus Bzl. Platten; 0,6 g; b) aus o-Nitrophenylbrenztraubensäure. S. Hiller. 3081△

Die Reduktion des Indoxyl-2-carbonsäureäthylesters. 2. Mitt. Li[AlH$_4$]-Reduktion des Indoxyl-2-carbonsäureäthylesters. Tomoyoshi Komai. (Pharmac. Bull. [Tokyo] **4**, 266—73, 1956; engl.) — 1. vgl. vorst. Referat. — Die Red. von Indoxyl-2-carbonsäureäthylester mit $LiAlH_4$ liefert *2-Methyl-2-[2'-methylindolyl-(3')]-indoxyl* (**I**), *N-Acetylanthranilsäure* (**III**) u. eine *unbekannte Substanz* (**II**), die für Bis-[2-methyl-3-oxoindolinyl-(2)] gehalten werden kann. UV- u. IR-Spektren vgl. Original.

Versuche: *N-Acetylanthranilsäure* (**III**), F. 182—183° (W. u. Bzl.), a) durch Zutropfen einer $KMnO_4$-Lsg. zu einer Suspension von **II** in einem Gemisch aus W. u. 50%ig. KOH, 10 Min. langes Kochen, Filtrieren u. Ansäuern mit konz. H_2SO_4; b) durch Zugeben einer Lsg. von Indoxyl-2-carbonsäureäthylester in Ae. zu einer Lsg. von

$LiAlH_4$ in Ae. unter Rühren, 1std. Kochen, Zugeben von 30%ig. Rochellesalz-Lsg. (**V**), Abtrennen der äther. Schicht, Extrahieren der wss. Schicht mit Essigester, Waschen der vereinigten organ. Lsgg. (**IV**) mit gesätt. $NaHCO_3$-Lsg. u. Ansäuern mit HCl; daneben *Bis-[2-methyl-3-oxoindolinyl-(2)]* (?; **II**), $C_{18}H_{16}N_2O_2$, F. 192—193° (Zers.), durch Trocknen der mit $NaHCO_3$-Lsg. gewaschenen **IV** mit Na_2SO_4, Dest. im Vakuum u. Kristallisieren aus Bzl.; aus A. gelbe Nadeln oder Prismen. — *2-Methyl-2-[2'-methylindolyl-(3')]-indoxyl* (I), $C_{18}H_{16}N_2O$, F. 209—210° (Zers., aus CH_3OH), a) durch Konzentrieren der Mutterlauge von **II**; b) durch 20 Min. langes Rühren einer Lsg. von 2-Methylindol in Eisessig mit 30%ig. H_2O_2. — *2-Hydroxymethyl-3-methoxyindol*, $C_{10}H_{11}NO_2$, F. 81—82° (Xylol), analog **III** nach b) durch ½std. Kochen von 3-Methoxyindol-2-carbonsäureäthylester mit $LiAlH_4$ in Ae., Zugeben von W. u. 30%ig. wss. **V**, Abtrennen der äther. Schicht, Extrahieren der wss. Schicht mit Ae., Waschen der vereinigten äther. Lsgg. mit W., Trocknen u. Destillation. — *N-Äthyl-2-hydroxymethylindol*, $C_{11}H_{13}$·NO, F. 78—78,5° (Xylol), Kp.$_{0,5}$ 127—129°, a) durch Erhitzen einer äther. $LiAlH_4$-Lsg. im Kolben eines Soxhlets, in dessen Extraktionshülse sich 1-Acetylindoxyl-2-carbonsäureäthylester befindet, Kühlen, Zers., Extrahieren der wss. Schicht mit Essigester, Waschen, Trocknen, Dest. im Vakuum u. Reinigen durch Sublimation oder Dest. im Vakuum; b) aus 1-Acetyl-3-hydroxy-2.3-dihydroindol-2-carbonsäureäthylester mit $LiAlH_4$. S. Hiller. 3081△

Synthese von Tryptophan-Peptiden. T. R. Ingle. (J. sci. ind. Res. [New Delhi], Sect. B **17**, 492—94, 1958; Poona, Nat. Chem. Labor.; engl.) — Bei der Rk. von Benzyloxycarbonyl(Cbo)glycylglycin (**I**) mit L-Tryptophanäthylesterhydrochlorid entsteht *Glycylglycyl-L-tryptophan*. Beim Vers. der Darst. von Cbo-glycyl-L-tryptophan nach der Anhydrid-Meth. wurde das entsprechende *Racemat* erhalten. Ebenfalls nach dieser Meth. wurden *Cbo-glycylglycyl-DL-tryptophan*, *Cbo-glycyl-DL-tryptophanylglycin* u. *Cbo-DL-tryptophanylglycylglycin* synthetisiert u. die freien Tripeptide als Hydrobromide isoliert.

Versuche: *L-Tryptophanäthylesterhydrochlorid*, F. 222—223°, durch 3—4std. Kochen von L-Tryptophan mit äthanol. HCl; $[\alpha]_D^{28}$ +10,1° (c = 2; W.); aus Äthylacetat Nadeln; 90% (Ausbeute). — *Cbo-glycylglycyl-L-tryptophan*, $C_{23}H_{24}N_4O_6$, F. 170 bis 171° (Äthylacetat–PAe.), durch Rk. vorst. Verb., **I**, Tri-n-butylamin u. Dicyclohexylcarbodiimid in Tetrahydrofuran u. Verseifung des Äthylesters mit NaOH. *Äthylester*, F. 95—96° (Äthylacetat). — *Glycylglycyl-L-tryptophanhydrobromid* (**II**), $C_{15}H_{19}BrN_4O_4$, aus vorst. Verb. durch kurzes Kochen mit HBr-Essigsäure. — *Cbo-glycyl-DL-tryptophan* (**III**), $C_{21}H_{21}N_3O_5$, F. 183—184° (Äthylacetat–PAe.), durch Rk. von Cbo-glycin mit Tri-n-butylamin in Dioxan bei 10°, Zugabe von Chlorkohlensäureisobutylester u. einer wss. NaOH-Lsg. von DL-Tryptophan; $[\alpha]_D^{28}$ ±0° (c = 2; Methanol); 85%. — *Glycyl-DL-tryptophanhydrobromid*, $C_{13}H_{16}BrN_3O_3$, aus vorst. Verb. analog **II**. — *Cbo-glycylglycyl-DL-tryptophan*, $C_{23}H_{24}N_4O_6$, F. 160—161° (Äthylacetat), analog **III** aus **I** u. DL-Tryptophan. — *Cbo-glycyl-DL-tryptophanylglycin*, $C_{23}H_{24}N_4O_6$, F. 174—175° (Äthylacetat–PAe.), aus **III** u. Glycin. — *Cbo-DL-tryptophanylglycylglycin*, $C_{23}H_{24}N_4O_6$, F. 104 bis 105° (Äthylacetat–PAe.), aus Cbo-DL-tryptophan u. Glycylglycin. — Tripeptidhydrobromide, aus den Cbo-Verbb. analog **II**: *Glycylglycyl-DL-tryptophan-*, $C_{15}H_{19}BrN_4O_4$. — *Glycyl-DL-tryptophanylglycin-*, $C_{15}H_{19}BrN_4O_4$. — *DL-Tryptophanylglycylglycin-*, $C_{15}H_{19}$·BrN_4O_4. R. Becker. 3081△

Synthese und Stereochemie heterocyclischer Phosphorverbindungen. 2. Mitt. **Verlust der optischen Aktivität bei der Reduktion von (+)-2-Carboxy-9-phenyl-9-phosphafluoren-9-oxid.** I. G. M. Campbell und J. K. Way. (J. chem. Soc. [London] **1961**, 2133—41, Mai; Southampton, Univ.; engl.) — 1. vgl. C. **1961**, 17210. — Vff. stellen eine Reihe *9-Phenyl-9-phosphafluoren-9-oxiden* mit 20—80% Ausbeute durch Cyclisierung der entsprechenden [Biphenylyl-(2)]-phenylphosphinsäuren (**B**) mit PCl_5 in Nitrobenzol bei 160—180° dar. Die **B** wurden entweder aus den substituierten 2-Aminobiphenylen nach der Doak u. Freedmanschen Diazoniumfluorborat-Meth. (J. Amer. chem. Soc. **74**, [1952], 2884.) oder mit besseren Ausbeuten aus 2-Jodbiphenylen durch Grignard-Rk. erhalten. Der Mechanismus der Cyclisierung der **B** wird diskutiert u. ihre Konstit. sowie die der erhaltenen *Oxide* durch IR-Spektren bestätigt. [5-Brombiphenylyl-(2)]-phenylphosphinsäure (**VI**) liefert bei der PCl_5-Cyclisierung *3-Chlor-9-phenyl-9-phosphafluoren-9-oxid*. *2-Carboxy-9-phenyl-9-phosphafluoren-9-oxid* (**I**) wurde durch $KMnO_4$-Oxydation der entsprechenden 2-Methyl-Verb. in Pyridin dargestellt u. über die durch Erhitzen mit (+)- u. (—)-1-Phenyläthylamin (**VIII**) gewonnenen diastereoisomeren *1-Phenyläthylamide* (**C**) in opt. Antipoden gespalten. Die Zers. der **C** zu opt.-akt. **I** erfolgte durch längeres Erhitzen mit wss. HCl in A., während bei 1std. Erhitzen der **C** mit wss.-methanol. KOH unter Ringaufspaltung ein Prod. mit $[\alpha]_D$ — bzw. + 31,2° erhalten wurde, das bei anschließender Hydrolyse mit alkohol. HCl zu *[4'-Carboxybiphenylyl-(2)]-phosphinsäure* führte. *9-Phenyl-9-phosphafluoren* wurde in geringer Menge aus dem 9-Oxid mit $LiAlH_4$ in Dibutyläther u. Bzl. erhalten. Bei analoger Red. der (+)-Form von **I** entstand unter Verlust der opt. Aktivität opt. inakt. *2-Hydroxymethyl-9-phenyl-9-phosphafluoren* (**II**) neben seinem *9-Oxid* (**IX**). **II** krist. mit 1 Mol A. u. oxydierte sich an der Luft nach Beseitigung des Lsgm. zu **IX**. Das Verh. von (+)-**I** u. die bei der Red. von Azaphosphaphenanthren beobachtete Retention der opt. Aktivität (vgl. 1. Mitt.) werden diskutiert.

Versuche: *[Biphenylyl-(2)]-phenylphosphinsäure* (**IV**), F. 180—181° (Essigsäure oder A./W.), a) aus 2-Aminobiphenyl durch Überführung in das Diazoniumfluoroborat u. dessen Zers. in Äthylacetat in Ggw. von Phenylphosphonigsäuredichlorid (**III**) u. Cu-Bronze; 9—10% (Ausbeute); b) durch langsame Zugabe von **III** zu [Biphenylyl-(2)]-MgBr in Ae. u. 1std. Kochen, Behandlung mit 2n HCl u. Einw. von 10%ig. wss. NaOH u. H_2O_2; 20%. *Äthylester*, $C_{20}H_{19}O_2P$, F. 112—114°. *Anilid*, $C_{24}H_{20}NOP$, F. 202—204°. — [Biphenylyl-(2)]-phenylphosphinsäuren (**B**): *4'-Nitro-* (**V**), F. 234—237° (A./W.; Nadeln), aus 2-Amino-4'-nitrobiphenyl analog **IV** nach a); 20—23%. — *5-Brom-* (**VI**), $C_{18}H_{14}BrO_2P$, F. 193—194° (wss. A.; Nadeln), aus 2-Amino-5-brombiphenyl analog **IV** nach a); 11%. — *4-Methyl-* (**VII**), $C_{19}H_{17}O_2P$, F. 144—145° (Äthylacetat/PAe.; Prismen), a) analog **IV** nach a); 4—5%; b) aus [4-Methylbiphenylyl-(2)]-MgJ u. **III** analog **IV** nach b) u. anschließendes ½std. Rühren des Prod. mit 2n H_2SO_4 u. H_2O_2; 33%. — *9-Phenyl-9-phosphafluoren*, F. 90—92° (Methanol), aus 0,47 g des Oxids durch 5std. Erhitzen mit $LiAlH_4$ in Dibutyläther auf 80—90°; 90 mg. *9-Oxid*, $C_{18}H_{13}OP$, F. 167—168° (wss. A.), aus 1 g **IV** durch 4std. Erhitzen mit PCl_5 auf 170—180° in Nitrobenzol; 0,25 g; *CdJ_2-Komplex*, $(C_{18}H_{13}OP)_2CdJ_2$, F. 200—202°; *$HgCl_2$-Komplex*, $(C_{18}H_{13}OP)_3(HgCl_2)_2$, F. 145 bis 147°. — 9-Phenyl-9-phosphafluorene: *2-Nitro-*, *9-Oxid*, $C_{18}H_{12}NO_3P$, F. 203°, aus 0,8 g **V** analog vorst. Verb.; 0,15 g. — *3-Chlor-*, *9-Oxid* (?), $C_{18}H_{12}ClOP$, F. 227 bis 228°, aus 1 g **VI** u. PCl_5 in Nitrobenzol in 8 Std. bei 160—170°; 0,65 g. — *2-Methyl-*, *9-Oxid*, $C_{19}H_{15}OP$, F. 146—147° (Äthylacetat/PAe.), aus 2 g **VII** analog in 6 Std.; 1,5 g. — *2-Carboxy-*, *9-Oxid* (**I**), *(±)-Form*, $C_{19}H_{13}O_3P$, F. 323—326° (wss. A.; Nadeln), aus 10 g vorst. Verb. in Pyridin/W. durch Zugabe von $KMnO_4$ innerhalb von 2—3 Std. unter Erwärmen auf dem Wasserbad u. weiteres 5std. Erhitzen; 5,9 g. *(—)-Form*, F. 250—251°, aus 0,2 g des (+)-Amides durch 12std. Kochen mit A. u. konz. HCl; $[\alpha]_D^{20}$ —126,1 ± 1,7° (c = 0,283; 0,1n NaOH); 0,11 g. *(—)-1-Phenyläthylamid*, $C_{27}H_{22}NO_2P$, F. 263—265° (A., Nadeln), aus 1 g der (±)-Form durch 3std. Kochen mit (—)-**VIII**, Zugabe zu 4n HCl u. fraktionierte Kristallisation des entstandenen *Amidgemisches* ($[\alpha]_D$ + 51,2°) aus A.; $[\alpha]_D$ —37,9°; 0,14 g. *(+)-1-Phenyläthylamid*, F. 274—275° (A., Prismen), aus 2 g der (±)-Form durch 5std. Kochen mit (+)-**VIII** analog dem (—)-Amid u. Kristallisation des erhaltenen *Amidgemisches* ($[\alpha]_D$ —51,9°) aus A.; $[\alpha]_D$ —212°; 0,5 g. *(+)-Form*, F. 250 bis 251°, aus dem (+)-**I**-(+)-Amid ($[\alpha]_D$ + 37,5°) analog der (—)-Form; $[\alpha]_D^{20}$ + 126,0 ± 2° (c = 0,238; 0,1n NaOH); 83%. *(—)-1-Phenyläthylamid*, F. 273—275° (A.), neben dem (—)-**I**-(—)-Amid, durch Zugabe von W. zur Mutterlauge; $[\alpha]_D$ + 211,5°; 0,14 g. *(+)-1-Phenyläthylamid*, F. 265—266° (A., Nadeln), neben dem (—)-**I**-(+)-Amid; $[\alpha]_D$ + 38,6°; 0,65 g. — *2-Hydroxymethyl-* (**II**), $C_{19}H_{15}OP \cdot C_2H_6O$, F. 52—54° (A.-PAe.), $C_{19}H_{15}OP$, F. 38—42°, a) aus 0,5 g (±)-**I** in Bzl. durch Zugabe von $LiAlH_4$ in Dibutyläther innerhalb ½ Std. bei 80—90°, Verdünnen mit Bzl., 4std. Erwärmen auf dem Wasserbad u. Stehen über Nacht; 0,32 g (roh); b) aus 0,4 g (+)-**I** analog a); 0,32 g (roh). *9-Oxid* (**IX**), $C_{19}H_{15} \cdot O_2P$, F. 195—196° (A./Äthylacetat), a) neben **II** nach a) aus 0,25 g des Rohprod.; 50 mg; b) neben **II** nach b) aus 0,27 g des Rohprod.; 60 mg; c) durch 1std. Kochen von **II** in Benzol. *Methojodid*, $C_{20}H_{18}JOP$, F. 228—230°. D. Kirstein. 3091◇

Reaktion von Anisoylbenzoylmethan mit Phenylhydrazin. H. G. Garg. (J. Indian chem. Soc. **39**, 563—64, Aug. 1962; Meerut, India, Meerut Coll., Dep. of Chem.; engl.) — Bei der Rk. von Anisoylbenzoylmethan (**I**) mit Phenylhydrazin (**II**) entsteht *1.5-Diphenyl-3-[4-methoxyphenyl]-pyrazol*, dessen Struktur durch Synth. aus dem Dibromid von Benzyliden-4-methoxyacetophenon (**III**) bestätigt wird. *Benzyliden-4-methoxyacetophenondibromid*, F. 161—162° (CH_3OH), durch Rk. von **III** mit Br_2 in CCl_4. — *1.5-Diphenyl-3-[4-methoxyphenyl]-pyrazol*, $C_{22}H_{18}N_2O$, F. 134°, a) durch 3std. Kochen von 2,54 g **I** u. **II**, Verdünnen mit W. u. Extraktion des Nd. mit Ae.; aus CH_3OH hellgelb; 1 g Ausbeute; b) durch ca. 1std. Erhitzen vorst. Verb. in CH_3OH mit **II** auf dem Dampfbad, Alkalisieren mit KOH, Verdünnen mit W. u. Ae.-Extraktion. H. Pagel. 3122◇

Reaktionsfähige Methylenverbindungen. 1. Mitt. **Synthese einiger Pyrazole.** H. G. Garg und S. S. Joshi. (J. org. Chemistry **26**, 946—48, März 1961; Meerut, India, Meerut Coll., Dep. of Chem.; engl.) — Die Darst. von 27 bisher unbekannten *Pyrazolen* aus 1.3-Diketonen (**A**) u. Nitrophenylhydrazinen (**B**) werden beschrieben.

Versuche: Pyrazole, durch Zugabe von **A** (Acetylaceton, Dibenzoylmethan bzw. Bis-[4-methoxybenzoyl]-methan) in A./CH_3COOH zu 1 Val **B** (2.4-Dinitro-, 2.6-Dinitro-, 2-Chlor-4-nitro-, 2-Nitro-4-chlor-, 2-Nitro-5-chlor-, 2-Brom-4-nitro-, 2.4-Dinitro-5-methyl-, 2.4-Dinitro-5-chlor- bzw. 2-Nitro-4.5-dichlorphenylhydrazin) in konz. H_2SO_4/A., mehrstd. Erhitzen auf dem Wasserbad, Kühlen, Verdünnen u. Umkristallisieren des Nd. aus A. oder Eisessig: *1-[2.4-Dinitrophenyl]-3.5-dimethyl-*, $C_{11}H_{10}N_4O_4$, F. 114°; citronengelb; 75% (Ausbeute). — *1-[2.6-Dinitrophenyl]-3.5-dimethyl-*, F. 128°; schmutzigweiß; 71%. — *1-[2-Nitro-4-chlorphenyl]-3.5-dimethyl-*, $C_{11}H_{10}ClN_3O_2$, F. 129°; 74%. — *1-[2-Nitro-5-chlorphenyl]-3.5-dimethyl-*, F. 106°, schmutzigweiß; 73%. — *1-[4-Nitro-2-chlorphenyl]-3.5-dimethyl-*, F. 110°, citronengelb; 74%. — *1-[4-Nitro-2-bromphenyl]-3.5-dimethyl-*, $C_{11}H_{10}BrN_3O_2$, F. 124°; 75%. — *1-[2.4-Dinitro-5-chlorphenyl]-3.5-dimethyl-*, $C_{11}H_9ClN_4O_4$, F. 162°, hellgelb; 72%. — *1-[2-Nitro-4.5-dichlorphenyl]-3.5-dimethyl-*, $C_{11}H_9Cl_2N_3O_2$, F. 110°; 69%. — *1-[2.4-Dinitrophenyl]-3.5-diphenyl-*, $C_{21}H_{14}N_4O_4$, F. 149°, goldgelb; 76%. — *1-[2.6-Dinitrophenyl]-3.5-diphenyl-*, F. 164°, gelb; 73%. — *1-[2-Nitro-4-chlorphenyl]-3.5-diphenyl-*, $C_{21}H_{14}ClN_3O_2$, F. 102°, gelb; 75%. — *1-[2-Nitro-5-chlorphenyl]-3.5-diphenyl-*, F. 150°, hellorangefarben; 74%. — *1-[4-Nitro-2-chlorphenyl]-3.5-diphenyl-*, F. 154°, citronengelb; 75%. — *1-[4-Nitro-2-bromphenyl]-3.5-diphenyl-*, $C_{21}H_{14}BrN_3O_2$, F. 167°, hellgelb; 74%. — *1-[2.4-Dinitro-5-methylphenyl]-3.5-diphenyl-*, $C_{22}H_{16}N_4O_4$, F. 201°, hellgelb; 77%. — *1-[2.4-Dinitro-5-chlorphenyl]-3.5-diphenyl-*, $C_{21}H_{13}ClN_4O_4$, F. 195°, gelb; 78%. — *1-[2-Nitro-4.5-dichlorphenyl]-3.5-diphenyl-*, $C_{21}H_{13}Cl_2N_3O_2$, F. 143°, hellgelb; 71%. — *1-[2.4-Dinitrophenyl]-3.5-bis-[4-methoxyphenyl]-*, $C_{23}H_{18}N_4O_6$, F. 164°, schokoladenfarben; 78%. — *1-[2.6-Dinitrophenyl]-3.5-bis-[4-methoxyphenyl]-*, F. 198°, gelb; 74%. — *1-[2-Nitro-4-chlorphenyl]-3.5-bis-[4-methoxyphenyl]-*, $C_{23}H_{18}ClN_3O_4$, F. 136°, kanariengelb; 77%. — *1-[2-Nitro-5-chlorphenyl]-3.5-bis-[4-methoxyphenyl]-*, F. 149°, hellgelb; 76%. — *1-[4-Nitro-2-chlorphenyl]-3.5-bis-[4-methoxyphenyl]-*, F. 168°, goldgelb; 77%. — *1-[4-Nitro-2-bromphenyl]-3.5-bis-[4-methoxyphenyl]-*, $C_{23}H_{18}BrN_3O_4$, F. 165°, hellgelb; 76%. — *1-[2.4-Dinitro-5-methylphenyl]-3.5-bis-[4-methoxyphenyl]-*, $C_{24}H_{20}N_4O_6$, F. 188°, gelb; 79%. — *1-[2.4-Dinitro-5-chlorphenyl]-3.5-bis-[4-methoxyphenyl]-*, $C_{23}H_{17}ClN_4O_6$, F. 168°, gelb; 80%. — *1-[2-Nitro-4.5-dichlorphenyl]-3.5-bis-[4-methoxyphenyl]-*, $C_{23}H_{17}Cl_2N_3O_4$, F. 149°, hellgelb; 72%. — *1-[2.4-Dinitro-5-methyl]-3.5-dimethyl-*, $C_{12}H_{12}N_4O_4$, F. 124°; 74%. H. Pagel. 3122◇

Reaktionsfähige Methylenverbindungen. 2. Mitt. **Darstellung einiger 2-bromsubstituierter Diphenylpropandione-(1.3).** H. G. Garg. (J. org. Chemistry **26,** 948—49, März 1961; engl.) — 1. vgl. vorst. Referat. — Durch Rk. von Na- oder Cu-Salzen einiger 1.3-Diphenylpropandione-(1.3) (**A**) mit Br_2 in CCl_4 werden *2-Brom-1.3-diphenylpropandione-(1.3)* (**B**) dargestellt. Die Verbb. sind farblos, lösl. in A., Chlf. u. Bzl., reagieren nicht mit Cu-Acetat- oder alkohol. $FeCl_3$-Lsg., werden von alkohol. KJ-Lsg. unter Bldg. von J_2 enthalogeniert u. reagieren mit Hydrazinhydrat (**I**) in CH_3COOH zu *4-Brompyrazolen.*

Versuche: *Na-Salze von* **A**, durch mehrtägiges Stehen des entsprechenden Benzoesäureäthylesters mit 1 Val des entsprechenden Acetophenons u. 1 Val Na-Granula in Ae. bei 0°, Abfiltrieren u. Waschen mit Äther. — *Cu-Salze von* **A**, durch Zugeben von eiskalter verd. CH_3COOH zum entsprechenden Na-Salz, Aufnehmen in Ae., längeres Schütteln mit Cu-Acetat u. Kristallisation aus $CHCl_3$. — 2-Brompropandione-(1.3) (**B**), durch Zutropfen von 1 Val Br_2 in CCl_4 zum Na- bzw. Cu-Salz des entsprechenden **A** in CCl_4 bei 0°, Filtrieren, Eindampfen auf dem Wasserbad u. Umkristallisieren aus A.: *1.3-Diphenyl-*, $C_{15}H_{11}BrO_2$, F. 93°; 60 bzw. 79% (Ausbeute). — *1-p-Bromphenyl-3-phenyl-*, $C_{15}H_{10}Br_2O_2$, F. 114°; 70 bzw. 81%. — *1-p-Chlorphenyl-3-phenyl-*, $C_{15}H_{10}BrClO_2$, F. 118°; 68 bzw. 80%. — *1-p-Methoxyphenyl-3-phenyl-*, $C_{16}H_{13}BrO_3$, F. 128°; 54 bzw. 79%. — *1-p-Tolyl-3-phenyl-*, $C_{16}H_{13}BrO_2$, F. 110°; 62 bzw. 80%. — *1.3-Bis-[p-methoxyphenyl]-*, $C_{17}H_{15}BrO_4$, F. 97°, aus dem entsprechenden Cu-Salz; 81%. — *4-Brompyrazole*, durch ca. 1 std. Kochen des entsprechenden **B** mit 1 Val **I** in Eisessig, Kühlen u. Umkristallisieren aus A.: *3.5-Diphenyl-*, $C_{15}H_{11}BrN_2$, F. 198°; 72%. — *3-p-Bromphenyl-5-phenyl-*, $C_{15}H_{10}Br_2N_2$, F. 223°; 67%. — *3-p-Chlorphenyl-5-phenyl-*, $C_{15}H_{10}BrClN_2$, F. 221°, schmutzigweiß; 68%. — *3-p-Methoxyphenyl-5-phenyl-*, $C_{16}H_{13}BrN_2O$, F. 178°; 63%. — *3-Phenyl-5-p-tolyl-*, $C_{16}H_{13}BrN_2$, F. 172°, schmutzigweiß; 65%. — *3.5-Bis-[p-methoxyphenyl]-*, $C_{17}H_{15}BrN_2O_2$, F. 228°; 64%. H. Pagel. 3122◇

Reaktionsfähige Methylenverbindungen. 3. Mitt. **Versuche zur Synthese von Cinnolinen.** H. G. Garg. (J. org. Chemistry **27,** 1045—47, März 1962; engl.) — 2. vgl. vorst. Ref.; 6. vgl. C. **1963,** 22299. — Bei dem Vers., 4-Hydroxycinnoline durch Cyclisieren von 2.3-Dioxobuttersäure (**I**)-methyl- oder -äthylester-2-phenylhydrazonen in Ggw. von H_2SO_4 oder $AlCl_3$ darzustellen, wurden auch unter variierten Bedingungen nur die *2-Phenylhydrazone* (**A**) von **I** erhalten, die sich mit Phenylhydrazin (**II**) über die entsprechenden *Bis-hydrazone* zu *3-Methyl-1-phenyl-4-phenylhydrazonopyrazolinonen* kondensieren lassen; entsprechende, aus **A** u. 2.4-Dinitrophenylhydrazin erhaltene Bishydrazone ließen sich, auch durch längeres Kochen mit CH_3COOH oder Acetanhydrid nicht cyclisieren. Mit NH_2OH geben die **A** *3-Methyl-4-phenylhydrazonoisoxazolinone*, deren Strukturen durch Synth. aus 3-Methylisoxazolon-(5) (**III**) u. Benzoldiazoniumsalzen (**B**) bewiesen werden.

Versuche: *2.3-Dioxobuttersäure* (**I**), *Methylester-2-phenylhydrazone*, durch Kuppeln von diazotierten Anilinen mit Acetessigester nach Garg u. Joshi (C. **1963,** 11217). — 2.3-Dioxobuttersäure(**I**)-2-phenylhydrazone(**A**): *2-[3-Nitrophenylhydrazon]* (**IV**), $C_{10}H_9N_3O_5$, F. 192°, a) durch mehrtägiges Stehen von I-Methylester-2-[3-nitrophenylhydrazon] (**V**) in konz. H_2SO_4 bei Raum-Temp., Gießen auf Eis u. Kristallisieren aus CH_3COOH; (Meth. **a**); gelb; b) durch Lösen von **V** in $C_6H_5NO_2$, 4std. Erhitzen mit $AlCl_3$ auf dem Wasserbad, Kühlen, Zusatz von Eis/HCl, Waschen mit W., Dampf-Dest. u. Kristallisieren aus CH_3COOH (Meth. **b**). *2-Phenylhydrazon*, $C_{10}H_{10}N_2O_3$, F. 149°; nach **a**, hellgelb. — *2-[4-Chlorphenylhydrazon]*, $C_{10}H_9ClN_2O_3$, F. 202°, nach **a**; hellgelb. — *2-[2-Chlorphenylhydrazon]*, F. 128°, nach **a**; hellgelb. — *2-[4-Nitrophenylhydrazon]*, $C_{10}H_9N_3O_5$, F. 231°, nach **b**; gelb. — *2-[2-Nitrophenylhydrazon]*, F. 208°, nach **a**; rötlichbraun. — *2-[2.5-Dichlorphenylhydrazon]*, $C_{10}H_8Cl_2N_2O_3$, F. 172°, nach **b**; hellgelb. — *2-[2-Chlor-4-nitrophenylhydrazon]*, $C_{10}H_8ClN_3O_5$, F. 193°, nach **a**; braun. — *2-[2-Nitro-4-chlorphenylhydrazon]*, F. 182°, nach **a**; gelb. — *2.3-Dioxobuttersäure* (**I**)*-3-Phenylhydrazon-2-[3-nitrophenylhydrazon]*, $C_{16}H_{15}N_5O_4$, F. 236°, durch Zugeben von **II** u. etwas CH_3COOH in A. zu **IV** in A., Abfiltrieren u. Waschen mit kaltem A.; gelb. — 3-Methyl-1-phenyl-Δ^2-pyrazolinone-(5): *4-[3-Nitrophenylhydrazono]-*, $C_{16}H_{13}N_5O_3$, F. 180°, durch 1std. Kochen vorst. Verb. in CH_3COOH u. Kühlen; orangerot; 79% (Ausbeute). — Analog: *4-Phenylhydrazono-*, $C_{16}H_{14}N_4O$, F. 156°, orangerot; 72%. — *4-[4-Chlorphenylhydrazono]-*, $C_{16}H_{13}ClN_4O$, F. 142°, orangerot; 78%. — *4-[2-Chlorphenylhydrazono]-*, F. 182°, orangerot; 74%. — *4-[2-Nitrophenylhydrazono]-*, $C_{16}H_{13}N_5O_3$, F. 212°, bräunlichrot; 79%. — *4-[2.5-Dichlorphenylhydrazono]-*, $C_{16}H_{12}Cl_2N_4O$, F. 224°, orangerot; 79%. — *4-[2-Chlor-4-nitrophenylhydrazono]-*, $C_{16}H_{12}ClN_5O_3$, F. 223°, dunkelrot; 80%. — *4-[2-Nitro-4-chlorphenylhydrazono]-*, F. 284°, mattrot; 80%. — 3-Methyl-Δ^2-isoxazolinone-(5): *4-[3-Nitrophenylhydrazono]-*, $C_{10}H_8N_4O_4$, F. 210°, a) durch 3std. Kochen von **IV**, $NH_2OH \cdot HCl$ u. Na-Acetat in A., Kühlen, Verdünnen mit W. u. Kristallisieren aus CH_3COOH; hellgelb; 78%; b) aus **III** u. **B** nach Garg u. Joshi (l. c.). — Analog: *4-Phenylhydrazono-*, $C_{10}H_9N_3O_2$, F. 192°; hellgelb; 78%. — *4-[4-Chlorphenylhydrazono]-*, $C_{10}H_8ClN_3O_2$, F. 186°, gelb; 81%. — *4-[2-Chlorphenylhydrazono]-*, F. 184°, hellgelb; 71%. — *4-[2.5-Dichlorphenylhydrazono]-*, $C_{10}H_7Cl_2N_3O_2$, F. 212°; gelb; 70%. — *4-[2-Chlor-4-nitrophenylhydrazono]-*, $C_{10}H_7ClN_4O_4$, F. 210°, kanriengelb; 72%. — *4-[2-Nitro-4-chlorphenylhydrazono]-*, F. 184°, gelb; 75%. H. Pagel. 3122◇

Synthese basisch substituierter, analgetisch wirksamer Benzimidazol-Derivate. A. Hunger, J. Kebrle, A. Rossi und K. Hoffmann. (Experientia [Basel] **13,** 400—01, 1957; Basel, Ciba A.G., Pharmaz. Abt., Forschungslabor.; dt.) — Die Synth. von *1-[β-Dialkylaminoäthyl]-2-benzyl-5-nitrobenzimidazolen* (**I**), einer neuen Gruppe stark wirksamer Analgetica, wird beschrieben. Die **I** werden z. B. durch Rk. von o-Phenylendiaminen mit Phenylacetiminoäthylätherhydrochlorid (**II**) in Dioxan oder Chlf. bei Temp. $< 50°$ u. Alkylierung mit Chloräthyldiäthylamin in Ggw. von $NaNH_2$ erhalten (Meth. **A**). Geht man dabei von einem 2-Benzylimidazol aus, das im Benzimidazolkern nur einen zusätzlichen Substituenten aufweist, so erhält man ein Gemisch zweier Isomerer. Andererseits können die **I** auch durch Kondens. von 1-[β-Diäthylaminoäthylamino]-2-amino-4-nitrobenzol mit **II** synthetisiert werden (Meth. **B**). Die Verbb. ohne Substituenten im Phenylenteil des Benzimidazolkerns werden nach **A**, die 5-Nitro-Verbb. nach **B** gewonnen. Die 6-Nitro-Derivv. werden nach **A** dargestellt u. müssen aus dem Isomerengenisch isoliert werden.

Versuche: 1-[β-Diäthylaminoäthyl]-5-nitrobenzimidazole: *2-Benzyl-*, $C_{20}H_{24}N_2O_2$, F. 87—89°. — *2-[4'-Chlorbenzyl]-*, $C_{20}H_{23}ClN_4O_2$, F. 75—76°. — *2-[3'-Methoxybenzyl]-*, *Hydrochlorid*, $C_{21}H_{26}N_4O_3 \cdot HCl$, F. 186—189°. — *2-[3'.4'-Dimethoxybenzyl]-*, *Hydrochlorid*, $C_{22}H_{28}N_4O_4 \cdot HCl$, F. 193—194°. — *2-[4'-Methylbenzyl]-*, *Hydrochlorid*, $C_{21}H_{26}N_4O_2 \cdot HCl$, F. 216—218°. — *2-[4'-Methoxybenzyl]-*, *Hydrochlorid*, $C_{21}H_{26}N_4O_3 \cdot HCl$, F. 197—199°. — *2-[4'-Äthoxybenzyl]-*, *Hydrochlorid*, $C_{22}H_{28}N_4O_3 \cdot HCl$, F. 162—164°. — *1-[β-Dimethylaminoäthyl]-2-[4'-chlorbenzyl]-benzimidazol*, $C_{18}H_{20}ClN_3$, F. 103—104°. — *1-[β-Dimethylaminoäthyl]-2-[4'-chlorbenzyl]-5-nitrobenzimidazol*, *Hydrochlorid*, $C_{18}H_{19}ClN_4O_2 \cdot HCl$, F. 230—232°. — 1-[β-Diäthylaminoäthyl]-benzimidazole: *2-Benzyl-*, *Hydrochlorid*, $C_{20}H_{25}N_3 \cdot HCl$, F. 184—186°. — *2-[4'-Chlorbenzyl]-*, $C_{20}H_{24}ClN_3$, F. 77 bis 78°. — *2-Benzyl-6-nitro-*, $C_{20}H_{24}N_4O_2$, F. 96—98°. — *2-[4'-Chlorbenzyl]-6-nitro-*, $C_{20}H_{23}ClN_4O_2$, F. 96—98°. — *2-[α-(4'-Chlorphenyl)-α-(aminocarbonyl)-methyl]-5-nitro-*, $C_{21}H_{24}ClN_5O_3$, F. 161—163°. Gottfried Schreiber. 3122△

Cyclisierung von 2.4-Dinitrophenylessigsäure. H. G. Garg. (J. org. Chemistry **27,** 3683—84, Okt. 1962; Meerut, India, Meerut Coll., School of Chem.; engl.) — 2.4-Dinitrophenylessigsäure wird durch 2std. Erhitzen in H_2SO_4 auf 120 bis 130° zu *6-Nitroanthranil* (**I**; *6-Nitro-2.1-benzisoxazol*) cyclisiert, das mit N_2H_4 ein mit heißem W. wieder spaltbares Salz bildet, Tollens-Reagens red., $KMnO_4$-Lsg. entfärbt, von heißer $Na_2Cr_2O_7$/H_2SO_4-Lsg. zu *5.5'-Dinitroazoxybenzol-2.2'-dicarbonsäure* oxydiert wird, durch Soda-Lsg. zu *2-Amino-4-nitrobenzoesäure* gespalten wird u. das durch Erhitzen mit Acetanhydrid in *4-Nitroacetanthranil* (*2-Methyl-7-nitro-4-oxo-4H-3.1-benzoxazin*) übergeführt wird.

Versuche: *2.4-Dinitrophenylessigsäure,* durch Nitrieren von Phenylessigsäure mit rauchender HNO_3 nach Vogal, Textbook of Practical Organ. Chem. [1956], 758. — *6-Nitroanthranil* (**I**), $C_7H_4N_2O_3$, F. 133° (A.), durch 2std. Erhitzen von 4 g vorst. Verb. in konz. H_2SO_4 auf 120—130°, Gießen auf Eis u. Waschen des Nd. mit $NaHCO_3$-Lsg.; 1 g (Ausbeute). *Hydrazinsalz,* $C_7H_8N_4O_3$, F. 175°, durch $^1/_2$std. Kochen von 0,25 g **I** in A. mit Hydrazinhydrat u. Kühlen; gelbe Nadeln; 0,2 g. — *5.5'-Dinitroazoxybenzol-2.2'-dicarbonsäure,* $C_{14}H_8N_4O_9$, F. 295°, durch langsame Zugabe von $Na_2Cr_2O_7$ in W. zu einer sd. Lsg. von **I** in CH_3COOH/W./konz. H_2SO_4 (20 : 12 : 5) u. 1std. Kochen; citronengelbe Würfel. — *2-Amino-4-nitrobenzoesäure,* F. 264°, durch Zugabe von Soda-Lsg. zu **I**, $^1/_2$std. Kochen, Filtrieren u. Ansäuern; orangefarbene Tafeln. — *4-Nitroacetanthranil,* $C_9H_6N_2O_4$, F. 138°, durch 4std. Kochen von **I** in Acetanhydrid mit Zn-Acetat in Eisessig u. Kühlen; aus CH_3COOH hellgelbe Kristalle. H. Pagel. 3132◇

Synthese einiger 4-Benzolazoisoxazole. H. G. Garg. (J. Indian chem. Soc. **40,** 135—36, 1963; Meerut, India, Meerut Coll., Dep. of Chem.; engl.) — Durch Rk. von NH_2OH mit *β*-Benzolazo-*α.γ*-dicarbonylen (**A**) werden *4-Benzolazoisoxazole* dargestellt.

Versuche: 3.5-Dimethylisoxazole, durch Zugabe von **A** in A. zu $NH_2OH \cdot HCl$ u. Na-Acetat in W., mehrstd. Kochen, Kühlen u. Kristallisieren aus A.: *4-Benzolazo-*, $C_{11}H_{11}N_3O$, F. 46°, hellgelb; 72% (Ausbeute). — *4-[4-Methoxybenzolazo]-*, $C_{12}H_{13} \cdot N_3O_2$, F. 102°, goldgelb; 66%. — *4-[4-Brombenzolazo]-*, $C_{11}H_{10}BrN_3O$, F. 88°, gelblichrot; 78%. — *4-[4-Chlorbenzolazo]-*, $C_{11}H_{10}ClN_3O$, F. 54°, hellgelb; 77%. — *4-[3-Chlorbenzolazo]-*, F. 65°, hellgelb; 74%. — *4-[2-Chlorbenzolazo]-*, F. 72°, goldgelb; 74%. — *4-[p-Toluolazo]-*, $C_{12}H_{13}N_3O$, F. 76°, goldgelb; 68%. — *4-[4-Nitrobenzolazo]-*, $C_{11}H_{10}N_4O_3$, F. 108°, hellgelb; 79%. — Analog folgende 3-Methyl-5-phenylisoxazole: *4-Benzolazo-*, $C_{16}H_{13}N_3O$, F. 99°, orangefarben; 75%. — *4-[4-Brombenzolazo]-*, $C_{16}H_{12}BrN_3O$, F. 136°, goldgelb; 81%. — *4-[4-Chlorbenzolazo]-*, $C_{16}H_{12}ClN_3O$, F. 111°, goldgelb; 79%. — *4-[3-Chlorbenzolazo]-*, F. 98°, gelb; 74%. — *4-[2-Chlorbenzolazo]-*, F. 98°, hellgelb; 73%. — *4-[p-Toluolazo]-*, $C_{17}H_{15}N_3O$, F. 118°, kanariengelb; 62%. — *4-[m-Toluolazo]-*, F. 88°, orangefarben; 70%. — Analog folgende 3.5-Diphenylisoxazole: *4-Benzolazo-*, $C_{21}H_{15} \cdot N_3O$, F. 123°, orangerot; 76%. — *4-[4-Brombenzolazo]-*, $C_{21}H_{14}BrN_3O$, F. 141°, orangerot; 81%. — *4-[4-Chlorbenzolazo]-*, $C_{21}H_{14}ClN_3O$, F. 135°, orangefarben; 80%. — *4-[3-Chlorbenzolazo]-*, F. 120°, goldgelb; 77%. — *4-[2-Chlorbenzolazo]-*, F. 99°, orangerot; 76%. — *4-[p-Toluolazo]-*, $C_{22}H_{17}N_3O$, F. 155°, hellgelb; 64%. — *4-[m-Toluolazo]-*, F. 116°, gelb; 72%. H. Pagel. 3132◇

Untersuchungen über Chemotherapeutica gegen Mycobacterium tuberculosis. 16. Mitt. Synthese und antibakterielle Wirkung von Thiazolidinon-(4)-Derivaten mit *α,β*-ungesättigter Carbonylgruppe. 2. Mitt. Hyozo Taniyama, Kazunari Hagiwara, Hiroko Okada und Homare Uchida. (J. pharmac. Soc. Japan [Yakugakuzasshi] **77,** 1236—39, 1957; Osaka, Univ. of Osaka, Pharmac. Fac., and Nat. Sanatorium, Toneyama Hospital; jap., Auszug: engl.) — 15. bzw. 1. vgl. C. **1963,** 19590 bzw. 19588. — Durch Kondens. von Ketonen oder Ketocarbonsäuren mit Thiazolidinon-(4)-Verbb., die in 2-Stellung eine Thioxo-, Oxo- oder Iminogruppe haben, werden die entsprechenden *5-Alkyliden-* bzw. *5-[Carboxyalkyliden]-thiazolidinon-(4)*-Verbb. erhalten. Die Verbb. mit einer Thioxo- oder Oxogruppe in 2-Stellung zeigen die größte wachstumshemmende Wrkg. gegenüber Tuberkelbazillen in vitro. Diese Wrkg. wächst auch mit steigender C-Zahl in 5-Stellung. Werte vgl. Original.

Versuche: 5-Alkyliden-2-thioxothiazolidinone-(4) (**I**), durch 1std. Kochen von 0,01 Mol Rhodanin u. 0,01 Mol der entsprechenden Keto-Verb. in 1 ml 30%ig. NH_4OH, 10 ml Methanol u. 1 g NH_4Cl u. Einengen im Vakuum: *5-[1-Methyläthyliden]-*, $C_6H_7NOS_2$, F. 196—197°, aus A. gelbe Nadeln; 32% (Ausbeute). — *5-[1-Methylpropyliden]-*, $C_7H_9NOS_2$, F. 126—127°, aus A. gelbe Nadeln; 30%. — *5-[1-Methylpentyliden]-*, $C_9H_{13}NOS_2$, F. 116—117°, aus A. gelbe Nadeln; 30%. — *5-[1-Methylheptyliden]-*, $C_{11}H_{17} \cdot NOS_2$, F. 107—108°, aus A. gelbe Nadeln; 30%. — *5-Cyclohexyliden-*, $C_9H_{11}NOS_2$, F. 172—173°, Nadeln; 30%. — *5-[1-Carboxyäthyliden]-*, $C_6H_5NO_3S_2$, F. 220° (Zers.), rote Nadeln; 50%. — *5-[1-Carbäthoxypropyliden-(2)]-*, $C_9H_{11}NO_3S_2$, F. 126°, aus A. Nadeln; 23%. — *5-[1-Carboxypropyliden-(2)]-*, $C_7H_7NO_3S_2$, F. 146—147° (Zers.), aus vorst. Ester durch 2 Min. langes Kochen mit 6n HCl; 12%. — *5-[1-Methyl-3-carboxy-*

propyliden]-, F. 190°, aus W. Nadeln; 30%. — *3-Methyl-5-[1-methyläthyliden]*-, $C_7H_9NOS_2$, F. 90°, aus 3-Methylrhodanin durch 2std. Kochen u. Extrahieren mit Bzl. analog I; orangerote Nadeln; 25%. — *3-Phenyl-5-[1-methyläthyliden]*-, $C_{12}H_{11}NOS_2$, F. 133,5°, aus 3-Phenylrhodanin analog vorst. Verb.; orangerote Nadeln; 36%. — *3-Methyl-5-[1-methylpropyliden]*-, $C_8H_{11}NOS_2$, F. 87°, gelbe Nadeln; 10%. — *3-Phenyl-5-[1-methylpropyliden]*-, $C_{13}H_{13}NOS_2$, F. 112°, gelbe Nadeln; 6%. — 5-Alkyliden-2-oxothiazolidinone-(4), durch Umsetzen der entsprechenden 2-Thioxo-Verbb. in K_2CO_3 mit H_2O_2 u. Ansäuern nach 1—4 Std. mit HCl: *5-[1-Methyläthyliden]*-, $C_6H_7NO_2S$, F. 164 bis 165°, aus verd. A. gelbliche Nadeln; 60%. — *5-[1-Methylpropyliden]*-, $C_7H_9NO_2S$, F. 154—155°, aus verd. A. Nadeln; 57%. — *5-[1-Methylpentyliden]*-, $C_9H_{13}NO_2S$, F. 106—107°, Nadeln; 50%. — *5-[1-Methylheptyliden]*-, $C_{11}H_{17}NO_2S$, F. 95°, Nadeln; 50%. — *5-Cyclohexyliden-*, $C_9H_{11}NO_2S$, F. 149—150°, Nadeln; 57%. — *5-[1-Methyl-3-carboxypropyliden]*-, $C_8H_9NO_4S$, F. 162—163° (Zers.), gelbliche Nadeln; 50%. — *5-[1-Carboxyäthyliden]*-, *Hydrat*, $C_6H_5NO_4S \cdot H_2O$, F. 226° (Zers.), Nadeln; 52%. — 5-Alkyliden-2-iminothiazolidinone-(4), durch 5—10std. Erhitzen von 2-Iminothiazolidinon-(4) mit den entsprechenden Keto-Verbb. auf 50—60° analog I: *5-[1-Methyläthyliden]*-, $C_6H_8N_2OS$, F. 265° (Zers.), aus A. Nadeln; 35%. — *5-[1-Methylpropyliden]*-, $C_7H_{10}N_2OS$, F. 242° (Zers.), aus A. Nadeln; 32%. — *5-[1-Methylpentyliden]*-, C_9H_{14}-N_2OS, F. 247° (Zers.), aus A. Nadeln; 30%. — *5-[1-Methylheptyliden]*-, $C_{11}H_{18}N_2OS$, F. 218° (Zers.), aus A. Nadeln); 32%. — *5-Cyclohexyliden-*, $C_9H_{12}N_2OS$, F. 245° (Zers.), aus A. Nadeln; 32%. H. Krause. 3142△

Synthese einiger 1-[p-Acetylamino]-benzolsulfonyl-4-arylthiosemicarbazide und Derivate von 2.4-Dioxothiazolidinyl-(5)-essigsäure. M. Tišler. (Vestnik sloven. kem. Društva **4**, 91—95, 1957; Ljubljana, Univ., Inst. of Organ. Chem.; engl.) — Die Darst. von *1-[p-Acetylamino]-benzolsulfonyl-4-arylthiosemicarbaziden* (**A**) aus den entsprechenden 4-Arylthiosemicarbaziden u. p-Acetylaminobenzolsulfonylchlorid sowie die Darst. von *2.4-Dioxothiazolidinyl-(5)-essigsäure-Derivv.* (**B**) wird beschrieben. Die **A** u. **B** zeigen in vitro keine Wrkg. gegenüber *Mycobacterium tuberculosis* $H_{37}Rv$. Die **A** zeigen keine antibakterielle Wrkg. gegenüber *Staphylococcus aureus* u. *Escherichia coli*.

Versuche: 4-Aryl-1-[p-acetylamino]-benzolsulfonylthiosemicarbazide durch Rk. von 4-Arylthiosemicarbaziden mit p-Acetylaminobenzolsulfonylchlorid in Pyridin, $^1/_4$std. Stehen, Zugabe von W. u. Umkristallisieren aus Pyridin oder wss. Pyridin; 60—75% (Ausbeute; alle aufgeführten Verbb. zersetzen sich am F.): *4-Phenyl-*, $C_{15}H_{16}N_4O_3S_2$, F. 223°. — *4-[2'-Methylphenyl]*-, $C_{16}H_{18}N_4O_3S_2$, F. 231°. — *4-[3'-Methylphenyl]*-, $C_{16}H_{18}N_4O_3S_2$, F. 216°. — *4-[4'-Methylphenyl]*-, $C_{16}H_{18}N_4O_3S_2$, F. 215°. — *4-[2'.3'-Dimethylphenyl]*-, $C_{17}H_{20}N_4O_3S_2$, F. 226°. — *4-[2'.4'-Dimethylphenyl]*-, $C_{17}H_{20}$-$N_4O_3S_2$, F. 218°. — *4-[2'.5'-Dimethylphenyl]*-, $C_{17}H_{20}N_4O_3S_2$, F. 218°. — *4-[3'.4'-Dimethylphenyl]*-, $C_{17}H_{20}N_4O_3S_2$, F. 215—216°. — *4-[2'-Methoxyphenyl]*-, $C_{16}H_{18}N_4O_4S_2$, F. 216 bis 217°. — *4-[4'-Methoxyphenyl]*-, $C_{16}H_{18}N_4O_4S_2$, F. 209°. — *4-[2'-Äthoxyphenyl]*-, $C_{17}H_{20}N_4O_4S_2$, F. 222°. — *4-[α-Naphthyl]*-, $C_{19}H_{18}N_4O_3S_2$, F. 238—239°. — *4-[β-Naphthyl]*-, $C_{19}H_{18}N_4O_3S_2$, F. 218—219°. — *4-[2'-Chlorphenyl]*-, $C_{15}H_{15}ClN_4O_3S_2$, F. 210°. — *4-[3'-Chlorphenyl]*-, $C_{15}H_{15}ClN_4O_3S_2$, F. 213—214°. — *4-[4'-Chlorphenyl]*-, $C_{15}H_{15}ClN_4O_3S_2$, F. 216—217°. — *4-[4'-Bromphenyl]*-, $C_{15}H_{15}BrN_4O_3S_2$, F. 213—214°. — *4-Benzyl-*, $C_{16}H_{18}$-$N_4O_3S_2$, F. 222°. — *4-Cyclohexyl-*, $C_{15}H_{22}N_4O_3S_2$, F. 236°. — *4-[4'-Dimethylaminophenyl]*-, $C_{17}H_{21}N_5O_3S_2$, F. 205—206°. — 5-Carboxymethylthiazolidinone-(4), durch 4—5std. Erhitzen von 4-Arylthiosemicarbazonen mit Maleinsäureanhydrid in Bzl. nach M'Lean u. Wilson [1939] u. Umkristallisieren aus A.: *2-[4'-Methoxybenzylidenhydrazono]-3-phenyl-*, $C_{19}H_{17}N_3O_4S$, F. 205—206°. — *2-[2'-Chlorbenzylidenhydrazono]-3-phenyl-*, $C_{18}H_{14}ClN_3O_3S$, F. 228°. — *2-[3'-Chlorbenzylidenhydrazono]-3-phenyl-*, $C_{18}H_{14}ClN_3O_3S$, F. 238—240°. — *2-[Benzylidenhydrazono]-3-[4'-methylphenyl]*-, $C_{19}H_{17}N_3O_3S$, F. 250°. — *2-[4'-Methoxybenzylidenhydrozono]-3-[4'-methylphenyl]*-, $C_{20}H_{19}N_3O_4S$, F. 249—251°. — *2-[2'-Chlorbenzylidenhydrazono]-3-[4'-bromphenyl]*-, $C_{18}H_{13}BrClN_3O_3S$, F. 250—252°. — *2-[2'-Hydroxynaphthyl-(1')-methylidenhydrazono]-3-[4'-methylphenyl]*-, $C_{23}H_{19}N_3O_4S$, F. 263—265°. — *2-[Cyclohexylidenhydrazono]-3-phenyl-*, $C_{17}H_{19} \cdot N_3O_3S$, F. 221°. — *2-[Cyclohexylidenhydrazono]-3-[4'-methylphenyl]*-, $C_{18}H_{21}N_3O_3S$, F. 216—217°. — *2-[Cyclopentylidenhydrazono]-3-phenyl-*, $C_{16}H_{17}N_3O_3S$, F. 208°. — *2-[Cyclopentylidenhydrazono]-3-[α-naphthyl]*-, $C_{20}H_{19}N_3O_3S$, F. 227—228°. — *2-[Butyliden-(2)-hydrazono]-3-[4'-bromphenyl]*-, $C_{15}H_{16}BrN_3O_3S$, F. 208—209°. — *2-[α-(4-Chlorphenyl)-äthylidenhydrazono]-3-[4'-methylphenyl]*-, $C_{20}H_{18}ClN_3O_3S$, F. 214—215°.

Gottfried Schreiber. 3142△

Synthetische Untersuchungen über Fungicide. 2. Mitt. **Synthese von 2-Methyl-6-aryloxybenzthiazolen durch Ullmann-Reaktion.** Haruo Saikachi, Shigetaka Yoshina und Takuzo Hisano. (J. pharmac. Soc. Japan [Yakugakuzasshi] **77**, 1161—64, 1957; Katakasu, Fukuoka, Univ. of Kyushu, Med. Fac., Pharmac. Inst.; jap., Auszug:

engl.) — 1. vgl. J. pharmac. Soc. Japan [Yakugakuzasshi] **74**, [1954], 1318. — Die Rk. von Acetaniliden mit P_2S_5 u. K_2S liefert neben den *Thioacetaniliden* kleine Mengen der entsprechenden Aniline als Nebenprodukte. Durch oxydative Cyclisierung von p-Bromthioacetanilid (I) mit $K_3Fe(CN)_6$ bzw. durch Sandmeyersche Rk. wird *2-Methyl-6-brombenzthiazol* (II) erhalten. II liefert durch Ullmann-Rk. mit K-Phenolaten 2-Methylbenzthiazole mit einer Ätherbindung in 6-Stellung. *2-Methyl-6-phenoxybenzthiazol* wird auch durch oxydative Cyclisierung analog II aus 4-Phenoxythioacetanilid (F. 103—104,5°) erhalten. Bakteriostat. Wrkg. der Verbb. vgl. Original.

Versuche: *p-Bromthioacetanilid* (I), F. 153°, durch 2std. Erhitzen von 54,8 g p-Bromacetanilid in Xylol mit K_2S u. P_2S_5 auf 120—130° u. Extraktion mit Essigsäureäthylester; 26 g (Ausbeute); daneben *p-Bromanilin*, F. 65°; 3 g. — Aniline, analog I: *p-Nitro-*, F. 146—148°. — *p-Phenoxy-*, F. 83—85°. — *p-[4-Nitrophenylmercapto]-*, F. 141,5—142°. — *2.5-Dichlor-*, F. 44—47°. — 2-Methylbenzthiazole: *6-Brom-* (II), F. 85—87°, a) durch 1std. Rühren von 82,2 g I in NaOH mit $K_3Fe(CN)_6$ bei 40°, Versetzen mit Na_2CO_3 u. Extraktion mit Ae.; 67 g; b) durch Sandmeyersche Rk. von 8,5 g 2-Methyl-6-aminobenzthiazol; 2 g. — *6-Phenoxy-*, $C_{14}H_{11}NOS$, F. 86 bis 87° (verd. A.), a) durch 3std. Erhitzen von 3 g **II** mit K-Phenolat auf 180° u. weiteres 10std. Erhitzen auf 200° in Ggw. von Cu; 1,2 g; b) durch Umsetzen von 2 g des K-Salzes von 2-Methyl-6-hydroxybenzthiazol mit Brombenzol analog a); 1.5 g; c) durch 1½std. Rühren von 2 g 4-Phenoxythioacetanilid in NaOH mit $K_3Fe(CN)_6$ bei 30—40°; 1,2 g. — *6-[4-Nitrophenoxy]-*, $C_{14}H_{10}N_2O_3S$, $Kp._{0,02}$ 115—118°, analog vorst. Verbindung. *Pikrat*, F. 142—144°. — *6-[2-Methylphenoxy]-*, $C_{15}H_{13}NOS$, F. 52—54° (A.). *Pikrat*, F. 142—144°. — *6-[3-Methylphenoxy]-*, $C_{15}H_{13}NOS$, F. 38—40,5° (A.). *Pikrat*, F. 141 bis 144°. — *6-[4-Methylphenoxy]-*, $C_{15}H_{13}NOS$, F. 38—39° (A.). *Pikrat*, F. 134—135°. — *6-[2-Methoxyphenoxy]-*, $C_{15}H_{13}NO_2S$, F. 65—67,5° (A.). — *6-[Chinolyl-(8)-oxy]-*, $C_{17}H_{12}N_2OS$, $Kp._{0,85}$ 234—240°. *Pikrat*, F. 173—175,5°. — *6-{2-[Pyridyl-(2)]-benzthiazolyl-(6)-oxy}-*, $C_{20}H_{13}N_3OS_2$, F. 181—182° (Essigsäureäthylester). — *Bis-[2-methylbenzothiazolyl-(6)]-äther*, $C_{16}H_{12}N_2OS_2$, F. 128—130° (Essigsäureäthylester). H. Krause. 3142△

Synthetische Untersuchungen über Fungicide. 3. Mitt. Synthesen von 2-Methylbenzthiazolderivaten mit einer Thioätherbindung. Haruo Saikachi und Shigetaka Yoshina. (J. pharmac. Soc. Japan [Yakugakuzasshi] **77**, 1165—68, 1957; jap., Auszug: engl.) — 2. vgl. vorst. Referat. — Durch Kondens. von p-Acetamidothiophenol mit aromat. Verbb., die ein akt. Halogenatom enthalten, werden *4-Acetamidophenylarylsulfide* erhalten, die durch Erhitzen mit K_2S u. P_2S_5 die entsprechenden *4-Thioacetamidophenylarylsulfide* liefern. Aus diesen sind durch oxydative Cyclisierung mit $K_3Fe(CN)_6$ *2-Methylbenzthiazole* mit einer Thioätherbindung in 6-Stellung zu gewinnen. Die Synth. von *2-Methyl-6-[4-nitrophenylmercapto]-benzthiazol* (**III**) wird als Beispiel auf 3 verschiedenen Wegen beschrieben. Der Anti-Candida-Test der neuen Verbb. zeigt, daß die wachstumshemmende Konz. bei allen unterhalb einer Verdünnung von 10000 liegt.

Versuche: Acetanilide: *4-[2.4-Dinitrophenylmercapto]-*, $C_{14}H_{11}N_3O_5S$, F. 214 bis 217°, durch 2std. Kochen von p-Acetamidothiophenol mit 2.4-Dinitrochlorbenzol in A. in Ggw. von $NaHCO_3$; aus A. gelbe Prismen; 47% (Ausbeute). — *4-[4-Nitrophenylmercapto]-* (I), $C_{14}H_{12}N_2O_3S$, F. 198—199°, analog vorst. Verb.; aus A. hellgelbe Nadeln. — *4-[2-Nitro-4-chlorphenylmercapto]-*, $C_{14}H_{11}ClN_2O_3S$, F. 187—189°, aus Chlf./Äthylacetat gelbe Nadeln; 22,8%. — *4-[2-Carboxy-5-chlorphenylmercapto]-*, $C_{15}H_{12}ClNO_3S$, F. 118 bis 120°, aus verd. Methanol orangerote Prismen; 45,8%. — *4-[3-Nitropyridyl-(2)-mercapto]-*, $C_{13}H_{11}N_3O_3S$, F. 215—217°, aus verd. Methanol orangerote Nadeln; 37,6%. — *4-[5-Nitropyridyl-(2)-mercapto]-*, $C_{13}H_{11}N_3O_3S$, F. 201—203°, aus Chlf./A. gelbe Tafeln; 31,4%. — Thioacetanilide: *4-[4-Nitrophenylmercapto]-* (II), $C_{14}H_{12}N_2O_2S_2$, F. 147 bis 149°, durch Zugeben von K_2S u. P_2S_5 zu einer Lsg. von I in Xylol bei 120°, 1std. Rühren bei 120°, heiß Filtrieren u. Kühlen; aus A. orangerote Nadeln; 37%. — *4-[2.4-Dinitrophenylmercapto]-*, $C_{14}H_{11}N_3O_4S_2$, F. 186—188°, analog vorst. Verb.; aus Chlf./Methanol gelbe Nadeln; 64%. — *4-[2-Carboxy-5-chlorphenylmercapto]-*, $C_{15}H_{12}ClNO_2S_2$, F. 153 bis 155°; aus verd. Methanol Nadeln; 42,1%. — *4-[3-Nitropyridyl-(2)-mercapto]-*, $C_{13}H_{11}N_3O_2S_2$, F. 175—176,5°, aus Chlf./Methanol orangerote Prismen; 61,3%. — *4-[5-Nitropyridyl-(2)-mercapto]-*, $C_{13}H_{11}N_3O_2S_2$, F. 181—184°, aus A./Äthylacetat orangerote Prismen; 56,8%. — 2-Methylbenzthiazole: *6-[4-Nitrophenylmercapto]-* (III), $C_{14}H_{10}N_2O_2S_2$, F. 151—152°, a) durch Zutropfen von wss. $K_3Fe(CN)_6$ zu einer Lsg. von **II** in A. in Ggw. von NaOH bei 40—50°, 40 Min. langes Rühren bei 50°, Einengen u. Extraktion mit Äthylacetat; aus A./Äthylacetat gelbe Prismen; 64,5%; b) durch Zugeben von 0,36 g Na zu 3,1 g p-Nitrothiophenol in A. u. Ullmann-Rk. des entstandenen Na-Salzes mit 2-Methyl-6-brombenzthiazol in Ggw. von Cu; 2,5 g; c) durch Zugeben von 5 g 4-[4-Nitrophenylmercapto]-anilinhydrochlorid zu 50 g S_2Cl_2 (3 Std. bei 30—50° u. 5 Std. bei 70—80°), Rühren, Filtrieren, Waschen mit Bzl., Lösen in A., Zugabe von $Na_2S_2O_4$ in 50%ig. A. u. NaOH, Stehen über Nacht mit Acetanhydrid, Ansäuern mit HCl, Einengen u. Extrahieren mit Äthylacetat; 0,5 g. — *6-[2.4-Dinitrophenylmercapto]-*, $C_{14}H_9N_3O_4S_2$, F. 102—105°, analog **III** unter a); aus Aceton braune Prismen; 74%. — *6-[2-Carboxy-5-chlorphenylmercapto]-*, $C_{15}H_{10}ClNO_2S_2$, F. 161—164°, aus Aceton/A. Nadeln; 26,1%. — *6-[3-Nitropyridyl-(2)-mercapto]-*, $C_{13}H_9N_3O_2S_2$, F. 168 bis 171°, aus Bzl. gelbe Nadeln; 29,7%. — *6-[5-Nitropyridyl-(2)-mercapto]-*, $C_{13}H_9N_3O_2S_2$, F. 159—162°, aus Aceton/A. Nadeln; 16,3%. — *6-[4-Nitrophenylsulfonyl]-*, $C_{14}H_{10}N_2O_4S_2$ F. 180—182° (Methanol/Bzl.), durch Zutropfen von 30%ig. H_2O_2 zu 0,6 g **III** in Essigsäure u. 50 Min. langes Erhitzen auf einem Wasserbad; 0,2 g. H. Krause. 3142△

Synthetische Untersuchungen über Fungicide. 4. Mitt. **Synthese von 2-Methyl-6-[4-halogenphenylmercapto]-benzthiazolen.** Haruo Saikachi und Shigetaka Yoshina. (J. pharmac. Soc. Japan [Yakugakuzasshi] **77,** 1169—72, 1957; jap., Auszug: engl.) — 3. vgl. vorst. Referat. — Die Diazotierung u. Sandmeyersche Rk. von 4-[4-Nitrophenylmercapto]-anilin (**I**) in Ggw. von HBr liefert bei 0° *4-[4-Nitrophenylmercapto]-brombenzol* (**II**), bei 40° jedoch *4-[4-Nitrophenylsulfinyl]-brombenzol* (**III**). In Ggw. von konz. HNO_3 wird bei dieser Rk. aus **I** bei —20° **II** u. bei 0° **III** erhalten. Durch Red. an Zn oder elektrolyt. Red. ist *6-[4-Aminophenylmercapto]-2-methylbenzthiazol* (**IV**) aus der entsprechenden Nitro-Verb. erhältlich. Die Substitution der NH_2-Gruppe in **IV** durch Halogen bzw. durch die OH-Gruppe gelingt durch Sandmeyersche Rk. bei 0°. Der Anti-Candida-Test zeigt, daß nur **IV** bei einer Verdünnung von 10000 wachstumshemmend gegenüber *C. albicans* wirkt. Weitere bakteriostat. Werte s. Original.

Versuche: Brombenzole: *4-[4-Nitrophenylmercapto]-* (**II**), $C_{12}H_8BrNO_2S$, F. 90 bis 92°, a) durch Diazotierung von 3 g **I** in HBr bei 0°, Zutropfen zu einer wss. Lsg. von $CuSO_4$ u. NaBr bei 10°, Zugabe von HBr, nach 1¹/₂ Std. Filtrieren, Aufnehmen in NaOH u. Extrahieren mit Äthylacetat; 2 g (Ausbeute); b) durch Diazotieren von **I** bei —20° in Ggw. von HNO_3 analog a). — *4-[4-Nitrophenylsulfinyl]-* (**III**), F. 129—131°, a) analog **II** unter a) durch Diazotieren bei 40° u. Behandeln mit CuBr; b) analog **II** unter b) bei 0°; c) durch Oxydation von **II** mit H_2O_2. — *4-[4-Nitrophenylsulfonyl]-*, F. 180—182°, durch Oxydation von **II** oder **III** mit H_2O_2. — 2-Methylbenzthiazole: *6-[4-Aminophenylmercapto]-* (**IV**), $C_{14}H_{12}N_2S_2$, Kp.$_{1,5}$ 245—260°, F. 120—122°, a) durch Red. von 15 g der entsprechenden Nitro-Verb. in Eisessig an Zn bei 60—70°, heiß Filtrieren, Einengen, Zugabe von NaOH u. Extrahieren mit Äthylacetat; 0,7 g; b) aus 60 g der Nitro-Verb. durch elektrolyt. Red.; 33 g. *Acetyl-Deriv.*, $C_{16}H_{14}N_2OS_2$, F. 94—95°, a) durch 2std. Kochen von 0,6 g **IV** in Acetanhydrid, Gießen auf Eis u. Extrahieren mit Ae.; 0,5 g; b) durch Diazotieren von 1 g 2-Methyl-6-aminobenzthiazol, Zutropfen einer Lsg. von 1 g p-Acetamidothiophenol, 1,7 g NaOH u. 8,6 ml W. bei 30—40° u. Extrahieren mit Äthylacetat; 0,3 g. — *6-[4-Bromphenylmercapto]-*, $C_{14}H_{10}BrNS_2$, F. 76 bis 78°, durch Diazotieren von 0,9 g **IV** in HBr bei 0°, Zugabe von CuBr, Behandeln mit $Na_2S_2O_4$ u. NaOH bei Raum-Temp., Stehen über Nacht mit HBr, Alkalisieren u. Extrahieren mit Äthylacetat; 0,1 g. — *6-[4-Chlorphenylmercapto]-*, $C_{14}H_{10}ClNS_2$, F. 98 bis 101°, aus 1,3 g **IV** analog vorst. Verb. u. Extraktion mit Chlf.; 0,2 g. — *6-[4-Jodphenylmercapto]-*, $C_{14}H_{10}JNS_2$, F. 93—95°, aus 1,3 g **IV** analog vorvorst. Verb. mit KJ; 0,3 g. — *6-[4-Hydroxyphenylmercapto]-*, $C_{14}H_{11}NOS_2$, F. 75—77°, durch Diazotieren von 1,3 g **IV**, 30 Min. langes Erhitzen mit H_2SO_4, Aufnehmen der öligen Phase in NaOH Ansäuren mit Essigsäure u. Extrahieren mit Äthylacetat; 0,2 g. H. Krause. 3142△

Ionogene Anlagerung der Halogene an die Bis-methylenbasen der Stickstoffheterocyclen. A. I. Kiprianow und M. Ju. Kornilow. (J. allg. Chem. [UdSSR] **31** (**93**), 1699—1705, 1961; Kiew, Univ.; russ.) — 1.2-Bis-[benzthiazolyl-(2)]-äthan (**I**)-bis-methomethylsulfat geht beim Behandeln mit NaOH in *1.2-Bis-[3-methylbenzthiazolinyliden-(2)]-äthan* (**II**) über. **II** reagiert mit Br_2 u. Cl_2 unter Bldg. von *1.2-Bis-[benzthiazolyl-(2)]-äthylen-bis-brommethylat* bzw. *-bis-chlormethylat.* Analog wird aus p-Bis-[benzthiazolyl-(2)-methyl]-benzol (**III**)-bis-chlormethylat *p-Bis-[3-methylbenzthiazolinyliden-(2)-methyl]-benzol* (**IV**), aus diesem *1.4-Bis-[benzthiazolyl-(2)-methylen]-cyclohexadien-(2.5)-bis-brommethylat* erhalten.

Versuche: *1.2-Bis-[benzthiazolyl-(2)]-äthan* (**I**), F. 134—136° (A.), durch 1¹/₂std. Kochen von 9 g Bernsteinsäure mit 20,3 g o-Aminothiophenol unter Abdestillieren des W.; 62% (Ausbeute). *Bis-methomethylsulfat*, F. 220—222° (Zers.; A.); grün; 76%. *Bis-methobromid, Dihydrat*, $C_{18}H_{18}Br_2N_2S_2 \cdot 2\ H_2O$, F. 296—297° (Zers.; W.); orangefarbene Platten. *Bis-methochlorid, Dihydrat*, $C_{18}H_{18}Cl_2N_2S_2 \cdot 2\ H_2O$, F. 278° (50%ig. A.); orangegelbe Nadeln. — *1.2-Bis-[3-methylbenzthiazolinyliden-(2)]-äthan* (**II**), $C_{18}H_{16}N_2S_2$, F. 245—246° (Bzl.), durch Behandeln von 6,3 g **I**-Bis-methomethylsulfat mit 6,3 g KOH in 45 ml W.; gelbe Nadeln; 100%. — *1.2-Bis-[benzthiazolyl-(2)]-äthylen, Bis-methochlorid, Dihydrat*, $C_{18}H_{16}Cl_2N_2S_2 \cdot 2\ H_2O$, F. 268—269° (Methanol, —50°), a) **durch Zu-**

gabe von Cl_2 in CCl_4 zu **II** in Chlf.; 40%; b) durch Rk. von N-Methyl-o-aminothiophenol mit Fumarsäurechlorid in Chlf.; orangefarben; 45%. *Bis-methobromid, Dihydrat*, $C_{18}H_{16}\cdot Br_2N_2S_2\cdot 2\,H_2O$, F. 291—293° (W.), aus **II** u. Br_2 in Chlf.; orangefarbene Nadeln (Bromierung → *Verb.* $C_{18}H_{16}Br_6N_2S_2$, Zers. >200°; orange). — *p-Bis-[benzthiazolyl-(2)-methyl]-benzol* (**III**), *Bis-methochlorid*, F. 279—280° (A.), durch tropfenweise Zugabe von 8,51 g p-Phenylendiessigsäuredichlorid in 30 ml Bzl. unter Kühlen zu 10,22 g N-Methyl-o-aminothiophenol in 70 ml Bzl. u. 10 Min. langes Erhitzen auf dem Wasserbad; 14,85 g. *Bis-methoperchlorat*, $C_{24}H_{22}Cl_2N_2O_8S_2$, F. 316—318° (Zers.; W.); Nädelchen. — *p-Bis-[3-methylbenzthiazolinyliden-(2)-methyl]-benzol* (**IV**), $C_{24}H_{20}N_2S_2$, F. 261—262° (Toluol), durch Erhitzen von **III**-Bis-methochlorid mit wss. NaOH; goldfarbene Blättchen; 70%. — *1.4-Bis-[benzthiazolyl-(2)-methylen]-cyclohexadien-(2.5)-bis-brommethylat, Trihydrat*, $C_{24}H_{20}Br_2N_2S_2\cdot 3\,H_2O$, F. 216—217° (Zers.; W.), aus **IV** u. Br_2 in Chlf.; orangegelb. Helmut Schäfer. 3142△

Chemie der Sydnone. 3. Mitt. J. C. Earl. (Tetrahedron [London] **1**, 338—40, 1957; Norwich, Norwich City Coll. and Art School; engl.) — 2. vgl. C. **1958**, 3012. — Bei der Zers. von 3-Phenylsydnon (**I**) mit kochenden, schwach alkal. Lsgg. (Na-Acetat bzw. Na-Borat) entstehen CO_2 u. ein *dunkelbraunes Harz*, das sich in konz. H_2SO_4 mit grünbrauner Farbe löst. Im Gegensatz zu der Zers. anderer Sydnone bildet sich keine dampfförmige Nitrosoverbindung. Anwesenheit von Phenol, Chloralhydrat, o-Phenylendiamin, Resorcin oder Anilinoessigsäure verhindern die Zers. von **I** in alkal. Lösung. Red. von **I** mit Zn-Staub, $Fe(OH)_2$ bzw. H_2 in Ggw. von Ni in alkal. Lsg. liefert eine rote Substanz (**II**), die wegen ihrer geringen Menge nicht isoliert werden konnte. **II** wird bei weiterer Red., wobei sich geringe Mengen NH_3 u. $C_6H_5NH_2$ bilden, in eine farblose Substanz verwandelt, die durch Luft zurückoxydiert wird. **II** wird mit CH_3COOH gelb, mit Mineralsäuren orangefarben. Aus alkal. Lsgg. wird **II** unter Bldg. eines orangevioletten Lackes adsorbiert. Diese Eigg. hat *Glyoxylsäurephenylhydrazon* (**V**), das durch Kochen von Dichloressigsäure in 2n NaOH mit einer Phenylhydrazinhydrochlorid-Lsg. (**III**), durch Schütteln u. Erwärmen einer Oxalsäure-Lsg. mit **III** u. Zn-Staub, Filtrieren u. Alkalisieren u. durch Kochen von Glykolsäure-Lsg. mit **III** u. HNO_3 u. Alkalisieren dargestellt wurde. Es wird folgendes angenommen: **I** spaltet sich unter alkal. Bedingungen hydrolyt. an der 3.4-Bindung, wobei *Na-Glyoxylat* (**IV**) erhalten wird. Daneben entsteht in Ggw. eines Red.-Mittels Phenylhydrazin, das mit **IV** zu **V** reagiert. **V** isomerisiert sich unter Bldg. von Phenylazoessigsäure. Ihre Ausbeute ist klein, da die Spaltung der 3.4-Bindung von **I** durch alkal. Hydrolyse hinter der Bldg. von Na-N-Nitrosoanilinoacetat zurücktritt.

Versuche: *Glyoxylsäurephenylhydrazon* (**V**), F. 141°, a) durch 1std. Kochen von Dichloressigsäure, **III** u. NaOH, Kühlen, Ansäuern mit HCl, Umkristallisieren aus wss. A., Lösen in ca. 0,5n NaOH, Zugeben von MgO-Pulver, $^1/_2$std, Kochen. Filtrieren u. Ansäuern; b) durch Lösen des Rohprod. aus **V** nach a) in ca. 0,7n NaOH, Zugeben von Zn-Staub, 10 Min. langes Kochen, Kühlen, Filtrieren, Ansäuern mit HCl, Waschen u. Trocknen; c) aus Glyoxylsäure; Lsg. des Rohprod. in Alkalien rot, des reinen Stoffes in n-NaOH farblos, beim Stehen oder Erwärmen orange. S. Hiller. 3163△

Über die Affinität von Dehydracetsäure zu Aminosäuren. Sadao Iguchi und Kazuhito Hisatsune. (J. pharmac. Soc. Japan [Yakugakuzasshi] **77**, 1258, 1957; Katakasu, Fukuoka, Univ. of Kyushu, Med. Fac., Pharmac. Inst.; engl.) — Durch Kondens. von Dehydracetsäure (**I**) oder 3-Acyl-4-hydroxycumarin mit Aminosäuren bzw. Aminen werden die entsprechenden Schiffschen Basen erhalten, z. B. *3-[α-(Carboxymethylimino)-äthyl]-4-hydroxy-6-methylpyron-(2)* [F. 247—248° (Zers.), durch 24std. Stehen von **I** u. Glycin bei 37°; aus Dioxan Nadeln]. H. Krause. 3211△

Eine neue Synthese von Afromosin. S. K. Arora, A. C. Jain und T. R. Seshadri. (J. Indian chem. Soc. **38**, 61—64, Febr. 1961; Delhi, Univ., Chem. Dep.; engl.) — Eine Synth. von *Afromosin* (**I**; *6.4'-Dimethoxy-7-hydroxyisoflavon*) wird beschrieben. Durch Rk. von **I** mit CH_3J in Aceton in Ggw. von K_2CO_3 konnte im Gegensatz zu den Angaben von McMurry u. Theng (C. **1960**, 11650) kein C-Methyl-Deriv., sondern nur das *O-Methyl-Deriv.*, das auch eine Zwischenstufe der Synth. ist, erhalten werden; analog gibt 6.7-Dihydroxyisoflavon (**II**) nur das *Di-O-Methyl-Deriv.* (**IV**).

Versuche: *[2.5-Dihydroxy-4-methoxyphenyl]-[4-methoxybenzyl]-keton*, $C_{16}H_{16}O_5$, F. 133—134°, durch Zutropfen von K-Persulfat in W. zu 2,72 g *[2-Hydroxy-4-methoxyphenyl]-[4-methoxybenzyl]-keton* [aus [2.4-Dihydroxyphenyl]-[4-methoxybenzyl]-keton u. Dimethylsulfat (**III**)] in KOH/W./Pyridin unter Rühren u. Kühlen, 2std. Rühren bei 0°, Stehen über Nacht bei Raum-Temp., Ansäuern, Waschen mit Ae., $^1/_2$std. Erhitzen mit konz. HCl u. Na_2SO_4, Kühlen u. Extraktion mit Ae.; aus Ae./PAe. hellgelbe, zugespitzte Tafeln; 0,6 g (Ausbeute). *5-O-Methyl-Deriv.*, $C_{17}H_{18}O_5$, F. 99—100°, a) durch 4std. Kochen von 1,44 g des Phenols mit **III** u. K_2CO_3 in Aceton, Eindampfen u. Waschen mit W.; aus A. Tafeln; 1,2 g; b) durch Zusetzen von 1.2.4-Trimethoxybenzol in Ae. zu $AlCl_3$ in Ae. bei 0°, Zutropfen von p-Methoxyphenylacetylchlorid, 24std. Stehen bei Raum-Temp., Eindampfen, 2std. Zers. mit Eis/konz. HCl u. Anreiben des Nd. mit wenig Äther. — *6.7.4'-Trimethoxyisoflavon* (*7-O-Methylafromosin*), F. 174—175°, a) durch Zugeben vorst. Methyl-Deriv. in frisch dest. Ameisensäureäthylester zu Na-Pulver bei 0° unter Schütteln, 48std. Stehen bei Raum-Temp., Zusatz von Eis, Extraktion mit Ae., Waschen mit 20%ig. NaOH u. W., Einengen, Kristallisieren des Nd. [*6.7.4'-Trimethoxy-2-hydroxyisoflavanonhemihydrat*, $C_{18}H_{18}O_6 \cdot {}^1/_2 H_2O$, F. 142 u. 172—173° (nach Wiedererstarren), aus A. Prismen; 2,5 g] aus A., 1std. Kochen in Acetanhydrid, Kühlen u. Gießen auf Eis; aus A. Tafeln; b) durch 12std. Kochen von 100 mg **I** mit CH_3J u. K_2CO_3 in abs. Aceton u. Aufarbeiten; aus A. Tafeln; 95 mg. — *6.7.4'-Trihydroxyisoflavon*, F. 320—322° (Zers.), durch 10std. Kochen von 2 g vorst. Verb. mit $AlCl_3$ in Bzl., Eindampfen im Vakuum, Zusatz von Eis/konz. HCl u. Stehen über Nacht; aus CH_3OH Nadeln; 0,7 g. — *6.4'-Dihydroxy-7-benzyloxyisoflavon*, $C_{22}H_{16}O_5$, F. 231 bis 233°, durch 5std. Kochen von 0,7 g vorst. Verb. in Aceton mit Benzylchlorid, NaJ u. K_2CO_3, Filtrieren, Einengen, Verdünnen mit W. u. Stehen über Nacht; aus Essigester/PAe. rechteckige Tafeln; 0,45 g. *Dimethyläther*, $C_{24}H_{20}O_5$, F. 150—151°, durch 12std. Kochen von 360 mg des Diols mit **III** u. K_2CO_3 in abs. Aceton, Eindampfen, Zusatz von W. u. Abfiltrieren; aus Essigester rechteckige Tafeln u. Nadeln; 350 mg. — *Afromosin*, F. 228—229°, durch 2std. Erhitzen von 150 mg vorst. Dimethyläthers mit CH_3COOH/HCl (8,5 : 5) auf dem sd. Wasserbad, Einengen im Vakuum u. Zusatz von W.; aus A. Nadeln; 75 mg. — *6.7-Dimethoxyisoflavon* (**IV**), F. 170—171°, durch Rk. von 0,18 g **II** (durch Entmethylieren von **IV** mit $AlCl_3$ in Bzl.) mit CH_3J; 0,15 g. — UV-Daten der Verbb. sind angegeben. H. Pagel. 3211◇

Untersuchung über Farbe und Konstitution der aus Bernsteinsäure und substituierten Bernsteinsäuren erhaltenen Farbstoffe. 1. Mitt. **Farbstoffe aus Bernsteinsäure.** S. P. Tandon und J. S. Chauhan. (Proc. nat. Acad. Sci., India, Sect. A **29**, 31—34, 1960; Allahabad, Univ., Dep. of Chem.; engl.) — Zum Vgl. mit den Phthaleinen (**A**) wurden folgende *Succineine* (Bernsteinsäureanhydridanaloge der **A**) dargestellt: „*Phenolsuccinein*" (*4.4-Bis [p-hydroxyphenyl]-4-hydroxybuttersäure-γ-lacton*), $C_{16}H_{14}O_4$, F. 252 bis 253°, nach Dutt [1926], λ_{max} 5400 Å. — „*Succinylfluorescein*" (*3.6.9-Trihydroxy-9-[2-carboxyäthyl]-xanthen-γ-lacton*), $C_{16}H_{12}O_5$. F. 234—236° (Zers.), nach Gribbs u. Pope [1923], λ_{max} in (neutraler Lsg.) 4600 Å, λ_{max} (in alkal. Lsg.) 4800 Å. — „*Succinyleosin*" (*3.6.9-Trihydroxy-2.4.5.7-tetrabrom-9-[2-carboxyäthyl]-xanthen-γ-lacton*), $C_{16}H_8Br_4O_5$, F. 250—251° (Zers.), λ_{max} 5400 Å. — „*Phloroglucinsuccinein*" (*1.3.6.8.9-Pentahydroxy-9-[2-carboxyäthyl]-xanthen-γ-lacton*), $C_{16}H_{12}O_7$, F. >300°, aus Bernsteinsäure u. Phloroglucin durch Schmelzen bei 180°, Zugabe einiger Tropfen H_2SO_4, 2std. Erhitzen auf 200°, Extraktion mit verd. NaOH u. Fällen mit verd. HCl; braune Kristalle, λ_{max} 4600 Å, — „*Pyrogallolsuccinein*" (*3.4.5.6.9-Pentahydroxy-9-[2-carboxyäthyl]-xanthen-γ-lacton*), $C_{16}H_{12}O_7$, F. >300°, analog durch 4std. Erhitzen mit H_2SO_4 auf 160—180°; schwarz; λ_{max} 5400 Å. — „*Brenzcatechinsuccinein*" (*4.5.9-Trihydroxy-9-[2-carboxyäthyl]-xanthen-γ-lacton*), $C_{16}H_{12}O_5$, F. >300°; durch 5std. Erhitzen mit H_2SO_4 auf 150—170°; schwarz. — „*Hydrochinonsuccinein*" (*2.7.9-Trihydroxy-9-[2-carboxyäthyl]-xanthen-γ-lacton*), F. >300°; durch 5std. Erhitzen mit H_2SO_4 auf 150—170°; schwarz; λ_{max} 5400 Å. U. Schüßler. 3211◇

Thiabenzol. 1. Mitt. **1.2.4.6-Tetraphenylthiabenzol, ein neues konjugiertes Ringsystem.** George Suld und Charles C. Price. (J. Amer. chem. Soc. **83**, 1770—71, 5/4. 1961; Philadelphia, Pa., Univ., Dep. of Chem.; engl.) — Durch 5 Min. lange Rk. von 2,5 g 2.4.6-Triphenylthiopyryliumperchlorat (**I**) in Ae. mit 3,5 Val C_6H_5Li in Ae. unter N_2, Zusetzen von NH_4Cl-Lsg., Waschen der äther. Phase mit W., Trocknen mit K_2CO_3, Zusatz von PAe., Kühlen mit Trockeneis/Aceton, Dekantieren, Eindampfen im Vakuum, Lösen in Ae. u. Gießen in mit Trockeneis/Aceton gekühltem PAe. werden 0,7 g *1.2.4.6-Tetraphenylthiabenzol* (**II**; $C_{29}H_{22}S$, F. ca. 45—48°, violett, amorph) mit vierbindigem S erhalten. **II** (aus 10 g **I**) wird durch ${}^1/_2$std. Einleiten von O_2 in eine äther. Lsg. u. anschließendes Einleiten von HCl unter Entw. von C_6H_5SH (charakterisiert durch Überführen in 2.4-Dinitrodiphenylsulfid, F. 119—120°) zu *3-Hydroxy-2.4.6-triphenylpyryliumbetain* [**III**; $C_{23}H_{16}O_2$, F. 193,5—195°, dunkelrote Nadeln aus Aceton; 60% (Ausbeute)] gespalten, das abfiltriert, in Aceton gelöst u. mit W. gefällt wird; aus der Mutterlauge wurden 2 *Verbb.* $C_{23}H_{16}O_3$ vom F. 181 bzw. 280° (0,7 bzw. 0,25 g) u. *2.4.4.6-Tetraphenylthiapyran* (**IV**; $C_{29}H_{22}S$, F. 156—157°; 0,4 g) isoliert. 0,4 g **III** werden durch 4std. Kochen in Acetanhydrid in Ggw. von $HClO_4$, Kühlen u. Gießen in eiskalte 20%ig. $HClO_4$ in *3-Acetoxy-2.4.6-triphenylpyryliumperchlorat* ($C_{25}H_{19}ClO_7$, F. 230—231,5°, aus Eisessig kanariengelbe Täfelchen; 60%) übergeführt, das auch durch Rk. von Benzalacetophenon u. Essigsäurephenacylester in Acetanhydrid in Ggw. von $HClO_4$ erhalten wird.

Unter N_2 geht **II** (200 mg) in 20 Tagen in ein hellgelbes Harz über, aus dem durch Kristallisation aus CH_3OH 50 mg **IV** isoliert wurden. **IV** wird durch H_2O_2 in CH_3COOH zum *1.1-Dioxid*, $C_{29}H_{22}O_2S$, F. 192—193° (A.), oxydiert. H. Pagel. 3221◇

Herstellung der Tetrahydrothiopyran-2- und -3-carbonsäure. Beitrag zur Synthese von Thioäthercarbonsäuren. Á. Kucsman, I. Kapovits, B. Tanács und A. Nemes. (Acta chim. Acad. Sci. hung. **34**, 87—91, 1962; Budapest, L. Eötvös Univ., Inst. für Organ. Chem.; dt.) — Vff. beschreiben ein allg. anwendbares Verf. zur Darst. von *ω.ω'-Thiodialkylcarbonsäurediäthylestern* durch Rk. von halogenierten Carbonsäureestern u. Na_2S in Alkohol. Auch aromat. *Thiodicarbonsäureester* sowie *Tetrahydrothiopyran-* u. *Tetrahydrothiophencarbonsäureester* lassen sich darstellen. Die Ester werden durch Einw. von Säuren oder Alkalien in die *freien Säuren* gespalten.

Versuche: *2.2'-Thiodiisobuttersäurediäthylester* (**I**), $Kp._2$ 106°, durch $^1/_2$std. Zutropfen von Na_2S in A. zu α-Bromisobuttersäureäthylester unter Kühlen in heftiger Rk. u. 8std. Kochen; 50% (Ausbeute). *Freie Säure* (**II**), F. 147° (Bzl.), a) durch 4std. Kochen des Diesters mit KOH in A.; b) durch 8std. Kochen mit konz. HCl; 90%. — *5.5'-Thiodivaleriansäurediäthylester*, $Kp._1$ 167°, analog **I** aus 5-Bromvaleriansäureäthylester; 47%. *Freie Säure*, F. 96° (W.), analog **II**; 80%. — *6.6'-Thiodicapronsäurediäthylester*, $Kp._1$ 195°, analog **I** aus 6-Bromcapronsäureäthylester; 28%. *Freie Säure*, F. 112° (W.); 80%. — *9.9'-Thiodipelargonsäurediäthylester*, aus 9-Brompelargonsäureäthylester; 71%. *Freie Säure*, F. 94° (A.); 70%. — *α.α'-Thiodi-o-toluylsäurediäthylester*, aus α-Chlor-o-toluylsäureäthylester; 66%. *Freie Säure*, F. 233° (Eisessig); 70%. — *α.α'-Thio-p-toluylsäurediäthylester*, F. 78°, aus α-Chlor-p-toluylsäureäthylester; 78%. *Freie Säure*, sintert bei 300°; 85%. — Tetrahydrothiophene: *2-Carbonsäureäthylester*, $C_7H_{12}O_2S$, $Kp._{14}$ 98—99°, analog **I** aus *1.4-Dibrombutan-1-carbonsäuremethylester* [$Kp._{0,8}$ 103—105°, durch Methylieren der Säure mit Diazomethan (Meth. **A**); 86%]; 77%. *Freie Säure*, F. 53°, $Kp._{0,5}$ 113—115°; 66%. — *-3-carbonsäureäthylester*, $C_7H_{12}O_2S$, $Kp._{14}$ 100—103°, aus 1.4-Dibrombutan-2-carbonsäureäthylester; 34%. *Freie Säure*, F. 60° (Ligroin); 50%. — Tetrahydrothiopyrane: *-2-carbonsäureäthylester*, $C_8H_{14}O_2S$, $Kp._{0,8}$ 88°, analog **I** aus 1.5-Dibrompentan-1-carbonsäuremethylester (Kp. 114—117°, nach **A**; 75%); 33%. *Freie Säure*, F. 36—37°, $Kp._{0,8}$ 126°, analog **II**; 60%. — *-3-carbonsäureäthylester*, $Kp._{15}$ 115—118°, aus 1.5-Dibrompentan-2-carbonsäureäthylester; 28%. *Freie Säure*, F. 84° (W.); 73%. — *-4-carbonsäureäthylester*, $Kp._{15}$ 118—120°; 63%. *Freie Säure*, F. 112° (W.); 40%. M. Mirsch. 3221◇

Untersuchungen über Pyridoxin- und Pyridoxalanaloge. 1. Mitt. **Synthese substituierter Pyridinaldehyde.** Dietrich Heinert und Arthur Martell. (Tetrahedron [London] **3**, 49—61, 1958; Worcester, Mass., Clark Univ., Dep. of Chem.; engl.) — 2. vgl. C. **1960**, 8136. — *3-Hydroxypyridin-2-aldehyd* (**II**), *3-Methoxypyridin-2-aldehyd*, *3-Hydroxypyridin-4-aldehyd*, *3-Methoxypyridin-4-aldehyd* u. ihre Deriv., sowie einige neue Zwischenprodd. werden dargestellt. Die *Thiosemicarbazone* der genannten Aldehyde sind evtl. tuberkulostat. wirksam. Die Darst. von *3-Hydroxy-4-hydroxymethyl-* u. von *3-Methoxy-4-hydroxymethylpyridin* wird beschrieben.

Versuche: Pyridine: *3-Hydroxy-2-hydroxymethyl-*, *Hydrochlorid*, $C_6H_7NO_2 \cdot HCl$, Dunkelfärbung bei $>180°$, durch 3std. Erwärmen von 3-Hydroxypyridin (**I**) mit 38%ig. Formaldehyd u. wss. NaOH auf 90°, Zugabe von Essigsäure bei Raum-Temp., Aufnehmen in Aceton u. Einleiten von HCl; 45—50% (Ausbeute). — *3-Hydroxy-2-formyl-* (**II**), $C_6H_5NO_2$, F. 78—79°, $Kp._5$ 64°, durch $^1/_2$std. Zugabe von 96%ig. H_2SO_4/A. zur sd. äthanol. Suspension vorst. Verb. u. MnO_2, u. 1std. Kochen; aus Hexan Büschel gelber Kristalle; 40%. *2.4-Dinitrophenylhydrazon*, *Hydrochlorid*, F. 253,5—254,5° (Zers.); aus wss. A./HCl orangefarbenes Pulver. *Thiosemicarbazon*, *Hydrochlorid*, *Dihydrat*, $C_7H_9ClN_4OS \cdot 2\,H_2O$, Zers. bei 225—235°, durch $^1/_2$std. Kochen; aus 4%ig. wss. HCl orangefarbene Nadeln. *Oxim*, $C_6H_6N_2O_2$, F. 178—179°; aus W. Nadeln. — *2-Chlor-3-hydroxy-*, C_5H_4ClNO, F. 164—165°, durch Zutropfen von 30%ig. H_2O_2 zur sd. Lsg. von **I** in 37%ig. HCl im UV-Licht, Einengen im Vakuum u. Einleiten von NH_3 bis pH 8; aus W. Nadeln; 25—30%. — *2-Chlor-3-methoxy-*, C_6H_6ClNO, F. 48—49°, durch 12std. Rk. vorst. Verb. in Ae./A. mit äther. CH_2N_2 bei 20°; aus PAe. Nadeln; 50—60%. — *2-Diäthoxymethyl-3-methoxy-*, $C_{11}H_{17}NO_3$, $Kp._3$ 120°, durch Eintropfen der äther. Lsg. von vorst. Verb. u. Äthylbromid in ein langsam reagierendes Gemisch aus abs. Ae., Äthylbromid u. Mg, $^1/_2$std. Kochen, Dest. der Hauptmenge des Ae., Zugabe von abs. Bzl., Versetzen mit Orthoameisensäuretriäthylester bei 30°, 20 Min. langes Kochen u. Zugabe von 30%ig. wss. NH_4Cl bei 30°; 30%. — *3-Methoxy-2-formyl-*, $C_7H_7NO_2$, F. 55 bis 56°, $Kp._3$ 106—108°, durch 1std. Kochen vorst. Verb. in 10%ig. HCl unter N_2 u. Zugabe von 30%ig. NaOH bis pH 10; aus Bzl. Blättchen; 50—60%. *2.4-Dinitrophenylhydrazon*, *Hydrochlorid*, F. 269—270° (Zers.); orangegelbes Pulver. *Thiosemicarbazon*,

Hydrochlorid, $C_8H_{11}ClN_4OS$, F. 220—230° (Zers.); orangegelbe Nadeln; 80—90% [*Freie Verb.*, $C_8H_{10}N_4OS$, F. 204—205° (Zers.), durch Erwärmen des Hydrochlorids mit wss. Na-Acetat u. Zugabe von $NaHCO_3$ bis pH 6; aus 10%ig. A. gelbe Kristalle; 50%]. *Oxim*, $C_7H_8N_2O_2$, F. 196,5—197,5°; Nadeln; 55%. — *3.4-Dicarboxy-* (*Cinchomeronsäure*), F. 256°, durch Zugabe von bei 250° bereiteter Lsg. von 1 g Se in 96%ig. H_2SO_4 zur Lsg. von Isochinolin in 96%ig. H_2SO_4 bei 30°, Eintropfen dieses Gemisches in die Lsg. von 1,4 g Se in 96%ig. H_2SO_4 bei 270—280°, 1std. Rk. bei 280° u. Gießen auf Eis; amorph; 100 g. *Imid*, aus dem Anhydrid (vgl. Bachman u. Mitarbeiter, J. org. Chemistry **14**, [1949], 97, bzw. Blanchard u. Mitarbeiter, Bull. Johns Hopkins Hosp. **91**, [1952], 330); 70—85%. — *3-Amino-4-carboxy-*, vgl. Blanchard (l. c.); 55%. — *3-Hydroxy-4-carboxy-*, vgl. Blanchard; 65%. *Methylester*, F. 79—80°, durch 20std. Kochen von 139,1 g der Säure mit Methanol, 96,5%ig. H_2SO_4 u. Äthylendichlorid; aus PAe. hellgelbe Kristalle; 75 g. — *3-Methoxy-4-carbomethoxy-*, $C_8H_9NO_3$, F. 55—56°, durch 12std. Rk. vorst. Methylesters in Ae./A. mit CH_2N_2 bei Raum-Temp.; aus Hexan Nadeln; 70%. — *3-Hydroxy-4-hydroxymethyl-*, *Hydrochlorid*, $C_6H_8ClNO_2$, F. 206—207°, a) durch Zutropfen der Lsg. vorvorst. Methylesters in abs. Ae. zu $LiAlH_4$/abs. Ae., 10 Min. langes Kochen u. Zers. mit Essigsäureäthylester u. W.; aus W./Aceton hellgelbe Blättchen; 66%; b) aus der freien Verb. mit äthanol. HCl bei 0°; 80%. — *3-Methoxy-4-hydroxymethyl-*, $C_7H_9NO_2$, F. 113—114°, durch 1std. Zutropfen der Lsg. vorvorst. Verb. in abs. Ae. zu $LiAlH_4$/abs. Ae. u. Zers. mit Essigester u. W.; aus Bzl./Hexan hellgelbe Kristalle; 46—50%. — *3-Hydroxy-4-formyl-*, $C_6H_5NO_2$, F. 126—128°, analog **II** aus vorvorst. Hydrochlorid in A.; gelbe Kristalle; 30—40%. *2.4-Dinitrophenylhydrazon*, *Hydrochlorid*, F. 323—325° (Zers.); gelbe Mikrokristalle. *Thiosemicarbazon*, *Hydrochlorid*, $C_7H_9ClN_4OS$, F. 245—247° (Zers.); dunkelgelbe Blättchen; 30%. *Oxim*, $C_6H_6N_2O_2$, F. 205—206°; Nadeln; 30%. — *3-Methoxy-4-formyl-*, $C_7H_7NO_2$, analog **II** aus vorvorst. Verb. in A.; 60%. *2.4-Dinitrophenylhydrazon*, *Hydrochlorid*, F. 256—258° (Zers.); citronengelbe Nadeln aus W.; 60%. *Thiosemicarbazon*, *Hydrochlorid*, $C_8H_{11}ClN_4OS$, F. 235—245 (Zers.); citronengelbe Nadeln. *Oxim*, $C_7H_8N_2O_2$, F. 160—161°; Nadeln; 75%.

H.-J. Weigmann. 3231△

N-Methyldihydronicotinsäureamid. R. F. Hutton und F. H. Westheimer. (Tetrahedron [London] **3**, 73—77, 1958; Erratum: **6**, 96, 1959; Cambridge, Mass., Harvard Univ., Mallinckrodt Labor.; engl.) — Unterss. der NMR-Spektren von N-Methyldihydronicotinsäureamid u. der durch Deuterieren in Stellung 2 bzw. 6 abgeleiteten Verbb. bestätigen die diesen Verbb. zugeordnete 1.4-Dihydropyridinstruktur.

H.-J. Weigmann. 3231△

Untersuchungen über Chemotherapeutica gegen Mycobacterium tuberculosis. 17. Mitt. **Synthese und antibakterielle Wirkung von Dipyridylguanidinderivaten.** Hyozo Taniyama, Naokata Yokoyama, Miyoko Kobayashi und Homare Uchida. (J. pharmac. Soc. Japan [Yakugakuzasshi] **77**, 1248—50, 1957; Osaka, Univ., Pharmac. Fac. and Toneyama Hospital, Nat. Sanatorium; jap., Auszug: engl.) — 16. vgl. C. **1963**, 22315. — Die Kondens. von 1.3-Bis-[pyridyl-(2)]-thioharnstoff (**I**) in Ggw. von $PbCO_3 \cdot Pb(OH)_2$ mit Anilin, p-Aminophenol, p-Alkoxyphenylaminen, Na-[p-Aminosalicylat] u. Isonicotinsäurehydrazid liefert die entsprechenden Dipyridylguanidine, deren antibakterielle Wrkg. in vitro gegenüber verschiedenen Tuberkelbazillen geprüft wird. Werte s. Original.

Versuche: 1.3-Bis-[pyridyl-(2)]-guanidine, durch 15—18std. Kochen von **I** mit den entsprechenden Aminen in A. in Ggw. von $PbCO_3 \cdot Pb(OH)_2$, heiß Filtrieren, Kühlen u. Nd. aus A. Umkristallisieren: *N²-Phenyl-*, $C_{17}H_{15}N_5$, F. 132°; Nadeln; 34,2% (Ausbeute). — *N²-[p-Hydroxyphenyl]-*, $C_{17}H_{15}N_5O$, F. 225°; Nadeln; 27,2%. — *N²-[p-Methoxyphenyl]-*, $C_{18}H_{17}N_5O$, F. 108°; Nadeln; 33%. — *N²-[p-Äthoxyphenyl]-*, $C_{19}H_{19} \cdot N_5O$, F. 113°; Nadeln; 30%. — *N²-[p-Propoxyphenyl]-*, $C_{20}H_{21}N_5O$, F. 111°; Nadeln; 66%. — *N²-[p-Butoxyphenyl]-*, $C_{21}H_{23}N_5O$, F. 102°; Nadeln; 39%. — *N²-[p-Pentoxyphenyl]-*, $C_{22}H_{25}N_5O$, F. 82°; rötliche Nadeln; 52,4%. — *N²-[p-Hexoxyphenyl]-*, $C_{23}H_{27}N_5O$, F. 91°; rötliche Nadeln; 59,1%. — *N²-[p-Octyloxyphenyl]-*, $C_{25}H_{31}N_5O$, F. 74°; rötliche Nadeln; 42,1%. — *N²-[p-Dodecyloxyphenyl]-*, $C_{29}H_{39}N_5O$, F. 64—65°; rötliche Nadeln; 47,7%. — *N²-[3-Hydroxy-4-carboxyphenyl]-*, $C_{18}H_{15}N_5O_3$, F. 200°; 30%. — *N²-Isonicotinoylamino-*, $C_{17}H_{15}N_7O$, F. 184°; 34%.

H. Krause. 3231△

Untersuchungen über Oxime von 2-Acylpyridin und 2-Acylchinolin. Tatsumi Nakashima. (J. pharmac. Soc. Japan [Yakugakuzasshi] **77**, 1298—1302, 1957; Osaka, Nat. Hygienic Labor., Osaka Branch; jap., Auszug: engl.) — *2-Acetyl-*, *2-Propionyl-* u. *2-Benzoylpyridine* u. *Chinoline* sowie *2-Phenylacetylpyridin* werden durch Grignard-Rk. aus 2-Cyanpyridin (**I**) bzw. -chinolin (**II**) gewonnen. *2-Phenylacetylchinolin* entsteht aus Chinaldinsäureäthylester über *2-[α-Cyanphenylacetyl]-chinolin*. 2-Phenylacylpyridin

u. -chinolin kommen in vier desmotropen Formen vor, deren Eigg. mit einem auf zwei verschiedenen Wegen synthetisierten Prod. verglichen werden. Eines der Ketone ergibt ein Oxim u. reagiert mit Fe^{2+} zu einem rot bis rotvioletten Komplex.

Versuche: *2-Acetylpyridin*, $Kp._8$ 65—66°, durch Umsetzen von 9 g I mit Methyl-MgJ; 2,6 g (Ausbeute). *Oxim*, F. 121°. — *2-Propionylpyridin*, $Kp._5$ 80—84°, aus 9 g I u. Äthyl-MgBr; 7,1 g. *Oxim*, F. 106°. — *2-Phenylacetylpyridin*, $Kp._3$ 138—142°, aus 10 g I u. Benzyl-MgBr; 8 g. *Oxim*, $C_{13}H_{12}N_2O$, F. 157°. *Pikrat*, $C_{19}H_{14}N_4O_8$, F. 161° (Zers.). *Phenylhydrazon*, $C_{19}H_{17}N_3$, F. 96°. — *2-Benzoylpyridin*, $Kp._7$ 165°, aus 9 g I u. Phenyl-MgBr; 2,2 g. *Oxim*, F. 152°. — *2-Phenacylpyridin*, F. 54°, aus 48 g 2-Picolin über *2-Styrylpyridin*, *2-[α.β-Dibromphenäthyl]-pyridin* u. *2-[2-Phenäthinyl]-pyridin* (F. 78—80°, $Kp._5$ 174°; 30 g). *Oxim*, $C_{13}H_{12}N_2O$, F. 120°. — Chinoline: *2-Acetyl-*, F. 52—53°, aus 3 g II u. Methyl-MgJ; 2,4 g. *Oxim*, $C_{11}H_{10}N_2O$, F. 143,5°. — *2-Propionyl-*, F. 59—60°, aus 3 g II u. Äthyl-MgBr; 2,5 g. *Oxim*, $C_{12}H_{12}N_2O$, F. 107°. — *2-Benzoyl-*, F. 111°, aus 3 g II u. Phenyl-MgBr; 3,2 g. *Oxim*, $C_{16}H_{12}N_2O$, F. 168—169°. — *2-[α-Cyanophenylacetyl]-*, $C_{18}H_{12}N_2O$, F. 100°, durch Umsetzen von Chinolin-2-carbonsäureäthylester mit Na-Phenylacetonitril. — *2-Phenylacetyl-*, $C_{17}H_{13}NO$, F. 78°, aus 1 g vorst. Verb.; 0,85 g. *Oxim*, $C_{17}H_{14}N_2O$, F. 128,5°. *Pikrat*, F. 148° (Zers.). — *2-Phenacyl-*, F. 120—122°, a) aus Chinaldin über *2-Styrylchinolin*, *2-[α.β-Dibromphenäthyl]-chinolin* u. *2-[2-Phenäthinyl]-chinolin*; b) durch Umsetzen von Chinaldin mit Li u. Einw. von Benzoesäuremethylester. *Oxim*, $C_{17}H_{14}N_2O$, F. 174—176°. — *2-Amino-*, F. 128°, durch Beckmannsche Umlagerung von 2-Benzoylchinolinoxim in $SOCl_2$; 86,8%. H. Krause. 3231△

Über Chinolinderivate. 2. Mitt. Torizo Takahashi, Jutaro Okada und Yoshiki Hamada. (J. pharmac. Soc. Japan [Yakugakuzasshi] **77,** 1243—44, 1957; Univ. of Kyoto, Med. Fac., Pharmac. Inst.; jap., Auszug: engl.) — 1. vgl. C. **1961,** 18324. — Durch Reissert-Rk. werden aus 6-Äthoxy- (I) bzw. 6- oder 7-Chlorchinolin-1-oxid die entsprechenden *2-Cyanchinoline* erhalten, während 6-Äthoxy- u. 7-Chlorchinolin die *1-Benzoyl-6-äthoxy-* u. *1-Benzoyl-7-chlor-1.2-dihydro-2-cyanchinoline* liefern. Aus 3-Brom- u. 4-, 5- oder 8-Chlorchinolin werden bei dieser Rk. die dehalogenierten *1-Benzoyl-1.2-dihydro-2-cyanchinoline* erhalten.

Versuche: *6-Äthoxychinolin-1-oxid* (I), $C_{11}H_{11}NO_2$, F. 51°, durch 16std. Erhitzen von 6-Äthoxychinolin (II) in Essigsäure mit H_2O_2, Einengen, Zugabe von Na_2CO_3 u. Extraktion mit Chlf.; Nadeln; 80% (Ausbeute). — 2-Cyanchinoline, durch Umsetzen der entsprechenden 1-Oxide mit KCN in W. u. Benzoylchlorid: *6-Chlor-*, $C_{10}H_5ClN_2$, F. 198° (A.); 77%. — *7-Chlor-*, $C_{10}H_5ClN_2$, F. 141°; 75%. — *6-Äthoxy-*, $C_{12}H_{10}N_2O$, F. 84°; 70%. — *1-Benzoyl-6-äthoxy-1.2-dihydro-*, $C_{19}H_{16}N_2O_2$, F. 108° (A.), aus II analog vorst. Verbb., Behandeln des öligen Prod. mit HCl, Waschen des Nd. mit Ae. u. W.; Nadeln; 86%. — *1-Benzoyl-7-chlor-1.2-dihydro-*, $C_{17}H_{11}ClN_2O$, F. 151—152°, analog vorst. Verb. aus 7-Chlorchinolin; 40%. H. Krause. 3231△

Über Chinolinderivate. 3. Mitt. Torizo Takahashi und Yoshiki Hamada. (J. pharmac. Soc. Japan [Yakugakuzasshi] **77,** 1244—46, 1957; jap., Auszug: engl.) — 2. vgl. vorst. Referat. — 2-Cyan-6-chlor- (I) bzw. 2-Cyan-6-äthoxychinolin (II) u. ihre 1-Oxide werden nach Radziszewsky in die entsprechenden *Säureamide* umgewandelt. I u. II liefern durch Hydrolyse über die Säuren u. ihre Methylester u. Umsetzen mit $N_2H_4 \cdot H_2O$ die entsprechenden *Säurehydrazide*. Beim 24std. Stehen von 1-Benzoyl-2-cyan-6-äthoxy-1.2-dihydrochinolin (III) in konz. HCl werden Benzaldehyd, *6-Äthoxychinolin-2-carbonsäureamid*, *6-Äthoxychinolin-2-carbonsäure* u. ihr *Benzoinester* erhalten.

Versuche: Chinoline: *2-Cyan-6-chlor-*, *1-Oxid* (IV), $C_{10}H_5ClN_2O$, F. 257°, durch Umsetzen von I mit H_2O_2; 76% (Ausbeute). — *2-Cyan-6-äthoxy-*, *1-Oxid* (V), $C_{12}H_{10}N_2O_2$, F. 160°, analog IV; 70%. — *6-Chlor-2-carbamoyl-*, $C_{10}H_7ClN_2O$, F. 234°, aus I; 90%. — *6-Äthoxy-2-carbamoyl-*, $C_{12}H_{12}N_2O_2$, F. 127°, a) aus II; b) beim Stehen von III mit konz. HCl; 90%. — *6-Chlor-2-carbamoyl-*, *1-Oxid*, $C_{10}H_7ClN_2O_2$, F. 286°, aus IV; 90%. — *6-Äthoxy-2-carbamoyl-*, *1-Oxid*, $C_{12}H_{12}N_2O_3$, F. 212°, aus V; Nadeln; 80%. — *6-Chlor-2-carboxy-* (VI), $C_{10}H_6ClNO_2$, F. 228°, durch 11std. Kochen von 1 g I mit NaOH in A. u. Neutralisieren mit HCl; 1,1 g. *Methylester*, $C_{11}H_8ClNO_2$, F. 97°. *Hydrazid*, $C_{10}H_8ClN_3O$, F. 223° (A.), durch Rk. von 1 g Methylester in Methanol mit $N_2H_4 \cdot H_2O$ bei 0°; 1 g. — *6-Äthoxy-2-carboxy-*, $C_{12}H_{11}NO_3$, F. 124°, a) analog VI; b) beim Stehen von III mit konz. HCl; Nadeln. *Methylester*, $C_{13}H_{13}NO_3$, F. 86°. *Hydrazid*, $C_{12}H_{13}N_3O_2$, F. 136°. *α-Benzoylbenzylester*, $C_{26}H_{21}NO_4$, F. 163°. H. Krause. 3231△

Polarisation der heterocyclischen Ringe mit aromatischem Charakter. 118. Mitt. **Über das 4-Hydroxyaminochinolin-N-oxid.** Eiji Ochiai, Akihiro Ohta und Hiroaki Nomura. (Pharmac. Bull. [Tokyo] **5,** 310—13, Aug. 1957; Tokyo, Univ., Med. Fak., Pharmaz. Inst.; dt.) — 117. u. 120. vgl. C. **1963,** 10465. — Bei der früher als 4.4'-Hydrazochinolin-N.N'-dioxid angesehenen Verb. handelt es sich um *4-Hydroxy-*

aminochinolin-N-oxid (I), das auch durch Einw. von überschüss. Hydroxylamin (III) auf 4-Chlorchinolin-N-oxid (II) in sd. wss. Methanol erhalten werden kann. Mit $POCl_3$ entsteht aus I *2-Chlor-4-aminochinolin*, mit Fehlingscher Lsg. *4.4'-Azoxychinolin-N.N'-dioxid*, u. mit Triphenyltriazoliumchlorid tritt in alkal. Medium die für Hydroxylamin-Derivv. spezif. rote Färbung auf.

Versuche: *4-Hydroxyaminochinolin-N-oxid* (I), $C_9H_8N_2O_2$, F. ca. 210° (Zers.), a) aus 4-Nitrochinolin-N-oxid durch katalyt. Red. an 40%ig. Pd/Kohle in A.; b) durch 5½ std. Kochen von II mit überschüssigem III in Methanol; 63% (Ausbeute); gelbes Pulver. *Hydrochlorid* (Ia), F. 191—192° (Zers.), schwachgelbe Nadeln aus Methanol. *Pikrat*, F. 162° (Zers.), Nadeln. — *4.4'-Azoxychinolin-N.N'-dioxid*, $C_{18}H_{12}N_4O_3$, F. über 310° (Zers.), aus I durch Erhitzen mit Fehlingscher Lsg., Sättigen mit NH_3, Filtrieren u. Extraktion des Nd. mit Chlf. (aus Chlf.); orangefarbene Nadeln. — *2-Chlor-4-aminochinolin*, F. 197—198°, a) aus Ia durch Versetzen mit $POCl_3$ bei 0° u. anschließendes ½ std. Erhitzen auf 100°; b) analog a) aus 4-Aminochinolin-N-oxid; aus wss. A. Nadeln. M. Reiher. 3231 □

Polarisation der heterocyclischen Ringe mit aromatischem Charakter. 119. Mitt. **Über die Nitrierung des Chinaldin-N-oxids mittels Benzoylnitrats.** Eiji Ochiai und Hiroshi Tanida. (Pharmac. Bull. [Tokyo] **5**, 313—16, Aug. 1957; dt.) — 118. vgl. vorst. Referat. — Bei der Einw. mol. Mengen Benzoylnitrat (I) auf Chinaldin-N-oxid (V) entstehen *3-Nitrochinaldin-N-oxid* (II) u. *2-Benzoyloxymethylchinolin* (III) in 20- bzw. 30%ig. Ausbeute. Wird ein Überschuß von I angewendet, so gehen die Ausbeuten an II u. III zurück u. es bildet sich eine *Verb.* $C_{20}H_{10}N_6O_6$ (IV), für Vff. die angegebene Struktur vorschlagen.

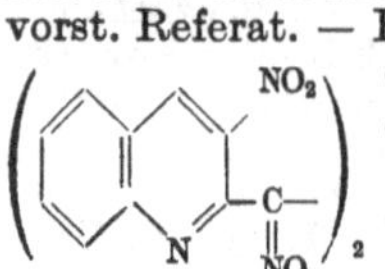

IV

II ergibt mit PCl_3 in Chlf. *3-Nitrochinaldin*, aus dem durch katalyt. Red. *3-Aminochinaldin* (VI) gewonnen werden kann, das sich mit alkal. $KMnO_4$-Lsg. zur *Acetylanthranylsäure* oxydieren läßt. III liefert beim Erhitzen mit konz. HCl *Benzoesäure* u. *2-Hydroxymethylchinolin*.

Versuche: *2-Benzoyloxymethylchinolin* (III), F. 51°, durch mehrstd. Stehen von V u. I in Chlf. bei —6°, mehrere Tage langes Stehen bei Zimmer-Temp., Waschen mit W., Einengen u. Chromatographie an Florisil; Blättchen aus wss. Methanol; 30,3% (Ausbeute). *Pikrat*, $C_{17}H_{13}NO_2 \cdot C_6H_3N_3O_7$, F. 170—171°, aus A. Prismen. *Hydrochlorid*, F. 112—113°, Nadeln. 40 Min. langes Erhitzen von III in konz. HCl → *2-Hydroxymethylchinolin* (F. 66—67,5°, aus Bzl./PAe. Nadeln) u. *Benzoesäure*. — *3-Nitrochinaldin-N-oxid* (II), $C_{10}H_8N_2O_3$, F. 196—197,5°, neben III; gelbe Nadeln aus Aceton; 20,6%. — *3-Nitrochinaldin*, F. 112—113°, durch ½ std. Stehen von 160 mg II mit PCl_3 in Chlf. bei Zimmer-Temp., 5 Min. langes Erhitzen auf 100°, Zers. mit W., Alkalisieren u. Einengen des Chlf.-Auszugs; aus Bzl. Nadeln; 120 mg. — *3-Aminochinaldin* (VI), F. 159—160°, aus vorst. Verb. durch Hydrieren an Pd-Kohle in A.; aus Ae./PAe. schwachgelbe Nadeln. *Acetyl-Deriv.*, F. 164—165°, Nadeln. 12 std. Stehen von VI in wss. $KMnO_4$ bei Zimmer-Temp., kurzes Erwärmen, H_2O_2-Zusatz, Filtrieren, Einengen, Ausziehen des Rückstandes mit A. u. Aufarbeiten → *Acetylanthranilsäure* (F. 184—185°, aus W. Nadeln). — *Verb.* $C_{20}H_{10}N_6O_6$ (IV), F. 249—250° (Zers.), a) analog III durch Rk. von 0,95 g V mit überschüssigem I u. Aufarbeiten; 140 mg; b) durch Rk. von II mit I; aus Dimethylformamid/A. gelbbraune Nadeln. M. Reiher. 3231 □

Polarisation der heterocyclischen Ringe mit aromatischem Charakter. 136. Mitt. **Beitrag zur Nitrierung der Isochinolin-Derivate.** Eiji Ochiai und Yutaka Kawazoe. (Pharmac. Bull. [Tokyo] **8**, 24—27, 1960; Tokio, Univ., Pharmaz. Fak.; dt.) — 135. vgl. J. pharmac. Soc. Japan [Yakugakuzasshi] **79**, [1959], 537; 138. vgl. C. **1963**, 7351. — Aus 1-Äthoxyisochinolin (III) entsteht bei der Nitrierung mit KNO_3/konz. H_2SO_4 bei 20° *1-Äthoxy-5-nitroisochinolin* (IV), das mit HBr zu *5-Nitroisocarbostyril* verseift werden kann. Die Bromierung von Isocarbostyril (V) unter milden Bedingungen führt in guter Ausbeute zum *4-Brom-Deriv.*, dessen Konstit. sich durch Überführung in *1-Chlor-4-bromisochinolin* feststellen läßt. Wird 1-Aminoisochinolin (VI) analog III nitriert, so erhält man *1-Amino-4-nitroisochinolin* (I). I gibt beim Diazotieren das entsprechende *Isocarbostyril* u. weiter mit $POCl_3$ *1-Chlor-4-nitroisochinolin* (II). Aus II bildet sich mit Hydrazinhydrat (VII) u. Ag-Acetat *4-Nitroisochinolin*, das sich zu *4-Aminoisochinolin* reduzieren läßt. *1-Äthoxy-4-nitroisochinolin*, aus II erhältlich, läßt sich außerdem in *1-Äthoxy-4-aminoisochinolin* (VIII) umwandeln. Nitrierung in 4-Stellung findet auch an *5.6.7.8-Tetrahydroisocarbostyril* (IX) statt.

Versuche: *1-Äthoxy-5-nitroisochinolin* (IV), $C_{11}H_{10}N_2O_3$, F. 141°, durch Rk. von III mit $KMnO_3$/konz. H_2SO_4 bei 0°, 20 Min. langes Stehen bei Zimmer-Temp. u. Gießen auf Eis; schwachgelbe Nadeln aus A.; 64% (Ausbeute). 4 std. Erhitzen von 100 mg IV mit konz. HBr im Rohr auf 100° → 90 mg *5-Nitroisocarbostyril* (F. 247°, aus A. gelbe

Nadeln). — *4-Bromisocarbostyril*, C_9H_6BrNO, F. 246°, durch Rk. von **V** mit Br_2 in Eisessig; Nadeln aus A.; 85%. — *1-Chlor-4-bromisochinolin*, F. 99—100°, aus vorst. Verb. durch 2std. Erhitzen mit $POCl_3$ im Rohr auf 120°; Nadeln aus PAe.; 90%. — *1-Amino-4-nitroisochinolin* (**I**), F. ca. 250° (nicht rein), analog **IV** aus 1 g **VI**; gelbe Nadeln aus A.; 1,3 g. — *1-Chlor-4-nitroisochinolin* (**II**), $C_9H_5ClN_2O_2$, F. 116—117°, durch Eintropfen von wss. $NaNO_2$-Lsg. in die erwärmte Lsg. von 1,3 g **I** in konz. H_2SO_4, Abfiltrieren des Nd., Trocknen, 2std. Erhitzen mit $POCl_3$ auf 100° im Rohr, Gießen auf Eis u. Ausäthern; aus A. Nadeln; 750 mg. — *4-Nitroisochinolin*, $C_9H_6N_2O_2$, F. 64°, durch 2std. Stehen von 200 mg **II** u. **VII** in Methanol bei Zimmer-Temp., 1½std. Kochen des abgesaugten violetten Prod. mit Ag-Acetat in W., Alkalisieren, Ausäthern, Einengen u. Chromatographie an Al_2O_3; aus PAe. Nadeln; 30 mg. Hydrieren von 20 mg Pd/Kohle in A. → 14 mg *4-Aminoisochinolin* (F. 107°). — *1-Äthoxy-4-nitroisochinolin*, $C_{11}H_{10}N_2O_3$, F. 116—117°, durch ½std. Stehen von 0,5 g **II** mit Na-Äthylat in A. bei Zimmer-Temp., ½std. Erhitzen auf 70°, Sättigen mit CO_2, Filtrieren u. Eindampfen; gelbe Nadeln aus A.; 250 mg. — *1-Äthoxy-4-aminoisochinolin* (**VIII**), F. 74—75°, durch Hydrieren von 100 mg vorst. Verb. an Pd/Kohle in A.; aus PAe. Prismen; 60 mg. Eintropfen von wss. $NaNO_2$-Lsg. zur Lsg. von 70 mg **VIII** in verd. HBr bei 0°, Zusatz von Cu-Pulver, 10 Min. langes Rühren bei Zimmer-Temp., Alkalisieren, Ausäthern, Einengen u. Chromatographie an Al_2O_3 → 25 mg *1-Äthoxy-4-bromisochinolin* (F. 64°, Nadeln aus PAe.). — *4-Nitro-5.6.7.8-tetrahydroisocarbostyril*, $C_9H_{10}N_2O_3$, F. 204°, durch Rk. von 2 g **IX** mit HNO_3/H_2SO_4 bei 0°; schwachgelbe Nadeln aus Methanol; 1,1 g. — *1-Chlor-4-nitro-5.6.7.8-tetrahydroisochinolin*, $C_9H_9ClN_2O_2$, F. 82—83°, durch 2½std. Erhitzen von 1,1 g vorst. Verb. mit $POCl_3$ im Rohr auf 100° u. Zers. mit Eis; aus PAe. Nadeln; 1,01 g. — *4-Amino-5.6.7.8-tetrahydroisochinolin*, F. 127°, durch ½std. Hydrieren von 100 mg vorst. Verb. in A. an Pd/Kohle in Ggw. von KOH; aus PAe. Nadeln; 50 mg. M. Reiher. 3231◇

Polarisation der heterocyclischen Ringe mit aromatischem Charakter. 137. Mitt. **Bemerkung zur Nitrierung des Pyridin-1-oxids mittels Acylnitrats und über 3.5-Dinitropyridin-1-oxid.** Eiji Ochiai und Chikara Kaneko. (Pharmac. Bull. [Tokyo] **8**, 28—32, 1960; dt.) — 136. vgl. vorst. Referat. — Wird Pyridin-1-oxid (**III**) mit 1 Val p-Nitrobenzoylchlorid (**IV**) u. $AgNO_3$ in Chlf. nitriert, so entstehen *3.5-Dinitro-* (**I**) u. *3-Nitropyridin-1-oxid* (**II**) in jeweils ca. 10%ig. Ausbeute. Das alkaliempfindliche **I** löst sich in $NaHCO_3$- bzw. K_2CO_3-Lsg. mit roter, in NaOH mit gelber Farbe. Der Farbumschlag ist reversibel. Beim Erhitzen mit $POCl_3$ oder PCl_5 bilden sich aus **I** u. **II** die 2-Chlorpyridinderivate. Die UV-Spektren aller besprochenen Verbb. sind angegeben.

Versuche: *3.5-Dinitropyridin-1-oxid* (**I**), $C_5H_3N_3O_5$, F. 183—185°, durch 1std. Rühren von 3,8 g **III** mit **IV** u. $AgNO_3$ in Chlf. bei 0°, 1std. Rk. bei Zimmer-Temp., 3std. Rk. bei 45°, 2std. Rühren bei 55°, 12std. Stehen, Filtrieren, Einengen, Lösen in A., Sättigen der sd. Lsg. mit HCl, Stehen über Nacht, Einengen, Extrahieren mit Ae./PAe. (Einengen → *Blättchen vom F. 52—54°*), Extrahieren mit Chlf. u. Einengen; gelbe Blättchen aus Methanol; 860 mg. *Mol.-Verb. mit Reten*, $C_{18}H_{18}\cdot C_5H_3N_3O_5$, F. 110° (Zers.), aus A. hellgelbe Nadeln. — *3-Nitropyridin-N-oxid* (**II**), F. 169—170°, neben **I** beim Eindampfen des Chlf.-Extraktes; gelbe Nadeln aus Methanol; 500 mg. — *2-Chlor-3.5-dinitropyridin*, F. 62—65°, aus 100 mg **I** durch 5std. Erhitzen mit $POCl_3$ u. PCl_5 auf 150—170°; Nadeln aus Ligroin; 30 mg. — *2-Chlor-3-nitropyridin*, $C_5H_3ClN_2O_2$, F. 96—98°, aus 100 mg **II** durch 2½std. Erhitzen mit $POCl_3$ auf 150°; Nadeln aus PAe.; 55 mg. M. Reiher. 3231◇

Die Reaktionen von 2.3- und 3.4-Cycloalkenchinolinderivaten. 1. Mitt. **β-Diäthylaminoäthylester von 2.3-Cycloalkenocinchoninsäuren.** W. E. Hahn und D. Tomczyk. (Soc. Sci. Lodziensis, Acta chim. **8**, Sect. 3, 61—67, 1962; Łódź, Univ., Dep. of org. Chem.; engl.) — Nach Borsche [1910] dargestellte 2.3-Cycloalkenocinchoninsäuren (**A**) wurden mit β-Diäthylaminoäthylchlorid (**I**) in abs. Aceton in Ggw. von K_2CO_3 oder, mit geringerer Ausbeute als **A**-Ag-Salz mit **I** zu *β-Diäthylaminoäthylester* von **A** umgesetzt, die als *Hydrochloride*, *Oxalate*, *Pikrate* u. *Methojodide* isoliert wurden.

Versuche: β-Diäthylaminoäthylester, aus **I** u. 2.3-Cycloalkencinchoninsäure in abs. Aceton in Ggw. von K_2CO_3 durch 20std. Kochen unter Rühren; orangebraune, honigartige Verbb.; 90% (Ausbeute): *2.3-Cyclopentenocinchoninsäure-*, $C_{19}H_{24}N_2O_2$. *Dihydrochlorid*, $C_{19}H_{26}Cl_2N_2O_2$, F. 187—191° (Zers.), Plättchen aus CH_3OH; 83%. *Oxalat*, $C_{21}H_{26}N_2O_6$, F. 136—138° (Zers.), Plättchen; 70%. *Pikrat*, $C_{25}H_{27}N_5O_9$, F. 170 bis 172° (Zers.), aus A. gelbe Prismen; 57%. *Methojodid*, $C_{20}H_{27}JN_2O_2$, F. 190—192°, aus CH_3OH–Aceton–A. Nadeln; 38%. — *1.2.3.4-Tetrahydroacridin-9-carbonsäure-*, $C_{20}H_{26}N_2O_2$. *Dihydrochlorid*, $C_{20}H_{28}Cl_2N_2O_2$, F. 191—193° (Zers.), aus A./Aceton Nadeln; 85%. *Oxalat*, $C_{22}H_{28}N_2O_6$, F. 146—148° (Zers.; CH_3OH); 88%. *Pikrat*, $C_{26}H_{29}N_5O_9$,

F. 160—162°, aus CH_3OH gelbe Kristalle; 64%. *Methojodid*, $C_{21}H_{29}JN_2O_2$, F. 228 bis 230°, aus CH_3OH Nadeln; 62%. — *2.3-Cycloheptenocinchoninsäure-*, $C_{21}H_{28}N_2O_2$. *Pikrat*, $C_{27}H_{31}N_5O_9$, F. 151—152°, aus CH_3OH gelbe Prismen; 63%. *Methojodid*, $C_{22}H_{31}JN_2O_2$, F. 239—242° (Zers.), aus CH_3OH Nadeln; 78%. *Methobromid*, $C_{22}H_{31}BrN_2O_2$, F. 232 bis 234°, Nadeln. M. Schenk. 3231◇

Katalytische Kondensation von Schiffschen Basen mit Methyl-p-tolylketon. 6. Mitt. N. Ss. Koslow und I. A. Schur. (J. allg. Chem. [UdSSR] **30 (92)**, 2492—96, Aug. 1960; Perm, Landwirtsch. Inst.; russ.) — 3. vgl. C. **1963,** 1260. — Durch Anlagerung von Methyl-p-tolylketon (**I**) an Benzalanilin, -m-toluidin, -p-toluidin, -p-anisidin, -p-phenetidin, -m-nitroanilin, -p-nitroanilin u. -β-naphthylamin (**II**) wurden die entsprechenden *p-Tolyl-[β-arylamino-β-phenyläthyl]-ketone* dargestellt. Die Hydraminspaltung der Verbb. lieferte *ω-Benzal-p-methylacetophenon* (F. 55°). Unter schärferen Bedingungen reagierte **I** mit **II**, m-Nitrobenzal- (**III**), p-Nitrobenzal- (**IV**) u. p-Dimethylaminobenzal-β-naphthylamin (**V**) unter Anlagerung u. Cyclisierung zu *2-Phenyl-*, *2-[m-Nitrophenyl]-*, *2-[p-Nitrophenyl]-* bzw. *2-[p-Dimethylaminophenyl]-4-p-tolyl-5.6-benzochinolin.*

Versuche: [β-Arylamino-β-phenyläthyl]-p-tolylketone: man erhitzt je 0,01 Mol **I** u. Schiffsche Base in 10 ml A. in Ggw. von 1 g des entsprechenden Aminhydrochlorids im Rohr 30—40 Min. auf dem Wasserbad, behandelt mit NH_4OH u. krist. aus A.–Bzl. um: *β-Anilino-*, $C_{22}H_{21}NO$, F. 142°; 28,6% (Ausbeute). — *β-p-Toluidino-*, $C_{23}H_{23}NO$, F. 151°; 54,3%. — *β-m-Toluidino-*, $C_{23}H_{23}NO$, F. 114°; 48,5%. — *β-p-Anisidino-*, $C_{23}H_{23}NO_2$, F. 120°; 43,4%. — *β-p-Phenetidino-*, $C_{24}H_{25}NO_2$, F. 129 bis 130°; 60,0%. — *β-m-Nitroanilino-*, $C_{22}H_{20}N_2O_3$, F. 130°; 52,8%. — *β-p-Nitroanilino-*, $C_{22}H_{20}N_2O_3$, F. 158°; 45,7%. — *β-Naphthyl-(2)-amino-*, $C_{26}H_{23}NO$, F. 186° (Bzl.), durch 10 Min. langes Erhitzen von 3 g **I**, 5 g **II**, 10 ml A. u. 1 g β-Naphthylaminhydrochlorid (**VI**) auf dem Wasserbad; 34,3%. — 4-p-Tolyl-5.6-benzochinoline: *2-Phenyl-*, $C_{26}H_{19}N$, F. 148° (A.–Bzl.), a) durch ½ std. Erhitzen von 2,0 g vorst. Verb. u. 5 ml konz. HCl auf dem Wasserbad; 60%; b) durch ½ std. Erhitzen von 1,4 g **I**, 2,3 g **II**, 1 g **VI** u. 5 ml A. im Rohr auf dem sd. Wasserbad; 14,0%. *Pikrat*, F. 254°. *Hexachloroplatinat*, $(C_{26}H_{19}N)_2 \cdot H_2PtCl_6$. — Analog nach b): *2-[m-Nitrophenyl]-*, $C_{26}H_{18}N_2O_2$, F. 238° (Bzl.), aus **I** u. **III**; 30%. *Pikrat*, F. 224°. — *2-[p-Nitrophenyl]-*, $C_{26}H_{18}N_2O_2$, F. 195°, aus **I** u. **IV**; 50%. *Pikrat*, F. 275° (Zers.). — *2-[p-Dimethylaminophenyl]-*, $C_{28}H_{24}N_2$, F. 196° (A.), aus **I** u. **V**; 30%. *Pikrat*, F. 235° (Zers.). *Hydrochlorid*, F. 232° (Zers.). Helmut Schäfer. 3231△

Untersuchungen in der Pyrrocolinreihe. 2. Mitt. **Acetylierung und Nitrierung von Pyrrocolin.** Yoshio Arata, Susumu Sakamoto, Sachiko Morosumi und Ryoji Ito. (J. pharmac. Soc. Japan [Yakugakuzasshi] **77,** 1347—49, 1957; Kanazawa, Univ., Pharmac. Fac.; jap., Auszug: engl.) — 1. vgl. C. **1963,** 19603. — Das durch Erhitzen von Pyrrocolin (**I**) mit Acetanhydrid gewonnene *1.3-Diacetylpyrrocolin* (**II**) ergibt bei der Oxydation mit H_2O_2 *2-Picolinsäure-1-oxid* (**IV**). **II** entsteht ferner bei der Acetylierung u. folgenden Decarboxylierung von Pyrrocolin-2-carbonsäure. Die Nitrierung von **I** liefert *1.3-Dinitropyrrocolin* (**III**), das auch durch Nitrierung u. anschließende Decarboxylierung von 1.3-Diacetylpyrrocolin-2-carbonsäure (**V**) gewonnen wird. Die Oxydation von **III** mit H_2O_2 führt zu **IV**.

Versuche: *Pyrrocolin-2-carbonsäure*, F. 221° (Zers.). *3-Acetyl-Deriv.*, $C_{11}H_9NO_3$, F. 151°, aus 3 g Säure; 1,4 g (Ausbeute). *1.3-Diacetyl-Deriv.* (**V**), $C_{13}H_{11}NO_4$, F. 215° (Zers.). — *1.3-Diacetylpyrrocolin* (**II**), $C_{12}H_{11}NO_2$, F. 178°, durch Decarboxylieren von **V** bei 200—240°/20 Torr. — *1.3-Dinitropyrrocolin-2-carbonsäure*, $C_9H_5N_3O_6$, F. 188° (Zers.), durch Nitrieren von 0,2 g **V** mit rauchender HNO_3, 0,2 g. — *1.3-Dinitropyrrocolin* (**III**), $C_8H_5N_3O_4$, F. 226—227° (Zers.), a) durch Nitrierung von **I**; b) durch Decarboxylierung vorst. Verbindung. — *2-Picolinsäure-1-oxid* (**IV**), $C_6H_5NO_3$, F. 164° (Zers.), a) durch Oxydation von **III** mit H_2O_2; b) aus **II** analog a). H. Krause. 3231△

Reaktionen von Natrium-2-oxocyclohexylthiolsulfat. Brian Milligan und J. M. Swan. (J. chem. Soc. [London] **1961,** 5552—53; Parkville, Victoria, Australia, C.S.I.R.O., Wool Res. Labor., Div. of Protein Chem.; engl.) — Die Rk. von 2-Chlorcyclohexanon (**I**) mit $Na_2S_2O_3$ liefert *Na-S-2-Oxocyclohexylthiolsulfat* (**IV**), das durch Einw. von Na_2S oder durch Oxydation *Bis-[2-oxocyclohexyl]-disulfid* (**II**) ergibt. Die Struktur von **II** wird u. a. durch das IR-Spektrum gestützt. Die von Backer u. Mitarbeitern (Recueil Trav. chim. Pays-Bas **60,** [1941], 381) aus **I** u. Na_2S synthetisierte u. als **II** angesehene Verb. vom F. 150° wird als *Perhydro-4a.8a-dihydroxythianthren* (**IIIa**) identifiziert. Bei der Rk. von **I** mit NaSH entsteht vermutlich ein Isomeres (**IIIb**) von **IIIa** mit F.-Werten zwischen 143 u. 144 u. 168 u. 170°, die vom Kristallisationsmedium

u. von der Glasart der F.-Röhrchen abhängig sind. Einw. von HCl auf **IIIb** führt zu *Oktahydrothianthren*, das auch aus **IV** mit HCl erhalten wird. **IIIa** zersetzt sich langsam unter Bldg. einer Carbonylverbindung.

Versuche: *Na-S-2-Oxocyclohexylthiolsulfat* (**IV**), $C_6H_9NaO_4S_2$, F. 169° (Zers.), aus **I** u. $Na_2S_2O_3 \cdot 5\,H_2O$ in 50%ig. A. durch 1std. Kochen; aus A./Ae. Nadeln; 65% (Ausbeute). — *Bis-[2-oxocyclohexyl]-disulfid* (**II**), $C_{12}H_{18}O_2S_2$, F. 80°, a) aus **IV** durch Zugabe von Bromwasser; aus wss. CH_3OH Nadeln; b) aus 4,6 g **IV** durch Zugabe von 0,1m Na_2S-Lsg. bei pH 8; 1,1 g; *Bis-[2.4-dinitrophenylhydrazon]*, $C_{24}H_{26}N_8O_8S_2$, F. 221°, aus CH_3CN gelbe Nadeln. — *Perhydro-4a.8a-dihydroxythianthren, Isomeres A* (**IIIa**), $C_{12}H_{20}O_2S_2$, F. 150° (A. oder PAe.), durch Zutropfen alkohol. Na_2S-Lsg. (aus H_2S u. Na-Äthylat-Lsg.) zu **I** in A. bei 0°; 7,5%. — *Isomeres B* (**IIIb**), F. 168—170° (n-Butanol), F. 153° (A.), F. 143—144° (Chlf.), analog **III** aus 67 g **I** u. NaSH (aus Überschuß von H_2S u. Na-Äthylat); 22,1 g. — *1.2.3.4.5.6.7.8-Oktahydrothianthren*, $C_{12}H_{16}S_2$, F. 97°, a) aus 10 g **IV** in sd. A. durch Einleiten von HCl; 2,3 g; aus A. Prismen; b) durch 3std. Einleiten von HCl in eine sd. Lsg. von 2 g **IIIb** (F. 168—170°) in Dioxan; 0,4 g.

K.-D. Albrecht. 3262◇

Reaktion von tert.-Alkylazomethinen mit Keten. David H. Clemens und William D. Emmons. (J. org. Chemistry **26**, 949—51, März 1961; Philadelphia, Pa., Rohm & Haas Co.; engl.) — N-tert.-Butyl- (**I**) bzw. N-tert.-Octyl (1.1.3.3-Tetramethylbutyl)-formaldimin (**II**) reagieren mit Keten in Ggw. von $ZnCl_2$ bei Raum-Temp. exotherm zu *1.3-Di-tert.-butyl-* (**III**) bzw. *1.3-Di-tert.-octyl-4-oxohexahydropyrimidin* (**IV**). Für diese Strukturen sprechen die Spaltung von **III** mit 2.4-Dinitrophenylhydrazin (**V**) zu *Formaldehyd-2.4-dinitrophenylhydrazon* (**VI**), die saure Hydrolyse von **III** zu *β-tert.-Butylamino-N-tert.-butylpropionamid*, dessen Synth. aus tert.-Butylamin (**VII**) u. N-tert.-Butylacrylsäureamid (**VIII**), die $LiAlH_4$-Red. von **III** zu *1.3-Di-tert.-butylhexahydropyrimidin*, dessen Synth. aus N.N'-Di-tert.-butyltrimethylendiamin (**IX**) u. CH_2O u. die saure Hydrolyse von **IV** zu *β-tert.-Octylamino-N-tert.-octylpropionamid*. Ohne $ZnCl_2$ findet auch $>100°$ keine Rk. zwischen **I** oder **II** u. Keten statt. Die analoge Rk. von N-Methyl-, N-Butyl- u. N-Cyclohexylformaldimintrimeren gibt komplizierte Prodd., die nicht charakterisiert wurden.

Versuche: *1.3-Di-tert.-butyl-4-oxohexahydropyrimidin* (**III**), $C_{12}H_{24}N_2O$, Kp.$_2$ 118—120°, durch Einleiten von Keten in ein Gemisch von **I** u. $ZnCl_2$ in Ae. unter Kühlen auf Raum-Temp.; n_D^{25} 1,4679; 53% (Ausbeute); gibt mit **V** in A./W. durch 10 Min. langes Erhitzen auf dem Dampfbad u. Kühlen 70% **VI**, F. 164—166° (A.). — *1.3-Di-tert.-octyl-4-oxohexahydropyrimidin* (**IV**), $C_{20}H_{40}N_2O$, Kp.$_{0,25}$ 167—169°, analog **III** aus **II**; n_D^{25} 1,4751; 27%. — *β-tert.-Butylamino-N-tert.-butylpropionamid*, $C_{11}H_{24}N_2O$, F. 61—63° (PAe.), a) durch 2std. Kochen von **III**, W. u. konz. HCl, Stehen über Nacht, Alkalisieren mit 20%ig. NaOH, Extraktion mit CH_2Cl_2, Eindampfen im Luftstrom auf dem Wasserbad u. Dest. bei 80—95°/0,15 Torr; 57,5%; b) durch 20std. Erhitzen von **VII** u. **VIII** in Ggw. von Hydrochinon im Autoklaven auf 180—200°; 80%. — *β-tert.-Octylamino-N-tert.-octylpropionamid*, $C_{19}H_{40}N_2O$, Kp.$_{0,15}$ 143—145°, analog vorst. Verb. nach a) in 4 Std.; n_D^{25} 1,4679; 57%. — *1.3-Di-tert.-butylhexahydropyrimidin*, $C_{12}H_{26}N_2$, Kp.$_{0,2}$ 54—56°, a) durch Red. von **III** mit $LiAlH_4$ in sd. Tetrahydrofuran u. Aufarbeiten; n_D^{25} 1,4601; 60% (wird durch $^1/_4$std. Erwärmen auf dem Dampfbad in Ggw. von **V** u. 24std. Stehen zu CH_2O gespalten, das als **VI** isoliert wird); b) durch 16std. Rühren von 3,44 g **IX** u. 37%ig. CH_2O-Lsg. bei Raum-Temp., Zusatz von W. u. Extraktion mit CH_2Cl_2; 2,8 g.

H. Pagel. 3272◇

Über die Reduktion des 5-Nitrouracils mit Natriumdithionit. Costin D. Nenitzescu, Margareta Avram und Elvira Sliam. (Rev. Chim. [Bucarest] **1**, 73—77, 1956; Bukarest, TH, Labor. für Organ. Chem.; dt.) — Durch Red. von 5-Nitrouracil mit $Na_2S_2O_4$ nach Fischer u. Mitarbeitern (vgl. Chem. Ber. **85**, [1952], 752) entsteht nach Ansicht der Vff. nicht das 5-Sulfamoyluracil, sondern *5-Aminouracil-4-sulfonsäure*. Das Na-Salz (**I**) dieser Verb. wurde durch Rk. mit Acetanhydrid in die *Acetyl-Verb.* übergeführt, die durch erschöpfende Methylierung in ein *Trimethyl-Deriv.* mit Betaincharakter übergeht.

Versuche: *Na-5-Acetamidouracil-4-sulfonat, Trihydrat*, $C_6H_6N_3NaO_6S \cdot 3\,H_2O$, durch 4std. Erwärmen von **I** mit Acetanhydrid auf 135—140°; aus A./W. Nadeln. *Wasserfreie Verb.*, $C_6H_6N_3NaO_6S$, durch 10std. Trocknen bei 110° im Vakuum über P_2O_5. — *5-Trimethylammoniouracil-4-sulfonat*, $C_7H_{11}N_3O_5S$, durch Zutropfen von Methyljodid zur Lsg. vorst. Verb. in 4,8%ig. NaOH bei Raum-Temp., mehrstd. Rühren (4 Std. bei 20—30°; 1 Std. bei 50—60°), Eindampfen im Vakuum, Lösen in Methanol, Fällen mit abs. Ae. u. Ansäuern des *Na-Salzes* mit 5n HCl.

H.-J. Weigmann. 3272△

Synthesen von Chinoxalonderivaten. M. Pailer, G. Pruckmayr, H. Zellner und Gertraud Zellner. (Mh. Chem. **93**, 1005—18, 1962; Linz, Forschungslabor. der „Donau-Pharmazie" GmbH; Wien, Univ., Organ.-chem. Inst.; dt.) — Benzimidazol-Derivv. zeigen eine beachtliche analget. Wirkung. Vff. synthetisieren deshalb eine Reihe in 3-Stellung substituierter *Chinoxalone-(2)* (**C**), die wegen ihrer strukturellen Ähnlichkeit ebenfalls pharmakol. wirksam sein könnten. Die **C** werden durch Kondens. von o-Phenylendiamin-Derivv. mit substituierten Phenylbrenztraubensäuren in alkohol. Lsg. in guten Ausbeuten erhalten. Auch Isomerengemische können sich bilden, so z. B. bei Verw. von 4-Methoxyphenylendiamin-(1.2) u. einer Phenylbrenztraubensäure werden 6- bzw. *7-Methoxychinoxalone-(2)* isoliert. *N-[β-Diäthylaminoäthyl]-* u. *N-[β-Morpholinoäthyl]-Derivv.* von **C** werden durch Kondens. von N-[β-Diäthylaminoäthyl]- (**IV**) bzw. N-[β-Morpholinoäthyl]-phenylendiamin-(1.2) mit der entsprechenden Brenztraubensäure (Meth. **A**) oder durch nachträgliches Alkylieren des **C** mit β-Diäthylaminoäthyl- bzw. β-Morpholinoäthylchlorid in Ggw. von $NaNH_2$ in Dioxan oder in Xylol mit K_2CO_3 (Meth. **B**) dargestellt. Phenylbrenztraubensäuren u. o-Phenylendiamine können auch unter Bldg. von *2-[α-Ketophenyläthyl]-benzimidazolen* reagieren, wobei dieser Rk.-Verlauf von der Enolisierungstendenz der Phenylbrenztraubensäure u. dem Substituenten des o-Phenylendiamins beeinflußt wird. Die Alkylierung erfolgt in den meisten Fällen am N-Atom. Ausnahmen bilden Diphenylmethylchinoxalone u. 6.7-Dimethoxy-3-benzylchinoxalon-(2). Letzteres gibt ein öliges Prod., dessen IR-Spektrum auf das Vorhandensein von Enoläthern u. N-alkylierten Verbb. hinweist. Kondens. von o-Phenylendiamin (**II**) mit Diphenylbrenztraubensäure liefert neben *3-Diphenylmethylchinoxalon-(2)* (**XI**) noch *2-Diphenylacetylbenzimidazol*, Alkylierung von **XI** nach **B** gibt *2-[β-Diäthylaminoäthoxy]-3-diphenylmethylchinoxalin*, was durch das IR-Spektrum bewiesen wird.

Versuche: Chinoxalone-(2) (**C**): *3-Benzyl-* (**X**), F. 196°. — *3-[p-Methoxybenzyl]-* (**I**), $C_{16}H_{14}N_2O_2$, F. 198°, durch Erwärmen von **II** u. p-Methoxyphenylbrenztraubensäure (**III**) auf dem Wasserbad; ca. 100% (Ausbeute). — *3-[p-Äthoxybenzyl]-*, $C_{17}H_{16}N_2O_2$, F. 196°, analog **I**. — *3-[3.4-Methylendioxybenzyl]-*, $C_{16}H_{12}N_2O_3$, F. 220°, analog **I**. — *3-Benzyl-6-methoxy-*, $C_{16}H_{14}N_2O_2$, F. 185°, analog **I** u. Kristallisation aus Propanol. — *3-Benzyl-7-methoxy-*, $C_{16}H_{14}N_2O_2$, F. ca. 200°. — *3-Benzyl-6.7-dimethoxy-*, $C_{17}H_{16}N_2O_3$, F. 275°, analog **I**; aus A. gelbliche Kristalle. — *3-[p-Hydroxybenzyl]-*, $C_{15}H_{12}N_2O_2$, F. 243—246° (Zers.; A.), durch 3std. Kochen von **II** mit p-Hydroxyphenylbrenztraubensäure; Nadeln. — *3-[3.4-Dimethoxybenzyl]-6(7?)-chlor-* (**VI**), $C_{17}H_{15}ClN_2O_3$, durch 2std. Kochen von 4,5 g 3.4-Dimethoxyphenylbrenztraubensäure (**V**) mit 32,5 g 4-Chlor-o-phenylendiamin in A. u. wiederholte Kristallisation aus Dioxan. *Isomeres vom F. 201—202°*; 46 g. — *3-[p-Methoxybenzyl]-6-chlor-* (**VII**), $C_{16}H_{13}ClN_2O_2$, F. 220—222° (Eisessig), analog **VI** aus 300 g p-Methoxyphenylbrenztraubensäure (**III**) u. 220 g 4-Chlor-o-phenylendiamin; 95 g; daneben das *7-Chlorisomere*, $C_{16}H_{13}ClN_2O_2$, F. 227—229° (Eisessig); 143 g. — *3-[4-Nitrobenzyl]-*, $C_{15}H_{11}N_3O_3$, F. 268—269°, analog **I**; aus Dioxan Blättchen. — *3-[4-Chlorbenzyl]-* (**VIII**), $C_{15}H_{11}ClN_2O$, F. 231° (Dioxan), analog **I**. — *3-[4-Methoxybenzyl]-6(7?)-nitro-*, $C_{16}H_{13}N_3O_4$, F. 192—197° (Zers.), analog **I**; bräunliche Kristalle. — *3-[p-Methoxybenzyl]-6(7?)-methyl-* (**IX**), $C_{17}H_{16}N_2O_2$, analog **I** aus 4-Methyl-o-phenylendiamin u. **III**. *Isomeres vom F. 202—203°*, durch wiederholte Kristallisation aus Äthanol. — *3-[p-Methoxybenzyl]-6(7?)-carbomethoxy-*, $C_{18}H_{16}N_2O_4$, F. 167—168° (Methanol/Isopropylalkohol), analog **I** aus **III** u. 3.4-Diaminobenzoesäuremethylester. — *6.7-Benzo-3-[p-methoxybenzyl]-*, $C_{20}H_{16}N_2O_2$, F. 264°, analog **I** aus 117 g **III** u. 63 g 2.3-Naphthylendiamin; 67 g. — *1-[2-Morpholinoäthyl]-3-benzyl-*, $C_{21}H_{23}N_3O_2$, $K_{0,005}$ 200° (Bt), nach **B** aus 6 g **X**; gelbes zähes Öl; 5 g. — *1-[β-Morpholinoäthyl]-3-[p-methoxybenzyl]-*, $C_{22}H_{25}\cdot N_3O_3$, F. 151° (Isopropanol), analog vorst. Verb.; 5 g. — *3-Diphenylmethyl-* (**XI**), $C_{21}H_{16}\cdot N_2O$, F. 312° (Eisessig), durch Erwärmen von **II** u. Diphenylbrenztraubensäure auf dem Wasserbad, Absaugen des gelben Nd. u. Umlösen aus A.; daneben *2-Diphenylacetylbenzimidazol*, F. 215°. — *3-[α-Phenyl-4-methoxybenzyl]-*, $C_{22}H_{18}N_2O_2$, F. 267,5—268,5° (Isopropanol), analog **XI** aus **II** u. der entsprechenden Brenztraubensäure; daneben durch wiederholte Kristallisation aus A. *Verb. vom F. 184—185°*. — *1-[β-Diäthylaminoäthyl]-3-diphenylmethyl-*, $C_{27}H_{29}N_3O$, F. 99,5—101° (Isopropanol), analog **XI** aus **IV**. *Hydrochlorid*, F. 219—221°. — *2-[β-Diäthylaminoäthyloxy]-3-diphenylmethylchinoxalin*, $C_{27}H_{29}N_3O$, $Kp._{0,01}$ 195—200° (Bt.), nach **B** aus 25 g **XI** u. Diäthylaminoäthylchlorid mit Na_2CO_3 in Toluol in 8 Std.; 28 g. *Hydrochlorid*, F. 207—210° (Isopropanol). — 1-[Diäthylaminoäthyl]-chinoxalone-(2): *3-Benzyl-*, $C_{21}H_{25}N_3O$, $Kp._{0,01}$ 190° [Bad-Temp. (Bt.)], durch $^1/_2$std. Kochen von 10 g **IV** u. 9 g Phenylbrenztraubensäure, Dest. von A. im Vakuum u. Erhitzen auf 100° (Meth. **A**); 14 g. — *3-[p-Methoxybenzyl]-*, F. 69° (Isopropanol), a) analog **A**; b) durch $^1/_4$std. Kochen von 5,2 g 3-Methoxybenzylchinoxalon-(2) (**I**) mit 1,5 g $NaNH_2$ in Dioxan, Zugeben von 3 g β-Diäthylaminoäthylchlorid u. 3std. Kochen (Meth. **B**); 4 g. *Hydrochlorid*, $C_{22}H_{27}N_3O_2\cdot HCl$, F. 188°. — *3-[3.4-Dimethoxybenzyl]-*,

Hydrochlorid, F. 192° (Isopropylalkohol), durch $^1/_2$std. Kochen von 12 g **V** mit 10 g **IV** in A.; 17 g. — *3-[3.4-Methylendioxybenzyl]-*, $C_{22}H_{25}N_3O_3$, Kp.$_{0,01}$ 200° (Bt.), nach **A**. *Hydrochlorid*, F. 220° (Isopropylalkohol). — *3-[p-Äthoxybenzyl]-*, F. 61° (Isopropylalkohol), nach **A**. — *3-[3.4-Dimethoxybenzyl]-6-chlor-*, $C_{23}H_{28}ClN_3O_3$, Kp.$_{0,1}$ 225—230° (Bt.), a) durch Hydrieren von N-Diäthylaminoäthyl-2-nitro-4-chloraminobenzol in Methanol an „Heraius" bei Raum-Temp. u. einem Anfangsdruck von 30 at, Filtrieren, Kondens. mit **V**, Dest., Aufnehmen in Oxalsäure u. Behandeln mit NH_4OH; b) nach **B** aus **VI**. — *6(7?)-Chlor-3-[4-methoxybenzyl]-*, $C_{22}H_{28}ClN_3O_2$, F. 78—79°, nach **B** aus **VII**. *Jodmethylat*, F. 211° (Zers.). — *3-[4-Chlorbenzyl]-*, $C_{21}H_{24}ClN_3O$, F. 73—75°, nach **B** aus **VIII**. — *3-[4-Methoxybenzyl]-6(7?)-methyl-*, F. 69—70° (Isopropanol), nach **B** aus **IX**. M. Mirsch. 3272◇

Synthesen in der Reihe der Purinderivate. 1. Mitt. **Darstellung von 2.6-Dichlor-9-methylpurin und Synthese einiger 1.9-Dimethylhypoxanthinderivate.** I. M. Owtscharowa, L. A. Nikolajewa, Je. Ss. Tschaman und Je. Ss. Golowtschinskaja. (J. allg. Chem. [UdSSR] **32 (94)**, 2010—15, 1962; Chem.-pharmazeut. Allunions-Ordshonikidse-Forschungsinst. russ.) — Bei der Einw. von $POCl_3$ auf 1.9-Dimethylisoxanthin (**I**) entsteht über *2-Chlor-1.9-dimethylhypoxanthin* (**II**) *2.6-Dichlor-9-methylpurin* (**III**). Die Hydrolyse von **III** liefert *9-Methylisoxanthin* (**IV**), bei dessen Methylierung *Isocoffein* erhalten wird. **II** wird durch Rk. mit Na-Äthylat, Thioharnstoff (**V**) u. Aminen in *2-Äthoxy-*, *2-Mercapto-*, *2-Methylmercapto-*, *2-Amino-*, *2-Benzylamino-*, *2-Äthylamino-*, *2-Dimethylamino-* u. *2-Diäthylamino-1.9-dimethylhypoxanthin* übergeführt.

Versuche: *2.6-Dichlor-9-methylpurin* (**III**), $C_6H_4Cl_2N_4$, F. 151,5—152,5° (W.), a) durch 5std. Erhitzen von 50 g **I** mit 1000 ml $POCl_3$ auf 140—150°, Zugabe von 57,5 g PCl_5 u. 9—10std. Erhitzen; Prismen; 62% (Ausbeute); b) durch 3std. Erhitzen von 2 g **I** mit 40 ml $POCl_3$ im Rohr auf 160°; 50,9%; c) durch 10std. Kochen von 2 g **II** mit 2,1 g PCl_5 u. 40 ml $POCl_3$; 1,3 g; d) durch 3std. Erhitzen von 2 g **II** mit 40 ml $POCl_3$ im Rohr auf 160°; 1,25 g; e) durch 13std. Erhitzen von 2 g **IV** mit 50 ml $POCl_3$ im Rohr auf 160°; 1,35 g. — *9-Methylisoxanthin* (**IV**), $C_6H_6N_4O_2$, F. ~373° (Zers.; W.). durch 6std. Kochen von 5 g **III** in 135 ml 15%ig. H_2SO_4; 58,3%. — *Isocoffein*, F. 272—279°, aus 0,5 g **IV** u. 3,05 g CH_2N_2 in 420 ml Ae. (3 Tage). — 1.9-Dimethylhypoxanthine: *2-Chlor-* (**II**), $C_7H_7ClN_4O$, F. 209—211°, durch $3^1/_2$std. Erhitzen von 15 g **I** mit 180 ml $POCl_3$ auf 135°; Prismen; 54,3%. — *2-Äthoxy-*, $C_9H_{12}N_4O_2$, F. 192—194° (Äthylacetat, A.), durch 2std. Kochen von 6 g **II** mit Na-Äthylat (0,75 g Na, 65 ml A.); Prismen; 81,2%. — *2-Mercapto-*, $C_7H_8N_4OS$, F. 289—290° (Dimethylformamid), durch 10std. Kochen von 10 g **II** mit 7,5 g **V** in 450 ml A.; Prismen; 8,5 g. *Na-Salz, Dihydrat*, $C_7H_7N_4NaOS \cdot 2\,H_2O$, F. >330°; Nadeln; 91%. — *2-Methylmercapto-*, $C_8H_{10}N_4OS$, F. 223—225°, durch 2std. Schütteln von 1,9 g vorst. Verb. mit 1,6 g Methyljodid in 28 ml 1,5%ig. NaOH; 1,7 g. — *2-Amino-*, $C_7H_9N_5O$, F. 272—277° (W.), durch 5std. Erhitzen von 2 g **II** mit 40 ml 28%ig. NH_4OH auf 45—80°; Prismen; 1,7 g. *Semihydrochlorid*, $C_7H_9N_5O \cdot 0{,}5\,HCl$, F. 299—302° (Zers.; W.). — *2-Benzylamino-*, $C_{14}H_{15}N_5O$, F. 206—208° (A.), durch 15std. Erhitzen von 5 g **II** mit 25 ml Benzylamin in 25 ml W. auf 100°; Prismen; 51,7%. *Hydrochlorid*, $C_{14}H_{15}N_5O \cdot HCl$, F. 246—250° (Zers.; abs. A.). — *2-Äthylamino-*, $C_9H_{13}N_5O$, F. 199—201° (A.), durch 8std. Erhitzen von 10 g **II** mit 20 g Äthylaminhydrochlorid in 125 ml 2n NaOH auf 100°; Platten; 82,2%. *Hydrochlorid*, $C_9H_{13}N_5O \cdot HCl$, F. 285—287° (Zers.; abs. A.). — *2-Dimethylamino-*, $C_9H_{13}N_5O$, F. 149—151° (Äthylacetat), durch 15std. Erhitzen von 10 g **II** mit 110 ml 20—25%ig. Dimethylamin auf 80—85°; Prismen; 77,9%. *Hydrochlorid*, $C_9H_{13}N_5O \cdot HCl$, F. 224—225° (abs. A.). — *2-Diäthylamino-*, $C_{11}H_{17}N_5O$, F. 105—107° (Äthylacetat), durch 15std. Erhitzen von 10 g **II** mit 50 ml Diäthylamin in 25 ml W. auf 80—85°; sechseckige Platten; 85,7%. *Hydrochlorid*, $C_{11}H_{17}N_5O \cdot HCl$, F. 179—181° (Zers.). Helmut Schäfer. 3272△

Synthesen in der Reihe der Purinderivate. 2. Mitt. **Isocoffein-8-aldehyd und einige seiner Derivate.** Je. Ss. Tschaman und Je. Ss. Golowtschinskaja. (J. allg. Chem. [UdSSR] **32 (94)**, 2015—19, 1962; russ.) — 1. vgl. vorst. Referat. — Durch Chlorierung von 8-Methylisocoffein (**I**) u. anschließende Hydrolyse wurden *8-Hydroxymethylisocoffein* u. *Isocoffein-8-aldehyd* (**II**) dargestellt. **II** wurde durch Rk. mit $SOCl_2$ in *8-Dichlormethylisocoffein* übergeführt. Die Kondens. von **II** mit Glycin- (**III**), β-Phenyl-α-alaninäthylester (**IV**) u. Hippursäure (**V**) lieferte *N-[Isocoffeinyl-(8)-methylen]-glycinäthylester*, *-β-phenyl-α-alaninäthylester* bzw. *2-Phenyl-4-[isocoffeinyl-(8)-methylen]-oxazolon-(5)*. Durch Hydrierung u. Hydrolyse der Verbb. wurden *N-[Isocoffeinyl-(8)-methyl]-glycin*, *-β-phenyl-α-alanin* bzw. *β-[Isocoffeinyl-(8)]-α-alanin* erhalten.

Versuche: *Isocoffein-8-aldehyd* (**II**), $C_9H_{10}N_4O_3$, F. 203—205° (W., A.), a) durch tropfenweise Zugabe von 9 ml SO_2Cl_2 in 10 ml Chlf. in der Siedehitze zu 24 g **I** in 200 ml Chlf., $1^1/_2$std. Kochen, Filtrieren, Eindampfen u. 3std. Kochen mit 80 ml W.; gelbe Nädelchen; 9,15 g (Ausbeute); b) durch Einleiten von 7,1 g Cl_2 in 20 g **I** in 200 ml Chlf.

u. Kochen mit W.; 4,55 g (daneben *Isocoffein*, F. 265—267°; 0,5 g). *Anil*, $C_{15}H_{15}N_5O_2$, F. 285—287° (Butanol), gelbe Nadeln. — *8-Dichlormethylisocoffein*, $C_9H_{10}Cl_2N_4O_2$, F. 193—194° (Zers.; Dichloräthan), durch 2½std. Kochen von 1 g **II** mit 3 ml $SOCl_2$ in 25 ml Chlf.; 0,95 g. — *8-Hydroxymethylisocoffein*, F. 246—248°, durch Zugabe von 2 ml SO_2Cl_2 in 10 ml Chlf. in 1 Std. zu 12 g **I** in 100 ml Chlf., 1std. Kochen u. 3std. Erhitzen mit 40 ml W.; 3 g. — *N-[Isocoffeinyl-(8)-methylen]-glycinäthylester*, $C_{13}H_{17}N_5O_4$, F. 173 bis 175° (Zers.; A.), aus 2,2 g **II** u. **III** (aus 1,4 g **III**-Hydrochlorid) in 120 ml A. (24 Std.); 1,7 g. — *N-[Isocoffeinyl-(8)-methyl]-glycin*, $C_{11}H_{15}N_5O_4$, F. 215—217° (W.-A.). *Äthylester*, $C_{13}H_{19}N_5O_4$, F. 118—120°, durch Hydrierung von 1,7 g vorst. Verb. in A. an Raney Ni; 1,05 g. — *N-[Isocoffeinyl-(8)-methylen]-β-phenyl-α-alaninäthylester*, $C_{20}H_{23}N_5O_4$, F. 156—158° (A.), aus 1,5 g **II** u. 1,5 g **IV**-Hydrochlorid; 1,2 g. — *N-[Isocoffeinyl-(8)-methyl]-β-phenyl-α-alanin*, $C_{18}H_{21}N_5O_4$, F. 232—234° (Zers.), durch Hydrierung vorst. Verb. an Raney-Ni u. Verseifung mit 10%ig. HCl. — *2-Phenyl-4-[isocoffeinyl-(8)-methylen]-oxazolon-(5)*, $C_{18}H_{15}N_5O_4 \cdot CH_3COOH$, F. 273—275° (Zers.; Essigsäure), durch 24 Std. langes Stehenlassen von 16,3 g **V** mit 6,1 g K_2CO_3 u. 20 g **II** in 72 ml Acetanhydrid; dunkelorange; 27 g. — *β-[Isocoffeinyl-(8)]-α-alanin*, $C_{11}H_{15}N_5O_4$, F. 266—268°, durch Hydrierung von 10,7 g vorst. Verb. mit PH_4J; 2 g. *Monohydrat*, F. 254—256° (Zers.).

Helmut Schäfer. 3272△

Aus der Chemie der Osonhydrazone. G. Henseke. (Wiss. Z. Ernst-Moritz-Arndt-Univ. Greifswald, math.-naturwiss. R. **6**, 229—37, 1956/57; Greifswald, Ernst-Moritz-Arndt-Univ., Inst. für Organ. Chem.; dt.) — Fortschrittsbericht.

H.-J. Weigmann. 3400△

Zur Darstellung der Tetraacetyl-β-D-ribofuranose. H. Zinner und H. Nimz. (Naturwissenschaften **46**, 531—32, 1959; Rostock, Univ., Inst. für org. Chem.; dt.) — Aus D-Ribose (I) entsteht durch Acetylieren mit Acetanhydrid/Na-Acetat ein *Gemisch aus Tetraacetyl-β-D-ribofuranose* [**II**, F. 82—83°; aus Methanol/W. tafelförmige Kristalle; 41% (Ausbeute)] u. *Tetraacetyl-β-D-ribopyranose* [**III**, F. 110°; aus Methanol/W. Bipyramiden; 16%], das durch Lösen in Methanol/W. u. Versetzen mit **II**- u. **III**-Impfkristallen durch Auslesen getrennt wird. **III** liefert beim Entacetylieren mit Ba-Methylat **I**.

K. Zieloff. 3400

Isopropyltetra-O-acetyl-α-D-glucopyranosid; eine Synthese von Kojibiose. M. L. Wolfrom, A. Thompson und D. R. Lineback. (J. org. Chemistry **28**, 860—61, März 1963; Columbus, Ohio, Ohio State Univ., Dep. of Chem.; engl.) — Die Kondens. von 3.4.6-Tri-O-acetyl-2-O-nitro-β-D-glucopyranosylchlorid (I) mit Isopropanol in Ggw. von Ag_2CO_3, $AgClO_4$ u. wasserfreiem $CaSO_4$, hydrierende Abspaltung der Nitrogruppe u. Acetylieren liefert *Isopropyltetra-O-acetyl-α-D-glucopyranosid* neben geringen Mengen des *β-Anomeren*. Die Kondens. von **I** mit 1.3.4.6-Tetra-O-acetyl-β-D-glucopyranose (**II**) unter denselben Bedingungen gibt in geringer Ausbeute *2-O-[α-D-Glucopyranosyl]-β-D-glucopyranoseoktaacetat* (*β-Kojibioseoktaacetat*) u. kein β-Sophoroseoktaacetat.

Versuche: *Isopropyltetra-O-acetyl-β-D-glucopyranosid*, F. 137—138°, durch 77std. Rühren von **I** mit Isopropanol in Ggw. von „akt." Ag_2CO_3 u. $AgClO_4$, Acetylieren, Chromatographie an Magnesol-Celite, Entw. mit Bzl./2-Methylpropanol-(2) (100 : 1 Vol.) u. Eluieren der mit alkal. $KMnO_4$ sichtbar gemachten Zonen mit Aceton; $[\alpha]_D^{24}$ −23° (c = 2,0; Chlf.); 4,65% (Ausbeute); daneben *Isopropyltetra-O-acetyl-α-D-glucopyranosid*, F. 85—88°, $[\alpha]_D^{24}$ + 143° (c = 2,0; Chlf.); 35,1%. — *β-Kojibioseoktaacetat*, F. 123—125°, analog aus 2,6 g **II**; 1,5%; daneben 1,86 g *β-D-Glucopyranosepentaacetat* (F. 127—129°).

M. Lehmann. 3400△

Über die Bestandteile der Pirolaceae-Pflanzen. 6. Mitt. **Über die Bestandteile von Pirola incarnata Fisch.** 1. Mitt. Hiroyuki Inouye. (Pharmac. Bull. [Tokyo] **4**, 281 bis 283, 1956; engl.) — 5. vgl. C. **1950/54**, 8470 S. — Aus dem oberird. Teil von *Pirola incarnata* Fisch. wurde ein neues Glucosid mit dem Namen *Homoarbutin* (**I**) isoliert. Es erwies sich als *2-Hydroxy-5-[β-glucosyloxy]-toluol*. UV-Spektrum vgl. Original.

Versuche: *Homoarbutin* (**I**), $C_{13}H_{18}O_7$, F. 192—193°, durch Extrahieren von 8,61 kg der oberird. Teile von *Pirola incarnata* Fisch. mit W. bei 80—85°, Dest., Extrahieren des sirupösen Rückstandes mit warmem CH_3OH, Dest., Lösen des Rückstandes (500 g) in W., Zugeben von Bleiessig-Lsg., Filtrieren, Waschen mit heißem W., Eindampfen der vereinigten Filtrate im Vakuum u. Stehen; aus W. Nadeln; 82 g (Ausbeute). — *Pentaacetylhomoarbutin*, $C_{23}H_{28}O_{12}$, F. 109—110°, durch Zutropfen von Essigsäureanhydrid zu 1 g **I** in Pyridin unter Eiskühlung, 3std. Stehen im Eisschrank, Gießen in W., Filtrieren u. Waschen mit W.; aus verd. A. Prismen; 1,15 g. — *Homoarbutinmonomethyläther* (**II**), $C_{14}H_{20}O_7$, F. 166—168°, durch 2maliges Zugeben von äther. CH_2N_2 zu einer Lsg. von 2 g **I** in CH_3OH nach je 48std. Stehen (Entfärbung), Abfiltrieren u. Einengen; aus CH_3OH Nadeln; 0,17 g. — *2-Methylhydrochinon*, $C_7H_8O_2$, F. 124—125°, durch 2½std. Erhitzen von 2 g **I** in 5%ig. H_2SO_4 auf 100°, Stehen, Ausäthern, Waschen mit

W., Trocknen, Filtrieren u. Dest.; aus Bzl. Nadeln; 0,5 g; daneben *Glucose*, F. 146—147°, durch Neutralisieren des Hydrolysats von I mit $BaCO_3$, Lösen des Sirups in Eisessig, Impfen mit Glucose, Reinigen durch Umlösen u. Waschen mit abs. Alkohol. — *Phenylglucosazon*, $C_{18}H_{22}N_4O_4$, F. 210° (korr.), durch Einw. von Phenylhydrazin auf das Hydrolysat von I. — *4-Nitrobenzoesäure-[3'-methyl-4'-methoxyphenylester]*, $C_{15}H_{13}NO_5$, F. 140—141°, durch 2std. Kochen von II mit 5%ig. HCl, Stehen, Extrahieren mit Ae., Waschen mit W., Trocknen, Dest., Lösen des öligen Rückstandes in 10%ig. NaOH, Zufügen von p-Nitrobenzoylchlorid, Schütteln, Stehen, Ausäthern, Waschen mit verd. NaOH u. W., Trocknen u. Dest.; gelbe Nadeln. S. Hiller. 3450△

Synthese einiger Alkaloidderivate. 13. Mitt. L. Dúbravková, I. Ježo, P. Šefčovič und Z. Votický. (Chem. Zvesti **12**, 140—42, 1958; Bratislava, Slowak. Akad. Wiss., Chem. Inst., Abt. für pharmazeut. Chem. u. Biochem.; slowak., Auszug: dt.) — 12. vgl. Chem. Zvesti **11**, [1957], 696. — Die Darst. von ±-*Laudanosin* durch Hydrierung von Papaverin (I) wird beschrieben.

Versuche: ±-*Laudanosin*, $C_{21}H_{27}NO_4$, F. 115—115,5° (A.), durch Hydrieren von I in abs. Methanol an Raney-Ni bei 150°/150 at u. $^1/_2$std. Stehen mit abs. Ae.; 62% Ausbeute. *Pikrat*, F. 177—178°. H.-J. Weigmann. 3500△

Alkaloide aus Lochnera lancea Boj. [ex A. DC.] K. Schum. 3. Mitt. **Über die Anwesenheit von Tetrahydroalstonin und eines neuen Alkaloids, des Lanceins.** Maurice-Marie Janot, Jean Le Men und Yolande Gabbai. (Ann. pharmac. franç. **15**, 474—78, 1957; Paris, Fac. de Pharmac., Labor. de Pharmac. galénique; franz.) — 2. vgl. C. **1957**, 13702. — Vff. isolieren aus Wurzeln von *Lochnera lancea Boj.* [ex A. DC.] K. Schum. außer *Ajmalicin* (*δ-Yohimbin*, F. 258°) u. *Yohimbin* (F. 245°) noch *Tetrahydroalstonin* [I, $C_{21}H_{24}N_2O_3$, F. 231°, durch Chromatographie des Alkaloidgemisches an Al_2O_3, Eluieren mit Ae., Lösen in Chlf., Zugabe von n-HCl, Dest. des Chlf., Lösen in verd. Essigsäure, Zugabe von NH_4OH u. Extraktion mit Ae.; aus Methanol Nadeln; $[\alpha]_D^{20}$ $-96\pm4°$ (c = 0,5; Pyridin)] u. ein neues Alkaloid, das *Lancein* [II, $C_{20}H_{26}N_2O_3$ oder $C_{24}H_{30}N_2O_4$, F. 198° (Methanol), durch Chromatographie vorst. Verbb. an Al_2O_3, Eluieren mit Ae./Methanol u. mehrtägiges Stehen bei 0°; $[\alpha]_D^{20}$ $+64\pm4°$ (c = 0,5; A.)]. Die Strukturen von I u. II werden diskutiert. IR- u. UV-Spektren vgl. Original. II scheint dem Tabersonin sehr ähnlich zu sein. Gottfried Schreiber. 3500△

Die Alkaloide von Aspidosperma olivaceum M. Arg. Aspidosperma-Alkaloide. 3. Mitt. J. Schmutz und F. Hunziker. (Pharmac. Acta Helvetiae **33**, 341—47, 1958; Beilage zu: Schweiz. Apotheker-Ztg.; Bern, Dr. A. Wander Akt.-Ges., Forsch.-Inst.; dt.) — 2. vgl. Helv. chim. Acta **41**, [1958], 288. — Die Isolierung von *Ulein* u. einem neuen Alkaloid, *Olivacin*, aus der Wurzelrinde (**W**), Stammrinde (**S**) u. den Blättern (**B**) von *Aspidosperma olivaceum M. Arg.* (**A**) wird beschrieben. UV- u. IR-Spektren vgl. Original.

Versuche (FF. korr.): *Olivacin*, $C_{17}H_{14}N_2$, F. 318—324° (Zers.), durch Extrahieren des aus **W**, **S** bzw. **B** von **A** durch erschöpfende Extraktion mit Methanol gewonnenen Rohalkaloidgemisches (2,6%, 0 8% bzw. 0,25% Ausbeute) mit Bzl., zuletzt unter Erwärmen u. Filtrieren in warmem Chlf. durch Al_2O_3; aus Methanol (verd.) gelbe Nadeln oder (konz.) gelbe Prismen; $[\alpha]_D^{25}$ 0° (c = 0,842; abs. Pyridin); Farb-Rkk.: konz. H_2SO_4 blaßorangebraun → blaßbraun bis violett, Rand grün; konz. $H_2SO_4/Ce(SO_4)_2$ smaragdgrün; konz. HNO_3 gelb; 0,12%, 0,02% bzw. 0,03% (Ausbeute). — *Ulein*, $C_{18}H_{22}N_2$, F. 76—118°, $Kp._{0,06}$ 140—145°, neben vorst. Verb. durch Chromatographieren der methanol. Mutterlaugen der umkrist. Rohalkaloide an Al_2O_3 u. Eluieren mit Bzl.; aus Methanol/W. Nadeln; $[\alpha]_D^{23}$ $+16°$ (c = 1,34; Chlf.); 0,33%, 0,22% bzw. Spuren; daneben nicht identifizierte, stärker polare *Alkaloide*. H.-J. Weigmann. 3500△

Lycopodiumalkaloide. 9. Mitt. **Cyclisierungsprodukte von α- und β-Cyanbromlycopodin.** D. B. MacLean, Won-ryul Song und W. A. Harrison. (Canad. J. Chem. **38**, 528—38, April 1960; Hamilton, Ontario, Canada, McMaster Univ., Hamilton Coll., Burke Chem. Labor.; engl.) — 8. vgl. C. **1962**, 14869. — Vff. untersuchen die Rkk. der aus α-(I) u. β-Cyanbromlycopodin (II) in alkal. Medien entstehenden isomeren Cyclisierungs-Prodd. (vgl. MacLean u. Mitarbeiter, C. **1952**, 3819), der *α-Verb.* $C_{17}H_{24}N_2O$ (**III**) u. der *β-Verb.* $C_{17}H_{24}N_2O$ (**IV**), unter Zugrundelegung nachst. Partialstruktur des Lycopodins (**V**). **III** enthält noch die Ketogruppe, wie durch $NaBH_4$-Red. zum entsprechenden *Alkohol* u. dessen CrO_3-Oxydation zu **III** bewiesen wird. Die Einw. von HCl auf **III** führt zu einer *sek. Base* (**VI**), die zur *tert. Base* methyliert wird. Da letztere im Gegensatz zu **V** nicht mit Phenyl-Li reagiert (stärkere Hinderung), wird angenommen, daß die Cyclisierung zu **III** in α-Stellung zur CO-Gruppe eingetreten ist. **III** entsteht demnach unter Ringschluß zwischen $C_{(3)}$ u. $C_{(9)}$ oder $C_{(7a)}$. I gibt mit Dimethylamin das bereits früher (vgl. l. c.) dargestellte *α-Cyan-*

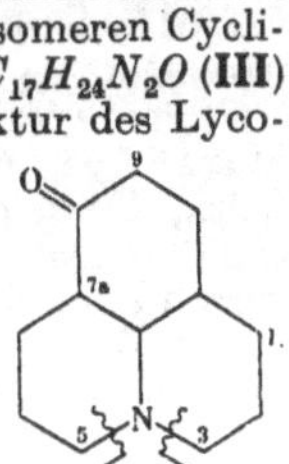

dimethylaminolycopodin (**VIII**). Red. von **VIII** mit $NaBH_4$ liefert den *Dimethylaminoalkohol* (**IX**), dessen *Methojodid* dem Hofmann-Abbau mit K-tert.-Butylat in sd. tert.-Butanol unterworfen wird. Hierbei werden neben den Basen **VIII** u. **IX** ein *Hydroxyolefin* (**X**) u. ein *Ketoolefin* (**XI**) isoliert. **XI** gibt mit $NaBH_4$ **X**, dessen Doppelbindung endständig ist, wie durch O_3-Abbau zu *Formaldehyd* bewiesen wird. Da die Hydrierung von **XI** zu *α-Cyanlycopodin* führt, können vorst. Rkk. keine Änderung des Ringgerüstes bewirkt haben. **IV** bildet sich aus **II** in verschiedenen bas. Medien, es reagiert nicht mit $NaBH_4$ u. ist nicht hydrierbar. Einw. von $LiAlH_4$ oder 2n HCl auf **IV** führt zu einer *sek.-Base* (**XII**), die in eine *N-Methylbase* übergeführt wird. Vff. nehmen daher an, daß **IV** unter O-Alkylierung durch das Enolation gebildet wird, wobei ein Ringschluß zum $\Delta^{7a,8}$-*Enoläther* zwischen $C_{(5)}$ u. O stattfindet. Rk. von **II** mit $NaBH_4$ bei 0° gibt ein *Hydroxybromid* (**XIII**), das mit Trimethylamin das entsprechende *quartäre Salz* (**XIV**) liefert. Dieses spaltet durch Einw. von K-tert.-Butylat in sd. tert.-Butanol Trimethylamin ab u. gibt einen *cycl. Äther*. Vff. finden im Gegensatz zu l. c., daß durch Hydrierung von **II** in methanol. KOH zu 90% **IV** gebildet wird. Das normale Hydrogenolyse-Prod. *β-Cyanlycopodin* (**VII**) wird dagegen durch Hydrieren bei —60° in Ggw. von wenig Alkali erhalten. **VII** wird auch durch Hydrieren von **XIII** zu *β-Cyandihydrolycopodin* u. anschließende Oppenauer-Oxydation dargestellt. IR-Maxima sind angegeben.

Versuche: *Alkohol* $C_{17}H_{26}N_2O$, F. 219°(Ae.), durch 3std. Rühren von 1,7 g **III** u. $NaBH_4$ in A., mehrstd. Stehen (Meth. **A**), Zers. mit Formaldehyd, Neutralisieren, Aufnehmen in Chlf., Chromatographie an Al_2O_3 u. Eluieren mit Chlf.; 1,5 g (Ausbeute). — *sek.-Base* $C_{16}H_{25}NO$ (**VI**), F. 105—106° (PAe.), durch 30std. Kochen von **III** mit HCl in wss. A. u. Reinigung über das *Perchlorat* [$C_{16}H_{25}NO \cdot HClO_4$, F. 300° (Aceton)]; 2 g. — *tert.-Base* $C_{17}H_{27}NO$, F. 87—88°, durch 33std. Kochen von 2 g **VI**, 90%ig. Ameisensäure u. 40%ig. Formaldehyd (Meth. **B**), Chromatographie an Al_2O_3, Eluieren mit Chlf. u. Reinigung über das *Perchlorat* [$C_{17}H_{27}NO \cdot HClO_4$, F. 249—250° (Aceton)]; 1,6 g. — *α-Cyandimethylaminolycopodin* (**VIII**), *Perchlorat*, durch Rk. von **I** mit einer gesätt. Lsg. von Dimethylamin in Methanol; krist. aus Aceton. — *Dimethylaminoalkohol* $C_{19}H_{33}N_3O$ (**IX**), F. 190—191° (Aceton), aus 1,9 g **VIII** nach **A**; 1,8 g. *Methojodidhydrat*, $C_{20}H_{36}JN_3O \cdot H_2O$, F. 231—232°, aus **IX** u. CH_3J in Aceton. — *Hydroxyolefin* $C_{17}H_{26}N_2O$ (**X**), F. 201—202° (Ae.), a) durch 42std. Kochen von **IX**-Methojodid mit K-tert.-Butylat in tert.-Butanol (Meth. **C**), Eindampfen im Vakuum, Zusetzen von W., Extrahieren mit Ae., Trennen in eine neutrale u. bas. Fraktion, Chromatographie der neutralen Fraktion an Al_2O_3 u. Eluieren mit Chlf.; daneben *Ketoolefin* $C_{17}H_{24}N_2O$ [**XI**; F. 112—113° (Ae.)] u. aus der bas. Fraktion **VIII** u. **IX**; b) durch Red. von **XI** in A. mit $NaBH_4$; Ozonolyse liefert *Formaldehyd* (*Dimedon-Deriv.*, F. 189°). — *β-Verb.* $C_{17}H_{24}N_2O$ (**IV**), F. 98—100° (PAe.), a) durch 12 Min. langes Kochen von 0,5 g **II** mit KOH in Methanol, Ansäuern, Eindampfen, Aufnehmen in W. u. Extrahieren mit Chlf.; 0,38 g; b) durch 6std. Hydrieren von **II** in methanol. KOH bei 40 lbs./sq. in. in Ggw. von Pd/$CaCO_3$ (Meth. **D**). — *sek. Base* $C_{16}H_{25}NO$ (**XII**), Öl, a) durch 20std. Erhitzen von 0,6 g **IV** mit 2n HCl u. n-Propanol auf 100°, Chromatographie an Al_2O_3 u. Eluieren mit Chlf.; 0,24 g; b) durch 4std. Kochen von 0,60 g **IV** mit $LiAlH_4$ in Tetrahydrofuran u. mehrstd. Stehen; 0,21 g. *Hydrochlorid*, F. 256—257° (Ae./Aceton). *N-Methyl-Deriv.* $C_{17}H_{27}NO$, durch 4std. Erhitzen von **XII** nach **B** auf dem Dampfbad u. mehrstd. Stehen. *Perchlorat*, $C_{17}H_{27}NO \cdot HClO_4$, F. 232° (Aceton). — *Hydroxybromid* $C_{17}H_{27}BrN_2O$ (**XIII**), F. 139 bis 141° (Zers.; Ae.), durch 7½std. Rühren von 0,50 g **II** u. $NaBH_4$ in A. bei 0°; 0,25 g. *Quartäres Salz, Hydrat* (**XIV**), $C_{20}H_{36}BrN_3O \cdot H_2O$, F. 271—272° (Zers.; Aceton), durch mehrstd. Stehen von 200 mg **XIII** u. Trimethylamin in Methanol bei 0°; 135 mg. — *cycl. Äther* $C_{17}H_{26}N_2O$, F. 135,5—137,5° (Sublimation bei 0,05 Torr/75—110°), durch 3std. Kochen von 75 mg **XIV** nach **C**; 48 mg. — *β-Cyanlycopodin* (**VII**), $C_{17}H_{26}N_2O$, F. 82,5 bis 84° (Ae./PAe.), a) durch 24std, Kochen von 0,2 g nachst. Verb. mit Al-Isopropylat u. Aceton in Bzl., Chromatographie an Al_2O_3 u. Eluieren mit Bzl.; 84 mg; b) aus 0,25 g **II** nach **D** bei —60° in den ersten 1—2 Std., Chromatographie an Al_2O_3 u. Eluieren mit Bzl./CH_3OH; 0,15 g. — *β-Cyandihydrolycopodin*, $C_{17}H_{28}N_2O$, F. 183—185,5° (Ae.), aus **XIII** nach **D** in 4½ Std. bei 24 lbs./sq. inches. B. Mehlis. 3500△

Prodigiosin. A. J. Castro, J. F. Deck, M. T. Hugo, E. J. Lowe, J. P. Marsh jun. und R. J. Pfeiffer. (J. org. Chemistry **28**, 857—60, 1963; Santa Clara, Calif., Univ. of Santa Clara, Dep. of Chem.; San Jose, Calif., San Jose State Coll.; engl.) — Das aus dem Stamm Stanford Z 4 von *Serratia marcescens* isolierte *Prodigiosin* wird an Hand der IR-Spektren mit *3-Methoxy-4'-amyl-5'-methyl-5-methoxycarbonyl-* (**I**) u. *4.4'-Diamyl-5.5'-dimethyldipyrryl-(2.2')-methenhydrobromid* (**II**) verglichen, wobei die für Prodigiosin vermutete Konstit. des *3-Methoxy-4'-amyl-5'-methyl-5-[pyrryl-(2)]-dipyrryl-(2.2')-methens* bestätigt wird. UV-Maxima u. IR-Spektren von Prodigiosin, **I** u. **II** s. Original.

Versuche: Pyrrole: *2-Methyl-*, Kp. 147—148°, durch 2½std. Kochen von KOH, Hydrazinhydrat u. Äthylenglykol mit 2-Formylpyrrol, Dest. bis 195°, Ae.-Extraktion des Destillats u. Dest.; 72% (Ausbeute). — *2-Methyl-5-carbäthoxy-*, F. 99—101,1°, durch Rk. von 2-Methylpyrryl–MgBr mit Chlorkohlensäureäthylester; 35%. — *2-Methyl-3-valeryl-5-carbäthoxy-*, F. 124°, aus vorst. Verb., Valerylchlorid u. $AlCl_3$. — *2-Methyl-3-amyl-* (III), $C_{10}H_{17}N$, Kp.$_4$ 95—99°, durch 6std. Erhitzen eines Gemisches aus vorst. Verb., KOH, Äthylenglykol u. 85%ig. Hydrazinhydrat auf 125°, 1std. Rk. bei 195°, Dest. u. Extrahieren mit Ae.; 52%. — *2-Formyl-4-amyl-5-methyl-* (IV), $C_{11}H_{17}NO$, F. 44,0—45,0°, aus **III**, $POCl_3$ u. Dimethylformamid durch 10 Min. langes Kochen (Meth. **B**); 96%. — *4-Methoxy-2-carboxy-*, $C_3H_7NO_3$, F. 175—175,5° (Zers.; Chlf., Ae.), durch 30std. Kochen von 113,6 g 1.2-Dicarbäthoxypyrrolidon-(4) mit Dimethylsulfat in HCl-gesätt. CH_3OH, Dest. bei 151—164°/6—6,5 mm (112 g), Erwärmen mit N-Bromsuccinimid in CCl_4, 1½std. Kochen mit Triäthylamin in CCl_4, Dest. bei 144—156°/3,5 mm u. 1std. Kochen von 3,5 g des Öls (**A**) mit methanol. wss. KOH; 1,07 g. — *2-Carbomethoxy-4-methoxy-*, $C_7H_9NO_3$, F. 86,2—86,8°, durch 10 Min. langes Kochen von 14,2 g **A** mit CH_3OH u. wss. NaOH, Neutralisieren u. Extrahieren; Blättchen aus Bzl.; 1,9 g. — *2-Formyl-3-methoxy-5-carbomethoxy-*, $C_8H_9NO_4$, F. 166,5—168,2°, aus **A** nach **B**; 59%. *Dinitrophenylhydrazon*, F. 270° (Zers.; A.). — *3-Methoxy-4'-amyl-5'-methyl-5-carbomethoxydipyrryl-(2.2')-methenhydrobromid* (I), $C_{18}H_{25}BrN_2O_3$, F. 137,2—138,5° (Zers.), aus vorst. Verb. u. **III** in A. unter Zutropfen von 47,5% ig. HBr; aus Chlf./Bzn. rote Kristalle; 69%. — *4.4'-Diamyl-5.5'-dimethyldipyrryl-(2.2')-methenhydrobromid* (II), $C_{21}H_{33}BrN_2$, F. 137,0—138,0° (Zers.; Bzl.), analog aus **IV** u. **III**; aus A. rote Nadeln; 61%.

M. Lehmann. 3550△

Einige Aspekte der Sesquiterpenoidchemie. D. H. R. Barton. (Proc. chem. Soc. [London] **1958**, 61—66, 1958; engl.) — Übersicht. — 25 Literaturstellen.

Gottfried Schreiber. 3600△

Umgelagerte Steroidsysteme. 1. Mitt. **Untersuchungen in der Pregnanreihe.** O. R. Rodig, P. Brown und P. Zaffaroni. (J. org. Chemistry **26**, 2431—35, 1961; Charlottesville, Va., Univ. of Virginia, Cobb Chem. Labor.; engl.) — Pregnenolon (**I**) u. sein Methyläther (**II**) werden durch Westphalen-Umlagerung in *19-Nor-5-methylsteroide* umgewandelt. Analoge Verss. mit *Pregnenolonäthylenketal* waren erfolglos.

Versuche: *3β.6β-Diformoxy-5α-hydroxypregnan-20-on* (**III**), $C_{23}H_{34}O_6$, F. 229 bis 230° (Aceton), durch Zufügen von 30% ig. H_2O_2 zu **I** in 98% ig. Ameisensäure unter Rühren bei 0°, 3¼std. Rk. bei 0°, Zufügen von W. u. Filtrieren; $[\alpha]_D^{20}$ —9,0° (c = 1,04; Chlf.); 64% (Ausbeute). — *3β-Acetoxy-5α-hydroxy-6β-formoxypregnan-20-on* (**IV**), $C_{24}H_{36}O_6$, F. 218—220° (wss. A.), durch Zufügen von 30% ig. H_2O_2 zu **I**-Acetat in CCl_4 u. 98% ig. Ameisensäure unter Rühren, 1std. Erwärmen auf 40—45°, 6½std. Rk. bei 50—55°, Gießen in gesätt. NaCl-Lsg. u. Ae.-Extraktion (Meth. **A**); $[\alpha]_D^{20}$ —9,6° (c = 0,99; Chlf.); 59%. — *Pregnenolon-α-epoxid*, $C_{21}H_{32}O_3$, F. 185—187° (Methanol; Essigester), durch Zugeben von Monoperphthalsäure in Ae. zu **I** in Chlf. u. Ae., 22std. Stehen bei 0°, Filtrieren u. Abtrennen der organ. Phase nach Waschen mit 5% ig. Na_2CO_3-Lsg., $FeSO_4$-Lsg. u.W. (Meth. **B**); $[\alpha]_D^{30}$ + 6,8° (c = 1,05; Chlf.); 64%. — *3β.5α.6β-Trihydroxypregnan-20-on*, $C_{21}H_{34}O_4$, F. 256—258° (Aceton; A.), a) durch 6std. Kochen von **IV** in methanol. KOH, Gießen in W. u. Chlf.-Extraktion; 43%; b) analog aus **III**; 33%; c) durch 3std. Kochen vorst. Verb. in Methanol mit 2n H_2SO_4; 24%. — *3β.6β-Dihydroxy-5β-methyl-19-nor-Δ⁹-pregnen-20-on* (**V**), $C_{21}H_{32}O_3$, F. 158—159° (Essigester), a) durch Zutropfen von wenigen Tropfen konz. H_2SO_4 in Acetanhydrid zu **III** in Acetanhydrid unter Rühren bei 0°, Zugabe von wenig H_2SO_4 nach 45 Min. u. Erwärmen auf 16°, Aufnehmen der dunkelbraunen Lsg. nach 30 Min. in Bzl.–Essigester, Eindampfen, 1std. Kochen mit 5% ig. methanol. KOH, Eindampfen, Aufnehmen in Essigester u. Ausziehen mit PAe.–Toluol (1:1); $[\alpha]_D^{20}$ +218° (c = 1,0; Chlf.); 43%; daneben durch Chromatographieren der Mutterlauge an Al_2O_3 u. Eluieren mit Äthylacetat/Methanol eine *Verb. vom F. 179—180°* [$[\alpha]_D^{20}$ +62,7° (Chlf.)]; b) durch Zufügen von $KHSO_4$ zu einer heißen Suspension vorst. Verb. in Acetanhydrid, Kühlen auf 0° nach 10 Min. u. Zutropfen von H_2SO_4 in Acetanhydrid, kurzes Erhitzen auf 100°, Einengen im Vakuum, Lösen in Essigester u. Kochen mit methanol. KOH; 13%. *Diacetat*, $C_{25}H_{36}O_5$, F. 129,5—130,5°, durch 3tägiges Stehen von **V** in Pyridin/Acetanhydrid bei Raum-Temp., Zufügen von W. u. Dekantieren; Plättchen aus Methanol; $[\alpha]_D^{20}$ + 152,7° (c = 1,02; Chlf.); 60% [*Semicarbazon*, $C_{26}H_{39}N_3O_5$, F. 212,5—215° (Zers.; Methanol)]. — *Pregnenolon, p-Tosylat* (**VI**), F. 137,5—138° (Aceton); 88%. *Methyläther* (**II**), F. 124—125° (wss. Methanol; PAe.), durch 4std. Kochen von **VI** in abs. Methanol; 87%; daneben durch Eindampfen der PAe.-Mutterlauge *17α-Pregnenolonmethyläther* [**VII**; $C_{22}H_{34}O_2$, F. 131—132° (abs. Methanol); $[\alpha]_D^{26}$ —154° (c = 1,4; Chlf.); 11%; gibt durch 2½std. Rk. mit p-Toluolsulfonsäure in Methanol bei 50° ein Gleichgew.-Gemisch aus 85% **II** u. 15% **VII**]. — *3β-Methoxy-5α-hydroxy-6β-formoxypregnan-20-on*, $C_{23}H_{36}O_5$, F. 180—182° (Aceton-PAe.), aus **II** nach **A**; $[\alpha]_D^{20}$ +5° (c = 7,0; Chlf.); 80%. — *3β-Methoxy-5α.6β-dihydroxy-pregnan-20-on*, $C_{22}H_{36}O_4$, F. 192—194° (wss. Aceton), aus **II** nach **A**, 4std. Kochen des Ae.-Rückstandes mit methanol. KOH. Gießen in W. u. Chlf.-Extraktion; $[\alpha]^{20}$ +39,3° (c = 0,98; Chlf.); 63%. — *3β-Methoxy-5β-methyl-6β-acetoxy-19-nor-Δ⁹-pregnen-20-on*, $C_{24}H_{36}O_4$, F. 138—139° (Aceton), durch 1¼std. Rühren von 0,5 g vorst. Verb. in Acetanhydrid mit 1 Tropfen konz. H_2SO_4 bei 0°, Verdünnen mit Bzl., Eindampfen, Chromatographie an Al_2O_3 u. Eluieren mit Bzl.–PAe. u. Bzl.; $[\alpha]_D^{20}$ +155° (c = 0,99; Chlf.); 21%; daneben aus dem Bzl.-PAe.-Eluat eine *Verb. vom F. 127,5—128°* (Methanol); Tortelli-Jaffé-Test negativ; 50 mg. — *5β-Methyl-19-nor-Δ⁹-pregnen-3.6.20-trion*, $C_{21}H_{28}O_3$, F. 167—169° (Methanol; A.), durch 1std. Zutropfen von 2%ig. CrO_3 in Eisessig zu **V** in Eisessig, 22std. Rühren bei Raum-Temp. u. Aufnehmen in Essigester; $[\alpha]_D^{23}$ +7,8° (c = 1,09; Chlf.); 36%. — *Pregnenolonäthylenketal*, F. 162—164° (Methanol) durch 5std. Kochen von **I** mit Äthylenglykol, Toluol u. p-Toluolsulfonsäure unter Abdest. des W., Alkalisieren mit 5%ig. methanol. KOH, Gießen in W. u. Ae.-Extraktion; 67%. *α-Oxid*, $C_{23}H_{36}O_4$, F. 183—185° (A.), aus vorst. Verb. nach **B**; $[\alpha]_D^{20}$ —51,2° (c = 0,94; Chlf.); 56%. D. Jahnke. 3700△

Addition von Cyanwasserstoff an Δ¹⁶-Pregnen-20-one. J. Romo. (Tetrahedron [London] **3**, 37—42, 1958; México, Univ. Nacional Autónoma de México, Inst. de Quím.; engl.) — HCN wird von 3β-Acetoxy-Δ⁵·¹⁶-pregnadien-20-on unter Bldg. von 16α-Cyan-Δ⁵-pregnen-3β-ol-20-on addiert, andere Δ¹⁶-Pregnen-20-one ergeben analoge Additionsprodukte. Alkal. Hydrolyse der 16α-ständigen CN-Gruppe führt zur entsprechenden *Carbonsäure*, von der verschiedene Derivv. dargestellt werden. UV- u. IR-Absorptionsmaxima vgl. Original.

Versuche: *3β-Hydroxy-16α-cyan-Δ⁵-pregnen-20-on* (**I**), $C_{22}H_{31}NO_2$, F. 232—234°, durch 3std. Kochen von 3 g 3β-Acetoxy-Δ⁵·¹⁶-pregnadien-20-on in Methanol mit NaCN u. Gießen in W.; aus Aceton/Methanol Prismen; $[\alpha]_D$ +16° (Chlf.); 2,17 g (Ausbeute). *Acetyl-Deriv.*, $C_{24}H_{33}NO_3$, F. 196—198°; $[\alpha]_D$ +16° (Chlf.); *Oxim*, $C_{24}H_{34}N_2O_3$, F. 241 bis 243°. — *16α-Cyanprogesteron* (**II**), $C_{22}H_{29}NO_2$, F. 240—242°, durch 1std. Kochen von 8 g getrocknetem **I** (durch Dest. des W. mit Toluol) in Cyclohexanon mit Al-Triisopropylat in Toluol; aus Aceton/Hexan Prismen; $[\alpha]_D$ +159° (Chlf.); 6,33 g. — *3-Hydroxy-16α-cyan-17β-acetyl-Δ¹·³·⁵⁽¹⁰⁾-östratrien*, $C_{21}H_{25}NO_2$, F. 240—243°, analog **I** aus 435 mg 3-Acetoxy-17-acetyl-Δ¹·³·⁵⁽¹⁰⁾·¹⁶-östratetraen; aus Aceton/Methanol Prismen; $[\alpha]_D$ +159° (Chlf.); 0,23 g. *Acetyl-Deriv.*, $C_{23}H_{27}NO_3$, F. 175—176°; $[\alpha]_D$ +150° (Chlf.). — *3β.21-Diacetoxy-16α-cyan-Δ⁵-pregnen-20-on*, $C_{26}H_{35}NO_5$, F. 195—197° (Aceton/Methanol), durch 3std. Kochen von 1,3 g 3β.21-Diacetoxy-Δ⁵·¹⁶-pregnadien-20-on in A. mit NaCN, Zugabe von W., Ausäthern, Eindampfen, 1std. Erhitzen mit Acetanhydrid/Pyridin auf 100° u. Gießen in W.; $[\alpha]_D$ +10° (Chlf.); 0,17 g. — *3β-Hydroxy-16α-carboxy-Δ⁵-pregnen-20-on*, $C_{22}H_{32}O_4$, F. 233—235° (Aceton/Ae.), durch 1std. Kochen von 0,77 g **I** mit äthanol.-wss. KOH; $[\alpha]_D$ —115° (Chlf.); 0,47 g. *Methylester*, $C_{23}H_{34}O_4$, F. 206—207°, durch Rk. von 1,3 g Säure in Methanol mit CH_2N_2/Ae. u. mehrstd. Stehen; aus Aceton/Ae. Platten; $[\alpha]_D$ —116° (Chlf.); 0,89 g {*Acetyl-Deriv.* (**III**), $C_{25}H_{36}O_5$, F. 159—160°; aus Aceton/Methanol Prismen; $[\alpha]_D$ —110° (Chlf.)}. — *16α-Carbomethoxyprogesteron*, $C_{23}H_{32}O_4$, F. 157—158° (Aceton/Methanol), durch Oppenauer-Oxydation analog **II** aus 5 g **IV** (s. unten); $[\alpha]_D$ +31° (Chlf.); 3 g. — *16α-Carboxyprogesteron*, $C_{22}H_{30}O_4$, F. 250—254° (Aceton/Ae.), a) durch 1std. Kochen von 1 g vorst. Verb. mit methanol.-wss. KOH; $[\alpha]_D$ +17° (Chlf.); 0,56 g; b) analog a) aus 0,5 g **II**; 0,17 g. — *3.20-Bis-[äthylendioxy]-16α-carbomethoxy-Δ⁵-pregnen*, $C_{27}H_{40}O_6$, F. 182—183°, durch 20std. Kochen von 3 g vorst. Verb. in Bzl. mit p-Toluolsulfonsäure u. Äthylenglykol unter Wasserabscheidung u. Zugabe von $NaHCO_3$; aus Aceton/Methanol Nadeln; $[\alpha]_D$ —70° (Chlf.); 1,7 g. — *16α-Hydroxymethylprogesteron*, $C_{22}H_{32}O_3$, F. 166—168° (Aceton/Hexan), durch Zugabe von 2 g vorst. Verb. in abs. Tetrahydrofuran (THF) zu $LiAlH_4$ in Ae., ½std. Kochen, Zugabe von W., Eindampfen der organ. Phase u. ¼std. Kochen in Methanol mit wenig konz. HCl; $[\alpha]_D$ +77° (Chlf.); 0,38 g. — *3β-Acetoxy-20β-hydroxy-16α-carbomethoxy-Δ⁵-pregnen*, $C_{25}H_{38}O_5$, F. 157—158°, durch 1std. Kochen von 2,6 g **III** in THF mit wss. $NaBH_4$; aus Aceton/Hexan Platten; $[\alpha]_D$ —78° (Chlf.); 1,05 g. — *3β.20β-Dihydroxy-16α-carboxy-Δ⁵-pregnen* (**IV**), $C_{22}H_{34}O_4$, F. 281 bis 283°, durch 1std. Kochen von 0,55 g vorst. Verb. mit methanol. KOH; aus Methanol Nadeln; $[\alpha]_D$ —84,5° (Dioxan); 0,275 g. *Diacetyl-Deriv.*, $C_{26}H_{38}O_6$, F. 213—215°, durch mehrstd. Acylieren von 0,2 g **IV** bei Raum-Temp.; aus Aceton/Ae. Nadeln; $[\alpha]_D$ —53,5° (Chlf.); 0,21 g. H.-J. Weigmann. 3700△

Östranderivate. I. Mitt. Chiadao Chen. (Tetrahedron [London] **3**, 43—48, 1958; **Chicago, Ill., Northwestern Univ., Med. School, Dep. of Biochem.: engl.) — Drei der vier**

möglichen am Ring A/B isomeren *Östran-17-ol-3-one* sowie entsprechende *Acetyl-* u. *Benzoyl-Derivv.* u. *Dione* werden für biochem. Unterss. dargestellt. Die Stellung der H-Atome an $C_{(5)}$ u. $C_{(10)}$ wird angegeben. Das eine der dargestellten isomeren *Östran-3.17-dione* ist auf Grund des Doppel-F. ident. mit der von Marker u. Mitarbeitern [1938] beschriebenen Verbindung.

Versuche (FF. korr. auf ± 1,5°): 5α.10α-Östrane: *17β-Acetoxy-3-oxo-* (I), $C_{20}H_{30}O_3$, F. 110—111°, durch 4½ std. Hydrieren von 1,62 g 17-Acetylöstradiol in Cyclohexan bei 120°/120 at an Raney-Ni, Eindampfen, 5 std. Oxydieren mit 0,562 g CrO_3 in Eisessig, Versetzen mit wenig Methanol, Eindampfen im Vakuum bei 30° u. Chromatographieren an Al_2O_3; aus Ae./Pentan hexagonale Kristalle; $[\alpha]_D^{23}$ —55,4° [Aceton (Ac.)]; $[\alpha]_D^{23}$ —57,5° [Dioxan (D.)]; 0,508 g (Ausbeute). — *17β-Hydroxy-3-oxo-* (II), $C_{18}H_{28}O_2$, FF. 135—136° u. 146—147,5°, durch ¾ std. Kochen von 0,04 g I mit methanol. KOH; aus Ae./Pentan Körnchen; $[\alpha]_D^{23}$ —54,1° (Ac.); $[\alpha]_D^{23,5}$ —59,8° (D.); 0,029 g. — *17β-Benzoyloxy-3-oxo-* (III), F. 204,5—206°, durch 16 std. Rk. von 0,055 g II mit Benzoylchlorid/Pyridin bei Raum-Temp., Zugabe von W., ½ std. Stehen bei Raum-Temp. u. Chromatographieren an Al_2O_3; aus Methylenchlorid/Methanol u. Ac./Hexan Prismen; $[\alpha]_D^{25}$ —21,8° (D.); 0,037 g. — *3.17-Dioxo-* (IV), $C_{18}H_{26}O_2$, F. 164—166°, a) neben I; aus Ae./Pentan Blättchen; $[\alpha]_D^{13}$ + 22,2° (Ac.); $[\alpha]_D^{23}$ + 17,9° (D.); b) durch 14 std. Rk. von 0,019 g II in Eisessig mit CrO_3 bei Raum-Temp.; 0,016 g. — 5α.10β-Östrane: *17β-Acetoxy-3-oxo-* (V), $C_{20}H_{30}O_3$, FF. 114—116° u. 132,5—135,5°, a) neben I; aus Ae./Pentan Nadeln; $[\alpha]_D^{15}$ + 28,2° (Ac.); $[\alpha]_D^{23,5}$ + 20,8° (D.); 0,137 g; b) durch 1 std. Hydrieren von 1 g 19-Nortestosteron in A. an Pd-Kohle bei Raum-Temp. u. ≈ 1 at, Filtrieren, Eindampfen u. 18 std. Acetylieren bei Raum-Temp.; 0,619 g. — *17β-Hydroxy-3-oxo-*, $C_{18}H_{28}O_2$, F. 111 bis 112° (Ac./Hexan), analog II aus 0,48 g V; $[\alpha]_D^{23}$ + 33,1° (Ac.); $[\alpha]_D^{23,5}$ + 29,3° (D.); 0,42 g. — *17β-Benzoyloxy-3-oxo-* (VI), $C_{25}H_{32}O_3$, F. 151—153,5°, a) analog III aus 0,065 g vorst. Verb.; aus Ac./Hexan Stäbchen; $[\alpha]_D^{26}$ + 71,95° (D.); 0,05 g; b) durch Hydrieren von 0,378 g 19-Nortestosteronbenzoat (F. 178—179°) in Eisessig an Pd-Kohle; 0,194 g. — *3.17-Dioxo-*, $C_{18}H_{26}O_2$, FF. ca. 150 u. 184—185,5°, a) neben I; aus Hexan Stäbchen; $[\alpha]_D^{17}$ + 109,1° (Ac.); $[\alpha]_D^{23}$ + 104,7° (D.); b) analog IV aus 0,06 g vorvorst. Verb.; 0,04 g. — 5β.10β-Östrane: *17β-Acetoxy-3-oxo-*, $C_{20}H_{30}O_3$, F. 102—103°, neben V durch Chromatographieren der Mutterlaugen an Al_2O_3; längliche Kristalle aus Pentan, >90° → Nadeln; $[\alpha]_D^{23,5}$ + 39,0° (Ac.); $[\alpha]_D^{24}$ + 35,6° (D.); 0,058 g. — *17β-Hydroxy-3 oxo-*, $C_{18}H_{28}O_2$, F. 133,5—134°, durch Hydrolyse von vorst. oder nachst. Verb. mit methanol. NaOH; aus Ac./Hexan hexagonale Kristalle; $[\alpha]_D^{23,5}$ + 52,8° (Ac.); $[\alpha]^{23,5}$ + 50,5° (D.). — *17β-Benzoyloxy-3-oxo-*, $C_{25}H_{32}O_3$, F. 177—178,5°, neben VI; aus Ac./Hexan Nadeln; $[\alpha]_D^{23,5}$ + 79,6° (D.); 0,046 g. — *3.17-Dioxo-*, $C_{18}H_{26}O_2$, F. 70—70,5°, analog IV aus 0,048 g vorvorst. Verb.; aus Pentan Nadeln; $[\alpha]_D^{23,5}$ + 127,3° (Ac.); $[\alpha]_D^{23,5}$ + 121,5° (D.); 0,022 g. H.-J. Weigmann. 3750△

Steroide. 92. Mitt. **Synthese von halogenierten Steroidhormonen.** 2. Mitt. **6α- und 6β-Fluortestosteron und 6α- und 6β-Fluorprogesteron.** A. Bowers und H. J. Ringold. (Tetrahedron [London] **3**, 14—27, 1958; Mexico City, Syntex, S. A., Res. Labor.; engl.) — 91. vgl. C. **1962**, 8628; 143. vgl. C. **1962**, 11209. — Spaltung der 3β-Acetoxy-5α.6α-epoxide der Cholestan-, Androstan- u. der Pregnanreihe mit BF_3-Ätherat führt zu den entsprechenden *3β-Acetoxy-5α-hydroxy-6β-fluor-Verbindungen.* Aus diesen werden *6α-Fluor-Δ⁴-cholesten-3-on*, *6α-* u. *6β-Fluortestosteron*, sowie *6α-* u. *6β-Fluorprogesteron* dargestellt. UV- u. IR-Spektren vgl. Original.

Versuche ($[\alpha]_D$ in Chlf.): *6β-Fluorcholestan-3β.5α-diol* (I), $C_{27}H_{47}FO_2$, F. 220—221° (Aceton/Hexan), a) durch 3 std. Rk. von 5 g Cholesterin-α-epoxid in abs. Ae./Bzl. mit BF_3-Ätherat bei Raum-Temp. u. Chromatographieren in Bzl. an Al_2O_3; $[\alpha]_D$ + 31°; 2,21 g (Ausbeute); b) durch 10 Min. lange Zugabe der Lsg. von 1,5 g nachst. Verb. in Tetrahydrofuran (THF) zu $LiAlH_4$/THF, 10 Min. langes Rühren bei Raum-Temp., Zers. mit Äthylacetat u. Zugabe von 2n HCl; 1,4 g. — *6β-Fluor-3β-acetoxycholestan-5α-ol*, $C_{29}H_{49}FO_3$, F. 214—216° (Aceton/Hexan), a) analog I nach a) aus 1 g Cholesterinacetat-α-epoxid; $[\alpha]_D$ —20°; 0,47 g; b) durch 16 std. Acetylieren vorst. Verbindung. — *6β-Fluorcholestan-5α-ol-3-on*, $C_{27}H_{45}FO_2$, F. 230—231° (Aceton/Hexan), durch 3 Min. lange Rk. von I in Aceton mit 8n CrO_3/wss. H_2SO_4 bei 0° u. Zugabe von W.; $[\alpha]_D$ + 66°. — *6α-Fluor-Δ⁴-cholesten-3-on*, $C_{27}H_{43}FO$, F. 116—118° (Hexan), durch 2 std. Hindurchleiten von trockenem HCl durch die Lsg. von 0,3 g vorst. Verb. in Eisessig bei 15—18°, 2 std. Stehen bei Raum-Temp. u. Zugabe von W.; $[\alpha]_D$ + 103°; 0,28 g. — *3β.17β-Diacetoxy-Δ⁵-androsten-α-epoxid*, F. 166—168° (Methanol), durch ½ std. Zutropfen von äther. Permonophthalsäure (P)-Lsg. zu 35 g 3β.17β-Diacetoxy-Δ⁵-androsten in Chlf. bei —60 bis —70° u. mehrstd. Stehen (2 Std. bei —80°, 16 Std. bei 0—5°); $[\alpha]_D$ —66°; 26,1 g. — *6β-Fluor-3β.17β-diacetoxyandrostan-5α-ol* (II), $C_{23}H_{35}FO_5$, F. 212—214° (Aceton/Hexan), analog I nach a) aus 28,7 g vorst. Verb.; $[\alpha]_D$ -24^0; 9,8 g. — *6β-Fluorandrostan-3β.5α.17β-triol, Hemiacetonsolvat*, $C_{19}H_{31}FO_3 \cdot 1/2\ (CH_3)_2CO$, F. 204—207⁰ (Aceton), durch $^1/_4$ std. Zugabe der Lsg. von 5 g **II** in THF zu $LiAlH_4$/THF bei 0⁰, $^1/_4$ std. Stehen bei 0—10⁰ u. Zers. mit Aceton, dann mit 2n HCl: $[\alpha]$ $\pm 0^0$; 4,28 g. — *6β-Fluorandrostan-5α-ol-3.17-dion*, $C_{19}H_{27}FO_3$. F. 231—232⁰ (Aceton/Hexan), durch 3 Min. lange Rk. der Lsg. von 2,55 g vorst. Verb. in Aceton mit 8n CrO_3/wss. H_2SO_4 bei 0—5⁰ u. Zugabe von W.; $[\alpha]_D$ $+100^0$; 2,05 g. — *6α-Fluor-Δ⁴-androsten-3.17-dion, Hemiacetonsolvat*, $C_{19}H_{25}FO_2 \cdot 1/2\ (CH_3)_2CO$, F. 230 bis 232⁰ (Aceton/Hexan), a) durch 1 std. Hindurchleiten von trockenem HCl durch die Lsg. von 0,18 g vorst. Verb. in Eisessig bei 15—18⁰, 1 std. Stehen bei Raum-Temp., Zugabe von W. u. Chromatographieren in Bzl./Hexan an Al_2O_3; $[\alpha]_D$ $+190^0$; 0,063 g; b) analog aus 0,1 g 6β-Fluor-Δ⁴-androsten-3.17-dion; 0,05 g. — *6α-Fluortestosteron, Hemihydrat*, $C_{19}H_{27}FO_2 \cdot 1/2\ H_2O$, F. 164—166⁰ (Bzl./Hexan), a) durch 25 Min. lange Rk. vorst. Verb. in Ae./THF (1:1) mit $LiAlH_4$/Ae. bei Raum-Temp., Zers. mit Äthylacetat, Zugabe von 2n HCl, Ausäthern, 22 std. Rk. in Chlf. mit MnO_2 u. Chromatographieren in Bzl. an Al_2O_3; $[\alpha]_D$ $+111^0$; b) durch Isomerisieren von 0,1 g des 6β-Isomeren analog vorst. Verb. nach a); 0,042 g. — *6β-Fluor-3β.17β-diacetoxy-Δ⁴-androsten*, $C_{23}H_{33}FO_4$, F. 136—138⁰ (Hexan), durch Zugabe von $SOCl_2$ zur Lsg. von 0,5 g **II** in Pyridin bei 0⁰, kurzes Stehen bei 0⁰, Zugabe von W. u. Chromatographieren in Bzl./Hexan an Al_2O_3; $[\alpha]_D$ -42^0; 0,45 g. — *6β-Fluortestosteron*, $C_{19}H_{27}FO_2$, F. 169—171⁰ (Bzl./Hexan), durch 10 Min. lange Zugabe der Lsg. von 2 g vorst. Verb. in Ae. zu $LiAlH_4$/Ae. bei 0—5⁰, 10 Min. langes Rühren, Zers. mit Aceton, Zugabe von Na_2SO_4, Extrahieren mit Chlf., Eindampfen im Vakuum bei 30⁰, 16 std. Rk. von 1,6 g des *Diols* (1,8 g) in Chlf. mit MnO_2 bei Raum-Temp. u. Chromatographieren in Bzl. an Al_2O_3; $[\alpha]_D$ $\pm 0^0$; 1,08 g. — *6β-Fluor-Δ⁴-androsten-3.17-dion*, $C_{19}H_{25}FO_2$, F. 136—138⁰ (Aceton/Hexan), durch Hydrolyse von 2 g vorvorst. Verb. mit $LiAlH_4$ analog vorst. Verb., Oxydieren des *Diols* in Aceton mit 8n CrO_3 u. Chromatographieren in Bzl./Hexan an Al_2O_3; $[\alpha]_D$ $+78^0$; 1,1 g. — *3β-Acetoxy-5α.6α-oxido-20-oxopregnan*, $C_{23}H_{34}O_4$, F. 166—168⁰ (Methanol), durch 20 Min. lange Zugabe von äther. **P**-Lsg. zu 3β-Acetoxy-20-oxo-Δ⁵-pregnen in Chlf. bei —60 bis —70⁰ u. mehrstd. Stehen (2 Std. bei —60⁰, 16 Std. bei 0—5⁰); $[\alpha]_D$ $+11^0$. — *6β-Fluor-3β-acetoxy-pregnan-5α-ol-20-on* (**III**), $C_{23}H_{35}FO_4$, F. 223—224⁰, durch 6 std. Rk. von 8,7 g vorst. Verb. in abs. Ae./Bzl. (1:1) mit BF_3-Ätherat bei Raum-Temp. u. Chromatographieren in Bzl./Hexan an Al_2O_3; $[\alpha]_D$ $+42^0$; 3,6 g. — *6β-Fluorpregnan-3β.5α.20β-triol*, $C_{21}H_{35}FO_3$, F. 228 bis 230⁰ (Aceton/Hexan), durch 20 Min. lange Zugabe von 3,1 g **III** in abs. Ae. zu $LiAlH_4$/Ae. bei 10⁰, $^1/_4$ std. Rühren bei Raum-Temp. u. Zers. mit Äthylacetat; $[\alpha]_D$ $\pm 0^0$ (Dioxan); 2,6 g. — *6β-Fluorpregnan-5α-ol-3.20-dion* (**IV**), $C_{21}H_{31}FO_3$, F. 279—281⁰ (wss. Pyridin), durch Rk. von 3 g vorst. Verb. in Aceton mit 8n CrO_3 bei 0—5⁰ u. Zugabe von W.; $[\alpha]_D$ $+78^0$ (Pyridin); 2,4 g. — *6α-Fluorprogesteron*, $C_{21}H_{29}FO_2$, F. 146—148⁰ (Aceton/Hexan), a) durch 2 std. Hindurchleiten von trockenem HCl durch die Lsg. von 0,8 g **IV** in Eisessig bei 15⁰, 16 std. Stehen bei Raum-Temp., Zugabe von W. u. Chromatographieren in Bzl./Hexan an Al_2O_3; $[\alpha]_D$ $+191^0$; 0,26 g; b) durch 1½ std. Einleiten von trockenem HCl in die Lsg. des 6β-Isomeren in Eisessig bei 15⁰, 1½ std. Stehen bei Raum-Temp. u. Versetzen mit Wasser. — *3β-Acetoxy-6β-fluor-Δ⁴-pregnen-20-on*, $C_{23}H_{33}FO_3$, F. 94—97⁰ (Hexan), durch 5 Min. lange Rk. von 0,25 g **III** in Pyridin mit $SOCl_2$ bei 0⁰ u. Zugabe von W.; $[\alpha]_D$ $+33^0$; 0,2 g. — *6β-Fluorprogesteron*, $C_{21}H_{29}FO_2$, F. 159—161⁰ (Bzl./Hexan), a) durch Rk. von 2,2 g **III** mit $SOCl_2$ analog vorst. Verb., $^1/_4$ std. Zugabe in Ae. zu $LiAlH_4$/Ae. bei 15⁰, $^1/_4$ std. Rühren bei Raum-Temp., Zers. mit Aceton, 16 std. Rk. in Chlf. mit MnO_2, Chromatographieren in Bzl. an Al_2O_3, Eluieren mit Bzl./Ae., Rk. mit 8n CrO_3 in Aceton bei 0—5⁰ u. Zugabe von W.; $[\alpha]_D$ $+104^0$; 0,64 g; b) durch 1 std. Kochen von 1,5 g **IV** in methanol. KOH unter N_2 u. Ansäuern mit Essigsäure; 0,3 g.

H.-J. Weigmann. 3750△

Steroide. 94. Mitt. **Synthese von 2-Methyl- und 1.2-Dimethylöstrogenen.** J. Iriarte und H. J. Ringold. (Tetrahedron [London] **3**, 28—36, 1958; Mexico, D. F., Syntex, S. A., Res. Labor.; engl.) — 93. vgl. C. **1959**, 17177; 92. vgl. vorst. Referat. — *2-Methyl-* u. *1.2-Dimethylöstrogene* werden aus 2α-Methyltestosteron (**I**) über die $\Delta^{1.4}$- u. $\Delta^{1.4.6}$-*Verb.* dargestellt. Der Einfl. der Alkylgruppen bei phenol. Steroiden auf UV-Absorption, Drehwert u. biolog. Wrkg. wird diskutiert. UV-Spektren vgl. Original.

Versuche: *2-Methyl-$\Delta^{1.4}$-androstadien-17β-ol-3-on* (**II**), $C_{20}H_{28}O_2$, F. 211—212⁰ (Ae.), durch 72 std. Kochen von **I** in tert.-Butanol mit SeO_2/Eisessig unter N_2, Zugabe von Essigester, Filtrieren durch Celite, Eindampfen im Vakuum u. Versetzen mit W.; $[\alpha]_D^{20}$ $+6^0$ (Chlf.); 80% (Ausbeute). — *2-Methylöstradiol*, $C_{19}H_{26}O_2$, F. 185—186⁰, durch Pyrolyse von 3 g **II** in Mineralöl bei 600⁰, Verdünnen mit Hexan u. Chromatographieren der mit 5%ig. Na_2CO_3 abgetrennten Substanz in Bzl./Ae. an Silicagel; aus Ae. Nadeln; $[\alpha]_D^{20}$ $+78^0$ (Dioxan); 0,5 g. *3-Benzoyl-Deriv.*, $C_{26}H_{30}O_3$, F. 187—190⁰ (Ae.). — *2-Methylöstron, Benzoyl-Deriv.*, $C_{26}H_{28}O_3$, F. 212⁰, durch 1 std. Rk. von 0,125 g vorst. Benzoyl-

Deriv. in Essigsäure mit CrO_3/Eisessig bei 25° u. Zugabe von W.; aus Ae. Platten; $[\alpha]_D^{20}$ + 183° (Dioxan); 0,08 g. *Freie Verb.*, $C_{19}H_{24}O_2$, F. 221—225° (Ae./Hexan), durch 1 std. Kochen von 0,1 g Benzoyl-Deriv. mit 1 % ig. methanol. KOH u. Ansäuern mit Essigsäure; $[\alpha]_D^{20}$ + 198° (Dioxan); 0,05 g. — *2α-Methylandrostan-3.17-dion*, $C_{20}H_{30}O_2$, F. 152 bis 153° (Ae.), durch 10 Min. lange Zugabe von CrO_3/wss. Essigsäure zu 2α-Methylandrostan-17β-ol-3-on in Eisessig, 1 std. Stehen bei 25° u. Gießen in W.; $[\alpha]_D^{20}$ + 110° (Chlf.); 77 %. — *2-Methyl-Δ$^{1.4}$-androstadien-3.17-dion*, $C_{20}H_{26}O_2$, F. 198—200° (Ae.), a) durch Zugabe von 2 Äquivalenten Br_2/Eisessig zu 1 g vorst. Verb. in Eisessig bei 18°, 1 std. Stehen, Gießen in Eis/W., 4 std. Kochen des *2.4-Dibrom-Deriv.* [F. 140—145° (Zers.); 1,25 g] in γ-Kollidin unter Feuchtigkeitsausschluß, Abtrennen des *Kollidinhydrobromids* (0,87 g) mit Ae. u. Chromatographieren an Al_2O_3; $[\alpha]_D^{20}$ + 100° (Chlf.); 0,56 g; b) aus 1 g **II** analog vorst. Verb.; 0,8 g. — *2α-Methyl-Δ^4-androsten-3.17-dion*, $C_{20}H_{28}O_2$, F. 159—160° (Ae.), analog vorst. Verb. nach b) aus 10 g **I**; $[\alpha]_D^{20}$ + 190° (Chlf.); 8,6 g. — *2.6-Dibrom-2-methyl-Δ^4-androsten-3.17-dion* (**III**), $C_{20}H_{26}Br_2O_2$, F. 128—132° (Zers.; Methanol), durch Zutropfen von 2 Äquivalenten Br_2/Eisessig zu vorst. Verb. in abs. Ae. bei 0° u. Zugabe von W. bei Raum-Temp.; $[\alpha]_D^{20}$ + 49° (Chlf.); 69 %. — *2-Methyl-Δ$^{1.4.6}$-androstatrien-3.17-dion*, $C_{20}H_{24}O_2$, F. 197,5—199° (Essigester/Ae.), durch 1 std. Kochen von **III** in γ-Kollidin unter Feuchtigkeitsausschluß, Fällen des *Aminhydrobromids* mit Essigester u. Chromatographieren an Al_2O_3; $[\alpha]_D^{20}$ + 60° (Chlf.); 54 %. — *6ξ-Brom-2-methyl-Δ$^{1.4}$-androstadien-3.17-dion*, $C_{20}H_{25}BrO_2$, F. 216—218° (Zers.), durch 20 Min. langes Kochen von 1,1 g **III** in γ-Kollidin/Xylol (1:1) u. Zugabe von Essigester in der Kälte; aus Methanol Platten; $[\alpha]_D^{20}$ + 32° (Chlf.); 0,28 g. — *1.2-Dimethyl-Δ^6-dehydroöstron, Acetyl-Deriv.* (**IV**), $C_{22}H_{26}O_3$, F. 180—181° (Methanol), durch 5 std. Erhitzen vorvorst. Verb. in Acetanhydrid mit p-Toluolsulfonsäure auf 90° u. Gießen in Eis/W.; $[\alpha]_D^{20}$ — 53° (Dioxan); 76 %. *Freie Verb.*, $C_{20}H_{24}O_2$, F. 254—255° (Methanol), durch ½ std. Kochen von **IV** mit 1 % ig. methanol. KOH unter N_2 u. Zugabe von Essigsäure; $[\alpha]_D^{20}$ — 44° (Dioxan); 74 %. — *1.2-Dimethylöstron, Acetyl-Deriv.*, $C_{22}H_{28}O_3$, F. 210—211° (Methanol), durch 1 std. Hydrieren von 1,13 g **IV** in Essigester an 10 % ig. Pd-Kohle bei 15°/750 Torr; $[\alpha]_D^{20}$ + 223° (Dioxan); 1,1 g. *Freie Verb.*, $C_{20}H_{26}O_2$, F. 274—275° (Methanol), analog vorst. freier Verb. aus dem Acetyl-Deriv.; $[\alpha]_D^{20}$ + 257° (Chlf.); $[\alpha]_D^{20}$ + 270° (Dioxan); 94 %. — *1.2-Dimethyl-Δ^6-dehydroöstradiol*, $C_{20}H_{26}O_2$, F. 231—232° (Methanol), durch 10 Min. langes Kochen von **IV** in Methanol mit wss. $NaBH_4$, 1 std. Stehen bei Raum-Temp., Zugabe von Essigsäure, Einengen im Vakuum u. Gießen in Eis/W.; $[\alpha]_D^{20}$ — 110°; 94 %. — *1.2-Dimethylöstradiol, Hemihydrat*, $C_{20}H_{28}O_2 \cdot ½ H_2O$, F. 120—125°, durch 16 std. Rk. vorvorst. Verb. in Methanol mit wss. $NaBH_4$ bei Raum-Temp., Zugabe von Essigsäure, Eindampfen im Vakuum u. Zugabe von W.; aus Hexan amorphes Pulver; $[\alpha]_D^{20}$ + 149°.

H.-J. Weigmann. 3750△

gem.-Difluorsteroide. Jack Tadanier und Wayne Cole. (J. org. Chemistry **26**, 2436—40, 1961; North Chicago, Ill., Abbott Labor., Res. Div., Org. Chem. Dep.; engl.) — *3.3-*, *17.17-* u. *20.20-Difluorsteroide* wurden durch Einw. von SF_4 auf die entsprechenden Ketone dargestellt. Die Fluorierung ist abhängig von der Stellung u. der Natur der reagierenden Carbonylgruppe sowie von katalyt. wirkendem HF aus der Rk. von SF_4 mit Äthanol. Im Gegensatz zur leichten Fluorierung der 3-CO-Gruppe in gesätt. Ketonen gelingt die Rk. bei α,β-ungesätt. Ketonen nicht. Mehrere gem.-Difluorketosteroide haben geringe androgene Wirksamkeit. *3.3-Difluor-5β-pregnan-20-on* u. *17.17-Difluor-Δ^4-androsten-3-on* haben außerdem Einfl. auf das endokrine Gleichgewicht. IR- u. KMR-Maxima s. Original.

Versuche: *3.3.20.20-Tetrafluor-5α-pregnan*, $C_{21}H_{32}F_4$, F. 120—121° (A.-W.), durch 15 std. Erhitzen von 5α-Pregnan-3.20-dion in Chlf./3 % A. mit SF_4 auf 40°, Einengen, Chlf.-Extraktion, Einengen im Vakuum bei 100°, Kochen mit A. u. Kohle, Einengen, Chromatographie an Al_2O_3, Eluieren mit Bzl.-PAe. (1:10), Chromatographie an Silicagel u. Eluieren mit Chlf.-PAe. (1:5); $[\alpha]_D^{23}$ + 12° (Chlf.); 5 % (Ausbeute); daneben durch Eluieren mit Chlf. *3.3-Difluor-5α-pregnan-20-on*, $C_{21}H_{32}F_2O$, F. 145—147° (A.); $[\alpha]_D^{23}$ + 88° (Chlf.); 33 %. — *3.3-Difluor-5α-cholestan*, $C_{27}H_{46}F_2$, F. 109—111°, analog aus Cholestan-3-on; $[\alpha]_D^{23}$ + 24° (Chlf.); 32 %. — *3.3-Difluor-5α-androstan-17-on*, $C_{19}H_{28}F_2O$, F. 123—124°, aus 5α-Androstan-3.17-dion; $[\alpha]_D^{23}$ + 92° (Chlf.); 37 %; daneben *3.3.17.17-Tetrafluor-5α-androstan*, $C_{19}H_{28}F_4$, F. 84—85°; $[\alpha]_D^{23}$ + 7° (Chlf.); 11 %. — *3.3-Difluor-5β-pregnan-20-on*, $C_{21}H_{32}F_2O$, F. 100—102°, aus 5β-Pregnan-3.20-dion; $[\alpha]_D^{23}$ + 87° (Chlf.); 29 %; daneben *3.3.20.20-Tetrafluor-5β-pregnan*, $C_{21}H_{32}F_4$, F. 104—106°; $[\alpha]_D^{23}$ + 20° (Chlf.); 7 %. — *17.17-Difluor-Δ^4-androsten-3-on*, $C_{19}H_{26}F_2O$, F. 181—182,8° (A.-W.), a) aus Δ^4-Androsten-3.17-dion (**I**); 3 %; b) durch 10 std. Erwärmen von **I** in Chlf. mit SF_4 u. BF_3 auf 40° (Meth. **A**); $[\alpha]_D^{23}$ + 82° (Chlf.); 10 %. — *20.20-Difluor-Δ^4-pregnen-3-on*, $C_{21}H_{30}F_2O$, F. 108—110°, aus Progesteron nach **A**; $[\alpha]_D^{23}$ + 94° (Chlf.); 2 %. — *17.17-Difluor-Δ$^{1.4}$-androstadien-3-on*, $C_{19}H_{24}F_2O$, F. 116—117°, aus Δ$^{1.4}$-Androstadien-3.17-dion nach **A**; $[\alpha]_D^{23}$ + 33° (Chlf.); 3 %.

D. Jahnke. 3750△

Der Strukturbeweis für 16α-Carboxypregnenolon. Eugene L. Woroch. (J. org. Chemistry **28**, 855—57, März 1963; North Chicago, Ill., Abbott Labor., Res. Div., Org. Chem. Dep.; engl.) — 16α-Cyan-3β-hydroxy-Δ^5-pregnan-20-onäthylenketal (**I**) wird in *16α-Carboxy-3β-hydroxy-Δ^5-pregnen-20-on* übergeführt u. dessen Struktur durch Umwandlung in das bekannte *16α-Methylprogesteron* bewiesen.

Versuche: *16α-Carboxy-3β-hydroxy-Δ^5-pregnen-20-on* (**II**), F. 231—231,5° (Zers.; Chlf.), durch 90std. Erhitzen von **I** mit W., A. u. KOH im Autoklaven auf 100—110°, Ansäuern mit Eisessig, Filtrieren u. mehrstd. Rk. mit Aceton/10%ig. HCl; 80% (Ausbeute). *Acetat*, $C_{24}H_{34}O_5$, F. 176—178°. *Methylester*, $C_{23}H_{34}O_4$, F. 130—132°, $Kp._{0,5\,mm}$ 180°. — *16α-Carbamoyl-3β-hydroxy-Δ^5-pregnen-20-on*, $C_{22}H_{33}NO_3$, F. 265—268° (Zers.), durch 48std. Kochen von 300 mg **I** mit alkohol. KOH; $[\alpha]_D^{25}$ + 3,6° (c = 0,46; A.); 223 mg. — *16α-Carboxy-Δ^4-pregnen-3.20-dion. Essigestersolvat*, $C_{22}H_{30}O_4 \cdot ½\, CH_3COOC_2H_5$, F. 134—137°, aus 3,80 g **II** u. Br_2 in Eisessig, Versetzen mit CrO_3 nach 2 Min., 2std. Stehen bei Raum-Temp., Zugabe von CH_3OH u. 0,5n$CrCl_2$ unter N_2, Stehen über Nacht, Verdünnen mit W. u. CH_2Cl_2-Extraktion; aus Essigester Prismen; $[\alpha]_D^{25}$ + 116,5° (c = 1,0; A.); 2,13 g. — *16α-[β-Hydroxyäthoxycarbonyl]-Δ^5-pregnen-3.20-dion-bis-äthylenketal*, $C_{28}H_{42}O_7$, F. 153—156°, durch 17std. Kochen von 1,66 g vorst. Verb. mit Äthylenglykol, Bzl. u. p-Toluolsulfonsäuremonohydrat im Dean-Stark-Separator; aus Ae. Nadeln; 2,46 g. — *16α-Hydroxymethyl-Δ^5-pregnen-3.20-dion-bis-äthylenketal*, $C_{26}H_{40}O_5$, F. 236 bis 240°, durch 2std. Kochen von 900 mg vorst. Verb. mit $LiAlH_4$ in abs. Ae. u. Stehen über Nacht; aus CH_3OH Nadeln; $[\alpha]_D^{25}$ —38,6° (c = 0,57; A.); 740 mg. — *16α-Hydroxymethylprogesteron*, F. 161—162,5° (CH_3OH/W.), durch 1¼std. Rk. von 320 mg vorst. Verb. mit Aceton/10%ig. HCl; Nadeln; $[\alpha]_D^{25}$ + 164° (c = 1,04; Chlf.); 228 mg. — *16α-Tosyloxymethyl-Δ^5-pregnen-3.20-dion-bis-äthylenketal*, $C_{33}H_{46}O_7S$, F. 150—153° (Zers.), durch mehrstd. Rk. von 1 g vorvorst. Verb. mit Triäthylendiamin, Bzl. u. p-Toluolsulfochlorid bei Raum-Temp.; Nadeln; 1,36 g. — *16α-Jodmethyl-Δ^5-pregnen-3.20-dion-bis-äthylenketal*, $C_{26}H_{39}JO_4$, F. 168—169,5°, durch 48std. Kochen von 200 mg vorst. Verb. mit NaJ, wasserfreiem $NaHCO_3$ u. Methyläthylketon, Einengen im Vakuum u. Verdünnen mit W.; Nadeln; $[\alpha]_D^{25}$ —51,0° (c = 0,4; A.); 184 mg. — *16α-Methylprogesteron*, F. 138—139°, durch Rühren von 100 mg vorst. Verb. in Diglyme mit $LiAlH_4$, Stehen über Nacht bei 65°, Filtrieren, Einengen, 1std. Rk. mit Aceton/10%ig. HCl, Chromatographie an Silicagel u. Eluieren mit Bzl./4—6% Ae.; Nadeln; 33 mg. M. Lehmann. 3750△

Die Struktur der Stoffwechselprodukte Illudin S und Illudin M der Basidiomyceten. T. C. McMorris und Marjorie Anchel. (J. Amer. chem. Soc. **85**, 831—32, 1963; New York, N.Y., New York Botanical Garden; engl.) — Für *Illudin S* (**I**; $C_{15}H_{20}O_4$. *Diacetat*, F. 99—100°. *2.4-Dinitrophenylhydrazon*, F. 227—230°) wird die Struktur eines *2.5.7-Trimethyl-6.6-äthylen-2-hydroxymethyl-1.5-dihydroxy-4-oxo-$\Delta^{3.7}$-tetrahydroindens* u. für *Illudin M* (**II**; $C_{15}H_{20}O_3$. *Monoacetat*, F. 75—76°) die eines *2.2.5.7-Tetramethyl-6.6-äthylen-1.5-dihydroxy-4-oxo-$\Delta^{3.7}$-tetrahydroindens* vorgeschlagen u. durch Abbau-Rkk. sowie UV-, IR- u. KMR-Spektren (Maxima s. Original) bewiesen. Durch Hydrieren von **I** in Methanol an Pd/Kohle, Ansäuern u. Dampf-Dest. entsteht *2.4.6-Trimethyl-5-äthyl-7-hydroxyinden* (**III**; $C_{14}H_{18}O$, F. 130—132°) neben *2.4.6-Trimethyl-5-[2-methoxyäthyl]-7-hydroxyinden* (**IV**; $C_{15}H_{20}O_2$, F. 147—149°. *Ozonid* des *7-Methyläthers*, $C_{16}H_{22}O_5$, F. 95 bis 96°). Durch Hydrierung von **I** in A. wird *2.4.6-Trimethyl-5-[2-äthoxyäthyl]-7-hydroxyinden* (**V**; $C_{16}H_{22}O_2$, F. 121—123°) erhalten. Bei milder Hydrierung von **III**, **IV** u. **V** entstehen die entsprechenden *Indane*, die mit Tetrachlor-o-benzochinon leicht zu den *1.4-Dioxenen* reagieren. Die Bldg. von **IV** verläuft wahrscheinlich über *2.4.6-Trimethyl-2-hydroxymethyl-5-[2-methoxyäthyl]-3.7-dihydroxyhydrinden*, das im sauren Medium *Formaldehyd* abspaltet. *2.2.4.6-Tetramethyl-5-[2-methoxyäthyl]-3.7-dihydroxyhydrinden* (**VI**; $C_{16}H_{24}O_3$, F. 163—165°) entsteht durch Hydrieren von **II** in Methanol. Hydrogenolyse von **VI** führt zu *2.2.4.6-Tetramethyl-5-[2-methoxyäthyl]-7-hydroxyhydrinden* (F. 123—125°). *2.2.5.7-Tetramethyl-6.6-äthylen-1.4.5-trihydroxy-$\Delta^{3.7}$-tetrahydroinden* ($C_{15}H_{22}O_3$, F. 142—144°) entsteht durch Red. von **II** mit $NaBH_4$ u. gibt bei der Oxydation mit $NaJO_4$ *3.3-Dimethyl-4-hydroxy-5-[1-methyl-2.2-äthylen-3-oxobutyliden]-cyclopenten-(1)-aldehyd-(1)* (F. 102 bis 103°). D. Jahnke. 3900△

Chemische Untersuchungen an Antibiotica aus Actinomyceten. 2. Mitt. **Racemomycin.** 2. Mitt. **Hydrolyse von Racemomycin B.** 1. Mitt. Hyozo Taniyama und Shoji Takemura. (J. pharmac. Soc. Japan [Yakugakuzasshi] **77**, 1215—17, 1957; Osaka, Univ., Pharmac. Fac.; jap., Auszug: engl.) — 1. bzw. 1. vgl. J. pharmac. Soc. Japan [Yakugakuzasshi] **77**, [1957], 1210. — Bei der Hydrolyse von Racemomycin B (**I**) mit HCl werden *β-Lysin* (**II**) u. *Roseonin* (**III**) neben CO_2 erhalten. Hieraus wird die Zugehörigkeit von **I** zu den Antibiotica der Streptothricinreihe hergeleitet. IR-Spektren s. Original.

Versuche: *β-Lysin* (II), *Dipikrat*, $C_{18}H_{20}N_8O_{16}$, F. 204°, durch 20 std. Erwärmen von 10 g I in 6 n HCl auf 100°, Einengen, Extrahieren mit Methanol, Entfernen des Lsgm., Neutralisieren des Rückstands mit NaOH, Chromatographie an Amberlite IRC-50, Extrahieren mit Methanol, Einengen u. Behandeln mit Pikrinsäure; Nadeln; 2,2 g (Ausbeute). *Dihydrobromid*, $C_6H_{16}Br_2N_2O_2$, F. 229°, durch Behandeln des Dipikrats in Aceton mit HBr; $[\alpha]_D^{24}$ + 18,3° (c = 1; W.). *Dihydrochlorid*, $C_6H_{16}Cl_2N_2O_2$, F. 153—155°. *Diflavianat*, $C_{26}H_{26}N_6O_{18}S_2$, F. 252° (Zers.). *Dipikrolonatmonohydrat*, $C_{26}H_{30}N_{10}O_{12}\cdot H_2O$, F. 260° (Zers.). — *Roseonin* (III), analog II aus dem in Methanol unlösl. Rückstand nach der Hydrolyse. *Dipikrat*, $C_{18}H_{18}N_{10}O_{17}$, F. 242° (Zers.), Säulen. *Dihydrochlorid*, $C_6H_{14}Cl_2 \cdot N_4O_3$, F. 152°; Nadeln. *Diflavianatmonohydrat*, $C_{26}H_{24}N_8O_{19}S_2\cdot H_2O$, F. 263° (Zers.). *Dipikrolonat*, $C_{26}H_{28}N_{12}O_{13}$. F. 261° (Zers.). — *Bernsteinsäure*, F. 183°, durch Oxydation von 200 mg II-Dihydrochlorid mit $KMnO_4$; 10 mg. — *Guanidin*, durch Oxydation von III-Dihydrochlorid mit H_2O_2. *Pikrat*, F. 315° (Zers.). H. Krause. 3900△

D. Makromolekulare Chemie

Viscoelastizität und Flüssigkeitsstruktur von Polymeren. P. Mason. (Res. appl. in Ind. **13**, 234—40, 1960; Welwyn Garden City, Herts., Brit. Rubber Prod. Res. Assoc.; engl.) — Verschiedene mechan. Eigg. von Polymeren können in Form von Relaxationszeit-Verteilungen ausgedrückt werden; sie sind sowohl von der Zeit als auch von der Temp. abhängig. Zwischen den Effekten der Zeit u. der Temp. wurde eine quant. Äquivalenz festgestellt; der flüssigkeitsähnliche Charakter der betreffenden Vorgänge wird durch theoret. Betrachtungen aufgezeigt. R. Schäff. 4000◇

Probleme bei der Ebulliometrie von Polymeren. W. R. Blackmore. (Rev. sci. Instruments **31**, 317—21, 1960; McMasterville, Quebec, Canadian Ind.. Central Res. Labor.; engl.) — Die Genauigkeit der Molgew.-Best. verd. Polymer-Lsgg. wurde an verschiedenen kleinen Ebulliometern untersucht, deren Empfindlichkeit durch Verw. von Thermistorbrücken u. Hochleistungsverstärkern so erhöht ist, daß die Messung der geringen Kp.-Erhöhung möglich ist. Einige Gründe für die Temp.-Schwankungen u. erhöhtes Grundrauschen (peak-to-peak-Rauschen von ± 50 bis ± 1000 μ°C) an den Thermistoren wie z. B. der Einfl. überhitzter Fl. von der Cottrell-Pumpe, Druckdifferenzen u. -Schwankungen im Dampf sowie die Ggw. von Schaum am Kp. der Polymeren-Lsg. konnten durch Entw. eines neuen Ebulliometers ausgeschaltet werden. Die Hauptprobleme liegen jedoch an den Polymer-Lsgg. selbst, da die Kp.-Erhöhung pro Gew.-Einheit gelösten Stoffes mit steigendem Molgew. abnimmt, d. h. das Rauschen mit steigender Polymer-Konz. zunimmt. Gibt man z. B. zu einer Lsg. von Toluol 200 mg *Polyäthylen*, steigt das Rauschen gegenüber dem reinen Lsgm. um das Sechsfache. Wahrscheinlich wird die Ebulliometrie auf Zahlen-Molgew. von < 100000 beschränkt bleiben, wobei die Genauigkeit, die von dem Polymer-Lsgm.-Syst. abhängt, mindestens bei ± 10% liegt. G. Peters. 4010◇

Über das Auftreten von Kristallitgrenzen in neuartigen Bruchflächen von Polyäthylen. H. H. W. Preuss. (Physica Status solidi [Berlin] **3**, K 109—K 112, 1 Tafel, 1963; Leipzig, Karl-Marx-Univ., Phys. Inst.; dt.) — Ein zweistufiges Abdruck-Verf. zur Herst. elektronenmkr. Abdrücke von *Polyäthylen* (I; Schkopau S) wird mitgeteilt u. die Struktur der teilweise an der Matrize haftenden I-Lamellen untersucht. Die Bruchflächen liefern den direkten Nachw., daß sich die Lamellenstruktur in das Innere des I-Körpers fortsetzt. G. M. Neumann. 4010◇

Über die Existenz einer Nah-Bereichs-Ordnung in isotaktischen Polypropylenen. Robert L. Miller. (Polymer [London] **1**, 135—143, 1960; Springfield, Mass., Monsanto Chemical Co., Res. Dep.; engl.) — Eine sog. nichtkristalline Zustandsform des *Polypropylens* wurde entdeckt. Sie bildet eine Zwischenform zwischen amorphem u. kristallinem Zustand u. stellt eine Aggregation von Moll. oder Moll.-Segmenten dar, in welcher Teile der einzelnen Ketten die für die Kristallstruktur charakterist. Schraubenform beibehalten, jedoch nur geringfügige oder keine Nebenordnung der eigentlichen Kristallinität vorliegt. Die gleichen *Polypropylene* konnten durch langsames Kühlen der Schmelze oder Anlassen der abgeschreckten Proben kristallisiert werden. Der nichtkristalline Zustand wird durch Röntgenstreuungsmessungen nachgewiesen. Es werden dynam. Schermodul u. Dämpfung (logarithm. Dekrement) bestimmt. Auf Grund der kernmagnet. Resonanzabsorption u. der Dämpfung wird Aggregation nachgewiesen. R. Schirner. 4010

Der Einfluß des Druckes auf das absolute Scherspannungsverhalten von Polyisobutylen. A. W. Nolle. (J. appl. Physics **31**, 1694—95, 1960; Austin, Tex., Univ.

of Texas; engl.) — Für *Polyisobutylen* durchschnittlicher Viscosität, Molgew. 135000, werden für transversale Wellen bei verschiedenen Drücken Phasen-Geschw.-Werte u. Werte für Absorptions-Koeff. ermittelt u. im Geschw.-Absorptions-Temp.-Diagramm für atm-Druck u. im Geschw.-Absorptionsdruckdiagramm für 10 u. 20° dargestellt. Die konst. elast. Wellenfortpflanzung bzw. konst. mol. Schwingungs-Geschw. dT/dP wird aus den Absorptionsdaten mit dT/dP = 0,010°/atm u. aus der Geschw. mit dT/dP = 0,015°/atm ermittelt, was einen Durchschnittswert von dT/dP = 0,013°/atm ergibt. dT/dP für eine bestverbundene Linie, wo die Änderung des Maximums mit Temp. u. Druck im Vol.-Wellen-Absorptions-Koeff. (vgl. Singh u. Nolle, C. **1960**, 9573) untersucht wurde, ergibt 0,019°/atm; ein berechneter Wert nach der Theorie von Bueche (vgl. C. **1954**, 6505) ist 0,025°/atm; für die konst. Linienbreite der magnet. Resonanz des H (vgl. Nolle u. Billings, C. **1960**, 12010) ist dT/dP = 0,023°/atm. Zum Vgl. wurde dT/dP für die Kompressibilität des *Naturkautschuks* zu 0,024°/atm ermittelt. G. Vetter. 4010□

Synthese und Polymerisation von Isopren. Shu Kambara, Noboru Yamazaki und Taro Suminoe. (Bull. Tokyo Inst. Technol. Ser. B, **1960**, 47—57; Tokyo, Inst. of Technol.; engl.) — Ident. mit der C. **1960**, 3238 referierten Arbeit.
H. Strauch. 4010◇

Über die Kristallisation von Poly-4-methylpenten-(1) aus der Schmelze. H. J. Leugering. (Kolloid-Z. **172**, 184—85, 1960; Frankfurt/M.-Höchst, Farbwerke Hoechst A.-G.; dt.) — Bei isothermer Kristallisation von mit Ziegler-Kontakten hergestelltem *Poly-4-methylpenten-(1)* (**I**; Molgew. > 100000) aus der Schmelze bei 215—230° bilden sich bei langsamer Kristallisation quadrat. Einkristalle, bei rascher Kristallisation Sphärolithe. Größere Kristalle erhält man aus konz. Lsgg. von **I**, z. B. einer 20%ig. Lsg. in 1.2.4-Trichlorbenzol bei 110°; durch Verdünnen mit kaltem Trichloräthylen läßt sich die Kristallisation stoppen. Beim Wachstum der quadrat. Form kann sprunghafter Wechsel der Orientierung eintreten. Dehnungs-Verss. an quadrat. Kristallen mit mehr als 0,2 mm Kantenlänge ließen Metalleinkristallen analoge Eigg. erkennen. G. Vetter. 4010◇

Das Alfin-Reagens. Avery A. Morton. (Advances Catalysis related Subjects **9**, 743—53, 1957; Cambridge, Mass., MIT, Dep. of Chem.; engl.) — Übersicht. — Ein Radikalmechanismus für die *Butadien*-Polymerisation wird gegeben. — 13 Literaturangaben. H.-J. Weigmann. 4010△

Polymere von isotaktischem 1.4-trans-Pentadien-(1.3). Giulio Natta, Lido Porri, Paolo Corradini, Giorgio Zanini und Federico Ciampelli. (Atti Accad. naz. Lincei, Rend., Cl. Sci. fisiche, mat. natur. [8] **29**, 257—64, 1960; Milano, Politecn., Ist. di Chim. ind.; ital.) — Die Polymerisation des *cis-* u. *trans-Isomeren* von *Pentadien-(1.3)* erfolgt unter Verw. des heterogenen kristallinen Syst. $Al(C_2H_5)_3$-VCl_3 bei Raum-Temp. u. liefert Rohpolymere, die einen niedrigen %-Geh. einer mit Ae. extrahierbaren, gegenüber Röntgenstrahlen amorphen Fraktion enthalten. Die bei der Ae.-Extraktion aus jedem der 2 Isomeren erhaltenen Rückstände zeigen ein ident. Röntgen- u. IR-Spektrum u. denselben F. von ca. 95°. Das IR-Spektrum zeigt sehr intensive Banden bei 12,80, 11,54, 10,65 u. 9,75 μ, die im Spektrum des geschmolzenen Polymeren nicht vorhanden sind. Das Röntgenspektrum der aus der Fraktionierung mit Ae. (ohne weitere therm. Behandlung) stammenden Polymeren entspricht der smekt. Modifikation. Die aus dem cis–trans-Isomerengemisch erhaltenen Rohpolymeren enthalten eine amorphe, mit Ae. extrahierbare Fraktion, die größer ist als die der Prodd. aus den reinen Isomeren. Diese Ae.-Fraktion zeigt im IR-Spektrum 1.4-trans-Einheiten u. keine Kopf–Schwanz-Inversionen. Das Fehlen der Kristallinität bei dieser Fraktion im Röntgenspektrum ist einer gewissen Unordnung in der Konfiguration der asymm. C-Atome zuzuschreiben. Dem Vorhandensein von kurzen stereoregulären Kettenabschnitten entsprechen die sehr schwachen IR-Banden des festen Polymeren bei 12,80 μ. Die ätherunlösl. Fraktion der aus den Isomerengemischen erhaltenen Polymeren zeigt dasselbe Röntgenspektrum, entsprechend der smekt. Form des Prod. aus den reinen Isomeren. Der F. dieser Fraktion ist < 95°. Die obigen IR-Banden des festen Polymeren sind hier weniger ausgeprägt als die Banden der aus dem cis–trans-Isomerengemisch erhaltenen Polymeren. Da das aus den Isomeren erhaltene Polymere Doppelbindungen vom trans-Typ aufweist, sind die F.-Erniedrigung u. die schwächere Intensität der IR-Banden der Tatsache zuzuschreiben, daß die ster. Zus. des Polymeren nicht homogen ist u. verhältnismäßig lange isotakt. Sequenzen enthaltende Makromoll. anwesend sind. Der F. kann auch von einer Teilisomorphie zwischen den monomeren Einheiten einer enantiomorphen Konfiguration beeinflußt sein, so daß ein Kettenabschnitt kristallisierfähig ist, auch wenn er einen kleinen %-Geh. an sehr dispersen enantiomorphen Einheiten enthält. Weil *Polypentadien-(1.3)*, zum Unterschied von Poly-α-olefinen asymm. C-Atome besitzt, müßten opt.-akt. Sequenzen von isotakt. Einheiten resultieren. Die opt. Inaktivität des Polymeren ist eindeutig der statist. Gleichwertigkeit der Sequenzen D u. L zuzuschreiben. Im Polymeren liegen Makromoll., zusammen mit mesomorphen Moll. vor, die opt. Aktivität verschiedenen Grades u. Vorzeichens im rac. Gemisch untereinander aufweisen. G. Platzer. 4010◇

Vernetzung von Polyvinylchlorid mit Dicumylperoxid. Yasugoro Tsunoda. (J. chem. Soc. Japan, ind. Chem. Sect. [Kōgyō Kagaku Zassi] **63**, 1670, 1960; Huzisawa, Tôkai-Denkyoku KK.; jap., Auszug: engl. S. A 92.) — Dicumylperoxid (I) ist fähig, *Polyvinylchlorid* (II) zu vernetzen. Die Vernetzung erfolgt jedoch im Vgl. mit Polyäthylen viel schlechter, offenbar weil das aus **II** entwickelte HCl die Zers. von **I** beschleunigt. E. Maekawa. 4010◇

Charakterisierung eines Vinylchlorid/Vinylacetat-Copolymeren. F. Krašovec. (Vestnik sloven. kem. Društva **4**, 97—104, 1957; Ljubljana, Inst. „J. Stefan"; slowen.) — Emulsionspolymerisiertes *Vinylchlorid/Vinylacetat-Copolymeres* wird in 10 Fraktionen mit einem Molgew. von 18000—147000 getrennt. Die tatsächliche Viscosität, das Molgew. u. die chem. Zus. der Fraktionen werden bestimmt. Die differentielle Molgew.-Verteilungskurve zeigt eine relativ begrenzte Verteilung der Molgew. u. ein scharfes Maximum beim Molgew. von ca. 35000. Die niedrigste Fraktion enthält den höchsten Prozentsatz Vinylacetat, das mit zunehmendem Molgew. abnimmt. Nach den Gleichungen von Huggins werden k' u. χ berechnet. Die k'-Werte zeigen, daß die Moll. des Copolymeren in Tetrahydrofuran in wahllosen, von Lsgm. durchdrungenen Windungen vorliegen. Die χ-Werte nehmen mit wachsendem Molgew. ab, d. h. Tetrahydrofuran ist für Polyvinylchlorid ein besseres Lsgm. als für Polyvinylacetat. Die Beziehung zwischen tatsächlicher Viscosität u. Molgew. bei 20 ± 0,01° wird durch die Gleichung $[\eta] = 9{,}59 \cdot 10^{-2} \cdot M^{0{,}61}$ gegeben. Diese Gleichung gilt nur für den Molgew.-Bereich von 30000—150000.
Gottfried Schreiber. 4010△

Die Form der dielektrischen Absorptionen in Hochpolymeren. Yoichi Ishida, Osamu Amano und Motowo Takayanagi. (Kolloid-Z. **172**, 126—29, 1960; Fukuoka, Japan, Kyushu Univ., Dep. of Appl. Chem., Fac. of Engng.; engl.) — Unterss. des Prinzips der Zeit–Temp.-Superposition an *Polyvinylchlorid* (**I**), *Polyvinylisobutyläther* (**II**), *Polymonochlortrifluoräthylen* (**III**), *Polyäthylenterephthalat* (**IV**) u. *Polycrapolactam* zeigen, daß dieses Prinzip auf dielektr. Relaxationsphänomene anwendbar ist: Für die α-Absorption im elast. Zustand bei Temp., die wesentlich höher als der Glasübergangspunkt, u. für die β-Absorption im glasigen Zustand bei Temp., die niedriger als die Temp. des Glasübergangs liegen. In partiell kristallinen Hochpolymeren ist es nur anwendbar für ausreichend getemperte Proben, weil die bei steigender Temp. eintretende Kristallisation zu einer Verbreiterung der Form der α-Absorption führt. Die Verteilungskurven der Relaxationszeiten von **III** u. **IV** mit besserer Kristallisierbarkeit sind breiter als die von **I** mit schlechter Kristallisierbarkeit — die von **II** ist die schmalste, da seine Dipole von den Hauptketten beansprucht werden. In den semikristallinen Polymeren tragen die Dipole des amorphen Anteils so zur dielektr. Absorption bei, daß diese nur die dielektr. Absorption des amorphen Anteils wiedergibt. G. Vetter. 4010◇

Die Struktur eines Vinylchlorid–Acrylsäureester-Copolymeren. Yoshihiko Kubouchi und Hiroshi Matsuo. (J. chem. Soc. Japan, ind. Chem. Sect. [Kōgyō Kagaku Zassi] **59**, 536—38, 1956; Musashino, Japan Telecommunication Corp.; jap.) — *Vinylchlorid* u. *Acrylsäuremethylester* bilden ein *Copolymeres* (**A**) der Zus. $CH_2CH(Cl)\cdot CH(COOR)CH_2$- (**I**) oder $-CH_2CH(Cl)CH_2CH(COOR)$ (**II**). *β-Chlorpropionsäurebutylester* (**III**) wird als Modellsubstanz für **I**, *γ-Chlorbuttersäurebutylester* (**IV**) für **II** dargestellt. Die IR-Spektren von **III**, **IV** u. **A** werden diskutiert. Ähnlichkeit besteht zwischen **A** u. **IV**. Der Copolymerisationsmechanismus wird auf der Grundlage der Elektronentheorie diskutiert. Gottfried Schreiber. 4010△

Über die viscoelastischen Eigenschaften von kristallinen Hochpolymeren. Kazuo Nagamatsu. (Kolloid-Z. **172**, 141—62, 1960; Fukuoka, Japan, Kyushu Univ., Dep. of Appl. Sci., Fac. of Engng.; engl.) — Messungen der Spannungsrelaxation (SR) an isotropem *Polytrifluorchloräthylen* (*Kel-F*; **I**) bei 60 u. 65° zeigen, daß der Bereich der linearen Viscoelastizität kristalliner Hochpolymerer hinsichtlich der Deformation extrem eng auf <1,5% begrenzt ist. Je größer die Deformation im nichtlinearen Bereich der Viscoelastizität ist, desto kleiner ist der Schermodul. Die App. zur Best. der SR wird beschrieben. Aus Messungen der SR an **I**, *isotakt. Polypropylen* (*Moplen M/2*; **II**), *Nylon 6* (**III**), *Polyäthylen* (*Alkathen, Hizex* u. *Marlex-50*; **IV**) u. *Polytetrafluoräthylen* (*Teflon*; **V**) geht hervor, daß sich das Prinzip der Zeit–Temp.-Superposition (ZTSP) auch für die viscoelast. Eigg. von kristallinen Hochpolymeren anwenden läßt, wenn

a) die Messungen im Bereich der linearen Viscoelastizität vorgenommen, b) die Probestücke so vorbehandelt werden, daß sich ihre strukturellen Eigg. während der Messungen nicht verändern u. c) der Bereich der Meß-Temp. so gewählt wird, daß keine Änderungen in Kristallisationsgrad oder strukturellen Eigg. eintreten. Das ZTSP läßt sich bei **I** u. **II** (einfachster Fall) zur Formung von Masterkurven anwenden, bei **III** tritt in Ggw. von W. eine Verschiebung dieser Kurven ein, bei **IV** ist eine senkrechte Verschiebung entlang der log E-Achse notwendig, die mit Hilfe eines erweiterten ZTSP in Beziehung zur Änderung des Kristallisationsgrades gebracht wird (durch diese rheolog. Meth. werden Werte des Kristallisationsgrades erhalten, die mit aus dilatometr. u. anderen Meth. gewonnenen Werten gut übereinstimmen) u. bei **V** versagt das ZTSP bei 19° (Phasenübergang 1. Ordnung der Kristallform in den Kristalliten). Vf. schlägt vor, die mechan. Eigg. kristalliner Polymerer als von intermol. Bindekräften u. der Flexibilität (oder Steifheit) der Mol.-Ketten abhängig zu betrachten, wodurch ein enger Zusammenhang mit der Bldg. von Kristalliten u. der scheinbaren Aktivierungsenergie des Fließens hergestellt wird: womit scheinbare Unzulänglichkeiten des ZTSP geklärt werden. G. Vetter. 4010◇

KMR-Absorption in Teflon-Fasern. D. Hyndman und G. F. Origlio. (J. appl. Physics **31**, 1849—52, 1960; Marcus Hook, Pa., Amer. Viscose Corp.; engl.) — Linienform-Unterss. der kernmagnet. Resonanz (KMR) unter Verw. von ^{19}F bei 30 MHz an orientierten *Teflon*-Fasern wurden im Bereich von 170—380° K durchgeführt. Die Linienform ist >285° K stärker als <285° K abhängig von der Richtung des angelegten magnet. Feldes. Bei ca. 285° K ändern sich Linienbreite u. 2. Moment der Resonanzlinie infolge beginnender dynam. Umordnungen — wahrscheinlich Reorientierungen um die Kettenachse — in den kristallinen Bereichen des Polymeren. Bei der KMR-Unters. halbkristalliner Polymerer ist es vorteilhaft, orientierte Fasern zu verwenden. G. Winkhaus. 4010◇

Mechanische Resonanzstreuung in Polytetrafluoräthylen-Streifen bei transversaler Schwingung. Edwin R. Fitzgerald und Arthur E. Woodward. (Kolloid-Z. **172**, 177—81, 1960; University Park, Pa., Dep. of Phys.; engl.) — Getemperte (4 Std. bei 200°) 0,25 in. dicke Streifen von *Polytetrafluoräthylen* (*Teflon*) mit einem Kristallisationsgrad (KG) von 65% (D. 2,126 g/cm³) u. einem KG von 56% (D. 2,164 g/cm³) zeigen bei transversaler Schwingung, wenn sie dabei einem stat. Zug von 50—1000 g ($\triangleq 1{,}55\cdot10^5-3{,}0\cdot10^6$ dyn/cm² oder 2,2—44 lbs./sq.in.) unterworfen sind, scharfe nichtharmon. Resonanzen in der Nähe von 400 Hz. Intensität u. Lage dieser Resonanzen sind krit. abhängig von der Geschichte der Proben u. der stat. Belastung, die <1000 g sein muß. Weitere Resonanzen wurden in der Nähe von 2000 Hz bei Belastung >100 g gefunden, während nichtbelastete Proben zwischen 100 u. 2000 Hz kein anomales Verh. zeigen. G. Vetter. 4010◇

Mechanische Eigenschaften von Polystyrol und ihre molekular-physikalische Deutung. G. Adam. (Kolloid-Z. **172**, 132—41, 1960; Aachen, TH, Inst. für phys. Chem. u. theoret. Hüttenkunde; dt.) — An *Polystyrol* (**I**), vernetzt mit 1 Gew.-% Triacrylformal u. weichgemacht mit Diäthyl-, Dibutyl- oder Dioctylphthalat, wurde der Torsionsmodul (TM) bei 1 Hz in Abhängigkeit von der Temp. (im Bereich —120 bis 200°) gemessen. Aus eigenen u. Ergebnissen anderer physikal. Unterss. wird geschlossen: Es ist unwahrscheinlich, daß jede Phenylgruppe in **I** der übernächsten parallel gelagert ist; aber sie lagern sich bevorzugt parallel. Der Benzolkern bedingt den überwiegenden Anteil der Polarisierbarkeit. Im Einfrierbereich führen die Kettenteile nur Schwingungsbewegungen aus. Die in den Schwingungsfreiheitsgraden gespeicherte Energie ist temperaturabhängig. Unterhalb der Einfrier-Temp. stehen fast alle Phenylgruppen in intermol. Wechselwrkg. mit nur einem parallel geordneten Partner, sie läßt keine Bewegungsmöglichkeit von größeren Kettenteilen (Segmenten) zu. Die Temp.-Lage des Einfrierbereichs wird wesentlich bestimmt durch die Stärke der intermol. Wechselwrkg. u. die Zahl der Bewegungsfreiheitsgrade; Lsgm. erhöhen die Zahl der Bewegungsfreiheitsgrade u. erniedrigen damit die Einfriertemperatur. Die Größe vom TM unterhalb des Einfrierbereichs wird wesentlich von intermol. Kräften bestimmt; Temp.-Erhöhung bewirkt geringe Zunahme der intermol. Abstände u. damit leichte Abnahme des TM. Bei weiterer Temp.-Erhöhung wird die intermol. Wechselwrkg. unerheblich für die Größe des TM, da dieser um ca. 4 Zehnerpotenzen geringer wird (analog für weichgemachtes **I**). Der TM nimmt mit steigendem Vernetzer-Geh. zu u. mit steigendem Geh. an Lsgm. (Weichmacher) ab, d. h. geringe Mengen polarer Lsgm. (Weichmacher) erhöhen die Festigkeit (den TM) auf mehr als das Doppelte, aber weitere Mengen verringern die Festigkeit (den TM). G. Vetter. 4010◇

Über die Beweglichkeit der Phenylkerne im amorphen Polystyrol. R. Kosfeld. (Kolloid-Z. **172**, 182—84, 1960; Aachen, TH, Inst. für theoret. Hüttenkunde u. phys.

Chem.; dt.) — Die Temp.-Abhängigkeit a) der Halbwerts- bzw. Linienbreite von *Polystyrol* (I), *Poly-p-fluor-*, *Poly-p-chlor-* (II) u. *Poly-p-bromstyrol*, b) des 2. Moments von I u. II u. c) des Braggschen Hauptkettenabstandes u. des Braggschen Phenylkettenabstandes von unvernetztem I wird in der glasigen Erstarrung gemessen u. in Kurven wiedergegeben. Bei a) zeigt sich eine deutliche Stufe bei 100° u. eine weitere, auf intramol. Bewegungsänderung bes. der Phenylkerne hinweisende Stufe bei ca. 50°; die Einfrier-Temp. steigt in der Reihenfolge der Substituenten H, F, Cl, Br, was auf die Wirksamkeit ster. Effekte (z. B. unterschiedliche van der Waalssche Radien) der Substituenten zurückgeführt wird; b) die Erhöhung des 2. Moments im Einfrierbereich weist auf Festlegung der Hauptkettenbeweglichkeit hin. Aus der Abnahme des 2. Moments zwischen 40 u. 60° wird auf größer werdende mittlere Abstände der Phenylkerne, die sich bei weiterer Temp.-Erniedrigung wieder verringern, geschlossen, was durch Röntgenstreuungsmessungen gestützt wird; c) zeigt eine scheinbare Zunahme des Phenylkernabstandes bei 60°, was mit Messungen der kernmagnet. Resonanzabsorption gut übereinstimmt; das in mechan. Dämpfungsmessungen beobachtete β-Maximum ist demnach auf therm. bewirkte Platzwechsel der Phenylkerne in I zurückzuführen. G. Vetter. 4010◇

Koordinierte anionische Polymerisation von α-Olefinen mit endständigen Phenylgruppen. Gianfranco Pregaglia und Marco Binaghi. (Gazz. chim. ital. **90,** 1554—64, 1960; Milano, Politecn., Ist. di Chim. ind.; ital.) — Die Polymerisation von *Allylbenzol*, *4-Phenylbuten-(1)* u. *5-Phenylbuten-(1)* läßt sich mit Katalysatoren durchführen, die sich auch für aliphat. α-Olefine eignen: $TiCl_3/Al(C_2H_5)_3$, statt $TiCl_3$ wurde auch VCl_3 oder VCl_4 benutzt. Erhöhung der Konz. des Monomeren, der Temp. u. des Molgew. des Monomeren erleichtert die Polymersation. Die IR-Spektren der Polymerisations-Prodd. wurden aufgenommen, auch röntgenograph. wurden sie untersucht. Hierzu muß *Polyallylbenzol* zum *Polyallylcyclohexan* red. werden; *Poly-4-phenylbuten-(1)* krist. gut. M. Wiedemann. 4010◇

Kinetik der Photopolymerisation von Vinylacetat bei mittleren und hohen Umsätzen. G. M. Guzmán und L. Delgado. (An. Real Soc. españ. Física Quím., Ser. B **56,** 325—34, 1960; Madrid, Inst. Quím. „Alonso Barba", Dep. Plásticos; span.) — Vgl. C. **1961,** 5099. — Die Photopolymerisation von *Vinylacetat* wurde in Substanz u. in Äthylacetat bei 30° mit 1.1'-Azo-bis-isobutyronitril als Sensibilisator durchgeführt. Die Anfangsintensität betrug $3{,}11 \cdot 10^6$ Einstein · $Liter^{-1} \cdot s^{-1}$. Die Quantenausbeute für die unsensibilisierte Rk. bei Bestrahlung mit Licht von 3000—3500 Å war 794. Bis zu Umsätzen von ca. 30% ist die Rk.-Geschw. der Quadratwurzel der Sensibilisator-Konz. genau proportional u. der Intensitätsexponent ist $^1/_2$. Die experimentell gefundenen Geschw. stimmen mit den berechneten gut überein. Die Ordnung in bezug auf die Monomeren-Konz. in Äthylacetat war 0,75 im Bereich von 2—10 Mol/Liter. Für die Unters. von Polymerisationen mit hohem Umsatz wird ein neu entwickeltes Dilatometer beschrieben. M. Reiher. 4010◇

Kationische Polymerisation von Äthylenoxid. 4. Mitt. **Die Fortpflanzungsreaktionen.** G. T. Merrall, G. A. Latrémouille und A. M. Eastham. (Canad. J. Chem. **38,** 1967—75, 1960; Ottawa, Canada, Nat. Res. Council, Div. of Appl. Chem.; engl.) — 3. vgl. C. **1960,** 15422. — Vff. untersuchen die BF_3-katalysierte Rk. von *Äthylenoxid* (I) mit einfachen Alkoholen u. niedrigmol. *Polyglykolen* in Äthylenchlorid-Lsg. bei 20° u. verfolgen die Rk.-Geschw. entweder durch Abnahme des I-Dampfdruckes oder durch eine dilatometr. Methode. Reaktionskinet. Betrachtungen der Vff. in Verbindung mit früheren Ergebnissen von Meerwein u. Mitarbeitern [1939] u. Klages u. Meuresch (Chem. Ber. **85,** [1952], 863; **86,** [1953], 1322) deuten auf 3 Wege für das Kettenwachstum, von denen jedoch nach der Anfangsstufe der Polymerisation nur einer als wichtig erachtet wird, die Bldg. von hinlänglich stabilen tertiären Oxoniumionen aus Alkohol–Äther–BF_3-Komplexen u. I u. Verlängerung der Kette um eine I-Einheit durch Zers. des Oxoniumions. Die Geschw. der Umsetzung von I erreicht ein Maximum bei einem Molgew. des Rk.-Prod. von ca. 400. Es wird weiter ein Mechanismus vorgeschlagen, welcher sowohl der Polymerisation als auch der Depolymerisation Rechnung tragen könnte, u. gezeigt, wie ein Gleichgewicht zwischen diesen beiden Rkk. resultieren könnte. J. Sickfeld. 4010◇

Polymerisation von Allylidenderivaten durch Bestrahlung mit γ-Strahlen und die Verseifung der Polymerisate. Yoshio Toi und Yoshikazu Hachihama. (J. chem. Soc. Japan, ind. Chem. Sect. [Kōgyō Kagaku Zassi] **63,** 1654—57, 1960; Ôsaka-Daigaku, Kôgakubu; jap., Auszug: engl. S. A 91.) — Aus Acrolein u. Acetanhydrid in Ggw. von H_2SO_4 unterhalb 10° hergestelltes *Allylidendiacetat* ($Kp._{5,6}$ 59°, n_D^{20} 1,4210, $D._4^{20}$ 1,070, Ausbeute 65%) ergibt durch Bestrahlung mit γ-Strahlen aus ^{60}Co ohne Lsgm. *Polymerisate* (F. 130—140°, farbloses Pulver, Molgew. 1800—2700); die Polymerisations-Geschw. ist der ersten Potenz der Dosen-Geschw. proportional. Vff. nehmen einen Kettenüber-

tragungsmechanismus an. Aus den Daten der Elementaranalyse u. dem Geh. an Acetylradikalen wird geschlossen, daß die Polymerisate linear aufgebaut sind u. durch Polymerisation der Vinyl-Gruppen gebildet wurden. Die Polymerisate werden mit NaOH in Methanol leicht verseift; die Prodd. enthalten prakt. keine Acetylgruppe mehr u. lösen sich nicht in organ. Lösungsmitteln. Die in organ. Lsgm. lösl. Verseifungs-Prodd. werden durch Hydrolyse in Dioxan mit Ionenaustauschern hergestellt, wobei etwa die Hälfte der *gem.*-Glykoldiacetatgruppen als Aldehydgruppen noch in den Prodd. vorhanden sind.
E. Maekawa. 4010◇

Über den Zusammenhang zwischen der Kristallisation der Aldehyde und ihrer Umwandlung in Polymere vom Typ der Polyhydroxymethylene. M. G. Gonikberg, W. M. Schulin und B. Ss. Eljanow. (Ber. Akad. Wiss. UdSSR **132**, 353—56, 1960; Akad. der Wiss. der UdSSR, Zelinsky-Inst. für organ. Chem.; russ.) — *n-Butyraldehyd* (**I**) polymerisiert bei 4200 at prakt. nicht u. geht auch in Ggw. von Dibenzoylperoxid (**II**) bei 4200 at nicht in feste Polymere über. Bei 6300 at polymerisiert **I** unter Bldg. fester, elast., unter Normaldruck nicht beständiger *Polymerer* (40—80% Ausbeute nach 17 bis 20 Std., 73% nach 2 Std. in Ggw. von 1,8% **II**). In Ggw. von W., n-Propanol oder Hydrochinon wird die Polymerisation von **I** gehemmt oder verhindert. Polymeres **I** entsteht nicht über krist. **I**, doch weist die starke Erhöhung der Polymerisations-Geschw. bei 6300 at gegenüber 5200 at darauf hin, daß die Polymerisation von **I** nur bei bereits stark geordneten Moll. erfolgt. Helmut Schäfer. 4010△

Über die dielektrischen Eigenschaften von Polyacrylonitril. Yoichi Ishida, Osamu Amano und Motowo Takayanagi. (Kolloid-Z. **172**, 129—32, 1960; Fukuoka, Japan, Kyushu Univ., Dep. of Appl. Cem., Fac. of Engng.; engl.) — Bei der Unters. der dielektr. Eigg. von *Polyacrylonitril* (Molgew. 99800) über den Frequenzbereich von 100 Hz bis 2 MHz u. für Temp. von —70 bis 150° konnte, analog zu nur einer viscoelast. Absorption, nur eine, der α-Absorption des *Polyvinylchlorids* entsprechende, dielektr. Absorption festgestellt werden. Daraus schließt man, daß die dielektr. Absorption auf einer der mikro-Brownschen Bewegung der Segmente verwandten polaren Orientierung beruht. Die Zahl der der dielektr. Absorption zugeordneten Dipole steigt mit der Temp. u. damit der Parameter $(\varepsilon_0-\varepsilon_\infty)$, der sich wie $\bar{\beta}$ für jede Temp. bestimmen läßt. Auch $\bar{\beta}$ steigt mit der Temp. infolge stärkerer mikro-Brownscher Bewegung.
G. Vetter. 4010◇

Über die Druckabhängigkeit der elastischen Moduln von Polymethacrylsäuremethylester (PMMA) bei Raumtemperatur. Johannes Gieleßen und Jan Koppelmann. (Kolloid-Z. **172**, 162—66, 1960; Braunschweig, Phys.-Techn. Bundesanstalt; dt.) — Bei 20° u. allseitigen Drucken von 50—5000 kp/cm² werden der statist. Kompressionsmodul u. bei 4 MHz die Druckabhängigkeit der Longitudinal- u. der Transversalwellen-Geschw. von *Polymethacrylsäuremethylester* gemessen. Die App. wird beschrieben. Der Kompressionsmodul bei 1000 kp/cm² beträgt bei Druck-Einw. von 1 Std. $4{,}4\cdot10^{10}$ dyn/cm², von 72 Std. $4{,}1\cdot10^{10}$ dyn/cm². Es wurde unterschiedliche Längenänderung bei fallendem u. steigendem Druck beobachtet, dieser Vol.-Relaxationseffekt ist von der Höhe des einwirkenden Druckes abhängig. Auch bei der Messung der Longitudinal- u. Transversalwellen-Geschw. wurde eine Vol.-Relaxation beobachtet. Der dynam. Longitudinalwellenmodul L wurde mit $L = 8{,}9\cdot10^{10}$ dyn/cm², der dynam. Kompressionsmodul K mit $K = 5{,}9\cdot10^{10}$ dyn/cm² u. der dynam. Schubmodul G mit $G = 2{,}2\cdot10^{10}$ dyn/cm² bestimmt. Die relative Änderung von G u. K als Funktion des Druckes u. die Poisson-Konst. μ sind in Kurven wiedergegeben. G. Vetter. 4010◇

Über Dehnung und Erhitzen eines Polycarbonat-Films. Teruo Fujimoto und Yukihiko Inoue. (J. chem. Soc. Japan, ind. Chem. Sect. [Kōgyō Kagaku Zassi] **63**, 1524—27, 1960; Tôkyô-Kôgyô-Daigaku; jap., Auszug: engl. S. A 84.) — Der nicht gedehnte *Polycarbonat*-Film zeigt in den physikal. Eigg., wie Vol.-Ausdehnungs-Koeff., Viscoelastizität u. Adsorption, von Methan (I) drei Umwandlungspunkte: α bei 133°, β bei 95° u. γ bei 55°, während der bei 70—75° um 50% gedehnte Film nur die α- u. β-Umwandlungspunkte zeigt. Die spezif. Dichte u. der lineare Ausdehnungs-Koeff. nehmen mit steigender Temp. zu u. erreichen bei 110° maximale Werte. Die Menge an adsorbiertem **I** nimmt mit steigender Temp. ab. E. Maekawa. 4010◇

Kristallisationskinetik in unfraktioniertem Polyäthylenadipat. Betrachtungen über den Mechanismus des Sphärulithwachstums mit zweidimensionaler Kernbildung. Motowo Takayanagi, Manabu Nakao und Suguru Machida. (J. chem. Soc. Japan, ind. Chem. Sect. [Kōgyō Kagaku Zassi] **59**, 549—61; 1956; Kyushu, Univ.; jap.) — Die Kristallisations-Geschw. von unfraktioniertem *Polyäthylenadipat* (**I**) vom Molgew. 550—4360 wird dilatometr. bestimmt. Die Beziehung zwischen Kristallisations-Temp.

(15—55°) u. 1/t (t = Zeitspanne von halber bis vollständiger Kristallisation) gibt eine diskontinuierliche Veränderung bei 20—30°. Das Sphärulithwachstum aus geschmolzenem I wird unter dem Mikroskop mit polarisiertem Licht beobachtet. Die Moll. zeigen Blättchenorientierung während der Kristallisation bei höheren Temp. u. sind homogenbei-niedrigen Temperaturen. Eine Theorie der Kristallisations-Geschw., die auf der Kern-Bldg.-Geschw. u. der Sphärulithwachstums-Geschw. fußt, wird vorgeschlagen. Die Temp.-Abhängigkeit der Kristallisations-Geschw. wird unter Berücksichtigung der Aktivierungsenergie des Sphärulithwachstums u. des Diffusions-Koeff. der Moll. im Sphärulithen diskutiert. Gottfried Schreiber. 4010△

Röntgenographische Untersuchungen über das Schmelz- und Kristallisationsverhalten vom Polyterephthalsäureglykolester (PTGE). H. G. Kilian, H. Halboth und E. Jenckel. (Kolloid-Z. **172,** 166—77, 1960; Aachen, TH, Inst. für theoret. Hüttenkunde u. phys. Chem.; dt.) — Werden Proben von *Polyterephthalsäureglykolester* (I) 17 Std. bei 230° (T_K) getempert u. bei verschiedenen Temp. (T) abgeschreckt, so ist der Kristallisationsgrad α unverändert, solange $T \leqq T_K$, bei $T > T_K$ ist die Abnahme von α proportional T oberhalb T_K. Beim Aufheizen bis T_K ist die Abnahme von α reversibel, was auf elast. Gitterschwingungen zurückgeführt wird. Netzebenenabstände, Halbwertsbreite u. Dichten in Abhängigkeit von der Kristallisations-Temp. T_K solcher Proben werden gemessen. Die Kristallisation einer beim Tempern abgeschreckten Probe beginnt oberhalb 80° in Form einer Pseudostruktur mit partiell eingestellter intramol. Ordnung, erst oberhalb 130° formiert sich die intramol. u. longitudinale Ordnung. Gleichzeitig wächst der Kristallisationsgrad, während die Teilchengröße erst ab 190° zunimmt. Allg. erfolgt das Schmelzen von I in einem Temp.-Intervall, der von der therm. Vorbehandlung abhängig ist. Der Einfrierbereich von I liegt zwischen 55 u. 65°.
G. Vetter. 4010◇

Polymerisation und Copolymerisation von N-Vinylverbindungen. 5. Mitt. **Polymerisation von Vinylsuccinimid.** A. F. Nikolajew, Ss. N. Uschakow und I. G. Krassnosselskaja. (Nachr. Akad. Wiss. UdSSR, Abt. chem. Wiss. **1959,** 1627—30; Leningrad, Technolog. Lensowjet-Inst.; russ.) — 4. vgl. Nachr. Akad. Wiss. UdSSR, Abt. chem. Wiss. **1958,** 968. — Die Polymerisation von *Vinylsuccinimid* in Substanz u. in einigen Lsgm. (Dichloräthan, Bzl., Methanol u. W.) bei 50—85° u. in Ggw. von Dibenzoylperoxid (I) oder Azodiisobutyronitril in Konzz. von 0,1 u. 0,2% wird untersucht. Bei 50° u. unter Einw. von 0,2% I erfolgt die Polymerisation leicht u. mit großer Geschw. unter Bldg. durchsichtiger Polymerer (Erweichungs-Temp. um 220°), die in organ. Lsgm. teilweise lösl. u. wenig beständig gegenüber W. sind. Ilse Schade. 4010△

Polymerisation und Copolymerisation von N-Vinylverbindungen. 6. Mitt. **Copolymerisation von Vinylsuccinimid mit Methylmethacrylat.** A. F. Nikolajew, Ss. N. Uschakow und R. B. Grinburg. (Nachr. Akad. Wiss. UdSSR, Abt. chem. Wiss. **1959,** 1631—35; russ.) — 5. vgl. vorst. Referat. — Die Copolymerisation von *Vinylsuccinimid* (I) mit *Methylmethacrylat* bei 50 u. 65° im Block, in Lsg. u. in Suspension wird untersucht. Die Rk.-Geschw. steigt mit dem Anteil von I im Ausgangsgemisch. Ein Zusatz von 0,5% Azodiisobutyronitril erhöht die Rk.-Geschw., bes. bei tieferen Temp., stärker als ein gleicher Zusatz von Dibenzoylperoxid. Alle Blockpolymeren sind farblose organ. Gläser, deren Löslichkeit, Molgew. u. Wasserbeständigkeit mit steigendem Geh. an I geringer werden, während Wärmebeständigkeit, Härte u. Sprungfestigkeit des plast. Filmes ansteigen. Ilse Schade. 4010△

Polymerisation und Copolymerisation von N-Vinylverbindungen. 7. Mitt. **Copolymerisation von Vinylsuccinimid mit Styrol.** A. F. Nikolajew, Ss. N. Uschakow und W. Mosch. (Nachr. Akad. Wiss. UdSSR, Abt. chem. Wiss. **1959,** 1818—21; russ.) — 6. vgl. vorst. Referat. — Die Copolymerisation von *Vinylsuccinimid* (I) mit *Styrol* (II) wird bei 50 u. 65° in Ggw. von Dibenzoylperoxid (III) u. Azodiisobutyronitril (IV) untersucht. Die Rk.-Geschw. hängt vom Geh. an I u. II ab u. hat ein Minimum bei 25 Mol-% I im Ausgangsgemisch. IV beschleunigt die Copolymerisation stärker als III. Die Copolymeren sind farblose, durchsichtige organ. Gläser mit höherer Thermostabilität, aber geringerer Wasserbeständigkeit als II-Polymere. Ilse Schade. 4010△

Polymerisation und Copolymerisation von N-Vinylverbindungen. 8. Mitt. **Polymerisation von Vinylsuccinimid in wässeriger Lösung.** A. F. Nikolajew, Ss. N. Uschakow und N. W. Daniel. (Nachr. Akad. Wiss. UdSSR, Abt. chem. Wiss. **1961,** 1330—36, Juli; russ.) — 7. vgl. vorst. Referat. — *N-Vinylsuccinimid* (I) läßt sich in wss. Lsg. in Ggw. von K-Persulfat als Initiator polymerisieren, wobei Polymere mit hohem Molgew. erhalten werden, die in Chlf., Methylenchlorid, Dichloräthan, Dioxan, Pyridin u. anderen Lsgm. lösl. sind. Formalin u. Harnstoff verhindern bzw. verringern die Verzweigung u. Vernetzung der Polymerenketten. Luft-O_2 inhibiert die I-Polymerisation, bes. $< 70^0$, stark. — Die 10%ig. Lsg. von I in W. wurde mit 0,1—0,3% K-Persulfat, evtl. in Ggw. von Formalin oder Harnstoff, auf 70—80° erhitzt u. das ausgefallene Polymere durch Waschen mit W. gereinigt. Helmut Schäfer. 4010

Über die heterofunktionelle Kondensation von Bis-[trimethylsiloxy]-dichlortitan mit Phenylmethyldiäthoxysilan. K. A. Andrianow und N. A. Kuraschewa. (Ber. Akad. Wiss. UdSSR **135,** 316—19, 1960; Akad. der Wiss. der UdSSR. Inst. für organ. Verbb.; russ.) — Durch $4^1/_2$std. Erhitzen von Bis-[trimethylsiloxy]-dichlortitan (**I**) mit Phenylmethyldiäthoxysilan (**II**) in äquimol. Mengen im Faworski-Kolben auf 150° wird neben *Trimethylchlorsilan* (**III**) u. wenig *Trimethyläthoxysilan* [**IV**; Kp. 75°; n_D^{20} 1,3748] eine bei Zimmer-Temp. hochviscose, polymere Verb. der Zus. $\{-O-Ti(Cl)[OSi\cdot(CH_3)_3]-O-Si(CH_3)(C_6H_5)-O-Ti(OC_2H_5)_2-O-Si(CH_3)(C_6H_5)-O-Ti(Cl)(OC_2H_5-)\}_n$ erhalten (84,6% Ausbeute), die sich beim Erhitzen zu Fäden ziehen läßt. Die analoge Rk. von **I** mit Dimethyldibutoxysilan liefert **III**, *Trimethylbutoxysilan* [Kp. 122—124,5°; n_D^{20} 1,3919; $D._4^{20}$ 0,7779] u. das entsprechende Polymere. Für beide Rkk. wird ein Mechanismus vorgeschlagen, nach dem zunächst unter Einw. von Luftfeuchtigkeit eine Hydrolyse von **I** zu HCl u. *Bis-[trimethylsiloxy]-chlortitanhydroxid* (**V**) erfolgt. **V** reagiert mit **II** unter Bldg. von A. u. *Bis-[trimethylsiloxy]-[methylphenyläthoxysiloxy]-chlortitan* (**VI**), das mit HCl **III** u. *[Trimethylsiloxy]-[methylphenyläthoxysiloxy]-chlortitanhydroxid* (**VII**) liefert. Aus **III** u. A. wird **IV**, aus **VI**, **VII**, HCl u. A. werden die höherpolymeren Verbb. erhalten. Zur Bestätigung des angenommen Rk.-Verlaufs wird angeführt, daß sowohl beim Erhitzen von **I** mit einer geringen Menge W. als auch beim Einleiten von HCl in **I** neben **III** Polymerisations-Prodd. entstehen. Ilse Schade. 4010△

Untersuchung auf dem Gebiet phosphororganischer Polymerer. 9. Mitt. **Polykondensation von Phosphonsäuredichloriden mit Dihydroxyverbindungen.** W. W. Korschak, I. A. Gribowa und M. A. Andrejewa. (Hochmolekulare Verbind. [UdSSR] **2,** 427—32, 1960; Inst. für metallorg. Verbb. der Akad. der Wiss. der UdSSR; russ., Auszug: engl.) — 8. vgl. C. **1963,** 13205. — Es wurde die Kinetik der Polykondens. von *Methylphosphonsäuredichlorid* (I) mit *Hydrochinon* (II) (in Nitrobenzol bei 150—170°) bzw. *Diäthylenglykol* (III; in 1.2-Dichloräthan bei 40—80°) untersucht. Die Polykondens. ist eine Rk. 2. Ordnung. Für die Geschw.-Konst. der Rk. von **I** mit **II** wurden die Werte $k_{150} = 3,3\cdot10^{-4}$, $k_{170} = 5,6\cdot10^{-4}$, für die Rk. von **I** mit **III** $k_{40} = 3,8\cdot10^{-4}$ u. $k_{80} = 17,6\cdot10^{-4}$ (Liter/Mol·s) ermittelt. Die Aktivierungsenergie beträgt bei der Rk. von **I** mit **II** 10,5 u. bei der Rk. von **I** mit **III** 7,5 kcal/Mol. Helmut Schäfer. 4010△

Über die Oberflächeneigenschaften des frischen und stabilisierten Latex. M. M. Samygin. (Kolloid-Z. **169,** 102—06, 1960; Bukittinggi, Sumatra, Univ. Andalas; dt.) — An frischen u. stabilisierten *Latices* verschiedener Baumarten (z. B. *Hevea Brasilianis*) wurden die σ, τ-Kurven vom Ausfluß aus dem Baum bis zur vollständigen Koagulation aufgenommen; dabei sind σ die Oberflächenspannung an der Grenzfläche Latex–Luft u. τ die Zeit. σ wurde mit dem Du Nouy-Tensiometer bzw. nach einer verbesserten Steighöhen-Meth. in frisch gezogenen Capillaren mit unterschiedlichem Durchmesser bestimmt. In den ersten 15 Min. nach dem Ausfluß sinkt σ von 53 auf 42 $dyn\cdot cm^{-1}$ u. bleibt dann bis zur Koagulation nahezu konstant. In einzelnen Fällen sind geringe Erniedrigungen bzw. Minima von σ in der Nähe des Koagulationsgebietes zu beobachten. Zur Best. der Oberflächenaktivität an der Grenzfläche Luft–W. wurden die σ–c-Kurven von Latex bei verschiedenen Verdünnungen gemessen. Während σ bei einer 1%ig. Lsg. (umgerechnet auf DRC = Dry Rubber Content) von 73 auf 43—45 $dyn\cdot cm^{-1}$ sinkt, verändert es sich bei höheren Konzz. nur unwesentlich. Auf Grund der hohen σ-Werte an der Grenzfläche Latex–Luft u. ihrer Änderung bei der Koagulation im Vgl. zu den relativ kleinen Grenzflächenspannungen an den inneren Latextrennflächen wird eine Hypothese für die Koagulation aufgestellt. G. Peters. 4030◇

Einfluß der Deformation auf die Kautschuk–Glas-Umwandlung. Geoffrey Gee, P. N. Hartley, J. B. M. Herbert und H. A. Lanceley. (Polymer [London] **1,** 365—73, 1960; Manchester, Univ. of Manchester, Chem. Dep.; engl.) — Eine thermodynam. Betrachtung zur Berechnung des Effekts der Dehnung auf die Umwandlungs-Temp. von *Kautschuken* wurde durchgeführt. Vff. beschreiben eine dilatometr. Meth. zur Messung der Umwandlungs-Temp., die bei gedehnten Kautschuken zu reproduzierbaren Ergebnissen führt. Die Übereinstimmung zwischen berechneten u. experimentellen Werten zeigt, daß die Anwendung einer thermodynam. Behandlung der so gemessenen Glasumwandlung gerechtfertigt ist. R. Schäff. 4030◇

Heterogene Nitrierung von natürlichen Cellulosefasern. Shigeru Hayama. (J. chem. Soc. Japan, ind. Chem. Sect. [Kôgyô Kagaku Zassi] **59,** 528—31, 1956; Yonezawa, Yamagata Univ.; jap.) — Ramie- u. Baumwollfasern werden mit HNO_3/Acetanhydrid (1 : 1) in CCl_4 (Verhältnis Säuregemisch : CCl_4 0,2—$^1/_{15}$) bei 20° nitriert. Die

Best. der mkr. Struktur, der Löslichkeit in Aceton u. des Rest-N zeigen, daß die Rk. konzentr. von äußeren zu inneren Faserteilchen fortschreitet unter Bldg. acetonlösl. *Trinitrocellulose*. Nur zu Rk.-Beginn spielen Unregelmäßigkeiten der Faseroberfläche eine Rolle. Bei Baumwolle lassen sich diese Ergebnisse nicht so eindeutig beobachten wie bei Ramie. Gottfried Schreiber. 4050△

Ausbreitung eines dünnen Nitrocellulose-Films. Fukuji Higashide. (J. chem. Soc. Japan, ind. Chem. Sect. [Kôgyô Kagaku Zassi] **63**, 1620–24, 1960; Kawasaki, Tôkyô-Sibaura-Denki KK.; jap., Auszug: engl. S. A89.) — Die Ausbreitung von *Nitrocellulose* (**I**)-Lsgg. unterschiedlichen Polymerisationsgrades in Amylacetat wird an der Oberfläche von W. untersucht. Bei Verss. mit hochkonz. Lsgg. verbreiten sich die **I**-Lsgg. höheren Polymerisationsgrades schlechter als die niedrigeren Polymerisationsgrades, während eine umgekehrte Beziehung bei Verss. mit verd. Lsgg. beobachtet wird. E. Maekawa. 4050◇

Solubilisierung von Kartoffelstärke durch Perchlorsäure. Haruo Suzuki, Masayoshi Tamura und Noboru Taketomi. (Waseda appl. chem. Soc. Bull. **25**, 5–6, 1958; jap., Auszug: engl.) — Durch 1–5tägige Behandlung von gekörnter *Kartoffelstärke* mit 1n $HClO_4$ bei 30° wird lösl. Stärke dargestellt. Die Eigg. der lösl. Stärke in der Reihenfolge 0-, 1-, 2-, 3-, 4-, 5tägiger Rk. sind dann: Alkalizahl: 4,8; 22; 32; 38; 42; 46. Ferricyanidzahl: 0,7; 2,2;, 4,0; 5,0; 5,9; 6,4. Acidität (0,1n NaOH, ml/100 g): 3,2; 3,1; 3,2; 2,9; 3,1; 3,2. Viscosität einer 0,5%ig. Lsg. ($[\ln \eta_{rel}/c]_{c=0,5}$; bei 30°): a) in 1n KOH: 2,6; 0,54; 0,36; 0,30; 0,26; 0,23; b) in W.: 3,0; 0,38; 0,26; 0,20; 0,17; 0,15. Die hydrolyt. Wrkg. von $HClO_4$ auf Stärke erscheint ähnlich der von HCl; eine merkbare Oxydation tritt unter den angegebenen Bedingungen nicht auf. H.-J. Weigmann. 4050△

Selektive Enzymolyse von Poly-β-D-glucanen und die Struktur der Polymeren. F. W. Parrish, A. S. Perlin und E. T. Reese. (Canad. J. Chem. **38**, 2094–2104, 1960; Saskatoon, Saskatchewan, Nat. Res. Council of Canada, Prairie Reg. Labor.; Natick, Mass., Quatermaster Res. and Engng. Center, Microbiol. Labor.; engl.) — 3 kg Hafer- u. Gerstenmehl ergeben nach Inaktivieren mit sd. 80%ig. A. durch 3std. Extraktion mit W. in Ggw. von Papain, Zentrifugieren, Fällen mit $[NH_4]_2SO_4$, Waschen mit 30%ig. A. u. Aceton *Haferglucan* {**A**; $[\alpha]_D^{27}$ −8 3° (c = 0,9; W.); 26 g (Ausbeute)} bzw. *Gersteglucan* [**B**; $[\alpha]_D^{22}$ −13,1° (c = 0,9; W.); 19 g]. Die Oxydation von **A** u. **B** mit $NaJO_4$ wird beschrieben. Die 5std. Enzymolyse von 1 g **A** mit „Cellulase" bei 48° in W. ergibt durch Chromatographie an Whatman 3 MM u. Eluieren mit W. 638 mg *O-β-D-Glucopyranosyl-⟨1 → 3⟩-O-β-D-glucopyranosyl-⟨1 → 4⟩-D-glucose* [*4-O-β-D-Laminaribiosyl-D-glucose*] (**I**) neben 337 mg eines Gemisches von *O-β-D-Glucopyranosyl-⟨1 → 4⟩-O-β-glucopyranosyl-⟨1 → 3⟩-O-β-D-glucopyranosyl-⟨1 → 4⟩-D-glucose* [*3'-O-β-D-Cellobiosyl-D-cellobiose* (**VI**)] u. *O-β-D-Glucopyranosyl-⟨1 → 3⟩-O-β-D-glucopyranosyl-⟨1 → 4⟩-O-β-D-glucopyranosyl-⟨1 → 4⟩-D-glucose* [*4'-O-β-D-Laminaribiosyl-α-D-cellobiose* (**V**)]. Als Nebenprodd. entstehen, wie auch bei folgenden Enzymolysen, *Disaccharide*, *Glucose* u. nicht identifizierte Verbindungen. Die Enzymolyse von 1 g **A** mit „Laminarinase" ergibt 520 mg *O-β-D-Glucopyranosyl-⟨1 → 4⟩-O-β-D-glucopyranosyl-⟨1 → 3⟩-D-glucose* [*3-O-β-D-Cellobiosyl-D-glucose*; $[\alpha]_D$ +12,1° (c = 1,7; W.). *β-Undekaacetyl-Deriv.*, $C_{40}H_{54}O_{27}$, F. 104 bis 105°, durch Acetylierung von 225 mg mit heißem Acetanhydrid in Ggw. von Na-Acetat; $[\alpha]_D$ −9,7 (c = 1,6; Chlf.); 340 mg] u. 302 mg *O-β-D-Glucopyranosyl-⟨1 → 4⟩-O-β-D-glucopyranosyl-⟨1 → 4⟩-O-β-D-glucopyranosyl-⟨1 → 3⟩-D-glucose* [*3-O-β-D-Cellotriosyl-D-glucose* (**VII**), $C_{24}H_{42}O_{21}$, F. 241–245° (Zers.; verd. A.); $[\alpha]_D$ + 11,4° (5 Min.) → + 8,4° (3 Std.; c = 2,7; W.)]. Die gewonnenen Polymeren werden durch chem. Meth. charakterisiert u. der Strukturaufbau von **A** u. **B** diskutiert. Die Enzymolyse von **B** mit „Cellulase" gibt **A** analoge Ergebnisse.

Versuche: *4-O-β-D-Laminaribiosyl-D-glucose* (**I**), durch Enzymolyse von 1 g **B** mit Cellulase; $[\alpha]_D$ + 11,6° (c = 1,3; W.); 628 mg (Ausbeute). *Undekaacetat*, $C_{40}H_{54}O_{27}$, F. 120 bis 122° (A.), durch 2std. Erwärmen von 53 mg **I** mit Acetanhydrid in Ggw. von Na-Acetat auf 100°, Eindampfen u. Extrahieren mit Chlf.; $[\alpha]_D$ −20° (c = 1,5; Chlf.); 75 mg. — *2-O-β-D-Glucopyranosyl-D-erythrit* (**III**), $C_{10}H_{20}O_9$, F. 191–194°, durch 11std. Stehen von 149 mg **I** mit Pb-Tetraacetat in Essigsäure in Ggw. von K-Acetat, Zugabe von 10%ig. essigsaurer Oxalsäure-Lsg., Versetzen mit Amberlite IR-120, Einengen, Zugabe von A. u. Toluol, Eindampfen, 16std. Stehen mit $NaBH_4$ in W., Zugabe von Amberlite IR-120, 16std. Stehen mit 0,1n H_2SO_4 bei Raum-Temp., Neutralisieren mit Dowex-1-Harz, Eindampfen, Chromatographie an Kokosnußkohle u. Eluieren mit 20%ig. A.; $[\alpha]_D$ −15,2° (c = 1,3; W.); 40 mg; daneben *Glycerin*. — *Laminaribiose* (**IV**), durch 1std. Kochen von 0,8 g **I** mit 0,33n H_2SO_4, Neutralisieren u. Chromatographie an Cellulosepulver; 117 mg. *β-Oktaacetyl-Deriv.*, $C_{28}H_{38}O_{19}$, F. 163–165°; $[\alpha]_D$ −26,2° (c = 2; Chlf.). — *2-O-β-D-Laminaribiosyl-D-erythrit*, $C_{16}H_{30}O_{14}$, F. 164–166° (Methanol/A.), durch Oxydation von **I** mit Pb-Tetraacetat in Essigsäure, Zugabe von 10%ig. essigsaurer

Oxalsäure u. Red. mit $NaBH_4$; $[\alpha]_D$ −23,8° (c = 1,5; W.). — Tetrasaccharidfraktion aus **B** (II); $[\alpha]_D$ + 9° (c = 3,1; W.); 303 mg. — *2-O-β-D-Laminaribiosyl-D-erythrit*, F. 171 bis 173° (Methanol/A.), aus 229 mg **II** analog **III**; 29 mg. — *2-O-β-D-Cellobiosyl-D-erythrit*, $C_{16}H_{30}O_{14}$, F. 209—211° (verd. Methanol), a) neben vorst. Verb.; $[\alpha]_D$ −8,3° (c = 1,2; W.); 65 mg; b) aus **V** analog **III**. — *4'-O-β-D-Laminaribiosyl-α-D-cellobiose* (**V**), $C_{24}H_{42}O_{21}$, F. 221—224° (Zers.; wss. Methanol), durch Enzymolyse von 1 g **A** oder **B**; $[\alpha]_D$ + 12,9° (2. Min.) → + 10,6° (45 Min.; c = 3,6; W.); 120 mg. — *Glucose*, durch Red. von **V** mit $NaBH_4$ u. 1std. Kochen mit 0,33n H_2SO_4; daneben **I**, **IV** u. *Cellobiose*. — *3-O-β-D-Cellobiosyl-D-cellobiose* (**VI**), neben **V** durch Fällen mit A. aus den Mutterlaugen; $[\alpha]_D$ + 19,8° (c = 1,6; 90% ig. Essigsäure); 80 mg. — *3'-O-β-D-Cellobiosyl-D-glucose*, a) durch Enzymolyse von **A**; b) durch Oxydation von **VI** mit Pb-Tetraacetat in Ggw. von K-Acetat, partielle Hydrolyse, Red. mit $NaBH_4$ u. 1std. Kochen mit 0,33n H_2SO_4; daneben **IV**, *Glucose* u. *Cellobiose*. — *2-O-β-D-Cellobiosylglycerin*, $C_{15}H_{28}O_{13}$, F. 138—141° (verd. A.), durch 2std. Stehen vorst. Verb. mit Pb-Tetraacetat in Essigsäure, Zugabe von Oxalsäure, Neutralisieren mit $NaHCO_3$-Lsg., Zugabe zu $NaBH_4$ in W., Aufarbeiten, 16std. Stehen mit Pb-Tetraacetat in 97% ig. Essigsäure u. Red. mit $NaBH_4$; $[\alpha]_D$ −15,6° (c = 2,5; W.). — *2-O-β-D-Cellotriosylglycerin*, $C_{21}H_{38}O_{18}$, F. 234—237° (verd. A.), aus 157 g **VII** analog vorst. Verb.; $[\alpha]_D$ −12,4° (c = 1,4; W.); 122 mg. W. Hampel. 4050◇

Beziehung zwischen Schaumeigenschaften und Struktur von oberflächenaktiven Substanzen. 2. Mitt. Schaumeigenschaften von wässerigen Proteinlösungen. Maresuke Kashiwagi. (Waseda appl. chem. Soc. Bull. **25**, 2—4, 1958; jap., Auszug: engl.) — 1. vgl. C. **1960**, 9809. — Die Schaum-Eigg. wss. oberflächenakt. Lsgg. werden in Abhängigkeit von Konz., mol. Dispersion u. der Zugabe von anorgan. Salzen diskutiert. Die Micell-Bldg. bei Seifen wurde an der Schaumkraft (K) bestimmt; Zugabe anorgan. Salze bewirkt in der Reihenfolge $J^- > Br^- > NO_3^- > Cl^- > SO_4^{2-}$ einen lyotropen (Hofmeister-) Effekt. Die Abhängigkeit der *K* von Ei- u. Serumalbumin von Konz., Temp. u. Zugabe von anorgan. Salzen wird mit dem Oberflächen-Verh. von synthet. Detergentien verglichen. H.-J. Weigmann. 4070△

Untersuchungen über natürliche und synthetische Fasern. 4. Mitt. Eigenschaften von Kollagen-Fasern; Mischungsenthalpie von amorphem, trockenem Kollagen mit Wasser. Jean F. M. Oth. (Kolloid-Z. **168**, 49—56, 1960; Bruxelles, European Res. Assoc.; franz.) — 3. vgl. C. **1961**, 1226. — *Kollagen* (**I**) aus den Sehnen von Rattenschwänzen wurde 5—15000 Min. mit p-Benzochinon gegerbt. Die isolierten Fasern besitzen einen kristallinen, trockenen Bereich von 10^{-4} cm² u. eine Länge von > 10 cm. Ihr Gew. variiert von 0,5—3 mg. Die Konz. der Vernetzungspunkte wurde durch Messung einer Kraft in Längsrichtung der amorphen, gequollenen Fasern im Wasserüberschuß bei 85° u. graph. Auswertung der Flory-Elastizitäts-Gleichung $f/TL = B - B\,L_i^3/L^3$ durch Auftragen von f/TL gegen $1/L^3$ bestimmt. Dabei ergeben sich L_i, die Länge der gequollenen, nicht deformierten Faser, u. $B = k\nu\,\langle\alpha_0\rangle^2/L_0^2$ aus den Schnittpunkten der Geraden mit den Koordinatenachsen. Für die Konz. der Vernetzungspunkte ν/N_aV_0 [Mol intermol. Bindungen pro cm² trockener Fasern] gilt: $\nu\langle\alpha_0\rangle^2/N_aV_0 = B/R\cdot L_i^2/\omega_0\cdot d_0 v_2^{eq^{2/3}}$. Darin sind ν die Anzahl der Venetzungspunkte, N_a die Avogadrosche Zahl, V_0 das Vol. der trockenen Fasern, $\langle\alpha_0\rangle^2$ ein Parameter ca. 1, ω_0 das Gew. der trockenen Fasern u. $d_0 = 1{,}34$ die Dichte von trockenem **I**. Der Quellungsgrad v_{eq}^2 ist das Verhältnis des trockenen zum gequollenen Volumen. Die Konz. der Vernetzungspunkte steigt zu Beginn der Gerbung stark an u. bleibt nach 1000 Min. mit ca. $220\cdot 10^6$ $\nu\langle\alpha_0\rangle^2/N_aV_0$ nahezu konstant. Bei Kenntnis der Konz. der Vernetzungspunkte u. des Quellungsgrades einer Reihe verschieden vernetzter Proben bei 85° ist die Best. des Flory-Huggins-Parameters χ_1 möglich, der für das betrachtete Syst. vom Quellungsgrad ν_2^{eq} abhängig ist u. mit steigender Polymer-Konz. im gequollenen Netzwerk zunimmt. In stark verd. Lsg. geht χ_1 gegen 0,5; d. h. es ist nicht möglich, eine stabile Lsg. von **I** in reinem W. herzustellen. Der Enthalpie-Parameter $\varkappa_1 \cdot = \cdot -[\delta\chi_1/\delta \ln T]_{v_2}$, der sich auch aus der Vol.-Änderung einer gequollenen Faser mit der Temp. ergibt, ist jedoch unabhängig von ν_2^{eq} u. beträgt im Bereich von $\nu_2^{eq} = 0{,}28$—0,62 −0,34. Die Mischungsenthalpie $\Delta H_{mel}/V_0$ eines cm³ trockenen, amorphen **I** mit W. wird für verschiedene Quellungsgrade aus der Gleichung $\Delta H_{mel}/V_0 = RT/V\,(1 - \nu_2^{eq})\chi_1$ mit V_1, dem Mol.-Vol. des Lsgm., bestimmt u. ist wie $\varkappa_1$ negativ. $\Delta H_{mel}/V_0$ nimmt mit steigendem Gerbungsgrad ab u. beträgt nach 120 Min. Gerbzeit −8,4 cal/cm³ u. nach 15000 Min. −4,8 cal/cm³. Aus der Differenz der Schrumpfungsenthalpien, die beim Übergang der trockenen, kristallinen Faser zu einer gequollenen, amorphen auftritt u. der oben definierten Quellungsenthalpien ergibt sich die vom Gerbungsgrad unabhängige Schmelzwärme zu: $\Delta H/V_0 = 28 \pm 15$ cal/cm³.

G. Peters. 4070◇

Über die Molekulargewichtsverteilung von Desoxyribonucleinsäure in der Ultrazentrifuge. M. Gehatia, R. K. Zahn und A. Kleinschmidt. (Kolloid-Z. **169,** 162—68, 1960; Frankfurt/M., Univ., Hygiene-Inst. u. Inst. für vegetative Physiol.; dt.) — Die Best. des Molgew. von *Desoxyribonucleinsäure* (DNS) wurde an einer 0,002%ig. *Forellenmilch–DNS*-Lsg. in McIlvaine-Puffer (pH 4,97) bei 59780 U/Min. u. 25° mit Hilfe von UV-Absorptionsaufnahmen durchgeführt. Aus der Verteilung der Sedimentations-Konst. s, deren Häufigkeit eine mehrgipflige charakterist. Kurve darstellt, wurde ein Mittelwert von $s = 1{,}935 \cdot 10^{-12}$s bestimmt, d. h. die DNS enthält mehrere polydisperse Fraktionen. Das Molgew. wurde nach der Formel von Mandelkern u. Flory (vgl. C. **1953,** 8095) für flexible, durchspülbare, prolate Ellipsoide aus folgender Beziehung berechnet: $M^{2/3} = \langle s \rangle \langle [\eta] \rangle_{c^*=0} \rangle^{1 \cdot 3} \eta_0 N / 2{,}5 \cdot 10^6 (1 - V^* \varrho)$, darin ist N die Loschmidtsche Zahl, η_0 die Viscosität des Lsgm., ϱ die Dichte der Lsg., $V^* = 0{,}55$ cm³/g das partielle spezif. Vol. u. $[\eta]_{c^*=0} = 35{,}99$ cm³/g die Intrinsicviscosität mit $c^* =$ (g DNS/100 cm³ Lsg.). Aus der Simha-Funktion $[\eta]_{\Phi=0} \approx 0{,}267$ (ln 2p — 1,25/(ln 2p—1,5) (ln 2p — 0,5) wurde der Mittelwert für das Achsenverhältnis prolater, flexibler Moll. zu $\langle p \rangle = 380$ bestimmt; dabei ist die Intrinsicviscosität $[\eta]_{\Phi=0} = 6541$ mit $\Phi =$ Vol. der DNS in cm³ in 1 cm³ Lösung. Analog ergab sich aus den Perrinschen Funktionen für den mittleren Durchmesser der DNS-Stäbchen der Wert a = 25 Å u. für die Länge b = 1,178 μ. Aus der Verteilung der Sedimentations-Konst. ist die Best. der Molgew.-Verteilung nach folgender Gleichung direkt möglich: $s = k[(\ln 2p - 1{,}5)(\ln 2p - 0{,}5)/(\ln 2p - 1{,}25)]^{1/3}$ mit $k = 6{,}51 \cdot 10^{-8} N^{1/3} V_h^{2/3} \eta_0 / a^2 (1 - V^* \varrho)$. $V_h =$ 0,86 cm³/g ist das partielle spezif. Vol. des DNS-Fadens mit dem in dem Knäuel enthaltenen Lösungsmittel. G. Peters. 4090◇

E. Biologische Chemie. Physiologie. Medizin

E_1. Allgemeine Biologie und Biochemie

Einfache Methode zur Gewinnung ^{14}C-markierter Verbindungen aus Algen. A. Wacker, L. Träger und H. Büttner. (Naturwissenschaften **49,** 518, 1962; Frankfurt/M., Univ., Inst. für Therapeut. Biochem.; dt.) — Beschreibung einer App. zur Algenkultivierung mit $NaH^{14}CO_3$ als einziger C-Quelle zur Gewinnung einheitlich markierter Bioverbindungen. Es können laufend Proben entnommen werden, ohne daß Verluste an ^{14}C, das zu 90% ausgenutzt wird, auftreten. U. Drehmann. 4100◇

Die Fraktionierung von Histonen an Sephadex G-75. H. J. Cruft. (Biochim. biophysica Acta [Amsterdam] **54,** 611—13, 1961; Edinburgh, Univ., Dep. of Biochem.; engl.) — *Histone* lassen sich an Sephadex G-75 (mittelfein) in 0,02n HCl fraktionieren. Da alle α-Komponenten in einer Fraktion hohen Molgew. erscheinen, liegen sie unter den gewählten Bedingungen offensichtlich aggregiert vor. K. Maier. 4100◇

Untersuchung des Cotton-Effekts der Proteinen mit doppelter Monochromator-Optik. Bruno Jirgensons. (Biochemistry [Washington] **1,** 917—23, Sept. 1962; Houston, Tex., Univ. of Texas, Anderson Hospital and Tumor Inst., Dep. of Biochem.; engl.) — Die opt. Rotationsdispersion von Proteinen wurde mittels eines Polarimeters gemessen, das zwei Monochromatoren in Serie schaltete. Folgende Proteine zeigten Cotton-Effekte mit negativen Trögen bei 230—235 mμ u. Maxima (positiv) bei 220 bis 225 mμ, wobei sich am Minimum eine spezif. Rotation von —7000 bis —17000 ergibt: Serumalbumin, Aldolase, Bakterienamylase, β-Amylase, Alkoholdehydrogenase aus Hefe u. Leber, Glyceraldehydphosphatdehydrogenase, Milchsäuredehydrogenase, Enolase, Myokinase, Phosphoglucomutase, Phosphoglucose-Isomerase, Insulin, Schilddrüsen-Wachstumshormon. M. Wiedemann. 4100◇

Der Einfluß von Penicillin auf die Frequenz induzierter Mutationen. Walter J. Burdette. (Proc. nat. Acad. Sci. USA **47,** 1813—17, 1961; Univ. of Utah, Coll. of Med., Labor. of Clin. Biol.; engl.) — Die Frequenz der durch Röntgenbestrahlung im X-Chromosom von *Drosophila* (Stamm $sc^{\varphi 1} BInSw^a sc^8$) induzierten Letalmutationen wird von *Penicillin* (I) oberhalb einer Grenz-Konz. bei allen Spermatogenesestufen herabgesetzt. Die Erhöhung der Mutationshäufigkeit durch O_2 wird durch I verringert. I-Bestrahlung setzte die Zahl erblicher melanot. Tumoren im benutzten empfindlichen *Drosophila*-Stamm (*st sr e*^{s}*ro ca*; *tu36a*) herab. K. Maier. 4130◇

Autoradiographie von Calcium-45 im Skelettmuskel des Frosches mit Hilfe veraschter Gewebeschnitte. E. Cosmos und L. K. van Kien. (Int. J. appl. Radiat. Isotopes **12,** 118—21, Dez. 1961; U.S. Public Health Serv., Nat. Heart Inst.; engl.) — Für autoradiograph. Unterss. am Sartorius-Muskel des Frosches wurde das Gewebe einige Tage in ^{45}*Ca*-haltiger Ringer-Lsg. getaucht, gewaschen, nach Gefriertrocknung zu 7 μ starken Schnitten verarbeitet u. diese verascht. Die auf diese Weise von der organ. Substanz befreiten Gewebe werden dann autoradiographiert.

W. Reusse. 4150◇

Proteine mit SH- u. SS-Gruppen zu Beginn der Meiose von Rhoeo discolor Hance. Louis Albertini. (C. R. hebd. Séances Acad. Sci. **256**, 3490—91, 1963; Toulouse, Éc. Nat. Supér. Agronom., Labor. de Cytol.; franz.) — Mit DDD-Diazolblau B nach Vorbehandlung mit Thioglykolsäure in K-haltigem A. war es möglich, den Geh. der Pollenmutterzellen u. der Zellen des Nährgewebes von *Rhoeo discolor* Hance an Proteinen mit SH- u. SS-Gruppen während der Meiose zu verfolgen. K. Zingraf. 4150◇

Schutzwirkung kristallisierter Ribonuclease auf die spontane Anschwellung von Mitochondrien in vitro. M. Artizzu. (Ital. J. Biochem. **10**, 233—43, 1961; Cagliari, Univ., Ist. di Patol. Gen.; engl.) — Vgl. C. **1962**, 14908. — Krist. *Ribonuclease* (I) verlangsamt das Anschwellen von *Rattenlebermitochondrien* in vitro, aber nicht die Wiederherst. der ursprünglichen opt. Dichte bereits gequollener Mitochondrien. Die Schutz-Wrkg. ist im pH-Bereich 6,8—7,4 gleich groß. Hitzeinaktivierung von **I** zerstört deren Schutzwirkung. Adenosintriphosphat verstärkt die **I**-Wrkg. nicht. K. Maier. 4150◇

Energetische Stoffwechselfunktion der Zellipoide. F. Windisch, W. Nordheim und U. Gerhardt. (Ber. dtsch. Akad. d. Wiss. Berlin **1**, 553—59, 1959; Berlin, Dt. Akad. Wiss., Bereich Zellphysiol., Inst. für Med. u. Biol.; dt.) — Gewebedekokte enthalten Wirkstoffe, die eine durch O_2-Mangel verursachte Cytostase ohne O_2-Zufuhr aufheben u. starke Proliferation auslösen können. Mit Hilfe eines mikrobiolog. Tests (Anabiosetest) wurden diese Wirkstoffe als *Lipoide* (**I**) erkannt. *Lecithin, Serin-* u. *Colamin-Kephalin, Ergosterin, Stigmasterin, Cholesterin, Cholesterylpalmitat, Cholesteryloleat* wirken danach bei Anoxybiose als Energielieferanten. Die eigentlichen Wirkgruppen sind die darin enthaltenen *Polyenfettsäuren*. Von freien Fettsäuren sind *Öl-*, *Linol-* u. *Linolensäure* akt., *Petroselin-* u. *Erucasäure* inaktiv. Die Energieproduktion unter Anoxybiose wird als fundamentale Stoffwechselfunktion der **I** angesehen.

K. Thielmann. 4150◇

Messung des Gesamtkohlenstoffumsatzes durch Verfüttern einer einheitlich markierten Diät. Donald L. Buchanan. (Arch. Biochem. Biophysics **94**, 500—11, 1961; West Haven, Conn., Veterans Administr. Hosp., Radioisotope Serv.; New Haven, Conn., Biochem. Yale Univ., Dep. of Biochem.; engl.) — Bei längerer Verfütterung einer ^{14}C-Saccharose als einzige C-Quelle enthaltenden Diät an Ratten u. Mäuse waren nach 58 Tagen 60—70% des Gesamt-C von Hirn u. Muskel durch Nahrungs-C ersetzt. In einem einzelnen Gewebe wurden kleinere Moll. rascher als Makromoll. ersetzt. In der Ersatz-Geschw. der gleichen kleinen Moll. in verschiedenen Geweben bestanden erhebliche Unterschiede. Die Befunde zeigen, daß der Umsatz in erwachsenen Säugetieren vorwiegend innerhalb der Zellen ohne Zellteilung („metabol." Umsatz) u. weniger „cellulär" (Erneuerung der Substanzen in Geweben durch Zellzerstörung u. Bldg. neuer Zellen) erfolgt. K. Maier. 4150◇

Thymusdesoxyribonucleoprotein. 1. Mitt. **Darstellung und thermische Denaturierung.** K. Murray und A. R. Peacocke. (Biochim. biophysica Acta [Amsterdam] **55**, 935—42, 11/6. 1962; Birmingham, Edgbaston, Univ. of Birmingham, Dep. of Microbiol.; engl.) — Kalbsthymusdrüsen werden sorgfältig mit 0,14m NaCl-Lsg., die 0,01m-Na-Citrat enthält, gewaschen u. mit W. oder mit $7 \cdot 10^{-4}$ Phosphatpuffer, pH 6,8, extrahiert. Im Extrakt befindet sich *Desoxyribonucleoprotein* (DNP), dessen chem. u. physikal. Eigg. mit denen der daraus isolierten *Desoxyribonucleinsäure* (DNS) verglichen werden. Bei der Hitzedenaturierung von DNP oder nach Behandlung mit Alkali verändert sich der Extinktions-Koeff. bei 259 mμ von DNP im gleichen Sinne wie bei der DNS. Demnach liegt die DNS innerhalb des undissoziierten DNP-Komplexes ebenfalls als Doppelhelix vor. L. Träger. 4150◇

Thymusdesoxyribonucleoprotein. 2. Mitt. **Dissoziation in Natriumchloridlösung.** P. M. Bayley, B. N. Preston und A. R. Peacocke. (Biochim. biophysica Acta [Amsterdam] **55**, 943—52, 11/6. 1962; engl.) — 1. vgl. vorst. Referat. — An *Desoxyribonucleoprotein* (DNP) aus Kalbsthymus werden Lichtstreuungs-Verss. u. Viscositätsmessungen unternommen, um den Einfl. des Salz-Geh. in der Lsg. auf die Dissoziation des DNP zu messen; mit ansteigender Ionenstärke steigt die Dissoziation von DNP an, u. in 2 m NaCl-Lsg. ist DNP zu 75% dissoziiert. Der Durchmesser einer Schraubenwindung innerhalb der *Desoxyribonucleinsäure* (DNS) in DNP ändert sich während der Dissoziation kaum. Die Abtrennung des *Histons* (**I**) aus dem DNP-Komplex, die bei hohen Ionenstärken erfolgt, hat demnach keinen Einfl. auf die Mol.-Form der DNS. **I** ist daher innerhalb DNP nicht an Querbindungen beteiligt u. bindet auch keine DNS-

Untereinheiten. Vielmehr ist **I** entlang des DNS-Stranges um die DNS gewunden, u. bei **I**-Ablösung aus dem DNP erfolgt keine merkliche Strukturänderung.
L. Träger. 4150◇

Vorläufige Mitteilung über die Trennung von Nucleinsäuren und Proteinen durch Gegenstromelektrophorese. R. Eliasson, E. Hammarsten, T. Lindahl und H. Palmstierna. (Acta chem. scand. **15**, 570—74, 1961; Stockholm, Schweden. Karolinska Inst., Dep. of Bacteriol.; engl.) — Eine Trennung von *Proteinen* u. *Nucleinsäuren* aus Zellextrakten ist durch Elektrophorese an langen Säulen, die mit Cellulose/A. gefüllt sind, möglich. Der Weg auf der Säule muß 300—320 cm betragen. Es wurde versucht, diese langen Trennwege durch einen stetigen Fluß der Puffer-Lsg. gegen die zur Anode wandernden Komponenten zu verkürzen. Diese Technik wird als Gegenstromelektrophorese (GSE) bezeichnet. Eine Bedingung für die Trennung durch GSE ist die, daß die Nucleinsäuren wenigstens mit einer Geschw. von 3 cm/Std. zur Anode wandern müssen. Schwierigkeiten können sich hier ergeben, wenn die Extrakte noch nicht genügend zerkleinerte Zellen enthalten oder mit Hilfe von Detergentien hergestellt wurden. Die Säulen wurden mit Plastikmaterial oder mit Pyrex-Glasperlen, die mit Silicon überzogen waren, gefüllt. Die Nucleinsäuren, die durch GSE gewonnen wurden, enthielten weniger als 0,1 mg Protein auf 100 mg Nucleinsäure. K. Heyns. 4150◇

Über ein Verfahren zur Reinigung von Ribonucleinsäure durch Bildung von Ag-Ribonucleinsäure. 3. Mitt. Ryūsaku Shimizu. (J. pharmac. Soc. Japan [Yakugakuzasshi] **77**, 561—65, 25/6. 1957; Kanazawa, Univ., Tuberkuloseforsch.-Inst., Chem. Abt.; jap., Auszug: engl.) — Die Reinigung von handelsüblichem *Ribonucleinsäure-Na-Salz* in dest. W. erfolgt durch Zusatz von 0,1n $AgNO_3$, 5%ig. NH_4OH, NaCl-Lsg., Einleiten von H_2S u. Ausfällen mit 95%ig. Alkohol. F. Mossner. 4150

Über die Wiedergewinnung von Ribonucleinsäure aus Ag-Ribonucleinsäurekomplex durch Entsilberung. Ryūsaku Shimizu. (J. pharmac. Soc. Japan [Yakugakuzasshi] **77**, 676—78, Juni 1957; Kanazawa, Univ., Tuberkuloseforsch.-Inst.; jap., Auszug: engl.) — 1 g *Ag-Ribonucleinsäure-Komplex* wird in 100 cm^3 dest. W. gelöst, mit 1 cm^3 5%ig. NH_4OH u. 20 cm^3 gesätt. NaCl-Lsg. versetzt u. nach 15 Min. langem Einleiten von H_2S 15 Min. zentrifugiert. Nach Zugabe von 200 cm^3 95%ig. A. zentrifugieren, Nd. in 100 cm^3 dest. W. lösen u. 24 Std. dialysieren. Zusatz von 300 cm^3 95%ig. A. u. Na-Acetat zur inneren Lsg., Nd. 2mal mit A., 1mal mit Ae. waschen; 0,75 g (Ausbeute). F. Mossner. 4150

Nucleinsäureextraktion und Isolierung von Nucleosiden durch Hydrolyse. Yoshihisa Mizuno, Kaname Nakamura und Tōru Ueda. (J. pharmac. Soc. Japan [Yakugakuzasshi] **77**, 683—85, 1957; Hokkaidō, Univ., Med. Fac., Pharmaceut. Inst.; jap., Auszug: engl.) — Durch A.- bzw. Methanolextraktion lassen sich aus 1 kg Bierhefe 50—60 g rohe *Ribonucleinsäure* (**I**) gewinnen. Die Ausbeuten aus Brothefe, Torulahefe u. dem Hefe-Präp. „Ebios" sind geringer. 100 g **I** in 600 cm^3 50%ig. Pyridin werden 120 Std. erhitzt. Nach Abzentrifugieren des entstandenen Guanosins wird mit $Ba(OH)_2$ u. A. gefällt, die Isolierung von Uridin, Cytidin u. Adenosin erfolgt durch Amberlite IR-120, Sulfatfraktionierung u. Cellulosepulverchromatographie.
F. Mossner. 4150

Veränderung und Heterogenität der Basenzusammensetzung der Desoxyribonucleinsäuren: Eine Zusammenfassung alter und neuer Befunde. Noboru Sueoka. (J. molecular Biol. **3**, 31—40, 1961; Cambridge, Mass., Harward Univ., Biol. Labors.; engl.) — Bei Bakterien schwankt der mittlere Guanin–Cytosin (GC)-Geh. von *Desoxyribonucleinsäure* (**I**) zwischen 25 u. 75%. Dieser Bereich besteht auch bei höheren Organismen, wobei der mittlere GC-Geh. phylogenet. Beziehungen widerspiegeln kann. Die GC-Verteilung der **I**-Moll. eines Organismus ist relativ eng begrenzt. Wenn sich der mittlere CG-Geh. von **I** zweier Bakterienspecies um 10% unterscheidet, besitzen wenige **I**-Moll. beider Arten gleichen CG-Gehalt. Die geringe Heterogenität der Basen-Zus. der **I**-Moll. eines Organismus gilt anscheinend auch für kleinere Bereiche innerhalb der Moleküle.
K. Maier. 4150◇

Der Einbau tritiummarkierten Thymidins in Rattenleberdesoxyribonucleinsäure nach Austauschtransfusion mit Blut partiell hepatektomierter Ratten. J. L. Van Lancker und H. L. Borison. (Biochem. biophysica Acta [Amsterdam] **51**, 171—72, 1961; Salt Lake City, Utah, Univ. of Utah, Coll. of Med., Deps. of Pathol. and Pharmacol.; engl.) — Transfusion von Blut einer partiell hepatektomierten Ratte ruft nach 24 Std. bei einem normalen Tier signifikante Zunahme des Einbaus von ^3H-Thymidin in die Desoxyribonucleinsäure der Leberzellen hervor. Es besteht hiernach die Möglichkeit, daß ein im hepatektomierten Tier gebildeter humoraler Faktor Leberregeneration auslöst. K. Maier. 4150◇

Relative Stabilität Bromdesoxyuridin enthaltender Desoxyribonucleinsäure gegen thermische Denaturierung. Saul Kit und T. C. Hsu. (Biochem. biophysic. Res. Commun. 5, 120—24, 1961; Houston, Tex., Univ. of Texas, M. D. Anderson Hospital and Tumor Inst.; engl.) — Nach 13 Wochen u. längerer Züchtung von Mäusezellen, Stamm LM, in Ggw. von 25 µg *Bromdesoxyuridin* (I)/ml zeigt Desoxyribonucleinsäure (DNS) eine anomale Dichte von 1,73—1,77 g/cm gegenüber normalerweise 1,700 bis 1,689 (bei 25°). Nach Sedimentations-Koeff., Grenzviscositäten u. Extinktions-Koeff. besitzen I-substituierte DNS-Präpp. ein hohes Molgew. u. sind nicht denaturiert. Die UV-Absorption-Temp.-Kurven sind anomal. Nach 22 Std. langer Züchtung in I-Medium ist der T_m-Wert von 88,0° auf 88,7° erhöht u. steigt weiter auf 90—91° an. In 0,075m-NaCl-Lsg. war T_m von normaler u. I-DNS 82,9° u. 86,2°, in 0,21m 92,1° u. 94,8°. Die T_m-Zunahme tritt bereits nach 1—3 Zellteilungen auf u. ist durch Züchtung in normalem Medium leicht umkehrbar. Die T_m-Änderung ist vermutlich eine unmittelbare Folge der I-Ggw. in DNS. I beeinflußt vielleicht auch die Wechselbeziehung zwischen Kationen u. DNS unter Erhöhung von T_m. K. Maier. 4150◇

Elektronenübertragung zwischen Desoxyribonucleinsäuren oder Ribonucleinsäuren von chemisch wenig verschiedenen Strukturen. Andrée Goudot. (C. R. hebd. Séances Acad. Sci. 256, 3528—31, 1963; franz.) — Substitution eines Halogenatoms an $C_{(5)}$ eines Pyrimidin-Deriv. läßt die so veränderte *Ribonucleinsäure* (I) zum Elektronenspender für eine *Desoxyribonucleinsäure* (II) oder für eine normale I werden. Auf diese Weise können 5-Fluoruracil u. 5-Fluororotsäure die Verdoppelung von II hemmen. Anfügung von CH_3 an Cytosin macht II des Phagen T_2 zum „Empfänger" in bezug auf II von *Escherichia coli*. Auf diese Weise wird die Bldg. von II des Phagen auf Kosten von II des Bacteriums hervorgerufen. K. Zingraf. 4150◇

Eine aus der Nucleinsäure des Bakteriophagen T 2 abgeleitete relative Molekulargewichtsreihe. Elizabeth Burgi und A. D. Hershey. (J. molecular Biol. 3, 458—72, 1961; Cold Spring Harbor, N.Y., Carnegie Inst. of Washington, Dep. of Genetics; engl.) — Es wurde die Sedimentations-Geschw. folgender Substanzen gemessen: 1. ohne mechan. Zerkleinerung isolierte, durch Ionenaustauschchromatographie gereinigte T2-DNS (DNS = Desoxyribonucleinsäure), 2. erstes durch Rühren von T2-DNS gebildetes Spalt-Prod., 3. chromatograph. getrennte Unterfraktionen des letzten, einschließlich vermutlich Halbmoll. sowie 4. die durch Rühren der halben Moll. erhaltenen Analogen von 2 u. 3 mit $^1/_4$ der Länge. Die Ergebnisse lassen eine Beziehung zwischen relat. Molgew., Sedimentations-Koeff. u. Viscosität erkennen. T2-DNS-Fragmente mit $^1/_4$ Länge ähneln in den physikal. Eigg. Präpp. von Bakterien-DNS mit Molgew. 16 Millionen. Das Molgew. von T2-DNS muß demnach zwischen 50 u. 120 Millionen liegen. K. Maier. 4150◇

Beobachtungen über das biologische Verhalten der Nucleinsäure des Tabakmosaikvirus. S. G. Wildman. (Proc. nat. Acad. Sci. USA 45, 300—05, 1959; Los Angeles, Calif., Univ. of California, Dep. of Bot.; engl.) — Die Verss. über die Hitzeinaktivierung von *Tabakmosaikvirus-Ribonucleinsäure* (TMV-RNS) werden behandelt, nach ihnen genügt die Spaltung einer unter 6000 Bindungen (wahrscheinlich Phosphodiesterbindungen) zur Inaktivierung. Weiterhin wird die UV-Inaktivierung der RNS zweier Virusstämme u. dieser Stämme selbst behandelt. Der Anteil der überlebenden infektiösen Zentren steigt bei den RNS ca. 1 Std. nach der Infektion, bei den intakten Viren ca. 5 Std. danach steil an. Ein Modell des TMV wird im Zusammenhang mit den Befunden diskutiert. M. Wiedemann. 4150◇

Biophysikalische Untersuchungen der infektiösen Ribonucleinsäure des Tabakmosaikvirus. Pen Ching Cheo, Benjamin S. Friesen und Robert L. Sinsheimer. (Proc. nat. Acad. Sci. USA 45, 305—13, 1959; Pasadena, Calif., California Inst. of Technol., Div. of Biol.; engl.) — Es wurde gezeigt, daß die Inaktivierung der freien *Tabakmosaikvirus-Ribonucleinsäure* (TMV-RNS) bei Zugabe von Ni^{2+} langsamer verläuft, ferner, daß hochgereinigte RNS (mehrfache Phenol- u. Äthanolbehandlung) stabiler ist. Die RNS u. die Spalt-Prodd. wurden in der Ultrazentrifuge untersucht. Infektiös war nur die mochmol., intakte Komponente. M. Wiedemann. 4150◇

Zwei Konfigurationen der Ribonucleinsäure des Tabakmosaikvirus. R. Haschemeyer, B. Singer und H. Fraenkel-Conrat. (Proc. nat. Acad. Sci. USA 45, 313—19, 1959; Berkeley, Calif., Univ. of California, Virus Labor.; engl.) — *Ribonucleinsäure* aus Tabakmosaikvirus (TMV-RNS) (gewonnen mittels Phenol- oder Netzmittelbehandlung) kann unter dem Einfl. von divalenten Kationen in sehr geringen Konzz. oder monovalenten Ionen in höheren Konzz. eine Umwandlung von der Konfiguration des statist. Knäuels in eine mehr geordnete erleiden. Die Umwandlung macht sich in der opt. Dichte bei 258 mμ, dem opt. Drehvermögen u. der Sedimentation bemerkbar. Das Knäuel zeigt Sedimentations-Konst. von 5—20 S, die geordnete Konfiguration zwischen 15 u. 22 S. M. Wiedemann. 4150◇

Die Wirkung von Cordycepin auf den Einbau von ^{32}P-Orthophosphat in die Nucleinsäuren von Ascitestumorzellen in vitro. Hans Klenow. (Biochem. biophysic. Res. Commun. **5**, 156—59, 1961; Copenhagen, Fibiger Labor., Biochem. Sect.; engl.) — *Cordycepin, Isodesoxyadenosin* (**I**), hemmt konzentrationsabhängig den ^{32}P-Einbau in Desoxyribonucleinsäure u., weniger ausgeprägt, Ribonucleinsäure von Ehrlich-Ascitestumorzellen. Diese Wikg. ist durch Zusatz von Desoxyadenosin, Desoxyguanosin, Desoxycytidin oder Desoxyguanosin nicht, wohl aber durch Adenosin aufhebbar. Die Asciteszellen bilden bei Inkubation mit **I** anscheinend die bisher unbekannten Nucleotide **I**-*Mono-*, *-Di-* u. *-Triphosphat.* K. Maier. 4160◇

Isolierung und Reinigung des α_1-Glykoproteins aus dem Ascitestumor von Yoshida. M. L. Marcante. (Boll. Soc. ital. Biol. sperim. **39**, 56—58, 1963; Rom, Div. Scient. dell' Ist. Regina Elena per Studio e Cura Tumori; ital.) — Durch Ultrazentrifugieren wird aus der Ascites-Fl. ein Sediment isoliert, das trotz fraktionierter Fällung im mol. Sinne polydispers ist; das *α_1-Glykoprotein* (**I**) wird durch synthet. Ionenaustauschharze von Globulinen gereinigt, worauf es durch wiederholte Säulenelektrophorese in seinen Eigg. weiter verbessert wird. Auf diese Weise konnten 200 mg **I** aus 1000 ml Ascites-Fl. u. zum Vgl. 150 mg aus 100 ml Serum gewonnen werden.
F. Kren. 4160◇

Die Aminosäuren beim Ascites des Yoshida-Tumors. U. Ferrini und M. L. Marcante. (Boll. Soc. ital. Biol. sperim. **39**, 54—55, 1963; Roma, Div. Scient., Ist. Regina Elena per Studio e Cura Tumori; ital.) — Die Unterss. werden an Ratten mit Yoshida-Tumor durchgeführt. Qual. bestehen gegenüber dem Serum keine Unterschiede, dagegen sind die quant. Unterschiede groß u. schwanken auch je nach Entw.-Stadium des Tumors. Stark erhöht ist *Lysin, Alanin, Cystin* u. *Methionin*; stark verringert *Asparaginsäure.* F. Kren. 4160◇

Histochemische Untersuchungen über Phosphorylasen und Glykogen in der Leber von normalen und Tumor-Nagern. H. G. Godlewski und B. Penar. (Bull. Acad. polon. Sci., Sér. Sci. biol. **9**, 195—99, 1961; Gliwice, Inst. of Oncol., Dep. of Tumour. Biol., Labor. of Histochem.; engl.) — Die *Phosphorylase*-Aktivität u. der *Glykogen*-Geh. in der Leber von Mäusen u. Ratten mit Tumoren war im Vgl. zu den Kontrollen verringert; auch war die Anzahl der Zellen mit Enzymaktivität kleiner als bei den normalen Tieren. K. Zingraf. 4160◇

Enzyme beim Krebs. 3. Mitt. **Triosephosphatisomerase-Aktivität des menschlichen Blutserums bei normalen Personen und bei Personen in verschiedenen pathologischen Zuständen.** J. Robert, M. van Rymenant und F. Lagae. (Cancer [Philadelphia] **14**, 1166—74, 1961; Bruxelles, Serv. of Med. and Clin. Investigat., Inst. Jules Bordet, Centre de Tumeurs de l'Univ. Libre; engl.) — 2. vgl. C. **1962, 3133.** — Die *Triosephosphatisomerase*-Aktivität wurde gemessen u. deren Aktivitätsbereich festgesetzt. Die Werte schwankten zwischen 6,6 u. 25,0 Einheiten. Bei generalisiert neoplast. Erkrankungen zeigen $>$50 Einheiten hepat. Metastasen an. Erhöhte Werte werden auch bei Lebercirrhose, Hepatitis (nicht bei obstruktiver Gelbsucht), akuter Leukämie, Lungen- u. Herzinfarkt, sowie bei akuter hämorrhag. Pankreatitis gefunden.
O. Jansen. 4160◇

Der Stoffwechsel von markiertem L-3.5.3'-Trijodthyronin in Hypophysentumoren der Maus. Eugene M. Volpert, Joan Tierney und Sidney C. Werner. (Endocrinology **72**, 831—32, 1963; New York City, N.Y., Columbia Univ., Deps. of Biochem. and Med.; engl.) — Der thyreotrope Hypophysentumor der Maus vermag ^{131}*J-L-Thyroxin* in *L-3.5.3'-Trijodthyronin* (**I**) umzuwandeln. Wahrscheinlich besitzen diese Zellen jedoch nicht die Fähigkeit, **I** weiter zu dejodieren. Joachim Schmidt/Magdeburg. 4160◇

Magnetische Susceptibilität von normaler Leber und transplantierbarem Hepatomgewebe. Frank E. Senftle und Arthur Thorpe. (Nature [London] **190**, 410—13, 1961; Washington, D.C., U.S. Geol. Survey; Howard Univ.; engl.) — Die *magnet. Susceptibilität* von normalem Lebergewebe u. transplantiertem *Hepatomgewebe* war verschieden; das ist wahrscheinlich auf den Geh. u. die Form des W. in den Geweben (gebundenes W. in normaler Leber, viel freies W. im Hepatom) zurückzuführen.
K. Zingraf. 4160◇

Beziehung mehrkerniger Kohlenwasserstoffe zum Protein der Albinomäusehaut. Herbert I. Hadler, Violet Darchun und Katharine Lee. (J. nat. Cancer Inst. **22**, 661—68, 1959; Chicago, Ill., Chicago Med. School, Div. of Oncol.; engl.) — Unter Einfl. von $^{14}C_{(7.12)}$*-7.12-Dimethylbenz-*[*a*]*-anthracen*, $^{14}C_{(7.12)}$*-Benz-*[*a*]*-anthracen*, $^{14}C_{(9.10)}$*-Anthracen* u. $^{14}C_{(9.10)}$*-9-Methylanthracen* auf disintegrierte Mäusehaut kommt es zu

Bindungen der KW-Stoffe an Hautproteine. Die Bindung eines KW-Stoffes oder seines Metaboliten an gefälltes Protein unter diesen Bedingungen kann jedoch nicht als Beweis für eine gleichartige Bindung in vivo angesehen werden.

U. Tausendfreund. 4160◇

Über das Vorhandensein mehrkerniger cancerogener Kohlenwasserstoffe im am Rost gebratenen Fleisch. A. Seppilli und G. Scassellati Sforzolini. (Boll. Soc. ital. Biol. sperim. **39,** 110—12, 1963; Perugia, Univ., Ist. di Igiene; ital.) — Die Unterss. werden an am Rost gebratenen Rindfleisch u. dem dabei entstehenden Rauch durchgeführt. Die spektrophotometr. Analyse der chromatograph. Eluate des Fleischextrakts u. des Rauchs bringen den Nachw. über das Vorhandensein von *1.2;5.6-Dibenzanthracen* (I), *Pyren, 3-Methylpyren, 1.2-Benzopyren, Phenanthren* u. *3.4-Benzphenanthren,* von denen I stark cancerogen wirkt.

F. Kren. 4160◇

Krebserzeugung durch Strahlung bei hohem Dosis-Wirkungsniveau: eine Hypothese. Arnold E. Reif. (Nature [London] **190,** 415—17, 1961; Boston, Mass., Boston City Hosp., Tufts Univ., School of Med., Dep. of Surg., Biochem. Sect.; engl.) — Es wird folgende Hypothese aufgestellt: Bei der carcinogenet. Veränderung infolge von Bestrahlung handelt es sich um einen seltenen aber spezif. Typ der Zellschädigung, wobei die Zelle gerade noch dem Tode entgeht. Da die Schädigung des Zellmaterials mit Zunahme der Strahlendosis ebenfalls zunimmt, so nimmt auch die Carcinogenese u. damit die Tumorhäufigkeit zu, bis ein Maximum erreicht ist. Wenn dieses Maximum überschritten wird, so überwiegt die zelltötende Wrkg. der Strahlung gegenüber der krebserzeugenden, u. die Tumorhäufigkeit nimmt ab.

K. Zingraf. 4160◇

Erhöhte Empfindlichkeit des Walker-Tumors gegen Stickstofflostverbindungen mit basischen Seitenketten nach einer Glucose-Vorbehandlung. W. C. J. Ross. (Biochem. Pharmacol. **8,** 235—40, Sept. 1961; London, Royal Cancer Hospital, Inst. of Cancer Res., Chester Beatty Res. Inst.; engl.) — Neugebildetes Gewebe (z. B.: Tumorzellen), dessen pH unter dem von normalem Gewebe liegt, kann bas. Stoffe anreichern. Es wird gezeigt, daß durch N.N-Bis-[β-chloräthyl]-aminobenzole: *unsubstituiert, p-[β-Dimethylaminoäthyl]-* u. ω-[p-(N.N-Bis-{β-chloräthyl}-amino)-phenyl]-carbonsäuren: 1. *-buttersäure,* 2. *-alanin,* 3. *-alaninäthylester* das Tumorwachstum gehemmt wird, Glucoseinjektion (7,5 g/kg 1 Std. vor u. nach der Heilmittelgabe) erhöht den Effekt. Glucose allein führt nicht zur Hemmung des Wachstums. Peptid-Derivv. von *1-Aminocyclopentancarbonsäuren* u. *Melphalan,* Verbb. mit freier Aminogruppe haben größere Tumor-Hemmwrkg., als die an dieser Gruppe acetylierten. Kationoide Formen der Verbb. sind aktiver als ungeladene. Bestimmte Epoxide (*Bis-[2.3-epoxypropyl]-methylamin, N.N'-Bis-[2.3-epoxypropyl]-hexahydropyrazin, p-Bis-[N-2.3-epoxypropylpiperidyl-(4)]-polymethylene*) u. Äthylenimin-Derivv. sind in saurer Lsg. chem. sehr reakt. u. von großer tox. Wrkg. auf Tumorzellen. Epoxide mit pK-Werten zwischen 8 u. 9 haben bei gleichzeitiger Anwendung von Glucose eine erhöhte Wrkg. auf Tumorzellen. Verss. mit *Thiolen* sollen zeigen, daß normale Zellen selektiv gegen alkylierende Agentien infolge hoher Konz. an nucleophilen Anionen geschützt werden.

F. Zeidler. 4160◇

Die Wirkungsweise von alkylierenden Substanzen. 2. Mitt. **Untersuchungen über den Stoffwechsel von Myleran. Die Reaktion von Myleran mit einigen natürlich vorkommenden Thiolen in vitro.** J. J. Roberts und G. P. Warwick. (Biochem. Pharmacol. **6,** 205—16, 1961; London, Royal Cancer Hosp., Inst. of Cancer Res., Chester Beatty Res. Inst.; engl.) — 1. vgl. C. **1958,** 1870. — *Myleran* (**I**) u. *1.4-Dibrombutan* reagieren mit *L-Cystein* (**II**) bei pH 8 unter Bldg. des *S-β-L-Alanyltetrahydrothiopheniumions* (**III**) sowie von kleinen Mengen *S-Di-L-cysteinylbutan* (**IV**) u. *S-[4-Hydroxybutyl]-L-cystein.* In Ggw. von wss. Alkalien zersetzt sich **III** rasch unter Bldg. von *Tetrahydrothiophen* (**V**) u. *Aminoacrylsäure* (**VI**; in tautomerem Gleichgewicht mit Iminobrenztraubensäure). Elektrolyse von **III** liefert **V** + Alanin, Zers. durch Wärme in der Hauptsache **V**. Bei pH 8—9, nicht jedoch bei pH 7 reagiert **III** rasch mit **II** unter Bldg. von **IV**; bei pH >10 erfolgt in Ggw. von **II** im wesentlichen eine Rk. mit OH^- unter Bldg. von **V** + **VI**. **I** reagiert mit Glutathion in W. oder wss. Aceton bei pH >8 unter Bldg. von 30—35% **V** u. gebundenem Lanthionin. Red. Keratin u. Eiklar reagieren mit **I** in Ggw. von Alkali unter Bldg. von **V**. Mit β-Mercaptoäthylamin bildet **I** **III**, mit Thioglykolsäure in Ggw. von Alkali dagegen **V**.

K. Zingraf. 4160◇

Die Wirkungsweise von alkylierenden Substanzen. 3. Mitt. **Die Bildung von 3-Hydroxytetrahydrothiophen-1.1-dioxid aus 1.4-Dimethansulfonyloxybutan (Myleran), S-β-L-Alanyltetrahydrothiopheniummesylat, Tetrahydrothiophen und Tetrahydrothiophen-1.1-dioxid bei der Ratte, dem Kaninchen und der Maus.** J. J. Roberts und G. P. Warwick. (Biochem. Pharmacol. **6,** 217—27, 1961; London, Royal Cancer

Hosp., Chester Beatty Res. Inst.; engl.) — 2. vgl. vorst. Referat. — Nach Injektion von $^{14}C_{(2\cdot3)}$-*Myleran* (I) bei Ratten, Kaninchen u. Mäusen werden mindestens 60% des ^{14}C im Harn in Form von *3-Hydroxytetrahydrothiophen-1.1-dioxid* (II) ausgeschieden. *S-β-L-Alanyltetrahydrothiopheniummesylat*, *Tetrahydrothiophen* (III) u. *Tetrahydrothiophen-1.1-dioxid* (IV) werden ebenfalls zu II abgebaut. Die Haupt-Rk. von I in vivo scheint eine Rk. mit Cystein oder einer Cysteinylgruppe unter Bldg. eines cycl. Sulfoniumions zu sein, das zu III abgebaut wird. III wird dann in IV u. schließlich in II umgewandelt. K. Zingraf. 4160◇

Bisherige Erfahrungen mit Äthyleniminobenzochinonen zur Behandlung maligner Tumoren im Experiment und in der Klinik. Gerhard Domagk. (Arch. int. Pharmacodynam. Thérap. **140,** 688—94, 1962; Farbenfabriken Bayer, Wuppertal-Elberfeld; dt.) — *Bisäthyleniminochinon* (*Bayer E 39*) u. *Trisäthyleniminochinon* (*Trenimon*) haben sich in vivo u. in vitro bei Tieren als cytostat. erwiesen. Jetzt auch am Menschen erprobt. Man kann mit ihnen Tumoren durch orale oder parenterale Behandlung völlig zerstören oder zum Verschwinden bringen. Wirkungsweise noch ungeklärt. W. Gaudlitz. 4160◇

Beziehungen zwischen Struktur und Aktivität bei Äthyleniminen. 2. Mitt. **Methylsubstituierte Derivate von Tetramin.** Albert T. Bottini und Vasu Dev. (J. med. pharmac. Chem. **5,** 925—32, 1962; Davis, Calif., Univ. of California, Chem. Dep.; engl.) — 1. vgl. C. **1962,** 16274. — *1-[2-Methylenaziridinyl-(1)]-buten-(3)-ol-(2)* (I), das Allenimin-analogon von *1-[Aziridinyl-(1)]-buten-(3)-ol-(2)* (II), ist weniger wirksam gegen Mäusetumore als Tetramin. Die größere Ausdehnung der Methylengruppe — verglichen mit 2 Wasserstoffatomen — kann eine ster. Wechselwrkg. mit einer Gruppe in der Nähe der biolog. akt. verursachen. Die geeignete Ausrichtung von I im biolog. Syst. wird verhindert; diese wäre für die antineoplast. Aktivität nötig. Die Herst. von *1-[2.2-Dimethylaziridinyl-(1)]-buten-(3)-ol-(2)* (IV) u. *1-[2-Methylaziridinyl-(1)]-buten-(3)-ol-(2)* (III) u. Prüfung dieser Substanzen auf antineoplast. Aktivität gegen Mäusetumoren dienen zur Klärung der ster. Wechselwirkungen. Um III u. IV herzustellen, wurde *Butadienmonoxid* (V) mit *2-Methylaziridin* (VI) bzw. mit *2.2-Dimethylaziridin* (VII) umgesetzt. Die Umsetzungs-Prodd. von V mit VI u. VII u. Aziridin werden als *Methyltetramin* (VIII), *Dimethyltetramin* (IX) u. *Tetramin* (X) bezeichnet. Unterss. der Kernresonanzspektren ergaben die Zus. von VIII zu ca. 69% III u. ca. 31% *2-[2-Methylaziridinyl-(1)]-buten-(3)-ol* (XI) u. von IX zu ca. 74% IV u. ca. 26% *2-[2.2-Dimethylaziridinyl-(1)]-buten-(3)-ol* (±5%). Die Vers.-Ergebnisse mit VIII, IX u. X zeigen, daß die antineoplast. Aktivität gegen verschiedene Mäusetumore mit zunehmender Größe der am Aziridinring angelagerten Gruppen sinkt.

Versuche: *Methyltetramin* (VIII), $C_7H_{13}NO$, Kp.$_{1,5}$ 60—63°, durch Zutropfen von 0,344 Mol V während 20 Min. zu einer kalten (15°) Lsg. aus 0,688 Mol VI u. 6.2 ml H_2O, 2std. Rühren, 16std. Stehen bei Zimmer-Temp., Abdestillieren des überschüssigen Imins u. Lsgm. u. Rektifizieren des Rückstandes; n_D^{24} 1,4619; 55% (Ausbeute). — *Dimethyltetramin* (IX), $C_8H_{15}NO$, Kp.$_1$ 60—65°, durch Zutropfen von 0,344 Mol V zu 0,121 Mol VII in 2,2 ml H_2O (analog VIII); n_D^{24} 1,4578; 44%. *D-Alaninäthylester*, Kp.$_{33}$ 65—66°, aus D-Alanin nach Fischer; n_D^{30} 1,4139, $[\alpha]_D^{26}$ —3,2° (c = 0,186 g/10 ml Bzl.). Red. mit $LiAlH_4$ ergibt *2-Aminopropanol-(1)*; Zugabe von H_2SO_4 führt zu *2-Aminopropansulfonsäure* (XII) in quant. Ausbeute. *L-Form*, Kp.$_{11}$ 48—50°, analog *D-Form*, n_D^{30} 1,4139, 38—45%. *D-2-Methylaziridin* (D-VI), Kp. 66—67,5°, aus 0,13 Mol XII durch Behandeln mit NaOH-Lsg., n_D^{18} 1,4139, $[\alpha]_D^{20}$ +8,1° (c = 0 209 g/10 ml A.), 63%. *L-Form* (L-VI), Kp. 66—67,5°, analog *D-Form*, n_D^{18} 1,4132, $[\alpha]_D^{31}$ —9,4° (c = 0,203 g/10 ml A.). *D(—)-Methyltetramin* [D(—)-VIII], Kp.$_2$ 59—59,5°, durch Zutropfen von 0,06 Mol D-VI in 3,0 ml H_2O zu einer kalten (15°) Lsg. von 0,03 Mol V in 3 ml H_2O, Rühren, Stehen des Rk.-Prod. während 48 Std. u. Dest., n_D^{20} 1,4623, $[\alpha]_D^{20}$ —40,0° (c = 0,113 g/10 ml A.), 54%. *L(+)-Form*, Kp.$_2$ 60—61°, analog *D(—)-Form*, n_D^{21} 1,4623, $[\alpha]_D^{20}$ +40,0°, 54%. J. Hils. 4160△

Hadacidin, eine neue Hemmsubstanz für das Wachstum der menschlichen Tumorsysteme. Edward A. Kaczka, Charles O. Gitterman, Eugene L. Dulaney und Karl Folkers. (Biochemistry [Washington] **1,** 340—43, 1962; Rahway, N.Y., Merck, Sharp & Dohme Res. Labor.; engl.) — Es wurde gefunden, daß die Kultur-Lsg. von *Penicillium frequentans Westling* das Wachstum des menschlichen Adenoms-1 in bebrüteten Eiern hemmt. Die akt. Substanz ist das *Hadacidin* u. besitzt ähnliche adenomhemmende Aktivität wie 6-Mercaptopurin. Gewinnung: Kultur-Lsg. lyophilisieren, mit Methanol extrahieren, Extrakt in W. lösen u. darin das Na-Salz mit A. fällen, $C_3H_4NO_4Na$, F. 205—210° (Zers.), die durch Austausch an Amberlite erhaltene *freie Säure*, F. 119—120°, ist instabil auch in Lösungen. — *Methylester*, F. 71—72°. — Behandeln mit H_2SO_4 gibt Ameisensäure, im wss. Hydrolysat wird Hydroxyaminoessigsäure nachgewiesen.

Versuche: *N-Formylhydroxyaminoessigsäure, Na-Salz* (*Hadacidin-Na-Salz*), $C_3H_4 \cdot NO_4Na$, F. 205—210° (Zers.), aus 355 mg Hydroxyaminoessigsäure lösen in 5 ml Ameisensäure + 1 ml Essigsäureanhydrid, nach 15 Min. wird 10 Min. lang auf 50—55° erwärmt, dann im Vakuum getrocknet. Nach Lösen in verd. NaOH wird mit A. gefällt. 357 mg Ausbeute. O. Jansen. 4160◇

Vorläufige klinische Prüfung von Hadacidin, einer neuen tumorhemmenden Substanz. Rose Ruth Ellison. (Clin. Pharmacol. Therapeutics **4**, 326—29, 1963; New York, N.Y., Sloan Kettering Inst. for Cancer Res., Div. of Clin. Chemotherap.; Memorial Hosp., Dep. of Med.; James Ewing Hosp., Dep. of Med.; Cornell Univ. Med. Coll.; engl.) — *N-Formylhydroxyaminoessigsäure* (*Hadacidin*), die das Wachstum menschlicher Tumoren bei Hühnerembryonen u. Ratten verzögert, wurde bei 17 Patienten in der Klinik geprüft. Sie verringerte die Leukocytenzahl bei 12 Personen, die Thrombocytenzahl bei 1 u. erzeugte Nebenwrkg. im Verdauungstrakt bei 6. Ein endgültiges Urteil über den klin. Nutzen war nicht möglich. K. Zingraf. 4160◇

E$_2$. Enzymologie. Gärung

Über die Elektronenzustände der Proteine. Michèle Suard, Gaston Berthier und Bernard Pullman. (Biochim. biophysica Acta [Amsterdam] **52**, 254—65, 1961; Paris, Univ. de Paris, Inst. de Biol. Physico-Chim.; franz.) — Bei Annahme einer Elektronendelokalisierung zwischen den Peptidgruppen der Proteine (I) über die H-Bindungen führt die Theorie zur Voraussage der Existenz von 4 Energiebanden, 3 aufgefüllten u. einer leeren. Die Energiedifferenz zwischen der höchsten u. der leeren Bande entspricht einem Übergang von ca. 5 eV. Dieses Ergebnis schließt für das angenommene Modell die Möglichkeit einer Elektroneneigenleitfähigkeit aus. Während der Wert dieses Übergangs in I u. einer isolierten Peptidbindung annähernd ident. ist, sollten I jedoch eine nicht zu vernachlässigende Abnahme des Ionisationspotentials u. eine Zunahme der Elektronenaffinität gegenüber den Werten beider Größen im Monopeptid zeigen. Diese Verhältnisse sind möglicherweise für die katalyt. Eigg. der Enzym-I bedeutsam. K. Maier. 4200◇

Enzymfraktionierung durch Aussalzen. Eine theoretische Bemerkung. Malcolm Dixon und Edwin C. Webb. (Advances Protein Chem. **16**, 197—219, 1961; Cambridge, Univ., Dep. of Biochem.; engl.) — Übersicht. Theorie des Aussalzens von Proteinen; Anwendung auf die Proteinfraktionierung: Wrkg. der Protein-Konz. auf die Fraktionierung, optimale Fraktionsgrenzen, aufeinanderfolgende Fraktionierungen, Wahl des Salzes; Bemerkungen zur Enzymfraktionierung. — 16 Literaturangaben. K. Maier. 4200◇

Über eine neue Verwendungsmöglichkeit von Zentrifugen zu Analysezwecken. René Cohen. (C. R. hebd. Séances Acad. Sci. **256**, 3513—15, 1963; Gif-sur-Yvette, C.N.R.S., Labor. d'Enzymol.; franz.) — Beschreibung einer Meth. zur Best. der Sedimentations-Konst. von *Enzymen*, deren Aktivität direkt spektrophotometr. gemessen werden kann. K. Zingraf. 4200◇

Eine Untersuchung von Cytochrom h. Luisa Tosi und F. Ghiretti. (Arch. Biochem. Biophysics **93**, 399—406, 1961; Naples, Stazione Zool., Dep. of Physiol; engl.) — Vgl. C. **1962**, 7932. — Das Verdauungsorgan (Hepatopankreas) von *Aplysia depilans* u. *Cryptomphalus aspersus* enthält ein *Hämochromogen* (I), das in vieler Hinsicht *Cytochrom h* (II) aus *Helix*-Pankreas ähnelt. I wurde aus Homogenat durch Extraktion bei pH 8, $(NH_4)_2SO_4$-Fraktionierung nach Pb-Acetatfällung, Dialyse, Behandlung mit $Ca_3(PO_4)_2$-Gel u. $(NH_4)_2SO_4$-Fällung gereinigt. Mehrere Eigg. stimmen mit denen von Säuger-Cytochrom b u. c überein. Unterschiede gegenüber Cytochrom c (III) sind: keine Änderung des Absorptionsspektrums zwischen pH 1,5 u. 14, irreversible Veränderung der Eiweißkomponente bei pH 13, spontane Oxydation durch O_2, Ggw. eines Kohlenhydrats, wahrscheinlich als normaler Komponente, isoelektr. Punkt 4,3, niedriges Redoxpotential bei pH 6,5. Unterschiede zu *Helix*-II: Bldg. der Cyanid-Verb. erfordert vorherige NaOH-Behandlung; α-Bande des Pyridinohämochromogens bei 551, nicht bei 555 mμ; Abspaltung der prosthet. Gruppe erfordert saurer Hydrolyse in Ggw. von Ag-Salzen bei 70°; niedrigeres Redoxpotential bei pH 6,5; keine Veränderung der Geschw.-Konst. der spontanen Oxydation zwischen pH 3,0 u. 9,5; die enzymat. Oxydation von Cytochromoxydase erfordert kein III; Notwendigkeit von Cyanid zur Verhinderung der Rückoxydation bei Red. von I durch DPNH oder Succinat. E_0' von I, (*Cryptomphalus*) ist bei pH 6,5 + 0,126 ± 0,04 V, bei pH 4,8 + 0,138 V. K. Maier. 4210◇

Peroxydaseaktivität von Hämoproteiden. 4. Mitt. Hämatinkomplexe als Fermentmodell der Peroxydase. Miwako Tohjo, Yasuharu Nakamura, Kenzo Kurihara, Tatsuya Samejima, Yutaka Hachimori und Kazuo Shibata. (Arch. Biochem. Biophysics **99**, 222—40, 1962; Tokyo, Japan, Tokugawa Inst. for Biol. Research u. Tokyo Inst. of Technol.; engl.) — 2. vgl. C. **1962**, 18501. — Es wurde die peroxydat. Aktivität (p.A.) einfacher *Hämatin* (**I**)-Verbb. unter verschiedenen Bedingungen bestimmt, um aus den Verhältnissen von diesen Modellen Rückschlüsse auf den enzymat. Mechanismus der *Peroxydase* ziehen zu können. **I** selbst besitzt nur geringe p.A., sein pH-Optimum liegt bei 3,8. Die Geschw.-Konst. k_1 (Geschw.-Konst. für die Rk. mit H_2O_2) u. k_4 (Geschw.-Konst. für die Rk. mit dem H-Donator) betragen bei pH 4,0 $2{,}2\cdot10^{-1}$ u. $9{,}6\cdot10\ m^{-1}\cdot s^{-1}$ (im Vgl. zur Meerrettichperoxydase $9\cdot10^6$ u. ca. $2{,}5\cdot10^5\ m^{-1}\cdot s^{-1}$). Die pH-Optima der p.A. von Komplexen des **I** mit *Pyridin, Formamid, Guanidin, Acetat, Methanol, Histidin* (**II**) u. *Arginin* (**III**) liegen bei höheren pH-Werten (4,6—7,2). Die p.A. u. die spektrale Veränderung wurden bei diesen Liganden in Abhängigkeit von ihrer Konz. verfolgt. Von den Aminosäuren erwiesen sich bes. **II** u. **III** als wirksam auf die p.A. des **I**, während andere Aminosäuren unwirksam waren. So liegen k_1 bzw. k_4 für **I**–**II**-Komplexe bei $2{,}2\cdot10^2$ bzw. $7{,}7\cdot10^4$, für **I**–**III** bei $3{,}3\cdot10^2$ bzw. $2{,}6\cdot10^4\ m^{-1}\cdot s^{-1}$ (mit *Leukomalachitgrün* als H-Donator). k_4 ist abhängig von der H-Donator-Verbindung. So ergeben *Pyrogallol* u. *Guajakol* etwas niedrigere Werte für k_4 des **I**–**II**-Komplexes. Starke spektrale Änderungen ergeben Liganden, von denen **I** zwei Moll. bindet, hingegen starke p.A. wird bei solchen Liganden beobachtet, von denen sich mehr als 2 pro **I**-Mol. binden. Sie sind vermutlich außer am Fe auch am Porphyrinring selbst verankert. Die Assoziations-Konst. u. freien Energien, ΔF, der Assoziation der angeführten Liganden an **I** werden mitgeteilt u. Angaben zur Struktur der **I**-Liganden-Komplexe gemacht. Die Befunde werden im Vgl. zur Meerrettichperoxydase diskutiert.

W. Scheler. 4210◇

Spezifität der Ammoniakdehydrogenase, Hydroxylamindehydrogenase, Hyponitritdehydrogenase oder Nitritdehydrogenase und Bestimmung von Zwischenprodukten im anorganischen Stickstoffcyclus. Kazuo Yamafuji und Yutaka Osajima. (Enzymologia [Den Haag] **22**, 344—56, 1961; Fukuoka, Japan, Kyushu Univ., Agric. Chem. Inst.; engl., Auszug: dt.) — Die früher (Yamafuji, Osajima, Omura, Hatano, Enzymologia [Den Haag] **21**, [1960], 245) im enzymat. Cyclus des anorgan. N bei Geflügel (Leber), Seidenraupen bzw. Hefe in der Oxydo-Red. zwischen NH_3 u. Nitrit nachgewiesenen *Dehydrogenasen* (**I**) erwiesen sich als eigene Enzyme, die von den *Reduktasen* (**II**) getrennt werden können. Hierzu wurde Leberhomogenat bei pH 7,5 u. 35° während 30 Min. stehengelassen u. dann mit Aceton (—15°) fraktioniert. Das bei 45% Aceton erhaltene Präp. A enthält die **II**, das dann bei 55% Aceton (—10 bis —15°) ausgefällte Präp. B den größten Teil der **I**. — Nach Reinigung an Calciumphosphatgel unterscheiden sich die vier verschiedenen **I** an ihrem spezif. Verh. gegen Inhibitoren; z. B. wird *Hydroxylamindehydrogenase* (**III**) durch NaN_3 vollständig gehemmt, während *Hyponitritdehydrogenase* (**IV**) unbeeinflußt bleibt. *Ammoniakdehydrogenase* (**V**) u. **IV** werden durch 8-Hydroxychinolin vollständig gehemmt, wogegen *Nitritdehydrogenase* (**VI**) unbeeinflußt bleibt. Sämtliche **II** werden durch Äthylendiamintetraessigsäure u. Monojodessigsäure zu 100% gehemmt. **III** wird durch p-Chlormercuribenzoesäure nicht beeinflußt, wogegen **IV, V** u. **VI** vollständig gehemmt werden. — Für den enzymat. N-Cyclus wurde auf Grund der (teilweise Schwierigkeiten bietenden) quant. Best. der Zwischenprodd. ein Schema aufgestellt, in welchem auch *Transoximase-Oximase-Rk.* berücksichtigt wurde.

A. Hesse. 4210◇

Der Einfluß von Thyroxin auf die Succinoxydase und Malicodehydrase des Froschmyocards in vitro und in vivo. Peter V. Tishler. (Endocrinology **72**, 673—76, 1963; Boston, Mass., Harvard Med. Sch., Dep. Med.; engl.) — *Thyroxin* (**I**) verstärkt in vitro die *Succinatoxydation* (**II**) u. hemmt die *Malicodehydrase* (**III**) des Froschmyocards. Demgegenüber kommt es in vivo durch **I** zu keiner Verstärkung der **II** u. leichter Stimulation der **III**. Die Befunde werden im Hinblick auf die Dejodierung von **I** diskutiert.

Joachim Schmidt/Magdeburg. 4210◇

Lokalisierung von Carboxydismutase und Triosephosphatdehydrogenasen in Chloroplasten. U. Heber, N. G. Pon und M. Heber. (Plant Physiol. **38**, 355—66, 1963; Bonn, Univ., Inst. für landwirtschaftl. Bot.; Berkeley, Calif., Univ. of California, Lawrence Radiation Labor.; engl.) — Vff. untersuchen die Enzymaktivitäten an 6 Pflanzenspecies. *Carboxydismutase* u. Triphosphopyridinnucleotid-abhängige *Triosephosphatdehydrogenase* (**I**) sind nahezu völlig in den Chloroplasten lokalisiert. Die Diphosphopyridinnucleotid-abhängige **I** findet sich nur zu ca. 30% in den Chloroplasten, die größere Aktivität ist im Plasma.

W. Hiller. 4210◇

Bestimmung der α-Glycerophosphatoxydation mit Tetrazolium. George H. Fried, Nathaniel Greenberg und William Antopol. (Proc. Soc. exp. Biol. Med. **107**, 523—25, Juli 1961; New York, Beth. Isr. Hosp., Joseph and Helen Yeamans Levy Found.; engl.) — Aus in Ringer-Lsg. homogenisiertem Gewebe wird Gesamt-*α-Glycerophosphatdehydrogenase* mit 0,2 ml 0,5 m *α-Glycerophosphat*, 0,3 ml 0,4%ig. 2-p-Jodphenyl-3-p-nitrophenyl-5-phenyltetrazoliumchlorid, 0,2 ml 1%ig. Diphosphopyridinnucleotid u. 0,2 ml 0,5%ig. oder 1%ig. Homogenat (I), 0,2 ml 10^{-4} m Phenazinmethosulfat, 0,2 ml 10^{-3} m *NaCN* u. $^1/_{15}$ m Phosphatpuffer (pH 8,0) bestimmt. Das nach 15 Min. (37° Wasserbad) entstandene *Jodformazan* (II) wird mit Äthylacetat ausgeschüttelt u. der Geh. an II spektrophotometr. bei 490 mμ gemessen. Gesamt-N-Werte werden aus äquivalenten Mengen I mit der Mikro-Kjeldahl-Meth. bestimmt u. die Enzymaktivität als μg II/μg Gewebe-N angegeben. H. Aman. 4210◇

Tricarballylsäuredehydrogenase. M. R. Raghavendra Rao und W. W. Altekar. (Biochem. biophysic. Res. Commun. **7**, 62—66, 1962; Poona, Indien, Nat. Chem. Labor.; engl.) — Aus einem in *Tricarballylsäure* (I)-haltigem Nährboden kultivierten Bodenorganismus (*Pseudomonas fluorescens*) wird nach Ultraschallzerkleinerung, Zentrifugieren (10000·*g*) u. $(NH_4)_2SO_4$-Fraktionierung ein zellfreier Extrakt gewonnen, der I dehydriert. Während dieser Rk. wird kein O_2 aufgenommen, Methylenblau, Pyocyanin, Phenazinmethosulfat, 2.6-Dichlorphenolindophenol u. $Fe(CN)_3$ können als Elektronenacceptoren dienen. Die üblichen Mono- u. Dinucleotide sowie Cytochrom c werden weder red., noch beschleunigen sie die Red. der genannten Farbstoffe. Eine Decarboxylierung tritt selbst in Ggw. von Cofaktoren nicht auf, noch wird unter diesen Bedingungen Glutarsäure dehydriert. Isocitronensäure u. cis-Aconitsäure werden nur bei gleichzeitiger Ggw. von Mg^{2+} u. Nicotinamidadenindinucleotidphosphat reduziert. Aus allen diesen Substraten wird *Citronensäure* (II) gebildet. I wird zunächst entweder zu *trans-* oder *cis-Aconitsäure* red., u. unter dem Einfl. der im Enzym-Präp. enthaltenen *Aconitase*-Aktivität vollzieht sich die Umwandlung von cis-Aconitsäure zu II u. *Isocitronensäure*. Aus trans-Aconitsäure wird nur wenig II gebildet. Es ist daher unwahrscheinlich, daß dieses Substrat Primärprod. bei der enzymat. I-Dehydrierung ist. Bei Anwendung von $Fe(CN)_3$ als Elektronenacceptor wird gleichzeitig die Aconitaseaktivität wirkungsvoll unterdrückt. Die I-Dehydrogenase-Aktivität wird durch p-Chlormercuribenzoesäure vollständig unterdrückt. P. Loch. 4210◇

Substratspezifität einer gereinigten Pilzlaccase. Gösta Fåhraeus und Hans Ljunggren. (Biochim. biophysica Acta [Amsterdam] **46**, 22—32, 1961; Uppsala, Roy. Agric. Coll., Inst. of Microbiol.; engl.) — Ein aus dem Weißfäule erregenden Pilz *Polyporus* (*Coriolus*) *versicolor* gewonnenes, reines *Laccase* (I)-Präp. oxydierte eine große Anzahl von Verbb., darunter Brenzcatechin (II), Hydrochinon (IV), Guajacol u. Guajacyl-Derivv., Resorcin u. Phloroglucin. *p-Kresol* (III) wurde in einem Substrat, Puffer u. reine I enthaltenden Syst. sehr unvollständig, in Ggw. von II verhältnismäßig rasch u. mit der stöchiometr. zu erwartenden O_2-Aufnahme unter Mitoxydation von II oxydiert. Anscheinend wird III unter schneller I-Inaktivierung direkt oxydiert, wobei II eine Schutz-Wrkg. zukommt. Gelatine u. Tween 80 gaben einen stärkeren Schutzeffekt als II. Ggw. von Fe^{2+}, nicht aber von Mn^{2+} aktivierte ebenfalls die III-Oxydation. Ähnliche Ergebnisse lieferten Hydrochinonmonomethyläther u. α-Naphthol, die in kleiner Konz. I inaktivierten. Einige Guajacyl-Derivv. hemmten schwächer. II u. IV inaktivieren I nicht. Es besteht einige Ähnlichkeit zwischen Tyrosinase u. I. Vermutlich sind Monophenolase u. Polyphenolaseaktivität an verschiedenen Stellen des I-Mol. lokalisiert, wobei erstere instabiler als letztere ist. K. Maier. 4210◇

Oxydation von Kynuraminderivaten mit Monaminoxydase und enzymatische Umwandlung von Dihydronorkynuramin in Indigo. Yuichi Kanaoka, Herbert Weissbach, Thomas E. Smith und Bernhard Witkop. (J. Amer. chem. Soc. **83**, 732—36, 1961; Bethesda, Md., U. S. Dep. of Health, Education and Welfare, National Inst. of Arthritis and Metabolic Diseases, National Heart Inst., National Inst. of Health, Public Health Service; engl.) — Im Vgl. zu Kynuramin (I) werden *Norkynuramin* (II), *Dihydronorkynuramin* (III) u. *Dihydrokynuramin* durch *Monaminoxydase* nur zu 20—40% oxydiert. Nur aus III entsteht dabei *Indigo*. Damit wird ein einfacher qual. Nachw. des Enzyms möglich. — UV-Maxima (in A.) für **IIa**, **IIb**, **IIIa** u. *Dihydrokynuramin* sind angegeben.

Versuche: *ω-Brom-o-acetamidoacetophenon*, F. 124—125,5°, aus o-Acetamidoacetophenon in Eisessig durch Zutropfen von Br_2 in Eisessig bei 70°, nach 2std. UV-Bestrahlung bei 65 ± 5° Eindampfen im Vakuum; bräunliche Nadeln aus Bzl./Hexan; 74% (Ausbeute). — *ω-Phthalimido-o-acetamidoacetophenon* (**IV**), $C_{18}H_{14}N_2O_4$, F. 222 bis 224°, aus vorst. Verb. u. K-Phthalimid in Dimethylformamid durch ½std. Erwärmen auf 70°, nach Abkühlen Zufügen von Chlf., Waschen mit verd. NaOH u. W., Trocknen

u. Eindampfen im Vakuum; Prismen aus Essigester (EE); 43%. — *ω-Dibenzylamino-o-acetamidoacetophenon*, $C_{24}H_{24}N_2O_2$, F. 90—92°, aus 1,4 g vorvorst. Verb. u. 2,7 g Dibenzylamin durch 13std. Kochen in Bzl., Abfiltrieren von *Dibenzylaminhydrobromid* u. Eindampfen im Vakuum; gelbliche Nadeln aus Hexan; 0,8 g. — *Norkynuramin* (**II**), *Dihydrobromid* (**IIa**), $C_8H_{10}N_2O \cdot 2\,HBr$, Zers. bei 250°, Sintern oberhalb 220°, a) aus 35 g **IV** durch 2std. Kochen mit 20 ml 48% HBr (Bad: 135—140°), Abfiltrieren von *Phthalsäure*, Eindampfen im Vakuum bei 40—50°, Trocknen über NaOH, Lösen in CH_3OH u. Zufügen von HBr in Eisessig; Nadeln aus A./EE; 86%; b) aus **IIb** mit HBr u. Eisessig. — **II**-*Monohydrobromid* (**IIb**), $C_8H_{10}N_2O \cdot HBr$, F. 229—231°, aus 10 g **IV** u. HBr wie vorst. Vers.; gelblichbraune Nadeln aus A.; 80%. — *Norkynuramin* (**II**), F. 124—128° (Zers., Sintern bei ca. 110°), aus **IIb** u. 2 n Ammoniak; rötliche Kristalle. *Monopikrat*, $C_8H_{10}N_2O \cdot C_6H_3N_3O_7$, F. 154—155,5°, aus **IIa** oder **IIb**; lange gelbe Nadeln aus wss. Methanol. — *N.N'-Dicarbobenzoxynorkynuramin* (**V**), $C_{24}H_{22}N_2O_5$, F. 108 bis 110°, Sintern bei 104°, aus 0,94 g **IIa** in W. durch Zufügen zu 1,9 g K_2CO_3 in W./Ae. bei 0°, Zufügen von 1,35 g Carbobenzyloxychlorid in Ae., mehrstd. Rühren bei —5° u. Eindampfen im Vakuum; Stäbchen aus Bzl./Hexan; 0,85 g. — *Oktahydronorkynuramin, Dihydrobromid*, $C_8H_{18}N_2O \cdot 2\,HBr$, F. 212—215° (Zers., Sintern bei 175°), a) aus **IIa** in W./Essigsäure durch Hydrieren an PtO_2 bei 760 Torr u. Raum-Temp.; Prismen aus A./Ae.; keine UV-Absorption; b) aus **I**-Dihydrobromid nach a). — *Dihydronorkynuramin, Diperchlorat* (**IIIa**), $C_8H_{12}N_2O \cdot 2\,HClO_4$, F. 207—208° (Zers.), aus 0,25 g **IIa** durch ½std. Rk. mit 0,3 g $NaHB_4$ in Methanol bei —10°, 1 Std. bei Raum-Temp., Eindampfen im Vakuum, Zufügen von 1 n NaOH, Sättigen mit K_2CO_3, Extrahieren mit EE, Eindampfen im Vakuum, Aufnehmen des Sirups in 40% $HClO_4$ u. Einengen im Vakuum; feine Nadeln aus A./Ae.; 73 mg. — *N.N'-Dicarbobenzyloxyhydronorkynuramin*, $C_{24}H_{24}N_2O_5$, aus dem aus 0,32 mMol **IIa** wie vorst. erhaltenen sirupösen **III** analog **V**; Nadeln aus Bzl./Hexan; 58 mg. — *ω-N-Carbobenzyloxydihydronorkynuramin*, $C_{16}H_{18} \cdot N_2O_3$, F. 157°, wie vorst. Vers. mit 1 Äquivalent Carbobenzyloxychlorid. — *Dihydrokynuramin*, aus 0,17 g **I**-Dihydrobromid analog **IIIa**; 65 mg (Sirup). — *o-Nitrobenzyliden-erythro-β-o-nitro-DL-phenylserinäthylester*, $C_{18}H_{17}N_3O_7$, F. 126—127°, aus Glycinäthylester durch 1std. Rk. mit Na-Äthylat, Zufügen von o-Nitrobenzaldehyd u. wenig Triäthylamin u. mehrstd. Stehen in der Kälte; Nadeln aus Bzl./Hexan; 34%. — *erythro-β-o-Nitro-DL-phenylserin*, $C_9H_{10}N_2O_5$, F. 185—186,5° (Zers.), aus vorst. Verb. durch 20 Min. langes Kochen mit alkohol. HCl in abs. A., Einengen im Vakuum, mehrstd. Stehen in der Kälte, über das *Hydrochlorid* (Sintern bei 140°, trübe Schmelze bei 155 bis 160°; feine Stäbchen aus A./EE/Ae.; 56%), 3std. Rühren (0,3 g) mit 1 n NaOH in A. bei Raum-Temp. u. Einstellen auf pH 6—7 mit 1 n HCl; Nadeln aus W.; 0,19 g. — *erythro-o-Amino-DL-phenylserin, Mono-* bis *Hemihydrat*, $C_9H_{12}N_2O_3 \cdot 1—½\,H_2O$, F. 255 bis 260° (Zers.), durch 3std. Hydrieren von 0,157 g vorst. Verb. in abs. A. in Ggw. von HCl an PtO_2 bei 1 atm u. Raum-Temp., Eindampfen, Aufnehmen in W., Einstellen auf pH 7 mit 5%ig. NH_4OH u. Einengen über NaOH im Vakuum; feine Stäbchen aus W./A.; 91 mg (Rohprod.). — *Indigo*, aus **IIIa** in wss. Lsg. mit Monaminoxydase unter Zusatz von Phosphatpuffer (pH 8) bei Raum-Temp. u. Photometrieren.

B.-G. Brodda. 4210◇

Das Molekulargewicht und der Flavinadeningehalt von Dihydroliposäuredehydrogenase aus Escherichia coli. Masahiko Koike, Lester J. Reed und William R. Carroll. (Biochem. biophysic. Res. Commun. **7**, 16—17, 1962; Austin, Tex., Univ. of Texas, Clayton Found. Biochem. Inst. and Dep. of Chem.; Bethesda, Md., Nat. Inst. of Health, Nat. Inst. of Arthr. and Metabol. Diseases, Labor. of Physical Biol.; engl.) — Hochgereinigte *Dihydroliposäuredehydrogenase* (**I**) wird dem Abbau durch Harnstoff unterworfen u. die beim Ultrazentrifugieren entstehenden Diffusionsbänder werden untersucht. Hieraus berechnet sich der Diffusions-Koeff. zu $5{,}01 \cdot 10^{-7}\,cm^2\,s^{-1}$. Das Sedimentations-Verh. ($S_{20,w} = 6{,}24$ S) spricht für eine einheitliche Komponente. Aus diesen Werten u. dem spezif. Vol. (0,73) errechnet sich das Molgew. zu 112000. Daraus ergibt sich ein Flavinadenindinucleotid-Geh. von 2 Moll. pro Molekül.

P. Loch. 4210◇

Reinigung der Adenosindesaminase des Marks der Epiphyse des Kalbes. P. L. Ipata und C. A. Rossi. (Boll. Soc. ital. Biol. sperim. **38**, 1117—20, 1962; Pisa, Univ., Ist die Chim. Biol.; ital.) — Es wird die Reinigung der *Adenosindesaminase* (**I**) aus dem Mark der Epiphyse des Kalbes beschrieben. Das extrahierte Mark wird mit $(NH_4)_2SO_4$ fraktioniert; es folgt eine therm. Behandlung in Ggw. von KCl u. schließlich eine Trennung des konz. Extraktes auf DEAE-Sephadex. Adenosin oder Desoxyadenosin werden mit gleicher Geschw. desaminiert, während Adenosinmono-, -di- oder -triphosphat, Adenin, Guanosin sowie Nicotinamidadenindinucleotid u. dessen Phosphat unverändert bleiben.

F. Kren. 4210◇

Einige Charakteristika der gereinigten Adenosindesaminase aus dem Mark der Epiphyse des Kalbes. I. Cozzani, P. L. Ipata und C. A. Rossi. (Boll. Soc. ital. Biol. sperim. **38**, 1120—23, 1962; Pisa, Univ., Ist. di Chim. Biol.; ital.) — Vgl. vorst. Referat. — Es werden einige Eigg. u. das kinet. Verh. einer spezif. aus dem Mark der Epiphyse des Kalbes extrahierten *Adenosindesaminase* (I) geprüft. I ist in Phosphatpuffer von pH 7,5 sehr stabil (nach 5 Tagen bei 3° 89% Restaktivität); in Carbonatpuffer von pH 9,65 sind es 67%. I verliert bei 55° nur 18% seiner Aktivität u. wird erst bei 84° inaktiviert. Ein Zusatz von $1 \cdot 10^{-2}$ m NaF zum I-Präp. inhibiert I teilweise u. verschiebt den optimalen pH (in Phosphatpuffer 6,73) nach dem alkal. Bereich. F. Kren. 4210◇

Über die Aktivität intracellulärer Desoxyribonuclease von Escherichia coli B nach Röntgenbestrahlung. E. Kos und M. Drakulić. (Biochem. biophysic. Res. Commun. **5**, 152—55, 1961; Zagreb, Inst. „Rudjer Bošković", Dep. of Radiobiol.; engl.) — Suspensionen aus *E. coli* B-Zellen (logarithm. Phase) erhaltener Sphäroblasten wurden mit Röntgenstrahlen (16000 r) behandelt u. in den Lysaten die alkal. *Desoxyribonuclease* (I)-Aktivität bestimmt, wobei zwischen bestrahlten u. unbestrahlten Proben keine signifikanten Unterschiede bestanden. In Lysaten bestrahlter Zellen, die 15—40 Min. nach der Bestrahlung mit oder ohne Chloramphenicol inkubiert worden waren, erfolgte keine I-Aktivierung. Der von Stuy beobachtete Abbau von Desoxyribonucleinsäuren (DNS) in Mikroorganismen nach Röntgenbestrahlung ist offensichtlich nicht auf eine I-Aktivierung, sondern vielleicht auf eine Schädigung des DNS-Vermehrungsmechanismus zurückzuführen. K. Maier. 4210◇

Die enzymatische Synthese von Cytidin-5'-diphosphat-D-glucose. Victor Ginsburg, Paul J. O'Brien und Clara W. Hall. (Biochem. biophys. Res. Commun. **7**, 1—4, 1962; Bethesda, Md., Nat. Inst. of Health, Nat. Inst. of Arthrit. and Metabol. Diseases, Labor. of Biochem. and Metabolism.; engl.) — Scharf ultrazentrifugal gewonnene Extrakte von *Salmonella-paratyphi-A*-Zellen, die mittels Ultraschall zerkleinert worden sind, werden mit $(NH_4)_2SO_2$ fraktioniert gefällt. Die zwischen 50 u. 70%ig. Sättigung liegende Fraktion wird als Enzym-Präp. verwendet. Dieses wird mit Cytidintriphosphat, Glucose-1-phosphat u. $MgCl_2$ in Trispuffer bebrütet. Nach Deproteinisierung werden die Nucleotide nacheinander an Kohle u. Papier chromatographiert u. die R_F-Werte für die isolierte *Cytidin-5'-diphosphat-D-glucose* (I) angegeben. — Wird an Stelle dieses Enzym-Präp. der Protaminsulfatüberstand zerkleinerter Salmonella-paratyphi-A-Zellen verwendet, so wird eine I-ähnliche Verb. gebildet, die sehr labil ist u. wahrscheinlich eine Vorstufe von *Cytidindiphosphatparatose* ist (Paratose = 3.6-Didesoxy-D-glucose). P. Loch. 4210◇

Bewegung und Nucleosidpolyphosphataseaktivität isolierter Geißeln aus Polytoma uvella. C. J. Brokaw. (Exp. Cell Res. **22**, 151—61, 1961; Oak Ridge, Tenn., Oak Ridge Nat. Labor., Biol. Div.; engl.) — Die Geißeln der Alge *P. uvella* sind durch Suspendierung in 50—60%ig. Glycerin bei Temp. um —20° quant. abtrennbar. In Adenosintriphosphat (ATP)-haltigen Lsgg. suspendierte Geißeln schlagen kräftig u. schwimmen vorwärts mit einer Geschw. bis zu 1/6 der normalen. Die Geißeln entphosphorylieren ATP mit einer für normale Bewegung erforderlichen Geschw., obgleich < 5% zur Bewegung dienen. Bei $> 2 \cdot 10^{-5}$ m ATP ist die Entphosphorylierungs-Geschw. fast konstant. Andere Nucleosidphosphate werden mit ca. 1/4 der bei ATP beobachteten Geschw. gespalten, lösen aber keine Bewegung aus. Adenosindiphosphat-induzierte Bewegung wird infolge Ggw. einer Adenylatkinase (I) wie ATP entphosphoryliert. Die große Spezifität von I spricht für eine mögliche Rolle bei der Relaxation des Geißelkontraktionscyclus. K. Maier. 4210◇

Hemmung der dinitrophenolempfindlichen Austauschreaktion zwischen Adenosintriphosphat und Adenosindiphosphat durch Oligomycin. C. L. Wadkins. (Biochem. biophys. Res. Commun. **7**, 70—75, 1962; Baltimore, Md., Johns Hopkins School of Med., Dep. of Physiol. Chem.; engl.) — Die durch frisch hergestellte Mitochondrien (Rattenleber, -hirn, -niere, -herz) katalysierte Austausch-Rk.: ATP–ADP wird durch 10^{-4} m Dinitrophenol (DNP), oder 10^{-3} m Arsenat ebenso stark gehemmt wie durch 0,5—0,1 µg *Oligomycin* (I)/cm³ (verwendete Abkürzungen: AMP, bzw. ADP bzw. ATP = Adenosinmono-, bzw. -di- bzw. -triphosphat). Obwohl die prozentuale Hemmung in Abwesenheit von Mg^{2+} wesentlich höher ist als in Ggw. von Mg^{2+}, ist sie unter beiden Bedingungen auf die abs. Menge bezogen etwa gleich hoch. — In analogen Verss. wird gezeigt, daß *Adenylatkinase* (ATP + AMP → 2 ADP) auch nicht in Abwesenheit von Mg^{2+} durch einen der 3 genannten Zusätze gehemmt wird. — Werden Arsenat u. I zusammen zugesetzt, so wird eine wesentlich geringere Hemmung beobachtet als durch jedes dieser Reagentien allein. Bei der Kombination DNP + I tritt dieser die hemmende Wrkg. abschwächende Effekt nicht ein. Daraus geht hervor, daß Arsenat u. DNP an

verschiedenen Stellen in die Austausch-Rk. eingreifen. — Submitochondriale Partikel verhalten sich insofern anders als Mitochondrien, als hier die Austausch-Rk. sowohl durch Arsenat u. DNP, nicht jedoch durch **I** gehemmt wird, u. **I** diese Partikel gegen die hemmende Wrkg. durch Arsenat u. DNP empfindlich macht. — Aus diesem komplexen Verh. des den ATP–ADP-Austausch katalysierenden Enzyms schließt Vf., daß es nicht nur in der Endstufe der oxydativen Phosphorylierung beteiligt ist, sondern schon in einer früheren Phase der koppelnden Folge, wo es in seiner vollen Wirksamkeit durch bestimmte Inhibitoren der oxydativen Phosphorylierung behindert wird.
P. Loch. 4210◇

Vitamin K und andere Chinone als Coenzyme der oxydativen Phosphorylierung in bakteriellen Systemen. Arnold F. Brodie. (Federat. Proc. **20,** 995—1004, 1961; Boston, Mass., Harvard Med. School, Dep. of Bakteriol. and Immunol.; engl.) — Übersicht. Subcelluläre Verteilung von *Chinonen* (**I**) bei Bakterien, **I**-Funktion bei der Atmungskettenphosphorylierung, Spezifität der Reaktivierung der gekoppelten Oxydation u. Phosphorylierung, Beziehung von Naphthochinon zur Phosphorylierung, während der enzymat. Vitamin K_1-Red. gebildete Zwischenstufen, enzymat. Oxydation von Naphthochroman. — 66 Literaturangaben. K. Maier. 4210◇

Kopplung der Phosphorylierung mit dem glykolytischen und oxydativen Stoffwechsel in Hirnmitochondriensystemen. Harold P. Cohen. (Arch. Biochem. Biophysics **92,** 449—61, 1961; Minneapolis, Minn., Univ. of Minnesota, Med. School, Div. of Neurol.; engl.) — Es werden 2 Präpp. von Hirnmitochondrien (Kaninchen, Meerschweinchen) beschrieben, die den Glucose (oder Fructose)-Stoffwechsel mit Nettophosphorylierungsprozessen koppeln können. Eines (P-1) benötigt hierzu rohe Hefekinase, während das andere (P-2) akt. aerobe Glykolyse ohne diese durchführt. Deren Ggw. hemmt die aerobe Glykolyse u. steigert die Phosphorylierungswirkung (Übergang zu einem wirksamen, oxydativ gekoppelten Phosphattransfersyst.). Ein Großteil der Phosphorylierungskapazität dieser Syst. ist mit dem oxydativen Stoffwechsel gekoppelt, wie die Hemmwrkg. von Cyanid, Luminal, Dinitrophenol u. Anaerobiose u. die Fähigkeit des P-2-Syst., ständig P/O-Werte > 1 zu geben, zeigen. In letzterem ist der O_2-Verbrauch in Ggw. von DPNH u. Fluorid der zugesetzten DPNH-Menge äquivalent, u. es findet eine gewisse Nettophosphorylierung statt. Hierin äußert sich die Fähigkeit von Hirn- wie Lebermitochondrien zur Kopplung der DPNH-Oxydation mit Phosphorylierungsvorgängen. K. Maier. 4210◇

Enzymatische Bildung des Pyrophosphats in der Hefe durch Phosphorolyse der anorganischen Polyphosphate. P. L. Ipata und R. A. Felicioli. (Boll. Soc. ital. Biol. sperim. **39,** 85—88, 1963; Pisa, Univ., Ist. di Chim. Biol.; ital.) — Es wird gezeigt, daß in der Hefe sich das *Pyrophosphat* über eine Phosphorolyse-Rk. hochpolymerer Polyphosphate als Substrat bildet. Die enzymat. Aktivität wird durch Mg^{2+} aktiviert u. durch NaF inhibiert. F. Kren. 4210◇

Partielle Reinigung eines an subcelluläre Teilchen angelagerten Gehirnphosphoproteins. P. J. Heald. (Biochem. J. **76,** 56P, 1960; London, England, Inst. of Psych., Dep. of Biochem.; engl.) — Vgl. auch C. **1960,** 14768. — Im Gehirn wurden 2 Gruppen von *Phosphoproteinen* gefunden. Das eine ist lösl. in wss. Saccharose-Lsg., das andere ist an Zellpartikel angelagert, ist aber nicht in den Mitochondrien enthalten u. ist befähigt, radioakt. *P* einzubauen. Die Fähigkeit der P-Aufnahme wird an Schnitten von Gehirnrinde während des Glucosestoffwechsels durch elektr. Impulse kurzfristig deutlich stimuliert. Aus Ochsengehirn wurde die Phosphoproteinfraktion rein dargestellt. Das Phosphoprotein wurde mit sek. Alkylsulfat herausgelöst u. anschließend mit Aceton u. NaCl ausgefällt. Nach 15maliger Reinigung ergab die Substanz folgende Zus.: wenig Nucleinsäure, 8—8,6% N, 0,3—0,6% P, 40% Lipide (25% Ausbeute). Die Lipide wurden extrahiert mit A.-Ae. (3 : 1 v/v) oder $CHCl_3$–CH_3OH (2 : 1 v/v) u. enthielten 0,9—1,2% P, 1—2% N u. 1,5—2,6% Kohlenhydrate (als Galaktose). Cholesterin konnte nicht nachgewiesen werden. Der lipidfreie Rückstand enthielt 11,2—11,6% N u. 0,1 bis 0,24% P, davon 50—75% durch Alkalien angreifbar. Das Säurehydrolysat zeigte papierchromatograph. eine Aminosäuren-Zus., die einem sauren Protein entsprach. Durch Bebrütung mit verstärkter Gehirndispersion oder Rattenlebermitochondrien in Ggw. von radioakt. P wurde die Substanz phosphoryliert, wobei *Phosphorylserin* nachgewiesen werden konnte. S. Hothorn. 4210◇

Ein natürlich auftretender Cofaktor für die photosynthetische Phosphorylierung. D. W. Krogmann und M. L. Stiller. (Biochem. biophysic. Res. Commun. **7,** 46—49, 1962; Detroit, Mich., Wayne State Univ., Dep. of Chem.; Chicago, Ill., Univ. of Chicago, Dep. of Biochem.; engl.) — In üblicher Weise gewonnene u. mit isoton. Saccharose-Lsg. gewaschene *Chloroplasten* sind zur Ausführung der Photophosphorylation unfähig. Diese Fähigkeit wird erst erlangt, wenn ein im Extrakt von Chloroplasten, die unter Verw.

nicht-wss. Medien isoliert worden sind, enthaltener, *hitzestabiler Cofaktor* zugesetzt wird. Dieser erweist sich nach chromatograph. Reinigung spektralanalyt. als zum Typ der Flavone gehörig. Folgende flavonähnliche Verbb. üben Cofaktorfunktion aus: *Quercitrin* $2{,}7 \cdot 10^{-5}$ m (optimale Konz.), 26 (μMol aufgenommenes anorgan. Phosphat je mg Chlorophyll je Std.) — *Kaffeesäure* $4 \cdot 10^{-5}$ m, 52 — *Catechin* $4 \cdot 10^{-5}$ m, 70 — *Quercetin* $5{,}2 \cdot 10^{-5}$ m, 50 — *Chlorogensäure* $6{,}7 \cdot 10^{-4}$ m, 93. In jedem Falle wird die Photophosphorylierung in N_2-Atmosphäre völlig unterdrückt. P. Loch. 4210◇

Zunahme der Glucose-6-phosphatase der Leber der wiederholt mit Trijodtyronin behandelten Ratte. V. Martini, M. Orunesu und E. Fugassa. (Boll. Soc. ital. Biol. sperim. **38,** 1134—37, 1962; Genova, Ist. di Fisiol. Gener.; ital.) — Die Unterss. werden an Ratten durchgeführt, die 5 Tage lang täglich intraperitoneal 10 mg/kg *Trijodtyronin* erhalten. Die Aktivität der *Glucose-6-phosphatase* der Leber dieser Tiere zeigt eine Zunahme von 60—65% mit Glucose-6-phosphat u. 40% mit Ribose-5-phosphat als Substrat. F. Kren. 4210◇

Phosphofructokinase und der Pasteur-Effekt. Janet V. Passonneau und Oliver H. Lowry. (Biochem. biophysic. Res. Commun. **7,** 10—15, 1962; St. Louis, Mo., Washington Univ., School of Med., Dep. of Pharmacol.; Beaumont-May Inst. of Neurol.; engl.) — *Muskelphosphofructokinase* (I) wird in Imidazolpuffer mit Plasmaalbumin, K-Acetat, $MgCl_2$, Adenosintriphosphat u. Fructose-6-phosphat bebrütet. Zur Messung der I-Aktivität wird das gebildete Fructose-1.6-diphosphat weiter zu Phospho-C_3-Verbb. umgewandelt, wobei es zu meßbaren Nicotinamidadenindinucleotidänderungen kommt. — Die Rk. wird durch Zusatz von cycl. Adenosin-3'.5'-monophosphat, Adenosinmonophosphat oder anorgan. Phosphat auf das 10fache gesteigert. Kombinationen dieser Aktivatoren sind noch wirksamer. — Der wirksamste Stimulator ist Fructosediphosphat. 10^{-3}mm verdreifachen in Ggw. von 1 mm Adenosintriphosphat die Rk.-Geschwindigkeit. — Aus den Ergebnissen wird hypothet. gefolgert, daß in **I** 2 Orte sind, an die sich Adenosintriphosphat binden kann, einer, der aktivierend, u. ein zweiter, der inhibierend wirkt. P. Loch. 4210◇

Zuckerakkumulationscyclus in Zuckerrohr. 1. Mitt. **Untersuchungen über die Enzyme des Cyclus.** M. D. Hatch, J. A. Sacher und K. T. Glasziou. (Plant Physiol. **38,** 338—43, 1963; Indooroopilly, Queensland (Australien), Colonial Sugar Refining Co. Ltd., David North Plant Res. Centre; engl.) — Vff. identifizieren Enzyme in Präpp. des Speichergewebes von Zuckerrohr. Sie finden *Uridindiphosphoglucosefructose-trans-glucosylase, Uridindiphosphoglucosephosphorylase* im reifen u. unreifen Gewebe. Einige Präpp. zeigten auch Aktivität von *Uridindiphosphoglucosefructose-6-phosphat-trans-glucosylase. Saccharosephosphorylase* wurde nicht gefunden. In unreifen Speichergeweben findet sich eine *Invertase* mit einem pH-Optimum zwischen 5,0 u. 5,5 u. in reifen Geweben eine mit einem pH-Optimum von 7,0. Beide Invertasen bilden *1-Ketose* aus Saccharose u. hydrolysieren auch zugegebene 1-Ketose. Die Inversion wird durch zugegebene 1-Ketose gehemmt. W. Hiller. 4210◇

Zuckerakkumulationscyclus in Zuckerrohr. 2. Mitt. **Beziehung zwischen Invertaseaktivität, Zuckergehalt und Wachstumsgeschwindigkeit im Speichergewebe von unter regulierten Umweltbedingungen gewachsenen Pflanzen.** M. D. Hatch und K. T. Glasziou. (Plant Physiol. **38,** 344—48, 1963; engl.) — 1. vgl. vorst. Referat. — Vff. halten 15 Wochen alte Pflanzen bei Temp. von 34, 30, 26, 22 u. 18° u. bei verschiedenem Wassergehalt. Die unreifen Speichergewebe enthalten eine *saure Invertase* (I), die mit dem Reifen des Gewebes verschwindet. Reifes Gewebe besitzt eine *neutrale Invertase,* die im sauren Gewebe fehlt. I steigt mit der Umwelt-Temp. an bei hohem Wasser-Geh., bleibt jedoch bei niedrigem Wasser-Geh. unbeeinflußt. Die I-Aktivität steigt fast geradlinig mit der Wachstums-Geschw. an, desgleichen auch mit dem Zucker-Geh. bei hohen Wassergaben, nicht aber bei niedrigen Wassergaben. Die Aktivität der neutralen Invertase in reifem Speichergewebe sinkt sehr stark mit fallender Temp. unabhängig von der Wasserversorgung. Bei Temp. über 26° ist kaum noch Aktivität nachzuweisen. W. Hiller. 4210◇

Zuckerakkumulationscyclus in Zuckerrohr. 3. Mitt. **Physikalische und metabolische Aspekte des Cyclus in unreifen Speichergeweben.** J. A. Sacher, M. D. Hatch und K. T. Glasziou. (Plant Physiol. **38,** 348—54, 1963; engl.) — 2. vgl. vorst. Referat. — *Saccharose* wird beim Transport vom Inkubationsmedium in das Speichergewebe invertiert, danach erscheint sie wieder als Saccharose. Die Inversion erfolgt durch eine *saure Invertase.* Vff. geben ein Schema für die Vorgänge bei der Zuckerakkumulation. W. Hiller. 4210◇

Bestimmungsmethode der Amylaseaktivität des Speichels. José Nicolau. (An. Fac. Farmác. Odontol. Univ. São Paulo **18,** 43—48, 1961; São Paulo, Univ., Fac. Farm. Ondont., Cad. de Quím. Biol.; port.) — Beschreibung einer spektrophotometr.

Meth. unter Verw. eines $CuSO_4$-Reagens zur Best. der *Amylase*-Aktivität im Speichel, die unter möglichst physiolog. Bedingungen arbeitet. K. Zingraf. 4210◇

Bestimmung der Wirksamkeit pektolytischer Enzyme mit einem synthetischen Substrat. Ladislav Šorman. (Chem. Zvesti **15,** 370—76, 1961; Bratislava, Slov. škola techn., Kat. chem. technol. uh'lohydrátov; slowak.) — Die Best. der pektolyt. Aktivität auf verd. Apfelsaft als natürlichem Subtrat hat zu schwankenden Werten geführt. Vergleichbare Werte ohne Schwankungen werden mit einem synthet. Substrat vom pH 3,8 erhalten, bei dem 0,3 (%) Weinsäure, 0,4 $NaNO_3$, 0,05 Catechin, 0,2 Na-Benzoat, 0,2 Pektin in W. zu 100% gelöst sind (pH-Einstellung mit NaOH). R. K. Müller. 4210◇

Die Biosynthese von Chondroitinsulfaten. Der Einfluß von Nucleotiden und Hexosaminen auf den Sulfateinbau. J. B. Adams und K. G. Rienits. (Biochim. biophysica Acta [Amsterdam] **51,** 567, 1961; Randwick, N.S.W. (Australia), Prince of Wales Hosp., N.S.W. State Cancer Council; engl.) — Eine Anzahl von Uridindiphosphozuckern hemmt in einem aus embryonalen Kükenknorpel erhaltenen zellfreien Syst. den ^{35}S-Sulfat (**I**)-Einbau in *Chondroitinsulfat* (**II**), *^{35}S-3'-Phosphoadenosin-5'-phosphosulfat* (**III**) dagegen nicht. *Galaktosamin* (**IV**) blockiert die **III**-Bldg. fast vollständig. *Glucosamin* (**V**), die N-Acetyl-Derivv. der Aminozucker u. Chondrosin sind unwirksam. Der Rk.-Mechanismus besteht in einer Hemmung der *Adenosin-5'-phosphosulfatkinase*-katalysierten Überführung von *Adenosin-5'-phosphosulfat* in **III. IV** u. **V**, nicht aber die N-Acetyl-Derivv., bilden im anfänglichen Inkubationsstadium ein intermediäres Sulfat. Es konnte eine gewisse Aktivierung des **I**-Einbaues in **II** durch **IV** u. **V** sowie Acetataktivierung durch Acetyl-CoA-Kinase nachgewiesen u. die Bldg. kurzkettiger sulfatierter Polysaccharide wahrscheinlich gemacht werden. Ein enzymat. Austausch der Sulfatgruppe von **II** mit SO_4^{2-}-Ion findet nicht statt. K. Maier. 4210◇

Einige Aspekte der biologischen Sulfatierung. H. Boström. (Farmaco [Pavia], Ediz. sci. **16,** 356—71, 1961; Stockholm, Univ., Wenner-Gren Inst., Dep. of Metab. Res.; ital.) — Übersicht. — 71 Literaturangaben. K. Zingraf. 4210◇

Die Rolle der Rhodanase bei der Bildung von Thiosulfat im Stoffwechsel. T. W. Szczepkowski. (Acta biochim. polon. **8,** 251—63, 1961; Kraków, Akad. Med., Zakł. Chem. fizjol.; pol.) — $[S_2O_3]^{2-}$ ist ein wichtiges Stoffwechsel-Prod. bei biochem. Umwandlungen von S-Verbindungen. Es wird, wie Verss. des Vf. zeigen, nicht nur durch Rk. von Mercaptobrenztraubensäure mit $[SO_3]^{2-}$, sondern auch durch Umsetzung von $[HSO_3]^{-3}$ u. $[HS]^-$ mit organ. Disulfiden (Cystin, oxydiertes Glutathion) RSSR nach der Gleichung $[SH]^- + [HSO_3]^- + RSSR \rightarrow 2\,RSH + [S_2O_3]^{2-}$ gebildet. Außerdem entsteht es aus anorgan. Disulfiden nach $[S_2]^{2-} + [SO_3]^{2-} \rightarrow [S]^{2-} + [S_2O_3]^{2-}$. Beide Rkk. werden durch *Rhodanase* katalysiert. Rhodanase katalysiert auch die Bldg. von $[SCN]^-$ im Syst. $[S]^{2-} + [CN]^- +$ Cystein. F. Urban. 4210◇

Polarographische Untersuchung der Entsulfinierung der Cysteinsulfinsäure durch Haferblattextrakte. P. Fromageot und U. Patino-Bun. (Biochem. biophysica Acta [Amsterdam] **46,** 533—44, 1961; Saclay, Gif-sur-Yvette, Commissariat à l'Énergie Atomique, Centre d'Études Nucléaires, Serv. de Biol.; franz.) — Da die *Sulfit* (**I**)-Konz. in Ggw. von *Cysteinsulfinsäure* (**II**), einer α-Keto-Verb. u. eines Proteinextrakts aus Haferblättern polarograph. bestimmbar ist, konnte die Geschw. der **I**-Bldg., die die Geschw. der **II**-Transaminierung wiedergibt, in Ggw. von **II**, einer α-Keto-Verb. u. eines Extrakts auf diese Weise verfolgt werden. Die mit α-Ketoglutarsäure oder Oxalessigsäure erfolgende Transaminierung hat in Phosphatpuffer pH ca. 8. Pyridoxalphosphat aktiviert das katalysierende Enzym. Maleinsäure wirkt als kompetitiver Inhibitor von **II**. K. Maier. 4210◇

Ein weiteres Zwischenprodukt bei der Biosynthese von Leucin. S. R. Gross, Christoph Jungwirth und Edwin Umbarger. (Biochem. biophysic. Res. Commun. **7,** 5—9, 1962; Durham, N.C., Duke Univ., Dep. of Microbiol.; Cold Spring Harbor, N.Y., Long Island Biol., Assoc.; engl.) — In Nährboden mit eingeschränktem Geh. an Leucin gewachsene Mutanten von *Salmonella* bzw. *Neurospora* werden nach Ultraschalldesintegration mit Essigester extrahiert u. chromatographiert. Außer *β-Carboxy-β-hydroxyisocapronsäure* wird eine Verb. $C_7H_{12}O_5$, F. 146—147°, $[\alpha]_D^{24}$ —5,2 (1,5% in W.), mutmaßlich *α-Hydroxy-β-carboxyisocapronsäure*, mit einem für zweibas. Säuren charakterist. Neutralisationsäquivalent isoliert, die bei den Salmonellamutanten *Leucin* ersetzen kann, was für die Neurosporamutanten nicht zutrifft. Einige Mutanten der beiden Arten enthalten ein Enzym, das die genannte Verb. in *α-Ketoisocapronsäure* überführt. Das Enzym benötigt Nicotinamidadenindinucleotid als Elektronenacceptor sowie Mg^{2+} oder Mn^{2+} u. $H_2PO_4^-$. — Die Unterss. stützen die Anschauung von Straßman u. Mitarbeiter

(C. **1956,** 12306) über die *Leucin*-Synth., über *β*-Carboxy-*β*-hydroxyisocapronsäure, ähnlich, wie Citronensäure in *α*-Ketoglutarsäure u. Glutaminsäure umgewandelt wird.

P. Loch. 4210◇

Reinigung und Substratspezifität eines Phenylalanin-aktivierenden Enzyms aus Escherichia coli 9723. Thomas W. Conway, Edwin M. Lansford jun. und William Shive. (J. biol. Chemistry **237,** 2850—54, Sept. 1962; Austin, Tex., Clayton Foundat. Biochem. Inst.; Univ. of Texas, Dep. of Chem.; engl.) — Aus *Escherichia coli Stamm ATCC 9723* konnte ein *Phenylalanin* (I)-aktivierendes Enzym 20fach gereinigt werden, welches für die Bldg. der I-Hydroxamsäure spezif. ist. Das Enzym katalysiert die Austausch-Rk. zwischen *Pyrophosphat* u. *Adenosintriphosphat* sowie die Übertragung der I-Gruppe auf lösl. *Ribonucleinsäure.* L-I konnte in der enzymat. Rk. durch folgende Analoge ersetzt werden: *p-Fluorphenylalanin, β-Thienyl-(2)-L-alanin, Cyclohexenyl-(1)-alanin, Pyridyl-(2)-alanin, Thiazolyl-(4)-alanin, Cyclopentenyl-(1)-alanin, β-Phenylserin, trans-Crotylglycin, trans-2-Amino-4-heptensäure.* Folgende Verbb. waren hierzu nicht fähig: *Tyrosin, Tryptophan, Leucin, p-Tolylalanin, 2-Amino-4-äthyl-4-hexensäure, Glycylphenylalanin, 2-Amino-4-methyl-4-hexensäure, cis-Crotylglycin, p-Aminophenylalanin, Allylglycin, Methallylglycin, Äthallylglycin, β-1-Naphthylalanin, Thianaphthenyl-(3)-alanin, p-Nitrophenylalanin, β-Phenylmilchsäure, Cyclohexylalanin, Cyclopentylalanin, Cyclohexenyl-(3)-alanin, trans-Crotylalanin, cis-Crotylalanin, Glycylthienylalanin, m-Nitrophenylalanin, o-Tolylalanin u. m-Tolylalanin.* H.-G. Trüper. 4210◇

Über das Verhalten der Aktivität von Serum–Glutamat–Oxalacetat-Transaminase, –Glutamat–Pyruvat-Transaminase und -Milchesäuredehydrogenase nach herzchirurgischen Eingriffen. E. Werle, I. Trautschold, A. Gorriz und R. Zill. (Clin. chim. Acta [Amsterdam] **6,** 99—108, 1961; München, Univ., Chirurg. Klin., Klin.-Chem. Inst.; dt.) — Die Best. der Aktivität von *Serum–Glutamat–Oxalacetat-Transaminase* (I), *–Glutamat–Pyruvat-Transaminase* (II) u. *-Milchsäuredehydrogenase* (III) bei 55 Patienten bis zu 22 Tagen nach herzchirurg. Eingriffen mit extrakorporaler Blutzirkulation ergab bei einer kleinen Gruppe Zunahme der I-Werte auf 1000 Wroblewski-E. u. mehr, bei der Mehrzahl jedoch bis zu 250 E. II- u. III-Werte lagen, ausgenommen bei den Patienten mit großen I-Werten, im normalen Bereich. Extrakorporale Zirkulation u. Thorakotomie beeinflußten die Enzymwerte wenig. K. Maier. 4210◇

Methoden zur Bestimmung von einigen Transaminaseaktivitäten in biologischen Flüssigkeiten. F. Salvatore, V. Bocchini und F. Cimino. (Enzymologia [Den Haag] **22,** 357—63, 1961; Neapel, Univ., Biochim. Dep.; engl.) — Es wird eine verbesserte Meth. zur Best. von *L-Asparaginsäure–Ketoglutarsäure-Transaminase* u. von *L-Alanin–Ketoglutarsäure-Transaminase* beschrieben. Die Meth. wurde auf Plasma, Cerebrospinal-Fl., Ascites-Fl., Pleura-Fl. u. Synovial-Fl. angewendet. Die Meth. (vgl. Salvatore u. Mitarbeiter, Biochim. appl. **6,** [1959], 130) beruht auf der hochspezif. colorimetr. Best. von *Brenztraubensäure* (I) in Ggw. von Überschuß an Ketoglutarsäure durch photometr. Best. des Verhältnisses der photometr. Dichten des 2.4-Dinitrophenylhydrazons der „extra gebildeten“ I bei $\lambda = 400$ mμ u. $\lambda = 490$ mμ.

A. Hesse. 4210◇

Stimulierung des Aminosäureeinbaues in Protein durch Phagen-Desoxyribonucleinsäure und Ribonucleinsäurepolymerasefraktion. Catherine Ning, Audrey Stevens und John C. Loper. (Biochem. biophys. Res. Commun. **7,** 30—35, 1962; St. Louis, Mo., St. Louis Univ., School of Med., Dep. of Pharmacol.; engl.) — Ein durch Zentrifugieren mit 30000·*g* aus *Salmonella typhimurium* gewonnener Überstand bewirkt in Ggw. von Adenosintriphosphat (ATP), eines ATP regenerierenden Syst. u. einem Gemisch von 19 Aminosäuren den Einbau von ^{14}C-Valin in Protein. Dieser Vorgang wird durch Chloramphenicol fast vollständig, durch Ribonucleinase u. Desoxyribonuclease zu 50% gehemmt. *Ribonucleinsäurepolymerase* aus *Escherichia coli* steigert den Einbau auf das Doppelte, Ggw. von *Phage-T 2-* oder *-T 6-Desoxyribonucleinsäure* auf das 3—4fache. Eine weitere Fraktionierung des S. typhimurium-Überstandes in Ribosomen u. Überstand b zeigt, daß beide Fraktionen für den Valineinbau notwendig sind. — Vff. leiten aus den Ergebnissen der Verss. ab, daß die Stimulierung des Valineinbaues durch Phagendesoxyribonucleinsäure auf dem Wege einer Stimulierung der Ribonucleinsäurepolymerase-Rk. zustande kommt. P. Loch. 4210◇

Die Wirkung von Natriumchlorid auf die Pepsinverdauung von Rinderserumalbumin. Max Schlamowitz und Linn U. Peterson. (Biochim. biophysica Acta [Amsterdam] **46,** 381—83, 1961; Buffalo, N.Y., Roswell Park Memor. Inst., Div. of Res. Biochem.; engl.) — Das Ausmaß der Bldg. von Spalt-Prodd. bei der *Pepsin*-Verdauung von Rinderserumalbumin, nicht jedoch von Eiklar, hängt außer vom pH-Wert auch von der Ionenstärke des Rk.-Gemisches ab. K. Zingraf. 4210◇

Enzymreaktionen in strukturell beschränkten Systemen. 2. Mitt. **Die Wirkung von Pepsin auf Albumin in Faserform.** A. D. McLaren und K. B. Labcock. (Enzymologia [Den Haag] **22**, 364—72, 1961; Berkeley, Calif., Univ. of California, Dep. of Soils and Plant Nutrit.; engl., Auszug: dt.) — 1. vgl. Enzymologia [Den Haag] **21**, [1960], 356. — Vff. stellen mit Hilfe von Mol-Brüchen eine Gleichung für die Anfangs-Geschw. einer Enzym–Substrat-Rk. in hochkonz. Syst. auf u. zeigen mit dieser Gleichung, daß die Ergebnisse der klass. Enzymkinetik nicht ohne weiteres auf strukturgebundene Syst., z. B. autolysierende Pepsin–Albumin-Fasern angewendet werden können. — Die Benutzung von Mol-Brüchen in kinet. Gleichungen ist bes. vorteilhaft für konz. Syst. oder für solche, wie z. B. Fasern oder Chromosomen, die kleine Vol. u. dementsprechend geringen Wasser-Geh. im Vgl. mit normalen Zellfl. aufweisen. A. Hesse. 4210◇

Wirkung von Zuckern auf die Trypsinhydrolyse von β-Lactoglobulin A. Jenny Clément-Métral, Jeannine Yon und Jean Trémolières. (C. R. hebd. Séances Acad. Sci. **256**, 3520—23, 1963; Paris, Univ., Fac. des Sci., Labor. de Biol. physicochim.; Hop. Bichat, Inst. Nat. d'Hyg.; Labor. de Nutr. humaine; franz.) — Die *Trypsin*-Proteolyse von *β-Lactoglobulin A* wird bei pH 7 u. 35° durch *D-Glucose* u. *Saccharose* gehemmt; es handelt sich anscheinend nicht um eine adsorptive Verdrängung.
K. Zingraf. 4210◇

Eine neue Methode zur Kennzeichnung des aktiven Zentrums von Chymotrypsin. Guenther Schoellmann und Elliott Shaw. (Biochem. biophysic. Res. Commun. **7**, 36—40, 1962; New Orleans, La., Tulane Univ., School of Med., Dep. of Biochem.; engl.) — Da N-Tosyl-L-phenylalaninmethylester als Substrat für *Chymotrypsin* (**I**) verwertbar ist, war anzunehmen, daß das strukturähnliche *β-Phenyl-α-tosyläthylbrommethylketon* (**II**) ebenfalls Affinität zum akt. Zentrum von **I** aufweist. **II**, $C_{17}H_{18}BrNO_3S$, F. 94—95°, wird nach einer allg. Meth. von Bachmann u. Struve [1942] synthetisiert. Mit 0,1 μMol α-**I** in 25 ml 3% Methanol enthaltendem Phosphatpuffer (pH 6,0) hemmen 1,9 μMol **II** bei 37° innerhalb von 100 (200) Min. die **I**-Aktivität auf restliche 45 (20)%. Die zeitliche Übereinstimmung zwischen **I**-Inaktivierung u. Bldg. des **I–II**-Komplexes wird durch Verss. mit ^{14}C-**II** erbracht. Vollständige Inaktivierung tritt ein, wenn **II** in äquimolarer Menge an **I** gebunden ist. Sie ist irreversibel. Der reversible Inaktivator Hydrozimtsäure bietet nach Maßgabe seiner Konz. Schutz vor der Hemmung durch **II**. — Daß die **II**-Wrkg. spezif. gegen **I** gerichtet ist, geht daraus hervor, daß es mit *Chymotrypsinogen* weder einen Komplex bildet noch ein inakt. **I** entsteht, wenn die so behandelte **I**-Vorstufe durch Trypsin in das akt. **I** umgewandelt wird. P. Loch. 4210◇

Charakteristica eines intracellulären Proteinasesystems einer Trichosporon-Art, die aus Trappisten-Käse isoliert wurde. Marie L. Vorbeck und J. Frank Cone. (Appl. Microbiol. **11**, 23—27, 1963; University Park, Pennsylvania State Univ.; engl.) — Die Ausbeute an Enzym war bei Autolyse größer als bei mechan. Zerstörung der Zellen. Ein merklicher Anstieg der Aktivität wurde erzielt, wenn der rohe Zellextrakt 18 Std. bei 25° nach Ansäuerung auf pH 5 gehalten wurde. Das aktivierte Enzym wurde teilweise gereinigt durch Ausfällung mit 95%ig. Äthanol. Dieser teilweise gereinigte Extrakt war am aktivsten bei pH 5,8. Die Aktivität erstreckte sich über einen Temp.-Bereich von 10—42°. Die Geschw. der Aktivität nahm durch Sulfhydryl-bindende Agentien merklich ab. Der höchste Grad der Thermostabilität wurde bei pH 5,0 erreicht.
D. Pöhland. 4210◇

Beziehung zwischen Struktur und Funktion beim Lysozym nach ultravioletter Bestrahlung. U. Ferrini. (Boll. Soc. ital. Biol. sperim. **39**, 51—54, 1963; Roma, Ist. Regina Elena per lo studio e Cura Tumori; ital.) — Es wird untersucht, ob der Verlust der enzymat. Aktivität des *Lysozyms* nach UV-Bestrahlung bei 2537 Å eine direkte Folge der Veränderungen der Aminosäurereste seines akt. Zentrum ist, zu denen auch Histidin u. Tryptophan gehören. Es zeigt sich, daß das akt. Zentrum des Lysozyms wenig unter der UV-Strahlung leidet, so daß der Verlust der enzymat. Aktivität auf photochem. Veränderungen in anderen Bereichen des Mol. (Disulfidbrücken) beruht.
E. Kren. 4210◇

Die Veresterung von Cholesterin durch Homogenate der Nebennieren von Ratten. Christopher Longcope und Robert H. Williams. (Endocrinology **72**, 735—41, 1963; Seattle, Wash., Univ., Dep. Med.; engl.) — Homogenate von Rattennebennieren vermögen *Cholesterin* zu verestern. Die Aktivität findet sich bei einer Fraktion die zwischen 20000 u. 85000·*g* sedimentiert. Die Rk. erfordert die Anwesenheit von ATP, Coenzym A, Mg^{2+} u. red. Glutathion; sie ist durch N-Äthylmaleinimid oder Erhitzen hemmbar. Joachim Schmidt/Magdeburg. 4210◇

Enzymatische Aktivität in Verbindung mit menschlichem Serum-β-Lipoprotein. Histochemische, immunelektrophoretische und quantitative Untersuchungen. S. H. Lawrence und P. J. Melnick. (Proc. Soc. exp. Biol. Med. **107**, 998—1001, 1961;

San Fernando, Calif., Vet. Admin. Hosp., Biochem. Res. Labor.; Clin. Labor. Serv.; Los Angeles, Univ. of California, Dep. of Infect. Dis. and Pathol.; engl.) — In menschlichem Serum-β-Lipoprotein wurden die folgenden Enzyme nachgewiesen: *Bernsteinsäuredehydrogenase, saure* u. *alkal. Phosphatase, Aminopeptidase, β-Glucuronidase, Cholinesterase, Esterase, Milchsäuredehydrogenase, Cytochromoxydase, β-Hydroxybuttersäuredehydrogenase, Serum–Glutaminsäure–Oxalessigsäure-Transaminase, Serum–Glutaminsäure–Brenztraubensäure-Transaminase, Isocitronensäuredehydrogenase, Äpfelsäuredehydrogenase* u. *L-Aminopeptidase* nachgewiesen. K. Zingraf. 4210◇

Serumenzymuntersuchungen. Anonym. (Lab. Pract. **11,** 933—34, 1962; Poole/ Dorset, Brit. Drug Houses; engl.) — Überblick über die üblichen klin. Unters.-Meth. für nachst. Serumenzyme: Transaminasen (TA), Glutaminsäure–Oxalessigsäure-TA (α-Ketoglutarsäure + L-Asparaginsäure $\xrightarrow{TA}$ L-Glutaminsäure + Oxalessigsäure), Glutaminsäure–Bernsteinsäure-TA (α-Ketoglutarsäure + L-Alanin $\xrightarrow{TA}$ L-Glutaminsäure + Bernsteinsäure), Milchsäuredehydrogenase, Phosphoglucoseisomerase, Aldolase u. Glucose-6-phosphatdehydrogenase u. Identifizierung der Prodd. durch Bldg. von 2.4-Dinitrophenylhydrazonen oder durch enzymat. Umwandlung u. spektrophotometr. Unters., z.B. nach dem Schema Bernsteinsäure + red. Diphosphopyridinnucleotid (DPNH) $\xrightarrow{\text{Milchsäuredehydrogenase}}$ Milchsäure + DPN (Verschwinden der charakterist. UV-Absorption von DPNH bei dessen Oxydation). — 9 Literaturangaben. G. Vogel. 4210◇

Untersuchungen über den Verlauf der D-Araboascorbinsäuresynthese durch Penicillium. Takeshi Takahashi und Moritaka Mitsumoto. (Biochim. biophysica Acta [Amsterdam] **51,** 410—12, 1961; Fuchu, Tokyo, Tokyo Univ. of Agric. and Technol.; engl.) — *D-Araboascorbat* (**I**; Best. durch Titration mit 2.6-Dichlorphenolindophenol) wurden durch Inkubation von D-Glucose (**II**), D-Glucose (**III**), D-Glucono-γ- u. -δ-lacton (**IV, V**), Saccharose, Maltose u. Stärke mit getrockneten *P. notatum*-Zellen (25°, 18 Std.) in Phosphatpuffer, pH 5,6, erhalten. Alle **I**-bildenden Stämme synthetisieren in **II**- u. CaCO$_3$-haltigen Nährlsg. **III.**

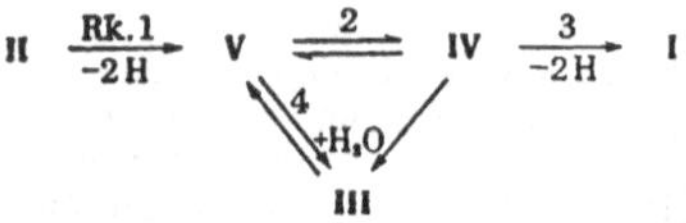

Der O$_2$-Verbrauch/Mol **I** aus **II** war 1 Mol, je Mol **I** aus **III, IV** u. **V** 0,5 Mol. Es wird folgendes Rk.-Schema diskutiert: Rk. 1 wird von **II**-Aerodehydrogenase, Rk. 3 von einem neuen Enzym **IV**-Dehydrogenase (oder Oxydase), 4 von *D-Glucono-δ-lactonase* katalysiert. 2 verläuft wahrscheinlich nichtenzymatisch. K. Maier. 4210◇

Enzyme der Citrusfrucht. 1. Mitt. **Ascorbinsäureoxydase in Orangen.** H. M. Vines und M. F. Oberbacher. (Plant Physiol. **38,** 333—37, 1963; Lake Alfred, Florida Citrus Exp. Stat.; Florida Citrus Commission; engl.) — Vff. weisen in unreifen Citrusfrüchten *Ascorbinsäureoxydase* (**I**) nach. 70% der **I** finden sich in der lösl. Fraktion u. 30% sind an die Zellwandfraktion gebunden. Pro Mol *Ascorbinsäure* wird $\frac{1}{2}$ O$_2$ aufgenommen. Das pH-Optimum liegt bei 5,6. CN-Konzz. von 10^{-5} bis 10^{-4} m hemmen **I.** *Diäthyldithiocarbamat* hemmt in Konzz. von 10^{-5} bis $6{,}67 \cdot 10^{-4}$ m die **I**-Aktivität um ca. 50%. Die **I**-Aktivität ist O$_2$-abhängig. W. Hiller. 4210◇

20α-Hydroxysteroiddehydrogenase und 3α-Hydroxysteroiddehydrogenase in der menschlichen fötalen Leber. Claude A. Villee und Janet M. Loring. (Endocrinology **72,** 824—28, 1963; Boston, Ma., Harvard Med. School, Dep. of Biol. Chem.; engl.) — Homogenate fötaler Leber des Menschen vermögen ab der 25. Woche *Progesteron* zu *20α-Hydroxy-Δ^4-pregnen-3-on* u. *5β-Pregnan-3α.20α-diol* umzuwandeln. Dies weist auf das Vorhandensein einer 20α-Hydroxysteroid- u. 3α-Hydroxysteroiddehydrogenase. Joachim Schmidt/Magdeburg. 4210◇

Weitere Beobachtungen über die geschlechtsabhängige Aktivität der 3β-Hydroxysteroiddehydrogenase der Rattenleber. Betty L. Rubin, Harold J. Strecker und Elissa B. Koff. (Endocrinology **72,** 764—70, 1963; Bronx, N.Y., Yeshiva Univ., Albert Einstein Coll., Med., Dep. Obstetr., Gynecol. and Biochem.; engl.) — Die Aktivität der *3β-Hydroxysteroiddehydrogenase* der Rattenleber verläuft bei niedrigen Gewebe-Konzz. proportional der Konz. u. gleichartig bei beiden Geschlechtern. Bei höheren Konzz. kommt es zu einem Abweichen von der Linearität, die bei weiblichen Tieren stärker ist als bei männlichen. Leberhomogenate von kastrierten männlichen Ratten zeigen einen Aktivitätsverlauf wie weibliche Ratten. Lösliches Enzym von Acetontrockenpräparationen zeigen einen geschlechtsunabhängigen gleichartigen Verlauf, wogegen Emulsionen des gesamten Acetontrockenpräp. die gleichen Befunde wie einfache Gewebehomogenate ergeben. Joachim Schmidt/Magdeburg. 4210◇

Die Umwandlung von ^{14}C$_{(4)}$-17α-Hydroxyprogesteron-17α-caproat durch Homogenate von Rattenleber und menschlicher Placenta. Margaret Wiener, Charles

I. Lupu und E. Jürgen Plotz. (Acta endocrinol. [Copenhagen] **36**, 511–19, 1961; Chicago, Ill., Lying-in Hosp. and Univ. of Chicago, Argonne Cancer Res. Hosp.; engl.) — Rattenleberhomogenat red. Ring A von $^{14}C_{(4)}$-*17α-Hydroxyprogesteron-17α-caproat* (**I**) anaerob zu *Allopregnan-3β.17α-diol-20-on-17α-caproat*, F. 133,5–136°, als Hauptprod. u. *Pregnan-3β.17α-diol-20-on-17α-caproat*, F. 111–115°. Placentagewebe griff **I**, vermutlich infolge ster. Hinderung durch die Estergruppe, nicht an. Hieraus erklärt sich möglicherweise die protrahierte I-Wirkung. K. Maier. 4210◇

Der enzymatische Mechanismus der Aromatisierung des Steroidringes A. Charles J. Sih. (Biochem. biophysic. Res. Commun. **7**, 87–90, 1962; Madison, Wis., Univ. of Wisconsin, School of Pharmacy; engl.) — Durch Inkubation von *9α-Hydroxy-Δ^4-androsten-3.17-dion* (**I**) mit *Steroid-1-dehydrogenase* (**II**; aus *Nocardia restrictus*) in Ggw. eines Elektronenacceptors (Phenazinmethosulfat oder 2.6-Dichlorphenolindophenol oder Resazurin) entsteht *9.10-Seco-3-hydroxy-$\Delta^{1.3.5,10}$-androstatrien-9.17-dion* (**III**). Die Möglichkeit, daß dabei 9.10-Seco-Δ^4-androsten-3.9.17-trion als Zwischenprod. auftritt, wird ausgeschlossen, weil diese Verb. nicht mit **II** reagiert. Dagegen wird 9α-Hydroxy-$\Delta^{1.4}$-androstadien-9,17-dion rasch durch **II** dehydriert. — Die Aromatisierung des Ringes A scheint nach direkter 1.2-Dehydrierung über die Vinylogen der β-Hydroxyketone zu verlaufen, die sich nichtenzymat. in die entsprechenden Phenole umlagern (reverse Aldol-Bldg.). P. Loch. 4210◇

Die enzymatische Bildung von Magnesiumprotoporphyrinmonomethylester. G. H. Tait une K. D. Gibson. (Biochim. biophysica Acta [Amsterdam] **52**, 614–16, 1961; London, St. Mary's Hosp., Med. School, Dep. of Chem. Pathol.; engl.) — *Rhodopseudomonas spheroides*-Chromatophoren (105000·*g*-Überstand) bilden bei Inkubation mit *Mg-Protoporphyrin* (**I**) u. $^{14}C_{(CH_3)}$-S-Adenosylmethionin *Mg-Protoporphyrinmonomethylester*, wobei ^{14}C in die Methylestergruppe eingebaut wird. **I** ist als Substrat für die enzymat. Methylierung $^1/_{15}$ so wirksam als *Mg*-**I**, Protoporphyrinogen unwirksam. K. Maier. 4210◇

In vitro-Bildung von Myoglobin aus Eisen, Protoporphyrin, Apo-Myoglobin und eisenchelierendem Enzym. Vorl. Mitt. Harumi Ohyama, Yoshimasa Yoneyama und Haruhisa Yoshikawa. (Biochim. biophysica Acta [Amsterdam] **63**, 535–36, 8/10. 1962; Tokyo, Univ. of Tokyo, Fac. of Med., Dep. of Physiol. Chem. and Nutrit.; engl.) — Es wird die *Myoglobin* (**I**)-Bldg. in einem Syst. aus $FeCl_3 \cdot 6\,H_2O$, *Protoporphyrin* (**II**), *Cystein*, *Trispuffer* (pH 8,0), *Fe-chelierendem Enzym* (welches die Kombination von Fe u. **II** katalysiert, aus Enten-Erythrocytenhämolysat zubereitet) sowie *Apo*-**I** (aus krist. Pferdeherz-**I**) beschrieben. U. Tausendfreund. 4210◇

Vergleichende Untersuchungen von Schlangengiften. H. Michl und Gertrude Kiss. (Mh. Chem. **90**, 604–08, 1959; Wien, II. Chem. Inst. der Univ.; dt.) — Mittels Elektrophorese in Stärkegel wurden ein *Proteroglyphengift* (Kapkobra) u. vier *Solenoglyphengifte* (Lanzenschlange, Diamantklapperschlange, Sandotter u. Levanteotter) aufgetrennt u. die erhaltenen Fraktionen auf Enzymaktivitäten der *L-Aminosäuredehydrogenase*, *Phospholipase A*, *Protease* u. den die *Dotterkoagulation hemmenden Faktor* untersucht. Es ergaben sich deutliche Zusammenhänge zwischen der Zus. der Gifte u. der systemat. Stellung der betreffenden Schlangenart. Joachim Schmidt/Magdeburg. 4210◇

Mehrere Wirkungen von γ-Resorcylsäure auf den intermediären Stoffwechsel. A. K. Huggins, C. Bryant und M. J. H. Smith. (J. Pharmacy Pharmacol. **13**, 654 bis 662, 1961; Denmark Hill, King's Coll. Hosp. Med. School, Chem. Pathol. Dep., Empire Rheumatism Council Res. Unit; engl.) — *γ-Resorcylsäure* hemmt die *Glutaminsäure-Oxalessigsäure-* u. die *Glutaminsäure-Brenztraubensäure-Transaminase*-Aktivität in Extrakten von Leber, Nieren, Hirn u. Herz der Ratte. Bei Inkubation der zerkleinerten Gewebe der Ratte mit $^{14}C_{(3)}$-Brenztraubensäure bewirkt **I** eine verringerte Bldg. von markiertem Alanin, während der Einbau von ^{14}C in die anderen lösl. Zwischenprodd. zunimmt. Bei der Inkubation von ^{14}C-Glucose u. $^{14}C_{(1.4)}$-Succinat mit isolierten Mitochondrien u. mit einer lösl. Fraktion von Rattenleber entstehen durch **I** Veränderungen im Einbau von ^{14}C in Äpfelsäure u. Fumarsäure, in eine Oligosaccharidfraktion u. in Phosphat-Verbb., die an glykolyt. Rkk. beteiligt sind. K. Zingraf. 4210◇

Der Abbau von Rutin durch Aspergillus flavus, Reinigung und Charakterisierung von Rutinase. G. W. Hay, D. W. S. Westlake und F. J. Simpson. (Canad. J. Microbiol. **7**, 921–32, 1961; Saskatoon, Saskatchewan, Nat. Res. Council of Canada, Prairie Regional Labor.; engl.) — *Aspergillus flavus* erzeugt eine adaptive *Glucosidase* [*Rutinase* (**I**)], die *Rutin* (**II**) zu *Quercetin* (**III**) u. *Rutinose* (**IV**) hydrolysiert. **I** wird gebildet, wenn der Pilz auf den Glykosiden **II**, Hyporosid u. Nariagin u. auf den Aglykonen **III**, Kämpferol, Rhamnetin, 2.4-Dihydroxybenzoesäure u. 3.4-Dihydroxyphenylessigsäure, nicht aber, wenn er auf Glucose, Galaktose, Rhamnose oder **IV** wächst. Nach partieller Reinigung ist I bei -20^0 u. pH 5,6 relativ stabil. Das Enzym ist sehr spezifisch. Es hydrolysiert die 5-Glykoside von Sakuranetin, das 3-Rutinosid u. 3-Galaktosid von III, nicht aber das 3*l*-Rhamnosid noch eines der gewöhnlichen Glykoside. Die Hydrolyse von II ist vollständig u. wird durch die Unlöslichkeit des Aglykons III in W. gefördert. K. Sattler. 4210◇

Verteilung und Substratspezifität von Benzylpenicillinacylase. H. T. Huang, T. A. Seto und G. M. Shull. (Appl. Microbiol. **11,** 1—6, 1963; Groton, Conn., Chas. Pfizer & Co., Ferm. Res. Dep.; engl.) — *Benzylpenicillinacylase*, die *Benzylpenicillin* (I) zu *6-Aminopenicillinsäure* hydrolysiert, war weit verbreitet unter den Schizomyceten, bes. unter gram-negativen Bakterien u. in der Gattung *Nocardia.* Die Hydrolyse einer Reihe biosynthet. u. semisynthet. Penicilline durch gefriergetrocknete Zellen eines Nocardiastammes u. von *Proteus* wurde untersucht. I war das bevorzugte Substrat. Alle Abweichungen von der I-Seitenkettenstruktur führten zur Red. der Substrataktivität. Penicillinamide u. Methylester wurden ebenfalls hydrolysiert, wie z. B. geeignete n-Alkyl-Derivv. von *7-Aminocephalosporansäure*. In verschiedenen Hefestämmen trat ein Enzym auf, das I-Amid zu I hydrolysierte. D. Pöhland. 4210◇

E_3. Mikrobiologie. Bakteriologie. Immunologie

Tagesperiodizität der Luminescenz bei drei Basidiomyceten. Martha D. Berliner. (Science [Washington] **134,** 740, 1961; Wilmington, Mass., AVCO Corp., Res. and Advanced Dev. Div.; engl.) — Die Intensität der Lichtemission dikaryot. Kulturen der Leuchtpilze *Armillaria mellea, Mycena polygramma* u. *Panus stipticus* verläuft nach einem bestimmten Tagesrhythmus mit den niedrigsten Werten zwischen 6 u. 9 Uhr u. maximalen zwischen 18 u. 21 Uhr. Dieser Ablauf ist von der Züchtung der Kulturen unter völligem Lichtausschluß, konst. Belichtung oder bei normalem Tag–Nacht-Cyclus unabhängig. K. Maier. 4300◇

Umwelteinflüsse von Natriumchlorid auf Micrococcus lysodeikticus und dessen Lysis durch Lysozym. Stanley M. Reimer und Gerald Litwack. (Enzymologia [Den Haag] **22,** 373—83, 1961; Philadelphia, Pa., Philadelphia Gen. Hosp., Div. of Cardiol, Biochem. Labor.; Univ. of Pennsylvania, Graduate School of Med.; engl., Auszug: franz.) — Bei *Micrococcus lysodeikticus* bestehen folgende Einfl von *NaCl*-Zusatz zu einem fl. Basisnährmedium: Erhöhung des Wachstums, des Geh. an Aminozucker u. der Auflösbarkeit durch *Lysozym.* Für einen gegebenen NaCl-Geh. sind diese Einfl. nicht notwendigerweise voneinander abhängig. — Die stimulierende Wrkg. eines Salzes beruht auf dem Kation; am wirksamsten ist Na^+; in vieler, aber nicht in jeder Hinsicht ist die Wrkg. von K^+ ebenso groß. — Die Menge der nach Einw. von I auf *M. lysodeikticus* gebildeten Aminozucker wird durch die Na^+-Konz. beeinflußt. — Bei Einw. von Na^+ auf isolierte Zellwände besteht eine Abhängigkeit von der Na^+-Konz., die aber nicht gleich der bei ganzen Zellen beobachteten Abhängigkeit ist. A. Hesse. 4310◇

Der individuelle Wert der wichtigsten Aminosäuren in Bakterienkulturen des Pansens. M. Beauville, A. M. Lacoste und P. Raynaud. (Arch. Sci. physiol. **15,** 363—75, 1961; Toulouse, Fac. des Sciences, Inst. de Physiol., Labor. der Physiol. animale; franz.) — Hinsichtlich des Wertes von *Aminosäuren* (I) für die bakterielle Eiweiß-Synth. durch Pansenbakterien sind 3 Gruppen unterscheidbar: 1. Glutamin, Asparaginsäure, Asparagin, Serin, Histidin u. Arginin ermöglichen eine regelmäßige gute Vermehrung von Pansenbakterien. 2. Glutaminsäure, Alanin, Hydroxyprolin, Prolin u. Cystein sind weniger wertvoll u. zeigen hinsichtlich ihres Wertes starke Schwankungen. 3. Tryptophan, Phenylalanin, Threonin, Leucin, Valin, Isoleucin, Methionin u. Lysin besitzen für die Bakterienvermehrung nur geringe Bedeutung. Der Wert der einzelnen I hängt anscheinend von deren Fähigkeit zur Bldg. von NH_3-N ab. I der 1. Gruppe werden sehr rasch, solche der 2. Gruppe langsamer entaminiert. NH_3 sammelt sich im Medium an oder dient der Bldg. von Bakterienproteinen. I der 3. Gruppe werden wenig angegriffen oder unmittelbar in das Bakterieneiweiß-Mol. eingebaut. K. Maier. 4310◇

Strukturelle Voraussetzungen des Phenylalaninantagonismus. Louis C. Smith, Charles G. Skinner und William Shive. (Arch. Biochem. Biophysics **94,** 443—48, 1961; Austin, Tex., Univ. of Texas, Clayton Foundation Biochem. Inst. and Dep. of Chem.; engl.) — Von 3 synthetisierten neuen Aminosäureanalogen, *2-Amino-4-äthylpenten-(4)-säure* (I), *2-Amino-4-äthylhexen-(4)-säure* (II) u. *2-Amino-4-äthylhexansäure* (III) war I ein wirksamer Antagonist von *Phenylalanin* (IV) für *Leuconostoc dextranicum,* III ein mäßig aktiver von *Leucin,* während II für *L. dextranicum* oder *E. coli* sich als prakt. ungiftig erwies. Die stereochem. Strukturen u. Konformationen dieser Verbb. u. verwandter IV-Analogen werden im Hinblick auf ihre biolog. Aktivität diskutiert.

Versuche: *2-Äthylpropen-(2)-al*, Kp. 91—93°, aus Dimethylaminhydrochlorid, 162 g Butyraldehyd u. Formalin bei 65—70°, 8 Std.; n_D^{20} 1,4208; 155 g. — *2-Äthylpropen-(2)-ol*, $Kp._{37}$ 61—62°, aus 155 g vorst. Verb. in CH_3OH mit $NaBH_4$ in 2n NaOH (60 Min.); n_D^{20} 1,4332; 108,5 g. — *3-Brom-2-äthylpropen-(1)*, C_5H_9Br, $Kp._{20}$ 36—38°, aus 54,3 g vorst. Verb. u. PBr_3 in trockenem Pyridin im Trockeneis–Isopropanolbad (über Nacht); n_D^{25} 1,4745, $D._4^{25}$ 1,2894; 29 g. — *2-Acetamido-2-cyan-4-äthylpenten-(4)-säureäthylester*, $C_{12}H_{18}N_2O_3$, F. 96—97°, aus 25 g vorst. Verb. u. Acetamidocyanessigsäureäthylester (V) u. Na-Äthylat in A. (über Nacht, Raum-Temp.); 19 g. — *2-Amino-4-äthylpenten-(4)-säure* (I), $C_7H_{13}NO_2$, F. 193—196° (Zers.), aus 12 g vorst. Verb. u. $Ba(OH)_2$ in sd. W. (72 Std.); 4,6 g. *2-Acetamido-2-carbäthoxy-4-äthylhexansäureäthylester*, $C_{15}H_{27}$·NO_5, F. 34—36°, aus 54,3 g Acetamidomalonsäurediäthylester, 41,2 g 2-Äthyl-1-brombutan u. $NaOC_2H_5$ in sd. A. (72 Std.); 68 g (Rohprod.) — *2-Amino-4-äthylhexansäure*, $C_8H_{17}NO_2$, F. 236—239° (Zers.), aus 65 g vorst. Rohprod. mit sd. 6n HCl (über Nacht); 24,3 g Hydrochlorid; aus 18 g mit wss. NH_3 (pH 7) freie Säure; 9 g. *Hydantoin-Deriv.*, F. 186—187°. *2-Brom-2-äthylbuttersäureäthylester*, $Kp._6$ 70—71°, aus 75 g 2-Äthylbuttersäure, $SOCl_2$ u. Br_2 in A.; n_D^{20} 1,4540; 120,7 g. — *2-Äthylbuten-(2)-säureäthylester*, $Kp._2$ 38—40°, aus 91,5 g vorst. Verb. durch Entbromierung mit sd. N.N-Dimethylanilin (3 Std.); n_D^{17} 1,4338; 46 g. — *2-Äthylbuten-(2)-ol*, $C_6H_{12}O$, $Kp._3$ 43—44°, aus 115,8 g vorst. Verb. mit $LiAlH_4$ in sd. Ae., dann 30 Min. bei Raum-Temp.; n_D^{20} 1,4422; 54 g (88% *cis*-, 12% *trans*-Form). — *cis-1-Brom-2-äthylbuten-(2)*, $C_6H_{11}Br$, $Kp._{22}$ 52—54°, aus 22,7 g vorst. Verb. in trockenem Pyridin u. PBr_3 im Trockeneis–Isopropanolbad u. Nachrühren über Nacht bei Raum-Temp.; tränenreizend; n_D^{20} 1,4838; 21,7 g. — *cis-2-Acetamido-2-cyan-4-äthylhexen-(4)-säureäthylester*, $C_{13}H_{20}N_2O_3$, F. 107—108° (A.-W.), aus 21,7 g vorst. Verb., V u. $NaOC_2H_5$ in sd. A.; 29,8 g. — *cis-2-Amino-4-äthylhexen-(4)-säure*, $C_8H_{15}NO_2$, F. 233—236° (Zers.), aus 21 g vorst. Verb. mit $Ba(OH)_2$ in sd. W.; 6,6 g. K. Maier. 4310◇

Anwendung von Katalase bei der Kultivierung von Vibrio fetus. Barbara Kingscote. (Canad. J. Microbiol. **7**, 951—52, Dez. 1961; Ontario, Canada, Dep. of Pathology and Bacteriology; engl.) — Durch Zugabe von *Katalase* zum Medium konnte die für die Beimpfung notwendige Keimmenge um das 64fache vermindert werden. Auf Blutplatten konnte dieser Effekt nicht beobachtet werden. Die im Blut vorhandene Katalase reicht offenbar aus, um das Wachstum einer kleinen Keimmenge zu ermöglichen. K. Sattler. 4310◇

Der Teichosäure–Mucopeptid-Komplex der Zellwände von Bacillus megatherium KM. J. M. Ghuysen. (Biochim. biophysica Acta [Amsterdam] **50**, 413—29, 1961; Liège, Univ. de Liège, Serv. de Bacteriol.; franz.) — Zellwände von *B. megatherium* KM enthalten eine *Polyolphosphat-Verb.* (**I**), die im Gegensatz zu Baddileys Teichosäuren von kalter Trichloressigsäure nicht extrahiert wird. **I** wurde nach Lysozymbehandlung der Wände aus der nichtdialysablen Fraktion durch Papierelektrorheophorese isoliert. **I** ist mit Mucopeptidresten verbunden. Der gesamte *Komplex* (**II**) beträgt 40% des Zelltrockengewichts. Der **II**-Abbau durch die beiden *Streptomyces*-Enzyme F 1 u. F2 B ergab die Bruchstücke: ein Teichosäurefragment (**III**) aus Polyolphosphat, Glucose u. N-Acetylglucosamin (**V**), ein Mucopeptidfragment aus Aminosäuren u. N-Acetylmuramsäure (**VI**), ein Disaccharidfragment (**IV**) *6-O-β-N-Acetylglucosaminyl-N-acetylmuramsäure*. Letzteres stellt wahrscheinlich eine Einheit eines Poly-N-acetylhexosamingerüsts des Zellwandgrundmucopeptids dar. **III** ist außer durch F1- u. F2 B-Einw. auch durch Inkubation mit jedem einzelnen dieser Präpp. erhältlich. **IV** wird von F2 B-Amidase freigesetzt. Ca. 6% des Trockengew. der Zellwände bestehen aus Glucose, wahrscheinlich in Form einer Polyglucose, die nicht mit **II** verbunden ist. N-Acetylmuramsäure u. verschiedene aus **V** oder aus **V** u. **VI** bestehende Oligosaccharide geben auf Papier mit Diphenylamin–Trichloressigsäure-Reagens eine Rosafärbung, die eine Unterscheidung von **V** ermöglicht. K. Maier. 4315◇

Aminosäurenzusammensetzung der positiven, neutralen und negativen Peptide von Trypsin-verdautem Escherichia coli-Protein. Harold J. Morowitz und Elisea Castro. (Biochim. biophysica Acta [Amsterdam] **46**, 33—37, 1961; New Haven, Conn., Yale Univ., Dep. of Biophys., Josiah Willard Gibbs Res. Labor.; engl.) — Durch *Trypsin* verdautes *Escherichia coli-Protein* wurde in Gruppen von Peptiden, die bei pH 6,5 positive, negative oder keine Ladung tragen, aufgeteilt u. die Aminosäuren (**I**)-Zus. der einzelnen Gruppen bestimmt. Die geladenen **I** zeigten keine Zufallsverteilung, während die Verteilung der neutralen **I** nicht wesentlich von der Zufallsverteilung abwich. K. Zingraf. 4315◇

Neue aktivierte Verbindungen aus Bierhefe. G. Harris und A. Wiseman. (Biochim. biophysica Acta [Amsterdam] **55**, 929—34, 11/6. 1962; Surrey, Nutfield, Brewing Ind. Res. Foundation; engl.) — Aus *Saccharomyces cerevisiae* (BNC of Yeast

Cultures Nr. 240) wird mit wss. A. ein Gemisch bas. u. saurer *Peptidylnucleotide* (I) extrahiert u. durch Elektrophorese (16 Std., 15 V/cm) u. papierchromatograph. aufgetrennt. 5 Ninhydrin-positive Komponenten werden unterschieden, wovon eine neutrales Hydroxylamin zu acylieren vermag u. ein saures I ist. Wird diese Komponente mit 0,1n NaOH 16 Std. bei 37° behandelt, so wird die Peptidkomponente abgespalten u. vom Nucleotidteil durch Elektrophorese getrennt. Nach Hydrolyse des Peptides erhält man neben viel Glutaminsäure (10) die Aminosäuren Alanin (4), Serin (4), Glycin (4) sowie wenig Asparaginsäure (2), Cystin (1), Lysin (1), Arginin (1) u. Histidin (1). Das Nucleotid besteht aus *Uridylsäure*-Resten. Bei den sauren I handelt es sich daher um 2'- oder 3'-Riboseester der Uridylsäure. Im Gegensatz dazu weisen die bas. I einen Überschuß an Anhydrid über den 2'(3')-Ester auf. Aus dem Verh. bei der Acylierung von Hydroxylamin u. bei der Elektrophorese wird geschlossen, daß einige Komponenten, die nicht mit Ninhydrin reagieren, wahrscheinlich als *Phosphoamide* vorliegen. L. Träger. 4315◇

Die Chemie der Bindungsorte für Rubidium bei Chlorella. Dan Cohen. (J. gen. Physiol. **45,** 979—87, 1962; Oxford, Univ. of Oxford, Dep. of Agric.; engl.) — An abgetöteten Zellen des thermophilen Stammes von *Chlorella pyrenoidosa* untersucht Vf. die spezif. Bindungsorte für ^{86}Rb durch Änderung spezif. chem. Gruppen oder Ketten u. Best. der Änderung der Bindungskapazität. Behandlung der Zellen mit kochendem W. (30 Min.) oder 70%ig. A. beeinflußt die Bindungskapazität nicht. Demnach ist die Rb-Bindung von der Ggw. von H- u. hydrophoben Bindungen unabhängig u. beruht nicht auf Protein- oder Protein–Lipoid-Komplexen. Die Bindungsorte werden durch Zusatz von 1m HCl oder 0,5—1,0m NaOH bei 30° zu 70% inaktiviert (jedoch nicht zwischen pH 4,4 u. 11,3), ebenso durch 0,05—0,2m starke Chelatbildner u. durch Reagentien, die Fe(III) reduzieren. Längere Behandlung mit Fe-, nicht aber mit Cu-, Mn- oder Mg-Salz-Lsgg., kehrte die Inaktivierung durch Äthylendiamintetraessigsäure in beträchtlichem Umfange um. Vf. vermutet, daß die Bindungsorte Fe(III) eng binden als Chelatbrücken u. daß die strukturellen Brücken bei Entfernen von Fe aufgespalten u. in Ggw. von Fe neu gebildet werden. Amino-, Sulfhydryl- u. Carboxylgruppen sind nicht strukturelle Komponenten der Bindungsorte. H. G. W. Gleiss. 4320◇

Das Vorkommen von Polythionaten als Zwischenstufen des Thiosulfatstoffwechsels von Thiobacilli. G. L. Jones und F. C. Happold. (J. gen. Microbiol. **26,** 361, 1961; Leeds, Univ., Dep. of Biochem.; engl.) — Manometr. Unterss. zeigten, daß *Tetrathionat* (I)-Oxydation eine Stufe der *Thiosulfat*-Oxydation durch Suspensionen von *Thiobacillus thioparus* u. *T. thiocyanoxidans* ist. Erster bildete in der Nährlsg. genügende Mengen von *Polythionat* (II), die eine Chromatographie ermöglichten. Die Art des gebildeten II wurde vom Na^+/K^+-Verhältnis des Mediums beeinflußt. Die Einschränkung der I-Oxydation bei kleineren K^+-Konzz. beruht vielleicht auf verringertem Eintritt von Phosphat in die Zelle während des Wachstums. K. Maier. 4320◇

Reduktion von Nitrat und Nitrit durch Neisseria. Ulrich Berger. (Z. Hyg. Infektionskrankh. **148,** 45—50, 1961; Hamburg, Univ.-Klin. für Zahn-, Mund- u, Kiefernkrankheiten, Bakteriol. Labor.; dt.) — Vf. untersuchte 52 *Neisseria*-Stämme. Folgende Typen konnten unterschieden werden: 1. Weder NO_2^- noch NO_3^- wird red.; 2. NO_3^- wird nicht oder kaum red., NO_2^- wird denitrifiziert; 3. NO_3^- wird nicht oder kaum red., NO_2^- wird ohne Gas-Bldg. red.; 4. NO_3^- wird über NO_2^- hinaus red., NO_2^- wird ohne Gas-Bldg. red. u. 5. NO_3^- wird zu NO_2^- red., NO_2^- wird nicht reduziert. Außer *N. gonorrhoeae* denitrifizieren alle zuckerverwertenden Arten NO_2^-. Alle Stämme bilden NH_3 in Spuren. Die für Menschen pathogenen Stämme bilden am wenigsten NH_3. *N. ovis* zeigt die stärkste NH_3-Bildung. W. Hiller. 4320◇

Den Atmungsbeginn von Streptococcus lactis beeinflussende Faktoren. R. Spendlove, H. H. Weiser und W. J. Harper. (Appl. Microbiol. **5,** 281—85, Sept. 1957; Columbus, Ohio, Ohio State Univ., Dep. of Bacteriol. and Dep. of Dairy Technol.; engl.) — Ruhende Kulturen von *Streptococcus lactis* waren in der Lage, nach einigen Std. der Adaptation außer *Lactat* auch *Glucose* (I) u. *Ascorbinsäure* (II), in geringem Maß *Acetat* u. *Succinat* zu veratmen. Der oxydative Abbau wurde durch I u. II gehemmt, durch $4 \cdot 10^{-4}$ m *NaF* dagegen gefördert. Vff. nehmen einen doppelten Weg für den H-Transport an; der eine wird zur I- u. II-Oxydation verwendet, der andere für die Milchsäure. H. Frank. 4320□

Faktoren, die die Säurebildung durch Lactobacillen in Milch erhöhen. C. N. Huhtanen und W. L. Williams. (Appl. Microbiol. **11,** 20—22, 1963; Princeton, N.J., American Cyanamid Co., Agric. Div.; engl.) — Die Stimulation der Säure-Bldg. in Milch durch verschiedene Lactobacillen wurde bei Zusatz von Hefeextrakt untersucht. Zugabe von *Purin-* (I) u. *Pyrimidinbasen* (II) u. Aminosäuren ergab eine fast maximale Säure-Bldg. durch *Lactobacillus bulgaricus* Stamm 7994, *L. acidophilus* 4796, 4356 u.

4356 u. *L. leichmannii* 326 u. 327. Zugabe von Desoxyribotiden führte zu einer maximalen Säure-Bldg. bei L. acidoph. 204, aber 207 brauchte Adenosin oder Adenylsäure. L. casei 7469 zeigte keine merkliche Rk. auf die Aminosäuren oder **I** u. **II**.
D. Pöhland. 4320◇

Stoffwechselstudien bei Shigella. 2. Mitt. **Die Oxydation von Glutamat durch Shigella flexneri.** Robert B. Yee, Sylvia F. Pan und Horace M. Gezon. (J. Bacteriol. **75**, 51—55, Jan. 1958; Pittsburgh, Pa., Univ. of Pittsburgh, Graduate School of Public Health; engl.) — *Glutamat* (**I**) wird durch einen Stamm von *S. flexneri* (B-1003) über den Citronensäurecyclus oxydiert. Ruhende Zellen oxydierten **I** relativ schnell; zwischen pH 5,8 u. 8,0 bestanden nur geringe Unterschiede in der O_2-Aufnahme; Veränderung der Konz. des Substrats zwischen 5 u. 100 μm bewirkte ebenfalls nur geringe Unterschiede. Die Menge an NH_3 war dem theoret. Wert für eine vollkommene Oxydation angenähert. Säuren wurden nicht nachgewiesen, was auf völligen Verbrauch des Substrats hindeutet. Da der niedrige Gasaustausch auf eine oxydative Assimilation hindeuten könnte, wurde *2.4-Dinitrophenol* zur Assimilationsverhinderung zugegeben. Das Auftreten von NH_3 zeigt, daß **I** wahrscheinlich zuerst oxydativ zu *α-Ketoglutarat* (**II**) durch *Glutaminsäuredehydrogenase* (**III**) desaminiert wird. **III** wurde sowohl in ruhenden Zellen als auch in zellfreien Extrakten nachgewiesen; außerdem wurde **II** als Rk.-Prod. mit **I** u. K_3AsO_3 (**IV**) inkubierter Zellen nachgewiesen. Ferner wurde *Pyruvat* nachgewiesen. Nach Zusatz von Fluoracetat wurde *Citrat* als Zwischenprod. nachgewiesen. Transaminierungen wurden nicht nachgewiesen. Zusatz von *Malonat* (**V**; $1{,}67 \cdot 10^{-2}$m) setzt die Aktivität nur in zellfreien Extrakten herab, wobei sich *Succinat* anhäuft.
P. Wilde. 4320□

Stoffwechselstudien bei Shigella. 3. Mitt. **Hemmung der Glutamatoxydation durch Aureomycin.** Robert B. Yee, Sylvia F. Pan und Horace M. Gezon. (J. Bacteriol. **75**, 56—62, Jan. 1958; engl.) — 2. vgl. vorst. Referat. — *Aureomycin* (**I**) stört bei dem von *S. flexneri*, Stamm B-1003 für den Glutamatstoffwechsel benutzten Weg keine Fermentumsetzungen, sondern greift in die Mechanismen ein, welche den Transport des *Glutamats* (**II**) durch Membranen ganzer Zellen bewerkstelligen. Die Atmung zellfreier Extrakte wird in Ggw. von **II** oder seinen Intermediärprodd. durch **I** nicht gehemmt. Die Oxydationsaktivität einer gegen **I** resistenten Variante desselben Stammes war gegenüber **I** unempfindlich. Die Hemmung der Oxydation von **II** durch **I** konnte durch Mg^{2+}, Fe^{2+} u. Fe^{3+} aufgehoben werden. *Terramycin* u. *Achromycin* waren bzgl. der Atmungshemmung gewaschener Suspensionen in Ggw. von **II** wesentlich weniger wirksam als **I** u. waren bei zellfreien Extrakten wirkungslos. P. Wilde. 4320□

Synthese der freien Aminosäuren aus Aminostickstoff durch Pansenbakterien in vitro. 1. Mitt. Leon Feliński und Stanisław Baranow-Baranowski. (Roczniki Nauk rolniczych, Ser. B **74**, 379—405, 1959; Szczecin, Katedra Fizjologii Zwierzat Wyźszej Szkoły Rolniczej; pol.) — Synth. der Aminosäuren aus Harnstoff u. Glucose durch Pansenbakterien der Schafe wird untersucht. — Unter anaeroben u. aeroben Bedingungen synthetisieren Pansenbakterien der Schafe *Alanin, Lysin, Leucin, Glykokoll, Valin* u. *Glutaminsäure*. Bei 38° in 2½ Std. hydrolysieren Pansenbakterien in vitro 86% Harnstoff. S. Paprotny. 4320◇

Anlagerung einer Aminosäure an C-endständige Reste wachsender Proteinketten in Escherichia coli. Avram Goldstein und Beverly J. Brown. (Biochim. biophysica Acta [Amsterdam] **53**, 438—39, 28/10. 1961; Palo Alto, Calif., Stanford Univ., School of Med., Dep. of Pharm.; engl.) — Ein leucinauxotropher Stamm von *Escherichia coli* wurde bei beschränkter Leucin-Konz. bis zum Aufhören des Wachstums gezüchtet, auf eine Glucose–Salz-Lsg. übertragen (ohne Wachstum), dann bei 0° mit *^{14}C-Leucin* versetzt, nach 15, 30, 60 bzw. 120 Sek. Proben der Masse entnommen, mit sd. $HClO_4$ die Rk. abgebrochen, das Protein gelöst, 6 Std. bei 37° mit *Decarboxypeptidase* behandelt u. der Proteinrückstand in NaOH-Lsg. auf Radioaktivität untersucht. Es zeigte sich, daß die Fl. aus der 120 Sek.-Probe z. B. 27% u. die Fl. aus der 15 Sek.-Probe 73% des ^{14}C-Leucins enthielt. Vff. schließen daraus, daß das Wachsen der Proteinkette in E. c. primär durch Anlagerung des N-Restes einer Aminosäure an einen C-endständigen Rest der Kette erfolgt. G. Vogel. 4320◇

Heterocyclen im Stoffwechsel. 17. Mitt. **Zur Biosynthese des Aneurins.** Friedhelm Korte, Winfried Paulus, Jürgen Vogel und Horst Weitkamp. (Liebigs Ann. Chem. **648**, 124—30, 11/12. 1961; Bonn, Univ., Chem. Inst.; dt.) — 16. vgl. C. **1963**, 4034. — Im Mikromaßstab wurden *$^{14}C_{(4)}$-2-Methyl-4-amino-6-hydroxypyrimidin* (**I**; 0,1 mMol, 18 mc/mMol), *$^{14}C_{(4)}$-2.5-Dimethyl-4-amino-6-hydroxypyrimidin* (**II**; 0,1 mMol, 18 mc/mMol) u. *^{35}S-γ-Mercapto-γ-acetylpropylacetat* (**III**; 0,5 mMol, 100 mc/mMol) synthetisiert. In Minimalnährlsg. werden **I** u. **II** nur von pyrimidinabhängigen Pilzen zur *Aneurin* (**IV**)-Biosynth. verwertet. Nach Zusatz von **III** u. *^{35}S-2-Methyl-4-amino-*

5-thioformylaminomethylpyrimidin (100 mc/mMol) war aus diesen Organismen kein radioakt. **IV** isolierbar.

Versuche: *$^{14}C_{(4)}$-2-Methyl-4-amino-6-hydroxypyimidin*, F. 295—297°, aus $^{14}C_{(3)}$-Cyanessigsäuremethylester (roh), Acetamidinhydrochlorid (**V**) u. methanol. $NaOCH_3$-Lsg. durch 1 std. Kochen; 44% (Ausbeute). *$^{14}C_{(4)}$-2.5-Dimethyl-4-amino-6-hydroxypyrimidin* (**II**), aus α-Brompropionsäure u. $K^{14}CN$ durch Überführen in *K-$^{14}C_{(4)}$-α-Cyanpropionat* in Ggw. von K_2CO_3 in W. (40 Min.; 95—100°), Rk. des trockenen Salzgemisches mit $(C_2H_5)_2SO_4$ zu *^{14}C-α-Cyanpropionsäureäthylester* (1 Std., 125—135°) u. Rk. unter Eiskühlung mit **V** u. methanol. $NaOCH_3$-Lsg. (1½ std. Kochen); 34%. *Inaktives* **II**, $C_6H_9N_3O \cdot 2\,H_2O$, F. 278—280° (50%ig. A.), analog. — *2.5 Dimethyl-4-amino-6-chlorpyrimidin*, F. 188°, aus **II** mit $POCl_3$ (2 Std., 115—120°); bräunliche Tafeln; 78%. — *2.5-Dimethyl-4-aminopyrimidin*, F. 199—201°, aus vorst. Verb. mit H_2 in Ggw. von Pd/Kohle; 96%. — *^{35}S-γ-Mercapto-γ-acetylpropylacetat*, aus γ-Chlor-γ-acetoylpropylacetat u. $H_2{}^{35}S$ bei —20° (30 Min.), Lösen in gekühlten CH_3OH u. Einleiten von CO_2.

K. Maier. 4320◇

Heterocyclen im Stoffwechsel. 18. Mitt. **Zur Biosynthese des Riboflavins. Umwandlung von $^{14}C_{(5)}$-Guanin durch Candida-Arten unter dem Einfluß der Spurenelemente Zink und Eisen.** Friedhelm Korte und Gerhard Ludwig. (Liebigs Ann. Chem. **648,** 131—39, 11/12. 1961; dt.) — 17. vgl. vorst. Referat. — In Kulturen, von *C. guilliermondii* u. *C. flareri* treten in Ggw. von Zn^{2+}-Ionen als Hauptumwandlungs-Prodd. von *$^{14}C_{(5)}$-Guanin* (**VI**), *Riboflavin* (**I**), *Flavinadenindinucleotid* (**II**), *6.7-Dimethyl-8-ribityllumazin* (**III**), *6-Methyl-7-hydroxy-8-ribityllumazin* (**IV**), *Adenosin Guanylsäure* (**V**) u. „Nucleinsäuren", deren Hydrolyse **VI** u. Adenin (18:1) gibt, auf. In Ggw. von Fe-Ionen sind weder ^{14}C-**I**, **II**, **III** noch **IV** nachweisbar. Im Zellextrakt erscheint neben „Nucleinsäuren", **V** u. *Guanosin* (**VIII**) eine *Substanz P* (aus Mycel; **VII**) mit positiver Phosphatreaktion. Eine Anzahl weiterer ^{14}C-Stoffwechsel-Prodd. wurde durch die R_F-Werte charakterisiert. **VII** ist weder durch wachsende Kulturen noch enzymat. in **I** überführbar. „Nucleinsäuren", **V** u. **VIII** werden durch wachsende Kulturen in Ggw. von Zn^{2+} in **I**, in Ggw. von Fe-Ionen in **VII** umgewandelt. Zellfreie Extrakte führen dagegen „Nucleinsäuren" u. **V** vorwiegend in **VIII** über. Im Zellextrakt wachsender Kulturen tritt vor der **I**-Ausscheidung ins Nährmedium ein **II**- u. **III**-Maximum auf.

K. Maier. 4320□

Transformation von Steroiden durch Sporen von Mikroorganismen. 1. Mitt. **Hydroxylierung von Progesteron durch Konidien von Aspergillus ochraceus.** Claude Vézina, S. N. Sehgal und Kartar Singh. (Appl. Microbiol. **11,** 50—57, 1963; Montréal, Canada, Ayerst Res. Labor., General Microbiol.; engl.) — Konidien von *Aspergillus ochraceus* (A.o.) wandeln *Progesteron* (**I**) in *11α-Hydroxyprogesteron* (**II**) u. *6β.11α-Dihydroxyprogesteron* (**III**) um. Die Umwandlungsfähigkeit hängt nicht vom Sporulationsmedium ab, sondern vom Stamm u. von der Konidienkonzentration. Adaptation wurde niemals beobachtet. Alter u. Lagerung der Konidien, pH-Wert, Belüftung u. Rührung, Stickstoffquelle, Metallionen, Chelat-bildende Agentien u. Stoffwechselaktivatoren hatten keinen großen Einfl. innerhalb weiter Grenzen. Quecksilberchlorid, p-Chlormercuribenzoat, NaN_3 u. KCN hemmten die Umwandlung. Glucose ist notwendig, kann aber durch d(+)-Xylose vollständig u. teilweise durch einige andere Kohlenstoffquellen ersetzt werden. Das Verhältnis von **III** zu **IV** wird beeinflußt durch die **II**-Konz. u. die Inkubationszeit. Eine Mutante, die nur **II** akkumuliert, wurde erzeugt. Konidien von A.o. hydroxylieren ebenfalls eine Vielzahl von Steroiden. Sporen gewisser Streptomyceten, Phycomyceten (Mucor), Ascomyceten u. Deuteromyceten sind aktiv. Die meisten Rkk., die schon bei vegetativen Zellen beobachtet wurden, wurden mit Sporen wiederholt. Im allg. rufen die Sporen eines bestimmten Organismus weniger Rkk. hervor als sein Mycel, u. sie akkumulieren auch weniger Produkte.

D. Pöhland. 4320◇

Über eine Methode zur Feststellung von mit Penicillium islandicum infiziertem Reis. 1. Mitt. Takashi Tatsuno, Hideyuki Wakamatsu, Yuko Kanazawa, Taiko Satō und Hiroshi Tsunoda. (J. pharmac. Soc. Japan [Yakugakuzasshi] **77,** 689—91, 25/6. 1957; Tōkyō, Nihon Univ., Technische Fakultät, Pharmazeutisches Institut; jap., Auszug: engl.) — *Islandicin, Erythroskyrin, Luteoskyrin, Skyrin, Rubroskyrin* u. *Pigment B,* entstehen als Stoffwechsel-Prod. von *Penicillium islandicum* nach 1—2wöchiger Inkubation bei 26—29° auf sterilisierte u. nichtsterilisierte Reiskörner. Sie wurden nach Extraktion papierchromatograph. nachgewiesen.

F. Mossner. 4320

Über eine Methode zur Feststellung von mit Penicillium islandicum infiziertem Reis. 2. Mitt. Takashi Tatsuno, Hideyuki Wakamatsu, Yuko Kanazawa, Taiko Satō und Hiroshi Tsunoda. (J. pharmac. Soc. Japan [Yakugazuzasshi]

77, 692—93, 25/6. 1957; jap., Auszug: engl.) — 1. vgl. vorst. Referat. — Die im vorst. Ref. gek. Pigmente treten auch dann auf, wenn die Reiskörner außer mit *Penicillium islandicum* auch noch mit *Penicillium commune, Aspergillus niger* oder *Aspergillus clavatus* geimpft werden. F. Mossner. 4320

Die antifungale Aktivität von 3-Trichlormethylmercapto-5-[1-äthylamyl]-hydantoin (Chlordantoin). Alfred B. Kupferberg und George E. Doscher. (Antibiotics and Chemotherapy **11**, 73—78, 1961; Raritan, N.J., Ortho Res. Foundation; engl.) — Eine Anzahl von *Trichlormethylmercapto-Verbb.* hemmten *Candida albicans* in vitro (Grenzkonzz. µg/ml, bei pH 4,5 u. 7,0): 3-Trichlormethylmercapto-hydantoine: *5-[1-Äthylamyl]-* (I), 2, 3; *5-Methyl-5-isopropyl-*, 7, 20; *1-Acetyl-5.5-dimethyl-*, 10, 67; *5-Methyl-5-tert.-butyl-*, 10, 25; *5-Methyl-5-[3-methylbuten-(2)-yl]-*, 4, 17; *5-[2.6-Dimethylhepten-(6)-yl]-*, 4, 67; *5-Äthyl-5-isopropyl-*, 5, 20; *5-Methyl-5-[carbäthoxy-methyl]-*, 5, 40; *5.5-Diphenyl-*, 7, 40; N-Trichlormethylmercapto-Derivv.: *-3.6-endo-methylentetrahydrophthalimid*, 7, 13; *-tetrahydrophthalimid*, 10, 40; *-phthalimid*, 10, 67. I ist eine wirksame antifungale Verb. relativ geringer Toxizität. Die Aktivität ist bei pH 4,5 > pH 7,0. C. albicans wird bei Konzz., die die Vermehrung hemmen, abgetötet. Menschliche Vaginalfl., Penicillin, Streptomycin, Sulfathiazol, N-Acetyl-sulfanilamid oder N¹-Benzoylsulfanilamid beeinflussen I nicht. Humanserum oder Hefeextrakt vermindern die Wirksamkeit. Zwischen I u. einigen quart. NH_4-Verbb., z. B. Alkyldimethylbenzylammoniumchlorid (II), N-Cetylpiperidinmethojodid, usw. besteht Synergismus. Ferner wurde ein synergist. Effekt zwischen mehreren Trichlor-methylmercapto-Verbb. u. II beobachtet. K. Maier. 4330◇

Antimikrobielle Aktivität von 8-Chinolinol, seinen Salzen mit Salicylsäure und 3-Hydroxy-2-naphthoesäure und die betreffenden Kupfer(II)-Chelate in Flüssigkultur. Herman Gershon und Raulo Parmegiani. (Appl. Microbiol. **11**, 62—65, 1963; Ridgefield, N.J., Inc., Pfister Chem. Works; engl.) — Gegen *Aspergillus niger* u. *oryzae, Trichophyton mentagrophytes, Myrothecium verrucaria* u. *Trichoderma viride* sowie gegen die Bakterien *Escherichia coli, Pseudomonas aeruginosa, Leuconostoc mesenteroides P-60, Staphylococcus aureus* u. *faecalis* wurden folgende Verbb. auf fungi- u. bacteriostat. sowie auf fungi- u. baktericide Wrkg. geprüft: *8-Chinolinol* (I), *8-Chinoliniumsalicylat, -1-* u. *-3-hydroxynaphthoat-(2)* sowie die *Cu(II)-Chelate* der genannten Verbb., ferner *Salicylsäure, 3-Hydroxynaphthoesäure-(2)* u. die *Cu(II)-Salze* der beiden Säuren. — I ist aktiver als seine Salze, die Cu(II)-Chelate der I-Salze zeigen gegen Fungi u. Bakterien nahezu gleiche Wirksamkeit, die Cu-Salze der Säuren sind gegen Fungi unwirksam. D. Pöhland. 4330◇

Mechanismus der Resistenz gegen 2.6-Diaminopurin bei Salmonella typhimurium. Gurudutt P. Kalle und Joseph S. Gots. (Biochim. biophysica Acta [Amsterdam] **51**, 130—37, 1961; Philadelphia, Pa., Univ. of Pennsylvania, School of Med., Dep. of Microbiol.; engl.) — Vom *S. typhimurium*-Stamm *LT-2* abgeleitete *2.6-Diaminopurin* (I)-resistente Mutanten bauen I vermindert ab. Sie unterscheiden sich in der Fähigkeit zur Aufnahme von Adenin (II) aus der Nährlösung. Die Mutante *dap-r-6* mit erhöhter Empfindlichkeit gegen II-Hemmung, baut II ebenso rasch wie *LT-2* ein, während die gegen II-Hemmung resistente Mutante *dap-r-3* II vermindert aufnimmt. Der Einbau von Hypoxanthin, Guanin u. Xanthin ist bei diesem Stamm unbeeinflußt. *LT-2* u. *dap-r-3* inkorporieren 5-Amino-4-imidazol, eine Zwischenstufe der Purinbiosynth., nur wenig. Die Unters. zellfreier Extrakte ergibt keine Katalyse einer Rk. zwischen I u. 5-Phospho-ribosyl-1-pyrophosphat zum entsprechenden Nucleotid durch die resistenten Mutanten. Die Adenylpyrophosphorylase-Aktivität der Extrakte von *dap-r-6* entspricht der von *LT-2*, ist aber in *dap-r-3* stark vermindert. In beiden Mutanten bleiben Inosin-, Guanyl- u. Xanthylpyrophosphorylase-Aktivität unbeeinflußt. K. Maier. 4330◇

Förderung der Streptomycin-Produktion durch eine Reihe organisch-synthetischer Verbindungen. J. H. Ferguson, H. T. Huang und J. W. Davisson. (Appl. Microbiol. **5**, 339—43, Sept. 1957; Brooklyn, N.Y., Chas. Pfizer and Co., Biochem. Res. Labor.; engl.) — Zu einem halbsynthet. Medium wurden verschiedene *Barbiturate* zugesetzt u. die in Tankkultur gebildete *Streptomycin* (I)-Menge mit der Kontrolle verglichen. $27{,}0\cdot10^{-3}$ m *5.5-Dimethylbarbitursäure* steigerte die I-Produktion um das 3fache, $27{,}0\cdot10^{-3}$m *5.5-Äthylmethylbarbitursäure* um das 4,5fache, $13{,}5\cdot10^{-3}$m *5.5-Diäthylbarbitursäure* um das 4,5fache, $13{,}5\cdot10^{-3}$m *5.5-Äthylisopropylbarbitursäure* um das 4,5fache, $13{,}5\cdot10^{-3}$m *5.5-Diallylbarbitursäure* um das 2fache, $13{,}5\cdot10^{-3}$m *5.5-Allylisopropylbarbitursäure* um das 1,5fache, $27\cdot10^{-3}$m *Diäthylmalondiamid* um das 3,5fache u. $10{,}8\cdot10^{-3}$m *β.β-Äthyl-methylglutarimid* um das 3,5fache. Die zugesetzten Stoffe wurden nicht verbraucht. Sie verursachten in erster Linie ein starkes Mycelwachstum. H. Frank. 4340□

Verhinderung des Verlustes der Streptomycinbildung bei wiederholter Überimpfung von Streptomyces griseus. Vladimír Musílek. (Appl. Microbiol. **11**, 28—29, 1963; New Brunswick, N.J., The State Univ., Rutgers, Inst. of Microbiol.; engl.) — Die Fähigkeit zur *Streptomycin*-Bldg. in Unterwasserkulturen von *Streptomyces griseus* ging fast vollständig verloren bei wiederholten Überimpfungen auf synth. Nährmedium. Dieser Effekt trat nicht auf, wenn im selben Nährmedium Fe^{2+} weggelassen wurde. Die physiolog. Ursache für diesen Effekt wird vom Standpunkt des Verhältnisses des eisenhaltigen Porphyrinenzymes zum Prozeß der Streptomycin-Biosynth. aus diskutiert. D. Pöhland. 4340◇

Nichtbiologische Umwandlung von Cephalosporin C in eine neues Antibioticum durch Natriumthiosulfat. A. L. Demain, Joanne F. Newkirk, G. E. Davis und R. E. Harman. (Appl. Microbiol. **11**, 58—61, 1963; Rahway, N.J., Div. of Merck & Co., Merck Sharp & Dohme Res. Labor.; engl.) — Die offensichtliche Stimulation der *Cephalosporin-C* (I)-Biosynth. durch $Na_2S_2O_3$ hängt von einer nichtbiolog. Umwandlung von I in ein neues Deriv. *Cephalosporin* C_x (II), ab. Die neue Verb. ist aktiver als I gegenüber dem Vers.-Organismus *Escherichia coli W-208.* **II** behält die Eigg. der Ultraviolettabsorption u. der Resistenz gegenüber Penicillinase, aber es wandert schneller als I im verwendeten Papierchromatographiesystem. D. Pöhland. 4340◇

Einige pharmakologische Eigenschaften des Hamycins. M. Sirsi. (Indian J. Pharmacy **25**, 53—56, 1963; Bangalore, Pharmacology Labor., Indian Inst. of Sci.; engl.) — Das Antibioticum *Hamycin* (I) wird aus *Streptomyces pimprina Thirum* erhalten u. ist ein Anregungsmittel für die glatte Muskulatur des Krummdarmes u. der Gebärmutter. I ist ein polyenes Antibioticum (heptaen) u. vergleichende Unterss. mit anderen bekannten polyenen Antibioticis werden vorgenommen. Eine interessante Beobachtung wurde gemacht, daß das Heptaen *Amphotericin B,* als auch die Tetraene *Nystatin, Pimaricin* u. *Amphotericin A* im Gegensatz zu I einen Kontraktionszustand des Diaphragmas verursachen. Wie kürzlich berichtet wurde, vermag I eine cardioton. Wrkg. in 0,2 µg/ml Lsg. beim Frosch- u. Kaninchenherzen auszulösen. I zeigt eine anregende Wrkg. auf die glatte Muskulatur von Ratten, falls niedrige Konzz. zur Anwendung kommen u. eine depressive Wrkg. bei höheren Konzentrationen. Ein Phrenicusdiaphragma-Präp. der Ratte zeigt, daß I nur bei verlängerten Kontakten eine ausgesprochen depressive Wrkg. ausübt. O. Jansen. 4340◇

Taxonomische Analyse von ungefärbten schnell wachsenden Mycobakterien. L. F. Bojalil und J. Cerbón. (J. Bacteriol. **81**, 338—45, 1961; México, UNAM Hospital General, Escuela de Medicina, Unidad de Patología; engl.) — Es werden die morpholog., physiolog. u. Kultur-Eigg. von 43 Mycobacterium-Stämmen angegeben sowie ihr Vermögen, Zucker u. org. Säuren zu verwerten. E. Lück. 4350◇

Staphylokokken-Stämme, die von Natur aus gegen Methicillin und 5-Methyl-3-phenyl-4-isoxazolylpenicillin (P 12) resistent sind. Y.-A. Chabbert und J.-G. Baudens. (Ann. Inst. Pasteur **103**, 222—30, 1962; Institut Pasteur, Labor. de l'Hôpital; franz.) — Von 82 Staphylokokkenstämmen erwiesen sich 10, aus 9 verschiedenen Krankenhäusern stammend, als resistent gegen *Methicillin* u. *5-Methyl-3-phenyl-4-isooxazolylpenicillin* u. als widerstandsfähig gegen Antibiotica (Penicillin G, Streptomycin, Kanamycin, Chloramphenicol, Tetracyclin, Erythromycin, Novobiocin). 6 von diesen Stämmen gehören demselben Lysotyp an u. besitzen den gleichen Serotyp, soweit sie einzugruppieren sind. W. Gaudlitz. 4350◇

Der Niacintest und seine Bedeutung für die Identifizierung von Tuberkulosebakterien des Typus humanus. M. K. Kurtar und H. Dagistanli. (Beitr. Klin. Tuberkul. **125**, 178—84, 1962; Ankara, Türkei, Militärärztl. Akad. Gülhane, Bakteriolog. Abt.; dt.) — Die Mycobacterien-Stämme werden in modifizierter Lockemann-Nährlsg. kultiviert. Diese wird auf pH 6,8 eingestellt. Bebrütungsdauer 7—28 Tage bei 37°. Abtötung der Bakterien bei 100°. Testreagentien: KCN-Lsg. 1%ig., Chloramin-T-Lsg. 5%ig. (Bönicke u. Lisboa vgl. C. **1959**, 8929). Durchführung: In die Kultur-Fl. nacheinander 1 ml KCN-Lsg. u. 1 ml Chloramin-Lsg. geben, durchmischen, 3—5 Min. stehenlassen bei Zimmer-Temp., Gelbfärbung zeigt Nicotinsäure an. Humane Stämme zeigen hohe Nicain-Bldg., bovine nur sehr schwache, daher einwandfreie Unterscheidungsmöglichkeit. W. Gaudlitz. 4350◇

Chromogenese bei Staphylococcus aureus und Typeneinteilung nach der Färbung. David Sompolinsky. (J. Lab. clin. Med. **60**, 439—50, 1962; Serifin, Israel, Governm. Hosp. Asaf Harofe, Staphylococcus Ref. Labor.; engl.) — Es wurde eine Technik zur Messung des Farbtones u. der Farbintensität der durch Stämme von *Staphylococcus aureus* gebildeten Koloniefarbstoffe zum Zwecke der Typeneinteilung entwickelt. Diese Meth. ist sehr zuverlässig, wenn bei einer Infektion nur wenige Stämme beteiligt sind.

Die Intensität der Farberzeugung nimmt allmählich ab, wenn die Staphylokokken auf Speicherkulturagar in versiegelten Reagenzgläsern gehalten werden.

K. Zingraf. 4350◇

Trübungs- und maßanalytische Verfahren zur mikrobiologischen Bestimmung von Aminosäuren; eine Vereinheitlichung der Proben. Joseph J. McGuire, S. S. Schiaffino und H. W. Loy. (J. Assoc. off. agric. Chemists **43**, 34—37, Febr. 1960; Washington, D. C., Dep. of Health, Education and Welfare, Div. of Nutrition, Food and Drug Admin.; engl.) — Ein Vgl. des von Schiaffino, McGuire u. Loy (C. **1960**, 594 u. **1961**, 1249) empfohlenen turbidimetr. mit dem titrimetr. Verf. zur Best. einer Reihe von Aminosäuren ergibt eine gute Übereinstimmung beider Methoden. W. Wesly. 4360□

Mikrobiologische Bestimmung der scheinbaren Hippursäure und des freien Glycins im Urin. Merrill N. Camien, Audree V. Fowler und Max S. Dunn. (Proc. Soc. exp. Biol. Med. **102**, 104—07, Okt. 1959; Los Angeles, Univ. of Calif., Chem. Labor.; engl.) — Freies *Glycin* (I) u. *Hippursäure* (II) im Urin wurden mikrobiolog. nach ihrer Fraktionierung durch Gegenstromverteilung zwischen normalem Butanol u. 5%ig. HCl bestimmt. Die Wirksamkeit dieser Meth. wurde durch Trennung von **II** u. **I** in bekannten Gemischen u. durch Wiederauffinden der, dem Urin vor der Fraktionierung beigefügten Mengen bewiesen. Die Konzz. an freiem **I** u. **II** im normalen Urin waren 3,1 bzw. 4,6 μMol/ml. H. Aman. 4360◇

Bakterielle Endotoxine. Otto Westphal, Otto Lüderitz und Anne Marie Staub. (J. med. pharmac. Chem. **4**, 497—504, 1961; Freiburg-Zähringen, A. Wander-Forsch.-Inst.: Paris, Inst. Pasteur.; engl.) — Übersicht. — Zahlreiche Literaturangaben.

K. Maier. 4370◇

Eine vergleichende Untersuchung von Staphylococcus-Hämolysinen und Colisan. F. Bergmann, S. Leon, M. Chaimovitz und F. Benzakein. (Brit. J. Pharmacol. Chemotherapy **17**, 159—66, 1961; Jerusalem, Hebrew Univ., Hadassah Med. School, Dep. of Pharmacol.; engl.) — *Staphylococcus-β-Hämolysin* (I) zeigt gegenüber Aktivatoren des glatten Muskels (Acetylcholin, 5-Hydroxytryptamin, Histamin, Nicotin, $BaCl_2$) die gleiche Wrkg.-Breite wie *Colisan* (II), ein Bakterienextrakt aus der Mutante RB-103. Der antispasmod. Effekt entwickelt sich langsam u. ist durch wiederholtes Waschen entfernbar. Die hämolyt. **II**-Aktivität unterscheidet sich charakterist. von der von **I**, ähnelt aber weitgehend α-Toxin. Beide *Staphylococcus*-Toxine zerstören *Paramecium caudatum* u. *Entamoeba histolytica*, doch unterscheidet sich in beiden Fällen das Titerverhältnis P/A. Der P/A-Wert von **I** gleicht dem von **II**. K. Maier. 4370◇

Toxischer Effekt von Staphylokokkenlysinen auf Goldfische. Milton T. Kaplan und Milo D. Appleman. (Appl. Microbiol. **11**, 69—74, 1963; Los Angeles, Calif., Univ. of Southern California, California Coll. of Med., Dep. of Bacteriol., Dep. of Med. Microbiol.; engl.) — Goldfische sterben innerhalb von 24 Std. nach intraperitonealer Injektion von 0,2 ml Seitz-Filtrat von hämolyt. *Staphylococcus aureus*-Kulturen, die auf Dolman u. Wilson-Medium bei erhöhtem CO_2-Druck 72—96 Std. gewachsen waren. 2 letale Toxine wurden festgestellt. Filtrate nichthämolyt. Staphylokokkenkulturen sind unschädlich. Goldfische erweisen sich als geeignete Vers.-Tiere zum Nachw. der Toxizität in Filtraten von Staphylokokkenkulturen u. für quant. Unterss. der Toxine.

D. Pöhland. 4370◇

Über den Ursprung der Toxizität von Toxoflavin. H. E. Latuasan und W. Berends. (Biochim. biophysica Acta [Amsterdam] **52**, 502—08, 1961; Delft, Technol. Univ., Biochem. u. Biophys. Labor.; engl.) — *Toxoflavin* (I), ein Toxin von *Pseudomonas cocovenenans*, hemmt in Konzz. bis zu 100 γ/ml das Wachstum von Hefezellen nicht. Dagegen betragen die **I**-Konzz. zur vollständigen Hemmung von *Escherichia coli* 0,5, *Shigella* 1,2, *Micrococcus pyogenes* 1,2, *Bacillus subtilis* 2,5 u. *Proteus vulgaris* 25,0 γ/ml. Die endogene Atmung von Hefezellen in Phosphatpuffer wird durch **I** erheblich gesteigert (100%ig. Steigerung der O_2-Aufnahme durch 30 γ I/ml). Der RQ der Atmung von intakten Hefezellen wurde durch 10^{-4} m **I** von 0,85 auf 0,80 herabgesetzt. **I** verursacht in dieser Konz. in Ggw. von $3 \cdot 10^{-2}$ m Glucose (II) nur eine unbedeutende Zunahme der O_2-Aufnahme. **I** hat keine Wrkg. auf die anaerobe Fermentation von **II** durch intakte Zellen oder Homogenate von gepreßter Hefe. **I** hemmt nicht, sondern verstärkt eher die oxydative Phosphorylierung von Hefe. Durch Dinitrophenol wird die durch **I** erhöhte endogene Atmung der Hefe erniedrigt. Jodacetat hat keinen Effekt auf die Stoffwechselwrkg. von **I** bei Hefe. Das Antibioticum *Antimycin A* (III) stört den Übergang von Elektronen zwischen den Cytochromen b u. c. Spuren von **III** blockieren die endogene Hefeatmung fast vollständig, während die CO_2-Produktion stimuliert wird. Diese Wrkg. können durch **I** annulliert werden. **I** scheint so als ein Elektronenvermittler zu wirken, wodurch der Übergang von Elektronen im Cytochrom-Syst. ermöglicht wird. Als endgültiges Resultat dieses Elektronentransportes entsteht H_2O_2. Die Peroxid bedingende Wrkg. von I scheint für die starke antibiot. Aktivität u. den tox. Charakter von I verantwortlich zu sein. Die Inaktivität von I unter anaeroben Bedingungen erscheint in Übereinstimmung mit dieser Annahme. G. Kimmerle. 4370△

Reinigung eines Immobilisierungsantigens von Paramecium aurelia, Varietät 1. John Bishop. (Biochim. biophysica Acta [Amsterdam] **50,** 471—77, 1961; Edinburgh, Univ., Inst. of Animal Genetics; engl.) — Elektrophoret. Reinigung des *Immobilisierungsantigens* (I), *Serotyp 60 D*, von *P. aurelia*, var. 1, an Stärkegel bzw. Chromatographie an $Ca_3(PO_4)_2$-Gel gab ein 89% bzw. 97% enthaltendes Protein, wobei in beiden Präpp. das Verhältnis antigene Aktivität/mg Protein annähernd gleich war. Beide Präpp. enthalten eine gemeinsame Komponente. I ist vermutlich eine Substanz, vorwiegend oder völlig von Proteincharakter, mit einem Molgew. von ca. 250000. K. Maier. 4370◇

Verhalten des Poliovirus 1 gegenüber α-Hydroxybenzylbenzimidazol. B. Loddo. (Boll. Soc. ital. Biol. sperim. **39,** 102—04, 1963; Cagliari, Univ., Ist. di Farmacol., Igiene e Microbiol.; ital.) — Es wird die Wrkg. von *α-Hydroxybenzylbenzimidazol* (I) im Vgl. mit *Guanidin* beim Poliovirus 1 untersucht. Wie im Falle von Guanidin induziert I (66 μg/ml) in vitro einen Zustand der Resistenz des Virus. Dagegen werden keine I-abhängigen Stämme erzeugt, noch ist eine Rückbldg. der I-Resistenz zu beobachten. F. Kren. 4374◇

Verhalten des gegenüber α-Hydroxybenzylbenzimidazol resistenten Poliovirus 1 in vitro im Vergleich zu Guanidin. B. Loddo. (Boll. Soc. ital. Biol. sperim. **39,** 104—07, 1963; Cagliari, Univ., Ist. di Farmacol., Igiene e Microbiol.; ital.) — Vgl. vorst. Referat. — Der gegenüber *α-Hydroxybenzylbenzimidazol* (I) resistente Poliovirus 1 zeigt gegenüber *Guanidin* eine weitere Resistenz, die jedoch langsamer als gegenüber I auftritt; während nach der 13. Passage in I noch eine gewisse Sensibilität gegenüber Guanidin verbleibt, ist der Virus vollkommen I-resistent. Während ein schon Guanidin-abhängig gewordener Virus-Stamm auch I-abhängig wird, kann keine I-Abhängigkeit direkt durch I erzeugt werden. F. Kren. 4374◇

Wirkung von p-Fluorphenylalanin auf die Vermehrung des Maul- und Klauenseuchevirus. F. Brown, D. N. Planterose und Doreen L. Stewart. (Nature [London] **191,** 414—15, 1961; Pirbright, Surrey, Res. Inst. [Animal Virus Dis.]; engl.) — Infektion von Schweinenierengewebekultur mit Maul- u. Klauenseuchevirus (Stamm 997, Typ C) führt zu rascher Neubldg. des Virus in den Zellen. 15—30 Min. vor Auftreten der neuen Viren setzt die Bldg. der Ribonucleinsäure der Viren ein. Wenn der Kultur 1 Std. nach Infektion 1,000 μm *p-Fluorphenylalanin* (I) zugesetzt wird, so wird die Viren-Synth. vollständig gehemmt. Späterer Zusatz von I hat nur eine Teilwirkung. K. Zingraf. 4374◇

Das partielle spezifische Volumen von Proteinen durch eine magnetische Waagetechnik. A. M. Clarke, D. W. Kupke und J. W. Beams. (J. physic. Chem. **67,** 929—30, 1963; Charlottesville, Va., Univ. of Virginia, School of Med., Dep. of Phys., Dep. of Biochem.; engl.) — Mit der Meßanordnung von Beams u. Clarke (Rev. Sci. Instruments **33,** [1962], 750) wurde das partielle spezif. Vol. ($\bar{v}$) der *Ribonuclease* u. des *Tabakmosaikvirus* bestimmt u. mit denen anderer Autoren verglichen. Für RNase ist $\bar{v} = 0{,}709 \mp 0{,}002$ ml/g. Beim TMV ist $\bar{v}$ von der Konz. abhängig, für niedere Konzz. ist $\bar{v} = 0{,}738 \mp 0{,}002$ ml/g. G. Seltmann. 4374◇

Meeressterine. 10. Mitt. **Der Steringehalt des Euphausia pacifica-Planktons.** U. H. M. Fagerlund. (Canad. J. Biochem. Physiol. **40,** 1839—40, 1962; Vancouver, Brit. Col., Fisheries Res. Board of Canada, Chem. Sect., Technol. Stat.; engl.) — 9. vgl. C. **1962,** 15306. — Aus 1465 g *Euphausia pacifica* (Feuchtgew.) konnten nach Extraktion mit Aceton u. Ae. sowie mit Al_2O_3-Chromatographie 1170 mg Sterin durch Elution mit Methylenchlorid gewonnen werden; weniger als 1% sind davon „fast-acting" Sterine. Das IR-Spektrum wies auf Identität mit *Cholesterin* (I). Zwei frühere Fraktionen ergaben bei Rechromatographie 170 mg Sterine (F. 148°). Der Befund steht in Übereinstimmung mit Angaben, nach denen I das einzige Hauptsterin bei anderen Mitgliedern der gleichen Unterklasse (*Malacostraca*) ist. U. Tausendfreund. 4380◇

Weitere Beobachtungen über die nativen und rekristallisierten Kristalle der Amöbe Amoeba proteus. D. Carlström und K. Max Møller. (Exp. Cell Res. **24,** 393—404, 1961; Stockholm, Karolinska Inst., Dep. of Med. Physics; Copenhagen, Carlsberg Labor., Physiol. Dep.; engl.) — Die im Cytoplasma von *A. proteus* enthaltenen Kristalle bestehen wahrscheinlich aus einer tetragonalen Form von *Triuret* (*Carbonyldiharnstoff*) (I), wie Röntgenbeugungs- u. polarisationsmkr. Unterss. zeigen. Die stabilere monokline Form von I, erhalten durch Synth. oder Umkristallisieren nativer Kristalle, weist gegenüber letzteren einige Unterschiede auf, die sich nicht auf Grund verschiedener räumlicher Anordnung erklären lassen u. wahrscheinlich durch Verunreinigungen bedingt sind. K. Maier. 4380◇

E_4. Pflanzenchemie. Pflanzenphysiologie. Pflanzenpathologie

Untersuchungen über die Wirkungen gasförmiger Ionen auf das Pflanzenwachstum. 1. Mitt. **Der Einfluß positiver und negativer Luftionen auf das Wachstum von Avena sativa.** Albert P. Krueger, Sadao Kotaka, Paul C. Andriese (unter techn. Mitarbeit von Eddie J. Reed). (J. gen. Physiol. **45**, 879—95, 1962; Berkeley, Calif., Univ. of California, Dep. of Bact. Naval Biol. Labor. of the School of Public Health; engl.) — Sämlinge von Hafer (*Avena sativa L. var. Kanota*) in Seesandkultur werden einer unipolar. ionisierten Atmosphäre ausgesetzt. In allen 3 Vers.-Serien (Dauer: 12—30 Tage) mit hohen u. niedrigen Dosen sowie mit positiven u. negativen Ionen ergab die Best. der Länge der Koleoptilen, des Abstandes zwischen Endospermbasis u. Apex des längsten Blattes, des Frisch- u. Trockengew. für Sämlinge, die in ionisierter Luft gewachsen waren, signifikant höhere Werte als für die Kontrollen. Der hierzu erforderliche minimale Strom beträgt $4{,}3—4{,}6 \cdot 10^{-13}$ A/Pflanze. Die Ionendichte beträgt bei niedriger Dosis $5 \cdot 10^3$ negative Ionen/cm^3 bzw. $5{,}9 \cdot 10^3$ positive Ionen/cm^3, bei hoher Dosierung $1{,}2 \cdot 10^4$ negative Ionen/cm^3 bzw. $1{,}3 \cdot 10^4$ positive Ionen/cm^3 (Kontrollen: 200—250 Ionen/cm^3). H. G. W. Gleiß. 4404◇

Untersuchungen über die Wirkungen gasförmiger Ionen auf das Pflanzenwachstum. 2. Mitt. **Konstruktion und Arbeitsweise einer Luftreinigungseinheit zum Gebrauch bei Untersuchungen über die biologischen Wirkungen gasförmiger Ionen.** Albert P. Krueger, J. C. Beckett, Paul C. Andriese, Sadao Kotaka (unter techn. Mitarbeit von Eddie J. Reed). (J. gen. Physiol. **45**, 897—904, 1962; Berkeley, Calif., Univ. of California, Dep. of Bact. Naval Biol. Labor. of the School of Publ. Health; engl.) — Vff. beschreiben eine App. zur Luftreinigung, die die Luftverschmutzung auf ein tragbares Maß reduziert. Sie besteht aus Heizung (240 V, 6000 W) mit Thermostat, Al-Labyrinthfilter, Trionelektrostat. Filter, Ionen-Neutralisator, aktiviertem Kohlefilter u. Klimaanlage. Der App. arbeitet bei einem gemessenen Luftstrom von 800 CFM. H. G. W. Gleiß. 4404◇

Mikroelemente in grünen Pflanzen. 4. Mitt. (7. Mitt. über wesentliche Mikroelemente.) **Verteilung des P in Gerstenpflanzen bei einem Mangel an Schwermetallspurenelementen.** Akio Fujiwara und Michio Tsutsumi. (J. Sci. Soil Manure, Japan [Nippon Dojohiryogaku Zasshi] **30**, 545—48, 1960; jap.) — 6. vgl. C. **1963**, 13618. — Untersucht wird die Verteilung von *P*, in seine verschiedenen biochem. Verb.-Typen fraktioniert, in den oberird. Pflanzenteilen von *Gerste*, die 10 Wochen in einer jeweils von *Fe, Mn, Zn, Cu* bzw. *Mo* freien Nährlsg. gezogen worden war. Die Pflanzen mit *Zn*-Mangel enthalten am meisten P, die mit *Fe-*, *Mn-* oder *Cu*-Mangel enthalten mehr *organ. P*, nur die mit Mo-Mangel enthalten weniger als die normalen. In Mangelpflanzen, bes. bei *Mo*-Mangel, ist der Geh. an kalt-säurelösl. organ. P geringer als normal. Das Verhältnis dieser Fraktion zu jener mit *anorgan.* P ist im allg. bei den geschädigten Mangelpflanzen niedriger. Hohen Geh. an *Fett*-P zeigen Pflanzen mit *Fe-*, *Mn-* oder *Cu*-Mangel, geringen jene mit *Zn-* oder *Mo*-Mangel, bes. in Form von *lipoidem Nucleinsäure-P*, zusammen mit geringem Proteingehalt. *Fe-*, *Mn-* u. *Cu*-Mangelpflanzen zeigen hohen Geh. an *lipoidem Desoxyribonucleinsäure*(DNS)-P (I), solche mit *Zn-* oder *Mo*-Mangel einen geringen I-Gehalt. Der Gesamt-P ist niedriger bei *Mo*-Mangel, höher bei den übrigen Mangelpflanzen. Durch *Mo*-Mangel wird die P-Aufnahme erniedrigt. Bei den geschädigten Mangelpflanzen ist das Verhältnis anorgan./gesamter organ. P u. von kalt säurelösl./unlösl. P höher als normal. Die assimilator. Verwertung des aufgenommenen P wird bei allen hier untersuchten Mangelpflanzen herabgesetzt. L. Schuler. 4410◇

Acetylenverbindungen in Korbblütlern. Variationen und Anwendungsmöglichkeiten. Nils A. Sørensen. (Svensk kem. Tidskr. **72**, 265—74, 1960; Trondheim, Norges TH, Inst. for org. kjemi; norw.) — Vgl. C. **1961**, 14244. — Außer in Pilzen der Gruppe Basidiomycetes kommen *Polyacetylen*-Verbb. vor allem in der Familie der Compositae vor. Vf. führt Beispiele von aliphat. u. heterocycl. Verbb. dieser Klasse an u. zeigt Zusammenhänge zwischen dem Vork. dieser Verbb. u. der botan. Klassifizierung auf. R. K. Müller. 4420◇

Über die Form der Weinsäure in Tamarinden. Y. S. Lewis und S. Neelakantan. (Food. Sci. [Mysore, India] **9**, 405, 1960; Mysore, Indien, Central Food Technol. Res. Inst.; engl.) — Blätter u. Früchte von *Tamarindus indica L.* enthalten in allen Reifestadien *Weinsäure* nur als opt.-akt. *d-Weinsäure*. Als weitere Säure nur wurde *l-Äpfelsäure* gefunden. F. Krusen. 4420◇

Chemische Prüfung der Samen von Jatropha curcas Linn. 2. Mitt. **Untersuchungen über Pflanzenschleim.** A. Sinha. (Proc. nat. Acad. Sci. India, Sect. A **28**, 264—66, 1959; Agra, Med. Coll., Chem. Labor.; engl.) — Die Samen von *Jatropha curcas* enthalten

32,7% eines hellgelben Öles. Die Fettsäure-Zus. ist folgende: 1,8% *Myristin-*, 13,6% *Palmitin-*, 18,2% *Stearin-*, 29,3% *Linol-*, 0,6% *Arachidin-* u. 36,5% *Ölsäure*. In den Samen sind 2,7% reduzierende Zucker erhalten. Vf. weist papierchromatograph. *Glucose*, *Arabinose*, *Xylose*, *Galaktose* u. *Rhamnose* nach. W. Hiller. 4420◇

Kamlolensäure aus dem Samenfett von Mallotus discolor und M. claoxyloides. H. H. Hatt und A. H. Redcliffe. (Austral. J. Chem. **14**, 321—22, 1961; Melbourne, C.S.I.R.O, Chemical Res. Labor.; engl.) — *α-Kamlolensäure* [*18-Hydroxyoctadecatriensäure-(cis-9-trans-11-trans-13)*; (I)] konnte im Samenfett von *M. discolor* F. v. M. u. *M. claoxyloides* Muell. Arg. aufgefunden werden. Auf Grund spektroskop. Unterss. sind in dem Samenfett 70 u. 65% enthalten.

Versuche: *α-Kamlolensäure* (I), $C_{18}H_{30}O_3$, F. 75—76° (Ae.), durch Extrahieren der Kerne der Samen mit Ae. unter N_2 im Dunkeln, 24std. Schütteln des Ae.-Extraktes mit alkohol. KOH u. Entfernen des Unverseifbaren mit PAe., nach Entfernen des A., Ansäuern mit H_2SO_4 + Extrahieren mit Äther. *p-Bromphenacylester*, $C_{26}H_{35}BrO_4$, F. 85 bis 86° (A.). — *18-Hydroxystearinsäure*, F. 98—99° (II), durch Hydrieren von I in Essigsäuremethylester über PtO_2. F. Rosendahl. 4420△

Chemische Bestandteile von Luffa graveolens Roxb.; Identität des bitteren Prinzips mit Curcurbitacin B und E. D. S. Bhakuni, V. N. Sarma und K. N. Kaul. (J. sci. ind. Res. [New Delhi], Sect. B **20**, 232, 1961; Lucknow, Nat. Bot. Gardens; engl.) — Das im Mesokarp von reifen Früchten von *Luffa graveolens* zu 8% (Trockengew.-Basis) enthaltene „Bittere Prinzip" wird als *Curcurbitacin B* (I) u. *Curcurbitacin E* (II identifiziert. II ist nur in geringen Konzz. enthalten. Das Exokarp der Früchte enthält ebenfalls I in geringeren Konzentrationen. Die Schwierigkeiten der CH-Best. bei I u. II können durch Trocknen über Xylol beseitigt werden. Das inakt. I kann leicht durch Wismutoxid in das akt. II umgewandelt werden. W. Hiller. 4420◇

Untersuchungen über die Bestandteile der Blüten von Osmanthus fragrans. 3. Mitt. **Das Blütenpigment All-trans-β-Carotin.** Takeo Ishiguro, Naofumi Koga und Kenichi Nara. (J. pharmac. Soc. Japan [Yakugakuzasshi] **77**, 681—82, 25/6. 1957; Kyōto Univ., Medizinische Fakultät, Pharmakologisches Institut; jap., Auszug: engl.) — 2. vgl. C. **1961**, 12813. — *All-trans-β-carotin*, $C_{40}H_{56}$, F. 179,5°, ist aus den Blüten von *Osmanthus fragrans* durch Extraktion mit PAe. zu gewinnen. Die Reinigung erfolgt durch Chromatographie an *$Ca(OH)_2$* u. *Celite 545* (3 : 1). F. Mossner. 4420

Bildung von Phytin und dessen Rolle beim Reifungsvorgang der Reispflanze. Koji Asada und Zenzaburo Kasai. (J. Sci. Soil Manure, Japan [Nippon Dojohiryogaku Zasshi] **30**, 540—44, 1960; jap.) — Vgl. J. Sci. Soil Manure, Japan [Nippon Dojohiryogaku Zasshi] **30**, [1960], 479. — Wasserreispflanzen werden unter *P*-armen u. *P*-reichen Bedingungen (5 bzw. 10 ppm) kultiviert u. die Verlagerung der P-Verbb. in der Pflanze während des Reifens unter Zuhilfenahme von $^{32}PO_4$ (Autoradiogramme usw.) untersucht, bes. die Aufnahme von der Ährenspindel aus u. bei der „Gelbreife" von der Wurzel aus. Bei den P-reichen Kulturen ist bzgl. der Anreicherung des P in den Samen außer dem hohen *Phytin* (I)-Geh. kein deutlicher Einfl. der Ernährungsbedingungen auf die P-Fraktionen erkennbar. Der in die Samen verlagerte P bildet dort unter wechselseitiger Umwandlung anorgan. P $\rightleftharpoons$ Ester-P ein P-Reservoir. Da kein Umsatz vor sich geht, wird dort als Endprod. säureunlösl. P u. I gebildet. Auf Grund der Ergebnisse wird die Rolle des I u. der P-Aufnahme bzw. -Ernährung für die Stärke-Bldg. erörtert. L. Schuler. 4425◇

Spezifische Bindung von Rubidium bei Chlorella. Dan Cohen. (J. gen. Physiol. **45**, 959—77, 1962; Oxford, Engl., Dep. of Agric.; engl.) — Vf. bestimmt die Aufnahme von ^{86}Rb durch einen thermophilen Stamm von *Chlorella pyrenoidosa* u. vergleicht sie mit der anderer Ionen. Die Affinität von Rb ist $=$Ba $>$ K $>$ Cs $\gg$ Na. Diese Reihe änderte sich bei Zellen, die eingefroren oder in 70%ig. A. oder W. gekocht worden waren, nicht. Die Affinität ist bei einem Ionenradius von 1,3—1,5 Å (nicht hydratisiert) u. hoher Polarisierbarkeit maximal, jedoch vom Radius des hydratisierten Ions u. der Valenz unabhängig. H. G. W. Gleiß. 4450◇

Einbau von assimiliertem Kohlenstoff in die Wände von Xylem-Elementen. H. Jones und J. E. Eagles. (Nature [London] **195**, 672—73, 1962; Aberystwyth. Univ., Coll. of Wales, Dep. of Botany; engl.) — Durch Assimilierungs-Verss. mit $^{14}CO_2$ wurde an 3 Tabakpflanzen, die anschließend unter verschiedenen Bedingungen gehalten wurden, festgestellt, daß die Zone der Maximalresorption in jüngeren Pflanzenteilen in den Zonen der größten Wasser- u. Lsg.-Aufnahme liegt. Dies unterscheidet sich beträchtlich von dem Verh. älterer Teile des Tabakstammes. Die breite Aktivitätszone zeigt an, daß ein beträchtlicher Xylem-Teil zur Synth. neuen Wandmaterials befähigt bleibt. U. Drehmann. 4450◇

Die Wirkung von Chloramphenicol auf Aminosäurestoffwechsel und Ionenaufnahme isolierter Weizenwurzeln. E. Balogh, Z. Böszörményi und E. Cseh. (Biochim. biophysica Acta [Amsterdam] **52,** 381, 1961; Budapest, Eötvös Univ., Central Biol. Isotope Labor. and Inst. of Plant Physiol.; engl.) — Die Proteinfraktion u. freie Aminosäurefraktion exzisierter Weizenwurzeln, die ohne u. mit *Chloramphenicol* (I) inkubiert wurden, unterschieden sich mengenmäßig nur unwesentlich, doch wies diese nach 1 u. 24 Std. eine beträchtliche Anreicherung an *Alanin* auf, während andere Aminosäuren nach 24 Std. abgenommen hatten. I hemmte die Anreicherung org. u. anorg. Ionen (^{82}Br, ^{32}P, ^{14}C-Glycin, ^{35}S-Methionin) nur geringfügig. K. Maier. 4450◇

Aminosäureaufnahme durch Pflanzenwurzeln. D. E. Wright. (Arch. Biochem. Biophys. **97,** 174—80, April 1962; Montreal, McGill-Montreal General Hosp. Res. Inst.; engl.) — Vf. untersuchte die Aufnahme verschiedener (^{14}C-markierter) *Aminosäuren* durch Senf-, Weizen- u. Gerstenwurzeln. — Senfwurzeln, die aktiver als die beiden anderen Wurzelarten sind, transportieren *Glycin* (I) u. *Methionin* schneller als *L-Arginin, DL-Leucin* oder *L-Asparaginsäure*. Die I-Aufnahme ist energieabhängig, die optimalen Bedingungen liegen bei pH 5,2 u. 30°. Verschiedene der getesteten Aminosäuren konkurrieren um den Eintritt in die Wurzelzellen. H. Busse. 4450□

Untersuchung des Eindringens von 8-Äthoxycaffein in die Wurzeln von Vicia faba. K. Fredga und P. O. Nyman. (Exp. Cell Res. **22,** 146—50, 1961; Uppsala, Univ., Inst. of Genetics and Inst. of Med. Genetics; engl.) — Die Unters. des Eindringens von *8-Äthoxycaffein* (I) in *V. faba*-Wurzeln mittels ^3H-I unter aeroben Bedingungen zeigte, daß I anscheinend durch seine physikal. Eigg., nicht erst nach chem. Umwandlung wirkt, wobei Ein- u. Austritt wahrscheinlich von einem Diffusionsprozeß gesteuert werden. K. Maier 4450◇

Die Hemmung der Stickstoff-Festlegung durch Fluoressigsäure. J.H. Bruemmer. (Biochem. biophysic. Res. Commun. **7,** 53—57, 1962; Tonawanda, N.Y., Linde Company, Div. of Union Carbide Corp.; engl.) — In Verss. mit *Azotobacter vinelandii* u. unter Verw. von $^{15}N_2$ bzw. $^{15}NH_4^+$ wird nachgewiesen, daß *Fluoressigsäure* (I), die durch Bldg. von Fluorcitronensäure den Tricarbonsäurecyclus auf der Stufe der Aconitase hemmt, in $5 \cdot 10^{-5}$m Lsg. die Fixierung von N_2 um 14% u. den Einbau von NH_4^+ in Protein bereits um 54% unterdrückt. Jedoch wird die N_2-Fixierung bereits durch $1 \cdot 10^{-3}$m I völlig unterdrückt, während der NH_4^+-Einbau selbst durch noch höhere Konzz. kaum mehr als zu 75% gehemmt wird. Dieses Verh. zeigt an, daß die Hemmung der N_2-Festlegung noch vor der Bldg. der mit exogenem NH_4^+ im Gleichgewicht stehenden Verb. eintritt. Die niedrige I-Konz., bei der nur der NH_4^+-Einbau selektiv unterdrückt wird, ist Beweis, daß auch dieser Vorgang I-empfindlich ist. Da hieran die (lösl.) Aminosäurefraktion mit dem gleichen Betrag beteiligt ist wie die (unlösl.) Proteinfraktion, scheint eine indirekte Hemmung (N-Assimilation in Protein) nicht wahrscheinlich. P. Loch. 4450◇

Die Toxizität von Leguminosensamendiffusaten auf Rhizobia und andere Bakterien. G.D. Bowen. (Plant and Soil [The Hague] **15,** 155—65, 1961; Adelaide, Austr., C.S.I.R.O., Div. of Soils; engl.) — Samendiffusate der Leguminosen *Centrosema pubescens* u. *Klee* enthalten eine wasserlösl., thermostabile antibiot. wirksame Verb., die das Wachstum von *Rhizobia* u. anderen gramnegativen Bakterien u. auch grampositiven Bakterien hemmen. Samendiffusate von Luzernen zeigen wenig Aktivität. Das Ausmaß der Hemmung verändert sich mit der Art der Bakterien. Am wirksamsten waren Kleesamendiffusate. Die Samendiffusate können eine depressive oder stimulierende Wrkg. auf die Vermehrung der Organismen haben, die sich rund um keimende Samen in Sand u. Boden befinden. G. Kimmerle. 4450△

Kohlenhydratstoffwechsel von Avocado. 2. Mitt. **Bildung von Zuckern während kurzer Perioden der Photosynthese.** R. C. Bean, G. G. Porter und Barbara K. Barr. (Plant Physiol. **38,** 280—84, 1963; Riverside, Calif., Univ. of California, Dep. of Biochem.; engl.) — 1. vgl. C. **1963,** 2895. — Vff. setzten Avocadoblätter (*Persea gratissima*) 10 Sek. bis 16 Min. einem $^{14}CO_2$-Strom aus. Die Aktivität im Blatt nimmt mit der Expositionszeit von 2—8 Min. linear zu. Die Maskierung von *Mannoheptulosephosphat* findet schon nach einer kurzen photosynthet. Periode statt. Von den Zuckern zeigen *Saccharose* u. *Mannoheptulose* nach kurzer Zeit hohe Aktivität, danach folgen mit Abstand *Fructose, Glucose* u. *Sedoheptulose*, d. h. daß der Pool der letzten 3 Zucker schnell gesätt. ist. Von den Phosphatestern zeigt *Glucosemonophosphat* die höchste Aktivität, danach folgen *Sedoheptulosemonophosphat, Phosphorglycerinsäure, Diphosphate, Mannoheptulosemonophosphat, Fructosemonophosphat* u. *Nucleotide*. W. Hiller. 4460◇

Nicotinsäure–Ricinin-Beziehung in sterilen Kulturen von Ricinus communis L. George R. Waller und K. Nakazawa. (Plant Physiol. **38,** 318—22, 1963; Stillwater, Okla., Oklahoma State Univ., Oklahoma Agricult. Exp. Stat., Dep. of Biochem.; engl.) —

Vff. finden in Ricinus eine *Nicotinsäure* (I)–*Ricinin* (II)-Verwandtschaft, so daß sich in Ggw. größerer I-Mengen ein II-Stoffwechsel teilweise erübrigt. Werden Kulturen von Embryonen u. Kotyledonen in einem Medium mit I kultiviert, so erfolgt die stärkste I-Aufnahme zur Zeit der intensivsten II-Bildung. Die Keimlinge bilden in Ggw. von I mehr II in den 2—8 Tage alten Kulturen, nicht jedoch in den älteren. Erfolgt die I-Zugabe zu ganzen Pflanzen in steriler Kultur, so erfolgt keine Beeinflussung durch I. Die Nutzung von II in sterilen Kulturen von Kotyledonen geschieht im Dunkeln rascher als im Licht. Eine spätere II-Abnahme in kultivierten Kotyledonen kann durch I im Medium vermieden werden. W. Hiller. 4460◇

Die Biosynthese von Lupanin aus Lysin und anderen markierten Verbindungen. Edmund Nowacki und R. U. Byerrum. (Biochem. biophysic. Res. Commun. **7**, 58—61, 1962; East Lansing, Mich., Michigan State Univ., Dep. of Biochem.; engl.) — In die zu testenden Lsgg. werden die kurz über der Wurzel abgeschnittenen Stengel 5 Wochen alter Lupinus angustifolius L.-Pflanzen gestellt u. nach Aufnahme von weniger als 500 μg 48 Std. zum Einbau der Test-Verb. in W. gestellt dem Licht überlassen. In der beschriebenen Weise wird aus dem Pflanzenmaterial *Lupaninperchlorat* (F. 210°) isoliert u. dieses auf Radioaktivität geprüft. Der Einbau beträgt 1,9% bei *Lysin*, 0,52% bei *Pipecolsäure*, 0,16% bei *δ-Aminovaleriansäure*, 0,12% bei *Ornithin* u. 0,037% bei *Ameisensäure* der aufgenommenen Menge. — Obwohl in verschiedenen Lupinenvarietäten ein umgekehrtes Verhältnis von Arginin u. Alkaloiden festgestellt worden ist, geht aus diesen Verss. hervor, daß weder Arginin noch Ornithin direkte Lupaninvorstufen sind. Das gleiche gilt für δ-Aminovaleriansäure, obwohl dieses durch Desaminierung u. Red. am $C_{(2)}$ aus Ornithin oder aus Lysin durch Decarboxylierung u. Oxydation am $C_{(2)}$ zugänglich ist u. andererseits in Lupanin durch Red. zum Aldehyd u. Ringschluß umgewandelt werden kann. — Eine Hypothese über die Lupanin-Bldg., die Anspruch auf Wahrscheinlichkeit hat, dürfte die Synth. des Alkaloids aus 3 Moll. Lysin sein. P. Loch. 4460◇

Experimenteller Beweis zum Mechanismus der Photosynthese. H. T. Witt, A. Müller und B. Rumberg. (Nature [London] **191**, 194—95, 8/7. 1961; Marburg/Lahn, Univ., Physikal.-Chem. Inst.; engl.) — Die Photosynth. wird nach Unterss. an *Chlorella* durch 2 verschiedene photochem. Rkk. ausgelöst: Oxydation von Cytochrom durch *Chlorophyll a-680* u. Red. von *X* 0 (oxydiertes Plastochinon?) durch *Chlorophyll a-670*. Hieraus ergibt sich ein von den bisherigen Rk.-Schemata verschiedenes.
K. Maier. 4460◇

Photosynthese und Atmung in sich entwickelnden Früchten. 3. Mitt. **Veränderung in den photosynthetischen Kapazitäten während der Farbänderung bei Citrus.** Ross C. Bean, G. G. Porter und Barbara K. Barr. (Plant Physiol. **38**, 285—90, 1963; Riverside, Calif., Univ. of California, Dep. of Biochem.; engl.) — 2. vgl. Plant Physiol. **36**, [1961], 69. Vff. untersuchen, ob beim Reifen von Orangen u. Citronen (Farbänderung von Grün nach Gelb bzw. Orange), Chlorophyll zum die Photosynth. begrenzenden Faktor wird. Es zeigt sich, daß während der Reife der Geh. an Chlorophyll bis zu ca. 95% abnimmt. Dieser Abnahme geht eine Abnahme der Photosynth. parallel. Die Photosynth. erreicht in teilreifen Früchten Werte, die gerade die Atmung kompensieren. Stücke der Schale zeigen nur Photosynth., wenn sie einen Mindestdurchmesser von 20 mm u. genügende Dicke besitzen. In grünen Früchten zeigt die Photosynth. ähnliche Werte wie in Blättern. W. Hiller. 4460◇

Sensibilisierung von Chloroplastenreaktionen. 1. Mitt. **Sensibilisierung der Reduktion und Oxydation von Cytochrom c durch Chloroplasten.** Bessel Kok, George Hoch und Bruce Cooper. (Plant Physiol. **38**, 274—79, 1963; Baltimore, Md., RIAS; engl.) — Werden Chloroplasten mit Detergentien (Desoxycholat, Saponin, Digitonin, Tween 20) behandelt oder durch mildes Erwärmen gealtert, so ändert sich die normalerweise stattfindende Photored. von *Cytochrom c* in eine Photooxydation um. Während dieser Änderung verschiebt sich die langwellige Grenze des Wrkg.-Spektrums nach kürzeren Wellenlängen hin. Die Intensität der Photooxydation nimmt bei Wellenlängen über 690 mμ zu, die Intensität der Photored. nimmt dagegen ab. W. Hiller. 4460◇

Zur lichtinduzierten Bildung freier Radikale und ihrer Bedeutung für die Photosynthese grüner Pflanzen. Wolfgang Brucker. (Ber. dtsch. bot. Ges. **73**, 49—50, 1961; dt.) — Die lichtinduzierte Bldg. freier Radikale wird von NH_2OH bis zu einer Endkonz. von 10^{-10} m gelöscht, während es als Photosynth.-Gift bis 10^{-6} m wirkt. Der Hemmstoff ist infolge der hohen Elektronegativität des N-Atoms als Radikalfalle äußerst wirksam. Dieser Unterschied in der Hemmwrkg. des Inhibitors auf die Photosynth. u. das Auftreten paramagnet. Resonanz bei Bestrahlung sprechen für die Annahme von Rabinowitsch, daß durch die Belichtung Elektronen aus dem Valenzband in das Leitfähigkeitsband übertreten (Exiton-Bldg.). Die Exitonen ergeben eine meßbare paramagnet. Resonanz (ESR-Signal), auch bei der Temp. fl. Luft. K. Maier. 4460◇

Kohlendioxid und die Hillreaktion. Norman E. Good. (Plant Physiol. **38**, 298—304, 1963; London, Ontario [Canada], Univ. Sub Post Office, Canada Agricult. Res. Inst.; engl.) — Vf. untersucht die Bedeutung des CO_2 bei der Hill-Reaktion. Werden Erbsenchloroplasten für 2—3 Std. in CO_2-freier Atmosphäre inkubiert, so verlieren sie einen großen Teil ihrer Fähigkeit, die Hill-Rk. auszuführen. Bei Inkubation der Chloroplasten in einem bicarbonatfreien Medium wird das Vermögen, die Hill-Rk. auszuführen, vermindert, wenn vor der Entfernung des CO_2 größere Mengen von *Formiat*, *Acetat Fluorid* oder *Chlorid* vorhanden sind. Phosphat, Pyrophosphat, Arsenat, Citrat, Maleat, Malonat, Trimethylacetat, p-Hydroxybenzoat, Glycin u. Tris-[hydroxymethyl]-methylglycin beeinflussen nicht die Intensität der Hill-Rk. in Ggw. oder Abwesenheit von CO_2. Der Verlust der Fähigkeit, die Hill-Rk. auszuführen, ist reversibel. Die Rk. von $[Fe(CN)_6]^{3-}$ ist in größerem Maße von der Anwesenheit von CO_2 abhängig als die Red. von Flavinmononucleotid. Die Rk., die durch Abwesenheit von CO_2 gehemmt wird, ist keine photochem. Rk. u. auch keine Rk., die mit der Phosphorylierung direkt gekoppelt ist. W. Hiller. 4460◇

Die Reaktion von Hybridenmais auf Zinkdüngung. L. R. Ahuja und O. P. Gautam. (Current Sci. [Bangalore] **30**, 473—74, 1961; New Delhi, Indian Agric. Res. Inst., Div. of Agronomy; engl.) — Trockensubstanz u. Körnerausbeute von Hybridenmais/Flächeneinheit stiegen bei Zufuhr in Verbindung mit N–P–K-Düngung deutlich an (Ausbeutesteigerung 20—30%). K. Maier. 4470◇

Vermittlung des phototropischen Verhaltens von Maiskoleoptilen durch seitwärts gerichteten Auxintransport. Winslow R. Briggs. (Plant Physiol. **38**, 237—47, 1963; Stanford, Calif., Stanford Univ., Dep. of Biol. Sci.; engl.) — Bei Maiskoleoptilen fällt die maximale Bldg. von diffusiblem *Auxin* mit dem maximalen Wachstum zusammen. Erhöhung der Lichtmenge der einseitig bestrahlten Koleoptile von 77400 auf 273000 (Metercandles · Sek.) verändert nicht die diffundierbare Auxinmenge in den 4 mm langen Spitzen. Sehr viel höhere Intensitäten verringern die Auxinmenge. Von der Basis getrennte Koleoptilenspitzen zeigen auf der Schattenseite mehr Auxin als auf der Lichtseite. Der apikale halbe Millimeter der Koleoptile ist der Hauptort für den seitwärts gerichteten Transport, der für die erste u. zweite positive Krümmung verantwortlich ist. Die tiefer gelegene Region kann für den seitwärts gerichteten Transport für die zweite Krümmung wichtig sein. W. Hiller. 4485◇

Biologische Eigenschaften einiger Analoge der β-Indolylessigsäure. 3. Mitt. Das N-Äthyl-N-[4′-hydroxybutyl]-5-methoxytryptamin. Paul-Emile Pilet. (Bull. Soc. vaudoise Sci. natur. **68**, 109—14, 1962; Lausanne, Univ., Labor. de Physiol.; franz.) — 2. Mitt. Bull. Soc. vaudoise Sci. natur. **68**, [1962], 103. — Im Wachstumstest an der Linsenwurzel wird festgestellt, daß *N-Äthyl-N-[4′-hydroxybutyl]-5-methoxytryptamin* in allen Konzz. weniger wirksam ist als *β-Indolylessigsäure*. Es regelt aber in wirksamer Weise den Wasserhaushalt, wie deutlich aus Verss. mit Kartoffelscheibchen hervorgeht, auch fördert es die stoffliche Synthese. W. Gaudlitz. 4485◇

Auxin-Kinetin Wechselwirkung in Gewebekulturen von Nicotianaspecies und tumortragenden Hybriden. Gideon W. Schaeffer und Harold H. Smith. (Plant Physiol. **38**, 291—97, 1963; Upton, N.Y.; Brookhaven Nat. Labor., Dep. of Biol.; engl.) — Gewebekulturen von *Nicotiana langsdorffii* erfordern für ein akt. Wachstum *Auxin* (I) u. *Kinetin* (II). Gewebe von *N. suaveolens* wird im Wachstum durch II gefördert, durch I jedoch gehemmt. Die tumorbildenden Hybriden *N. langsdorffii N. suaveolens* u. *N. glauca N. langsdorffii* reagieren wenig bei Gewebekultur auf I- oder II-Zusatz. W. Hiller. 4485◇

Analyse der Auxinregulierung des Abfalls von Bohnenblättern. B. Rubinstein und A. C. Leopold. (Plant Physiol. **38**, 262—67, 1963; Lafayette, Ind.; Purdue Univ., Agricult. Exp. Stat.; engl.) — Wird bei entblätterten Bohnenpflanzen in den nicht mitentfernten Blattstiel *α-Naphthylessigsäure* gegeben, so können 2 Stadien des Abwurfs gefunden werden, eine 6 std. Induktionsperiode, die durch Auxin gehemmt wird u. ein darauf folgendes Stadium, das durch Auxin gefördert wird. Niedrige Temp. verzögern beide Stadien. Das auf den Blattabwurf fördernd wirkende *Alanin* stimuliert nur das zweite Stadium. W. Hiller. 4485◇

Auxinstruktur und Blattfallaktivität. S. Chatterjee und A. C. Leopold. (Plant Physiol. **38**, 268—73, 1963; Lafayette, Ind.; Purdue, Univ., Agricult. Exp. Stat.; engl.) — Vgl. vorst. Referat. — Vff. untersuchen *Indolylessigsäure*, *Naphthylessigsäure*, *Phenoxyessigsäure*, *2-Chlor-*, *4-Chlor-*, *2.4-Dichlor-*, *2.5-Dichlor-*, *2.6-Dichlor-*, *2.4.5-Trichlor-*, *2.4.6-Trichlorphenoxyesigsäure*, *2.4.5-Trichlorphenoxybuttersäure*, *d-2-[2.4-Dichlorphenoxy]-propionsäure* u. *l-2-[2.4-Dichlorphenoxy]-propionsäure*. Alle Verbb. sind in der Lage bei Anwendung in der Induktionsperiode (vgl. vorst. Ref.), beim Blattfalltest an Bohnen eine Hemmwrkg. auszuüben. Die Verbb. mit starker Auxinwrkg. zeigen auch starke Hemmwrkg. auf den Blattfall. Auch in dem darauf folgenden Stadium (l. c.) fördern auch die Wuchsstoffe den Blattfall am stärksten, die eine starke wachstumsfördernde Wrkg. zeigen. Alle getesteten Wuchsstoffe sind in der Lage mit verschiedener Intensität den Blattfall zu fördern u. zu hemmen, je nachdem in welcher Phase die Anwendung erfolgt. W. Hiller. 4485◇

Die Hydroxyzimtsäuren und andere Phenole als Pflanzenwachstumsregulatoren. K. Buffel und J. C. Vendrig. (Meded. Kon. vlaamse Acad. Wetensch., Letteren schone Kunsten België, Kl. Wetensch. **25**, Nr. 1, 1—34, 1963; Leuven, Katholieke Univ., Labor. voor Plantenfysiologie; engl.) — In Konzz. von 0,5—500 μg/Liter stimulieren die trans-Isomeren von *Kaffeesäure, Ferulasäure, Zimtsäure* u. *p-Cumarsäure* das Wachstum von Avenakoleoptilenschnitten. Mit Kaffeesäure werden 2 Elongationsmaxima erhalten ($5 \cdot 10^{-4}$ u. $5 \cdot 10^{-2}$ mg/Liter). *2.4-Dinitrophenol* stimuliert in Konzz. von 1 μg/Liter das Wachstum um 35%. Vff. schlagen vor, die untersuchten Verbb. mit zur Auxingruppe zu rechnen. W. Hiller. 4485◇

Wachstumsreaktionen von Erdbeerpflanzen, Fragaria chiloensis var. ananassa, auf Gibberellsäure und Umweltbedingungen. I. C. Porlingis und Damon Boynton. (Proc. Amer. Soc. horticult. Sci. **78**, 261—69, 1961; Ithaca, N.Y., Cornell Univ.; engl.) — Vff. untersuchen das Wachstums-Verh. von Erdbeeren auf Tageslänge, Kältebehandlung u. Behandlung mit *Gibberellin* (**I**). Durch **I**-Sprüh von 50 u. 200 ppm wird das vegetative Wachstum der endständigen Achsen gefördert u. die Blütenknospen entwickeln sich rascher. **I** produziert bei sich ausdehnenden jungen Blättern Stolonen aus Nebenknospen unter Kurztagsbedingungen bei den Sorten „Missionary" u. „Sparkle". 3 **I**-Sprühe von 200 ppm hemmen die Blüte u. induzieren Stolonen-Bldg. bei der Sorte „Sparkle" im 16-Std.-Tag. Ein Sprüh zeigt diese Wrkg. nicht. W. Hiller. 4485◇

Beweis für das Vorkommen von gibberellinähnlichen Substanzen in der Erdbeere. I. C. Porlingis und Damon Boynton. (Proc. Amer. Soc. horticult. Sci. **78**, 256—60, 1961; Ithaca, N.Y., Cornell Univ.; engl.) — Vff. finden in Stolonen von Erdbeeren *gibberellinähnliche Substanzen* (**I**), die im Avenablattest u. Zwergerbsentest positiv reagieren. Die R_F-Werte von **I** liegen von 0,05—0,35 (Isopropanol/W. 80/20), es zeigen sich in diesem Bereich 3 Aktivitätsmaxima. Unter den gleichen Bedingungen zeigt *Gibberellsäure* einen R_F-Wert von 0,46. **I** zeigen in Kombination mit *Indolylessigsäure* eine mehr als additive Wrkg. auf die Elongation des Avenamesokotyls. Die Wechselwrkg. von **I** u. Indolylessigsäure ist ähnlich wie die von Gibberellsäure u. Indolylessigsäure. W. Hiller. 4485◇

Die Isolierung von Abscisin, einer die Abszission beschleunigenden Substanz. Wen-Chih Liu und Harry R. Carns. (Science [Washington] **134**, 384—85, 11/8. 1961; Los Angeles, Univ. of California, Dep. of Botany and Dep. of Chem.; U.S. Dep. of Agric., Crops Res. Div.; engl.) — Aus trockenen reifen Baumwollkapseln wird durch Extrahieren mit PAe., Einengen, Ausschütteln mit W./CH_3OH, Eindampfen der CH_3OH-Lsg., Extrahieren des Rückstands mit $NaHCO_3$-Lsg., Eindampfen des Extrakts im Vakuum, Auskochen mit Aceton u. Chromatographie von 5,7 g des Acetonextrakts (10 g) in Chlf. an mit $NaHCO_3$ neutralisierter Kieselsäure eine die Abszission beschleunigende Verb., *Abscisin* [F. 197—198°, aus Äthylacetat Prismen; 3 mg (Ausbeute)] isoliert. — IR-Spektrum. F. Heller. 4485◇

Das Welken von Baumwolle und die Calcium-Anhäufung. L. Saraswathi-Devi und T. S. Sadasivan. (Experientia [Basel] **17**, 554, 1961; Madras, India, Univ., Botany, Labor.; engl.) — In den Blättern von 18 Tage alten, gegen den Welkepilz *Fusarium vasinfectum* widerstandsfähigen u. anfälligen Baumwollpflanzen findet sich ein erhöhter Geh. an *Ca*-Ionen, der in den infizierten anfälligen Pflanzen am stärksten war, die keine Welkesymptome zeigen. Die Steigerung des Ca-Ionen-Geh. ist möglicherweise auf einen Zerfall von Toxin–Metall-Komplexen oder durch einen enzymat. Abbau von Pektinstoffen zu erklären. E. Lück. 4490◇

Über die Phytotoxizität von Insekticiden. F. Eder. (Phytopathol. Z. **47**, 129—74, 1963; Basel, Univ. Botan. Inst.; dt.) — Auf den Gaswechsel von *Saccharomyces cerevisiae* haben Einfl.: *Parathion, Methylparathion, Thiometon* u. *Diazinon* (**I**), nicht jedoch *Phosphamidon* (**II**), *Dipterex, Methylgusathion, Methyldemeton* u. *Sulfotepp* (**III**), er kann durch *KCN, PAM* (**IV**) oder *IES* (**V**) beeinflußt werden, die Wrkg. von *DDT* (**VI**), *Chlorpropylat* u. *Chlorbenzilat* ist unterschiedlich. *Isolan* (**VII**) u. *Dimetan* (**VIII**) beeinflussen nur die Gärung. — **I** hatte keinen Einfl. auf das Mycelwachstum von Aspergillus, Zugabe zum Nähragar hemmte das Flächenwachstum, bei Saatgutbehandlung wird das Sproßwachstum von *Pisum*-Keimlingen, nicht aber das von *Zea mays* gehemmt, diese Hemmung kann durch **IV** nicht beeinflußt werden. Bei der Behandlung der Wurzeln von *Zea mays* mit **I** wird das Sproßwachstum mehr gehemmt, als das Wurzelwachstum. Das Längenwachstum von Hypokotylstücken von *Cucumis sativus* wird durch *P-Ester* u. *chlorierte KW-*

Stoffe gehemmt, die Hemmung kann durch **V**, nicht aber durch **IV** beeinflußt werden, nicht jedoch bei **VI** oder *Lindan*. **II, III, VII** u. **VIII** wirkten nicht auf das Längenwachstum. Die Pflanzenschädigungen sind abhängig von der Art der Anwendung oder dem Zusatz von Netzmitteln. Fritz Müller/Ludwigshafen. 4495◇

Untersuchung über Humussäuren mittels Papierelektrophorese. 2. Mitt. Über die Trennung der während der Zersetzung von organischen Materialien gebildeten Humussäuren. Masaya Noda und To Iba. (J. Sci. Soil Manure, Japan [Nippon Dojohiryogaku Zasshi] **30,** 531—34, 1960; jap.) — 1. vgl. C. **1963,** 1409. — Die Humifizierung von *Reisspreu* (I), *Gründüngungsmaterial* (II) u. welkem *Blattabfall* (III) wird unter aeroben u. anaeroben Bedingungen durchgeführt u. mittels Papierelektrophorese (PE) die stoffliche Umwandlung verfolgt. Bei **I** zeigt sich unter beiden Bedingungen je nur eine Fraktion, jedoch mit verschiedenem Wanderungsabstand. Die PE erscheint nicht geeignet für die Kennzeichnung des Fortschritts der Humifizierung. Bei **II** zeigt sich unter aeroben Bedingungen nur eine Fraktion, bei anaeroben jedoch 2—3 Fraktionen. In gleicher Weise ergibt **III** unter beiden Bedingungen je 2—3 Fraktionen. Im allg. ist beim PE-Verf. der Einfl. der verschiedenen Humifizierungsbedingungen vorherrschend. Bei gleichem organ. Material, unter gleichen Bedingungen ist keine chem. Umwandlung der jeweiligen *Humussäuren* (**IV**) zu erkennen, so daß beim PE-Verf. feinere Unterschiede der **IV** nicht zum Ausdruck kommen. Nur aus dem Einfl. der verschiedenen Ausgangsstoffe u. verschiedenen Bedingungen kann auf die Verschiedenheit der **IV** geschlossen werden. L. Schuler. 4499◇

E5. Tierchemie. Tierphysiologie. Tierpathologie

Die Zusammensetzung des Körpers. Josef Brožek. (Science [Washington] **134,** 920—30, 1961; engl.) — Übersicht über die Einfl. von Alter, Geschlecht, körperlicher Betätigung u. Ernährungszustand auf die Zus. des Körpers. — 107 Literaturangaben. K. Zingraf. 4520

Untersuchungen über aus menschlicher Placenta extrahierte Kohlenhydrate. 4. Mitt. **Struktur des aus D-Xylosen bestehenden Polysaccharids.** Shichirō Akiya und Masashi Tomoda. (J. pharmac. Soc. Japan [Yakugakuzasshi] **77,** 664—67, 25/6. 1957; Tōkyō Medizinische u. zahnärztliche Hochschule, Kyōsitsu Pharmakologische Hochschule; jap., Auszug: engl.) — 3. vgl. C. **1962,** 527. — Eine weitere der 13 aus menschlicher Placenta isolierten Substanzen ist das aus ca. 20 *D-Xylopyranose*-Moll. zusammengesetzte *Polysaccharid* (I) mit F. 215—225° (Zers.), $[\alpha]_D^{22}$ —22° (Chlf., c = 2,7). Unter der Einw. von $NaJO_4$ bildet sich *Glyoxal*. I ist β-ständig $C_1 \rightarrow C_4$ verknüpft, hat 2 Seitenketten u. an einem Ende eine reduzierende Gruppe. F. Mossner. 4520

Untersuchungen über aus menschlicher Placenta extrahierte Kohlenhydrate. 5. Mitt. **Über Reinigung und Eigenschaften des N-haltigen Polysaccharids.** Masashi Tomoda. (J. pharmac. Soc. Japan [Yakugakuzasshi] **77,** 667—69, 25/6. 1957; jap., Auszug: engl.) — 4. vgl. vorst. Referat. — Eine dritte der 13 aus menschlicher Placenta isolierten Substanzen wurde mit 10%ig. NaOH u. 12,5%ig. $CuSO_4$ behandelt u. mit 33 bis 90%ig. A. fraktioniert. Dieses N-haltige Polysaccharid mit F. 205—210°, $[\alpha]_D^{15}$ —20° (Acetyl-Deriv., F. 177—185° (Zers.), $[\alpha]_D^{20}$ —15°) ist zusammengesetzt aus je 6 Moll. *D-Galaktose* u. *D-Mannose* u. 8 Moll. *N-Acetyl-D-glucosamin*. F. Mossner. 4520

Untersuchungen über aus menschlicher Placenta extrahierte Kohlenhydrate. 6. Mitt. **Über die Struktur des N-haltigen Polysaccharids.** Masashi Tomoda. (J. pharmac. Soc. Japan [Yakugakuzasshi] **77,** 669—72, 25/6. 1957; jap., Auszug: engl.) — 5. vgl. vorst. Referat. — Durch Methylierung der in der 5. Mitt. (l. c.) erwähnten Substanz entsteht eine Verb. mit F. 145—147° (Zers.), $[\alpha]_D^{22}$ + 7,5°. Papierchromatograph. Unterss. ergab folgende Komponenten: *D-Mannose, 3-Methyl-D-glucosaminhydrochlorid, 3.4-Dimethyl-D-galaktose, 4.6-Dimethyl-D-galaktose, 2.3-Dimethyl-D-galaktose, 2.4-Dimethyl-D-galaktose, 2.6-Dimethyl-D-galaktose, 4.6-Dimethyl-D-mannose, 2.3-Dimethyl-D-mannose, 3.4-Dimethyl-D-mannose, 2.3.6-Trimethyl-D-galaktose, 3.4.6-Trimethyl-D-glucosaminhydrochlorid, 2.3.6-Trimethyl-D-mannose, 2.3.4.6-Tetramethyl-D-galaktose* u. *2.3.4.6-Tetramethyl-D-mannose*. F. Mossner. 4520

Über einen hitzelabilen Wachstumsfaktor für Lactobacillus casei in der menschlichen Placenta. R. Zender und R. Borth. (Helv. physiol. pharmacol. Acta **20,** 83—93, 1962; Genève, Labor. Lucchini SA; franz.) — Die *Streptogenin* (I)-Wrkg. eines Extraktes aus menschlicher Placenta wurde an *Lactobacillus casei* getestet. Die I-Aktivität unterscheidet sich von den üblicherweise gefundenen dadurch, daß sie nicht dialysierbar u. nicht hitzestabil ist, durch $(NH_4)_2SO_4$ ausgefällt wird u. eher Proteinen oder hochmol. Polypeptiden (II) als niedermol. II zuzuschreiben ist. K. Zingraf. 4520□

Wärmeverstärkung und wärmeregulatorisches Verhalten beim Goldfisch, Carassius auratus. Paul N. Rozin und Jean Mayer. (Science [Washington] **134**, 942—43, 1961; Cambridge, Harvard Univ., Psychol. Labor.; Boston, Mass., Harvard Univ., School of Publ. Health, Psychol. Labor.; engl.) — Goldfische, die in zu stark erwärmtes W. eingebracht wurden, dort jedoch die Möglichkeit hatten, durch einen Hebeldruck jeweils eine geringe Abkühlung des W. auszulösen, regulierten die Temp. u. hielten sie in der Regel zwischen 33,5 u. 36,5°. K. Zingraf. 4550◇

Knochenmassenveränderungen bei Hennen, beobachtet während des Legecyclus. A. Stolk. (Experientia [Basel] **17**, 255—56, 1961; University Park, Pa., Pennsylvania State Univ., Dep. of Phys., Biophys. Labor.; engl.) — Während des Legecyclus schwankte der *Mineral*-Geh. der Tibiafibula von Leghornhennen, jedoch konnte eine Korrelation zur Position des Eies im Eileiter nicht ermittelt werden. K. Zingraf. 4550◇

Ein Versuch der Hervorrufung Rheumatoid-Faktor-ähnlicher Erscheinungen im Kaninchenserum durch wiederholte intravenöse Injektionen von Papain. J. L. Kalliomäki, A. Ahlas, T. K. Markkanen, A. M. Pirilä und P. Toivanen. (Ann. Med. exp. Biol. fenn. **39**, 62—65, 1961; Turku, Univ., Med. Clin.; Dep. of Med. Microbiol.; engl.) — Ein Agglutinationstest unter Verw. von Acrylplastsuspensionen, die mit γ-Globulin von Kaninchen sensibilisiert wurden u. der Agglutinationstest mit sensibilisierten Schafserythrocyten nach der Meth. von Svartz u. Schlossmann wurden nicht positiv als Kaninchen wiederholte i.v. Injektionen von 1%ig. *Rohpapain*-Lsg. 2 mal wöchentlich, 6 Wochen lang, erhielten. K. Zingraf. 4551◇

Reaktivierung einer Entzündung vom Arthus-Typ durch reduziertes Glutathion. Hideo Hayashi und Ryoyu Nitta. (Proc. Soc. exp. Biol. Med. **107**, 1002—05, 1961; Kumamoto, Japan, Kumamoto Univ. Med. School, Dep. of Pathol.; engl.) — Bei Kaninchen bewirkte die Injektion von *red. Glutathion* in Stellen, an denen kurz vorher eine Entzündung vom Arthus-Typ abgeheilt war, eine Reaktivierung der Entzündung mit dem gleichen makroskop. u. histolog. Aussehen wie bei der ursprünglichen Reaktion. K. Zingraf. 4551◇

Paradoxe Befunde bei Ouchterlony-Testen. G. W. G. Bird. (Experientia [Basel] **17**, 408, 1961; Poona, India, Armed Forces Med. Coll.; engl.) — Präcipitations-Verss. in Agargel ergaben, daß Präcipitine aus *Ricinus communis*- oder *Abrus precatocius*-Samen u. die spezif. Anti-Pn XIV-Präcipitine von Pferdeserum mit verschiedenen Teilen des *Pneumococcus XIV*-Kapselpolysaccharids reagieren. — Dieser Identitätstest ist mit Vorsicht zu bewerten. K. Maier. 4551◇

Die Wirkung von Cyanat auf verschiedene Antihapten-Antikörper: Wahrscheinlichkeit für das Vorhandensein einer Aminogruppe an der Stelle des Anti-p-azobenzolarsonatantikörpers. C. C. Chen, A. L. Grossberg und D. Pressman. (Biochemistry [Washington] **1**, 1025—30, Nov. 1962; New York, New York State Dep. of Health, Roswell Park Mem. Inst., Dep. of Biochem. Res.; engl.) — Vff. untersuchten die Einw. von KCNO auf verschiedene Antihaptenantikörper. Hierzu wurden die γ-Globulinfraktionen von Kaninchenantisera u. Rinder-γ-Globulin mit den nachstehenden Haptenen gekuppelt: *p-Azobenzoat* führt zum Anti-Xp, *p-Azobenzolarsonat* zum Anti-Rp, *p-Azophenyltrimethylammonium* zum Anti-Ap. Bei Behandlung von Anti-Rp mit KCNO bei pH 8 u. 38° wurden 70—80% der freien Aminogruppen carbamyliert. Diese Rk. führte zu einem Verlust von 20—30% der Antikörperstellen. In Ggw. von Hapten während der Carbamylierung wird der Verlust teilweise verhindert. Anti-Xp- u. Anti-Ap-Antikörperstellen werden durch KCNO unter vergleichbaren Bedingungen nicht angegriffen. Vff. zeigten, daß KCNO nur mit α- u. ε-Aminogruppen des γ-Globulins reagiert. Eine Rk. des Cyanats mit der OH-Gruppe im Tyrosin oder der Guanidinogruppe im Arginin oder SH-Gruppen kann nach Verss. von Vff. ausgeschlossen werden. G. Bratfisch. 4551◇

Die Kennzeichnung von Antikörpern durch Sulforivanol. El. Janew und M. Talew. (Hyg.; Epidemiol. Mikrobiol. [Sofia] **6**, Nr. 1, 58—60, 1963; Plowdiv, WMJ; bulg.) — Es wird die Methodik der Rk. der Blockierung der Fluorescenz mit dem Ziel *Sulphorivanol* zu benutzen, modifiziert, um sie in der Serodiagnostik anzuwenden. G. Wesirow. 4551△

„Fehlerquellen" bei der Immunoelektronenmikroskopie. Ch. W. Smith und J. F. Metzger. (Experientia [Basel] **17**, 394—95, 1961; Washington, D.C., Armed Forces Inst. of Pathol., Bacteriol., Immunol. and Infectious Disease Branch; engl.) — Die Immunoelektronenmikroskopie eignet sich zum Nachw. von *Antigenen* in submkr. Konz. u. zur Unters. der Pathogenese im subcellulären Bereich. Die möglichen Fehlerquellen bei Verw. mit Ferritin markierter Antikörper zur elektronenmkr. Darst. werden besprochen. Zweckmäßige Wahl der Fixierung kann einige der Schwierigkeiten beseitigen. K. Maier. 4551◇

cis-Cyclohexandiol-(1.2) in der Biberdrüse. Z. Valenta, A. Khaleque und M. H. Rashid. (Experientia [Basel] **17,** 130, 1961; Fredericton, N.B., Univ. of New Brunswick, Dep. of Chem.; engl.) — Aus den Duftdrüsen des kanad. Bibers wurde erstmals *cis-Cyclohexandiol-(1.2)*, F. 96—97° (Ae.), ident. mit der aus Cyclohexen durch Oxydation mit $NaClO_3$ u. OsO_4 erhaltenen synthet. Verb., isoliert (0,2% Ausbeute aus halbtrockenen Drüsen). K. Maier. 4555◇

Einige Effekte des Zusatzes von Thiouracil und Jod zum Futter auf die Reaktion unreifer Hennen auf Östrogen. R. H. Common, A. J. Moo-Young und K. A. McCully. (Canad. J. Biochem. Physiol. **39,** 1441—50, 1961; Quebec, McGill Univ., Fac. of Agric., Macdonald Coll.; engl.) — Die Zunahme des Eileiter-Gew. geschlechtsunreifer Hennen nach i.m. Injektion von 1,5 mg *Östradiol* (14 Tage, jeden 2. Tag) wird bei Zusatz von 1% *Thiouracil* (I) zum Futter während der Injektionsperiode um 70% gesteigert. Weiterer Zusatz von 1 mg J_2/lb. beeinflußte die I-Wrkg. nicht. Weitere statist. signifikante I-Wrkg. bei den I-behandelten Tieren waren Abnahme der östrogeninduzierten Hypercalcämie, Zunahme von Ovar- u. Leber-Gew., Gesamtleberrohprotein (II) u. -fett, Zunahme des Nieren-Gew. u. der prozentualen Nierentrockensubstanz. J_2-Zusatz steigerte bei unbehandelten, nicht aber bei östrogen-behandelten Hennen signifikant das Ovar-Gew., sowie bei letzen II. K. Maier. 4559◇

Die selektive Wirkung einiger Bis-[dichloracetyl]-diamine auf die Hoden. Arthur L. Beyler, Gordon O. Potts, Frederick Coulston und Alexander R. Surrey. (Endocrinology **69,** 819—33, 1961; Rensselaer, New York, Sterling-Winthrop Res. Inst.; engl.) — *N.N'-Bis-[dichloracetyl]-N.N'-diäthyl-1.4-xylylendiamin* (I) u. *N.N'-Bis-[dichloracetyl]-1.8-oktamethylendiamin* (II) riefen bei Ratten erhebliche Regression des Hoden-Gew. u. vollständigen Stillstand der Spermatogenese hervor. II war pro mg 8fach wirksamer als I. Hohe Gaben beider Verbb. erniedrigten das Gew. der Nebennieren, die aber histolog. ein normales Bild zeigten. Der Plasma-Cortison-Spiegel chron. behandelter Tiere war normal. Gleichzeitige Injektionen von 10 Ratteneinheiten Handelsgonadotropin/Tag schien die Hoden-Wrkg. von I zu verstärken u. Testosteronpropionat (25 mg pro kg/Tag) erhöhte die antispermatogene II-Wirkung. α-Tocopherol, Maisöl, Ascorbinsäure, Ca-Pantothenat, Methionin, Cystein, Ergothionin, Lysin, Arginin, Histidin oder Spermin hoben die antispermatogene Aktivität von I nicht auf. Keine der Verbb. hemmte das Wachstum von Mikroorganismen, wenn Folsäure, Ca-Pantothenat, Vitamin B_{12}, Cystein oder Phenylalanin in Grenzkonzz. vorlagen. I u. II wirken weder myotroph, androgen, östrogen noch glykogen. K. Maier. 4559◇

Vergleich der anabolischen Wirkung von Dimetazina und Methyltestosteron mittels einer radiochemischen Methode. L. Bianco, E. Lazzarini, C. Lupo und E. Pietra. (Farmaco [Pavia], Ediz. Sci. **17,** 621—26, 1962; Milano, Centro Studi Nucl. Enrico Fermi, Politecn. di Milano; Ormonoterap. Richter, Labor. Ric.; ital.) — Nach Vorbehandlung mit *Dimetazina* (*Bis-[2α.17α-dimethyl-5α-androstan-17β-ol]-3.3'-azin, Roxilon*) war die spezif. Aktivität im Musculus levator ani von Ratten nach Verabreichung von $^{14}C_{(1)}$*-α-Aminoisobuttersäure* 2,3mal höher als bei Kontrollen, bei Vorbehandlung mit *Methyltestosteron* bestand dagegen kein Unterschied. K. Zingraf. 4559◇

Experimentelle Beobachtungen über die Wirkung einiger anaboler Steroide auf das Granulationsgewebe. A. Maurizio, V. Lami und R. Strada. (Boll. Soc. ital. Biol. sperim. **39,** 70—72, 1963; Pavia, Univ., Ist. di Anatom. e Istol. Patol.; ital.) — Es wird die Wrkg. von *4-Hydroxy-17α-methyl-19-nortestosteron* (I), *Δ^1-17-Methyltestosteron* (II), *Δ^4-17α-Äthylöstren-17β-ol* u. *4-Hydroxy-17α-methyltestosteron* auf die Bldg. des Granulationsgewebes (9 Tage lang täglich 5 mg subkutan) beim Kaninchen untersucht. Es zeigt sich, daß nur I z. T. II im Sinne der glykolakt. Corticoide hemmend wirken. F. Kren. 4559◇

Wirkung der gemeinsamen Verabfolgung corticoider und anabolisierender Steroide auf das Granulationsgewebe des Kaninchens. A. Maurizio, V. Lami und R. Strada. (Boll. Soc. ital. Biol. sperim. **39,** 72—75, 1963; Pavia, Univ., Ist. di Anatom. e Istol. Patol.; ital.) — Vgl. vorst. Referat. — Es wird der Effekt von *4-Hydroxy-17α-methyl-19-nortestosteron, Δ^1-17α-Methyl-testosteron, Δ^4-17α-Äthylöstren-17β-ol* u. *4-Hydroxy-17α-methyltestosteron* (I, täglich 5 mg subkutan) auf die inhibierende Wrkg. von 0,25 u. 1 mg *6α-Fluoroprednisolon* (II) gegenüber dem Granulationsgewebe beim Kaninchen untersucht. Es zeigt sich, daß alle anabol. wirkenden Steroide außer I auf II potenzierend wirken. F. Kren. 4559◇

C_{19}-Steroide im Harn normaler Kinder und Erwachsener. Francisco Beas, Rolf P. Zurbrügg, José Cara und Lytt I. Gardner. (J. clin. Endocrinol. Metabolism. **22,** 1090—94, Nov. 1962; Syracuse, N.Y., State Univ. of New York, Upstate Med. Center, Dep. of Ped.; engl.) — Bei Unters. der C_{19}-Steroide im Harn (mit Gradientenelution an Al_2O_3-Säulen u. anschließende Papierchromatographie) konnte bei normalen Knaben u.

Mädchen kein *Dehydroepiandrosteron* gefunden werden. Knaben schieden doppelt soviel *11-Hydroxyandrosteron* als Mädchen aus. Die Gesamt-*11-Hydroxysteroid*-Ausscheidung war bei Kindern höher als die der Gesamt-*11-Desoxysteroide*, während bei Erwachsenen das Verhältnis dieser beiden Ausscheidungswerte umgekehrt liegt.
U. Tausendfreund. 4559◇

Die Ausscheidung von neutralen und phenolischen Steroiden bei der Ratte. H.-A. Ketz. (Biochem. Z. **334**, 73—78, 1961; Berlin, Dt. Akad. der Wiss., Inst. für Ernährung, Bereich Physiol. der Ernährung; dt.) — Vff. untersuchen an über 500 Ratten die normale Harnausscheidung der *neutralen* u. *phenol. Steroide.* Die Tiere zeigen mit zunehmendem Gew. eine geringer werdende Ausscheidung der neutralen u. phenol. Steroide. Die Ausscheidung liegt im Sommer höher als im Winter. Im Harn weisen Vff. nach: *Androsteron, Dehydroepiandrosteron* u. *Testosteron* als neutrale Steroide u. *Östron, Östradiol-17α* u. *Östradiol-17β* als phenol. Steroide. W. Hiller. 4559◇

Einfluß der Mucoproteine von Tamm und Horsfall auf die biologische Wirksamkeit der Gonadotropine des Urins. M. J. Hans-Berteau und R. Vanden Driessche. (C. R. Séances Soc. Biol. Filiales **156**, 1699—1700, 1962; Brüssel, Univ., Labor. de Pharmacodyn. et de Thérapeut.; franz.) — Aus dem Urin von Frauen in den Wechseljahren gewonnene *Gonadotropin* (I)-Extrakte wurden einerseits aus Gesamturin (G) u. aus Urin, dem vorher die *Mucoproteine* von Tamm u. Horsfall (J. exp. Medicine **96**, [1952], 71; II) entzogen wurden (G-M), hergestellt u. Mäusen injiziert. G-Extrakt ist weniger wirksam als G-M-Extrakt. G-M, dem 33% **II** zugesetzt wurde, verliert an biolog. Aktivität. Weiterer Zusatz von **II** bleibt wegen geringer Löslichkeit ohne Einfluß. — Nach üblichen Meth. mittels Kaolins hergestellte **I**-Extrakte enthalten immer **II.**
Frank Günther. 4559◇

Der Einfluß gonadotroper Hormone auf den Ascorbinsäuregehalt der Ovarien von Ratten. Darhl Foreman. (Endocrinology **72**, 693—700, 1963; Cleveland, Ohio, Western Reserve Univ., Dep. Biol.; engl.) — Das *follikelstimulierende Hormon* (**I**) u. *luteinisierende Hormon* (**II**) führen 1 Std. nach subkutaner Verabreichung zu einer Verminderung des Ascorbinsäure-Geh. der Ovarien 30 Tage alter Ratten. Das *luteotrope Hormon* (**III**) u. denaturierte **I** waren ohne Effekt. **I** wirkte nicht senkend bei hypophysektomierten Ratten. Nach 24 Std. verursachte **I** eine Erhöhung, **II** u. **III** eine Erniedrigung des Ascorbinsäure-Geh. im Vgl. zu unvorbehandelten Kontrollen.
Joachim Schmidt/Magdeburg. 4559◇

Die Aktivität der Glutaminsäure-Oxalessigsäure-Transaminase in den Ovarien hypothyreoter und Vitamin-B_6-Mangelratten. Benjamin Eckstein. (Endocrinology **72**, 777—81, 1963; Jerusalem, Israel, Univ., Dep. Zool.; engl.) — *Gonadotropin* (**I**) vermag die *Glutaminsäure-Oxalessigsäure-Transaminase-Aktivität* (**II**) von Ovarien u. Uterus der Ratte zu stimulieren. Dieser Effekt ist jedoch von der Ansprechbarkeit für **I** abhängig. So reagieren Ratten mit Vitamin-B_6-Mangel auf **I** nicht mit einer Erhöhung der **II.** Demgegenüber verstärkt Thiouracil den stimulierenden Effekt von **I** auf **II.** Der Vitamin-B_6-Mangeleffekt ist reversibel. Joachim Schmidt/Magdeburg. 4559◇

Die Abhängigkeit der biologischen Aktivität verschiedener Androgene und der entsprechenden Cyclopentenol-(3)-äther von der Applikationsart. A. Meli. (Endocrinology **72**, 715—19, 1963; Morris Plains, N.J., Warner-Lambert Res. Inst.; engl.) — Die biolog. Aktivität von *Testosteron* (**I**), *Methyltestosteron* (**II**) sowie deren *Cyclopentenol-(3)-äther* (**III** bzw. **IV**) u. *Testosteronpropionat* (**V**) nach subkutaner (s.k.), intraperitonealer (i.p.) u. oraler Applikation wurde an kastrierten männlichen Ratten einander gegenübergestellt. **I, II** u. **V** zeigen nach s.k.-Injektion eine höhere Aktivität als nach i.p. oder oraler Gabe. **III** u. **IV** erwiesen sich dagegen bei i.p. oder oraler Applikation als wirksamer. Die Befunde werden im Hinblick auf Resorptions-Geschw. u. Stoffwechsel der Androgene diskutiert. Joachim Schmidt/Magdeburg. 4559◇

Isolierung und Identifizierung von 4-Pregnen-17α-ol-3.20-dion und 5-Pregnen-3β-ol-20-on aus menschlichem Blutplasma. Georg W. Oertel und Kristen B. Eik-Nes. (Arch. Biochem. Biophysics **93**, 392—94, 1961; Salt Lake City, Utah, Univ. of Utah, Coll. of Med., Dep. of Biol. Chem.; engl.) — Vff. isolieren aus menschlichem Blut *5-Pregnen-3β-ol-20-on* u. *4-Pregnen-17α-ol-3.20-dion* u. identifizieren es durch UV-, IR-Spektren u. des UV-Spektrum von in konz. H_2SO_4 gelöstem Steroid u. durch Papierchromatographie der freien u. acetylierten Verbb. in verschiedenen Lsgm.-Systemen.
W. Hiller. 4559◇

Zimmermannkomplexe von Androstenolon und Isoandrostanolon. Faith Ellen Francis, Nai-Hsuan Chang Shen und Ralph A. Kinsella jun. (Biochim. biophysica Acta [Amsterdam] **58**, 604—06, 23/4. 1962; St. Louis, Mo., St. Louis Univ., Univ. Hosp., Dep. of Int. Med.; St. Louis City Hosp., Med. Serv., Unit II; engl.) — Es konnte festgestellt werden, daß die Zimmermann-Komplexe von *Androstenolon*

(*3β-Hydroxyandrost-5-en-17-on*) u. von „*Isoandrostanolon*“ (*6β-Hydroxy-3.5-cycloandrostan-17-on*) in Methylcyclohexan–Propylenglykol oder PAe.–Propylenglykol in jeweils 3 Komponenten aufgespalten werden können. Die Eig. mit dem Zimmermann-Reagens zu reagieren u. dabei 2 verschiedene Komplexe zu ergeben, kann bei der Identifizierung von Androstenolon in der digitoninfällbaren Keto-Fraktion von Harn- oder Meconiumextrakten dienlich sein. U. Tausendfreund. 4559◇

Wirkung von Oxytocin und ähnlichen Peptiden auf epididymales Fettgewebe der Ratte. I. Arthur Mirsky und Gladys Perisutti. (Endocrinology **71**, 158—63, 1962; Pittsburgh, Pa., Univ. of Pittsburgh, School of Med., Dep. of Clin. Sci.; engl.) — Es wird an Lsgg. von 20 μMol *Glucose* (I), 0,084 μc $^{14}C_{(1)}$-I oder $^{14}C_{(6)}$-I, 0,2% Gelatine u. verschiedenen Mengen von synthet. *Oxytocin*, *Insulin* oder anderen Agentien, wie *Desaminooxytocin*, *Val*³-Oxytocin, *Phen*²-Oxytocin, *Lys*⁸-Oxytocin, *Lys*⁸-*Vasopressin*, *Arg*-Vasopressin, *Phen*²*Lys*⁸-Vasopressin u. a., in 2 ml Krebs-Ringer-Hydrogencarbonat-Puffer, pH 7,4, die Glucoseverwertung studiert. Synthet. Oxytocin u. Analoge von ihm zeigen dabei eine insulinähnliche Wirkung. Diese Wrkg. kann nicht nur durch das Vorliegen von Disulfidbrücken bedingt sein, weil oxydiertes Glutathion unwirksam ist. Ebenso kann sie nicht allein auf den 20gliedrigen Ring oder die Hexapeptiddisulfidstruktur zurückgeführt werden, denn weder Arg-Vasopressin noch Phen²Lys⁸-Vasopressin beeinflussen die Glucoseoxydation. Bernd Johannsen. 4560◇

Der Einfluß der Neurohypophysenhormone auf den oxydativen Stoffwechsel der Krötenblase in vitro. Theodore Goodfriend und Joel Kirkpatrick. (Endocrinology **72**, 742—48, 1963; St. Louis, Mo., Washington Univ., School of Med., Dep. of Med.; engl.) — *Oxytocin* (I) u. *Vasopressin* (II) stimulieren den Stoffwechsel von Glucose, Pyruvat, Lactat u. Palmitat. Die Ergebnisse wurden mittels ^{14}C-markierter Substrate ermittelt. Somit beeinflussen I u. II nicht nur die Permeabilität u. den Na-Transport, sondern auch den Stoffwechsel der Krötenblase.
Joachim Schmidt/Magdeburg. 4560◇

Argumente für die Unabhängigkeit des Mechanismus der Wirkung verschiedener Neurohypophysenpeptide auf den osmotischen Wasserfluß und den aktiven Na-Transport im gleichen Receptororgan. Untersuchungen an Harnblase und Haut von Rana esculenta L. J. Bourguet und J. Maetz. (Biochim. biophysica Acta [Amsterdam] **52**, 552—65, 1961; Gif-sur-Yvette, Comm. á l'Énergie Atom., Dép. de Biol.; franz.) — *Neurohypophysenpeptide* rufen an isolierter Haut u. Blase einiger Amphibien gleichzeitige Zunahme der passiven osmot. Permeabilität für W. u. des akt. Na-Transports hervor. *Oxytocin* u. 2 Analoge, *Arginin-8-oxytocin* (*Arginin–Vasotocin*) u. *Lysin-8-oxytocin* (*Lysin–Vasotocin*), rufen die gleiche Zunahme der Wasserpermeabilität hervor, aktivieren aber den Na-Transport auf verschiedene Weise. Es wird angenommen, daß Hypophysenhinterlappenhormone in der gleichen Epithelzelle nicht auf einen, sondern auf 2 Receptoren wirken. K. Maier. 4560◇

Wirkung des somatotropen Hormons des Menschen auf den Phosphor, die Brenztraubensäure, Milchsäure, α-Ketoglutarsäure und Adenosintriphosphat im Blut des Menschen. M. Passeri, M. Langer und M. Tonelli. (Boll. Soc. ital. Biol. sperim. **39**, 75—77, 1963; Parma, Univ., Ist. di Semeiot. Med.; ital.) — Die Unterss. werden an 10 normalen Personen u. einem Diabetiker durchgeführt, die 4 mg *somatotropes Hormon* (STH) i.m. erhalten. Durch die STH-Behandlung kommt es zu einer Verringerung von *Milch-* u. *Brenztraubensäure*, einer geringen Zunahme der *α-Ketoglutarsäure* u. des P u. einer starken des ATP im Blut. F. Kren. 4560◇

Isolierung und Aminosäuresequenz des α_2-Corticotropin-auslösenden Faktors aus Schweinehypophysen. Andrew V. Schally, Harry S. Lipscomb und Roger Guillemin. (Endocrinology **71**, 164—73, 1962; Baylor, Tex., Baylor Univ. Coll. of Med., Dep. of Physiol.; engl.) — Es wurde ein α-Melanophoren-stimulierendes Hormon (*α-MSH*)-ähnliches Peptid mit α_2-*Corticotropin-freisetzender Faktor* (CRF)-Aktivität aus bei der von adrenocorticotropem Hormon-Herst. anfallenden Nebenfraktionen isoliert. Dazu wurden die nach Behandlung mit Oxycellulose in Lsg. verbleibenden Proteine des Säure–Aceton-Extraktes der Drüsen mit 5%ig. Trichloressigsäure gefällt u. die noch in Lsg. vorhandenen Substanzen mit Ammoniumsulfat ausgeschieden. Die lyophylisierte u. entsalzte Probe wird durch chromatograph. Trennung, quant. Aminosäure-Best., Chymotrypsin-, Trypsin- u. Carboxypeptidasespaltung u. Edman-Abbau analysiert. Das α_2-CRF genannte Peptid hat eine ident. melanophoret. aber geringere adrenocorticotrope Aktivität im Vgl. zu α-MSH. Weiterhin hat α_2-CRF die gleiche Aminosäuresequenz wie α-MSH, ist aber N-endständig strukturell verändert, was für die Corticotropin-auslösende Wrkg. verantwortlich sein könnte. Die Möglichkeit, daß es sich bei α_2-CRF um ein aus α-MSH gebildetes Artefakt handelt, kann nicht ausgeschlossen werden. Bernd Johannsen. 4560◇

Ascorbinsäure- und Corticosteronkonzentration in innervierten und denervierten Nebennieren. Shawn Schapiro. (Endocrinology **72**, 836—37, 1963; Los Angeles, Calif., Univ., Med. Cent. Dep. Psychiatry; engl.) — Der Geh. an *Ascorbinsäure* (I) u. *Corticosteron* (II) in innervierten u. denervierten Nebennieren ist identisch. Diese Befunde sprechen nach Meinung der Vff. gegen eine direkte Rolle des autonomen Nerven-Syst. für die Aktivität der Nebennierenrinde im Hinblick auf den Geh. an **I** u. **II**. Joachim Schmidt/Magdeburg. 4561◇

Nachweis von Hormonen des Cortintyps in der Milch. A. Ratsimamanga, M. Mouton und M. Bein. (Ann. paediatrici [Basel] **196**, 9—17, 1961; Paris, Univ., Fac. de Méd., C.N.R.S.; Labor. Laroche-Navarron; Vuadens, Suisse, Serv. de Rech. Guigoz; franz.) — *Kuhmilch* u. bes. *Frauenmilch* enthalten folgende Mengen von *Corticosteroiden* (in µg%): Frische Kuhmilch gemischt 7,5—30; Milch von trächtigen Kühen 40,0—180; Frauenmilch: Colostrum 200—300; 1 Woche nach Entbindung 95; 2 Wochen nach Entbindung 40. K. Zingraf. 4561◇

Steroidhormone und Kohlenhydratstoffwechsel in vitro. Einfluß des natürlichen Desoxycorticosterons auf die Aufnahme der Glucose und die Atmung des isolierten Zwerchfells der normalen Ratte. C. Matarazzo und R. Chiummo. (Boll. Soc. ital. Biol. sperim. **39**, 92—95, 1963; Bari, Univ., Ist. di Patol. Med. e Metodol. Clin.; ital.) — Es wird der Einfl. von *Desoxycorticosteron* (**I**; 3 µg/ml Puffer) auf die Aufnahme von Glucose, die Glykogen-Synth. u. den O_2-Verbrauch am Zwerchfell der Ratte untersucht. Es zeigt sich, daß **I** in viel bescheidenerem Maße in seiner Wrkg. *Aldosteron* gleicht; der Aldosteron-Effekt wird durch **I** nicht beeinflußt. F. Kren. 4561◇

Charakteristika des Einflusses von natürlichem Aldosteron auf den Kohlenhydratstoffwechsel des Herzmuskels in vitro. C. Matarazzo und R. Chiummo. (Boll. Soc. ital. Biol. sperim. **39**, 88—92, 1963; Bari, Univ., Ist. di Patol. Med. e Metodol. Clin.; ital.) — Es wird die Wrkg. von im Labor. hergestelltem *Aldosteron* (**I**; 0,5—3 µg/ml Puffer) auf den Herzmuskel von Albinoratten untersucht. Schon bei 0,5 µg ergibt sich eine Erniedrigung des Kohlenhydrat-Stoffwechsels, die proportional mit der **I**-Dosis zunimmt; parallel damit geht eine Abnahme des O_2-Verbrauchs, der bei 3 µg **I** vollständig inhibiert ist; durch **I** tritt eine intracelluläre Verarmung an K ein. F. Kren. 4561◇

Potentieller Wirkungsantagonismus zwischen Digitalisglucosiden und „natürlichem" Aldosteron auf den Kohlenhydratstoffwechsel des Herzmuskels in vitro. C. Matarazzo und R. Chiummo. (Boll. Soc. ital. Biol. sperim. **39**, 95—99, 1963; Bari, Univ., Ist. di Patol. Med. e Metodol. Clin.; ital.) — Vgl. vorst. Referat. — Es wird die Wrkg. von *Digalene* (1—4 µg/ml Puffer) in Ggw. von *Aldosteron* (0,5 bis 2 µg/ml Puffer) auf den O_2-Verbrauch, den Kohlenhydrat-Stoffwechsel u. das K der Zellen des Herzmuskels der normalen Ratte untersucht. Aus den Daten ergibt sich, daß die in W. lösl. Digitalisglucoside auf das Aldosteron antagonist. wirken. F. Kren. 4561◇

Die phosphorylierten Glucide beim Kohlenhydratstoffwechsel des Herzmuskels in vitro. Vergleichende Untersuchung mit der durch Digitalisglucoside in Gegenwart von „natürlichem" Aldosteron ausgeübten Wirkung. C. Matarazzo und R. Chiummo. (Boll. Soc. ital. Biol. sperim. **39**, 99—102, 1963; Bari, Univ., Ist. di Patol. Med. e Metodol. Clin.; ital.) — Vgl. vorst. Referat. — Die Unterss. werden in einem Substrat durchgeführt, in dem die *Glucose* durch äquimol. Lsgg. *phosphorylierter Glucose* (**I**) ersetzt wird. Es zeigt sich, daß **I** beim Herzmuskel in vitro die gleiche Wrkg. wie die *Digitalisglucoside* auf den Kohlenhydrat-Stoffwechsel u. den O_2-Verbrauch aufweist; in Ggw. von **I** bleibt die antagonist. Wrkg. von Digitalis gegenüber *Aldosteron* auch bei bes. großen Dosen desselben aufrechterhalten. F. Kren. 4561◇

Wirkung von Nebennierenrindensteroiden auf Kulturzellen. Henry Grossfeld. (Endocrinology **65**, 777—84, 1959; New York, N.Y., Columbia Univ., Coll. of Phys. and Surg., Dep. of Orthop. Surg.; engl.) — *Hydrocortison* (**I**) hemmt in hohen Dosen (125 µg/ml) Wachstum u. Atmung sowie Bldg. von *Mucopolysaccharid* in Fibroblasten-Kulturen (aus normalem subkutanem Fettgewebe der Maus); diese Wrkg. steht offenbar in Beziehung zur Verzögerung der Wundheilung bei **I**-Überschuß. *Meticortelone* hat eine 3fach so starke Wrkg. wie **I**. In niedrigen Dosen fördert **I** (bis 2 µg/ml) die Atmung; *Desoxycorticosteron* ist dabei weniger wirksam. Bei der Atemhemmung durch hohe **I**-Dosen wird gleichzeitig die Glykolyse gesteigert. Die Anregung des anaeroben Stoffwechsels deutet auf die Rolle der Nebennieren als Notfallorgan. U. Tausendfreund. 4561◇

Aldosteron-stimulierendes Material im Urin. Ralph E. Peterson und Jurg Muller. (Endocrinology **71**, 174—75, Juli 1962; New York, N.Y., Cornell Univ., Med. Coll., Dep. of Med.; engl.) — Vff. geben eine Vorschrift zur Herst. partiell gereinigter

Fraktionen aus dem Urin Na-arm ernährter Menschen u. Ratten an. Diese Fraktionen stimulieren in vitro die *Aldosteron*-Sekretion der Nebennierenrinde von Ratten.
Bernd Johannsen. 4561◇

Gaschromatographie von Aldosteron. Herbert H. Wotiz, Irmeli Naukkarinen und Herman E. Carr jun. (Biochim. biophysica Acta [Amsterdam] **53,** 449—52, 1961; Boston, Mass., Boston Univ., School of Med., Dep. of Biochem. and Dep. of Med., and Massachusetts Memorial Hospital; engl.) — *Aldosteron* (I) kann als *18.21-Diacetat* mit Hilfe von 30/70-Dow-Cerning-Siliconfett an „Chromsorb", gemischt mit 3% SE-30, bei 240—250° u. 30 lb Druck (Verdampfer-Temp. 340°, Detektor-Temp. 250°) gaschromatographiert werden (exakte Erfassungsgrenze 0,4 μg I). Die Trennung von *Cortison* ist gut. Zugesetztes I wird zu 92—97% erfaßt. K. Maier. 4561◇

Ausscheidung von Adrenalin und Noradrenalin im Harn bei normalen und Kälteakklimatisierten Tieren. J. A. LeBlanc und Guy Nadeau. (Canad. J. Biochem. Physiol. **39,** 215—17, 1961; Quebec City, Laval Univ., School of Med., Dep. of Physiol. and Psychiatry; engl.) — Bei Kälte-akklimatisierten Tieren war die Ausscheidung von *Adrenalin* (I) u. *Noradrenalin* (II) im Harn im Vgl. zu den Kontrollen 5mal höher. Bei normalen u. Kälte-akklimatisierten Tieren wurde 15mal mehr II als I im Harn ausgeschieden. An adrenalektomierten Tieren wurde nachgewiesen, daß die erhöhte Ausscheidung von I bei den Kälte-akklimatisierten Tieren von der Nebenniere, die von II von außerhalb dieser Drüse stammten. K. Zingraf. 4561◇

Thyroxinanaloge. 7. Mitt. **Kropfbildung hemmende, calorigene und hypocholesterämische Aktivität einiger aliphatischer, alicyclischer und aromatischer Äther des 3.5-Dijodtyrosins bei der Ratte.** Eugene C. Jorgensen, Peter A. Lehman, Cyrus Greenberg und Nicolas Zenker. (J. biol. Chemistry **237,** 3832—38, 1962; San Francisco, Calif., Univ. of California, School of Pharmacy, Dep. of Pharmaceut. Chem.; Philadelphia, Pa., Smith, Kline and French Labor., Res. and Dev. Div.; engl.) — 6. vgl. J. med. pharmac. Chem. **5,** [1962], 729. — Die Prüfung der Wrkg. von Äthern des *3.5-Dijodtyrosins* auf Beeinflussung des Thiouracilkropfs, des O_2-Verbrauchs u. des Blutcholesterinspiegels ergab für den äußeren Ring des Thyroxins (I) sehr ähnliche strukturelle Voraussetzungen der verschiedenen Hormon-Wrkg.: aromat. Charakter, 4'-Hydroxylierung (oder isoster. Äquivalent) oder Voraussetzung für Hydroxylierung im Stoffwechsel, geeignete Substitution (Halogen, Alkyl, aromat. Ring) in o-(3')-Stellung zur 4'-OH-Gruppe, die eine distale Anordnung zum inneren Ring erlaubt, u. freie proximale 5'-Stellung zur Erzielung größtmöglicher thyreomimet. Aktivität. Es wurden 3 thyreomimet. I-Analoge mit nichtsubstituierter 4'-Stellung aufgefunden. *3.5-Dijod-4-[3'.4'-dimethylphenoxy]-DL-phenylalanin* erwies sich bei der Ratte als Antagonist der die Kropf-Bldg. hemmenden I-Wirkung. Der äußere Benzolring von I ist durch den Naphthalinring ersetzbar. *3.5-Dijodnaphthyronin* besitzt eine *L*-I äquivalente Aktivität. Ein hypothet. Schilddrüsenhormonreceptor, der den beschriebenen ster. Voraussetzungen entspricht, wird diskutiert. — Geprüfte 3.5-Dijod-DL-tyrosinäther: *L-ω-Carboxypropyl-*, *DL-*, *DL-ω-Carboxybutyl-*, *DL-ω-Carboxypentyl-*, *DL-ω-Dimethylaminopropyl-*, *DL-n-Butyl-*, *DL-Phenyl-*, *L-*, *DL-2-Methylphenyl-*, *DL-2.3-Dimethylphenyl-*, *DL-2.4-Dimethylphenyl-*, *DL-2.5-Dimethylphenyl-*, *DL-3.4-Dimethylphenyl-*, *DL-3.5-Dimethylphenyl-*, *DL-2-Isopropylphenyl-*, *DL-2-Isopropyl-5-methylphenyl-*, *DL-2.3-Dimethyl-4-chlorphenyl-*, *DL-2.5-Dimethyl-4-chlorphenyl-*, *DL-4-Hydroxyphenyl-*, *DL-2-Methyl-4-hydroxyphenyl-*, *L-3-Methyl-4-hydroxyphenyl-*, *DL-2.3-Dimethyl-4-hydroxyphenyl-*, *L-*, *D-*, *DL-2.5-Dimethyl-4-hydroxyphenyl-*, *DL-2-Methyl-4-hydroxy-5-jodphenyl-*, *DL-2-Isopropyl-4-hydroxyphenyl-*, *DL-2-Isopropyl-4-hydroxy-5-methylphenyl-*, *DL-Naphthyl-(2)-*, *DL-Naphthyl-(1)-*, *DL-4-Hydroxynaphthyl-(1)-*, *L-*, *DL-3-Brom-4-hydroxynaphthyl-(1)-*; N-Acetyl-3.5-dijod-DL-tyrosinyläther: *DL-Allyl-*, *DL-Cyclohexyl-*, *DL-Cyclohexen-(3)-yl-*, *DL-6-Hydroxycyclohexen-(3)-yl-*, *DL-4-Methoxynaphthyl-(1)-*. K. Maier. 4562◇

Der Einfluß verschiedener Verbindungen auf die Bindung von Thyroxin an Serumproteine bei der Ratte. Jerome M. Hershman. (Endocrinology **72,** 799—803, 1963; Boston, Mass., Tufts Univ., School of Med., Dep. of Med.; engl.) — Salicylat u. Dinitrophenol hemmen die Bindung von *Thyroxin* (I) an Serumproteine der Ratte. Diphenylhydantoin sowie Verbb., die zu einer Hemmung der Dejodierung führen, beeinflussen die Bindung nicht. Strukturelle I-Analoge mit einer 3.5-Dijod-4-phenolat-Gruppe sowie *l*-3.5.3'-Trijodthyronin, 3.5.3'-Trijodthyroessigsäure u. zahlreiche Verbb. mit einer oder mehreren polaren anion. Gruppen an einem Benzolring hemmen die Bindung von I an Serumproteine. Joachim Schmidt/Magdeburg. 4562◇

Die Abspaltung von Jod aus in den Zwölffingerdarm des Hundes injiziertem ^{131}J-Serumalbumin. G. Barac, R. Busset, L. Humblet und G. Merchie. (C. R. Séances Soc. Biol. Filiales **152,** 1275, 1958, herausgeg. 10/1. 1959; Liège, Univ., Inst.

de Clin. et de Policlin., Med., et Inst. Interuniversitaire des Sci. Nucl.; franz.) — Wenn man menschliches ^{131}*J-Serumalbumin* direkt in den Zwölffingerdarm des Hundes injiziert, erfolgt schnell eine beträchtliche Abspaltung von Jod. K. Heyns. 4562

Geweberückstände und Ausscheidungsweg von oral verabreichtem $^{14}C_{(2)}$-Methimazol. Ned S. Raun und Wise Burroughs. (J. agric. Food Chem. **10**, 406—07, 1962; Ames, Iowa, Iowa State Univ., Iowa Agric. Exp. Stat.; engl.) — Bei Ratten konnte 96 Std. nach Beendigung der oralen Verabreichungen von $^{14}C_{(2)}$-*Methimazol* (**I**; *1-Methyl-2-mercaptoimidazol*) dieses in den Geweben nicht mehr nachgewiesen werden (Empfindlichkeit 0,1—0,2 ppm). Die Ausscheidung von I erfolgte ausschließlich durch den Urin u. die Faeces. Ca. 80% der oralen Dosis wurde innerhalb von 24 Std. im Urin, der Rest innerhalb von 48 Std. in den Faeces ausgeschieden. Insgesamt wurden so 98—105% wiedergefunden. Im ausgeatmeten CO_2 wurde keine Radioaktivität nachgewiesen. G. Kimmerle. 4562△

Über den Monoglyceridgehalt des Schweinepankreas. B. Borgström. (Biochim. biophysica Acta [Amsterdam] **51**, 373—74, 1961; Lund, Univ., Dep. of Physiol. Chem.; engl.) — Der Geh. von gefrorenem Pankreas an *Monoglycerid* (**I**) u. *freien Fettsäuren* (**II**) ist sehr klein. Homogenisierung der Drüse bei Raum-Temp. erhöht **I**- u. **II**-Geh. u. vermindert die Triglyceride. Der von Jones u. Mitarbeitern (J. biol. Chemistry **181**, [1949], 755) angegebene hohe **I**-Geh. beruht wahrscheinlich auf in vitro-Lipolyse. K. Maier. 4564◇

Vergleich der vasomotorischen Wirkung zweier desinsulinisierter Pankreasextrakte. J. Lecomte. (C. R. Séances Soc. Biol. Filiales **156**, 1727—29, 1962; Lüttich, Univ., Inst. Physiol.; franz.) — Die Verabreichung der histaminfreien desinsulinisierten Pankreasextrakte *Angioxyl* (**I**; Roussel) u. *Padutine* (**II**; Bayer) bewirkt bei Katze, Kaninchen u. Ratte einen Abfall des arteriellen Druckes — wie durch Messungen an der Carotis ermittelt wurde — der bei **I** von kurzer u. bei **II** von längerer Dauer ist. Diese Tatsache wird dem höheren *Adenosintriphosphat*-Geh. des **I** u. dem *Kallikrein* (**III**)-Geh. des **II** zugeschrieben, was daraus hervorgeht, daß die durch Trasylol gehemmte Ferment-Wrkg. des **III** den Wrkg.-Mechanismus von **I** nicht beeinflussen kann, während gleichzeitig verabreichtes *Penylbutazon* die Wrkg. von **II** hemmt. Frank Günther. 4564◇

Der Traubenzuckerverbrauch der normalen und zuckerharnruhrkranken weißen Blutkörperchen. F. Gastaldi und G. Maggi. (Arch. Scienze med. **110**, 419—28, Okt. 1960; Pavia, Univ., Ist. di Patol., Spec. Med.; ital.) — Der Gesamttraubenzuckerverbrauch der normalen weißen Blutkörperchen wechselte zwischen 38—155 $\gamma/10^6$ Zellen u. Std. bei einem mittleren Wert von 96 $\pm$ 8,7. Der Gesamttraubenzuckerverbrauch weißer Blutkörperchen von Diabetikern hat einen in der Zeit überhaupt analogen Verlauf gegenüber den normalen weißen Blutkörperchen, ist aber oft herabgesetzt. W. F. Ebel. 4564□

Wirkung von Prednison bei Insulin-resistentem Diabetes. Wilfrid Oakley, J. B. Field, G. E. Sowton, Barbara Rigby und A. C. Cunliffe. (Brit. med. J. **1959**, I, 1601—06, 27/6.; London, King's Coll. Hosp., Diabet. Dep.; King's Coll. Hosp. Med. School, Dep. of Bacteriol.; engl.) — Bei 4 Fällen von *Insulin* (**I**)-resistentem Diabetes, bei denen das Vork. von **I**-Antikörpern (mit einem Test der passiven Hautanaphylaxie) nachgewiesen werden konnte, bewirkte *Prednison* (**II**) eine sehr starke Abnahme des **I**-Bedarfs. In 2 weiteren Fällen, bei denen keine **I**-Antikörper vorhanden waren, erhöhte **II** den **I**-Bedarf. K. Zingraf. 4564◇

Reduktion von 1-[p-Acetylbenzolsulfonyl]-3-cyclohexylharnstoff (Acetohexamid) im Stoffwechsel mehrerer Species. J. S. Welles, M. A. Root und R. C. Anderson. (Proc. Soc. exp. Biol. Med. **107**, 583—85, 1961; Indianapolis, Ind., Eli Lilly and Co., Lilly Res. Labor.; engl.) — Die Unters. des Stoffwechsels von *1-[p-Acetylbenzolsulfonyl]-3-cyclohexylharnstoff* (**I**) bei Hund, Kaninchen, Ratte u. Mensch zeigte, daß alle Species die reduzierte Form, *1-[p-α-Hydroxyäthylbenzolsulfonyl]-3-cyclohexylharnstoff* (**II**), ausschieden. Bei Hund, Kaninchen u. Mensch wurden im Harn 49—59%, im Rattenharn 18% als Metabolit erfaßt. Hund u. Mensch schieden Spuren von unverändertem **I** aus. Synthet. **II** wurden von 2 Patientinnen zu 41 u. 61% (300 mg- u. 1 g-Dosis), vom Hund zu 60% (50 mg/kg) im 24-Std.-Harn ausgeschieden. K. Maier. 4564◇

Über die Bestimmung des Glukagongehaltes in Plamsaauszügen. Der Einfluß der verschiedenen Lösungsmittelsysteme. G. Maggi und G. Andreis. (Arch. Scienze med. **110**, 406—18, Okt. 1960; Pavia, Univ. di Pavia, Ist. di Patol. Spec. Med.; ital.) — Die in durch Acetonfällung der sauren, alkohol. Auszüge erhaltene *Amylase* stört die *Glukagon*-Best. mit der Meth. der Glykogenolyse in vitro. Die Beseitigung der Amylasewirksamkeit ist durch Alkalinisierung des sauren, alkohol. Plasmaauszuges mittels NH_4OH auf pH 7,5 u. selektive Fällung des Enzyms durch ein A.–Ae.-Gemiscn 1,7:2,8) möglich. W. F. Ebel. 4564□

Wechselbeziehungen der Wirkungen von Glukagon und Somatotropin auf den Proteinstoffwechsel fastender hypophysektomierter Ratten. Joseph L. Izzo und Stanley R. Glasser. (Endocrinology **72**, 701—08, 1963; Rochester, N.Y., Univ., Dep. Med. and Radiol. Biol.; engl.) — Im Gegensatz zu normalen oder adrenalektomierten fastenden Ratten verursacht *Glukagon* (I) bei hypophysektomierten Tieren keine verstärkte N-Ausscheidung im Urin, keinen verstärkten Gew.-Verlust der Tiere oder der Organe u. keine Erniedrigung des α-Aminosäuren-N im Blut. *Somatotropin* (II) verursachte bei fastenden hypophysektomierten Ratten eine verminderte N-Ausscheidung, Erniedrigung der Organ-Gew. u. der Körper-Gew. u. eine Senkung des α-Aminosäuren-N im Blut. Die Verabreichung von I hebt die durch II hervorgerufenen Veränderungen auf. Die Ergebnisse werden im Hinblick auf die Bedeutung von II für den Eiweißabbau durch I bei fastenden Ratten diskutiert. Joachim Schmidt/Magdeburg. 4564◇

Wirkungen von intraartikulärem Serotonin und kompetitiven Aminen auf die Bindegewebeproliferation in Kaninchengelenken. Charley J. Smyth, Oren B. Gum und Paul K. Hamilton. (J. Lab. clin. Med. **60**, 492—503, 1962; Denver, Colo., Univ. of Colorado, School of Med., Arthritis Div., Dep. of Med.; Denver Med. Admin. Hosp.; engl.) — Vgl. C. **1962**, 18905. — Nach wiederholten täglichen intraartikulären Injektionen von Serotonin (I) konnte in der Synovia von Kaninchen mkr. eine mäßige fibroplast. Wrkg. beobachtet werden. Wenn Iproniazid, ein Hemmstoff der I-abbauenden Enzyme, Monoaminooxydase u. Coeruloplasmin (II) allein oder in Kombination mit I injiziert wurde, nahmen die behandelten Gelenke an Größe zu u. zeigten deutliche histopatholog. Veränderungen. Isoniazid, welches II ebenfalls hemmt, hatte keine solche Wrkg. auf die Gelenke. K. Zingraf. 4569◇

Wirkungen des Angiotensins auf die coronare Zirkulation. 1. Mitt. G. Marchetti, L. Merlo und R. M. Antognetti. (Boll. Soc. ital. Biol. sperim. **39**, 64—67, 1963; Mailand, Ist. di Cardiol. Sperim.; ital.) — Die Unterss. werden am Hund mit offenem Thorax durchgeführt, dem i.v. *Angiotensin* (I) in Dosen von 0,1—0,5 μg/kg/Min. 5 Min. lang injiziert wurde. In allen Fällen bewirkt I eine Steigerung des arteriellen Drucks u. daher der Arbeit des Herzens, um so größer, je höher die I-Dosis. Im gleichen Sinne erhöhte sich der O_2-Verbrauch des Myocards wenn er auch im ganzen geringer ist, als nach der Arbeitserhöhung des Herzens zu erwarten wäre. F. Kren. 4569◇

Wirkungen des Angiotensins auf die coronare Zirkulation. 2. Mitt. G. Marchetti, L. Merlo und R. M. Antognetti. (Boll. Soc. ital. Biol. sperim. **39**, 67—70, 1963; Mailand, Ist. di Cardiol. Sperim.; ital.) — 1. vgl. vorst. Referat. — Die Unterss. werden mit Dosen von 0,1 u. 0,5 μg *Angiotensin* (I)/kg/Min. durchgeführt. Während 0,1 μg I bei konst. Aufrechterhaltung der Herzarbeit keine Veränderungen des O_2-Verbrauchs u. des Coronarflusses des Myocards verursacht, ist dies bei 0,5 μg I der Fall; daneben wird die Bldg. von CO_2 des Myocards erhöht. Noch deutlicher wirken Dosen von 1 μg I/kg/Minute. F. Kren. 4569◇

Die Beziehung der Konstitution von Isoleucinangiotensinoktapeptid und verschiedenen Analogen zur blutdrucksteigernden und oxytocischen Wirkung. F. Merlin Bumpus, Philip A. Khairallah, Kikuo Arakawa, Irvine H. Page und Robert R. Smeby. (Biochim. biophysica Acta [Amsterdam] **46**, 38—44, 1961; Cleveland, Ohio, Cleveland Clin. Foundat., Res. Div.; Frank E. Bunts Educat. Inst.; engl.) — Isoliertes natürliches *Angiotensin I* u. synthet. *Angiotensin II* (I) haben gleiche pressor. Wirksamkeit, jedoch zeigt letztes viel größere oxytoc. Aktivität, die ca. $^1/_8$ der von Oxytocin beträgt. Die Unters. von I-Analogen u. -Zwischenstufen, wie 4-Arg·Arg·Val·Tyr·Ileu·His·Pro·Phe-OH, H-Asp·Arg·Val·Tyr·Ileu·His·Pro·Ala-OH, H-Arg·Val·Tyr·Ileu·His·Pro·Phe-OH, H-Val·Tyr·Ileu·His·Pro·Phe-OH, H-Tyr·Ileu·His·Pro·Phe-OH, H-Ileu·His·Pro·Phe-OH, H-Val·Phe·Ileu·His·Pro·Phe-OH, 4-Val·Ala·Ileu·His·Pro·Phe-OH, I-β-Asparagylamid, ergab folgende Voraussetzungen für pressor. u. oxytoc. Wirksamkeit: L-Phenylalanin als C-terminale Aminosäure, freie endständige COOH-Gruppe, Ggw. von Tyrosin u. mindestens Ggw. der Aminosäuren 3—8 der Angiotensine. Wahrscheinlich ist die räumliche Konfiguration des Mol. für die biolog. Spezifität von Peptiden, neben Aminosäure-Zus. u. -Sequenz, ein wesentlicher Faktor. K. Maier. 4569◇

Über die das menschliche Hämoglobin in seinen Präparationen begleitende Proteine. 1. Mitt. **Isolierung und Komplexität des „Nicht-Hämin-Proteins" von Allen, Schroeder und Balog.** G. Laurent, M. Charrel, C. Marriq und Y. Derrien. (Bull. Soc. Chim. biol. **44**, 419—33, 1962; Marseille, Fac. mixte de Méd. et de Pharmacie, Labor. de Chim. biol.; franz.) — Hämolysate erwachsener Personen wurden an Amberlite IRC 50-Säulen aufgetrennt, eluiert u. spektralphotometr. auf ihren *Hämoglobin* (Hb)-Geh. u. ihren Geh. an anderen Begleiteiweißen untersucht. Die von Allen, Schroeder u. Balog (C. **1959**, 7534) beschriebene Zone des *nicht häminhaltigen Proteins* (NHP) wurde dabei isoliert,

Bei Phosphatpuffer pH 6,55 (0,055m an Na^+ u. 0,01m an KCN) werden dabei die Hb-Fraktionen sowie das Y-Protein in der Säule zurückgehalten. Die NHP-Fraktion beträgt ca. 2—2,5% der gesamten Hb-Fraktion. Die NHP-Zone ist heterogen, spektral können Nucleotidanteile beobachtet werden, papierelektrophoret. lassen sich die „langsamen" Proteine X_1, X_2 sowie schnellere Proteine X_3, X_4, X_5 u. X_6 nachweisen. Dabei läuft X_3 etwas langsamer, X_4 gleich schnell u. X_5 bzw. X_6 schneller als das Hb A_1. Unter etwas modifizierten Bedingungen (Phosphatpuffer pH 6,18, 0,055m Na^+) werden in der Austauschersäule sämtliche Hämoproteide sowie die Y-Fraktion zurückgehalten. Die eluierte Proteinzone umfaßt nur noch 1% des gesamten Hb. Sie enthält noch den Nucleotidanteil. Papierlektrophoret. lassen sich 3 Fraktionen gewinnen, von denen die Fraktion P_{IA}, die Proteine X_4, X_5 u. X_6, die Fraktion P_{II} das Protein X_1 u. die Fraktion P_{IB} das Protein X_2 enthält. P_{IA} u. P_{IB} umfassen auch die Nucleotidanteile, die ihrerseits D-Ribose enthalten. Für Standardbedingungen (Veronal-Na-Puffer, pH 8,6) ergibt sich für die Bestandteile des normalen Erythrocytenhämolysates folgende relative Skala ihrer Wanderungs-Geschw. bei Papierelektrophorese: $(-) \rightarrow Y < X_1 < X_2 \leq A_2 < X_3 \# F < X_4 \# A_1 < A_3 \# X_5 < X_6 \rightarrow (+)$. W. Scheler. 4572◇

Die Soretbande des monomeren Hämatins und ihre Veränderungen bei der Polymerisation. Yuji Inada und Kazuo Shibata. (Biochem. biophysic. Res. Commun. **9**, 323—27, 1962; Tokyo, Tokugawa Inst. for Biol. Res. and Inst. of Technol.; engl.) — *Hämatin* (I) verändert in wss. Lsg. sein Spektrum zeitabhängig (sog. Alterung oder Polymerisation). Es wird deshalb versucht, das Spektrum der frischen monomeren Form zu ermitteln u. die Polymerisationskinetik zu untersuchen. Die Soret-Bande des **I** (in 0,1n NaOH gelöstes u. dann stark verd. Hämin) liegt bei 398 mμ, $\varepsilon_{mm} = 122 \pm 3$ (millimolarer Extinktions-Koeff.). Bei Stehenlassen sowie durch Salze bzw. Puffer flacht die Bande ab. Bei **I**-Konzz. $>10^{-6}$m läuft die Polymerisation mit meßbarer Geschw. ab. Sie wird in 2 Schritte untergliedert: 1. Schritt → Rk. verläuft mit isosbest. Punkten, 2. Schritt → Rk. läuft weiter, ohne isosbest. Punkte einzuhalten. Der 1. Schritt, als Dimerisation bezeichnet, besitzt eine Geschw.-Konst. von $1,29 \cdot 10^3$ $m^{-1} \cdot s^{-1}$. Der 2. Schritt startet, bevor der 1. Schritt völlig abgelaufen ist (Geschw.-Konst. des 2. Schrittes = $6,6 \cdot 10$ $m^{-1} \cdot s^{-1}$). Die Soret-Bande des dimeren **I** besitzt ein ε_{mm} von 146 pro Mol des Dimeren. W. Scheler. 4572◇

Hämoglobin F_I, ein acetylenthaltendes Hämoglobin. Vorl. Mitt. W. A. Schroeder, Johnson T. Cua, Genji Matsuda und William D. Fenninger. (Biochim. biophysica Acta [Amsterdam] **63**, 532—34, 8/10. 1962; Pasadena, Calif., California Inst. of Technol., Div. of Chem. and Chem. Engng.; engl.) — Das von Allen u. Mitarbeitern (C. **1959**, 7534) isolierte *Hämoglobin-F_I* (aus Nabelschnurblut) läßt sich nach der Aminosäuren-Zus. nicht vom Hämoglobin-F_{II} unterscheiden; die Summe der DNP-Valin- u. DNP-Val-Leu-Reste beträgt 1,4—1,8/Molgew. 66000, DNP-Glycin ist mit 0,4—0,6 Resten vorhanden; bei der Mikroacetyl-Best. (Ludowieg u. Dorfman, C. **1960**, 14766) ist eine positive Rk. für Acetyl erzielbar, ebenso bei Gaschromatographie; F_I-Hämoglobin enthält 2 α-Ketten, 1 γ-Kette u. eine acetylierte γ-Kette u. ist damit das 1. Beispiel eines Hämoglobins mit N-terminaler Acetylgruppe u. ebenso das 1. Beispiel eines Hämoglobins, welches keine ident. Paare von Ketten enthält. U. Tausendfreund. 4572◇

Reinigung und physiologische Wirkung von menschlichem Harnerythropoietin. John Winkert, Albert S. Gordon und Elizabeth Winkert. (Trans. New York Acad. Sci. [2] **24**, 135—39, 1961; New York, N.Y., Med. Coll., Dep. of Physiol. and Pharmacol., Flower and 5th Avenue Hospitals and New York Univ., Dep. of Biol.; engl.) — Aus Harn von Thalassämiepatienten mit >14 HR-E. wurde durch Alkoholfällung (mit 80% ig. CH_3OH 62,5% Ausbeute), Dialyse der Lsg. des Nd. in gepufferter NaCl-Lsg. u. Chromatographie an DEAE-Cellulose ein Präp. von *Erythropoiesiestimulierungsfaktor* (*ESF*) oder *Erythropoietin* erhalten (Sedimentations-Koeff. ca. 1 Svedbergeinheit). K. Maier. 4573◇

Proteinsynthese in den Nuclei von Vogelerythrocyten. S. P. Bessman und C. L. Hammel. (Biochem. biophysic. Res. Commun. **7**, 26—29, 1962; Baltimore, Md., Univ. of Maryland, Dep. of Pediatr.; engl.) — Taubenerythrocyten werden mit $^{14}C_{(1)}$-Phenylalanin oder $^{14}C_{(1)}$-Histidin inkubiert u. nach Cytolyse die Aktivität im Globin von Cytoplasma u. Nuclei untersucht. Der zeitliche Verlauf läßt erkennen, daß das in den Nuclei gebildete Protein an das Cytoplasma abgegeben wird. P. Loch. 4573◇

Vorläufige Beobachtungen an isoliertem Paramäciumhämoglobin. Malcolm H. Smith, Philip George und John R. Preer jun. (Arch. Biochem. Biophysics **99**, 313—18, 1962; Philadelphia, Pa., Univ. of Pennsylvania; engl.) — *Paramaecia aurelia* enthält einen *Hämoglobin* (Hb)-artigen Farbstoff, der isoliert u. gereinigt wurde. Dieses

Hb besitzt in seinem spektralen Verh. (red., HbO_2, HbCO, MetHb sauer u. alkal., MetHb-CN, Pyridinhomochromogen) eine sehr große Ähnlichkeit mit Vertebraten-Hb-Arten. Die Ionisations-Konst. (pk') der MetHb-Form liegt ungefähr bei 8,5 (25°). Beim Stehenlassen des HbO_2 verschiebt sich die Soret-Bande von 418 nach 412 mμ bei gleichzeitigem Verwaschen der sichtbaren Banden (beginnende Denaturierung?). Das O_2-Gleichgewicht des Hb wurde orientierend bestimmt, $pO_{2(1/2)}$ beträgt 0,6 mm Hg. Die Kurvenform konnte noch nicht ermittelt werden. CO hemmt die O_2-Aufnahme durch Hb. Mittels Ultrazentrifuge u. Diffusionsmessungen konnte das Molgew. des Hb mit ca. 13000 bestimmt werden. Ein Mol. enthält eine Hämgruppe. W. Scheler. 4572◇

Wirkung des Alters auf die enzymatische Aktivität der Erythrocyten normaler oder an Favus erkrankter Personen. A. Bonsignore, G. Fornaini, C. Canonica, P. Segni, G. Spanu und F. Fancello. (Boll. Soc. ital. Biol. sperim. **38,** 1130—34, 1962; Genova, Univ., Ist. di Chim. Biol. e Nuoro, Osped. Region. di Lanusei; ital.) — Die Unterss. werden an 16 Patienten mit akuter Hämolyse infolge Favus u. 18 normalen Personen durchgeführt. Es wird das Verh. des *red. Glutathion, Glucose-6-phosphatdehydrogenase, 6-Phosphogluconatdehydrogenase* (**I**), *Metahämoglobinreduktase, Glutathionreduktase* (**II**), *Transketolase* u. *Transaldolase* in den Erythrocyten untersucht. Die **I**- u. **II**-Aktivität zeigt in allen Fällen unabhängig vom Alter ein ident. Verhalten. Demgegenüber variieren die anderen enzymat. Aktivitäten erheblich in jungen u. alten, normalen u. Favus-empfindlichen Erythrocyten. F. Kren. 4573◇

Phosphatidkomponenten von Hühnerblutzellen. M. Kates und A. T. James. (Biochim. biophysica Acta [Amsterdam] **50,** 478—85, 1961; Ottawa, Ontario, Canada, Nat. Res. Council, Div. of Appl. Biol.; London, Nat. Inst. for Med. Res.; engl.) — Chromatograph. Trennung der *Phosphatid* (**I**)-Komponenten von Hühnererythrocyten auf SiO_2-imprägniertem Papier ergab 42% *Lecithin* (**II**), 24% *Phosphatidyläthanolamin* (**III**), 21% *Sphingomyelin* + *Lysophosphatidyläthanolamin* u. kleine Mengen von *Phosphatidylserin, Lysolecithin, Phosphatidylinosit* u. *Phosphatidsäure.* Jede Komponente wies eine andere Fettsäure-Zus. auf, bes. **III** besaß einen höheren Geh. an polyungesätt. Fettsäuren u. Stearinsäure sowie einen kleineren an Palmitinsäure als **II**. Diese beiden Phosphatide fanden sich auch in den entsprechenden Plasmalogenformen, wobei als Aldehydkomponente vorwiegend Palmitinaldehyd u. Stearinaldehyd angetroffen wurden. Inkubation der Ganzerythrocyten mit $^{14}C_{(2)}$-Acetat führte zum Einbau von ^{14}C in die Nichtphosphatidfraktion (Cholesterylester, Cholesterin, Diglyceride) u. in geringerem Maße in **II**-, **III**- u. Sphingomyelinkomponenten. K. Maier. 4573◇

Untersuchungen über die Struktur von α_1-saurem Glykoprotein. 3. Mitt. Polymorphismus von α_1-saurem Glykoprotein, partielle Auftrennung und Charakterisierung seiner Varianten. K. Schmid, J. P. Binette, S. Kamiyama, V. Pfister und S. Takahashi. (Biochemistry [Washington] **1,** 959—66, 1962; Boston, Mass., Harvard Med. School, Dep. of Med. and Massachusetts General Hosp.; engl.) — 2. vgl. Biochim. biophysica Acta [Amsterdam] **58,** [1962], 80. — Vff. beschreiben eine Auftrennung von aus normalem Humanplasma isoliertem *α_1-saurem Glykoprotein* (**I**) im pH-Bereich zwischen 2 u. 4 durch Stärkegelelektrophorese in 7 Varianten. Die geeignetste Auftrennung erfolgte bei pH 2,9 nahe dem isoelektr. Punkt. Vff. zeigten, daß die Auftrennung eine Folge des Polymorphismus von **I** ist. Die sialsäurefreie Form von **I** wurde gleichfalls durch Stärkeelektrophorese nahe dem isoelektr. Punkt bei pH 5,0 in 3 Zonen aufgetrennt. Durch Chromatographie an Diäthylaminoäthylcellulose (DEAE) bei pH 5 gelingt eine partielle Auftrennung der Varianten von **I**. Diese Varianten unterscheiden sich darin, daß die isoion. Punkte u. die scheinbaren elektrophoret. Geschw. der Hauptzone mit jeder aufeinanderfolgenden Fraktion abnehmen. Die Acidität der Proteinfraktionen nimmt zu. Partielle Elution von den DEAE-Säulen erfolgt mit zunehmender Ionenstärke. Ähnlichkeiten der Varianten wurden in der elektrophoret. Geschw. bei pH 8,6 u. 4,0, Sedimentations-Koeff., Extinktions-Koeff., Zus. der Aminosäuren, Sialsäure, neutralen Hexosen u. Hexosamin beobachtet. Vff. sind der Ansicht, daß die Unterschiede in der elektrostat. Ladung zwischen den **I**-Varianten, die zum Polymorphismus führen, wahrscheinlich auf Unterschiede in der chem. Zus. u. der dreidimensionalen Struktur der Varianten zurückzuführen sind. G. Bratfisch. 4574◇

Die Darstellung von Plasminogen-armem Fibrinogen und Thrombin. Richard E. Maxwell, Violet S. Nickel und Vera Lewandowski. (Biochem. biophysic. Res. Commun. **7,** 50—52, 1962; Ann Arbor, Mich., Parke, Davis & Co., Res. Labor.; engl.) — Zur Best. der Aktivität fibrinolyt. Präpp. ist die Verw. möglichst *Plasminogen*-armer, standardisierter *Fibrinogen*- u. *Thrombin*-Präpp. notwendig. — Als Ausgangsmaterial solcher Fibrinogen-Präpp. dient gefrorenes Plasma (Mensch, Rind), das bis einschließlich des Waschens mit kalter Kochsalz-Lsg. nach Ware, Guest u. Seegers (Arch. Biochemistry **13,** [1947], 231) behandelt wird. Das Protein wird dann in 0,9% NaCl enthaltendem

Tris-HCl-Puffer (pH 7,4) gelöst, so daß eine Lsg. mit 15 mg Protein/ml erhalten wird, u. mit Kohle (Darco G 60) geschüttelt. Das so erhaltene Fibrinogen kann gefroren oder lyophilisiert gelagert werden u. ist zu 90% durch Thrombin gerinnbar. — Käufliches Thrombin wird in 0,05m NaH_2PO_4 gelöst über eine Amberlite CG-50 (Typ 2)-Säule gegeben u. mit 0,3m Phosphatpuffer (pH 8,0) entwickelt. Fraktionen mit mehr als 500 Einheiten/mg werden sodann mit Sephadex G 50 entsalzt u. lyophilisiert. — Die beiden so hergestellten Präpp. genügen dem genannten Zweck, obwohl das Thrombin noch geringe lyt. Aktivität aufweist. P. Loch. 4574◇

Ladungsverteilung von Fibrinogen bestimmt durch Untersuchungen vorübergehender elektrischer Doppelbrechung. A. E. V. Haschemeyer und Ignacio Tinoco jun. (Biochemistry [Washington] **1**, 996—1004, Nov. 1962; Berkeley, Calif., Univ., Dep. of Chem.; engl.) — Vff. untersuchten die vorübergehende elektr. Doppelbrechung (DB) von *Rinderfibrinogen* (**I**) in den pH-Bereichen von 4—5 u. von 7—9. Im niedrigen pH-Bereich wurde ein transverses permanentes Dipolmoment gefunden, das zu negativer DB führte. Bei höheren pH-Werten wurde die DB wieder positiv. Zur weiteren Unters. der pH-Abhängigkeit der spezif. DB wurden Titrationen mit verschiedenen Lsgg. durchgeführt. Es zeigte sich deutlich eine pH-abhängige Umwandlung zwischen Komponenten mit positiver u. negativer DB. Aus den Titrationsergebnissen muß geschlossen werden, daß Ladungsisomere von **I** existieren. Die Ggw. eines longitudinalen permanenten Dipolmoments im höheren pH-Bereich wurde bestätigt. Magnitude u. pH-Abhängigkeit sind vereinbar mit der Titration von zwei α-Aminogruppen, je einer am Ende des Mol. in einer Entfernung von ca. 250 Å vom Mittelpunkt.
G. Bratfisch. 4574◇

Identifizierung von p-Hydroxyphenylbrenztraubensäure-O-sulfat als Stoffwechselprodukt von Tyrosin-O-sulfat bei der Ratte. Gillian M. Powell, F. A. Rose und K. S. Dodgson. (Biochem. biophysic. Res. Commun. **7**, 23—25, 1962; Cardiff, England, Univ. of Wales, Dep. of Biochem.; engl.) — Im Urin von Ratten, denen intraperitoneal ^{35}*S-Tyrosin-O-sulfat* (**I**) injiziert worden ist, kann nach Passieren einer Dowex-50-Säule papierchromatograph. ^{35}*S-p-Hydroxyphenylbrenztraubensäure-O-sulfat* nachgewiesen werden. Schwierigkeiten ergaben sich dadurch, daß dieses Stoffwechsel-Prod. sehr labil ist u. sich spontan in die Schwefelsäureester der p-Hydroxyphenylessigsäure oder des p-Hydroxybenzaldehyds umwandelt. — **I** ist eine Komponente des *Fibrinogens* von Säugetieren. P. Loch. 4574◇

Untersuchungen über die Chemie des Heparins. 2. Mitt. **Anwesenheit einer Uronsäureverknüpfung mit dem $C_{(6)}$ des Glucosamins.** I. Danishefsky, Harold B. Eiber und Esther Langholtz. (Biochem. biophysic. Res. Commun. **3**, 571—74, Dez. 1960; New York, N.Y., Med. Coll., Dep. of Biochem. and Med. Gilman Labor.; engl.) — Desulfatiertes Acetamidoheparin wurde mit n H_2SO_4 hydrolysiert u. das Hydrolysat nach Neutralisation u. Entfernung des $BaSO_4$ an Dowex-50 (H-Form) chromatographiert (Elution mit verd. HCl) u. das Eluat in Fraktionen gesammelt. In der mit 0,04n HCl eluierten Fraktion wurde ein Disaccharid gefunden, das aus Glucosamin — am reduzierenden Ende des Disaccharids — u. Uronsäure besteht. Aus den Unterss. des Disaccharids wird geschlossen, daß *Heparin* ein Disaccharid enthält, in welchem die Uronsäure mit den $C_{(6)}$ des Glucosamins verknüpft ist. Es besteht die Möglichkeit, daß diese Struktur teilweise für die spezif. physiolog. Eigg. des Heparins verantwortlich ist. A. Gabert. 4574◇

Die Uronsäure des Heparins. J. A. Cifonelli und Albert Dorfman. (Biochem. biophysic. Res. Commun. **7**, 41—45, 1962; Chicago, Ill., La Rabida Univ.; Univ. of Chicago, Dep. of Biochem. and Pediatr.; engl.) — Wegen der Labilität der *Uronsäuren* ist ihr direkter Nachw. in *Heparin* (**I**) durch hydrolyt. Meth. nicht möglich. — Wenn die durch partielle Hydrolyse von N-acetyliertem **I** erhaltenen Oligosaccharide, dann nochmals acetylierten u. erneut hydrolysierten Oligosaccharide der Papierchromatographie unterworfen werden (tert. Amylalkohol, Isopropanol, W. —4:1:2), wird die Ggw. von *Glucuronolacton* u. *Iduronolacton* ($[\alpha]_D^{24}$ 27°, W.; c = 1) erkannt. — Die Möglichkeit, daß letztes aus der *Chondroitin-B-schwefelsäure* (**II**) stammt, die bekanntlich L-Iduronsäure enthält u. hier als Verunreinigung auftreten könnte, wird durch folgende Fakten ausgeschlossen: 1. Analog wie **I** behandelte **III** ergibt keine freie Iduronsäure; 2. dagegen wird diese nach analoger Behandlung eines **I**-**II**-Gemisches nachgewiesen; 3. nach energ. Hydrolyse des **I**-Präp. (14 Std., 4n HCl) ist kein Galaktosamin nachweisbar; 4. in der Fällung des **I**-Präp. mit Cetylpyridiniumchlorid in Ggw. von 4m NaCl ist kein **II** nachzuweisen. — Weitere Verss. bestätigen die **I**-Struktur als **I**-Monoschwefelsäure. — Die Ähnlichkeit von **I** u. **I**-Monoschwefelsäure bzgl. gewisser

Eigg. als Antikoagulans werden mit der L-Idurinsäure in Zusammenhang gebracht, wohingegen die A- u. C-Isomeren von **II** diese Ähnlichkeit nicht aufweisen. — Möglicherweise finden diese Beziehungen auch in der gleichzeitig erhöhten Ausscheidung von **I** u. **II** beim Hurler-Syndrom ihren Ausdruck. P. Loch. 4574◇

Einige pharmakologische Eigenschaften eines neuen Eisenpräparates zur intramuskulären Anwendung. P. O. Svärd. (J. Pharmacy Pharmacol. **13,** 641—49, 1961; Södertälje, Sweden, AB Astra, Res. Labor.; engl.) — Ein *Fe-Sorbit-Citrat-Komplex, Jectofer* (DL_{50} Maus, i.v. 35,5 ± 1,33 mg Fe/kg; intraperitoneal oder subkutan 50,25 ± 2,05 mg Fe/kg; Kaninchen i.m. 38,0 ± 3,2 mg Fe/kg), bewirkte bei rascher i.v. Injektion (2—10 mg Fe/kg) bei narkotisierten Katzen u. Kaninchen ein Absinken des Blutdruckes im Körperkreislauf u. der Herzfrequenz; nach wiederholten Dosen trat rasch Tachyphylaxie ein. Das Präp. wurde gut vertragen, ist in vivo stabil u. besitzt anscheinend keine Antigeneigenschaften. K. Zingraf. 4575◇

Mechanismus der Resorption von zwei Eisenpräparaten zur intramuskulären Anwendung. P. O. Svärd und S. Lindvall. (J. Pharmacy Pharmacol. **13,** 650—53, 1961; Södertälje, Sweden, AB Astra, Res. Labor.; engl.) — Der Fe–Sorbit-Komplex *Jectofer* (**I**) u. der Fe–Dextran-Komplex *Imferon* (**II**) wurden Katzen i.m. injiziert; nach Injektion von **I** trat bei Unterbindung des Eintritts der Lymphe von der Injektionsstelle ins Blut eine Erhöhung des Fe-Geh. im Serum u. eine Abnahme des ungesätt. Fe-Bindungsvermögens ein. Nach Injektion von **II** traten solche Veränderungen nicht ein, d. h. **II** wurde nicht durch das Blut resorbiert. Auch der Beginn der Resorption durch die Lymphe lag bei **II** später als bei **I.** K. Zingraf. 4575◇

Über die enzymatische Bestimmung der Brenztraubensäure und Milchsäure im Liquor normaler Personen. B. Currò-Dossi und R. Ripa. (Boll. Soc. ital. Biol. sperim. **39,** 170—72, 1963; Ferrara, Univ., Ist. di Clin. Neurol. e Semeiot. Med.; ital.) — Vff. führen bei 30 Personen die Best. der *Brenztraubensäure* (**I**) u. *Milchsäure* (**II**) enzymat. mit Milchsäuredehydrogenase unter Zusatz von red. *Nicotinamidadenindinucleotid* (**III**) durch, wobei der Übergang von red. **III** zu oxydiertem **III** spektrograph. bei 340 mμ bestimmt wird. — Ähnlich wird **II** bestimmt, mit dem Unterschied, daß oxydiertes **III** zum Ansatz gegeben wird. — Die Werte von **I** schwanken zwischen 0,109 u. 0,805% (Mittelwert 0,503), die von **II** zwischen 4,68 u. 22,81 (Mittelwert 12,34). F. Kren. 4578◇

Die Entwässerung der Seidensubstanz während des letzten Larvenstadiums der Seidenraupe, Bombyx mori. 1. Mitt. **Tägliche Änderungen der Menge des sogenannten gebundenen und des freien Wassers des Fibroins in der mittleren Seidendrüse.** Tsuneo Kurasawa. (J. sericult. Sci. Japan **28,** 381—88, 1959; Miyagi-ken, Watari, Miyagi-ken Sericul. Exp. Stn.; jap., Auszug: engl.) — Die verschiedenen Zustände des W. im *Fibroin* werden mit der *$CoCl_2$-Meth.* gemessen. Das *freie W.* nimmt im 5. Stadium graduell ab, während das *gebundene W.* (**I**) stark am 5.—6. Tag abnimmt. Die Spinntätigkeit beginnt, wenn **I** 40% der Trockensubstanz erreicht. P. Gregorzewski. 4583◇

Beendigung der Diapause bei Acheta durch Harnstoff. T. W. Hogan. (Nature [London] **190,** 367—68, 1961; Melbourne, Dep. of Agr., Plant Res. Labor.; engl.) — Die Beendigung der Diapause in Eiern von *Acheta commodus* (Walker) wird durch niedrige Konzz. Harnstoff (0,02—0,08 m) beschleunigt; eine Denaturierung trat dabei offenbar nicht ein. K. Zingraf. 4583◇

Die heutigen Ansichten über die Rolle des Fluors in der Ätiopathogenese der Zahncaries und sein vermutlicher Einfluß auf andere Erkrankungen des Organismus. Wanda Bartnicka. (Roczniki państwowego Zakładu Hig. **12,** 503—08, 1961; Łódź, Woj. Stac. san.-epidemiol.; pol.) — Übersicht über neuere Untersuchungen. — 13 Literaturangaben. R. K. Müller. 4585◇

Geschlechtsunterschiede in der Ausbildung der Fettleber bei Ratten durch Orotsäurediät. Herschel Sidransky. (Endocrinology **72,** 709—14, 1963; Pittsburgh, Pa., Univ. of Pittsburgh, School of Med., Dep. of Pathol.; engl.) — Eine Diät mit 1% *Orotsäure* über 1—6 Wochen führt bei weiblichen Tieren zu stärkerer Fetteinlagerung in der Leber als bei männlichen Tieren. Orchidektomie verstärkt die Fettleber-Bldg., Injektion von Testosteron vermag sie zu hemmen. Ovarektomie ist ohne Einfluß. Testosteron führt auch bei weiblichen normalen oder ovarektomierten Tieren zu geringerer Fetteinlagerung. Joachim Schmidt/Magdeburg. 4585◇

Untersuchungen über den Kohlenhydratstoffwechsel isolierter Gewebe von Ratten mit Thiaminmangel. Tetsuya Koreeda. (Jap. Arch. intern. Med. **7,** 704—21, 1960; Kobe, Japan, Med. Coll., Div. II, Dep. of Int. Med.; jap., Auszug: engl.) — Das isolierte Zwerchfell von Ratten mit *Thiamin* (**I**)-Mangel weist gegenüber den Kontroll-

Verss. erhöhte Glucoseaufnahme, Glykogen-, Pyruvat- u. Lactat-Bldg., mithin beschleunigten Kohlenhydratstoffwechsel auf. In Leberschnitten von I-Mangeltieren sind dagegen die Merkmale eines verminderten Kohlenhydratstoffwechsels zu beobachten. In Herzmuskelschnitten von I-Mangelratten wurden verminderte Glucoseaufnahme, Glykogenolyse u. Lactat-Bldg., aber erhöhte Pyruvat-Bldg. festgestellt.
U. Tausendfreund. 4587◇

Vitamin B_1 und Aktivität der Milchsäuredehydrogenase bei der Taube. U. Quatrini und G. Cajola. (Boll. Soc. ital. Biol. sperim. **39**, 156—58, 1963; Palermo, Univ., Ist. di Fisiol. Umana; ital.) — Es wird die Wrkg. von *Vitamin B_1* (I) auf beriberikranke Tauben untersucht. Es ergibt sich eine sehr schnelle Abschwächung der erhöhten Aktivität der *Milchsäuredehydrogenase* im Serum, die sich bei I-freiem Futter eingestellt hatte. Dagegen ist I bei normalen Tauben ohne Wrkg. in dieser Richtung. F. Kren. 4587◇

Vitaminresorption. 3. Mitt. **Bemerkung über die Resorption und Verwertung von ^{35}S-Thiamin.** E. J. Middleton und A. B. Morrison. (Canad. J. Biochem. Physiol. **40**, 1840—42, 1962; Ottawa, Canada, Food and Drug Labor., Vit. and Nutr. Sect.; engl.) — 2. vgl. J. Nutrit. **77**, [1962], 115. — In Vgl.-Unterss. mit verschieden dosierten ^{35}*S-Thiamin* (I)-Gaben bei jungen Ratten zeigte sich, daß die verminderte Wachstums-Geschw. von I-Mangeltieren nach peroralen I-Gaben im 4-Tages-Abstand (gegenüber täglichen, entsprechend kleineren I-Dosen) nicht auf einer mangelnden I-Resorption der größeren I-Dosis, sondern eher auf verminderter Fähigkeit zur Zurückhaltung u. Verwertung der hohen I-Dosen beruht. Die Aktivität in Leber u. übrigem Körper ist nach subkutaner Injektion oder peroraler Verabreichung gleich. Die Ausscheidung von subkutan injiziertem I zeigt, daß I in den Dünndarm ausgeschieden wird.
U. Tausendfreund. 4587◇

Komplexe von Riboflavin mit Silber- und anderen Metallionen. Isaac F. Baarda und David E. Metzler. (Biochim. biophysica Acta [Amsterdam] **50**, 463—71, 1961; Ames, Iowa, Iowa State Univ., Dep. of Biochem. and Biophys.; engl.) — Die Unters. des roten, lösl. *Ag-Riboflavinkomplexes* (I), $C_{17}H_{19}AgN_4O_6$, erhalten aus $5 \cdot 10^{-4}$m $AgNO_3$- u. Riboflavin (II)-Lsg. bei pH 7 unter Zusatz von KNO_3, spricht für Substitution von H-Atom 3 durch Ag unter Bldg. eines stark polymerisierten Ag-II-Komplexes (1 : 1). I ist ein lösl. koll. Komplex mit dem Löslichkeits-Prod. $[Ag^+][II^-] = 2 \cdot 10^{-12}$ $Mol^2 \cdot Liter^{-2}$ (25°). *Lumiflavin* bildet einen ähnlichen Komplex. *3-Methyllumiflavin* u. Isoriboflavin dagegen nicht. Von mehreren geprüften Metallen gibt nur Cu(I) einen ähnlichen Komplex. K. Maier. 4587◇

Gehalt an Thiamin, Riboflavin und Niacin in einigen in verschiedenen Gegenden Polens angebauten einheimischen Roggensorten. Elzbieta Czarnowska und Barbara Secomska. (Roczniki państwowego Zakładu Hig. **12**, 387—94, 1961; Zakł. Hig. Żywienia PZH; pol.) — Aus Unterss. an 33 Proben von 11 Roggensorten aus 15 verschiedenen Anbaugebieten ergeben sich als Mittelwerte für 1959 in μg/100 g: *Thiamin* 297, *Riboflavin* 252, *Niacin* 973. R. K. Müller. 4587◇

Aminosäuregleichgewicht und Ungleichgewicht. 5. Mitt. **Der Einfluß des Aminosäureungleichgewichts einschließlich Niacin auf die Konzentration der Leberpyridinnucleotide bei der Ratte.** Mary A. Morrison, May S. Reynolds und A. E. Harper. (J. Nutrit. **72**, 302—08, Nov. 1960; Madison, Wis., Univ. of Wisconsin, Dep. of Biochem.; School of Home Economics; engl.) — 4. vgl. C. **1962**, 9046. — Es wird an männlichen Ratten der Einfl. des gestörten Aminosäuregleichgewichts auf die Konz. der Leber-*Pyridinnucleotide* (I) untersucht. Die Tiere erhalten eine Diät mit 8% Casein u. einem Defizit an *Niacin* (II). Der Zusatz von *Threonin* (0,36%, III) zur Diät oder *Gelatine* (6%, IV) bewirkt eine Wachstumsdepression, welche durch Zusatz von II (2,5 mg/100 g) verhindert wird. Bei der Wachstumsdepression, ebenso bei ihrer Aufhebung durch II wird die Konz. der I nicht verändert. Die Depression des Wachstums durch III oder IV kann durch eine *Tryptophan*-Ergänzung der Nahrung aufgehoben werden. In diesem Fall wird bei der durch III hervorgerufenen Wachstumsdepression eine Erhöhung der I beobachtet, nicht dagegen bei der durch IV hervorgerufenen Depression. H. Struck. 4587□

Elektronenstruktur und Wirkungsweise der Folsäureantimetaboliten. Anne-Marie Perault und Bernard Pullman. (Biochim. biophysica Acta [Amsterdam] **52**, 266—80, 1961; Paris, Univ. de Paris, Inst. de Biol. Physico-Chim.; franz.) — Die wichtigsten *Folsäure* (I)-Antimetaboliten (II), z. B. *Aminopterin*, verhindern die I-Umwandlung in Tetrahydrofolsäure, die akt. Coenzymform. II haben für Reduktasen, die Pyridinnucleotide als Coenzyme verwerten u. diese Umwandlung katalysieren, eine starke Affinität u. sind gegen Red. resistent. Nach Mol.-Orbitalberechnungen ist N_1 des I-Gerüstes am basischsten, während in den natürlichen Substraten das für N_8 oder N_5 zutrifft. Die an C_2 gebundene NH_2-Gruppe u. N_1 von **II** sind stärker bas. als die gleichen Atome der natürlichen Substrate. Die Aufnahmefähigkeit der verfügbaren Kation-C der natürlichen Substrate u. von **II** gegenüber der Bindung von H^+-Ionen entspricht der **II**-Resistenz gegen Reduktion. Die Unfähigkeit von Tetrahydroaminopterin für sich als Transporteur von C_1-Einheiten funktionieren zu können, ist dem geringen Wert der Elektronenladung u. der freien Valenz seines N_5-Atoms zuzuschreiben. K. Maier. 4587◇

Konstitution und Funktion von Cobamidcoenzymen. H. A. Barker. (Federat. Proc. **20,** 956—61, 1961; Berkeley, Calif., Univ. of California, Dep. of Biochem.; engl.) — Übersicht. — 42 Literaturangaben. K. Maier. 4587◇

Über Funktion und Stoffwechsel des Vitamin E. 3. Mitt. **Vitamin E und Antioxydantien in der Ernährung der Ratten.** Q. E. Crider, P. Alaupović und B. Connor Johnson. (J. of Nutrit. **73,** 64—70, Jan. 1961; Urbana, Ill., Univ., Div. of Animal Nutrit.; engl.) — 2. Biochem. Biophysic. Res. Comm. **2,** [1960], 293. — *Vitamin E* (**I**)-Mangelratten zeigen wieder Fortpflanzungsfähigkeit nach Zusatz zum Futter von *N.N'-Diphenyl-p-phenylendiamin* (**II**) bzw. *1.2-Dihydro-6-äthoxy-2.2.4-trimethylchinolin* (**III**). *Butylhydroxytoluol* u. *Ubichromenol* sind unwirksam. Nach Zufütterung von **I** u. **II** sind in Leber u. Körpergewebe auf α.α'-Dipyridyl ansprechende Substanzen nachweisbar. Mittels Papierchromatographie wird nachgewiesen, daß es sich um eine noch unbekannte Substanz u. nicht um **I** handelt. H. Ackermann. 4587◇

Die Wirkung von Menadion auf die Reduktion von Methämoglobin. J. D. Harley und Helen Robin. (Austral. J. exp. Biol. med. Sci. **40,** 473—83, 1962; Camperdown, Sydney, Children's Med. Res. Foundation, Royal Alexandra Hosp. for Children; engl.) — *Menadion* (**I**) ist in der Lage, in Erythrocyten sowohl *Hämoglobin* (**II**) zu *Methämoglobin* (**III**) zu oxydieren als auch **III** zu **II** zu reduzieren. **III**-haltige menschliche Erythrocyten bilden bei Anwesenheit von Glucose als Substrat das **III** bei Zusatz von **I** schneller zurück als ohne **I**. Erythrocyten mit *Glucose-6-phosphatdehydrogenase* (**IV**)-Mangel zeigen diesen **I**-Effekt nicht. Wird Lactat als Substrat verwendet, beschleunigt **I** die **III**-Red. sowohl bei normalen als bei **IV**-Mangel-Erythrocyten. Die **I**-Wrkg. wird mit der Methylenblauaktivierung der **III**-Rückbildung verglichen, wobei jedoch die Rückbildungskinetik im Falle des **I** durch seine **III**-induzierende Effektivität überlagert wird. Das ist vor allem nachweisbar bei niedrigem **III**-Ausgangsspiegel in den Erythrocyten u. höherer **I**-Konzentration. **I** soll vorzugsweise die red. Nicotinamidadenindinucleotidphosphat (NADPH)-abhängige **III**-Red. katalysieren, unter bestimmten Bedingungen jedoch auch die NaADH-abhängige Rückbildung. W. Scheler. 4587◇

Einfluß des Bienenhonigs auf die sekretorische Funktion des Magens. L. T. Kiritschek. (Pharmakol. u. Toxikol. [UdSSR] **24,** 617—22, 1961; Charkow, Med. Inst., Lehrstuhl für Pharmakol.; russ., Auszug: engl.) — Injektion von *Bienengift* (**I**; *Melissin* 0,05—0,5 mg/kg subkutan jeden 2.—3. Tag oder 10—12 Tage täglich) führte bei Hunden mit isoliertem Magen, Magenfistel oder Gastroösophagustomie durch Wrkg. auf das Nerven-Syst. u. die humoralen Faktoren (*Histamin*) zur Verminderung der Menge des Magensaftes (M) u. freien HCl u. Vermehrung der Verdauungskraft des M, je nach der Empfindlichkeit der Tiere gegen **I**, den individuellen Sekretionsbesonderheiten u. der angewandten Dosis des **I**. Die Anwendung des **I** wird klin. bei Hypersekretion u. Hyperacidität des M empfohlen. I. v. Kloch-Kornitz. 4594◇

Die Verdauungsfunktion des Dünndarmepithels. 1. Mitt. **Ein intracellulärer Ort der Disaccharid- und Zuckerphosphatesterhydrolyse.** David Miller und Robert K. Crane. (Biochim. biophysica Acta [Amsterdam] **52,** 281—93, 1961; engl.) — Vgl. vorl. Mitt. C. **1961,** 14735. — Die bei Unters. der relativen Verteilung der durch Inkubation mit Hamsterdünndarmstreifen erhaltenen Hydrolyse-Prodd. von *Sacharose*, *Maltose* u. *Glucose-1-phosphat* zwischen Gewebe u. Medium gefundenenKonz.-Beziehungen zeigen, daß alle 3 Verbb. innerhalb der Epithelzellen gespalten werden. K. Maier. 4594◇

Die Verdauungsfunktion des Dünndarmepithels. 2. Mitt. **Lokalisierung der Disaccharidhydrolyse im Bürstengrenzzonenteil der Darmepithelzellen.** David Miller und Robert K. Crane. (Biochim. biophysica Acta [Amsterdam] **52,** 293—98, 1961; St. Louis, Mo., Washington Univ., School of Med., Dep. of Biol. Chem.; engl.) — 1. vgl. vorst. Referat. — Die epitheliale Bürstengrenzzonenmembran wurde als morpholog. unterscheidbare subcelluläre Einheit aus Homogenaten der Darmmucosa (Goldhamster) isoliert. Sie enthielt die gesamte Invertase–Maltase-Aktivität des nichtfraktionierten Homogenats. Die Bürstenrandregion der Epithelialzellen stellt offensichtlich mindestens für Kohlenhydrate eine „verdauende Oberfläche„ dar. K. Maier. 4594◇

Zur Resorption von Sorbit und Mannit. H. Ruttloff und H.-A. Ketz. (Nahrung **5,** 599—616, 1961; Potsdam-Rehbrücke, Dtsch. Akad. der Wiss. zu Berlin, Inst. für Ernähr.; dt.) — Bei ♀ Wistar-Ratten wurde die Resorptions-Geschw. von *Sorbit* (**I**) u.

Mannit (II) zu 36 bzw. 45% im Vgl. zu Glucose bestimmt; das entspricht der Resorptions-Geschw. von Fructose. II passiert die Leber weitgehend ungehindert, während I fast vollständig in der Leber umgesetzt wird. K. Zingraf. 4594◇

Die intestinale Resorption einiger Dipeptide. H. Newey und D. H. Smyth. (J. Physiology **145**, 48—56, 1959; Sheffield, Univ., Dep. of Physiol.; engl.) — Vff. untersuchen die Übertragung von Dipeptiden (*Glycyl-L-leucin*, *Glycyl-L-tyrosin*, *Glycylglycin*) durch den Darm in vivo u. in vitro. Bei beiden Meth. verschwinden die Dipeptide an der mucosalen Seite, sie erscheinen jedoch nur in sehr geringen Mengen wieder an der sepsalen Seite u. hier zum größten Teil als die entsprechenden Aminosäuren. Vff. folgern, daß die Dipeptide im Blutstrom zum größten Teil als Aminosäuren zu finden sind. W. Hiller. 4594◇

Konkurrenz zwischen enantiomorphen Formen von Aminosäuren während der intestinalen Resorption. E. Lesly Jervis und D. H. Smyth. (J. Physiology **145**, 57 bis 65, 1959; Sheffield, Univ., Dep. of Physiol.; engl.) — Vff. untersuchen die Darmresorption von Aminosäuren mit Hilfe der Meth. von Sheff u. Smyth (J. Physiology **128**, [1955], 67P). Die L-Formen von *Histidin* u. *Methionin* werden stärker resorbiert als die D-Formen. L-Methionin hemmt die Resorption von L-Histidin. L-Histidin hat dagegen wenig Wrkg. auf die Resorption von L-Methionin. D-Histidin hat keinen Einfl. auf die Resorption von L-Methionin; D-Methionin geringen Einfl. auf die von L-Histidin; L-Histidin geringen Einfl. auf die von D-Methionin. L-Methionin übt dagegen eine starke Wrkg. auf die Resorption von D-Histidin aus. W. Hiller. 4594◇

Mechanismus der Fettsäureassimilation in Fettgewebe. Samuel Kerpel, Eleazar Shafrir und Benyamin Shapiro. (Biochim. biophysica Acta [Amsterdam] **46**, 495—504, 1961; Jerusalem, Hebrew Univ., Hadassah Med. School, Dep. of Biochem.; engl.) — Unters. des Verlaufs der Fettsäureaufnahme u. -veresterung durch Schnitte epididymalen Fettgewebes (Ratte) zeigte, daß die Aufnahme von $^{14}C_{(1)}$-*Palmitat* (I) in Albumin-Lsg. nach 1. Ordnung verlief u. durch Zusatz von Glucose stark gesteigert wurde. Der Einbau in die Gewebeglyceridester (II) entsprach während der ersten 3 bis 6 Std. fast vollständig der Aktivitätsabnahme der Inkubationsflüssigkeit. Anschließend hörte der ^{14}C-Einbau in II auf, wobei deren spezif. Aktivität noch weit unter derjenigen der freien Säuren von Gewebe oder Medium lagen. Fraktionierung des Gewebes mittels der Zentrifuge bewirkte Abtrennung einer II-Fraktion, zusammen mit den Partikeln, deren spezif. Aktivität diejenige von II des übrigen Fettes ums 10fache übertraf. Diese akt. II-Fraktion steht anscheinend mit den Fettsäuren (III) des Mediums im Gleichgewicht u. Austausch. Die freien III nehmen anscheinend an Assimilation u. Veresterung keinen wesentlichen Anteil. III, die aus $^{14}C_{(1)}$)-I-markiertem epididymalem Gewebe abgespalten worden waren, besaßen eine größere spezif. Aktivität als die der Gewebe u. stammten demnach offensichtlich aus dem akt. Anteil der Gewebeglyceride. K. Maier. 4596◇

Der Stoffwechsel von $^{14}C_{(1)}$-Stearat im isolierten Kuheuter. Monique Laurys-sens, Roger Verbeke und Georges Peeters. (J. Lipid Res. **2**, 383—88, 1961; Ghent, Univ., Vet. Coll., Dep. Physiol.; engl.) — Vgl. C. **1961**, 13256. — Eine Hälfte eines lactierenden Kuheuters wurde 150 Min. bei 38° mit O_2-beladenem, heparinisiertem Blut durchströmt. 30 Min. nach Vers.-Beginn wurden 200 μc an Albumin gebundenes $^{14}C_{(1)}$-*Stearat* (I) zusammen mit inakt. Acetat u. Glucose dem Rinderblut zugegeben. Die Drüse resorbierte nahezu alles I. Der größte Teil von I wurde in den Glyceriden des Eutergewebes wiedergefunden. Stearin- u. Ölsäure der Glyceride zeigten hohen ^{14}C-Geh., während die anderen Fettsäuren, Citronensäure u. CO_2 nur geringe Aktivitäten aufwiesen. Das zeigt, daß I nur in geringem Ausmaß abgebaut wird. H. Zöllner. 4596◇

Die am Beispiel von Thioharnstoffen geprüfte renale Clearance von ungeladenen Partikeln. F. Bergmann, S. Dikstein, J. Menczel und T. D. Ullmann. (J. Physiology **145**, 22—36, 1959; Jerusalem, Hadassah Univ., Hosp., Dep. of Clin. Res., Rothschild and Hebrew Univ.-Hadassah Med. School, Dep. of Pharmacol.; engl.) — Vff. bestimmen die renale Clearance in Beziehung zum Urinfluß (v_u). Wird der log, der relativen Clearance über $1/v_u$ aufgetragen, so ergibt sich innerhalb eines begrenzten Bereiches des Urinflusses eine Gerade. Die allg. Form der Funktion bildet jedoch eine Exponentialkurve. Vff. folgern aus den erhaltenen Ergebnissen, daß der Transport der Thioharnstoffe durch die Tubuli auf Diffusion beruht. W. Hiller. 4597◇

Zellschädigung und Veränderung der Gallenexkretion nach Leberschädigung beim Vieh. E. J. H. Ford und J. W. Boyd. (J. Pathol. Bacteriol. **83**, 39—48, Jan. 1962; Babraham, Cambridge, A.R.C. Inst. of Animal Physiol.; engl.) — Zwei ausgewachsenen Kühen wurde eine einmalige tox. Dosis (4 mg/kg Körper-Gew.) von *Dimidiumbromid* injiziert. Nach der Injektion wurde über einen längeren Zeitraum (bis zu 60 Tagen) die „klin." Symptome u. die histolog. Veränderungen in der Leber beobachtet.

sowie der Geh. verschiedener Enzyme u. Gallensekrete im Serum der Tiere untersucht. Es wurde festgestellt, daß bereits größere Veränderungen in der Enzymaktivität des Serums festgestellt werden können, wenn die beobachteten histolog. Veränderungen noch sehr gering sind. E. R. Lochmann. 4597◇

Alkoholdehydrogenaseaktivität der Leber von Leberkranken. L. Pagliaro, A. Notarbartolo, V. Mannino und G. Migneco. (Boll. Soc. ital. Biol. sperim. **39**, 139—40, 1963; Palermo, Univ., Clin. Med. Gener.; ital.) — Es wird die Aktivität der *Alkoholdehydrogenase* (I) bei 32 Leberkranken untersucht. Es zeigt sich, daß die I-Aktivität bei akuter Virushepatitis deutlich verringert ist, während bei chron. Hepatitis u. noch mehr bei darauffolgender Cirrhose I erhöht ist. In keinem Fall sind die Unterschiede gegenüber der Norm signifikant. F. Kren. 4597◇

Aktivität von Bernsteinsäuredehydrogenase und Äpfelsäuredehydrogenase in der Leber von Leberkranken. L. Pagliaro, V. Mannino, G. Migneco und A. Notarbartolo. (Boll. Soc. ital. Biol. sperim. **39**, 140—42, 1963; Palermo, Univ., Clin. Med. Gener.; ital.) — Es wird die Aktivität von *Bernsteinsäure-* (I) u. *Äpfelsäuredehydrogenase* (II) bei Leberkranken untersucht. Es zeigt sich, daß die I-Aktivität bei chron. Fällen fast der Norm entspricht, während sie bei Patienten mit Cirrhose stark erhöht ist. Dagegen ist **II** bei 24 Patienten gegenüber der Norm nur leicht erhöht. F. Kren. 4597◇

Aldolaseaktivität der Leber bei Leberkranken. L. Pagliaro, V. Mannino, G. Migneco und A. Notarbartolo. (Boll. Soc. ital. Biol. sperim. **39**, 142—43, 1963; Palermo, Univ., Clin. Med. Gener.; ital.) — Es wird die Aktivität der *Aldolase* bei Patienten mit akuter u. chron. Hepatitis sowie bei Cirrhosekranken durchgeführt. In keinem Falle werden signifikante Abweichungen gegenüber der Norm festgestellt.
F. Kren. 4597◇

Transaminaseaktivität in der Leber von Leberkranken. L. Pagliaro, G. Migneco, A. Notarbartolo und V. Mannino. (Boll. Soc. ital. Biol. sperim. **39**, 136—38, 1963; Palermo, Univ., Clin. Med. Gener.; ital.) — Es wird die Aktivität der *Glutamin–Oxalessigsäure-Transaminase* u. *Glutamin–Brenztraubensäure-Transaminase* bei Patienten mit akuter u. chron. Hepatitis sowie Cirrhose untersucht. In keinem Fall wurden gegenüber normalen Personen signifikante Unterschiede gefunden, wenngleich die Werte beider Transaminasen in allen Fällen gegenüber der Norm verringert waren.
F. Kren. 4597◇

Die Beteiligung von Asparaginylresten an hydroxylamin- oder hydrazinempfindlichen Bindungen im Kollagen. Olga O. Blumenfeld und Paul M. Gallop. (Biochemistry [Washington] **1**, 947—59, 1962; New York, N.Y., Yeshiva Univ., Albert Einstein Coll. of Med., Dep. of Biochem. and the Unit of Res. in Ageing; engl.) — Durch Rk. von *lösl. Kollagenen* (I) mit wss. 1m *Hydrazin* (II) oder *Hydroxylamin* bei pH-Werten zwischen 8 u. 10 werden bestimmte empfindliche Bindungen im **I** gespalten. Auf Grund kinet. Unterss. wurde festgestellt, daß auf ca. 1000 Aminosäurereste 6 solcher Bindungen entfallen. Isolierung u. Identifizierung von Hydrazidgruppen enthaltenden Peptiden aus **I** (Ichthyocol oder Kalbsfell) gelingt nach Rk. von **I** mit **II**, anschließender enzymat. Spaltung mit Collagenase, Fraktionierung an Phosphocellulosesäulen u. selektiver Rk. mit o-Benzaldehyd-Na-sulfonat. Auf Grund der Aminosäure-Zus., Hydrazid-Geh. u. Endgruppen-Best. kommen Vff. zu der Ansicht, daß diese Peptide an den Enden der Polypeptidketten im **I** abgespalten wurden. Diese Peptide enthalten durchschnittlich 10 Aminosäurereste, von denen zwei Asparaginyl (**IV**)-Reste sind u. Hydrazonfunktion tragen. In mit **III** behandeltem **I** sind die Hälfte der erhaltenen Hydroxamsäuregruppen labil u. erinnern an α-Hydroxamsäuren. Gelatinedinitrophenylhydroxamat ergab etwa gleiche molare Mengen an α.β-Diaminopropionsäure u. einem aliphat. Aldehyd. Hieraus kann auf das Vork. sowohl von α- als auch von β-**IV**-Funktionen in **III** empfindlichen Gruppen des Ausgangsproteins geschlossen werden. Eine Behandlung von Ichthyocol mit $LiBH_4$ führte neben anderen Prodd. zu *Homoserin* (**V**) u. *β-Aminobutyrolacton* (**VI**). **V** sollte durch Red. eines **IV**-Restes in β-Bindung als Ester oder Imid gebildet worden sein, **VI** aus einem **IV**-Rest in α-Bindung auch als Ester oder Imid. Die Ergebnisse zeigen, daß an den gegenüber nucleophilen u. ausgewählten reduzierenden Agentien empfindlichen Bindungen im **I** eine gleiche Anzahl von α- u. β-**IV**–COOH-Gruppen beteiligt sind.
G. Bratfisch. 4597◇

Einheitlichkeit der kontraktilen Reaktion des Herzkammermuskels in calciumreicher Tyrodelösung. F. Kavaler. (Nature [London] **196**, 1104—06, 1962; Brooklyn, N.Y., State Univ. of New York, Downstate Med. Center, Dep. of Physiol.; engl.) — In einem Tyrode-Medium mit 12fachem Ca-Geh. werden die Kontraktions-Rkk. des Papillarmuskels (des Katzenherzens) uncharakterist. u. bleiben, unabhängig von der Folge u. der Geschw. der Kontraktionen, gleichförmig. Extrasystol. Reize gehen in die bereits laufenden Kontraktionen über. U. Tausendfreund. 4597◇

Substrat-Erfordernisse für die positiv inotrope Wirkung von Arsenat auf elektrisch gereizte Herzmuskelstreifen der Ratte. Jerome M. Covin und Davis A. Berman. (J. Pharmacol. exp. Therapeut. **127,** 8—10, Sept. 1959; Los Angeles, Calif., Univ. of Southern California, School of Med., Dep. of Pharmacol.; engl.) — Vgl. C. **1960,** 903. — Die pos. inotrope Wrkg. von *Arsenat* auf elektr. gereizte Herzmuskelstreifen der Ratte ist substratabhängig. Der Effekt ist deutlich in Glucose u. Substrat freiem Medium u. nur schwach vorhanden, wenn Brenztraubensäure als Substrat dient. Glucose hat eine potenzierende Wrkg. auf den positiv inotropen Effekt von *Arsenat* im Brenztraubensäuremilieu. Aus diesem Verh. läßt sich vermuten, daß die Energie für diesen Effekt aus dem Glucosestoffwechsel oder einem endogenen Substrat (Glykogen) stammt.

L. Shahab. 4597◇

Oxydation von $^{14}C_{(1)}$-Glucose, $^{14}C_{(6)}$-Glucose und $^{14}C_{(2)}$-Brenztraubensäure durch Kontraktion von Herzmuskelstreifen der Ratte in Gegenwart und Abwesenheit von Arsenat. Leslie I. Rice und David A. Berman. (J. Pharmacol. exp. Therapeut. **127,** 11—14, 1959; Los Angeles, Calif., Univ. of Southern California, School of Med., Dep. of Pharmacol.; engl.) — Vgl. vorst. Referat. — Vff. fanden eine direkte Beziehung zwischen der Oxydations-Geschw. dieser Substrate u. ihrer Fähigkeit, die Kontraktionsamplitude der elektr. stimulierten Herzmuskelstreifen aufrechtzuerhalten. Die zunehmende Kontraktionskraft durch Arsenat ist mit einer Steigerung der Glucoseoxydation verbunden, während im Brenztraubensäuremilieu gleichzeitig mit der Verringerung der Kontraktionsamplitude eine Hemmung der Brenztraubensäureoxydation beobachtet wird. $^{14}C_{(1)}$- u. $^{14}C_{(6)}$-Glucose ergeben gleiche $^{14}CO_2$-Mengen, was darauf hinweist, daß die Phosphogluconatoxydation nicht den Hauptweg des Glucoseabbaus darstellt.

L. Shahab. 4597◇

Über die Wirkung des Jodes auf die Arbeitsfähigkeit der Muskeln als eines pharmakologischen Agens und als Spurenelement. N. F. Gerassimowa. (Pharmakol. u. Toxikol. [UdSSR] **24,** 614—17, 1961; Turkmenien, Med. Inst., Lehrstuhl für Physiol.; russ., Auszug: engl.) — In Verss. am isolierten Musculus gastrocnemius des Frosches wurde die Wrkg. des *KJ* als pharmakotoxikolog. Agens in Konzz. von 0,125; 5 bzw. 200 mg%, in denen es zur anfänglichen Verstärkung u. nachfolgenden Verminderung bzw. fortgesetzten Verminderung der Arbeitsfähigkeit des Muskels (a) führte, u. als Mikroelement u. biot. Agens in Konz. von 0,030 mg%, in der es zur allmählichen Steigerung der a führte, nachgewiesen. I. v. Kloch-Kornitz. 4597◇

Viscosimetrische Untersuchungen an Myosin-B-Lösung. Yuji Tonomura und Kazuko Sekiya. (Arch. Biochem. Biophysics **94,** 512—17, 1961; Sapporo, Hokkaido-Univ., Res. Inst. for Catalysis, and Fac. of Science, Chem. Dep.; engl.) — Messung der red. Viscosität (η_{sp}/c) von *Myosin-B* (**I**; aus Kaninchenskelettmuskel)-Lsg. (0,1—2 mg Protein/ml) in 0,6m KCl innerhalb eines mittleren Geschw.-Gradienten $\langle G \rangle$ von 3—100 s^{-1} ergab mit abnehmendem $\langle G \rangle$ einen starken Anstieg von η_{sp}/c u. betrug bei $\langle G \rangle = 3\,s^{-1}$ 10—30 (100 ml/g). Sie hing bei hohen $\langle G \rangle$-Werten erheblich von der Protein-Konz. ab, während bei niedrigen keine Abhängigkeit bestand, u. wurde durch Scherbelastung sofort vermindert. Ebenso nahm sie in Ggw. von Pyrophosphat bei Scherstress ab, extrapoliert auf Protein-Konz. 0 auf 61%, bei 1,8 mg/ml auf 35%. Die „dissoziierbaren" **I**-Komponenten spalteten sich bei Aufbewahrung bei niedriger Protein-Konz. ab. Die Viscosität des „Myosin-A (**II**)-ähnlichen Proteins" hing beträchtlich von $\langle G \rangle$ ab, die von **II** nicht. K. Maier. 4597◇

End-an-End-Aggregation von Myosin. H. Noda, K. Maruyama und J. Gergely. (Biochim. biophysica Acta [Amsterdam] **58,** 598—601, 23/4. 1962; Boston, Mass., Massachusetts Gen. Hosp., Dep. of Med., Cardiac Biochem. Res. Labor., Harvard Med. School; engl.) — Auf Grund von Sedimentations- u. Doppelbrechungs-Best. läßt sich eine Schlußfolgerung über die Form der 7 S-*Myosin*-Partikel ziehen. Danach dürfte sich die Länge proportional zum Axialquotienten verhalten (Partikellänge 24000 Å, Axialquotient p = 1100); das Myosinaggregat kommt dabei durch End-zu-End-Aggregation zustande. U. Tausendfreund. 4597◇

Die Nature der durch Behandeln von Dorschmyosin mit Alkali oder niedrigen Harnstoffkonzentrationen freigesetzten Komponenten. J. J. Connell und H. S. Olcott. (Arch. Biochem. Biophysics **94,** 128—35, 1961; Aberdeen, Torry Res. Station, Dep. of Scientific and Industrial Research; engl.) — Bei Behandlung von Dorsch-*Myosin* (**I**) mit 0,1m Na_2CO_3 (pH 11,4) oder 2m Harnstoff (pH 7,5) werden ca. 11% einer heterogenen Fraktion (**II**) mit durchschnittlichem Molgew. von ca. 30000 abgespalten. **I**, isoliert mit 4% Ausbeute, ähnelt in vieler Hinsicht der aus Kaninchenmuskel durch Behandlung mit 0,1m Na_2CO_3 gewonnenen. **II** enthält einen Großteil von Nucleinsäure (**III**) u. Nucleotid des ursprünglichen **I**. Von **III** befreites **I** spaltet noch niedermol. Protein ab. **II** enthält wahrscheinlich kleine Mengen *Tropomyosin*. K. Maier. 4597◇

Untersuchung der Proteinzusammensetzung der Muskelschicht der Bovidencarotisarterien. L. Laszt und G. Hamoir. (Biochim. biophysica Acta [Amsterdam] **50,** 430—49, 1961; Liège, Univ., Fac. des Sciences, Labor. de Biol. générale; franz.) — Während derzeit für glatten u. gestreiften Muskel eine gleichartige Eiweiß-Zus. angenommen wird, enthält nach physiolog. Unterss. an der Kuhcarotis dieses Gewebe zusätzlich zum normalen kontraktilen Syst. ein weiteres kontraktiles Syst., das den Muskeltonus steuert. Elektrophoret. u. Ultrasedimentations-Unterss. der Zus. der Muskelschichtproteine der Carotis ergaben gegenüber gestreiftem Muskel beträchtliche Unterschiede. Aus Carotismuskel ist bei niedriger Ionenstärke in Ggw. von Adenosintriphosphat (ATP)-Spuren ein lösl. Strukturprotein extrahierbar, das aus 2 assoziierten Proteinen besteht (*Tonoactomyosin*; **I**). **I** findet sich wahrscheinlich im Sarkoplasma in Form stark asymmetr. Aggregate gelöst, wobei der Dissoziationsgrad von der ATP-Konz. abhängt. Zunahme des K^+-Geh. der Muskelzelle, wodurch ein Tonusanstieg erfolgt, begünstigt wahrscheinlich die Wechselwrkg. dieser Aggregate unter Ausbldg. eines stärker starren Netzwerks. K. Maier. 4597◇

Quasi-cholinergische Wirkung acetylierender Substanzen. Walton B. Geiger und Joyce Mandel. (Nature [London] **196,** 1106, 1962; San Antonio, Tex., Trinity Univ.; engl.) — Es wird gezeigt, daß die Struktur des cholinerg. Receptors bzw. Acetylcholinreceptors in der glatten Muskulatur (dessen Natur noch nicht geklärt ist) eine chem. Gruppierung einschließt, welche acetyliert werden kann u. daß die Acetylierung Teil einer Kette von Vorkommnissen ist, die zur Kontraktion führen. So können neben *Acetylcholinbromid* (0,00002 mg/ml) auch *Essigsäureanhydrid* (0,17 mg/ml), *Isopropenylacetat* (0,42 mg/ml), *Acetylimidazol* (0,067 mg/ml) u. *N-Acetoxytrimethylammoniumbromid* (0,001 mg/ml) Kontraktionen hervorrufen, welche jeweils durch Atropin blockierbar sind. Da die Substanzen teilweise mit SH-Gruppen reagieren können, ist ein Einschluß von SH-Gruppen in das Receptor-Syst. möglich. U. Tausendfreund. 4597◇

Eigenschaften des Electroplaxproteins. E. G. Trams, R. L. Irwin, C. J. Lauter und M. M. Hein. (Biochim. biophysica Acta [Amsterdam] **58,** 602—04, 23/4. 1962; Bethesda, Md., Nat. Inst. of Neurol. Dis. and Blindness; engl.) — Es werden Unters.-Ergebnisse angeführt, nach denen das von Ehrenpreis (C. **1963, 2141**) isolierte u. identifizierte Protein aus dem elektr. Organ von *Electrophorus electricus* weder einheitlich ist, noch als *Acetylcholin*-Receptor-Protein angesprochen werden kann. An der DEAE-Cellulose-Säule konnten wenigstens 3 verschiedene Fraktionen aus dem Curarepräcipitat durch Gradientenelution mit verschiedenen Konzz. von Phosphatpuffer u. NaCl gewonnen werden; der Hauptgipfel enthielt auch Phospholipid u. scheint polydispers zu sein; eine Rk. mit Carbamylcholin kam mit dem Protein nicht zustande. U. Tausendfreund. 4598◇

Über die freien Aminosäuren im Nervus mandibularis. Seiichi Motomura. (J. Biochemistry [Tokyo] **50,** 178—81, 1961; Kobe, Pharmazeut. Frauenhochschule, Biochem. Labor.; dt.) — Vf. weist im Nervus mandibularis von Rindern folgende freien Aminosäuren nach: *Lysin, Arginin, Histidin, Asparaginsäure, Glutaminsäure, Threonin, Glycin, Prolin, Leucin, Phenylalanin, Valin, Alanin, β-Alanin* u. *γ-Aminobuttersäure.* W. Hiller. 4598◇

Aminosäuren als Geschmacksstimulantien bei der Ratte. Bruce P. Halpern, Rudy A. Bernard und Morley R. Kare. (J. gen. Physiol. **45,** Nr. 4, [Part I] 681—701, 1962; Ithaca, N.Y., Cornell Univ., New York State Veterin. Coll., Dep. of Physiol.; engl.) — Albinoratten werden Lsgg. verschiedener Konzz. von Aminosäuren (AS) oral verabreicht. Die Reizantwort war bei Konzz. nahe der Löslichkeitsgrenze der AS bei *DL-Methionin* < *DL-Tryptophan* < *DL-Valin* < *DL-Alanin* (**I**) < *Glycin* (**II**) < 0,1 m NaCl. Auf maximale Reizantwort, induziert durch 1 m D- u. 1,2 m DL-**I** u. 1,5 m **II** nach 1—3 Min., folgte 63%ig. Verringerung der Rk. auf 0,1 m NaCl 60 Min. bis 20 Std. nach der 1. Stimulation. Die Rk. auf **I** u. **II** wurde nicht abgeschwächt. H. G. W. Gleiß. 4598◇

Chinindimorphismus bei Geschmacksblinden gegenüber 6-n-Propylthiouracil. R. Fischer und F. Griffin. (Experientia [Basel] **17,** 36—38, 1961; Columbus, Ohio State Univ., Health Center; Biochem. Branch Psychiatric Inst. and Hospital, Res. Div.; engl.) — Bei Geschmacksblinden gegenüber *6-n-Propylthiouracil* lassen sich 2 Gruppen unterscheiden. Die eine hat niedrige u. die andere hohe Geschmacksschwellenwerte gegenüber Chinin. Vertreter der ersten Gruppe besitzen niedrige Schwellenwerte auch gegenüber den anderen Geschmacksqualitäten, wie sauer, salzig u. süß. Sie werden als *α*-Geschmacksgruppe bezeichnet. Vertreter der zweiten Gruppe werden zur *β*-Geschmacksgruppe gehörend bezeichnet. Patienten mit paroxysmal vaskulärem Kopfschmerz (Migräne mit familiärer Komponente), jedoch ohne elektroencephalograph. Anomalie gehören ausschließlich zur *β*-Gruppe. Eltern mongoloider Kinder weisen hohe Geschmacksschwellenwerte gegenüber Chinin auf, wobei die Väter zur *β*-Gruppe gehören. G. Teege. 4598◇

Die Beeinflussung postmortaler physikalisch-chemischer Vorgänge durch Antibiotica und Sulfonamide. H.-J. Wagner. (Dtsch. Z. ges. gerichtl. Med. **51**, 572—81, 1961; Mainz, Univ., Inst. für gerichtl. Med. u. Kriminalistik; dt.) — Vf. weist auf die Schwierigkeiten hin, die der gerichtsärztl. Diagnostik durch die zunehmende Verw. hochwirksamer Antibiotica u. Sulfonamide mit besonders anhaltendem Effekt entstehen. Die Präpp. haben nicht nur einen spezif. antibakteriellen Effekt, sondern auch einen unspezif. Einfl. auf die Stoffwechselvorgänge der untersuchten Materialien, dessen Mechanismus noch unklar ist. Als Beispiele nennt Vf.: den verfrühten Eintritt u. die verspätete Lsg. der Totenstarre bes. mit therapeut. Dosen von mit *Tetracyclin* behandelten Ratten gegenüber normalen Tieren; einen rascheren Abfall des pH-Wertes in der Brustmuskulatur von mit *Achromycin* behandelten Tieren in der 1. Std. post mortem; eine wesentliche Verlängerung des Zeitraumes, innerhalb dessen noch eine brauchbare Blutgruppen-Best. in humanem Blut von Patienten vorgenommen werden kann, die mit *Tetracyclin, Supracillin* oder *Chloramphenicol* klin. behandelt worden waren. F. Krusen. 4599◇

E_6. Pharmakologie. Therapie. Toxikologie. Hygiene

Hämolytische Wirkungen von Arzneimitteln und chemischen Substanzen. T. A. J. Prankerd. (Clin. Pharmacol. Therapeutics **4**, 334—50, 1963; London, Univ. Coll. Hosp. Med. School; engl.) — Übersicht. — 140 Literaturangaben. K. Zingraf. 4600◇

Untersuchungen von Mucopolysacchariden und Polysacchariden, die an Kollagen nach Ganzkörperröntgenbestrahlung angelagert wurden. G. B. Gerber, G. Gerber, K. I. Altman und L. H. Hempelmann. (Int. J. Radiat. Biol. **5**, 427—31, Sept. 1962; New York, N.Y., Univ. of Rochester, Dep. of Exp. Radiology; engl.) — Ratten wurden ^{35}S-Sulfat u. (oder) $^{14}C_6$-Glucose injiziert, nach 2 oder 3 Tagen röntgenbestrahlt u. 2 oder 3 Tage nach der Bestrahlung getötet. Sulfate u. *Hexosamine* (I) wurden aus den *Mucopolysacchariden* (II) der Knochen u. Haut isoliert, I wurde auch aus den lösl. u. unlösl. *Kollagen* (III) der Haut u. aus dem gesamten Knochen-III isoliert. Aus der Veränderung der spezif. Aktivität dieser Verbb. nach der Bestrahlung schloß man, daß die Rückführung der II nach der Röntgenbestrahlung teilweise verhindert wird. Ein Wechsel der spezif. Aktivität der an III angelagerten I wurde nicht bemerkt, zeigte aber eine Neigung ähnlich der vorigen in Aminosäureresten des III bestrahlter Ratten. Gerd Kemmer. 4601◇

Die Strahlungsempfindlichkeit beim Prozeß der Desoxyribonucleinsäuresynthese in Mäusemilz. G. H. Huntley und L. G. Lajtha. (Int. J. Radiat. Biol. **5**, 447—60, Sept. 1962; Oxford, Radiobiology Labor., Churchill Hospital; engl.) — Vff. untersuchten den Effekt verschiedener Röntgenstrahlendosen auf die *Desoxyribonucleinsäure* (DNS)-Synth. in der Milz von Mäusen während der Periode der Synth. in vivo u. in vitro. Die DNS-Synth. wurde durch die Inkorporation von *^3H- oder ^{14}C-Thymin* gemessen. Die Ergebnisse erhärteten, daß die Strahlungsempfindlichkeit in vivo merklich größer ist. Die Diskrepanz wurde nicht völlig dadurch behoben, daß man das einwirkende Mittel durch Substanzen als Energielieferanten verstärkte; der fortschreitende Rückgang ist scheinbar nicht auf das Freiwerden von DNS-Stoffwechsel-Prodd. zurückzuführen oder auf eine Verhinderung der DNS-Synth. durch intakte Milz. Vff. postulieren eine dreiphasige Rk. für Lymphocyten in vivo, um die größere Strahlungsempfindlichkeit zu erklären. Gerd Kemmer. 4601◇

Stoffwechseluntersuchungen bei der Ratte nach Gamma-Bestrahlung. D. G. Baker und C. G. Hunter. (Radiation Res. **15**, 573—81, Nov. 1961; Toronto, Ontario, Canada, Univ., Banting and Best Dep. of Med. Res.; engl.) — ♂-Wistar-Ratten wurden während 15 Tagen mit insgesamt 1200 r einer *^{60}Co-γ*-Strahlung bestrahlt. Die Ratten wurden in Gruppen eingeteilt, bei der einen wurden die Exkreta gesammelt, bei den anderen der tägliche O_2-Verbrauch bzw. der anorgan. Plasma-Phosphor bestimmt. Die Exkremente wurden homogenisiert u. auf ihren N_2- u. P-Geh. untersucht. Es ergab sich allg. neben Gew.-Verlust ein negatives Stickstoff-Gleichgewicht u. verminderte Wasseraufnahme. Nach 15 Tagen trat Regeneration ein. Bei den bestrahlten wie auch bei scheinbestrahlten Kontrolltieren fand sich P-Retention, die Konz. an anorgan. P im Plasma blieb im Normalbereich. Die Befunde werden als Strahlenresistenz-Wrkg. im Verlauf der chron. Bestrahlung erörtert. W. Reusse. 4601◇

Ein Vergleich der Resorption und Retention von ^{90}Sr nach Einbau in pflanzliches Material und von Strontiumchlorid nach Zusatz zum Futter bei Kaninchen. T. E. F. Carr und Julie Wall. (Brit. J. Nutrit. **15**, 165—68, 1961; Harwell, Didcot, Berks., Med. Res. Council Radiobiol. Res. Unit; engl.) — Bei Kaninchen bestanden keine Unterschiede in der Resorption u. Retention von ^{90}Sr, welches in Heu eingebaut war, u. von $SrCl_2$, welches dem Futter zugesetzt wurde. K. Zingraf. 4601◇

Radioaktive pharmazeutische Präparate. Henry H. Wagner jun. (Clin. Pharmacol. Therapeutics **4**, 351—70, 1963; Baltimore, Md., Johns Hopkins Univ., School of Med., Dep. of Med. and Radiol.; engl.) — Übersicht. — 58 Literaturangaben. K. Zingraf. 4601◇

Anwendung einer biophotometrischen Methode zur Untersuchung des Strahlenschutzes bei Bakterien. R. Masironi. (Farmaco [Pavia], Ediz. sci. **16**, 751—54, 1961; Roma, Univ., Ist. di Chim. Farm. e Tossicol.; ital.) — Durch photometr. Best. der Trübung im Kulturmedium infolge von Bakterienwachstum kann die Strahlenschutz-Wrkg. von Substanzen bei Bakterien ermittelt werden. — Entsprechende Unterss. werden mit Cystamin u. tritiertem W. durchgeführt. K. Zingraf. 4601◇

Modifizierung eines Schrittverfahrens für Strahlenschutzuntersuchungen bei Mäusen. John J. Gart. (Radiat. Res. **15**, 616—24, Nov. 1961; Oak Ridge, Tenn., Oak Ridge Nat. Labor., Math. Panel and Biol. Div.; engl.) — Es wird eine modifizierte mathemat. Meth. demonstriert, mit deren Hilfe in Verbindung mit kurzen Vers.-Reihen aus einer großen Menge möglicher Strahlenschutzstoffe schrittweise die wirksamen von den unwirksamen oder nur schwach wirksamen unterschieden werden können. W. Reusse. 4601◇

Chemischer Schutz von in vitro bestrahlter Ratten-Thymocyten. G. A. Grant und O. Vos. (Int. J. Radiat. Biol. **5**, 413—25, Sept. 1962; Rijswijk, Netherlands, Med. Biol. Labor. of the National Defence Research Organis.; engl.) — Vgl. C. **1962**, 13471. — Die Gewinnung von Thymocyten (Ratte) wird genau beschrieben. — *Cystein*, *Dimethylcystein*, *Isocystein*, *Cysteamin* u. *S-[β-Aminoäthyl]-isothiuroniumbromidhydrobromid* haben auf das Absterben der in vitro bestrahlten Thymocyten eine verzögernde Wrkg., ohne dabei den O_2-Geh. der Suspensionen zu senken, was zur Erklärung der Wrkg. erwartet wurde. Man nimmt daher eine Rk. mit den strahlenempfindlichen Stellen der Zelle an. — Dies ist nicht der Fall mit den in vivo wirksamen Strahlenschutzmitteln Cystamin, β-Homocystein u. Adrenalin u. Histamin. Sie sind bei Verss. in vitro inaktiv. Gerd Kemmer. 4601◇

Toxikologische und Strahlenschutzuntersuchungen an S-β-Aminoäthylisothiuroniumbromid. R. E. Benson, Sol M. Michaelson, W. L. Downs, E. A. Maynard, J. K. Scott, Harold C. Hodge und Joe W. Howland. (Radiation Res. **15**, 561—72, Nov. 1961; Rochester, N.Y., Univ., School of Med. and Dent., Dep. of Radiat. Biol.; engl.) — Für verschiedene Tiergattungen wurde zunächst die Letaldosis von *S-[β-Aminoäthyl]-isothiuroniumbromidhydrobromid*; I) bestimmt. Es ergaben sich folgende Werte (bei intraperitonealer, oraler bzw. i. v. Applikation): Ratte 550, 990, 143, Maus 580, 1000, 141, Meerschweinchen 400, 400, 447, Kaninchen 350, 600, 210, Katze 600, 250, 50 mg/kg. Bei täglichen Gaben von 0,1—0,5% für einen Monat zeigt sich kein, bei 1,0% ein leichter mindernder Einfl. auf das Wachstum, in allen Fällen leichte Zunahme der Leukocyten u. keine nachweisbaren histolog. Schäden. Mit 594 r einer 1000 keV-Röntgenstrahlung bestrahlte Hunde zeigten nach I-Gaben von 100 mg/kg keinen Strahlenschutzeffekt auf Überlebensdauer u. Überlebensrate. W. Reusse. 4601◇

Die Wirkungen einiger Strahlenschutzmittel auf die Aktivität der Schilddrüse bei unbestrahlten und röntgenbestrahlten Ratten. P. V. Vittorio, M. J. Allen und D. L. Small. (Radiation Res. **15**, 625—31, Nov. 1961; Kingston, Ontario, Canada, Defense Res. Board, Radiobiol. Labor.; engl.) — Ratten erhielten intraperitoneale Injektionen mit *Mercaptoäthylamin* (I) oder I + AET (S-2-Aminoäthylisothiuronium·Br·HBr; II) oder II allein oder 5-Hydroxytryptamin (III) oder Serotonin (IV). 15 Min. danach wurden die Tiere röntgenbestrahlt. Bestrahlungsdaten: 300 kV, Filter 0,137 mg/cm² Al + 1,776 mg/cm² Cu, Dosisleistung 20 r/min, Gesamtdosis 450 r. 60 Min. nach der Injektion wurden ferner 30 μc ^{131}J intraperitoneal gegeben. Nach weiteren 4—48 Std. wurden Blutproben u. Schilddrüsen entnommen u. der ^{131}J-Geh. mit dem Scintillationszähler bestimmt. Im Vgl. mit unbestrahlten Tieren ergab sich, daß die ^{131}J-Aufnahme in der Schilddrüse durch **IV** gefördert, durch **I** u. **II** gehemmt wird. Nach 24—48 Std. erreichen die Werte nach (**I** + **II**)-, **II**- u. **IV**-Injektion die Kontrollwerte von unbestrahlten Ratten. In bezug auf die Serum-Protein-gebundene J-Aufnahme wirkt **I** + **II** hemmend. W. Reusse. 4601◇

Zur oralen Cadmiumvergiftung. H. W. Sachs und J. van Calker. (Dtsch. Z. ges. gerichtl. Med. **49**, 157—68, 1959; Münster (Westf.), Univ., Inst. für gerichtl. Mediz. u. Physikal. Inst.; dt.) — Nach den klin. Vermutungsdiagnosen Thrombose, Prostatacarcinom mit Metastasen, Caudaequina-Tumor u. Thalliumvergiftung wurden in zahlreichen Organen bis zu 1 mg% *Cd* gefunden. An einem 2 Jahre benutzten Tauchsieder enthielt der Metallmantel Cd, der anhaftende Kesselstein noch größere Mengen.

Auch andernorts kommen anscheinend im Kesselstein höhere Konzz. vor als in den zugehörigen Geschirren. Die alte Forderung, bei Küchengeräten u. Nahrungsmittelbehältern keine Cd-Leg. zu verwenden, wird unterstrichen. Zu untersuchen ist noch, wieweit Cd ohne Schaden im Körper vorkommen kann u. unter welchen Bedingungen es sich im Kesselstein anreichert. Neben den bekannten Befunden wurden Haarausfall, Sehstörungen u. Periarteriitis nodosa in manchen Organen, bes. in der Wadenmuskulatur u. im Ischiadicus, gefunden. Bei unklaren Erkrankungen sollte öfter als bisher nach Cd gefahndet werden. F. O. W. Meyer. 4606◇

Die Anpassung des Organismus an den durch Gifte mit verschiedenem Mechanismus der Hypoxywirkung verursachten Sauerstoffmangel. Ja. G. Wolfinson. (Pharmakol. u. Toxikol. [UdSSR] **24,** 610—13, 1961; Leningrad, Kirow-Inst. für Ärztefortbldg.; russ.) — Bei Ratten u. Meerschweinchen führte vorherige wiederholte Intoxikation mit *Blausäure* zu keiner Steigerung der Resistenz gegen CO-Vergiftung oder Erhöhung des Geh. an Erythrocyten u. *Hämoglobin* im Blut. Die Erhöhung der Resistenz gegen CO ist wahrscheinlich mit der Vermehrung des O_2-Vol. im Blut verbunden.
I. v. Kloch-Kornitz. 4607◇

Die Toxizität von Vinylchlorid bei wiederholter Exposition von Laboratoriumstieren. T. R. Torkelson, F. Oyen und V. K. Rowe. (Amer. ind. Hyg. Assoc. J. **22,** 354—61, 1961; Midland, Mich., Dow Chem. Co., Biochem. Res. Labor.; engl.) — Die chron. Toxizität von *Vinylchlorid* (I) wurde in Inhalations-Verss. bei Ratten, Kaninchen, Hunden u. Meerschweinchen bestimmt. Bei täglich 7 std. Exposition von 500 ppm I für 4½ Monaten kam es zu mikropatholog. Veränderungen in Leber u. Nieren von Ratten. Bei 200 ppm I (7 Std./Tag für 6 Monate) kam es zu solchen Veränderungen in der Leber von Kaninchen, zu einem Ansteigen des Leber-Gew. von ♂ u. ♀ Ratten u. zu keinen patholog. Veränderungen bei Hunden u. Meerschweinchen. Exposition von 100 ppm I (täglich 7 Std. für 6 Monate) ergab bei Ratten noch eine Zunahme des Leber-Gew.; die anderen Tiere waren ohne Schädigung. Im gleichen Test wurden die Tiere bei 50 ppm I nicht geschädigt. Tägliche 1 std. Expositionen bei 100 u. 200 ppm I erhöhten bei länger dauernden Verss. bei den Tieren die Lebergewichte. Bei länger dauernden Expositionen sollten beim Menschen 50 ppm I nicht überschritten werden. G. Kimmerle 4607△

Störung des Acetylierungsvermögens von Ratten bei Intoxikationen durch Tetrachlorkohlenstoff, Tetrachlorpropan, Tetrachlorpentan und Tetrachlorheptan. R. G. Garkawi. (Pharmakol. u. Toxikol. [UdSSR] **24.,** 599—604, 1961; Akad. der Med. Wiss. der UdSSR, Inst. für Arbeitshyg. u. Berufserkrankungen, Labor. für Industrie-Toxikolog.; russ., Auszug: engl.) — Bei Ratten in vivo führte 3 malige subkutane Injektion von *Tetrachlorkohlenstoff*, *Tetrachlorpropan*, *Tetrachlorpentan* oder *Tetrachlorheptan* in maximal verträglichen Dosen (0,6; 0,2; 0,08 bzw. 0,15 cm^3/100 g) zur 19%ig. Verringerung bzw. 4, 17 bzw. 11%ig. Vermehrung des Acetylierungsvermögens (A), während Dosen von 0,08 cm^3/100 g nur geringen Einfl. (Erhöhung um 5, 6, 17 bzw. Verminderung um 3%) hatten. Zwischen den Veränderungen der A u. dem Grade der Parenchymstörungen (Fettdystrophie) in der Leber bestand Korrelation.
I. v. Kloch-Kornitz. 4607◇

Über die Hell- und Dunkeladaptation unter Alkoholeinfluß. B. Forster und H.-J. Starck. (Dtsch. Z. ges. gerichtl. Med. **49,** 66—69, 1959; Göttingen, Univ., Inst. f. gerichtl. Med. u. Kriminalistik; dt.) — Es wird über eine Meth. zur Messung der Hellanpassung des Auges mit Hilfe der Einstellungszeit des Gleichgewichtes an gegebene Leuchtdichten berichtet. Eine meßbare Verlängerung der Hell- u. Dunkelanpassung des Auges zeigt sich unter Alkoholeinfluß. Ein verzögerter Adaptationsablauf kann einmal zu Erscheinungen der Nachtblindheit, aber auch zu erhöhter Blendungsempfindlichkeit führen. F. O. W. Meyer. 4607◇

Effekte von 1.1.3-Tricyan-2-aminopropen-(1). William L. Miller und J. J. Krake. (Proc. Soc. exp. Biol. Med. **107,** 585—87, 1961; Kalamazoo, Mich., Upjohn Co., Dep. of Endocrinol.; engl.) — Intraperitoneale Injektion von *1.1.3-Tricyan-2-aminopropen-(1)* (*U-9189*; I) steigerte bei intakten nüchternen Ratten die Gesamt-CO_2-Abgabe, die Oxydation von ^{14}C-Acetat, -Tripalmitin, -DL-Leucin (II) u. -Glycin u. die spezif. ^{14}C-Aktivität des Atem-CO_2. Die Gesamtoxydation von ^{14}C-Glucose blieb unbeeinflußt. Bei thyreoidektomierten Ratten erhöhte I das ausgeatmete Gesamt-CO_2 u. die Oxydation von ^{14}C-*DL*-II in ähnlicher Weise, die spezif. Aktivität des Gesamt-CO_2 aber nur geringfügig. Der Gesamt-„Oxydationseffekt" von I scheint ohne Schilddrüse auszubleiben.
K. Maier. 4607◇

Die pharmakologischen Effekte der γ-Aminobuttersäure. M. N. Masslowa und I. A. Ssytinski. (Pharmakol. u. Toxikol. [UdSSR] **24,** 625—30, 1961; Leningrad; russ.) — Es wird eine literar. Übersicht über die Wrkg. der *γ-Aminobuttersäure* auf

die Hämato–Encephalo-Barriere, das zentrale Nerven-Syst., verschiedene Krampfzustände, die peripheren Organe u. die klin. Anwendung gegeben.
I. v. Kloch-Kornitz. 4607◇

Die Wirkung das Zentralnervensystem beeinflussender Agentien auf den γ-Aminobuttersäurespiegel des Rattenhirns. Richard A. Ferrari und Aaron Arnold. (Biochim. biophysica Acta [Amsterdam] **52,** 361—67, 1961; Rensselaer, N.Y., Sterling-Winthrop Res. Inst.; engl.) — Von 12 Verbb., wie A., NH_2OH, Cardiazol, Luminal usw., die hinsichtlich einer Wrkg. (intraperitonal, oral) auf den *γ-Aminobuttersäure* (I)-Geh. des Rattenhirns (Extrakt) geprüft wurden, gab nur NH_2OH in Verbindung mit Methylenblau eine signifikante Veränderung. Klin. als Stimulation oder zur Dämpfung des Zentralnerven-Syst. verwendete Mittel bewirkten keine signifikanten Veränderungen. I kommt im Hirn vermutlich als Zwischenstufe der oxydativen Rk.-Abläufe vor.
K. Maier. 4607◇

Zur Pharmakologie des Semicarbazidhydrochlorids. G. P. Posspechowa und W. I. Generalow. (Pharmakol. u. Toxikol. [UdSSR] **24,** 623—25, 1961; Kirow-Akad., Lehrstuhl für Pharmakolog., Pharmazie u. Pharmakognosie; russ.) — *Semicarbazidhydrochlorid*, dessen DL_{50} bei weißen Mäusen 145 bzw. 720 mg/kg intraperitoneal bzw. per os betrug, führte bei Mäusen u. Kaninchen (200 bzw. 80 mg/kg per os, 30 Tage) zur Verminderung des Körper-Gew., Vermehrung der Leukocyten, bes. der Lymphocyten, im Blut u. vermehrtem Auftreten von Leukocyten u. Epithelien der Nieren u. ableitenden Harnwege im Urin, Stauungserscheinungen in Leber, Milz, Darm u. Magen, Vergrößerung der Nebennieren u. Schilddrüse u. bei Katzen (8—80 mg/kg) zur kurzfristigen Verringerung des Blutdrucks u. Stimulierung der Atmung.
I. v. Kloch-Kornitz. 4607◇

p-Nitrophenylglucuronidbildung durch erwachsene homocygote Gunn-Ratten. H. A. I. M. van Leusden, J. A. J. M. Bakkeren, F. Zilliken und L. A. M. Stolte. (Biochem. biophysic. Res. Commun. **7,** 67—69, 1962; Nijmegen, Niederlande, R. K. Univ., School of Med., Dep. of Biochem., Obstetrics and Gynaecol.; engl.) — Während p-Nitrophenol durch Lebermikrosomen von neugeborenen (jj)-Gunn-Ratten (vgl. Schmid u. Mitarbeiter, J. clin. Invest. **36,** [1957], 927 u. Arias, N.Y. State J. Med. [195] 3759, Biochem. biophysic. Res. Commun. **6,** [1961], 81) nicht mit *Glucuronsäure* gepaart werden kann, finden Vff., daß diese Rk. durch analoge Präpp. erwachsener (jj)-Gunn-Ratten ausgeführt werden kann, wie dies auch bei normalen jungen u. alten Ratten der Fall ist. — Daher sind erwachsene ikter. (jj)-Ratten bzgl. der *p-Nitrophenylglucuronid*-Bldg. nicht mit neugeborenen Kindern zu vergleichen. Vff. haben die Existenz separater Enzyme für den N- bzw. O- bzw. Ester-Glucuronyltransfer für möglich.
P. Loch. 4607◇

Zur akuten Alkylarylsulfonatwirkung. G. Bornmann und A. Loeser. (Fette, Seifen, Anstrichmittel **63,** 938—40, 1961; Münster/Westf., Univ., Pharmakol. Inst.; dt.) — Bei Ratten beträgt die akute orale DL_{50} für die waschakt. Verbb. *Tetrapropylenbenzolsulfonat* (I, in Form des Handels-Prod. 42,8% als Na-Salz) 6,1 ml/kg (= 1,22 g I/kg) u. *Dodecylbenzolsulfonat* (II, Gemisch mehrerer Isomerer u. Homologer mit unverzweigter Seitenkette von 10—14, meist 12 C-Atomen, in Form des Handels-Prod. 51,2% als Na-Salz) 6,3 ml/kg (= 1,26 g II/kg). Die Vergiftungserscheinungen (Diarrhoe, Reduzierung des Allgemeinbefindens) traten schnell nach der Verabreichung auf u. verschwanden nach 24 Std. wieder.
G. Kimmerle. 4607△

Widerstandsfähigkeit des sogenannten „Takatsuki"-Stammes der Stubenfliege gezeigt an der Sofortwirkung. Fragen der Insektenzüchtung für Bioversuche mit Insekticiden. Shoji Asano und Sumio Nagasawa. (Botyu-Kagaku [Sci. Insect. Control] **28,** 8—12, 1963; Shimizu, Ihara Agric. Chem. Inst.; jap., Auszug: engl. S. 12) — Bei 13 verschiedenen Züchtungen des „Takatsuki"-Stammes der Musca domestica, die nach der örtlichen Anwendung von *DDT* Unterschiede in der Empfindlichkeit zeigten, wurden nach dem Staubabsetz-Verf. ähnliche Unterschiede gefunden, sie waren jedoch geringer u. waren in der Praxis nicht feststellbar. Die TK_{50}-Kurve bei gleichen Gaben verlief bei der widerstandsfähigen Züchtung flacher, als bei der empfindlichen.
Fritz Müller/Ludwigshafen. 4607◇

Über Entwicklung und Abnahme der Widerstandsfähigkeit des grünen Reisblattflohs, Nephotettix cincticeps gegen Malathion. Ken'ichi Kojima, Setuo Kitakata und Akio Shiino. (Botyu-Kagaku [Sci. Insect Control] **28,** 13—17, 1963; Odawara, Kanagawa, Inst. of Agric. Chem. Toa Noyaku Co. Ltd.; Nangoku, Koti, Koti Agric. Exp. Stat.; jap., Auszug: engl. S. 16—17.) — Bei örtlicher Anwendung zeigten ♀ *Nephotettix cincticeps Uhler* aus einem Gebiet, das seit 1955 mit *Malathion* (I) behandelt worden war, eine DL_{50} von 4,38 (μg/g), also 5,6mal so viel wie die aus einem Gebiet, in dem I noch nicht angewandt worden war mit 0,78. Ein Stamm aus dem erstgenannten Gebiet, der ohne I-Behandlung weiter gezüchtet wurde, nahm an Widerstandsfähigkeit gegen I ab, während ein anderer nach der DL_{50} mit I ausgelesener sie weiter behielt. Dagegen erwarb ein aus dem letztgenannten Gebiet mit I weiter ausgelesener Stamm abfallende Empfindlichkeit gegen I, er war in der 10. Generation ca. 3,3mal so widerstandsfähig, wie ursprünglich. Fritz Müller/Ludwigshafen. 4607◇

Mechanismus der Widerstandsfähigkeit des grünen Reisblattflohs, Nephotettix cincticeps. Ken'ichi Kojima, Tadayoshi Ishizuka und Setuo Kitakata. (Botyu-Kagaku [Sci. Insect Control] **28**, 17—25, 1963; Odawara, Kanagawa, Inst. of Agric. chem., Toa Noyaku Co. Ltd.; jap., Auszug: engl. S. 24—25.) — Wechselweise Widerstandsfähigkeit gegen *Malaoxon* (I) konnte bei dem gegen *Malathion* (II) widerstandsfähigem Stamm nicht festgestellt werden. Die Cholinesterasetätigkeit im widerstandsfähigem Stamm war in vitro der im empfindlichen annähernd gleich, jedoch war die Hydrolasetätigkeit des ersteren größer. Bei *Methyl-n-butyrat* als Unterlage bestand bei beiden kaum ein Unterschied in der Empfindlichkeit der Hydrolase gegen I, mit II war die des resistenten Stammes geringer. Der resistente Stamm hydrolysierte II in vitro schneller als der empfindliche, keiner jedoch hydrolysierte I. Die Phosphatasetätigkeit, die I, *Paraoxon* (III) u. *DDVP* (IV) hydrolysierte, stieg beim resistenten Stamm nicht an. Die Carboxyesterasetätigkeit wurde bei beiden Stämmen durch III, IV, I u. *Dibrom* (V) gehindert. — Eine erhebliche Wrkg.-Verstärkung wurde bei gleichzeitiger Behandlung des widerstandsfähigen Stammes mit II u. V beobachtet, ähnlich wie bei Mäusen mit wss. Emulsionen. Fritz Müller/Ludwigshafen. 4607◇

Giftigkeit von Sumithion, Äthylparathion und Methylparathion gegen männliche Vollkerfe der deutschen Schabe. Shigeyoshi Shibuya und Katsuo Mochizuki. (Botyu-Kagaku [Sci.. Insect Control] **28**, 1—4, 1963; Shimizu, Ihara Agric. Chem. Inst.; jap., Auszug: engl. S. 4.) — Die Wrkg. von *Sumithion*, *Äthyl-* u. *Methylparathion* auf ♂ Vollkerfe von Blattella germanica war bei örtlicher Anwendung nach der TK_{50} (Knockdownzeit) annähernd gleich wie bei der mittleren DL. Ihre Wrkg. kann also entweder nach der TK bei gleichen Gaben oder nach der CL bei gleichen Zeiten verglichen werden. Fritz Müller/Ludwigshafen. 4607◇

Wirkung winziger Mengen DDT im Futter auf Veränderungen im Blutplasma und in der Leber von Ratten. Teofil Dabrowski, Stanisław Zawistowski und Jozef Wierzchowski. (Roczniki panstwowego zakladu Hig. **12**, 55—64, 1961; Gdánsk; pol.) — Ratten, die 90 Tage lang täglich 15—45 mg *DDT* im Futter erhielten, zeigten eine Zunahme der biolog. Aktivität der β- u. γ-Fraktion der Globuline im Plasma u. Aktivitätszunahme einiger hydrolyt. Enzyme in der Leber bei gleichzeitiger Verringerung des Geh. von Glykogen, Lipiden u. Ribonucleinsäuren. K. Zingraf. 4607◇

Wirkung von SKF 525 A (2.2-Diphenylvaleriansäure-β-diäthylaminoäthylester-hydrochlorid) auf den Stoffwechsel von organischen Phosphaten bei Insekten und Säugetieren. R. D. O'Brien. (Biochem. J. **79**, 229—35, 1961; London, Ontario, Pesticide Res. Inst.; engl.) — *2.2-Diphenylvaleriansäure-β-diäthylaminoäthylesterhydrochlorid* (*SKF 525 A*; I) schützt Mäuse gegen Vergiftung durch *Schradan* (II), *Tetramethylphosphordiamidfluoride* (*Dimefox*), *N.N'-Diisopropylphosphordiamidfluorid* (*Mipafox*) u. *Dimethoat*, nicht jedoch gegen die übrigen getesteten Phosphorothionate (III; Chlorthion, Co-ral, Delnav, Diazinon, Dowco 109, EPN, Ronnel, Thimet). Hausfliegen u. amerikan. Schaben (Periplaneta americana) werden durch I nicht gegen III geschützt. I hemmt die Umwandlung von *Parathion* (IV) in *Paraoxon* (V) durch Mäuseleberschnitten oder durch den Darm der Schabe sowie die „Aktivierung" von II durch den Darm der Schabe. Bei Mäusen u. Schaben in vivo erhöhte I die Konz. von V infolge Injektion von IV u. verringerte den Abbau des injizierten V. K. Zingraf. 4607◇

Aktivitätsveränderung der Serumtransaminase bei experimenteller Nicotinvergiftung. László Veress und Béla Rengei. (Dtsch. Z. ges. gerichtl. Med. **49**, 169—74, 1959; Szeged, Ungarn, Univ., Inst. f. gerichtl. Med.; dt.) — In 5 Kaninchen wurde die Wrkg. der subakuten *Nicotinvergiftung* auf die Aktivität der *Serum-Glutamin-Oxalessigsäure-Transaminase* (I), das Serumbilirubin, die Thymoltrübungsprobe u. die Eiweißfraktionen untersucht. — Unter dem Einfl. der Behandlung steigt die I-Aktivität auf das 15—20fache der Normalwerte an, u. kehrt nach Einstellung der Behandlung am 20. Tag auf die Norm zurück. Leberfunktionsproben u. Serumeiweißfraktionen bleiben in den normalen Bereichen. Bei 2 getöteten Kaninchen bleibt die I-Aktivität auch noch 24 Std. nach dem Tode bedeutend erhöht. Es wird angenommen, daß der plötzliche Tod nach einer akuten Nicotinvergiftung durch die Ganglionlähmung bedingt ist, die wegen des langsamen Abbaus des Giftes eintritt. F. O. W. Meyer. 4607◇

Über zwei noch nicht bekannte pharmakologische Eigenschaften von Harmol. Raymond-Hamet. (C. R. hebd. Séances Acad. Sci. **256**, 3538—40, 1963; franz.) — Kleine u. mittlere Dosen von *Harmol* steigern beim Hund die durch *Adrenalin* (I) bewirkte Blutdruckzunahme u. renale Vasoconstriction, hohe Dosen verändern den Herzrhythmus u. lösen unmittelbar nach Injektion von I Herzstillstand aus.
K. Zingraf. 4608◇

Zur Chemie und Pharmakologie der Podophyllumglucoside und ihrer Derivate. 2. Mitt. H. Emmenegger, H. Stähelin, J. Rutschmann, J. Renz und A. von Wartburg. (Arzneimittel-Forsch. **11**, 459—69, Mai 1961; Basel, Sandoz Akt.-Ges., Pharmakol. u. Pharmaz.-Chem. Labor.; dt.) — 1. vgl. Arzneimittel-Forsch. **11**, [1961], 327. — Die durch Veresterung der Zuckerkomponente gewonnenen *Acyl-Derivv.* der *Podophyllumglucoside* sind wesentlich geringer antimitot. akt. als die freien Glucoside. Diese Wrkg. nimmt mit steigender Kettenlänge des Acylrestes noch ab. Die *Aldehyd-Kondens.-Prodd.* besitzen in einigen Fällen dieselbe antimitot. Wrkg. wie das *Podophyllotoxinglucosid*, zeigen aber geringere tox. Nebenerscheinungen — das gilt bes. für die *Benzyliden*-Verb., die aus dem Magen–Darm-Kanal sehr gut resorbiert wird. *Aldehyd-Kondens.-Prodd.* des *4'-Desmethylpodophyllotoxinglucosids* sind sehr stark antimitot. u. gut verträglich. Die durch Alkylierung der nativen Glucoside des *4'-Desmethylpodophyllotoxins* bzw. des *α-Peltatins* erhaltenen *4'-O-Alkyläther* zeigen sich beim Ehrlichschen Mäuse-Ascitestumor den Ausgangs-Prodd. cytostat. überlegen. Auffallend ist hier die ausgeprägte unspezif. Cytotoxizität, bes. normalen Gewebezellen gegenüber. *Bromierte* Derivv. des *Podophyllotoxins* bzw. seines Glucosids sind antimitot. inaktiv. Durch Umlagerung erhaltene sog. „*Pikro-Derivv.*" zeigen antimitot. Wrkg., wenn auch meist in geringerem Grade als die „trans"-Formen. *Podophyllum*-Derivv. mit offenem Lactonring waren nur in Zellkulturen bei hohen Konzz. antimitot. wirksam, nicht aber im Tierversuch.

Versuche: Folgende Verbb. wurden untersucht: Acyl-Deriv. von Podophyllotoxin-β-D-glucosid (I): *2.3.4.6-Tetra-O-acetyl-*, $C_{36}H_{40}O_{17}$, F. 134—135°, $[\alpha]_D$ —91° (Chlf.). — *2.3.4.6-Tetra-O-propionyl-*, $C_{40}H_{48}O_{17}$, F. 96—99°, $[\alpha]_D$ —79°. — *2.3.4.6-Tetra-O-butyryl-*, $C_{44}H_{56}O_{17}$, F. 77—80°, $[\alpha]_D$ —72°. — *2.3.4.6-Tetra-O-palmitoyl-*, $C_{92}H_{152}O_{17}$, F. 44—45°, $[\alpha]_D$ —34°. — *2.3.4.6-Tetra-O-stearoyl-*, $C_{100}H_{168}O_{17}$, F. 48—49°, $[\alpha]_D$ —30°. — *2.3.4.6-Tetra-O-acetyl-4'-desmethyloxy-4'-acetoxy-*, $C_{37}H_{40}O_{18}$, F. 167 bis 169°, $[\alpha]_D$ —77°. — *2.3.4.6-Tetra-O-propionyl-4'-desmethyloxy-4'-propionyloxy-*, $C_{42}H_{50}O_{18}$, F. 97—99°, amorph, $[\alpha]_D$ —72°. — *2.3.4.6-Tetra-O-butyryl-4'-desmethyloxy-4'-butyryloxy-*, $C_{47}H_{60}O_{18}$, F. 76—79°, amorph, $[\alpha]_D$ —63°. — Acyl-Derivv. von β-Peltatin-β-D-glucosid (II): *2.3.4.6-Tetra-O-acetyl-*, $C_{36}H_{40}O_{17}$, F. 158—160°, $[\alpha]_D$ —93°. — *2.3.4.6-Tetra-O-propionyl-*, $C_{40}H_{48}O_{17}$, F. 163—164°, $[\alpha]_D$ —87°. — *2.3.4.6-Tetra-O-butyryl-*, $C_{44}H_{56}O_{17}$, F. 75—78° (amorph), $[\alpha]_D$ —79°. — α-Peltatin-β-D-glucoside: *2.3.4.6-Tetra-O-acetyl-4'-acetyloxy-*, $C_{37}H_{40}O_{18}$, F. 222—223°, $[\alpha]_D$ —96°. — *2.3.4.6-Tetra-O-propionyl-4'-propionyloxy-*, $C_{42}H_{50}O_{18}$, F. 98—102° (amorph), $[\alpha]_D$ —87°. — *2.3.4.6-Tetra-O-butyryl-4'-butyryloxy-*, $C_{47}H_{60}O_{18}$, F. 76—78° (amorph), $[\alpha]_D$ —80°. — *Kondens.-Prodd. von* I *mit Aldehyden*: *4.6-O.O-Äthyliden-*I, $C_{30}H_{34}O_{13}$, F. 160—164°, $[\alpha]_D$ —88°. — *4.6-O.O-Benzyliden-*, $C_{35}H_{36}O_{13}$, ½ H_2O, F. 167—171°, $[\alpha]_D$ —87° [mit verd. NH_3 Umlagerung in das epimere *4.6-O.O-Benzylidenpikropodophyllin-β-D-glucosid*, F. 281—282°, $[\alpha]_D$ —10,3° (Pyridin)]. — *4.6-O.O-p-Methylbenzyliden-*, $C_{36}H_{38}O_{13}$, F. 167 bis 169°, $[\alpha]_D$ —75° (Chlf.). — *4.6-O.O-o-Hydroxybenzyliden-*, $C_{35}H_{36}O_{14}$, ½ H_2O, F. 179 bis 180°, $[\alpha]_D$ —80°. — *4.6-O.O-p-Methoxybenzyliden-*, $C_{36}H_{38}O_{14}$, F. 165—168°, $[\alpha]_D$ —73°. — *4.6-O.O-α-Furfuryliden-*, $C_{33}H_{34}O_{14}$, F. 173—175°, $[\alpha]_D$ —84°. — *4.6-O.O-α-Thenyliden-*, $C_{33}H_{34}O_{13}S$, F. 172—173°, $[\alpha]_D$ —83°. — *Kondens.-Prodd.* von 4'-Desmethylpodophyllotoxin-β-D-glucosid mit Aldehyden: *4.6-O.O-Benzyliden-*, $C_{34}H_{34}O_{13}$, F. 182—185° u. 296—298°, $[\alpha]_D$ —80°. — *4.6-O.O-p-Methoxybenzyliden-*, $C_{35}H_{36}O_{14}$, F. 178—181° u. 267—272°, $[\alpha]_D$ —144° (Pyridin). — *4.6-O.O-Benzyliden-α-peltatin-β-D-glucosid*, $C_{34}H_{34}O_{13}$, F. 182—186°, $[\alpha]_D$ —108° (Chlf.). — *4.6-O.O-Benzyliden-β-peltatin-β-D-glucosid*, $C_{35}H_{36}O_{13}$ · ½ H_2O, F. 180—183°, $[\alpha]_D$ —99°. — Homologe von 4'-O-Alkylpodophyllotoxin-β-D-glucosiden: durch Umsatz der *Desmethyl*-I mit den über die entsprechenden Nitroso-β-alkylaminomethylketonen zugänglichen Diazoalkanen; Reinigung durch Chromatographie u. Gegenstromverteilung: *4'-O-Äthyl-*, $C_{29}H_{34}O_{13}$, F. 144—147°, $[\alpha]_D$ —61° (Methanol). *4'-O-Allyl-*, $C_{30}H_{34}O_{13}$, F. 127—130°, $[\alpha]_D$ —55°. *4'-O-Propyl-*, $C_{30}H_{36}O_{13}$, F. 134—136°, $[\alpha]_D$ —57°. *4'-O-Butyl-*, $C_{31}H_{38}O_{13}$, F. 133—135° $[\alpha]_D$ —55°. *4'-O-Isobutyl-*, $C_{31}H_{38}O_{13}$, F. 134—137°, $[\alpha]_D$ —34°. *4'-O-Isoamyl-*, $C_{32}H_{40}O_{13}$, F. 131—134°, $[\alpha]_D$ —60°. — 4'-O-Alkyl-β-peltatin-β-D-glucoside: *4'-O-Äthyl-*, $C_{29}H_{34}O_{13}$, F. 140—144°, $[\alpha]_D$ —120° (Methanol). *4'-O-Propyl-*, $C_{30}H_{36}O_{13}$, F. 132—133°, $[\alpha]_D$ —114°. *4'-O-Butyl-*, $C_{31}H_{38}O_{13}$, F. 128—131°, $[\alpha]_D$ —111°. — 4'-O-Alkylpodophyllotoxine: *4'-O-Äthyl-*, $C_{23}H_{24}O_8$, F. 187—190°, $[\alpha]_D$ —127°

(Chlf.). *4'-O-Propyl-*, $C_{24}H_{26}O_8$, F. 175—177°, $[\alpha]_D$ —118°. *4'-O-Butyl-*, $C_{25}H_{28}O_8$, F. 159 bis 160°, $[\alpha]_D$ —120°. — *2'-Brompodophyllotoxin-β-D-glucosid*, $C_{28}H_{31}BrO_{13}$, F. 158—161°, $[\alpha]_D^{20}$ —72° (Methanol). *2.3.4.6-Tetra-O-acetyl-Deriv.*, $C_{36}H_{39}BrO_{17}$, F. 192—195°, $[\alpha]_D^{20}$ —80° (Chlf.). — *1-O-Glucosidopodophyllinsäure*: *Hydrazid*, $C_{28}H_{36}N_2O_{13}$, F. 160 bis 163°, $[\alpha]_D^{20}$ —161° (Methanol). *N-Isopropylidenhydrazid*, $C_{31}H_{40}N_2O_{13}$, F. 159—166°, $[\alpha]_D^{20}$ —183°. *N-Benzylidenhydrazid*, $C_{35}H_{40}N_2O_{13} \cdot 1/2\,H_2O$, F. 168—170°, $[\alpha]_D^{20}$ —206°. — *1-O-Glucosidopikropodophyllinsäure*, $C_{28}H_{34}O_{14}$, F. 140—143°, $[\alpha]_D^{20}$ —135° (Pyridin). *Hydrazid*, $C_{28}H_{36}N_2O_{13}$, F. 164—167°, $[\alpha]_D^{20}$ —87° (Methanol). *N-Isopropylidenhydrazid*, $C_{31}H_{40}N_2O_{13}$, F. 156—158°, $[\alpha]_D^{20}$ —63°. *N-Benzylidenhydrazid*, $C_{35}H_{40}N_2O_{13} \cdot 1/2\,H_2O$, F. 162—165°, $[\alpha]_D^{20}$ —115°. M. Reiher. 4608□

Digitalisähnliche Aktivität von Glykosiden von Vallaris solanacea. M. M. Vohra und N. N. De. (J. sci. ind. Res. [New Delhi], Sect. C **20**, 161—62, 1961; Lucknow, Central Drug Res. Inst.; engl.) — Am hypodynam. Meerschweinchenherzen hatte das Glykosidgemisch aus Blättern von *Vallaris solanacea* eine positiv inotrope Aktivität. Die bei Katzen damit bewirkten EKG-Veränderungen zeigen einen typ. Cardinolideffekt. Die Glykoside bewirken Erbrechen bei Tauben u. besitzen eine allg. muskulotrope Aktivität. G. Kimmerle. 4608△

Untersuchungen über die Bestandteile von Convallaria. 1. Mitt. **Isolierung von Convallatoxin.** Morizō Ishidate, Michiya Kimura, Seiichirō Tamikado und Meiji Kawata. (J. pharmac. Soc. Japan [Yakugakuzasshi] **77**, 679—81, 25/6. 1957; Tōkyō Univ., Med. Fak., Pharmakol. Inst.; jap., Auszug: engl.) — Die Blüten der in Hokkaidō wachsenden *Convallaria majalis* L. var. Keisukei Makino oder *Convallaria Keisukei* MIQ enthalten 0,02% *Convallatoxin*, $C_{29}H_{42}O_{10}$, F. 236—238° (*Acetat*, F. 231 bis 234°). F. Mossner. 4608

Wirkungen subparalytischer Dosen von Dihydro-β-erythroidin bei Freiwilligen. Henry B. Murphree. (Clin. Pharmacol. Therapeutics **4**, 304—10, 1963; Princeton, N.J., New Jersey Neuro-Psychiatr. Inst., Bureau of Res. in Neurol. and Psychiatr., Sect. on Pharmacol.; engl.) — Nach 200 mg *Dihydro-β-erythroidin* (I) oral traten bei Normalpersonen Bradycardie u. Sehstörungen auf. Wenn 6 mg I/kg verabreicht wurden, so waren außerdem Hypotension, Abnahme der Muskelstärke u. Sedation zu beobachten. K. Zingraf. 4608◇

Zur toxischen Wirkung des orangefuchsigen Hautkopfes (Dermocybe orellana Fr.). S. Grzymala. (Dtsch. Z. ges. gerichtl. Med. **49**, 91—99, 1959; Poznan [Polen], Sanitär-Epidemiolog. Wojewodschaftsstation; dt.) — Erst 1952 wurden die giftigen Eigg. entdeckt. Das bisher unbekannte klin. Bild der Pilzvergiftung durch den orangefuchsigen Hautkopf wurde beschrieben. Aus den 132 Vergiftungsfällen, davon 15 mit tödlichem Ausgang, ergab sich, daß in erster Linie die parenchymatösen Organe von den Giftstoffen geschädigt werden, bes. die Nieren, in geringerem Ausmaße die Leber u. schließlich die Endothelien der Blutgefäße. Bes. gefährlich durch die sonst bei Pilzvergiftungen nie beobachtete lange Inkubationszeit von 3—17 Tagen. F. W. O. Meyer. 4608◇

Proteolytische Wirksamkeit einiger indischer Pflanzen. 3. Mitt. **Pharmakologische Bewertung des Calotropains.** C. K. Atal und P. D. Sethi. (Indian J. Pharmacy **24**, 131—34, 1962; Chandigarh, Panjab Univ., Pharm. Dep.; engl.) — 2. vgl. C. **1963**, 17784. — Ein aus dem Saft von *Calotropis procera* isoliertes, proteolyt. wirksames Enzym, *Calotropain* (I) verursacht bei Ratten in Dosen bis zu 500 mg/kg per os pro die (10 Tage) bzw. intraperitoneal (als Einzeldosis), keine tox. Symptome u. beeinflußt nicht die Funktion des Froschherzens, während der Saft der Pflanze Herzschädigung hervorruft. I (40 mg/100 g Ratte) zeigt eine antientzündliche Wrkg., die in ihrer Stärke ca. $^1/_{20}$—$^1/_{16}$ der von *Hydrocortisonacetat* (2,5 mg/100 g) entspricht. Ferner weist I antikoagulierende (Verss. am Kaninchenohr) u. im Vgl. mit *Papain* u. *Bromelain* stärkere anthelminth. Wrkg. auf. P. Fahrnlaender. 4608◇

Über neue chemotherapeutisch wirksame Sulfonamide. Z. Buděšínsky und V. Bydžovský. (Experientia [Basel] **17**, 129—30, 1961; Praha, Forsch.-Inst. f. Pharmazie u. Biochem.; dt.) — Eine Anzahl neuer *2-* u. *4-Sulfanilamido-5-alkoxypyrimidine* u. deren Hydroxy-, Methoxy-, Methylmercapto- u. Methyl-Derivv. wurden an der *Streptococcus pyogenes*-infizierten weißen Maus getestet. Die Herst. der 2-Amino- bzw. 4-Aminoalkoxypyrimidine erfolgte durch Einw. von p-Acetamidobenzolsulfochlorid in Pyridin (A), Rk. von Na-Sulfanilamid mit Alkoxypyrimidyl-4-trimethylammoniumchloriden (B), Verschmelzen eines Gemisches von Sulfanilamid, 4-Chlor-2-methylmercaptoalkoxypyrimidin u. Pottasche (C), Kondens. von Sulfaguanidin mit dem Na-Enolat des Methoxyformylessigsäuremethylesters (D). Geprüfte Verbb.: 2-Sulfanilamidopyrimidine: *5-Methoxy-*, F. 214—216°, A, relative chemotherapeut. Aktivität $= 1/n(k/a_1 + k/a_2 + \ldots k/a_n)$, n Zahl der Tiere, a Überlebenszeiten (nach

10 Tagen $\alpha = \infty$), k durchschnittliche Überlebenszeit der Kontrollen, 0,09 ± 0,07; *5-Äthoxy-*, F. 204—205°, A, 0,14; *5-n-Propoxy-*, F. 205—207°, A, 0,3; *5-n-Butoxy-*, F. 224—225°, A, 0,9; *5-sek.-Butoxy-*, F. 206—208°, A, 0,4; *5-Phenoxy-*, F. 237°, A, 0,48; *4-Hydroxy-5-methoxy-*, F. 262—264°, D, 0,91; *4.5-Dimethoxy-*, F. 215°, A, 0,66; *4.6-Dimethoxy-*, F. 174—175°, A, 0,07; *4.5.6-Trimethoxy-*, F. 204—205°, A, 0,25; *4-Hydroxy-6-methyl-*, F. 251—254°, D, 0,15; 4-Sulfanilamidopyrimidine: *5-Methoxy-*, F. 242°, B, 0,59, *5-Methoxy-2-methyl-*, F. 213—214°, B, 0,48; *2.5-Dimethoxy-*, F. 263—264°, A, 0,95; *2.5.6-Trimethoxy-*, F. 201—203°, B, 0,32; *2-Methylmercapto-5-methoxy-*, F. 218—221°, C, 0,24; *2-Methylmercapto-6-methyl-*, F. 210—212°, B, 0,68; *2-Methylmercapto-6-methoxy-*, F. 175—176°, A, B, 1; *2-Methylmercapto-6-äthoxy-*, F. 232—234°, A, 1; *2-Methylmercapto-6-isopropoxy-*, F. 124—126°, A, 1; *2.6-Dimethylmercapto-*, F. 169—171°, A, 0,95; *4-Sulfanilamido-2.6-dimethoxypyrimidin*, 0,19 ± 0,09; *3-Sulfanilamido-6-methoxypyridazin*, 0,18; *3-Sulfanilamido-1-phenylpyrazol*, 0,23.
K. Maier. 4610◇

Experimentelle Grundlagen über die antituberkulöse Wirkung in vitro und in vivo des D-2.2'-[Äthylendiimino]-dibutanol-(1). A. Lutz und M.-A. Berger. (Ann. Inst. Pasteur **103**, 216—21, 1962; Strasbourg, Labor. départemental de Bactériologie; franz.) — Vff. berichten über die Wrkg. des *D-N.N'-Bis-[1-hydroxybutyl-(2)]-äthylendiamins* (*Ethambutol*; American Cyanamid Company), die eine hohe chem.-therapeut. antituberkulöse Wrkg. hat, im Gegensatz zur linksdrehenden Form. Verss. in vitro: a) Bakteriostase: Die Verb. erweist sich auch wirksam gegen Stämme, die gegen Streptomycin, INH u. PAS resistent sind. b) Baktericidie: Die Verb. besitzt für gewisse Stämme baktericide Wrkg. verschiedenen Grades. Verss. in vivo wurden an Meerschweinchen durchgeführt, die subkutan mit Standardstamm H 37 Rv. geimpft wurden. Gegeben wurden täglich 100 mg der Verbindung. Behandelte Tiere zeigen Wendung zur Heilung.
W. Gaudlitz. 4610◇

Einige tuberkulostatisch wirkende Derivate des Isonicotinsäurehydrazids. M. M. Dhar. (J. sci. ind. Res. [New Delhi], Sect. C **18**, 117, Juni 1959; Lucknow, Central Drug Res. Inst.; engl.) — Die *Isonicotinsäurehydrazone* (INH) einiger *α,β-ungesätt. Carbonyl-Verb.* u. des *Cyclohexanons* sowie das Kondens.-Prod. von INH mit Formaldehyd (*Hexahydro-1.3.5-triisonicotinamido-1.3.5-triazinmonohydrat*, $C_{21}H_{21}N_9O_3 \cdot H_2O$, F. 175°) wurden auf ihre tuberkulostat. Wirksamkeit überprüft u. zeigten bei Dosen von 50 mg/kg an Mäusen u. 17 mg/kg an Meerschweinchen mit INH vergleichbare Aktivität.

Versuche: *Crotonaldehydisonicotinsäurehydrazon*, $C_{10}H_{11}N_3O$, F. 207—208° (A. oder W.), durch Zusammengeben äquimol. Mengen von INH u. Crotonaldehyd in W. oder A.; aus A. oder W. Prismen. — *Mesityloxidisonicotinsäurehydrazon*, $C_{12}H_{15}N_3O$, F. 123° (sintert bei 108°), aus INH u. Mesityloxid; aus A. Prismen. — UV-Spektren werden für beide Verbb. angegeben. Hans-Dieter Jacobi. 4610△

Der Effekt von Iproniazid auf den Stoffwechsel von $^{14}C_{(2)}$-dl-Adrenalin am Menschen. Norman Kirshner, McC. Goodall und Lawrence Rosen. (J. Pharmacol. exp. Therapeut. **127**, 1—7, 1959; Durham, N.C., Duke Univ., School of Med., Dep. of Biochem. and Surgery; engl.) — Durch Adsorption der bas. Stoffwechsel-Prodd. des *$^{14}C_{(2)}$Adrenalins* an Amberlite IRC 50 u. der sauren an Dowex-1, während neutrale beide Säulen passieren, können 8 Fraktionen gefaßt werden. — Die Hauptvertreter sind *Metanephrin* (*Adrenalin-3-methyläther*), *3-Methoxy-4-hydroxymandelsäure* (**I**), *3.4-Dihydroxymandelsäure* u. ein *Metanephrinkonjugat* (**II**). Durch Behandeln mit *Iproniazid* wird die Ausscheidung von **I** erniedrigt, die von **II** erhöht. L. Shahab. 4610◇

Untersuchung der Konzentration von weißen Streptocid in den Geweben und im Blut von Hunden nach elektrophoretischer Zufuhr. N. A. Barssukow. (Pharmakol. u. Toxikol. [UdSSR] **24**, 594—99, 1961; Jakutsk, Univ.; russ.) — Durch elektrophoret. Zufuhr (0,3 mA/cm²) des in HCl gelösten *Streptocids* (**I**; 2 g, 0,75—0,8 konz. HCl, 100 cm³ Aqua dest.) wurden in der Haut u. den Muskeln höhere therapeut. Konzz. des **I** erreicht, die 24—48 Std. erhalten blieben, als nach peroralen Gaben. Die Heilung akut-eitriger Hautprozesse wurde günstig beeinflußt. I. v. Kloch-Kornitz. 4611◇

Antagonismus zwischen Cycloserin und einigen Analepticis. N. M. Ssmolnikowa und G. Ja. Kiwman. (Pharmakol. u. Toxikol. [UdSSR] **24**, 592—93, 1961; Akad. der Med. Wiss. der UdSSR, Inst. für Pharmakolog. u. Chemotherapie, Abt. für exp. Chemotherapie; russ., Auszug: engl.) — *D-1-Cycloserin* (**I**) oder *Cycloserin* (**II**; 50 mg/kg per os, 2 Std. vor Injektion der Analeptica) hatte bei Mäusen antagonist. Wrkg. gegen die krampfauslösende Wrkg. des *Corasol* u. *Strychnin* (0,09—0,34 cm³, 1 bzw. 0,01 %ig. Lsg. i. v.) u. keinen Einfl. auf die Wrkg. des *Coffein* (2%ig. Lsg.). 3fache Erhöhung der Dosis des **I** u. **II** rief keinen verändernden Effekt hervor.
I. v. Kloch-Kornitz. 4611◇

Salicylat und gesteigerte Gefäßpermeabilität. W. G. Spector und D. A. Willoughby. (Nature [London] **196,** 1104, 1962; London, St. Bartholomew's Hosp., Dep. of Pathol.; engl.) — Bei dem Vers., eine stärker ausgeprägte spezif. Wrkg. von *Salicylat* (I) zu finden, welche einige der entzündungshemmenden Eigg. von **I** erklären könnte, wird gezeigt, daß vermutlich ein Teil der entzündungshemmenden Eigg. von **I** auf der Hemmung eines *Kallikrein*-ähnlichen Enzym-Syst. beruht, welches Permeabilitätsfaktoren während der Entzündung bildet. U. Tausendfreund. 4615◇

Die Wirkungen von entzündungshemmenden Arzneimitteln auf einige Aspekte des intermediären Stoffwechsels. C. Bryant und M. J. H. Smith. (J. Pharmacy Pharmacol. **14,** 182—85, 1962; Denmark Hill, King's Coll. Hosp. Med. School, Chem. Pathol. Dep., Empire Rheumatism Council Res. Unit; engl.) — Bei den *Salicylaten* besteht keine Beziehung zwischen der Aufnahme der Radioaktivität von ^{14}C-Glucose u. $^{14}C_{(1.4)}$-Succinat in Oligosaccharide (I), Phosphate, Äpfelsäure u. Fumarsäure in Rattenleber-Präpp. u. der entzündungshemmenden Wrkg.; dagegen scheint bei Hydrocortison, Dexamethason, Phenylbutazon u. Chloroquin ein Zusammenhang zwischen der Aufnahme von ^{14}C in **I** u. der Entzündungshemmung zu bestehen. K. Zingraf. 4615◇

In vitro-Stoffwechsel von 2-Chlor-10-[3-dimethylaminopropyl]-phenothiazin. 3. Mitt. Isolierung u. Identifizierung von Stoffwechselprodukten. John J. Ross jun., Thomas L. Flanagan und Alfred R. Maass. (J. med. pharmac. Chem. **5,** 1035—41, 1962; Philadelphia, Pa., Res. and Development Div., Smith Kline and French Labor.; engl.) — Bei der Beobachtung des Stoffwechsels in vitro von $^{14}C_{(=N-CH_3)}$ u. $^{35}S_{(\text{-thiazin})}$-*Chlorpromazin* (*2-Chlor-10-*[*3-dimethylaminpropyl*]*-phenothiazin*; **I**) in Leberextrakten von Ratten u. Kaninchen wurden **3** Stoffwechsel-Prodd. isoliert u. identifiziert: $^{14}C{-}CO_2$, $^{14}C{-}CH_2O$ u. ^{35}S–*2-Chlor-10*[*3-methylaminopropyl*]*-phenothiazin* (**II**). Weiterhin wurde die Fähigkeit einiger Gewebe $^{14}C_{(=N-CH_3)}$-**II** im Stoffwechsel umzusetzen u. die Auswirkung von Stoffwechselhemmstoffen auf die Prodd. von $^{14}C{-}CO_2$ u. $^{14}C{-}CH_2O$ untersucht.

Versuche: Von erwachsenen ♂ Ratten (225—250 g) wurden die Gewebe präpariert u. unter Zusatz von 0,12 μm Glucose-6-phosphat bebrütet. Das in dem Gemisch vorhandene $^{14}C{-}CH_2O$ wurde als Dimethyldehydroresorcin-Deriv. isoliert, umkrist. aus heißem A. u. mit dem Scintillationsspektrometer in Toluol, das 0,4% 2.5-Diphenyloxazol enthält, gezählt. — Für die Isolierung des Monomethylhomologen von Chlorpromazin wurde die ^{35}S-markierte Verb. verwendet. **I** wurde mit CCl_3–COOH (**III**) überschichtet, bebrütet mit Rattenleberextrakt in Standardmedium, **III** auf pH 13 mit NaOH eingestellt u. 4mal mit Ae. extrahiert. Vereinigen der Extrakte u. unter N_2 bis zur Trockne eindampfen. Aufnahmen des Rückstandes mit Methanol u. auf Whatman Nr. 1-Papier in CH_2Cl_2-Bzl.-88% CH_2O_2 (3:1:4:2) 16 Std. absteigend chromatographieren. **II** mit R_F 0,85 (stimmte mit Vgl.-Material überein) wurde vom Chromatogramm mit abs. Methanol u. 0,1 n HCl (5:1) herausgelöst u. unter N_2 zur Trockne eingedampft. Rückstand aufnehmen in abs. A., einen Anteil mit authent. **II** chromatographieren, das auf gleiche Weise behandelt worden ist. (Beide Chromatogramme enthielten einen Fleck mit R_F 0,07, der mit **II**-*5-Oxid* übereinstimmte. **II** war also während der Extraktion u. der anschließenden Chromatographie zu einem Sulfoxid oxydiert worden.) — Durch Zufügen von 100 mg **II**-*5-Oxid,* 3 ml 1% NaOH-Lsg. u. 5 ml 3% *p-Phenylazobenzolsulfonylchlorid*-Lsg. in abs. A. zu dem alkohol. HCl-Extrakt (oben), 30 Min. Erhitzen auf dem Dampfbad unter Rühren, Lösen des orangen zähen Rückstandes in 25 ml heißem abs. A., Stehen über Nacht bei —6°, Abtrennen der orangen Kristalle, Waschen mit kaltem abs. A. u. 16std. Trocknen im Vakuum. — Exsiccator; 47% (Ausbeute). Einen Teil mit dem Scintillator auszählen. IR-Spektrogramm der markierten Verb. stimmte mit dem Spektrogramm des p-Phenylazobenzolsulfamid-Deriv. von authent. II-5-Oxid überein. J. Hils. 4620△

Die Wirkung von Chlorpromazin auf den Glucosestoffwechsel in verschiedenen Teilen des Ziegenhirns. S. Larsson. (Acta physiol. scand. **53,** 68—74, 1961; Stockholm, Kungl. Veterinärhögskolan, Dep. of Physiol. and Clin. Biochem.; engl.) — Nach kleinen intraperitonealen Dosen von *Chlorpromazin* (**I**) wurden verschiedene Teile von Hypothalamus, Groß- u. Kleinhirnrinde sowie von Hypophysenvorder- u. -hinterlappen mit vollständig markierter ^{14}*C*-Glucose (I) inkubiert. **I** senkte in Hypothalamus u. HHL Atmung u. ^{14}*C*-Milchsäurebildung. Die Aminosäure-Synth. aus exogener **I** war nach I-Zufuhr in den gleichen Bezirken gehemmt. In den Rindenpartien blieb ^{14}*C*-**I** von **I** fast unbeeinflußt. K. Maier. 4620◇

Wirkung der Antiadrenergica und des Reserpins auf die Anaphylaxie des Herzens. P. F. Mannaioni, R. Levi und A. Giotti. (Arch. ital. Sci. farmacol. [3] **11,** 355—58,

Okt. 1961; Firenze, Univ., Ist. di Farmacol.; Sassari, Univ., Ist. di Farmacol.; ital.) — Vgl. C. **1962**, 10922 u. C. **1963**, 8248. — In den mit Eiklar sensibilisierten isolierten Meerschweinchenherzen tritt bei erneuter Injektion des Antigens eine Verstärkung der Herzkontraktion u. eine Zunahme der Herzfrequenz ein. Diese Wrkg. wird durch *Dichlorisopropylarterenol* (I) in adrenolyt. Konzz., nicht aber durch Reserpin oder Bretylium aufgehoben. Die Behandlung mit I ist von einer Hemmung der Histaminfreisetzung in die Durchströmungs-Lsg. begleitet. K. Zingraf. 4620◇

SC-10049, ein Brenzcatechinamin-Bronchodilator und hyperglykämisches Agens. C. G. van Arman, L. M. Miller und M. P. O'Malley. (J. Pharmacol. exp. Therapeut. **133**, 90—1961; Chicago, Ill., G. C. Searle & Co., Div. of Biol. Res.; engl.) — *SC-10049, l-3-{2-[2-Hydroxy-2-(3'.4'-dihydroxyphenyl)-äthylamino]-propyl}-indoltartrat* (I; G. D. Searle & Co.) wirkt stark bronchodilator. u. blutdrucksteigernd. In einer Reihe von Testen ist I bis 10fach wirksamer als das verwandte Isoproterenol. Der hyperglykäm. Effekt bei Hund u. Katze übertrifft mehrfach den von Glukagon. K. Maier. 4620◇

Pharmakologische Vergleiche einiger Neuropsychotropica. Klinische Folgerungen. De Castro und M. Dupont. (Agressologie [Paris] **3**, 79—82, 1962; Hôpital Universitaire Saint-Pierre, Serv. de Chirurg. Bruxelles; franz.) — Durch 37 klass., pharmakolog. Prüfverf. werden neuropsychotrope Substanzen ausgesondert, ihre bevorzugte Wrkg. abgeschätzt u. ihre Giftigkeit bewertet. Untersuchte Substanzen: a) Analgetica: *Dextromoramid, Methadon, Morphin-HCl, Pethidine, Phenoperidine, Pirinitramide.* b) Neuroleptica: *Haloperidol, Methylperidol, Haloanisone, Acepromazine, Allemazine, Chlorpromazin, Fluphenazine, Levomepromazin, Mepazin, Methopromazin, Perphenazine, Prochorperazine, Promazine, Promethazine, Thiopropazate, Triflupromazine, Chlorprotixene, Reserpin.* c) Ataraktica: *Meprobamate, Hydrazine, Chlordiazepoxide.* d) Hypnotica: *Pentobarbital, Phenobarbital.* e) Psychodysleptica: *Phencyclidine.* f) Psychoanaleptica: *Amphetamine, Imipramine.* g) Anticholinergica: *Atropin, Isopropamide, Scopolamin.* h) Ganglioplegica: *Hexamethonium.* Die 37 Testmeth. sind in 5 Kategorien mit folgenden Aspekten gruppiert: a) Änderung im Verh. u. der Reflexe, b) neurovegetative Aktivität, c) Antagonismus, d) potenzierende Wrkg., e) akute Gift-Wrkg. u. eine ihrer Folgen: Der therapeut. Effekt. Enthält 2 Tabellen u. Liste der gebräuchlichen Synonyma der geprüften Substanzen. W. Gaudlitz. 4620◇

Vergleich von Benzphetamin, Phenmetrazin, d-Amphetamin und Placebo. Natoo Patel, David C. Mock jun. und James A. Hagans. (Clin. Pharmacol. Therapeutics **4**, 330—33, 1963; Oklahoma City, Okla., Univ. of Oklahoma, School of Med., Dep. of Med.; Vet. Admin. Hosp., Dep. of Med.; engl.) — *Benzphetamin, Phenmetrazin* u. *d-Amphetamin* bewirkten im Blindvers. bei Patienten mit Fettsucht ca. gleiche, von den Wrkg. des Placebos signifikant verschiedene Gewichtsabnahme. K. Zingraf. 4622◇

Wirkungen von Doxapram, einem Atmungsstimulans, auf Herz und Lunge des Menschen. Albert J. Wasserman und David W. Richardson. (Clin. Pharmacol. Therapeutics **4**, 321—25, 1963; Richmond, Va., Vet. Admin. Hosp., Cardio-Pulm. Labor.; Med. Coll. of Virginia, Dep. of Med.; engl.) — *1-Äthyl-4-[2-morpholinoäthyl]-3.3-diphenylpyrrolidinon-(2)-hydrochloridhydrat* (*Doxapramhydrochlorid, AHR 619*) erhöhte das Min.-Vol. der Atmung u. die arterielle O_2-Spannung u. verringerte die arterielle CO_2-Spannung. Der Blutdruck in der Arteria brachialis wurde erhöht, der O_2-Verbrauch u. das Min.-Vol. des Herzens wurden nicht wesentlich beeinflußt. K. Zingraf. 4622◇

Die qualitative Wirkung anästhesierender Gase auf die spontanen Potentiale von Hirngewebeexplantaten in Kultur. A. W. B. Cunningham und S. G. Stephens. (Experientia [Basel] **17**, 409—10, 1961; Galveston, Tex., Univ. of Texas, Med. Branch, Pathol. Dep., Tissue Dynamics Labor.; engl.) — Anästhesierende Gase, wie *Ae., Divinyläther, Chlf., Halothan,* vermindern oder hemmen nach anfänglichem Anstieg (erhöhte Frequenz, Erregungsphase) die spontanen Potentiale von Telemephalon (Hühnerembryo)-Explantaten. Nach Entfernen des Anästheticums mit Warmluft kehren die Potentiale in der ursprünglichen Form zurück. Die Explantate sind anschließend erneut durch das gleiche oder andere Betäubungsmittel beeinflußbar. K. Maier. 4627◇

Phenoperidin und Pirinitramid. Vergleichende Untersuchung über zwei neue Analgetica. De Castro und M. Dupont. (Agressologie [Paris] **3**, 77—78, 1962; Bruxelles, Hôpital Universitaire Saint-Pierre, Service de Chirurgie; franz.) — Das in die Neuroleptanalgie neuaufgenommene *Phenoperidin* (*R 1406*; *1-Phenyl-3-[4-phenyl-4-carbäthoxypiperidino]-propanol*) besitzt die nachteilige Wrkg. einer Atmungsdepression, die über die Dauer des operativen Eingriffs hinaus anhält. Das *Pirinitramid* (*R 3365*; *1.1-Diphenyl-1-cyan-3-[4-piperidino-4-aminocarbonylpiperidino]-propan*) hat eine geringere atmungsdepressive Wrkg., die Fähigkeit der Schmerzausschaltung ist jedoch ungenügend. Durch eine Kombination der beiden Stoffe ist es leicht möglich, am Schluß des Eingriffs eine korrekte Atmung zu erzielen. W. Gaudlitz. 4627◇

Pharmakodynamische Eigenschaften des R 1625 (Haloperidol) und toxische und atmungsdepressive Wirkung einiger neuer Analgetica (R 875, R 3365, R 4150, R 3899 und R 1406). J. La Barre. (Agressologie [Paris] **3**, Nr. 23—28, 1962; Bruxelles, Univ., Labor. de Pharmacodynamie et de Thrapeutique; franz.) — *Haloperidol* (R 1625; I) ist *4-Fluor-γ-[4'-(4''-chlorphenyl)-4'-hydroxypiperidino]-butyrophenon*. I verändert nicht den Blutdruck bei der Ratte, wirkt in schwachen Gaben sedativ, steigert die einschläfernde Wrkg. des Phenobarbitals bei der Maus u. verhindert die Brechwrkg. des Apomorphins beim Hund, verstärkt die Wrkg. der Mittel bei Schlafkuren. Mit Erfolg eingesetzt in Fällen, wo die gewöhnlichen Hypnotica nicht ausreichen, eine tiefe u. lange Narkose einzuleiten. Die Prüfungen erstreckten sich auf 1. Giftigkeit von I: DL_{100} beim Meerschweinchen 65 mg/kg, bei der Maus 45 mg/kg. 2. Beruhigende Wrkg. bei Hund u. Ratte: geringer als bei Reserpin u. Chlorpromazin. Starke Gaben bewirken Beschleunigung. 3. Wrkg. auf das Zentralnerven-Syst.: Test nach vanden Driessche, wonach Neuroleptica vom Typ Reserpin Ausscheidung von 5 Hydroxyindolylessigsäure bewirken). I gibt diese Rk. nicht, daher Einreihung in die Gruppe des Typs Chloropromazin. 4. Auf Verh. dressierter Ratten: I zeigt längere Wrkg.-Dauer als Chlorpromazin. 5. Vgl. der Wrkg. von I auf die Magenschleimhaut der Ratte mit der von Reserpin: 1 mg/kg Reserpin während 5 Tage bewirkt starke Ulcerationen, Gaben von 5 u. 10 mg I/kg zeigen keine Verletzungen der Schleimhaut. — Die vergleichende Unters. erstreckt sich auf die genannten Verbb. u. Morphin, Meperidin u. Methadon hinsichtlich atmungsdepressiver Dosis, Zeit der Rückkehr der Atmung auf 50% des Ausgangswertes, blutdrucksenkende Wrkg. u. letale Dosis DL_{100} in mg/kg Meerschweinchen.
W. Gaudlitz. 4627◇

Wirkungen und Wirkungsmechanismen der Analgetica. Analgetische und psychotrope Wirkungen. Wechselwirkungen mit den biogenen Aminen. J. Jacob. (Farmaco [Pavia], Ediz. Sci. **16**, 591—611, 1961; Paris, Inst. Pasteur, Serv. de Chim. Thérapeut., Labor. de Pharmacol.; ital.) — Übersicht. — 72 Literaturangaben.
K. Zingraf. 4627◇

Pharmakologische Wirksamkeit eines neuen Anticholinergicum: N-Methyl-N-[β-dicyclohexylaminoäthyl]-piperidiniumbromid oder -chlorid. E. Grumelli und A. Cattaneo. (Farmaco [Pavia], Ediz. Sci. **16**, 773—88, 1961; Milano, Maggioni & Co., S.p.A., Labor. Ric.; ital.) — Die spasmolyt. Wrkg. des *N-Methyl-N-[β-dicyclohexylaminoäthyl]-piperidiniumbromids* u. *-chlorids* (I) auf den Acetylcholin- u. $BaCl_2$-Krampf ist ca. 10mal geringer als die von Atropin u. Papaverin, die Wrkg. auf die Histaminkontraktionen ist 20—1000mal geringer als die der bekannten Antihistaminica. I hemmt bei nüchternen Ratten die Magensäure u. schützt gegen experimentelle Magengeschwüre. Es besitzt eine deutliche lokalanästhet. u. eine schwache u. flüchtige gangliopleg. Wirkung. K. Zingraf. 4628◇

Resorptionsprofil des Bronchodilatators Isoetharine. A. M. Lands. (Arch. int. Pharmacodynam. Thérap. **138**, 462—72, 1962; Rensselaer, N.Y., Sterling-Winthrop Res. Inst.; engl.) — An Hunden wurden die Resorptionsverhältnisse für *Isoetharine* (*1-[3.4-Dihydroxyphenyl]-2-isopropylaminobutanol*, George A. Breon & Co.) untersucht. Gemessen an der Steigerung der Puls-Geschw. ist nach intratrachealer Verabreichung von 40—80 μg/kg innerhalb 2—5 Min. eine Wrkg. zu erwarten, Maximum innerhalb 3—10 Min., Wrkg.-Dauer 10—60 Minuten. Nach rektaler Verabreichung der gleichen Dosis tritt die Wrkg. innerhalb von 1—6 Min. auf, Maximum innerhalb 2 bis 12 Min., Wrkg.-Dauer bis 100 Minuten. Nach intestinaler oder oraler Verabreichung kann zwar die Wrkg. schon nach 2—12 Min. erkennbar sein, Maximum tritt jedoch erst innerhalb 12—20 Min. ein, Wrkg.-Dauer bis 150 Minuten. Im Gegensatz dazu hat i. v. Injektion nur kurze Wrkg.-Dauer (5—10 Min.) bei sofort einsetzender Wrkg. (rasche Eliminierung aus dem Kreislauf). Es ist anzunehmen, daß in der Schleimhaut der Atemwege u. des Magendarmtraktes eine Depot-Bldg. vor sich geht mit kontinuierlicher Abgabe an den Kreislauf. U. Tausendfreund. 4628◇

Die cardiovasculären Wirkungen von Isoetharine. A. M. Lands und Emil R. Smith. (Arch. int. Pharmacodynam. Thérap. **138**, 473—79, 1962; Rensselaer, N.Y., Sterling-Winthrop Res. Inst.; engl.) — Vgl. vorst. Referat. — *Isoetharine* (*1-[3.4-Dihydroxyphenyl]-2-isopropylaminobutanol*, George A. Breon & Co.) hat bronchodilatator. Wrkg. u. führt beim narkotisierten Hund nach i. v. Injektion von 0,2—25 μg/kg zu einer Vergrößerung der Stärke der einzelnen Herzkontraktionen (bei Infusion von 1—10 μg/kg/Min. z. B. Verstärkung um 66—83%) u. bes. der Herzschlag-Geschw. (bei gleicher Infusion Beschleunigung um 76—110%). Bei i. v. Injektion u. Infusion wird der systol. u. diastol. Blutdruck (bes. bei 25 μg/kg bzw. 4—10 μg/kg/Min.) herabgesetzt. U. Tausendfreund. 4628◇

Von Hemicholinium Nr. 3 hervorgerufener postsynaptischer neuromuskulärer Block. R. E. Thies und V. B. Brooks. (Federat. Proc. **20**, Nr. 2. [Part I] 569—78, 1961; New York City, Rockefeller Inst.; engl.) — HC_{-3} hemmt die neuromuskuläre Übertragung in exzisierten ruhenden oder akt. Meerschweinchen-Neuro-Muskel-Präparaten. Hemmkonzz. verminderten die Empfindlichkeit der Endplattenregionen von Muskeln gegen extern angewendetes *Acetylcholin* (**I**) auf <1% des normalen Wertes u. vermindern die Amplitude der spontanen Endplattenpotentiale ohne unabhängige Frequenzveränderung. Eserin, nicht aber Cholin, hebt die HC_{-3}-Wrkg. teilweise auf. Die Änderung der **I**-Abspaltung ist in Ggw. von Tubocurarin u. HC_{-3} + Cholin einander ähnlich. Die Verss. lassen postsynapt., aber keine präsynapt. in vitro-Wrkg. von HC_{-3} auf die neuromuskuläre Übertragung beim Säuger erkennen. Die HC_{-3}-Toxizität wird beim Meerschweinchen von Cholin, nicht aber von Eserin antagonist. beeinflußt. K. Maier. 4628◇

Die cardiovasculären Wirkungen von Suxamethonium bei der Katze. C. M. Conway. (Brit. J. Anaesthesia **33**, 560—64, 1961; London, Dep. of Anaesthetics, Hammersmith Hosp. and Postgraduate Med. School; engl.) — An 12 Spinalkatzen u. 4 Katzen mit intaktem Zentralnerven-Syst. wurden die cardiovasculären Wrkg. von *Suxamethonium* (**I**) untersucht. 0,5—10 mg **I**/kg bewirkten zunächst einen vorübergehenden Blutdruckabfall, dem ein länger anhaltender Anstieg sowohl bei den Spinalkatzen als auch bei den intakten Katzen folgt. Durch Atropin kann der Blutdruckabfall u. durch Hexamethonium der Anstieg verhindert werden. Bei den Spinalkatzen hat **I** keinen Einfl. auf die Herzfrequenz, bei den intakten Katzen kommt es zu einer mäßigen Tachycardie, die durch Vagusdurchtrennung aufgehoben werden kann. Größere Dosen von mehr als 10 mg **I**/kg bewirken einen größeren Blutdruckanstieg, der auch von einer deutlicheren Tachycardie begleitet ist. Dieser Effekt größerer **I**-Dosen tritt nicht auf, wenn die Tiere mit Reserpin vorbehandelt wurden. K. Böhm. 4628◇

Antikonvulsive Aktivität von Methylparafynol-ähnlichen Verbindungen. Lawrence C. Weaver, William M. Alexander und Benedict E. Abreu. (Arch. int. Pharmacodynam. Thérap. **131**, 116—22, 1/4. 1961; Indianapolis, Ind., Pitman-Moore Co., Pharmacol. Dep.; engl.) — Die folgenden Verbb.: Bernsteinsäureester, *Butin-(1)-yl-(3)-*, *Pentin-(1)-yl-(3)-* (*Na-Salz*), *2-Methylpropyl-(2)-* (*Na-Salz*), *3-Methylpentin-(1)-yl-(3)-* u. das *Na-Salz* (**I**) u. *3-[N-Phenylcarbamoyloxy]-3-methylpentin-(1)*, *3-Hydroxy-3-methylpentin-(1)*, die dem *Methylparafynol* (**II**) ähnlich sind, wurden bei Mäusen auf ihre antikonvulsiven Eigg. (Elektroschock, Metrazolkrampftest, psychomotor. Krampftest) untersucht. Nur **I** hatte eine dem **II** ähnliche abgeschwächte Wrkg. bei geringerer Toxizität. G. Kimmerle. 4628△

Veränderungen der atherosklerotischen Hyper- und Dyslipämie durch Diphenhexensäure. O. Piccinelli, F. Nicrosini und C. Pasotti. (Farmaco [Pavia], Ediz. Sci. **16**, 351—55, 1961; Pavia, Univ., Ist. di Clin. Med. Generale e Terap. Med.; ital.) — Bei Patienten mit Arteriosklerose verringert *2-[4-Diphenylyl]-hexen-(4)-säure* (*Diphenhexensäure*) den Geh. der Gesamtlipide, Phosphatide u. Gesamt-Steroide (**I**; bes. der gesätt. β-**I**) im Blut, dagegen wurde der Glycerid-Geh. erhöht. K. Zingraf. 4630◇

Über die Pharmakologie von Guanethidin. M. Bogaert, A. F. de Schaepdryver und G. R. de Vleeschhouwer. (Arch. int. Pharmacodynam. Thérap. **134**, 224—36, 1961; Gent, Univ., Inst. of Pharmacol.; engl.) — Bei mit Morphin-Chloralosan-narkotisierten Hunden verursachte die i. v. Injektion von 4 mg *Guanethidin* (**I**)/kg einen prim. Anstieg des arteriellen Blutdruckes. Diese **I**-Hypertension ist hauptsächlich durch eine periphere Vasokonstriktion u. nur z. T. durch vermehrte Herz-Wrkg. bedingt. Die Steigerung des Gefäßtonus u. der Herz-Wrkg. sind auf eine Freisetzung von Noradrenalin (**II**) von postsynapt. sympathet. Nervenstrukturen zurückzuführen. So kehrt Reserpin (5 mg/kg i. v.) den hypertensiven **I**-Effekt in einen hypotonen um. Nach intraperitonealer Injektion von 8 mg **I**/kg war der **II**-Geh. von Herz, Milz u. Nebennieren von Ratten vermindert. G. Kimmerle. 4630△

Antiautorhythmische Wirkung von Chinidin und Procainamid auf den Annulus ovalis der isolierten Herzkammer der Ratte. L. Molinengo. (Farmaco [Pavia], Ediz. sci. **16**, 577—82, 1961; Torino, Univ., Ist. di Farmacol. e Terap. sperim.; ital.) — Der durch Adrenalin im Annulus ovalis der isolierten Herzkammer der Ratte ausgelöste Autorhythmus wurde durch *Chinidin* u. *Procainamid* gehemmt. Es besteht eine statist. signifikante Korrelation zwischen den Konzz. der Mittel u. der Hemmung der Frequenz des Autorhythmus. K. Zingraf. 4630◇

Untersuchungen über einige Rauwolfiapräparate unter besonderer Berücksichtigung ihrer Wirkung auf Herzarrhythmien. Don P. MacLeod und A. K. Reynolds. (Arch. int. Pharmacodynam. Thérap. **138**, 437—50, 1962; Halifax, Canada, Dalhousie Univ., Dep. of Pharmacol.; engl.) — *Alseroxylon* (*Rauwiloid*, Riker Labor.), *Serpakrine* (nicht getestet am aconitin-induzierten ektop. Rhythmus isolierter Vorhöfe) u. *Chadrine* (I) wiesen gegenüber dem Flimmern des isolierten Kaninchenvorhofs, dem Vorhofflimmern des Hundes, der aconitininduzierten Arrhythmie des isolierten Kaninchenvorhofs u. der Veratrin-Wrkg. am Skelettmuskel eine antiarrhythm. Aktivität wie *Chinidin* auf (I-Wrkg. etwas schwächer). Trotzdem verstärkten alle 3 Präpp. die Kohlenwasserstoff–Adrenalin-induzierte Kammerarrhythmie bei der Katze.
U. Tausendfreund. 4630◇

Klinisch-pharmakologische Beobachtungen über die Wirkungen von Ajmalin bei chronischem Vorhofflimmern. H. Lenox, H. Dick und Elton L. McCawley. (Clin. Pharmacol. Therapeutics **4**, 315—20, 1963; Portland, Oreg., Univ. of Oregon Med. School, Dep. of Pharmacol.; engl.) — Bei Patienten mit chron. Vorhofflimmern, die auch Extrasystolen der Kammer zeigten, beseitigten kleine Dosen *Ajmalin* (I) die Extrasystolen, aber das Vorhofflimmern hielt an. Höhere Dosen von I stellten die normale Aktivität der P-Welle wieder her, aber es entwickelte sich ein kompletter AV-Block. Wenn dieser durch kleine Dosen Procainamid verhütet wurde, wandelte I das Vorhofflimmern für kurze Zeit in einen regulären Sinusrhythmus um. K. Zingraf. 4630◇

Wirkung von Flavonyl-(7)-oxyessigsäureäthylester auf das Blutcholesterin der Ratte. F. Sanguinetti und M. G. Giovanetti. (Boll. Soc. ital. Biol. sperim. **38**, 1162—63, 1962; Ravenna, Centro per studio e prevenz. malat. cardiache, reumat. e profes. A. Sanguinetti; ital.) — Die Unterss. werden an Ratten durchgeführt, bei denen durch proteinarmes Futter ein erhöhter Cholesterinblutspiegel ausgelöst wurde. Diese Tiere werden 50 Tage lang mit *7-[Carbäthoxymethoxy]-flavon* (I; 100 mg/kg Futter) behandelt. Es zeigt sich, daß I bei diesen Tieren zu einer Herabsetzung des Cholesterin-Geh. im Blut führt. F. Kren. 4630◇

Wirkung des Flavonyl-(7)-oxyessigsäureäthylesters auf den Blutspiegel der β-Lipoproteine der Ratte. F. Sanguinetti und M. G. Giovanetti. (Boll. Soc. ital. Biol. sperim. **38**, 1164—65, 1962; Ravenna, Centro per studio e prevenz. malat. cardiache, reumat. e profes. A. Sanguinetti; ital.) — Vgl. vorst. Referat. — Bei Ratten wird durch eine proteinarme Diät eine Steigerung des *Cholesterin-* u. *β-Lipoprotein-*Spiegels im Blut verursacht. Die Tiere werden 50 Tage lang mit *7-[Carbäthoxymethoxy]-flavon* (I; 100 mg/kg Futter) behandelt. Durch die I-Behandlung werden die Werte des β-Lipoprotein-Geh. im Blut wieder auf die Norm herabgedrückt. F. Kren. 4630◇

Unterschiedliche Wirkung von Hydrochlorothiazide auf die blutdrucksenkende Wirkung von Reserpin, Rescinnamin, Syrosingopin, 1.4-Dihydrazinophthalazin (allein oder in Kombination mit Reserpin), Hexamethonium und Guanethidin. E. Miele, E. Marmo und P. Preziosi. (Arch. ital. Sci. farmacol. [3] **11**, 367—70, Okt. 1961; Napoli, Univ., Ist. di Farmacol.; ital.) — *Hydrochlorothiazid* (I) verstärkte bei Äthylurethan-narkotisierten Katzen die Blutdrucksenkung infolge von *Reserpin* (II), *Rescinnamin, Syrosingopin* u. *1.4-Dihydrazinophthalazin* (allein oder in Kombination mit II), wenn es 15 Min. vor diesen Präpp. i. v. oder $3^1/_2$ Std. vorher i. m. angewandt wurde. Die Wrkg. von *Hexamethonium* u. *Guanethidin* wurde durch I nur bei Tieren verstärkt, die 4 Tage hintereinander I erhalten hatten. K. Zingraf. 4634◇

Einfluß von Teilchengröße und Lösungsvermittlern auf die Resorption von Spironolacton aus dem Magen–Darm-Trakt. Gerhard Bauer, Peter Rieckmann und Wolfgang Schaumann. (Arzneimittel-Forsch. **12**, 487—89, 1962; Mannheim-Waldhof, Fa. C. F. Boehringer & Söhne, Pharmazeut. u. pharmakol. Labor.; dt.) — Durch Mikronisieren konnte die Resorbierbarkeit von *3-[3-Oxo-7α-acetylmercapto-17β-hydroxy-Δ^4-androsten-17α-yl)-propionsäure-γ-lacton* (*Spironolacton, Aldactone*) aus dem Magen–Darmtrakt von Vers.-Personen so weitgehend verbessert werden, daß 40 mg per os dasselbe Produkt aus Blutspiegel · Zeit ergaben, wie 400 mg in Form der handelsüblichen Tabletten. G. Kimmerle. 4634△

Abschwächende Antidotwirkung von Guanidylverbindungen bei der NH_3-Vergiftung. Tomitaro Kita, Hiro-O Kamiya und Motoko Kimura. (Jap. J. Pharmacol. **10,** 93—100, 1961; Fuse, Kinki Univ., Fac. of Pharmacy, Dep. of Pharmacol.; engl.) — Der durch subkutane Injektion von 800 mg NH_4Cl/kg bei Mäusen hervorgerufene letale Krampf wird von *γ-Guanido-β-hydroxybuttersäure* (**I**), *L-Arginin-HCl* (**II**) u. *DL-Ornithin-HCl* (**III**) erheblich abgeschwächt. Die nach 400 mg NH_4Cl/kg bei Ratten plötzlich auftretende NH_3-Zunahme u. vermehrte Harnstoff-Bldg. im Blute waren von **I**, L-**II**, DL-**III**, *Glycin, γ-Amino-β-hydroxybuttersäure, γ-Guanidobuttersäure* (**IV**) u. *γ-Guanido-β-hydroxybuttersäure* (**V**) erheblich gehemmt. Der Hirn-NH_3-Spiegel nimmt bei L-**II** u. DL-**III**-Vorbehandlung ab, bei *DL-Citrullin*-Zufuhr zu. **IV** u. **V** wirken ähnlich wie DL-**III**. K. Maier. 4675◇

Erhöhung der Rhodaneseaktivität unter dem Einfluß von dimercaptopropansulfonsaurem Natrium (Unithiol). I. P. Lapin und N. W. Grande. (Pharmakol. u. Toxikol. [UdSSR] **24,** 604—10, 1961; Leningrad, Med. Pädiatr. Inst., Lehrstuhl für Pharmakol.; russ., Auszug: engl.) — *Unithiol* (*Na-Dimercaptopropansulfonat*; 64,8—864 γ/g intraperitoneal, subkutan oder peroral) hatte bei Ratten u. Mäusen geringere bzw. stärkere prophylakt. Wrkg. gegen *KCN*- oder *NaCN*-Intoxikation (25 bzw. 10—15 γ/g subkutan, 0,3 bzw. 0,2%ig. Lsg.) als *Dimercaptopropanol* bzw. $Na_2S_2O_3$, erhöhte bei NaCN-Intoxikation in vitro ($6{,}67 \cdot 10^{-8}$ m) die Wrkg. des $Na_2S_2O_3$ ($6{,}67 \cdot 10^{-4}$ m) auf die *Rhodanese*-Aktivität in der Leber u. in vivo bei Ratten die Diurese u. *Rhodanid*-Exkretion mit dem Urin. I. v. Kloch-Kornitz. 4675◇

Einfluß von Schwefeldioxid auf Arbeiter des Kupferkombinats „George Damyanov", ausgedrückt in einigen biochemischen Indices. L. Balabaewa. (Hyg. Epidemiol. Mikrobiol. [Sofia] **6,** Nr. 1, 29—32, 1963; bulg.) — Auf die Arbeiter des Kupferkombinates hat SO_2 eine tox. Wirkung. Der Grad der Schädigung ist abhängig von der Expositionsdauer u. von der Konz. des SO_2. Von allen beobachteten Anzeichen zeigt die Best. des gesamten u. red. Glutathions im Blut am charakterist. die Auswrkg. des SO_2 auf den Organismus. G. Wesirow. 4681△

Die Bestimmung von Phenol im Urin als ein Index der Benzolexposition. Janet E. Walkley, Leonard D. Pagnotto und Hervey B. Elkins. (Amer. ind. Hyg. Assoc. J. **22,** 362—67, 1961; Boston, Mass., Massachusetts Dep. of Labor. and Industries, Div. of Occupational Hygiene; engl.) — Der *Phenol* (**I**)-Geh. von menschlichem Urin wurde nach Dest. colorimetr. mit dem p-Nitroanilin-Verf. bestimmt. Der Normalwert betrug so 30 mg/Liter. Bei *Bzl.* (**II**)-exponierten Arbeitern bestand zwischen der **I**-Harnausscheidung u. dem **II**-Luft-Geh. eine Beziehung. Ein Harn-**I**-Wert von ca. 200 mg/Liter wurde bei Arbeitern gefunden, die **II**-Luft-Konzz. von ca. 25 ppm ausgesetzt waren. G. Kimmerle. 4681△

F. Pharmazeutische Chemie. Desinfektion

Über die Formulierung der Weinsäure und ihrer Salze im Arzneibuch. G. Zinner. (Arch. Pharmaz. Ber. dtsch. pharmaz. Ges. **295/67,** 556—57, 1962; Marburg/Lahn, Univ. Pharm. Inst.; dt.) — Vf. schlägt vor, bei allen Weinsäure (**I**)-Derivv. im DAB 7 die Konfiguration anzugeben u. die rechtsdrehende **I** als L-**I** zu bezeichnen. ⸸
H. Althoff. 4750△

Pharmazeutische Groß- und Kleinapparaturen, Hilfsmittel und Utensilien. 54. Mitt. **„Ministil P-5" Kleinapparatur zur Herstellung von entsalztem Wasser durch Ionenaustausch.** H.-P. Jaspersen und T. Müller. (Schweiz. Apotheker-Ztg. **101,** 280—84, 1963; Zürich, Schweiz. Apothekerverein, Wiss. Zentralstelle; dt.) — 53. vgl. Schweiz. Apotheker-Ztg. **100,** [1962], 501. — Oben genannte Kleinapp. mit einer Leistung von 50 Liter/Std. u. einer Gesamtleistung bis zur Erschöpfung von 200 Liter bei 20° d. H. bzw. 400 Liter bei 10° d. H. liefert ein W., das den Forderungen der Ph. H. V entspricht. Für Augentropfen, Augenwasser u. Injektionen muß es sofort dest. u. in alkaliarmem Glas aufbewahrt werden. W. Rittler. 4758◇

Tablettierung von Chemikalien mit variablen Farbeigenschaften. S. J. Tucker und F. A. Oyer. (J. pharmac. Sci. **50,** 803; 1961; Philadelphia, Pa., Smith Kline & French Labor., Pharm. Chem. Sect.; engl.) — Von Charge zu Charge unterschiedliche Farbtöne eines Chemikals können durch Anfärben des Tablettengranulats überdeckt werden. Der beste Weg ist die Spray-Trocknung einer Suspension des Chemikals in gefärbter ca. 1,5%ig. Methylcellulose-Lsg., da hier der Farbstoff in der äußeren Phase festgehalten wird, was bei einem normalen Granuliervorgang nicht unbedingt der Fall sein muß. S. Erbe. 4766◇

Flavonoide: Endausgestaltung und Verteilung über das Pflanzensystem. R. Hänsel. (Planta med. [Stuttgart] **10**, 361—84, 1962; Berlin, Freie Univ., Inst. für Pharmakogn.; dt.) — Übersicht. Bisher vorliegende Unterss. haben ergeben, daß zwischen der Flavonführung einer Pflanze u. ihrer systemat. Stellung kein gesetzmäßiger Zusammenhang besteht. — 47 Literaturangaben. H. Althoff. 4782△

Die Verbreiterung der Anthocyane. Ch. Leuckert. (Planta med. [Stuttgart] **10**, 398—402, 1962; Berlin, Freie Univ., Inst. für Pharmakogn.; dt.) — Übersicht. — 29 Literaturangaben. H. Althoff. 4782△

Isolierung und Charakterisierung von zwei bisher unbekannten Farbstoffen des Kawa-Rhizoms. Eine vorläufige Mitteilung. R. Hänsel, P. Bähr und J. Elich. (Arch. Pharmaz. Ber. dtsch. pharmaz. Ges. **294/66**, 739—43, 1961; Berlin, Freie Univ., Pharmakogn. Inst.; dt.) — Aus dem Rauschpfeffer (Rhizoma Kawa-Kawa von Piper methysticum Forst) wurden 2 gelbe Farbstoffe isoliert, die als *Flavokawin A*, $C_{18}H_{18}O_5$, F. 114—116°, u. *Flavokawin B*, $C_{17}H_{16}O_4$, F. 80—82°, bezeichnet werden. H. Althoff. 4782△

Die Lignane der Kongo-Kubeben. R. Hänsel und D. Zander. (Arch. Pharmaz. Ber. dtsch. pharmaz. Ges. **294/66**, 699—713, 1961; Berlin, Freie Univ., Inst. für Pharmakogn.; dt.) — Kongo-Kubeben enthalten 0,8% (+)-*Sesamin* (I; Pseudocubebin) u. ein zweites Lignan, $C_{22}H_{24}O_7$, F. 123°, für das der Name *Aschantin* (**II**) vorgeschlagen wurde. Für **II** wird die Konst. eines (+)-2-[3′,4′-Methylendioxyphenyl]-6-[3″.4″.5″-trimethoxyphenyl]-3.7-dioxabicyclo-[3.3.0]-octan vorgeschlagen; es ist demnach eng mit dem (+)-Sesamin verwandt, H. Althoff. 4782△

Der Einfluß von Gibberellinsäure auf Chenopodium ambrosiodes var. anthelminthicum. L. D. Kapoor und B. K. Kaul. (J. pharmac. Sci. **51**, 1113—14, 1962; Jammu and Kashmir. Regional Res. Lab.; engl.) — Nach Einw. von *Gibberellinsäure* auf *Chenopodium ambrosioides var. anthelminthicum* wurde ein Anstieg im äther. Öl-Geh, sowie im Ertrag an Früchten von ca. 25—33% erzielt. Der Ascardiol-Geh. im Öl war prakt. nicht verändert u. das vegetative Pflanzenwachstum hatte zugenommen. H. Althoff. 4782△

Die Morphologie und Anatomie des Blattes von Podophyllum hexandrum Royle. S. Ellis und K. R. Fell. (J. Pharmacy Pharmacol. **14**, 573—86, Sept. 1962; Bradford, Inst. of Technol. Pharmacognosy Res. Labor.; engl.) — Kurze Übersicht zur Geschichte u. pharmazeut. Anwendung von *Podophyllum hexandrum Royle* mit einer Beschreibung der makroskop. u. anatom. Struktur der Blätter u. des Blattpulvers. H. Althoff. 4782△

Morphologie und Anatomie des Blattes von Podophyllum peltatum L. S. Ellis und K. R. Fell. (J. Pharmacy Pharmacol. **15**, 251—67, 1963; Bradford, Inst. of Technol., Pharmacogn. Res. Labor.; engl.) S. Hess. 4782◇

Pharmakognostische Untersuchung von Nardostachys Jatamansi DC. P. N. Mehra und L. C. Garg. (Planta med. [Stuttgart] **10**, 433—41, 1962; Chandigarh, Panjab Univ., Dep. of Botany; engl.) — Beschreibung der Arzneipflanze *Nardostachys jatamansi DC* u. der makroskop. u. mikr. Unters. des Rhizoms. H. Althoff. 4782△

Alkaloidglykoside aus Solanum Dulcamara. 3. Mitt. **Differenzierung geographischer Arten mit der Dünnschichtchromatographie.** Per M. Boll und Birte Andersen. (Planta med. [Stuttgart] **10**, 421—32, 1962; Copenhagen, Royal Danish School of Pharm.; engl.) — 2. vgl. C. **1963**, 16566. — 13 verschiedene geograph. Arten von *Solanum dulcamara L.*, vegetativ gezüchtet, werden dünnschichtchromatograph. untersucht. Unreife Früchte u. in 2 Fällen auch reife Früchte werden auf Alkaloidglykoside (**I**), Steroidalkaloide (**II**) u. Sapogenine (**III**) geprüft. Die Chromatographie auf Kieselgel G mit der oberen Phase des Gemisches Essigester–Pyridin–W. (3 : 1 : 3) zeigte bei 7 Früchten 4 **I** u. bei weiteren 6 Proben 2—3 **I**, während in reifen Früchten keine **I** gefunden werden konnten. Die Chromatographie von **II** u. **III** ergab für alle Arten ein etwa gleichartiges Bild; es kamen nebeneinander die Alkaloide der 25 D-[Solasodin u. 5α-Solasodanol-(3β)]- u. der 25 L-[Δ^5-Tomatidenol-(3β) u. Tomatidin]-Serien vor. In reifen Früchten konnten keine **II** nachgewiesen werden. Die Meth. kann nicht in befriedigender Weise zwischen gesätt. u. ungesätt. Aglykonen unterscheiden, jedoch kommen wahrscheinlich beide Stofftypen in den meisten Arten nebeneinander vor. In ungefähr allen Arten ist das Artefakt $\Delta^{3.5}$-Tomatidien nachgewiesen, was auf Δ^5-Tomatidenol-(3β) als einen natürlichen Bestandteil hinweist. Mit einer Ausnahme kommen die **III** als ungesätt. Monohydroxy-**III** vor; diese spezielle Art enthält entweder Tigogenin oder Neotigogenin. — 20 Literaturangaben. H. Althoff. 4782△

Zur fermentativen Oxydation phenolischer Mohnalkakloide. B. Göber und S. Pfeifer. (Pharmazie **18**, 146—49, 1963; Berlin, Humboldt-Univ., Pharm. Inst.; dt.) — Die Alkaloide *Narcotolin* (I), *Laudanidin* (II) u. *Laudanin* (III) werden durch die Phenoloxydase (IV) aus *Papaver somniferum* in Ggw. von Phenolsäuren (z. B. Kaffeesäure) oxydiert. II u. III werden mit etwa gleicher Geschw. angegriffen u. bis zu 38% abgebaut; I wird sogar bis zu 50% abgebaut, Morphin wird nur schwach oxydiert. IV ist bes. in den grünen Mohnkapseln vorhanden. Bei zunehmender Reife nimmt der Ferment-Geh. deutlich ab. M. Luckner. 4782◇

Alkaloidgehalt von Belladonna-Urtinktur. A. Przybilka. (Arch. Pharmaz. Ber. dtsch. pharmaz. Ges. **294/66**, Nr. 4, Mitt. dtsch. pharmaz. Ges. **31**, 61—63, 1961; Bonn, Univ. Kliniken, Apotheke; dt.) — *Atropa Belladonna*-Pflanzen, 1957, 1958 u. 1959 geerntet, werden auf Saft- u. Alkaloid (I)-Geh. untersucht. Während eine trockene Jahreszeit den Saft-Geh. stark vermindert, ist sie auf den I-Geh. ohne Einfluß. H. Althoff. 4782△

Über die Konidien von der Oberfläche des Mutterkornsklerotiums. J. Hroneš und Z. Blažek. (Planta med. [Stuttgart] **10**, 442—49, 1962; Prag; dt.) — Es wurde gefunden, daß die Gesamtzahl der Konidien von der Sklerotiumoberfläche eine beträchtliche Schwankungsbreite aufweist u. von der Niederschlagsmenge abhängig ist. Die Vitalität der Konidien wird im Verlauf der Lagerung herabgesetzt u. nimmt mit zunehmender Mazerationsdauer ab. Auf der Oberfläche der Mutterkornsklerotien von *Alopecurus pratensis*, *Bromus inermis*, *Lolium perenne* u. *Molinia arundinacea* findet sich bei gleicher Gew.-Menge eine 3—5mal größere Anzahl von Konidien als beim Mutterkorn des Roggens. H. Althoff. 4782△

Über den Schleimstoff aus Flores Chamomillae. 2. Mitt. (2. Teil): **Bestimmung von einigen pharmazeutisch interessierenden, physikalischen Eigenschaften.** H. Janecke und W. Kehr. (Pharmaz. Ztg. verein. Apotheker-Ztg. **107**, 640—42, 1962; Frankfurt/M., Univ., Pharm. Inst.; dt.) — 2. Mitt. 1. Teil. vgl. C. **1963**, 17783. — Durch Elektrophorese-Verss. wurde festgestellt, daß der Schleim aus Kamillenblüten einheitlich ist. Das durch chem. u. physikal. Verf. bestimmte Molgew. beträgt ca. 4100. Wegen seiner relativ geringen Viscosität wird der Schleim unterhalb einer Konz. von 5% als Verdickungsmittel kaum in Frage kommen. H. Althoff. 4786△

Versuche zum Studium der Micellenbildung solubilisierter Mittel. G. Kedvessy und E. Regdon-Kiss. (Pharmazie **18**, 131—33, 1963; Szeged, Medizin. Univ., Pharmazeut. Inst.; dt.) — Vff. untersuchen, inwieweit Veränderungen der Dichte, der Viscosität u. der Oberflächenspannung wss. Lsgg. von Tween 20, 40, 60 u. 80 von der Konz. abhängig sind, wobei bes. die Veränderlichkeit der genannten physikal. Konst. im Bereich der krit., micellären Konz. studiert wird. Während Dichte u. Viscosität der Lsgg. nahezu linear mit der Konz. ansteigen, sinkt die Oberflächenspannung zunächst beträchtlich mit steigender Konz. der Tweenlösungen. Die während der Solubilisierung von Menthol u. Phenyläthylbarbitursäure in wss. Tween-20-Lsgg. verschiedener Konz. auftretenden Veränderungen werden registriert. H. Preisler. 4786◇

Statistische Untersuchungen über pharmazeutische Suspensionen. 3. Mitt. **Die Duktilität von pharmazeutischen Suspensionen.** H. Žáček. (Pharmazie **18**, 134—38, 1963; Bratislava, ČSSR, Komensky-Univ., Inst. galen. Pharm.; dt.) — 2. vgl. C. **1962**, 17133. — Zur Best. der Duktilität pharmazeut. Suspensionen wird eine einfache u. empfindliche Meth. angegeben, wobei die Verstreckungsfähigkeit mit Hilfe eines Mikrometers gemessen wird. Ein Vers. wurde statist. geplant u. mittels Analyse der Durchschnitte ausgewertet. — 24 Literaturangaben. H. Moldenhauer. 4790◇

Beitrag zur analytischen Beurteilung des Frischezustandes der pharmazeutisch verwendeten Öle und Fette. R. Froelich. (Pharmazie **18**, 125—26, 1963; Dresden; dt.) — Vf. gibt einen Überblick über die Bedeutung der Peroxidzahl (POZ) für die Beurteilung des Frische- bzw. des Oxydationszustands pharmazeut. verwendeter Fette(I). u. äther. u. fetter Öle (II). Nach der Meth. von Wheeler wurde die POZ einiger I u. II bestimmt. Die Ergebnisse wurden in Tabellen mitgeteilt. Aus den Unterss. resultiert die Forderung, entsprechend einigen neuen Arzneibüchern eine Unters.-Meth. zur Ermittlung der POZ der I u. II in das DAB 7 aufzunehmen. Die Angabe diesbezüglicher verbindlicher Grenzwerte würde ferner einer Überalterung der I u. II vorbeugen. G. Mews. 4792◇

Zur Kenntnis einiger N^7-Derivate des Theophyllins. E. Hannig und K. Wolff. (Pharmazie **18**, 113—15, 1963; Halle/Saale, Pharmaz. Inst.; dt.) — Die Darst. einiger *Theophyllin* (I)-Derivv. durch Rk. von I-Natrium mit p-substituierten β-Chlorpropiophenonen u. einigen p-[β-Chlorpropionyl]-α-naphthylalkyläthern wird beschrieben. Die dargestellten Verbb. sind in W. prakt. unlöslich; die Verw. von Lsg.-Vermittlern wurde im Vgl. zu I untersucht (s. Tabelle im Original.)

Versuche: *7-[β-Benzoyläthyl]-theophyllin*, F. 187—188°, durch 10std. Erhitzen äquimol. Mengen von I-Natrium u. β-Chlorpropiophenon. — Analog folgende *p-substituierte* 7-[β-Benzoyläthyl]-theophylline: *p-Methyl-*, F. 194°; *p-Äthyl-*, F. 167°; *p-n-Propyl-*, F. 153°; *p-Isopropyl-*, F. 123—124°; *p-Methoxy-*, F. 217—218°; *p-Äthoxy-*, F. 199—200°; *p-n-Propoxy-*, F. 181—182°; *p-n-Butoxy-*, F. 171—172°; *p-Isobutoxy-*, F. 182—183°; *p-n-Amyloxy-*, F. 167—168°; *p-Isoamyloxy-*, F. 174—175°; *p-n-Hexyloxy-*, F. 170—171°; *p-n-Heptyloxy-*, F. 151—152°; *p-n-Octyloxy-*, F. 160—161°; *p-Methylmercapto-*, F. 190 bis 191°; *p-Äthylmercapto-*, F. 166—167°; *p-n-Propylmercapto-*, F. 166—167°; *p-n-Butylmercapto-*, F. 161,5—162,5°; *p-Isoamylmercapto-*, F. 175—176°; *p-n-Hexylmercapto-*, F. 158—159°; *p-n-Heptylmercapto-*, F. 149°; *p-n-Octylmercapto-*, F. 147—148°. — Folgende *p-substituierte* 7-[β-Naphthoyl-(1)-äthyl]-theophylline analog vorst. Verbb. aus I-Natrium u. p-[β-Chlorpropionyl]-α-naphthylalkyläther: *p-Methoxy-*, F. 226—227°; *p-n-Propoxy-*, F. 189—190°; *p-n-Butoxy-*, F. 158—159°. B. Schobess. 4806◇

Steroidhormone. 1. Mitt. **Die Corticosteroide.** S. Oldham. (Chem. Products Aerosol News **26,** 35—39, 1963; engl.) — Übersicht über die chem. u. physiol. Eigg. der Corticosteroide. K. Hinterauer. 4808◇

Die chemischen antiseptischen Substanzen. Gegenwärtiger Stand der Frage. S. Lambin. (Produits pharmac. **18,** 107—24, 1963; Paris, Fac. de Pharm.; franz.) — Allg. Überblick über den komplexen Charakter der bakteriostat. u. baktericiden Wrkg. der antisept. chem. Stoffe u. die Schwierigkeiten bei der Best. der Wrkg. auf Bakterien u. menschliche Haut, sowie Übersicht über die wesentlichen Antiseptica einschließlich der wirksamen Farbstoffe, aber ausschließlich der eigentlichen Desinfektionsmittel sowie der Sulfonamide u. der Antibiotica. Schließlich werden noch die Konservierungsmittel und ihre Anwendung in der Industrie u. Pharmazie beschrieben. — 21 Literaturangaben. W. Rittler. 4832◇

Die fungistatische Aktivität des Methyl- und Propylhydroxybenzoats beziehungsweise eines Gemisches derselben gegen Penicillium spinulosum. H. N. Gerrard, M. S. Parker und K. Bullock. (J. Pharmacy Pharmacol. **14,** 103—07, 1962; Liverpool, Dep. of Pharm. City of Liverpool Coll. of Technol. and Univ. of Manchester; engl.) — *p-Hydroxybenzoesäuremethylester* (**I**) hemmt, im fl. Medium getestet, das Wachstum von *Penicillium spinulosum* in einer Konz. von 0,03%; bei einer Konz. von 0,052% unterbleibt jedes Wachstum. Für den *p-Hydroxybenzoesäurepropylester* (**II**) lagen die entsprechenden Konzz. bei 0,008 u. 0,012%, das **I**–**II**-Gemisch ließ bei einer Konz. von 0,0172% kein Wachstum mehr erkennen. Im festen Medium getestet wirkte **I** bei einer Konz. von 0,05%, **II** bei einer Konz. von 0,024%, das **I**–**II**-Gemisch bei einer Konz. von 0,036% fungistatisch. H. P. Fiedler. 4832◇

Analytische Studie über Anticholinergica aus der Gruppe der Carbonsäureester. 3. Mitt. **Beiträge zur Bestimmung von Phenyl-n-propylessigsäure-β-diäthylaminoäthylesterchlorid und Diphenylhydroxyessigsäure-β-diäthylaminoäthylesterchlorid.** J. Kráčmar (unter techn. Mitarbeit von J. Sládková). (Pharmazie **18,** 115—21, 1963; Prag, Staatl. Inst. f. Arzneimittelkontrolle; dt.) — 1. vgl. C. **1962,** 14951; 2. vgl. Českoslov. Farmac. **11,** [1962], 459. — Für die Anticholinergica *Propasmin* (**I**; Phenyl-n-propylessigsäure-β-diäthylaminoäthylesterchlorid) u. *Benactyzin* (**II**; Diphenylhydroxyessigsäure-β-diäthylaminoäthylesterchlorid) wurden analyt. Meth. zur qual. u. quant. Best. erarbeitet. Zur Identitätsermittlung waren für die Verbb. **I** u. **II** die Absorptionen im IR-Bereich (UR 10 Zeiss, Nujolsuspension) u. im UV-Bereich (Universalspektrophotometer Zeiss) erfolgreich. Im UV-Bereich wurde der Einfl. verschiedener Lsgm. (H_2O, H_2SO_4, KOH u. A.) auf die Verscheibung der Absorptionsmaxima studiert. Zur quant. Best. von **I** u. **II** ließen sich die Titration der freien Basen nach Ionenaustausch (*Amberlite* IRA-400) mittels 0,1n H_2SO_4 gegen Mischindicator u. die wasserfreie Titration in Eisessig unter Zusatz von Hg-Acetat-Lsg. gegen Kristallviolett als Indicator mit 0,1n bzw. 0,05n Perchlorsäure-Lsg. sowohl visuell als auch potentiometr. durchführen. Die einzelnen Meth. können ebenfalls zur Best. von **I** u. **II** in Injektionen, Tropfen, Tabletten u. Dragees angewandt werden. H. Kala. 4880◇

Vergleichende Untersuchungen zur photometrischen Sennosidbestimmung in Drogen. K. H. Müller, B. Christ und G. Kühn. (Arch. Pharmaz. Ber. dtsch. pharmaz. Ges. **295/67,** 41—51, 1962; Köln-Braunsfeld, Arzneimittelwerk Nattermann u. Cie., Pharm.-Wiss. Abt. II; dt.) — Vff. unterzogen sieben aus der Literatur bekannte Meth. zur Best. der *Sennoside* (**I**) *A* u. *B* in Senna-Drogen einer krit. Überprüfung. Als

Kriterien dienten die Extinktions-Koeff., die Absorptionsspektren oberhalb 350 nm, Dünnschichtchromatogramme u. die Analysendauer. Da die einzelnen Verff. etwas abweichende Werte ergaben, schlagen Vff. eine modifizierte Meth. vor, die gut reproduzierbare Ergebnisse liefert u. sich bei Reihenanalysen bewährt hat. Ihr liegt wie bei anderen Verff. die Rk.-Kette Sennosid $\xrightarrow{\text{Hydrolyse}}$ Sennidin $\xrightarrow{\text{Oxydation}}$ Rhein $\xrightarrow[\text{mit Alkali}]{\text{Bornträger-Rk.}}$ Rhein-Salz (**II**) zu Grunde. **II** wird dann bei 510 u. 800 nm spektrophotometriert u. daraus der **I**-Geh. errechnet. Zum genauen Arbeitsablauf vgl. Original.
Winfried Krüger. 4880◇

Digitalisbestimmung an Tauben durch intraperitoneale Applikation. Vladimir Kušević. (J. Pharmacy Pharmacol. **14,** 96—102, 1962; Zagreb, Jugoslavien, Inst. for the Control of Drugs; engl.) — Vf. schlägt ein neues biolog. *Digitalis* (**I**)-Best.-Verf. vor. Die zu testende **I**-Substanz wird Tauben intraperitoneal verabreicht u. die DL_{50} nach dem bekannten up-and-down-Verf. ermittelt. Der ermittelte Wert wird mit der DL_{50} eines Standard-**I** verglichen u. in I.E. wiedergegeben. Die vorgeschlagene Meth. ist besser geeignet als die USP XVI-Meth., wenn bes. der **I**-Verlust in **I**-Zubereitungen bestimmt werden soll.
H. P. Fiedler. 4880◇

Zur chromatographischen Reinheitsprüfung der Hydrochloride von Lobelin, Cocain, Pilocarpin und Papaverin. 11. Mitt. **Über das Verhalten von Alkaloidsalzlösungen an Aluminiumoxidsäulen.** H. Böhme, H. Stamm und E. Tauber. (Arch. Pharmaz. Ber. dtsch. pharmaz. Ges. **294/66,** 794—800, 1961; Marburg/Lahn, Univ., Pharm.-chem. Inst.; dt.) — 10. vgl. C. **1962,** 15691. — Die Salze von *Lobelin* (**I**), *Cocain* (**II**), *Pilocarpin*$_0$(**III**) u. *Papaverin* (**IV**) wurden an Al_2O_3-Säulen zerlegt u. im Eluat werden die freigesetzten Basen **I, II, III** mit 0,1n HCl titriert, während **IV** gravimetr. bestimmt wird. **I** wird als relativ starke Base nur an „bas.“ Al_2O_3 vollständig zerlegt. **II** kann sowohl an „bas.“ wie an „neutralem“ Al_2O_3 in Freiheit gesetzt werden, während sich die schwachen Alkaloidbasen **III** u. **IV** an „neutralem“ Al_2O_3 zerlegen lassen. Für alle 4 Salze sind Arbeitsvorschriften angegeben, die sich für Pharmakopoezwecke eignen.
H. Althoff. 4880

Nachweis und Bestimmung von Reserpin in Anwesenheit von Lösungsvermittlern. 1. Mitt. **Über Nachweis und Bestimmung von Arzneistoffen in Anwesenheit oberflächenaktiver Substanzen.** Elsa Ullmann und Horst Kassalitzky. (Arch. Pharmaz. Ber. dtsch. pharmaz. Ges. **295/67,** 37—40, 1962; München, Univ., Inst. für Pharm. u. Lebensmittelchem.; dt.) — Nachw. u. Best. von *Reserpin* (**I**) u. *Rescinnamin* (**II**) sind gestört, wenn die Arzneimittel wegen Schwerlöslichkeit von **I** u. **II** in W. Lsg.-Vermittler nach Art der Polyäthylenglykolsorbitanlaurate (**III**, Tween) enthalten. Die spektrophotometr. Best. von **I** gelingt jedoch, wenn dieser eine Trennung von **I** u. **III** an mit Formamid beladenen Kieselgelplatten vorausgeht. Als Fließmittel dient eine wassergesätt. Mischung aus n-Heptan–Methyläthylketon (2 : 1). **III** bleibt dabei am Startpunkt zurück. Die Genauigkeit der **I**-Best. kann jedoch von einem großen **III**-Überschuß (1 : 200) beeinträchtigt werden, da geringe **III**-Mengen mitwandern können, wie sich durch Besprühen der Platten mit einem modifizierten Dragendorff-Reagens zeigen läßt. In diesem Falle werden nach Extraktion der **I**-Flecken mit Dioxan–A. (1 : 1) nur ca. 85% **I** wiedergefunden.
Winfried Krüger. 4880◇

Untersuchungen über Heparine, Heparinoide, Heparinkörper. 4. Mitt. Walther Awe und K. D. Stüdemann. (Arzneimittel-Forsch. **8,** 98—99, 1958; Braunschweig, Techn. Hochsch., Inst. f. Angew. Pharm. u. Uetersen, Nordmark-Werke, Forschungslabor.; dt.) — 3. vgl. C. **1960,** 2259. — Vff. überprüften die in der 3. Mitt. beschriebene spektroskop. Auswertung von *Heparin* (**I**) durch *Toluidinblau* (**II**)-Komplex-Bldg., um **I**-Einheiten in Rein-, Injektions- u. Salben-Präpp. von der Qualität der U.S.-Pharmakopoe quant. erfassen zu können. Die **I**-Best. kann an Hand der Abnahme der Extinktion einer restierenden **II**-Lsg. (245, 255 mμ) nach Abscheidung des **I**–**II**-Komplexes oder durch Best. des **I** nach alkal. Lsg. des ausgefallenen **I**–**II**-Komplexes bei 280 mμ oder im Zeiss-Elko-II-Gerät im sichtbaren Spektralgebiet durchgeführt werden. Die von Vff. gefundenen Werte lagen wie bei früheren Unterss. innerhalb einer durchschnittlichen Fehlergrenze von $\pm$ 10%.
G. Bratfisch. 4880◇

Eine Notiz zur Analyse von Pfefferminzöl mit einer Aluminiumoxid–Kieselgel-Doppelsäule. M. S. Karawya und S. K. Wahba. (J. Pharmacy Pharmacol. **14,** 611 bis 612, 1962; Cairo, Univ., Fac. of Pharm., Pharmacogn. Dep.; engl.) — Pfefferminzöl wird mit PAe. als Fließmittel über eine Al_2O_3- u. mit PAe. + 5% Ae. über eine nachgeschaltete Kieselgel-Säule chromatographiert. *Menthol* wird durch Al_2O_3 festgehalten u. mit Chlf. eluiert. *Menthon* u. *Menthylacetat* können von der Kieselgelsäule fraktioniert eluiert u. nach der Hydroxylaminhydrochlorid-Meth. bzw. durch Verseifung bestimmt werden. H. Althoff. 4880△

Analyse von Thymol und Eugenol mit Ionenaustauscherharzen. Floyd A. Wagner und Muriel C. Vincent. (J. Pharmac. Sci. **51,** 365—66, 1962; Fargo, North Dakota State Univ. of Pharm.; engl.) — Die *Thymol* (I) bzw. *Eugenol* (II) enthaltende Probe oder Nelkenöl wurden auf eine Säule (22·3 cm) von Amberlite IR-45 gegeben u. mit A. das **I**, sowie mit Dimethylformamid das **II** eluiert. In einem aliquoten Teil der Eluate wurden **I** mit Hammarsten-Rolbert-Reagens u. **II** mit Ehrlich-Reagens umgesetzt u. die entstandenen farbigen Prodd. bei 520nm (für **I**) u. 500nm (für **II**) spektrophotometr. ausgemessen. Die bei Testanalysen wiedergefundenen **I**- u. **II**-Mengen lagen bei 99 ± 2%. Die **I**-Best. in Thymianöl liefert wegen Neben-Rkk. des Reagenses mit anderen Phenolen zu hohe Werte. Winfried Krüger. 4880◇

Methoden zur Trennung von Naturstoffen. 9. Mitt. **Chromatographie von Steroidverbindungen an einer Magnesiumsilicatschicht ohne Bindemittel.** V. Schwarz. (Pharmazie **18,** 122—24, 1963; Prag, Forschungsinst. f. Naturarzneimittel; dt.) — 4. vgl. C. **1962,** 17490. — Vf. stellt als Vorteile der Dünnschichtchromatographie von Steroiden mit Mg-Silicat als Adsorbens ohne Bindemittel die leichte Darst. eines neutralen Adsorbens u. leichte Eluierbarkeit der adsorbierten Substanz fest. Die Neutralisation des Handels-Prod. erfolgt durch 1,5 ml Eisessig pro 100 g Adsorbens. Die Adsorptionsfähigkeit wird vor allem von stark polaren Substituenten (Hydroxyl- u. Carboxylgruppen) u. in geringerem Maße von deren räumlicher Zugänglichkeit bestimmt. Substanzen mit verschiedener Anzahl OH-Gruppen besitzen hinreichend unterschiedliche R_F-Werte, die Ketogruppe beeinflußt die R_F-Werte viel weniger. Acetylierung u. Veresterung der entsprechenden Gruppen führt zur Erhöhung der Trennung. Beispiele für den Einfl. der räumlichen Zugänglichkeit der Substituenten. L. Harnisch. 4880◇

Wallace & Tiernan, Inc., Belleville, N.J. (Erfinder: John William Keating, Big Rapids, Mich., Alfred Paterson Collins, Rochester, und Wilson Eugene Sensenback, Hayonoe Falls, N.Y.), V.St.A., **Herstellung eines pharmazeutischen Mittels** in Form einer Dosierungseinheit durch Umsetzen eines acid. Kationenaustauscherharzes mit einer organ., bas. N enthaltenden Arznei-Verb., dad. gek., daß man ein Kationenaustauscherharz verwendet, das Phosphinsäure-, Phosphinigsäure- oder Phosphorsäuregruppen enthält. Die Harz–Arzneistoff-Komplexe sind geschmack- u. geruchlos. (**D. A. S. 1 137 169** Kl. 30h vom 26/6. 1961, ausg. 27/9. 1962.) K. Koebke. 4787

Nicholas Proprietary Ltd., Chadstone, Australien, **Herstellung von β-Methyl-β-isopropylglutarimid,** F. 165—166°, Na-Salz, F. 270—280°, durch Umsetzen von β-Methyl-β-isopropylglutarsäure mit Harnstoff unter Erhitzen auf ca. 180°. — *Stimulans für das Zentralnervensystem.* Das Prod. erlaubt in Kombination mit Barbituraten die Herst. von Mehrschichtdragées, in denen das Barbiturat in der äußeren Schicht enthalten ist. (**E. P. 848 166** vom 10/9. 1958, ausg. 14/9. 1960. Aust. Prior. 25/9. 1957.) W. Heyer. 4807

Dr. Karl Thomae G.m.b.H. (Erfinder: Erich Müller und August Kottler), Biberach/Riss, **Antipyretisch und antiphlogistisch wirksame ungesättigte 2-Acyl-4-aminophenoläther** der allg. Formel I erhält man entweder durch Rk. von 2-Acyl-

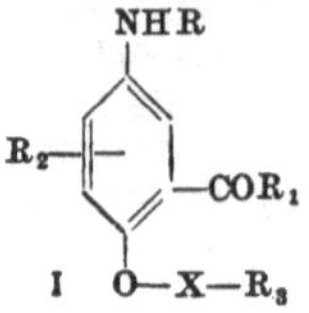
I

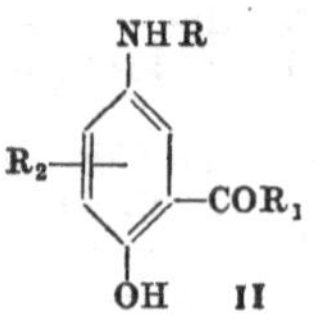
II

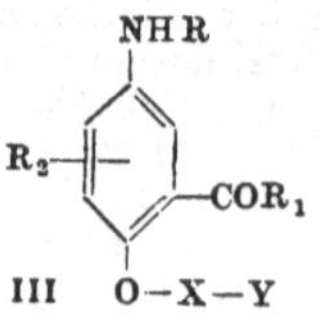
III

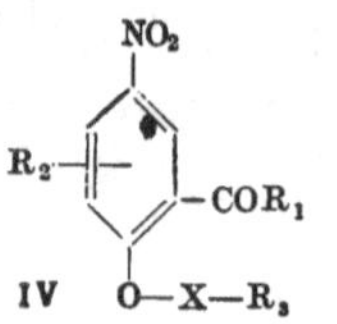
IV

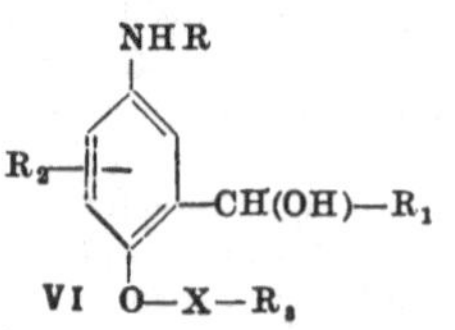
VI

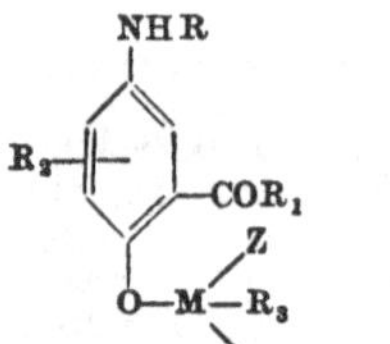
V

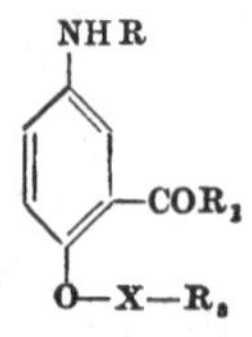
VII

4-aminophenolen der allg. Formel **II** oder deren Alkalisalzen mit Verbb. der allg. Formel $Y—X—R_3$ (Y = Cl, Br, J, Tosylrest) in An- oder Abwesenheit von Lsgm. (Alkohole, aliphat., aromat. KW-Stoffe) u. säurebindenden Mitteln (Alkaliamide, -alkoholate, -hydroxide, -carbonate, -bicarbonate, Erdalkalihydroxide, -carbonate) bei 20—100°, oder durch Kondens. von 2-Acyl-4-aminophenoläthern der allg. Formel **III** mit Verbb. der allg. Formel $R_3—H$ unter den vorst. Bedingungen.

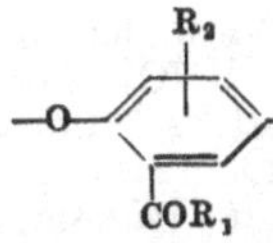
VIII

Man kann auch Nitroverbb. der allg. Formel **IV** in üblicher Weise zu den entsprechenden Aminoverbb. reduzieren u. diese ggf. mit aliphat. Carbonsäure- oder α-Hydroxycarbonsäure-Derivv. mit 1—4 C-Atomen acylieren oder aus 2-Acyl-4-aminophenolhalogenalkyläthern der allg. Formel **V** in üblicher Weise mit Alkalien oder Aminen Halogenwasserstoff abspalten oder Alkohole der allg. Formel **VI** in üblicher Weise oxydieren oder in 2-Acyl-4-acylaminophenoläther der allg. Formel **VII** in üblicher Weise den Rest R_2 oder einen in diesen umwandelbaren Rest einführen (X = eine Doppel- oder Dreifachbindung enthaltender Alkylenrest mit 3—10 C-Atomen; R = H, aliphat. Acyl oder 2-Oxyacyl mit 1—4 C-Atomen; R_1 = H, Alkyl mit 1—11 C-Atomen oder ggf. substituiertes Aryl; R_2 = H, Halogen, Alkyl, bes. Methyl, OH, Alkoxy, bes. Methoxy, NO_2, NH_2, Acylamino, SO_3H; R_3 = H, Halogen, Alkoxy mit 1—4 C-Atomen, Acyloxy, bes. Acetoxy, OH, NH_2, Alkylamino, Dialkylamino, deren Alkylreste je 1—4 C-Atome enthalten oder die beide zusammen mit dem N-Atom einen ggf. ein weiteres Heteroatom enthaltenden Ring bilden können, oder **VIII**; M = gesätt. oder ungesätt. Alkylen mit 3—10 C-Atomen; Z = H, Cl, Br, J; Halogen = Chlor, Brom, Jod). — Aus 0,1 Mol 2-Acetyl-4-acetamidophenol (**IX**) in 100 ml W. u. 0,4 Mol NaOH unter N_2 u. Erhitzen u. Zusatz von 0,15 Mol Allylbromid → *2-Acetyl-4-acetamidophenylallyläther*, aus A. unter Zusatz von Aktivkohle gelblichgrüne Blättchen, F. 122—123°. — **IX** + Propargylchlorid → *2-Acetyl-4-acetaminophenylpropargyläther*, aus W. wattige, faserige Nadeln, F. 150 bis 152°. — 2-Propionyl-4-acetamidophenol + Allylchlorid → *2-Propionyl-4-acetamidophenylallyläther*, aus A. Nadeln, F. 79—80°. Propargylchlorid → *2-Propionyl-4-acetamidophenylpropargyläther*, aus Bzl. Nadeln, F. 120—122°. — **IX** + 1.4-Dibrombuten-(2) in Ggw. von Pottasche u. Isopropanol → *1.4-Bis-[2-acetyl-4-acetamidophenoxy]-buten-(2)*, aus Methanol–Dimethylformamid (1 : 1), F. 60°. — 2-Acetyl-4-acetamidophenyl-1-[4-chlorbutin-(2)-yl]-äther + Morpholin → *2-Acetyl-4-acetamidophenyl-1-[4-N-morpholinobutin-(2)-yl]-äther*, aus wenig W. filzige Nadeln, F. 126—128°; in W. mäßig, in HCl leicht löslich. — 2-Acetyl-4-nitro-5-methoxyphenylallyläther + konz. HCl + Eisenfeilspäne in Methanol → *2-Acetyl-4-acetamido-5-methoxyphenylallyläther*, aus verd. Isopropanol, F. 113—115°. — 2-Acetyl-4-aminophenylallyläther + wasserfreie Milchsäure bei 50° → *2-Acetyl-4-[2'-hydroxypropionylamino]-phenylallyläther*, aus Bzl. gelbliche in verd. Säuren u. Lauge unlösl. Kristalle, F. 122—123°. 2-Acetyl-4-acetamidophenylallyläther + Oleum bei 0—10° u. Neutralisieren mit $CaCO_3$ → *Ca-2-Acetyl-1-acetamidophenylallyläther-6-sulfonat*, gelblichweißes, lockeres Pulver, das $KMnO_4$ u. wss. Br_2 entfärbt. Von **I** werden noch hergestellt (wenn nicht genannt, hat R, R_1—R_3 u. X die vorangehende Bedeutung): R = $-COCH_3$; R_1 = $-CH_3$; R_2 = —(6)Br; R_3 = H; X = $-CH_2CH{=}CH$-, F. 104—105°. — R_2 = —(6)$CH_2CH_2CH_3$, Öl. — R_2 = H; X = $-CH_2C(CH_3){=}CH$-, F. 127—129°. — R_3 = $-CH_3$; X = $-CH_2CH{=}CH$-, F. 131—132°. — R_1 u. R_3 = H; X = $-CH_2-C{\equiv}C$-, F. 168—171°. — R = $-CH_3$; R_3 = Cl; X = $-CH_2C{\equiv}CCH_2$-, F. 138—140°. — R_3 = $-O-C_6H_3(o\text{-}COCH_3)NH\cdot COCH_3$ (p), F. 252—254°. — R_3 = Cl; X — $=CH(CH_3)C{\equiv}CCH(CH_3)$-, F. 118—120°. — R_3 = $-O-C_6H_3(o\text{-}COCH_3)NHCOCH_3$ (p), F. 235—237°. — R_1 = H; R_3 = H; X = $-CH_2CH{=}CH$-, F. 138—140°. — R_1 = $-(CH_2)_3H$, F. 88—89°. — R_1 = $-(CH_2)_4H$,— F. 93—95°. — R_1 = $-(CH_2)_5H$, F. 74—77°. — R_1 = $-(CH_2)_6H$, F. 90—91°. — R_1 = $-(CH_2)_7H$, F. 85—86°. — R_1 = $-(CH_2)_8H$, F. 85—86°. — R_1 = $-(CH_2)_{11}H$, F. 66 bis 68°. — R_1 = $-CH_2CH(CH_3)CH_3$, F. 71—72°. — R_1 = $-CH(CH_3)CH_3$, F. 86—88°. — R = $-COCH_2CH_3$; R_1 = $-CH_2CH_3$, F. 105—106°; X = $-CH_2C(CH_3){=}CH$-, F. 92 bis 93°. — R = $-COCH_2CH_2CH_3$; R_1 = $-CH_2CH_2CH_3$; X = $-CH_2CH{=}CH$-, F. 103 bis 104°. — Die Verbb. erzeugen eine geringere Methämoglobin-Bldg. als Phenacetin. (**D. A. S. 1 079 622** Kl. 12o vom 7/12. 1956, ausg. 14/4. 1960.) G. Krauß. 4807

Chem. pharmaz. Fabrik Dr. Hermann Thiemann G.m.b.H., Lünen (Erfinder: Helmut Schäfer, Hamburg), **Herstellung von Salicylsäure-O-essigsäureimid,** F. 152—153°, dad. gek., daß man die Salicylamid-O-essigsäure (I) ohne Lsgm. auf 200—250°, bes. 220—225°, erhitzt, oder daß man I in einem hochsd. Lsgm. wie Chlor-KW-Stoffe, Nitro-KW-Stoffe oder niedersubstituierte Säureamide, bes. Dimethylformamid, auf 220—230° erhitzt, oder daß man I in einem Lsgm. bei erhöhter Temp., ca. 80—180°, mit an sich bekannten wasserabspaltenden Mitteln, wie Essigsäureanhydrid, Acetylchlorid oder Thionylchlorid, umsetzt. — *Arzneimittel.* (**D. A. S. 1 085 879** Kl. 12p vom 4/3. 1957, ausg. 28/7. 1960.) W. Heyer. 4807

Riker Laboratories, Inc. (Erfinder: Gerhard William Kusserow und Marshall Daniel Draper), **Herstellung von Amidoalkylamiden** der allg. Formel $R_1-CO-NH-(CH_2)_n-CO-NR_3R_4$ (R_1 = mono-, di- oder tri-Alkoxy- ringsubstituierter Phenyl- oder Styrylrest oder ein Halogenphenylrest, n = 1 oder 2, R_3 u. R_4 niedermol. Alkylreste, wobei die Alkyl- oder Alkoxyreste 1—4 C-Atome aufweisen) durch Rk.

einer Verb. der allg. Formel $R_1-CO-NH(CH_2)_n-COOR_2$ (R_2 = Alkylrest) mit Hydrazin u. HNO_2, worauf man das erhaltene Az.d mit einem Amin der Formel HNR_3R_4 umsetzt. — Beispiele: *N-3.4.5-Trimethoxybenzoylglycindiäthylamid*, F. 132—133,5°; *N-3.4.5-Trimethoxybenzoyl-β-alanindiäthylamid*, F. 105—107°; *N-p-Chlorbenzoylglycindiäthylamid*, F. 98—100°; *N-Anisoylglycindiäthylamid*, F. 81,4—84°; *N-Veratroylglycin-di-n-butylamid*. — *Therapeutica*. (**Aust. P. 228 462** vom 18/3. 1958, ausg. 23/6. 1960.) K. Demmler. 4807

Merck & Co., Inc., Rahway, N.J., übert. von: Frederick C. Novello, Lansdale, Pa., V.St.A., **Herstellung von substituierten 1-Aminobenzol-2.4-disulfonamiden** der allg. Formel I (R^1 = Halogen, Alkyl C_1-C_5, Alkoxy, NO_2 oder NH_2; R^2 = H oder Alkyl C_1-C_5). Man löst z. B. 48 (g) S am Wasserbad in einer Lsg. von

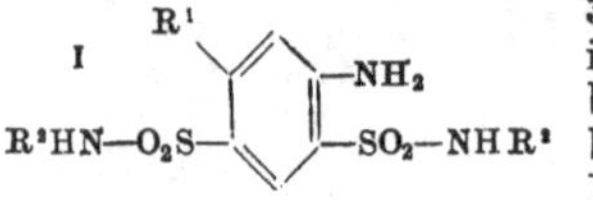

360 Na_2S_2 in 1500 cm³ 90% ig. A. u. tropft die erhaltene Lsg. innerhalb von 2 Std. zur Lsg. von 384 2.5-Dichlornitrobenzol (**II**) in 650 cm³ 95% ig. A., erhitzt 3 Std. im Wasserbad u. befreit den beim Abkühlen erhaltenen Nd. durch Behandeln mit 500 cm³ W. vom NaCl u. erhält nach Waschen mit 100 cm³ A. u. Trocknen bei 55° Bis-[4-Chlor-2-nitrophenyl]-disulfid. Durch ein Gemisch aus 245 dieser Verb., 1 Liter konz. HCl u. 200 cm³ konz. HNO_3 leitet man 2 Std. Cl_2 mit einer Geschw. von 2 Tropfen/Sek. bei 70° im Wasserbad, isoliert das 5-Chlornitrobenzol-2-sulfonylchlorid gibt dieses unter Kühlung im Eisbad in 500 cm³ 28% ig. wss. NH_3, erhitzt anschließend noch 2 Std. im Wasserbad u. erhält 5-Chlor-2-sulfamylnitrobenzol. Man erhitzt eine Suspension von 28,4 dieser Verb. in einem Gemisch aus 50 cm³ CH_3OH u. 95 cm³ W., das 4 $CuCl_2$ enthält im Wasserbad auf 70°, setzt 6mal je 5 Fe-Pulver u. anschließend 20 cm³ konz. HCl innerhalb 3½ Std. zu (Temp. 70—80°), steigert die Temp. 2 Std. auf 80—85° u. erhält nach Neutralisation des gekühlten u. filtrierten Rk.-Gemisches 5-Chlor-2-sulfamylamin. 25 dieser Verbb. erwärmt man mit 20 cm³ $ClSO_3H$ 2 Std. im Wasserbad, gießt auf Eis, filtriert, wäscht mit W., erwärmt mit 150 cm³ konz. NH_3 1 Std. am Wasserbad u. erhält *5-Chlor-2.4-disulfamylanilin*, F. 251 bis 252° (wss. A.). — Verwendet man als Ausgangs-Prod. an Stelle von **II** 2-Chlor-5-äthoxynitrobenzol erhält man analog *5-Äthoxy-2.4-disulfamylanilin*. — Ferner 35,4 p-n-Propylacetanilid + 35 cm³ konz. HNO_3 + 35 cm³ Eisessig bei 0—10°, 2std. Erhitzen des bei Eingießen in Eis erhaltenen Nd. mit 100 cm³ 50% ig. H_2SO_4 u. Behandeln des Rk.-Gemisches mit Eis → 2-Nitro-4-n-propylanilin. 24,4 dieser Verb. mischt man mit 30 cm³ konz. H_2SO_4 u. 100 cm³ W., kühlt auf 0—5° u. versetzt mit 7 $NaNO_2$ in 20 cm³ W., läßt 2 Std. bei 0—5° stehen, gibt den erhaltenen Nd. langsam zu einem sd. Gemisch aus 100 cm³ W., 6,4 $CuSO_4$, 15,6 NaBr u. 2 Cu-Pulver, erhitzt 30 Min. weiter, kühlt, extrahiert mit Ae. u. erhält aus der Ae.-Lsg. 2-Nitro-4-propylbrombenzol + Na_2S_2 → Bis-[4-propyl-2-nitrophenyl]-disulfid; dieses ergibt analog Beispiel 1 durch Oxydation 5-Propylbenzol-2-sulfonylchlorid + $C_3H_5NH_2$ → 5-Propyl-2-N-propylsulfamylnitrobenzol + H_2 (Pd-Kohle) → 5-Propyl-2-N-propylsulfamylanilin + $ClSO_3H$ → *5-Propyl-2-N-propylsulfamyl-4-sulfamylanilin*. — Weitere Beispiele: 2.4-Dinitrobrombenzol → 2.4-Dinitrobenzolsulfonamid → 5-Nitrosulfamylanilin → *5-Nitro-2.4-disulfamylanilin*, F. 260—262° (wss. A.). — *5-Amino*-Verb., F. 245—246°. — *5-Chlor*-Verbindung. — *Diuretica* u. *Zwischenprodd.* zur Herst. von 1.2.4-Benzthiadiazin-1.1-dioxiden. (**A. P. 2 965 656** vom 7/11. 1957, ausg. 20/12. 1960.) O. Müller-Meiningen. 4807

Merck & Co., Inc., Rahway, N.J., übert. von: Frederick C. Novello, Lansdale, Pa., V.St.A., **Herstellung von Anilindisulfonylchloriden** der allg. Zus. I (X = Halogen; R^1 = H oder Alkyl C_1-C_5; R^2 = H, Alkyl C_1-C_5, Alkanoyl C_1-C_{12}, Aroyl oder Aralkanoyl). — Man tropft z. B. 64 (g) m-Chloranilin in

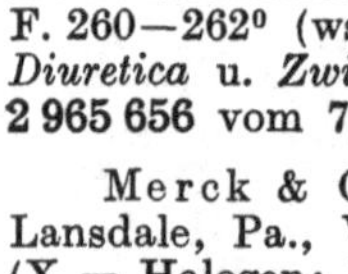

375 cm³ $ClSO_3H$ unter Eiskühlung ein, setzt innerhalb 1—2 Std. 350 NaCl zu u. erhitzt das Gemisch dann im Ölbad langsam auf 150°, hält 3 Std. bei 150—160°, kühlt im Eisbad, setzt 1 Liter kaltes W. zu, extrahiert mit Ae. u. erhält aus der Ae.-Lsg. *5-Chloranilin-2.4-disulfonylchlorid* (F. 130—132°; Bzl.-Hexan). — Durch Rk. dieser Verb. mit 150 cm³ 28% ig. NH_3 erhält man *5-Chlor-2.4-disulfamylanilin*, F. 251 bis 252°. Löst man 88 (g) dieser Verb. in 1,1 Liter 88% ig. HCOOH (**II**) u. erhitzt 2 Std. unter Rückfluß, dest. 200 cm³ **II** ab, setzt 1 Liter W. zu, erhält man als Nd. *6-Chlor-7-sulfamyl-1.2.4-benzothiadiazin-1.1-dioxid*, F. 342,5—343°. Weitere Beispiele zur Herst. folgender Disulfonylchloride: *6-Chloranilin-2.4-*, F. 134—135°. *5-Bromanilin-2.4-*. *4-Chloranilin-2.5-*. *5-Chloracetanilid-2.4-*. *N-Benzoyl-5-chloranilin-2.4-*, F. 171—173° (Zers.), *N-Butyryl-5-chloranilin-2.4-*, F. 121—122°. *N-Caproyl-5-chloranilin-2.4-*, F. 91 bis 93°. *N-Methyl-5-chloranilin-2.4-*. *5-Fluoranilin-2.4-*. *N-Phenylacetyl-5-fluoranilin-2.4-*. *N.N-Di-n-Propyl-5-chloranilin-2.4-*. *N-Methyl-5-chloracetanilid-2.4-*. *N-Benzoyl-N-*

methyl-5-chloranilin-. Die Verbb. dienen als Zwischenprodd. zur *Herst. von diuret. u./oder natriuret. wirkenden Verbb.* gemäß 1. Beispiel. (**A. P. 2 965 675** vom 6/8. 1957, ausg. 20/12. 1960.) O. Müller-Meiningen. 4807

Merck & Co., Inc., Rahway, N.J., übert. von: Frederick C. Novello, Lansdale, Pa., V.St.A., **Herstellung von Nitranilindisulfonylchloriden** der allg. Formel I (R^1 = H oder Alkyl C_1-C_5; R^2 = Alkyl C_1-C_5, Alkanoyl C_1-C_{12}, Aroyl oder Arylalkanoyl). — Man gibt z. B. 64 (g) m-Nitranilin (II) tropfenweise zu 375 cm^3 $ClSO_3H$ unter Eiskühlung, setzt innerhalb 1—2 Std. 350 NaCl zu, erhitzt dann im Ölbad allmählich auf 150° u. hält 3 Std. auf 150 bis 160°, versetzt das Rk.-Gemisch nach Abkühlen mit 1 Liter W., extrahiert mit Ae. u. erhält so *5-Nitranilin-2.4-disulfonylchlorid* (**III**). Beispiele zur Herst. der *N-Acetyl-*, *N-Butyryl-* u. *N-Caproyl-*Derivv. von **III**. — **III** + NH_3 → 2.4-Disulfamyl-5-nitranilin (**IV**), $C_6H_8N_4O_6S_2$; F. 260—262° (wss. A.); die Verb. liefert bei Erhitzen ihrer Lsg. in 98—100%ig. HCOOH 6-Nitro-7-sulfamyl-1.2.4-benzothiadiazin-1.1-dioxid (**V**), $C_7H_6N_4O_6S_2$, F. 338—339°. **IV** u. **V** sind *Diuretica*. Ersetzt man **II** im 1. Beispiel durch N-Methyl- bzw. N-Äthyl-3-nitranilin, so erhält man *N-Methyl-* bzw. *N-Äthyl-5-nitranilin-2.4-disulfonylchlorid*. — Beispiele zur Herst. folgender weiterer 2.4-Disulfonylchloride (**VI**): *N-Methyl-5-nitroacetanilid-*, *N-Benzoyl-5-nitranilin-*, *5-Nitro-N-phenylacetylanilin-***VI**. — Erhitzt man eine Lsg. von 17,2 3-Chlor-4-nitranilin in 300 cm^3 A. ½—1 Std. unter Rückfluß mit einer Lsg. von 30 Na_2SO_3 in 150 cm^3 W., so erhält man 5-Amino-2-nitrobenzolsulfonsaures Na, setzt man dieses an Stelle von **II** wie im Beispiel 1 um, erhält man *4-Nitranilin-2.5-***VI**; *N.N-di-Äthyl-*, *N.N-Benzoylmethyl-* u. *N-Lauroyl-5-nitranilin-***VI** läßt sich nach dem Verf. ebenfalls herstellen. — *Zwischenprodd.* zur Herst. von *Diuretica*. (**A. P. 2 961 463** vom 13/9. 1957, ausg. 22/11. 1960.) O. Müller-Meiningen. 4807

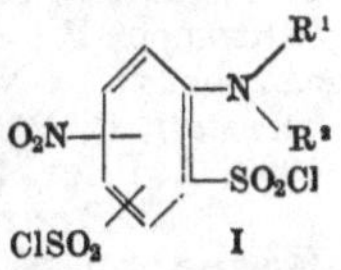

I

Merck & Co., Inc. (Erfinder: Erwin F. Schoenewaldt, Arthur E. Erickson und John M. Chemerda), **Herstellung von Disulfamylanilinverbindungen** durch Rk. von $HClSO_3$ mit einer Anilin-Verb. der allg. Formel I (R^1 = Halogen, niedermol. Alkyl- oder Alkoxy- oder Nitro- oder Aminorest, R^2 = H oder niedermol. Alkylrest, R^3 = H oder niedermol. Alkanoylrest) unter Zusatz eines Chlorierungsmittels, wie Thionyl-, Sulfonyl-, Phosphortri- oder Phosphorpentachlorid u. Umsetzung des erhaltenen Disulfonylchlorids der allg. Formel **II** mit NH_3 in das entsprechende Disulfamylderivat. — Beispiele: *5-Chlor-*, *5-Brom-*, *5-Methyl-*, *5-Methoxy-*, *5-Chlor-N-methyl-*, *5-Fluor-*, *5-Nitro-2.4-disulfamylanilin*. — *Therapeutica*. (**Aust. P. 228 478** vom 30/5. 1958, ausg. 23/6. 1960. A. Prior. 17/6. 1957.) K. Demmler. 4807

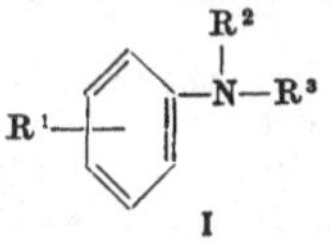

I

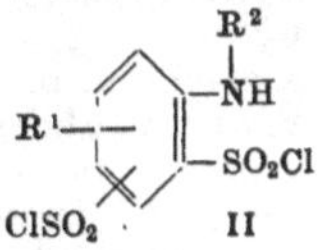

II

Merck & Co., Inc. (Erfinder: Frederick Charles Novello), **Herstellung diuretisch wirksamer Disulfamylanilinderivate** der allg. Formel **I**, (R^1 = Halogen, eine Amino- oder C_1-C_5-Alkoxygruppe; R^2 = H oder ein C_1-C_5-Alkylrest; R_3 = H, ein C_1-C_5-Alkyl- oder C_1-C_{12}-Alkanoylrest oder ein Phenylalkanoyl- oder Alkanoylrest mit ≦ 3 C-Atomen zwischen Phenyl- u. Carbonyl-C-Atom u. R^4 u. R^5 = H, C_1-C_5-Alkyl- oder C_1-C_6-Alkanolylrest oder mit dem N-Atom = heterocycl. Ring) durch Rk. der entsprechenden Sulfochloride mit NH_4OH oder Aminen. — Man gibt 6,6 (g) 5-Chloranilin-2.4-disulfochlorid (hergestellt aus m-Chloranilin u. Chlorsulfonsäure) portionsweise zu 50 ml 40%ig. wss. Methylamin, erhitzt 1 Std. auf dem Wasserbad, kühlt u. filtriert den Nd. ab, der aus wss. A. umkrist. wird → *5-Chlor-2.4-bis-[N-methylsulfamyl]-anilin*, F. 175,5—178°. Analog mit Äthylorthoformiat → *5-Chlor-2.4-bis-[N-methylsulfamyl]-N-formylanilin*, F. 192—195°, mit NH_4OH → *5-Chlor-2.4-disulfamylanilin*, F. 251—252°, mit Piperidin → *5-Chlor-2.4-bis-[piperidinosulfonyl]-anilin*, F. 162—164°, mit Dimethylamin → *5-Chlor-2.4-bis-[N.N-dimethylsulfamyl]-anilin*, F. 182 bis 182,5°. — Ferner aus 5-Butyl-N.N-lauroylpropylanilin-2.4-disulfochlorid u. n-Butylamin (**II**) → *5-Butyl-2.4-bis-[N-n-butylsulfamyl]-N.N-lauroylpropylanilin*. Analog: *2.4-Bis-[N.N-butyläthylsulfamyl]-5-methylanilin*, *5-Propoxy-2.4-bis-[morpholinoyl-(4)-sulfamyl]-N-butylanilin* u. *2.4-Bis-[N.N-dimethylsulfamyl]-5-propoxy-N-cinnamoylanilin*. (**Aust. P. 229 070** vom 6/1. 1958, ausg. 28/7. 1960. A. Prior. 7/2. 1957.) C. Lüttgen. 4807

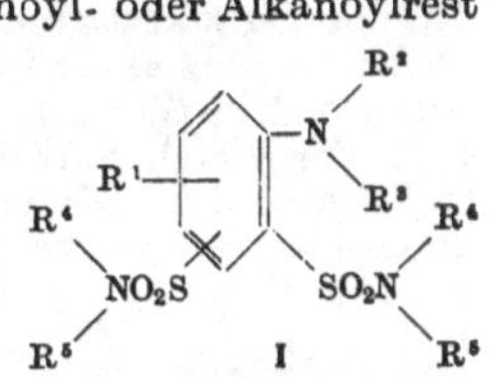

I

Chas. Pfizer & Co., Inc. (Erfinder: William Merrill McLamore und Gerald David Laubach), **Herstellung von Sulfonylharnstoffen.** Man bringt bei 20—150° zur Rk. ein Alkali- oder Erdalkalisalz eines Sulfonamides der allg. Formel RSO_2NH_2 (R = Phenyl, p-Fluorphenyl, p-Chlorphenyl, p-Bromphenyl, p-Nitrophenyl, p-Acetylaminophenyl, p-Tolyl, p-Methoxyphenyl, 2.4-Dimethylphenyl, 2.5-Dimethylphenyl, 3.4-Dichlorphenyl oder 3-Chlor-p-tolyl) in einem inerten polaren organ. Lsgm., bestehend aus einem N.N-Dialkyl substituierten Deriv. eines aliphat. KW-Stoff-Carboxamids, eines niederen Dialkylsulfoxides oder eines niederen Dialkylsulfons, mit einem trisubstituierten Harnstoff der allg. Formel $(R'')_2NCONHR'$ (R' = Phenyl, p-Chlorphenyl, p-Bromphenyl, p-Tolyl, p-Methoxyphenyl, ein niederer Alkylrest mit 1 bis 10 C-Atomen, ein niederer Alkenylrest mit 3—8 C-Atomen, ein Cycloalkylrest mit 4—9 C-Atomen; R'' = Phenyl, p-Chlorphenyl, p-Bromphenyl, p-Nitrophenyl, p-Tolyl, p-Methoxyphenyl, α-Naphthyl, β-Naphthyl). Beispiel: *N-[p-Chlorbenzolsulfonyl]-N'-n-propylharnstoff*, F. 129—129,8°. — *Therapeutica.* **(Aust. P. 228 642** vom 4/11. 1958, ausg. 7/7. 1960. A. Prior. 28/1. 1958.) K. Demmler. 4807

C. F. Boehringer & Soehne G.m.b.H. (Erfinder: Erich Haack, Adolf Hagedorn, Walter Aumüller und Gerhard Korger), **Verwendung von m-Aminobenzolsulfonylharnstoffderivaten,** bes. N^1-[m-Aminobenzolsulfonyl]-N^2-[n-butyl]-, -cyclohexyl- u. -[2-pentyl]-harnstoff als wirksame *Antidiabetica.* **(Aust. P. 230 881** vom 11/8. 1958, ausg. 17/11. 1960. D. Prior. 13/8. 1957.) C. Lüttgen. 4807

Werner Richard Boehme und Joseph Nichols, **Mittel gegen Arrhythmie,** bestehend aus Verbb. der allg. Formel **I** u. deren Salzen, wobei R_1, R_2, R_3 H oder Alkylreste u. R_4 u. R_5 einwertige Alkylreste bedeuten oder mit dem N-Atom einen cycl. Ring mit 4 oder 5 C-Atomen bilden. — Man gibt 15,6 (g) Chloracetylchlorid unter Kühlen zu einer Lsg. von 14,5 2-Endoaminobicyclo-[2.2.1]-heptan (hergestellt nach Alder u. Stein) in 11,3 Pyridin u. 75 trockenem Bzl., läßt 1 Std. stehen, wäscht mit W., verd. HCl u. W., trocknet die Lsg. u. dest. das Lsgm. unter Vakuum ab. Der Rückstand wird aus wss. A. u. dann aus Hexan umkrist.: *N-(2-Endobicyclo-[2.2.1]-heptan)-chloracetamid* (**II**), F. 105—106°. 9,8 **II** u. 8,4 Diäthylamin in 30 95% ig. A. werden in geschlossenem Glasrohr 12 Std. auf 150° erhitzt, nach dem Abkühlen alkal. gemacht u. mit Bzl. ausgeschüttelt. Der erhaltene Extrakt wird getrocknet, das Bzl. im Vakuum abdest. u. der Rückstand dest.: *N-(2-Endobicyclo-[2.2.1]-heptan)-α-diäthylaminoacetamid*, $Kp._{0,08}$ 107—110°. Mit gasförmiger HCl in Ae. → *Hydrochlorid*, F. 194 bis 195°. Analog folgende α-Diäthylaminoacetamide: *N-(2-Methyl-2-endobicyclo-[2.2.1]-heptan)-*, *N-Methyl-N-(2-endobicyclo-[2.2.1]-heptan)-*, sowie *N-(2-Endobicyclo-[2.2.1]-heptan)-α-pyrrolidinoacetamid.* **(Aust. P. 227 921** vom 11/3. 1957, ausg. 26/5. 1960.) C. Lüttgen. 4807

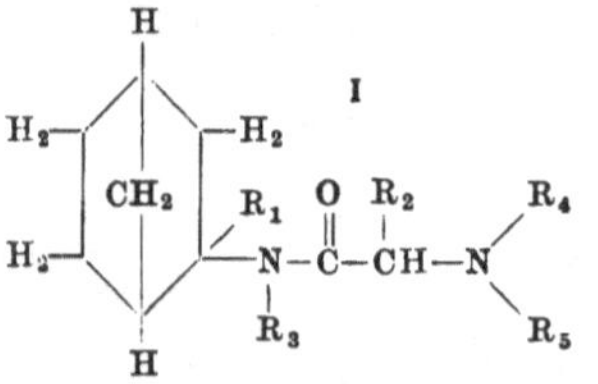

Abbott Laboratories, North Chicago, übert. von: Raymond J. Michaels jun., Mundelein, und Harold E. Zaugg, Lake Forest, Ill., V.St.A., **Carbinolamine.** Verbb. der allg. Formel $(C_6H_5)_2C(OH)-CH_2-N(R)-R'Y$ erhält man durch 12- bis 16std. Erhitzen auf dem Dampfbad aus 1.1-Diphenyläthylenoxid mit prim. oder sek. Aminen oder Diaminen. Hierbei ist R ein H-Atom oder eine niedrigmol. Alkylgruppe u. R' eine geradkettige oder verzweigte Alkylaminogruppe; Y ist ein N-haltiger Heterocyclus oder ein sek. oder tert. Amin, das mit seinem N-Atom an die C-Kette gebunden ist. Aus dem Rk.-Gemisch wird das Carbinolamin mit W. als Öl ausgefällt, mit Ae. extrahiert u. in der üblichen Weise zur Kristallisation gebracht. — Beispiele: *N.N-Dimethyl-N'-[β.β-diphenyl-β-hydroxyäthyl]-propylendiamin*, $C_{19}H_{26}N_2O \cdot 2$ HCl, F. 247—249°; *N.N-Diäthyl-N'-[β.β-diphenyl-β-hydroxyäthyl]-äthylendiamin*, $C_{20}H_{28}N_2O \cdot 2$ HCl, F. 218—219°; *2.6-Dimethyl-4-[β.β-diphenyl-β-hydroxyäthylaminopropyl]-morpholin*, $C_{23}H_{32}N_2O_2 \cdot 2$ HCl, F. 172—173°; *N-[β.β-Diphenyl-β-hydroxyäthylaminopropyl]-morpholin*, $C_{21}H_{28}N_2O_2 \cdot$ 2 HCl, F. 228—229°; *N.N'-Dimethyl-N'-[β.β-diphenyl-β-hydroxyäthyl]-äthylendiamin*, $C_{18}H_{24}N_2O \cdot 2$ HCl, F. 217—218°; *N.N.N'-Trimethyl-N'-[β.β-diphenyl-β-hydroxyäthyl]-äthylendiamin*, $C_{19}H_{26}N_2O \cdot 2$ HCl, F. 238—239°; *1-Methyl-4-[β.β-diphenyl-β-hydroxyäthylaminopropyl]-piperazin*, $C_{22}H_{31}N_3O \cdot 3$ HCl, F. 284—285°; *N-[β.β-Diphenyl-β-hydroxyäthylaminoäthyl]-pyrrolidin*, $C_{20}H_{26}N_2O \cdot 2$ HCl, F. 235—236°; *1-[β.β-Diphenyl-β-hydroxyäthylamino]-2-dimethylamino-2-methylpropan*, $C_{20}H_{28}N_2O \cdot 2$ HCl, F. 180—181°; *N-Diäthyl-N'-[β.β-diphenyl-β-hydroxyäthyl]-propylendiamin*, $C_{21}H_{30}N_2O \cdot 2 HCl \cdot H_2O$, F. 152—153°, *N-Dimethyl-N'-[β.β-diphenyl-β-hydroxyäthyl]-äthylendiamin*, $C_{18}H_{24}N_2O$, F. 93—94°; *N-[β.β-Diphenylhydroxyäthylaminoäthyl]-piperidin*, $C_{21}H_{28}N_2O$, F. 57—58°; Verwendung: *Pharmazeutica* mit *antispasmod.* u. Antiparkinson-Wirkung. **(A. P. 2 946 793** vom 25/9. 1957, ausg. 26/7. 1960.) A. Kalix. 4807

Upjohn Co., Kalamazoo, Mich., V.St.A., **N.N-disubstituierte α-(tert.-Aminoalkyl)-α.α-diphenylacetamide** der allg. Zus. $(C_6H_5)_2C\begin{cases} CO-N(R^1)R^2 \\ C_nH_{2n}-N(R^3)R^4 \end{cases}$ (n = 2—6;

R^1 u. R^2 = Alkyl C_1-C_8 oder gemeinsam mit —N< ein ggf. alkylsubstituierter Pyrrolidinrest (I); R^3 u. R^4 = Alkyl C_1-C_8 oder als Substituent von I Halogen oder Alkyl C_1-C_8), erhält man durch Rk. von Diphenylacetylchlorid $(C_6H_5)_2CH-COCl$ (II) mit einem tert. Amin der Zus. $HN(R^1)R^2$ u. Rk. des hierbei erhaltenen Diphenylacetamids (III) mit einer Verb. der Zus. $X-C_nH_{2n}N(R^3)R^4$ (X = Halogen) in Ggw. eines Alkaliamids. — Man erhitzt z. B. ein Gemisch aus 61,3 (g) 5-Diäthylamino-2.2-diphenylvaleriansäure (**IV**)-nitril, 72 cm^3 konz. H_2SO_4 u. 42 cm^3 W. 5 Std. auf 150° u. erhält nach Zers. mit Eis 46 (54%) saures **IV**-*Sulfat.* 22 dieser Verb. rührt man mit 35 cm^3 $SOCl_2$ in 100 cm^3 Bzl. 15 Min. bei Raum-Temp. u. dann 15 Min. bei 50—60° u. erhält mit 18 $(CH_3)_2NH$ in Bzl.-Lsg. zu 13 (73%) das *5-Diäthylamino-N.N-dimethyl-2.2-diphenylvaleramid* (Öl). — *Hydrochlorid,* $C_{23}H_{33}ClN_2O$, F. 155—158° (Isopropanol–Ae.). — *Brommethylat,* $C_{24}H_{35}BrN_2O$, F. 165—166° (Essigester–A.). — Pyrrolidin + **II** → 84% *1-Diphenylacetylpyrrolidin* (**XI**) ($C_{18}H_{19}NO$, F. 163—165°) + 2 Diäthylaminoäthylchlorid (**VI**) in Ggw. von $NaNH_2$ u. Toluol → 99% *1-[4-Diäthylamino-2.2-diphenylbutyryl]-pyrrolidin* (*Öl*). — *Hydrochlorid,* $C_{24}H_{33}ClN_2O$, F. 212—214° (Methyläthylketon). — *Brommethylat,* $C_{25}H_{35}BrN_2O$, F. 174 bis 176° (Isopropanol–Ae.). — **II** + Diisopropylamin → 60% *N.N-Diisopropyl-α.α-diphenylacetamid* (**VII**) [$C_{20}H_{25}NO$, F. 53—55° (n-Pentan)] + **VI** → 88% *4-Diäthylamino-N.N-diisopropyl-2.2-diphenylbutyramid,* $C_{26}H_{38}N_2O$; F. 72—74°. *Hydrochlorid,* $C_{26}H_{39}ClN_2O$, F. 208—210° (Methyläthylketon). — *Brommethylat,* $C_{27}H_{41}BrN_2O$, F. 129 bis 132°. — 2.2.4-Trimethylpyrrolidinäthanol + $SOCl_2$ → 98% *1-[2-Chloräthyl]-2.2.4-trimethylpyrrolidinhydrochlorid* ($C_9H_{19}Cl_2N$, F. 164—166° [Isopropanol]) + **VII** → 51% *N.N-Diisopropyl-2.2.4-trimethyl-α.α-diphenyl-1-pyrrolidinobutyramid,* *Hyrdochlorid,* $C_{29}H_{43}ClN_2O$, F. 228—230° (Essigester). — *Brommethylat,* $C_{30}H_{45}BrN_2O$, F. 226—228°. — N.N-Dimethyl-α.α-diphenylacetamid (**IX**) + **VI** → 92% *4-Diäthylamino-N.N-dimethyl-2.2-diphenylbutyramid* (Öl), *Hydrochlorid,* $C_{22}H_{31}ClN_2O$, F. 184—186° (Aceton). — *Brommethylat,* $C_{23}H_{33}BrN_2O$, F. 177—179° (Isopropanol–Ae.). *4-Dimethylamino-N.N-dimethyl-2.2-diphenylbutyramid,* $C_{20}H_{26}N_2O$, F. 97—99° (Hexan), *Hydrochlorid,* $C_{20}H_{27}$·ClN_2O, F. 228—230°. — *Brommethylat,* $C_{21}H_{29}BrN_2O$, F. 225—227°. — **IX** + 1-[2-Chloräthyl]-2.2-dimethylpyrrolidin (**XII**) → 53% *N.N-2.2-Tetramethyl-α.α-diphenyl-1-pyrrolidinobutyramid,* $C_{24}H_{32}N_2O$, F. 110—112° (Hexan); *Hydrochlorid,* $C_{24}H_{33}ClN_2O$, F. 205 bis 207° (Essigester); *Brommethylat,* F. 200—202° (Methyläthylketon). — **X** + 30% ig. H_2O_2 in CH_3OH + Pt-Kohle → **X**-*N-Oxid; Hydrobromid,* $C_{24}H_{33}BrN_2O_2$, F. 158—162° (Zers.); **IX** + 2-Diisopropylaminoäthylchloridhydrochlorid → 82% *4-Diisopropylamino-N.N-dimethyl-2.2-diphenylbutyramid,* $C_{24}H_{34}N_2O$, F. 74—76° (n-Pentan); *Hydrochlorid,* $C_{24}H_{35}ClN_2O$, F. 205—207° (A.–Essigester); *Brommethylat,* $C_{25}H_{37}BrN_2O$, F. 188—190°. — **IX** + 1-[2-Chloräthyl]-2.2.4-trimethylpyyrolidin → *N.N-2.2.4-Pentamethyl-α.α-diphenyl-1-pyrrolidinobutyramid,* $C_{25}H_{34}N_2O$, F. 102—104° (Cyclohexan); *Hydrochlorid,* $C_{25}H_{35}ClN_2O$, F. 218—220°; *Brommethylat,* $C_{26}H_{37}BrN_2O$, F. 195—197°. — **XI** u. **XII** → *1-[2.2-Diphenyl-4-(2.2-dimethylpyrrolidino)-butyryl]-pyrrolidin u. deren 2-Methyl-1-Derivat.* Die Verbb. besitzen diuret., antisekretor., spasmolyt. u. den Uterus stimulierende Eigenschaften. (**E. P. 858 903** vom 6/5. 1957, ausg. 18/1. 1961. A. Prior. 28/5. 1956.) O. Müller-Meiningen. 4807

Ciba Ltd., Basel, Schweiz, **Herstellung von Phenoxyalkylaminen.** 11 (g) *β-[m-n-Propoxyphenoxy)-äthylbromid* (**I**), $Kp._{0,02}$ 75—83° u. 11,8 n-Propylamin in 20A. werden 12 Std. gekocht u. eingedampft. Den Rückstand extrahiert man nach Zugabe von 50 cm^3 n-NaOH mit $CHCl_3$ u. bringt den Extrakt zur Trockne. → *N-[β-(m-n-Propoxyphenoxy)-äthyl]-N-n-propylamin, Hydrochlorid,* F. 148—150°. **I** ist erhältlich durch Erhitzen von 83,8 Resorcinmono-n-propyläther u. 12,8 Na in 400 A. bis zum Kp., Zugabe von 310 Äthylenbromid, 2—3 Std. Kochen bis zur neutralen Rk., Kühlen auf 0°, Filtrieren u. Eindampfen, worauf der Rückstand in 200 cm^3 $CHCl_3$ gelöst, zweimal mit je 50 cm^3 2nNaOH u. W. gewaschen u. im Hochvakuum dest. wird. — Analog aus *β-(m-n-Butoxyphenoxy)-äthylbromid,* K_{12} 157—160°, → *N-[β-(m-n-Butoxyphenoxy)-äthyl]-N-n-butylamin* (**III**), *Hydrochlorid,* F. 157—158°; *β-[β-(m-n-Propoxyphenoxy)-äthyl]-N-isobutylamin, Hydrochlorid,* F. 139—140°, *-N-pentylamin,* F. 148—150°; *N-[β-(m-n-Butoxyphenoxy)-äthyl]-N-äthylamin,* F. 160—162°, *-N-n-propylamin,* F. 147,5°, *-N.N-diäthylamin* (**II**), F. 109—110°, *-N-methallylamin,* F. 109—111°, *-N-isobutylamin,* F. 137 bis 138°, *-N-tert.-butylamin,* F. 108°, *-N-n-pentylamin,* F. 142—144°; *N-[β-(m-Isobutoxyphenoxy)-äthyl]-N-n-propylamin,* F. 138—140°, *-N.N-diäthylamin,* F. 104—106°, *-N-n-butylamin,* F. 136—138°, *-N-isobutylamin,* F. 140—142°; *N-[β-(m-n-Pentyloxyphenoxy)-äthyl]-N-n-propylamin,* F. 146—147°, *-N.N-diäthylamin,* F. 90°. *-N-n-butylamin,* F. 151 bis 153°, *-N-isobutylamin,* F. 135—136°; *N-[β-(m-Allyloxyphenoxy)-äthyl]-N-n-butylamin,* F. 140—142° u. *N-[γ-(m-n-Butoxyphenoxy)-propyl]-N.N-diäthylamin,* F. 87—88°. — Man kann die Verbb. auch in anderer Weise herstellen, indem man z. B. N-[β-(m-n-Butoxyphenoxy)-äthyl]-N-acetyl-N-butylamin ($Kp._{0,04}$ 132—134°, erhältlich aus dem

Na-Salz des Resorcinmonobutyläthers durch Rk. mit N-(β-Chloräthyl)-N-acetylbutyl-, amin in abs. Bzl.) mit 2nNaOH u. CH_3OH kocht, das Rk.-Prod. mit HCl ansäuert, mit Ae. extrahiert, die wss. Phase mit NH_3 alkal. macht, die ausgefallene Base in $CHCl_3$ löst u. dest. → **III**, $Kp._{0,05}$ 123—126° oder in dem man β-(m-n-Butoxyphenoxy)-äthylamin in A. löst, mit 30% ig. wss. Acetaldehyd versetzt u. unter 100 at bei 50° in Ggw. von Raney-Ni hydriert, wobei man **II** $Kp._{0,03}$ 130—132°, erhält. — Analog die Hydrochloride von: *N-(o-Methoxyphenoxyäthyl)-N-methylamin*, F. 134—136°, *-N-isobutylamin*, F. 147 bis 149°, *-N-n-butylamin*, F. 148—150°, *-N-äthylamin*, F. 105—107°, *-N-n-propylamin*, F. 140—142°, *-N-tert.-butylamin*, F. 131—133°, *-N-isopropylamin* F. 93—95°, *-N-(γ-methoxypropyl)-amin*, F. 81—83°. — *N-(o-Äthoxyphenoxyäthyl)-N-n-propylamin*, $Kp._{0,08}$ 92 bis 96°, *Hydrochlorid*, F. 111—112°, *-N-n-butylamin*, $Kp._{0,06}$ 98—102°, *Hydrochlorid*, F. 122—123°; *N-(o-Amyloxyphenoxyäthyl)-N-methylamin*, $Kp._{0,06}$ 105—107°, *Hydrochlorid*, F. 92—93°, *-N-äthylamin*, $Kp._{0,07}$ 108—112°, *Hydrochlorid*, F. 101—102°, *-N-n-propylamin*, $Kp._{0,08}$ 112—114°, *Hydrochlorid*, F. 131—132°; *N-(o-Allyloxyphenoxyäthyl)-N-n-propylamin*, $Kp._{0,1}$ 98—102°, *Hydrochlorid*, F. 45, *-N-n-butylamin*, $Kp._{0,1}$ 106—108°. — *Pharmazeutica*. (**Ind. PP. 65 585** vom 24/10. 1958, **67 239** vom 1/4. 1959, beide ausg. 1/9. 1961, **65 936** vom 25/11. 1958 u. **67 448** vom 22/4. 1959, beide ausg. 14/7. 1961.)
C. Lüttgen. 4807

Soc. des Usines Chimiques Rhône-Poulenc (Erfinder: Robert Michel Jacob und Cornel Crisan), **Herstellung von Imidazolderivaten** durch Alkylieren eines Nitroimidazols der allg. Formel **I** (R_1 = Methyl oder Äthyl, R_2 = Alkyl mit höchstens 6 C-Atomen, wobei die Anzahl der C-Atome in R_1 u. R_2 wenigstens 3 ist) in für die N-Alkylierung von Imidazolen bekannter Weise. Beispiele: *1-n-Propyl-2-methyl-*, *1-Methyl-2-äthyl-*, *1-Äthyl-2-methyl-*, *1-n-Butyl-2-methyl-*, *1.2-Diäthyl-*, *1-Amyl-2-methyl-*, *1-n-Butyl-2-äthyl-*, *1-n-Hexyl-2-methyl-*, *1-n-Propyl-2-äthyl-*, *1-[2-Methylpropyl]-2-methyl-5-nitroimidazol*. — *Pharmaceutica*. (**Aust. P. 228 784** vom 21/8. 1958, ausg. 14/7. 1960. F. Prior. 14/9. 1957.)

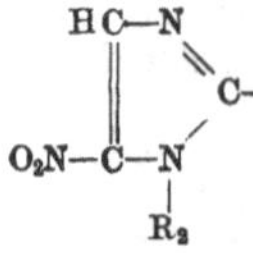
I

K. Demmler. 4807

Merck & Co., Inc. (Erfinder: Meyer Sletzinger, William V. Ruyle und Walter A. Gaines), **Herstellung von Verbindungen, die serotonin-antagonistisch wirken,** mit der allg. Formel **I** durch Rk. von Verbb. der allg. Formel **II** mit einem Keton der allg. Formel $R_2COC_2H_4C(R_3)HX$ zu einer Verb. der allg. Formel **III** u. Rk.

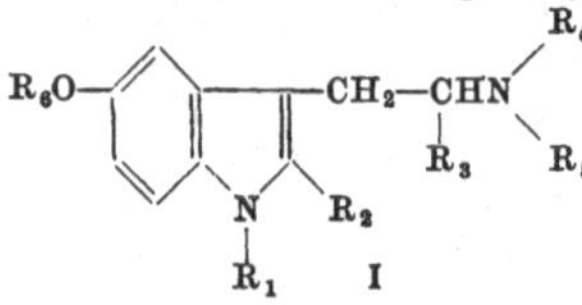
I

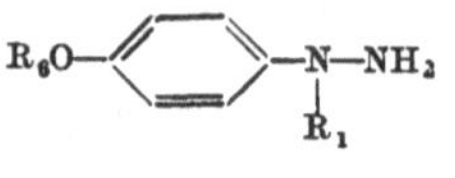
II

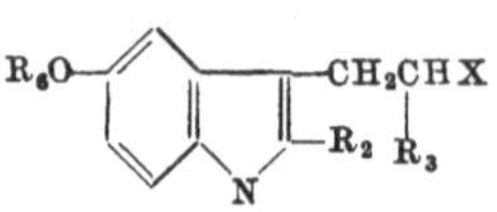
III

dieser Verb. mit NH_3, einem prim. oder sek. Amin oder mit dem Alkalisalz eines cycl. Imids einer niederen Dicarbonsäure u. Rk. des entstandenen Imidoalkyls mit Hydrazin. In den Formeln bedeuten R_1 H oder einen evtl. substituierten Alkyl-, Alkenyl-, Aralkyl- oder Arylalkenylrest, R_2 einen C_1—C_4-Alkyl- oder Phenylrest, R_3 H oder CH_3, R_4 u. R_5 H oder C_1—C_8-KW-Stoffreste, die mit dem N-Atom einen heteroaycl. Ring bilden können, R_6 einem C_1—C_8-Alkyl-, Aryl-, Alkaryl- oder Aralkylrest u. X Cl, Br oder J. — Man kocht z. B. 26,5 (g) 1-Benzyl-1-[p-methoxyphenyl]-hydrazinhydrochlorid, 12 5-Chlorpentanon-(2) u. 250 abs. A. 15 Min. unter Rückfluß, gibt 13 ml 7,8n HCl in A. zu, kocht weitere 30 Min., konz. im Vakuum, gibt den Rückstand zu einem Gemisch von 100 ml Bzl. u. 100 W., trennt die wss. Schicht ab, die zweimal mit je 50 ml Bzl. ausgeschüttelt wird u. vereinigt die Benzol-Lsg., die man mit 50 W. auswäscht, trocknet u. durch Vakuum-Dest. vom Bzl. befreit, der Rückstand wird aus 100 ml abs. A. umkrist. Ausbeute: 21,1 *1-Benzyl-2-methyl-3-[2-chloräthyl]-5-methoxyindol* (**IV**), F. 83—86°. 1 **IV**, 50 ml 28% ig. NH_4OH u. 75 A. werden 5 Tage bei normaler Temp. gerührt, worauf man im Vakuum auf 50 ml konz., 5 ml 30% ig. NaOH zugibt, das Rk.-Gemisch zweimal mit je 20 ml Ae. extrahiert, den Extrakt mit 15 W. wäscht, mit ca. 1,5 ml 2n alkohol. HCl ansäuert, den Nd. abfiltriert, mit Ae. wäscht u. trocknet. Ausbeute: 0,925 *1-Benzyl-2-methyl-3-[2-aminoäthyl]-5-methoxyindolhydrochlorid* (**V**), F. 240—242°. 6,28 **IV**, 5,55 K-Phthalimid u. 20 ml Dimethylformamid erhitzt man 1.Std. auf 95°, gibt 100 W zu, kühlt etwas ab, gibt 10 ml 30% ig. NaOH zu, kühlt unter Rühren auf 25°, filtriert, verreibt mit einer kleinen Menge A. u. krist. aus 10 ml Eisessig um. Ausbeute: 3,5 *1-Benzyl-2-methyl-3-[2-phthalimidoäthyl]-3-methoxyindol*, F. 155—157°. Man erhitzt 500 **IV**, 5 Liter CH_3OH u. 130 ml 85% ig. wss. Hydrazinhydrat unter Rückfluß, bis Lsg. eingetreten ist, u. dann noch eine weitere Std., gibt 2500 W. zu, dest. ca. 2,5 Liter CH_3OH im Vakuum ab, gibt 5000 W. u. 250 Eisessig zu, erhitzt ½ Std. auf dem Wasserbad auf 90—95°, kühlt auf 50° ab u. filtriert. Nach dem Abkühlen auf 20—25° gibt man 1,5 Liter Ae. zu, macht das Gemisch mit 500 ml 30% ig. NaOH alkal., trennt die wss. Schicht ab, die mit Ae. ausgewaschen wird, wäscht die Ae.-Lsg. mit 200 W., säuert mit ca. 350 ml 2n äthanol. HCl an, rührt ½ Std. u. filtriert den Nd. ab, der gewaschen, getrocknet u. aus A. umkrist. wird. Ausbeute: 363,5 rohes **V**, F. 241—243°. F. des umkrist. **V** 243—244,5°. In analoger Weise folgende 5-Methoxyindolhydrochloride: *1-Benzyl-2-methyl-3-[2-äthylaminoäthyl]-*, F. 190 bis 192°, *-[2-propylaminoäthyl]-*, F. 197—198°, *-[2-isopropylaminoäthyl]-*, F. 204—205°, *-[2-butylaminoäthyl]-*, F. 164—165°, *-[2-tert.-butylaminoäthyl]-*, F. 262° (Zers.), *-[2-allylaminoäthyl]-*, F. 169—171°, *-[2-benzylaminoäthyl]-*, F. 233°, *-[2-(1-phenyläthylamino)-äthyl]-*, F. 230—231° (Zers.), *-[2-(2-phenyläthylamino)-äthyl]-*, F. 218°, *-[2-dimethylaminoäthyl]-*, F. 197,5—199°, *-[2-piperidyl-1-äthyl]-*, F. 253—256°, *-[2-pyrrolidyl-1-äthyl]-*, F. 228—229°, *-[2-aminopropyl]-*, F. 224—226°, *-[2-diallylaminoäthyl]-*, F. 164—165°, ferner: *2-methyl-3-[2-aminoäthyl]-5-methoxyindolhydrochlorid*, F. 183—185° u. *-benzyloxyindolhydrochlorid*, F. 209—211°. (**Aust. PP. 229 284** u. **229 285** vom 22/1. 1958, ausg. 4/8. 1960. Beide A. Prior. 8/2. 1957.) C. Lüttgen. 4807

Merck & Co., Inc. (Erfinder: Edward L. Engelhardt), **Herstellung von 2-Aminobenzoxazolen** durch Kondens. von 2-Halogenbenzoxazolen der allg. Formel **I** (X = H, Halogen, niedermol. Alkyl- oder Alkoxyrest, Hal = Halogenatom) mit einem Alkylendiamin der allg. Formel **II** (Y = H, Halogen, niedermol. Alkyl- oder Alkoxyrest, Alk = niedermol. Alkylenrest mit 2—3 C-Atomen, NR^1R^2 = tert.-Alkylamino-, Pyrrolidino-, Piperidino- oder Morpholinorest. Hergestellt wurden: *N-Benzoxazolyl-(2)-N-benzyl-N'.N'-diäthylendiamin, Hydrochlorid*, F. 212—213,5°; *N-Benzoxazolyl-(2)-N-benzyl-N.'N'-dimethylpropandiamin-(1.3), Hydrobromid*, F. 167,5—168,5°; *N-Benzoxazolyl-(2)-N-benzyl-N.'.N'-dimethyläthylendiamin, Hydrochlorid*, F. 211—212°; *N-[5-Chlorbenzoxazolyl-(2)]-N-[4'-brombenzyl]-N'.N'-dipropyläthylendiamin, Tartrat*; *N-[6-Chlorbenzoxazolyl-(2)]-N-[4'-fluorbenzyl]-2-morpholinoäthylamin; Phosphat*; *N-[7-Chlorbenzoxazolyl-(2)]-N-[2'-äthoxybenzyl]-3-piperidinopropylamin, Hydrochlorid*; *N-[5-Methoxybenzoxazolyl-(2)]-N-benzyl-2-pyrrolidinoäthylamin, Hydrochlorid*; *N-[5-tert.-Butylbenzoxazolyl-(2)]-N-[4'-propoxybenzyl]-N'.N'-diäthyläthylendiamin, Hydrochlorid*; *N-[5-Brombenzoxazolyl-(2)]-N-[4'-isopropylbenzyl]-N'.N'-dimethyläthylendiamin, p-Toluolsulfonat*; *N-[5-Methoxybenzoxazolyl-(2)]-N-[2'-äthylbenzyl]-N'.N'-dimethyläthylendiamin, Hydrochlorid. — Anästhetica.* (**Aust. P. 228 203** vom 17/3. 1958, ausg. 9/6. 1960. A. Prior. 1/4. 1957.) K. Demmler. 4807

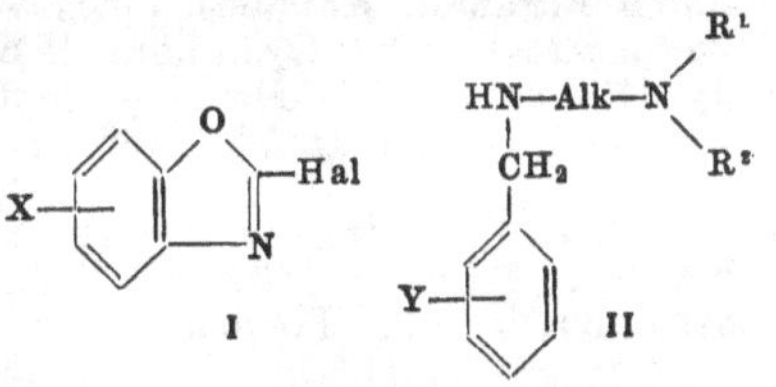

A. H. Robins Co., Inc. (Erfinder: Carl D. Lunsford), **5-o-Alkoxyphenoxymethyl-2-oxazolidone** werden hergestellt z. B. durch Rk. eines Gemisches von Harnstoff u. Glycerylguajacoläther unter ringschließenden Bedingungen bei 170—200°. — Beispiele: *5-o-Methoxyphenoxymethyloxazolidon-(2)*, F. 140,5—142°; *5-o-Methoxyphenoxymethyl-3-methyloxazolidon-(2)*, F. 77,5°; *5-o-Methoxyphenoxymethyl-3-cyclohexyloxazolidon-(2)*; *5-Methoxyphenoxymethyl-3-benzyloxazolidon-(2). — Pharmazeutica.* (**Aust. P. 228 272** vom 25/6. 1958, ausg. 9/6. 1960. A. Prior. 28/8. 1957.) K. Demmler. 4807

Dr. Karl Thomae G. m. b. H., Biberach/Riss, **Herstellung von tertiären Aminen** der allg. Formel **I** (Hal = Halogen; N<A/B ein Piperidino- oder Pyrrolidinorest u. Y eine gerade, oder verzweigte Alkylgruppe), dad. gek., daß man entweder ein Halogenbenzyl-Mg-halogenid der Formel Hal—C_6H_5—CH_2—Mg—Hal mit einem Nitril der allg. Formel **II** oder ein Nitril der allg. Formel **III** mit einer Grignard Verb. der allg. Formel Y—Mg—Hal oder eine Verb. Y der allg. Formel Hal—C_6H_5—CH_2—CO—Y mit Piperidin oder Pyrrolidin in Ggw. von **HCOOH**, bes. mit katalyt. aktiviertem H_2 oder das Pyrrolidin oder Piperidin in Ggw. von Alkalimetall mit einer Verb. der allg. Formel Hal—C_6H_5—CH=CH—Y umsetzt. — Aus α-Piperidinovaleronitril in Ae. u. einer Grignard-Verb. aus Mg u. p-Chlorbenzylchlorid → *1-[p-Chlorphenyl]-2-piperidinopentan*, $Kp._{0,2}$ 124°; *Hydrochlorid*, F. 178—179°. *1-[p-Chlorphenyl]-2-pyrrolidinopentan*, $Kp._{0,5}$ 123°; *Hydrochlorid*, F. 126—128°. *1-[p-Chlorphenyl]-2-pyrrolidino-4-methylpentan*, $Kp._{0,4}$ 120—121°; *Hydrochlorid*, F. 165—166°. *1-[p-Chlorphenyl]-2-pyrrolidino-3-methylbutan*, $Kp._{0,4}$ 115—116°; *Hydrochlorid*, F. 195°. *1-[p-Chlorphenyl]-2-pyrrolidinohexan*, $Kp._{0,5}$

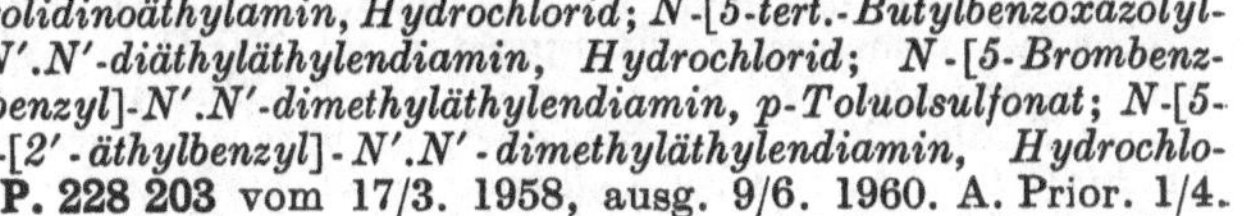

130°; *Hydrochlorid*, F. 114—116°; *1-[p-Chlorphenyl]-2-pyrrolidinooctan*, $Kp._{0,4}$ 138°. *1-[p-Chlorphenyl]-2-piperidinopropan*, $Kp._{0,6}$ 125—126°; *Hydrochlorid*, F. 200—201°. *1-[o-Chlorphenyl]-2-piperidinopentan*, $Kp._{0,15}$ 122°; *Hydrochlorid*, F. 168—170°. — Aus [p-Chlorbenzyl]-äthylketon, Pyrrolidin unter Schütteln mit H_2 in CH_3OH u. in Ggw. von Pt-Oxid als Katalysator bei ca. 3 at → *1-[p-Chlorphenyl]-2-pyrrolidinobutan*, $Kp._{0,6}$ 122°; *Hydrochlorid*, F. 141°. [p-Chlorbenzyl]-propylketon u. Piperidin in wasserfreiem A. bei 200° u. 180 at, → *1-[p-Chlorphenyl]-2-piperidinopentan*, $Kp._{0,2}$ 124°; *Hydrochlorid*, F. 178—179°. Pyrrolidin u. [p-Chlorbenzyl]-propylketon in Ggw. von HCOOH u. $MgCl_2$· 6 H_2O bei 180—190° → *1-[p-Chlorphenyl]-2-pyrrolidinopentan*, $Kp._{0,5}$ 123°; *Hydrochlorid*, F. 126°. 1-[p-Chlorphenyl]-2-aminopentan u. 1.5-Dibrompentan → *1-[p-Chlorphenyl]-2-piperidinopentan*; *Hydrochlorid*, F. 178°. *2-[p-Chlorphenyl]-1-pyrrolidinopropionitril* u. eine Grignard-Verb. aus Mg u. Propylbromid → *1-[p-Chlorphenyl]-2-pyrrolidinopentan*, $Kp._{0,4}$ 120°; *Hydrochlorid*, F. 128°. 1-[p-Chlorphenyl]-pentan, wasserfreiem Pyrrolidin u. Li → *1-[p-Chlorphenyl]-2-pyrrolidinopentan*, $Kp._{0,5}$ 122°. — *Blutdrucksenkende Mittel* mit *stimulierenden* Eigenschaften. (**E. P. 851 660** vom 9/1. 1959, ausg. 19/10. 1960. D. Prior. 10/1. 1958.) W. Heyer. 4807

Ciba Ltd. (Erfinder: Hans Erlenmeyer), **Herstellung von 2-Pyridyloxazolen** durch intramol. Kondens. eines α-[N-(pyridylmethyliden)-amino]-aldehydacetals oder -ketonacetals mit P_2O_5 in konz. H_2SO_4. Beispiele: 2-Pyridyl-(2')-, 2-Pyridyl-(3')-, 2-Pyridyl-(4')-oxazol; 2-[6'-Methylpyridyl-(2')]-oxazol. — *Pharmazeutica*. (**Aust. P. 228 770** vom 20/6. 1958, ausg. 14/7. 1960. Schwz. Prior. 11/7. 1957, 11/2. u. 8/5. 1958.) K. Demmler. 4807

Ciba Pharmaceutical Products, Inc., Summit, übert. von: Renat Herbert Mizzoni, Chester, N.J., V.St.A., **Herstellung von Bis-[alkylaminomethyl]-pyridinen** der allg. Formel **I** (R_1 u. R_2 = aliphat. KW-Stoffrest mit 1—12, bes. 4 bis 12 C-Atomen), dad. gek., daß man die entsprechende Schiffsche Base katalyt. mit H_2 in Ggw. von Pd-Kohle oder Alkalimetallborhydriden bzw. Alkali- oder Erdalkalimetall-Alhydriden, wie Li- oder $NaBH_4$, Li- oder $NaAlH_4$ bzw. $MgAlH_5$, in CH_3OH, A., Isopropanol, Ae., Tetrahydrofuran oder Dioxan-(1.4) als Lsgm. reduziert.

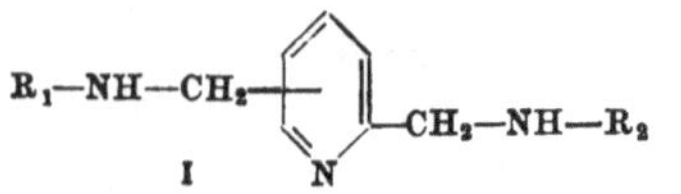

— Aus durch Rk. von Pyridin-2.6-dialdehyd u. n-Butylamin unter Zusatz von 4nNaOH erhaltenem 2.6-Bis-[n-butyliminomethylen]-pyridin u. $NaBH_4$ → *2.6-Bis-[n-butylaminomethyl]-pyridindihydrochlorid*, F. 181,5—183,5°; *2.6-Bis-[n-hexylaminomethyl]-pyridindihydrochlorid*, F. 208—209,5°; *2.6-Bis-[n-octylaminomethyl]-pyridindihydrochlorid*, F. 209—212° *2.6-Bis-[2.2.4.4-tetramethylbutylaminomethyl]-pyridindihydrochlorid*, F. 217—221°; *2.6-Bis [n-decylaminomethyl]-pyridindihydrochlorid*, F. 214,5—215,5°. — 2.4-Bis-[n-dodecyliminomethylen]-pyridin u. $NaBH_4$ → *2.4-Bis-[n-dodecylaminomethyl]-pyridinhydrochlorid*. — *Tuberkulostatica*, bes. gegen *Mycobacteriumtuberculosis*. (**A. P. 2 963 486** vom 23/4. 1958, ausg. 6/12. 1960.) W. Heyer. 4807

Wallace & Tiernan, Inc., Belleville, übert. von: John V. Scudi, Springfield, David B. Reisner, Cedar Grove, N.J., Scott J. Childress, Broomall, Pa., und Lewis A. Walter, Madison, N.J., V.St.A., **Herstellung von substituierten 1-m-Aminophenylpyridonen-(2)**, bes. des *5-Methyl-1-[m-aminophenyl]-pyridon-(2)* (**I**), F. 182—184°, dad. gek., daß man z. B. das aus 5-Methylpyridon-(2)-K u. m-Jodnitrobenzol in o-Dichlorbenzol in Ggw. von Cu-Pulver oder durch Nitrieren von 5-Methyl-1-phenylpyridon-(2) erhaltene 5-Methyl-1-[m-nitrophenyl]-pyridon-(2) (F. 168,5—169,5°) katalyt. mit H_2 oder durch Red. mit Zn–HCl zu **I** reduziert. — *4.6-Dimethyl-1-[m-aminophenyl]-pyridon-(2)*, F. 226—228°; *5-Methyl-1-[m-methylaminophenyl]-pyridon-(2)*, F. 113 bis 115°; *3-Methyl-1-[m-acetamidophenyl]-pyridon-(2)*, F. 192—193° u. 206—208°;— *4-Methyl-1-[m-diäthylaminophenyl]-pyridon-(2)-hydrochlorid*, F. 197—198,5°. — Analgetica. (**A. P. 2 947 755** vom 5/2. 1959, ausg. 2/8. 1960. **E. P. 851 033** vom 8/6. 1959, ausg. 12/10. 1960.) W. Heyer. 4807

Paul Adriaan Jan Janssen, Vosselaar, Belgien, **Herstellung von [4-Hydroxy-4-phenylpiperidin]-carbonsäureamiden** der allg. Formel **I**, worin A = H oder eine niedrige Alkylgruppe, B = Cyclopentyl, Cyclohexyl, Phenyl, Fluorphenyl, Chlorphenyl, Bromphenyl, Jodphenyl, Nitrophenyl oder Tolyl ist u. Alk ein niedriges Alkylenradikal bedeutet, dad. gek., daß man ein Halogencarbonsäureamid der Formel **II**

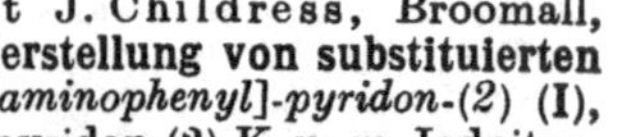

A—N(B)—CO—Alk—Halogen in Ggw. eines inerten Lsgm. wie Bzl., Toluol, A., Butanol oder Dioxan bei erhöhter Temp. mit 4-Phenylpiperidinol-(4) umsetzt. — Aus N-Cyclohexyl-β-chlorpropionamid u. 4-Hydroxy-4-phenylpiperidin in Ggw. KJ in Toluol → *N-Cyclohexyl-β-[4-hydroxy-4-phenylpiperidin]-propionamid*, F. 182,6—183,6°; analog *N-Cyclohexyl-γ-[4-hydroxy-4-phenylpiperidin = A]-butyramid*, F. 138,8—140,6°; *α-(A)-acetanilid*, F. 115—115,8°; *β-(A)-propionanilidhydrochlorid*, F. 239°; *β-(A)-[p-fluor]-propionanilid*, F. 133,8—138,2°; *β-(A)-[o-chlor]-propionanilid*, F. 138—138,8°; *β-(A)-[p-chlor]-propionanilidhydrochlorid*, F. 231,5—234,7° (Zers.); *β-(A)-o-propiontoluidid*, F. 122—123°; *β-(A)-m-propiontoluidid*, F. 97—101°; *β-(A)-p-propiontoluididhydrochlorid*, F. 216—217,8°; *β-(A)-[o-nitro]-propionanilidhydrochlorid*, F. 180 bis 182°; *p-(A)-[o-chlor]-butyranilidhydrochlorid*, F. 173,2—175,3°; *p-(A)-o-butyrtoluid*, F. 118—119°; *p-(A)-m-butyrtoluidid*, F. 124,6—126,4° u. *N-Methyl-p-(A)-butyranilidhydrochlorid*, F. 242—242,8°. — Tranquillizer. (**A. P. 2 937 180** vom 22/12. 1958, ausg. 17/5. 1960.) W. Heyer. 4807

Soc. des Usines Chimiques Rhône-Poulenc, Paris, Frankreich, **Herstellung von Piperidyl-3-indolen.** Man kocht 30 g 2-[Piperidyl-(2)]-3-äthylindol ½ Std. mit 120 (ml) Formamid unter Rückfluß, gießt das Rk.-Prod. in 800 W., extrahiert mit 350 Chlf., wäscht den Extrakt mit 200 2n Essigsäure u. 600 W., trocknet u. verdampft das Chlf.; von dem Rückstand, 29 (g) *2-Formyl-(1)-piperidyl-(2)]-3-äthylindol*, F. 174°, werden 5 in 20 ml Tetrahydrofuran (**II**) gelöst, worauf man die Lsg. innerhalb 10 Min. zu einem Gemisch von 0,75 AlH_4Li u. 40 ml wasserfreiem **I** gibt. Man kocht 2 Std. unter Rückfluß, zersetzt das überschüssige Hydrid u. die Komplex-Verb. mit 10 W., filtriert, säuert mit 25 ml 1nHCl an, gibt 30 W. zu u. dest. **I** im Vakuum ab. Der wss. Rückstand wird durch Tierkohle filtriert, mit 5 ml NaOH (D. 1,33) alkal. gemacht u. mit Ae. extrahiert. Der Extrakt gibt nach dem Trocknen u. Verdampfen des Ae. 4 *2-[1-Methylpiperidyl-(2)]-3-äthylindol*; Fumarat, F. 190—192° u. Pikrat, F. 187°. — Analog: *Hydrochlorid* von *2-[1-Benzylpiperidyl-(2)]-*, F. 245—250°, *2-[1-Äthylpiperidyl-(2)]-*, F. 207—212°, *2-[1.4-Dimethylpiperidyl-(2)]-*, *-3-äthylindol*, F. 228°, *2-[1-Methylpiperidyl-(2)]-3-propyl-*, F. 170—171°, *-methyl-*, F. 142—144°, *-isopropylindol*, F. 253—258°, *2-[1-Methylpiperidyl-(2)]-3-äthyl-6-methoxyindol*, F. 195—196° u. das *Pikrat* von *2-[1-Benzylpiperidyl-(2)]-3-äthylindol*, F. 225—230°. *Pharmaceutica*. (**Ind. P. 62 444** vom 2/12. 1957. **Zusatz zu Ind. P. 59 129; C. 1962, 2828.**) C. Lüttgen. 4807

Chemische Fabrik Promonta G.m.b.H., übert. von: Rolf Kallischnigg, Hamburg, **Herstellung von substituierten Carbazolderivaten** der allg. Formel **I**, worin R_1 eine niedrige Alkylgruppe, bes. $-CH_3$, R_2 = H oder eine niedrige Alkylgruppe, R_3 = H, eine niedrige Alkylgruppe, OH, Alkoxy oder Halogen ist, dad. gek., daß man das Carbazol mit einem Pyridylhalogenid oder Pyridylalkylhalogenid in Ggw. von z. B. $NaNH_2$ in einem inerten Lsgm., z. B. Xylol, alkyliert, das entstehende Pyridylcarbazol bzw. Pyridylalkylcarbazol am N mit einem niedrigen Alkylhalogenid quaterniert u. das gebildete Pyridiniumsalz in Ggw. von üblichen Katalysatoren durch Hydrieren zu dem entsprechenden N-Alkylpiperidylcarbazol bzw. N-Alkylpiperidylalkylcarbazol umsetzt. — 102 (g) Carbazol werden mit 35 $NaNH_2$ in 600 Xylol unter Rückfluß erhitzt, die Lsg. mit 78 N-[Pyridyl-(3)-methyl]-chlorid in 500 Xylol zu dem Pyridyl-(3)-methylcarbazol (F. 117°) umgesetzt, 50 dieser Verb. mit 22 CH_3Br in 500 Aceton im Autoklaven bei 50—70° quaterniert u. das gebildete N-[Pyridyl-(3)-methyl]-carbazolmethobromid (F. 193°) in CH_3OH in Ggw. von Raney-Ni bei 70—75° hydriert zu *N-[1-Methylpiperidyl-(3)-methyl]-carbazol, Hydrochlorid*, F. 250—251°. Analog: *N-[1-Äthylpiperidyl-(3) methyl]-carbazol, Hydrobromid*, F. 238°, *Hydrochlorid*, F. 218° u. *N-[1-n-Propylpiperidyl-(3)-methyl]-carbazol, Hydrochlorid*, F. 227—228°. *N-[1-Methylpiperidyl-(4)-methyl]-carbazolhydrochlorid*, F. 79°; *N-[1-Äthylpiperidyl-(4)-methyl]-carbazolhydrochlorid*, F. 167—168°; *N-[1-Methylpiperidyl-(2)-methyl]-carbazol*, F. 107°, *Hydrochlorid*, F. 237—239°, *Aminosulfonat*, F. 117—119°, *Lactat*, F. 113°; *N-[1.6-Dimethylpiperidyl-(2)-methyl]-carbazol, Hydrochlorid*, F. 194—195°; *N-[1.5-Dimethylpiperidyl-(2)-methyl]-carbazolhydrobromid*, F. 263—264°, *freie Base*, F. 106—107°. *N-[1′-Methylpiperidyl-(2)′-methyl]-3-methylcarbazol*, F. 112—113°; *N-[1′-Methylpiperidyl-(2′)-methyl]-3-methoxycarbazol*, F. 90—91°; *N-[1′-Methylpiperidyl-(2′)-methyl]-2-chlorcarbazol*, F. 124—126°; *N-[1′-Methylpiperidyl-(2′)]-2-äthylcarbazol*, F. 123—124°; *N-[1′-Äthylpiperidyl-(2′)]-2-äthylcarbazolhydrobromid*, F. 149—151°; *N-[1′-Methylpiperidyl-(4′)]-2-äthylcarbazol*, F. 235—236°; *N-[1-Methylpiperidyl-(4)]-carbazol*, F. 151—152°. — *Therapeutica* u. Zwischenprodukte. (**A. P. 2 944 058** vom 25/6. 1957, ausg. 5/7. 1960. D. Prior. 27/6. 1956.) W. Heyer. 4807

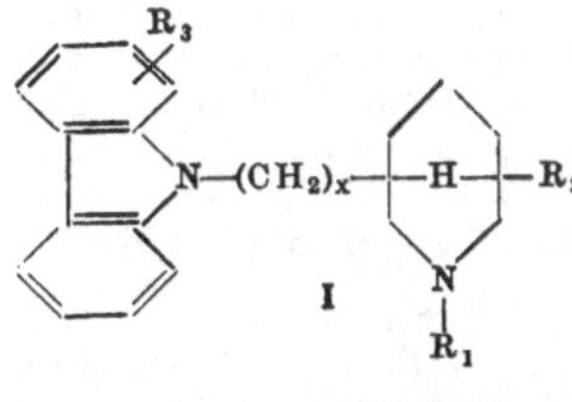

I

Richardson-Merrell, Inc., New York, N.Y. (Erfinder: Charles Harmon Tilford, Cincinnati, Ohio), V.St.A., **Herstellung von Salzen von 2-Arylhexahydro-**

chinolizinen der allg. Formel I (R = H, OH, niedermol. Alkoxy- oder Dialkylaminoalkoxygruppe), dad. gek., daß man ein Oktahydropyrido-[1.2-c]-oxazin der allg. Formel II (R' = H oder Alkoxygruppe) durch Behandlung mit einer starken Mineralsäure umlagert

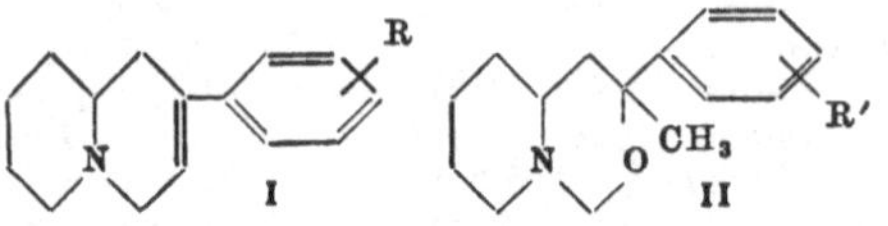

u. dehydratisiert, ggf. die aus einem 3-Alkoxyphenylozazin erhaltene Hydroxy-Verb. in an sich bekannter Weise mit einem niedermol. Alkylchlorid oder Dialkylaminoalkylchlorid umsetzt u. die erhaltene Base mit einer starken Säure behandelt. — 3-Methyl-3-phenyloktahydropyrido-[1.2-c]-oxazinhydrochlorid, F. 234—236°, wird in konz. HCl gelöst, 17 Std. unter Rückfluß erhitzt, das W. im Vakuum entfernt u. der Rückstand aus einem Gemisch von Essigsäureäthylester (IV) u. Isopropanol umkrist. → (**A** = *1.6.7.8.9.9a-Hexahydro-4-chinolizin*) *2-Phenyl-***A***-hydrochlorid*, F. 207—219°. — Analog: *2-(p-Hydroxyphenyl)-***A***-hydrochlorid* (**III**), F. 278—280°. Zu einer Lsg. von **III** u. CH_3ONa in wasserfreiem Tetrahydrofuran wird tropfenweise unter Rühren eine Lsg. von β-Diäthylaminoäthylchlorid in Toluol gegeben, das Rk.-Gemisch 24 Std. unter Rückfluß erhitzt, filtriert u. im Vakuum eingedampft. Der Rückstand wird in Ae. gelöst, mit der berechneten Menge alkohol. HCl versetzt u. der Nd. aus einer Mischung von **IV** u. Chlf. umkrist. → *2-[p-(β-Diäthylaminoäthoxy)-phenyl]-***A***-dihydrochlorid*, F. 195—196°. — *Arzneimittel* mit entzündungshemmenden Eigg., bes. zur Behandlung von Arthritis u. rheumat. Störungen. (**D. A. S. 1 145 621** Kl. 12p vom 24/3. 1959, ausg. 21/3. 1963. A. Prior. 24/3. 1958.) C. Lüttgen. 4807

Ciba Pharmaceutical Products, Inc., Summit, N.J., V.St.A., übert. von: Albert Wettstein, Riehen, Georg Anner und Karl Heusler, Basel, Schweiz, **3-Oxo-11α-acetoxy-20β-hydroxy-Δ⁴-pregnen-18-säure-18.20-lacton,** F. 184—186°, erhält man durch Rk. von 2-Brom-3-oxo-11α-acetoxy-20β-hydroxy-5α-pregnan-18-säure-18.20-lacton mit LiCl in Dimethylformamid u. chromatograph. Aufarbeitung. — Man kann die Herst. des Ausgangsbromids (I) u. die anschließende Dehydrobromierung ohne Isolierung des I durchführen. — *Zwischenprod.* zur Herst. von *Heilmitteln.* (**A. P. 3 014 032** vom 16/1. 1961, ausg. 19/12. 1961. Schwz. Prior. 21/7. 1960.) U. Sievers. 4809

E. Merck Akt.-Ges. (Erfinder: Fritz von Werder und Klaus Brückner), Darmstadt, **16-[Spiro-(4'.5'-dihydropyrazolo-3')]-17-ketosteroide** erhält man durch Rk. eines entsprechenden 16-Methylen-17-ketosteroids mit Diazomethan in einem inerten organ. Lösungsmittel. — Man setzt z. B. 16-Methylen-5-androsten-3β-ol-17-on-3-acetat in Ae. mit Diazomethan um: *16-[Spiro-(4'.5'-dihydropyrazolo-3')]-5-androsten-3β-ol-17-on-3-acetat*, F. 163—164°; $[\alpha]_D$ 382°. — Analog: *16-[Spiro-(4'.5'-dihydropyrazolo-3')]-5-androsten-3β-ol-17-on*, F. 153—155°; $[\alpha]_D$ 425°. — *16-[Spiro-(4'.5'-dihydropyrazolo-3')]-4-androsten-3.17-dion*, F. 143—144°; $[\alpha]_D$ 547°. — *16-[Spiro-(4'.5'-dihydropyrazolo-3')]-4-androsten-11β-ol-3.17-dion*, F. 214—216°; $[\alpha]_D$ 485°. — *Heilmittel.* (**D. A. S. 1 138 393** Kl. 12o vom 30/4. 1960, ausg. 25/10. 1962.) U. Sievers. 4809

Ciba Akt.-Ges., Basel, Schweiz (Erfinder: Hubert Bloch, Pittsburgh, Pa., V.St.A.), **Herstellung eines Immunisierungsmittels gegen Tuberkulose** durch Züchten von M. tuberculosis unter aeroben Bedingungen, dad. gek., daß man dem wss. Nährmedium mindestens 0,5% eines nicht giftigen, oberflächenakt. Stoffes [Tris-(polyoxyäthylen)-sorbitanmonooleat] zusetzt, die Bakterien bei ca. 25—35° züchtet, die erhaltene Kultur-Fl. von lebenden Bakterien befreit u. ggf. den als B 3 bezeichneten Wirkstoff daraus isoliert, indem man das Filtrat gefriertrocknet, in 1/100 des ursprünglichen Vol. W. suspendiert, 24 Std. bei ca. 4° gegen eine 0,01 m Phosphatpuffer-Lsg. (pH 7) unter 3 maligem Auswechseln der Puffer-Lsg. dialysiert u. den Wirkstoff aus der Innen-Fl. mit gesätt. $(NH_4)_2SO_4$-Lsg. als hitzestabilen, 50—60% Zucker u. 20—40% Protein enthaltenden Stoff fällt. (**D. A. S. 1 136 450** Kl. 30h vom 23/8. 1960, ausg. 13/9. 1962. A. Prior. 31/8. 1959.) K. Koebke. 4813

Mundipharma Akt.-Ges., Aarau, Schweiz (Erfinder: Alfred Halpern, Great Neck, N.Y., V.St.A.), **Mittel zum Entfernen von Cerumen aus dem Ohr** durch Erweichen, dad. gek., daß es aus einem < 3% W. enthaltendem Gemisch aus einem N-acylierten Polypeptid der Formel $R-CO-NH(-CHR_1-CO-NH-)_nCHR_1COOMe$ [R = gerader oder verzweigter Olefinrest mit 8—20 C-Atomen; $(-CHR_1CO-NH-)_n$ = Polypeptidgruppe aus gleichen oder verschiedenen Aminosäureresten; R_1 = Alkylrest; n = 4—10; Me = Na-, K- oder Li-Atom oder Triäthanolammoniumgruppe] u. Glycerin, Propylenglykol oder Polyäthylenglykol mit einem Molgew. von 200—600 besteht. (**D. A. S. 1 138 890** Kl. 30h vom 23/12. 1958, ausg. 31/10. 1962.) W. Heyer. 4815

Rystan Co., Mount Vernon (Erfinder: Benjamin Goldman, Yorktown Heights), N.Y., V.St.A., **Stabilisieren von therapeutisch wirksamen Papain-Harnstoff-Gemischen** in wss. Lsg., dad. gek., daß man den Lsgg. Borsäure, Na-Borat, Pyroborsäure, Na-Pyroborat, Mononatriumborat, Metaborsäure oder Na-Metaborat oder eine Mischung aus 2 oder mehreren dieser Verbb. zusetzt. (**D. A. S. 1 137 830** Kl. 30h vom 18/8. 1959, ausg. 11/10. 1962.) K. Koebke. 4815

American Cyanamid Co., New York (Erfinder: Victor Jack Cabasso, Pearl River), N.Y., V.St.A., **Herstellung von Hundestaupevirusvaccine,** dad. gek., daß Hundestaupevirus mittels einer ausreichenden Zahl von Passagen durch lebende Kükenembryos avirulent gemacht, der avirulente Virus in eine Kultur von Kükenembryogewebe geimpft u. bebrütet u. die erhaltene Vaccine geerntet wird. (**D. A. S. 1 138 185** Kl.30h vom 18/2. 1960, ausg. 18/10. 1962. A. Prior. 24/2. 1959.) K. Koebke. 4817

Columbian Carbon Co., New York, N. Y. (Erfinder: Jules Verne Hallum, Princeton, N.J.), V.St.A., **Inaktivierung virulenter krankheitserregender Teilchen,** dad. gek., daß diese in wss. Suspension bei ca. 7 in Berührung mit der Anode einer Elektrolysenzelle bei einem konst. Potential, das nicht unter 1 V, gemessen gegen die Normalkalomelelektrode u. nicht über dem Zers.-Potential des W.-Elektrolyt-Syst. liegt, einer Elektrolyse unterworfen werden, wobei ein Kontakt der Teilchen mit der Kathode der Zelle verhindert wird. — Vorr., Diagramme. (**D. A. S. 1 137 527** Kl. 30h vom 24/11. 1960, ausg. 4/10. 1962.) K. Koebke. 4831

Ordex Laboratorium ved C. O. Rasmussen, Kopenhagen, Dänemark, **Herstellung von wasserklaren Hexachlorophenlösungen für Desinfektionszwecke.** Eine Mischung von 18 (%) Hexachlorophen u. 82 Propylenglykol wird während 24 Std. auf ca. 40° erwärmt. Hierbei bildet sich eine wasserklare Lösung. (**Dän. P. 89 161** vom 29/5. 1958, ausg. 5/9. 1960.) K. H. Kähler. 4833

Betsy Hellinghuizer-Gerriesen (Erfinder: Betsy Hellinghuizer-Gerriesen), **3-[5'-Nitrofurfuryliden]-aminooxazolidon-(2)** der Zus. I, eine *baktericid* wirksame Verb., erhält man durch Rk. von 5-Nitrofurfurol mit 3-Formyl- oder 3-Acetylaminooxazolidon-(2). — 243 (g) 5-Nitro-2-furfuroldiacetat, 500 W., 250 ml Methanol, 50 ml H_2SO_4 u. 124 N-Formylaminooxazolidon-(2) erhitzt man 10 Min. unter Rückfluß. Man erhält in 95%ig. Ausbeute I, gelbe Kristalle, F. 246—248°. (**Aust. P. 230 350** vom 27/3. 1958, ausg. 13/10. 1960. Niederl. Prior. 15/4. 1957.)

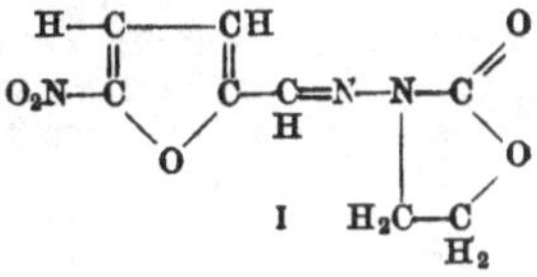

I

O. Roick. 4833

Burroughs Wellcome & Co. (U.S.A.), Inc., Tuckahoe, übert. von: George H. Hitchings, Yonkers, Elvira A. Falco und Kurt W. Ledig, New Rochelle, N.Y., V.St.A., **2.4-Diaminochinazolinverbindungen** der allg. Formel I (R u. R' = H oder niedrigmol. Alkylrest, davon mindestens 1 Rest = Alkyl, ggf. R_1 u. R_2 zusammen = Tri- oder Tetramethylenrest; X = H oder CH_3) erhält man a) durch Rk. eines entsprechend substituierten Anthranilonitrils mit Dicyandiamid (**II**) oder ggf. b) durch Rk. einer entsprechenden 2.4-Dihydroxy-Verb. mit $POCl_3$ u. Aminierung der erhaltenen Dichlorverbindung. — Man erhitzt z. B. ein Gemisch aus 13 (g) 6-Methyl-2.4-dihydroxychinolin, 40 PCl_5 u. 80 (ml) $POCl_3$ 3 Std. unter Rückfluß, dest. den $POCl_3$-Rest ab, gießt den Rückstand auf ein Eis-NH_4OH-Gemisch, erhitzt den filtrierten Nd. mit 200 einer mit NH_3 gesätt. alkohol. Lsg. 17 Std. bei 150°, dampft zur Trockne ein, löst den Rückstand in verd. Essigsäure, fällt mit NH_4OH u. krist. aus Bzl. → *2.4-Diamino-6-methylchinazolin.* — Ferner erhält man folgende Chinazoline: nach a) *2.4-Diamino-6-äthyl-* (**III**), F. 214 bis 216° (aus Bzl.). — *2.4-Diamino-6.8-dimethyl-.* — *2.4-Diamino-6.7-dimethyl-*, F. 291° (aus CH_3OH). — *2.4-Diamino-5-isopropyl-8-methyl-.* — Nach b) **III**, F. 223—224° (aus W.), aus 5-Anthranilonitrilhydrochlorid u. **II**, 5 Min. bei 150—160°. — *2.4-Diamino-5.6-trimethylen-*, F. 288°, aus 4-Cyan-5-acetylaminoindan (F. 137—138°) über 4-Cyan-5-aminoindan mit **II**. — *2.4-Diamino-5-methyl-*, F. 212—213° (aus W.). — *2.4-Diamino-6-propyl-*, F. 194—195° (aus W.). — *2.4-Diamino-6-butyl-*, F. 191—192° (aus W.). — *2.4-Diamino-5.6-tetramethylen-*, F. 240° (aus Formamid). — *2.4-Diamino-5.6.8-trimethyl-*, F. 198—200° (aus W.). — *2.4-Diamino-5-äthyl-.* — *Baktericide.* Tabellen mit letalen Konzz. der Prodd. für Staphylococcus aureus, Escherichia coli, Salmonella typhosa, Bacillus subtilis, Proteus vulgaris u. Pseudomonas aeruginosa. (**A. P. 2 945 859** vom 15/12. 1958, ausg. 19/7. 1960.) G. Vogel. 4833

I

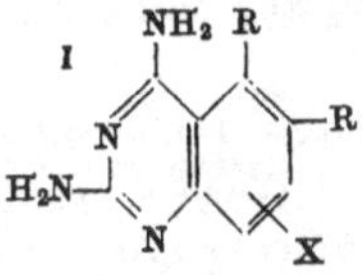

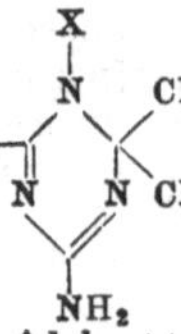
I

Parke, Davis & Co. (Erfinder: Myron Wolf Fisher), **Herstellung von baktericiden Mitteln** durch Kombination von 5—1000 (Gew.-Teilen) eines oder mehrerer Sulfonamide mit 1 eines Dihydrotriazins der Formel I (X = 3-Chlorphenyl-, 3.5-Dichlorphenyl-, 3.5-Dibromphenyl- oder 3-Fluorphenylrest). — Als Sulfonamid wird bes. 3-Sulfanilamido-6-methoxypyridazin verwendet. (**Aust. P. 228 682** vom 22/4. 1958, ausg. 7/7. 1960.) K. Demmler. 4833

Abbott Laboratories, Chicago, übert. von: William R. Sherman, Waukegan, Ill., V.St.A., **Phenylderivate von 5-Nitrofurylguanamin** der allg. Formel I (R' = Phenyl-, Alkyl(1—4 C-Atome)-phenyl-, Nitrophenyl- oder Halogenphenylrest, wobei Halogen, Alkyl u. NO_2 im Phenylrest in o-, m- oder p-Stellung stehen können) erhält man durch Rk. von 5-Nitrofuran-2-carbonsäuremethylester (II) u. einem Aryldiguanid der allg. Formel: R—NH—C(=NH)—NH—C(=NH)—NH_2, bes. in einem inerten organ. Lsgm., bei 20° bis zum Kp. des Rk.-Gemisches. — N'-Phenyldiguanid u. II in Äthylenglykolmonomethyläther → *2-Amino-4-anilino-6-[5-nitro-2-furyl]-1.3.5-triazin*, $C_{13}H_{10}N_6O_3$, F. 259—260° [Dimethylformamid (III) u. Butanol]. Analog aus II folgende 6-[5-Nitro-2-furyl]-1.3.5-triazine: mit N'-[o-Tolyl]-diguanid → *2-Amino-4-[o-toluidino]-*, $C_{14}H_{12}N_6O_3$, F. 257° (Zers., aus Butanol). — Mit N'-[p-Nitrophenyl]-diguanid → *2-Amino-4-[p-nitroanilino]-*, $C_{13}H_9N_7O_5$, F. 339° (III-W.). — Mit N'-[p-Chlorphenyl]-diguanid → *2-Amino-4-[p-chloranilino]-*, $C_{13}H_9ClN_6O_3$, F. 248—249° (III-W.). Ferner: *2-Amino-4-[p-* oder *m-toluidino]-*. — *2-Amino-4-[o-nitroanilino]-*. — *2-Amino-4-[o-chloranilino]-*. — *2-Amino-4-[m-bromanilino]-*. *2-Amino-4-[p-bromanilino]-*, Molgew. 377. — *2-Amino-4-[p-fluoranilino]-*. — *Fungicide* u. *Bakterícide*, bes. gegen *Escherichia coli* u. *Micrococcus pyogenes var. aureus*. (**A. P. 2 953 564** vom 29/12. 1958, ausg. 20/9. 1960.) G. Vogel. 4833

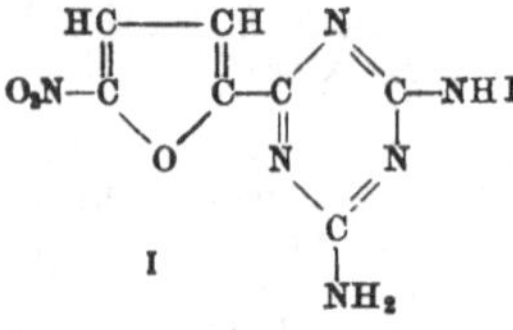
I

Deutsche Akademie der Wissenschaften zu Berlin (Erfinder: Alfred Rieche, Günter Hilgetag, Annelise Martini, Berlin, Olfried Nejedly, Erfurt, und Elfriede Bayer, Berlin), **Herstellung von Seifen, Cremes, Tinkturen, Pudern** u. anderen Mitteln, die desodorierend u. desinfizierend wirken, dad. gek., daß man als wirksame Bestandteile 2-Thiontetrahydro-1.3.5-thiodiazine (Carbothialdine) der Formel I (R u. R' = Alkyl-, Aralkyl-, Oxalkyl- oder Arylreste, die auch halogeniert sein können) allein oder im Gemisch mit im Kern halogenierten u. ggf. alkylierten Dihydroxydiphenylmethanen verwendet. (**D. A. S. 1 137 832** Kl. 30i vom 25/10. 1958, ausg. 11/10. 1962.) K. Koebke. 4833

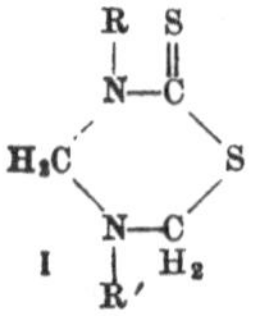
I

Union Chimique Belge Soc. An., Brüssel, übert. von: **Henri Morren**, Forest-Brüssel, Belgien, *Herstellung von quaternären Ammonium-Ätherderivaten*. (**A. P. 2 963 511** vom 5/7. 1957, ausg. 6/12. 1960. Belg. Prior. 7/5. 1952. — C. **1956**, 10766 [E. P. 738 337].)

Deutsche Gold- und Silber-Scheideanstalt vormals Roessler, Frankfurt/M. (Erfinder: **Hans Wagner**, Konstanz), *Homocysteinthiolacton-Hydrochlorid*. (**Schwz. P. 360 070** vom 8/10. 1957, ausg. 30/3. 1962. D. Prior. 21/12. 1956. — C. **1959**, 3233 [D. A. S. 1 036 863].)

Schenley Industries, Inc., New York, N.Y., V.St.A., übert. von: **Ernst Schraufstätter, Günter Schmidt-Kastner** und **Wolfgang Wirth**, Wuppertal-Elberfeld, *Herstellung von Sulfonamiden*. (**Can. P. 634 170** vom 13/2. 1957, ausg. 9/1. 1962. D. Prior. 24/2. u. 10/4. 1956. — C. **1960**, 9653 [Oe. P. 197 813].)

Cilag-Chemie Akt.-Ges. (Erfinder: **Robert Egli**), Schaffhausen, Schweiz, *Herstellung von N-Arylsulfonyl-N'-alkylharnstoffen*. (**Oe. P. 218 532** vom 23/2. 1960, ausg. 11/12. 1961. Schwz. Prior. 7/4. 1959. — C. **1962**, 10190 [D. A. S. 1 114 804].)

Wellcome Foundation Ltd., London, England, *Herstellung von Sulfonylharnstoffen*. (**Ind. P. 71 691** vom 6/5. 1960, ausg. 28/8. 1961. — C. **1962**, 7623 [F. P. 1 215 015].)

Dr. Karl Thomae G. m. b. H., Biberach, *Herstellung von substituierten Harnstoffen*. (**Oe. PP. 217 473** vom 15/4. 1960, ausg. 10/10. 1961, **218 534** u. **218 535** vom 15/4. 1960, ausg. 11/12. 1961. Alle D. Prior. 18/4. 1959. — C. **1961**, 13649 [D. A. S. 1 102 722].)

Farbenfabriken Bayer Akt.-Ges., Leverkusen (Erfinder: **Rudolf Hiltmann, Hartmund Wollweber, Wolfgang Wirth** und **Rudolf Gößwald**, Wuppertal), *Herstellung von sekundären Aminen*. (**Oe. P. 217 443** vom 25/3. 1960, ausg. 10/10. 1961. D. Prior. 28/3. 1959. — C. **1963**, 7089 [E. P. 873 780].)

Farbenfabriken Bayer Akt.-Ges., Leverkusen, *N-[4-Sulfonamidophenyl]-butansultam*. (**Oe. P. 218 531** vom 10/3. 1960, ausg. 11/12. 1961. D. Prior. 28/3. 1959. — C. **1962**, 3186 [D. A. S. 1 111 191].)

Parke, Davis & Co., Detroit (Erfinder: **Robert Ford Parcell**, St. Clair Shores), Mich., V.St.A., *Herstellung von heterocyclischen sekundären Aminen*. (**D. A. S. 1 141 996** Kl. 12q vom 28/2. 1958, ausg. 3/1. 1963. A. Prior. 19/9. 1957 u. 22/1. 1958. — C. **1963**, 220 [Niederl. P. 99 415].)

Sandoz Akt.-Ges., Basel, Schweiz, *Herstellung von Pyrazolonderivaten*. (**Niederl. P. 103 124** vom 13/10. 1958, ausg. 15/11. 1962. Schwz. Prior. 14/10. 1957. — C. **1963**, 18176 [Schwz. P. 361 574].)

Fa. Angelini Francesco, Rom, Italien, *Herstellung von 1.2.4-Oxdiazolen*. (**Oe. P. 212 830** vom 29/9. 1959, ausg. 10/1. 1961. — C. **1963**, 9808 [D. A. S. 1 097 998].)

F. Hoffmann-La Roche & Co. Akt.-Ges. (Erfinder: **Thomas Samuel Gardner, John Lee** und **Edward Wenis**), *Herstellung von Pyridylmethyldibenzylaminen.* (**Aust. P. 237 567** vom 12/11. 1959, ausg. 15/3. 1962. A. Prior. 3/12. 1958. — C. **1962,** 10 933 [E. P. 860 844].)

Burroughs Wellcome & Co., Inc., Tuckahoe, N.Y., V.St.A., übert. von: **John Evelyn Warner Billinghurst,** London, England, *Diquaternäre Verbindungen.* (**A. P. 2 851 458** vom 5/6. 1956, ausg. 9/9. 1958. E. Prior. 8/6. 1955. — C. **1963,** 3324 [D. A. S. 1 077 664].)

Ciba Akt.-Ges., Basel, Schweiz, *Herstellung von p-Aminobenzolsulfonamidopyrazolo-[3.4:d]-pyrimidinen.* (**Oe. P. 217 466** vom 21/11. 1958, ausg. 10/10. 1961. Schwz. Prior. 27/11. 1957. — C. **1961,** 16202 [D. A. S. 1 092 922].)

Ciba Corp., Del., V.St.A., übert. von: **Jean Druey,** Riehen, **Paul Schmidt,** Therwil, **Kurt Eichenberger** und **Max Wilhelm,** Basel, Schweiz, *p-Aminobenzolsulfonamidopyrazolo-[3.4:d]-pyrimidine.* (**A. P. 3 036 070** vom 21/11. 1958, ausg. 22/5. 1962. Schwz. Prior. 27/11. 1957. — C. **1961,** 16202 [D. A. S. 1 092 922].)

Cilag-Chemie Akt.-Ges., Schaffhausen, Schweiz, *Herstellung von Pyrimidinderivaten und deren Salzen.* (**E. P. 859 716** vom 27/6. 1958, ausg. 25/1. 1961. Schwz. Prior. 12/7. u. 10/12. 1957 u. 30/5. 1958. — C. **1962,** 13131 [D. A. S. 1 118 785].)

Bristol Laboratories International Soc. An., Panama, Panama (Erfinder: **Yvon Gaston Perron,** Dewitt, N.Y., V.St.A.), *N-[β-(3.4.5-Trimethoxybenzoylamino)-äthyl]-morpholin.* (**D. A. S. 1 139 842** Kl. 12p vom 21/8. 1956, ausg. 22/11. 1962. A. Prior. 9/9. 1955 u. 5/3. 1956. — C. **1963,** 1000 [A. P. 2 870 145].)

Sterling Drug, Inc., New York, N.Y., V.St.A., *Substituierte 4-Metathiazanone.* (**E. P. 815 203** vom 3/7. 1957, ausg. 17/6. 1959. **Belg. P. 559 273** vom 16/7. 1957, ausg. 8/4. 1960. Beide A. Prior. 20/7. 1956. — C. **1962,** 15037 [D. A. S. 1 111 192].)

Miroslav Semonský, Prag, und **Antonín Černy,** Celakovice, Tschechoslowakei, *Umwandlung von l-(+)-Propanol- und (+)-Butanolamiden der l-Iso- und l-Lysergsäure in die entsprechenden d-Iso- und d-Lysergsäurederivate.* (**E. P. 816 697** vom 17/5. 1957, ausg. 15/7. 1959. **Belg. P. 557 543** vom 15/5. 1957, ausg. 11/3. 1960. Beide Tschech. Prior. 22/5. 1956. — C. **1961,** 8397 [D. A. S. 1 092 923].)

Miroslav Semonský und **Viktor Zikau,** Prag, Tschechoslowakei, *Cycloalkylamide der d-Lyserg- und d-Isolysergsäure.* (**E. P. 816 273** vom 15/7. 1957, ausg. 8/7. 1959. Tschech. Prior. 9/8. 1956. — C. **1962,** 3555 [Niederl. P. 96 699] u. C. **1961,** 17671 [D. A. S. 1 096 364 u. D. P. [DDR] 17 686].)

F. Hoffmann-La Roche & Co. Akt.-Ges., Basel, Schweiz, *Heterocyclisch substituierte Morphinane.* (**Oe. P. 218 679** vom 14/11. 1958, ausg. 11/12. 1961. Schwz. Prior. 4/12. 1957. — C. **1962,** 2093 [D. P. [DDR] 20 416].)

Sandoz Akt.-Ges., Basel, Schweiz, *Herstellung von Podophyllsäurederivaten.* (**Oe. P. 217 644** vom 7/6. 1958, ausg. 10/10. 1961. Schwz. Prior. 20/6. 1957. — C. **1961,** 16572 [F. P. 1 198 268].)

N. V. Philips' Gloeilampenfabrieken, Eindhoven, Niederlande, *Herstellung von Vitamin A.* (**Oe. P. 216 680** vom 11/9. 1956, ausg. 10/8. 1961. Niederl. Prior. 14/9. 1955. — C. **1959,** 10343 [D. A. S. 1 041 950].)

F. Hoffmann-La Roche & Co. Akt.-Ges., Basel, Schweiz, *Herstellung von nucleotidhaltigen Hydroxo(Aquo)-cobalaminen.* (**Oe. P. 218 680** vom 26/1. 1960, ausg. 11/12. 1961. Schwz. Prior. 6/2. 1959. — C. **1963,** 8650 [D. A. S. 1 125 941].)

Merck & Co., Inc., Rahway, N.J., V.St.A., *16α-Methylsteroide der Pregnanreihe.* (**Ind. P. 69 032** vom 11/9. 1959. Can. Prior. 25/10. 1958. — C. **1963,** 2549 [F. P. 1 238 509].)

Merck & Co., Inc. (Erfinder: **John Martin Chemerda** und **Arthur Emil Erickson**), *$\Delta^{1,4,6}$-Steroidtrien-3-one.* (**Aust. P. 236 925** vom 31/12. 1958, ausg. 1/2. 1962. A. Prior. 21/1. 1958. — C. **1963,** 618 [A. P. 2 933 509].)

Egyesült Gyógyszer és Tápszergyár (Erfinder: **Andor Hajós**), Budapest, Ungarn, *Gewinnung der optischen Isomeren von Phenylserinestern.* (**Oe. P. 217 455** vom 11/11. 1958, ausg. 10/10. 1961. Ung. Prior. 22/1. 1958. — C. **1963,** 7096 [D. A. S. 1 123 674].)

Beecham Research Laboratories Ltd., Brentford, England, *Herstellung von Derivaten der 6-Aminopenicillinsäure.* (**Ind. P. 71 464** vom 16/4. 1960, ausg. 23/2. 1961. — C. **1961,** 233 [D. A. S. 1 075 799].)

American Cyanamid Co., New York, N.Y., V.St.A., *Herstellung von Tetracyclinen.* (**Oe. P. 218 672** vom 2/4. 1958, ausg. 11/12. 1961. A. Prior. 5/4. 1957. — C. **1960,** 13779 [D. A. S. 1 073 482].)

May & Baker Ltd., Dagenham, England, *Röntgenkontrastmittel.* (**Ind. P. 75 399** vom 17/2. 1961. E. Prior. 2/10. 1958. — C. **1962,** 16067 [Oe. P. 214 069].)

G. Analyse. Laboratorium

Vibrationsmikroverteiler. D. K. Butt und P. W. Nicholson. (Rev. sci. Instruments **32,** 986, 1961; London, Univ., Birkbeck Coll.; engl.) — Beschreibung einer vibrierenden Dosieranlage für feinkörnige Stoffe, im vorliegenden Fall zum Abfüllen von 50-*μg*-Portionen von ^{193}Ir. Die Vibration wird mittels eines 50-Hz-Elektromagneten erzeugt. W. Reusse. 5012□

Konstruktion und Eichung eines zylindrischen Knudsen-Ventils. George A. Miller. (Rev. sci. Instruments **33,** 8—11, 1962; Atlanta, Ga., Georgia Inst. of Technol., School of Chem.; engl.) H. Roschkowski. 5016◇

Druckausgleichsanzeiger vom Diaphragmatyp. E. G. Butcher und M. Alsop. (J. sci. Instruments **39,** 483—84, 1962; Teddington, Middlesex, Nat. Phys. Labor., Basic Phys. Div.; engl.) — Beschreibung einer App. für Drücke bis 1500 lbs./sq.in., die Druckänderungen bis einigen 10^{-6} atm anzeigen kann. H. Roschkowski. 5016◇

Messung der Temperaturverteilung auf Oberflächen von Temperaturstrahlern. H. Magdeburg. (Z. Instrumentenkunde **71,** 22—24, 1963; Berlin, Phys.-Techn. Bundesanst.; dt.) — Es wird eine Meß-Meth. beschrieben, mit der man die Verteilung der Oberflächen-Temp. über Drehspiegel u. Photovervielfacher auf dem Schirm eines Elektronenoscillographen sichtbar machen kann. Als prakt. Beispiel wird die Unters. einer Wolframbandlampe angeführt u. diskutiert. W. Betcke. 5016◇

Untersuchung der dynamischen Charakteristiken von metallischen Vakuumbolometern. L. Ss. Krementschugski, A. F. Malnew und O. W. Roitzyna. (Ukrain. physik. J. **7**, 1298—1308, 1962; Kiew, Akad. der Wiss. der UkrainSSR, Phys. Inst.; ukrain., Auszug: engl.) — Es werden experimentelle Unterss. u. theoret. Berechnungen der dynam. Charakteristiken beschriebener Bolometer durchgeführt. Bei den Berechnungen wird die Ungleichförmigkeit der Temp.-Verteilung in den Bolometerelementen durch Wärmeverlust in einem modulierten Strahlungsfluß berücksichtigt. Der Zeitfaktor τ, der gleich dem Verhältnis der effektiven Wärmekapazität des Bolometers C zum effektiven Wärmeverlust-Koeff. G ist, hängt hauptsächlich von der Frequenz ab. W. Sobieski. G 5016◇

Elektronenofen zum Ausglühen. B. S. Chandrasekhar und P. A. Flinn. (Rev. sci. Instruments **33**, 1247—48, 1962; Pittsburgh, Pa., Westinghouse Res. Labor.; engl.) — Zum Ausglühen von stab- oder plattenförmigen Proben aus schwer schmelzbaren Metallen wurde ein Elektronenstrahlofen entwickelt. Unter einer auf eine Grundplatte vakuumdicht aufgesetzten Glasglocke befindet sich die Probe in unmittelbarer Nähe eines geheizten thorierten W-Drahtes. Die maximale Leistung ist 600 W, die erzielbare Höchst-Temp. 2800°. Die aufgeheizte Probe kann zur Abkühlung ohne Aufheben des Vakuums in einen angeschlossenen Wasserbehälter geworfen werden. W. Reusse. 5028◇

„Heißer Finger" zum Zonenschmelzen von Anthracen. Glen Oneal jun. (Rev. sci. Instruments **33**, 490, 1962; Marcus Hook, Pa., American Viscose Corp., Explor. Res.; engl.) — Beschreibung eines App. zum Zonenschmelzen leicht sublimierender Stoffe. H. Roschkowski. 5048◇

Instrument zur automatischen Registrierung der Oberflächenspannung. Victor Jackman. (Analytic. Chem. **32**, 1055, 1960; Pittsburgh, Pa., Mellon Inst., Res. Serv., Instruments Sect.; engl.) — Beschreibung der Apparatur. W. Betcke. 5048◇

Einige theoretische Betrachtungen auf dem Gebiete der analytischen Chemie. 2. Mitt. **Diskriminanten in Berechnungen von Ionenkombinationsreaktionen.** E. Bishop. (Analytica chim. Acta [Amsterdam] **21**, 493—502, 1959; Exeter, Devon, Great Britain, Univ., Washington Singer Labor.; engl.) — 1. vgl. C. **1953**, 263; 8. vgl. C. **1963**, 12304. — Es werden Rechenausdrücke (Diskriminanten) angegeben, die die Auswahl einer geeigneten analyt. Gleichung aus verschiedenen aproximativen Gleichungen von unterschiedlicher Genauigkeit gestatten. Verschiedene Beispiele für Diskriminanten werden angeführt, die bei den in der titrimetr. Analyse üblichen Berechnungen angewendet werden können. W. Betcke. 5050◇

Einsatz zur mehrfachen Hydrierung. R. A. Eisenhauer und R. E. Beal. (Analytic. Chem. **35**, 1110, 1963; Peoria, Ill., Northern Reg. Res. Labor.; engl.) — Der Einsatz besteht aus 6 einzelnen Segmenten aus rostfreiem Stahl, die miteinander verschraubt u. durch Teflonringe abgedichtet sind. Die Zufuhr des H_2 erfolgt durch gesonderte Bohrungen. Mit dieser Vorr. lassen sich 6 Proben im Halbmikromaßstab für analyt. Zwecke nebeneinander hydrieren. H. Kuchenbecker. 5052◇

Thermogravimetrische Analyse. 4. Mitt. **Einige theoretische Betrachtungen.** G. M. Lukaszewski und J. P. Redfern. (Lab. Pract. **10**, 721—24, 1961; Battersea, Coll. of Technol.; engl.) — 3. vgl. C. **1963**, 2935. — Kurze Besprechung einiger theoret. Gesichtspunkte der Technik der thermogravimetr. Analyse. H. Roschkowski. 5052◇

Gasabschreckapparatur für die thermische Analyse bei hohen Geschwindigkeiten. R. D. Garwood, J. R. Moon und B. F. Thrush. (J. sci. Instruments **37**, 108, 1960; Cardiff, Univ. Coll., Metallurg. Dep.; engl.) — Beschreibung einer App., bei der unter Verw. von N_2 als Kühlmittel bes. Metalle u. Legg. mit Geschw. von bis zu 640 Grad/s (Verss. an Al-Bronze) abgekühlt werden können. H. Roschkowski. 5052◇

Änderung des Verteilungskoeffizienten mit dem pH und die Bestimmung von pKα. Ebrahim Angadji und Jean-Claude Colleter. (Bull. Soc. Pharmac. Bordeaux **101**, **147**—58, 1962; Téhéran, Labor. de Chim. de la Fac. de Pharm.; Bordeaux, Fac. de Méd. et de Pharm.; franz.) — Am Beispiel von Chlorpromazin (**I**) u. Promethazin (**II**) untersuchen Vff. die Möglichkeit, aus den als Funktion von pH-Änderungen auftretenden Änderungen des scheinbaren Verteilungs-Koeff. einer Base zwischen 2 Lsgm., einem unpolaren = Cyclohexan u. einem polaren = W. spektrophotometr. pK_α zu ermitteln. Mit Hilfe der beschriebenen, graph. auszuwertenden Meth. finden sie für **I** pK_α = 5,0 u. D = Verteilungs-Koeff. = 9,0 u. für **II** pK_α = 5,7 u. D = 31,3. A. M. Fretzdorff. 5052◇

Analytische Anwendungen der β-Strahlen-Rückstreuung. 1. Mitt. **Verbesserung der Empfindlichkeit durch das Filterverfahren.** Shigemasa Enomoto und Tsutomu

Itō. (Rep. Government ind. Res. Inst., Nagoya **10**, 823—28, 1961; jap., Auszug: engl.) — Die β-Strahlen von ^{90}Sr, ^{90}Y oder ^{204}Tl werden durch die zu untersuchende Probe (bin. Legg.) rückgestreut u. von einem Al-Absorber an der Vorderseite eines Zählfensters gefiltert. Aus Unterss. von Cu–Sn- u. Sn–Pb-Legg. u. der Schichtdicke von Sn auf Fe u. Au auf Cu bei Sättigung folgt, daß die Empfindlichkeit als Exponentialfunktion der Dichte des Al-Filters steigt; bei Dickenmessungen hängt sie auch von der Stärke des Überzugs ab. W. Wesly. 5052◇

Über das Verhalten der Internationalen Weston-Elemente beim Laden und Entladen. Magda Froehlich. (Z. Instrumentenkunde **70**, 56—64, 1962; Braunschweig, Phys.-Techn. Bundesanstalt; dt.) — Die Unters. der Spannungsänderungen an Weston-Elementen bei Entladungsströmen der Größenordnung 10^{-5} bis 10^{-7} A erfolgt durch Vgl. mit stromlosen Vgl.-Elementen u. Best. des Unterschiedes zwischen den Anoden- u. Kathodenpotentialen. Elemente mit Hystereseerscheinungen zeigen extreme Werte im zeitlichen Verlauf der Spannung, u. an den Elektroden findet sich eine höhere Polarisation. Vf. diskutiert die Effekte als Folge der Wirksamkeit von Inhibitoren an den Elektroden. W. Reusse. 5054◇

Einfache Halterung zur Verwendung bei der Messung der thermoelektrischen Kraft thermoelektrischer Stoffe. Joseph F. Turco, John Hickey und Israel Bar-Gadda. (Rev. sci. Instruments **33**, 384—85, 1962; Groton, Conn., Gen. Dynam. Corp., Electr. Boat Div.; engl.) H. Roschkowski. 5054◇

Automatische Registrierung von Elektrocapillarkurven. Miroslav Švestka und Vítěz Kalous. (Chem. Listy **56**, 942—47, 1962; Praha, Karlova univ., Přírod věd. fakulta, Katedra fysik. chemie; tschech.) — Konstruktion u. elektron. Schaltschema des Gerätes. Das Prinzip der Meth. besteht im photometr. Nachw. der abfallenden Hg-Tropfen, wobei die Tropfzeit in elektr. Ladung übergeführt wird, deren Größe dann den Ausschlag eines Galvanometers bestimmt. M. Ryba/Prag. 5054△

Ein Apparat für die Papierionophorese. S. Lovett. (Chem. and Ind. **1960,** 709—10; Porton, Salisbury, Wiltsh., Microbiol. Res. Establ.; engl.) — Anleitung zum Bau einer Vorr. zur Papierionophorese, bestehend aus einem durchsichtigen Kasten, in dem die Papierklemmhalter angebracht sind. W. Betcke. 5062◇

Trennung einiger anorganischer Ionenpaare durch Säulenelektrophorese. T. B. Pierce und P. F. Peck. (Chem. and Ind. **1963,** 1202—03, Harwell, Didcot, Berks., A.E.R.E., Analytic. Chem. Branch; engl.) — Die Ionenpaare K—Na, Rb—Na, Cs—Na, Co—Cu, La—Yb, Co—Yb, Cs—La u. Cs—Yb wurden durch Säulenelektrophorese getrennt. Als Füllmaterial für die Säule diente ein Copolymersat aus PVC u. Polyvinylacetat. Zur Trennung der ersten drei Ionenpaare wurde 0,1—0,15%ig. NH_4CH_3COO-Lsg. als Elektrolyt verwendet; alle anderen Trennungen wurden in 0,1 m Milchsäure-Lsg. vorgenommen. H. Kuchenbecker. 5062◇

Verbessertes System für die Flüssigkeits-Säulenchromatographie. F. A. Vandenheuvel und J. C. Sipos. (J. Chromatogr. [Amsterdam] **10**, 131—40, 1963; Ottawa, Canada, Dep. of Agric., Animal Res. Inst., Res. Branch, C.E.F.; Halifax, Nova Scotia, Fisheries Res. Board, Techn. Stat.; engl.) — Vff. beschreiben eingehend ein Mehrkolonnen-Syst. mit Thermostat, das sich u. a. durch vereinfachtes Füllen (Verdrängung des Elutionsmittels durch die Füllsubstanz) auszeichnet.
F.-M. Friedrich-Anderseck. 5062◇

Farbphotographie polycyclischer Verbindungen auf Tonerdesäulen. G. J. Cleary und R. de Vries. (J. Chromatogr. [Amsterdam] **10**, 248—49, Febr. 1963; Sydney, Univ., School of Technol.; N.S.W. Dep. of Public Health, Div. of Occupational Health; engl.) — Blitzgerät, chromatograph. Säule u. Kamera bilden einen Winkel von 20°. Das Blitzgerät ist mit einem Filter (3560 Å) ausgerüstet, die Kamera mit einem Kodak Wratten 2 B-Gelatinefilter, das lediglich die sichtbare Fluorescenz eintreten läßt.
F.-M. Friedrich-Anderseck. 5062◇

Zusammensetzbare Spiralglassäulen für Dampfphasenchromatographie. Bernard M. Mitzner und Stanley K. Freeman. (Chemist-Analyst **51**, 54, 1962; Union Beach, N.J., Internat. Flavors & Fragrances Inc.; engl.) — Vff. beschreiben Säulen für chromatograph. Unterss. in der Dampfphase von medizin. u. biolog. Materialien, bes. von solchen, die sich in Ggw. von Metallen zersetzen. F. Sarfert. 5062◇

Pyrolyse und Gaschromatographie. C. E. Roland Jones. (Abh. dtsch. Akad. Wiss. Berlin, Kl. Chem. Geol. Biol. **1962,** Nr. 1, 203—05; Carlshalton, Surrey, Vinyl Products Ltd.; dt.) — Vgl. C. **1962,** 5032. — Übersicht über Pyrolyse u. anschließende Verteilungsgaschromatographie, Beschreibung einer Pyrolyseeinheit, Beispiele (Pyrolysechromatogramme von Lackemulsionen, Polyester–Styrol-Copolymerisaten u. Silicongummi). W. Luchsinger. 5062◇

Eine Berechnung für die Lokalisation der Trägergasfront eines Gas–Flüssig-Chromatogramms. Malcolm L. Peterson und Jules Hirsch. (J. Lipid Res. **1**, 132—34, 1959; New York, N.Y., Rockefeller Inst.; engl.) — Zwischen dem Logarithmus des red. Retentions-Vol. (V_R') u. der Kettenlänge einer Reihe Strukturhomologer besteht in der Gaschromatographie eine lineare Beziehung. Um V_R' zu bestimmen, muß man aber die Zeit des Auftretens der Trägergasfront kennen. Das ist bei Verw. eines Ionisationskammerdetektors schwierig. Vff. geben ein mathemat. Verf. zur Best. desselben an. Sie erläutern es an der Trennung der Methylester der Fettsäuren menschlicher Erythrocyten, eines Gemisches von Methylestern der Myristin-, Palmitin-, Stearin- u. Ölsäure sowie eines Gemisches von Dimethylestern der Pimelin-, Kork- u. Azelainsäure. H. Zöllner. 5062◇

Trennungsmethoden für Naturstoffe. 1. Mitt. **Ein neues Gegenstromverteilungsverfahren.** V. Procházka, J. Pitra und Z. Čekan. (Collect. czechoslov. chem. Commun. **27,** 823—31, 1962; Prague, Res. Inst. for Natural Drugs; engl.) — Die Grundrisse einer neuen Technik der Gegenstromverteilung, die von Vff. als bereichertes Verteilungs-Verf. benannt wurde, werden beschrieben. Das Verf. beruht auf der Zufuhr von veränderlichen Substanzzugaben in das mittlere Verteilungselement im Laufe des Verteilungsvorganges. Die Zugaben werden so gewählt, daß die maximale Ausnutzung der App. erreicht u. zugleich die zulässige Grenz-Konz. nicht überschritten wird. Die relativen Substanzzugaben u. die theoret. Verteilungskurve für den bereicherten Grundprozeß werden berechnet. Einfache Formeln zur Berechnung des Trenneffektes, der ähnlich wie beim Craigschen Grundprozeß von der Zahl u. Größe der Zugaben nicht abhängig ist, werden abgeleitet. Der bereicherte Grundprozeß ist vor allem für präparative Aufgaben der Trennung bin. Gemische geeignet. Im Vgl. mit dem Craigschen hat der bereicherte Grundprozeß den Vorteil, daß er die Trennung viel größerer Substanzmengen unter Verw. derselben App. u. des gleichen Lsgm.-Vol. ermöglicht. I. Frič/Prag. 5062△

Trennungsmethoden für Naturstoffe. 2. Mitt. **Die Verfahren der bereicherten vollständigen Entnahme und der doppelphasigen Entnahme.** Z. Čekan, J. Pitra und V. Procházka. (Collect. czechoslov. chem. Commun. **27,** 832—42, 1962; engl.) — 1. vgl. vorst. Referat. — Vff. untersuchen theoret. die Fortsetzung des vollendeten bereicherten Grundprozesses durch die Verff. der vollständigen u. doppelphasigen Entnahme. Für beide Nachfraktionierungs-Verff. werden der Substanz-Geh. u. der Trenneffekt in einzelnen entnommenen Fraktionen berechnet. Einfache Formeln für die Berechnung der zur Erreichung der gewünschten Substanzreinheit erforderlichen Anzahl der Verteilungselemente werden angegeben. Die Eigg. der bereicherten u. der Craigschen Entnahme-Verff. werden verglichen u. ihre Vorteile u. Anwendungsmöglichkeiten werden diskutiert. I. Frič/Prag. 5062△

Einige Werte des Gleichgewichtsverteilungskoeffizienten für Kationen in Salpeter-, Schwefel- und Salzsäure bei Verwendung von AG-sulfoniertem Polystyrolharz. F. W. E. Strelow. (J. South African chem. Inst. **14,** 51—57, 1961; engl.) — Die Bedeutung des Gleichgewichtsverteilungs-Koeff. Kd für die Planung von chromatograph. Ionenaustauschtrennkolonnen wird beschrieben. Kd-Werte in HCl, HNO_3 u. H_2SO_4 unter Verw. des Kationenaustauschers AG 50 W-X 8 werden tabellar. aufgeführt. Der Einfl. von Divinylbenzol auf die Kd-Werte wird untersucht, einige Ergebnisse für salz- u. salpetersaures Medium werden angegeben. R. Worbis. 5062◇

Einige Additionspolymere als Adsorber bei der Chromatographie. T. Urbański und K. Michalska-Mazurkiewicz. (Chem. and Ind. **1961,** 1950—51; Warsaw, Politechnika, Warsaw Inst. of Technol.; engl.) — Einige Additionspolymere wie Polyäthylen (PE von Ziegler) u. Polyvinylchlorid (PVC) werden zur Adsorption der Hydrochloride verschiedener organ. Basen aus ihren wss. Lsgg. benutzt. Die verschieden starke Adsorption bietet die Möglichkeit zur Trennung. Zur Elution werden A. in verschiedenen Konzz. u. das Lsgm. selbst verwendet. K. W. Rowe. 5062◇

Hochempfindliches registrierendes Extinktionsmeßgerät. K. E. Collins und D. J. Steele. (J. sci. Instruments **38,** 186—90, 1961; Leatherhead, Surrey, Brit. Coal Utilisation Res. Assoc.; engl.) H. Roschkowski. 5063◇

Spektroskop für Materialprüfung. T. Török und J. Barabás. (Acta chim. Acad. Sci. hung. **19,** 51—54, 1959; Budapest, Eötvös Univ., Inst. für Anorg. u. Anal. Chem; Csepel Eisen- u. Metallwerke, Materialprüfabt.; dt.) — Beschreibung eines visuellen, binocularen Spektralgerätes für den Vgl. der Linienintensitäten bei der spektroskop. Materialprüfung ohne Probenentnahme. W. Betcke. 5063◇

Angewandte chemische Spektroskopie. 3. Mitt. **Anregungsquellen.** M. Sterghiu-Frimescu und D. Săndulescu. (Rev. Chim. [Bucureşti] **13,** 96—102, 1962; rum.) — Übersicht: Hochfrequenzfackel, Bogenentladung, Funkenentladung, elektr. Entladung in Gasen. R. K. Müller. 5063◇

Ersatz manueller Labormethoden der Lösungsspektralanalyse durch den Automaten. W. Guttmann. (Ernährungsforschung **7,** 693—703, 1963; Potsdam-Rehbrücke, Inst. für Ernähr.; dt.) — Nähere Beschreibung des von Vf. entwickelten spektralanalyt. App. mit einer doppelt rotierenden Funkenstrecke, bei dem der größte Teil der bisher manuell ausgeführten Manipulationen fortfällt. M. Ulmann. 5063◇

Durchlässigkeitsinterferenzfilter für das entfernte Ultraviolett. Daniel J. Schroeder. (J. opt. Soc. America **52,** 1380—86, 1962; Madison, Wis., Univ. of Wisconsin, Space Astronomy Labor.; engl.) — Die Eigg. von einfachen u. mehrfachen Interferenzfiltern des Fabry-Perot-Typs mit Al-Filmen als reflektierender Schicht werden unter Verw. der gemessenen opt. Konst. des Al abgeleitet. Für verschiedene Filter dieses Typs werden für den Bereich von 150—250 nm die berechneten Durchlässigkeitskurven angegeben. Die Eigg. von Vielschichtfiltern, bei denen zwei oder mehr einfache Dreischichtinterferenzfilter aufeinandergeschichtet sind, werden abgeleitet. Vff. zeigen, daß Vielschichtfilter bestimmte Vorteile gegenüber den Dreischichtfiltern besitzen. Bes. wird ein besserer Kontrast ohne nennenswerten Anstieg der Bandenbreite beobachtet. Die Kombination eines Filters erster Ordnung u. eines zweiter Ordnung in einem Vielschichtfilter ergibt erwartungsgemäß eine verringerte Bandenbreite. Die experimentellen Ergebnisse für Vielschichtenfilter bestätigen die vorhergesagten theoret. Vorteile. H. J. Altmann. 5063◇

Die Entwicklung eines verbesserten Atomarabsorptionsgerätes. V. C. O. Schüler und A. V. Jansen. (J. South African Inst. Mining Metallurgy **62,** 790—95, 1962; Johannesburg, Anglo American Corp. of South Africa Ltd., Central Metallurg. Labor.; engl.) — Die Verbesserung des Gerätes besteht darin, daß alle Teile, die mit der Analysen-Lsg. direkt in Berührung kommen, aus Glas oder Ti bestehen. Somit werden Störungen durch Lsg.-Bestandteile des Brenners, die von stark korrodierenden Lsgg. herausgelöst werden können, ausgeschaltet. H. Kuchenbecker. 5063◇

Ein Plastikbrenner zur Atomarabsorptionsanalyse stark korrodierender Lösungen. L. R. P. Butler. (J. South African Inst. Mining Metallurgy **62,** 786—89, 1962; Pretoria, C.S.I.R., Nat. Phys. Res. Labor.; engl.) — Der Grundkörper des Brenners besteht aus Perspex. Verschiedene Typen von Brenneraufsätzen lassen sich verwenden. Die Länge der Flamme kann variiert werden. H. Kuchenbecker. 5063◇

Die Herstellung von Hohlkathodenröhren für die Atomarabsorptionsspektroskopie. L. R. P. Butler. (J. South African Inst. Mining Metallurgy **62,** 780—85, 1962; Pretoria, C.S.I.R., Nat. Phys. Res. Labor.; engl.) — Anleitung zur Herst. von Hohlkathodenröhren, bei denen die verschiedensten Kathodenarten gegeneinander ausgewechselt werden können. H. Kuchenbecker. 5063◇

Die Abzählbarkeit der Komponenten in komplexen Systemen durch Fluorescenzspektrophotometrie. G. Weber. (Nature [London] **190,** 27—29, 1961; Sheffield, Univ., Dep. Biochem.; engl.) — Vf. schlägt vor, die Fluorescenz- sowie die Anregungspektren in Form einer sog. „EF-Matrix" zu schreiben, wobei die Elemente der Matrix Photoströme darstellen, die in den Spalten nach Anregungswellenlängen u. in den Zeilen nach beobachteten Wellenlängen geordnet sind. Der Rang der Matrix gibt die Zahl der Komponenten einer Lsg. an, die bestimmte Absorptions- u. Fluorescenzspektren haben. Als Beispiel wird eine neutrale Lsg. menschlichen Albuminserums u. eine alkal. Lsg. von Na-Naphthionat untersucht. Die erstere enthält die Komponenten Tyrosin u. Tryptophan, die letztere ergibt die Anwesenheit nur einer Komponente (bei Anregungen zwischen 280 u. 360 nm u. Fluorescenzen zwischen 400 u. 550 nm). M. Walther. 5063◇

Hochintensive elektrodenlose Quelle für Raman-Spektroskopie. F. X. Powell, O. Fletcher und E. R. Lippincott. (Rev. sci. Instruments **34,** 36—40, 1963; College Park, Md., Univ., Dep. of Chem.; engl.) — Ein elektrodenloser Lichtbogen, der von einem 3-KW-Oscillator (5 MHz) betrieben wird, erzeugt inhärentes Licht großer Intensität, das als Quelle für Raman-Spektroskopie benutzt werden kann. Die Quelle wurde mit Hg, Cd, Tl, He, K, Rb u. Cs betrieben. G. Krien. 5063◇

Eine einfache, billige, heizbare Infrarotgaszelle. Eugene A. Burns. (Analytic. Chem. **35,** 1106—07, 1963; Menlo Park, Calif., Propulsion Sci. Div., Stanford Res. Inst;. engl.) — Es wird eine elektr. geheizte Zelle mit ca. 15 ml Inhalt u. 8 cm opt. Weglänge beschrieben. Die Dichtung zwischen dem Fenster u. dem inneren Glasbehälter erfolgt durch Ringe aus elast., temperaturbeständigem Rundmaterial wie Silicon, Teflon usw. Nach außen werden die Fenster durch Pb-Ringe abgedichtet. Ein elektron. Temp.-Regler wird beschrieben. Als Anwendungsbeispiel wird die Verdampfungswärme bestimmt, wobei die untersuchte Substanz verunreinigt sein kann, sofern die Verunreinigungen nicht bei den gleichen Wellenlängen wie die Substanz absorbieren. K. Roß. 5063◇

Ein optisches Zubehör zur Aufnahme von Infrarotspektren sehr dünner Filme. R. W. Hannah. (Appl. Spectroscopy **17,** 23—24, 1963; New Kensington, Pa., Al. Co. of Am., Alcoa Res. Labor.; engl.) — Eine mit den theoret. Grundlagen von Francis u. Ellison (vgl. C. **1963,** 1573) konstruierte Spiegeleinrichtung wurde im Probenraum eines Perkin-Elmer-Spektrophotometers 221 untergebracht, in deren Strahlengang die Probe gestellt wird, die ausreichend reflektieren u. die bei organ. Filmen mindestens 50 Å u. bei Oxidschichten 10 Å dick sein muß. Mit polarisiertem Licht (Transmissionspolarisatoren) läßt die Empfindlichkeit sich verbessern. A. Kumm. 5063◇

Verbesserte Suspensionsmethode zur quantitativen Infrarotanalyse von unlöslichen Feststoffen. Meyer Dolinsky, J. A. Wenninger und W. E. Schmidt. (Analytic. Chem. **35,** 931—33, 1963; Washington, D.C., U.S. Dep. of Health, Educat. and Welfare, Food and Drug Admin., Div. of Color and Cosmetics; George Washington Univ., Dep. of Chem.; engl.) — Die zerkleinerte Probe wird zusammen mit einigen Stahlkugeln u. einer Lsg. von Al-Stearat in CS_2 in eine Stahlkapsel gegeben u. mit Hilfe einer Schüttelmaschine suspendiert. An Stelle des CS_2 kann u. a. auch CCl_4, $CHCl_3$ oder Tetrachloräthylen verwendet werden. Die fertige Suspension wird im IR-Spektrographen gegen eine Blindprobe untersucht. Die Meth. ist schnell u. genau sowie äußerst vielseitig anwendbar. H. Kuchenbecker. 5063◇

Zusatzgerät zur Messung der wahren Intensitäten für ein Möll-Mikrophotometer. A. D. Petford. (J. sci. Instruments **39,** 526—27, 1962; Oxford, Univ.; engl.) H. Roschkowski. 5064◇

Vereinfachte Herstellung von Cadmiumjodid-Stärke-Reagens zur colorimetrischen Jodometrie. Jack L. Lambert und Fred Zitomer. (Analytic. Chem. **35,** 405, 1963; Manhattan, Kans., Kansas State Univ., Dep. of Chem.; engl.) — Stärke mit unverzweigter Kette (Amylose) liefert mit CdJ_2 ein sehr stabiles u. empfindliches Reagens für die Jodometrie. Der lösl. blaue Stärke–Trijodid-Komplex hat sein Absorptionsmaximum bei 615 nm. Während man bisher die Amylosefraktion nur durch komplizierte Umkristallisation der Stärke erhielt, ist sie jetzt auch unter dem Namen *Superlose* (I) im Handel. Herst. der Reagens-Lsg.: 11 g CdJ_2 in 400 ml H_2O lösen u. etwa vorhandenes J_2 verkochen. Auf 800 ml verdünnen u. 15 g I unter Rühren hinzufügen. Heiße Lsg. filtrieren u. auf 1 Liter auffüllen. Ulrike Schmidt. 5065◇

Über eine neue Auffassung der „dead-stop"-Methode. Gabriel Dušinsky. (Chem. analit. [Warszawa] **3,** 445—51, 1958; Bratislava, Staatl. Inst. für Arzneimittelforsch.; dt.) — Zusammenfassender Bericht über Unterss., die eine Anwendbarkeit der dead-stop-Meth. auf Syst. zum Gegenstand haben, die eine höhere Polarisationsspannung als die ursprünglich nach dieser Meth. titrierten aufweisen. Der Anwendungsbereich wird auf Grund einer Revision der Auffassung von Foulk u. Bawden (kleine Polarisationsspannung) erheblich erweitert u. bleibt nicht mehr auf Redox-Rkk. beschränkt. W. Betcke. 5066◇

Störung durch Oxalat bei der Oxydimetrie mit Cer(IV). 2. Mitt. **Die Art der Störungsreaktion.** G. A. Rechnitz und Y. El-Tantawy. (Z. analyt. Chem. **193,** 434—37, 1963; Philadelphia, Pa., Univ. of Pennsylvania, Dep. of Chem.; engl.) — 1. vgl. C. **1963,** 12919. — Die Wrkg. von Oxalsäure auf die Rk. zwischen Ce(IV) u. Fe(II) wird an Hand von kinet. Unterss. diskutiert. Folgende Zwischen-Rk. wird vermutet: $Ce(SO_4)_3{}^{2-} + n\,HC_2O_4{}^- \rightleftharpoons Ce(SO_4)_{3-n}(C_2O_4)_n{}^{2-} + n\,HSO_4{}^-$. Damit kann erklärt werden, daß durch überschüssige Liganden, wie $SO_4{}^{2-}$ u. $PO_4{}^{3-}$, der Fehler durch Oxydation von Oxalat verringert wird. J. Peters. 5066◇

Bestimmung von Thorium, Zirkonium, Aluminium usw. mit EDTA und Rücktitration mit Eisen(III)-chloridlösung unter Verwendung von Hydroxynaphthoesäuren als Indicatoren. A. B. Sen und V. B. S. Chauhan. (Z. analyt. Chem. **195,** 255—56, 1963; Lucknow, India, Lucknow Univ., Chem. Dep.; engl.) — Cu^{2+}, Ni^{2+}, Cr^{3+}, Bi^{3+}, ZrO^{2+}, Th^{4+}, Pb^{2+} u. Al^{3+} werden bestimmt, indem man einen Überschuß an EDTA-Lsg. zugibt u. mit $FeCl_3$-Lsg. zurücktitriert. Als Indicatoren wurde 1-Hydroxy-2-naphthoesäure oder 2-Hydroxy-3-naphthoesäure verwendet. H. Schroth. 5066◇

Photometrische Bestimmung von Mikrogrammengen EDTA mit dem Wismut-Brenzcatechinviolett-Komplex. M. Malát. (Chemist-Analyst **51,** 74—75, 1962; Prague, Czechoslov., Charles Univ., Fac. of Natural Sci., Dep. of Analyt. Chem.; engl.) — EDTA entfärbt die rotvioletten Lsgg. des Bi-Brenzcatechinviolett-Komplexes. Vf. benutzt die Entfärbung zur photometr. Best. von kleinen Mengen EDTA. Zu einer Probe (ca. 37 bis 520 μg EDTA) gibt man 1,5 ml einer 0,001 n $Bi(NO_3)_3$-Lsg. u. 6 Tropfen 2.6-Dinitrophenol (0,1% in 60% A.), bringt die gelbe Indicatorfarbe mit 1%ig. HNO_3 gerade zum Verschwinden, versetzt mit 1%ig. wss. NH_3 bis zur schwachen Gelbfärbung u. gibt nun nach u. nach 10 ml KNO_3–HNO_3-Lsg. (1000 ml 2 m KNO_3 + 200 ml 0,2 n HNO_3)

u. 2 ml 0,001 m Brenzcatechinviolett-Lsg. hinzu, füllt auf 50 ml auf u. mißt die Extinktion bei 580 nm gegen Wasser. Den Geh. an EDTA entnimmt man einer Eichkurve. A.-M. Fretzdorff. 5072◇

Untersuchungen über die Lösungsmittelextraktion von Dithizonaten mit Benzol und seine Spektrophotometrie. 1. Mitt. Lösungsmittelextraktion von Dithizonaten mit Benzol und ihre Absorptionsspektren. Masao Kawahata, Heiichi Mochizuki und Takeshi Misaki. (Japan. Analyst. **11**, 819—22, 1962; Kawasaki, Nippon Yakin Kogyo Co. Ltd.; jap., Auszug: engl.) — Au, Ag, Cu, Pt, Pd, Bi, Cd usw. werden aus ihren Salz-Lsgg. durch 1 Min. langes Schütteln mit 10 ml 0,01 %ig. Dithizon–Bzl.-Lsg. extrahiert u. die optimalen Bedingungen (pH-Wert u. H_2SO_4-Konz.) ermittelt. Der Dithizonüberschuß wird durch Waschen mit verd. Alkali-Lsg. beseitigt. Die mol. Extinktions-Koeff. der Metallkomplex-Verbb. werden bestimmt. Bzl. hat ein stärkeres Extraktionsvermögen für die Komplex-Verbb. als Chlf. u. CCl_4. W. Wesly. 5072◇

Galvanische Zelle zur Bestimmung von Sauerstoff in Kohlendioxid enthaltenden Gasen. Karl Koyama. (Analytic. Chem. **32**, 1053—54, 1960; Richland, Wash., Gen. Electr. Co., Hanford Labor. Op.; engl.) — Es wird eine galvan. Gasabsorptionszelle beschrieben, mit der unter Verw. von gesätt. $KHCO_3$-Lsg. als Absorptions-Fl. u. Elektrolyt-Lsg., einer Cd-Anode u. einer Ag-Kathode die Konz. von O_2 in einem CO_2, CO, N_2 u. He enthaltenden Gasgemisch an Hand einer Beziehung zwischen Stromstärke u. O_2-Konz. bestimmt werden kann. W. Betcke. 5086◇

a) Elemente und anorganische Verbindungen

Bestimmung von Wasserstoff in Tantal, Niob und Uran. A. N. Saidel und K. I. Petrow. (Betriebs-Lab. [UdSSR] **24**, 1000—01, 1958; Moskau, Lomonossow-Univ.; russ.) — Der Austausch von H durch ^2H beim Erhitzen von Ta, Nb u. U u. die Einstellung des Gleichgewichtes wurde in Abhängigkeit von Temp. u. Zeit untersucht. Benötigt wurden für Gleichgewichtseinstellung 800—1000° u. 15—30 Minuten. Das Verhältnis $C_{^1H}/C_{^2H}$ in der Gasphase wie im Metall ist für das Gleichgewicht tabelliert. M. Wiedemann. G 238□

Die Messung von Tritium im Eluat einer gaschromatographischen Säule. Arthur Karmen, Irmgarde McCaffrey, James W. Winkelman und Robert L. Bowman. (Analytic. Chem. **35**, 536—42, 1963; Bethesda, Md., Nat. Heart Inst., Labor. of Techn. Dev.; engl.) — Bei genügend hohen ^3H-Geh. werden die getrennten Komponenten durch Überleiten über CuO bei 750° zu CO_2 u. W. oxydiert. Letzteres wird an einem Fe-Kontakt zu H_2 red., welches nach Entfernung von nicht umgesetztem W. mittels $Mg(ClO_4)_2$ direkt in ein Durchflußzählrohr oder einen Scintillationszähler geleitet wird. Bei geringem ^3H-Geh. fängt man die einzelnen Fraktionen in 1,75 inch × 7 mm-Glasröhrchen auf, die mit 10% Siliconöl DC 550 auf p-Terphenylkristallen gefüllt sind u. je nach Flüchtigkeit der Probensubstanzen gekühlt werden können. Der Inhalt der Röhrchen wird dann mit Diphenyloxazol in einen Fl.-Scintillationszähler übergeführt. Neben ^3H kann auch ^{14}C bestimmt werden. Als Proben wurden mit ^3H markiertes Methylpalmitat, Methyl-, Äthyl- u. Propylacetat u. ^{14}C-Butylacetat verwendet. G. Bock. G 238◇

Bestimmung von Sauerstoff in Vanadin, Niob und Tantal durch Schmelzen in Inertgasatmosphäre. George J. Kamin, Jerome W. O'Laughlin und Charles V. Banks. (Analytic. Chem. **35**, 1053—54, 1963; Ames, Iowa, Iowa State Univ., Inst. for Atom. Res. and Dep. of Chem.; engl.) — Zur Best. von O in V eignet sich ein Pt-Bad (Verhältnis Probe : Pt = 1 : 1). Bei Nb u. Ta sind die erforderlichen Pt-Mengen sehr groß (Verhältnis Probe : Pt = 1 : 8 bzw. 1 : 10), jedoch wurden mit einem Pt–Ni-Gemisch (40% Ni) bei den Verhältnissen V : Bad bzw. Nb : Bad bzw. Ta : Bad = 1 : 1 bzw. 1 : 5 bzw. 1 : 6 gute Ergebnisse erzielt. Im Bereich von 100—1000 ppm O beträgt die Standardabweichung bei V ca. 3 Rel.-%, bei Nb u. Ta ca. 5 Rel.-%. In diesem Bereich stimmen die erhaltenen Werte mit den nach der Vakuumschmelz-Meth. bestimmten mit Ausnahme der höheren O-Geh. in Ta-Metall gut überein. P. Kurzmann. G 239◇

Bestimmung von Sauerstoff in Galliumarsenid durch Neutronenaktivierungsanalyse. R. F. Bailey und D. A. Ross. (Analytic. Chem. **35**, 791—94, 1963; Princeton, N.J., RCA Labor.; engl.) — Vff. führten unter Anwendung der Rk. $^{16}O(T, n)^{18}F$ die neutronenaktivierungsanalyt. Best. von O in GaAs durch. T wurde dabei durch die Rk. $^6Li(n, T)^4He$ erzeugt. Die maximale Empfindlichkeit der Meth. beträgt ca. $7 \cdot 10^{-9}$ g O in GaAs, entsprechend 5 Atom-ppm in den angewandten Proben. Die Proben wurden 5 Min. lang mit einem therm. Neutronenfluß von ca. $2 \cdot 10^{13}$ n/cm$^2 \cdot$s bestrahlt. Störungen durch die Rk. $^{19}F(n, 2n)^{18}F$ sind vernachlässigbar klein, wenn die F-Konz. der O-Konz.

von ca. 100 Atom-ppm etwa gleich ist. Durch Rkk. des Li u. O_2 bzw. H_2O der Atmosphäre entstandenes ^{18}F wird durch sorgfältiges Reinigen u. Ätzen der bestrahlten Probe entfernt. P. Kurzmann. G 239◇

Schnellverfahren zur Bestimmung von Sulfat in Lösungen zur Kochsalzelektrolyse. Shinsaku Matsui, Tadao Ueda und Shigeru Katsumata. (J. chem. Soc. Japan, ind. Chem. Sect. [Kōgyō Kagaku Zassi] **59**, 591—92, 1956; jap.) — Vgl. C. **1963**, 21292. — Bei der Best. von SO_4^{2-} in NaCl-Lsg. für die Elektrolyse nach dem Verf. der Ba-Best. (Überschuß) mit EDTA wird die Erkennung des Endpunktes unsicher. Dies läßt sich beheben durch Zusatz von EBT u. Methylrot. Zur Stabilisierung des $BaSO_4$-Nd. wird A.-Zusatz empfohlen, um die Streuung der Ergebnisse einzuengen. Das Verf. mit $BaCrO_4$ nach Hinman liefert befriedigende Ergebnisse, falls der Nd. zweimal filtriert wird. L. Schuler. G 253□

Photometrische Bestimmung von Spuren Bor in Aluminium. Akinari Ichiryu und Shikao Hashimoto. (Japan Analyst **10**, 1137—43, 1961; Sumitomo Light Metal Ind. Ltd.; jap., Auszug: engl.) — Die Probe wird in einer Mischung aus verd. HCl, HNO_3 u. H_2SO_4 gelöst. Der größte Teil des Al wird aus der verd. Lsg. an Dowex-50 adsorbiert, das Eluat wird bis zum Auftreten von H_2SO_4-Rauch abgedampft u. 90 Min. lang mit 1.1'-Dianthrimid auf 90° erhitzt. Dann wird die Extinktion bei 630 nm gemessen. Das Reagens bildet mit B einen 1 : 1-Komplex. Die Eichkurve ist bis 4 μg/10 ml linear. W. Betcke. G 258◇

Bestimmung von Hexafluorophosphat durch amperometrische Titration mit Tetraphenylarsoniumchlorid. Harold E. Affsprung und Vernon S. Archer. (Analytic. Chem. **35**, 976—78, 1963; Norman, Okla., Univ. of Oklahoma, Dep. of Chem.; engl.) — Man titriert die mit NH_4OH/NH_4Cl auf pH 9 gepufferte Hexafluorophosphat-Lsg. bei —1,7 V (gegen Standardkalomelelektrode), wobei das Tetraphenylarsoniumion diejenige Komponente darstellt, die an der Hg-Tropfelektrode red. wird. Zu Vgl.-Zwecken wurde das Hexafluorophosphat gravimetr. durch Fällung mit Nitron bestimmt. Die Ergebnisse beider Meth. stimmten gut überein. Störungen durch F^- treten nicht auf. H. Kuchenbecker. G 264◇

Bestimmung von Natrium durch potentiostatische Coulometrie. E. J. Cokal und E. N. Wise. (Analytic. Chem. **35**, 914—15, 1963; Tucson, Ariz., Univ. of Arizona, Chem. Dep.; engl.) — Die Na-Verbb. werden durch Eindampfen mit $HClO_4$ in $NaClO_4$ übergeführt, das in Acetonitril gelöst wird. Das Na wird an einer Hg-Kathode bei —2,3 V zu Na-Amalgam red. u. anschließend bei —0,1 V coulometr. oxydiert. Als Leitelektrolyt dient Tetraäthylammoniumperchlorat, die Potentialangaben sind auf die Standardkalomelelektrode bezogen. Der Fehler des Verf. liegt in der Größenordnung von $\pm$ 0,016 Mikroäquivalenten. H. Kuchenbecker. G 274

Konduktometrische Bestimmung einer kleinen Menge von Hydrogencarbonat im Gemisch mit einem Überschuß an Natriumcarbonat und umgekehrt. Zdeněk Hoštálek und František Kůtek. (Chem. Průmysl **12 (37)**, 128—30, 1962; Praha, Vysoká škola chemickotechnol.; tschech.) — Die konduktometr. Best. gibt für das Syst. Na_2CO_3 : $NaHCO_3$, gute Resultate, wenn eine Komponente im großen Überschuß vorliegt. J. Schneider. G 274□

Mikrobestimmung von Calcium in Gegenwart von Magnesium nach einer oscillopolarographischen Methode. E. Szyszko. (Roczniki państwowego Zakładu Hig. **14**, 71—77, 1963; Praha, Czech. Akad. Nauk, Inst. Polarograf.; Warszawa, Zakład Badania Żywonści; Przedmtóiow Użytku PZH; pol., Auszug: engl.) — Vf. gibt eine Meth. zur Best. von 0,06—0,135 mg% Ca neben Mg im Verhältnis Ca : Mg = 3 : 1 (entsprechend dem Vork. in Blut) mit einem Fehler von $\pm$ 1,7 Rel.-% an. Die Ca^{2+}-Ionen setzen aus zugegebenem Zn-Komplexonat Zn^{2+}-Ionen frei, die oscillopolarograph. bestimmt werden. P. Kurzmann. G 283◇

Eine photometrische Zinkbestimmung in Eisenerzen. H. Pohl. (Z. Erzbergbau Metallhüttenwes. **16**, 18—21, 1963; Berlin, BAM; dt.) — In Fe-Erzen mit Zn-Geh. von 0,03—1,5% u. in Roheisen mit 0,003% Zn kann die Zn-Best. photometr. mit 1-(2-Pyridylazo)-2-naphthol nach Vortrennung des Zn durch Extraktion des Zn–Thiocynat-Komplexes mit Methylisobutylketon vorgenommen werden. Die Analyse läßt sich schnell durchführen; der mittlere relative Analysenfehler liegt bei $\pm$ 5%. F. Vier. G 288◇

Trennung und Bestimmung von Spurenmengen, Cadmium in Thoriumverbindungen (Ionenaustausch-polarographisches Verfahren). Shizo Hirano, Atsushi Mizuike und Yoshio Iida. (Japan Analyst **11**, 1127—31, 1962; Tokyo, Univ., Fac. of Engng.; jap., Auszug: engl.) — Zur Best. von Spuren Cd in Th-Verbb. gibt man die in HCl gelöste Probe auf einen stark bas. Anionenaustauscher (Cl-Form), wobei Cd im

Gegensatz zu Th absorbiert wird, eluiert mit n-HNO_3 u. ermittelt Cd polarographisch. Auf diese Weise lassen sich in 3—4 Std. 0,01—5 ppm Cd in Th mit ca. 10% Genauigkeit bei 0,1 ppm Cd ermitteln. Zeitsparender ist die Verw. eines fl. Anionenaustauschers (Lsg. von Amberlite LA 2 in Xylol). W. Wesly. G 289◇

Trennung von Beryllium und Aluminium durch Differential-Desulfatisierung. M. R. Seshadri und R. Mallikarjunan. (J. Indian Inst. Sci., B **41**, 7—13, 1959; Bangalore, Indian Inst. of Sci., Mechan. Engng. Sect. and Dep. of Metall.; engl.) — Durch Desulfatisierung der wasserfreien Sulfate in einer SO_3-haltigen Atmosphäre (P_{SO_3} = 0,16 atm) lassen sich Al^{3+} u. Be^{2+} weitgehend trennen. Die besten Ergebnisse wurden erzielt bei Verw. eines $SO_2 : O_2$-Vol.-Verhältnisses von 2 : 1 zur katalyt. SO_3-Erzeugung, einer Zers.-Temp. von 850° u. Einfrieren des Gleichgewichtes durch Wasserkühlung. Bei einer Rk.-Zeit von 1,5 Std. u. Verw. von Substanzmengen von je 1,5 g betrug der Zers.-Grad bei $Al_2(SO_4)_3$ ca. 85%, bei $BeSO_4$ <1%. W. Betcke. G 294◇

Spektrophotometrische Bestimmung von Aluminium in metallischem Tellur. Teru Yuasa. (Japan Analyst **11**, 1269—73, 1962; Sumitano Electric Ind. Ltd.; jap., Auszug: engl.) — Man löst zur Best. von Al in Te die Probe in Königwasser, versetzt die Lsg. im Scheidetrichter mit NH_4-Tartrat u. Cyclohexandiamintetraessigsäure (Komplexbindung anderer Elemente), stellt mit NH_3 u. Puffer-Lsg. auf pH 10 ein, versetzt mit KCN, Oxin u. CCl_4, schüttelt u. bestimmt die Extinktion des CCl_4-Extraktes bei 395 nm. Die in 1 Std. ausführbare Best. gibt befriedigende Werte bei einer mittleren Abweichung von 1,06%. W. Wesly. G 294◇

Bestimmung von Silicium, Eisen und Kupfer in Aluminium hoher Reinheit mit dem Quantorecorder. Kyuya Oida, Kozo Fuzita und Isamu Takahashi. (Japan Analyst **11**, 1136—42, 1962; Kikumoto, Iumitomo Chem. Co. Ltd.; jap., Auszug: engl.) — Zur Best. der Spuren von Verunreinigungen (0,0005—0,01% Si, Fe u. Cu) in Al hoher Reinheit wird ein Quantorecorder unter Anwendung des direkten Spitze–Platte-Verf. u. Erregung mit gedämpfter Entladung verwendet. Die Streuung des Verf. beträgt 10—15%. Die erhaltenen Werte stimmen mit den auf chem. Wege ermittelten Werten bei Abweichungen von <10—30% für jedes Element überein. W. Wesly. G 294◇

Bestimmung von Kupfer, Blei, Cadmium und Zink in spezialreinem Indium und seinen Salzen mit Hilfe der Amalgampolarographie mit stationärer Elektrode. Ss. I. Ssinjakowa, A. G. Dudarewa, I. W. Markowa und I. N. Talalajewa. (J. analyt. Chem. [UdSSR] **18**, 377—84, 1963; Moskau, Vernadsky-Inst. für geochem. u. analyt. Chem. der Akad. der Wiss. der UdSSR; Technol. Lomonosow-Inst. für Feinchemikalien; russ., Auszug: engl.) — Zuerst wird In (als Bromid) mit Diisopropyläther aus 5 m HBr extrahiert (2—5mal). Nach dem Abrauchen des Rückstandes mit $HClO_3$ u. HCl u. Lösen in 0,1—0,2 m NaOH (KOH) werden die Verunreinigungen an einem liegenden Hg-Tropfen bei konst. Potential (—1,6 V) abgeschieden u. danach durch anod. Auflösen bei kontinuierlich veränderlichem Potential bestimmt. Zur Trennung von Pb u. Cd wird die Lsg. mit konz. HCl angesäuert, mit Komplexon III versetzt u. bei —1,0 V abgeschieden. Weiter wie oben. Maximaler Fehler ±15%. W. Pötsch. G 296◇

Standardproben für den Wasserstoffgehalt von Titan. J. T. Sterling, F. J. Palumbo und L. L. Wyman. (J. Res. nat. Bur. Standards, A **66**, 483—87, 1962; engl.) — Die Darst. u. Analyse einer neuen Serie von Standardproben wird beschrieben. Die Proben bestehen aus kommerziell reinem Ti mit H_2-Geh. von 32; 98 u. 215 ppm, sie werden als Nat. Bur. of Standard-Proben Nr. 352, 353 u. 354 bezeichnet.
Ernst Schulte. G 321◇

Eine Methode zur quantitativen spektrochemischen Bestimmung des Eisen-, Silicium-, Niob-, Calcium-, Vanadin-, Magnesium-, Aluminium- und Phosphorgehaltes von Titandioxid. O. Thieme. (Hermsdorfer techn. Mitt. **1**, 8—11, 1960; Hermsdorf, Thür., VEB Keram. Werke Hermsdorf, Techn. Phys. Labor.; dt.) — Es wird eine quant. spektralanalyt. Best.-Meth. für Fe, Si, Nb, Ca, V, Mg, Al u. P angegeben, wobei P im Abreißbogen u. die übrigen Elemente im mechan. gesteuerten Funken nach Feußner bestimmt werden. Die Meth. besitzt einen relativen Fehler zwischen ±4 u. 10%. Der Zeitbedarf beträgt bei 3facher Aufnahme einer jeden TiO_2-Probe für die P-Best. im Abreißbogen 45 Min., für die anderen Elemente im Funken 60 Minuten.
J. Heinze. G 321◇

Bestimmung von Titan in Titan–Aluminium-Legierungen. R. Přibil und V. Veselý. (Chemist-Analyst **52**, 43—44, 1963; Prague, Acad. of Sci., Polarograph. Inst., Labor. of Anal. Chem.; engl.) — In Ti-Al-Legg. (<1 : 50), die nur Spuren Fe enthalten, kann durch Rücktitration des überschüssigen EDTA mit $Bi(NO_3)_3$ gegen Xylenolorange das Ti quant. erfaßt werden, wenn man das Al durch Zusatz von Na-Salicylat maskiert (Meth. A). — Ti kann aus Gemischen von Fe u. Al mit NaOH in Ggw. von Triäthanolamin (I) gefällt u. mit EDTA bestimmt werden (Meth. B). — Bei einem Ti–Al-Verhältnis

$>1:50$ muß das Ti mit NaOH in Ggw. von I ausgefällt u. schließlich mit EDTA titriert werden (Meth. C). — *Bestimmung von Ti in Ti–Al-Legg.* (Meth. A). — In der bis zu 110 mg Al u. 40 mg Ti enthaltenden Lsg. werden 10—20 ml 10% ig. Na-Salicylat, 20 bis 40 ml 20% ig. I, 2 Tropfen Phenolphthalein-Lsg. (II) u. 2 m NaOH zugegeben, bis eine violette Färbung auftritt. Hierauf wird mit HNO_3 (1 : 1) auf pH 1—2 gebracht, unter 20° abgekühlt, 10 ml 10% ig. H_2O_2 sowie ein gemessenes Vol. 0,05 m EDTA u. einige Tropfen Xylenolorange zugegeben, mit 0,05 m $Bi(NO_3)_3$ bis zur roten Anfärbung zurücktitriert. — *Best. von Ti in Ti–Al–Fe-Legg.* (Meth. B). — Zu der Lsg. von 2—40 mg Ti, 100 mg Al u. bis zu 150 mg Fe werden 20—50 mg 20% ig. I sowie 2 m NaOH zugegeben, bis die Färbung verschwindet oder violett wird (in Abwesenheit von Fe u. Ggw. von II). Nach 1 Min. langem Kochen wird das $Ti(OH)_4$ nach 15 Min. abfiltriert, 5 mal mit 1% ig. I-Lsg. sowie 2 mal mit heißem W. gewaschen. Nach Auflösen des $Ti(OH)_4$ mit 25—30 ml (1 : 3) HNO_3 mit W. das Filter waschen, auf 400 ml auffüllen, 10 ml 10% ig. H_2O_2 sowie 0,05 m EDTA zugeben. Nach Einstellen der Lsg. mit NH_3-W. (1 : 10) auf pH 1—2 unter 20° abkühlen, einige Tropfen Xylenolorange zugeben u. langsam mit 0,05 m $Bi(NO_3)_3$ bis zum Umschlag nach Rot zurücktitrieren. — *Best. von Ti bei großem Al-Überschuß* (Meth. C): Die ca. 0,15—1,5 g Al u. 2—40 mg Ti enthaltende Lsg. wird wie unter B angegeben behandelt, das $Ti(OH)_4$ ausgefällt u. wieder gelöst, hierauf die erhaltene Lsg. nach A behandelt. G. Talsky. G 321◇

EDTA-Titrationen von Zirkonium und Hafnium und ihre praktische Anwendung. Yōhe Tsuchiya. (Japan Analyst **11,** 1176—80, 1962; Nagoya, Municip. Ind. Res. Inst.; jap., Auszug: engl.) — Zr u. Hf werden mit EDTA in sd. Lsgg. mit 0,9 ± 0,3n HCl u. Xylenolorange als Indicator titriert. Der Umschlag von Rot nach Gelb soll bei 1 Min. langem Kochen bestehenbleiben. Mengen von 1 g U^{6+}, Fe^{2+}, Al, Zn, Sn u. Mg, 0,1 g Ti, SO_4^{2-} u. 1 mg PO_4^{3-} stören nicht. Fe^{3+} muß mit $SnCl_2$ red. werden. Störungen von 0,1 g Th werden durch Zusatz von ca. 5 mg SO_4^{2-} vermieden. Das Verf. wird zur Schnellbest. von Zr u. Hf in Zirkonsand, Porzellan u. einer Mg-Leg. angewandt. Hf wird neben Zr rechner. durch Anwendung der gravimetr. Best. mit Mandelsäure bestimmt. W. Wesly. G 323◇

Analyse von Indium–Zink–Zinn-Legierungen. Donald G. Biechler. (Chemist-Analyst **52,** 48—49, 1963; Kansas City, Mo., Bendix Corp.; engl.) — Die Summe von In u. Zn wird in ammoniakal. Medium in Ggw. von Tartrat durch Rücktitration eines EDTA-Überschusses mit In-Salz bestimmt. Durch Zugabe von KCN wird eine dem Zn äquivalente Menge EDTA freigesetzt, die mit In-Salz titriert wird. Sn wird mit KF maskiert; es wird in einer gesonderten Probe das Sn jodometr. erfaßt. Methode: 0,5 g Sn–In–Zn-Leg. wird mit 25 ml konz. H_2SO_4 unter Erhitzen gelöst. Nach Abkühlen werden 50 ml W. u. 25 ml konz. HCl zugegeben, auf 250 ml mit W. aufgefüllt. — Zu 50 ml der Lsg. werden 5 g K–Na-Tartrat u. 5 g KF zugegeben. Nach Zusatz von überschüssigem 0,01 m EDTA u. etwas Methylthymolblau-Lsg. wird mit konz. NH_3 bis zur bläulichen Tönung versetzt, hierauf 10 Tropfen NH_3 im Überschuß zugegeben. Bei 80° wird mit 0,01 m In-Lsg. zurücktitriert, bis schwach rosa Färbung erreicht ist. Der EDTA-Verbrauch gibt die Summe von In u. Zn an. — Nach Zugabe von 5 g KCN zur heißen Lsg. wird mit 0,01 m In-Lsg. bis zum rosa Umschlag titriert; der Verbrauch gibt die Menge Zn an. — Zur Best. des Sn werden 100 ml der ursprünglichen Probe-Lsg. mit 75 ml konz. HCl u. 75 ml W. versetzt u. 10 g Pb hinzugefügt, 1 Std. unter CO_2 gekocht. Nach Abkühlen werden 10 ml Stärke–KJ-Lsg. zugegeben u. mit 0,1 n KJO_3-Lsg. titriert. G. Talsky. G 327◇

Über die Bestimmung von Aluminium, Vanadin, Magnesium und Titan in Metallen durch Neutronenbestrahlung. Louis Fournet, Norbert Deschamp und Philippe Albert. (C. R. hebd. Séances Acad. Sci. **254,** 1640—42, 1962; Vitry, C.N.R.S., Labor. de Vitry; franz.) — Die Spuren der zu bestimmenden Elemente werden durch einen nicht-isotopen Träger (hier Fe) abgetrennt. Über die durch n,γ-Rk. erhaltenen, kurzlebigen Radionuclide werden die Elemente Al, V, Mg u. Ti bestimmt. Für die Best. des Mg-Geh. in einem Zr-Metall liegt die Grenze bei ca. $10 \cdot 10^{-6}$ (500 mg Zr, Bestrahlung 1 Min. bei $5 \cdot 10^{12}$ Neutronen/cm² sec). L. Lindner. G 330□

Stickstoffbestimmung in Chrom und Titan. Ss. A. Skotnikow (unter Mitarbeit von Ju. A. Tschumakow). (Nachr. Akad. Wiss. UdSSR, physik. Ser. **23,** 1128—30, 1959; Inst. für Metallurg. der Akad. der Wiss. der UdSSR; russ.) — Vf. untersucht die spektralanalyt. N_2-Best. in Stählen, Cr u. Ti in Abhängigkeit von Kapazität, Induktivität, Elektrodenabstand (EA) u. Druck des Entladungsgases (CO_2). Als günstige Bedingungen ergeben sich: Niederspannungsfunken, Kapazität 400 μF, Induktivität 10 μH, CO_2-Druck 200—300 Torr, EA 0,5 mm, Gegenelektrode Cu. Fehler bei Cr ±0,01%, bei Ti 0,05%. D. Hoene. G 335□

Trennung und Bestimmung von Mikrogrammengen Molybdän in Naturwässern. Ken Sugawara, Motoharu Tanaka und Shiro Okabe. (Bull. chem. Soc. Japan **32,** 221—22, 1959; Chikusa-ku, Nagoya, Univ., Fac. of Sci., Chem. Inst.; engl.) — Die Wasserprobe (1—5 Liter) wird auf 70—80° erwärmt, mit HCl angesäuert, gegen Bromkresolpurpur neutralisiert u. mit Acetatpuffer auf pH 3,8 eingestellt. Unter starkem Rühren werden 2 ml $MnSO_4$-Lsg. (2 mg Mn/ml) u. 2 ml $KMnO_4$-Lsg. (3 mg Mn/ml) zugesetzt (Mo^{6-} wird mit MnO_2-Hydrat mitgerissen), die Lsg. wird auf 80° erwärmt u. nach dem Abkühlen filtriert, der Nd. wird in etwas H_2O_2-haltiger 2n HCl gelöst. Nach dem Wegkochen des H_2O_2 wird die Lsg. des Nd. mit 1 ml 10%ig. Na_2SO_3-Lsg. u. etwas 10%ig. KJ-Lsg. versetzt. J_2 wird durch Erwärmen auf dem Wasserbad vertrieben u. das Vol. auf 10—15 ml eingeengt. Dann werden 2 ml schwefelsaure $Fe(NH_4)_2(SO_4)_2$-Lsg. (0,70 g Salz/100 ml), 3 ml 10%ig. KSCN-Lsg. u. 3 ml $SnCl_2$-Lsg. (10 g $SnCl_2$-Hydrat/100 ml 1n HCl) zugesetzt, u. das gebildete Mo-Thiocyanat wird mit 7 ml einer n-Butanol–Chlf.-Mischung extrahiert. Die Extinktion des Extraktes bei 475 mμ wird gemessen. W. Betcke. G 336◇

Versuche zur Gasbestimmung in hochschmelzenden Metallen nach dem Vakuum-Heißextraktionsverfahren ohne Metallbad. Günter Ehrlich und Klaus Friedrich. (Neue Hütte **8,** 27—31, 1963; Dresden, Inst. für angew. Physik der Reinststoffe; dt.) — Zur Gas-Best. in Mo, W u. Ta nach dem Vakuum–Heißextraktions-Verf. wurde die Eisenbadtechnik mit der Entgasung der Proben ohne Metallbad verglichen. Sowohl hinsichtlich der Reproduzierbarkeit u. Genauigkeit als auch in bezug auf die Rationalisierung der Arbeitsweise ist die Entgasung ohne Metallbad vorteilhafter. Zur Überprüfung der Vollständigkeit der Entgasung wurden die Proben metallograph. u. röntgenograph. untersucht. Danach darf eine quant. Entgasung mit großer Wahrscheinlichkeit angenommen werden. H. Hochstein. G 337◇

Colorimetrische Bestimmung von Thorium in thoriumhaltigem Wolfram unter Verwendung von Thoron. George Norwitz. (Metallurgia [Manchester] **66,** 297—99, 1962; Philadelphia, Pa., Frankford Arsenal; engl.) — Zur colorimetr. Best. von *Th* in W wird die Probe mit einem Gemisch von H_2F_2 u. HNO_3 behandelt u. die Lsg. bis zur Trockne eingedampft. Der Rückstand wird mit $KHSO_4$ geschmolzen. Th wird von W durch Fällung mit NH_3 getrennt. Das gefällte Hydroxid wird mit Na-Tartrat u. HCl gelöst. Nach Zusatz von Thoron kann das rote Th–Thoron-Komplexsalz colorimetr. bestimmt werden. F. Vier. G 337◇

Trennungen unter Verwendung von Sulfiden. 11. Mitt. **Trennung von Aluminium oder Uran von einigen Thiosalze bildenden Elementen.** I. K. Taimni und S. N. Dandon. (Analytica chim. Acta [Amsterdam] **21,** 502—04, 1959; Allahabad, India, Univ., Chem. Labor.; engl.) — 10. vgl. C. **1960,** 8284. — Zur Trennung von UO_2^{2-} oder Al^{3+} von As, Sb, Te, Se, Mo, Hg, Au, Pt u. Re wird die Lsg. der Elemente mit Na_2S-Lsg. behandelt, angesäuert u. aufgekocht. W. Betcke. G 339◇

Trennung des Urans von Spaltprodukten mit Cellulose. Noboru Oi. (Bull. chem. Soc. Japan **35,** 214—18, 1962; Kawasaki, Tokyo Shibaura Electric Co. Ltd., Central Res. Labor.; engl.) — Vgl. C. **1962,** 14757. — Vf. führte Trennungen des U von Spalt-Prodd. durch Lösen des die Spalt-Prodd. enthaltenden $UO_2(NO_3)_2 \cdot 6\,H_2O$ in einem organ. Lsgm. u. Aufgeben der Lsg. auf eine Cellulosesäule (100—200 mesh) durch. Als Lsgm. bewährten sich wasserunlösl. Äther oder Essigsäureester, wie Ae., n-Butyl- oder Isoamylacetat. Mit Alkoholen, Aceton u. Tri-n-butylphosphat wurden nur schlechte Ergebnisse erzielt. Die Spalt-Prodd. werden zurückgehalten, während U fast gar nicht absorbiert wird. HNO_3 muß abwesend sein, da sonst bes. Ru schlecht absorbiert wird. Das Kristallwasser ist für die Trennung erforderlich, jedoch darf kein Wasserüberschuß zugegen sein. Die Verteilungs-Koeff. für ^{140}Ba, ^{89}Sr, ^{239}Np, ^{144}Ce–Pr, ^{91}Y, ^{95}Zr–Nb, ^{106}Ru–Rh u. ^{137}Cs–Ba werden in Abhängigkeit von der U-Konz. in n-Butylacetat graph. mitgeteilt. Die Absorption nimmt mit steigender U-Konz. ab, weswegen die U-Konz. für die Trennung auf $<$0,2m begrenzt wurde. P. Kurzmann. G 339◇

Nephelometrische Schnellbestimmung von Chlorid in Urantetrafluorid. Kenji Motojima, Hiroshi Hashitani und Kazuo Katsuyama. (Japan Analyst **11,** 582 bis 583, 1962; jap.) — 250—800 mg des zu prüfenden *UF_4*, mit *Cl*-Geh. von 20—100 μg werden mit 5 ml einer Lsg. von 50 g $Al(NO_3)_3 \cdot 9\,H_2O$ in 100 ml 10 Min. lang auf 80° erhitzt u. nach dem Abkühlen filtriert, zum Filtrat 2 ml HNO_3 u. 10 ml Glykol gegeben u. mit möglichst wenig W. nachgespült, 1 ml 0,2n $AgNO_3$ zugegeben u. auf 25 ml aufgefüllt. Nach 5—10 Min. langem Einsetzen in 50° warmes W. wird nephelometr. Cl durch Vgl. mit einer gleichbehandelten Eichlsg. bestimmt. L. Schuler. G 339◇

α-Nitroso-β-naphthol als Reagens für die gravimetrische Bestimmung von Uran und Zirkonium. S. V. Patil. (Current Sci. [Bangalore] **31,** 419, 1962; Dharwar, Karnatak Univ., Dep. of Chem.; engl.) — Zur U-Best. wird bei pH 4,1—9,4 u. 40° mit

einer 2%ig. äthanol. α-Nitroso-β-naphthol-Lsg. ein gelber Nd. gefällt, der nach 30 Min. langem Digerieren auf dem Wasserbad, 2std. Absetzen bei Zimmer-Temp., Abfiltrieren u. Trocknen im Trockenschrank bei 900—1000° in einem Pt-Tiegel innerhalb von 4 Std. in U_3O_8 (Wägeform) übergeführt wird. Zur Zr-Best. wird die Lsg. mit HCl auf pH 5,5 bis 5,9 eingestellt u. weiter wie oben verfahren. Be, Al, Ce, Seltenerdmetalle, Ti u. Th stören nicht. Die Genauigkeit der Ergebnisse liegt beim U in der Größenordnung der Ammoniumdiuranat-Meth. u. beim Zr in der der Phosphatmethode.
R. Worbis. G 339◇

Die Trennung und röntgenfluorimetrische Bestimmung von Zirkonium, Molybdän, Ruthenium, Rhodium und Palladium in Lösung in Kernstofflegierungen auf Uranbasis. J. O. Karttunen. (Analytic. Chem. **35**, 1044—49, 1963; Argonne, Ill., Argonne Nat. Labor.; engl.) — Pd wird mit Dimethylglyoxim gefällt; der Nd. wird mit Chlf. extrahiert. Die wss. Schicht wird 6n an HCl gemacht u. auf einen Dowex-1-X 8-Anionenaustauscher gegeben. Zr u. Rh werden nicht absorbiert; in der durchlaufenden Lsg. kann Zr direkt, Rh nach Extraktion des Zr mit 60%ig. Tributylphosphat in CCl_4 oder zur Best. des Zr im Extrakt mit 0,1m Trioctylphosphinoxid in CCl_4 bestimmt werden. U wird mit 0,03m HCl, Ru u. Mo werden mit 8n HNO_3 eluiert; sie brauchen nicht getrennt zu werden. Die Best. erfolgen durch Messung der K_α-Strahlung unter Verw. eines LiF-Kristalles. Die Standardabweichungen sind $<1,5$ Rel.-%. P. Kurzmann. G 339◇

Radiometrische Anlage zur Bestimmung des Uran-, Thorium- und Radiumgehaltes von Gesteinen. Dezső Kiss, Lajos Matus und Zoltán Zámori. (Energia és Atomtechn. **15**, 368—74, 1962; Budapest, Zentralforsch.-Inst. für Phys.; ung.) — Beschreibung des Prinzips u. der App., in der die störenden Strahlungen von Zerfalls-Prodd. durch Schirme aus Al bzw. Pb ausgeschaltet werden. Um einen guten Durchschnitt zu erhalten, verwendet man 700 g des feingepulverten Erzes. Zeitdauer 5—10 Min., Genauigkeit ca. 5%, erfaßbare U-Menge 0,05%. J. Plank. G 339△

Anwendung von Ionenaustauscherharzen in der analytischen Chemie. 4. Mitt. **Trennung von Pb^{2+}, von Ba^{2+}, Sr^{2+}, Ca^{2+}, Mg^{2+}, Fe^{3+} und Fe^{2+} durch Ionenaustauscherharze.** Tetsuo Katsura. (Japan Analyst **10**, 1211—13, 1961; jap., Auszug: engl.) — 3. vgl. C. **1963**, 21667. — Man gibt die zu untersuchende Lsg. auf einen mit Na^+ beladenen Kationenaustauscher u. eluiert Pb^{2+} mit 0,1m $Na_2S_2O_3$-Lösung. Ba^{2+}, Sr^{2+}, Ca^{2+} u. Mg^{2+} werden mit 2,5—3,0m NaCl- oder Na-Acetat-Lsg. eluiert. Fe^{2+} verbleibt im Austauscher u. bildet eine rotgefärbte Komplex-Verb. mit $Na_2S_2O_3$.
W. Wesly. G 354□

Bestimmung von Eisen in Tantaloxid; Schmelzen mit Natriumhydroxid und Photometrie mit o-Phenanthrolin. Masao Yosida und Noboru Kitamura. (Japan Analyst **11**, 744—47, 1962; Kanioka, Mitsui Mining and Smelting Co., Ltd.; jap., Auszug: engl.) — Zur Best. von Fe in Ta_2O_5 schließt man die Probe durch Schmelzen mit NaOH auf, wodurch die Probe leicht lösl. in HF wird. In der Wärme u. in Ggw. von o-Phenanthrolin (I) u. Weinsäure entsteht Fe-I. Die störende Wrkg. von HF auf die Färbung von Fe-I wird durch Zusatz von H_3BO_3 ausgeschaltet. Die bei Zusatz von Fe zu Ta_2O_5 ermittelten Fe-Werte entsprachen 100 $\pm$ 2% der Theorie. Best.-Grenze: ca. 0,0007% Fe_2O_3 bei Anwendung von 1 g Substanz. W. Wesly. G 354◇

Röntgenfluorescenzanalyse von Tantalit und verwandten Stoffen. 2. Mitt. **Bestimmung von Fe_2O_3 und TiO_2 in Tantalit und Ta_2O_5, Nb_2O_5, MnO, Fe_2O_3 und TiO_2 im Extraktionsrückstand.** Koichi Nishimura und Yutaka Kawasaki. (Japan Analyst **11**, 1111—15, 1962; Tokyo, Sumitomo Metal Mining Co.; jap., Auszug: engl.) — Vgl. C. **1963**, 22060. — An synthet. Gemischen aus Ta_2O_5, TiO_2 u. SnO_2 oder MnO ausgeführte Röntgenfluorescenzanalysen ergeben keine besseren Werte als die Analyse von Tantalit u. seinem Extraktionsrückstand. Gute Eichkurven erhält man im Konz.-Bereich 2—75(%) Ta_2O_5, 2—20 Nb_2O_5, 10—88 MnO, 4—30 Fe_2O_3, 2—30 TiO_2.
W. Wesly. G 354◇

Eine neue Aufschlußmethode für schwer schmelzbare Mineralien und ihre Anwendung zur Bestimmung von Eisen(II) und Alkalimetallen. Jun Ito. (Bull. chem. Soc. Japan **35**, 225—28, 1962; Meguro-ku, Tokyo, Univ. of Tokyo, Coll. of Gen. Educat., Dep. of Chem.; engl.) — Vf. beschreibt eine Aufschluß-Meth. für schwer aufschließbare Mineralien mit H_2SO_4/H_2F_2 bei 240° unter Druck in einer mit Teflon ausgekleideten Stahlbombe (Skizze). Nach 3—4 Std. ist der Aufschluß beendet, Fe^{2+} wird nach H_3BO_3-Zusatz mit $KMnO_4$ titriert, die Alkalimetalle werden nach dem Abrauchen des H_2F_2 flammenphotometr. bestimmt. P. Kurzmann. G 354◇

Beiträge zu den Grundproblemen der Komplexometrie. 11. Mitt. **Bestimmung von Titan, Eisen und Aluminium nebeneinander.** Rudolf Přibil und Vladimír Veselý. (Talanta [London] **10**, 383—86, 1963; Prague, Czechoslov. Acad. of Sci., Polarographic

Inst. Analyt. Labor.; engl.) — 10. vgl. Talanta [London] **9,** [1962], 1053; 8. vgl. C. **1963,** 4080. — Al läßt sich in saurem Medium mit Salicylsäure (I) oder p-Aminosalicylsäure maskieren, wodurch die komplexometr. Best. von Ti oder Fe in Ggw. relativ großer Mengen Al (100 mg/100 ml) ohne vorherige Abtrennung möglich ist. Da sich der Al–I-Komplex nur in alkal. Lsg. bildet, ist es erforderlich, nach I-Zusatz die Lsg. mit NaOH alkal. zu machen u. dann wieder auf den pH-Wert 1—2 zu bringen. Der Al-Komplex dissoziiert zu wenig, um mit EDTA zu reagieren. Zusatz von Triäthanolamin (II) ist zur Verhinderung einer zeitweiligen $Al(OH)_3$-Fällung notwendig. Nach dem Ansäuern fügt man H_2O_2 u. EDTA hinzu u. titriert das nicht zur Bldg. des Ti–EDTA-Peroxokomplexes verbrauchte EDTA mit $Bi(NO_3)_3$-Lsg. gegen Xylenolorange zurück. Bei der Titration von Fe neben Al unterbleibt der H_2O_2-Zusatz. Zur Best. von Ti allein neben Al u. Fe fällt man das Ti mit NaOH in Ggw. von **II,** filtriert das Ti-Hydroxid ab, löst es in HNO_3 u. verfährt wie beschrieben. Im Filtrat werden Al u. Fe bestimmt, wobei NaF oder I als Markierungsmittel verwendet werden. Gerhard Schulze. G 354◇

Untersuchung der Struktur von Chromeisenlegierungen mit der Methode der Farbmikroskopie im UV-Licht. L. P. Saitzewa, T. G. Porochowa und K. W. Manwelowa. (Betriebs-Lab. [UdSSR] **28,** 812—13, 1 Tafel, 1962; Leningrad, Polytechn. Inst.; russ.) — Ausgearbeitet wird eine Meth. der Ätzung u. der nachfolgenden Unters. von kohlenstoffhaltigen Fe–Cr-Legg. im ultravioletten Spektralbereich, wodurch es möglich wird, die Phasen zu unterscheiden u. die Zus. dieser Legg. quant. zu bestimmen. Die unter dem Mikroskop bei Belichtung im sichtbaren roten, UV- u. kurzwelligen UV-Bereich erkennbaren Farbunterschiede der einzelnen Leg.-Phasen nach anod. Anätzung in Oxalsäure, $FeCl_3$ + HCl, H_3PO_4 + CrO_3, Citronensäure + KJ + HCl, bas. Lsg. von Na-Pikrat, NaOH, NH_4OH, $Pb(CH_3COO)_2$, $Cd(CH_3COO)_2$, $K_3[Fe(CN)_6]$ bzw. kathod. Anätzung in bas. $KMnO_4$ sind tabell. zusammengestellt. H. Hochstein. G 354◇

Spektrographische Bestimmung von Verunreinigungen im Ferrosilicium. Yû Yokoyama. (Sci. Rep. Res. Inst. Tôhoku Univ., Ser. A **12,** 511—17, 1960; engl.) — 3. vgl. Sci. Rep. Res. Inst. Tohoku Univ., Ser. A **12,** [1960], 430; 2. vgl. C. **1961,** 12947. — Es wurde eine spektrograph. Meth. zur gleichzeitigen Best. von Mikromengen Mn, Cr, Ni u. Ti in pulverförmigem Ferrosilicium entwickelt. Ein Vers. wurde angestellt, um die Konz.-Korrektions-Meth. auf die Ferrosiliciumanalyse anzuwenden. Für die Analyse wurden folgende Linienpaare angewendet: Fe I 2831,29 Å/Mn 2801,06; Fe I 3399,34/Ti II 3372,80; Fe I 3399,34/Ni I 3414,77; Fe I 4250,79/Cr I 4254,35 u. Si I 2987,65/Fe I 3016,19. H. Hochstein. G 354□

Röntgenfluorescenzanalyse von Kupfer–Nickel-Legierungen. 2. Mitt. **Bestimmung von Kobalt und Eisen.** Tsutomu Fukasawa, Tsugio Takeuchi und Akinari Ichiryu. (Japan Analyst **10,** 1077—82, 1961; jap., Auszug: engl.) — 1. vgl. C. **1963,** 22062. — Bei der Röntgenfluorescenzanalyse von Co in Cupro-Ni wird die Intensität der Co-Linie vom Cu/Ni-Verhältnis nicht beeinflußt. Die Best. von 0,06—0,34% Co ist mit einem Fehler von 0,006% möglich. Dagegen ist bei Monelmetall der Cu-Geh. von großem Einfl., so daß für jeden Fall eine bes. Eichkurve erforderlich ist. Eine Schnellbest. von Fe in Cupro-Ni u. Monelmetall ist mit einer einzigen Eichkurve möglich, u. zwar können 0,4—3,3% Fe mit einem Fehler von 0,04% u. $<$0,14% Fe mit einem Fehler $<$0,005% bestimmt werden. W. Betcke. G 355◇

Photometrische Bestimmung von Siliciumspuren in Nickel. F. H. Harrison. (Metallurgia [Manchester] **66,** 300—02, 1962; British Driver-Harris Co., Ltd.; engl.) — Zur Best. von Si-Spuren in Ni wird Si mit n-Butanol als Si-Molybdatkomplex extrahiert. Dann wird mit einer Mischung von Eisen(II)-ammoniumsulfat u. Ascorbinsäure zum blauen Mo-Komplex red. u. photometr. der Si-Geh. bestimmt. Das Absorptionsmaximum der Lsg. liegt bei 795 nm. Es wurden Si-Geh. mit $<$0,01% bestimmt. F. Vier. G 356◇

Quantitative Bestimmung von Nickel- und Manganspuren durch die Diffusions-Reflektions-Spektren bei vorheriger Anreicherung am Cellulose-Ionenaustauscher. I. N. Jermolenko, M. L. Longin und M. S. Gawrilow. (J. analyt. Chem. [UdSSR] **17,** 1035—39, 1962; Minsk, BSSR, Akad. der Wiss., Inst. für allg. u. anorgan. Chem. u. Sektion für Gerontologie; russ., Auszug: engl.) — Zur Best. von Ni- u. Mn-Spuren werden die Kationen aus Lsgg., die 10^{-4} bis 1 μg Ni oder Mn/ml enthalten, an einem Ionenaustauscherpapier angereichert u. direkt auf dem Papier nach der Meth. der Diffusions-Reflektions-Spektrophotometrie durch Auswertung der mit Ni u. α-Furyldioxim sowie Mn u. Formaldoxim gebildeten Farbkomplexe erfaßt. Das verwendete Papier, das durch Oxydation von Filtrierpapier mit N_2O_4 erhalten wird, enthält pro Glucosebaustein eine Carboxylgruppe, an der der Ionenaustausch stattfindet. Die im einzelnen beschriebene Meth. ist hochempfindlich u. selektiv. Sie kann zur serienmäßigen Analyse verwendet werden. H.-P. Pietsch. G 356◇

Bestimmung des Schwefels in Kupferlegierungen. Hardi Stange und Gerd Lehmann. (Chem. Techn. **13,** 595—97, 1961; Berlin; dt.) — Der S wird auf dem Verbrennungswege bestimmt. 0,5 g Späne bei 1200—1300° im O_2-Strom verbrennen u. absorbieren des gebildeten SO_2 in 6% ig. Na_2HgCl_4-Lsg., danach Auffüllen auf 200 ml. Entnahme von 10 ml, Zugabe von 50 ml W., 10 ml 0,9% ig. Formalin-Lsg., 10 ml 0,002% ig. Fuchsin-Lsg. u. Auffüllen auf 100 ml. 2mal Photometrieren nach je 15 Minuten. Dauer einer Best. 55 Minuten. F. Rosendahl. G 358□

Gleichzeitige Bestimmung von freiem Zinkoxid und freiem Kupferoxid in Kupfer-Zink-Ferrit. Bestimmung von freiem Oxid in Ferrit. 2. Mitt. Hiroshi Kitagawa und Norio Shibata. (Nippon Kinzoku Gakkai-Si [J. Japan Inst. Metals] **26,** 186—90, 1962; jap., Auszug: engl.) — Freies ZnO wird aus Ferrit bei 90° mit 12%ig. NH_4-Acetat-Lsg. in ≧ 1 Std. fast vollständig extrahiert, freies CuO in ≧ 8 Stunden. Die Temp., bei der ZnO in Cu–Zn-Ferrit (I) verschwindet, ist von der für CuO verschieden. Durch ≧ 1std. Behandlung von **I** mit 10% ig. NaOH-Lsg. bei 90° wird nur freies ZnO extrahiert. W. Wesly. G 358

Photocolorimetrische Bestimmung kleiner Kupfermengen in metallischem Zink und Cadmium mit Natriumdiäthyldithiocarbamat. A. Chira. (Rev. Chim. [Bucureşti] **13,** 494, 1962; Copşa-Mică, Uzin. chim. metalurg.; rum.) — Der von Cu^{2+} in ammoniakal. Citrat-Lsg. bei pH 9 mit Na-Diäthyldithiocarbamat (I) gebildete braune Komplex geht in organ. Lsgm. mit gelber Farbe in Lsg. u. kann bei 435 nm für die photocolorimetr. Cu-Best. verwendet werden. Die Cu-Best. in Zn u. Cd erfolgt auf Grund einer Eichkurve, die mit 25 ml $ZnCl_2$-Lsg. u. 1—5 ml Cu-Standard-Lsg. unter Zusatz von 5 ml 20% ig. Na-Citrat-Lsg. u. 10 ml 0,1% ig. I-Lsg. unter Extraktion mit 10 ml CCl_4 erhalten wird. Für die Best. werden 10 g Zn bzw. Cd in HCl (D. 1,19) gelöst u. die Lsg. wird mit Zusatz von $KClO_3$ gekocht. Cu kann nach dieser Meth. in Konzz. bis 0,0004% bestimmt werden. R. K. Müller. G 358◇

Bestimmung von Kupfer und Eisen im Zinn der ersten Schmelze. M. J. Le Polles. (Bull. Soc. Pharmac. Bordeaux **101,** 189—93, 1962; Bordeaux; Toulon, Labor. de Chim. analyt. de la Marine; franz.) — Man löst 1 g ± 0,001 g Sn in der Wärme in 15 ml eines Gemisches aus 40 ml HCl, d = 1,19, 15 g Weinsäure, 15 ml HNO_3, d = 1,33, u. 100 ml W. u. füllt nach dem Abkühlen genau auf 50 ml auf. In 10 ml dieser Lsg. bestimmt man Cu nach Zugabe von 40 ml W., 8 ml NH_4OH, d = 0,925, 10 ml 40% Acetaldehyd, 10 ml 2,5% Oxalyldihydrazid u. Auffüllen auf genau 100 ml colorimetr. bei 540 mμ. Ist der Cu-Geh. < 0,1%, kann Cu auch als Cu(II)–NH_3-Komplex bestimmt werden. In einem weiteren 25 ml aliquoten Teil ermittelt man den Fe-Geh. colorimetr. mit o-Phenanthrolin bei 480, 520 mμ nach Zugabe von 2,5 ml NH_4OH, 3,5 ml 50% ig. NH_4-Acetat, 2 ml 10% ig. Hydroxylamin-HCl u. 1 ml 1% ig. o-Phenanthrolin u. Auffüllen auf 50 ml. A.-M. Fretzdorff. G 358◇

Coulometrische Analyse. 9. Mitt. **Bestimmung von Mikromengen Kupfer und Blei unter Verwendung eines I-Q-Registriergerätes.** Shigeki Hanamura. (Rep. Government ind. Res. Inst., Nagoya **11,** 464—58, 1962; jap., Auszug: engl.) — 8. vgl. Rep. Government ind. Res. Inst., Nagoya **11,** [1962], 408; 6. vgl. C. **1963,** 20532. — Bei der Best. von Mikromengen Cu u. Pb unter Verw. des früher beschriebenen I-Q-Registriergerätes ergeben sich Schwankungen von ≦ 2%. Die Abweichungen betragen 2—3% für Mengen von 10 μg u. 9—14% für 1 μg. Jede Best. erfordert eine Zeit von 15 bis 30 Minuten. W. Wesly. G 358◇

Bestimmung von Silber und Kupfer in hochreinem Gold durch Flammenphotometrie. Lyn Jarman, E. Manolitsis und M. Matic. (J. South African Inst. Mining Metallurgy **62,** 773—79, 1962; Transvaal and Orange Free State Chamber of Mines, Biol. and Chem. Res. Labor.; engl.) — Au wird aus 6n HCl mit Hilfe eines Anionenaustauschers abgetrennt. Anschließend wird die Lsg. ammoniakal. gemacht u. unter Verw. der Ag-Linie bei **338,3** nm u. der Cu-Linie bei **324,7** nm flammenphotometr. untersucht. Die günstigsten Ergebnisse werden erzielt, wenn die Einwaage an Au so gewählt wird, daß der Geh. an Ag u. Cu in der Analysen-Lsg. zwischen 0,5 u. 5 μg/ml beträgt. H. Kuchenbecker. G 359◇

Ein kritischer Überblick über Methoden zur Prüfung und Analyse hochreiner Goldbarren. N. P. Finkelstein. (J. South African Inst. Mining Metallurgy **62,** 700—11, 1962; Johannesburg, Anglo American Corp. of South Africa Ltd., Central Metallurg. Labor.; engl.) — Übersicht über die Verff. zur Best. von Au u. den in hocheinem Au vorkommenden Verunreinigungen. — 77 Literaturangaben. H. Kuchenbecker. G 360◇

Eine vergleichende Beurteilung der Schmelzaufschlußmethode und verschiedener indirekter Methoden zur Feinheitsbestimmung von hochreinem Gold. N. P. Finkelstein und D. N. Lock. (J. South African Inst. Mining Metallurgy **62,** 820—43, 1962;

Johannesburg, Anglo American Corp. of South Africa, Central Metallurg. Res. Labor.; engl.) — Bei einem Feinheitsgrad zwischen 999,5 u. 999,95 ppt eignen sich bes. gut emissionsspektroskop. u. atomarabsorptionsspektrometr. Verff., wobei sich erstere durch große Schnelligkeit u. letztere durch sehr gute Reproduzierbarkeit auszeichnen. Alle in südafrikan. hochreinem Au vorkommenden Verunreinigungen lassen sich bestimmen. Es wird die gleiche Genauigkeit wie bei der von der Rand Refinery Ltd. durchgeführten nichtroutinemäßigen Schmelzaufschluß-Meth. erreicht. Im Feinheitsbereich von 995 ppt läßt sich die Schmelzaufschluß-Meth. auch als Routine-Unters. durchführen. — Diskussion. H. Kuchenbecker. G 360◇

Die Anwendung der Schmelzaufschlußmethode auf hochreines Gold bei der Rand Refinery, Limited. J. F. Hanrahan. (J. South African Inst. Mining Metallurgy **62,** 712—27, 1962; Germiston, Rand Refinery, Ltd.; engl.) — Die Meth. dient zur Feinheits-Best. des Au u. wird unter Angabe des Au-Geh. in pp 10000 als Routine-Unters. durchgeführt. Für nichtroutinemäßige Unterss. unter Angabe des Au-Geh. in pp 100000 wird die Meth. abgewandelt. Eine abgewogene Au-Probe mit Standardzusätzen von Pb, Cu u. Ag wird verschmolzen u. nach Behandeln mit heißem HNO_3 aus dem Rückstand der Au-Geh. ermittelt. Genaue Angaben über die Durchführung sowie statist. Auswertungen der Meßergebnisse werden mitgeteilt. — Diskussion. H. Kuchenbecker. G 360◇

Die Bestimmung bestimmter Verunreinigungen in Gold durch Atomarabsorptionsspektroskopie. A. Strasheim, L. R. P. Butler und E. Constance Maskew. (J. South African Inst. Mining Metallurgy **62,** 796—806, 1962; Pretoria, C.S.I.R., Nat. Phys. Res. Labor.; engl.) — Ein Atomarabsorptions-Verf. zur Best. von Cu, Ag, Pd u. Fe in Au unter Verw. der Linien 3247 Å (Cu), 3280 (Ag), 2476 (Pd) u. 2483 (Fe) wird mitgeteilt. Bei der Best. von Cu, Ag u. Pd dient ein Gemisch von Propan u. Butan als Brenngas, während sich bei der Fe-Best. die Verw. von Acetylen als günstiger erweist. Die Empfindlichkeit des Verf. läßt sich etwa verdoppeln, wenn man die Probe mit erhitzter komprimierter Luft zerstäubt, wodurch eine Verkleinerung der Tröpfchengröße erreicht wird. Die gleiche Wikg. zeigt ein Zusatz von tert.-Butanol zur Analysenlösung. Die Nachw.-Grenze ist für alle 4 Elemente $\leqq 1$ ppm. Der günstigste Konz.-Bereich liegt zwischen 5 u. 40 ppm. H. Kuchenbecker. G 360◇

Die Bestimmung von Kupfer, Silber, Palladium, Eisen, Blei und Zink in hochreinem Gold durch Emissionsspektrographie. A. Strasheim, Daphne B. de Villiers und Diana Brink. (J. South African Inst. Mining Metallurgy **62,** 728—38, 1962; Pretoria, C.S.I.R., Nat. Phys. Res. Labor.; engl.) — Eine Probe von 200—210 mg Au wird in den Krater einer Graphitelektrode gegeben u. nach Zündung des Gleichstrombogens spektrograph. untersucht. Die Bedingungen sind so gewählt, daß die Probe zu einer Kugel zusammenschmilzt, wodurch ein bes. gleichmäßiges Brennen des Bogens gewährleistet wird. Zur Auswertung werden folgende Linien herangezogen: Ag 3382,9 (Å), Cu 3274,0, Cu 2961,2, Fe 3020,6, Pd 3421,2, Pb 2833,1, Zn 3345,6, Au 3327,2, Au 3267,1, Au 2963,9 u. Au 2961,9. Die theoret. Nachw.-Grenze für Ag, Cu, Zn u. Pd wurde zu 0,1; 0,04; 4,4 bzw. 4,1 ppm ermittelt. Bei dreifacher Analysenausführung lag der Variations-Koeff. zwischen 2,1 u. 20,4%. H. Kuchenbecker. G 360◇

Analyse hochreiner Metalle. 1. Mitt. **Bestimmung von Eisen und Kupfer in hochreinem Gold und Antimon.** 2. Mitt. **Bestimmung von Blei in hochreinem Wismut.** M. Šteffek. (Chem. Listy **56,** 951—57, 1962; Panenské Břežany, Inst. für Metall-Forsch.; tschech.) — Es wurde ein bes. papierchromatograph. Verf. entwickelt, mit dem die geringsten Spuren ($< 0{,}001\%$) fremder Metalle in hochreinen Metallen getrennt u. nach Elution bestimmt werden können. Das Verf. wurde zur Best. der Spuren von Fe u. Cu in Au u. Sb sowie von Pb in Bi angewandt. Die ausführlich beschriebene Technik hat zum Zweck, das Chromatographieren großer Mengen Probe zu ermöglichen. Es wird das Papier Whatman Nr. 1 bzw. 4 benutzt u. die Chromatogramme werden aufsteigend entwickelt. Die zu analysierenden Metalle werden in 30—40%ig. HNO_3 bzw. Königswasser in der Wärme gelöst u. die Lsg. wird so verd., daß sie in 5—10 ml 1 g Probe enthält. Diese Lsg. wird in einer Menge von $\leqq 2$—3 ml mit einer geteilten Mikropipette auf das Papier in einem vom unteren Rande ca. 10 mm entfernten parallelen Streifen aufgetragen u. möglichst schnell im Dunkeln getrocknet. Als Lsgm.-Syst. ist für Au- u. Sb-Analysen das Gemisch *n-Propylalkohol* (**I**)-W.-*Äthylacetat* (**II**)-konz. HNO_3 (30 : 10 : 20 : 15) bzw. **I**-W.-**II**-konz. HCl-konz. HNO_3 (30 : 5 : 40 : 4 : 15) geeignet; die beiden Lsgm. sind nur 25—30 Std. beständig. Die Au^{3+}-(Sb^{3+})-Bande ist sehr scharf u. wandert in der Front, während die Mischzone von Kationen der I. u. III. analyt. Gruppe in der Startnähe bleibt. In Ggw. von HCl bilden jedoch Fe^{3+} u. Cu^{2+} 2 getrennte Banden. Für Bi-Analysen bewähren sich folgende Lsgm.-Syst.: *Aceton* (**III**)-W.-*n*-Amylalkohol-HNO_3 (25 : 10 : 5 : 10 bzw. 25 : 10 : 10 : 8); *Methyläthylketon* (**IV**)-W.-HNO_3

(25 : 5 : 8 bzw. 25 : 5 : 15); die Lsgm. mit **III** sind besser geeignet. Alle Gemische müssen jeweils frisch hergestellt werden. Die Entw. der Chromatogramme dauert bei den Lsgm. mit **III** bzw. **IV** 5—6 Std. (Papier Nr. 1) bzw. 3—4 Std. (Nr. 4); besser bewährt sich in diesem Fall das erstere Papier. Bei den Lsgm. mit **I** sind 7—8 bzw. 4—5 Std. erforderlich. Das Sichtbarmachen der getrockneten Chromatogramme wird lediglich an beiden senkrechten Rändern in einer Entfernung von ca. 5 mm durchgeführt; bei Au (Sb) wird dazu 2% ig. alkohol. Salicylsäure-Lsg., bei Bi 1% ig. wss. Thioharnstoff-Lsg. benutzt. Man kann auch das ganze, an Hand von Eichlsg.-Gemischen bereitete Chromatogramm mit 5% ig. wss. $K_4Fe(CN)_6$-Lsg. bzw. 2% ig. wss. Na_2S-Lsg. sichtbar machen u. als Vorlage zur Ermittlung der Lage einzelner Zonen an den Chromatogrammen der zu analysierenden Metalle verwenden. Die den einzelnen zu bestimmenden Metallen (Fe, Cu, Pb) entsprechenden Banden werden ausgeschnitten u. die einzelnen Metallkationen mit dem Gemisch HCl–HNO_3–W. (7 : 3 : 20; für Syst. mit **I**) bzw. HNO_3–W. (5 : 20 für Syst. mit **III**; 3 : 20 für Syst. mit **IV**) eluiert. Die Best. einzelner Metalle erfolgt colorimetr.: Pb wird als PbS bzw. mit Dithizon, Cu mit Diäthyldithiocarbaminat, Fe mit Salicylaldoxim bzw. Salicylsäure am besten bestimmt. Die übliche Rhodanid-Meth. für Fe hat sich nicht bewährt. K. Kámen/Prag. G 360△

Die spektrophotometrische Bestimmung von Kupfer in hochreinem Gold. T. W. Steele und A. Hyde. (J. South African Inst. Mining Metallurgy **62,** 764—72, 1962; Johannesburg, Univ. of Witwaterstrand, Gov. Metallurg. Labor.; engl.) — Cu wird durch Ionenaustausch oder durch Solventextraktion mit Tributylphosphat in CCl_4 als Extraktionsmittel vom Au abgetrennt u. mit 2.2-Dichinolyl photometr. bei 545 nm bestimmt. Der Cu–Dichinolyl-Komplex bildet sich bei pH 5 u. wird mit n-Amylalkohol extrahiert. Der Cu-Geh. der untersuchten Au-Proben lag zwischen 0,5—500 ppm, der Variations-Koeff. bei 500 ppm betrug ca. 2%. H. Kuchenbecker. G 360◇

Die spektrographische Bestimmung von Kupfer und Silber in hochreinem Gold. A. L. Esterhuizen. (J. South African Inst. Mining Metallurgy **62,** 739—54, 1962; Johannesburg, Gold Fields Labor.; engl.) — Zur Unters. werden Au-Proben von 20 u. 150 mg in den Krater einer als Anode geschalteten Graphitelektrode gegeben u. durch kurzzeitiges Zünden des Bogens zu kugelförmigen Gebilden zusammengeschmolzen. Diese Kugeln werden anschließend in Graphitelektroden mit bestimmter Kratergröße fest eingebettet u. zur Analyse im Bogen vollständig verbrannt. Die Auswertung erfolgt unter Verw. der Linienpaare Cu 3273,962/Au 3308,310, Cu 2618,366/Au 2528,11 u. Ag 3280,683/Au 3308,310. Nach dieser Meth. lassen sich 0,5—2500 ppm Cu u. 1,0 bis 2000 ppm Ag mit hinreichender Genauigkeit bestimmen. — Diskussion. H. Kuchenbecker. G 360◇

Die Entwicklung von Atomarabsorptionsmethoden zur Bestimmung von Silber, Kupfer, Eisen, Blei und Zink in hochreinem Gold und die Rolle von organischen Zusätzen. V. C. O. Schüler, A. V. Jansen und G. S. James. (J. South African Inst. Mining Metallurgy **62,** 807—19, 1962; Johannesburg, Anglo American Corp. of South Africa Ltd., Central Metallurg. Labor.; engl.) — Best. von Ag, Cu, Fe, Pb u. Zn in hochreinem Au unter Verw. der Resonanzlinien Ag 3281 (Å), Cu 3247, Fe 2483, Pb 2833 u. Zn 2138 wurden durchgeführt. Als Brenngas diente ein Gemisch aus Propan u. Butan. Die Empfindlichkeit hängt weitestgehend von der Art des verwendeten Zerstäubers ab. Sie kann durch Zusatz von A., Aceton oder Äthylmethylketon erhöht werden. H. Kuchenbecker. G 360◇

Simultanbestimmung von Kupfer, Blei und Zink in hochreinem Gold durch Kathodenstrahlpolarographie. L. van Dalsen, E. Manolitsis, M. Matic und V. C. O. Schüler. (J. South African Inst. Mining Metallurgy **62,** 755—63, 1962; Transvaal and Orange Free State Chamber of Mines, Biol. and Chem. Res. Labor.; Anglo American Corp. of South Africa Ltd., Central Metallurg. Labor.; engl.) — Cu, Pb u. Zn werden mit Hilfe eines Anionenaustauschers vom Au getrennt u. anschließend polarograph. unter Verw. 0,1 n KNO_3-Lsg. als Grundelektrolyt bestimmt. Die Best.-Grenze beträgt für jedes Metall 2 μg. H. Kuchenbecker. G 360◇

Spektrophotometrische Bestimmung von Palladium in Titanlegierungen. Toshio Sawada und Sakae Kato. (Nippon Kinzoku Gakkai-Si [Japan Inst. Metals] **26,** 190 bis 195, 1962; Nagoya, Sumitomo Light Metal Ind. Ltd., Res. Labor.; jap., Auszug: engl.) — Vgl. C. **1963, 14435.** — Man löst 0,5 g der zu untersuchenden Probe in einem Gemisch von 5 (ml) 2m Citronensäure, 16 6n HCl u. 6 11,5n HF, versetzt mit 3 16n HNO_3 u. (nach Auflösung der Probe) mit 1,5 (g) H_3BO_3 u. 2 Harnstoff, nach dem Abkühlen mit 5 0,5m $SnCl_2$, verd. auf 50 ml u. ermittelt nach 30 Min. die Extinktion bei 635 mμ. Die gefundenen Werte zeigen eine Abweichung von $<$2,6% bei 0,05—5% Pd. W. Wesly. G 365

Bestimmung von Nickel und Palladium mit α.β-Dioximinoacetoacet-o-toluidid. J. S. Dave und A. M. Talati. (J. Indian chem. Soc. **36**, 735—38, 1959; Baroda, M. S. Univ., Fac. of Sci., Chem. Dep.; Fac. of Technol. and Engng., Textile Chem. Dep.; engl.) — Vgl. C. **1960**, 12793 u. C. **1961**, 1311. — Ni^{2+} u. Pd^{2+} bilden mit α.β-Dioximinoacetoacet-o-toluidid (I) bei pH 5,1—9,1 bzw. >0,1 farbige Ndd. (C. **1961**, 1311) der Zus. $C_{22}H_{24}N_6NiO_6$ bzw. $C_{22}H_{24}N_6O_6Pd$ (2 : 1-Komplexe), die sich zur quant. Best. der Metalle eignen. Ni^{2+} u. Pd^{2+} werden in der Wärme mit 1%ig. alkohol. I-Lsg. (1 g I auf 0,09 g Ni bzw. 0,1 g Pd) bei pH 7—8 bzw. 0,4—0,7 gefällt, die Ndd. werden bei 110—120° getrocknet. Verschiedene Kationen u. Anionen verursachten unter den gewählten Bedingungen keine nennenswerten Störungen. W. Betcke. G 365◇

Bestimmungen mit Vanadin(II)-Salzen. 3. Mitt. **Bestimmung von Kupfer, Quecksilber, Antimon, Wismut, Selen, Tellur, Gold, Platin und Palladium in elementarer Form.** R. K. Mittal und R. C. Mehrotra. (Z. analyt. Chem. **196**, 169—71, 1963; Jaipur, India, Rajasthan Univ., Chem. Labor.; engl.) — 2. vgl. C. **1963**, 7874. — Cu, Hg, Sb, Bi, Se, Te, Au, Pt u. Pd können unter angegebenen Bedingungen aus salzsauren Lsgg. mit VSO_4-Lsg. in elementarer Form gefällt u. gravimetr. bestimmt werden.
P. Kurzmann. G 368◇

Die elektrolytische Trennung der metallischen Phase in Titancarbid–Nickel-Cermets durch Elektrolyse bei konstantem Strom. Eiji Niki, Kazuo Masato und Takero Kyoya. (Japan Analyst **11**, 1185—91, 1962; Tokyo, Univ., Aeronaut. Res. Inst.; jap., Auszug: engl.) — Die Metallphase in TiC–Ni-Cermets wird durch Elektrolyse bei konst. Strom extrahiert u. der Ti-Geh. der Ni-Phase bestimmt. Die Elektrizitätsmenge des Elektrolysenstromes u. das Potential der als Anode fungierenden Probe werden während der Elektrolyse in 1n HCl ermittelt. Das Ende der Extraktion kann zu der Zeit bestimmt werden, wo das Potential der Probe bei der Elektrolyse steil ansteigt. Das Ti–Ni-Verhältnis in der Ni-Phase von Cermets mit 70 TiC u. 30 Ni, die 1 Std. lang im Vakuum auf 1300° erhitzt u. mit W. abgeschreckt worden waren, beträgt 2,4 u. 0,3% nach 2std. Erhitzen auf 600°. W. Wesly. 5282◇

Eine empfindliche Methode zur Bestimmung von Sulfiden in Tonschiefer. S. Neglia. (Clay Minerals Bull. **4**, 243—45, 1961; Mailand, Agip Mineraria, Servizio Geochim.; engl.) — Pyrit reagiert unter Vakuum mit verd. HNO_3 unter Bldg. einer stöchiometr. Menge N_2O_3, das in KOH absorbiert u. mit $KMnO_4$ titriert wird.
Walter Franke. 5290◇

b) Organische Verbindungen

Eine Mikromethode zur Bestimmung von N- und O-Acetylgruppen. D. M. P. Phillips. (Biochem. J. [New York] **86**, 397—401, 1963; London, Royal Cancer Hosp., Inst. of Cancer Res.; engl.) — Es wird eine Meth. zur Best. von Acetylgruppen in Proteinen angegeben, die ebenfalls auf Acylaminogruppen u. andere Substanzklassen angewandt werden kann, die aliphat. Acylgruppen enthalten sowie auf O-Acetate u. O-Propionate. Im allg. werden Proben aufgearbeitet, die 0,5—1 μ mol Acylgruppen enthalten u. so für 5 Chromatogramme ausreichen. Die durch Hydrazinolyse erhaltenen Acylhydrazide werden mit 1-Fluor-2.4-dinitrobenzol zu *Acyldinitrophenylhydraziden* (I) umgesetzt. I werden nach Extraktion mit Ae. papierchromatograph. auf 0,05m *Phthalat* (II) pH 6 gepuffertem Papier mit 2-Butanol, bes. mit II-Puffer pH 6, in der 1. u. mit II-Puffer pH 6 in der 2. Richtung von Nebenprodd. getrennt u. nach Elution mit 2-Propanol–W. (1 : 4%) u. Zusatz von NaOH bei 420 mμ gemessen. Der ermittelte Acetylgruppen-Geh. aus Ovalbumin bzw. an Acetyl- u. Propionylgruppen aus einigen Aminosäuren u. anderen Substanzen beträgt ca. 70% der Theorie. Formylgruppen ergeben niedrige Werte u. Propionylgruppen können nur gemessen werden, wenn die unbekannte Substanz kein Cystein oder Cystin enthält oder wenn diese Aminosäuren zu Cysteinsäure oxydiert werden. H. Althoff. 5364△

Bestimmung von Alkanthiolen in Kohlenwasserstoffen mit Silberionen und Dithizon. R. K. Kunkel, James E. Buckley und George Gorin. (Analytic. Chem. **31**, 1098—99, 1959; Stillwater, Okla., Oklahoma State Univ., Dep. of Chem.; engl.) — NH_4-Dithizonat gibt mit Ag^+ in ammoniakal. Lsg. einen tiefroten Komplex u. wird auf Grund dieser Rk. als Indicator bei der Titration von Mercaptanen gegen Ag^+-Lsg. verwendet. Kleine Mengen Mercaptan lassen sich unter Ausnutzung derselben Farb-Rk. colorimetr. mit Ag-Dithizonat als Farbreagens bestimmen. Zur Herst. der Indicator-Lsg. werden 5 mg Dithizon u. 5 ml konz. NH_3-Lsg. in 50 ml Isopropanol gelöst. Als Lsgm. für das Mercaptan wird Isooctan, als Maß-Lsg. eine 0,005—0,05m $AgNO_3$-Lsg. in Isopropanol verwendet. Die Titration wird unter N_2 in homogener Phase in überschüssigem ammoniakal. Isopropanol als Titrationsmedium durchgeführt. Das colorimetr. Reagens wird durch Schütteln einer 0,01%ig. Lsg. von Dithizon in CCl_4 (200 ml) mit 100 ml 1%ig. wss. $AgNO_3$-Lsg. u. 5 ml 6n H_2SO_4 hergestellt. 5 Min. nach Vermischen der Probe mit überschüssiger Reagens-Lsg. in der Absorptionszelle wird die Extinktion bei 615 mμ gemessen. Sowohl titrimetr. als auch colorimetr. Best. wurden mit Dodekanthiol, Hexanthiol, tert.-Hexanthiol u. Butanthiol durchgeführt, der mittlere Fehler betrug ca. 0,2 bzw. 1,1%. W. Betcke. G 600◇

Untersuchungen über die Farbreaktion von Hydraziden mit Ninhydrin. Akio Tsuji und Masami Hôjô. (Japan Analyst **11**, 1255—62, 1962; Nat. Inst. of Hyg. Sci.; jap., Auszug: engl.) — Hydrazide (I) u. α-Aminosäuren reagieren mit Ninhydrin bei 100° in Ggw. von Ascorbinsäure u. Pyridin unter Bldg. einer Violettfärbung (Ruhemanns Purpur). Der Mechanismus der Rk. wird untersucht. Die colorimetr. Best. von I wird im einzelnen beschrieben (Messung der Extinktion bei 570 mμ). W. Wesly. G 800◇

Eine modifizierte spektrophotometrische Reaktion zum Nachweis organischer Peroxide. Patrick R. Dugan und Richard D. O'Neill. (Analytic. Chem. **35**, 414—15, 1963; Syracuse, N.Y., Syracuse Univ. Res. Corp., Microbiol. and Biochem. Center; engl.) — Die Rk. von N.N-Dimethyl-p-phenylendiaminsulfat (I) mit folgenden Pexoxiden wird untersucht: Lauroyl-, Benzoyl-, Myristoyl-, Di-tert.-butyl-, p-Chlorbenzoyl-, 2.4-Dichlorbenzoyl-, Hydroxyheptyl-, Cyclohexanon- u. Methyläthylketonperoxid u. tert.-Butylhydroperoxid. Je nach dem Lsgm. reagieren die Peroxide verschieden schnell mit I, auch können unterschiedliche Farben auftreten. Ca^{2+}, Co^{2+}, Cu^{2+}, Fe^{2+}, Mg^{2+}, Mn^{2+}, Ni^{2+}, Ti^{2+}, Zn^{2+}, Al^{3+} u. Cr^{3+} reagieren mit I bei pH 5,5 nicht. In Ggw. von Fe^{3+} treten dagegen neue Maxima auf. In alkal. Lsg. (pH 7,5—9,1) verschiebt sich die Farbe des Rk.-Prod. Peroxid–I nach Grün. In dieser schwach alkal. Lsg. wird nur eine geringe Störung durch Aldehyde beobachtet. J. Peters. G 1210◇

Colorimetrische Bestimmung kleiner Mengen Salicylsäureanilide. Maria Brzezicka-Bak und Tadeusz Syrowatka. (Roczniki państwowego Zakładu Hig. **12**, 309—13, 1961; Warszawa, Minist. Zdrowia, Labor. technol.; pol.) — *Salicylsäureanilide* (20—100 mg) werden mit 50%ig. alkohol. KOH-Lsg. hydrolysiert u. das Amin mit Wasserdampf abdestilliert. Nach Diazotieren u. Kuppeln mit Thymol (0,5%ig. Lsg. in 10%ig. NaOH) wird der gebildete Azofarbstoff colorimetriert. Überschüssiges HNO_2 muß vor der Kupplung mit Harnstoff zersetzt werden. F. Urban. G 1250◇

Spektrophotometrische Bestimmung von Kohlenwasserstoffen und Carbonsäuren zur Stoffbilanzangabe bei Carbanionoxydationen. Harvey Pobiner, Thomas J. Wallace und John E. Hofmann. (Analytic. Chem. **35**, 680—82, 1963; Linden, N.J., Esso Res. and Engng. Co., Analyt. Res. Div. and Process Res. Div.; engl.) — Dem bas. Rk.-Medium wird nach Zusatz von W. das nichtumgesetzte Ausgangsmaterial (KW-Stoff) durch Extraktion mit Cyclohexan entzogen. Das Rk.-Prod. (Carbonsäure) bleibt als Salz in der wss. Phase zurück u. wird mit HCl behandelt. Handelt es sich um eine Säure aromat. Natur, so erfolgt ihre Best. ebenso wie die des entsprechenden KW-Stoffes durch photometr. Unters. im UV. Ist die Säure aliphat. Natur oder zeigt sie im UV nur schwache Absorption, so wird die wss. Phase mit einem fl. Anionenaustauscher behandelt u. mit CCl_4 extrahiert. In diesem Fall erfolgt die Best. durch IR-Spektroskopie. Das Verf. wird an Beispielen der Best. von *Toluol* u. *Benzoesäure* sowie *2-Methylnaphthalin* u. *2-Naphthoesäure* erläutert. Der Geh. der zu bestimmenden Stoffe soll zwischen 0,05 u. 10 Gew.-% liegen. H. Kuchenbecker. G 2700◇

Anwendung eines Thiobarbitursäurereagenses zur Entwicklung von Ketosen auf Chromatogrammen. François Percheron. (Bull. Soc. Chim. biol. **44**, 1161—65, 1962; Paris, Fac. de Pharm., Labor. de Chim. Biol.; franz.) — Vf. beschreibt ein neues Reagens: Thiobarbitursäure 0,5 g, A. (80°) 100 ml, Orthophosphorsäure, 85%, 2 ml (bei Zimmer-Temp. lichtgeschützt aufbewahren), das zur Entw. von Ketosen- u. fructosehaltiger Oligosaccharidflecke geeignet ist. Die Flecke erscheinen orangegelb bis gelbbraun. U. Drehmann. G 3400

Quantitative Glykogen- und Zuckerbestimmung mit Hilfe der Papierchromatographie. Gerhard H. Schmidt und Hans Brunnert. (J. Chromatogr. [Amsterdam] **10**, 190—204, 1963; Würzburg, Univ., Inst. für Angew. Zool.; dt.) — Glykogen (I) wird mit 1n HCl 15 Std. lang bei 75° hydrolysiert u. die von Säure befreite Glucose nach der Durchlauf-Meth. mit Äthylacetat–Pyridin–W. (40 : 11 : 6) 6—15 Std. lang entwickelt. Zur Anfärbung wird das trockene Chromatogramm durch aceton. $AgNO_3$-Lsg. (1,5 ml gesätt. wss. $AgNO_3$-Lsg. auf 100 ml Aceton) gezogen u. nach erneuter Trocknung beidseitig mit alkohol. NaOH (10 g NaOH in wenig W. gelöst u. mit 95% Ag. auf 500 ml aufgefüllt) mittels N_2 als Treibgas mehrfach besprüht. Nach Fixierung mit $Na_2S_2O_3$ wird auf dem Papier photometriert u. die Extinktionsfläche (EF) planimetriert.

EF u. log Konz. stehen in linearer Abhängigkeit. Dem Verf. haftet bei Anwendung von 2—12 μg I ein maximaler Fehler von ±6,5% an, der durch nicht quant. Hydrolyse bedingt ist. F. M. Friedrich-Anderseck. G 3400◇

c) Bestandteile von Pflanzen und Tieren

Schnellverfahren zur Bestimmung von Feuchtigkeit und Fett in biologischen Materialien. Hugo E. Wistreich, John E. Thompson und Endel Karmas. (Analytic. Chem. **32**, 1054, 1960; Chicago, Ill., Reliable Packing Co., Res. Labor.; engl.) — Das Fett wird der Probe durch kontinuierliche Dest.-Extraktion mit einem Lsgm. entzogen, das mit Fett ein azeotropes Gemisch bildet u. W. nicht löst. Das Destillat wird in einem Spezialgefäß mit getrennten Abteilungen aufgefangen, das Fett wird nach dem Verdampfen des Lsgm. (Toluol, Tetrachloräthylen) gravimetr. u. das W. volumetr. bestimmt. W. Betcke. 5666◇

Nachweis von Pollen-Flavonoiden durch Fluorescenz auf imprägniertem Papier. G. E. Inglett, R. R. Miller und J. P. Lodge. (Mikrochim. Acta [Wien] **1959**, 95—100; Cincinnati, Ohio, R. A. Taft San. Engng. Center, Publ. Health Serv., Dep. of Health, Educ. and Welfare; engl.) — Eine Reihe von Flavonoiden u. abgeleiteten Verbb. konnte durch Tüpfelproben auf mit $ZrOCl_2$-, $AlCl_3$- u. bas. $BeSO_4$-Lsg. imprägnierten Filtrierpapierstreifen nachgewiesen werden. Die Mehrzahl gab fluorescierende Flecken. Die Erfassungsgrenzen sind für Apiin, Apigenin-7-rhamnoglucosid, Chrysosplenin, Dactylin, Hesperidin, Luteolin-7-glucosid, Naringin, Pectolinarin, Quercitrin, Reynoutrin, Robinin, Rutin, Chrysosplenetin, Flavon, 3-Hydroxyflavon, Isorhamnetin, Luteolin, Quercetin, 3.5.7.4'-Tetraacetoxy-3'-methoxyflavon, 5.7.3'-Trimethoxy-3.4'-dihydroxyflavon, 2.4-Dihydroxyacetophenon, 2.4-Dihydroxybenzaldehyd u. Phloroglucin aufgeführt. Arbutin, 2.6-Dimethoxyphenol, Catechin, Lomatiol, Lapachol, α-Lapachon, β-Lapachon, Resorcin, Salicin, Syringasäure u. Vanillin geben keine Farbreaktion. Papierchromatograph. konnten *Dactylin* u. *Isoquercetrin* in Pollenextrakten von Dactylis glomerate L. u. Dactylin im Extrakt von Phleum pratense L. nachgewiesen werden. W. Betcke. 5666◇

d) Medizinische und toxikologische Analyse

Die Verwendung einer einzelnen Rohrabzweigung zur Bestimmung von Zucker und Harnstoff im „Autoanalyzer". Seymour Winsten. (Ann. New York Acad. Sci. **102**, 127—36, 1962; Philadelphia, Pa., Albert Einstein Med. Center, Dep. of Labor.; engl.) — Der von Skeggs (Amer. J. clin. Pathol. **28**, [1957], 311) beschriebene „Autoanalyzer" wird abgeändert, so daß statt je einer Rohrabzweigung für Glucose u. Harnstoff eine einzige Abzweigung angebracht wird. Die Anordnung gestattet die Ausführung beider Best. in 18 Minuten. W. Wesly. 5725◇

Eine Methode der Carboxyhämoglobin-Bestimmung. Ikuo Ishiyama. (Dtsch. Z. ges. gerichtl. Med. **53**, 12—17, 1962; Tokio, Univ., Gerichtsmed. Inst.; dt.) — Die Best. von *Carboxyhämoglobin* (CO-Hb) erfolgt durch Best. von CO im Blut durch Mikrodiffusion u. colorimetr. Best. des übrigbleibenden $PdCl_2$. Außerdem wird in der gleichen Blutprobe der Hb-Geh. quant. bestimmt u. der Sättigungsgrad des CO-Hb aus dem CO- u. Hb-Wert berechnet. Eine Beeinflussung der Best. von Hb durch das CO-Hb erfolgt nicht. Es ist bei der Messung die postmortale Veränderung des Hb gegenüber dem Normalwert zu berücksichtigen. R. Strufe. 5727△

Quantitative, cytochemische Untersuchung der Ninhydrin-Schiffschen Reaktion. Gy. Rappay und I. Törk. (Acta morphol. Acad. Sci. hung. **12**, 43—49, 1963; Budapest, Hungar. Acad. Sci., Inst. of Exper. Med., Dep. of Morphol.; engl.) — Am Blutgewebe von Amphibien u. Lebergewebe von Säugetieren ausgeführte Unterss. der Ninhydrin-Schiffschen Rk. zeigen, daß diese spezif. u. reproduzierbar ist u. dem Lambert-Beerschen Gesetz folgt. Sie eignet sich zur Unters. der α-Aminosäuren. W. Wesly. 5727◇

Direktbestimmung von Ammonium in Blut- und Gewebeextrakten mit der Phenol-Hypochlorit-Reaktion. Klaus Konitzer und Siegfried Voigt. (Clin. chim. Acta [Amsterdam] **8**, 5—11, 1963; Berlin-Buch, Inst. für Kortiko-Viszerale Pathologie u. Therapie; dt.) — Zur colorimetr. Best. von NH_3 in Blut- u. Gewebeextrakten wird der Trichloressigsäure (10%ig.)-Extrakt des Plasmas bzw. Gewebehomogenisats nach der Sedimentation des Eiweiß in der Kälte gegen Methylorange neutralisiert u. mit Na-Phenolat-Lsg. (ca. 10%ig.), Phosphatpuffer (pH 12), Na-Nitroprussid-Lsg. (0,04%ig.) u. verd. NaOCl-Lsg. (je 1 ml auf 1 ml Extrakt) versetzt. Nach 30 Min. Farbentw. im Dunkeln wird die Extinktion bei 630 mμ (Rotfilter) gemessen. Die Kinetik der Farbentw. wird untersucht u. der Rk.-Mechanismus diskutiert. Messungen werden mit 36 Modellsubstanzen (Aminosäuren, Peptide, ATP) durchgeführt. W. Betcke. 5727◇

Ultramikro- und Mikrobestimmung von Chlorid durch argentometrische Titration mit Dichlorofluorescein als Indicator. Mary L. Baumann und Alberta L. Hatmaker. (Clin. Chem. [New York] 7, 256—63, 1961; Philadelphia, Pa., Temple Univ., School of Med. and St. Christopher's Hosp. for Children; engl.) — Eine zuverlässige Ultramikroabänderung der Best. von Chlorid im Plasma nach Franco u. Klein wird beschrieben. Ein 2. Verf., das nur 0,2 ml Plasma erfordert, bei dem eine Titrationsspritze die Bürette ersetzt, wird als schneller u. angemessener Ersatz vorgeschlagen.
F. Zeidler. 5728◇

Faktoren, die die Schwanzbildung des Albumins bei der Elektrophorese beeinflussen. W. B. Yeoman. (Clin. chim. Acta [Amsterdam] **5**, 75—81, 1960; Bristol Frenchay Hosp.; engl.) — Die Färbung mit Azocarmin B erlaubt eine genaue photometr. Albumin(I)-Best. nach Elektrophorese, wobei der „Schwanz"-Anteil (= 9—14%, Whatman Nr. 1, 175 V) aus der minimalen Talhöhe erhalten wird. Dieser „Schwanz"-Anteil variiert mit der benutzten Papierqualität u. -dicke, steigt an mit der Spannung u. der Zahl der Papierstreifen im Elektrophoresebad u. zeigt keinen einfachen Zusammenhang mit dem gesamten Serum-I, dem Serum-I/Globulin-Verhältnis oder der Höhe des I-Gipfels im Diagramm.
K. Heyns. 5728◇

Zweidimensionale Trennung der Aminosäuren durch Hochspannungselektrophorese und Papierchromatographie. J. Rey, M. A. Mayer, A. Deysson, J. Frézal und M. Lamy. (Rev. franç. Études clin. biol. **7**, 877—82, 1962; Paris, Hôp. des Enfants-Malades, Unité de Rech. de Génét. Méd.; franz.) — Beschreibung einer modifizierten elektrophoret. u. papierchromatograph. Meth. zur Trennung von *Aminosäuren*, mit der Nachteile durch Verw. von Pikrinsäure bei der Eiweißfällung aus Plasma- u. Cerebrospinal-Fl. vermieden werden.
H. Aman. 5730◇

Mikrobestimmung von Dihydroxyaceton in biologischen Flüssigkeiten. M. U. Tsao und E. L. Schwartz. (Analyt. Biochem. [New York] **2**, 107—13, 1961; Ann Arbor, Mich., Univ. of Michigan, Med. School, Dep. of Pediatrics and Communicable Diseases; engl.) — Zur Best. von Dihydroxyaceton (DHA) in *Blut*, *Urin* u. *Gewebe*-Homogenisaten wird zunächst Glucose durch Glucoseoxidase entfernt. DHA wird mit einem Überschuß an 2.4-Dinitrophenylhydrazin zur Rk. gebracht. Der Überschuß an Reagens wird mit Brenztraubensäure zerstört u. zwischen Bzl. u. $NaHCO_3$-Lsg. verteilt. Die Bzl.-Schicht, die das DHA-2.4-dinitrophenylosazon enthält, wird abgedampft, alkohol. NaOH zugegeben u. colorimetriert. Zur Best. anderer störender Substanzen wird DHA mit Alkali zerstört. Empfindlichkeit 5 μg DHA.
A. Gabert. 5732◇

Bestimmung von Eisen in biologischem Material durch die Dimethyl-p-phenylendiamin-Reaktion. C. Ceriotti und L. Spandrio. (Clin. chim. Acta [Amsterdam] **6**, 233—36, 1961; Busto Arsizio, Italy, Centre for Study of Tumours; engl.) — Es wird eine sehr empfindliche Best.-Meth. für Gesamteisen in *Rattenserum*, *-leber* u. *Urin* beschrieben, die auf der Umsetzung mit Dimethyl-p-phenylendiamin (I) beruht. Unter Einhaltung bestimmter Rk.-Bedingungen (pH, Veraschung) können 1 μg Fe reproduzierbar mit einer Standardabweichung von $\pm 1\%$ bestimmt werden. Die Substanz, z. B. 5 ml Urin, wird im Reagensglas mit 0,2 ml konz. H_2SO_4 u. 0,6 ml rauchender HNO_3 auf dem Sandbad aufgeschlossen, mit H_2O_2 geklärt u. bis zur Trockne eingedampft. Der Rückstand muß unbedingt rein weiß sein. Darauf werden 2 ml 2n H_2SO_4 zugefügt u. 15 Min. im kochenden Wasserbad erhitzt. Nach dem Abkühlen werden 1 ml Na-Acetat-Lsg. (8 g auf 10 ml W.) u. 1 ml W. zugefügt, geschüttelt, 1 ml **I** zugegeben u. sorgfältig geschüttelt. Die sich sofort entwickelnde Farbe wird, evtl. nach vorheriger Abtrennung von Trübungen durch Verunreinigungen, bei 515 nm gegen einen Blindwert colorimetr. ausgewertet.
P. Teichgräber. 5732□

Die Bestimmung von Sulfobromophthalein (BSP) in trübem und stark hämolysiertem Plasma und in der Leber. H. H. Andrews und Margaret Trent. (J. Physiology **153**, Nr. 1, 11P, Aug. 1960; London, St. Mary's Hosp., Med. School, Dep. of Pharmacol.; engl.) — Zur Best. von Sulphobromophthalein (Bromthalein; BSP) werden 0,5 ml Plasma mit 0,5 ml dest. W. vermischt, langsam unter Umschütteln 2 ml Aceton u. BSP-Lsg. hinzugegeben u. 15 Min. lang bei 1700 U/min zentrifugiert, 2 ml der überstehenden Fl. abpipettiert, das Aceton verdampft (70°, Vakuum, Luftstrom). Nach dem Abkühlen werden 0,5 ml „Liquid luxe" (Gemisch verschiedener Detergentien; Hersteller: Lever Bros. Ltd.) u. schließlich 1 Tropfen einer annähernd 30%ig. NaOH-Lsg. zugesetzt. Diese Lsg. wird nach 1 std. Stehen klar. Der BSP-Geh. wird durch Vergleich mit einer BSP-Standard-Lsg. bei 580 mμ festgestellt. Zur Best. von BSP in Rattenlebergewebe wird dieses mit Sand verrieben, 4mal mit Aceton–W.-Gemisch (3:1 Vol.) gewaschen u. im übrigen wie oben behandelt. Die Fehlergrenze der BSP-Best. im Plasma liegt bei 8—5%, die in der Leber bei 20 bis $<10\%$.
P. Nachtwey. 5750◇

Bestimmung von nicht veresterten Fettsäuren in kleinen Geweboportionen. M. Novák. (Physiol. bohemosloven. **11**, 551–56, 1962; Prague, Inst. for the Care of Mother and Child; engl.) — Beschreibung einer chromatograph. Meth. zur Best. von *nicht veresterten Fettsäuren* in kleinen Gewebeportionen. Störsubstanzen werden durch Kieselsäure u. Waschen mit verd. H_2SO_4 beseitigt. K. Zingraf. 5750◇

Eine Methode zur Bestimmung von freiem Myoinosit in biologischen Flüssigkeiten und Geweben. Frederick C. Battaglia, Giacomo Meschia und Donald H. Barron. (Biochim. biophysica Acta [Amsterdam] **44,** 354–55, 1960; New Haven, Conn., Yale Univ., School of Med., Dep. of Physiol.; engl.) — *Myoinosit* (I) wird papierchromatograph. [Whatman Nr. 1, Äthylacetat:Pyridin:W. (2:1:2)] von anderen Kohlenhydraten abgetrennt, mit W. eluiert, mit Metaperjodat oxydiert u. die gebildete *Ameisensäure* (II) titrimetr. gemessen (4,5 Mol II pro Mol I). P. Gregorzewski. 5750◇

Über Versuche zur Blutartunterscheidung aus dem Verlauf der Alkalidenaturierung. F. Schleyer. (Dtsch. Z. ges. gerichtl. Med. **51,** 173–79, 1961; Bonn, Univ., Inst. für gerichtl. Med.; dt.) — Die an Blut von Mensch, Affe, Huhn, Taube, Kaninchen, Pferd, Schaf, Ziege, Rind u. Schwein durchgeführten Unterss. ergaben, daß eine gewisse Artunterscheidung nur bei fl. Vollblut — evtl. noch bei ganz frischen Blutspuren — möglich ist, wenn 0,1n NaOH zur Denaturierung verwendet wird. Das Verf. kann wegen der Unsicherheiten nur als Vorprobe gewertet werden. F. Krusen. 5762◇

H. Angewandte Chemie

H_1. Allgemeine chemische Technologie

Possehl Chemie und Isolierstoffe G. m. b. H., Deutschland, übert. von: Possehl Erz- und Chemikalienhandel G. m. b. H., **Herstellung von plastischen oder flüssigen Isoliermassen,** bes. zur Füllung von Dehnungsfugen. Mehrwertige Alkohole, wie Glykol, werden gemeinsam mit bituminösen Stoffen, wie Steinkohlen- oder Phenolpechen, oder Casein bzw. Polyisobutylen in Ggw. von ZnO, von dem ein Teil durch MgO oder CaO u. bis 1% durch PbO ersetzt sein kann, erhitzt. Diese Massen können durch Zusatz von Estern der Phthal-, Adipin- oder Fumarsäure modifiziert werden. Die Kältefestigkeit läßt sich durch Beimischen von Siliconölen erhöhen. Zur Herst. von Füllmassen für Betondehnungsfugen werden Zusätze von Asbest, Baryt, Kaolin u. Montmorillonit, evtl. in Verbindung mit Phenolharzen oder Celluloseestern, verwendet. (**F. P. 1 154 689** vom 4/6. 1956, ausg. 15/4. 1958. D. Prior. 4/6. 1955.) Hans Hoffmann. 5811

Attapulgus Minerals & Chemicals Corp., Baltimore, Md., übert. von: Walter L. Haden jun., Haddonfield, und Cletus O. Martin, Camden, N.J., V.St.A., **Erhöhung der Viscosität organischer Flüssigkeiten,** z. B. von Ölen, durch Mischen mit ½–10 (Gew.-%) eines Dispergierungsmittels u. 1–15 eines natürlichen Tons mit einer Oberfläche von ≧ 50 m^2/g u. ≧ 5 Feuchtigkeits-Geh., z. B. 3–9 Nontronit mit 5–30 Feuchtigkeit, u. Verdampfen eines Teils der Feuchtigkeit im Vakuum. (**Can. P. 569 541** vom 8/9. 1952, ausg. 27/1. 1959. A. Prior. 8/9. 1951.) H.-J. Nitzschke. 5825

Commissariat à l'Énergie Atomique, Paris (Erfinder: Roger Cante, Roquemaure), Frankreich, **Kernreaktorüberwachung.** Ein Gerät zur Probenentnahme aus dem Graphitkörper besteht aus einem länglichen, in den Kanälen axial einstellbar geführten Gestell mit motor. angetriebenem Antriebsgestänge, das mit einer senkrecht zur Längsachse gelagerten Antriebswelle eines Entnahmewerkzeugs gekuppelt ist. Die mit der Antriebswelle über eine elast. Treibverbindung gekuppelte Arbeitswelle, die einen zur Entnahme eines Bohrkerns aus der Graphitwand des Kanals bestimmten Kronenfräser trägt, der sich nach hinten kon. verjüngt, ist mit einer vom Ende des Gestells aus zu betätigenden Vorschub-Vorr. in Richtung ihrer Drehachse längs einer Führung des Gestells verschiebbar, die in dem Teil, der die Antriebswelle am Ende der Vorschubbewegung führt, einen erweiterten, das Schwenken der Antriebswelle u. des Fräsers gestattenden Abschnitt aufweist. (**D. A. S. 1 141 034** Kl. 21g vom 30/5. 1960, ausg. 13/12. 1962. F. Prior. 30/5. 1959 u. 18/3. 1960. **F. P. 1 236 002** vom 30/5. 1959, ausg. 10/11. 1960.) H. Kessel. 5895

H_2. Betriebsschutz. Feuerschutz

Die arbeitshygienischen Normen in der Deutschen Demokratischen Republik. A. Brandt. (Pure appl. Chem. **3,** 57–62, 1961; Berlin-Lichtenberg, Inst. für Arbeits-Hyg.; dt.) — Übersicht über Richtwerte für nichttox. Staubarten, tox. wirkende Gase, Dämpfe u. Stäube u. höchst zulässige Geräusche am Arbeitsplatz. W. Wesly. 5932◇

Grundsätze und Praxis der Anordnung über maximal zulässige Konzentrationen toxischer Stoffe in der Luft industrieller Betriebsräume in der UdSSR. S. B. Smeljanskij. (Pure appl. Chem. **3**, 117—20, 1961; Moskva, Centraln. Inst. Usoversenstvovan., Kat. promysl. gigieny.; dt.) — Übersicht. W. Wesly. 5932◇

Bemerkungen der belgischen Verwaltung zum Problem der zulässigen Konzentration schädlicher Stoffe in der Luft am Arbeitsplatz. A. Uytdenhoef. (Pure appl. Chem. **3**, 41—49, 1961; Bruxelles, Admin. de la Sécurité et de l'Hyg. du Travail; franz.) — Erörterung über die Zus. u. Bezeichnung handelsüblicher KW-Stoff-Gemische. W. Wesly. 5932◇

Die in Italien bezüglich der maximal zulässigen Konzentrationen für industrielle Gifte vorherrschenden Richtungen. L. Parmeggiani. (Pure appl. Chem. **3**, 29—32, 1961; Milano, Univ., Clin. del Lavoro „Luigi Devoto"; franz.) — Übersicht. W. Wesly. 5932◇

Untersuchung über die derzeitigen Definitionen und Auslegungen der maximal zulässigen Konzentrationen in Nordamerika. W. L. Ball. (Pure appl. Chem. **3**, 25—28, 1961; Ottawa, Ontario, Canada, Dep. of Nat. Health and Welfare, Occupat. Health Div.; engl.) — Erläuterung der in Nordamerika gültigen Definitionen u. Berechnungen der maximal zulässigen Konzz. giftiger Stoffe in techn. Produkten. W. Wesly. 5932◇

Vom Committee Z 37 der American Standards Association zur Festlegung der maximal zulässigen Konzentrationen giftiger Stäube und Gase angewandte Verfahren. W. F. von Oettingen. (Pure appl. Chem. **3**, 115—16, 1961; Bethesda, Md.; engl.) W. Wesly. 5932◇

Ergebnis der Luftmengenberechnung aus den USA M.A.K.-Werten und den sowjetischen Grenzkonzentrationen. F. Vollbrecht. (Pure appl. Chem. **3**, 355—57, 1961; Berlin, DDR, Arbeitssanitäts-Inst., Abt. Gesundh.-Wesen; dt.) — Ein Vgl. der nach der sowjet. u. der USA-Schädlichkeitsbilanzformel (SF) berechneten Luftmengen zeigt keine großen Unterschiede der sich ergebenden, techn. Forderungen. Für die Anwendung der SF müssen zulässige Arbeitsplatz-Konzz. (ZAK) oder Sicherheits-Arbeitsplatz-Konzz. (SAK) festgelegt werden. Außer der Grundforderung nach einem eindeutigen Meß-Verf. für die hygien. Richtwerte muß die Forderung nach Festlegung der Luftmengenberechnung für die Richtwerte erhoben werden. W. Wesly. 5932◇.

Betrachtung zum Problem der „Grenzwerte" und der gewerbehygienischen Arbeit K. Wülfert. (Pure appl. Chem. **3**, 51—56, 1961; Oslo, Statens Arbeidstils., Yrkeshyg. Inst.; dt.) — Erörterung der Voraussetzungen, an die die Bekämpfung von Gesundheitsschäden durch Chemikalien geknüpft ist u. der Grundzüge von Listen, die „Grenzwerte" enthalten. W. Wesly. 5932◇

Gesichtspunkte der Sicherheitsgrenzen in der Industrie. G. C. E. Burger. (Pure appl. Chem. **3**, 91—96, 1961; Eindhoven, Niederlande, Philips' Gesondh.-Centrum; engl.) — Erörterung der Beziehung: Sicherheitsgrenzwert (Hygienestandard) = Schwellengrenzwert: Sicherheitsfaktor u. der Bedeutung der einzelnen Begriffe u. der Liste der Sicherheitsgrenzen. W. Wesly. 5932◇

Zulässige und Sicherheitsgrenzen. A. Zambrano. (Pure appl. Chem. **3**, 37—39, 1961; Napoli, Ist. di Med. Ind.; franz.) — Erläuterung der Begriffe der zulässigen u. der stets viel niedrigeren Sicherheitsgrenzen für industrielle Giftstoffe. W. Wesly. 5932◇

Bemerkungen über den Begriff der zulässigen Grenzen giftiger Stoffe in der Industrie. J. Roubal. (Pure appl. Chem. **3**, 63—67, 1961; Praha, Tschechoslow., Ust. hyg. práce a chorob z povol; franz.) — Erörterung der Maßnahmen zur Gewährleistung einer einwandfreien Atemluft am Arbeitsplatz unter Berücksichtigung des Umgangs mit gesundheitsschädlichen Stoffen. W. Wesly. 5932◇

Grundgedanken über maximal zulässige Konzentrationen giftiger Stoffe. A. A. Letavet. (Pure appl. Chem. **3**, 21—23, 1961; Moskau, Inst. Gigien. Truda i Profzabolev.; engl.) — Erörterung des Begriffes u. der Bedeutung maximal zulässiger Konzz. (M.A.C.) giftiger Stoffe in der Luft. W. Wesly. 5932◇

Anwendung experimenteller Verfahren als Basis zur Bestimmung der maximal zulässigen Konzentrationen. J. M. Barnes. (Pure appl. Chem. **3**, 97—107, 1961; Carshalton, Toxicol. Res. Unit., M.R.C. Labor.; engl.) — Die experimentellen Verff. zur Best. des Einfl. eingeatmeter Stoffe auf Vers.-Tiere werden krit. geprüft. — 27 Literaturangaben. W. Wesly. 5932◇

Einige zur Festlegung der maximal zulässigen Konzentrationen angewandte Verfahren. E. I. Lyublina. (Pure appl. Chem. **3**, 109—13, 1961; Leningrad, Inst. Gigieny Truda i Profzabolev.; engl.) — Erörterung der Verff. zur Festlegung der höchst zulässigen Konzz. an Giftstoffen auf Grund von Tierversuchen. W. Wesly. 5932◇

Die Bedeutung der individuellen Empfindlichkeit für die Festsetzung der zulässigen Grenzen giftiger Stoffe in der Industrie. M. Wassermann, G. Mihail und G. Bogea. (Pure appl. Chem. **3**, 85—89, 1961; Bucaresti, Inst. de Igien. si Sănătate Publ. R.P.R., Sect. Igien. Muncii; franz.) — Bei Festlegung der zulässigen Grenzwerte giftiger Stoffe auf Grund von Tier-Verss. müssen die individuellen Kennwerte (Art, Alter, Geschlecht, Beschaffenheit des am stärksten betroffenen Organs, Konz. des Giftstoffes in der Luft, die Schädigungen bzw. keine Schädigung auslösen) berücksichtigt werden.
W. Wesly. 5932◇

Ein Beitrag zur Frage der maximalen Arbeitsplatzkonzentration sogenannter „interner" Industriestäube. H. Drasche. (Pure appl. Chem. **3**, 77—81, 1961; Saarbrücken, Univ. des Saarlandes, Inst. für Arbeits-Med.; dt.) — Aus Unterss. ergibt sich, daß eine ca. 10jährige Berufstätigkeit bei geringer, körperlicher Belastung in einer Mischstaubatmosphäre (1,0—2,0 [%] Quarz u. 40—45 Fe-Oxide) mit durchschnittlich 1500 Teilchen/cm^3 u. einem Feinstaub-Geh. von 90—95% eine gesundheitliche Schädigung bewirkt. W. Wesly. 5932◇

Ein Verfahren zur Beurteilung der Einwirkung schädlicher Stoffe auf Arbeiter. R. Frant und J. H. C. van Mourik. (Pure appl. Chem. **3**, 123—26, 1961; Eindhoven, Niederlande, Philips' Gesondh.-Centrum; engl.) — Zur Beurteilung der Einw. schädlicher Stoffe (z. B. Pb) wird eine Gruppe von N Personen untersucht, wobei 8 oder 9 klin. Symptome beobachtet u. mit n Punkten bewertet werden. Auf diese Weise ergibt sich die in % ausgedrückte Wrkg. des schädlichen Stoffes auf die Gruppe durch das Verhältnis 100n:8N bzw. 100n:9N. W. Wesly. 5932◇

Analytische Verfahren zur Bestimmung der Konzentration giftiger Stoffe in Industrieatmosphären. J. C. Gage. (Pure appl. Chem. **3**, 331—38, 1961; Welwyn, ICI, Ltd., Ind. Hyg. Res. Labor.; engl.) — Eine Erörterung der analyt. Verff. zur Best. des Geh. von Industrieluft an giftigen Stoffen zeigt, daß eine Wechselbeziehung zwischen der maximal zulässigen Konz. u. den analyt. Verff. besteht. Die angewandten analyt. Verff. sollten von den mit den Problemen der Lufthygiene vertrauten Personen ausgewählt werden. W. Wesly. 5932◇

Verfahren zur Bestimmung schädlicher Gase, Dämpfe und Stäube in Industrieluft. O. D. Khalizova. (Pure appl. Chem. **3**, 371—73, 1961; engl.) — Übersicht über die chem. u. physikal.-chem. Verff. zur Best. schädlicher Stoffe in der Luft.
W. Wesly. 5932◇

Ein neues polarographisches Verfahren zur Bestimmung von Spuren in Industrieatmosphären suspendierten Mangans. P. Sanz-Pedrero. (Pure appl. Chem. **3**, 359—69, 1961; Madrid, Ciud. Univ., Inst. de Med. y Segur. del Trabajo.; engl.) — Das näher beschriebene, polarograph. Verf. zur Best. von Spuren Mn in der Luft beruht darauf, daß Mn in Ggw. einer 0,1n Na_2SO_3-Lsg. eine kathod. Red.-Welle bei einem Halbstufenpotential von —1.54 V (bezogen auf die gesätt. HgCl-Elektrode bei 22°) aufweist. Man löst die gesammelte Staubprobe in HNO_3, löst den Eindampfrückstand in HCl, stellt mit NH_4OH auf pH = 4,0 ein u. polarographiert in Ggw. von Na_2SO_3-Lösung. Cd, Cu, As, Pb, Ca, Fe u. PO_4^{3-} stören nicht. Beleganalysen zeigen die Genauigkeit des Verfahrens. W. Wesly. 5932◇

Die Anforderungen an die analytischen Verfahren im Zusammenhang mit den maximal zulässigen Konzentrationen (M.A.C.). S. Skramovský. (Pure appl. Chem. **3**, 347—49, 1961; Praha, Matem.-fysik. Fak., Kat. anorg. Chem.; franz.) — Erörterung über die Anwendung der zur Best. giftiger Stoffe dienenden, analyt. Verff. nach ihrem Genauigkeitsgrad: Orientierungs-Verff. zur Schnellerkundung der Arbeitsplatzbedingungen; genaue Verff. mit einer durch die maximal zulässige Konz. gegebenen Empfindlichkeitsgrenze, Verff. mit höchster Empfindlichkeit für Geh. unterhalb der maximal zulässigen Konzentration. W. Wesly. 5932◇

Einfluß der Probeentnahmestelle auf die Größe der Konzentration der schädlichen Stoffe. L. Oppl. (Pure appl. Chem. **3**, 351—53, 1961; Praha, Ust. hyg. práce u chorob z povol.; dt.) — An Hand der CS_2-Konzz. in der Luft in einer Spinnerei wird die Bedeutung einer richtigen Luftverteilung in Betrieben, in denen giftige Gase auftreten, aufgezeigt. W. Wesly. 5932◇

Beitrag zur toxikologischen Beurteilung chemisch-technischer Stoffe. B. Barhad und Sulamith Pallade. (Pure appl. Chem. **3**, 163—67, 1961; Bucŭreşti, Inst. de Igiena si Sanatate Publ. R.P.R., Sect. Igiena Muncii; franz.) — Übersicht über die verschiedenen Verff. zur toxikolog. Beurteilung chem.-techn. Stoffe. — 16 Literaturangaben. W. Wesly. 5932◇

Über die Bedeutung der maximalen Arbeitsplatzkonzentrationen ((M.A.K.-Werte) gesundheitsschädlicher Arbeitsstoffe und ihre analytische Erfassung. G. A.

Hunold. (Pure appl. Chem. **3**, 339—42, 1961; Berlin-Dahlem, Inst. für Wasser-, Boden- u. Lufthyg.; dt. — C. **1961**, 6589.) W. Wesly. 5932◇

Erfahrungen mit vorgeschlagenen Sicherheitsgrenzen bei Einwirkung giftiger Berylliumverbindungen in USA. Harriet L. Hardy. (Pure appl. Chem. **3**, 33—35, 1961; Boston, Mass., Massachusetts General Hosp., Occupat. Med. Clin.; franz.) — Die in USA maximal zulässigen Be-Konzz. von 25 ($\mu g/m^3$) Luft bei kurzzeitiger u. 2 bei dauernder Einw. werden erörtert. W. Wesly. 5932◇

Einige Werte für toxische oder maximal zulässige Schwefelkohlenstoffkonzentrationen. L. Magos. (Pure appl. Chem. **3**, 203—04, 1961; Budapest, Országos Munealgészségügyi Inst.; engl.) — Bei dauernder Einw. von ca. 50 mg CS_2 je m^3 Atemluft auf den Menschen kann nach 5 Jahren mit dem Auftreten einer chron. Vergiftung gerechnet werden. Die maximal zulässige CS_2-Konz. kann aus den angestellten Unterss. nicht abgeleitet werden, beträgt aber sicher < 50 mg/m^3. W. Wesly. 5932◇

Grundlegende Untersuchungen zur Festlegung einer geeigneten, maximalzulässigen Konzentration von Blei in Industrieluft. K. Horiuchi. (Pure appl. Chem. **3**, 145—50, 1961; Osaka, Shiritsu Daigaku Igaku-ku; engl.) — Die Einw. von Pb auf Menschen u. Hunde (orale Verabreichung von Pb-Acetat) u. auf Meerschweinchen (Verabreichung von RaD) u. die dabei entstehenden Symptome werden beschrieben. Die Geh. von Blut, Urin u. Fäces gesunder, städt. u. ländlicher Einwohner Japans an Pb werden angegeben. W. Wesly. 5932◇

Die Messung der Exposition des Arbeiters — Neuartige Apparate zur laufenden Bestimmung von Lösungsmittelkonzentrationen in der Luft. D. Högger. (Pure appl. Chem. **3**, 343—45, 1961; Zürich, Univ., Inst. für Hyg.; dt.) — Zur Best. des Geh. der Luft an chlorierten KW-Stoffen wird die Luft durch ein 800—1000° erhitztes Quarzrohr geleitet, wobei HCl u. $COCl_2$ entstehen u. durch eine mit dest. W. gefüllte Meßzelle geleitet. Die Änderung der elektr. Leitfähigkeit des W. ist ein Maß für den Geh. der Luft an chlorierten KW-Stoffen. Grundsätzlich kann das Gerät auch für Gase u. Dämpfe verwendet werden. W. Wesly. 5932◇

Die Einwirkung von Blei auf Arbeiter der Pigmentindustrie. F. Hartogensis. (Pure appl. Chem. **3**, 303—06, 1961; 's Gravenhage, Inst. voor Gezondh.-Techn., T.N.O., Afd. Ind. Luchtverontreinig.; engl.) — Die Luft in Pigmentfabriken enthielt durchschnittlich 0,39 mg/m^3 Pb. Die dort beschäftigten Arbeiter waren verschiedenen Pb-Konzz. ausgesetzt u. wurden in 4 Gruppen eingeteilt, auf die Pb-Konzz. von 0, 0,07—0,10, 0,21—0,35 u. 0,65—1,2 mg/m^3 Pb einwirkten. Der Pb-Geh. der Luft bestand zu $\geqq 80\%$ aus $PbCrO_4$. W. Wesly. 5932◇

Schwankungen der Kohlenoxidexposition in einer Gaskokerei. F. Borbély. (Pure appl. Chem. **3**, 183—201, 1961; Zürich, Univ., Gerichtlich-Medizin. Inst.; dt.) — Langjährige Unterss. zeigen, daß bei COHb-Sättigung des Blutes von Arbeitern einer Kokerei während oder nach der Arbeit von $\leqq 10\%$ deren Gesundheit auch nach 20jähriger Einw. nicht gefährdet erscheint. W. Wesly. 5932◇

Grundlegende Untersuchungen über die Staubbekämpfung bei Anwendung der elektrostatischen Aufladung der Staubteilchen. Kaoru Namitome und Shûitsu Yusa. (J. Mining metallurg. Inst. Japan **77**, 1061—65, 1961; jap., Auszug: engl.) — An gepulverter Kohle, gepulverten Gesteinen u. Luftstaub ausgeführte Unterss. zeigen, daß die elektr. Aufladung von Staub von der chem. Zus., ferner Teilchengröße, Wasser-Geh., Teilchen-Geschw. usw. beeinflußt wird. Manche (Silicose erzeugende) Silicate sind negativ, ungefährliche Stäube allg. positiv geladen. Die Flotationsfähigkeit von Luftstaub wird durch Mischen mit Staub von entgegengesetzter Polarität der Ladung verhindert. W. Wesly. 5940◇

Vergleich der Konzentration von Siliciumdioxid im Muttergestein und den in der Luft schwebenden Teilchen. Milton Sheinbaum. (Amer. ind. Hyg. Assoc. J. **22**, 313—17, 1961; engl.) — Kurzer Zwischenbericht über Verfahrensweise u. vorläufige Ergebnisse einer Unters. der Beziehungen zwischen dem SiO_2-Geh. von Staubteilchen, die bei der Bearbeitung entstehen, u. dem des bearbeiteten Ausgangsmaterials. I. Köditz. 5940

Reinhaltung der Luft — Schmelzanlagen und Messungen an Heiß- und Kaltwind-Kupolöfen. Karl Remmers. (Wasser, Luft Betr. **6**, 401—03, 1962; Hilden; dt.) — Vf. gibt Meßergebnisse von Staubmessungen an vorst. genannten Öfen bekannt u. kommt zu dem Ergebnis, daß bei sauer betriebenen Ofenanlagen der Staubauswurf bei Heißwindöfen (Ofen u. Reku) 5—8 kg/t Fe, bei Kaltwindöfen ca. 5 kg/t Fe beträgt. Kornanalysen lassen einen großen Feinanteil erkennen. H. Thieme-Schneider. 5942◇

Neue Technik zur Bekämpfung von Fabrikbränden. F. E. T. Kingman. (Manufact. Chemist **33**, 56—62, 1962; Dep. of Sci. and Industrial Res. and Fire Offices, Committee Joint Fire•Res. Organisat.; engl.) — Fortschrittsbericht über das Entstehen von Bränden u. deren Löschung sowie die Verhinderung von Explosionen.
F. Rosendahl. 5944△

H_3. Elektrotechnik

Über die Temperaturabhängigkeit des elektrischen Widerstandes von Mn–Zn-Ferriten in der Nähe des Curie-Punktes. M. Rosenberg. (An. Univ. „C. I. Prahon", Ser. Stiinţ. naturii, Mat.-Fisică **9**, 243—47, 1960; rum.) — Unters. der Abhängigkeit des elektr. Widerstandes von Mn–Zn-Ferriten bei 20—100°. R. Grundmann. 5958◇

Phasenbeziehungen und elektrische Parameter im ferroelektrischen–antiferroelektrischen Grenzbereich des Systems $PbZrO_3$–$PbTiO_3$–$PbNb_2O_6$. R. H. Dungan, H. M. Barnett und A. H. Stark. (J. Amer. ceram. Soc. **45**, 382—88, 1962; Albuquerque, N.Mex., Sandia Corp.; engl.) — Es werden die elektr. Eig.-Parameter der beiden bin. Verbb. $x(PbZrO_3)\cdot y(PbTiO_3)$ u. $x(PbZrO_3)\cdot y(PbNb_2O_6)$ sowie des tern. Syst. $Pb_{1-1/2}\cdot(Zr_{1-(x+y)}\cdot Ti_xNb_y)O_3$ im Übergangsgebiet Antiferroelektrikum–Ferroelektrikum ermittelt. Aus den diagrammat. wiedergegebenen Eigg. als Funktion der Temp. ergibt sich, daß der pyroelektr. Effekt mit Zunahme des Zr/Ti-Verhältnisses ansteigt, u. daß Ferroelektrizität nur in einem sehr begrenzten Temp.-Bereich feldinduziert werden kann. Der Zusatz von $PbNb_2O_6$ bewirkt geringeren Verlust an Ferroelektrizität bei erhöhter Temp. als bei nicht modifiziertem $Pb(Zr, Ti)O_3$. R. Kaiser. 5960◇

Elektrolumineszenzgeräte. H. K. Henisch. (Brit. J. appl. Physics **12**, 660—67, 1961; Reading, Berksh., Univ., Dep. of Phys.; engl.) — Übersicht. (Verw. für Beleuchtungszwecke, Licht- u. Bildverstärker u. a.) — 37 Literaturangaben.
H. Roschkowski. 5972◇

Die Einwirkung des Anlegens von Gleichstrom auf die Benetzung von Graphit durch Kryolith- und Kryolith-Tonerde-Schmelzen. Je. A. Shemtschushina und A. I. Beljajew. (Hochschulnachr. [Ordshonikidse], Nichteisenmetallurgie **4**, Nr. 5, 123—32, 1961; Krasnojarsk, Inst. für Buntmetalle, Lehrstuhl für Metallurgie von Leichtmetallen; russ.) — Gemessen werden die Randwinkel der Benetzung von Kryolith- u. Kryolith-Tonerde-Schmelzen (Elektrolyse) auf Graphit unter Anlegung von Gleichstrom. Unabhängig von der Zus. der Schmelze u. der Stromstärke wird die Kathode durch die geschmolzenen Salze wesentlich besser benetzt als die Anode. Unter Strom wird die Benetzung des Graphits durch Schmelzen des Syst. NaF–AlF_3 infolge Erhöhung der AlF_3-Konz. in der Schmelze unabhängig vom Vorzeichen des angelegten Potentials verbessert. Für Kryolith–Tonerde-Schmelzen haben die Kurven der Veränderung der Benetzungsrandwinkel auf Graphit beim Anlegen eines Stromes sowie ohne Strom bei kathod. u. anod. Polarisation ungefähr den gleichen Verlauf; in allen Fällen wird ein Minimum beobachtet, das 10% Al_2O_3 in der Schmelze entspricht. Verschiedene Kationen (Mg^{2+}, Ca^{2+}, Ba^{2+}), die in eine Kryolithschmelze in Form von Salzzusätzen (Fluoriden oder Chloriden) eingeführt werden, lagern sich bei kathod. Polarisation entsprechend ihrer Oberflächenaktivität in einer Reihenfolge an, die entgegengesetzt derjenigen ohne Stromanlegung ist: je elektropositiver das Kationenpotential ist, desto oberflächenaktiver ist es auf der Kathode; auf der Anode ist das elektronegative F-Anion am oberflächenaktivsten. H. Hochstein. 5992◇

General Electric Co. Ltd., London (Erfinder: Victor Desmond Farris, Wembley), England, **Halbleiteranordnung.** Bei der Herst. eines einlegierten Kontaktes an einem Si-Körper, wobei ein ein Dotierungsmaterial enthaltender Tropfen aus schmelzfl. Leg.-Metall auf den Si-Körper fällt, wird außer der aus Sn u. Dotierungsmaterial bestehenden Schmelze auch der Si-Körper auf $>1050°$ gehalten. (**D. A. S. 1 118 360** Kl. 21g vom 2/8. 1956, ausg. 30/11. 1961. **F. P. 1 155 394** vom 4/8. 1956, ausg. 25/4. 1958. Beide E. Prior. 4/8. 1955. **E. P. 794 128** vom 4/8. 1955, ausg. 30/4. 1958.)
H. Kessel. 5953

Lignes Télégraphiques et Téléphoniques, Frankreich (Erfinder: André Pierrot und Gérard Gomez), **Ferritische Permanentmagnete mit großer Koerzitivkraft.** Eine feinpulverige Mischung der Zus. (85,7—x) Fe_2O_3, (14,3 + x) BaO, wobei x zwischen 0 u. 4 liegt, wird nach dem Verbrennen zerkleinert u. nach Beimischung von 0,1—6, bes. 1—2 SiO_2 u. Formgebung erneut gebrannt. An Stelle von SiO_2 können Silicate, bes. des Na, K, Al, Fe, Mn, Ba, Ca, Pb, Zn, Li, Mg oder auch gewöhnliche oder Borsilicatgläser, verwendet werden. — Diagramme. (**F. P. 72 987** vom 26/2. 1958, ausg. 22/9. 1960. **Zusatz zu F. P. 1 163 303; C. 1962, 9850.**) Hans Hoffmann. 5959

Lignes Télégraphiques et Téléphoniques, Frankreich (Erfinder: André Pierrot und Yves Lescroel), **Ferromagnetisches Material mit rechteckiger Hysteresisschleife.** Ein für Impulsrelais geeignetes ferromagnet. Material aus einem feinpulverigem Gemisch der Zus. x Fe_2O_3, u NiO, v CuO, s ZnO, y T_2O_3, worin T = Metall, wie Al u. Cr, u. die Verhältnisse $x + y + u + v + s = 100$, $47 \leqq x + y \leqq 50$, $0 \leqq y \leqq 2$, $25 \leqq u + v \leqq 53$, $3 \leqq v \leqq 15$ u. $0 \leqq s \leqq 25$ gegeben sind, wird nach der Druckverformung 2—6 Std. bei 1200° in O_2-haltiger Atmosphäre gebrannt. — Diagramme. (**F. P. 72 842** vom 24/1. 1958, ausg. 28/4. 1960. **Zusatz zu F. P. 1 163 304; C. 1962, 8375.**) Hans Hoffmann. 5959

Lignes Télégraphiques et Téléphoniques, Frankreich (Erfinder: André Pierrot), **Ferromagnetisches Material mit rechteckiger Hysteresisschleife.** Aus einer Mischung von Oxiden x Fe_2O_3, u NiO, v CuO, s ZnO, y T_2O_3, w CoO, wobei T ein 3wertiges Metall, wie Al u./oder Cr, u. die Mol-%-Verhältnisse $x + y + u + v + s + w = 100$, $47 \leqq x + y \leqq 50$, $0 \leqq y \leqq 2$, $25 \leqq u + v + w \leqq 53$, $3 \leqq v \leqq 15$, $0{,}1 \leqq w \leqq 10$ u. $0 \leqq s \leqq 25$ vorliegen, werden unter einem Preßdruck von 0,5—15 t/cm² Magnetkerne hergestellt, die in O_2 auf 1100—1300°, bes. auf 1200° erhitzt u. dann langsam abgekühlt werden. — Diagramme. (**F. P. 75 899** vom 15/6. 1959, ausg. 27/12. 1961. **Zusatz zu F. P. 1 163 304; C. 1962, 8375.**) Hans Hoffmann. 5959

Steatit-Magnesia Akt.-Ges., Deutschland, und Steatite Research Corp. (Erfinder: Oskar Eckert), **Ferrite mit rechteckigen Hysteresisschleifen** der Syst. CuO–ZnO–Fe_2O_3, CuO–CdO–Fe_2O_3 u. MgO–CuO–Fe_2O_3. — Beispiele: 412,5 (g) Fe_2O_3, 37,5 CuO, 50 ZnO u. 3,25 CoO; 387,5 Fe_2O_3, 87,5 CuO, 25 CdO u. 3,25 CoO; 412,5 Fe_2O_3, 62,5 MgO, 25 CuO u. 3,25 CoO. Die Mischungen werden bei 1320° gefrittet. — Diagramme. (**F. P. 1 163 981** vom 21/11. 1956, ausg. 3/10. 1958. D. Prior. 21/11. u. 25/11. 1955.) Hans Hoffmann. 5959

L. O. F. Glass Fibers Co., übert. von: Dominick Labino, Toledo, Ohio, V. St. A., **Separatorplatten für Batterien** aus $\geqq 75\%$ Glasfasern von $\leqq 1$ in. Länge u. 2—3 μ Ø, einem Anteil kürzerer u. dünnerer Fasern u. einem Bindemittel aus koll. SiO_2 oder Al_2O_3. — Abbildungen. (**Can. P. 569 508** vom 8/2. 1955, ausg. 27/1. 1959. A. Prior. 23/12. 1954.) H.-J. Nitzschke. 5971

Yardney International Corp., New York (Erfinder: Meyer Mendelsohn und Carl Horowitz, Brooklyn), N.Y., V.St.A., **Verwendung folienförmiger Lagen aus faserigen, porösen Stoffen,** die mit einer Lsg. eines Polyamids in einem dissoziierten Lsgm. durchtränkt wurden, worauf das Lsgm. z. B. mit W. ausgewaschen wurde, als halbdurchlässige *Separatoren* für elektr. Akkumulatoren. (**D. A. S. 1 143 874** Kl. 21b vom 20/2. 1959, ausg. 21/2. 1963.) F. Laaß. 5971

Accumulatoren-Fabrik Akt.-Ges., Hagen (Erfinder: Margarete Jung, Nieder-Eschbach/Taunus, und Hanns Kröger, Frankfurt/M.), **Aktivierung von Sauerstoffelektroden für Brennstoffelemente,** die Ag als katalyt. akt. Bestandteil enthalten, dad. gek., daß die Elektroden mit einer Lsg. von Alkalicyanat behandelt werden. — Diagramme. (**D. A. S. 1 137 779** Kl. 21b vom 23/2. 1961, ausg. 11/10. 1962.) F. Laaß. 5971

Westinghouse Electric Corp., East Pittsburgh (Erfinder: William Tiller, James McHugh und Robert Moos, Pittsburgh), Pa., V.St.A., **Material für mindestens einen Schenkel von Thermoelementen beziehungsweise Peltierelementen,** bestehend aus einem Halbleitermaterial, das aus Ge u. Te aufgebaut ist, dad. gek., daß als Halbleiter die Leg. $Ge_{50,15}Te_{49,85}$ in feinkristalliner Struktur verwendet wird, in der die Kennzahlen das Atomverhältnis festlegen. — Diagramm. (**D. A. S. 1 137 091** Kl. 21b vom 19/8. 1960, ausg. 27/9. 1962. A. Prior. 10/9. 1959.) F. Laaß. 5971

Westinghouse Electric Corp., East Pittsburgh (Erfinder: Maurice Houston, Monroeville), Pa., V.St.A., **Material für die Schenkel von Thermoelementen beziehungsweise Peltierelementen,** dad. gek., daß es nach der Formel $MS_{y-x}Se_x$ zusammengesetzt ist, in welcher M wenigstens ein Element der Gruppe La, Ce, Pr, Nd, Sm, Eu, Gd, Tb, Dy, Ho, Tm, Er, Yb u. Lu darstellt, während y von 1—0,5 u. x von 0—0,2 laufen. — Diagramme; 2 Zeichnungen. (**D. A. S. 1 138 133** Kl. 21b vom 10/8. 1960, ausg. 18/10. 1962. A. Prior. 14/8. 1959.) F. Laaß. 5971

General Electric Co., Schenectady, N.Y., V.St.A., übert. von: Bernard N. Watts, Rugby, Warwickshire, England, **Kathode** für elektr. *Entladungsröhren* aus W mit einer Oberflächenschicht von W-Silicid, die in situ aus dem W u. Si gebildet wird, u. einem Überzug aus einem Erdalkalioxid. Die W–Silicid-Oberflächenschicht wird durch Erhitzen des W mit Si in H_2- u. HCl-Atmosphäre bei ca. 950° gebildet. (**Can. P. 569 582** vom 16/2. 1954, ausg. 27/1. 1959.) H.-J. Nitzschke. 5975

E. Merck Akt.-Ges. (Erfinder: Peter Jönck), Darmstadt, **Herstellung eines Leuchtstoffes** auf Basis eines mit Tl aktivierten Alkalijodids, bes. zur Verw. in *Röntgenverstärkerfolien*, dad. gek., daß man Alkalijodid in Ggw. einer Tl(I)-Verb. unter Zusatz von SiO_2, das in einer Teilchengröße < 100 mμ, bes. 1—40 mμ, vorliegt u. das prakt. wasserfrei ist, aus seiner Lsg. ausfällt u. das so erhaltene feinteilige Prod. tempert. — 500 g RbJ werden in 225 ml heißem W. unter Zusatz von 7 g SiO_2 mit einer mittleren Teilchengröße von ca. 15 mμ gelöst. Die Fällung erfolgt mit einer auf —78° gekühlten Lsg. von 0,652 Tl(I)-Acetat in 600 ml Isopropylalkohol. Nach Absaugen, Auswaschen u. Trocknen des Nd. wird 4 Std. bei 590° getempert. Man erhält ein weißes, rieselndes Pulver, in dem das RbJ in einer Korngröße von 2—20 μ vorliegt. Der Verstärkungsfaktor dieses Leuchtstoffes gegenüber $CaWO_4$ beträgt 8. (**D. A. S. 1 139 596** Kl. 22f vom 5/5. 1960, ausg. 15/11. 1962.) K. Demmler. 5975

Egyesült Izzólámpa és Villamossági R.T. (Erfinder: Ödön Lendvay und János Szábo), Budapest, Ungarn, **Herstellung zinnaktivierter Erdalkaliorthophosphat-Leuchtstoffe,** dad. gek., daß man das Sn den Ausgangsstoffen (CaO, $CaCO_3$, ggf. C) in Form einer metallorgan. Verb. des 4wertigen Sn, bes. als Methylzinnsäure, zusetzt u. das Gemisch auf 1150—1200° erhitzt. (**D. A. S. 1 130 953** Kl. 22f vom 15/3. 1960, ausg. 7/6. 1962. Ung. Prior. 25/3. 1959.) K. Demmler. 5975

N. V. Philips' Gloeilampenfabrieken (Erfinder: Adrianus Johannes Hellings), Eindhoven, Niederlande, **Vakuumdichte Befestigung einer Glimmerplatte in einem Kupferkörper.** Eine Mischung von 44 (Gew.-%) PbO, 11 B_2O_3, 29 Al_2O_3 u. 16 SiO_2 wird in Form eines sehr feinen Pulvers auf die Ränder einer Glimmerplatte oder in die zur Aufnahme der Glimmerplatte vorgesehene Fuge in einem Kupferblock mit Hilfe eines Bindemittels aufgetragen. Die Glimmerplatte wird daraufhin in die Fuge gelegt, zusammen mit dem Kupferblock auf 545° erhitzt u. nach ½ Std. abgekühlt. Die verwendete Bleiglasur hat einen therm. Ausdehnungs-Koeff. über $80 \cdot 10^{-7}$ u. einen Unterkühlungspunkt von weniger als 400°. (**D. A. S. 1 145 536** Kl. 80b vom 21/3. 1960, ausg. 14/3. 1963. Niederl. Prior. 24/3. 1959.) H. Widmann. 5975

H_4. Wasser. Abwasser

Ein batteriebetriebener Apparat zur Entnahme von Wasserproben. G. E. Eden und K. V. Melbourne. (Chem. and Ind. **1959,** 220—22; Stevenage, Herts., Water Pollution Res. Labor.; engl.) — Beschreibung einer Vorr. zur automat. Entnahme von Wasserproben aus offenen Leitungen. Die Wasserproben werden vom Atmosphärendruck durch einen elektromagnet. schließbaren Druckschlauch in evakuierte Flaschen gepreßt. W. Betcke. 6014◇

Elektrodialyse. 2. Mitt. **Salzverminderung in einer Fünfkammerzelle.** N. Krishnaswamy und V. K. Induserhar. (J. sci. ind. Res. [New Delhi], Sect. D **20,** 438—41, Dez. 1961; Poona, Nat. Chem. Labor.; engl.) — 1. vgl. J. sci. ind. Res. [New Delhi] **18A,** [1959], 218. — Unterss. über die Entsalzung von 0,25—2,0 n NaCl-Lsgg. in einer 5-Kammerzelle bei verschiedenen Strömungs-Geschw. (SG) u. Stromdichten zeigen, daß der Entsalzungsgrad von Lsgg. gleicher Konz. mit steigender Stromdichte u. fallender SG steigt. Die Stromausbeute fällt mit der SG. Bei geeigneter Einstellung von SG u. Stromdichte lassen sich NaCl-Lsgg. der genannten Konzz. wirtschaftlich entsalzen. Leitungswasser dient zum Spülen der Elektroden u. kann wieder verwendet werden. Die Ergebnisse werden auf die Entsalzung von W. übertragen. W. Wesly. 6014□

Hypochlorite — Einsatzstoffe und deren Verwendung. 1. Mitt. Edmund J. Laubusch. (Water Sewage Works, **107,** 233—36; Reference Number **107,** R-172—R-178, 1960; New York, N.Y., Chlorine Inst., Inc.; engl.) — Begriffs-Best. u. Herst. von Hypochloriten (I), ferner werden der Chlorwert, die Stabilität, der Umgang u. die Lagerfähigkeit von I behandelt. Zum akt. Cl_2 besteht eine stöchiometr. Beziehung, die die Grundlage für die einzusetzenden Mengen ist. B. Franz. 6024◇

Chlorung von Wasser mit Hypochloriten. 2. Mitt. Edmund J. Laubusch. (Water Sewage Works **107,** 324; Reference Number **107,** R-180—R-185, 31/10. 1960; engl.) — 1. vgl. vorst. Referat. — Geschichtlicher Rückblick auf die Verw. von Hypochloriten (I). Rkk. des Cl_2 u. verschiedener **I** mit W., Einfl. von NH_3 u. NH_4-Salzen auf die Chlorung, Prinzipien der Chlorung im Hinblick auf den desinfizierenden Effekt werden behandelt. — Anwendungsbeispiele. B. Franz. 6024◇

Die Behandlung von Abwässern mit Hypochlorit. 3. Mitt. Edmund Laubusch. (Water Sewage Works **107**, 443—47, 1960; engl.) — 2. vgl. vorst. Referat. — Überblick über die Geschichte der Verw. von Hypochlorit (I) zur Desinfizierung von Abwässern aller Art, die Grundsätze für die Anwendung von I zur Reinigung u. als Koagulierungsmittel bei hohem Geh. an Farbstoffen, Fe oder organ. Stoffen. — 14 Literaturzitate. I. Koschitzki. 6024

Aufgabevorrichtungen für Hypochlorit. 4. Mitt. Edmund J. Laubusch. (Water Sewage Works **108**, 152—57, 1961; engl.) — 3. vgl. vorst. Referat. — Überblick über die im Handel (USA) erhältlichen trockenen u. nassen Aufgabe-Vorr., die bei der Auswahl zu berücksichtigenden Faktoren u. den mit allen Aufgabe-Vorr. verbundenen Arbeitsaufwand. I. Köditz. 6024

Kontinuierliche Probenentnahme und automatische Analyse von Kieselsäure in modernen Hochdruckkesseln. Kenneth F. Schunk. (Ann. New York Acad. Sci. **87**, 924—33, 22/7. 1960; Buffalo, N.Y., Niagara Mohawk Power Corp.; engl.) — Zwischen dem SiO_2-Geh. des Dampfes u. des Kesselwassers besteht ein druckabhängiges Verhältnis, das die SiO_2-Best. des Dampfes an Hand des SiO_2-Geh. im W. ermöglicht. Eine Technik der automat. colorimetr. Überwachung des SiO_2-Geh. im W. von Hochdruckkesseln in Turbinenanlagen mit Hilfe des Autoanalysators wird beschrieben. W. Betcke. 6030◇

Behandlung und Beseitigung von Abwässern. 1. Mitt. L. A. Allen. (Food Processing Packaging **31**, 243—45, 257, 1962; Orpington, Kent.; engl.) — Vf. legt kurz die Folgen der Gewässerverunreinigung durch Abwässer der verschiedensten Art dar u. erläutert die für die Best. des Verunreinigungsgrades üblichen Analysen-Meth.: biochem. O_2-Bedarf in 5 Tagen (BSB_5); $KMnO_4$-Test; Best. der suspendierten Feststoffe. Ferner wird kurz die Geschichte der gesetzlichen Maßnahmen zur Verhütung der Gewässerverunreinigungen in England behandelt. B. Franz. 6036◇

Behandlung und Beseitigung von Abwässern. 2. Mitt. L. A. Allen. (Food Processing Packaging **31**, 285—89, 1962; engl.) — 1. vgl. vorst. Referat. — Vf. gibt einen Überblick über die üblichen Meth. der biolog. Behandlung von Abwässern. I. Koschitzki. 6036

Behandlung und Beseitigung von Abwässern. 3. Mitt. L. A. Allen. (Food Processing Packaging **31**, 328—30, 1962; engl.) — 2. vgl. vorst. Referat. — In diesem abschließenden Artikel berichtet Vf. über weniger bekannte Verff. der Abwässerreinigung (wechselnde Doppelfiltrierung, Filtrierung mit Rezirkulierung des Filtrats, Schnellfiltrierung u. vollständige Belüftung), die sich bes. für bestimmte industrielle Abwässer eignen. Die Beseitigung der geklärten Abwässer durch Versprühen über Weiden u. Wälder hängt von den klimat. Bedingungen u. der Natur der Abwässer ab. Gras oder Klee können im Sommer bis zu 22500 gal./acre in kurzer Zeit u. Wälder ½—1 in./acre u. Tag selbst im Winter assimilieren. Die anaerobe Fäulung eignet sich bes. für die Vorreinigung von Abwässern der Hefefabriken u. Schlachthäuser. I. Koschitzki. 6036

Abwässer aus der Erzeugung der Sulfatcellulose. Z. Nanáčková-Zekeová und O. Bohatyrew. (Vodní Hospodářstvi **1959**, 305—06; Bratislava, Výzk. ústav vodohosp.; slowak.) — Vgl. Voda **37**, [1958], 204. — Die Abwässer, welche sehr stark schäumen, haben dunkelbraune Farbe, eigentümlichen Geruch u. reagieren alkalisch. Die anfallende Menge ist groß u. beträgt 668—827 m^3/t gebleichter Cellulose. In der Bleicherei entstehen 75% der Verunreinigungen, bei der Bleichung der Cellulose bilden sich Abwässer, welche nur wenig organ. Stoffe enthalten. Diese Abwässer haben jedoch einen zu hohen Geh. an Fasern. Vff. schlagen Einführung der Rezirkulation, Ausnützung der Kondensate, Verw. der Hydrolysate, welche bekanntlich Holzzucker enthalten, vor. J. Spinka. 6036◇

Neue Methoden der Kohlenstaubrückgewinnung aus Abwässern. H. Kahnt. (Bergbautechnik **9**, 126—37, 182—88, 1959; Markkleeberg; dt.) — Zur Rückgewinnung von Braunkohlenstaub aus Schlammwässern werden die verschiedenen Meth. u. App. beschrieben, die vorteilhaft in die Technik eingesetzt werden können. An den Ergebnissen einer Vers.-Anlage wird bewiesen, daß eine Staubrückgewinnung mit Gewinn betrieben werden kann. F. Rosendahl. 6040△

Kieselsäuresole für die Wasserbehandlung. F. R. Mac Gonagle. (Water Sewage Works **107**, Reference Number R-160—R-163, 1960; Philadelphia, Pa., Philadelphia Quartz Co.; engl.) — Vgl. C. **1961**, 3776. — Überblick über die allg. Grundlagen der Abwasserbehandlung unter besonderer Berücksichtigung der Verw. von Kieselsäuresolen, soweit sie von speziellen Erfordernissen, die sich aus spezif. Verunreinigungen ergeben, nicht berührt werden. I. Köditz. 6042

Ozon zur Geruchskontrolle von Abwasser. W. C. Tims. (Water Sewage Works **107**, 82, 1960; Coral gables, Fla., Univ. of Miami; engl.) — Die Fäulnis- u. H_2S-Entw. in Abwässern kann zu schweren Geruchsbelästigungen u. Korrosionsschäden Anlaß geben.

Als wirksame Gegenmaßnahme hat sich die Anwendung von Ozon erwiesen. Mit einem kleinen Ozonisator mit einer Leistung von 20—150 g O_3/h, der in Heberanlagen, Tropfkörpern, Schlamm, Schlammbeeten u. sonstigen Geruchsquellen innerhalb u. außerhalb der Kläranlage eingesetzt wurde, konnte die Geruchs-Bldg. unterbunden u. durch Feuchtigkeitsbindung der Korrosionsgefahr begegnet werden. M. Bittmann. 6042◇

Völlige Belebtschlamm-Durchmischung. Ross E. McKinney. (Water Sewage Works **107,** 69—73, 1960; Cambridge, Mass., Inst. of Technol.; engl.) — Vgl. C. **1961,** 15519. — Bei diesem Verf. werden die zulaufenden Abwässer unmittelbar mit dem gesamten Inhalt des Belebungsbeckens durchmischt u. dadurch wird totale Oxydation u. hohe Schlammausbeute erreicht. Beliebige BSB-Konzz. können in einer Stufe auf die gewünschte BSB-Konz. red. werden. Das Verf. ist unempfindlich gegen Stoßbelastungen mit hohen Konzz. an organ. Material u. gegen hydraul. Belastung. Die zugeführte Luft wird maximal ausgenutzt. Überschußschlamm bildet sich wenig oder überhaupt nicht. Ohne Rücksicht auf die chem. Beschaffenheit des Abwassers ist eine Standardanlage für häusliche u. industrielle Abwässer brauchbar. Anlage- u. Betriebskosten liegen um 25—50% niedriger als bei konventionellen Belebtschlammanlagen.
M. Bittmann. 6044◇

Radiochemische Bestimmung von Radium B und Thorium B in radioaktiven Quellen. Itsuhachiro Hataye. (Mem. Fac. Sci., Kyushu Univ., Ser. C. 3, 71—80, 1958; Kyushu Univ., Fac. of Sci.; Dep. of Chem.; engl.) — Zur Best. von Ra B (^{214}Pb) u. Th B (^{212}Pb) in Quellwasser werden die Isotope unter Zusatz von $Pb(NO_3)_2$ als Träger nach dem Austreiben von Rn u. CO_2 durch Schütteln mit HNO_3 aus der Na-Citrat u. $HONH_2 \cdot HCl$ enthaltenden, mit NH_4OH auf pH 8—9 gebrachten u. mit KCN versetzten Lsg. in eine Lsg. von Dithizon in CCl_4 extrahiert. Die Extraktion wird unter jedesmaligem Zusatz von Pb-Träger (der die Mitextraktion von Pb herabdrückt) 7mal wiederholt. Aus dem CCl_4-Extrakt wird Bi durch Waschen mit verd. KCN-Lsg. entfernt. Nach dem Zerfall von Ra C zu Pb wird die Th B-Aktivität gemessen. Beispiele für die Auswertung der Zerfallskurven zur Best. von Ra B sind angegeben. Th B wird bei der Ra B-Best. als Spurenelement benutzt. W. Betcke. 6058◇

Radiochemische Bestimmung von Radium C und Thorium C in radioaktiven Quellen. Itsuhachiro Hataye. (Mem. Fac. Sci., Kyushu Univ., Ser. C. 3, 63—70, 1958; engl.) — Vgl. vorst. Referat. — Ein Verf. zur radiochem. Best. von Ra–C (^{214}Bi) u. Th–C (^{212}Bi) in radioakt. Quellwasser nach der Extraktion als BiJ_4^- in Isoamylalkohol wird beschrieben. 120 ml des zu analysierenden W. werden nach Zusatz von 12 ml 10%ig. KJ-Lsg., 60 ml 25%ig. NaH_2PO_2-Lsg., 18 ml 12 n H_2SO_4 u. 1 ml $Bi(NO_3)_3$-Träger-Lsg. (50 μg Bi) u. nach Austreiben des Rn mit CO_2 3mal mit je 15 ml Isoamylalkohol ausgeschüttelt. Der Alkohol wird mit verd. HNO_3 ausgezogen u. die wss. Phase mit einer Lsg. von Dithizon in CCl_4 extrahiert. Nach Abdunsten u. 2std. Warten (nach dem Zerfall des kurzlebigen Ra–C) wird die Th–C-Aktivität gemessen. — Ra–C wird unter Benutzung des Th–C als Markierungselement auf demselben Wege isoliert u. aus der Zerfallskurve bestimmt. W. Betcke. 6058◇

Die Mikrobestimmung von gelöstem Sauerstoff mit Hilfe einer Injektionsspritze. P. Holland. (Chem. and Ind. **1959,** 218—19; Poole, Dorset, Power Station; engl.) — Eine Meth. zur absorptiometr. Kontroll-Best. von O_2 in Kesselspeisewasser wird beschrieben. Die Reagens-Lsg. (40%ig. NaOH, $MnSO_4$–H_2SO_4/o-Toluidin) wird nach der Probenentnahme mit Hilfe einer Hautinjektionsspritze zugegeben.
W. Betcke. 6060◇

Eine Mikromethode zur photometrischen Bestimmung von Sauerstoff in Wässern, die reich an organischen Substanzen sind. L. T. Resajewa. (J. analyt. Chem. [UdSSR] **17,** 874—77, 1962; Moskau, Vernadsky-Inst. für Geochem. u. anal. Chem. der Akad. der Wiss. der UdSSR; russ., Auszug: engl.) — Es wird eine App. beschrieben, mit deren Hilfe die zu untersuchende Wasserprobe (z. B. Meerwasser) so verarbeitet werden kann, daß die opt. Messung unmittelbar anschließend durchgeführt wird, ohne daß die Probe u. das Reagens in Berührung mit dem Luftsauerstoff kommen. Der nachzuweisende Sauerstoff wird mit Hilfe von Wasserstrahlpumpenvakuum u. durchströmendem sauerstofffreiem N_2 der Probe entzogen u. einer ammoniakal. Cu_2Cl_2-Lsg. zugeführt. Mit dieser reagiert er unter Bldg. von blauem $[Cu(NH_3)_4]^{2+}$- Komplex, dessen Extinktion gemessen wird. E. Asmus. 6060◇

Vorkommen und Verhalten von natürlichem und radioaktivem Strontium im Wasser. M. W. Skougstad und F. B. Barker. (Publ. Works **91,** Nr. 7, 88—90, 1960; Denver, Colorado, Water Resources Div. U. S. Geolog. Survey; engl.) — Allg. Darst. des Programms der US-Geological Survey über die Ermittlung der Konz. von radioakt. Sr in amerikan. Flüssen u. im Grundwasser. I. Koschitzki. 6060

Analyse von Abwässern aus der Erzeugung des synthetischen Kautschuks. Ot. Růžička. (Vodní Hospodářství **1959,** 302—03, Gottwaldov, Výzk. ústav synt. kaučuku; tschech.) — Vgl. Voda **37,** [1958], 49. — Die in den Abwässern der Butadienerzeugung vorhandenen leichten KW-Stoffe können nach der Meth. von Webber u. Burks (Analytic. Chem. **24,** [1952], 1086) bestimmt werden. Acrylonitril u. Acetaldehyd lassen sich polarograph. bestimmen. J. Spinka. 6068◇

H_5. Anorganische Industrie

Grubenwasser als Rohstoff für die chemische Industrie. Władysław Olczakowski und Ignacy Motyka. (Prace Głównego Inst. Górnictwa, Komunikat **1962,** Nr. 305, 3—14; pol.) — Eine Betrachtung über Unterss. von aus Kohlengruben in Flüsse abgeführtes Grundwasser. Nach Entsalzung durch Dest. kann das Wasser in der chem. Industrie verwendet werden. K. Pluta. 6070◇

Darstellung von Kalium- und Natriumjodid aus den Chloriden und Jodwasserstoffsäure. W. P. Iljinski und L. I. Kokowkina. (Med. Ind. [UdSSR] **13,** 20—25, 1959; Leningrad, Chem.-pharmaz. Inst.; russ.) — Die Unterss. dienen der Feststellung der optimalen Bedingungen zur Darst. von *NaJ* oder *KJ* in Abhängigkeit von der Konz. der HJ-Lsg. der Temp. u. dem Verhältnis der Reagentien. Die Verringerung der Konz. der HJ-Lsg. beeinflußt nicht die Endausbeute des Salzes, verringert aber die Rk.-Geschwindigkeit. Bei 110° u. 759 Torr ist die Ausbeute an HCl u. Jodiden am größten. Jodide mit hoher Konz. werden bei einem HJ-Überschuß von ca. 2% erzielt. Bei weiteren Verss. mit H_2SO_4 als Red.-Mittel u. einem J-Überschuß von 10% kann der J-Verlust auf 0,03% gesenkt werden. J. Lehmberg. H 245△

Schwefelgewinnung und -verbrauch in 8 westlichen Staaten: Arizona, Colorado, Nebraska, Neu-Mexiko, Nord-Dakota, Süd-Dakota, Utah und Wyoming. F. J. Kelly. (U. S. Dep. Interior, Bur. Mines, Inform. Circ. **1962,** Nr. 8094, 1—85; Denver, Colo., Bur. of Mines, Div. of Mineral Resources; engl.) — Übersicht über Vork. von S-Verbb., deren Verarbeitung u. Verbrauch in 8 USA-Staaten. W. Wesly. H 253◇

Aktive Kohle aus den Schalen der Gokhru-Frucht (Xanthium stromarium). C. V. N. Rao und G. R. Shrivastava. (J. sci. ind. Res. [New Delhi], Sect. B **19,** 503—04, 1960; Nagpur, Univ., Laxminarayan Inst. of Technol., Dep. of Chem. Technol.; engl.) — Die pulverisierten Schalen wurden ohne u. mit Zusatz von $ZnCl_2$ 4 Std. auf 350—500° erhitzt, die erhaltene Kohle abgekühlt, pulverisiert u. mit 1%ig. HCl u. W. gewaschen. Gemessen wurde an diesen Kohlen die Absorptionskapazitäten gegenüber Jod u. Permanganat sowie die Größe der Desorption nach der von Khan u. Datar (vgl. C. **1950/54,** 5867 S.) beschriebenen Methode. Es wurde gefunden, daß die Ausbeute an Kohle mit steigender Verkohlungs-Temp. abnimmt, die Ausbeute an Aktivkohle in Ggw. von $ZnCl_2$ zunimmt. Die Aktivität der Kohle nimmt mit zunehmendem Zusatz von $ZnCl_2$ zu; optimale Bedingungen sind 80% $ZnCl_2$ relativ zum Geh. der Schale u. Verkohlungs-Temp. von 350—500°. C. Gottfried. H 260△

Veränderung der Phasenzusammensetzung der Nephelin–Soda–Kalkstein-Schicht beim Sintern in Gegenwart eines Reduktionsmittels. Je. I. Chasanow und G. W. Kusmina. (Nachr. sibir. Abt. Akad. Wiss. UdSSR **1959,** 68—75; Sibir. Akad. der Wiss. der UdSSR, ostsibir. Zweigstelle; russ.) — Kristallopt. Analysen zeigen, daß die optimale Ausbeute an *Tonerde* u. Alkalien aus Nephelin–Kalk-Sinterungs-Prodd. hauptsächlich von der Zus. der Prodd. u. dem Verlauf der Kristallisation im Syst. Al_2O_3–CaO–SiO_2 · Na_2O–Fe_2O_3 abhängt. Die Ggw. von Fe_2O_3 führt zur Bldg. der festen Lsg. $Na_2O \cdot Al_2O_3 \cdot Fe_2O_3$, wodurch das Temp.-Intervall der Sinter-Bldg. verkleinert u. die Tonerdeausbeute auf 78,3% gesenkt wird. Durch Zusatz von Braunkohle als Red.-Mittel kann diese Entw. verhindert werden. Das Sintergut erfährt im Ofen verschiedene Veränderungen. Beim Vortrocknen der Trübe u. Bldg. der Granula finden keine wesentlichen chem. Rkk. u. kein Ausbrennen von C statt. Die Rkk. sind abhängig vom Zerfall des Kalksteins, freies CaO ist im Granulat nicht enthalten. Die Bldg. von $2\,CaO \cdot SiO_2$–$Na_2O \cdot Al_2O_3$ u. den festen Lsgg. $Na_2O \cdot Al_2O_3$ u. $Na_2O \cdot Fe_2O_3$ geht intensiv in der Gasphase im Ofen bei $>1000°$ vor sich. Freies Fe_2O_3 wird in wesentlichen Mengen im Sintergut nicht gefunden. Die Red. von Fe_2O_3 vollzieht sich stufenweise unter Bldg. von Magnetit. J. Lehmberg. H 294

Direkte Synthese von Triisobutylaluminium. A. F. Shigatsch, A. F. Popow, L. D. Wischnewski und L. M. Antipin. (Chem. Ind. [UdSSR] **1962,** 24—26; russ.) — Vgl. C. **1963,** 4862. — Die direkte Synth. von *Triisobutylaluminium* (I) erfolgt im Autoklaven durch Umsetzung von in der Vibromühle aktiviertem *Al* mit *Isobutylen* (II) unter 40—60 at H_2-Druck bei 110—150°. Auf ein Gemisch aus einer Suspension von Al in Bzn., I u. II wird H_2 aufgepreßt u. bis zum Aufhören des Druckabfalls erhitzt. Bei Zunahme des H_2-Drucks von 31 auf 60 at nimmt der Al-Umsatz von 33,2 auf 71,0% zu, die Rk.-Dauer von 10 auf 3,3 Std. ab; die Leistung der Anlage nimmt von 7,4 auf 78,3 g/kg·h zu. Eine techn. Anlage wird beschrieben. R. K. Müller. H 294◇

Die Kinetik der Uranoxydation durch Luft, Sauerstoff und Kohlensäuregas. A. F. Bessonow und W. G. Wlassow. (Hochschulnachr. [Ordshonikidse], Nichteisenmetallurgie **5**, Nr. 4, 137—42, 1962; Uraler Polytechn. Inst.; russ.) — Untersucht wird die Kinetik der Oxydation von metall. *U* in atmosphär. Luft, in O_2 u. CO_2-Gas. Dabei wird festgestellt, daß der Oxydationsprozeß in allen angegebenen agressiven Mitteln einem linearen Zeitgesetz unterliegt; die Geschw. des Prozesses ist proportional der Quadratwurzel aus dem Druck der Luft u. des O_2. Die scheinbare Aktivierungsenergie der Oxydation beträgt in allen Mitteln ca. 18 kcal/Mol.; das bestimmende Stadium der U-Oxydation ist die Diffusion der O-Atome durch die dichte Schicht von UO_2. H. Hochstein. H 339◇

Synthese von Calciumtitanat-Einkristallen nach der Flammenschmelzmethode. Leon Merker. (J. Amer. ceram. Soc. **45**, 366—69, 1962; National Lead Co., Res. Labor., Titanum Div.; engl.) — In einem vom Vf. beschriebenen H_2–O_2-Flammenofen (vgl. C. **1956**, **13045**) wurden nichtverzwillingte Einkristalle von $CaTiO_3$ (mit geringem CaO-Überschuß) hergestellt, deren opt., physikal. u. elektr. Eigg. festgestellt wurden: F. bei ~ 1960°, n_D = 2,40, D = 4,05 u. andere. Eine wesentliche Maßnahme der Gewinnung wirklich klarer u. rissefreier Einkristalle war die 6std. Temperung der bei 1480° gewonnenen Stücke bei 1700°. R. Kaiser. 6150◇

Untersuchungen über synthetischen Asbest. 17. Mitt. **Darstellung der Schmelze mit der chemischen Zusammensetzung des Fluorarfvedsonit-Asbestes.** Hajime Saito und Yoshihiko Furuya. (J. chem. Soc. Japan, ind. Chem. Sect. [Kogyo Kagaku Zasshi] **63**, 1584—85, 1960; Kôhu, Yamanasi-Daigaku, Kôgakubu; jap., Auszug: engl. S. A 87.) — 16. vgl. J. chem. Soc. ind. Chem. Sect. [Kogyo Kagaku Zasshi] **62**, [1959], 976. — Ein Gemisch, welches der Zus. des Fluorarfvedsonites, $F_2Fe^{III}Mg_4Na_3 \cdot O_{22}Si_8$, entspricht, wird aus Na_2CO_3, MgO, MgF_2, Fe_2O_3 u. SiO_2 vorbereitet; es schmilzt bei 1300°, u. bei 1132° fängt die Kristallisation der Schmelze an. Die größten Kristalle scheiden bei 1103° aus der Schmelze aus. E. Maekawa. 6150◇

H_6. Silicatchemie. Baustoffe

Fortschritte der Glastechnologie. F. G. West-Oram. (Centr. Glass ceram. Res. Inst., Bull. [Calcutta] **7**, 135—43, 1960; Northwich, Imp. Chem. Ind. Ltd., Alkali Div.; engl.) — Die Fortschritte bei der Herst. des Glases in bezug auf Rohstoffe (Verw. spezieller Materialien, Reinheit u. Kontrolle derselben), Glas-Zus., Ofenbau, feuerfeste Materialien dafür, Heizmaterial (Kohle, Gas, Öl, elektr. Strom), Gütekontrolle u. Verarbeitung während der letzten zwei Jahre in USA u. England werden in kurzer Zusammenfassung dargestellt. L. Kühnert. 6168◇

Physikalische Chemie von Gläsern. 1. u. 2. Mitt. E. Schramke. (Interceram [Lübeck] Nr. **1**, 39—47, 103—110, 1960; Kapfenberg/Österreich; engl.) — Übersicht. — 179 Literaturangaben. R. Grundmann. 6168◇

Einfluß einiger geringer Zusätze zum Gemenge auf das Schmelzen des Glases. M. A. Besborodov. (Centr. Glass ceram. Res. Inst., Bull [Calcutta] **7**, 54—57, 1960; Calcutta, Centr. Glass and Ceram. Res. Inst.; engl.) — Ein Glas der Zus. 75% SiO_2, 15 Na_2O, 10 CaO wird auf das Verh. bei Zusatz von NaCl (I) u. $(NH_4)_2SO_4$ (II) in verschiedenen Mengen u. Mischungen mit anderen Bestandteilen untersucht. Es wird festgestellt, daß bei Zusatz von **I** die Rk., die zur Glas-Bldg. führt, um 217° niedriger einsetzt als ohne Zusatz u. daß bei Zusatz von **II** sich die Oberfläche der reagierenden Substanzen wesentlich vergrößert u. ebenfalls die Glas-Bldg.-Rk. unter Beteiligung der fl. Phase bei niedrigerer Temp. einsetzt. L. Kühnert. 6174◇

Über die Entstehung der Farbe in Kupfer-Rubingläsern. 1. Mitt. **Chemische Beständigkeit.** Atma Ram, S. N. Prasad und V. K. Vaish. (Centr. Glass ceram. Res. Inst., Bull. [Calcutta] **7**, 49—53, 1960; Calcutta, Centr. Glass and Ceram. Res. Inst.; engl.) — Soda–Kalk-Silicatgläser mit 0,5—4,0% CuO wurden bei 1450° unter reduzierenden Bedingungen geschmolzen, an Luft gekühlt, dann 20 Min. lang auf 540° erwärmt u. die chem. Beständigkeit (CB) vor u. nach der Wärmebehandlung (WB) untersucht. CB nahm nach WB ab, woraus geschlossen wird, daß Cu zunächst als CuO vorhanden ist u. erst durch die WB in elementares Cu umgewandelt wird, wodurch die chem. u. physikal. Eigg. der Gläser wesentlich geändert werden. L. Kühnert. 6176◇

Mechanismus der Farbentstehung im Kupferrubinglas. Atma Ram und S. N. Prasad. (Centr. Glass ceram. Res. Inst., Bull. [Calcutta] **6**, 35—36, 1959; Calcutta, Central Glass and Ceram. Res. Inst.; engl.) — Vgl. vorst. Referat. — Es ergibt sich, möglicherweise in Analogie zur Wasser-Bldg. ($\equiv$Si—O—H + H—O—Si$\equiv$ → Si—O—Si + H_2O) für die Bldg. von Cu_2O: $\equiv$Si—O—Cu + Cu—O—Si$\equiv$ → $\equiv$Si—O—Si$\equiv$ + Cu_2O. Beim „Anlaufen" des Glases würden dann Cu_2O-Teilchen von koll. Größenordnung entstehen, die die rote Färbung bewirken. Das Sn würde dann bei der prakt. Durchführung der Schmelze die Entfernung des blaufärbenden Cu^+-Ions nach der Gleichung $Sn^{2+} + 2\,Cu^+ \rightarrow Sn^{4+} + 2\,Cu$ bewirken. L. Kühnert. 6176◇

Kupferrubinglas ohne Zinn. Atma Ram, S. N. Prasad, V. K. Vaish, S. S. Verma und V. G. Upadhyaya. (Centr. Glass ceram. Res. Inst., Bull. [Calcutta] **6**, 34—35, 1959; Calcutta, Central Glass and Ceram. Res. Inst.; engl.) — Vgl. vorst. Referat. — Schmelzen von B_2O_3, Cu_2O u. Koks bzw. Quarz, Feldspat, B_2O_3, Cu_2O u. Koks bzw. Quarz, Feldspat, B_2O_3 u. Cu_2O ohne Zusatz von Sn oder Bi ergaben Kupferrubingläser, deren Farbe sich bei der Wiedererhitzung auf 550° einwandfrei entwickelte u. bei spektrophotometr. Vgl. mit handelsüblichen Kupferrubingläsern prakt. gleiche Lichtdurchlässigkeit u. Färbung aufwies. L. Kühnert. 6176◇

Wirkung kleinster Gemengezusätze auf die Farbe von Kupferrubinglas. S. N. Prasad und V. K. Vaish. (Centr. Glass ceram. Res. Inst., Bull. [Calcutta] **7**, 110—16, 1960; Calcutta, Central Glass and Ceram. Res. Inst.; engl.) — Vgl. vorst. Referat. — Zur Unters. des Einfl. auf die Kupferrubinfärbung (Krf.) werden einem Glassatz der Zus. 71,0 (%) SiO_2; 19,2 Na_2O; 0,7 K_2O; 3,65 CaO; 3,65 ZnO; 2,0 B_2O_3; SnO_2 0,3; 0,09 Cu_2O; 0,15 Si jeweils geringe Mengen von As_2O_3, Cu_3P, SnO_2, Bi_2O_3, CaF_2, Al, Zn, Sn, Mg zugesetzt u. bei 1300° in 5—7 Std. niedergeschmolzen. Die Ergebnisse sind in ausführlichen Tabellen dargestellt. Cu_3P an Stelle von Cu_2O oder As_2O_3 ergab keinen Vorteil. Al, Mg, Zn waren nicht so wirksam wie Si. 0,3—0,5% SnO_2 ergab bessere Färbung, höhere Zusätze führten zu schwärzlich-roter Krf. Geringe Mengen von Bi_2O_3 machten die Krf. gleichmäßiger u. kleine Zusätze von Flußspat bewirkten glänzendes Rot u. blasenfreies Glas, dabei abgekürzte Läuterungszeit. L. Kühnert. 6176◇

Glasformen. Padma Pani und K. D. Sharma. (Centr. Glass ceram. Res. Inst., Bull. [Calcutta] **6**, 23—28, 1959; Calcutta, Central Glass and Ceram., Res. Inst.; engl.) — Ein Überblick über die notwendigen Eigg. von Materialien u. deren Verarbeitung zu Glasformen. Eisensorten mit sphär. Graphit, Legg. u. chromplattierte Ausführungen werden behandelt. — 35 Literaturangaben. L. Kühnert. 6180◇

Gläser in Systemen, die PbO, B_2O_3, Al_2O_3 und P_2O_5 enthalten. S. Kumar. (Centr. Glass ceram. Res. Inst., Bull. [Calcutta] **6**, 13—22, 1959; Calcutta, Central Glass and Ceram. Res. Inst.; engl.) — Die Syst. B_2O_3—P_2O_5, B_2O_3—$AlPO_4$, PbO—B_2O_3—P_2O_5 u. PbO—B_2O_3—$AlPO_4$ werden daraufhin untersucht, in welchen Zus. sie Gläser bilden, wobei nur die beiden letzteren positive Resultate ergaben. Liquidus- u. Deformations-Temp. liegen höher, als die für Pb-Borat u. -Phosphat. Ein Zusammenhang zwischen der Steigung der Liquiduskurve u. der Entglasungsneigung wurde festgestellt. Therm. Ausdehnung u. Leistungsfaktor steigen mit dem PbO- u. B_2O_3-Geh., während der spezif. Widerstand u. teilweise auch die chem. Beständigkeit sinken. Ein Bleiphosphatglas mit 1,0 (Teilen) PbO u. 1,0 B_2O_3 wies ausgezeichnete chem. Widerstandsfähigkeit, niedrige Deformations-Temp. u. geringe Lichtabsorption durch Eisen-Geh. auf. L. Kühnert. 6200◇

Eigenschaften der Gläser des Systems Al_2O_3–B_2O_3–P_2O_5. S. Kumar. (Centr. Glass ceram. Res. Inst., Bull. [Calcutta] **7**, 117—22, 1960; Calcutta, Central Glass and Ceram. Res. Inst.; engl.) — Vgl. vorst. Referat. — Es konnten Gläser der Zus. 15—45 (%) B_2O_3, 16—22 Al_2O_3 u. entsprechender Mengen P_2O_5 aus einem Gemengesatz von Al-Phosphat, Ammoniumphosphat u. B_2O_3 hergestellt werden. 3 mm dicke geschliffene Scheiben von 4 solchen Gläsern wurden auf Leitfähigkeit für Gleichstrom, Leistungsfaktor, dielektr. Verluste u. therm. Ausdehnung gemessen, wobei sich Verbesserung aller Eigg. mit steigendem Al_2O_3-Geh. ergab. Die Aktivierungsenergie wurde aus der Gleichstromleitfähigkeit berechnet u. mit Alkalisilicat- sowie CaO–B_2O_3–Al_2O_3-Gläsern verglichen.
L. Kühnert. 6200◇

Einfluß von TiO_2 auf Viscosität und Oberflächenspannung von Natron-Kalk-Silicat-Gläsern. Atma Ram, S. V. Bhatye und K. D. Sharma. (Centr. Glass ceram. Res. Inst., Bull. [Calcutta] **6**, 3—12, 1959; Calcutta, Central Glass and Ceram. Res. Inst.; engl.) — In einem Glas mit 74 (%) SiO_2; 9,5 CaO; 16,5 Na_2O wird in einer Vers.-Reihe (V_1) SiO_2 bis zur Zus. 60 SiO_2, 14 TiO_2, in einer zweiten (V_2) CaO bis zu 86% des ursprünglichen Geh. bei gleichbleibenden Mengen der übrigen Bestandteile ersetzt u. mit einer angegebenen Meth. die Oberflächenspannung u. die Viscosität gemessen. Dabei ergibt sich, daß bei V_1 die Hochtemp.-Viscosität proportional den zugegebenen Mengen stärker als bei V_2 vermindert wird. Unterhalb 1050° wird die Verminderung schwächer, wodurch die Senk-Geschw. größer wird. Erweichungs- u. Entspannungs-Temp. steigen mit dem TiO_2-Gehalt. Seine Wrkg. auf die Oberflächenspannung ist nur gering.
L. Kühnert. 6200◇

Über den Einfluß von Probenform, Abmessungen und Abkühlungsbedingungen auf die Spannungsdoppelbrechung in Glas-Metall-Verbindungen. Horst Herrmann. (Glastechn. Ber. **33,** 252–57, 1960; Hanau, Vacuumschmelze AG, Labor.; dt.) — Es wird über die Anwendung opt. Spannungsmessungen zur Kontrolle der Wärmeausdehnung von Einschmelzwerkstoffen (Glas u. Metall) berichtet. Einige zur Durchführung solcher Messungen geeigneten Probenformen werden betrachtet u. die verschiedenen Einfl. auf die Spannungsdoppelbrechung im Glas untersucht. Die Kenntnis dieser Einfl. ermöglicht es, die an Proben verschiedener Form u. Größe gefundenen Meßwerte miteinander zu vergleichen. J. Heinze. 6200◇

Eine neue chromfreie, veredelbare Eisen-Nickel-Einschmelzlegierung für Bleiglas. Werner Düsing. (Glastechn. Ber. **33,** 257–61, 1960; Ulm, Telefunken G. m. b. H., Röhrenlabor.; dt.) — Bei Glas-Metall-Hüllen für Mikrowellenröhren in Weichglasausführung werden Cr-freie Einschmelz-Legg. gebraucht, deren Oberfläche sich einwandfrei veredeln läßt. Die neue Fe–Ni–Mn-Leg. (47/48/5) erfüllt diese Bedingungen u. ist hinsichtlich ihrer Ausdehnung dem viel benutzten Pb-Glas besser angepaßt als bisher gebräuchliche Fe–Ni-Einschmelz-Legg. ohne Cr. J. Heinze. 6200◇

Vakuumanwendungen von industriellem Glasrohr. L. K. Branson und R. J. Sunderland. (Rev. sci. Instruments **31,** 665–66, 1960; Azusa, Calif., Aerojet-Gen. Corp.; engl.) — Hinweise auf Anwendungsmöglichkeiten von *Pyrex*-Glasrohren an Stelle von Metallrohren in industriellen Vakuumanlagen. W. Betcke. 6200◇

Schmelzen von Quarz und Cristobalit. J. D. Mackenzie. (J. Amer. ceram. Soc. **43,** 615–20, 1960; Schenectady, N.Y., Gen. Electr. Co., Res. Labor.; engl.) — Aus reinem, spektrograph. geprüften brasilian. Quarz wurde durch 65std. Erhitzen auf 1450° in H_2-Atmosphäre Cristobalit (II) hergestellt. Röntgenograph., metallograph. u. IR-Unterss. sowie Härtemessungen im Temp.-Bereich 500–600° zeigten sowohl von reinem I als auch von II ausgehend nach >15 Min. Erhitzen auf 1700° die Bldg. der hochviscosen, fl. Quarzglasphase mit einem Anteil an II. II blieb selbst nach Erreichen von 1730° als mikrokristalline Inhomogenität nachweisbar. Die Modifikationsänderung von I nach II vollzieht sich demnach äußerst langsam. R. Kaiser. 6204◇

Einfluß der Teilchengröße von Rohstoffen auf die Porzellanmasse. 2. Mitt. Reaktion zwischen klassierten Quarz- und Feldspatteilchen. Ryuzo Naito, Ryuichi Yamamoto, Yukio Nishimura und Syoji Kato. (Rep. Government ind. Res. Inst., Nagoya **9,** 248–51, 1960; jap., Auszug: engl.) — Unterss. über die Kompression von Quarz (I) u. Feldspat (II) mit Teilchengrößen von 3–6 u. 15–40 μ bei 1100° u. das Brennen bei 1300° zeigen, daß die Rk.-Geschw. in der Anfangsstufe des Schmelzens durch die Teilchengröße von II beeinflußt wird. Mit der Temp. steigt der Einfl. der I-Teilchengröße. W. Wesly. 6214◇

Einfluß der Teilchengröße von Rohstoffen in der Porzellanherstellung. 3. Mitt. Weg zur Druckprüfung für die Verformbarkeit. Yukio Nishimura, Ryuzo Naito, Ryuichi Yamamoto und Shyoji Kato. (Rep. Government ind. Res. Inst., Nagoya **9,** 347–51, 1960; jap., Auszug: engl.) — 2. vgl. vorst. Referat. — Mit Hilfe einer Druckprüfmaschine werden Ton–Quarz-Gemische (mit 4% Unterschied zwischen dem höchsten u. niedrigsten Wasser-Geh.) u. Ton-Geh. von 30–100% untersucht. Dabei zeigt sich, daß der Tangens des Kurventeiles der plast. Verformung mit dem Ton-Geh. ansteigt. Mit dem Ton-Geh. erhöht sich auch die Bruchlast. Die Kurve, die die Abhängigkeit des Prod. aus Spannung u. Dehnung beim Bruchpunkt vom Wasser-Geh. wiedergibt, hat eine Spitze bei einem bestimmten Wassergehalt. Diese Spitze verschiebt sich mit steigendem Ton-Geh. des Gemisches nach höheren Wassergehalten. W. Wesly. 6214□

Industrie hochfeuerfester Materialien in Indien. N. R. Srinivasan. (Centr. Glass ceram. Res. Inst., Bull [Calcutta] **7,** 87–89, 1960; Neu-Delhi, Ministry of Commerce and Ind., Dev. Wing; engl.) L. Kühnert. 6218◇

Neue Tendenzen bei Feuerfeststoffen. D. Yerouchalmi. (Silicates ind. **25,** 551–57, 1960; Consett Iron Co. Ltd.; franz.) — Es wird eine Übersicht der Entw. von Feuerfeststeinen für Schmelzwannen u. -öfen gegeben. J. Heinze. 6218◇

Betrachtungen über die Wahl der Materialien für Hochtemperaturtiegel. Tibor Laszlo. (Centr. Glass ceram. Res. Inst., Bull. [Calcutta] **7,** 131–34, 1960; Woodridge, USA, Curtiss-Wrigt Corp. Metallurgy Div.; engl.) — Der Einfl. von ZrO_2 $MoSi_2$ u. a. Materialien beim Hochtemp.-Schmelzen auf Kaolinschmelze wird beschrieben. Am sichersten lassen sich die Schwierigkeiten beim Sonnenofen vermeiden, weil dort die Sonnenstrahlen nur an einer Stelle angreifen, die eng begrenzt ist, so daß die Schmelze vom gleichen Material umgeben ist. Als Vorteil dabei wird angegeben, daß die Schmelze im Vakuum u. in beliebiger Atmosphäre ausgeführt u. dadurch der Einfl. von Gasen vermieden werden kann. L. Kühnert. 6218◇

Untersuchungen an Lithiumoxidsystemen. 9. Mitt. $Li_2O-Al_2O_3-TiO_2$. K. H. Kim und F. A. Hummel. (J. Amer. ceram. Soc. **43,** 611—14, 1960; University Park, Pa., Pennsylvania State Univ., Dep. Ceram. Technol.; engl.) — 8. vgl. C. **1961,** 10330. — Aus 42 verschiedenen Mischungen der Reinstchemikalien Li_2CO_3, Al_2O_3 u. TiO_2 hergestellte Preßlinge wurden nach langer, stufenweiser Brenndauer auf 900—1380° röntgenograph. auf durch Feststoff-Rkk. gebildete Verbb. untersucht. Aus dem Verh. bekannter bin. Verbb. ($Li_2O \cdot TiO_2$, $Li_2O \cdot 3\,TiO_2$, $Li_2O \cdot Al_2O_3$ $2\,Li_2O \cdot 5\,Al_2O_3$, $Li_2O \cdot 5\,Al_2O_3$) zueinander, ferner zu Al_2O_3 bzw. TiO_2 ergaben sich 9 Feststoffreaktions-Verbb. in diesem Temp.-Gebiet mit teilweise sehr langsam erreichten Stabilitätsgrenzen: $Li_2O \cdot TiO_2-Li_2O \cdot Al_2O_3$, $Li_2O \cdot TiO_2-Li_2O \cdot 5\,Al_2O_3$, $2\,Li_2O \cdot 5\,TiO_2-Li_2O \cdot 5\,Al_2O_3$, $Li_2O \cdot 3\,TiO_2-Li_2O \cdot 5\,Al_2O_3$, $Li_2O \cdot 3\,TiO_2-Li_2O \cdot Al_2O_3 \cdot 4\,TiO_2$, $Li_2O \cdot Al_2O_3 \cdot 4\,TiO_2-Li_2O \cdot 5\,Al_2O_3$, $Li_2O \cdot Al_2O_3 \cdot 4\,TiO_2-TiO_2$, $Li_2O \cdot 5\,Al_2O_3-TiO_2$ u. $Li_2O \cdot 5\,Al_2O_3-Al_2O_3 \cdot TiO_2$ u. die tern. Verb. $Li_2O \cdot Al_2O_3 \cdot 4\,TiO_2$ (= $LiAlTi_2O_6$, da die von Kordes u. Röttig (1951) angegebene Verb. $LiAlTiO_4$ offenbar nicht existiert). Jene besaß eine untere Stabilitätsgrenze von 1090 ± 15° u. dissoziierte in der Nähe von 1343°, rasch bei 1380 ± 15° in die Ausgangsstoffe $Li_2O \cdot 3\,TiO_2$, $Li_2O \cdot 5\,Al_2O_3$ u. TiO_2. Für die untere Stabilitätsgrenze der Verb. $Al_2O_3 \cdot TiO_2$ wurden 1237 ± 10° gefunden. R. Kaiser. 6220◇

Thermische Ausdehnung von Oxiden. S. Kumar. (Centr. Glass ceram. Res. Inst., Bull. [Calcutta] **7,** 58—69, 1960; Calcutta, Centr. Glass and Ceram. Res. Inst.; engl.) — Es wird eine Gleichung zur Berechnung der linearen Ausdehnung eines Ionengitters angegeben, ihre Anwendung auf Oxide, Glas u. keram. Substanzen erweitert u. eine spezielle Form für die Erhöhung der therm. Ausdehnung infolge Polarisation der Ionen abgeleitet. Werte für die Halogenide von Li, Na, K, Rb u. für AgBr, AgCl, MgO CaO, BaO (NaCl-Struktur), CsCl, TlCl (CsCl-Struktur), CaF_2, ZrO_2, GeO_2, ThO_2 (CaF_2-Struktur) u. a. werden angegeben. Dabei ergaben sich zwischen Beobachtung u. Rechnung Differenzen nicht über 10%. Unter bestimmten Annahmen für die Schwingungen ergab sich gute Übereinstimmung bei Temp. von 200—400° K. Bei verschiedenen Kristallen muß neben der Schwingung auch die therm. Rotation berücksichtigt werden. L. Kühnert. 6220◇

Wetterbeständigkeit von Glinit-Portlandzement. Ju. T. Taschpulatow, F. L. Glekel und I. Ch. Kolontarow. (Usbek. chem. J. **1958,** Nr. 2, 73—85; Chem. Inst. der Akad. der Wiss. der UsbekSSR; russ., Auszug: usbek.) — Die Unterss. über die Erhärtung von *Glinit-Portlandzement* mit 30—40% Glinit (Lehmart) an der Luft bei wechselnder Temp. ergaben seine Brauchbarkeit für Hochbauten. Er besitzt ähnliche Eigg. wie reiner Portlandzement. O. Lebtag. 6222△

Der Einfluß von Glinit auf die Widerstandsfähigkeit und den Korrosionsprozeß bei Portlandzement in mineralierten Wassern. M. G. Guljamow und Ju. T. Taschpulatow. (Usbek. chem. J. **1959,** Nr. 1, 79—85; Inst. für Chemie der Akad. der Wiss. der UsbekSSR; russ.) — Durch Zugabe von *Glinit* (**I**; 13,83—16,89% akt. Al_2O_3 enthaltender, bei 800° gebrannter Kaolin-Ton) bzw. von Diatomit (**II**) zu Portlandzement (**III**) wird die Beständigkeit von **III** gegenüber 11,374 (mg/Liter) SO_4^{2-} u. 2040 Mg^{2+} enthaltendem W. erhöht. Die „Sulfatbeständigkeit" des so hergestellten „Puzzolan-**III**" entspricht jedoch den Forderungen von GOST nicht. Die Erhärtung von 30% **I** bzw. 25% **II** enthaltenden Prodd. in schwach Mg-haltigen u. $\leqq$9280 mg/Liter SO_4^{2-}-enthaltendem W. erfolgt normal. Der KC_6 dieses „Puzzolan-**III**" beträgt 0,98—1,11. S. Baryschnikow. 6222△

Spezialzemente für Erdölbohrungen. A. Virella. (Cemento-Hormigón [2] **26 (28),** 3—12, 57—65, 1960; span.) — Übersicht. — 19 Literaturzitate. R. K. Müller. 6222□

Schaumbeton mit leichtem grobkörnigem Füllstoff — eine neue leichte Baustoffgattung aus örtlichen Rohstoffen. J. Jambor. (Stavivo **37,** 317—22, 1959; Bratislava, Slov. akad. věd; tschech.) — Zur Herst. von Formsteinen u. kleineren Konstruktionen aus Schaumbeton werden Zusätze von 18—50% grobkörniger Füllstoffe (Körnung 4 bis 14 mm) aus lokalen Quellen empfohlen. Es handelt sich vor allem um Keramsit, Bimsstein, zerkleinerte Tuffe, expandierte Schiefer, Schlacken u. ähnliche Stoffe. Ein Vgl. der Festigkeits- u. anderer Eigg. der so gefüllten Betone zeigt keine Beeinträchtigung der Eigg. durch Keramsit, während der höchste Abfall der Werte durch Tuffbruch, bes. bei größeren Zusätzen, hervorgerufen wird (graph. Darst.). J. Tůmová. 6224◇

Hydrothermale Bearbeitung von Keramsitbeton. Ss. A. Mironow und A. W. Talissman. (Baumaterialien [UdSSR] **6,** Nr. 2, 27—29, 1960; russ.) — Prüfkörper aus Keramsitbeton verschiedener Qualitäten u. mit verschiedenen Zusätzen (vulkan. Asche, $CaCl_2$ u. $CaSO_4 \cdot \frac{1}{2}\,H_2O$ als Abbinde- u. Erhärtungsbeschleuniger, alkohol. Sulfitlauge als Verflüssiger) wurden im Autoklaven unter Druck mit Dampf behandelt u. danach auf Druckfestigkeit u. Frostbeständigkeit untersucht. Die besten Ergebnisse wurden mit einem Druck von 8 at bei 85° erzielt, z. B. betrug die Druckfestigkeit bei Prüfkörpern, für deren Herst. 228 kg Zement auf 1 m^3 Beton verbraucht wurden, nach eintägiger Ertung 285 kg/cm^2. Horst Braun. 6224□

Veränderung der mechanischen Betoneigenschaften durch Zusatz plastischer Kunststoffe. Jiří Hošek. (Inž. Stavby **7**, 343—45, 1959; Praha, Ústav teoret. a. aplikované mechaniky Českoslov. akad. věd; tschech.) — Nach Erläuterung des Einfl. von Zusätzen verschiedener plast. Stoffe zum Beton werden Ergebnisse der Prüfungen bei Zusätzen von natürlichem Kautschuklatex beschrieben. — Die Zugfestigkeit steigt mit dem Zusatz bis zu ca. 15% an (bis auf das doppelte des ursprünglichen Betons) u. sinkt dann ab. Die Druckfestigkeit sowie der Elastizitätsmodul sinken durch den Latexzusatz stark ab. Eingehend müssen deshalb Zusätze bis zu 20% untersucht werden. J. Ţůmová. 6224◇

Die Veränderung einiger physikalischer und physikalisch-chemischer Eigenschaften beim Erhärten von ungelöschten Dolomitkalkmörteln. 1. Mitt. **Die Veränderung der linearen Ausmaße Saulkalnscher Dolomitkalkmörtel in Abhängigkeit von der Brenntemperatur des Dolomits und den Lagerungsbedingungen der Mörtel.** A. Mjagkova, K. Karlsons und A. Vaivads. (Nachr. Akad. Wiss. LettSSR **1960**, Nr. 12, 75—83; Latv. PSR ZA Kimijas instituts; lett., Auszug: dt.) — Die Formänderung einiger aus gebrannten Dolomiten von Saulkaln hergestellter Probekuchen wurde in Abhängigkeit von der Brenn-Temp., den Lagerungsbedingungen u. -zeiten, der Einw. von Dampf, der künstlichen Carbonisierung u. der Zugabe von 10% Rohgips untersucht. Bei 700—1000° gebrannter Dolomit ergibt einen Mörtel, der bei Lagerung schwindet; die Schwindung nimmt mit Erhöhung der Brenn-Temp. ab. Bei 900—1100° gebrannter Dolomit ergibt einen Mörtel, der nach Zugabe von 10% Rohgips quillt. Dampfbehandlung fördert die Quellung infolge beschleunigter Hydratation des MgO. Carbonisierte Mörtel zeigen prakt. keine Formänderung. Horst Braun. 6226◇

Erwärmung, Ausdehnung und Verfestigungszeit von Formgips. Sudhir Sen und G. M. Srikantan. (Centr. Glass ceram. Res. Inst., Bull. [Calcutta] **7**, 78—86, 1960; Calcutta, Centr. Glass and Ceram. Res. Inst.; engl.) — Verss. zeigen, daß nach Brenn-Temp. von 80—150 u. 400—500° der Gips keine Erhärtungsfähigkeit mehr aufweist. Bei optimal 170—270° zeigten Zeit, Ausdehnung u. Temp. bei der Erhärtung eine eindeutige Beziehung zur Brenntemperatur. Temp.-Erhöhung beim Erhärten u. die Erhärtungs-Geschw. geben Auskunft über die Güte des Gipses, auch wenn keine anderen Eigg. bekannt sind. Das Prod. aus maximaler Temp.-Erhöhung (in °C) u. der Zeit (in Min.) ist ein Maß für die Qualität. Die nach anfänglicher Verzögerung einsetzende Erhärtung ist als Folge einer Bldg. von Dihydratkristallen anzusehen. L. Kühnert. 6226◇

Wirkung von Verunreinigungen auf die Eigenschaften von Gips. Sudhir Sen und G. M. Srikantan. (Centr. Class ceram. Res. Inst., Bull. [Calcutta] **7**, 70—77, 86, 1960; Calcutta, Centr. Glass and Ceram. Res. Inst.; engl.) — Natürliche oder beim Calcinieren aufgenommene Verunreinigungen wirken auf Gips derart, daß z. B. $CaCO_3$ eine geringe Beschleunigung der Erhärtung bewirkt, ohne andere Eigg. wesentlich zu beeinflussen. Ähnlich wirkt Anhydrid — beide beeinflussen aber die Haltbarkeit von Gipsformen. NaCl u. K_2SO_4 wirken als Härtungsbeschleuniger, erhöhen die Konsistenz u. zeigen größere Ausdehnung beim Festwerden. Die Verzögerungs-Wrkg. von Leim ist größer als die von Borax, 0,1% Borax zeigt sogar einen leichten Beschleunigungseffekt. L. Kühnert. 6226◇

Eigenschaften des Kalksteinsplitts. Josef Matějka. (Stavivo **37**, 339—41, 1959; Bratislava; tschech.) — Zusammenfassung der Eigg. nach der tschechoslowak. Staatsnorm ČSN 72 1236: Kalksteinsplitt für Terrazzoo, Filter u. Entsäuerungszwecke. — Für Bauzwecke wird der Splitt in zwei Gruppen nach der Druckfestigkeit genormt (1600 u. 600 kg/cm^2). Das Wasseraufnahmevermögen muß unter 2%, bei Travertin unter 5% liegen. Es werden 9 Körnungen unterschieden (die erste zwischen 0 u. 0,5 mm, die größte zwischen 16,0 u. 25,0 mm). Die Färbung wird im Einvernehmen mit dem Abnehmer bestimmt. Abschwemmbare Stoffe (nur bei größeren Körnungen) dürfen 5%, Spitze u. flache Splitter 25% nicht überschreiten. Die Härte nach Mohs darf nicht unter 3 liegen. — Für chem. Zwecke darf der Sulfat-Geh. nicht 0,5% überschreiten, der $CaCO_3$ + $MgCO_3$-Geh. mindestens 96% betragen ($MgCO_3$ höchstens 6 [%]; SiO_2 1; Fe_2O_3 0,3; MnO 0,05). J. Tůmová. 6226◇

Hydrothermale Härtung zwischen CaO und Reisschalenasche und die Herstellung von leichten Bauplatten nach dem hydrothermalen Verfahren aus dem Abfallstoff Reisschalenasche. Adnan Göksel. (Istanbul Üniv. Fen Fak. Mecmuasi [Rev. Fac. Sci. Univ. Istanbul], Ser. C **24**, Nr. 3—4, 100—03, Juli/Okt. 1959; Istanbul, Inst. für techn. Chemie der Univ.; dt.) — Die Herst. leichter Bauplatten mit Hilfe von Reisschalenaschen (ca. 80%) u. Kalk (ca. 20%) ist durchaus erfolgversprechend, von Vorteil ist das niedrige spezif. Gew. dieser Platten u. ihr gutes Wärme- u. Schallisolierungsvermögen. Die Druck- u. Biegefestigkeit kann durch Beimischung von Asbest noch gesteigert werden. N. Peters. 6228◇

Glasüberzogenes Kupfer als Baustoff. R. E. Greenlee. (Glass Ind. **41**, 611—15, 1960; Copper Products Dev. Assoc.; engl.) — Übersicht über das Auftragen von Glas auf Cu, die Eigg. u. Verw. des verglasten Cu als Baustoff. W. Wesly. 6228◇

Alterungsbeständigkeit bei Baustoffen aus Plasten. Erik Saare. (Tekn. Tidskr. **90**, 837—43, 1960; Stockholm; schwed.) — Übersicht über den Einfl. von Strahlung, Temp., Oxydation, W. u. mehreren Faktoren auf die Alterungsbeständigkeit von im Bauwesen verwendeten Plastmaterialien, die Klassifizierung der Plaste nach ihrer Alterungsbeständigkeit u. die Prüfmethoden. R. K. Müller. 6228◇

Akute Fragen der Entwicklung einer Großproduktion von Silicalzit. A. N. Kreindlin. (Baumaterialien [UdSSR] **6**, Nr. 3, 12—15, März 1960; russ.) — Verarbeitungs- u. Anwendungsmöglichkeiten des Kalk-Sand-Baustoffs *Silicalzit*. A. Klein. 6228□

Experimentelle Untersuchungen zur Technologie von Kalkstein und Silicat enthaltenden wärmeisolierenden Materialien. L. F. Jankelew und W. N. Dworkin. (Baumaterialien [UdSSR] **6**, Nr. 2, 33—36, 1960; russ.) — Untersucht wird die Herst. von wärmeisolierendem Material aus Kalk u. SiO_2 unter Asbestzusatz ohne Dampfzufuhr. In der 1. Vers.-Serie wird eine Mischung aus 20 (%) Kalk, 65 Diatomit, 15 Asbest mit 285 W. u. 3—6 Gips im Autoklaven bei verschiedenen Drücken erhitzt. Dabei verdampft W. bis auf 20% u. bildet die notwendige Dampfatmosphäre. Die Geschw. des Druckabfalls am Ende des Prozesses darf 0,5 at/Min. nicht überschreiten. Durch die neue Meth. verringert sich die Dauer des Prozesses von 40—50 Std. auf 10 Std., der Wärmeverbrauch kann bei geeigneter App. bis auf $^1/_8$ gesenkt werden, statt eines Druckes von 8—15 at sind nur noch 1—3 at erforderlich. Bei der 2. Vers.-Serie wurde Diatomit durch Sand ersetzt. Hier muß am Anfang des Prozesses noch Dampf zugesetzt werden, da sonst Schrumpfungen entstehen. Der Asbest-Geh. wurde variiert. Ein Maximum erreichte die Biegefestigkeit der Prodd. bei 15% Asbestanteil, die Werte schwanken aber mit der Asbestqualität u. dem Raum-Gew. der Erzeugnisse. Die Unters. der Feinmahlung des Sandes zeigte, daß eine spezif. Oberfläche von 3000 cm^2/g optimale Festigkeitswerte ergibt. Das Verhältnis von CaO zu SiO_2 ist mit 0,5 am günstigsten. Horst Braun. 6228□

Einfluß von Feuchtigkeit auf einige Tieftemperatur-Isolationsmaterialien. B. M. Bishui, J. Prasad und K. D. Sharma. (Centr. Glass ceram. Res. Inst., Bull. [Calcutta] **7**, 123—30, 1960; Calcutta, Central. Glass and Ceram. Res. Inst.; engl.) — Nach Beschreibung von App. u. Vers.-Bedingungen wird in Tabellen u. Farbphotos aufgezeigt, daß Schaumglas die bisher für Kühlanlagen verwendeten Isolationmaterialien Kork u. Glasfaser ersetzen kann, da seine Feuchtigkeitsdurchlässigkeit, die für die Wärmeisolation wesentlich gleich ist, gleich Null ist. Die Leitfähigkeit für elektr. Strom ist wegen der Adsorption von W. an der Oberfläche gegenüber den anderen Materialien schlechter. L. Kühnert. 6228◇

Frost- und Tauprüfung von Asbestzementplatten. Ryuichi Yamamoto. (Rep. Government ind. Res. Inst., Nagoya **9**, 101—05, 1960; jap., Auszug: engl.) — Asbestzementplatten werden nach Sättigung mit W. 50mal abwechselnd auf —20° abgekühlt u. auf +20° erwärmt, wobei sich kaum Änderungen in der Biegefestigkeit u. bei der Erschütterungsprobe ergaben. L. Kühnert. 6234◇

Elektrische Eigenschaften von indischem Glimmer. Gleichstromwiderstand. R. N. Dhar, S. S. Mandal und S. B. Roy. (Centr. Glass ceram. Res. Inst., Bull. [Calcutta] **6**, 29—33, 1959; Calcutta, Central. Glass and Ceram. Res. Inst.; engl.) — Die verwendete Einrichtung für die Gleichstromwiderstandsmessung von Glimmer wird mit Schaltskizze u. sich daraus ergebenden Definitionsgleichungen angegeben. Geordnet nach den üblichen morpholog. erfaßbaren Klassen für Bihar- u. Madrasglimmer werden die Meßergebnisse in Tabellen dargestellt. Es wird gezeigt, daß der Gleichstromwiderstand nicht mit den für die Klasseneinteilung maßgebenden Gesichtspunkten der Morphologie in Verbindung gebracht werden kann, nur hat grüner Glimmer viel geringeren Widerstand als Rubyglimmer. L. Kühnert. 6234◇

Gefügeunterschiede bei keramisch gebundenen Schleifscheiben. S. Buchner. (Interceram [Lübeck] Nr. **2**, 101—02, 1960; engl.) — Schleifkörper sind gek. durch Schleifmaterialien, ihre Körnung, Bindungsart, ihr Schütt-Gew. u. das erreichbare spezif. Preßgewicht. Das Gefüge der Schleifscheiben wird, unabhängig von Material, Körnung u. Bindungsart, bes. durch die Porenverhältnisse modifiziert. Es wird vorgeschlagen, die Gefügecharakterisierung durch die Porositätszahl (in %) zu ergänzen. W. Wesly. 6238◇

Entstehung und Struktur der geschliffenen Oberfläche des optischen Glases. S. Minář. (Jemná Mechan. Optika **3**, 17—20, 1958; Přerov, ÚVOJM; tschech.) — Beim Schleifen von opt. Glas wirken mechan. u. physikal.-chem. Vorgänge zusammen. An der Oberfläche von geschliffenem Glas bildet sich eine Schicht von Unebenheiten u. eine Schicht von Sprüngen aus. Ein rationelles Polieren erfordert die Bldg. einer möglichst dünnen zerstörten Oberflächenschicht beim Schleifen. R. K. Müller. 6238◇

Die differential-thermoanalytische Bestimmung von Restquarzmengen in abreagierten Silicatgemengen. Carl Kröger und Jürgen Stratmann. (Glastechn. Ber. **33**, 250—52, 1960; Aachen, Techn. Hochsch., Inst. für Brennstoffchem.; dt.) — Die beim Tempern von Disilicat–Quarz-Gemischen bei 855° verbleibenden Quarzmengen wurden mit der DTA bestimmt u. die Zeitabhängigkeit der Auflösung des Quarzes mit der röntgenograph. bestimmten Auschmelz-Geschw. des Quarzes im eutekt. Gemisch Disilicat–Quarz verglichen. Bei Temp. oberhalb der Quarz–Tridymit-Umwandlung entsprechen die verbleibenden Restquarzmengen der Umwandlungsgeschwindigkeit. Auch im tern. Syst. Na_2O–CaO–SiO_2 lassen sich die bei 850° gelösten Quarzmengen differentialthermoanalyt. erfassen. Die Genauigkeit ist von der vorgegebenen Eichart abhängig. J. Heinze. 6240◇

Gravimetrische Tetraphenylborsäuremethode zur Bestimmung von Kalium in Gläsern und Silicaten. Henry F. Yankov. (Chemist-Analyst **48**, 38—39, 1959; Bloomfield, Conn., Emhart Glass Test. Labor.; engl.) — Zur Vermeidung von Fehlern durch Mitfällung von Fremdstoffen wird bei der K-Best. in Silicaten durch Fällung mit Na-Tetraphenylborat (I) in Anlehnung an eine Meth. von Ford [1956] wie folgt verfahren: Die Probe mit einem Geh. von 1—10 mg K wird im Pt-Tiegel mit $HClO_4$/HF abgeraucht, der Rückstand in etwas W. aufgenommen, mit HCl angesäuert u. auf 10—20 ml verd. (HCl-Konz. der Lsg. 1%ig.). Dann wird ein Überschuß 0,6%ig. I-Lsg. (1,5 ml/mg K; es wird eine mit 0,2 g Al_2O_3/100 ml ausgeschüttelte u. auf pH 8 eingestellte Lsg. verwendet) zugesetzt, nach 15 Min. wird abfiltriert u. gewaschen. Der Tiegel wird 20—30 Min. lang bei 120—130° getrocknet, dann wird der Nd. mit Aceton herausgelöst, abermals getrocknet u. zurückgewogen. W. Betcke. 6240◇

Die Beweglichkeit des Sauerstoffs in zwei Silicatgläsern. W. D. Kingery und J. A. Lecron. (Physics Chem. Glasses **1**, 87—89, 1960; Cambridge, Mass., Massachusetts Inst. of Technol., Dep. of Metallurgy; engl.) — Die O_2-Diffusions-Koeff. (bestimmt durch Messung des Isotopenaustausches unter Verw. des stabilen Isotops ^{18}O u. der massenspektrograph. Analyse) in einem Glas der Zus. 16 Na_2O–12 CaO–72 SiO_2 (zwischen 460 u. 525°) ergeben sich zu $D = 2 \cdot 10^3 \exp(-66{,}500/RT)$, während bei der Zus. 20 Al_2O_3–40 CaO–40 SiO_2 (765—845°) $D = 4 \exp(-69{,}000/RT)$ gilt. Diese Werte werden mit den Diffusions-Koeff. anderer Ionen dieser Gläser u. denen in kristallinen Oxiden verglichen. J. Heinze. 6242◇

Vorläufige Messungen zur Bestimmung des Einflusses der Zusammensetzung auf die thermische Leitfähigkeit von Glas. E. H. Ratcliffe. (Physics Chem. Glasses **1**, 103—04, 1960; Teddington, Nat. Phys. Labor., Appl. Phys. Div.; engl.) — Es werden die therm. Leitfähigkeiten bei 20° von 12 handelsüblichen Gläsern gegeben, zusammen mit den berechneten Temp.-Koeff. u. den Zusammensetzungen. J. Heinze. 6242◇

Einige Beobachtungen über die Unelastizität von Gläsern. Iftikhar Mohyuddin und R. W. Douglas. (Physics Chem. Glasses **1**, 71—86, 1960; Sheffield, Univ., Dep. of Glass Technol.; engl.) — Die Dämpfung der Torsionsschwingungen in Fasern von Ø > 1 mm wurde mit einer einfachen App. im Bereich —100 bis +450° gemessen. Untersucht wurden bin. Silicatgläser mit Li, Na, K u. Pb, gemischte Alkaligläser mit Na u. K, handelsübliche Kalk–Natron-Gläser u. Kalk–Natron-Gläser mit nur 2% CaO. Die Änderung der Dämpfung mit der Temp. ist bei allen Gläsern grundsätzlich gleich. Es ist eine kontinuierliche Energieabsorption vorhanden, die bei niedrigen Temp. nahezu von der Temp. unabhängig ist, bei höheren aber rasch ansteigt. Die vermutliche Ursache wird diskutiert. J. Heinze. 6242◇

Zähigkeit und Dichte von schmelzflüssiger Kieselsäure und hochkieselsäurehaltigen Gläsern. James F. Bacon, Alex A. Hasapis und James W. Wholley jun. (Physics Chem. Glasses **1**, 90—98, 1960; Wilmington, Mass., Avco Corp., Res. and Advanced Dev. Div.; engl.) — Die Zähigkeit η von schmelzfl. SiO_2 im Bereich 1935—2322° schwankt zwischen $\log \eta = 5{,}86$ u. 4,63. Durch Zusatz von ca. 1% CoO verringerte sich der Wert zwischen 2090 u. 2350° um den Faktor 3,5. Die Zähigkeiten von *Vycor 7900* u. *Pyrex 7740* wurden ebenfalls gemessen. J. Heinze. 6242◇

Ultrarotspektroskopische Untersuchungen an Gläsern und kristallinen Silicaten. H. Lehmann und H. Dutz. (Silicates ind. **25**, 559—66, 1960; Clausthal, Bergakad., Inst. für Silikathüttenkd.; dt.) — Nach einer kurzen Einführung in die IR-Spektroskopie werden die IR-Absorptionen der Silicate betrachtet. Danach müßten CaO u. Al_2O_3 im Verhältnis 1 : 1 IR-durchlässige Gläser ergeben. J. Heinze. 6242◇

Untersuchungen indischer Tone über Plastizität und ihre Beziehung zu anderen physikalischen und chemischen Eigenschaften. 1. Mitt. **Die Korngrößenverteilung, chemische Analyse, Basenaustauschfähigkeit und DTA einiger indischer und ausländischer Tone.** Gurudas Mandal und D. Lahiri. (Indian J. appl. Chem. **23,** 55—61, 1960; Calcutta, Calcutta Univ., Dep. of Applied Chem.; engl.) — 7 Tone (Rajmahal, Jhajha, Tinpahari, Bankura, China-clay, Devonshire ball clay) wurden untersucht. Die ersten 4 Proben enthalten Kaolinit als einziges Tonmineral. J. Heinze. 6248◇

IR-Spektren einiger Tonminerale und die zugehörigen Strukturen. B. M. Bishui und J. Prasad. (Centr. Glass. ceram. Res. Inst., Bull. [Calcutta] **7,** 97—109, 1960; Calcutta, Central Glass and Ceram. Res. Inst.; engl.) — In 2 Tabellen u. 16 Diagrammen werden die IR-Spektren von Kaolinit, Halloysit, Allophan, Montmorillonit,Pyrophyllit, Talk, Muskovit, Biotit, Sillimanit, Mullit u. a. dargestellt. Beim Vgl. der Spektren von Pyrophyllit mit Talk u. von Muskovit mit Biotit ist ersichtlich, daß bei Ersatz von Al^{3+} durch Mg^{2+} oder Fe^{2+} in oktaedr. Koordination die Hauptbande (ca. 9,89), die der Si—O-Bindung angehört, nach größeren Wellenlängen ausweicht. L. Kühnert. 6248◇

Beständigkeit und vergleichende Untersuchung der Körnchenfeinheit keramischer Schneidplättchen. György Szakács. (Kohászati Lapok **93,** 289—97, 357—61, 1960; Budapest, Forsch.-Inst. Eisenind.; ung.) — Vf. untersuchte an Dünnschliffen die Mikrostruktur der aus reinem Al_2O_3 erzeugten ungar. u. ausländ. Schneidplättchen verschiedener Zus. u. deren Verschleiß bzw. Ausscharten. Feine Struktur allein ist für die Qualität nicht ausreichend, zur erwünschten Beständigkeit ist auch eine Härte von $>$85 HRa nötig. Zwischen Körnchenfeinheit, Härte u. Verschleiß besteht ein Zusammenhang. Plättchen gemischter Struktur zeigen gute u. auch schlechte Qualität, glatten Verschleiß aber auch Ausschartungen. Durch Erhöhen der Sinter-Temp. geht die Feinstruktur in gemischte u. grobe über. Die Qualität des Schneidplättchens ungar. Erzeugung ist den besten ausländ. gleich. J. Plank. 6248◇

Die Agressivität des sulfathaltigen Bodens. Gáspár Soltész und György Hámori. (Építöanyag [Baumaterial] **11,** 450—62, 1959; ung.) — Zur Best. des als betonzerstörender Faktor bekannten Sulfat-Geh. des Bodens sind verschiedene Meth. bekannt, diese liefern aber stark abweichende Ergebnisse. Vff. verwenden daher zur Bereitung der Boden-Lsg. einen Glaszylinder mit eingeschmolzener Filterplatte, legen 400 g der bei 50—60° getrockneten, gemahlenen Bodenprobe darauf u. schütten 300 ml W. langsam auf. In dieser Weise werden einschlägige Werte erhalten. Die Unterss. ergaben, daß der Sulfat-Geh. des Bodens für dessen Aggressivität nicht kennzeichnend ist. Eigentlich ist die Konz. der den Boden durchsickernden Sulfat-Lsg., die latente Aggressivität maßgebend. Die Zementart u. Menge soll für Bauten in aggressiven Böden der Sulfat-Konz. des Grundwassers entsprechend gewählt werden. Die Korrosionsgefahr ist nicht größer, wenn aggressives W. in sulfathaltigem Boden vorkommt. J. Plank. 6252□

H_7. Agrikulturchemie. Schädlingsbekämpfung

Süddeutsche Kalkstickstoff-Werke Akt.-Ges., übert. von: Franz Kaess, Thomas Fischer und Hermann Kronacher, Trostberg, **Kontinuierliche Herstellung von Kalkstickstoff** durch Leiten von N_2 u. CaC_2-Pulver von $\leqq$0,15 mm Teilchengröße durch einen Drehofen, wobei zu Beginn der Rk. ein Bett von vorgebildetem Ca-Cyanamid als Verdünnungsmittel vorliegt, unter Aufrechterhaltung einer Temp. von 950—1100° durch Zugabe von Ca-Cyanamid, so daß das Gemisch immer 45—55% CaC_2 enthält. — Vgl. D. A. S. 1 101 381; C. **1961,** 11112. (**Can. P. 634 849** vom 12/11. 1959, ausg. 16/1. 1962.) H.-J. Nitzschke. 6285

Fisons Fertilizers Ltd., Felixstowe, Suffolk, England (Erfinder: Keith Scott Barclay, John Mervyn Crewe und Keith Frederick James Thatcher), **Herstellung von Mehrnährstoffdüngemitteln.** Aus Marokko-, Nauru-, Florida- oder Gafsarohphosphaten hergestellte Superphosphate oder Triplesuperphosphate mit einem Geh. an organ. C von 0,1—0,5% werden mit NH_4NO_3, $(NH_4)_2SO_4$ u. KCl innig vermischt, worauf das Gemisch granuliert wird. Während des Mischens oder der Granulation werden der Masse 0,25—0,75% $CO(NH_2)_2$ oder $CO(NH_2)_2$-Salze in fester Form oder als wss. Lsg. zugesetzt. Als Ausgangsphosphate können auch organ. C enthaltendes $CaH_4(PO_4)_2$, $CaHPO_4$, $NH_4H_2PO_4$ u. $(NH_4)_2HPO_4$ verwendet werden. Das Düngemittel soll 2—35 (%) P_2O_5, 0,5—25 N_2, davon 0,5—15 NO_3-N u. 1—30 K_2O enthalten. Durch den Zusatz der geringen $CO(NH_2)_2$-Mengen werden die Oxydation der organ. Substanz, Erhitzungen u. Zusammenbackungen der Düngemittel bei der Lagerung vermieden. (**E. P. 894 910** vom 19/11. 1958, ausg. 26/4. 1962.) **H. Karst. 6291**

Potasse et Engrais Chimiques, Frankreich, **Herstellung von Komplexdüngern** durch Aufschluß von Rohphosphat mit HNO_3, Neutralisieren mit NH_3 u. Fällen des Ca-Nitrats mit H_3PO_4 oder H_2SO_4. Ein Teil der Rk.-Teilnehmer wird ohne Rohphosphat umgesetzt, so daß durch die freiwerdende Rk.-Wärme ein Teil des W. verdampft. Der andere Teil dient dem Aufschluß des Rohphosphates. Beide Teile werden vor dem Granulieren gut gemischt. Auf diese Weise wird eine stärkere Verdünnung der Aufschlußmasse vermieden u. gleichzeitig ein für die Granulation geeignetes Prod. erhalten. — Verfahrensschema. (**F. P. 1 229 651** vom 29/4. 1958, ausg. 8/9. 1960.) W. Wittholz. 6291

Soc. des Produits Azotes, Frankreich (Erfinder: Pierre Mivelaz), **Granulierte Komplexdünger.** Man bringt in einen Mischgranulator Rohcalciumphosphat ohne vorherige Zerkleinerung, andere Düngestoffe, wie KCl, Spurenelemente u. W., mischt gut u. fügt rasch H_2SO_4 von 59° Bé hinzu. Durch die exotherme Rk. wird die Bldg. lösl. Phosphorsäure sowie die Granulierung u. Trocknung des bin. Prod. beschleunigt. Am Schluß der Rk. kann NH_4OH zugesetzt werden, um die freien Säuren zu neutralisieren u. tern. Düngemittel zu erhalten. (**F. P. 1 229 357** vom 6/7. 1959, ausg. 6/9. 1960.) W. Wittholz. 6291

Scottish Agricultural Industries Ltd., England, **Düngemittel in Pastillenform** durch Verpressen von 45 Teilen krist. Harnstoff u. 55 Teilen K-Metaphosphat, ggf. unter Zusatz von Spurenelementen, Pflanzennährstoffen oder Insekticiden. Die Pastillen sind fest, besitzen eine geringe Hygroskopizität u. backen beim Lagern nicht zusammen. (**F. P. 1 233 210** vom 9/7. 1959, ausg. 12/10. 1960. E. Prior. 9/7. 1958.) W. Wittholz. 6291

Imperial Chemical Industries Ltd., London, England (Erfinder: Peter Waterhouse), **Kontinuierliche Herstellung von granulierten Ammonsulfatsalpeter-Düngemitteln.** Gemahlenes $(NH_4)_2SO_4$ mit einer Teilchengröße $< 0,6$ mm, bes. $< 0,2$ mm, wird mit Ammonsulfatsalpeter von einer Teilchengröße $< 1,5$ mm in Paddelmischern oder Granulatoren in eine wss., ca. 80%ig. NH_4NO_3-Lsg. eingetragen u. die Masse bei 55—70° unter Besprühen mit Wasserdampf granuliert. Es werden solche Mengen der Ausgangsstoffe verwendet, daß äquimol. Mengen Sulfat u. Nitrat vorhanden sind u. daß das granulierte Prod. den Granulator mit einem Wasser-Geh. von 2—2,5% verläßt. Die Granalien werden dann in Trockentrommeln mit im Gegenstrom zugeführten heißen Gasen bis auf einen Wasser-Geh. von ca. 0,1% getrocknet u. auf eine Korngröße von 1,5—3,5 mm gesiebt. Das Feingut u. zerkleinerte Grobgut gehen in den Prozeß zurück. Man erhält lagerbeständige, nicht staubende harte Granalien. (**E. P. 893 389** vom 17/7. 1959, ausg. 11/4. 1962.) H. Karst. 6291

Shozo Kurata, Japan, **Verbesserung der Bodenstruktur** durch Behandlung des Bodens mit Emulsionen aus Polyvinylacetat oder Mischpolymerisaten aus Vinylalkohol u. Vinylacetat. (**F. P. 1 232 237** vom 12/8. 1959, ausg. 6/10. 1960.) W. Wittholz. 6303

Rohm & Haas Co. (Erfinder: Harold Frederick Wilson und Dougal Harold McRae), **Herstellung von 3.4-Dichlorpropionanilid, 3.4-Dichlorisobutyranilid und 3.4-Dichlor-α-methylvaleranilid** durch Rk. von 3.4-Dichloranilin mit Propion-, Isobutter- oder α-Methylvaleriansäure oder deren Anhydriden oder Halogeniden in einem flüchtigen, inerten, organ. Lsgm. wie Bzl., Toluol, Xylol oder chlorierten KW-Stoffen bei 50—150° bzw. 10—50°. — *Herbicide.* (**Aust. P. 235 012** vom 29/1. 1959, ausg. 7/9. 1961. A. Prior. 13/2. 1958.) K. Demmler. 6313

Monsanto Chemical Co., St. Louis, Mo., übert. von: Joseph W. Baker, Nitro, W.Va., V.St.A., **Bekämpfung unerwünschten Pflanzenwachstums.** Auf das Blattwerk von Gräsern oder breitblättrigen Unkräutern werden *Herbicide* versprüht, die als Wirkstoff Verbb. der allg. Formel I enthalten, in der R = Cl u. X 3—5 bedeutet. Bes. geeignet sind z. B. *O.O-Bis-(2.4.5-trichlorphenyl)-*, *O.O-Bis-(2.4-dichlorphenyl)-*, *O.O-Bis-(p-chlorphenyl)-*, *O.O-Bis-(o-chlorphenyl)-*, *O.O-Bis-(2.4-dibromphenyl)-*, *O.O-Bis-(2-chlor-p-biphenylyl)-* u. *O.O-Bis-(4-chlor-3-methylphenyl)-S-hydrogenphosphordithioat* in Konzz. von 0,05—10,0% u. Mengen von 1,35 bis 22,5 kg/4050 m². Sie werden in Form von Lsgg. in organ. Lsgm., Emulsionen oder wss. Dispersionen unter Zusatz von Netz- u. Dispergiermitteln angewendet u. sind auch zur Vernichtung der Unkräuter im Vorauflauf-Verf. geeignet. Herbicide Eigg. weisen auch die Alkali-, NH_4-, Zn-, Amin-Salze u. Ester der genannten Verbb. auf. (**A. P. 2 989 392** vom 14/4. 1958, ausg. 20/6. 1961.) H. Karst. 6313

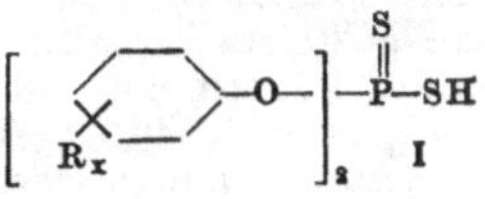

I

Monsanto Chemical Co., St. Louis, Mo., übert. von: John P. Chupp, Nitro, W.Va., V.St.A., **Vernichtung unerwünschten Pflanzenwachstums und herbicide Mittel.** Die zu bekämpfenden Unkräuter der *Leguminoseae-*, *Cucurbitaceae-*, *Umbelliferae-*, *Chenopodiaceae-*, *Amaranthaceae-*, *Convolvulaceae-* u. *Polygonaceae-*Familien werden

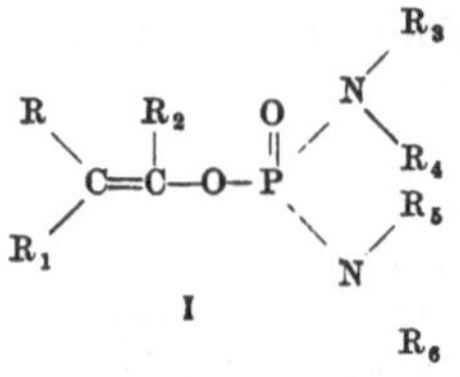

I

im Vorauflauf- oder Nachauflauf-Verf. mit herbiciden Mitteln behandelt, welche als Wirkstoff 0,1—10% eines Halovinyltetraalkylphosphordiamidats der allg. Formel I enthalten, in der R u. R_1 Halogen oder H, R_2 H, niedere Alkyl- oder halogensubstituierte Methylgruppen, u. R_3, R_4, R_5 u. R_6 niedere Alkyl- oder Allylgruppe bedeuten. Bes. geeignete Wirkstoffe sind: *2-Chlorvinyltetraäthyl-*, *2.2-Dichlorvinyltetrapropyl-*, *2.2-Dichlorvinyltetraäthyl-*, *2-Bromvinyltetraisopropyl-*, *2.2-Dibromvinyltetraallyl-*, *2.2-Dichlorvinyltetramethyl-* u. *2.2-Dichlor-1-pentylvinyltetrapropylphosphordiamidat*, die in Mengen von 4.5—27,0 kg/4050 m^2 als Lsgg. in organ. Lsgm. oder als wss. Dispersionen unter Zusatz von Netz- oder Dispergiermitteln auf die Unkräuter oder den Kulturboden versprüht werden. (**A. P. 2 993 776** vom 8/10. 1956, ausg. 25/7. 1961.) H. Karst. 6313

Dow Chemical Co., übert. von: Melvin Jay Josephs, Midland, Mich., V.St.A., **Vernichtung von Wasserpflanzen.** Zur Bekämpfung von in fließenden oder stehenden Gewässern, bes. Gräben, Teiche, Kanäle, Flüsse, Ströme u. dgl. vorhandenen Wasserunkräutern, z. B. *Ceratophyllum spp.*, *Anacharis spp.*, *Vallisneria spp.*, *Potamogeton spp.*, *Cabomba caroliniana*, *Salvinia rotundifolia*, *Lysimastrum nummularia* u. dgl., die bewurzelt oder unbewurzelt sein können, werden den Gewässern ca. 15—400 ppm *Hexachlorcyclopentadien* zugesetzt. Der Wirkstoff kann in Form von Lsgg. oder Konzentraten in organ. Lsgm., Emulsionen, Dispersionen oder Stäubemitteln verwendet werden, die mit oberflächenakt. Emulgierungs-, Dispergierungs- oder sonstigen herbiciden Hilfsmitteln vermischt sind. Die Stengel, Blätter u. Wurzeln der Wasserunkräuter werden schnell abgetötet. Landpflanzen werden durch den Wirkstoff nicht geschädigt. (**A. P. 3 007 788** vom 6/6. 1957, ausg. 7/11. 1961.) H. Karst. 6313

Hooker Chemical Corp., übert. von: Lloyd S. Bovier, Niagara Falls, N.Y., und Homer E. Rea, College Station, Tex., V.St.A., **Herbicide Mittel.** Zur Vernichtung von *Johnson-Gras*, *Amaranthus alba*, *A. retroflexus*, *Ipomola trifida*, *Tribulus terrestris*, *Portulaca oleracea*, *Solanum eleagnifolium*, *Daubentonia spp.* u. dgl. werden die oberird. Teile der Unkräuter mit phytotox. Konzz. eines Petroleumöls, bes. Kerosin, Naphtha u. dgl. besprüht, das auf 100 (Vol.-Teile) ca. 1 *Hexachlorcyclopentadien* enthält. Das Eindringungsvermögen der herbiciden Öle in das Pflanzengewebe wird stark erhöht u. die herbicide Wrkg. verstärkt. Die Unkräuter werden wenige Std. nach der Behandlung abgetötet. (**A. P. 3 006 750** vom 17/11. 1958, ausg. 31/10. 1961.) H. Karst. 6313

Amchem Products, Inc., Ambler, Pa., übert. von: Leonard W. Melander, St. Paul, Minn., Stanley R. McLane, Prospectville, und Melvin L. Sutherland, Lafayette Hill, Pa., V.St.A., **Unkrautbekämpfung.** Zur Vernichtung von unerwünschten Dauergräsern, bes. *Agropyron repens* u. *Cynodon dactylon*, werden Gemische aus gleichen Anteilen von *3-Amino-1.2.4-triazol* (**I**) u. einem anorgan. *Thiocyanat*, bes. dem NH_4-, Na-, K- u. Li-Salz, verwendet, wobei das Thiocyanat in Mengen von 0,225—5,4 kg, bes. 0,45—1,8 kg/4050 m^2, in dem Gemisch enthalten ist. Die Anwendung erfolgt in wss. Lsg. unter erheblicher Steigerung der herbiciden Wrkg. des **I**. (**A. P. 2 992 089** vom 13/2. 1959, ausg. 11/7. 1961.) H. Karst. 6313

Hooker Chemical Corp., Niagara Falls, übert. von: Jack S. Newcomer, Wilson, Edward D. Weil, Lewiston, und Edwin Dorfman, Grand Island, N.Y., V.St.A., **Synergistische herbicide Mittel.** Zur Bekämpfung von Unkräutern auf Bahnanlagen, Landstraßen, Golfplätzen, Pipelines u. dgl. werden Herbicide verwendet, die *2.3.6-Trichlorphenylessigsäure*, ihre Salze, Amide, Ester, saure Chloride oder Anhydride u. *$NaClO_3$* im Verhältnis von 4 : 5 bis 1 : 2000, bes. 1 : 10 bis 1 : 400, enthalten. Dem Gemisch können noch die Feuergefahr herabsetzende Verbb., z. B. $Na_2B_4O_7$, Na_2CO_3, $CaCl_2$ oder $MgCl_2$, zugesetzt werden. Die Mittel werden als wss. Lsgg. oder feste Stoffe im Gemisch mit inerten, feinverteilten Trägerstoffen, z. B. Tonarten, Boratmineralien, Vermiculit u. dgl., ggf. unter Zusatz von Emulgierungs- oder Netzmitteln, verwendet. Je 4050 m^2 werden ca. 0,45—18 (kg) der Trichlorphenylessigsäure u. 22,5—900 $NaClO_3$ angewendet. Die Mittel weisen starke synergist. u. bodensterilisierende Wrkg. auf. (**A. P. 3 007 789** vom 11/3. 1959, ausg. 7/11. 1961.) H. Karst. 6313

Hooker Chemical Corp., Niagara Falls, N.Y., V.St.A., **Herstellung der 2.3.6-Trichlorphenylessigsäure (I)**, ihrer *Salze*, *Ester*, *Amide* oder *Halogenide* durch Chlorierung von 2.3.6-Trichlortoluol in der Seitenkette zum 2.3.6-Trichlorbenzylchlorid, welches mit NaCN das *Cyanid*, F. 58,9°, ergibt, das mit starken Säuren zu **I**, F. 161°, verseift wird. Nach bekannten Verff. werden die folgenden Derivv. hergestellt: Ester: *Isopropyl-*, $Kp._{1,2-1,4}$ 130—140°; $n_D^{20,5}$ 1,5320. — *n-Butyl-*, $Kp._{5,6}$ 175—176°; $n_D^{20,5}$

1,5323. — *2-Äthylhexyl-*, Kp.$_{0,05}$ 136—140°; $n_D^{20,5}$ 1,5138. — *Lauryl-*, Kp.$_{0,1}$ 187—202°; $n_D^{20,5}$ 1,5060. — *2-Butoxyäthyl-*, Kp.$_{5,6}$ 208—209°; $n_D^{20,5}$ 1,5222. — *Methyl-*, Kp.$_8$ 163—165°, F. 52—54°. — *Butoxyäthylpropyl-*. Kp.$_{0,5}$ 170—205°; n_D^{26} 1,5041. — *Phenyl-* (roh), Kp.$_{2,0}$ 155°, F. 59—61°. — *Pentachlorphenyl-*, F. 174,5—175,5°. — *p-Chlorphenyl-*, Kp.$_{0,4}$ 185—192°, F. 72—73°. — *o-Chlorphenyl-*, Kp.$_{0,4}$ 183—189°, F. 83—84°. — *2.4-Dichlorphenyl-*, Kp.$_{0,2}$ 185°, F. 78—81°. — *2.4.5-Trichlorphenyl-*, Kp.$_{0,35}$ 202°, F. 132—138°. — *2.4.6-Trichlorphenyl-*, Kp.$_{0,35}$ 199—200°, F. 114—116°. — *2.3.6-Trichlorbenzyl-*, F. 144—145°. — *o-Hydroxyphenyl-*, Kp.$_{0,3}$ 183—186°, F. 95—100°. — *2-[2.4-Dichlorphenoxy]-äthyl-*, F. 80,5—82,5°. — *β-Naphthyl-*, F. 73,5—76,5°. — *α-Naphthyl-*, F. 127—127,5°. — *p-[tert.-Butyl]-phenyl-*, Kp.$_{0,1}$ 92—93°. — *o-* u. *p-Octylphenyl-*, Kp.$_{0,2}$ 203°. — Amide: *N-Methyl-*, F. 218—219°. — *N.N-Dimethyl-*, F. 115—116°. — *N.N-Diäthyl-*, F. 87—88°. — *Anilid*, F. 221—222°. — *Morpholid*, F. 140—141°. — *N-[2-Hydroxyäthyl]-*, F. 153,5—154°. — *N.N-Di-[2-hydroxyäthyl]-*, F. 73—74°. — *Amid*, F. 192—193°. — *Säurechlorid*, Kp.$_5$ 126—127°; n_D^{25} 1,5795. — *Ureid*, F. 240—241°. — *Hydrazid*, F. 197,5—198,5°. — *Selektive Herbicide*. (**Oe. P. 214 433** vom 22/4. 1959, ausg. 10/4. 1961.) H.-J. Stan. 6313

Amchem Products, Inc., V.St.A. (Erfinder: Robert Henderson Beatty), **Behandlung von Obstbäumen.** Zur Anregung des Fruchtansatzes auf Kosten der vegetativen Knospen-Bldg. werden in dem Zeitraum zwischen der vollen Blüte u. dem Wachstum die Obstbäume mit Lsgg. von halogenierten Benzoesäuren oder ihren funktionellen Derivv. heftig besprüht. In Betracht kommen 2.3.5- u. 2.3.6-Trichlorbenzoesäure, 2.3.5.6-Tetrachlorbenzoesäure u. 2.3.5-Trijodbenzoesäure. Die Konz. liegt zwischen 25—250 Teilen zu einer Million. (**F. P. 1 232 675** vom 31/7. 1959, ausg. 11/10. 1960. A. Prior. 15/9. 1958.) W. Wittholz. 6313

Soc. de Recherches Scientifiques, Frankreich, **Komplexe Silberverbindungen.** Ag-Alkalithiosulfatdoppelsalze werden durch Zusatz von Na_2SO_3 oder $NaHSO_3$ stabilisiert, weil hierdurch die Bldg. von Ag-Sulfid vermieden wird. — Anwendung zur *Anregung des Zell-* u. *Pflanzenwachstums*. (**F. P. 1 222 443** vom 2/7. 1958, ausg. 9/6. 1960.) W. Wittholz. 6313

Murphy Chemical Co. Ltd., St. Albans, und Max Pianka, Wheathampstead, Hertfordshire, England, **Anilinovinylverbindungen** der allg. Formel **I** (R = Alkyl-, Hydroxylakyl-, Phenyl-, Aralkylrest, der ggf. substituiert ist; R_1 u. R_2 = H oder Alkyl; Z = O oder S; X = Anion, z. B. ClO_4, Halogenid, Äthosulfat) erhält man durch Rk. einer heterocycl. Base der allg. Formel **II** mit einem Quaternisierungsmittel,

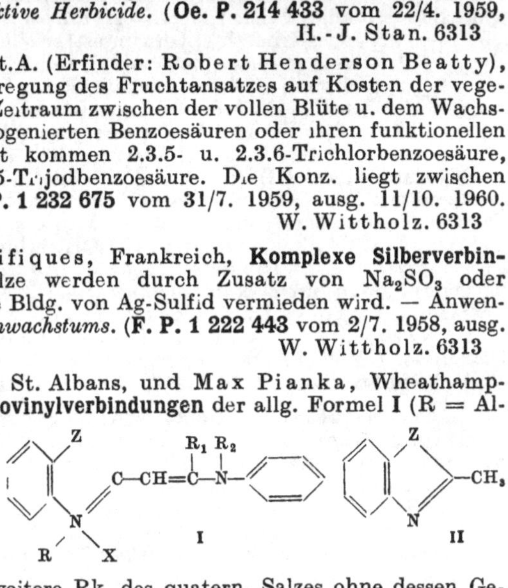

I II

z. B. C_2H_5J oder $(C_2H_5)_2SO_4$ (**III**) u. weitere Rk. des quatern. Salzes ohne dessen Gewinnung mit einer Verb., die geeignet ist, den Rest $=C(R_1)-N(R_2)-C_6H_5$ einzuführen, wie 1. $CH(NH-C_6H_5)_3$, 2. $C_6H_5-N=CH-NH-C_6H_5$, 3. $R(R'S)C=N-C_6H_5$ oder 4. $C_6H_5-N=CH-OR'$ (R' = Alkyl). — 4,6 (g) 2-Methylbenzoxazol u. 3,9 **III** werden 20 Min. auf 160° erhitzt u. das erhaltene 3-Äthyl-2-methylbenzoxazoliumäthylsulfat mit 5,3 Trianilinomethan u. 1,8 ml Essigsäureanhydrid 3 Std. lang auf 100—102° erhitzt u. nach dem Aufarbeiten *2-(2¹-Anilinovinyl)-3-äthylbenzoxazoliumäthylsulfat*, gelbe Kristalle, F. 208—210° (Methanol) erhalten. — Analog erhält man die 5-Phenylbenzoxazoliumäthylsulfate: *2-(2¹-Anilinopropenyl)-3-äthyl-*, gelbe Kristalle, F. 190°; *2-(2¹-Anilinobut-1-enyl)-3-äthyl-*, gelbe Kristalle, F. 192—194°. — Ferner: *2-(2¹-Anilinovinyl)-3-äthyl-5.6-dimethylbenzoxazoliumäthylsulfat*, gelbe Kristalle, F. 219 bis 220° (Methanol). — *Fungicide*. (**E. P. 830 650** vom 18/3. 1954, ausg. 16/3. 1960.) A. Jahn. 6313

Monsanto Chemical Co., St. Louis, Mo., übert. von: Dexter B. Sharp, Dayton, Ohio, V.St.A., **Fungicide Pflanzenschutzmittel** enthält als Wirkstoff das *Phenylhydrazon* eines *Cycloalkanons* mit 5—18 C-Atomen, bes. des *Cyclohexanons*, *3.3.5-Trimethylcyclohexanons*, *1-Indanons*. Die Mittel werden bes. gegen Weizenrost angewandt. (**A. P. 2 984 600** vom 21/9. 1954, ausg. 16/5. 1961.) K. Koebke. 6313

Shell Oil Co., Del., übert. von: Mathijs van der Waarden, Berkeley, Calif., V.St.A., Jacobus J. Tjepkema, Den Haag, Hendrik W. Huyser, Lenze Hartstra, und Gerrit H. Reman, Amsterdam, Niederlande, **Herstellung wetterbeständiger öllöslicher Fungicide** durch Rk. einer öllösl. carbocycl. Säure mit ≧12 C-Atomen oder deren Salzen mit einem Hydroxid eines mehrwertigen Metalls mit Atomzahlen von 23—30 in Ggw. einer Fl., die aus ≧20 (%) einer nichtsauren, mit W. mischbaren O-haltigen organ. Fl. (I), Kp. ≦ 140°, ≧ 20 eines niedrigviscosen KW-Stoffes, Kp. 250°, u. O bis zur vollständigen Mischbarkeit mit I W. besteht, u. Abdestillieren des I u. des Wassers. — Man gibt 45,4 (Teile) wasserfreies $CuCl_2$ als 20%ig. Lsg. in CH_3OH (II) im Verlauf von 1 Std. zu 25 Alkylsalicylsäuren (hergestellt durch Alkylieren von Phenol mit C_{14}–C_{18}-Olefinen, Neutralisieren mit NaOH u. Carboxylieren nach Kolbe-Schmitt) in 330 Xylol (III) u. darauf in der gleichen Zeit 27 NaOH als 4,26n Lsg. in II zu. Man dest. das II ab, wobei sich das gebildete Cu-Hydroxid-Cu-Salicylat-Addukt in den CuO–Cu-Salicylat-Komplex umwandelt, filtriert vom abgeschiedenen NaCl, entfernt durch Dest. im Vakuum bis 100° restliches II, W. u. einen Teil III, zentrifugiert die Lsg. u. dest. das gesamte III im Vakuum ab. Man erhält ein braunschwarzes sprödes Prod. mit ca. 42% Cu. (**A. P. 2 938 828** vom 17/12. 1956, ausg. 31/5. 1960. Niederl. Prior. 29/3. 1956.) C. Lüttgen. 6313

Dow Chemical Co., Midland, Mich., übert. von: Guy H. Harris, Concord, und Bryant C. Fischback, Walnut Creek, Calif., V.St.A., **3.5-Dinitro-o-toluylsäurehydrazide** der allg. Formel I (R = Hydrazin-, Methylhydrazin-, Dimethylhydrazin- oder Trimethylhydrazinrest) erhält man durch Rk. von 1 (Mol) eines Alkylesters (niedrigmol. Alkyl) der 3.5-Dinitro-o-toluylsäure mit mindestens 1 eines Hydrazins der allg. Formel R—H oder dessen Hydrat bei 30—120°, bes. in einem organ. Lsgm. (niedrigmol. aliphat. Alkoholen) unter Rückfluß, oder durch Rk. des entsprechenden Säureanhydrids mit dem Hydrazin. Di- u. Trimethyl-Derivv. erhält man auch durch Rk. von 3.5-Dinitro-o-toluylsäurechlorid (II) mit Di- oder Trimethylhydrazin, bes. im Mol-Verhältnis 1 : 2 in einem mit W. nicht mischbaren Lsgm., in dem das Prod. lösl. u. das Nebenprod. (Hydrazinhydrochlorid) unlösl. ist. — Man dispergiert z. B. 3.5-Dinitro-o-toluylsäuremethylester u. Hydrazinhydrat in CH_3OH, erhitzt 18 Std. unter Rückfluß, kühlt auf 0° u. filtriert → *3.5-Dinitro-o-toluylsäurehydrazid*, F. 177,6—178,2° (CH_3OH). Analog folgende *3'.5'-Dinitro-o-toluylsäurehydrazide*: *1-Methyl-2-*. — Aus II u. 1.1-Dimethylhydrazin in Dioxan → *1.1-Dimethyl-2-*, F. 170—172° (A.); *1.2-Dimethyl-1-*, F. 141° (Bzl.) u. *1.1.2-Trimethyl-2-*. — Aus 3.5-Dinitro-o-toluylsäureanhydrid u. Methylhydrazin in Dioxan → *1-Methyl-1-*. — *Insekticide, Fungicide* u. bes. *Antihelminthica für Geflügel*. (**A. P. 2 951 868** vom 30/10. 1958, ausg. 6/9. 1960.) G. Vogel. 6313

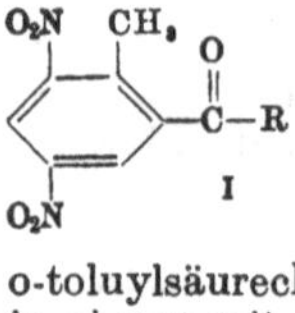
I

Dow Chemical Co., übert. von: Herbert B. Rickert, Midland, und Werner M. Geiger, Saginaw, Mich., V.St.A., **2.4.6.8-Tetra-(tert.-butyl)-phenoxazin (I)** erhält man durch Rk. von 2.4-Di-tert.-butyl-6-nitrophenol (II) mit Zn, dispergiert in Eisessig (III) bei 60—125°. — Zu 40 g II in 630 ml III gibt man während 19 Min. 40 g Zn-Staub, wodurch die Temp. von 27° auf ca. 54° steigt. Die Rk.-Mischung wird dann 50 Min. auf ca. 115° u. 16 Min. unter Rückfluß erhitzt u. nach dem Aufarbeiten I erhalten. — *Parasiticid*. (**A. P. 2 945 856** vom 7/8. 1958, ausg. 19/7. 1960.) A. Jahn. 6313

Farbenfabriken Bayer Akt.-Ges. (Erfinder: Friedrich Muth), Leverkusen, **Herstellung von Trifluormethylbenzolsulfonamiden.** 5-Chlor-2-aminobenzotrifluorid wird diazotiert. Die Mischung gibt man rasch in ein Gemisch aus $CuCl_2$ in W. u. mit SO_2 gesätt. Eisessig; das sich abscheidende Öl wird in Ae. aufgenommen: 4-Chlor-2-[trifluormethyl]-benzolsulfonsäurechlorid, F. 58—59°. Dieses wird mit 4-Chlor-2-trifluormethylanilin in Pyridin umgesetzt, zuerst bei Zimmer-Temp., dann bei 50° u. schließlich bei 90—100°; Pyridin wird entfernt, der Rückstand in W. u. NaOH heiß gelöst u. das Filtrat mit HCl angesäuert. Man erhält *2-[Trifluormethyl]-4-chlorbenzolsulfonyl-2'-[trifluormethyl]-4'-chloranilid*, F. 124—125°. Analog werden folgende 2-[Trifluormethyl]-4-chlorbenzolsulfonylanilide erhalten: *4'-Chlor-*, F. 105—106°. — *3'.4'-Dichlor-*, F. 132—133°. — *2'.4'.5'-Trichlor-*, F. 113—114°. — *2-[Trifluormethyl]-4-chlorbenzolsulfonyl-4'-chlorbenzylamid*, F. 105—106°. — 2-Chlor-5-[trifluormethyl]-benzolsulfonyl]-Verbb.: *-β-chloräthylamid*, F. 67—70°. — *-N-methyl-β-chloräthylamid*, F. 47 bis 48°. — *-di-β-chloräthylamid*, F. 75—76°. — *-4'-chloranilid*, F. 115—116°. — *-3'.4'-dichloranilid*, F. 151—152°. — *-2'.4'.5'-trichloranilid*, F. 160—161°. — *-2'-chlor-5'-[trifluormethyl]-anilid*, F. 129—130°. — *-2'-[trifluormethyl]-4'-chloranilid*, F. 95—96°. — *3-[Trifluormethyl]-benzolsulfonyl-2'.4'.5'-trichloranilid*, F. 120—122°, u. *-2'-[trifluormethyl]-4'-chloranilid* F. 100—101°. — *3.5-Di-[trifluormethyl]-benzolsulfonyl-2'-[trifluormethyl]-4'-chloranilid*, F. 112—113°. — *2-Fluor-5-[trifluormethyl]-benzolsulfonyl-4'-chloranilid*, F. 119—120°, u. *-2'-fluor-5'-[trifluormethylanilid]*, F. 138—139°. — *3-[Trifluormethyl]-4-chlorbenzolsulfonyl-4'-chloranilid*, F. 119—120°, u. *-3'-[trifluormethyl]-4'-chloranilid*, F. 145—146°. — *2.3-Dichlor-5-[trifluormethyl]-benzolsulfonyl-4'-chloranilid*, F. 115—117°, u. *-2'-chlor-5'-[trifluormethylanilid]*, F. 95°. — *5-[Trifluormethyl]-2-[äthylsulfonyl]-benzolsulfonyl-4'-chloranilid*, F. 110—111°, u. *-2'-[trifluormethyl]-4'-chloranilid*,

F. 172—173°. — *2'.4'-Dichlor-4-[trifluormethyl]-diphenyläther-2-sulfamid*, F. 123—124°, u. *-2-sulfonyl-3''.4''-dichloranilid*, F. 110—112°. — *2-Nitro-4-[trifluormethyl]-benzolsulfonyl-4'-chloranilid*, F. 84—85°. — *3-Nitro-5-[trifluormethyl]-benzolsulfonyl-4'-chloranilid*, F. 142—143°. — *3-Cyan-5-[trifluormethyl]-benzolsulfonyl-3'-cyan-5'-[trifluormethyl]-anilid*, F. 150—152°. — *5-[Trifluormethyl]-benzol-1.3-disulfonyldi-[4'-chloranilid]*, F. 139—140°. — *2'.3'.4'.5'.6'-Pentachlor-4-[trifluormethyl]-diphenylsulfid-2-sulfonyl-4''-chloranilid*, F. 178—180°; *4'-Chlor-4-[trifluormethyl]-N-methyldiphenylamin-2-sulfonyl-4''-chloranilid*, F. 140—141°. — Aus 4-[Trichlormethyl]-benzolsulfonyl-2'.4'-dichloranilid u. HF erhält man im Autoklaven bei 110—125° u. 28—15 at ein nichtdest. zähes Öl, wahrscheinlich *4-[Trifluormethyl]-benzolsulfonyl-2'.4'-dichloranilid*. — *Schädlingsbekämpfungsmittel*. (**Oe. P. 216 493** vom 24/8. 1959, ausg. 25/7. 1961. D. Prior. 23/8. 1958.) I. Lasch. 6313

Montecatini Soc. Gen. per l'Industria Mineraria e Chimica, übert. von: Giuseppe Losco und Cesare Augusto Peri, Mailand, Italien, **Herstellung azogruppenhaltiger Phosphorsäure- oder Thiophosphorsäurephenolester** erfolgt durch Rk. von Phosphor- oder Thiophosphorsäure-O.O-dialkylesterhalogeniden der allg. Formel $(RO)_2P(X)Y$ (R = CH_3 oder C_2H_5; X = O oder S; Y = Halogenatom) mit Verbb. der allg. Formel **I** oder **II** (Me = Alkalimetall; R^1 = H, Halogen, $-NO_2$, $-OCH_3$, $-OC_2H_5$) bei 0—150°. — Man erhitzt z. B.

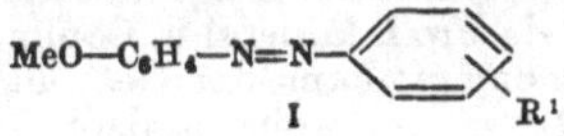
I

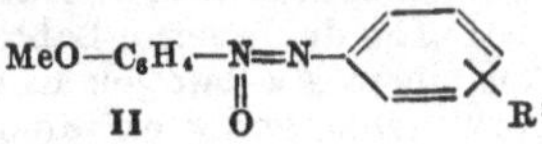
II

ein Gemisch aus 18,2 (g) *Thiophosphorsäurediäthylester* (**I**)-Chlorid, 25 *p-Nitrobenzolazophenol* (**II**)-Na u. 150 cm³ Aceton 2 Std. unter Rückfluß, saugt NaCl ab, engt das Filtrat ein u. erhält 19 **II–I**, F. 71—72°. — Analog erhält man *Benzolazophenol* (**III**)-**I**, F. 53°. — Weitere **III**-Phosphorsäure-**O.O**-diäthylester: *4'-Chlor-* (F. 48 bis 49°, PAe.). — *4'-Äthoxy-* (F. 42,5—43°). — *4'-Nitro-* (F. 92—93°). — *3'-Nitro-* (F. 40—41°). — *2'-Nitro-*, Öl. — *2'-Chlor-*, Öl. — *2'-Methoxy*, Öl. — *4'-Methoxy-*, F. 20 bis 22°. — *4-(4'-Tolylazo)-phenol-* (F. 34—35°) u. *4-(α-Naphthylazo)-phenolphosphorsäurediäthylester*, Öl. — Ferner folgende **III–I**: *4'-Chlor-* (F. 48°). — *4'-Äthoxy-* (F. 56 bis 57°, CH_3OH). — *3'-Nitro-* (F. 50—51°). — *2'-Nitro-*, Öl. — *2'-Chlor-*, Öl. — *2'-Methoxy-*, Öl. — *4-(4'-Tolylazo)-phenol-* u. *4-(α-Naphthylazo)-phenolthiophosphorsäurediäthylester*, Öle. — **III**-Thiophosphorsäuredimethylester: *4'-Chlor-* (F. 77—78°). — *4'-Methoxy-* (F. 63—64°). — *Benzolazoxyphenol*-**I**, 2 Isomere, F. 35,5—37° u. F. 27—28°, *Dimethylester*, F. 44—45°. — Benzolazoxyphenol (**IV**)-Thiophosphorsäuredimethylester: *4'-Chlor-* (F. 72°). — *4'-Nitro-*, F. 73—74°. — *4'-Chlor-***IV***-phosphorsäurediäthylester*, F. 43—45°. — *4'-Nitro*-Verb., F. 90—91°. — Die Thiophosphorsäureester können durch Oxydation, z. B. mit H_2O_2 in CH_3COOH-Lsg. in die Phosphorsäureester u. die Azo- in die Azoxy-Verbb. übergeführt werden. — *Parasiticide* mit geringer Toxizität gegenüber Warmblütern, bes. geeignet zur Vertilgung der Stubenfliege. (**A. P. 2 947 663** vom 30/10. 1957, ausg. 2/8. 1960. It. Prior. 7/11. 1956.) O. Müller-Meiningen. 6313

Isaaki Pastac, Frankreich, **Insekticide Zubereitungen.** Wirkstoffe, wie HCH, Lindan, Chlordan, Ziram, Zineb, Captan, Ovex, Tedion, werden für sich oder im Gemisch miteinander in organ., in W. lösl. Lsgm., z. B. Ketonen, Alkoholen, Glykolen, in W. lösl. organ. Säuren, zusammen mit Emulgiermitteln gelöst u. in Verdünnung mit W. angewendet. Durch Besprühen von Düngemitteln mit diesen Stoffen können *Düngemittel mit insekticider Wrkg.*, bes. gegen im Boden lebende Schädlinge, erhalten werden. (**F. P. 1 226 714** vom 28/2. 1959, ausg. 15/7. 1960.) W. Wittholz. 6313

Velsicol Chemical Corp., V.St.A., **Stabilisieren von Insekticiden.** Derivv. des Hexachlorcyclopentadiens, wie Endrin, Isodrin, Aldrin, Dieldrin, Chlordan, Heptachlor, werden mit inerten, festen Trägerstoffen, z. B. Kaolin, Montmorillonit, Attapulgit, Diatomeenerde oder Vermiculit, vermischt, wobei der Träger mit fl. organ. O-haltigen Verbb. (Äthylen-, Propylen-, Diäthylen-, Triäthylenglykol, Aceton, Diacetonalkohol, Isopropanol) imprägniert ist. Der Zusatz dieser Stoffe, bezogen auf den Träger, beträgt 0,5—14, bes. 2—10%. 20—70% der fl. organ. Stoffe können durch NaOH ersetzt sein. — 2,94 (Gew.-%) Triäthylenglykol, 95,06 Kaolin, 2 Endrin. Nach 30tägigem künstlichen Altern (50°) ist keine oder nur geringe Veränderung des Wirkstoffes festzustellen. — Weitere Beispiele, Tabellen. (**F. P. 1 226 582** vom 23/2. 1959, ausg. 13/7. 1960.) W. Wittholz. 6313

Laboratoires du Docteur Jouanne, Frankreich (Erfinder: André Maurice Bernard Cochin), **Mittel zur Bekämpfung von Insekten,** bes. Heuschrecken, welches als Wirkstoff die ∂- u. γ-Isomeren des HCH im Verhältnis ∂/γ = 1,8—2,4, bes. 2,1, enthält u. als Pulver oder Lsg. angewendet wird. Man kann auch die bei der Reinigung des γ-Isomeren anfallenden Rückstände verwenden. — Diagramme. (**F. P. 1 229 985** vom 26/3. 1959, ausg. 12/9. 1960.) W. Wittholz. 6313

H_8. Metallurgie. Korrosion

Die Aufbereitung chilenischer oxidischer Kupfererze durch den Segregationsprozeß. Alexander Sutulov. (Wld. Mining **15**, Nr. 9, 28—29, 1962; Concepcion, Univ., Miner. Dressing Dep.; engl.) — 23 verschiedene chilen. Erze wurden auf ihr Aufbereitungs-Verh. beim Segregationsprozeß geprüft. Dazu wurden die Erze gebrochen, mit Zusätzen von Salz u. Koks im Drehrohrofen calciniert u. nach weiterer Zerkleinerung flotiert. Bei einigen bisher unverwertbaren Erzen sind Ausbringen von 85—90% u. einem Konzentrierungsgrad von 40—50% erreicht worden. Daneben wurden *Edelmetalle* im *Cu*-Konzentrat mit durchschnittlich 80% ausgebracht. Damit können mehrere $10 \cdot 10^6$ t Erz mit Cu-Geh. zwischen 1,5 u. 5% möglicherweise aufbereitet werden. J. Heinze. 6360◇

Solubilisierung des Urans der Serra de Jacobina. Oswaldo Erichsen de Oliveira und Marcelo Villar de Queiroz. (Engenharia, Mineração Metalurg. **33**, 315—16, 1961; Rio de Janeiro, Labor. da Prod. Mineral u. Comm. Nac. de Energ. Nucl.; port.) — Aus einem *Au*-haltigen Konglomerat kann der Geh. an U_3O_8 (0,040%) mit verd. HNO_3 prakt. vollständig extrahiert werden, wobei andere Oxide (R_2O_3) zu ca. 3% in Lsg. gehen. Mit Na_2CO_3-Lsg., $NaOH$, H_2SO_4 u. HCl wird nur ein Teil des U_3O_8 extrahiert. R. K. Müller. 6360◇

Der Einfluß von Cyaniden auf die Flotierbarkeit von Pyrit nach Auswertung radiochemischer Untersuchungen. Werner Gründer und Rainer Born. (Z. Erzbergbau Metallhüttenwes. **16**, 215—21, 1963; Berlin, TU; dt.) — Radiochem. Unterss. ergaben, daß auf der Pyritoberfläche Cyanid adsorbiert wird. Jedoch beträgt die adsorbierte Menge nur wenige Prozent des während einer Flotation verbrauchten Cyanids. Die Hauptmenge, ca. 90%, wird durch die auftretenden *Fe-Hydroxid*-Flocken verbraucht. Weder zwischen der Cyanid-Konz. u. Flotierbarkeit, noch zwischen der Adsorptionsdichte u. der Flotierbarkeit besteht eine einfache Abhängigkeit. Die Verss. ergaben weiter, daß das Cyanid als *Hexacyanoferrat(II)* komplex gebunden an der Adsorption beteiligt ist. Wahrscheinlich geht die Bindung auf der Pyritoberfläche durch einen Kationenaustausch zwischen undissoziierten *K-Hexacyanoferrat(II)*-Moll. u. den *Fe(II)*-Ionen der Pyritoberfläche oder durch Bldg. von $K_2Fe(II)Fe(CN)_6$ aus $K_2Fe(CN)_6$-Anionen u. den Fe(II)-Ionen vor sich. Offensichtlich ist die Passivierung von dem in der Grenzfläche fest–fl. bestehenden Redoxpotential abhängig. Die Oxydation des Pyrits darf nicht über einen noch unbestimmten Grad hinausgehen, sonst ist der Anteil von 3wertigem Fe auf der Pyritoberfläche so groß, daß weder eine Cyanidadsorption noch eine Passivierung eintritt. — 21 Literaturangaben. F. Vier. 6362◇

Kontinuierliche Kontrolle von Magnetit- und Ilmenitkonzentraten in einer finnischen Mine bei Otanmäki. Urmas Runolinna und Martti Heikkinen. (Wld. Mining **15**, Nr. 9, 20—23, 1962; Oulu, Univ., Otanmäki Oy.; engl.) — Die Konz. des Otanmäki-Erzes umfaßt naßmagnet. Trennung des *Magnetits*, Flotation des *Pyrits* u. Endflotation des *Ilmenits*. Zur Verbesserung der Flotation werden automat. aufzeichnende u. kontrollierende pH-Meter verwendet. Die Abtrennung des Magnetits wird mit einem Magnetometer laufend verfolgt, während das TiO_2-Ausbringen durch ein automat. Röntgenfluorescenzspektrometer kontrolliert wird. Die Arbeitsweise der Geräte wird kurz beschrieben. Beispiele aus der Praxis werden gegeben. J. Heinze. 6362◇

Die verwickeltste Metallurgie der Welt (Kupfer, Blei und Zink). Albert J. Phillips. (Trans. metallurg. Soc. AIME **224**, 657—68, 1962; South Plainfield, N.J., Amer. Smelting and Refining Co.; engl.) — Der Einfl. von Verunreinigungen auf den Stammbaum in den Schmelz- u. Feinungskreisläufen für Cu, Pb u. Zn wird erörtert u. ein Überblick über die Scheidungsmaßnahmen zur Beseitigung aller vorkommenden Verunreinigungen gegeben. H. Hochstein. 6380◇

Entwicklung eines Sulfatisierungsprozesses für komplexe sulfidische Erze. G. R. Smithson jun. und John E. Hanway jun. (Trans. metallurg. Soc. AIME **224**, 827—34, 1962; Columbus, Ohio, Battelle Mem. Inst.; engl.) — Erörtert wird die Entw. eines metallurg. Verf. zur Behandlung komplexer sulfid. Erze mit Beschreibung des Aufbaues der Vers.-Anlage. Die ersten Vers.-Ergebnisse werden mitgeteilt von dem aus sulfatisierendem Rösten, Auslaugen, *Cu*-Gewinnung, Lsg.-Reinigung, *Zn*-Elektrolyse u. Salzlaugung zur *Pb*-Gewinnung bestehenden Behandlungsverfahren. — 13 Literaturangaben. H. Hochstein. 6380◇

Versuchsanlage — Entwicklung eines Sulfatisierungsprozesses für komplexe sulfidische Erze. R. E. Lund, D. E. Warnes und J. A. Morgan. (Trans. metallurg. Soc. AIME **224**, 834—41, 1962; Monaca, Pa., St. Joseph Lead Co.; engl.) — Aufbau, Betrieb u. Leistung einer Vers.-Anlage zur Gewinnung von *Zn* u. *Cu* aus einem komplexen sulfid. Erz werden beschrieben. Der metallurg. Prozeß besteht aus einem selektiven sulfatisierenden Rösten im Wirbelschichtbett, Auslaugung in einer schwachen H_2SO_4-Lsg., Gewinnung von Cu durch Zementation mit Fe-Schrott, Luftoxydation zur Entfernung von lösl. *Fe*, einer mehr oder weniger üblichen Reinigung zur Entfernung von für die Zn-Elektrolyse nachteiligen Verunreinigungen, Gewinnung von Zn durch Elektrolyse von Lsgg. u. Rückleitung des verbrauchten Elektrolyten zum sulfatisierenden Röster. Die Einfl. von mehreren Beschickungsbehandlungen u. Röstbehandlungsveränderungen auf die Sulfatisierung von Zn, Cu u. Fe werden zusammen mit den Ergebnissen der Elektrolyse der Zn-Lsgg. erörtert. H. Hochstein. 6380◇

Die Temperaturverhältnisse des Elektroschlackenprozesses. B. Ss. Speranski, Ju. A. Schulte und I. A. Garewskich. (Automat. Schweissen [UdSSR] **16,** Nr. 1, 9—14, 1963; Saporoshje, Tschubar-Inst. für Maschinenbau; russ.) — Ausgearbeitet wird eine Meth. der Temp.-Messung des Elektroschlackenprozesses durch ein W–Mo–Al-Eintauchthermoelement. Es wird der Einfl. der elektr. Verhältnisse auf die Temp. des Schlackenbades ermittelt u. die optimale Temp.-Höhe für eine Reihe von Stahlmarken festgestellt. Das Flußmittel *AN-29* gewährleistet die höchste Temp. u. Leistung bei geringstem Stromverbrauch. H. Hochstein. 6380◇

Verbessert das Elektronenstrahlschmelzen die Eigenschaften von Metallen und Verbindungen? S. R. Seagle, R. L. Martin und O. Bertea. (J. Metals **14,** 812—20, 1962; Niles, Ohio, Bridgeport Brass Co.; engl.) — Die Wrkg. des Elektronenstrahlschmelzens auf verschiedene Metalle u. ihrer Verbb. mit hohem F. wurde untersucht. Die *Carbide* von *Ta* u. *Ti* u. das *Diborid* von *Zr* können nicht im Elektronenstrahl geschmolzen werden wegen der dabei auftretenden Verdampfung. Die Zugfestigkeiten von *Be* werden nicht verbessert, dagegen die *O*-, *Cr*- u. *Mn*-Geh. herabgesetzt. Die *Fe*- u. *Ni*-Geh. steigen an, weil diese Metalle nicht verdampfen. *Cu* wird während des Vakuumschmelzens vom Tiegel in die Be-Schmelze aufgenommen, was eine Steigerung der Duktilität beim langsamen Schmelzen herbeiführt. Die aus im Elektronenstrahl geschmolzenen *B*, B-Carbid u. *-Silicid* hergestellten Gußblöcke sind brüchig. Bei *Co* u. *Nb* werden die Geh. an Fremdstoffeinlagerungen herabgesetzt u. damit die Duktilität u. Bearbeitbarkeit verbessert. Auch bei *W* u. *V* werden die Einlagerungen herabgesetzt, jedoch die Duktilität u. Bearbeitbarkeit nicht verbessert. Zur Desoxydation von Be kann *Y* zugesetzt werden, dessen Oxide zwar nicht verdampfen, aber sich im oberen Teil des Gußblocks sammeln. *Mo* scheint am besten durch B desoxydiert zu werden. Zusatz von Desoxydationsmitteln zu *Y* setzt den Geh. an Einlagerungsbestandteilen nicht herab. F. Vier. 6380◇

Die technologische Klassifizierung von 8 Montmorillonit-Formtonen und die Methode ihrer Untersuchung. N. P. Kultyschew. (Giesserei-Betr. [UdSSR] **1963,** Nr. 2, 47—48; russ.) — Überblick. H. Hochstein. 6382◇

Sande für die NE-Metallgießerei — natürlich gebunden oder synthetisch? R. F. Dalton. (Mod. Castings **42,** Nr. 6, 63—75, 1962; Skokie, Ill., American Colloid Co.; engl.) — Die Siebanalysen verschiedener Gießereisande, wie sie bei der NE-Metallgießerei verwendet werden, werden erörtert. Durch Mischen von Sand verschiedener Herkunft können erhebliche Verbesserungen erzielt werden. Die Vorteile u. Nachteile halbsynthet. oder synthet. Sandgemische werden besprochen. Auf die Verw. ölgebundener Sande wird eingegangen, ebenso auf die von organ. Bentonittypen. Die für die Behandlung der Sande verwendeten Vorr. werden beschrieben. F. Vier. 6382◇

Urethanelastomere in der Gießerei. Richard J. Gallagher. (Mod. Castings Amer. Frundryman **42,** Nr. 5, 55—61, 1962; Wilmington, Del., E. I. du Pont de Nemours & Co.; engl.) — Überblick über die Eigg. u. Verwendung. — 8 Literaturangaben. F. Vier. 6382◇

Einfluß der Maskenformenart auf die Abkühlungsgeschwindigkeit von Gußstücken. Platon Januszewicz und Jan Harpula. (Prace Inst. Odlewnictwa **11,** 1—20, 1961, herausgeg. 1962; pol. — C. **1962,** 16112.) W. Wesly. 6382◇

Die physikalischen Faktoren des Prozesses der Häutchenbildung. I. A. Tschernyschew. (Giesserei-Betr. [UdSSR] **1963,** Nr. 2, 34; russ.) — Der Prozeß der Häutchen-Bldg. (Formmassen, Pulverbakelite) hängt mit der Wärme-Einw. auf das thermoreakt. Gemisch u. der hierdurch bedingten Veränderung des Aggregatzustandes des Harzes zusammen. Es werden verschiedene physikal. Faktoren u. bes. der Einfl. verschiedener Lsgm. (Äther–Aldehyd-Fraktion, Furfurol, Aceton) auf die Bldg.-Geschw. des Häutchens ermittelt. H. Hochstein. 6382◇

Theorie des Erstarrungsvorgangs und Verfahren zur direkten Beobachtung seines Verlaufs. Stanislav Simonik. (Mod. Castings **42,** Nr. 4, 112—21, 1962; Brno, Czechoslowakei, State Res. Inst. for Material and Technol.; engl.) — Nach theoret. Erörterungen über die Faktoren, die bei der Erstarrung von Gußteilen Form u. Größe der Lunker beeinflussen, wird die Möglichkeit untersucht, an *Stearin*-Modellen den Fortgang der Erstarrung zu klären, bes. auch die optimale Form des Aufgusses u. die Mindestdurchschnittsgröße der Verbindung zwischen Gußteil u. Aufguß zu ermitteln. Es wird eine Vorr. beschrieben, die eine direkte Beobachtung des Erstarrungsvorgangs der aus Stearin vergossenen Gußteile gestattet. F. Vier. 6382◇

Eigenschaften von Magnesium, Niob und Zirkonium. J. Heal. (Progr. nuclear Energy, Ser. V **4,** 765—834, 1961; U.K.A.E.A., Production Group, Dev.; engl.) — Überblick über die physikal. u. mechan. Eigg. u. die Verträglichkeit von *Mg, Zr* u. *Nb*, bes. für die Reaktortechnik. Als Grundlage des Überblicks dienen die in Genf vorgetragenen Arbeiten [1958] u. einige wichtigere später veröffentlichte Arbeiten. — 29 Literaturzitate. I. Köditz. 6388

Magnetohydrodynamischer Preßdruck von flüssigen Metallagern. R. A. Elco und W. F. Hughes. (Wear [Amsterdam] **5,** 198—212, 1962; Pittsburgh, Pa., Carnegie Inst. of Technol.; engl.) — Untersucht werden die bei hohen Temp. in fl. Metallen, die als Lager in Weltraumraketen verwendet werden, auftretenden Zustände. F. Vier. 6388◇

Die Verwendung von Erdgas-Sauerstoff-Brennern zum Einschmelzen von Schrott im Lichtbogenofen. G. W. Hinds und A. L. Hodge. (Electr. Furnace Conf. Iron Steel Divis., metallurg. Soc. Amer. Inst. Mining, metallurg., Petroleum Engr., Proc. **17,** 290—301, 1959; Newark, N.J., Linde Co.; engl.) — Als Vorzüge der untersuchten Beheizungs-Meth. zum Einschmelzen von Schrott im Lichtbogenofen ergeben sich: Verkürzung der Einschmelzzeit um ca. 15% mit entsprechender Stromersparnis, gleichmäßiges Niederschmelzen des Schrotts u. Verminderung der Elektrodenbrüche beim Einschmelzen. Es werden Angaben über den Gasverbrauch je nach Ofengröße u. Schrottart sowie über den Wärmeausnutzungsgrad gemacht. — Diskussion. H. Hochstein. 6390◇

Modifizierung von Gußeisen durch Alkalimetallsalze. Yo Serita. (Imono, J. Japan Foundrymen's Soc. **35,** 208—20, 1963; jap., Auszug: engl.) — Unterss. über den Einfl. von Zusätzen von K_2CO_3 u. CaH_2 auf die Eigg. von Gußeisen zeigen, daß diese Verbb. die Zugfestigkeit (ZF) u. Dehnung verbessern u. die eutekt. Zellen verfeinern. Diese sind der ZF annähernd proportional. Die Erstarrungs-Temp. der prim. Dendrite schwankt bei Verw. der Alkaliverbindungen. Bei Verw. von K_2CO_3 bewirkt eine Erhöhung des C-Äquivalents eine Verminderung der ZF. Bei Zusatz von 0,5—0,67% K_2CO_3 ergibt sich ein Maximum der ZF u. ein Minimum der Größe der eutekt. Zellen. Dieses Minimum liegt bei 4,06 C-Äquivalent mit oder ohne K_2CO_3-Zusatz vor. CaH_2 feint die eutekt. Zellen u. steigert die ZF; die Feinung ist nach Zusatz von Fe_2O_3 zur Schmelze größer. W. Wesly. 6402◇

Die Herstellung von hochwertigem Gußeisen durch zweifache Modifizierung. A. I. Sorin und B. W. Zewelnew. (Giesserei-Betr. [UdSSR] **1963,** Nr. 2, 45; russ.) — Durch eine 2fache Modifizierung von Kupolofengußeisen durch Zusatz von fl. Stahl (*15 L–40 L*) sowie von zerkleinertem Ferrosilicium (Marke *Si75*) in der Pfanne wird eine rein perlit. Struktur mit feiner gleichmäßiger Graphitverteilung u. gleicher Härte u. Festigkeit über den Gußquerschnitt erhalten. Zweckmäßig wird beim Modifizieren der *Mn*-Geh. im Gußeisen auf 1,1—1,4% erhöht. H. Hochstein. 6404◇

Pfanne zur Gießstrahlentgasung von Gußstahl. Edward Dyble und G. E. Danner. (Electr. Furnace Conf. Iron Steel Divis., metallurg. Soc. Amer. Inst. Mining, metallurg., Petroleum Engr., Proc. **17,** 212—23, 1959; Erie, Pa., Erie Forge and Steel Corp.; engl.) — Nach einer Beschreibung der im wesentlichen nach dem Bochumer-Prinzip, jedoch mit Dampfejektoren an Stelle mechan. Pumpen arbeitenden Pfannenentgasungsanlage einer Stahlformgießerei werden die H-Geh. u. die mechan. Eigg. gegossener Stahlringe im Gußzustand u. nach verschiedenen Warmbehandlungen angegeben. Hieraus wird gefolgert, daß die mit entgastem Stahl gegossenen Ringe die Güteanforderungen erfüllen, die an geschmiedete Ringe gestellt werden, u. daß das Gießen schwerer Stahlformgußstücke mit entgastem Stahl erfolgversprechend ist. — Diskussion. H. Hochstein. 6408◇

Beziehungen zwischen Abstich-, Pfannen- und Gießstrahltemperaturen. W. H. Burr und H. Green. (Electr. Furnace Conf. Iron Steel Divis., metallurg. Soc. Amer. Inst. Mining, metallurg., Petroleum Engr., Proc. **17,** 283—89, 1959; Duquesne, Pa., U.S. Steel Corp.; engl.) — Beschrieben werden Ausrüstung u. Temp.-Meß-Verff. zur

Beurteilung der Beziehungen zwischen Gießstrahl-Temp. während des Blockgießens, der Schmelzbad-Temp. im Ofen oder in der Gießpfanne einerseits u. der Qualität (innere Sauberkeit u. Rißfreiheit) von erstarrtem *Stahl* andrerseits. H. Hochstein. 6408◇

Der Einfluß der Abstichtemperatur des mit Aluminium desoxydierten Stahls auf den Gehalt an oxidischen Einschlüssen. T. Malkiewicz, J. Foryst, K. Orecki und J. Orzechowska. (Hutnik **28**, 213—22, 1961; Gliwice, Inst. Metal. Želaza; pol.) — Die Desoxydation von Stahl setzt sich aus mehreren Teilvorgängen zusammen, die nebeneinander ablaufen u. sich deshalb beeinflussen. Der Erfolg der Desoxydation wird hauptsächlich durch den letzten Vorgang, das Abfließen der Schlacke, bestimmt. Bei der Herst. von Kesselstahl wurde festgestellt, daß die optimale Temp. beim Abstich 1620 bis 1640° (hinter dem Abstich 1580—1600°) ist, wenn die Desoxydation mit *Al* (0,7 kg/t) durchgeführt worden ist. Bei dieser Temp. fließt die Schlacke mit hohem Al_2O_3-Geh. schneller ab als eine Schlacke mit hohem SiO_2-Gehalt. Die Abstich-Temp. hat auf die Desoxydation selbst keinen Einfluß. F. Urban. 6408◇

Die Verwendung von nickelhaltigem Schmirgelstaub in Siemens-Martin-Öfen. N. W. Keiss, O. Ja. Wainstein, W. A. Chrjukina, L. A. Kamkina und Je. I. Korablew. (Metallurge [UdSSR] **7**, Nr. 2, 20—21, 1962; Tscheljabinsk, Hüttenwerk; russ.) — Bei der Erschmelzung von Stahl-Legg. (*12 ChN 3 A, 12 Ch 2 N 4 A, 18 ChNT, 38 ChGN, 40 ChN* u. *37 ChN 3 A*) in Siemens-Martin-Öfen wird *Ni*-haltiger Schmirgelstaub mit 5,1—22,55 (%) *Ni*, 7,7—16,45 *Cr*, ohne oder mit 6,7 bzw. 10,3 Al_2O_3, Rest Fe_2O_3 entweder beim Fertigmachen der Schmelze oder bereits bei der Beschickung des Ofens zugesetzt. Im ersten Falle wird der Cr-Geh. der Schmelze im Mittel um 0,11% erhöht. Im zweiten Falle ruft der Staubzusatz zur Beschickung keine Komplikation der Schmelzführung hervor, jedoch werden die mechan. Eigg. u. das Makrogefüge der fertigen Stähle durch diesen Zusatz verbessert. H. Hochstein. 6410◇

Einfluß des Schmelzverfahrens auf den Reinheitsgrad von Schnelldrehstählen. Walther L. Havekotte. (Electr. Furnace Conf. Iron Steel Divis., metallurg. Soc. Amer. Inst. Mining, metallurg., Petroleum Engr., Proc. **17**, 316—41, 1959; Ambridge, Pa., A. M. Byers Co.; engl.) — In zwei Lichtbogenöfen von 13000 u. 15000 lbs. Inhalt werden Schnellarbeitsstähle mit 0,70—1,00 (%) *C*, 4,0 *Cr*, 5,0 oder 8,0 *Mo*, 1,0 oder 2,0 *V*, 1,5 oder 6,0 oder 18,0 *W* sowie Mo-freie Stähle mit 8,0 *Co* hergestellt. Es werden Angaben über den Einsatz u. die Arbeitsweise des Schmelz-Verf. gemacht. Hierbei wurde nach dem Einschmelzen 3—4 Min. lang mit O_2 geblasen, die Kalkschlacke red. mit einer Mischung von *CaO*, CaC_2 u. *FeSi*. Die Schmelzen aus dem 2. Ofen wurden umgegossen, wobei der Ofen langsam gekippt wurde, so daß die Schlacke vor dem Stahl auslief. Anschließend wurde der Pfanneninhalt in den Ofen zurückgegossen u. Schlacke abgegossen u. eine neue Kalkschlacke mit CaC_2 aufgegeben. Im 1. Ofen war das Umgießen nicht möglich; hier wurde das Bad mit trockener Luft geblasen. Hiernach wurden die notwendigen Ferro-Legg. zugesetzt u. die Schmelze nach 30—60 Min. abgestochen. Die Schmelze wurde 5—7 Min. in der Pfanne abstehen gelassen u. in Kokillen mit Hauben aus exothermer Masse vergossen. Die Unreinheiten im Ferrochrom haben keinen Einfl. auf die Reinheit des Stahles, unter der Voraussetzung, daß die Desoxydation u. die Endschlacke in Ordnung sind. H. Hochstein. 6410◇

Das Einblasen von trockener Luft an Stelle von Sauerstoff bei der Herstellung nichtrostender Stähle. John B. Bridges. (Electr. Furnace Conf. Iron Steel Divis., metallurg. Soc. Amer. Inst. Mining, metallurg., Petroleum Engr., Proc. **17**, 370—78, 1959; Houston, Tex., Cameron Iron Works; engl.) — Verss. der Herst. nichtrostender Stähle nach A*JSJ 304* mit Einblasen von trockener Luft werden in einem 25-t-Lichtbogenofen durchgeführt. Nach dem Einschmelzen wurden die Elektroden u. der Deckel gehoben u. mit einem 1 in. starken Rohr bei einem Luftdruck von 30 atü ca. 40 Min. geblasen. Zuerst verbrennt *Si*, dann *C*, u. zwar um 0,01% innerhalb von $2^1/_2$—3 Min., wobei 0,06% N aufgenommen wird. Zu seiner Entfernung kann mit O_2 ca. 5 Min. nachgeblasen werden. Die Temp. des Bades ist bei Beginn u. am Ende des Blasens mit 1640° gleich. Die Feinungsperiode ist kürzer als bei reinem Blasen mit O_2. Das *Cr*-Ausbringen ist sehr gut; der Stahl ist reiner u. die physikal. Werte sind besser als beim O_2-Blasen. — Diskussion. H. Hochstein. 6410◇

Die Verwendung von Titanschwamm bei der Erschmelzung von nichtrostendem Stahl. N. Ss. Watschugowa. (Metallurge [UdSSR] **7**, Nr. 2, 25, 1962; Slatonsstowsk, Hüttenwerk; russ.) — Die Verw. von Ti-Schwamm mit 4 (%) *Fe*, 0,005 *C*, 0,005 *Si*, 0,1 *Cl*, 0,0043 *N*, Rest *Ti* bei der Erschmelzung u. Auflegierung der nichtrostenden austenit. Stähle *1 Ch 18 N 9 T* u. *Ch 18 MFT* an Stelle des bisher verwendeten Ferrotitan bewirkt keine technol. Schwierigkeiten u. ermöglicht eine Senkung des Si-Geh. in der fertigen Leg., da im Gegensatz zu Ferrotitan mit 5—7 Si Ti-Schwamm prakt. kein Si besitzt. H. Hochstein. 6410◇

Der Einfluß von Zinn auf die Eigenschaften von drei nichtrostenden Stählen. J. R. Mitchell, M. E. Potter und E. C. Rudolphy. (Trans. metallurg. Soc. AIME **224**, 686—93, 1962; Chicago, Ill., U.S. Steel Corp.; engl.) — Die Einfl. von 0,006—0,20% Sn auf die Warmverarbeitbarkeit u. die mechan. Eigg. im geglühten Zustand wurden an den drei nichtrostenden Stahltypen *302*, *410* u. *430* ermittelt. Dabei zeigte sich, daß die Warmverarbeitbarkeit dieser Stähle nicht bedeutend durch ihren Sn-Geh. im untersuchten Bereich beeinflußt wurde, während einige nachteilige Einfl. des Sn-Geh. auf die mechan. Eigg. feststellbar sind. Abgesehen vom Sn-Einfl. wurden für die drei untersuchten, Sn-haltigen nichtrostenden Stähle die günstigsten Warmverarbeitungs-Temp. u. die Charpy-Kerbschlagzähigkeits-Übergangs-Temp. ermittelt.
H. Hochstein. 6410◇

Zusatz von Legierungen aus Seltenen Erdmetallen und Lithium zum Stahl. A. J. Nimeth. (Electr. Furnace Conf. Iron Steel Divis., metallurg. Soc. Amer. Inst. Mining, metallurg., Petroleum Engr., Proc. **17**, 353—54, 1959; Detroit, Mich., Jones & Laughlin Steel Corp.; engl.) — Bei der Herst. der nichtrostenden Stähle *AJSJ 303* im Lichtbogenofen werden gute Erfahrungen bzgl. der Reinheit des Stahles mit dem Zusatz eines Mischmetalles aus 25% Seltenerdmetallen, 8% *Zr*, Rest Fe gemacht. Der Einsatz besteht aus 70—80% Schrott; der Zusatz von 1—63 lbs. Seltenerdmetallen je t Stahl erfolgt in der Pfanne. Die Gieß-Temp. ist 2770—2790° F. Zu Schmelzen der Gruppe *AJSJ 400* wird *Li* in Form von *Silicolithium* u. *-aluminium* oder *Li-Metall* (in Kapseln mit 2 oz. Li) als Bindemittel für gelöste Gase zugesetzt, u. zwar zusammen mit *Ar*.
H. Hochstein. 6410◇

Sonderzusätze in nichtrostenden und legierten Stählen. S. J. Myford. (Electr. Furnace Conf. Iron Steel Divis., metallurg. Soc. Amer. Inst. Mining, metallurg., Petroleum Engr., Proc. **17**, 355—56, 1959; Warren, Ohio, Copperweld Steel Co.; engl.) — Bei der Herst. der nichtrostenden Stähle *AMS 6260*, *6263* u. *430* wird zur Erzielung einer hohen Stahlreinheit *Li* zugesetzt. Der größte Teil wird in Kapseln in das Stahlbad eingetaucht. Li reagiert mit dem O-Geh. des Bades unter Bldg. von dampfförmigem Li_2O_3, der H_2 u. andere Gase mitreißt. Ein Teil des Li_2O_3 bildet niedrigschmelzende Eutektika mit SiO_2 u. Al_2O_3, die leicht nach oben steigen. — Diskussion. H. Hochstein. 6410◇

Vakuumbehandlung von Cr–Ni-Legierungen. E. M. Anger. (Electr. Furnace Conf. Iron Steel Divis., metallurg. Soc. Amer. Inst. Mining, metallurg., Petroleum Engr., Proc. **17**, 226—30, 1959; Scottdale, Pa., Furaloy Co.; engl.) — Neben einer Erniedrigung der H-Gehh. wird eine beträchtliche Verbesserung der mechan. Eigg. u. dabei bes. der Zeitstandfestigkeit beobachtet. Für einen 28/20-Cr-Ni-Stahl werden für eine spezif. Belastung von 17,58 kg/mm² bei 650° die Zeiten bis zum Bruch mit 296 Std. für den nichtentgasten Stahl u. mit 713 Std. für den entgasten Stahl angegeben. Nach dem Abguß verschiedener Gußstücke aus diesen hitzebeständigen Stählen wird festgestellt, daß der entgaste Stahl stärker lunkert u. eine größere Dichte aufweist als nichtentgaster Stahl. Außerdem ist bei den Gußstücken aus entgastem Stahl eine bessere Oberflächenbeschaffenheit festzustellen. — Diskussion. H. Hochstein. 6410◇

Über die Chromverteilung zwischen Austenit und untereutektoidem Ferrit. H. I. Aaronson. (Trans. metallurg. Soc. AIME **224**, 870—71, 1962; Dearborn, Mich., Ford Motor Co.; engl.) — Auf Grund von aufgenommenen Zeit–Temp.-Umwandlungskurven eines Cr-Stahls mit 0,17 (%) C, 2,92 *Cr*, 0,18 Si, 0,26 Mn, 0,006 S, 0,004 P für den Temp.-Bereich von 500—800° u. nach Best. des Cr-Geh. von individuellen Ferritkristallen u. des Martensits (des zuvor nicht umgewandelten Austenits) mit dem Elektronensonde-Röntgenmikroanalysator wird gefolgert, daß Cr nicht zwischen Austenit u. voreutektoiden Ferrit im Temp.-Bereich der voreutektoiden Ferrit-Rk. in diesem Stahl verteilt ist. Die Theorie von Hultgren von der Austenitumwandlung in Orthoferrit ist auf die voreutektoide Ferrit-Rk. in legierten Stählen nicht anwendbar. H. Hochstein. 6410◇

Bestimmung oxidischer Einschlüsse in Ferrosilicium und Ferrotitan. Janina Orzechowska. (Hutnik **28**, 233—36, 1961; Gliwice, Inst. Metal. Żelaza; pol.) — Die direkte Chlorierung von Ferrotitan (I) u. Ferrosilicium (II) bei 450° ist zur Isolierung von nichtmetall. Einschlüssen in den Proben geeignet. Bei der Chlorierungs-Temp. um 320° kann der oxid. Rückstand noch Metall enthalten. In I bestehen die Verunreinigungen hauptsächlich (75%) aus Al_2O_3. FeO u. TiO_2 sind nur in untergeordneten Mengen vorhanden. In II sind hauptsächlich SiO_2, dann Al_2O_3 u. *SiC* vorhanden. Diese Einschlüsse werden bei 450° durch Cl_2 noch nicht angegriffen, so daß sie leicht identifiziert werden können. Durch Chlorierung im Vakuum bei 320° werden allerdings genauere Ergebnisse erzielt. F. Urban. 6418◇

Entgasung bei der Gußblockherstellung von Kupfer–Nickel-Legierungen. Tatsuo Tejima und Keiji Yoshikawa. (Rep. Inst. physic. chem. Res. [Rikagaku Kenkyusho Hokoku] **37**, 173—76, 1961; jap.) — Bei der Herst. von Gußblöcken von 30—40 mm Dicke für Bleche aus *Cu 70-Ni 30*-Leg. wird es als vorteilhaft für die Blasenfreiheit u. für die anschließende Blechzieharbeit erkannt, den Guß, nach Zusatz von Desoxydantien (*Si*, *Mn*), in Formen von 60° Anfangsneigung bei ansteigendem Vakuum (50—0,1 mm Hg) einlaufen zu lassen. Prüfung der mechan. Eigg. u. Röntgen-Unters. bestätigen die bessere Qualität gegenüber dem nach den bisher geübten Verff. erhaltenen Material. L. Schuler. 6432◇

Intensivierung des Schmelzprozesses von metallischem Mangan auf dem Wege des Blasens mit inerten Gasen. W. Ss. Seldin und W. A. Ssarankin. (Stahl [UdSSR] **23**, 54—55, 1963; Saporoshje, Werk für Ferrolegg.; russ.) — Ein Vermischen von Metall u. Schlacke im Ofen während des Erschmelzens von metall. *Mn* beschleunigt die Si-Oxydation u. verbessert wesentlich die techn.-wirtschaftlichen Kennwerte der Schmelze; beim Durchblasen der Schmelze mit N_2 wird der *N*-Geh. im Mn nicht erhöht. H. Hochstein. 6436◇

Moderne Titanlegierungen. Ss. G. Glasunow. (Metallkunde u. therm. Metallbearb. [UdSSR] **1963**, Nr. 2, 2—7; russ.) — Nach einem Überblick über die Zus. der in der UdSSR sowie der in USA u. in England verwendeten Ti-Legg. wird festgestellt, daß die derzeitigen Ti-Legg. sich durch große Verschiedenartigkeit der Struktur u. Eigg. unterscheiden, u. daß in der Industrie in der Hauptsache die zweiphasigen Ti-Legg. mit $\alpha + \beta$-Struktur zur Verw. gelangen. Auch kommen noch hochfeste Legg. mit α-Struktur, therm. verfestigte Legg. mit instabiler β-Phase u. Legg. vom intermetall. Verfestigungstyp zur Anwendung. Bei allen Arten von Ti-Legg. ist eine Tendenz zu einem höheren Legierungsgrad bei einer weiteren Erniedrigung schädlicher Beimengungen feststellbar. H. Hochstein. 6448◇

Die Struktur und die mechanischen Eigenschaften von niedriglegierten Titanlegierungen. L. Ss. Moros, Ju. D. Chessin und O. Ss. Belowa. (Metallkunde u. therm. Metallbearb. [UdSSR] **1963**, Nr. 2, 17—23; russ.) — Eine Abnahme der Abkühlungs-Geschw. aus dem β-Bereich von mit einer geringen Menge an β-stabilisierenden Elementen versehenen Ti-Legg. führt zu einer Veränderung der Struktur u. einer Abnahme der Festigkeitseigenschaften. Das Auftreten lamellarer Ausscheidungen der Sekundärphase im grobkörnigen Gefüge bei langsamer Abkühlung aus dem β-Gebiet verstärkt die Ungleichmäßigkeit der plast. Verformung, so daß sich an den Stellen ihrer Lokalisierung Mikrorisse in den frühen Stadien der plast. Verformung bilden u. die plast. Formänderungs-Eigg. der Ti-Legg. erniedrigen. Eine Verarmung der aus α-Phase bestehenden Grundmasse an β-stabilisierenden Elementen bei langsamer Abkühlung aus dem β-Gebiet u. eine Vergrößerung des Abstandes zwischen den sich ausscheidenden Lamellen der Sekundärphase führen zu einer gleichzeitigen Erniedrigung der Festigkeitseigenschaften. H. Hochstein. 6448◇

Die Löslichkeit von β-Stabilisatoren in α-Titan. L. P. Lushnikow, W. M. Nowikowa und A. P. Marejew. (Metallkunde u. therm. Metallbearb. [UdSSR] **1963**, Nr. 2, 13—16; russ.) — Bestimmt wird die Löslichkeit von *Fe*, *Cr*, *Mn*, *Si*, *Cu*, *Mo*, *V* u. *Ta* im α-*Ti* sowie im α-Mischkristall der Leg. Ti + Al. H. Hochstein. 6448◇

Einige Gesetzmäßigkeiten der Warmfestigkeit von Titanlegierungen. I. I. Kornilow. (Metallkunde u. therm. Metallbearb. [UdSSR] **1963**, Nr. 2, 7—12; russ.) — Es werden einige Gesetzmäßigkeiten bei der Veränderung der Warmfestigkeit von Ti-Legg. in Abhängigkeit von der Rk. der Leg.-Komponenten mit Ti, von der Art der Gleichgewichtsdiagramme der entsprechenden Syst. sowie der Struktur der Legg. festgestellt. Die experimentell erhaltenen Diagramme für die Zus.-Warmfestigkeit einiger Ti-Legg. können zur Entw. neuer warmfester Ti-Legg. mit günstigsten Eigg. verwendet werden. Eine große Bedeutung haben dabei die metall. Ti-Verbb. u. die Legg. auf der Basis solcher Verbb., so z. B. Ti_6Al u. Ti_3Al, die sich im α-Mischkristall des Syst. Ti–Al bilden. So entwickelte Ti-Legg. besitzen noch bei 700—800° eine ausreichend hohe Warmfestigkeit. H. Hochstein. 6448◇

Der Einfluß von Wolfram auf die Eigenschaften und die Phasenzusammensetzung der Legierungen Ti–Al. und WTS-1 O. P. Ssolonina uns W. P. Kurajewa. (Metallkunde u. therm. Metallbearb. [UdSSR] **1963**, Nr. 2, 50—52; russ.) — Durch Verss. wird nachgewiesen, daß bei Zusatz von 2—3% W zu einer Ti-Leg. mit 6% Al die Warmfestigkeit höher ist, als diejenige einer Cr-haltigen *WTS–1*-Legierung. Die therm. Stabilität der Ti–Al-Leg. mit einem 2—3% W-Zusatz bei 400, 450 u. 500° in 100 Std. ist wesentlich höher als bei *WTS–1*. Demzufolge verlaufen in den Ti-Legg. mit W die Diffusionsprozesse langsamer als in Ti-Legg. mit Cr. Es wird festgestellt, daß ein Zusatz von W zu *WTS–1* die Festigkeits-Eigg. erhöht, ohne die Plastizität u. therm. Stabilität zu erniedrigen. Der Ersatz von Cr durch W in *WTS–1* erhöht die Kriechfestigkeit bei 450° um das Doppelte. H. Hochstein. 6448◇

Darstellung, Schmelzen und Eigenschaften von Gadolinium- und Europium-Legierungen. M. L. Wright, F. E. Block und H. Kato. (Progr. nuclear Energy, Ser. V **4**, 847—52, 1961; engl.) — Vff. beschreiben die Darst. von *Gd*, Gd-Legg., *Eu* u. Eu-Legg. u. deren Bearbeitung. Homogene Legg. aus *Stahl* u. Gd lassen sich durch Lichtbogenschmelzen herstellen. Legg. mit mehr als 10% Gd sind zwar spröde, doch gibt es genügend Hinweise, daß sich ein Herst.-Prozeß für techn. Legg. entwickeln läßt. Legg. mit weniger als 25% Gd werden von Dampf u. von unter Druck stehendem W. kaum angegriffen, ihre Korrosions-Geschw. ist kleiner als die von *Zircaloy-2*. Homogene Legg. lassen sich auch aus *Ti* u. Gd (bis zu 20 Gew.-%) herstellen. Die bei höheren Gd-Geh. beobachtete geringe Korrosions-Beständigkeit wird auf die Inhomogenität der Leg. zurückgeführt. — Legg. mit Eu lassen sich wegen der Flüchtigkeit dieses Metalls nur sehr schwer herstellen. I. Köditz. 6448

Gewinnung von Leerstellen als Folge von Abschreckspannungen. Jin-ichi Takamura, Kozo Furukawa und Paul Hideo Shingu. (Suiyokwai-Shi [Trans. Mining metallurg. Alumni Assoc.] **14**, 405—08, 1962; jap., Auszug: engl.) — An *Au*-Stäben (99,999% Reinheit) ausgeführte Abschreck-Verss. zeigen, daß der Widerstand infolge der durch Abschreckspannungen erzeugten Leerräume steigt. Für die Berechnung des Widerstandes werden Gleichungen abgeleitet. Die Abschreckverformung ist bei hoher Temp. viel größer als bei niedriger Temperatur. W. Wesly. 6462◇

Kristallfehler und ihr Einfluß auf die Eigenschaften von Metallen. Odyr Pontes Vieira. (Engenharia, Mineração Metalurg. **33**, 311—13, 1961; Rio de Janeiro, Univ. Católica, Esc. Nac. de Engenharia Politécn.; port.) — Übersicht über die Grundlagen (Atommodell, interatomare Kräfte, Typen der Atombindung) u. die Typen der Auswirkung von Kristallfehlern auf das Gefüge. R. K. Müller. 6480◇

Bisher vorgeschlagene Methoden zur Extrapolation des Fließverhaltens bis zum Bruch. P. Brozzo. (Metallurgia ital. **52**, 659—60, 1960; Genua, Ansaldo S.p.A.; ital.) — Die von Larson-Miller, Dorn u. Manson-Haferd vorgeschlagenen Extrapolations-Meth. werden besprochen. E. Mießgang. 6480◇

Aktuelle Methode zur Bestimmung der Daten des Warmfließverhaltens von Stählen. G. Paravicini. (Metallurgia ital. **52**, 647—50, 1960; Dalmine, Dalmine S.p.A.; ital.) — Einleitend werden die Ursprünge der Proben zur Best. des Warmfließ-Verh. u. deren Einordnung in die Normen zur Ermittlung der Grenzbelastung für Dehnung u. Bruch abhängig von der Zeit dargelegt. Die heute meistverwendeten Normen (DIN u. ASTM) werden miteinander verglichen, wobei insbes. auf die neuesten Normen (ASTM E 139 bis 58 T, DIN 50117 u. DIN 50118) eingegangen wird. Schließlich wird die Ausführung der Prüfung des Warmfließ-Verh. bei der Dalmine S.p.A. beschrieben.
E. Mießgang. 6480◇

Die Untersuchung der Haftfestigkeit von zementiertem Stahl 12ChN3A. G. D. Fomenko, W. Ss. Jegorow und A. G. Andrejewa. (Metallkunde therm. Metallbearb. [UdSSR] **1963**, Nr. 1, 23—25; russ.) — Der Einfl. der C-Konz. (0,77; 0,95; 1,1 u. 1,3% C) in der zementierten Schicht auf die Haft- u. Ermüdungsfestigkeit des Stahles *12ChN3A*, der von 780—800° in Öl abgeschreckt u. darauf bei 150—170° angelassen war, wurde untersucht. Dabei zeigte sich, daß zur Erzielung maximaler Dauerfestigkeit u. Haftfestigkeit des zementierten Stahls bei der Aufkohlung in der zu behandelnden Schicht ein C-Geh. von 1—1,2% erreicht werden muß. H. Hochstein. 6480◇

Die Bedeutung von Sauerstoff bei der Reckalterung von Vanadium. S. A. Bradford und O. N. Carlson. (Trans. metallurg. Soc. AIME **224**, 738—42, 1962; Bethlehem, Pa., Bethlehem Steel Co. u. Iowa State Univ.; engl.) — Diskontinuierliches Fließen in Zugproben wurde in V-O-Legg. im Temp.-Bereich von 150—175° sowie von 350—400° beobachtet. Die Größe u. Intensität der Auszackungen der Streckgrenze der Spannung-Dehnung-Kurve verändern sich beträchtlich mit dem O-Geh. der Legierungen. Höchstwerte wurden in den Zugfestigkeits- u. Streckgrenzen-Werten sowie im Kaltverfestigungsbeiwert nur bei den höheren Temp. festgestellt. Die Verformungs-Geschw.-Empfindlichkeit war bei Temp. zwischen 150 u. 400° negativ. — 13 Literaturangeben.
H. Hochstein. 6480◇

Ermüdungsuntersuchungen an Metallkristallen. A. Shrier, J. P. Wallace, J. J. Slade jun. und S. Weissmann. (Acta metallurg. [New York] **11**, 779—89, 1963; New Brunswick, N.J., State Univ.; engl.) — Einkristalle von *Ag* u. *Zn* wurden Wechselbiege-Verss. auf Ermüdung unterworfen. Die Dehnungsamplitude war konst. u. betrug bei Ag 0,1% bzw. 0,2% u. bei Zn 0,01%. Die Unterss. wurden röntgenograph., elektronenmkr. u. mittels Härtemessungen durchgeführt. Der Ermüdungsvorgang verläuft in 3 Stufen. In der 1. Stufe tritt eine cycl. Verfestigung auf, die einer allg. Zunahme der Versetzungsdichte zugeschrieben wird. Die 2. Stufe besteht aus einer Periode dynam. Erholung. Versetzungen verschwinden aus verzerrten Gitterbereichen u. die groben

Gitter-Desorientierungen nehmen ab. Hier scheint Quergleiten eine bedeutende Rolle zu spielen, als ein Vorgang, durch den Versetzungen ihre festgelegten Lagen verlassen können. Wird durch eine Großwinkel-Korngrenze in Ag oder eine Zwillingsgrenze in Zn Quergleiten verhindert, tritt an diesen Stellen vorzeitiger Bruch auf. In der 3. Stufe geht eine starke Fragmentierung der Struktur vor sich. Die Struktur von Zn unterscheidet sich infolge Wechselwrkg. von Basis- u. Pyramidengleitung erheblich von der des Ag. Der Ermüdungsvorgang bei hoher Spannung (unterhalb der Fließspannung) ist abgesehen von höherer Ermüdungs-Geschw. offenbar nicht grundsätzlich verschieden von dem Vorgang bei niedriger Spannung. Der Ermüdungsbruch tritt anscheinend dann auf, wenn das Quergleiten durch innere Hindernisse, nämlich Gitterbereiche hoher Versetzungsdichte, die durch dynam. Erholung entstehen, verhindert wird. — 19 Literaturangaben. F. Vier. 6480◇

Die Entwicklung der Methodik der Isolierung von nichtmetallischen Einschlüssen im Institut für Eisenmetallurgie in Gleiwitz. Juliusz Foryst und Marian Zieliński. (Hutnik **28**, 223—27, 1961; Gliwice, Inst. Metal. Żelaza; pol.) — Übersicht über elektrolyt. u. magnet. Verff. u. die verwendeten Apparaturen. F. Urban. 6480◇

Metallographische Untersuchungen zur Ermittlung des Temperaturbereiches beginnender Aufschmelzungen von austenitischen mit Titan oder Niob stabilisierten Chrom–Nickel-Stählen. Hans-Jürgen Schüller. (Arch. Eisenhüttenwes. **34**, 61—68, 1963; Duisburg, Forsch.-Inst. der Mannesmann A.G.; dt.) — Es werden Unterss. über den Gefügeaufbau austenit., größtenteils mit Nb/Ta oder mit Ti stabilisierter Cr–Ni-Stähle mit 0,03—0,09 (%) C, 17,2—18,6 Cr u. 10—11 Ni bei Temp. oberhalb von 1300° durchgeführt. Dabei wird der Temp.-Bereich beginnender Aufschmelzungen ermittelt. Die Auswirkung eines Zusatzes von Nb/Ta u. Ti wird beobachtet sowie das Verh. der *Sondercarbonitride* u. das Auftreten von Fe_2Nb festgestellt. Es zeigt sich, daß sich die mit Nb oder Ti stabilisierten Stähle nahezu wie ein unstabilisierter Stahl verhalten. Seigerungen, die kaum zu vermeiden sind, u. selbst bei hohen Temp. innerhalb der üblichen Glühzeiten nie ganz ausgeglichen werden können, haben mehr oder weniger starke Abweichungen vom Gleichgewicht zur Folge. Hierdurch setzt die Ferrit-Bldg. wesentlich früher ein, als auf Grund des Zustandsschaubildes zu erwarten ist. Die ersten Aufschmelzungen treten bei allen Stählen im Bereich von 1320—1380° auf. Unterschiede bestehen dabei in der Art des Schmelzvorganges. Bei der Erstarrung der bereits geschmolzenen Gefügeanteile bildet sich ein α-γ-Eutektikum. Die Phasengrenzen bei Cr–Ni-Stählen mit ca. 18 Cr u. 10 Ni sind so verschoben, daß die Stähle beim Erhitzen in den Dreiphasenraum $\alpha + \gamma + \delta$ eintreten u. daher beim Abkühlen teilweise eutekt. erstarren. Etwas anders verhalten sich die mit Nb stabilisierten Stähle bei denen, sich ein Eutektikum zwischen dem Nb-Carbonitrid $Nb(C, N)$ u. der austenit. Grundmasse bildet. In dem Eutektikum Austenit—Nb-Carbonitrid ist außer einer kleinen Ferritmenge ein als Fe_2Nb angesprochener Gefügebestandteil zu erkennen. Der Schmelzbeginn der mit Ti stabilisierten Stähle liegt ebenfalls zwischen 1320 u. 1380°. Es bilden sich Ti-Carbonitride u. Fe_2Ti. Da die Löslichkeit für N im Austenit bei hohen Temp. wesentlich geringer ist als die für C, sind die gelben N-reichen Ti-Carbonitride $Ti(C, N)$ erst nach dem völligen Aufschmelzen der Grundmasse bei ca. 1380—1460° nicht mehr eindeutig im Gefüge nachzuweisen. Bei 1380—1460° sind sämtliche Stähle vollkommen geschmolzen. Bei der Erstarrung scheidet sich zunächst Austenit aus der Schmelze aus, bevor es zur Bldg. des Eutektikums aus Austenit u. Ferrit kommt.
H. Hochstein. 6482◇

Die elektronenmetallographische Prüfung von Umwandlungsstrukturen in der Ti–13 V–11 Cr–3 Al-Legierung. L. E. Tanner, J. E. Boyd und J. E. Coyne jun. (Trans. metallurg. Soc. AIME **224**, 872—74, 1962; Columbus, Ohio, Battelle Memorial Inst.; Worcester, Mass., Wyman-Gordon Co.; engl.) — Bei der Unters. der isotherm. Umwandlungen, der Rest-β-Phase in einer bei 371 u. bei 482° ausgealterten Ti-Leg. mit 13 (%) V, 11 Cr u. 3 Al mit dem Elektronenmikroskop zeigt sich, daß das Anfangs-Rk.-Prod. bei Temp. über 482° voreutektoide α-Phase war. Jedoch bei 482° u. darunter folgte auf die Keim-Bldg.-Periode zunächst die Entw. der „melierten" (mottled) β-Struktur u. erst dann das Auftreten der α-Phase. Bei dem weiteren Umwandlungsablauf zeigt sich, daß keine deutliche Zwischenphasetrennung der melierten Struktur u. der β-Grundmasse vorhanden ist. Diese Struktur blieb nach der Einleitung der α-Phase-Ausscheidung sichtbar, ging aber allmählich mit fortgesetzter Ausalterung zurück. Röntgenograph. wird ferner nachgewiesen, daß eine zusätzliche Beugungslinie mit d = 2,29 Å in der Nähe von $(1\,1\,0)_\beta$ (d = 2,24 Å) in den Bildern von nur denjenigen Proben erscheint, welche die melierte Struktur besitzen. Der d-Abstand der unbekannten Linie war ident. mit derjenigen für die kräftigste Linie des ω-Phase-Beugungsbildes mit den

Indices $(1\,1\,\bar{2}\,0)_\omega$ u. $(1\,0\,\bar{1}\,1)_\omega$. Durch weitere elektronenmetallograph. Unterss. wird die Ggw. der ω-Phase-Rk. während der Ausalterung der Ti-Leg. *Ti-13 V-11 Cr-3 Al* bei 482° u. darunter bestätigt. — 11 Schrifttumsangaben. H. Hochstein. 6482◇

Metallographische Identifizierung nichtmetallischer Einschlüsse in Kohlenstoffstählen. Stanisław Rudnik. (Hutnik **28**, 228—33, 1961; Kraków, Politechn.; pol.) — Nichtmetall. Einschlüsse in C-Stahl können bei mkr. Betrachtung der Dünnschliffe im Dunkelfeld oder im polarisierten Licht bei einiger Erfahrung gut identifiziert werden. Schwierigkeiten macht oft die Unterscheidung von *Fe-*, *Mn-* u. *Al-Silicaten*. In solchen Fällen müssen zusätzliche Meth. der Identifizierung angewandt werden. F. Urban. 6482◇

Eine Reflektionsmethode für Polfiguren-Bestimmung. Stanley L. Lopata und Eric B. Kula. (Trans. metallurg. Soc. AIME **224**, 865—66, 1962; Watertown, Mass., Watertown Arsenal Labor.; engl.) H. Hochstein. 6484◇

Die Würfeltextur in einer Fe–Si-Legierung mit 3,25% Si. E. V. Walker und Jean Howard. (Trans. metallurg. Soc. AIME **224**, 876, 1962; London, Post Office Res. Stat.; engl.) — Es wird durch Verss. an einem Band aus einer Fe–Si-Leg. mit 3,25% Si nachgewiesen, daß eine Würfeltextur auch durch ein starkes Kaltwalzen eines Bandes erzeugt werden kann, in welchem die Würfelkanten (cube-on-edge)-Textur zuerst gebildet worden ist. Die kub. Textur entwickelt sich beim Glühen, wird aber in diesem Falle nicht von einer Sekundärrekristallisation begleitet. Jedoch wird nach einer 85%ig. Walzabnahme durch Glühen bei ca. 1000° die sek. Rekristallisation eingeleitet, sofern eine starke Würfeltextur vorhanden ist. Beim Glühen von ca. 1150° wird eine vollständige sek. Rekristallisation erhalten. Hieraus wird gefolgert, daß die sek. Kristalle durch den Textur-Hemm-Mechanismus erzeugt werden; sie zeigen (1 1 0)- u. (1 1 1)-Ebenen in der Bandoberfläche. Die vollkommenere Textur ist die $(1\,\bar{1}\,0)\,[0\,0\,1]$-Textur vor dem Kaltwalzen um 85%. Eine ähnliche Behandlung, angewendet auf ein hochwertiges kornorientiertes Fe–Si-Band, führte nicht zur Erzielung der Würfeltextur. H. Hochstein. 6490◇

Die Verfestigung von Stahl. Morris Cohen. (Trans. metallurg. Soc. AIME **224**, 638—57, 1962; Cambridge, Mass., MIT; engl.) — Überblick über die Entw. u. den derzeitigen Stand der Anschauungen über die Härtung von Stählen. — 46 Literaturangaben. H. Hochstein. 6492◇

Öltemperung von kohlenstoffreichem Federdraht in einem Härteofen mit Stickstoffatmosphäre. A. I. Cidonio. (Wire and Wire Products **36**, 1374—76, 1458, 1961; South San Francisco, Calif., Colorado Fuel and Iron Corp., Pacific Coast Div.; engl.) — Beschreibung von Bau u. Anwendung eines Härteofens zur Öltemperung von fein- u. grobkörnigem Stahl mit $>$0,63% *C* unter N_2. W. Wesly. 6492◇

Untersuchung von Wärmewechseln unterworfenen Bi- und Monokristallen von Zink. J. Mondon, G. Cizeron und P. Lacombe. (Mém. sci. Rev. Métallurgie **59**, 757—68, 1962; Paris, École de Mines; franz.) — Die mikrograph. Unters. von Wärmewechseln bei 500 u. 600° unterworfenen Mono- u. Bi-Kristallen von reinem *Zn* zeigen, daß die Beweglichkeit der Korngrenzen derat ist, daß ein interkristallines Abscheren kaum auftritt. Damit erfährt die Theorie von Burke u. Turkalo über die irreversiblen Ausdehnungsänderungen bei Wärmewechseln, wonach allein ein Fluß in den Körnern für die Längenänderung in Bikristallen verantwortlich sein soll, eine Beschränkung. Nichtsdestoweniger sind irreversible Längenveränderungen möglich u. die bedeutende Polygonisation mit der Zunahme der Zahl der Wärmewechsel zeigt, daß die Relaxation der anisotrop. Spannungen auf ein Fließen in den Körnern zurückzuführen ist. Das Nachlassen der Spannungen durch interkristallines Gleiten ist zu gering, um die Längenveränderung zu erklären. F. Vier. 6492◇

Studien zum Elektronenstrahlschweißen — Verfahren und Werkstoffe. W. Hofmann, H. Koch und H. Seeler. (Schweissen u. Schneiden **15**, 211—21, 1963; Mannheim, Schweißtechn. Lehr- u. Vers.-Anstalt; dt.) — Die pilzkopfartige Erweiterung der Schmelzzone an der Nahtoberseite, die beim Elektronenstrahlschweißen fast immer auftritt, wird damit erklärt, daß der Elektronenstrahl einen Strahlkern hoher Leistungsdichte u. einen Strahlmantel geringer Leistungsdichte aufweist. Der Elektronenstrahlkern dringt sofort in den Werkstoff ein, während die Elektronen des Mantels an der Oberfläche in Wärme umgewandelt werden u. so die Nahtverbreiterung herbeiführen. Beim Schweißen eines 8 mm dicken Bleches aus *St52* wurden schon in einem Abstand von 1,5 mm von der Schweißstelle 400° nicht mehr überschritten. Verss. mit austenit., stabilisierten *18/8-Cr-Ni*-Stählen, von denen der eine (**I**) mit Nb u. der andere (**II**) mit Ti stabilisiert war, ergab für beide Stähle eine Schweißnaht mit den Gütewerten des

Grundwerkstoffes. Bei I tritt jedoch ein Härteabfall in einem eng begrenzten Nahtbereich ein, was bei II nicht der Fall ist. Die Biegewechselfestigkeit liegt bei I 13% unter der des Grundwerkstoffes, bei II ist sie gleich. — 28 Literaturangaben. F. Vier. 6506◇

Stumpfschweißung einiger schwerer Buntmetalle und Legierungen im plastischen Zustande. G. P. Ssachatzki. (Automat. Schweissen [UdSSR] **16**, Nr. 1, 23—29, 1963; Paton-Inst. für Elektroschweißung der Akad. der Wiss. der UkrainSSR; russ.) — Untersucht wird die Meth. des Stumpfschweißens im plast. Zustand von *Cu*, *Ni*, *Messingen*, *Bronze* u. *Neusilber*. Die technolog. Besonderheiten dieser Meth. u. die erreichbaren Eigg. der so geschweißten Metalle werden mit denen der normalen Schmelzschweißung verglichen. Das Stumpfschweißen eines Metalls mit großen Querschnitten im plast., durch elektr. Widerstand vorgewärmten Zustand läßt sich bei Gewährleistung einer gleichmäßigen Erhitzung u. eines gleichmäßigen Druckes ohne Schwierigkeiten ausführen. Diese Meth. hat bei Cu, einigen Messingsorten u. Bronze folgende Vorzüge: Stromdichte um das 1,5—2,5fache niedriger u. die Schweißzeit um das 1,2—2fache kürzer als bei der Schmelzschweißung. Die erhaltenen mechan. Eigg. sind nicht schlechter als die der Schmelzschweißung. H. Hochstein. 6506◇

Möglichkeiten zur Bestimmung von geringsten Oberflächenverunreinigungen. F. A. Pohl. (Metalloberfläche **16**, 365—67, 1962; Frankfurt/M., AEG; dt.) — Nach Aufzählungen der vorhandenen Möglichkeiten wird die Kathodenstrahlpolarographie u. die Radiochemie an Beispielen aus der Festkörperforschung erörtert. F. Vier. 6508◇

Oberflächenbehandlung von Gußteilen. E. Swing, G. J. Vingas und R. R. Schaf. (Mod. Castings **42**, Nr. 4, 74—109, 1962; engl.) — Beschrieben werden die Verff. einer Best. der Oberflächenrauhigkeit von Gußstücken. Der Einfl. der Kornfeinheit ölgebundener Sande auf die Oberflächenbeschaffenheit der Gußstücke aus Al, Messing, Grauguß, Mg u. Stahl wird behandelt. Schließlich wird die Wrkg. verschiedener Korngrößen beim Sandstrahlen auf die Oberfläche vergossener Gußteile in Sandformen verschiedener Körnung untersucht. F. Vier. 6508◇

Bestimmung der Oberflächenrauheit. N. O. Myers. (Wear [Amsterdam] **5**, 182—89, 1962; Wilmington, Del., E. I. du Pont de Nemours & Co., Inc.; engl.) — Mathemat. werden 3 neue Charakteristiken für die Oberflächenrauhigkeit einer Oberfläche entwickelt. — Am Beispiel von geläppten Stahlscheiben wird die prakt. Auswertung der neuen Charakteristiken aufgezeigt. F. Vier. 6508◇

Ein neues Verfahren zur Herstellung von Messingüberzügen auf metallischen Teilen bei der Produktion von Gummi-Metall-Werkstücken. Anonym. (Kautschuk u. Gummi [UdSSR] **21**, Nr. 5, 52, 1962; Nachod, ČSSR, Werk für techn. Gummiartikel; russ.) — Für die Herst. von Messingüberzügen auf Werkstücken wurde ein neuer, nichttox., *Weinsäure*-haltiger Elektrolyt ausgearbeitet. Im Vgl. mit dem Pyrophosphatelektrolyten hängt die Qualität u. Zus. der Galvanisierung nur wenig von der Stromdichte ab. Die Kapazität der Anlage ist größer. H. Schäfer. 6516△

Erfahrungen mit Doppelnickelschichten. G. Buss. (Metalloberfläche **16**, 381—86, 1962; Sindelfingen, Daimler-Benz Akt.-Ges.; dt.) — Nach einem Überblick über die bisherige Entw. u. dem heutigen Stand der Galvanisier-Verff. für Kraftfahrzeugteile werden die Vorteile der Doppelvernickelung hinsichtlich des Korrosionsschutzes erörtert u. die angewendeten Verf.-Maßnahmen an Beispielen erläutert. F. Vier. 6520◇

Carbidüberzüge für Graphit. J. M. Blocher und I. E. Campbell. (Progr. nuclear Energy, Ser. V **4**, 835—43, 1961; Columbus, Ohio, Battelle Memorial Inst.; engl.) — Es wird die Möglichkeit der gleichmäßigen Überdeckung von Graphitoberflächen mit Metallcarbiden durch Umsetzung mit Halogeniddämpfen aufgezeigt. Die beschriebene Meth., die an röhrenförmigen Proben erprobt wurde, sollte sich für die Bedeckung von allen Formen von Graphit oder Kohlenstoffgegenständen eignen, wenn sich diese hoch genug erhitzen lassen, um eine schnelle Diffusion des C durch das Carbid zu ermöglichen. I. Köditz. 6528

Oxydation von Zirkonium-Niob-Legierungen in Sauerstoff bei 525—1090°. Otto Zmeskal und Mary L. Brey. (Trans. Amer. Soc. Metals **53**, 415—31, 1961; Florida, Fla., Univ.; engl.) — *Zr*-Legg. mit 25—90% *Nb* hoher Reinheit wurden in O_2 bei weniger als Atmosphärendruck auf 525—1090° erhitzt. Die Oxydations-Geschw. bei konst. Druck u. konst. Temp. wurden durch ein volumetr. Verf. für Zeitabschnitte von 2—6 Std. gemessen. Die freien Oxide wurden durch Röntgenbeugungsaufnahmen untersucht. Bei 600° entsprach die Oxydation in den Anfangsstufen dem parabol. Geschw.-Gesetz. Bei 900° folgte bei keiner Leg. die Oxydation der Beziehung $w^n = Kt$, aber bei allen Legg. scheint die Oxydations-Geschw. in einer linearen Beziehung anzuwachsen. Es wurde die Bldg. von monoklinem ZrO_2, orthorhomb. $6\,ZrO_2 \cdot Nb_2O_5$ u. von Nb_2O_5 beobachtet. F. Vier. 6530◇

Korrosionsschutz von Schiffsrümpfen. Wirkung einer Vorbehandlung der Oberflächen. Emilio Jimeno und Antonio Arévalo. (Corrosion et Anticorrosion **10**, 259—66, 1962; Inst. Espagnol d'Océanogr.; franz.) — Verss. bestätigen, daß die *Phosphat*-Vorbehandlung von Stahl die Schutzdauer von Anstrichen erheblich verlängert. Es zeigte sich dabei, daß die besten Ergebnisse beim Behandeln mit Phosphatierungs-Lsgg. bei Raum-Temp. erzielt wurden, während Verss. mit Lsgg. von 95° nicht die erwarteten Ergebnisse zeigten. F. Vier. 6532◇

Zur Schwingungsrißkorrosion metallischer Werkstoffe. 6. Mitt. **Maßnahmen zur Verzögerung oder Verhinderung der Schwingungsrißkorrosion.** H. Spähn. (Metalloberfläche **16**, 369—73, 1962; dt.) — Vgl. C. **1963**, 12588. — Am Beispiel des Stahls *CK 45* wird die Möglichkeit des kathod. Schutzes in neutralem oder schwach saurem Medium gegen Spannungsrißkorrosion aufgezeigt. Durch anod. Polarisation auf Potentialwerte im passiven Bereich kann die Spannungsrißkorrosion schon in schwach sauren Korrosionsmitteln nicht verhindert werden. Galvan. auf unlegierten Stählen abgeschiedene *Zn*-Überzüge ergaben eine wirksame Verzögerung der Spannungsrißkorrosion. *Chromatieren* des Zn-Überzuges ergab eine weitere Verbesserung. F. Vier. 6538◇

Zur Schwingungsrißkorrosion metallischer Werkstoffe. 7. Mitt. **Eigenspannungen in galvanisch und chemisch abgeschiedenen Nickelschichten und ihre Auswirkung auf das Verhalten von Stählen unter Schwingungsrißkorrosion.** H. Spähn. (Metalloberfläche **17**, 1—9, 1963; dt.) — 6. vgl. vorst. Referat. — Der Einfl. von Eigenspannungen von galvan. u. stromlos auf Stahl abgeschiedenen Ni-Schichten auf deren Dauerfestigkeit an Luft, Härte u. Zeitfestigkeit unter Korrosions-Einw. wurde untersucht. Danach sind Eigenspannungen 1. Art von geringer Wrkg. auf die Zeitfestigkeit der Ni-Schicht unter Korrosion. Durch Eigenspannungen 2. Art in Verbindung mit Zugeigenspannungen 1. Art wird jedoch die Zeitfestigkeit stark herabgesetzt. Daher versagen die stromlos abgeschiedenen Ni–Ni_3P-Schichten, die gegen spannungslose Korrosion sehr beständig sind, bei Schwingungsbeanspruchung bei gleichzeitiger Korrosionseinwirkung. — 14 Literaturangaben. F. Vier. 6538◇

Einfluß von Inhibitoren auf die Schutzeigenschaften von Eisensulfid-Schichten. W. B. Hughes und V. L. Stromberg. (Corrosion [Houston] **19**, 9t—11t, 1963; Dallas, Tex., Armour Ind. Chem. Co.; St. Louis, Miss., Petrolite Corp.; engl.) — Es wird durch Verss. festgestellt, daß die Zers. von einem FeS-Überzug beträchtlich durch Zusatz von bestimmten Chemikalien, z. B. von *Formaldehyd*, zu einer wss., H_2S enthaltenden Lsg. verändert werden kann. Diese chem. Zusätze verändern die Sulfidstruktur in der Oberflächenschicht u. erhöhen ihre Korrosionsschutzwirkung. H. Hochstein. 6538◇

Über die Korrosion von Messingrohren in Kondensatoren von Ölkühlern. A. Knak-Nielsen. (Werkstoffe u. Korrosion **14**, 353—58, 1963; Odense; dt.) — Untersucht wurde die in einem dän. Kraftwerk aufgetretene Rohrkorrosion. Fremdströme konnten als Ursache ausgeschaltet werden. Korrosions-Verss. im Labor. ließen einen deutlichen Einfl. der Oberflächenbeschaffenheit der Rohre auf die Korrosion erkennen. Rohre mit metallblanker Oberflächenschicht zeigen stärkere Korrosion als solche mit Glühhaut. Ein Einfl. der Wasser-Zus. war nicht zu erkennen. Das Aufbringen von *As*- oder *Cu*-Schichten ergab verstärkten Korrosionsangriff. F. Vier. 6538◇

E. I. du Pont de Nemours & Co., übert. von: Hugh B. Hix, Wilmington, Del., V.St.A., **Niob–Titan–Chrom-Legierungen** bestehen aus 5—30(%) Ti, 1—30 Cr, 0—7 *Al*, 0—2 *C*, 0—2 *Co*, 0—7 *Fe*, 0—7 *Mn*, 0—2 *Ni*, 0—2 *Si*, 0—7 *Ta*, 0—7 *W*, 0—7 *V*, 0—7 *Zr*, wobei die Summe der Geh. an Al, C, Co, Fe, Mn, Ni, Si, Ta, W, V u. Zr 7 nicht übersteigt, Rest mindestens 50 Nb. Die Legg. sind verarbeitbar, hochwarmfest bis 1200° u. darüber u. zunderbeständig bis 1000°. Sie finden Verw. für Bauteile in Hochtemp.-Anlagen, wie *Strahl*- oder *Gasturbinen* u. *Kernreaktoren*. (**A. P. 3 043 683** vom 23/9. 1959, ausg. 10/7. 1962.) C. F. Gross. 6449

E. I. du Pont de Nemours & Co., Wilmington, Del., V.St.A., **Nioblegierungen für hohe Temperaturen.** F. P. 1 226 436; C. **1962,** 2896 ist dahin zu ergänzen, daß die Legg. noch 0—5% *Mo* enthalten können. (**E. P. 894 963** vom 17/9. 1958, ausg. 26/4. 1962. A. Prior. 27/9. 1957.) C. F. Gross. 6449

E. I. du Pont de Nemours & Co., Wilmington, Del., übert. von: Guy B. Alexander, Brandywine Hundred, Del., und William H. Pasfield, Sayville, N.Y., V.St.A., **Herstellung eines durch feuerfeste Oxide dispersionsgehärteten Werk-**

stoffes. Wasserunlösl., H u. O enthaltende Verbb. von *Fe, Co, Ni* u. ggf. auch anderer Metalle, deren Oxide eine freie Bldg.-Energie von 30—70 kcal/g-Atom O bei 27° haben, werden als Oxide auf den einzelnen Teilchen eines durch Erhitzen auf 1500° gebildeten feuerfesten Oxids mit einem F. von ca. 1000° u. einer freien Bldg.-Energie bei dieser Temp. von über 60 kcal/g-Atom O von der Größe zwischen 5 u. 250 mμ als Überzug niedergeschlagen. Nach dem Trocknen der mit einem Metalloxid überzogenen Teilchen des feuerfesten Oxids wird der Überzug durch ein entsprechendes Gas red., bei einer Temp., die unterhalb der Sinter-Temp. des Metalls liegt, u. dann wird das erhaltene Prod. unterhalb des F. des Metalls gesintert. (**A. P. 3 019 103** vom 4/11. 1957, ausg. 30/1. 1962.) H. Baur. 6475

E. I. du Pont de Nemours & Co., Wilmington, Del., übert. von: John T. Funkhouser, Kennett Township, Chester County, Pa., und Paul C. Yates, Brandywine Hundred, Del., V.St.A., **Herstellung einer Dispersion feuerfester Metalloxide in einer Strangpreßlegierung** in einer Teilchengröße zwischen 10 u. 1000 mμ. Eine O-Verb. des Basismetalls (dessen Oxide bei 27° eine freie Bldg.-Energie von 75 kgcal/g-Atom haben, wie *Fe, Co, Ni, Cu, Cr, Cd, Sn, Pb, Mo, W, Ag, Au, Pd, Pt*) u. eine O-Verb. eines anderen Metalls (dessen Oxide bei 1000° eine freie Bildungsenergie von mehr als 60 kgcal/g-Atom O haben, wie *Si, Al, Mg, Be, Ca, Zr, Ti, Th, Seltenerdmetalle*) werden miteinander geschmolzen u. erhitzt auf eine Temp., bei welcher die nichtoxydierten Bestandteile sich zu Oxiden zersetzen. Nach Abkühlen der Schmelze entsteht eine feste Masse aus Oxiden des Basismetalls u. des anderen Metalls, die fein zerteilt wird. Das Oxid des Basismetals wird zu Metall red. bei einer Temp., die unter dem F. des Metalls liegt, u. zwar so lange, bis der O-Geh. der ursprünglich in Form chem. Verbb. eingebrachte O-Geh. aufgenommen, 0—2 Gew.-% ausmacht, wodurch eine Dispersion feuerfester Oxide des anderen Metalls im Basismetall entsteht. Alsdann wird das erhaltene Prod. gesintert. (**A. P. 3 024 110** vom 21/7. 1958, ausg. 6/3. 1962.) H. Baur. 6475

Commissariat à l'Énergie Atomique, Paris (Erfinder: Lucien Alfille, Orsay), Frankreich, **Werkstoff mit hoher Wärmedämmung** besteht aus aufeinander angeordneten Lamellen von nicht mehr als 0,2 mm Dicke aus Metall, bes. *Al* oder *Ni* mit fest auf den Metalloberflächen haftenden *Oxid*-Schichten. Die Lamellen können sintermetallurg. hergestellt. sein. Die Oxidschichten werden zweckmäßig durch anod. Oxydation aufgebracht. Der Werkstoff ist bes. bei höheren Temp. verwendbar. (**E. P. 887 345** vom 21/8. 1959, ausg. 17/1. 1962. F. Prior. 30/8. 1958.) F. Vier. 6479

Purex Corp. Ltd., übert. von: Benjamin Arden, Portoguese Bend, Calif., V.St.A., **Entzundern von Metallen,** bes. austenit. Stählen, durch Behandlung mit einer wss. Lsg., die im wesentlichen aus ca. 5—30 Vol.-% *HNO_3* (42° Bé) u. ca. 2—10 g aliphat. Oxycarbonsäure (*Weinsäure, Citronensäure, Äpfelsäure*) auf je 100 cm^3 wss. HNO_3-Lsg. besteht u. ggf. noch ein lösl. komplexes Fluorid (0—3 g *Alkalisilicofluorid*) u. *Adipinsärue* in solchen Mengen enthält, daß das Gew.-Verhältnis von beispielsweise Weinsäure : Adipinsäure = ca. 50 : 1 bis 3 : 1 beträgt. Empfohlen wird eine zweistufige Vorbehandlung, zuerst in einer wss. Lsg. aus ca. 10 (Gew.-%) *Alkalihydroxid*, ca. 1 bis 45 eines lösl. Salzes einer *aliphat. Oxysäure* oder einer Fettsäure mit niederem Molgew. u. ca. 2,5—30 Alkanolamin, u. sodann in einer wss. Lsg. aus ca. 10—25 Alkalihydroxid, ca. 0,4—12 Alkalipermanganat u. ca. 1—8 lösl. anorgan. Fluorid. (**A. P. 3 025 189** vom 10/12. 1958, ausg. 13/3. 1962.) H. Baur. 6513

Hooker Chemical Corp., New York, übert. von: Matthew Mekjean, Niagara Falls, und Charles A. Strack, Lewiston, N.Y., V.St.A., **Entrosten und Entzundern von Molybdän und seinen Legierungen** durch Eintauchen in eine zwischen ca. 650 u. 1250 F gehaltene nichtoxydierende u. nichtreduzierende Schmelze aus 50 bis 90 (Gew.-%) *Alkalihydroxid*, 2—25 *Alkaliphosphat*, *Erdalkaliphosphat* oder Mischungen derselben, 0,5—30 *Alkalicarbonat*, 0,5—25 *Alkali*- oder *Erdalkalihalogenid* oder Mischungen derselben. Als Alkalimetalle in diesen Verbb. kommen *Na, K, Li, Rb* in Betracht, als Erdalkalien *Ca, Ba, Mg*. Nach dem Eintauchen in die Schmelze für eine Zeit von mindestens 30 Min. wird in W. abgeschreckt. (**A. P. 3 030 239** vom 24/10. 1957, ausg. 17/4. 1962.) H. Baur. 6513

Alan D. Brite, Los Angeles, Calif., V.St.A., **Reinigen von Aluminiumgegenständen,** bes. solcher für den Gebrauch in der Küche, mittels einer wss. Lsg., die bis 20 (%) eines Fluoridsalzes (*NH_4HF_2* oder *NH_4F*) u. 5—50 *Glykolsäure* enthält, z. B. 3,5 NH_4HF_2 u. 15 Glykolsäure. (**A. P. 3 019 194** vom 18/2. 1957, ausg. 30/1. 1962.) H. Baur. 6513

Collins Radio Co., übert. von: Gareth J. Davis und Peter C. Peropoulos, Cedar Rapids, Iowa, V.St.A., **Chemisches Ätzen von Aluminiumplatten nach vorbestimmtem Muster.** Die Platte wird zunächst anod. oxydiert u. dann, entsprechend dem gewünschten Muster, mit einem, dem Ätzmittel widerstehenden organ. Material bedeckt (Reservage). Die unbedeckt verbliebenen Oberflächenteile werden mit *NaOH* geätzt, um den anod. hergestellten Oxidfilm zu beseitigen. Die dadurch freigelegten Al-Oberflächenteile werden mit *$FeCl_3$* geätzt. Die nach Entfernung der Reservage verbliebenen oxydierten Oberflächenteile sind im wesentlichen chem. inert u. widerstandsfähig gegenüber hohen Temperaturen. (**A. P. 3 035 990** vom 5/11. 1958, ausg. 22/5. 1962.) H. Baur. 6513

Wyandotte Chemicals Corp., Wyandotte, Mich., übert. von: Jacque L. Duvall, West Covina, Calif., V.St.A., **Tiefätzen von Magnesium** mittels eines Ätzbades, das im wesentlichen besteht aus a) einer wss. Lsg. von 1—3 Mol/Liter *H_2SO_4*, b) einem *Alkalisulfat* in einer Mindestmolkonz., die sich aus der folgenden empir. Gleichung berechnen läßt: $\log_e y = 1{,}66 - 0{,}51 \log_e 10x/y$, in welcher y die Anzahl Mol/Liter H_2SO_4 u. x die Mol/Liter Na_2SO_4 im Bad sind, u. aus c) 0,02—0,2 Mol/Liter *Arylsulfonsäure* der Formel $R-SO_3-M$, in welcher R ein nichtsubstituierter Arylrest oder ein durch eine oder mehr Alkylseitenketten mit bis zu 3 C-Atomen in der Alkylgruppe substituierter Arylrest u. M ein Metall, H, NH_4 oder ein Aminrest ist; z. B. *Na-Xylolsulfonat*, ggf. aus d) einer kleinen Menge *Oxycarbonsäure*. Beispiel: Bad im wesentlichen aus 15 (Gew.-%) H_2SO_4, 26,5 Na_2SO_4, 1,5 Na-Xylolsulfonat, 0,5 *Citronensäure* u. 56,5 Wasser. (**A. P. 3 031 276** vom 27/6. 1958, ausg. 24/4. 1962.) H. Baur. 6513

Chrome Alloying Co. Ltd. (Erfinder: Henrik Dorner), London, England, **Überziehen eines Metalls mit einem andern** nach dem Diffusionsverfahren, wobei das zu überziehende Metall in einem geschlossenen Behälter in Ggw. eines Halogenids des Überzugsmetalls erhitzt u. anschließend gekühlt wird, dad. gek., daß mindestens während der Abkühlperiode des Behälters unter Zutritt eines inerten Gases in den Behälter gearbeitet wird. Auf diese Weise wird die Oxid-Bldg. durch in den unter Unterdruck stehenden Behälter eindringende Luft vermieden. (**Schwz. P. 364 156** vom 6/9. 1957, ausg. 15/10. 1962. E. Prior. 21/9. 1956.) F. Vier. 6517

Imperial Chemical Industries Ltd., London, und Patrick Reginald Pomeroy, Walsall, Staffordshire, England, **Eisen-Feinbleche mit einer Kupfer-Nickel-Auflage** aus einer Leg. von 20—30 (Gew.-%) Ni, 0,1—1,0 *Ti* oder *Zr*, Rest Cu u. Verunreinigungen für Konstruktionen in chem. Betrieben, wo diese korrodierenden Medien ausgesetzt sind. (**E. P. 889 218** vom 28/10. 1959, ausg. 7/2. 1962.) H. Baur. 6517

Rolls-Royce Ltd., Derby, England (Erfinder: Eric James Whitehead), **Herstellung von Lageroberflächen** durch Aufspritzen des Lagermetalls u. Erwärmen der aufgespritzten Schicht in einem Salzbad, so daß die Lagerschicht in das Grundmetall diffundiert u. zum Teil so eine feste Bindung erzielt wird. Zum Beispiel wird auf eine Welle für *Gasturbinen* aus *Nimonic 80A* die Leg. *Metco 16C* mit 16(%) *Cr*, 4 *B*, *4 Si*, *3 Cu*, 2,5 *Fe*, 3 *Mo*, 0,5 *C*, Rest *Ni* aufgespritzt u. die Welle in einer *$BaCl_2$*-Schmelze auf 1060 bis 1070° erwärmt. (**E. P. 896 564** vom 11/12. 1959, ausg. 16/5. 1962.) F. Vier. 6517

Union Carbide Corp., New York, N.Y., V.St.A., **Herstellung von Hartmetalloberflächenschichten auf Schneidwerkzeugen.** Die Werkzeuge werden in einer Kammer angeordnet, aus der die Luft durch H_2 verdrängt wird, auf 600—1000° erhitzt u. dann mit *$W(CO)_6$*-Dampf bei einem Druck von 2,9—3,1 mmHg in Berührung gebracht. Dabei scheidet sich eine *W-Carbidschicht* auf der Oberfläche ab. (**E. P. 895 504** vom 23/9. 1958, ausg. 2/5. 1962.) F. Vier. 6529

United States of America, Secretary of Army, übert. von: Allen J. Eshner, Philadelphia, Pa., V.St.A., **Oxydieren von Titan** mittels Luft in einem Ofen. Für opt. Zwecke ist es erforderlich, einer über einer *MgF_2*-Schicht angeordneten *TiO_2*-Schicht denselben niederen Brechungsexponenten zu erteilen. Hierzu wird die aufgebrachte Ti-Schicht durch Luft in einem Ofen bei ca. 820° ca. 35 Min. oxydiert, dann auf 400°F abgekühlt u. dann wird die Oxydation bei 820°F in ca. 4 Std. beendet. (**A. P. 3 034 916** vom 6/4. 1959, ausg. 15/5. 1962.) H. Baur. 6531

Philips Electrical Industries Ltd., London, England, **Anodische Oxydation von Bändern, besonders aus Aluminium.** Das Band wird im Zickzack durch das Bad geführt, wobei der jeweilige Eintritt des Bandes in das Bad durch eine trichterförmig gestaltete Anode erfolgt, die zum Teil über den Basdpiegel hinausragt. Die Potentialdifferenz zwischen der 1. Elektrode u. dem Band ist ca. halb so hoch wie zwischen der nächsten Elektrode u. dem Band. Die trichterförmig gestalteten Anoden besitzen an der Außenseite eine isolierende Oxidschicht. Beschreibung der Vorr. zur Durchführung des Verfahrens. — Abbildung. (**E. P. 893 573** vom 15/5. 1958, ausg. 11/4. 1962. Niederl. Prior. 18/5. 1957.) F. Markhoff. 6531

Reynolds Metals Co., Richmond, Va., übert. von: Alexander Cybriwsky und Gerald L. Hager, Louisville, Ky., V.St.A., **Teilweises Einfärben von Alu-**

miniumoberflächen. Diese werden zunächst anod. mit einem Oxidfilm überzogen, dessen Poren mit einer wss. Lsg. (*Ni*- oder *Co-Acetat*) gedichtet werden. Dann werden die gewünschten Oberflächenteile selektiv geätzt (Ätzmittel aus 25 (Teilen) *Gummi arabicum*, 2,5 *HF*, 7,4 *HCl*, 65,1 *W*.), die freigelegten, porösen Oberflächenteile aus Al eingefärbt u. die gefärbten Teile ebenfalls gedichtet. Zwischen den einzelnen Behandlungsschritten wird gespült. (**A. P. 3 016 293** vom 29/7. 1957, ausg. 9/1. 1962.) H. Baur. 6535

General Electric Co., übert. von: William H. Smith, Burnt Hills, und Herbert E. Grenoble, Amsterdam, N.Y., V.St.A., **Dampfbeständigkeit von Molybdän und Wolfram** u. ihren Legg. bei Temp. von mehr als 1000°. In den Dampf wird soviel H_2 eingebracht. daß zwar die Bldg. des Trioxids des betreffenden Metalls verhütet, aber die Bldg. des *Dioxids* dieses Metalls ermöglicht wird. Vorteilhaft ist es, den H_2 innerhalb des Dampferzeugers durch Zusatz von Ammoniakwasser zu bilden. (**A. P. 3 032 386** vom 24/12. 1959, ausg. 1/5. 1962.) H. Baur. 6539

Nalco Chemical Co., übert. von: Jacob I. Bregman, Park Forest, Ill., V.St.A., **Verhinderung der Korrosion von Eisen- und Nichteisen-Metallen** (*Cu*, *Messing* mit ca. 1% *Sn*) durch korrodierende, W. enthaltende Medien, z. B. in Sprüh-, Kühl- oder Verteil-Systemen. Verwendet wird als Zusatz zu dem Medium eine Inhibitormischung aus 50—98 (Gew.-%) einer ionisierbaren 6wertigen *Cr-Verb.* (berechnet als $Na_2Cr_2O_7 \cdot 2\,H_2O$), 5—15 einer ionisierbaren 6wertigen *Mo*- oder *W*-Verb. (berechnet als $Na_2MoO_4 \cdot 2\,H_2O$) u. 3—40 einer ionisierbaren *Zn*-, *Co*-, *Ni*-, *Hg*- oder dreiwertigen Cr-Verb. (berechnet als $ZnSO_4 \cdot H_2O$) im Verhältnis 1 : 0,02 bis 0,3 : 0,033 bis 0,80. Der Mischung kann noch $NaHSO_4$ zu Verhinderung der Bldg. einer unlösl. Zn-Verb. u. ein ionisierbares *Polyphosphat* zu Bldg. eines PO_4-Geh. zugesetzt werden. Die Mischung wird dem korrodierenden Medium in Mengen von 3—75‰, berechnet als CrO_3, zugesetzt. (**A. P. 3 024 201** vom 4/6. 1956, ausg. 6/3. 1962.) H. Baur. 6539

Universal Oil Products Co., Des Plaines, übert. von: Ernest L. Pollitzer, Hinsdale, Ill., V.St.A., **Verhinderung der Korrosion von Eisen in Berührung mit Wasser.** Diesem wird ein wasserunlösl. Inhibitor zugesetzt, der im wesentlichen aus einem Monoalkalisalz eines Alkylorthophosphats besteht, in welchem die Alkylgruppe ca. 9—18 C-Atome hat, z. B. ein *Mononatriumsalz eines sauren Dodecylorthophosphats*. (**A. P. 3 029 127** vom 26/11. 1957, ausg. 10/4. 1962.) H. Baur. 6539

Monsanto Chemical Co., St. Louis, Mo., übert. von: Morris L. Nielsen, Dayton, Ohio, V.St.A., **Verhinderung der Korrosion von Eisen durch Wasser,** z. B. in Kühlwasser + Umlaufsystemen. Dem W. wird als Inhibitor *o-Toluidinphosphoramidat* zugesetzt. (**A. P. 3 035 885** vom 17/10. 1960, ausg. 22/5. 1962.) H. Baur. 6539

Pennsalt Chemicals Corp., übert. von: Ludwig K. Schuster, Philadelphia, und Alfonso L. Baldi jun., Drexel Hill, Pa., V.St.A., **Verhinderung der Korrosion von Gegenständen aus hochgekohltem Stahl,** deren Oberfläche infolge einer Ätzbehandlung mit $(NH_4)_2S_2O_8$, HNO_3 oder *Picrinsäure* mit einem Oxidfilm überzogen ist. Auf der geätzten Oberfläche wird ein korrosionsverhindernder Film aus hydratisierten *Chromoxiden* in situ gebildet, der ca. 20—60 (Gew.-%) Cr enthält, wovon ca. 40—95 dreiwertig, der Rest sechswertig ist. Der Schutzfilm wiegt ca. 10—200 mg/sq.ft. der bedeckten Oberfläche. (**A. P. 3 031 333** vom 20/6. 1956, ausg. 24/4. 1962.) H. Baur. 6539

Hercules Powder Co., übert. von: Joseph B. Arots, Wilmington, Del., und Kenneth J. Fletcher, Hopewell, Va., V.St.A., **Verhinderung der Korrosion von Eisen durch eine wässerige Lösung von Ammoniumnitrat und Harnstoff,** die bis zu 2 (Gew.-%) freies NH_3 enthält, durch Zugabe von 0,02—1,5 eines wasserlösl. Inhibitors aus *Chromaten* oder *Dichromaten* von NH_4 oder von Metallen der Gruppen I, II, IV, VI oder VIII des Period. Syst., wodurch in die Lsg. Chromationen in Mengen von mindestens 250‰ eingebracht wurden. (**A. P. 3 029 139** vom 30/12. 1958, ausg. 10/4. 1962.) H. Baur. 6539

Detrex Chemical Industries, Inc., übert. von: Wilbur H. Petering und William A. Callahan, Detroit, Mich., V.St.A., **Verhinderung der Korrosion von Eisen durch organische Lösungsmittel,** die im wesentlichen aus flüchtigen, niedrigsd., ungesätt. *chlorierten KW-Stoffen* mit niederem Molgew. bestehen u., da sie normalerweise durch Metalle u. O zersetzt werden, durch einen Geh. an organ. Aminen (*Pyridin*, *Butylamin*, *Diisopropylamin*, *Methylpyridin*, *N-Methylmorpholin*) in Mengen von ca. 0,01—1,0 Gew.-% des Lsgm. stabilisiert sind. Als Korrosionsinhibitor wird diesen ein Polyhydroxybenzol (*Resorcinol*, *Pyrogallol*, *Oxyhydrochinon*) in Mengen von ca. 0,01—5 Gew.-% zugesetzt, in welchem mindestens 2 OH-Gruppen sich zu jeder anderen in der Meta-Stellung befinden. (**A. P. 3 031 412** vom 10/6. 1958, ausg. 24/4. 1962.) H. Baur. 6539

Nalco Chemical Co., übert. von: Louis E. Hummel, Manhattan Beach, Calif., V.St.A., **Verhinderung der Korrosion in Dampf und Wasser führenden Umlaufsystemen aus Eisen** durch Zusatz eines Inhibitors aus einem *hydroxyalkylierten Alkylendiamin*, welches eine einzige lange aliphat. KW-Stoff-Kette enthält mit 10 bis 32 C-Atomen, gebunden an eines der N-Atome u. hydroxyalkyliert mit 1—4 Mol eines niederen Alkylenoxids auf 1 Mol Diamin, um die Hydroxyalkylengruppen mindestens mit einem N-Atom in solchem Ausmaß zu verbinden, daß mindestens 5 Gew.-% des genannten Diamins in W. dispergierbar ist, oder aus einem Salz eines solchen hydroxyalkylierten Diamins mit einer aliphat. Carbonsäure mit nicht mehr als 10 C-Atomen (z. B. aliphat. Monocarbonsäure, aliphat. Dicarbonsäure), bestehend nur aus C-, H- u. O-Atomen. Das zur Alkylierung zu verwendende Diamin enthält zunächst 2—6, an die Amino-N-Atome gebundene C-Atome. (**A. P. 3 029 125** vom 10/5. 1956, ausg. 10/4. 1962.) H. Baur. 6539

California Research Corp., San Francisco, übert. von: Joseph F. Chittum, Whittier, Calif., V.St.A., **Verhinderung der Korrosion in Dampferzeugern** durch die Kondens. des Dampfes in Ggw. von CO_2 u. O_2. Die Menge des im gesamten W. (Fl. + Dampf) enthaltenen *Alkalichlorids* (sämtliche Chloride als NaCl berechnet) soll 500‰ nicht überschreiten u. außerdem wird dem W. eine kleine Menge (0,001 bis ca. 0,2 Gew.-%) eines *Mononitroalkans* mit nicht mehr als 4 C-Atomen zugesetzt. (**A. P. 3 029 126** vom 17/5. 1957, ausg. 10/4. 1962.) H. Baur. 6539

J. R. Geigy Akt.-Ges., übert. von: Alois Kleemann, Basel, und Rinaldo Roggero, Riehen bei Basel, Schweiz, **Verhinderung der Korrosion und Eisbildung von Abgasleitungen von Verbrennungsmotoren** durch Behandlung mit einem wasserabstoßenden u. Rost verhindernden Material aus (a) einem *Mineralöl* u. (b) einer Mischung in Mengen von 0,001—5 Gew.-% des Öls. Diese wirksame Mischung besteht aus einer Acylaminofettsäure (A) u. einer hydroxyalkylierten N-Base (B) im Verhältnis von 0,5 : 1 bis 1,5 : 1. Beispiele für (A): *Oleyl-* oder *Stearyl-Sarkosid*, für (B): *Stearyldiäthanolamin*, *Dihydroxyäthyloleylamindecylthioessigsäureester*, *Dihydroxyäthylstearylaminlauroylsarkosinmonoester*, *N'.N'.N-Trihydroxyäthyl-N-stearyläthylendiamin*. (**A. P. 3 034 907** vom 7/7. 1958, ausg. 15/5. 1962. Schwz. Prior. 11/7. 1957.) H. Baur. 6539

Continental Oil Co., übert. von: Richard M. Tillman, Ponca City, Okla., V.St.A., **Verhinderung der Korrosion metallischer Oberflächen in Gasturbinen** durch *Na* u./oder *V* enthaltenden Kraftstoff mittels einer stabilen Dispersion von $Al(OH)_3$ in *Schmieröl*. Zur Herst. derselben wird zunächst eine Lsg. von *Al-Alkoxid* in einem KW-Stoff-Lsgm. hergestellt, in welcher der Alkoxidrest von einem Alkanol mit 1—8 C-Atomen hergeleitet ist. Diese Al-Alkoxid-Lsg. wird einer Mischung aus einer öligen Trägerfl., einem öllösl. Dispergiermittel u. W. im Überschuß zur Hydrolyse des Al-Alkoxids durch Erhitzen beigemischt. (**A. P. 3 018 172** vom 13/5. 1957, ausg. 23/1. 1962.) H. Baur. 6539

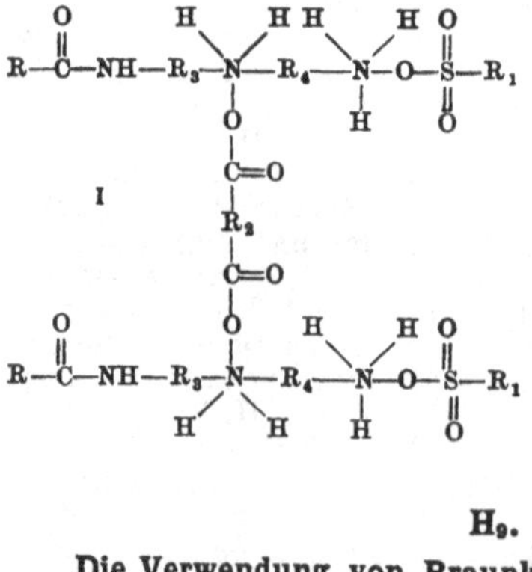

I

Sinclair Refining Co., New York, N.Y., übert. von: David B. Sheldahl, Griffith, Ind., und Thomas O. Counts, Park Forest, Ill., V.St.A., **Korrosionsinhibitor für Mineralöle.** Wegen ihres Feuchtigkeits-Geh. wird diesen eine kleine Menge eines Salzes aus 2 Mol eines einen Fettsäureamidorest tragenden Diamins, 2 Mol Sulfonsäure u. 1 Mol Dicarbonsäure zugesetzt, z. B. ein Salz der allg. Formel I, in welcher R ein aliphat. KW-Stoff-Rest mit 16—18 C-Atomen ist, R_1 ein KW-Stoff-Rest einer Mahagonisulfonsäure, R_2 ein KW-Stoff-Rest einer dimerisierten Rhizinolsäure u. in der sowohl R_3 wie R_4 Reste mit 2—4 C-Atomen sind. (**A. P. 3 017 257** vom 6/9. 1957, ausg. 16/1. 1962.) H. Baur. 6539

H_9. Organische Industrie

Die Verwendung von Braunkohle in der chemischen Industrie zur Herstellung für Gas zur Ammoniaksynthese. Synthese von Methanol, Synthese von Kohlenwasserstoffen, Herstellung von Schmiermitteln, Paraffinen, Olefinen und anderen Produkten. Wilhelm Fitz. (Chimica [Milano] **35**, 705—08, 1959; Essen; ital.) — Es wird das Verf. von Koppers u. Koppers-Totzek zur Kohlenvergasung beschrieben sowie eine Synth.-Gasanlage von 240000 Nm³/Tag in Puentes/Spanien für die NH_3-Synthese. Der CO_2-Geh. beträgt 13,8 Vol.-%, der CO-Geh. 50,5 Vol.-% u. der H_2-Geh. 32,5%. Das Verf. ist auch für die Verw. von KW-Stoffen u. Erdgas geeignet. Das Synth.-Gas kann

für die CH_3OH-Synth., Fischer-Tropsch-Synth. u. a. eingesetzt werden. Auf die heterogene Synth. in fl. Phase nach Kölbel wird hingewiesen.
G. v. Waldeyer-Hartz. 6550◇

Aktivitätskoeffizienten der flüssigen Phase und auf den Standardzustand bezogene hypothetische Fugazitäten von Flüssigkeiten für Kohlenwasserstoffe. Dwight S. Hoffmann, J. Reed Welker, Rowland E. Felt und James H. Weber. (A.I.Ch.E. Journal **8**, 508—12, 1962; Moscow, Idaho, Univ. of Idaho; engl.) — Für *bin. Syst.* mit CH_4, C_2H_6 oder C_3H_8 als flüchtigerer Komponente werden die Aktivitäts-Koeff. der weniger flüchtigen Komponente in der fl. Phase, die van Laar-Konst., die *Aktivitäts-Koeff.* der flüchtigeren Komponente u. daraus die *Fugazitäten* der flüchtigeren Komponente im Standardzustand als hypothet. Fl. bestimmt. Die Ergebnisse werden in allg. gültigen Beziehungen dargestellt. I. Vieweg. H 510◇

Die Lösungswärme von Gasen bei hohem Druck. A. E. Sherwood und J. M. Prausnitz. (A.I.Ch.E. Journal **8**, 519—21, 1962; Berkeley, Calif., Univ. of California; engl.) — Eine Gleichung zur Berechnung der *Lsg.-Wärme* eines *Gases* in einer *Fl.* aus Löslichkeits- u. PVT-Daten wird angegeben, die nichtideales Verh. von Dampf- u. Fl.-Phase berücksichtigt. Am Beispiel der Löslichkeit von CH_4 in Decan bei verschiedenen Temp. wird gezeigt, daß nichtideales Verh. einen merkbaren Einfl. auf die Ergebnisse der Berechnung hat. I. Vieweg. H 510◇

Petrochemische Verwertung von Methan. Peter W. Sherwood. (Gas- u. Wasserfach, Ausg., Gas, **104**, 489—92, 1963; White Plains, N.Y. (USA); dt.) — Überblick. F. Rosendahl. H 510△

Apparatur für die homogene Pyrolyse von Kohlenwasserstoffen zu Äthylen und Acetylen. W. I. Maiorow und T. N. Muchina. (Gas [Roma] **12**, 158—61, 1962; ital. — C. **1962**, 14316.) J. Lehmberg. H 520◇

Untersuchung der Prozeß-Variablen bei der Äthylenherstellung. H. Booker, J. W. Bray und P. R. Mitchell. (Ind. Chemist **36**, 485—88, 1960; ICI Ltd., Heavy org. Chem. Div., Olefine works; engl.) — Eine Zunahme von 3% der Ausbeute in einem Betrieb für die Herst. von C_2H_4 wird durch systemat. Unters. der Prozeß-Variablen erreicht. Die Meßwerte werden mittels Daten-Verarbeitung u. Rechner (Ferranti Mercury) ausgewertet u. erfassen einen weiten Bereich der Verf.-Bedingungen in kurzer Zeit. Darst. des Verf.-Schemas der untersuchten Herst. von C_2H_4 durch Pyrolyse von Naphtha mittels Dampf. E. Miessgang. H 520◇

Tschechoslowakischer Versuchsbetrieb zur Herstellung von Äthylalkohol. 1. Mitt. **Versuchsbetrieb der direkten Hydratation.** Vladimír Srnský, Zdeněk Novosad, Jaromír Procházka und Ivan Klumpar. (Chem. Průmysl. **13** (**38**), 12—14, 1963; Praha, Státni ústav Chemoprojekt, Záluži, Chem. závody ČSSP, Praha, Závody Vítězného února-projekční kancelář; tschech.) — Beschreibung der Anlage.
J. Schneider. H 560◇

Methyläthyläther in den Produkten der Gewinnung von Divinyl nach dem Verfahren von S. W. Lebedew. P. A. Winogradow und N. W. Beljajewa. (Kautschuk u. Gummi [UdSSR] **19**, Nr. 12, 7—8, 1960; russ.) — Der bei der Herst. von Divinyl (I) nach Lebedew anfallende *Methyläthyläther* (II) entsteht am Katalysator infolge der unvollständigen Dehydratation von CH_3OH u. C_2H_5OH. Nach den üblichen Kontrollmeth. lassen sich II-Beimengungen in I nicht nachweisen. Die Unters. der Polymerisation durch Na im I-Rektifikat bei Zusatz von 1—10% II u. im Gemisch aus 65% I u. 35% Pseudobutylen unter Zusatz von 3% II zeigt, daß II die Länge der Mol.-Kette beeinflußt, ohne die Geschw. der Polymerisation herabzusetzen. O. Lebtag. H 560△

Beiträge zur Synthese von Isobutanol aus Kohlenoxid und Wasserstoff. 4. Mitt. Toshihide Gotoh. (J. Fuel Soc. Japan [Nenryôkyôkai-si] **39**, 878—87, 1960; Niihama, Sumitomo Kagaku Kôgyô Co.; jap., Auszug: engl.) — 3. vgl. C. **1961**, 9200. — Unter Verw. eines Zn–Cr–Mo–K_2CO_3-Kontaktes, der ein sehr wirksamer Katalysator zur Synth. von *Isobutanol* (I) ist, werden die verschiedenen Bedingungen zur Synth., u. zwar Rk.-Temp., -druck u. Raum-Geschw. sowie Zus. des Ausgangsgases untersucht. Bei 400—450° verläuft die Rk. glatt; mit steigender Temp. nimmt nicht nur der Verbrauch des Gases, sondern auch die Bldg. von CO_2, *KW-Stoffen* u. CH_4 (II) allmählich zu. Der Einfl. des Druckes ist bzgl. der Ausbeute von I nicht von nennenswerter Bedeutung, spielt aber für die Gesamtmenge der entstandenen Fl. eine wichtige Rolle; bei < 200 kg/cm² nimmt die Menge des entstandenen W. mit dem Druck zu. Bei der Gewinnung von I beträgt die Raum-Geschw. ca. 15000 bei 450°. Das günstigste Mischungsverhältnis CO/H_2 beträgt ca. 1 : 1; dabei entstehen viel höhere Alkohole, jedoch verhältnismäßig wenig CH_3OH u. H_2O. Bei höheren Werten des Mischungsverhältnisses CO/H_2 werden mehr II, CO_2 u. KW-Stoffe gewonnen. E. Maekawa. H 560□

Kontinuierliche Hydrierung von Glucose in Gegenwart von granuliertem Skelett-Nickel-Katalysator. 1. Mitt. Je. M. Adasskin, N. I. Siminowa, B. L. Lebedew und Ss. W. Pawlow. (J. angew. Chem. [UdSSR] **31**, 595—601, 1958; russ.) — Hydrierung von wss. Glucose-Lsgg., wobei geringe Mengen Cr als Promotor verwendet werden. Wolfram Köhler. H 580□

Untersuchung der katalytischen Umwandlung von Methanol in Formaldehyd in einer Katalysatorwirbelschicht. M. W. Poljakow, W. W. Schalja und S. S. Wyssotzki. (J. angew. Chem. [UdSSR] **32**, 2275—83, 1959; russ.) — Es wurde die Oxydation von *Methanol* (**I**) durch Luft zu *Formaldehyd* (**II**) an kompaktem, porösen Cu u. Cu auf verschiedenen Trägern in der Wirbelschicht untersucht. Der Einfl. der Temp. (400—600°) u. des **I**/Luft-Verhältnisses auf die Ausbeute an **II**, H_2, CO u. CO_2 wurde bestimmt. Bei 570—590° läßt sich **II** aus Gemischen mit 32—37% **I** u. bei Verw. eines Cu-Kontaktes mit Bimsstein oder Quarz als Träger in 70—74%ig. Ausbeute darstellen. Helmut Schäfer. H 670△

Synthese und Verwendung von Acylhalogeniden. 1. Mitt. Greville Machell. (Manufact. Chemist **29**, 428—30, Okt. 1958; Brit. Rayon Res. Association; engl.) — Übersicht über Darst. u. Verw. von Acylhalogeniden bei der Darst. von Plasten, Schmiermitteln, Klebstoffen, Detergentien, Emulgatoren u. trocknenden Ölen sowie die Verw. in Pharmazie u. Kosmetik. — 24 Literaturangaben. H.-J. Weigmann. H 810△

Ebullioskopische Untersuchung der Assoziation von Aluminiumtriseifen in organischen Lösungsmitteln. G. Rudakooff und B. Knispel. (Fette, Seifen, Anstrichmittel **64**, 1046—49, 1962; Jena, Friedrich-Schiller-Univ., Inst. für Phys. Chem.; dt.) — Nach einer differential-ebullioskop. Meth. werden die Al-Salze von Laurin-, Myristin-, Palmitin- u. Stearinsäure untersucht. Al-Laurat bildet in Cyclohexan (**I**), CCl_4 (**II**) u. Bzl. (**III**) Trimere, in Toluol (**IV**) u. Xylol (**V**) Dimere. Al-Myristat bildet in **III** Dimere. Al-Palmitat liegt in **I** als Trimeres, in **II**—**V** als Dimeres vor. Al-Stearat bildet in **III** Dimere. Aus dem Verh. von Al-Palmitat in **III, IV** u. **V** wird auf die Temp.-Abhängigkeit der Assoziation geschlossen u. es wird festgestellt, daß sie mit steigender Temp. abnimmt. Mittels der van 't Hoffschen Rk.-Isochore werden die Enthalpie- u. Entropieänderungen bei der Assoziation berechnet: $\Delta H = (-28 \pm 7)$ kcal/Mol Dimer, $\Delta S = (-59 \pm 17)$cal/Grad·Mol Dimer. Joachim Günther/Jena. H 810◇

Über Darstellung von Dicarbonsäuren aus den Produkten der Paraffinoxydation. 1. Mitt. **Darstellung von Dicarbonsäuren aus gesättigten einbasigen Fettsäuren durch Oxydation mit Salpetersäure.** B. L. Moldawski, M. W. Blinowa, R. I. Rudakowa, M. Sch. Ussmanowa und E. I. Rubinstein. (J. angew. Chem. [UdSSR] **32**, 2771—76, 1959; Allunions-Forschungsinst. für petrochem. Prozesse; russ.) — Die Oxydation von C_7—C_9-Carbonsäuren aus der Paraffinoxydation durch Kochen mit HNO_3 oder Behandeln mit HNO_3-Dämpfen bei 150—200° (6—7 bzw. 10—12 Std. beim Verhältnis HNO_3/Carbonsäure 1,5 bzw. 2,5) liefert ein Oxydat, das zu 70% aus *Dicarbonsäuren* besteht. Chromatograph. wurde die Zus. des Oxydats zu 32% *Bernstein-*, 30% *Glutar-*, 22% *Adipin-*, 12% *Pimelinsäure*, 4% *Dicarbonsäuren* mit mehr als 7 C-Atomen u. Spuren *Oxalsäure* bestimmt. Helmut Schäfer. H 820△

Phosphorsäureester im Grenzgebiet von anorganischer und organischer Chemie. R. Dumon. (Rev. Produits chim. **61**, 203—09, 1958; Soc. des Produits Chim. Coignet; franz.) — Übersicht über Darst. u. industrielle Anwendungsmöglichkeiten von neutralen u. sauren Phosphorsäureestern. H.-J. Weigmann. H 980△

Über die Polymerisation von Acetylen in Wander- u. Wirbelschichten. Leopoldo Massimilla, Lucio Saracini und Ettore Mastrovita. (Chim. e Ind. [Milano] **44**, 341—51, 1962; Napoli, Univ., Ist. di Chim. ind.; ital.) — In *Wander-* u. *Wirbelschichten* wird die *Polymerisation* von C_2H_2 (**I**) zu *Bzl.* (**II**) in einem Festkörper–Gas-Syst. untersucht. Die Verss. werden in Quarzgefäßen mit reinem **I** u. mit N_2 verd. **I** bei 400 u. 900° u. einer Wirbelschichthöhe von 5—25 cm durchgeführt. Als Schüttgut dienen A-Kohle, Koks, Graphit, Kieselgur, Sand u. SiC. Die Strömungs-Geschw. beträgt 50—350 g/h. — Die Ergebnisse lassen die Vorteile des Wirbelschicht-Verf. für die Polymerisation von **I** zu **II** in einem Festkörper–Gas-Syst. erkennen. **I** zersetzt sich unter den Vers.-Bedingungen nicht. I. Köditz. H 1010

Untersuchungen über die Alkylierung von Benzol mit niedrigmolekularen Olefinen in Ggw. von Aluminiumchlorid. 1. Mitt. **Alkylierung von Benzol mit Propylen und Butylen und Entalkylierung von Dipropyl- und Dibutylbenzol.** Tadeusz Mazónski und Dionizy Gasztych. (Przemysł chem. **40**, 33—36, 1961; Gliwice, Politechn. Śląska, Kat. Technol. chem. org.; pol.) — Die *Alkylierung* von *Bzl.* mit *Propylen* u. *Butylen* in Ggw. von $AlCl_3$ liefert die besten Ausbeuten an *Monoalkylbenzolen*, wenn das Molverhältnis Bzl.:Olefin 2:1 ist u. 12,8% $AlCl_3$ bzgl. Bzl. verwendet werden. Die Rk.-Temp. soll 50—70° betragen. Cumol wird so in 60%ig. Ausbeute erhalten. Bei höheren $AlCl_3$-Konzz. entstehen mehr Di- u. Trialkylbenzole. Die Entalkylierung von Dialkylbenzol zu Monoalkylbenzol in Ggw. von Bzl. u. $AlCl_3$ verläuft am besten bei 60—70°. Die Rk. ist prakt. in 10 Min. beendet. Mehr als 2 std. Erhitzen führt zur Bldg. hochsd. Produkte. Bei der Entalkylierung liefert ein Überschuß an Bzl. bessere Ausbeuten. F. Urban. H 1010◇

Fraktionierte Destillation von Gemischen der Nitroäthylbenzole. O. Ss. Wladyrtschik, P. M. Kotschergin, K. Je. Nowikowa, L. L. Besspalowa, R. M. Titkowa, A. M. Zyganowa, G. D. Krassnoshen und A. M. Grigorowski. (J. angew. Chem. [UdSSR] **32,** 1830—34, 1959; russ.) — Das techn. Gemisch von *Nitroäthylbenzolen* (I) läßt sich durch fraktionierte Dest. in o- ($Kp._{16}$ 115°, Ep. —11°; n_D^{20} 1,5357; 30,9% Ausbeute, bezogen auf das techn. Gemisch) u. p-I ($Kp._{11}$ 120°, Ep. —11,5°; n_D^{20} 1,5463; 24,3%) trennen. Die n_D der bin. u. tern. Gemische von o-, m- u. p-I bei 16,5—30° sowie die n_D^{20} u. Epp. der Gemische von o- u. p-I wurden bestimmt. Helmut Schäfer. H 1010△

Phenol durch direkte Benzoloxydation. Giacomo Lemetre und Giuseppe Caprara. (Ann. Chimica **50,** 83—98, 1960; Bombrini Parodi-Delfino, Centro Studi Chim. della Soc. p. Az.; ital.) — Nach einer umfangreichen Besprechung der in den Jahren 1920—1956 veröffentlichten Literatur werden Verss. zur Best. der optimalen Bedingungen bei der *Oxydation* von *Bzl.* zu *Phenol* (I) beschrieben. Vers.-Variablen sind: Temp., Kontaktzeit, Luft/Benzol-Verhältnis, Zusatzstoffe, bes. A., CH_3OH u. SeO_2. Es ergeben sich als optimal: 650°, 1—2% A. oder CH_3OH oder auch Penten u. Hexen u. 1% SeO_2. Damit lassen sich unter Normaldruck bis zu 85% Ausbeute an I, bzgl. verbrauchtes Bzl., 0,95% Umsatz bzgl. eingesetztes Bzl. u. ein geringer Anfall an Nebenprodd., bes. *Biphenyl*, erzielen. 45 Literaturangaben. W. Holland. H 1060◇

Über die Umwandlung höherer Phenole in Phenol, Kresole und Xylenole. M. K. Djakowa, A. B. Wol-Epstein, M. N. Sharowa und Je. A. Sassuchina. (J. angew. Chem. [UdSSR] **32,** 2120—27, 1959; Inst. für Mineralbrennstoffe der Akad. der Wiss. der UdSSR; russ.) — Höhere *Phenole* aus dem Mitteltemp.-Teer der Tscheremchowo-Kohle sowie aus dem Prod. der Sumpfphasehydrierung der schweren Teeranteile werden zur Gewinnung von niederen Phenolen der Spalthydrierung mit verschiedenen Katalysatoren unterworfen. Die besten Ergebnisse werden mit Phenolen der Fraktion Kp. 230—255° erhalten, die nur geringen Geh. an bicycl. Phenolen aufweist. Optimale Bedingungen im Autoklaven sind: 475°, Anfangs-H_2-Druck 30—40 at, Maximaldruck 120—190 at, Dauer 30—60 Minuten. Die Katalysatoren $WS_2 + V_2S_3$ u. WS_2 + Aluminosilicate ergeben 46—47,5% Ausbeute an niederen Phenolen (bezogen auf umgesetzte Phenole); ein techn. Katalysator 10927 (Fe auf Braunkohlenstaub) gibt ähnliche Ergebnisse. Bei Hydrierverss. mit fest angeordnetem Katalysator (Al_2O_3 + 1% Fe_2O_3), 475°, 100 at, Vol.-Geschw. 1,2 Liter/Liter Katalysator·h beträgt die Ausbeute an niederen Phenolen aus höheren Phenolen 57(%) bei einer Koks-Bldg. von 0,7, 2,2 H_2-Verbrauch, 20 gebildeten neutralen Ölen u. 12,4 Gas + Verlust. Wegen der Koksablagerung auf dem Katalysator mußte er bei 56 Std. Arbeitsdauer 18 mal regeneriert werden. W. v. Füner. H 1060◇

Reaktionen von Vanillin und seinen verwandten Verbindungen. 32. Mitt. **Die Darstellung von Syringasäure aus Syringaaldehyd.** Irwin A. Pearl und Donald L. Beyer. (Tappi **46,** 60—63, 1963; Appleton, Wis., Inst. of Paper Chem., Lignin Chem. Group; engl.) — 31. vgl. C. **1963,** 2050. — Die Überführung von *Syringaaldehyd* (I) in *Syringasäure* (II) durch alkal. Ag_2O u. durch Alkalischmelze ergibt nur eine 70%ig. Ausbeute. Bei der Oxydation von *Vanillin* (III) zu *Vanillinsäure* (IV) werden mit den gleichen Reagentien quant. Ausbeuten erhalten. Unterss. über die Beständigkeit der OCH_3-Gruppen von I u. II zeigen, daß sie gegen Alkalischmelze beständiger sind, als die OCH_3-Gruppen von III u. IV. F. Zeidler. H 1250◇

Beiträge zur Herst. der Benzidindiglykolsäure. H. Sanielevici, L. Floru und M. Cibu. (Rev. Chim. [București] **14,** 28—32, 1963; București, Inst. politehn.; rum.) — Das von o-Nitrophenol (II) u. $ClCH_2COOH$ (IV) ausgehende Verf. zur Herst. von Benzidindiglykolsäure-(3.3′) (I) wird untersucht. Hinsichtlich dieses Verf. bestehen in der Literatur Widersprüche, sowohl was die Bedingungen zur Herst. von o-Nitrophenoxyessigsäure (III) als auch die zur Hydrolyse des Dilactams von I betrifft.

Versuche: Bei Beginn des Vorgangs wird nur 65% von II mit NaOH neutralisiert (zu stark alkal. Milieu führt zur Hydrolyse von IV). Bei pH 7,2 wird der Zusatz von NaOH fortgesetzt. Nach der Kondens. wird II aus dem Gemisch mit HCl (pH 4—5) abgeschieden u. filtriert. Aus dem Filtrat wird reine III (F. 156°) bei pH 3 abgeschieden. Die Kondens. ist nach 5 Std. bei 106° beendet. Die beste Ausbeute (58%, bezogen auf IV) wird mit einem Überschuß von 0,25 Mol II erzielt; 92% vom nicht umgesetzten II werden zurück-

gewonnen. *Benzidindiglykolsäuredilactam* (**V**), durch Zugabe von 118 g **III** zu 60 g NaOH in 200 ml W., 6std. Zugeben von 70 g Zn unter Rühren bei 55°, weitere 4½std. Zugabe von 55 g Zn bei 50—55°, Verdünnen mit W., Abkühlen auf 20°, Gießen auf 750 ml konz. HCl u. 700 g Eis, 2std. Rühren bei 75°, ¼std. Kochen, Abkühlen u. Filtrieren: 73% (Ausbeute). — *Di-K-Salz von Benzidindiglykolsäure*, durch Zugabe von 75 g **V** zu 255 ml W. u. 70 g KOH unter Rühren, 3std. Kochen (vollständige Hydrolyse von **V** ist erfolgt, wenn eine Probe sich in 0,5 n HCl löst), Zugabe von 75 g KCl, 1std. Rühren bei 50° sowie 6std. Rühren bei 20°, Filtrieren, Waschen u. Trocknen bei 80°; 61,4 g.
P. W. Kittner. H 2520◇

Untersuchungen an Silberkatalysatoren für die katalytische Oxydation von Äthylen. Friedrich Wolf und Heinz Götze. (Chem. Techn. **14**, 600—06, 1962; Wolfen, VEB Farbenfabrik, Abt. Forsch. u. Entw.; dt.) — *Ag-Katalysatoren* auf verschiedenen Trägermaterialien (Wolfener Kieselgele, Zeolithe, Molekularsiebe u. reine α-Tonerde ohne keram. Bindemittel) mit einer BET-Oberfläche von 3 m^2/g u. >100 m^2/g u. trägerlose Ag-Katalysatoren werden auf ihre Eignung für die katalyt. *Luftoxydation* eines *Luft-C_2H_4* (**I**)-Gemisches mit 3 Vol.-% **I** untersucht. Trägerlose Katalysatoren sowie Trägermaterialien mit einer BET-Oberfläche von mehreren 100 m^2/g sind unter den untersuchten Bedingungen für die Oxydation von **I** zu *Äthylenoxid* (**II**) ungeeignet. Bei kleiner BET-Oberfläche betragen die **II**-Ausbeuten bis zu 52% bei einer Gesamtumwandlung von ca. 70%. Der Einfl. der Temp., der Verweilzeit u. der Gas-Geschw. auf die Ausbeute u. Selektivität wird untersucht u. durch röntgenograph. u. elektronenmkr. Unterss. die Stabilität der Katalysatoroberflächen gegenüber Sinterungsvorgängen geschätzt.
I. Köditz. H 3030

Katalytische Oxydationsprozesse mit Quecksilberdampf und ihre experimentelle Erprobung. Ludwig Mészáros. (Chem. Techn. **14**, 607—10, 1962; Szeged, Ungar. Volksrepublik, Univ., Inst. für Angew. Chem.; dt.) — Die Oxydation von Furfurol (**I**) zu Furancarbonsäure u. deren Decarboxylierung zu *Furan* (**II**) dient als Modell-Rk. für die Unters. der Wirksamkeit einiger neu entwickelter Reaktoren (Schmelzreaktor u. Schmelze–Fluid-Reaktor (**A**) mit PbO-Katalysatoren, verschiedene Formen eines Hg- (**B**) u. eines Scheibenreaktors). Mit **A** wird gezeigt, daß die Änderung des Wasser-Geh. von **I** die **II**-Ausbeute nicht beeinflußt. Durch Messen der entwickelten CO_2-Menge läßt sich die Umwandlungs-Geschw. verfolgen. **B** bietet die Möglichkeit der industriellen Nutzung durch lineare Vergrößerung der App. u. den Einsatz von billigeren Katalysatoren.
I. Köditz. H 3061

Untersuchungen über die Anwendbarkeit von Furfurol. Seiji Ashida und Yoshikazu Shimizu. (Rep. Resourc. Res. Inst. [Kawaguchi], B. **1962**, Nr. 9 (56), 1—54; jap., Auszug: engl.) — *Furfurol* (**I**) eignet sich unter 53 untersuchten Lsgm. gut zur Trennung von Carbazol aus Rohanthracen. Mit *Tetrahydrofuran* (**II**) u. *Methyl*-**II** sind die Anthracenverluste größer, *Tetrahydrofurfurylalkohol* (**IV**) ist mit **I** gleichwertig. Die Ausbeute an *β-Furylacrylsäure* (**III**) aus **I** u. Essigsäureanhydrid ist von der Rk.-Zeit abhängig, beim 10std. Erhitzen im Ölbad werden 65,2% **III** erhalten. Pyridin wirkt nicht als Katalysator, jedoch wird in Ggw. von Mn-, Ni- oder Zn-Acetat 10% mehr **III** gebildet. K-Acetat wirkt im Vgl. zu Na-Acetat auf die Ausbeute erhöhend, Ba-Acetat nicht. **III** kann leicht mit Na/Hg in 90%ig. Ausbeute zu *β-Furylpropionsäure* red. werden. Bei der Hochdruckhydrierung von **I** ist Fe katalyt. unwirksam, Co führt zur Hydrierung des Furanringes u. unter Hydrogenolyse in ca. 35%ig. Ausbeute zu *Pentanol-(1)* u. *Pentanol-(2)*. Mit Fe/Cu wird *Furfurylalkohol* zu 90%, bei >200° **IV** erhalten. Aus **I** u. Aceton bzw. Cyclohexanon werden *Furfurylidenaceton* (**V**), *Difurfurylidenaceton* (**VI**), *2-Furfurylidencyclohexanon* (**VII**) u. *Difurfurylidencyclohexanon* (**VIII**) erhalten. **V** gibt bei der Hydrierung unter Druck mit CuCr-Oxid als Katalysator 90% *1-[Furyl-(2)]-butanol-(3)*, mit Raney-Ni besser als mit Ni-Kieselgur 60—80% *1-[Tetrahydrofuryl-(2)]-butanol-(3)*, **VI** mit Ni *1.5-Bis-[tetrahydrofuryl-(2)]-pentanol-(3)*. **VII** führt in Ggw. von CuCr-Oxid zu *2-[Furyl-(2)-methyl]-cyclohexanol*, in Ggw. von Ni zu *2-[Tetrahydrofuryl-(2)-methyl]-cyclohexanol*, **VIII** zu *2.6-Bis-[tetrahydrofuryl-(2)-methyl]-cyclohexanol* (**IX**). **IX** ist auf Grund seiner Viscosität von 44 cSt bei 100° F als Ersatz von Glycerin als Fl. mit Standardviscosität geeignet. W. Holland. H 3061◇

Gewinnung von Isonicotinsäure aus dem leichtsiedenden Anteil der Basen des Steinkohlenteers. M. M. Potaschnikow. (J. angew. Chem. [UdSSR] **32**, 2777—81, 1959; russ.) — Durch Oxydation der von 127—170° sd. Fraktion der Basen des Steinkohlenteers (10 g mit 100 g H_2SO_4 u. 0,5 g Se auf 280—325° erhitzen), Ausfällen der Cu-Salze u. Zers. mit NaOH läßt sich ein Gemisch aus 86,8% *Isonicotinsäure* u. 13,2% *Nicotinsäure* gewinnen. Die Ausbeute des techn. Prod. beträgt, bezogen auf das Ausgangsmaterial, 22%. Helmut Schäfer. H 3231△

Untersuchung auf dem Gebiet der Synthese, Trennung und Analyse der Pyridinbasen. 3. Mitt. **Gewinnung von Isonicotinsäure aus der β-Picolinfraktion.** P. A. Gangrski, Je. G. Tschwyrewa und Ju. I. Tschumakow. (Med. Ind. UdSSR **13**, Nr. 3, 13—15, 1959; russ.) — 2. vgl. C. **1963, 9441.** — Ein techn. verwendbares Verf. zur Oxydation des Gemisches von *4-Mono-*, *4-Di-* u. *4-Tri-[hydroxymethyl]-methylpyridin* (**I**; aus Formalin u. β-Picolinfraktion) mit HNO_3 zu *Isonicotinsäure* (**II**) wird angegeben: laufende Zugabe von **I** u. HNO_3 zu sd. HNO_3 (55—60% ig) u. ununterbrochenes Abdestillieren des Rk.-Wassers u. verd. HNO_3, so daß das Vol. während der Rk. gleichbleibt. Nach dieser Meth. wird **I** vollständig oxydiert; Ausbeute u. Qualität von **II** werden gegenüber bisher verwendeten Meth. wesentlich verbessert.
Ilse Schade. H 3231∧

Monsanto Chemical Co., St. Louis, übert. von: **Theodor Reetz**, Webster Groves, Mo., V.St.A., *Gewinnung und Reinigung von Trialkylphosphiten.* (**Can. P. 569 427** vom 27/4. 1957, ausg. 20/1. 1959. A. Prior. 20/6. 1956. — **C. 1961,** 1370 [A. P. 2 863 905].)

Monsanto Chemical Co., St. Louis, übert. von: **Theodor Reetz**, Webster Groves, Mo., V.St.A., *Trialkylphosphite.* (**Can. P. 569 428** vom 27/4. 1957, ausg. 20/1. 1959. A. Prior. 28/5. 1956. — **C. 1961,** 3483 [A. P. 2 859 238].)

Monsanto Chemical Co., St. Louis, übert. von: **Charles M. Eaker**, Kirkwood, Mo., V.St.A., *Herstellung von Trichloressigsäure.* (**Can. P. 569 531** vom 19/9. 1951, ausg. 27/1. 1959. A. Prior. 14/10. 1950. — **C. 1953,** 9310 [A. P. 2 613 220].)

American Cyanamid Co., New York, übert. von: **Milon W. Bullock**, Pearl River, N.Y., V.St.A., *Aliphatische Hydroxymercaptosäuren.* (**Can. P. 569 595** vom 23/4. 1954, ausg. 27/1. 1959. A. Prior. 19/10. 1953. — **C. 1961,** 10746 [A. P. 2 828 322].)

American Cyanamid Co., New York, übert. von: **Milon W. Bullock**, Pearl River, N.Y., V.St.A., *Aliphatische Dithiolsäuren.* (**Can. P. 569 596** vom 23/4. 1954, ausg. 27/1. 1959. A. Prior. 19/10. 1953. — **C. 1961,** 7323 [A. P. 2 788 355].)

Farbenfabriken Bayer Akt.-Ges., übert. von: **Rudolf Stroh**, Leverkusen, und **Robert Seydel**, Köln-Dellbrück, *Kernalkylierung von Phenolen.* (**Can. P. 569 654** vom 15/2. 1955, ausg. 27/1. 1959. D. Prior. 24/2. 1954. — **C. 1957,** 1799 [D. B. P. 944 014].)

Abbott Laboratories, V.St.A. (Erfinder: **Ralph M. Robinson**), *Herstellung von Cyclohexylamin.* (**F. P. 1 241 633** vom 28/11. 1959, ausg. 23/12. 1960. A. Prior. 3/12. u. 8/12. 1958. — **C. 1963,** 8737 [D. A. S. 1 118 777].)

Jiří Smrt, Prag, Tschechoslowakei, *Herstellung von N-substituierten Äthylenimincarbonsäureestern.* (**Can. P. 569 502** vom 1/8. 1957, ausg. 27/1. 1959. Tschech. Prior. 3/8. 1956. — **C. 1961,** 7677 [D. A. S. 1 093 367].)

Distillers Co. Ltd. (Erfinder: **Bertram Yeomans**), England, *Trennung von vinylsubstituierten Pyridinbasen.* (**F. P. 1 235 604** vom 19/6. 1959, ausg. 4/11. 1960. E. Prior. 21/6. 1958. — **C. 1963,** 3395 [E. P. 852 130].)

Union Carbide Corp., New York, N.Y. (Erfinder: **H. R. Guest**, **B. W. Kiff** und **C. B. Halstead**, W.Va.), V.St.A., *Entwässerung flüssiger Harzpräparate.* (**Jap. A. S. 10 533/1960** vom 15/9. 1958, ausg. 3/8. 1960. A. Prior. 16/9. 1957. — **C. 1962,** 10634 [D. A. S. 1 095 518].)

Dr. Karl Thomae G. m. b. H. (Erfinder: **Gerhard Ohnacker**), Biberach/Riß, *Herstellung therapeutisch wertvoller 4-Oxo-2-(halogenalkyl)-2.3-dihydrobenzoxazinen-(1.3).* (**D. A. S. 1 068 169** Kl. 12p vom 30/8. 1957, ausg. 13/8. 1959. Zusatz zu D. A. S. 1 028 999; C. 1959, 3236. C. **1962,** 9153 [Oe. P. 206 897].)

H_{10}. Färberei. Organische Farbstoffe

Über den Mechanismus der Färbung von tierischen Fasern. A. I. Korolew und I. M. Bilik. (Org. Zwischenprodukte Farbstoffe, Samml. Aufsätzen [UdSSR] **1959,** 113—17; russ.) — In Fortsetzung früherer Arbeiten [1940] wurde in wss. Lsgg. der D- bzw. L-Form von *N.N'-Bis-[5-hydroxy-7-sulfo-6-(2'-nitro-6'.6''-ditolyl-2''-azo)-naphthyl-(2)]-harnstoff* (**I**) Mutarotation beobachtet, bei welcher $[\alpha]_D^{20}$ ca. 8000—10000° beträgt u. deren Verlauf bis zum Endwert von 31500° stark temperatur- u. pH-abhängig ist. Die Geschw. wird durch Elektrolytzusatz beeinflußt, jedoch tritt bei Erreichen des Maximums keine Veränderung mehr ein. Zum Vgl. mit **I** wurden Azofarbstoffe aus dem opt.-akt. *2-Amino-2'-nitro-6.6'-ditolyl* u. *H-Säure* bzw. **I**-*Säure* u. aus *D-m-Aminomandelsäure* u. *N.N'-Bis-[5-hydroxy-7-sulfonaphthyl-(2)]-harnstoff* untersucht, die sämtlich eine geringere Mutarotation als **I** zeigen. Die Ergebnisse werden theoret. gedeutet.
G. Stoeck. 7002□

Betrachtungen über kinetische Messungen an Reaktionsfarbstoffen. 1. Mitt. **Hydrolysereaktionen im homogenen Medium.** U. Baumgarte und F. Feichtmayr. (Melliand Textilber. **44,** 163—68, 267—70, 1963; Ludwigshafen/Rh., BASFAG., Anwendungstechn. Abt.; dt.) — Bei einer Reihe von *Rk.-Farbstoffen* wird die *Kinetik der Hydrolyse* untersucht. Die dabei gefundenen Abhängigkeiten der Halbwertszeiten von Temp. u. pH-Wert dienen als Ausgangspunkte für Betrachtungen über die Rk.-Mechanismen, die den Hydrolyse-Rkk. zugrunde liegen. Nucleophile Substitution 1. u. 2. Ordnung, Additions-Rkk. u. die Wasseranlagerung an Epoxide u. Äthylenimine werden behandelt. Zu Rkk. von Rk.-Farbstoffen mit wasserlösl. Cellulosemodellen wird Stellung genommen.
I. Beßer. 7002◇

Untersuchungen über die Acetylierung von mit Reaktivfarbstoffen gefärbter Baumwolle. 1. Mitt. Farbänderungen von gefärbten Geweben durch Teilacetylierung. Kazumitu Seko und Etsuko Nishibori. (J. Soc. textile Cellulose Ind., Japan [Sen-i Gakkaishi] **18**, 843—49, 1962; Kamikyo-ku, Kyoto, Japan, Doshisha Womens Coll. of Liberal Arts; jap., Auszug: engl.) — Eine Unters. der Reflektanzkurven von *gefärbten* u. *acetylierten, gefärbten Baumwollen*, erhalten durch das Spektrophotometer, ergibt, daß *Blau-*, *Rubin-* u. *Rotfarbstoffe Farbänderungen* bei der Acetylierung zeigen, während andere Farbstoffe dies nicht tun. Die Farbänderung wird auf die Freimachung von Farbstoffen in folgender Reihenfolge zurückgeführt: Unfixierte Farbstoffe, Farbstoffe, die in der Faser zurückgehalten werden u. an die Fasern gebunden sind, oder Farbstoffe, die mit den Fasern durch schwache Bindungen, wie H-Bindungen, verbunden sind, Farbstoffe, die mit den Fasern chem. verbunden sind. Aus der Auslegung dieser Ergebnisse wird geschlossen, daß die Acetylierung im kristallinen Gebiet der Faser beginnt, wenn das amorphe Gebiet vollkommen acetyliert ist. L. Jentgen. 7002◇

Das Anfärben von Capron in der Masse. W. I. Maiboroda, L. D. Panina, K. P. Wanifatjewa, A. M. Nikitina und N. I. Tschudakowa. (Chemiefasern [UdSSR] **1962**, Nr. 5, 52—54; Mytischtschi bei Moskau, Allunionsforsch.-Inst. für Kunstfasern; Klin, Chemiefaserwerk; russ.) — Erfahrungsbericht über die Verw. von einigen Derivv. von *Anthrapyridon* u. Metallkomplexfarbstoffen beim Spinnfärben von Capron. T. Lukanoff. 7020◇

Zur Anfärbung synthetischer Fasern. 12. Mitt. **Untersuchung des Anfärbeprozesses von Lawsan durch Bildung von im Wasser unlöslichen Azofarben.** A. A. Charcharow und W. Ss. Fel. (Hochschulnachr. [Iwanowo], Technol. Textil-Ind. **1961**, Nr. 5, 105—12; Leningrad, Kirow-Textilinst.; russ.) — Durch Bldg. von in W. unlösl. Azofarbstoffen im Innern der Polyesterfaser gelingt es, intensive Färbungen hoher Festigkeit zu erhalten. Die ausgearbeiteten Rezepturen geben die Möglichkeit auf Lawsan mittels *β-Hydroxynaphtholsäure* scharlachrote, rosa, rubin- u. weinrote sowie gelbe, mittels Azoaminen rote u. rosa u. mittles *β-Naphthol* orange Färbungen zu erreichen. Der Prozeß der genannten Azo- u. Diazokomponenten verläuft im mineralsauren Medium bei hoher Temperatur. P. Scheer. 7020◇

Die Anwendung von 4.4′-Dihydroxydiphenylalkanen als Stickstoffträger beim kalten Anfärben. 2. Mitt. W. N. Kljujew und L. A. Dogadkina. (Hochschulnachr. [Iwanowo], Technol. Textil-Ind. **1961**, Nr. 5, 113—16; Iwanowo, Chem.-Technol. Inst.; russ.) — *4.4′-Dihydroxydiphenylalkane* kann man als Azokomponenten beim kalten Anfärben von Cellulosefasern unter gewöhnlichen Bedingungen verwenden. Mit verschiedenen Diazokomponenten geben sie interessante goldgelbe, Tabak- u. Terrakottafärbungen. Bei Verw. von *2.2-Bis-[4-hydroxyphenyl]-propan* u. *2.2-Bis-[4-hydroxyphenyl]-butan* haben die Färbungen nach Behandlung mit gewöhnlichen Echtheitserhöhungsmitteln eine gute Naßechtheit u. bei einigen Azoamiden auch eine hohe Wetterfestigkeit. Färbungen mit *1.1-Bis-[4-hydroxyphenyl]-cyclohexan* sind weniger echt. P. Scheer. 7020◇

Derzeitiger Stand der Licht- und Wetterechtheit. 2. Mitt. E. Brunnschweiler. (Textil-Rdsch. [St. Gallen] **18**, 1—17, 1963; Basel, Ciba Akt.-Ges.; dt.) — 1. vgl. C. **1960**, 17286. — Übersicht an Hand des Schrifttums. — 113 Literaturangaben. A. Sander. 7028◇

Verbesserung der Lichtechtheit von Färbungen auf Kunstfasern mit Hilfe ultraviolett absorbierender Mittel. A. F. Strobel. (Tinctoria [Milano] **59**, 379—85, 1962; Antara Chemicals; ital.) — Vers.-Bericht u. Prüfungsergebnisse über den Einfl. handelsüblicher *UV-Absorber* (**A**) auf die *Lichtechtheit* gefärbter *Kunstfasern*. Während *Celliton*-Farbstoffe auf *Nylon 66* mäßig lichtecht sind, färben bas. Farbstoffe *Polyesterfaser* (**B**) ziemlich, *Orlon*-Faser im allg. gut lichtecht an. Im Bereich von λ 300—350 mμ erweist sich **B** am empfindlichsten bei λ 325 mμ, während Nitrocellulose schon bei 310 mμ bzw. im „entfernten“ UV-Bereich am stärksten vergilbt u. Polypropylen-, PVC- sowie Polyurethanfaser im „nahen“ UV-Bereich (350—400 mμ) geschädigt werden. Als Schutz- bzw. Stabilisierungsmittel befinden sich eine Reihe von **A** im Handel mit Absorptionsmaxima K von 320—350 mμ, die für beide Bereiche anwendbar sind. Zu den Unterss. dienen hierbei die Benzophenon-Derivv. *Uvinol M-40* (**I**) mit K_{max} 40 bis 325 mμ u. *Uvinol D-49* (**II**), K_{max} 50—345 mμ, sowie das 1-Hydroxybenztriazol-Deriv. *Tinuvin P* (**III**) mit K_{max} 40—330 mu, die getrennt sowie mit Farbstoff gemischt auf die Faserproben aufgebracht werden. Ihr Aufziehvermögen auf die Faser wechselt je nach Faserart u. beträgt im allg. ca. 50% der Farbstoffaffinität, was bzgl. Färbedauer, Bad-Temp. u. Flotten-Konz. beachtet werden muß. Bei den Farbstoff–**A**-Syst. angewandte

Färbeverff. u. als Träger u. Emulgatoren benötigte Hilfsmittel werden näher beschrieben. Die nach 20 std. Belichtung im Fade-O-meter gefundenen Farbstärkenverluste der im Verhältnis von 1:1 mit je 0,25% I gefärbten Proben werden in 8 Tabellen näher erörtert. Im allg. erweist sich die Schutz-Wrkg. von III geringer als die von I u. II. Die Verbesserung der Lichtechtheit durch A besteht offenbar in der Umwandlung der Strahlungsenergie des UV in Wärme, so daß eine oxydierende chem. Rk. unter Abbau des Substrats oder des Farbstoffs infolge UV-Katalyse nicht mehr ausgelöst werden kann. A. Sander. 7028◇

Verbesserung der Lichtechtheit von Färbungen auf Kunstfasern mit Hilfe ultraviolett absorbierender Mittel. 2. Mitt. A. F. Strobel. (Tinctoria [Milano] **59,** 529—33, 1962; ital.) — 1. vgl. vorst. Referat. — Über Verss. zur Verbesserung der Lichtechtheit von Färbungen auf *Nylon-* u. *Terylenfasern* („Dacronfaser") sowie auf *Nylon/Woll-*Gemischen mit Hilfe von Dispersions- u. bas. Farbstoffen in Ggw. der beiden UV-Absorbertypen *Uvinul D-49* (I) u. *2-Hydroxy-5-methylphenylbenzotriazol* (II) u. verschiedener carrier, von denen sich *Diphenyl* (III) am besten bewährte u. sich dem gewöhnlich verwendeten o-Phenylphenol überlegen erwies, wird berichtet. Die Menge von aufgenommenem I u. II wird mit Hilfe des UV-Reflektometers auf den mittels Hg-Lampe beleuchteten Färbungen gemessen u. deren Lichtechtheit mit dem *Fade-O-meter* bestimmt. Die Ergebnisse der Verss. werden an Kurven u. Tabellen näher erläutert. Gegenüber normaler Wäsche zeigen sich die in Ggw. von I u. II erhaltenen Färbungen genügend stabil. Die Einbuße an Lichtechtheit gegenüber der vor dem Waschen gemessenen beträgt nur bis zu ca. 15%. I erweist sich hierbei etwas überlegen. Bei der chem. Reinigung ist die Verw. von $CCl_2{=}CCl_2$ zu vermeiden. Klotzen der Faser vor dem Färben auf dem Foulard mit 0,5%ig. Lsgg. von I oder II u. nachfolgendes Abdampfen des Lsgm. liefert bessere Lichtechtheiten als die Behandlung mit Hilfsmitteln im Färbebad. Abschließend werden Hinweise auf geeignete Farbstoffe u. Maßregeln zur Gewinnung lichtechter, gut egalisierender Färbungen gegeben. A. Sander. 7028◇

Untersuchung der Beziehung zwischen der chemischen Struktur einiger gelber und orangefarbiger Küpenfarbstoffe und ihrem Einfluß auf die Photozerstörung der Faser. N. I. Abramowa. (Org. Zwischenprodukte Farbstoffe, Samml. Aufsätzen [UdSSR] **1959,** 118—29; russ.) — Es wird festgestellt, daß der Einfl. der untersuchten Küpenfarbstoffe u. deren Derivv. auf die Photozerstörung der Faser nicht von ihren Absorptionsspektren, sondern in erster Linie von ihrer chem. Struktur abhängt, wobei heterocycl. N nicht senkend wirkt. Die Aktivität wird als Silberzahl angegeben, die nach der Harrison-Meth. (Fox [1949]) bestimmt wird u. aus der Red. von alkal. Ag-Thiosulfat-Komplex, Oxydation von Ag mit 20%ig. HNO_3 bei 60—70° u. Titration mit NH_4·SCN in Ggw. von $FeNH_4(SO_4)_2$ besteht. G. Stoeck. 7028□

Synthetische Farbstoffe. 2. Mitt. **Die Farbe als physikalisches Phänomen.** Ivo Ubaldini. (Fibre e Colori **12,** 393—99, 1962; ital.) — 1. vgl. C. **1963,** 7176. — Überblick über die Farbstofftheorien von Witt, Dilthey u. Wizinger. R. Grundmann. 7048◇

Synthetische Farbstoffe. 3. Mitt. Ivo Ubaldini. (Fibre e Colori **13,** 3—7, **1963;** ital.) — 2. vgl. vorst. Referat. — Klassifizierung der Farbstoffe nach chem. u. techn. Gesichtspunkten. R. Grundmann. 7048◇

Neue, auf der Faser erzeugte metallhaltige, wasserunlösliche Azofarbstoffe. R. Bamberger und R. Gross. (Textil-Prax. **16,** 931—36, 1961; Frankfurt/Main-Höchst, Farbwerke Hoechst Akt.-Ges., vorm. Meister Lucius & Brüning, Anwendungstechn. Abt. Farben; dt.) — Über die Rk. von Farbstoffen, die durch *Kupplung* von *diazotierten o-Chloranilinen* mit aromat. oder heterocycl. o-Hydroxycarbonsäurearylamiden auf pflanzlichen Fasern erzeugt wurden, mit aromat. oder heterocycl. Aminen die im Mol. ein zur Ausbldg. 5- oder 6gliedriger Metallkomplexe befähigtes N-Atom enthalten, in Ggw. von Cu(II)-Salzen u. komplexbildenden Verbb., z. B. Triäthanolamin, wird berichtet. Es werden vorwiegend braune, *tricycl. Cu-Komplexe,* z. B. **A,** von vorzüglicher Stabilität u. Lichtechtheit erhalten.

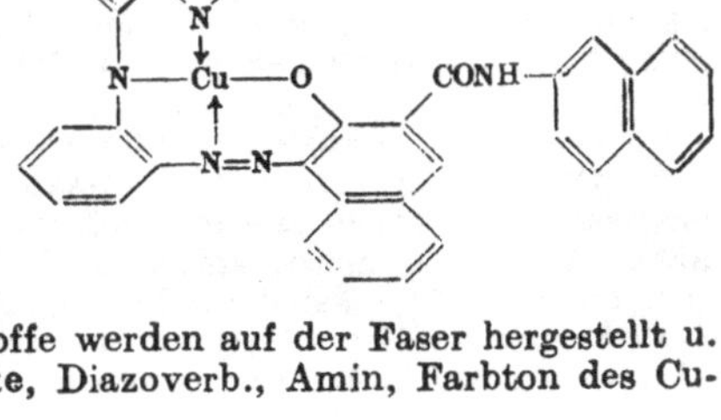

A

Versuche: Folgende Metallkomplexfarbstoffe werden auf der Faser hergestellt u. untersucht (Reihenfolge: Kupplungskomponente, Diazoverb., Amin, Farbton des Cu-

Komplexes): 3-Hydroxynaphthoesäure-(2)-β-naphthylamid (I), o-Chlorbenzoldiazoniumchlorid (II), o-Phenylendiamin (III), blaustichiges Rotbraun. — I, II, 4-Nitro-o-phenylendiamin IV, Rotbraun. — I, II, Naphthylendiamin-(2.3) (V), Rotbraun. — I, 2.5-Dichlorbenzoldiazoniumchlorid (VI), III, Rotbraun. — I, VI, IV, Rostfarben. — I, VI, V, Rotbraun. — 3-Hydroxynaphthoesäure-(2)-p-anisidid (VII), II, N-Methyl-o-phenylendiamin (XI), Rotbraun. — VII, II, N.N-Dimethyl-o-phenylendiamin, Graubraun. — 3-Hydroxynaphthoesäure-(2)-p-chloranilid, VI, 8-Aminochinolin (VIII), rotstichiges Braun. — 3-Hydroxynaphthoesäure-(2)-m-nitroanilid (IX), 2-Chlor-5-trifluormethylbenzoldiazoniumchlorid, VIII, Braun. — IX, II, 8-Aminochinaldin, Schwarzbraun. — I, II, 6-Methoxy-8-aminochinolin, Graubraun. — I, II, N-Phenyl-o-phenylendiamin, Schwarzblau. — I, II, α-Aminopyridin, Granatfarben. — I, II, 5-Chlor-7-aminobenzimidazol, Granatfarben. — I, II, 2.3-Dimethyl-5-amino-7-chlor-chinoxalin, Granatfarben. — I, II, 1-Aminocarbazol, Schwarzbraun. — I, II, 2-Amino-6-äthoxybenzthiazol, Granatfarben. — I, II, o-[Methylaminomethyl]-anilin, Braun. — I, II, 1-Phenyl-2.3-dimethyl-4-aminopyrazolidon, rotstichiges Braun. — I, II, 1.2.5-Trimethyl-7-aminobenzimidazol, Bordorot. — I, II, N.N-Diäthyl-4-chlor-o-phenylendiamin, Bordorot. — I, II, o-Piperidino-p-chloranilin, Dunkelgrün. — I, II, o-Piperidino-p-nitroanilin, Braun. — I, o-Chlor-p-[p-toluidino]-benzoldiazoniumchlorid, VIII, Korinthfarbe. — I, o-Chlor-p-[p-nitroanilino]-benzoldiazoniumchlorid, VIII, Schwarz. — 3-Hydroxynaphthoesäure-(2)-p-chlor-o-toluidid (X), 2.6-Dichlorbenzoldiazoniumchlorid, VIII, Schwarzblau. — X, o-Chlor-p-nitrobenzoldiazoniumchlorid (XII), VIII, Korinthfarben. — X, 2-Chlor-5-methoxybenzoldiazoniumchlorid, VIII, Korinthfarben. — X, 2-Chlor-5-methylbenzoldiazoniumchlorid, VIII, Schwarzbraun. — X, 3.3′-Dichlordiphenyltetrazonium-(4.4′)-dichlorid, VIII, Marineblau. — X, o.p-Dichlorbenzoldiazoniumchlorid, VIII, Dunkelbraun. — X, o-Chlor-p-aminocarbonylbenzoldiazoniumchlorid, VIII, Dunkelbraun. — 3-Hydroxyanthracen-2-carbonsäure m-toluidid. II, XI, Korinthfarben. — 2-Hydroxycarbazol-3-carbonsäure-p-chloranilid, VI, VIII, Schwarzbraun. — 2-Hydroxy-11H-benzo-[a]-carbazol-3-carbonsäure-p-anisidid, XII, VIII, Schwarzbraun. — 2-Hydroxybenzofuran-3-carbonsäure-2.5-dimethoxyanilid, I, VIII, Dunkelbraun. R. Bamberger. 7052◇

Neue, auf der Faser erzeugte metallhaltige, wasserunlösliche Azofarbstoffe. 2. Mitt. R. Bamberger und R. Gross. (Textil-Prax. **17,** 485—88, 1962; dt.) — 1. vgl. vorst. Referat. — Durch Rk. von auf der Faser erzeugten wasserunlösl. Azofarbstoffen mit einer o-Hydroxy-o′-chlorazogruppierung mit o-Aminophenylalkyl-, Aralkyl- oder Aryläthern oder -thioäthern in Ggw. von Cu(II)-Salzen u. einem Komplexbildner werden Bordo-, Granat- u. Braunfärbungen in guter Licht- u. Waschechtheit erhalten.

Versuche: Folgende Metallkomplexfarbstoffe werden auf der Faser hergestellt u. untersucht (Reihenfolge vgl. vorst. Ref.): 3-Hydroxynaphthalin-2-carbonsäure-β-naphthylamid (I), o-Chlorbenzoldiazoniumchlorid (II), o-Anisidin, rötliches Braun. — I, II, 2-Methoxy-5-chloranilin, rötliches Braun. — I, II, 2-Phenoxy-5-chloranilin, rötliches Braun. — I, II, o-Methoxy-p-nitroanilin, rötliches Braun. — I, II, 2-Methoxy-5-diäthylaminosulfonylanilin, rötliches Braun. — I, II, o-Methylmercaptoanilin, Braun. — I, II, o-Methylmercapto-p-methoxyanilin, Dunkelbraun. — I, II, o-Methylmercapto-p-chloranilin, Dunkelbraun. — I, II, o-Methylmercapto-p-methylanilin, Braun. — I, II, o-Äthylmercaptoanilin, Braun. — I, II, o-[Aminocarbonylmethylmercapto]-anilin, Bordofarben. — I, II, o-Phenylmercapto-p-methylanilin. R. Bamberger. 7052□

Neue Zwischenprodukte und Farbstoffe. 9. Mitt. **Reaktionen von 2-Methyl-1-nitro- und 1-Amino-2-methylanthrachinon: davon abgeleitete Farbstoffe für Celluloseacetat-Reyon.** G. D. Wood und A. T. Peters. (J. chem. Soc. [London] **1962,** 3373—78; Leeds, Univ., Clothworkers' Res. Labor.; engl.) — 8. vgl. C. **1961,** 4685. — Beim Nitrieren von 2-Methylanthrachinon (I) nach Locher u. Fierz [1927] entstehen neben 81,5% *2-Methyl-1-nitroanthrachinon* (II) ca. 4% *2-Methyl-3-nitroanthrachinon* u. 3% der Dinitroverbindung. Diese Prodd. können mit wss. Na_2S in die entsprechenden Amino-Verbb. übergeführt werden. 1-Amino-4-brom-2-methylanthrachinon (III) läßt sich durch Sandmeyer-Rk. in *1.4-Dibrom-2-methylanthrachinon* (IV) umwandeln. Br in III u. IV kann mit p-Toluolsulfonamid in sd. Pentylalkohol gegen die p-Toluolsulfonamidogruppe ausgetauscht werden. Wird anschließend hydrolysiert, so entsteht in beiden Fällen *1.4-Diamino-2-methylanthrachinon.* Aus II werden durch Rk. mit Alkylaminen in A. (140°) tiefrot gefärbte *1-Alkylamino-2-methylanthrachinone* erhalten, die am besten chromatograph. gereinigt werden. Bei Verw. von Monoäthanolamin bildet sich, anscheinend wegen der reduzierenden Wrkg. des Amins, in der Hauptsache *1-Amino-2-methylanthrachinon* (VII) u. nur wenig *1-[2′-Hydroxyäthylamino]-2-methylanthrachinon* (V), das in besserer Ausbeute aus 1-Brom-2-methylanthrachinon mit Äthanolamin in A. entsteht. Zum Vgl. benötigte *1-Alkylaminoanthrachinone* werden aus *1-Chloranthrachinon* in 60—88%ig. Ausbeute hergestellt. Aus n-Hexylamin + Na-Anthrachinon-1-sulfonat kann in geringer Ausbeute *1-n-Hexylaminoanthrachinon* gewonnen werden. Zur Herst. der *1-Amino-2-methyl-4-alkylaminoanthrachinone* wird **III** entweder in Ggw. von Na- + Cu-Acetat, oder Na-Acetat allein oder auch ohne bes. Zusätze mit Alkylaminen zur Rk. gebracht. Färbeverss. mit den genannten Verbb. (sek. Celluloseacetat-Reyon, 85°, 1 Std.) zeigen, daß die Einführung einer 2-Methylgruppe in 1-Alkylaminoanthrachinone einen bathochromen Effekt hervorruft (bläulich-rote Farbtöne). Eine Ausnahme bildet *1-Anilino-2-methylanthrachinon,* das eine geringere Affinität als *1-Anilinoanthrachinon* besitzt. Bei den 4-Alkylamino-Derivv. bestehen nur geringe Unterschiede zwischen den beiden Verbindungsklassen. Mit steigender Kettenlänge der Alkylgruppe werden hier die Anfärbungen schwächer u. gehen in Rot über. Die dunkelsten Töne werden mit *1-Amino-2-methyl-4-methylaminoanthrachinon* (**VI**) erzielt.

Versuche: Anthrachinone. — *2-Methyl-1-nitro-* (**II**), F. 269—270°, aus 20 g **I** mit 10 g KNO_3 in 100 ml 98%ig. H_2SO_4 (1 Std. bei 0—5° u. 18 Std. Rühren bei 20°), Zufügen von 4 ml W., Erhitzen (1 Std., 90—95°) u. Filtrieren (→ Filtrat A, s. unten); der Rückstand wird gewaschen u. aus Eisessig umkrist., blaßgelbe Nadeln, 81,5% Ausbeute. — *1-Amino-2-methyl-* (**VII**), F. 204—205°, aus **II** in wss. A. u. Na_2S (70°), 81%; aus A. rote Kristalle. — *Diamino-2-methyl-*, $C_{15}H_{12}N_2O_2$, F. 195—196°, aus Filtrat A durch Zugabe von Eis, Na_2S-Red. u. chromatograph. Trennung von nachst. Verb. in Trichlorbenzol an Al_2O_3; aus Bzl. rote Prismen. — *2-Amino-3-methyl-*, $C_{15}H_{11}NO_2$ F. 260—261°, neben vorst. Verb.; aus A. orangefarbene Nadeln. — *1-Amino-4-brom-2-methyl-* (**III**), F. 248° (Zers.), aus 5 g **VII** u. 3,5 g Br_2 in 50 ml Eisessig, 5,9 g Ausbeute, rote Nadeln aus Toluol. — *1.4-Dibrom-2-methyl-* (**IV**), $C_{15}H_8Br_2O_2$, F. 169°, aus 4 g **III** u. 2,4 g $NaNO_2$ + 30 ml 98%ig. H_2SO_4 (0—5°, 30 Min.), Gießen auf Eis, Lösen der Diazoverb. in 30 ml HBr (D. 1,49), Zugabe von 4 g CuBr in 30 ml HBr, 1std. Erhitzen u. chromatograph. Reinigung (Toluol, Al_2O_3); 4,2 g Ausbeute; aus A. gelbe Nadeln. — *1-Amino-2-methyl-4-[p-toluolsulfonamido]-*, $C_{22}H_{18}N_2O_4S$, F. 282—283°, aus **III**, aus A. metall-violette Nadeln. — 2-Methyl-1.4-bis-[p-toluol-sulfonamido]-anthrachinon, $C_{29}H_{24}$·$N_2O_6S_2$, F. 207°; aus A. goldgelbe Nadeln. — *1.4-Diamino-2-methyl-*, $C_{15}H_{12}N_2O_2$, F. 247—248°, durch Hydrolyse der beiden vorst. Verbb.; aus Bzl. violette Nadeln. — N-substituierte 1-Amino-2-methylanthrachinone, durch Erhitzen von jeweils 1 g **II** mit 15 ml alkohol. Amin (130—140°, 2 Std., Rohr), Reinigung chromatograph.: *N-Methyl-*, $C_{16}H_{13}NO_2$, F. 112—113° (rote Nadeln aus A.). — *Äthyl-*, $C_{17}H_{15}NO_2$, F. 124 bis 125° (dunkelpurpurne, bronzeschimmernde Nadeln, A.). — *n-Propyl-*, $C_{18}H_{17}NO_2$, F. 102° (purpurfarbene Nadeln, A.). — *Isopropyl-*, F. 133°, durch 24std. Erhitzen der Komponenten; aus A. dunkelrote Nadeln. — *n-Butyl-*, $C_{19}H_{19}NO_2$, F. 86—87° (dunkelpurpurne Nadeln, A.). *Isobutyl-*, F. 109° (grünlich-schimmernde purpurfarbene Nadeln, A.). — *n-Pentyl-*, $C_{20}H_{21}NO_2$, F. 105—106° (rotbraune Prismen mit Metallglanz, A.). *n-Hexyl-*, $C_{21}H_{23}NO_2$, F. 99—100°, (grünlich schimmernde, purpurfarbene Nadeln, A.). — *2'-Hydroxyäthyl-* (**V**), $C_{17}H_{15}NO_3$, F. 141—142°, auch aus 1 Brom-2-methylanthrachinon (1,25 g) + Monoäthanolamin (7 ml) + A. (7 ml) im Rohr (125—130°, 3 Std.); rotbraune Nadeln mit Metallglanz (A.). — *Cyclohexylamino-*, $C_{21}H_{21}NO_2$, F. 108—109°, durch 5—8std. Kochen aus A. dunkelrote Nadeln. — *Benzylamino-*, $C_{22}H_{17}NO_2$, F. 126 bis 127° (rotbraune Nadeln aus A.). — *Anilino-*, $C_{21}H_{15}NO_2$, F. 230°, durch Kochen purpurfarbene Nadeln mit Metallglanz (aus Bzl.). — *1-Methylaminoanthrachinon,* $C_{15}H_{11}NO_2$, F. 170°, a) aus 1 g 1-Chloranthrachinon u. 15 ml 33%ig. alkohol. CH_3NH_2-Lsg. (2 Std. 130—140°, Rohr) u. chromatograph. Reinigung (Bzl./Al_2O_3), 0,77 g; b) aus 1 g *Na-Anthrachinon-1-sulfonat* u. 15 ml wss. 33%ig. CH_3NH_2 (130—140°, 2 Std., Rohr), 0,2 g; rote Nadeln (A.). Analog. Verf. a) werden folgende 1-Alkylaminoanthrachinone als rote Nadeln (A.) erhalten: *1-Äthylamino-*, $C_{16}H_{13}NO_2$, F. 124—125° (0,65 g). — *1-n-Propylamino-*, $C_{17}H_{15}NO_2$, F. 152° (0,64 g). — *1-n-Butylamino-*, $C_{18}H_{17}NO_2$, F. 81—82° (0,83 g). — *1-Isobutylamino-*, F. 135—136° (0,8 g). — *1-n-Pentylamino-*, $C_{19}H_{19}NO_2$, F. 78—79° (0,92 g). — *1-n-Hexylamino-*, $C_{20}H_{21}NO_2$, F. 82—83°, aus 1 g 1-Chloranthrachinon + 10 ml n-Hexylamin (6 Std., Rückfluß) u. Zugabe von W., 0,53 g rote prismat. Nadeln. — *1-Cyclohexylamino-*, $C_{20}H_{19}NO_2$, F. 108—109°, analog vorst. Verb., 1,05 g rote Nadeln. — *1-Anilino-*, $C_{20}H_{13}NO_2$, F. 148°, aus 1 g 1-Chloranthrachinon u. 10 ml Anilin (24 Std. Rückfluß); 0,9 g rote Blättchen. — *1-Amino-2-methyl-4-methylamino-* (**VI**), $C_{16}H_{14}N_2O_2$, F. 234°, a) 1 g **III** + 10 ml 33%ig. CH_3NH_2/A. + 1 g Na-Acetat + 0,1 g Cu-Acetat werden 3 Std. lang im Rohr auf 130—140° erhitzt, nach Wasserzugabe chromatographiert (Toluol/Al_2O_3) u. mit A. extrahiert, 0,45 g; daneben entstehen 0,15 g **VII**, F. 204°; b) wie a) jedoch ohne Cu-Acetat, 0,17 g; c) wie a) jedoch ohne Na- oder Cu-Acetat, 0,2 g; aus A. violette Nadeln mit Bronzeglanz. — *1-Amino-4-äthylamino-2-methyl-*, $C_{17}H_{16}N_2O_2$, F. 235°, analog **VI** (0,3 g Ausbeute); daneben entstehen 0,25 g

VII; violette Nadeln aus A. — *1-Amino-2-methyl-4-n-propylamino-*, $C_{18}H_{18}N_2O_2$, F. 230°, analog **VI** nach Verf. a) 0,2 g + 0,35 g **VII**, b) 0,3 g + 0,14 g **VII** oder c) 0,3 g Ausbeute; violette Nadeln (A.). — *1-Amino-4-n-butylamino-2-methyl-*, $C_{19}H_{20}N_2O_2$, F. 198—199°, analog **VI**, Verf. a) gibt 0,1 g + 0,6 g **VII**, b) 0,3 g + 0,3 g **VII** + 0,05 g Verb. von F. 140° (goldgelbe Nadeln, A.), c) 0,35 g, blauviolette Nadeln aus A. — *1-Amino-4-isobutylamino-2-methyl-*, F. 260°, analog **VI**, Verf. c) 0,25 g Ausbeute, blaue Nadeln (A.). — *1-Amino-2-methyl-4-n-pentylamino-*, $C_{20}H_{22}N_2O_2$, F. 180°, analog **VI**, Verf. b) 0,3 g + 0,3 g **VII**, oder c) 0,4 g; aus A. bläulich-violette Nadeln. — *1-Amino-2-methyl-4-n-hexylamino-*, $C_{21}H_{24}N_2O_2$, F. 139—140°, nach **VI**, Verf. b), 12 Std. Rückfluß, 0,3 g + 0,3 g **VII** + 0,04 g eines gelbbraunen, amorphen Prod. von F. 202°; oder nach c) 0,45 g Ausbeute, violette Prismen mit Metallglanz (A.). — *1-Amino-2-methyl-4-n-octylamino-*, $C_{23}H_{28}N_2O_2$, F. 134°, nach **VI**, Verf. b) 0,25 g + 0,28 g **VII** + 0,02 g orangegelbe Verb., F. 90°; oder nach c) 0,6 g Ausbeute; aus A. blaue Nadeln. — *1-Amino-4-[2'-äthylhexylamino]-2-methyl-*, $C_{23}H_{28}N_2O_2$, F. 95°, analog **VI**, Verf. c) 0,66 g Ausbeute aus A., blaue Nadeln. — *1-Amino-4-cyclohexylamino-2-methyl-*, $C_{21}H_{22}N_2O_2$, F. 180°, analog **VI**, Verf. c) 0,62 g blaue Nadeln mit Bronzeglanz (A.). M. Reiher. 7058◇

Die Papierchromatographie von Farbstoffen. 3. Mitt. **Reaktivfarbstoffe.** G. H. A. Kuypers und E. G. Kiel. (De Tex **21**, 691—96, 1962; Helmond, N. V. P. F. von Vlissingen Katoenfabr., Res. Labor.; niederl.) — 2. vgl. C. **1963**, 11445. — Die *Reaktivfarbstoffe* (außer Levafix- u. Permafix-Farbstoffen) können *papierchromatograph.* mit 25%ig. NH_4OH als mobiler Phase bestimmt werden. Für orientierende Unterss. eignet sich ein Gemisch gleicher Raumteile (96%ig. A. u. W.). Die reaktionsfähigen Farbstoffe erleiden in sauerer, neutraler u. NH_4OH-Lsg. bei 20° keine Hydrolyse, mit Ausnahme der Procionfarbstoffe. Bei höherer Temp. zersetzen sich alle Farbstoffgruppen. NaOH zersetzt alle reaktionsfähigen Farbstoffe auch bei Temp. $< 20°$. Die Procionfarbstoffe liefern infolge Hydrolyse beim Chromatographieren 3 Verbb.; die 1. entsteht beim Start durch Rk. mit Cellulose; 2 weitere Verbb. bilden sich durch Hydrolyse, worin 1—2 Cl-Atome durch OH ersetzt sind. W. Wesly. 7086◇

Die Papierchromatographie von Farbstoffen. E. G. Kiel. (De Tex **21**, 765, 1962; niederl.) — Tabellar. Zusammenstellung der Arbeitsweisen zur *papierchromatograph. Unters.* von *Küpenfarbstoffen*, *Naphtholen* u. *Basen*. W. Wesly. 7086◇

Methoden zur Bestimmung der Konzentration des färbenden Stoffes in Farbstoffen für Acetatseide. L. M. Golomb. (J. angew. Chem. [UdSSR] **32**, 1834—42, 1959; Rubeshnoje, Filiale des Woroschilow-Forsch.-Inst. für organ. Zwischenprodd. u. Farbstoffe; russ.) — Die Konz. des färbenden Stoffes in Farbstoffen für Acetatseide läßt sich durch photometr. Best. der opt. Dichte ihrer Hydroaceto- oder Hydrosulfosole ermitteln. Die Reproduzierbarkeit der Ergebnisse schwankt um 2%, die Genauigkeit ist größer als bei der visuellen Methode. Untersucht wurden: *1'-Methoxyperibenzanthron*, *1-Amino-2-methyl-*, *1-Amino-4-hydroxy-*, *1.4-Diamino-6-nitro-*, *1.4-Diamino-*, *1-Methylamino-4-[β-hydroxyäthyl]-amino-* (**I**), *1.4.5.8-Tetraminoanthrachinon* (**II**), *1-Dialkylamino-4-[carbäthoxycyanmethyl]-benzol* u. *N-[p-Benzyloxyphenyl]-5.8-diiminonaphthochinon-(1.4)*. Die maximale opt. Dichte der Hydroaceto- u. Hydrosulfosole der untersuchten Farbstoffe u. ihrer Lsg. in Essigsäure sowie die R_F-Werte auf Papier sind tabellar. angegeben. **I** u. **II** lassen sich mit Hilfe von Toluol–A. papierchromatograph. trennen. Helmut Schäfer. 7086△

Die Bestimmung der Farbstoffkonzentration in der gefärbten Mutterlösung und in der gefärbten Viscose. D. Ja. Shukowa und T. B. Filitschewa. (Chemiefasern [UdSSR] **1962**, Nr. 5, 64—67; Klin, Chemiefaserwerk; russ.) — Verd. wss. Suspensionen von wasserunlösl. organ. Farbstoffen weisen eine genügende Stabilität auf u. gehorchen dem Beerschen Gesetz. Daher ist es möglich, sie direkt zu colorimetrieren. Der relative Fehler der Best. liegt bei Verw. von Eichkurven bei ±2%. Die vorgeschlagene Meth. kann auch für gefärbte Viscosen bei einem Farbstoff-Geh. über 1% verwendet werden. Mattierte Viscosen können nicht colorimetriert werden, da TiO_2 die Best. stört. T. Lukanoff. 7086◇

Imperial Chemical Industries Ltd., London (Erfinder: Eric Paul Goodings, William Alexander O'Neill und George Wright Taylor, Harrogate), England, **Verbesserung der Färbbarkeit von Formkörpern, besonders Fasern aus sterisch regelmässig aufgebauten Polyolefinen, wie isotaktischem Polypropylen** erfolgt durch Behandlung mit einem schmelzbaren u. hydrolysierbaren Säurehalogenid eines Metalles, des P oder Si, wobei deren mehrwertige Bindung in die Polymerstruktur eindringt, in situ in ion. Art umgewandelt wird u. als solche das hydrophobe Polyolefin nicht verlassen kann, so daß farbstoffaffine Seitenketten geliefert werden. Man taucht

z. B. das Gut bei 40° in $POCl_3$, CH_3OPOCl_2 oder 1 Min. in sd. Chlf., das $AlCl_3$ suspendiert enthält. Nachbehandlung mit (wss.) NH_4OH ist vorgesehen. (**D. A. S. 1 144 230** Kl. 8k vom 21/6. 1960, ausg. 28/2. 1963. E. Prior. 26/6., 8/7., 19/8., 13/10. 1959 u. 17/6. 1960.)
H. Möllering. 7017

Cassella Farbwerke Mainkur Akt.-Ges., Frankfurt/M. (Erfinder: Heinrich Ritter, Dörnigheim, Kr. Hanau, und Erwin Herrmann, Frankfurt/M.), **Herstellung von 2.5-Diarylaminoterephthalsäuren** aus 2.5-Diarylamino-3.6-dihydroterephthalsäuredialkylestern durch gleichzeitige Einw. von wss.-alkohol. Laugen u. Luft-O_2 bei erhöhter Temp., dad. gek., daß man dem Rk.-Gemisch geringe Mengen von Chinonsulfonsäuren, wie Naphthochinon-, Anthrachinon- u. Phenanthrenchinonsulfonsäuren, als O_2-Überträger zusetzt, wobei man das bei der Rk. von 1 (Mol) Succinylbernsteinsäureester mit 2 eines Arylamins in alkohol. Lsg. erhaltene Estergemisch als Ausgangsstoff verwenden kann. — Man trägt z.B. 30 (Teile) 2.5-Dianilino-3.6-dihydroterephthalsäurediäthylester, 93 wss. NaOH (14%ig.) u. 1,5 Anthrachinon-2-sulfonsäure in 115 CH_3OH ein, erhitzt unter Einleiten von Luft 3 Std. unter Rückfluß, dest. aus der Lsg. 90 CH_3OH u. gewinnt a) durch Fällung mit 26 H_2SO_4 (25% ig) bei kongosaurer Rk. 24 *2.5-Dianilinoterephthalsäure*, F. 330°, violettes krist. Pulver oder b) nach Abkühlen des Rk.-Gemisches, mehrstd. Stehen, Waschen des abgesaugten gelben krist. Dinatriumsalzes mit gesätt. NaCl-Lsg., Lösen in 500 heißem W. u. Fällen mit ca. 14 konz. Salzsäure 23,8 des gleichen Produktes. — Analog erhält man *2.5-Di-[p-toluidino]-terephthalsäure*, F. 334°, violettes krist. Pulver; 92% (Ausbeute); *2.5-Di-[o-chloranilino]-terephthalsäure*, F. 342°, violettes Pulver, 94%; aus 25 Succinylobernsteinsäurediäthylester u. 26 p-Chloranilin in 195 n-Butanol durch 1std. Erhitzen mit 0,6 HCl auf 90—100° u. Rk. des 2.5-Di-[p-chloranilino]-3.6-dihydroterephthalsäurediäthylesters (ohne dessen Abscheidung) mit 145 wss. NaOH (22%ig) u. 3-Anthrachinon-1-sulfonsäure usw. → 35 *2.5-Di-[p-chloranilino]-terephthalsäure*, F. 332°, rotes krist. Pulver, 86%. — *Zwischenprodd.* bei der Herst. von *Pigmentfarbstoffen*. (**D. A. S. 1 144 285** Kl. 12q vom 17/3. 1961, ausg. 28/2. 1963.)
G. Vogel. 7049

Kalle Akt.-Ges. (Erfinder: Hartmut Steppan, August Rebenstock und Wilhelm Neugebauer), Wiesbaden, **Herstellung von polyfunktionellen Diazoniumhalogeniden** aus Diphenylamin-4-diazoniumsalzen (I) u. CH_2O, dad. gek., daß substituierte oder nicht substituierte I mit CH_2O in Ggw. von HF, HCl oder HBr umgesetzt u. die Lsgg. der erhaltenen Rk.-Prodd., ggf. nach Abtrennen von SO_4''-Ionen in Form von schwerlösl. Erdalkalisulfaten, bis $<70°$, eingedampft werden. — *Farbstoffzwischenprodukte*. (**D. A. S. 1 142 871** Kl. 12q vom 25/1. 1961, ausg. 31/1. 1963.)
O. Müller-Meiningen. 7049

Badische Anilin- & Soda-Fabrik Akt.-Ges. (Erfinder: Hans Weidinger und Heinz Eilingsfeld), Ludwigshafen/Rh., **N-substituierte Phosphohydrazide** der allg. Formel I erhält man durch Rk. von ca. 2 Mol eines Carbonsäurehydrazids der allg. Formel R—CO—NH—NH_2 mit ca. 1 Mol eines N.N'-substituierten Phosphazoamids der allg. Formel R'N=P—NHR' bei 50—150° in Ggw, eines Lsgm. (R = ein ggf. durch die Alkoxy-, Phenoxy-, NO_2-, >CO, NH_2-Gruppe substituierter Alkyl-, Cycloalkyl-, Aryl-, Aralkyl- oder Pyridinrest; R' = Alkyl-, Cycloalkyl-, Arylreste). — 25 (Teile) Benzhydrazid u. 22 Phenylphosphazoanilid werden in 200 o-Dichlorbenzol unter N_2 auf 100—110° 2 Std. erhitzt u. nach dem Aufarbeiten eine Verb. der Formel I erhalten, in der R = C_6H_5, farblose, Prismen, F. 242—244° (Zers.). Analog erhält man Verbb. der Formel I, in denen R die folgende Bedeutung hat: *p-Methoxyphenyl-*, farblose Nadeln, F. 227° (Zers.). *p-Nitrophenyl-*, gelbe Prismen, F. 227—229° (Zers.). *1-Aminoanthrachinoyl-(2)*, rote Kristalle, F. 274° (Zers.). *4-Pyridyl-*, farblose Kristalle, F. 250—253° (Zers.). *Cyclohexyl-*, farblose Kristalle, F. 220° (Zers.). *2-Anthrachinoyl-*, orange Kristalle, F. 255° (Zers.). — *Zwischenprodd. für Farbstoffe*. (**D. A. S. 1 144 274** Kl. 12o vom 24/9. 1960, ausg. 28/2. 1963.)

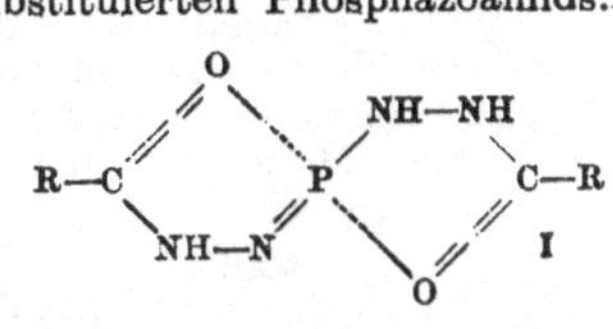

I

A. Jahn. 7049

Badische Anilin- & Soda-Fabrik Akt.-Ges. (Erfinder: Fritz Graser), Ludwigshafen/Rh., **Farbstoffe der 1.2-Pyrazinoanthrachinonreihe** der allg. Zus. I (R_1 = H oder niedermol. Alkyl oder zusammen mit R_2 u. N 5- oder 6gliedriger Ring, R_2 = Alkyl, Cycloalkyl oder einfacher oder kondensierter aromat. Rest), Küpen- oder Pigmentfarbstoffe für die verschiedensten Fasern, können sehr vorteilhaft hergestellt werden, wenn man (-1.2-pyrazinoanthrachinon = **II**) P_2-Dihydroxy-**II** (**III**) in einem inerten organ. Lsg.- u. Verdünnungsmittel in Ggw. von tert. organ. Aminen, z. B. Triäthyl- oder -n-Propylamin, N-Dimethylcyclohexylamin oder auch Pyridin, oder niedermol. Carbonsäureamiden, z. B. Dimethyl- oder Diäthylformamid, Ameisensäuremorpholid oder -p-piperidid oder Lactame, wie N-Äthylpyrrolidon, mit Halogenierungsmitteln, z. B. $SOCl_2$, $POCl_3$ oder $COCl_2$, umsetzt u. das entstandene P_z-Chlorhydroxy-**II** im gleichen Rk.-Medium, aus dem ggf. ein Überschuß an Halogenierungsmittel entfernt worden ist, mit Aminen der Zus. $HN(R_1)R_2$ behandelt, oder wenn man eine Mischung aus **III** u. $HN(R_1)R_2$ in einem inerten organ. Lsgm. in Ggw. von tert. Aminen oder niedermol. Carbonsäureamiden mit den Halogenierungsmitteln behandelt. Die Rk. kann auch im gleichen Rk.-Gefäß durchgeführt werden. — 87,7 (Gew.-Teile) **III** in 1140 Nitrobenzol (**IV**) entwässert man durch Abdestillieren von 60 **IV** unter vermindertem Druck, trägt langsam bei 95—100° 64,4 Tri-n-propylamin u. 50,7 $POCl_3$ ein, erhitzt auf 150—155°, bis die P_z-Chlorhydroxy-**II**-Bldg. beendet ist u. rührt bei gleicher Temp. in 15 Min. 72,2 1-Amino-3.5-bis-trifluormethylbenzol ein u. erhitzt bei 150—155° bis zur Beendigung der Farbstoff-Bldg. weiter. Es wird der Farbstoff der Zus. **V** erhalten, färbt Baumwolle (**A**) aus der Küpe wie auch in freier Verteilung, Polyesterfasern gelb. In ähnlicher Weise können weitere Farbstoffe erhalten werden aus **III** u. m-Toluidin, färbt **A** rot; 1-Amino-3-cyanbenzol, 1-Aminonaphthalin-4-(N.N-dimethyl)-sulfonsäureamid oder 1-Amino-2.4.5-trichlorbenzol, färben **A** orange; 1-Amino-3-methylbenzol-4-(N.N-dimethyl)-sulfonsäureamid oder 2-Phenyl-5-chlor-6-aminobenztriazol, färben orange; 1-Aminoanthrachinon, färbt rotorange; Piperidin, färbt Polyäthylenterephthalat aus wss. Dispersion z. B. bei 125° klar rot; 1-Amino-6(7)-monochloranthrachinon, färbt **A** orange; 1.4-Diamino-2-acetyl-, -2-benzoxazolyl-(2')- oder -2-benzthiazolyl-(2')-anthrachinon, 2-(1'.4'-Diamino-2'-anthrachinonyl)-5-methyl-1.3.4-oxdiazol oder -5-phenyl-1.3.4-thiadiazol, färben **A** kräftig grau; 4-Aminoanthrachinon-2.1(N)-1'.2'(N)-benzol-, -3'.5'-dichlorbenzol- oder -4'-chlorbenzolacridon, färben **A** grau; 3'-Chlor-6' aminoanthrachinon-2.1(N)-1'.2'(N)-benzolacridon, färbt **A** bordo. (**D. A. S. 1 143 597** Kl. 22b vom 3/9. 1960, ausg. 14/2. 1963.) O. Roick. 7059

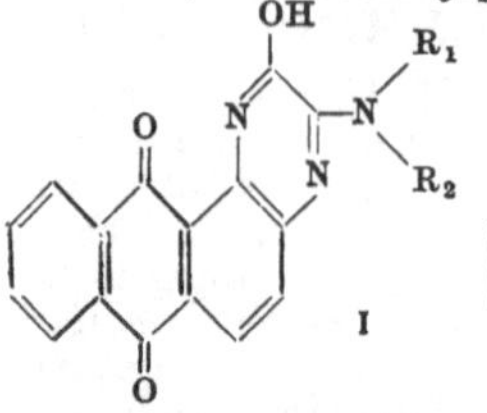
I

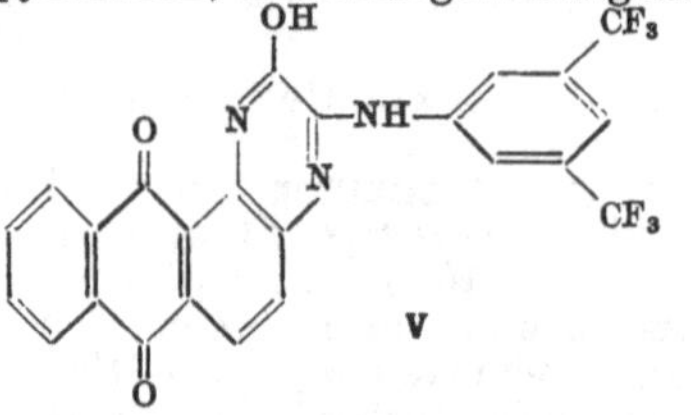
V

Badische Anilin- & Soda-Fabrik Akt.-Ges. (Erfinder: Hermann Weißauer, Rudolf Wächter, Werner Rohland und Rudolf Schrödel), Ludwigshafen/Rh., **Anthrachinonfarbstoffe**, die Wolle, Seide, Leder, bes. aber nach für Reaktivfarbstoffe üblichen Meth. cellulosehaltige Fasern in gut naß-, licht- u. reibechten Tönen färben, erhält man durch Rk. von acylierenden Mitteln, die den Rest der allg. Formel $-CO-CH_2-CH_2-X-R$ ($X = O$ oder S, R = Alkyl, Aralkyl, Cycloalkyl, Aryl oder heterocycl. Rest) enthalten, mit Anthrachinonfarbstoffen, die mindestens eine wasserlösl. machende Gruppe u. mindestens eine acylierbare Aminogruppe tragen, zu β-(Propionsäureamid)-äther- oder -thioätherderivaten. — Gibt man zu einer Lsg. von 53,3 (Gew.-Teilen) (-anthrachinon-2-sulfonsäure = **I**) des Dinatriumsalzes der 1-Amino-4-(3-sulfo-4-aminophenylamino)-**I** (**II**) in 700 W. u. 300 Eis unter Aufrechterhaltung eines pH 7 24,5 β-Methoxypropionsäurechlorid u. rührt 1 Std. bei 0—5°, so erhält man einen Farbstoff der Baumwolle (**A**) in Ggw. bas. Mittel grünstichig blau färbt. Durch Rk. von 53,3 des Di-Na-Salzes des 1-Amino-4-(3-amino-4-sulfophenylamino)-**I** in 533 N-Methylpyrrolidon mit einer Lsg. von 22,1 β-Phenoxypropionsäurechlorid in 40 Dimethylformamid wird ein **A** blau färbender Farbstoff erhalten. In ähnlicher Weise erhält man aus **II** u. β-(4-Chlorthiophenyl)-propionsäurechlorid den Farbstoff der Zus. **III**, färbt **A** grünstichigblau. — Tabelle mit den Formelbildern von Rk.-Teilnehmern, die zu Farbstoffen führen, die **A** in violetten, blauen, grünen u. roten Tönen färben. (**D. A. S. 1 143 950** Kl. 22b vom 23/8. 1960, ausg. 21/2. 1963.) O. Roick. 7059

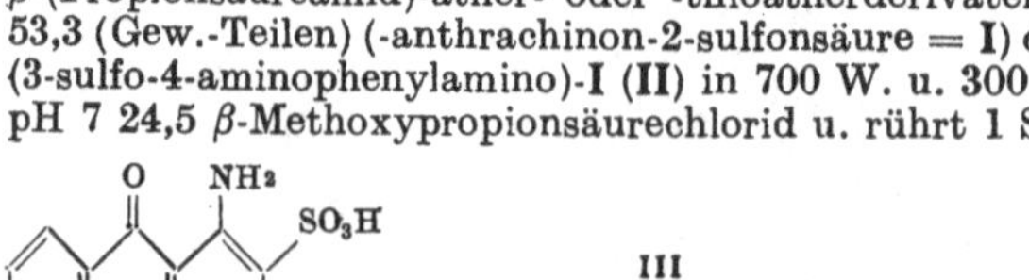
III

Badische Anilin- & Soda-Fabrik Akt.-Ges., Ludwigshafen/Rh. (Erfinder: Werner Deuschel, Freiburg, Schweiz, und Günther Riedel, Mannheim), **Fluorubin**, (6.13-Dihydro-5.6.7.12.13.14-hexazapentazen), oder dessen Substitutionsprodd. der allg. Zus. **I**, die in 1—4- u. 8—11-Stellung auch niedrigmol. Alkylreste u./oder Halogen enthalten können, nach geeigneter Feinverteilung gut weichmacher- u. lösungsmittelechte Gelbpigmente von ausgezeichneter Farbtonreinheit, erhält man durch

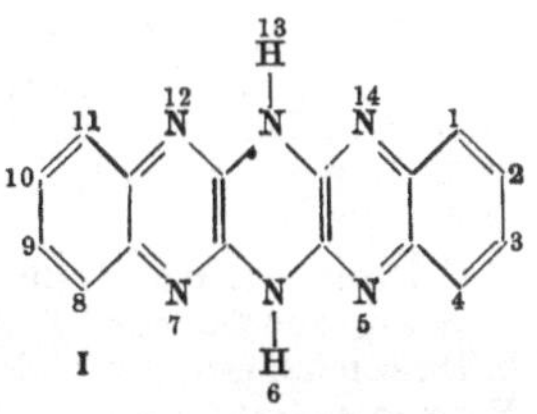

I

Erhitzen von 2-Amino-3-chlorchinoxalin (II) oder dessen in 5-, 6-, 7- u./oder 8-Stellung entsprechend substituierten Derivv., ggf. in der 0,5—10fachen Gew.-Menge bei der Rk.-Temp. fl. organ. Verdünnungsmittel, wie Dialkylamide, N-Alkyllactame oder Aromaten der Benzol- oder Naphthalinreihe, auf Temp. von mindestens 140°, aber höchstens 300° u. ggf. in Ggw. von HCl aufnehmenden Mitteln. — 200 (Gew.-Teile) 2.3-Dichlorchinoxalin werden in 200 N-Methylpyrrolidin (III) auf 140° erhitzt, worauf ca. 3 Std. NH_3-Gas eingeleitet, die Mischung abgekühlt u. bei 60° 400 Methanol zugegeben wird. Es werden 160 II, schwach gelbliche Kristalle, F. 141—143°, erhalten. Durch 5std. Erhitzen von 100 II in 150 III auf 180° werden 48 *Fluorubin* als olivgrünes Pulver, F. >360°, dessen Farbton durch Ausreiben gelb wird, erhalten. In ähnlicher Weise erhält man weitere Gelbpigmente von hoher Farbstärke aus: 2-Amino-3.6- oder -3.7-dichlor- oder aus 2-Amino-3-chlor-6-methylchinoxalin. (**D. A. S. 1 142 981** Kl. 22e vom 1/9. 1960, ausg. 31/1. 1963.) O. Roick. 7085

Kurashiki Rayon Co. Ltd., Japan, *Herstellung von Polyvinylalkoholfäden.* (**F. P. 1 230 816** vom 10/7. 1959, ausg. 20/9. 1960. Jap. Prior. 14/7. 1958. — **C. 1963,** 7513 [D. A. S. 1 129 451].)

Farbenfabriken Bayer Akt.-Ges., übert. von: **Andreas Schmitz** und **Wilhelm Graulich**, Leverkusen, *Färben mit Pigmenten.* (**Can. P. 569 661** vom 28/3. 1955, ausg. 27/1. 1959. D. Prior. 1/4. 1954. — **C. 1960,** 2698 [E. P. 798 437].)

Imperial Chemical Industries Ltd., England, *Polyamid-Pigmentmischung.* (**F. P. 1 215 711** vom 30/10. 1958, ausg. 20/4. 1960. E. Prior. 30/10. 1957. — **C. 1963,** 5253 [Aust. P. 229 156].)

Sandoz Akt.-Ges., Basel (Erfinder: **Paul Bücheler**, Reinach), Schweiz, *Färben von Polyamid-, Celluloseester- und Polyterephthalsäureesterfasern.* (**D. A. S. 1 144 678** Kl. 8m vom 18/3. 1959, ausg. 7/3. 1963. Schwz. Prior 19/3. 1958 u. 9/3. 1959. — **C. 1963,** 2629 [Schwz. P. 351 253] u. **C. 1963,** 7955 [Schwz. P. 355 126].)

Farbenfabriken Bayer Akt.-Ges., Leverkusen, übert. von: **Kurt Breig**, Köln-Stammheim, und **Eugen Glietenberg**, Leverkusen-Bayerwerk, *Erzeugung von Eisfarben im Zeugdruck.* (**Can. P. 569 643** vom 15/12. 1954, ausg. 27/1. 1959. D. Prior. 28/12. 1953. — **C. 1956,** 14499 [D. B. P. 948 595].)

Ciba Akt.-Ges. (Erfinder: **Paul Rhyner**, Basel, **Paul Grossmann**, Binningen, und **Raymond Défago**, Riehen), Schweiz, *Färben und Bedrucken von Fasermaterial aus aromatischen Polyestern.* (**D. A. S. 1 146 030** Kl. 8m vom 22/9. 1960, ausg. 28/3. 1963. Schwz. Prior. 23/9. 1959. — **C. 1963,** 11824 [E. P. 890 699].)

Soc. Monsavon-l'Oréal, Paris, Frankreich, *Färben menschlicher Haare.* (**D. A. S. 1 141 411** Kl. 30h vom 16/7. 1957, ausg. 20/12. 1962. F. Prior. 17/7. 1956. — **C. 1961,** 14471 [Schwz. P. 346 521].)

H_{11a}. Farben. Anstriche. Lacke. Naturharze

Über die Stabilisierung von Rußsuspensionen in Gemischen von Ölen mit Firnis. B. N. Schach Keldjan. (Kolloid-J. **20,** 498—501, 1958; Moskau, Polygraph. Inst.; russ.) — Rußsuspensionen mit Strukturviscosität für die Herst. von Farben erleiden in Gemischen von *Vaselinöl* u. polymerisiertem *Firnis* bei hohen Schub-Geschw. eine Zerstörung der Struktur u. fließen wie echtviscose Flüssigkeiten. Die der zerstörten Struktur entsprechende Verdickung erniedrigt sich beim Übergang von Vaselinsuspensionen zu den Firnissuspensionen, wodurch deren stabilisierende Eigg. angezeigt werden. Bei einem Firnis-Geh. von 31% u. mehr strebt die relative Viscosität bei Erhöhung der Geschw. einem Grenzwert zu, bei dem die Grenzadsorption erreicht wird.
J. v. Schroeder. 7096◇

Emulgierung in nichtwässerigen Medien. A. Nirmala und S. N. Srivastava. (Indian J. appl. Chem. **23,** 185, 1960; Agra, St. John's Coll., Chem. Dep.; engl.) — Als Emulsionsstabilisator für die Syst. *Kerosin–Anilin* (**I**), *Cyclohexan*–**I** u. *Heptan*–**I** eignet sich koll. Aluminiumhydroxid. Mit Chromhydroxid bilden sich farbige, homogene Systeme. Cu-Phosphat u. CuO eignen sich nicht als Stabilisatoren.
P. Olschinka. 7096□

Anwendung von Epoxyharzen in der technischen Praxis. J. Obadálek. (Jemná Mechan. Optika **3,** 80—82, 112—15, 1958; tschech.) R. K. Müller. 7106◇

Wasserverdünnbare Industrielacke. E. L. Farrow. (Trans. Inst. Metal Finishing **37,** 98—100, 1960; engl.) — Diskussion zu der C. **1961,** 9216 veröffentlichten Arbeit.
W. Wesly. 7106◇

Die Harzung der Kiefer unter Anwendung einer schwefelsauren Paste. W. F. Bedenko. (Hydrolysen- u. holzchem. Ind. [UdSSR] **13,** Nr. 2, 20—21, 1960; Sibir. Forsch.-Inst. für Forstwirtschaft u. Forstausbeute; russ.) — Allg. Ausführungen über die Steigerung der Erträge an *Kieferharz* unter Verw. einer Paste aus 400—500 g Kaolin u. 1 kg konz. H_2SO_4. S. Baryschnikow. 7140△

Ponce Industrielle Française, Paris, Frankreich, **Silicatfarbe,** die man durch Bldg. einer Suspension einer homogenen pulverförmigen Zus. in einer wss. Lsg. von Alkalimetasilicat erhält. Diese Zus. ist frei von irgend einem organ. filmbildenden Bindemittel u. enthält Bimsteinpulver, welches ein Sieb mit mindestens 150 Maschen pro cm durchläuft, u. mindestens ein Pigment enthält. Die pulverförmige Zus. besteht z. B. aus folgenden Bestandteilen: 600 (Teile) Bimsstein, 250 Kalk, 50 $BaSO_4$, 50 ZnO (Pulver), 50 Lithopone, 20 TiO_2 (Pulver). (**E. P. 839 694** vom 22/3. 1957, ausg. 29/6. 1960. F. Prior. 22/3. 1956.) H. Maaß. 7093

Soc. An. du Blanc Omya, Paris, Frankreich, **Mineralisches Weißpigment,** bes. ein Ca-Carbonat vom Typ des Calcites in feinen Teilchen, auf denen auf der Oberfläche, mittels einer aliphat. oder aromat. Carbonsäure viel mehr feine Teilchen eines weißen Pigmentes mit erhöhtem Brechungsindex, bes. vom Titanoxid, fixiert sind. (**Belg. P. 564 872** vom 15/2. 1958, ausg. 15/7. 1960. F. Prior. 2/9. 1957.) H. Maaß. 7093

National Lead Co., New York, N.Y., übert. von: Augustine N. Dempster, Fords, und Walter K. Nelson, Metuchen, N.J., V.St.A., **Herstellung von Titandioxid-Pigment der Rutil-Modifikation.** Man wäscht das calcinierte TiO_2 mit W. vor dem Naßvermahlen genügend, um die okkludierten in W. lösl. Metallsulfate, wie K_2SO_4 u. Na_2SO_4, in dem calcinierten TiO_2 auf eine Menge von nicht $>$0,25%, berechnet als Schwefeloxide (SO_4) auf eine TiO_2-Gew.-Basis, zu verringern u. vermahlt dann naß das gewaschene TiO_2 in Ggw. eines Dispergierungsmittels wie NaOH, Na-Silicat. Na-Phosphat, Aminomethylpropanol, Monoisopropanolamin u. Mischungen davon. (**A. P. 2 933 408** vom 28/5. 1957, ausg. 19/4. 1960.) H. Maaß. 7093

Westinghouse Electric Corp., East Pittsburgh, Pa., übert. von: Anselm Wachtel, Sayreville, N.J., V.St.A., **Herstellung eines elektrolumineszierenden Zinksulfidpigments,** das durch Cu aktiviert u. durch Cl koaktiviert ist. Man vermischt ZnS u. Cu enthaltende Verbb. zu einer Mischung, die 0,008 g-Atom Cu in gebundener Form pro Mol ZnS enthält; bringt die Mischung in eine Brennkammer, glüht bei 950° 1½ Std. lang, während man in die Brennkammer N_2 mit damit vermischtem S_2Cl_2-Dampf einführt. Dann kühlt man die gebrannte Mischung in einer Atmosphäre, welche prakt. frei von O_2 ist. — Zeichnung. (**A. P. 2 951 813** vom 24/12. 1956, ausg. 6/9. 1960.) H. Maaß. 7093

General Electric Co., New York, übert. von: Eugene F. Apple, Schenectady, N.Y., V.St.A., **Herstellung von Leuchtfarben.** Man stellt eine Mischung her, die 0,01 bis 10 Mol.-% Ag–Ga-Sulfid enthält. Der Rest besteht aus in Würfelform krist. ZnS. Man brennt die Mischung in einer reduzierenden Atmosphäre von H_2S bei 800 bis 1000°. — Graph. Tabellen. (**A. P. 2 947 704** vom 10/4. 1957, ausg. 2/8. 1960.) H. Maaß. 7093

General Electric Co., New York, übert. von: Eugene F. Apple, Schenectady, N.Y., V.St.A., **Herstellung von Leuchtfarben.** Man stellt eine Mischung her, die 0,01—20 Mol.-% Cu-Ga-Sulfid enthält. Der Rest besteht aus würfelförmig krist. ZnS. Man brennt die Mischung in einer reduzierenden Atmosphäre von H_2S bei 800 bis 1000°. — Graph. Tabellen. (**A. P. 2 947 705** vom 10/4. 1957, ausg. 2/8. 1960.) H. Maaß. 7093

Westinghouse Electric Corp., East Pittsburgh, Pa., V.St.A., übert. von: Georges Destriau, Cauderan, Frankreich, **Leuchtfarbenmaterial,** bestehend im wesentlichen aus CdS·ZnS, worin das Gew.-Verhältnis von Cd:Zn-Sulfiden 30:70 bis 65:35 beträgt u. durch $1\cdot10^{-4}$ bis $1\cdot10^{-2}$ Gew.-Teile Mn u. mit einem Zusatz von $5\cdot10^{-7}$ bis $1\cdot10^{-5}$ Gew.-Teilen Au aktiviert ist. — Zeichnung u. graph. Tabellen. (**A. P. 2 951 814** vom 13/5. 1957, ausg. 5/9. 1960.) H. Maaß. 7093

A. Landolt Akt.-Ges. (Erfinder: Gustav Klein), Zofingen, Schweiz, **Lackieren im elektrostatischen Feld mit Mehrkomponentenlacken.** Das Mischen der Lackkomponenten wird erst unmittelbar vor dem Zerstäuben vorgenommen; die Komponenten werden getrennt z. B. einem Sprühkopf außen oder innen zugeführt u. durch dessen Drehung kurz vor dem Absprühen miteinander vermischt. (**Schwz. P. 347 743** vom 7/3. 1957, ausg. 31/8. 1960.) E. Weiß. 7107

E. I. du Pont de Nemours & Co., Wilmington, Del., übert. von: John L. Evans, Springfield, Pa., V.St.A., **Grundierschicht für Metallacke aus Polymethylmethacrylaten** (**I**) enthält als Bindemittel aus mehrwertigen Phenolen u. Epihalogenhydrinen hergestellte u. mit 1—7,5 Gew.-% H_3PO_4 (bezogen auf das Harz) veresterte Polyäther (**II**). Die Schicht wird eingebrannt, der **I**-Lack aufgetragen u. ebenfalls eingebrannt. — Beispiel für die Grundierschicht: 36,5 (Teile) aus Diphenylpropan u. Epichlorhydrin hergestellter u. mit 2,4% H_3PO_4 veresterter **II**, 30,2 TiO_2, 2,3 Di-2-äthylhexylamin, 31,0 Butylglykol. Beispiel für den **I**-Lack: 29,74 **I**, 11,93 Dibutylphthalat, 8,33 Pigmente, 25,00 Toluol, 25,00 Xylol. — Weitere Mengenbeispiele, Zeichnung. (**A. P. 2 887 404** vom 22/3. 1956, ausg. 19/5. 1959.) E. Weiß. 7107

Union Chimique Belge Soc. An., Brüssel, Belgien, **Das Anhaften verhindernde Schutzüberzugsmassen,** bestehend aus einer Emulsion von Siliconen u. Polytetrafluoräthylen. Die aus den Massen erhaltenen Schichten werden bei Temp. zwischen 350 u. 400° eingebrannt. Als Pigmente setzt man z. B. Metallpulver, wie Al oder Metalloxide bzw. -chromate, zu. (**Belg. P. 561 714** vom 18/10. 1957, ausg. 20/5. 1960.)
P. Krug. 7107

Permanoid Ltd., England, **Härtbare Pasten aus Vinylchloridpolymeren oder Vinylchlorid-Vinylacetat- oder Vinylchlorid-Vinylidenchlorid-Mischpolymeren** durch Zusatz von polymeren Mischestern von Dialkoholen mit wenigstens 3 C-Atomen mit gesätt. u. 12—32 Mol-% (der Säuren) ungesätt. zweibas. Säuren, die auch noch freie OH- oder COOH-Gruppen aufweisen können, wie Polypropylenadipatmaleat (I) oder -sebacatmaleat oder octyliertes **I** oder Laurylpolybutylensebacatmaleat (Molgew. der Ester $>$500 u. $<$6000), auch zusammen mit Vernetzungsmitteln. Die Pasten dienen zur Herst. von *Überzügen* auf Fasern, Stoffen, Holz oder Metall, z. B. Drähten, im letzteren Fall zur Verbesserung der Haftung in Mischung mit Epoxyharzen. — Man mischt 25 (Teile) I (16 Mol-% Maleinsäure pro Gesamtsäure; Molgew. 3000), 4,4 Diallylphthalat, 42 Polyvinylchlorid, 6 bes. Pb-Carbonat u. 0,35 Benzoylperoxid zu einer Paste, die man nach Aufbringen auf Metalldrähte 15 Min. bei 180° zu einem zähen, harten Belag härtet. (**F. P. 1 222 914** vom 18/3. 1959, ausg. 14/6. 1960.) M. Pankow. 7107

H_{11}b. Plaste (Kunstharze. Plastische Massen)

Das Altern hochpolymerer Stoffe unter besonderer Berücksichtigung energiereicher Strahlen. M. Dyck. (Farbe u. Lack **68,** 543—48, 608—12, 1962; Kopenhagen; dt.) — Vf. gibt einen Überblick über die den Alterungsvorgang beeinflussenden Faktoren (Luft-Temp. u. -feuchtigkeit, O_2, therm., mechan., elektr. u. chem. Belastung) u. beschreibt dann den chem. u. physikal. Aufbau von Hochpolymeren. Nach einer Darst. des Wesens der Strahlung behandelt er den Einfl. der Strahlung auf Hochpolymere (Aufbau-Rkk., Pfropfpolymerisation u. Vernetzungen) u. erwähnt abschließend die Stabilisierungsmöglichkeiten durch UV-Absorber. — 52 Literaturzitate.
I. Köditz. 7170

Der Rußeinfluß auf thermische Antioxydantien für Polyäthylen. T. R. Crompton. (J. appl. Polymer Sci. **6,** 558—60, 1962; Carrington, England, Shell Chem. Co. Ltd., Res. Labor., Analytic. Dep.; engl.) — Vf. untersuchte die Oxydation u. den Abbau des speziellen Aminalterungsschutzmittels *N.N'-Di-β-naphthyl-p-phenylendiamin* (**I**) während des Knetens von Polytähylen (**II**) hoher Dichte mit Ruß variabler pH-Werte u. Teilchengrößen. Saure Kanalruße kleiner Teilchengröße beschleunigen die Oxydation von **I.** Ferner treten bei **I** Abbau oder Adsorption auf der Rußoberfläche ein. Dagegen findet mit alkal. Ofenrußen großer Teilchengröße die Oxydation nur im gleichen Ausmaß statt wie in reinem **I.** R. Schäff. 7172◇

Überblick über Polytetrafluoräthylen. John E. Tomlin. (Lab. Pract. **11,** 827 bis 829, 1962; Welwyn Garden City, Hertfordshire, Techn. Serv. Dep., Imp. Chem. Ind. Ltd., Plastics Div.; engl.) — Überblick über die Chemie, Eigg., Herst. u. Verw. von Polytetrafluoräthylen. I. Köditz. 7172

Über den scheinbaren Anstieg des Schmelzindex während der Messung. R. V. Charley. (J. appl. Polymer Sci. **6,** Nr. 22, S 19, 1962; Welwyn Garden City, Herts., I.C.I. Res. Dep., Plastics Div.; engl.) — Der Schmelzindex von *Polypropylen* ist während eines Extrusionsvorgangs im „Schmelzindexer" nicht konst., er kann einen Wert bis zu 2,5 erreichen, was ein Ansteigen der Fließgeschw. um den Faktor 3,6 während eines Ansatzes bewirkt. Für dieses Verh. ist der Druckgradient in der Kammer verantwortlich. Druckmessungen in der Schmelze nahe am Düseneingang wurden durch ein Diaphragma u. später mit einem Drucküberträger gemacht; parallel dazu wurde die Fließgeschw. aufgenommen. Beide gemessenen Werte zeigten eine Zunahme bei der Entleerung des Kolbens. Die Viscositätswerte, berechnet aus der Geschw. allein mit der Annahme, daß der volle Druck am Düseneingang wirksam ist, zeigten einen Abfall während des Vorgangs um den Faktor 2, während sie beim Einsetzen des am Düseneingang gemessenen Druckes konst. waren. R. Sattelmeyer. 7172◇

Untersuchung über die Restspannung bei Polyvinylchlorid. 6. Mitt. **Beziehung zwischen Doppelbrechung und Restspannung.** K. Hosoda. (J. Soc. Rubber Ind., Japan **33,** 177—88, 1960; Res. Center of the Furukawa Electr. Co. Ltd.; jap., Auszug: engl. S. 243.) — 5. vgl. C. **1963,** 16754. — Die Hysterese u. die Ursachen der Restspannung werden erklärt. Der Einsatz von Dioctylphthalat verringert den Deformationsbruch.
H. Strauch. 7172◇

Testung von P.P-Dialkyl-11-phosphonoundecansäureestern und P.P-Dialkyl-9(10)-phosphonostearinsäureestern als Weichmacher für Vinylchloridpolymere. Daniel Swern, W. E. Palm, Richard Sasin und L. P. Witnauer. (J. chem. Engng. Data **5**, 484—85, 1960; Philadelphia, Pa., Eastern Regional Res. Lab., Fatty Acids Producers' Council of the Assoc. of Amer. Soap and Glycerine Producers Inc.; engl.) — Die Eigg. der Weichmacher sowie die mechan. Eigg. der weichgemachten Polymeren (Modul, Dehnung, Zugfestigkeit, Flexibilität bei tiefer Temp., Auswanderungsverluste u. a.) werden besprochen. K. Gröbe. 7172◇

Absorptionsmethode für das Trocknen von Formaldehyd. G. Ss. Gontscharow, A. N. Lewin und G. A. Rywkin. (Plast. Massen [UdSSR] **1962**, Nr. 4, 50—52; russ.) — Durch sorgfältige Entwässerung von *Formaldehyd* in Toluol bei 80° erhält man ein Prod., dessen Polymere erhöhte therm. Beständigkeit u. Gleichartigkeit besitzen. J. v. Schroeder. 7176◇

Veränderung der Festigkeit und Elastizität von glasfaserverstärkten Kunststoffen bei langer Verweilzeit in Wasser. I. G. Romanenkow. (Plast. Massen [UdSSR] **1962**, Nr. 4, 46—49; russ.) — Die Änderungen der Festigkeits-Eigg. von glasfaserverstärkten Kunststoffen bei 2 std. Behandlung mit W. von 94° u. Lagern in W. bei normaler Temp. im Lauf eines Jahres sind ziemlich gleich. J. v. Schroeder. 7204◇

Festigkeit und Elastizität von glasfaserverstärkten Kunststoffen bei der Einwirkung von statischen und Schlagbelastungen. W. M. Schtscherbakow, Ss. W. Masur und L. N. Ginsburg. (Plast. Massen [UdSSR] **1962**, Nr. 4, 33—43; russ.) — Die höchste Festigkeit bei stat.- u. Schlagbelastungen haben glasfaserverstärkte *Epoxid–Phenol* u. *Polyester*-Harze. Anwendung von Druck u. Wärmebehandlung erhöhen die Festigkeit dieser Harze. Geeignete Füllmaterialien sind Satin- u. Juteglasgewebe. Bei der Best. der Dehnung u. Biegefestigkeit sind genaue Vorschriften einzuhalten. Der Elastizitätsmodul dieser Harze kann durch Verw. von Glasgeweben mit höherem Elastizitätsmodul erhöht werden. J. v. Schroeder. 7204◇

Chemische Behandlung von Glasgewebe mit dem siliciumorganischen Ester GWS-9. S. I. Bronstein, N. N. Krjutschkow und M. N. Kritschewskaja. (Plast. Massen [UdSSR] **1962**, Nr. 4, 27—32; russ.) — Zur thermochem. Behandlung von Glasgewebe für Kunststoffe auf der Basis von ungesätt. *Polyesterharzen* wurde wasserlösl. *GWS-9* gewählt. Optimal waren pH 9 u. eine Konz. von 5%. GWS-9 ist in seinen Eigg. nicht schlechter als das engl. Garan. J. v. Schroeder. 7204◇

Bestimmungsmethode für die Adhäsion von Harzen an Oberflächen von Glasfasern. G. W. Schirjajewa und G. D. Andrejewskaja. (Plast. Massen [UdSSR] **1962**, Nr. 4, 43—46; russ.) — Ein App. zur Best. der Adhäsion von *Harz* an *Glasfasern* wurde konstruiert. Die Meth. beruht auf der Messung der Schubkraft der Glasfasern in bezug auf den polymerisierten Film u. Best. der Kontaktfläche zwischen Harz u. Film. J. v. Schroeder. 7210◇

Eine Methode zur Bestimmung der Hitzebeständigkeit von Plastmassen. I. F. Kanawetz und L. G. Batalowa. (Plast. Massen [UdSSR] **1960**, Nr. 3, 58—63; russ.) — Vgl. C. **1960**, 3053. — Vff. berichten über ein neues Verf. für die Best. der Wärmefestigkeit u. Zers.-Temp. von Thermoplasten u. über eine verbesserte Meth. zur Best. der Übergangs-Temp. vom glasähnlichen zum zähflüssigen Zustand. Es werden Geräte vorgeschlagen, die eine exakte Messung der Schub- u. Dehnungsverformung bei verschiedenen Temp. (Elastizitätsmodul) gewährleisten. Das Verf. gestattet es, Änderungen der Dichte u. Schrumpfung infolge der Strukturumwandlung zu verfolgen. Bei der Unters. plattenförmiger Materialien (darunter auch Glasfaserkunststoffe) ist der Einfl. der Füllstoffe auf ein Minimum herabgesetzt, was für die Schaffung von Harzen mit höherer Wärmefestigkeit für glasfaserverstärkte Kunststoffe wichtig ist. K. Wekua. 7210□

Bestimmungsmethode der Wärmestabilität und höchstzulässigen Temperatur bei der Verarbeitung von Thermoplasten. I. F. Kanawetz und L. G. Batalowa. (Plast. Massen [UdSSR] **1962**, Nr. 4, 22—27; russ.) — Vgl. vorst. Referat. — Die Best. wird an zwei Proben (Polypropylen) bei Temp. von 10 u. 30° über dem Übergangspunkt in den viscos-fl. Zustand ausgeführt. Bei einer Festigkeitsdifferenz von $\leq 10\%$ ist das Material zum Guß geeignet. J. v. Schroeder. 7210◇

Einfluß der Preßbedingungen auf die Festigkeit der plastischen Masse „AG-4". Ju. M. Tarnopolski, A. W. Petrow und K. A. Akunz. (Plast. Massen [UdSSR] **1962**, Nr. 4, 65—67; russ.) — Bei der Unters. der Festigkeit waren die optimalen Daten für das Pressen des glasfaserverstärkten Kunststoffes *AG-4* (Phenol–Formaldehyd-Komposition) 120—140° u. 500 kp/cm². Die Länge der Proben muß mindestens 40—50 mm betragen. J. v. Schroeder. 7210◇

Permeabilität von Filmen aus Hochpolymeren für Gase und Wasserdampf. 4. Mitt. Einfluß der Permeabilität auf den Polymerisationsgrad und seine Verteilung. Yukio Ito. (Chem. high Polymers [Tokyo] **17,** 7—12, 1960; Tokyo, Ind. Arts Inst.; jap., Auszug: engl.) — 3. vgl. Chem. high Polymers [Tokyo] **16,** [1959] 207. — Unterss. über den Einfl. der Permeabilität (P) auf den Polymerisationsgrad u. seine Verteilung von Filmen aus Polyäthylen, PVC, Äthylcellulose u. Polyisobutylen für Wasserdampf, N_2 u. CO_2 zeigen, daß P mit fallendem Polymerisationsgrad etwas ansteigt, die mechan. Eigg. sich aber verschlechtern. Für dieses Verh. wird hauptsächlich der Anstieg des Diffusions-Koeff. verantwortlich gemacht. W. Wesly. 7210◇

Permeabilität von Filmen aus Hochpolymeren für Gase und Dämpfe. 6. Mitt. **Konzentration und innere Spannung von Filmen bei der Permeation.** Yukio Ito. (Chem. high Polymers [Tokyo] **17,** 489—92, 1960; jap., Auszug: engl.) — 4. vgl. vorst. Referat. — Für die Permeation von Filmen aus Polymeren mit Gasen u. Dämpfen wird eine Gleichung abgeleitet. Die innere Spannung des Films wird von seiner Dicke beeinflußt, der Permeabilitäts-Koeff. steigt mit der Filmdicke. W. Wesly. 7210◇

Permeabilität von Filmen aus Hochpolymeren für Gase und Dämpfe. 8. Mitt. **Temperaturabhängigkeit der Permeation von Gasen und Dämpfen durch Polyäthylen.** Yukio Ito. (Chem. High Polymers [Tokyo] **18,** 1—6, 1961; jap., Auszug: engl.) — 6. vgl. vorst. Referat. — Den Temp.-Abhängigkeitsmessungen der Koeff. der Permeabilität (P) u. Diffusion (D) von Gasen u. Dämpfen gegenüber verschiedenen Polyäthylenen (**I**) u. **I**-Gemischen zufolge liegen die Aktivierungsenergien von P u. D für Niederdruck-**I** etwas höher als für Hochdruck-**I**. Als Grund dafür wird die etwas größere Temp.-Abhängigkeit der Kristallinität von Niederdruck-**I** angesehen. Die Beziehung zwischen dem Quadrat des Gasmoleküldurchmessers u. der D-Aktivierungsenergie wird geradlinig u. geht durch den Ausgangspunkt. Aus den Werten für die D-Entropie u. den temperaturunabhängigen Faktor wird geschlossen, daß im amorphen Bereich von **I** P u. D nicht wesentlich von denen von Naturkautschuk u. Polybutadien abweichen. M. Hagedorn. 7210◇

Permeabilität von Filmen aus Hochpolymeren für Gase und Dämpfe. 9. Mitt. **Permeabilität gestreckter und orientierter Filme von Polymeren.** Yukio Ito. (Chem. High Polymers [Tokyo] **18,** 6—12, 1961; jap., Auszug: engl.) — 8. vgl. vorst. Referat. — Der Koeff. der Permeabilität (P) von Gasen u. Dämpfen gegenüber gestreckten u. orientierten Filmen aus Polymeren nimmt im allg. mit steigendem Orientierungsgrad ab. Bei extrudierten Filmen aus Polyäthylen wird P aber durch eine größer werdende Orientierung nur wenig beeinflußt; manchmal ist vielmehr eine Zunahme von P festzustellen, wenn die quasikristalline Struktur sich, wie vermutet wird, während des Streckvorgangs entwickelt. M. Hagedorn. 7210◇

Permeabilität von Filmen von Hochpolymeren für Gase und Dämpfe. 10. Mitt. **Effekt der Kristallinität auf die Permeabilität.** Yukio Ito. (Chem. High Polymers [Tokyo] **18,** 13—18, 1961; Ota-ku, Tokyo, Ind. Arts Inst.; jap., Auszug: engl.) — 9. vgl. vorst. Referat. — Aus den Messungen der Permeabilität (P) von Gasen u. Dämpfen gegenüber Filmen aus Polypropylen u. Nylon-6 wird eine Beziehung zwischen dem P-Koeff. u. dem Geh. an amorphen Anteilen abgeleitet. Aus dem Vgl. des P-Verh. eines Vinylidenchlorid–Vinylchlorid-Copolymeren (**I**) mit dem eines Vinylchlorid–Vinylacetat-Copolymeren wird festgestellt, daß P von **I** durch die Kristallinität beeinflußt wird. M. Hagedorn. 7210◇

Hygrophotographische Untersuchung der Permeabilität von Verpackungsmaterialien für Wasser und Feuchtigkeit. Joseph Sivadjian und Francisco Corral. (J. appl. Polymer Sci. **6,** 561—70, 1962; Paris, Inst. Pasteur; engl.) — Mit der früher (Sivadjian, Chem. and Ind. **1958,** 1280) beschriebenen schnellen u. einfachen hygrophotograph. Meth. wurde die Wasser- u. Feuchtigkeitspermeabilität verschiedener plast. Filmmaterialien variabler Dicke u. der Einfl. von Weichmachern, radioakt. Bestrahlung, Alterung u. andere Faktoren untersucht. Die Permeabilität wird durch die Ggw. von Weichmachern erhöht u. durch Alterung erniedrigt. Durch γ-Bestrahlung im Vakuum wird die Permeabilität von Polyäthylen deutlich erhöht. Systemat. Unterss. zeigen die Rolle der Sorptionserscheinung bei verschiedenen Filmarten. So muß z. B. 200 μm dicker Manolenefilm (Niederdruckpolyäthylen) 13 Std. auf 65° erhitzt werden, um das sorbierte W. vollkommen zu verdampfen. R. Schäff. 7210◇

Messung der Klarheit von Filmen aus Hochpolymeren. Zigmond W. Wilchinsky. (J. appl. Polymer Sci. **5,** 48—52, 1961; Linden, N.J., Esso Res. and Ind. Co.; engl.) — Die opt. Komponente der Klarheit hängt von der opt. Auflösung ab. Sie wird an Filmen aus *Polypropylen-*, *-äthylen* u. *-styrol* durch Lichtstreuungsmessungen bei Winkeln $< 1^0$ Objektiv ermittelt u. mit visuellen Beobachtungen verglichen. Die Breite der bei halber maximaler Intensität gemessenen Streukurve eines schmalen Lichtbündels wird als Klarheitsindex verwendet. Er ist im wesentlichen dem, bei visueller Betrachtung eines Testobjekts durch den Polymerenfilm festgestellten, kleinsten Auflösungswinkel äquivalent. Der Meßbereich des Lichtstreuungsmeßinstruments wird durch eine Auflösungskorrektur erweitert. Die Messungen sind für Verpackungsfolien u. a. bequem durchführbar. M. Hagedorn. 7210◇

Je. W. Kusnetzow, W. A. Wosskressenski und B. L. Sacharow, **Herstellen von Nitrodibutylphthalat** als *Weichmacher*. Im ersten Stadium nitriert man Dibutylphthalat mit der doppelten Gew.-Menge zutropfender HNO_3 bei 40—45°, danach kühlt man durch Rühren auf 30—35° u. gibt im zweiten Stadium die gleiche Menge H_2SO_4 zu. Die sich abscheidende oberste Schicht wird mit W. gewaschen, getrocknet u. das Endprod. bei $Kp._{20}$ 223—225° destilliert. (**UdSSR. P. 130 887** vom 26/1. 1952.) B. Pankow. 7171

N. M. Tschirkow, W. I. Zwetkowa, D. M. Lissitzyn, O. N. Pirogow, D. W. Iwanjukow, W. F. Petrowa und P. W. Krymow, **Herstellung von $TiCl_3$-$AlCl_3$-Mischkristallen** für *Polymerisationskatalysen* durch Red. von $TiCl_4$ mit Al in gesätt. n-KW-Stoffen bei 110—150°, wobei feindisperse Prodd. mit hoher Aktivität erhalten werden. — 1,15 (g) Al-Pulver ($\leqq 30\ \mu$), 0,6 $AlCl_3$ u. 21,2 $TiCl_4$ werden in 50 cm^3 n-Octan (frei von ungesätt. Verbb.) in Ar-Atmosphäre 9 Std. auf 125° erhitzt, danach wird mit n-Hexan verd. u. gewaschen; Ausbeute 22 g. (**UdSSR. P. 128 451** vom 3/8. 1959.) L. Großner. 7171

Sun Oil Co., Philadelphia, übert. von: Charles H. Brooks, Swarthmore, Pa., V.St.A., **Kontinuierliche Olefinpolymerisation** erfolgt in einem Durchflußreaktor, dem Monomeres u. Lsgm. im Verhältnis 1:1 zugeführt werden. — Zum Beispiel wird Propylen (I) mit 140°F u. 350 lbs./sq.in. u. so weit vorerhitztes Isooctan (II) eingeführt, daß die Temp. 176°F erreicht. Gleichzeitig wird der Katalysator aus $TiCl_3$ u. $Al(C_2H_5)_3$ im Verhältnis 1:0,6 in einer Menge von 0,1% des I–II-Gemisches eingepreßt. Durch an der Außenwand des rohrartigen Reaktors angebrachte Kolbenpumpen wird das Rk.-Gemisch in ständiger Bewegung gehalten, wodurch ein Ansetzen des Polymerisates vermieden u. dieses als verarbeitbarer Schlamm abgezogen wird. — Zeichnung. (**A. P. 2 927 006** vom 2/5. 1957, ausg. 1/3. 1960.) H. Schindler. 7173

Sun Oil Co., Philadelphia, übert. von: Abraham Schneider, Overbrook Hills, und James L. Jezl, Swarthmore, Pa., V.St.A., **Polymerisation von α-Olefinen,** wie Äthylen u./oder Propylen oder Buten-(1), mit einer Dispersion eines Metalls der Gruppen IV, V oder VI des Period. Syst., bes. $TiCl_3$ mit $Al(C_2H_5)_3$, Al-Triisopropyl oder Al-Triisobutyl in einer inerten Fl., Abtrennen des festen Polymerisats u. Behandeln der Fl. mit Isobutylen bei 100°, Trennen von den Feststoffen u. Dest. der Fl., wobei der Katalysator zurückbleibt. Kristalline Polymere mit sehr geringem Aschegehalt. — Beispiel mit Propylen. (**A. P. 2 927 103** vom 4/2. 1958, ausg. 1/3. 1960.) H. Schindler. 7173

Goodrich-Gulf Chemicals, Inc., Cleveland (Erfinder: Samuel Emmett Horne jun., Akron), Ohio, V.St.A., **Herstellung von Mischpolymerisaten aus olefinisch ungesättigten Monomeren** (I), dad. gek., daß in 1. Stufe nur eines der I in einem inerten Lsgm. unter Polymerisationsbedingungen mit einem Katalysator zur Rk. gebracht wird, der durch Rk. einer Alkyl-Al-Verb. mit einer 4 wertigen Ti-Verb. hergestellt worden ist, wobei eine Lsg. eines lösl. Homopolymerisats (II) entsteht u. daß in 2. Stufe das andere der I mit der II-Lsg. vermischt u. die Polymerisation fortgesetzt wird, bis ein beträchtlicher Mengenanteil des anderen I sich mit dem lösl. II vereinigt hat. Vorteilhaft soll das 1. I vor dem Zusatz des 2. I vollständig homopolymerisiert sein, das eine I kann auch ein mehrfach ungesätt. KW-Stoff, z. B. ein konjugierter Dien-KW-Stoff oder ein halogeniertes I mit mindestens 3 C-Atomen, das andere ein 1 monoolefin. KW-Stoff sein, der dann zuerst homopolymerisiert wird. Als Mischkomponenten sind in den Beispielen Isopren (III) u. Styrol (IV), Butadien-(1.3) u. IV, III u. Octen-(1), III u. Allylchlorid bzw. Methallylchlorid (V), Penten-(1) u. V genannt. Nach diesem zweistufigen Verf. können von jeder der Komponenten 5—95% eingesetzt werden. Als Katalysatorgemisch wird das Rk.-Prod. aus Triisobutyl-Al u. $TiCl_4$ verwendet. Man erhält zähe, nicht klebrige u. vulkanisierbare Endprodd., deren physikal. Eigg. in zahlreichen Vgl.-Tabellen dargestellt sind. — Vgl. F. P. 1 168 262; C. **1960, 1324.** (**D. A. S. 1 089 972** Kl. 39c vom 24/12. 1956, ausg. 29/9. 1960. A. Prior. 27/12. 1955.) H. Schindler. 7173

Sun Oil Co., Philadelphia, Pa., übert. von: Thomas S. Mertes, Wilmington, Del., V.St.A., **Reinigen von Polyolefinen,** die noch ca. 0,1% Katalysator u. n-Heptan (I) enthalten, durch Erhitzen im offenen Kessel auf ca. 520°F (krit. Temp. des I 513°F), wodurch das Polymere auf > $^1/_{20}$ der abs. Dichte aufbläht. Nach dem Abkühlen auf ca. 75°F wird die Masse gemahlen u. mit HNO_3 in Methanol der Katalysator herausgelöst, wodurch ein Endprod. mit < 0,01% Asche-Geh. erhalten wird. — Beispiel mit Polypropylen. — Zeichnung. (**A. P. 2 957 859** vom 13/11. 1957, ausg. 25/10. 1960.) H. Schindler. 7173

Sun Oil Co., Philadelphia, übert. von: James L. Jezl, Swarthmore, Pa., V.St.A., **Katalysatorgemisch für Olefinpolymerisation,** bestehend aus einem Rk.-Prod. aus $TiCl_4$ u. 0,05—12 Mol-%, bezogen auf $TiCl_4$, $InCl_3$ mit 1—5 Mol. $AlCl_2C_2H_5$, bezogen auf $TiCl_4$ + $InCl_3$, das dann noch mit 0,2—10 Mol. Al $(C_2H_5)_3$, bezogen auf $TiCl_4$ + $InCl_3$, umgesetzt wird. Das $Al(C_2H_5)_3$ wird nach dem Beispiel zusammen mit Propylen u. Octan dem ersten Rk.-Prod. zugeführt u. bei 32° polymerisiert. Man erhält ein Polypropylen, das 87% isotakt. ist u. ein Molgew. von 366000 hat. (**A. P. 2 935 496** vom 14/5. 1958, ausg. 3/5. 1960.) H. Schindler. 7173

National Petro-Chemicals Corp., New York, N.Y., V.St.A., **Herstellung von Polyätyhlen** mit einer Dichte von > 0,93, dad. gek., daß man bei einem Druck von 10000—50000 lbs./sq.in. in Ggw. eines Trägerstoffes, bes. Cyclohexan, in 2 Stufen polymerisiert. In der 1 Stufe wird bei 20—120° in Ggw. eines Katalysators (I) für niedere Temp., bes. Isopropylperoxiddicarbonat u. in der 2. Stufe in Ggw. eines I für höhere Temp., bes. Lauroylperoxid, bei 170—250° polymerisiert, wobei bes. ein vertikaler Reaktor verwendet wird. — Zeichnung. (**Ind. P. 64 396** vom 16/6. 1958, ausg. 23/6. 1960.) C. Lüttgen. 7173

A. Ss. Danjuschewski, **Stabilisierung von PVC-Plastifikaten** durch Zugabe von 2-Phenylchromon, das in der Lage ist, den durch Zers. des Harzes bei höheren Temp. auftretenden HCl sowie im Harz vorhandene Salze zu binden. — Zu 100 (Gew.-Teilen) PVC mischt man 15 Phthalate höherer Alkohole, 3 Ca-Stearat u. 1 Flavon. (**UdSSR. P. 130 671** vom 28/7. 1959.) B. Pankow. 7173

L. M. Kogan, N. N. Melnikow, B. A. Ssofrai, B. N. Dinsburg, Ss. L. Polinski, W. A. Shurko, I. M. Landa, A. A. Gontscharowa und Je. A. Lyssko, **Weichmachen von PVC** durch Verw. von *Chlorendisäure* (1.4.5.6.7.7-Hexachlorbicyclo-[2.2.1]-hepten-(5)-dicarbonsäure-(2.3); I) in Form von Estern einwertiger Alkohole, z. B. *Chlorendisäurdibutylester.* I u. seine Ester sind nicht entzündbar, wenig flüchtig u. von geringer Zähigkeit. I verleiht dem PVC gewisse Feuerfestigkeit u. wird aus Cl_2 u. KW-Stoffen aus entsprechenden Gasen oder Erdöl dargestellt. (**UdSSR. P. 130 672** vom 3/8. 1959.) B. Pankow. 7173

Dunlop Rubber Australia Ltd. (Erfinder: Peter Merriman), **Schaumkörper aus Harzen.** Ein weichgemachtes Harz, z. B. ein Plastisol aus 100 (Teilen) „Geon" 121, einem handelsüblichen, Pasten bildenden Polyvinylchlorid, je 50 Trikresylphosphat u. Dioctylphthalat u. 2 Dibutylzinnlaurat werden bei ca. 10° in einem Votator mit ca. 3% CO_2 vermischt, worauf die Masse unter Verminderung des Druckes auf Normaldruck durch eine Flamme hindurch gegen eine sich bewegende Fläche zu einer ca. 0,5 Zoll dicken Schicht gespritzt wird, die anschließend durch Hochfrequenzbestrahlung „gereift" wird. (**Aust. P. 229 031** vom 17/12. 1957, ausg. 28/7. 1960.) C. Lüttgen. 7173

American Cyanamid Co., New York, N.Y., übert. von: Yun Jen, Stamford, Conn., V.St.A., **Pfropfpolymerisate** aus kernsubstituiertem Methylstyrol (I) u. einem Mischpolymerisat aus Butylacrylat (II) u. Allylacrylat (III) erhält man in Ggw. freie Radikale bildender Katalysatoren, wobei III zu 0,5—30 Mol.-% in II + III enthalten ist u. das Mol.-Verhältnis von I : II + III = 50 : 99,5 bis 0,5 : 50 beträgt. I ist ein Isomerengemisch von 25—40 (%) o-, < 5 m- u. 60—75 p-I. Statt II können auch allg. (Cyclo-)Alkyl-Aralkyl-, Aryl- u. Alkarylacrylate sowie Ester von α-substituierten Acrylsäuren, statt III Diallylester aromat. oder gesätt. aliphat. Polycarbonsäuren oder Diallyldialkylammoniumsalze oder Diallylaminotriazine, statt I (Meth-)Acrylnitril, Styrol oder andere Isomere von Alkylstyrolen eingesetzt werden 11 Mengenbeispiele. — Tabellen. — *Form-Prodd., Fäden, Filme.* (**A. P. 2 958 673** vom 18/7. 1957, ausg. 1/11. 1960.) H. Schindler. 7173

E. I. du Pont de Nemours & Co., Wilmington, Del., übert. von: Charles John Pedersen, Salem, N.J., V.St.A., **Zersetzung von N.N'-disubstituierten p-Chinondiimin-N.N'-dioxiden oder der entsprechenden 4.4'-Diphenochinondiimin-N.N'-dioxide** der allg. Formel A=X=N(→O)—R (A = =N(→O)R oder O; X = $=C_2H_4=$ oder $=C_6H_4=C_6H_4=$; R = aromat. Rest, wie Phenyl, Furyl, Thienyl, Naphthyl, Thionaphthyl, Benzofuryl, der ggf. mit Halogen, OH, NH_2, NH-Alkyl, N-(Alkyl)$_2$, O-Alkyl, CN, $CONH_2$, CO—NH-Alkyl, CON(Alkyl)$_2$, COO-Alkyl mit 1—4 C-Atomen im Alkylrest oder NO_2 substituiert ist, N.N'-Diphenyl, N.N'-Bis-(2-methyl-3-chlorphenyl), N.N'-Bis-(4-methoxyphenyl), N-Phenyl-N'-(2-naphthyl), Brom-, Chlor-, Nitro-, Äthyl-, Dimethyl-, Methyläthyl-, n-Butyl-, Hydroxy- oder Äthoxyphenyl, Methyl-, Methoxy-, Chlor- oder Nitronaphthyl oder die entsprechenden Furan- u. Thiophenreste bzw. aliphat. Rest, wie Methyl, 2-Butyl, tert.-Amyl, Octyl, 2-Äthylhexyl, Cyclopentyl bis Cyclooctyl, Methylcyclopentyl u. -hexyl, wobei die Reste Substituenten, wie CN, $CONH_2$,

CONH-Alkyl, CON(Alkyl)$_2$, CO—O-Alkyl, mit je 4 C-Atomen im Alkyl, COOH oder NO_2 enthalten können, bzw. aliphat.-aromat. Rest, wie Benzyl, 8-Phenyloctyl, Naphthylmethyl, Furfuryl, 3-Thienylpropyl, 2-(4-Chlorphenyl)-2-propyl oder 1-(2-Naphthyl)-1-cyanoäthyl, wobei beide R gleich oder verschieden sein können) über die entsprechenden Mono-N-Oxide zu Chinonen unter Gewinnung von Azo-Verbb. erreicht man durch Einw. von aktin. Strahlen zweier Wellenbereiche nacheinander, z. B. mit λ_1 = 3900 bis 6000 Å u. λ_2 = 3000—3900 Å, nach den Gleichungen 1. 2 R—N(→ O)=X=N(→ O)—R $\xrightarrow{\lambda_1}$ 2 R—N(→ O)=X=O + R—N=N—R; 2. 2 R—N(→ O)=X=O $\xrightarrow{\lambda_2}$ 2 O=X=O + R—N=N—R. — Man bestrahlt z. B. 0,0138 (Mol) N.N'-Diphenyl-p-chinondiimin-N.N'-dioxid (I) in 800 ml Bzl. unter Pyrexglas 4 Std. bei Raum-Temp. mit einer Hg-Dampf-Quarzlampe (466 W, 8 in. Abstand) mit einem für Strahlen mit < 3900 Å undurchlässigen Filter u. trennt die Zers.-Prodd. durch fraktionierte Kristallisation aus Bzl. u. PAe. → 0,0116 *N-Phenyl-p-chinonimin-N-oxid* (II), F. 140°; Molgew. 196 ± 7; 84,1% Ausbeute; braune Kristalle, λ_{max} 3710 Å (in CH_3OH), ε_{max} 25000, daraus durch katalyt. Hydrierung → p-Hydroxydiphenylamin. Ferner erhält man aus obiger Rk. 1,18 g *Azobenzol* (III). Filtriert man bei vorst. Rk. alle Strahlen mit < 3700 Å ab, so zersetzt sich II zur Hälfte zu III, *N-Phenyl-p-chinonimin* u. *Chinon*. Man bestrahlt 100 ml einer 0,0173 m Lsg. von I in Bzl. 1 Std. durch eine Glasscheibe mit direktem Sonnenlicht (mindestens 3000—3500 Å) u. trennt die Prodd. chromatograph. auf Al_2O_3 → 0,00034 *p-Chinon*, 0,00086 II u. 0,00084 III, wobei sich II nach 1 Std. zur Hälfte zersetzt hat. Bei Verw. von A. statt Bzl. entsteht durch Red. noch zusätzlich *Hydrochinon*. Aus 0,001 II in Bzl. mit direktem Sonnenlicht, 18 Tage bei Raum-Temp. → 0,000462 III, 0,000052 *p-Chinon* u. eine unbekannte Verb. mit λ = 2180 Å (in Methanol). Aus 0,000345 N.N'-Bis-(4-methoxyphenyl)-p-chinondiimin-N.N'-dioxid (IV) in Bzl., 6 Tage im Sonnenlicht → 0,000305 *4.4'-Dimethoxyazobenzol*, F. 161—162°, λ_{max} 3550 Å (in Methanol), ε_{max} 25000, gelbe Kristalle; analog aus N.N'-Bis-(2-methyl-3-chlorphenyl)-p-chinondiimin-N.N'-dioxid → *2.2'-Dimethyl-3.3'-dichlorazobenzol*, F. 151—152°, λ_{max} 3300 Å, ε_{max} 18000, orangerote Nadeln. Aus N-(2-Naphthyl)-N'-phenyl-p-chinondiimin-N.N'-dioxid in Bzl. → *p-Chinon* u. die 3 möglichen Azo-Verbb.: III, F. 68°, *Benzoazo-2-naphthalin*, F. 82°, u. *Azo-2-naphthalin*, F. 206°. Aus einer Mischung von I u. IV → III, *4-Methoxyazobenzol*, F. 54°, u. *4.4'-Dimethoxyazobenzol*, F. 165°. Aus N-Cyclohexyl-N'-phenyl-p-chinondiimin-N.N'-dioxid, λ_{max} 4100 Å, ε_{max} 48000, → *Chinon*, III, λ_{max} 3170 Å, ε_{max} 23000 u. Azocyclohexan. Die Rk. verläuft über das Zwischenprod. *N-Cyclohexyl-p-chinonimin-N-oxid*, λ_{max} 3770 Å, ε_{max} 26000. Aus N.N'-Dicyclohexyl-p-chinondiimin-N.N'-dioxid, λ_{max} 4050 Å, ε_{max} 65000 → *Chinon* u. *Azocyclohexan*. Anwendung des Verf. zur Zers. von Styrolmethylmethacrylat u. Isoprenstabilisatoren der Formel I—III vor der Polymerisation der Monomeren. — Tabellen für Spektren bzw. Polymerisat-Geh. von Styrol vor u. nach der Bestrahlung. (**A. P. 2 831 805** vom 2/3. 1956, ausg. 22/4. 1958.) G. Vogel. 7173

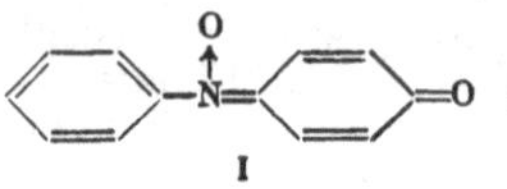

I

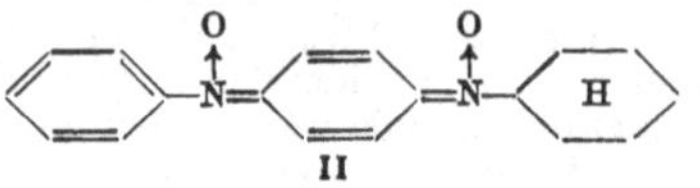

II

oder

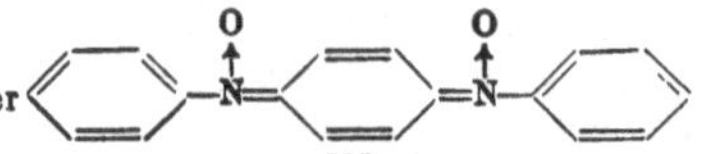

III

Karl Wahl, Liechtenstein, übert. von: Rheinpreußen Akt.-Ges., **Herstellung trockener Resolharze** durch Rk. von Phenolen u. Aldehyden in Ggw. starker Alkalien mit bis zu 20, bes. 3—6 Gew.-% Alkalihydroxid, zunächst längere Zeit bei 40—50°, worauf man die erhaltene Lsg. auf der Trockenwalze schnell auf 110—130° erhitzt u. trocknet u. danach schnell auf 20° abkühlt. Das Material wird nach Zusatz von Füllstoffen bei ca. 185° in der Form gehärtet u. eignet sich für *Preßmassen*, *Verstärkung von Gewebe u. Papier*, für *Bindemittel*, *Holzfurniere*, *Hartfaserplatten*. (**F. P. 1 214 239** vom 15/10. 1958, ausg. 7/4. 1960. D. Prior. 21/10. 1957.) M. Pankow. 7177

Inventa Akt.-Ges. für Forschung und Patentverwertung, Schweiz, **Herstellung stabiler Polyester.** Vor dem Ende der Polykondens. setzt man zu der Rk.-Mischung ein Carbonsäureanhydrid, wie Stearin- oder Palmitinsäureanhydrid oder das Anhydrid der p-Toluylsäure, α-Methyl-β-naphthoesäure, Äthylnaphthoesäure. — 194 (g) Dimethylterephthalat u. 190 Äthylenglykol werden bei 190° in Ggw. von 0,2 Pb-Acetat unter Abdestillieren des CH_3OH, dann bei 250° zur Entfernung von Äthylenglykol gehalten. Man gibt 5,5 Stearinsäureanhydrid zu u. erhitzt bei 280° u. 1 mm 4 Stunden. — Ähnlich kann man aus Vanillinsäure-β-hydroxyäthyläther bei 250° mit $B(OH)_3$ bei 20 mm ein Kondens.-Prod. herstellen, das mit dem Mischanhydrid aus Benzoylbenzoesäure u. Propionsäure stabilisiert wird. (**F. P. 1 216 828** vom 17/2. 1959, ausg. 27/4. 1960. Schwz. Prior. 18/2. 1958.) M. Pankow. 7177

Inventa Akt.-Ges. für Forschung und Patentverwertung, Schweiz, **Herstellung linearer Polyester** durch Erhitzen von ω-Hydroxyalkylestern der ω-Hydroxyalkoxyvanillinsäure in Ggw. von Umesterungskatalysatoren unter Abdestillieren der Glykole u. ggf. Zusatz eines Stabilisierungsmittels. — Man erhitzt 75 g Di-K-Salz der Vanillinsäure in 180 cm^3 Äthylenchlorhydrin 4 Std. unter starkem Rühren zum Sieden, filtriert u. dest. im Vakuum. Als Rückstand bleibt *β-Hydroxyäthoxyvanillinsäure-β-hydroxyäthylester* (I), F. 94° (Chlf. oder Bzl.). Man erhitzt 120 g **I** u. 0,12 g Zn-Borat 6 Std. langsam von 200 auf 260° u. erniedrigt den Druck bis 1 mm unter Rühren u. Durchleiten von N_2: *Polyester*, F. ca. 240°; kann aus der Schmelze zu *Fäden* oder *Folien* geformt werden. (**F. P. 1 220 725** vom 21/4. 1959, ausg. 27/5. 1960. Schwz. Prior. 23/4. 1958.) M. Pankow. 7177

Shell Research Ltd., London, England (Erfinder: Richard Rigby), **Herstellung von Polyoxyalkylenverbindungen** aus Glykolen, Phenolen, Aminen, Amiden, Säuren, Mercaptanen durch Kondens. mit Alkylenoxiden in Ggw. alkal. Katalysatoren. Das Rk.-Prod. wird zur Alkalientfernung mit adsorbierenden Tonen oder Erden, die vorher mit Säuren behandelt waren, zusammengebracht. Man verwendet hierfür z. B. Fullererde, Bentonit, Attapulgit, Vermiculit, behandelt sie mit ca. 8—10%ig. H_2SO_4, ggf. unter mehrstd. Erwärmen, wäscht dann säurefrei, trocknet bei 65—120° u. pulvert. — Man erhitzt 2,1 (Gew.-Teile) KOH in 41,6 Äthylenglykolmonobutyläther unter N_2 auf 110°, gibt 6 fl. Äthylenoxid (I) zu, regelt den Druck auf 3,5—4,2 at u. hält < 125°, gibt nach der ersten Rk. 160 Propylenoxid (II) nach u. jeweils nach erfolgter Rk. 22 **I** u. weiter gleiche Mengen eines der beiden Oxide, bis 164 **I** u. 720 **II** zugesetzt sind. Man läßt dann den Druck auf 1,4 at fallen u. kühlt ab; Rk.-Dauer $13^1/_2$ Std., worauf man 337 des Rk.-Prod. 6 Std. unter N_2 u. Unterdruck auf dem Wasserbad erhitzt u. hiernach mit 4 Gew.-% säurebehandeltem Ton (Fullererde) 2 Std. bei 90° rührt. Man filtriert u. erhält eine aschearme *Polyoxyalkylen-Verb.* der Viscosität 118 cSt bei 37°. (**F. P. 1 216 565** vom 9/12. 1958, ausg. 26/4. 1960. E. Prior. 9/12. 1957. **E. P. 877 269** vom 9/12. 1957, ausg. 13/9. 1961.) M. Pankow. 7177

Shell Research Ltd., London, England, bzw. Shell Oil Co., New York, N.Y., V.St.A. (Erfinder: John C. Moseley, Little Sutton, Wirral, Glyn Ellis, Oxton, Birkenhead, Edward James Hayward, Hoole, und Alan Carswell Houston, West Kirby, Wirral, England), **Herstellung von Polyoxyalkylenverbindungen** aus organ. Verbb. mit OH-, COOH-, SH- oder prim. oder sek. Aminogruppen mit Alkylenoxid in Ggw. eines alkal. Katalysators u. Nachbehandlung des Rk.-Prod. mit einer Säure u. danach mit einem Alkohol oder niederen aliphat. Glykol u. Entfernung der suspendierten Feststoffe u. des Alkohols oder Glykols aus dem Rk.-Produkt. — Man stellt nach dem in F. P. 1 216 565 im vorst. Ref. angegebenen Beispiel aus insgesamt 116 (Teilen) Äthylenoxid u. 720 Propylenoxid ein Rk.-Prod. her, von dem man 337 6 Std. unter N_2 auf dem Wasserbad bei Unterdruck erhitzt, dann den Katalysator mit H_3PO_4 neutralisiert u. filtriert. Man verrührt mit 10 Gew.-% CH_3OH u. läßt 1 Tag stehen, worauf man filtriert u. CH_3OH aus den Rk.-Prodd. abdestilliert. (**F. P. 1 217 335** vom 22/12. 1958, ausg. 3/5. 1960. **A. P. 3 030 426** vom 12/12. 1958, ausg. 17/4. 1962. Beide E. Prior. 23/12. 1957. **E. P. 870 457** vom 23/12. 1957, ausg. 14/6. 1961.) M. Pankow. 7177

Columbia-Southern Chemical Corp., Allegheny County, Pa., übert. von: Alphonse Pechukas, Pittsfield, Mass., V.St.A., **Halogenhaltige Orthotitansäureester von Glykolen** erhält man durch Rk. eines Di- oder Polyepoxids, deren Epoxygruppen an zwei benachbarte C-Atome gebunden sind, mit $TiCl_4$ oder Chlortitanaten der allg. Formel $(R-O-)_m-TiCl_n$ (R = 1 wertiger Alkoholrest; m = 1 oder 2 u. n = 2 oder 3), wobei das Verhältnis der Ti-Verb. zum Epoxid so gewählt wird, daß 0,25—2 Cl der Ti-Verb. auf eine Epoxidgruppe kommen, bei < 25, bes. < 10°, in Ggw. eines Lsgm. (CCl_4, Methylenchlorid). — Aus $TiCl_4$ in Methylenchlorid u. Äthylenoxid bei 5° → 2-Chloräthyl-$TiCl_3$; daraus bei 5° mit 1.2-Epoxy-3-buten in Methylenchlorid → *2-Chloräthyl-2-chlor-n-butenyl-$TiCl_2$*, $ClCH_2CH_2OTi(Cl)_2OCH_2CH(Cl)CH{=}CH_2$; daraus erhält man mit Styrol, Methacrylsäuremethylester, Vinylacetat oder Vinylchlorid bei 70—100° in Ggw. eines Peroxids ein Mischpolymeres. Ferner können umgesetzt werden: 1.2.3.4-Diepoxybutan, Di- oder Polyepoxide von 1.3-Butadien, Isopren, Cyclopentadien, dimerem Butadien, Divinylbenzol, Dicyclopentadien oder Polycyclopentadien, Diepoxide von Glycidyl-3.4-epoxybutyrat, Diglycidylphthalat, -maleinat oder -succinat mit 2-Chloräthyl-, Äthyl-, n-Propyl-, Stearyl-, Phenyl-, Allyl-, Oleyl-, 2-Chlor-3.4-butenyl-$TiCl_3$, Bis-(2-chloräthyl)-, Diäthyl-, Dibutyl-, Äthyl-2-chloräthyl-, Distearyl-, Diphenyl-, Diallyl-, Bis-(2-chlorallyl)-, Allyl-2-chloräthyl-, Cinnamyl-2-chloräthyl-$TiCl_2$ u. den entsprechenden Bromiden, Jodiden u. Fluoriden. Der organ. Rest kann noch Halogen, NO_2, Alkoxy u. Phenyl enthalten. — Die ungesätt. Ester lassen sich polymerisieren u. mischpolymerisieren, bes. mit Acrylnitril, Diallylphthalat, Propylenglykolmaleinat, Styrol u. Methacrylsäuremethylester. — Die Harze dienen zum Imprägnieren von Textilien, Glasfasern u. Asbest. (**A. P. 2 883 348** vom 16/12. 1954, ausg. 21/4. 1959.) G. Krauß. 7177

Kanegafuchi Co. Ltd., Japan, **Herstellung von Polyamiden, Polyharnstoffen und Polyharnstoffamiden.** Antistat. Eigg. erhalten sie durch den Ring **I** (R u. R^3 = H oder CH_3; R^1 u. R^2 = C_{1-12}-Alkylen), der diese Eig. nach Quaternisierung noch verbessert.

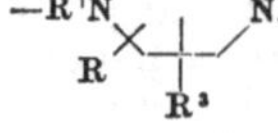

I

Man kondensiert Verbb. X–**I**–Y (X u. Y = Amino- oder COOH-Gruppen) mit der Verb. X–**A**–Y (**A** = $-CO-$, $-(CH_2)_m-$, $-(CH_2)_m-$ 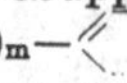 $-(CH_2)_m-$ oder $-(CH_2)_m-$ 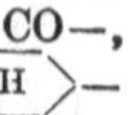 $-(CH_2)_m-$, wenn X u. Y = Aminogruppen, u. die gleichen Gruppen, aber nicht $-CO-$, wenn X u. Y = COOH, u. $-(CH_2)_n-$ oder **I**, wenn X oder Y Aminogruppen oder $-COOH$ bedeuten; n = 1—12; m = 0 oder 1 nach den für die Polyharnstoff- u. Polyamid-Herst. bekannten Methoden. Die Polymeren lassen sich gut zu *Folien* u. *Fäden, Zahnrädern* u. *Walzen* formen. — Man erhitzt N.N'-Bis-[γ-aminopropyl]-piperazin 8 Std. unter N_2 auf 230°. Das Polymere ist zu 40% bei Raum-Temp. in W. lösl. u. hat F. 192° u. Ω 2,85·10^9. Taucht man es 30 Min. in 3%ig. HCl, so erhält man für Faserappretierung u. Klebmittel für Polyäthylen geeignete Produkte. — Die nachst. Polyamide u. Polyharnstoffe haben folgenden F. u. folgendes 10^9 Ω: Aus N.N'-Bis-[β-aminoäthyl]-piperazin, 175°, 9,10; N.N'-Bis-[aminomethyl]-piperazin (0,2 [Mol]), Oktamethylendiamin (**IV**) (0,8), Adipinsäure (**V**) (1), 189°, 4,46; N.N'-Bis-[γ-aminopropyl]-2.5-dimethylpiperazin (0,05), **V** (0,05), Caprolactam (**II**) (1), 212°, 4,58; N-[β-Aminoäthyl]-piperazin-N'-propionsäure (0,1), **II**, 204°, 0,984; Piperazin-N.N'-dipropionsäure (0,1), Hexamethylendiamin (0,1), **II** (1), 205°, 1,02; Harnstoff (**III**) (1), Hexamethylendiamin (1), N.N'-Bis-[γ-aminopropyl]-piperazin (0,2), **V** (0,2), 239°, 0,898; **III** (1,3), Hexamethylendiamin (1), Nonamethylendiamin (0,3), N.N'-Bis-[γ-aminopropyl]-piperaziniumadipat (0,15), 218°, 6,58; **III** (1,3), Hexamethylendiamin (1,3), Piperazin-N.N'-dicapronsäure (0,3), 229°, 2,14; **III** (1), Hexamethylendiamin (1), N.N'-Bis-[γ-aminopropyl]-2.6-dimethylpiperazin (0,2), **V** (0,2), 208°, 5,6; **III** (1), Hexamethylendiamin (1), **II** (0,4), N.N'-Bis-[β-aminoäthyl]-piperazin (0,1), Sebacinsäure (0,1), 206°, 3,32; **III** (0,1), **IV** (1), N-[γ-Aminopropyl]-piperazin-N'-propionsäure (0,1), 226°, 4,29; **III** (1), **IV** (1), N-[γ-Aminopropyl]-piperazin-N'-propionsäure (0,1), 231°, 7,17; **III** (1), Nonamethylendiamin (1,05), Piperazin-N-essigsäure-N'-propionsäure, 212°, 19,8. (**F. P. 1 234 421** vom 7/8. 1959, ausg. 17/10. 1960. Jap. Prior. 8/8. 1958, 12/6. u. 16/6. 1959.) M. Pankow. 7181

Imperial Chemical Industries Ltd., England, **Herstellung von Polyamiden bei gewöhnlichem Druck** aus äquimol. Mengen Diamin u. Dicarbonsäure. Aus den entweichenden Wasserdämpfen scheidet man das Diamin ab u. führt es dem Rk.-Ansatz wieder zu. — Man tropft eine 40%ig. wss. Lsg. von Hexamethylendiaminadipat in den oberen Teil einer vertikalen Fraktionierkolonne, die in diesem Teil eine Ableitung zu einem Kühler zum Kondensieren des Wasserdampfes hat. In dem mit sd. Adiponitril beheizten unteren Rk.-Raum entweichen W. u. etwas Diamin in den Kühler, wo sie getrennt werden, während das *Polyamid* als Schmelze unten aus der Fraktionierkolonne abgezogen wird. — Vorrichtung. (**F. P. 1 223 387** vom 20/12. 1958, ausg. 16/6. 1960. E. Prior. 20/12. 1957.) M. Pankow. 7181

Ministerul Industriei Petrolului şi Chimiei, Rumänien (Erfinder: Iancu Minter und Florica Elena Gherghel), **Herstellung von Cyanäthylpolyamiden** durch Behandlung von Polyamiden (Pulver, Körner, Fäden, Lsgg., Suspensionen) mit Acrylnitril (**I**) in Ggw. bas. Katalysatoren. Die modifizierten Polyamide dienen zur Herst. von *Fasern, Fäden, Folien, plast. Massen.* — Man suspendiert 4 g Polycaprolactampulver in einer Lsg. von 10 cm^3 **I** (mit 0,5% Phenyl-β-naphthylamin stabilisiert) in 50 cm^3 Dioxan u. erhitzt die Suspension mit 0,4 g NaOH-Pulver 1 Std. auf 75—77°. Nach Abkühlen filtriert man ab u. wäscht mit W. u. Aceton: Gelbliches Pulver mit 6,5% Nitril-N, vermutlich mit den Gruppen $-CO-N(CH_2CH_2CN)-$. (**F. P. 1 230 797** vom 9/7. 1959, ausg. 20/9. 1960. Rumän. Prior. 12/7. 1958.) M. Pankow. 7181

Ciba Ltd., Basel, übert. von: Daniel Porret und Ernst Leumann, Monthey, Schweiz, **Polymerisierbare, amidartige Verbindungen** erhält man durch Rk. von gesätt. oder ungesätt. Carbonsäureamiden, Harnstoff oder Thioharnstoff, Aminotriazinen mit wss. HCHO oder diesen abgebenden Stoffen (Paraformaldehyd, Hexamethylentetramin) u. einem ungesätt. aliphat., cycloaliphat., araliphat. oder heterocycl. Mono- oder Polycarbonsäurenitril, das eine oder mehrere Doppel- oder Dreifachbindungen enthält, in Ggw. einer starken, anorgan., bes. wasserfreien Säure (H_3PO_4, H_2SO_4) bei tiefer, normaler oder erhöhter Temp. in Ab- oder Anwesenheit eines Lsgm. (Tetrahydrofuran, Eisessig). — Aus 95 (Teilen) Melamin, 57 40%ig. wss. HCHO u. 300 konz. H_2SO_4 bei 5—15°, dann Zusatz von 41 Acrylsäurenitril, wobei die Temp. auf 40° steigt, nach 3 Std. Eingießen der Mischung auf Eis, Neutralisieren der Säure mit NaOH → *Melaminmonomethylenacrylsäureamid.* — Benzonitril + Paraformaldehyd + Acrylsäurenitril → *Acrylamidomethylenbenzamid*; die Doppelbindung kann hydriert werden. — Harnstoff + HCHO + Acrylsäurenitril → *Acrylamidomethylenharnstoff*, aus A. F. 130—131°; aus der Mutterlauge kann *Acrylsäureamid* durch Dest. abgetrennt werden. Ferner können umgesetzt werden die Amide von: Ameisen-, Essig-, Propion-, Butter-, Laurin-, Stearin-, Öl-, Cocosnußölfett-, Naphthen-, Oxal-, Bernstein-, Adipin-, Fumar-, Malein-, Milch-, Glykol-, Chloressig-, Toluyl-, Anis-, Phthal-, Isophthal-, Terephthal-, Zimt-, Hydrozimt-, p-Nitrobenzoe-, m-Sulfobenzoe-, Salicyl-, Furan-α-carbon-, Benzimidazyl-β-propion- u. Benzoltricarbonsäure, Acetylglykokoll, Melam, Melem, Ammelin, Ammelid, 2-Chlor-4.6-diamino-1.3.5-triazin, Guanamin, Benzoguanamin, Acetoguanamin, Formoguanamin u. Guanylmelamin mit HCHO u. Furylacryl-, Zimt-, Methacryl-, Croton-, Phenylpropion-, α-Chloracrylsäurenitril, Muconsäuredinitril, Acetylendicarbonsäuredinitril. — Verw. zur Herst. von Kondens.- u. Polymerisationsharzen; Zwischenprodd. zur Herst. von Textil-, Leder-, Papierhilfsmitteln; Imprägnierungs- u. Überzugsmittel für Textilien, zum Wasserabstoßendmachen, zum Animalisieren von Cellulosetextilien, zum Nachbehandeln von Färbungen; Färbereihilfsmittel. (**A. P. 2 885 438** vom 5/11. 1953, ausg. 5/5. 1959. Schwz. Prior. 26/11. 1952.) G. Krauß. 7181

Inventa Akt.-Ges. für Forschung und Patentverwertung, Schweiz, **Entfernung niedrigmolekularer Anteile aus Poly-ε-caprolactam.** Man läßt das zerkleinerte Polymere in einem Extraktionsturm abwärtsgleiten u. führt im Gegenstrom Lysin (W.) für das Niedrigmol. ein, wobei man zweckmäßig bei böherer Temp., z. B. bei 95°, arbeitet. (**F. P. 1 232 576** vom 5/6. 1959, ausg. 10/10. 1960. Schwz. Prior. 6/12. 1958.) M. Pankow. 7181

E. I. du Pont de Nemours & Co., übcrt. von: Kenneth C. Smeltz, Wilmington, Del., V.St.A., **Endständig Urethangruppen aufweisende Polycarbodiimide** erhält man durch Rk. der aus linearen NCO-Gruppen enthaltenden Polyätherurethanen in Ggw. von 3-Methyl-1-äthyl-3-phospholin hergestellten Polycarbodiimide (vgl. F. P. 1 180 307; C. **1962,** 17940) mit prim. oder sek. 1wertigen Alkoholen, wie Methanol, A., Isopropanol, n-Hexanol, Cyclohexanol, Benzylalkohol u. Zimtalkohol. Die Carbodiimide haben die allg. Formel $B-O-CO-NH-(R-N{=}C{=}N-)_xR-NH-CO-O-B$; $x > 1$; R = 2wertige, gegenüber NCO-Gruppen inerte Polyalkylenglykoldiarylengruppe; B = Rest des 1wertigen Alkohols; Molgew. in den Beispielen 670—7250. Sie sind z. B. in Gemischen aus Tetrahydrofuran u. W. lösl. u. dienen zum *Antistatischmachen* von *Fasern*, bes. aus linearen Polyestern. (**A. P. 2 941 983** vom 7/5. 1957, ausg. 21/6. 1960.) G. Tewes. 7181

Imperial Chemical Industries Ltd., England, **Herstellung von Polymeren** aus Organopolysiloxanharzen mit 1,35—2 organ. Gruppen pro Si-Atom u. Epoxiden durch Erhitzen in einem O enthaltenden Lsgm. (Ester, Ketone, Äther, Nitro-KW-Stoffe). — Man erhitzt 416,5 (Teile) einer 60%ig. Xylol-Lsg. von Methylphenylpolysiloxan (Verhältnis von CH_3- + C_6H_5-Gruppen : Si-Atom = 1,4 u. von $C_6H_5 : CH_3 = 0{,}75$) u. 21,6 Toluol-Lsg. mit 1,16% Zn als 2-Äthylhexanoat mit 250 eines Diphenylolpropan–Epoxid-Harzes (Epoxidäquivalent 450—525) in 238 Cyclohexanon auf 200°, hält 45 Min. bei 200—220°, wobei Teile des Lsgm. entweichen, gibt 119 Cyclohexanon zu u. rührt weitere 4 Std., worauf man mit 125 einer Mischung aus Xylol-n-Butanol (3 : 1) verd. u. filtriert. — Verw. für *Überzüge*, z. B. auf Draht, als *isolierender Lack, Klebstoff, Formentrennmittel, Schichtkörper, Folien,* Zwischenprodd. für modifizierte Alkydharze. Härtung durch Erhitzen auf ≦ 300°, auch mit Härtemitteln (Alkalien, Amine, Alkoxide). (**F. P. 1 235 605** vom 19/6. 1959, ausg. 4/11. 1960. E. Prior. 20/6. 1958 u. 29/5. 1959.) M. Pankow. 7189

K. A. Andrianow, E. S. Assnowitsch und A. I. Petraschko, **Herstellung von Polytitanoorganosiloxanen** mit hohem Ti-Geh. u. bestimmten Ti–Si-Verhältnissen durch Rk. von Verbb. der allg. Formel MeO-[Si(R)(R')O]Me (R = organ. Rest; R' = organ. Rest oder OH-Gruppe; Me = Alkalimetall), die z. B. durch Hydrolyse entsprechender Organochlorsilane u. Rk. der Hydrolyse-Prodd. mit Alkali erhalten werden, mit Ti-Salzen, bes. $TiCl_4$ u. $[(C_2H_5)_3SiO]_2TiCl_2$ (hergestellt aus $TiCl_4$ u. $[(C_2H_5)_3SiO]_4Ti$). — 25 (g) Polyphenylsiloxan, 225 Toluol–Butanol (1 : 1,6) u. 8,52 20%ig. wss. NaOH werden unter Rühren 1 Std. auf 80° erwärmt, danach wird auf Raum-Temp. gekühlt, u. 9,2 $TiCl_4$ werden in 90 Toluol zugetropft. Die organ. Schicht wird mit W. gewaschen u. bis zur Gew.-Konstanz bei 110—115° u. 15 Torr eingedampft: *Polytitanophenylsiloxan,* glasartiges hellgelbes Prod.; Ausbeute 83,6%. (**UdSSR. P. 125 681** vom 3/4. 1959.) L. Großner. 7189

Farbwerke Hoechst Akt.-Ges. vormals Meister Lucius & Brüning, Deutschland, **Verbesserung von Polyolefinen,** bes. *Polyäthylen,* mit einem Kristallit-F. von 126—136° u. einer Dichte von 0,93—0,98. Man mischt sie mit 2—50% (der Gesamt-

mischung) amorpher Äthylenmischpolymerer mit C_{3-18}-Äthylenhomologen, die man mit Ziegler-Katalysatoren polymerisiert hat. Die Mischungen zeigen verbesserte Schlagfestigkeit u. verringerte Neigung zur Spannungsrißbildung. — So mischt man 95 (Gew.-Teile) Polyäthylen (D. 0,964) mit 5 eines amorphen Mischpolymeren aus 60% Äthylen u. 40% Propylen 6 Min. bei 160°, zerkleinert die kalte Masse u. preßt bei 160° zu Platten. (**F. P. 1 240 852** vom 10/11. 1959, ausg. 20/12. 1960. D. Prior. 11/11. 1958.)
M. Pankow. 7205

W. A. Kargin, A. A. Berlin, A. G. Kronman, A. Ss. Schewljakow und D. M. Janowski, **Herstellung plastischer Massen** auf der Basis von *Polyvinylchlorid* (I), dem zur Erhöhung der dynam. Stabilität Pyridingruppen enthaltender Kautschuk zugesetzt wird. — 300 (g) I, 33 Copolymerisat aus Butadien mit 15—20% Pyridingruppen enthaltendem Monomeren, 6 Ca-Stearat, 3 PbO u. 0,6 Transformatorenöl werden 10 bis 15 Min. bei 170° gewalzt, danach 35—40 Min. bei 175° mit 100—200 kg/cm² gepreßt; Kerbschlagzähigkeit bei 4 mm Stärke 66,6 kgcm/cm². (**UdSSR. P. 125 675** vom 23/5. 1959.)
L. Großner. 7205

Tokyo Shibaura Electric Co., Ltd., Japan, **Antistatische Formkörper für Schallplatten** (Nachtrag zu Jap. A. S. 6136/1960; C. **1963**, 2649). Die Preßmischung kann außer dem Antistaticum (kation. u. anionakt. Stoffe) noch Stabilisiermittel für das Harz u. Formtrennmittel (Stearinsäure u. a.) oder Stoffe, die als Formtrennmittel u. Antistaticum wirken, wie C_{11-17}-Alkohole, enthalten. Da das Antistaticum hin u. wieder die Ursache von Nebengeräuschen auf der Platte ist, wird die Plattenoberfläche nach dem Pressen mit einem Lsgm. für das Antistaticum (W., Alkohole) abgewischt. Je feiner das Preßpulver, desto besser die antistat. Wirkung. (**F. P. 1 229 704** vom 26/12. 1958, ausg. 9/9. 1960. Jap. Prior. 28/2., 5/8. u. 23/8. 1958.)
M. Pankow. 7205

Hercules Powder Co. (Erfinder: **Edwin James Vandenberg**), Wilmington, Del., V.St.A., *Olefinpolymerisation*. (**Jap. A. S. 3191/1961** vom 6/4. 1956, ausg. 14/4. 1961. A. Prior. 7/4. 1955. — C. **1959**, 5967 [E. P. 789 781].)

N. V. de Bataafsche Petroleum Mij., Den Haag, Niederlande, *Olefinpolymerisation*. (**Jap. A. S. 8339/1961** vom 2/12. 1958, ausg. 22/6. 1961. Niederl. Prior. 4/12. u. 6/12. 1957. — C. **1961**, 9223 [Oe. P. 208 584.])

Petrochemicals Ltd., London, England, *Polymerisieren von Olefinen*. (**Jap. A. S. 9596/1961** vom 16/5. 1957, ausg. 4/7. 1961. E. Prior. 18/5. u. 2/8. 1956. — C. **1962**, 1045 [Belg. P. 557 561].)

Farbwerke Hoechst Akt.-Ges., vormals Meister Lucius & Brüning, Frankfurt/M. (Erfinder: **Günther Meßwarb**, Kelkheim, **Peter Seibel, Eberhard Paschke** und **Michael Lederer**, Frankfurt/M.), *Emulsions- und Suspensionspolymerisation*. (**Jap. A. S. 8593/1961** vom 2/5. 1958, ausg. 24/6. 1961. D. Prior. 4/5. 1957. — C. **1961**, 7048 [D. A. S. 1 066 746].)

Farbenfabriken Bayer Akt.-Ges. (Erfinder: **Rudolf Stroh** und **Karl Nützel**), Leverkusen, *Polymerisieren von ungesättigten Verbindungen*. (**Jap. A. S. 7894/1961** vom 14/2. 1959, ausg. 17/6. 1961. D. Prior. 14/2. 1958. — C. **1961**. 9223 [Oe. P. 208 077].)

Montecatini Soc. Gen. per l'Industria Mineraria e Chimica, Mailand, Italien, und **Karl Ziegler**, Mülheim/Ruhr (Erfinder: **Ettore Bua** und **Luciano Luciani**, Mailand, Italien), *Herstellung kristalliner α-Olefinpolymerer*. (**Jap. A. S. 3192/1961** vom 15/10. 1956, ausg. 14/4. 1961. It. Prior. 19/10. 1955. — C. **1959**, 10740 [F. P. 1 161 557].)

Badische Anilin- & Soda-Fabrik Akt.-Ges., Ludwigshafen/Rh., übert. von: **Michael Jahrstorfer**, Heidelberg, **Hermann Spaenig** und **August Weickmann**, Ludwigshafen/Rh., *Polymerisation von Monoolefinen mit Alkohol enthaltenden Katalysatoren*. (**A. P. 3 006 904** vom 2/4. 1957, ausg. 31/10. 1961. D. Prior. 6/4. 1956. — C. **1961**, 1387 [D. A. S. 1 072 389].)

Montecatini Soc. Gen. per l'Industria Mineraria e Chimica, Mailand, Italien, *Polymerisieren von konjugierten Diolefinen*. (**Ind. P. 66 443** vom 17/1. 1959, ausg. 4/7. 1961. — C. **1961**, 8132 [Oe. P. 207 564].)

Montecatini Soc. Gen. per l'Industria Mineraria e Chimica und **Karl Ziegler** (Erfinder: **Giulio Natta, Giorgi Mazzanti** und **Alberto Valvassori**), *Herstellung hochmolekularer Mischpolymerisate*. (**Aust. P. 233 472** vom 25/7. 1958, ausg. 18/5. 1961. It. Prior. 29/7. 1957. — C. **1962**, 5496 [Oe. P. 212 563].)

White Laboratories, Inc., Kenilworth, N.J., V.St.A. (Erfinder: **Richard L. Markus**), *Herstellung von quellbaren, vernetzten Mischpolymerisaten*. (**E. P. 862 419** vom 9/7. 1957, ausg. 8/3. 1961. — C. **1961**, 15218 [Belg. P. 559 288].)

Polyplastic, Paris, Frankreich, *Verbessern von Polymeren*. (**E. P. 884 448** vom 3/2. 1958, ausg. 13/12. 1961. F. Prior. 2/2. 1957. — C. **1960**, 8698 [F. PP. 1 166 652 u. 1 166 653].)

Godfrey L. Cabot, Inc., Boston, Mass., V.St.A., *Vernetzen von Polyolefinen*. (**Ind. P. 62 856** vom 15/1. 1958, ausg. 1/6. 1961. — C. **1962**, 12473 [F. P. 1 198 691].)

Farbenfabriken Bayer Akt.-Ges. (Erfinder: **Friedrich Lober**, Leverkusen, **Helmut Freytag**, Köln, **Otto Bayer** und **Hans Scheurlen**, Leverkusen), *Stabilisieren von Polyolefinen*. (**Jap. A. S. 2588/1961** vom 18/9. 1959, ausg. 3/4. 1961. D. Prior. 24/9. 1958. — C. **1962**, 10292 [D. A. S. 1 108 426].)

Badische Anilin- & Soda-Fabrik Akt.-Ges., übert. von: **Karl Wisseroth, Ernst-Günther Kastning** und **Hans-Georg Trieschmann**, Ludwigshafen/Rh., *Reinigung von Polyolefinen*. (**A. P. 3 001 977** vom 6/8. 1957, ausg. 26/9. 1961. D. Prior. 17/8. 1956. — C. **1962**, 2191 [F. P. 1 180 941].)

Phillips Petroleum Co., Bartlesville, Okla. (Erfinder: **James Erwin Stevens**, Idaho, und **John Ernest Cottle**, Bartlesville, Okla.), V.St.A., *Abtrennen von Polymeren aus ihren Lösungen*. (**Jap. A. S. 9890/1961** vom 21/10. 1957, ausg. 7/7. 1961. A. Prior. 22/10. 1956. — C. **1961**, 11162 [Belg. PP. 561 782 u. 561 783].)

Phillips Petroleum Co., Bartlesville, Okla., V.St.A., *Wiedergewinnung von Lösungsmitteln von Olefinpolymerisationskatalysatoren.* (**E. P. 861 925** vom 5/7. 1957, ausg. 1/3. 1961. A. Prior. 27/7. u. 10/9. 1956. — C. **1961,** 3499 [Belg. P. 559 400].)

Esso Research and Engineering Co., Elizabeth (Erfinder: **Charles W. Seelbach**, Cranford, und **William John Gilbert McCulloch**, Plainfield), N.J., V.St.A., *Katalysator für die Olefinpolymerisation.* (**Jap. A. S. 3863/1961** vom 29/3. 1957, ausg. 24/4. 1961. A. Prior. 2/4. 1956. — C. **1961,** 13376 [A. P. 2 925 392].)

Badische Anilin- & Soda-Fabrik Akt.-Ges., Ludwigshafen/Rh., *Herstellung von expandierbaren körnigen thermoplastischen Massen.* (**Ind. P. 69 323** vom 13/10. 1959, ausg. 3/11. 1961. — C. **1962,** 8807 [F. P. 1 239 521].)

Montecatini Soc. Gen. per l'Industria Mineraria e Chimica (Erfinder: **Erminio Volterra**), *Chlorsulfonierung von α-Olefinen.* (**Aust. P. 235 096** vom 2/3. 1959, ausg. 14/9. 1961. It. Prior. 5/3. 1958. — C. **1961,** 13376 [F. P. 1 228 145].)

Ruhrchemie Akt.-Ges., Oberhausen-Holten, *Herstellung von Polyäthylen.* (**Jap. A. S. 4744/1961** vom 15/7. 1957, ausg. 13/5. 1961. D. Prior. 8/8. 1956. — C. **1960,** 315 [Oe. P. 202 770].)

Imperial Chemical Industries Ltd., London, England, *Polymerisieren von Äthylen.* (**Jap. A. S. 3839/1961** vom 14/2. 1959, ausg. 24/4. 1961. E. Prior. 14/2. 1958. — C. **1962,** 8083 [Oe. P. 211 545].)

Imperial Chemical Industries Ltd. (Erfinder: **Andrew Gilchrist**), *Äthylenpolymerisation.* (**Aust. P. 233 364** vom 26/2. 1959, ausg. 4/5. 1961. E. Prior. 5/3. 1958. — C. **1961,** 18521 [E. P. 844 656].)

Farbwerke Hoechst Akt.-Ges., vormals Meister Lucius & Brüning, Frankfurt/M., *Herstellung von hochmolekularem Polyäthylen.* (**Jap. A. S. 8594/1961** vom 31/10. 1956, ausg. 24/6. 1961. D. Prior. 18/11. 1955. — C. **1960,** 2361 [F. P. 1 167 802].)

Imperial Chemical Industries Ltd., London, England (Erfinder: **John Brewster Rose**), *Herstellung von festem Polyäthylen.* (**Jap. A. S. 7746/1961** vom 5/8. 1957, ausg. 15/6. 1961. E. Prior. 15/8. 1956 u. 22/7. 1957. — C. **1962,** 1814 [E. P. 828 326].)

Farbwerke Hoechst Akt.-Ges., vormals Meister Lucius & Brüning (Erfinder: **Herbert Bestian** und **Joachim Lange**), *Polyäthylenwachse.* (**Aust. P. 233 217** vom 16/12. 1958, ausg. 27/4. 1961. D. Prior. 19/12. 1957. — C. **1961,** 8133 [Oe. P. 208 075].)

Esso Research and Engineering Co., Elizabeth, N.J., V.St.A. (Erfinder: **Egi Victor Fasce** und **Joseph Kern Mertzweiller**), *Polymerisieren von Äthylen oder Propylen.* (**Jap. A. S. 3890/1961** vom 13/6. 1957, ausg. 24/4. 1961. A. Prior. 14/6. 1956. — C. **1963,** 1086 [E. P. 836 633].)

Hercules Powder Co., Del. (Erfinder: **Carl Andrew Lukach**, Del., **Setha Goodyear Olson**, N.J., und **Harold Morton Spurlin**, Del.), V.St.A., *Herstellung von Äthylen-1-Olefin-Mischpolymerisaten.* (**F. P. 1 244 491** vom 30/9. 1959, ausg. 23/1. 1961. **Jap. A. S. 7394/1961** vom 30/9. 1959, ausg. 12/6. 1961. Beide A. Prior. 2/3. 1959. — C. **1963,** 3036 [E. PP. 857 183 u. 857 938].)

Phillips Petroleum Co., Bartlesville, Okla., V.St.A., *Herstellung von Mischpolymeren des Äthylens mit höheren 1-Olefinen.* (**E. P. 858 584** vom 29/7. 1957, ausg. 11/1. 1961. A. Prior. 13/8. 1956. — C. **1961,** 16673 [F. P. 1 182 425].)

Farbwerke Hoechst Akt.-Ges., vormals Meister Lucius & Brüning, übert. von: **Hans Günter Kirschner, Albert Gustav Martin Gumboldt** und **Gerhard Bier**, Frankfurt/M., *Herstellung von Polypropylen.* (**A. P. 3 002 961** vom 16/10. 1956, ausg. 3/10. 1961. D. Prior. 21/10. 1955. — C. **1960,** 2020 [F. P. 1 161 241].)

Soc. des Usines Chimiques Rhône-Poulenc (Erfinder: **André Fournet, Michel Ruaud** und **Yannik Bonnet**), *Herstellung von Polypropylen.* (**Aust. P. 233 363** vom 9/2. 1959, ausg. 4/5. 1961. F. Prior. 8/2. 1958. — C. **1961,** 2459 [Oe. P. 208 076].)

N. V. de Bataafsche Petroleum Mij., Den Haag, Niederlande, *Herstellung von isotaktischen Polymeren aus Propylen, Buten-(1) oder Penten-(1).* (**Jap. A. S. 8338/1961** vom 15/10. 1958, ausg. 22/6. 1961. A. Prior. 17/10. 1957. — C. **1961,** 15217 [E. P. 826 908].)

Montecatini Soc. Gen. per l'Industria Mineraria e Chimica und **Karl Ziegler** (Erfinder: **Carlo Longiave, Ezio Ercoli** und **Renato Castelli**), *Herstellung von Gegenständen aus Polybuten.* (**Aust. P. 233 403** vom 3/12. 1957, ausg. 11/5. 1961. It. Prior. 5/12. 1956. — C. **1960,** 6338 [Oe. P. 203 714].)

Union Carbide Corp., New York, N.Y., V.St.A. (Erfinder: **William Franklin Gorham**), *Substituierte p-Xylylen-Harze.* (**E. P. 883 939** vom 14/11. 1957, ausg. 6/12. 1961. A. Prior. 15/11. 1956. — C. **1961,** 17407 [Jap. A. S. 5285/1959].)

Air Reduction Co., Inc., New York, N.Y. (Erfinder: **Ora Leon Wheeler**, Mountain Lakes, und **Harold Diemer Smyser**, Plainfield, N.J.), V.St.A., *Herstellung von Polyvinylalkohol.* (**F. P. 1 226 491** vom 30/1. 1959, ausg. 13/7. 1960. **Jap. A. S. 2348/1961** vom 3/2. 1959, ausg. 30/3. 1961. Beide A. Prior. 3/2. 1958. — C. **1961,** 1389 [D. A. S. 1 087 352].)

Theodor Goldschmidt Akt.-Ges. (Erfinder: **Rosemarie Holtschmidt**), Essen, *Vernetzen von Polyvinylalkohol.* (**Jap. A. S. 7748/1961** vom 30/1. 1960, ausg. 15/6. 1961. D. Prior. 31/1. u. 25/2. 1959. — C. **1961,** 8853 [D. A. S. 1 085 334] u. C. **1961,** 8854 [D. A. SS. 1 092 658 u. 1 093 088].)

Montecatini Soc. Gen. per l'Industria Mineraria e Chimica, Mailand, Italien, *Polymerisation von Vinyläthern.* (**Ind. P. 66 128** vom 15/12. 1958, ausg. 24/4. 1961. — C. **1961,** 8495 [Oe. P. 208 589].)

E. I. du Pont de Nemours & Co. (Erfinder: **William Harold Calkins**, Wilmington, Del., **Edward Noonan Squire**, Glen Mills, Pa., und **Mandell Stanley Ziegler**, Claymont, Del.), V.St.A., *Methylmethacrylatsirup.* (**Jap. A. S. 3392/1961** vom 5/11. 1958, ausg. 18/4. 1961. **F. P. 1 214 272** vom 24/10. 1958, ausg. 7/4. 1960. Beide A. Prior. 5/11. 1957. — C. **1962,** 11753 [D. A. S. 1 083 057].)

E. I. du Pont de Nemours & Co. (Erfinder: **Albert Goodman, Lester David Grandine jun., William George Vosburgh, William Kenneth Wilkinson** und **Raymond Frank Tietz**), *Acrylnitrilpolymere.* (**Aust. P. 236 263** vom 31/10. 1958, ausg. 30/11. 1961. A. Prior. 4/11. 1957. — C. **1963,** 1095 [E. P. 848 614].)

B. F. Goodrich Co., V.St.A. (Erfinder: **Lawrence Fred Arnold** und **John Ambrose Holloway**), *Herstellung vernetzter Nitrilmischpolymerisate.* (**F. P. 1 224 675** vom 20/5. 1959, ausg. 27/6. 1960. **Jap. A. S. 5392/1961** vom 27/5. 1959, ausg. 23/5. 1961. Beide A. Prior. 9/6. 1958. — C. **1962,** 6989 [A. P. 2 978 421].)

Rohm & Haas Co., übert. von: **Sidney Melamed**, Philadelphia, Pa., V.St.A., *Herstellung von quaternären Ammoniumverbindungen von Aminoalkylvinylätherpolymeren.* (**A. P. 2 980 634** vom 8/10. 1954, ausg. 18/4. 1961. — C. **1959,** 10742 [F. P. 1 156 816].)

Farbenfabriken Bayer Akt.-Ges., Leverkusen, *Herstellung thermoplastischer Kunstharze.* (**Jap. A. S. 4393/1961** vom 19/10. 1957, ausg. 28/4. 1961. D. Prior. 19/10. u. 14/11. 1956. — C. **1960**, 11836 [E. P. 809 735].)

Ciba Ltd., Basel, Schweiz (Erfinder: **Hans Brueschweiler** und **Paul Zuppinger**), *Härtbares Präparat.* (**Jap. A. S. 8745/1961** vom 8/4. 1959, ausg. 26/6. 1961. Schwz. Prior. 8/4. 1958 u. 20/2. 1959. — C. **1961**, 8856 [Oe. P. 210 147].)

Ciba Ltd., Basel, Schweiz, *Härtbare Gemische.* (**Ind. P. 67 073** vom 17/3. 1959, ausg. 24/8. 1961. — C. **1962**, 9921 [Aust. P. 229 708].)

Farbwerke Hoechst Akt.-Ges. vormals Meister Lucius & Brüning (Erfinder: **Hans Dieter Hermann** und **Edgar Fischer**), Frankfurt/M., *Stabilisieren von Formaldehydpolymeren.* (**Jap. A. S. 3886/1961** vom 4/11. 1959, ausg. 24/4. 1961. D. Prior. 3/11. 1958. — C. **1962**, 1048 [D. A. S. 1 104 695].)

Stamicarbon N. V., Heerlen, Niederlande, *Formaldehyd-Polymerisate.* (**E. P. 879 022** vom 27/7. 1960, ausg. 4/10. 1961. Niederl. Prior. 29/7. 1959. — C. **1963**, 7543 [Niederl. P. 99 487].)

Comp. de Saint-Gobain, Paris, Frankreich, *Herstellung von Formaldehyd-Polymerisaten.* (**Ind. P. 69 213** vom 28/9. 1959, ausg. 7/8. 1961. — C. **1962**, 13969 [D. A. S. 1 123 107].)

Consortium für elektrochemische Industrie G. m. b. H. (Erfinder: **Jürgen Schmidt** und **Josef Sedlmeier**), München, *Herstellung von hochpolymerem Acetaldehyd.* (**Jap. A. S. 9595/1961** vom 24/11. 1959, ausg. 4/7. 1961. D. Prior. 24/11. 1958. — C. **1962**, 3280 [D. A. S. 1 106 075].)

Farbwerke Hoechst Akt.-Ges. vormals Meister Lucius & Brüning, Frankfurt/M., *Modifizierte Furfurol-Aldehyd-Harze.* (**E. P. 876 087** vom 19/8. 1957, ausg. 30/8. 1961. D. Prior. 18/8. 1956. — C. **1960**, 2364 [Oe. P. 203 720].)

Catalin Ltd., Waltham Abbey, Essex, England (Erfinder: **John Edward Seager Whitney** und **Peter Frederick Cartlidge**), *Herstellung von Novolaken.* (**E. P. 880 776** vom 28/3. 1957, ausg. 25/10. 1961. — C. **1962**, 8084 [D. A. S. 1 086 432].)

Union Carbide Corp., New York, N.Y., V.St.A. (Erfinder: **Robert Andrew Schmittberger**), *Wärmehärtbare Novolakharzmischung.* (**Jap. A. S. 5741/1961** vom 1/7. 1958, ausg. 25/5. 1961. A. Prior. 3/7. 1957. — C. **1962**, 17949 [Aust. P. 229 739].)

Chemstrand Corp., Decatur (Erfinder: **Arthur B. Beindorff**, Decatur, Ala., und **Hobson D. De Witt**, New Wilmington, Pa.), V.St.A., *Herstellung von Lösungen modifizierter Polyester.* (**Jap. A. S. 10 836/1961** vom 2/9. 1959, ausg. 17/7. 1961. A. Prior. 4/9. 1958. — C. **1962**, 2926 [A. P. 2 952 652].)

Eastman Kodak Co., Rochester, N.Y., V.St.A. (Erfinder: **Charles Jacob Kibler, Alan Bell** und **James Graham Smith**), *Herstellung linearer Polyester aus 1.4-Bis-[hydroxymethyl]-cyclohexan.* (**Jap. A. S. 10 645/1961** vom 21/6. 1958, ausg. 15/7. 1961. — C. **1961**, 16298 [F. P. 1 161 041].)

N. V. de Bataafsche Petroleum Mij., Den Haag, Niederlande (Erfinder: **Alton J. Landua** und **John G. Schuren**, Tex., V.St.A.), *Kontinuierliche Herstellung von harzartigen Glycidyläthern von Phenolen.* (**Jap. A. S. 10 639/1961** vom 2/10. 1958, ausg. 15/7. 1961. A. Prior. 4/10. 1957. — C. **1962**, 13203 [Aust. P. 229 317].)

Imperial Chemical Industries Ltd., London (Erfinder: **Francis George Jeffers**, Manchester), England, *Stabilisieren von Polyäthern.* (**Jap. A. S. 4988/1961** vom 21/8. 1959, ausg. 17/5. 1961. **F. P. 1 232 665** vom 31/7. 1959, ausg. 11/10. 1960. Beide E. Prior. 21/8. 1958 u. 26/6. 1959. — C. **1962**, 16849 [E. P. 869 096].)

Deutsche Gold- und Silber-Scheideanstalt vormals Roessler, Frankfurt/M. (Erfinder: **Jürgen Behrends**, Hanau/M., **Otto Schweitzer**, Königstein, **Heinrich Hopff**, Zürich, Schweiz, und **Werner Kern**, Mainz), *Herstellung von echten Polyoxymethylenen (Eupolyoxymethylenen).* (**F. P. 1 244 721** vom 7/1. 1960, ausg. 25/1. 1961. **Jap. A. S. 3493/1961** vom 7/1. 1960, ausg. 19/4. 1961. Beide D. Prior. 7/1. 1959. — C. **1962**, 13968 [D. A. S. 1 123 469].)

Farbenfabriken Bayer Akt.-Ges., Leverkusen (Erfinder: **Kuno Wagner**, Leverkusen, und **Helmuth Kritzler**, Köln), *Acylieren von Polyoxymethylenen.* (**Jap. A. S. 1792/1961** vom 14/1. 1960, ausg. 20/3. 1961. D. Prior. 16/1. 1959. — C. **1963**, 1887 [E. P. 864 403].)

E. I. du Pont de Nemours & Co. (Erfinder: **Northrop Brown** und **William Earle Grigsby**), Wilmington, Del., V.St.A., *Stabilisieren von Polyoxymethylen.* (**F. P. 1 245 131** vom 15/12. 1959, ausg. 27/1. 1961. **Jap. A. S. 3492/1961** vom 29/12. 1959, ausg. 19/4. 1961. Beide A. Prior. 6/1. 1959. — C. **1963**, 6804 [E. P. 877 256].)

Hooker Chemical Corp. (Erfinder: **Paul Robitschek** und **Blaine Orwell Schoepfle**), Niagara Falls, N.Y., V.St.A., *Wetterfeste halogenhaltige Polyesterharze.* (**Jap. A. S. 5385/1961** vom 30/9. 1957, ausg. 23/5. 1961. — C. **1962**, 5118 [Aust. P. 227 035].)

Inventa Akt.-Ges. für Forschung und Patentverwertung, Luzern (Erfinder: **Wolfgang Griehl** und **Hans Lückert**, Chur), Schweiz, *Herstellung linearer Copolyester der Kohlensäure.* (**Jap. A. S. 6391/1961** vom 9/4. 1959, ausg. 31/5. 1961. Schwz. Prior. 8/3. 1958. — C. **1961**, 7773 [Oe. P. 208 596].)

Devoe & Raynolds Co., Inc., New York, N.Y., V.St.A., *Epoxyharz-Formmasse.* (**E. P. 877 827** vom 16/9. 1957, ausg. 20/9. 1961. A. Prior. 24/12. 1956. — C. **1962**, 3647 [Aust. P. 220 409].)

Badische Anilin- & Soda-Fabrik Akt.-Ges., Ludwigshafen/Rh. (Erfinder: **Rolf Petri**, Ludwigshafen/Rh., **Hans Reinhard**, Mannheim, und **Lothar Keller**, Ludwigshafen/Rh.), *Herstellung poröser Kunststoffe auf Basis von Polyepoxyverbindungen.* (**Jap. A. S. 2583/1961** vom 18/11. 1959, ausg. 3/4. 1961. D. Prior. 19/11. 1958 u. 12/8. 1959. — C. **1961**, 677 [D. A. S. 1 080 774] u. C. **1961**, 7053 [D. A. S. 1 088 710].)

Ciba Ltd., Basel, Schweiz, *Härtbare Epoxidmischungen.* (**Jap. A. S. 3836/1961** vom 25/3. 1959, ausg. 24/4. 1961. Schwz. Prior. 5/2. 1959. — C. **1961**, 8855 [F. P. 1 222 926].)

Allied Chemical Corp., New York (Erfinder: **Bernard Taub**, Buffalo), N.Y., V.St.A., *Härtungsmittel für Epoxyharze.* (**Jap. A. S. 7037/1961** vom 26/12. 1959, ausg. 8/6. 1961. A. Prior. 2/1. 1959. — C. **1962**, 17231 [D. A. S. 1 124 688].)

Farbenfabriken Bayer Akt.Ges., Leverkusen (Erfinder: **Hermann Schnell** und **Heinrich Krimm**, Krefeld), *Härtbare lineare Polycarbonate.* (**Jap. A. S. 6547/1961** vom 14/12. 1959, ausg. 1/6. 1961. D. Prior. 13/12. 1958. — C. **1961**, 18524 [D. A. S. 1 108 433].)

Studiengesellschaft Kohle m. b. H., übert. von: **Günther Wilke**, Mülheim/Ruhr, und **Roland Rienäcker**, Essen, *Herstellung von Trivinylcyclohexanen.* (**A. P. 3 011 003** vom 12/11. 1958, ausg. 28/11. 1961. D. Prior. 16/11. 1957. — C. **1961**, 7420 [D. A. S. 1 065 413].)

Farbenfabriken Bayer Akt.-Ges., Leverkusen, und **Mobay Chemical Co.**, Pittsburgh, Pa., V.St.A., übert. von: **Kuno Wagner**, Leverkusen, *Herstellung von Polyurethanelastomeren aus lagerfähigen Zwischenprodukten.* **(A. P. 2 987 504** vom 5/6. 1957, ausg. 6/6. 1961. D. Prior. 8/6. 1956. — C. **1959,** 6650 [D. A. S. 1 028 772].)

Farbenfabriken Bayer Akt.-Ges., Leverkusen, und **Mobay Chemical Co.**, Pittsburgh, Pa., V.St.A., übert. von: **Hans Holtschmidt**, Köln, **Günther Nischk**, Leverkusen, und **Wilhelm Kallert**, Köln, *Herstellung von Polythioätherurethanen.* **(A. P. 2 998 413** vom 16/11. 1955, ausg. 29/8. 1961. D. Prior. 16/11. 1954. — C. **1958,** 8771 [F. P. 1 139 698].)

Farbwerke Hoechst Akt.-Ges. vormals Meister Lucius & Brüning, Frankfurt/M., übert. von: **Karl Horst**, Hofheim/Taunus, **Heino Wellens** und **Ludwig Orthner**, Frankfurt/M., *Härtbare Kondensationsprodukte.* **(A. P. 3 006 896** vom 21/1. 1958, ausg. 31/10. 1961. — C. **1962,** 9921 [D. A. S. 1 117 307].)

American Cyanamid Co., New York, N.Y., V.St.A., *Harnstoff-Aldehyd-Harze.* **(E. P. 885 738** vom 16/9. 1958, ausg. 28/12. 1961. A. Prior. 23/9. 1957. — C. **1960,** 15922 [A. P. 2 867 607].)

Toyo Koatsu Industries, Inc. (Erfinder: **Yanosuke Inaba** und **Koji Kimoto**), Tokio, Japan, *Herstellung linearer Polyharnstoffe.* **(E. P. 864 889** vom 25/11. 1958, ausg. 12/4. 1961. — C. **1963,** 7558 [A. P. 2 973 342].)

National Research Development Corp., London, übert. von: **Leslie Nathan Phillips**, Farnborough, England, *Herstellung von Polyurethanen.* **(A. P. 3 006 884** vom 30/12. 1958, ausg. 31/10. 1961. E. Prior. 3/1. 1958. — C. **1963,** 7557 [E. P. 872 568].)

Farbenfabriken Bayer Akt.-Ges., Leverkusen, und **Mobay Chemical Co.**, Pittsburgh, Pa., V.St.A., übert. von: **Erwin Müller, Otto Bayer** und **Siegfried Petersen**, Leverkusen, *Herstellung von Polyurethanen.* **(A. P. 3 014 894** vom 5/6. 1957, ausg. 26/12. 1961. D. Prior. 7/6. 1956. — C. **1958,** 11382 [D. A. S. 1 022 788].)

Farbenfabriken Bayer Akt.-Ges. (Erfinder: **Erwin Windemuth** und **Günther Braun**), *Herstellung von Polyurethanschaumstoff.* **(Aust. P. 236 268** vom 24/12. 1958, ausg. 30/11. 1961. D. Prior. 31/12. 1957. — C. **1960,** 17633 [D. A. S. 1 085 333].)

Farbenfabriken Bayer Akt.-Ges. (Erfinder: **Karl Ludwig Schmidt, Erwin Müller** und **Julius Peter**), *Vernetzte Polyurethankunststoffe.* **(Aust. P. 236 133** vom 7/11. 1958, ausg. 23/11. 1961. D. Prior. 9/11. 1957. — C. **1960,** 12180 [D. A. S. 1 063 374].)

Imperial Chemical Industries Ltd., London, England, *Gefärbte Polyurethanschaumstoffe.* **(Ind. P. 65 847** vom 17/11. 1958, ausg. 15/7. 1961. E. Prior. 18/6. 1958. — C. **1962,** 5497 [E. P. 867 235].)

Imperial Chemical Industries Ltd. (Erfinder: **John Frederick Chapman** und **Reginald Hurd**), *Flammabweisende vernetzte Polyurethane.* **(Aust. P. 234 556** vom 2/6. 1959, ausg. 3/8. 1961. E. Prior. 2/6. 1958. — C. **1962,** 8810 [E. P. 857 876].)

N. V. de Bataafsche Petroleum Mij. (Erfinder: **Roy William Henry Tess**), *Urethangruppierungen aufweisende, gegebenenfalls verschäumte Polymerisationsprodukte.* **(Aust. P. 233 884** vom 31/3. 1959, ausg. 15/6. 1961. A. Prior. 3/4. 1958. — C. **1962,** 324 [D. A. S. 1 105 158].)

Farbenfabriken Bayer Akt.-Ges., Leverkusen, und **Mobay Chemical Co.**, Pittsburgh, Pa., V.St.A., übert. von: **Erwin Müller**, Leverkusen, **Christian Wiegand**, Wuppertal, und **Günther Braun**, Leverkusen, *Herstellung von Polyurethanen unter Verwendung von Schiffschen Basen.* **(A. P. 3 004 933** vom 18/10. 1956, ausg. 17/10. 1961. D. Prior. 22/10. 1955. — C. **1960,** 2711 [D. A. S. 1 033 896].)

David Patrick Spencer, Essendon, und **Hector Roland Bourne**, Hawthorn, Victoria, Australien, *Beschichten von Polyester- und -amidgeweben mittels Polyurethanen.* **(A. P. 2 981 637** vom 31/3. 1958, ausg. 25/4. 1961. Aust. Prior. 2/4. 1957. — C. **1961,** 320 [D. A. S. 1 078 991].)

Chemstrand Corp. (Erfinder: **Paul Reed Cox jun.**), Decatur, Ala., V.St.A., *Lösungsmittel für Polyamide und Polyurethane.* **(Jap. A. S. 4537/1961** vom 25/9. 1959, ausg. 10/5. 1961. A. Prior. 25/9. 1958. — C. **1961,** 18526 [D. A. S. 1 103 018].)

Rohm & Haas Co., Philadelphia, Pa., V.St.A., übert. von: **Ruth H. Zeitschel Shimizu**, Chigasaki City, Japan, und **Sidney Melamed**, Philadelphia, Pa., V.St.A., *Herstellung von monomeren und polymeren quaternären Ammoniumverbindungen.* **(A. P. 3 008 851** vom 21/3. 1955, ausg. 14/11. 1961. — C. **1962,** 6232 [F. P. 1 147 225].)

General Electric Co., übert. von: **Martin J. Langan**, Bridgeport, Conn., V.St.A., *Härtbare Polyäthylenmischung.* **(A. P. 2 991 268** vom 20/2. 1959, ausg. 4/7. 1961. — C. **1963,** 17526 [E. P. 871 236].)

H_{13}. Ätherische Öle. Parfümerie. Kosmetik

Das ätherische Öl aus den Früchten der wilden Mohrrübe (Daucus carota L.) (Mittelasien). G. W. Pigulewski und W. I. Kowalewa. (J. angew. Chem. [UdSSR] **32,** 2703—06, 1959; russ.) — Die Zus. des Öles ist vom Standort der Pflanzen abhängig. *Daucus carota L.* mittelasiat. Herkunft enthielt Öl mit folgenden Konst.: D_4^{20} 0,9044, n_D^{21} 1,4933, $[\alpha]_D$ —23,71°, SZ. 0,34, EZ. 5,54, Hydroxylzahl 1,66. 14 kg zerkleinerte Früchte ergaben bei Wasserdampf-Dest. in 4 Fraktionen 269 g äther. Öl (= 1,99% Ausbeute). Durch Unterss. wurden folgende Bestandteile festgestellt: *l-α-Pinen, Myrcen, Sesquiterpene, Bergamoten* (**I**) u. *β-Bisabolen* (**II**), *Carotol* (**III**) u. *Asaron.* Die Raman-Spektren von **I, II** u. **III** wurden aufgenommen. H. Findeisen. 7262◇

Einige neue Ergebnisse der kosmetischen Chemie — 1962. Paul G. I. Lauffer. (Proc. sci. Sect. Toilet Goods Assoc. **1962,** Nr. 38, 19—33, Stamford, Conn., Chesebrough-Pond's, Inc.; engl.) — Übersicht über neuere Erkenntnisse auf dem Gebiet der Chemie, Biologie u. Physiologie der Haut u. über die Einflußnahme von Stoffen oder Substanzen auf die Haut. — 322 Literaturangaben. H. P. Fiedler. 7284◇

Internationale Aspekte der Bewertung von kosmetischen Wirkstoffen. Bernard L. Oser. (Proc. sci. Sect. Toilet Goods Assoc. **1962,** Nr. 38, 40—42, New York, N.Y., Food and Drug Res. Labor., Inc.; engl.) H. P. Fiedler. 7284◇

Eigenschaften und Verwendung des Entenbürzeldrüsenfettes in kosmetischen Zubereitungen. G. A. Nowak. (Proc. sci. Sect. Toilet Goods Assoc. **1962,** Nr. 38, 43—47; Holzminden, Dragoco; engl.) — Durch Mischen von 20 Teilen *Purcellin* mit 80 Teilen *Purcellinöl* (Dragoco) wird, wie durch Verss. belegt wird, ein Fettgemisch erhalten, das in seinen Konst. u. Eigg. dem Entenbürzeldrüsenfett, dessen Eigg. ebenfalls beschrieben werden, weitgehend ähnelt u. sich für die Herst. bes. hautpflegender kosmet. Zubereitungen bewährt hat. — 18 Literaturangaben. H. P. Fiedler. 7284◇

Vergleich der hydratisierenden und plastifizierenden Eigenschaften des natürlichen und synthetischen Glycerins auf Fett- und Nichtfettstoffe. Paolo Rovesti und Giuseppe Fasola. (Riv. ital. Essenze, Profumi, Piante officin., Olii veget., Saponi **45,** 135—38, 1963; Milano, Ist. di Richerche sui Deriv. vegetali; Bergamo, Soc. Cesalpina, Labor. di Richerche; ital.) — Kosmet. Zubereitungen, welche natürliches Glycerin (**I**) enthalten, zeigen ein besseres Wasserrückhaltevermögen als Zubereitungen, die mit synthet. **I** hergestellt wurden. Auch das Aussehen, die plastifizierenden u. hautfilmbildenden Eigg. der natürliches **I** enthaltenden Zubereitungen scheinen besser zu sein. H. P. Fiedler. 7284◇

Einfluß von Wollfett und Wollfettderivaten auf Netzmittellösungen. Stephen G. Hoch und Kenneth L. Russel. (Proc. sci. Sect. Toilet Goods Assoc. **1962,** Nr. 38, 51—56; Newark, N.Y., Malmstrom Chem. Corp.; engl.) — Die Viscosität einer wss. Netzmittel-Lsg. (Duponol; Triäthanolaminlaurylsulfat) steigt an, wenn der Lsg. Wollfettöl, das durch ein Alkylolamid solubilisiert wurde (**I**), zugesetzt wird. Eine geringere Viscositätszunahme wird nach Zugabe äthoxylierter Wollfettalkohole (**II**) beobachtet. Die Zugabe der Wollfett-Derivv. hat nur einen geringen Einfl. auf den Trübungspunkt. Das Schaum-Vol. wird durch **II** etwas herabgesetzt, während es durch **I** z. T. verbessert wird. H. P. Fiedler. 7284◇

Grundlagen der Gaschromatographie und ihre spezielle Anwendung bei Untersuchungen und Fabrikation ätherischer Öle und synthetischer Riechstoffe. Branko Gudalo. (Kem. u Ind. [Zagreb] **10,** 85—88, 1961; Zrenjanin; serbokroat.) — Übersicht: Grundlagen, App., Anwendung u. Ergebnisse der Gaschromatographie. R. K. Müller. 7286◇

Papierchromatographie von ätherischen Ölen. L. Hörhammer, G. Richter und H. Wagner. (J. Chromatogr. [Amsterdam] **10,** 108—10, 1963; München, Univ., Inst. für Pharmazeut. Arzneimittellehre; dt.) — Die papierchromatograph. Trennung äther. Öle (Ol. Lavandul., Serpylli, Anisi, Aurant. flor., Chamomill., Meliss., Citronell., Majoran., Geran. afric̣.) in ihre Komponenten gelingt mit den Syst. n-Hexan–n-Heptan–Eisessig (15:15:2), Cyclohexan–Äthylacetat (97:3) oder Trichloräthylen auf mit Paraformaldehyd imprägniertem Papier (Ederol Nr. 208/P). Die aufeinanderfolgende Verw. von OsO_4, $SbCl_5$ u. 2.4-Dinitrophenylhydrazin zur Anfärbung erlaubt gewisse analyt. Rückschlüsse. Weiterhin können $SbCl_3$, modifiziertes Ehrlich-Reagens oder Anisaldehyd–H_2SO_4–Methanol (1,5:1,5:97) zur Anfärbung dienen. Die Nachw.-Grenzen der Einzelkomponenten liegt bei 0,2—2 μg. Zur densitometr. Best. ungesätt. Verbb. eignet sich bes. die Anfärbung mit OsO_4. F. M. Friedrich-Anderseck. 7286◇

Bestimmung des geographischen Ursprungs von Vetiverölen mittels Differential-IR-Spektroskopie. Apparative und organoleptische Prüfung. G. S. Krishna Rao, Ishwar C. Nigam, John C. Bartlet und Leo Levi. (Proc. sci. Sect. Toilet Goods Assoc. **1962,** Nr. 38, 5—18; Ottawa, Canada, Food and Drug Direct., Dep. of Nat., Health and Welfare; engl.) — Die Zus. äther. Öle hängt von der genet. Herkunft der Pflanze, von ökolog. Faktoren, dem Reifegrad der Pflanze, der Erntezeit u. schließlich von dem Gewinnungs-Verf. ab, weshalb es Schwierigkeiten bereitet, die Herkunft eines äther. Öles mit ausreichender Sicherheit analyt. festzulegen. Vff. untersuchten 27 Vetiverölmuster mittels der Differential-IR-Spektroskopie u. zeigen, daß diese Meth. bes. im Vgl. zu der organolept. Prüfung verläßliche Aussagen über die Herkunft eines äther. Öles zu machen gestattet. — 22 Literaturangaben. H. P. Fiedler. 7286◇

Československá Socialistická Republika (Erfinder: Franz Vanášek, Emilie Trepková und Emil Jirát, Prag), Tschechoslowakei, **Herstellung eines Gemisches natürlicher Duftstoffe** durch Wasserdampf-Dest. der Harze oder Extrakte, die *aus natürlichem pflanzlichem oder tier. Material* durch Extraktion mit organ. polaren Lsgm. gewonnen wurden, wobei die Dest. mit überhitztem Wasserdampf so erfolgt, daß die Temp. der dest. Dämpfe in Grenzen von 120—160° gehalten wird. Vor der Dest. gibt man zum Harz oder Extrakt ein Lsgm., das mit der nicht-wss. Phase mischbar ist. (**Tschech. P. 99 570** vom 11/4. 1960, ausg. 15/5. 1961.) L. Macher. 7277

Haarmann & Reimer G. m. b. H. (Erfinder: Theodor Leidig), Holzminden, **Riechstoffkomponente.** Aldehyde u. Ketone können in alkal. reagierenden Grundstoffen, z. B. Seifen, ohne Geruchsveränderung verwendet werden, wenn man sie vorher mit Hydroxyaminen kondensiert. Die Herst. der Kondens.-Prodd. erfolgt durch Mischen der Komponenten u. anschließende Destillation. (**D. A. S. 1 133 847** Kl. 23a vom 11/8. 1960, ausg. 26/7. 1962.) C. Lüttgen. 7277

International Flavors & Fragrances, Inc., New York, N.Y. (Erfinder: Ernst Theodore Theimer, Rumson, N.J.), V.St.A., **Herstellung von Terpenalkoholen der empirischen Formel $C_{10}H_{12}O$ mit besonderen Riechstoffeigenschaften** durch Rk. von HCl mit Alloocimen im Verhältnis 1:1 u. sofortige Hydrolyse des entstandenen Alloocimenhydrochlorids vor Eintritt merklicher Zers. mit Hilfe einer wss. Alkalihydroxid-Lsg. u. unter intensivem Rühren nach D. A. S. 1 118 190, dad. gek., daß die Hydrolyse zweckmäßig in Ggw. einer geringen Menge eines oberflächenakt. ion. Stoffes (Na-Laurylsulfonat) zunächst bei $\leqq 25^0$, bes. bei 15^0 (ca. 30 Min.) u. anschließend bei mindestens 50^0, bes. 80^0, durchgeführt wird. Höhere Ausbeuten. (**D. A. S. 1 139 833** Kl. 12o vom 29/6. 1960, ausg. 22/11. 1962. **Zusatz zu D. A. S. 1 118 190; C. 1962, 12865.**) W. Gräger. 7277

Dragoco, Spezialfabrik Konz. Riech- und Aromastoffe, Gerberding & Co. G. m. b. H. (Erfinder: Gustav Nowak), Holzminden/Weser, **Konservierung nichtionischer kosmetischer und pharmazeutischer Zubereitungen,** wie Emulsionen. Man verwendet Alkylester der Sorbinsäure, bes. den Äthyl-, Propyl- u. Isopropylester, ggf. gleichzeitig mit bekannten Konservierungsmitteln, wie Dehydracetsäure, u. phenol. Konservierungsmitteln, wie p-Hydroxybenzoesäureester. (**D. A. S. 1 139 610** Kl. 30i vom 4/3. 1961, ausg. 15/11. 1962.) K. Koebke. 7285

Revlon, Inc., New York, N.Y., V.St.A. (Erfinder: Everett Alexander, Norman Greif, Herman Jass und Raymond Stetzer), **Sonnenschutzmittel für die Haut,** enthält als Absorptionsmittel für die erythemerzeugende Strahlung eine Verb. der Formel **I**, worin $R = CH_3$, C_2H_5, n-Propyl, Isopropyl, n-Butyl-, Isobutyl, n-Amyl oder Benzyl, in einem kosmet. Träger (Öl, Tinktur, Lotion, Creme). Die Verbb. werden erhalten durch Rk. von Zimtsäurechlorid mit dem entsprechenden Salicylsäureester. — *Cinnamylsalicylsäuremethylester*, F. 71,2°. (**E. P. 895 404** vom 28/3. 1960, ausg. 2/5. 1962.) K. Koebke. 7285

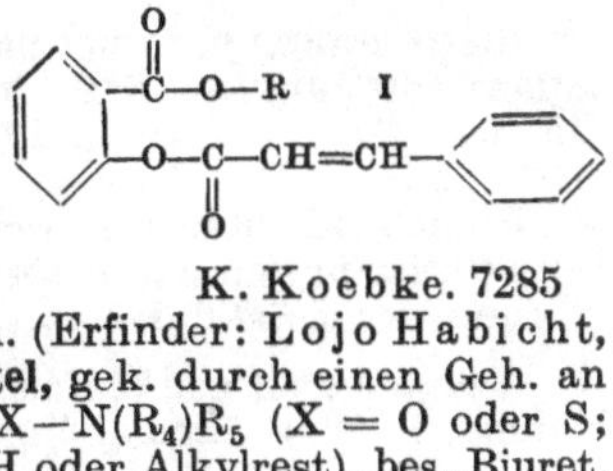

Colgate-Palmolive Co., New York, N.Y., V.St.A. (Erfinder: Lojo Habicht, Anmühle, und Arno Kluge, Hamburg), **Haarpflegemittel,** gek. durch einen Geh. an einem Wirkstoff der allg. Formel $R_1R_2N-CX-NR_3-CX-N(R_4)R_5$ (X = O oder S; R_1, R_2, R_4, R_5 = H, Alkyl-, Alkylol- oder Acylrest; R_3 = H oder Alkylrest), bes. Biuret, 1-Äthyl-, 1-Formyl-5-acetyl-, 1.5-Di-[hydroxymethyl]-, 1.5-Dimethylbiuret u. 1-Methyldithiobiuret. (**D. A. S. 1 138 511** Kl. 30h vom 7/7. 1959, ausg. 25/10. 1962.) C. Lüttgen. 7285

Gillette Co., Boston, Mass., V.St.A., **Magnesiumthioglykolat und -dithiodiglykolat** werden hergestellt durch Rk. von $MgCO_3$, MgO, $Mg(OH)_2$ oder bas. $MgCO_3$ mit Thioglykolsäure oder Dithiodiglykolsäure. — *$Mg(OOCCH_2SH)_2 \cdot 2\ H_2O$*. Hieraus durch Oxydation mit H_2O_2 → *$Mg(OCCH_2S-)_2 \cdot 2\ H_2O$*. Durch azeotrope Dest. mit Xylol werden die wasserfreien Verbb. erhalten. — *Dauerwellmittel*, Zubereitungen sind angegeben. (**E. P. 858 216** vom 28/10. 1957, ausg. 11/1. 1961. A. Prior. 9/11. 1956 u. 6/5. 1957.) A. Debo. 7285

Dragaco Spezialfabrik Konz. Riech- und Aromastoffe, Gerberding & Co. G. m. b. H., Holzminden (Erfinder: **Günther Ohloff**), *1.1-Dimethyloktahydronaphthalinderivate.* (**E. P. 896 039** vom 16/7. 1959, ausg. 9/5. 1962. — C. **1962,** 17593 [F. P. 1 231 995].)

F. Hoffmann-La Roche & Co. Akt.-Ges. (Erfinder: **Roman Marbet** und **Gabriel Saucy**), *Herstellung von ungesättigten Ketonen.* (**Aust. P. 236 952** vom 17/7. 1959, ausg. 1/2. 1962. Schwz. Prior. 1/8. u. 12/12. 1958. — C. **1962,** 12865 [D. A. S. 1 118 191].)

N. V. Industriële Onderneming W. H. Braskamp, Voorburg, Niederlande (Erfinder: **Richard Otto Heilingötter,** Neuenburg, Schweiz), *Mittel zum Dauerwellen.* (**D. A. S. 1 145 303** Kl. 30h vom 28/7. 1958, ausg. 14/3. 1963. Niederl. Prior. 16/8. 1957. — C. **1961,** 7779 [Niederl. P. 94 041].)

H_{14}. Zucker. Kohlenhydrate. Stärke

Exergetische Untersuchungen in der Zuckerindustrie. 1. Mitt. **Exergie.** Tone Baloh. (Zucker **16,** 111—17, 1963; Grevenbroich, Maschinenfabrik Buckau R. Wolf Akt.-Ges.; dt.) — Der Begriff Exergie (techn. Arbeitsfähigkeit) u. seine Berechnung bei einer Wärmemenge, bei den Stoffen u. chem. Rkk., unter besonderer Berücksichtigung in der Zuckerindustrie, werden erläutert. J. Seidemann. 7400◇

Untersuchungen zur Förderung des Rübenaufganges durch geeignetes Sä- und Pflegegerät. G. Verres. (Zucker **16**, 120—25, 1963; Bonn, Univ., Inst. für Landtechn.; dt.) J. Seidemann. 7406◇

Nährstoffaufnahme und Nährstoffverhältnis im Laufe der Vegetation bei Zuckerrüben. 1. Mitt. E. v. Boguslawski, N. Atanasiu und R. Zamani. (Zucker **14**, 398—404, 1961; dt.) — Vff. beschreiben Feld-Verss. mit Rüben auf alluvialem, schwerem Boden u. auf degradiertem Lößlehm zur Ermittlung der optimalen Düngung, Nährstoffaufnahme der Rüben bzw. Nährstoffentzug durch Rübenbestände. In Kurven u. Tabellen sind die Einfl. von Temp. u. Wetter, Bodenart, Dünger, ferner die Gesamterträge (in dz/ha), die Konst. A, c u. n der Wachstumskurven, die Rübenproduktionsfaktoren (Rübe: Blatt), Nährstoffaufnahme u. -rückwanderung u. der Leistungszeitfaktor dargestellt. G. Vogel. 7406◇

Nährstoffaufnahme und Nährstoffverhältnis im Laufe der Vegetation bei Zuckerrüben. 2. Mitt. E. v. Boguslawski, N. Atanasiu und R. Zamani. (Zucker **14**, 426—35, 1961; dt.) — 1. vgl. vorst. Referat. — Untersucht wurden Rüben aus 2 Standorten 1958 u. im Trockenjahr 1959 bei 5—7 Düngungsstufen während der Vegetation u. zwar auf die zeitliche Substanz-Bldg. (Gesamt, Blatt u. Rübe), auf den Einfl. der Düngung, der Witterung u. des Standortes auf die Nährstoffaufnahme u. auf den Ertrag, auf die Aufnahme an N, K, P, Ca, Mg u. Na im Laufe der Zeit (Gesamt, Blatt u. Rübe). Ferner wurden für die Nährstoffaufnahme das Verhältnis N:K:Na:P (N = 1) errechnet, dessen Änderungen im Lauf der Zeit u. unter dem Einfl. von Düngung, Witterung u. Standort (Gesamt, Blatt, Rübe) untersucht u. alle Resultate graph. dargestellt. G. Vogel. 7406◇

Die optimale Heizflächenverteilung der mehrstufigen Verdampfstation. A. Buczolich und Zádori. (Zucker **16**, 117—19, Petöháza, Ungarn; dt.) J. Seidemann. 7414◇

Bestimmung der „normalen" Parameter der Melasse und der effektiven Kristallisationsbedingungen der Nachprodukt-Füllmasse. Kazimierz Wagnerowski, Danuta Dąbrowska und Czesław Dąbrowski. (Gaz. Cukrownicza **63**, 299—304, 1961; pol.) — Die Parameter der Melasse im normalen Zustand, d. h. einer Melasse, die weitgehend entzuckert werden kann, werden abgeleitet. Zusammen mit der Schnellbest.-Meth. für den Saccharose-Geh. in der Melasse stellen sie Richtwerte für die Durchführung der Kristallisation der Füllmasse dar. F. Urban. 7416◇

Vorgänge an den einfachen Zuckern des Zuckerrohrsaftes während der Melassebildung. 2. Mitt. **Umwandlungen von Hexosen.** W. W. Binkley. (Int. Sugar J. **63**, 75—77, 1961; New York, N.Y., New York, Sugar Trade Labor.; engl.) — 1. vgl. C. **1961**, 6709. — Mit Kalk geklärter Zuckerrohrsaft wurde mit D-Glucose-1-^{14}C bzw. L-Fructose-1.6-^{14}C als Indicatoren versetzt u. 48 Std. auf 95—97° erhitzt. Proben wurden, z. T. nach Abtrennung von beim Erhitzen gebildeten, nicht dialysierbaren Anteilen, papierchromatograph. aufgearbeitet. Mit $NaJO_4/KMnO_4$-Lsgg. besprühte Chromatogramme zeigten eine Abnahme der Saccharose u. Zunahme der Hexosen. Radioautograph. Auswertung ergab, daß eine gegenseitige Umwandlung von Glucose u. Fructose stattgefunden hatte. Ferner fanden sich einfache Kondens.-Prodd. im Bereich der Di- u. Trisaccharide. Sie wurden von Fructose in stärkerem Maße als von Glucose gebildet. Weiter wurden gefärbte u. N-haltige Substanzen gebildet. W. Willenberg. 7440◇

Untersuchung über die konduktometrische Aschebestimmung in Taiwan-Zucker u. -Melassen. 4. Mitt. **Untersuchung zur Bestimmung der Asche in Endmelassen.** Y. C. Cheng. (Rep. Taiwan Sugar Exp. Stat. **1962**, 187—92; chin., Auszug: engl.) — 1. vgl. C. **1961**, 18535. — Es besteht eine annähernd geradlinige Abhängigkeit zwischen dem Asche-Geh. von Taiwan-Endmelassen u. der spezif. Leitfähigkeit ihrer Lösung. W. Willenberg. 7488◇

Über das Verhalten von Sacchariden gegenüber Ionenaustauschharzen. 2. Mitt. **Quantitative Untersuchungen über die Hydrolyse von Disacchariden in wässeriger Lösung durch Wofatite.** K. J. Steinbach, K. S. Grunert und K. Täufel. (Nahrung **5**, 617—36, 1961; Berlin, Humboldt-Univ., Inst. für Lebensmittelchemie u. -technol.; dt.) — 1. vgl. C. **1962**, **3659**. — Vff. führen systemat. kinet. Unterss. über die Hydrolyse von *Saccharose* (**I**), *Maltose* (**II**) u. *Cellobiose* (**III**) in verd. Lsg. in Ggw. von Wofatit P u. KPS 200 durch. Die scheinbare Aktivierungswärme der I-Hydrolyse nimmt zwischen 50 u. 90° mit steigender Temp. ab, bei 90—98,5° plötzlich zu. Die Hydrolyse von **I**—**III** sind Rkk. 1. Ordnung, wobei **I** ca. 100mal schneller als **II** u. **III** gespalten wird. Die scheinbare Inversions-Geschw.-Konst. wächst mit steigender Saccharidanfangs-Konz., wobei wahrscheinlich auch das jeweilige Saccharid eine Rolle spielt. Die scheinbare Inversions-Geschw. wird von Natur u. Korngröße des Harzkatalysators bestimmt. Die scheinbare spezif. Inversions-Geschw.-Konst. nimmt mit steigendem Katalysatorzusatz ab. Die Ergebnisse werden diskutiert. — 25 Literaturangaben. Gottfried Schreiber. 7488◇

H_{15}. Gärungsindustrie

Transaminierung und Freisetzen von 2-Oxoglutarsäure durch Bierhefe. M. J. Lewis und C. Rainbow. (J. Inst. Brewing **69,** 39—45, 1963; Birmingham, Dep. of Biochem.; engl.) — Von zahlreichen N-Verbb., vorwiegend Aminosäuren, die einem Stamm von *Saccharomyces cerevisiae* jeweils als einzige N-Quelle dienten, wurde nur bei Verw. von L-Glutamat eine erhebliche Bldg. von 2-Oxoglutarsäure im Medium festgestellt. Im Extrakt konnten Vff. Transaminasen nachweisen. S. Zaake. 7506◇

Biochemie der Gerstenkeimung. Die Wirkung von Gibberellinsäure auf das Gerstenendosperm. D. E. Briggs. (J. Inst. Brewing **69,** 13—19, 1963; Nutfield, Surrey, Brewing Ind. Res. Found.; engl.) — Vf. untersuchte die Wrkg. von *Gibberellinsäure* (GS) auf verschiedene Teile des Gerstenkorns, bes. des Endosperms (E). Auf Grund der Ergebnisse nimmt er an, daß die Wrkg. der GS vor allem darauf beruht, daß sie die Aleuronschicht zur Synth. neuer Enzyme anregt. Die Erscheinung, daß bei GS-Behandlung zuerst die der Aleuronschicht benachbarten Zellwände des E abgebaut werden, unterstützt diese Annahme. Das an der Bauchfurche gelegene E wird dabei weniger rasch angegriffen als das dorsal gelegene. Da zur Enzym-Synth. O_2 unbedingt erforderlich ist, tritt bei einem Fehlen von O_2 auch keine Stimulation durch GS ein. — 34 Literaturangaben. S. Zaake. 7540◇

Proctor-Gerste und die daraus hergestellten Malze. J. Hoggan, E. Spencer und P. Jennings. (J. Inst. Brewing **69,** 28—29, 1963; Burton-on-Trent, Truman Hanbury Buxton & Co., Labor.; engl.) — Vgl. C. **1963,** 6426. — Die direkte Beziehung, die zwischen Grobschrotextrakt u. Gesamt-N-Geh. der Gerste besteht, konnte an 77 Proben Proctor der Ernte 1961 bestätigt werden. Eine Zunahme des Gersteneiweißes mindert den Extrakt um ca. 0,77%. Die Extraktvorausberechnung nach Bishop kann bei dieser Sorte ohne 1000-Korn-Gew. erfolgen; die Ergebnisse werden dadurch genauer. Eine verbesserte Formel wird angegeben. S. Zaake. 7540◇

Polarographische Bestimmung schwerer Kationen im Wein. J. Bonastre und R. Pointeau. (Chim. analytique [4] **39,** 193—96, 1957; Bordeaux, Fac. des Sci., Labor. de Chim. phys.; franz.) — Bei der polarograph. Best. von *Pb, Zn, Cu* u. *Mn* neben Fe, Al u. Sn in 25—50 mg Asche (aus 10—20 ml Wein) nach Behandlung mit konz. HCl wird Fe durch ammoniakal. Ammoniumcitrat-Lsg., pH 9,5, komplex gebunden; aus dieser Lsg. werden die Cu-, Pb- u. Zn-Salze mit einer Chlf.-Lsg. von Dithizon extrahiert, Sn- u. Al-Salze bleiben zurück; durch Ausschütteln mit 0,5 n HCl werden Pb u. Zn vom Cu,welches in der organ. Phase bleibt, getrennt; nach Eindampfen der sauren Pb- u. Zn-Lsg. wird mit einer Lsg. aus 0,1 (Mol) Ammoniumacetat, 0,03 Ammoniumrhodanid u. CH_3COOH, pH 4,6, versetzt u. polarographiert. Zur Cu-Best. wird nach Vertreiben des Chlf. u. Abrauchen mit etwas Königswasser in einer Lsg. aus 3/5 (Teile) 0,1 n Di-Na-Salz der Äthylendiamintetraessigsäure u. 2/5 0,01 n NaOH, pH 8, polarographiert. Zur polarograph. Mn-Best. wird die aus der Asche erhaltene Lsg. der Chloride mit einer Lsg. aus 0,3 (Mol/Liter) KCN, 0,1 Citronensäure, 5 NH_3 u. 5 Tropfen 0,05% ig. Gelatine-Lsg., pH 11,5, versetzt. Beschrieben wird ferner eine Mikrozelle, welche rasche Best. von nur 2 ml Lsgm.-Mengen ermöglicht. Fehlergrenzen $<5\%$.
G. Piekarski. 7606◇

Beitrag zum Nachweis von Benzoesäure und Phenolcarbonsäuren in Weinen. G. Guimberteau und E. Portal. (Ann. Falsificat. Expertise chim. **54,** 330—37, 1961; Bordeaux, Station Agronom. et Œnolog., u. Montpellier, Stat. Œnolog.; franz.) — Es wurden je 9 weiße u. rote Weine u. je 2 weiße u. rote Traubensäfte (abs. frei von Konservierungsmitteln) auf ihren natürlichen Geh. an Hydroxybenzoesäuren u. einigen Derivv. untersucht u. eine Meth. vorgeschlagen, von der bes. der chromatograph. Teil vollständig beschrieben wurde. Danach werden 25 (ml) Wein usw. mit 1 5 n NaOH 15 Min. bei Rückfluß-Temp. gekocht, dann mit 2 10 n H_2SO_4 angesäuert, ca. 2 Std. mit Ae. (im App. von Hagen) extrahiert, der über Na_2SO_4 getrocknete Extrakt vom Ae. durch Dest. in 2 Stufen bei Unterdruck befreit, der Rückstand in 500 μLiter A. gelöst, die Lsg. oder ein Teil davon absteigend auf Papier („papier Arches 302") mit einer Lsg. aus 35 (Teilen) n-Butanol u. 65 1,5 n NH_3 (nach Joux) als Lsgm., das die beste Trennung ergab, chromatographiert u. mit einer Lsg. aus 25 mg Methylrot u. 25 mg Bromphenol in 100 ml 95% ig. A. sichtbar gemacht. Es wurden folgende R_F-Werte festgestellt: Benzoesäure 0,39, p-Hydroxybenzoesäure (I) 0,14, o-Hydroxybenzoesäure (II) 0,52, p-Chlorbenzoesäure 0,56 bzw. Sorbinsäure 0,48. In sämtlichen Proben wurden 0,2—0,5 mg I/Liter, dagegen keine Benzoesäure gefunden. **II** wurde in den Mosten nicht, in den Weißweinen seltener (bis zu 0,5 mg/Liter) u. in den Rotweinen häufiger (bis zu 1,5 mg/Liter) gefunden. Da **II** in den Trauben nicht enthalten ist, scheint es ein Nebenprod. der alkohol. Gärung zu sein. Die Meth. ist zum Nachw. von zugesetzten antisept. Benzoesäure-Derivv. u. auch von Sorbinsäure u. Hydroxyzimtsäuren geeignet. Nachweisbar sind im allg. (aus 25 ml Wein) ca. 0,1 mg, bei **I** u. **II** 0,2 mg Säure/Liter, für kleinere Mengen sind größere Weinmengen erforderlich. G. Vogel. 7606◇

Das Duftspektrum der flüchtigen Bestandteile in Apfelwein. 2. Mitt. **Flüchtige Fettsäuren.** H. Sugisawa, J. S. Matthews und D. R. MacGregor. (J. Food Sci. **27**, 435—39, 1962; Summerland, B.C., Canada, Dep. of Agricult., Res. Station; engl.) — 1. vgl. C. **1963**, 15634. — Die Trennung u. teilweise Identifizierung von 10 flüchtigen Fettsäuren in Apfelwein wird beschrieben. Die Säurefraktion wird erhalten, indem man den Wein in einem aufsteigenden Filmverdampfer abscheidet (stripping) u. die flüchtigen Säuren aus der abgeschiedenen Fraktion durch passende pH-Wahl, Dampf-Dest. u. Extraktion isoliert. Bei Unters. der flüchtigen Säuren mittels Gaschromatographie, unter Verw. von Ucon 50-HB-2000 u. Ucon-nonpolar als Füllmaterial der Kolonnen, werden 10 ausgeprägte Spitzen gefunden. Überdies werden die Säuren mit Diazomethan methyliert u. die Zus. der Methylesterfraktionen gaschromatograph. unter Verw. von Diäthylenglykolsuccinat u. Carbowax-400 untersucht. Es finden sich folgende flüchtige Fettsäuren: Ameisen-, Essig-, Propion-, n-Butter-, Isovalerian-, n-Valerian-, n-Capron-, eine isomere Heptan-, n-Heptan- u. n-Octansäure. F. Zeidler. 7608◇

Swift & Co., übert. von: John E. Farbak, Chicago, Ill., Harry Gebel, Hammond, Ind., und Paul Gibson, Chicago, Ill., V.St.A., **Weichmacher für Preßhefe,** bestehend aus einem eßbaren, vegetabil., ungesätt. Triglycerid, dem Cocosöl, Na-Laurylsulfat u. ein Fettsäuremonoester eines mehrwertigen Alkohols beigemischt sind, wobei mindestens die Hälfte des Monoesters aus Cocosölmonoglyceriden besteht. — Beispiele. (**A. P. 3 021 221** vom 9/12. 1959, ausg. 13/2. 1962.) G. Vogel. 7507

Richard Egan, Bound Brook, und Heron Orlando Singher, Plainfield, N.J., V.St.A., **Reinigen von Streptokinase,** dad. gek., daß man salzfreies Streptokinasepulver in einer wss. Puffer-Lsg. mit pH 5,7—7,7, bes. 5,7—5,85, z. B. einer Acetatpuffer-Lsg., löst, die Lsg. durch eine mit der gleichen Puffer-Lsg. gewaschene Diäthylaminoäthylcellulose–Adsorptionssäule führt, die inakt. Proteine aus der Säule zuerst mit der gleichen Puffer-Lsg., dann mit einer durch Zusatz einer NaCl-Lsg. auf eine Ionen-Konz. von 0,1 verstärkten ähnlichen Puffer-Lsg. auswäscht, die Streptokinase mit einer dem doppelten Säulen-Vol. entsprechenden Menge einer mit NaCl verstärkten Puffer-Lsg. bei einer von 0,1—0,13 ansteigenden Ionen-Konz. eluiert, dialysiert, gefriert u. lyophilisiert. — Mengenbeispiel. (**E. P. 902 639** vom 5/5. 1960, ausg. 1/8. 1962. A. Prior. 5/5. 1959.) G. Vogel. 7509

Fermco Laboratories, Inc., übert. von: Don Scott und Frank E. Hammer, Chicago, Ill., V.St.A., **Herstellung eines festen desoxydierenden Präparats,** dad. gek., daß man einen Trägerstoff (Getreide-, Säge-, Leder-, Knochen-, Glasmehl, Bagasse, Kunststoff, Mineralien, Bimsstein, Carbonat, Metalloxide) mit einer wasserarmen Masse aus einem desoxydierenden Enzym-Syst. in Ggw. eines Nährsubstrates tränkt, so daß an der Oberfläche des Präp. kein freies W. vorhanden ist. Ggf. kann man einen genießbaren Träger (Mehl usw.) dem vor Oxydation zu schützenden Lebens- oder Futtermittel zumischen. — Man löst z. B. 300 (g) Glucosehydrat, 8 Na-Dehydracetat u. 178 $Na_2HPO_4 \cdot 2 H_2O$ in 1000 (ml) W., mischt 150 dieser Puffer-Lsg. mit 150 einer verd. Glucoseoxydase-Lsg. mit ca. 60 (Einheiten) Glucoseoxydase/ml u. ca. 20 Katalase/ml, mischt das Gemisch mit 400 g gemahlenen Maiskolben u. schließt 22,5 g des Präp. in eine Dose (Größe Nr. 2) ein, die nach 2 Std. ein Vakuum anzeigt. Man kann das Lebensmittel von dem Präp. durch eine poröse (Papier- usw.) Schicht trennen (Tee- u. Kaffee-Extraktbeutel). Schutz von Vitaminen, Farbe u. Geschmack u. Korrosionsverhütung. — Mengenbeispiele. (**A. P. 3 016 336** vom 30/9. 1957, ausg. 9/1. 1962.) G. Vogel. 7509

Usines „Le Lion d'Or" Distillerie-Malterie-Fabrique de Levure Soc. An., Alost, übert. von: Jacques de la Késthulle de Ryhove, Alost, Jean Pierre de la Kéthulle de Ryhove, Overhamme St. Marie, Albert Schoolmeester, Alost, und Reginald de Hemptinne, Melle, Belgien, **Mälzereiverfahren,** dad. gek., daß man das in W. geweichte Getreide frühestens 24 Std. vor beendeter Keimung mit einer 30—60%ig. Kohlenhydrat-Lsg. (aus Mono-, Di- oder Trisacchariden) behandelt, so daß die Körner mindestens 1% des Kohlenhydrats absorbieren. — Mengenbeispiel für das Besprühen von Gerstengrünmalz mit einer Glucoselösung. — Zeichnung. (**A. P. 3 030 279** vom 27/2. 1959, ausg. 17/4. 1962. Luxemburg. Prior. 8/3. 1958.) G. Vogel. 7541

Miller Brewing Co., Milwaukee, Wis., V.St.A., **Herstellung von Hopfenextrakten für Malzgetränke,** dad. gek., daß man zum Schutz des fertigen Getränks (Ale, Bier) gegen Licht-Einfl. im Hopfen enthaltene u. mit im Malz enthaltenen SH-Gruppen reagierende Verbb. in inakt. Verbb. überführt. — Man scheidet z. B. aus einem PAe.-Hopfenextrakt reines Humulon (über das Pb-Salz) ab, setzt einer mit NaOH neutralisierten 1%ig. Lsg. des Humulons in A. eine Phosphatpuffer-Lsg. mit pH 11 zu, erhitzt 45 Min. unter Rückfluß, red. das dadurch aus dem Humulon gebildete *Isohumulon* 4 Std. bei Raum-Temp. mit KBH_4, extrahiert das red. Isohumulon mit PAe., verdampft den PAe., nimmt den Rückstand in A. auf, kocht 76 ml der alkohol. Lsg. (= 1,25 g red. Isohumulon) mit 23 Litern ungehopfter Bierwürze, kühlt u. vergärt mit Hefe usw. → *Bier* mit gutem Schaum u. Geschmack. Man kann die Isomerisierung des Humulons auch im Hopfenextrakt vornehmen, Isomerisierung u. Red. kombinieren bzw. nach der Isomerisierung die Lupulonfraktion entfernen u. dann das Isohumulon reduzieren. — Mengenbeispiele, Kurven für opt. Dichte u. Wellenlängen für Isohumulon u. red. Isohumulon im Vgl. zu normal gehopftem Bier. (**E. P. 896 567** vom 8/2. 1960, ausg. 16/5. 1962. A. Prior. 11/2. 1959.) G. Vogel. 7551

Union Carbide Corp., New York, N.Y., V.St.A., **Klären von vergorenen Malzgetränken,** dad. gek., daß man die Getränke vor dem Versand usw. mit einer Peroxydase u. H_2O_2 behandelt u. den gebildeten Nd. entfernt. — Man setzt z. B. einer Würze (aus 70% Malz u. 30% Mais) 1 (ppm) gereinigte Meerrettichperoxydase u. 100 H_2O_2 zu, läßt über Nacht bei 52°F im Gärkeller stehen, stellt mit Hefe an, gärt, setzt am Ende der Lagerzeit ein proteolyt. Enzym zu, filtriert, füllt auf Flaschen u. pasteurisiert. — Erhöhung der Schaumbeständigkeit u. Verhütung von Trübungen in dunklen u. hellen Bieren bei hohen u. tiefen Temperaturen. (**E. P. 904 989** vom 16/12. 1960, ausg. 5/9. 1962. A. Prior. 21/12. 1959.) G. Vogel. 7551

National Research Development Corp., London, England (Erfinder: Stanley John Pirt und Donald Sidney Callow), **Kontinuierliche Gärung,** dad. gek., daß man dem 1. Gärbottich Nähr-Lsg. u. Gärkultur zuführt, den Überlauf aus dem 1. Bottich sowie frische Nähr-Lsg. dem 2. Bottich u. dessen Überlauf dem Separator zuführt, wobei man die Verhältnisse im 1. Bottich optimal auf das Wachstum der Kultur u. im 2. Bottich optimal auf die Vergärung der Nährlsg., z. B. Melasse oder andere Saccharose-Lsgg., einstellt. — Mengenbeispiel für die Erzeugung von *2.3-Butandiol* mit Aerobacter aerogenes NCIB 8017, ggf. auch mit Pseudomonas hydrophila oder Bacillus polymyxa; ferner von Penicillin mit Penicillium chrysogenum. — Vorr., Zeichnung. (**E. P. 894 899** vom 21/2. 1957, ausg. 26/4. 1962.) G. Vogel. 7579

Kyowa Hakko Kogyo Kabushiki Kaisha, Tokio, Japan, *Herstellung von L-Lysin durch Biosynthese.* (**Niederl. P. 102 814** vom 27/11. 1958, ausg. 15/10. 1962. Jap. Prior. 1/3. 1958. — **C. 1961,** 12675 [E. P. 851 396].)

H_{17}. Fette. Seifen. Wasch- und Reinigungsmittel usw.

Die genaue Bestimmung des Gehaltes an Fettsubstanz in der Olive. J. Gracián, C. Ruano und M. del Pilar de la Maza. (Grasas y Aceites **12,** 73—85, 1961; Sevilla, Inst. de la Grasa y sus Derivv.; span.) — Die sorgfältige Zerkleinerung der Oliven ist für das richtige Ergebnis der Fett-Best. wichtig. Mit CCl_4 wird sowohl bei frischen als auch bei 40 u. 80 Tage lang konservierten Oliven stets mehr Extrakt erhalten als mit Ae. oder PAe., die etwa gleiche Mengen extrahieren. Der Mehrextrakt scheint aber nicht Fett zu sein, da er sich mit der Zeit verändert. Als zuverlässigste Meth. erscheint die Extraktion von 20 g Probe mit PAe. im Soxhlet-App. nach Trocknung der Probe mit Na_2SO_4. Die Eigg. der extrahierten Öle (D., n_D^{25}, SZ., JZ., Hydroxysäure-Geh., Spektren) werden tabellar. bzw. graph. mitgeteilt. R. K. Müller. 7894◇

Einfluß der Konzentration, der Temperatur und des Druckes der Miscella auf die Wirksamkeit einer Destillation durch Zerstäubung. W. W. Beloborodow und N. A. Iwanowa. (Öl- u. Fett-Ind. [UdSSR] **28,** Nr. 9, 8—12, 1962; Allunions-Forsch.-Inst. für Fette; russ.) — Die Beeinflussung des Benzin-Geh. (Extraktion von Erdnußöl) in der nach dem Zerstäubungs-Verf. verarbeiteten Miscella (Benzin-Geh. 10—90%) durch Temp. (75—135°), Druck (1—6 atü) u. den Benzin-Geh. der Ausgangsmiscella wird graph. dargestellt. S. Baryschnikow. 7894△

Einfluß der Ölrückstände im Schrot auf das Herausdestillieren des Lösungsmittels aus demselben. E. I. Iwanowa. (Öl- u. Fett-Ind. [UdSSR] **28,** Nr. 9, 13—15, 1962;

Allunions-Fernstudien-Inst. für Lebensmittel-Ind.; russ.) — Es wird gezeigt, daß das Abdestillieren (AD) des Lsgm. aus der Miscella (M) in Ölextraktionsanlagen durch das Auftreten einer bes. Bindungsart des Lsgm., die vom Vf. als „Bindung in der Schrot-M" bezeichnet wird, Schwierigkeiten verursacht. Bei ölreichem Schrot ist das vorst. Hindernis bes. ausgeprägt; 0,6—3,5% des gesamten Lsgm. können dabei in Bindung mit der M verbleiben. S. Baryschnikow. 7894△

Der Einfluß von Alkylolamidzusätzen auf die Eigenschaften von Alkylarylsulfonaten. D. B. Oretschkin, N. W. Popowa und O. F. Schepotko. (Öl- u. Fett-Ind. [UdSSR] **28**, Nr. 10, 27—28, 1962; russ.) — Aus den Methylestern von Fettsäuren C_7—C_9 u. C_{10}—C_{16} u. techn. Monoäthanolamin wurden in 87,1—91,2%ig. Ausbeute die entsprechenden *Alkylolamide* (**I**) hergestellt. Setzt man zu Waschmitteln auf Basis von Alkylarylsulfonaten 10% der erhaltenen **I** zu, dann erhöht sich die Waschfähigkeit um das 1,4—3,7fache. I. Eichhorn. 7912◇

Apparat zur Schnellbestimmung des Ölgehaltes. A. I. Gan, B. A. Katz und A. Ja. Naab. (Öl- u. Fett-Ind. [UdSSR] **28**, Nr. 9, 29—30, 1962; Allunions-Forsch.-Inst. für Fette, Mittelasiat. Zweigstelle; russ.) — Beschreibung einer App. zur Best. des *Öl*-Geh. in Samen, Schrot, Ölkuchen, Kleie u. dergleichen. Bei einer Einwaage von 10 g kann die Best. des Öl-Geh. in den vorst. Materialien in 1,5—4 Std. u., im Vgl. mit der Soxhlet-App., mit 40% des Lsgm. durchgeführt werden. S. Baryschnikow. 7930△

Über die quantitative Trennung der festen von den flüssigen Fettsäuren mittels Lösungsmittel. 1. Mitt. G. B. Martinenghi. (Olearia [Roma] **17**, 47—51, 1963; Milano, Studio di Richerche chim. per gli Olii, Grassi e Derivv.; ital.) — Es wurden einige systemat. Verss. durchgeführt, um festzustellen, inwieweit die festen von den fl. Fettsäuren mittels symm. Dichloräthan (**I**) bzw. mittels Gemischen aus **I** mit Acetonitril getrennt werden können. Werden Olivenölfettsäuren in **I** gelöst, auf -25^0 abgekühlt u. die abgeschiedenen Fettsäuren in näher beschriebener Weise abfiltriert, so werden in quant. u. qual. Hinsicht nach bereits 4 Std. Trennungsergebnisse erhalten, die den Werten entsprechen, die mit der klass. Pb-Salz-Meth. erhalten werden. H. P. Fiedler. 7936◇

Schnellbestimmungsmethode für Fettsäuren in der Toilettenseife mit Hilfe von Trilon B. E. I. Bartaschewitsch und W. A. Kopyssew. (Öl- u. Fett-Ind. [UdSSR] **28**, Nr. 9, 34—35, 1962; Gomelsk, Fettkombinat; russ.) — *Fettsäuren* in Toilettenseifen können innerhalb von 20—25 Min. bestimmt werden. 1 g Seife wird unter Erwärmen in 10 ml W. gelöst. Zur heißen Lsg. werden 30—35 ml 0,1n $CaCl_2$-Lsg. gegeben u. die erhaltene Suspension so lange erwärmt, bis keine Ca-Seifen nach oben steigen. Nach dem Abkühlen wird filtriert, das Filtrat auf 100 ml aufgefüllt, 5 ml ammoniakal. Puffer-Lsg. zugesetzt u. mit 0,1n *Trilon-B*-Lsg. gegen Chromogenschwarz titriert. Diese Schnellmeth. liefert gut reproduzierbare Resultate. I. Eichhorn. 7936◇

Bestimmung des mittleren Molekulargewichts von Alkylarylsulfonaten, Alkylsulfonaten und Alkylsulfaten. W. M. Dessnitzki. (Öl- u. Fett-Ind. [UdSSR] **28**, Nr. 9, 31—32, 1962; Technochem. Forsch.-Inst.; russ.) — Die Meth. beruht auf dem Austausch des Na^+ der *Alkyl-* u. *Alkylarylsulfonate* bzw. der *Alkylsulfate* gegen H^+ eines Kationits u. der Titration der entstandenen stark dissoziierten u. gut wasserlösl. Sulfosäuren bzw. sauren Sulfoester. 1—2 g des zu untersuchenden Präp. (genaue Einwaage) werden mit W. zu 250 ml Lsg. gebracht. 25 ml der Lsg. werden durch eine Kolonne mit 7,5 g Espatit geleitet. Das Filtrat wird gegen Methylorange mit 0,1n NaOH-Lsg. titriert. S. Baryschnikow. 7942△

Die Analyse von Detergentien; neue Methode zur Bestimmung alkalischer Alkylsulfate mit langen Ketten aus primären Alkoholen. Jean-Albert Gautier und Jean Renault. (Chim. analytique [4], **39**, 189—92, Mai 1957; franz.) — Na-Salze von Alkylsulfaten (**A**) aus prim. Fettalkoholen mit $>$10 C-Atomen langen aliphat. Resten (R) bilden in wss. NH_3 unlösl. Ni-Tetramminsalze der Formel $(ROSO_3)_2Ni(NH_3)_4$ (**I**). Durch Rücktitration des bei der Fällung verwendeten Überschusses an Ni-Salz mit Komplexon-III (Di-Na-Salz der Äthylendiaminotetraessigsäure) bis zum Murexidendpunkt ist eine volumetr. Best. der **A** möglich. Zur gravimetr. Best. können die **I** bei 35^0 während 24—48 Std. getrocknet werden. Bei Probenahmen im Bereich von mMol-Mengen werden bei beiden Meth. die Fehlergrenzen von 1% nicht überschritten. Während Na_2SO_4 u. Triäthanolamin nicht stören, werden bei Ggw. von NaCl oder NH_4-Salzen zu niedrige Ergebnisse erhalten; der negative Effekt der letzteren kann durch Zusatz von NaOH verringert werden. Beispiele für folgende **A** werden angegeben: Cetyl-, Myristyl-, Tridecyl-, Lauryl-, Undecyl-, Decyl- u. Octylsulfat. G. Pikarski. 7942◇

Unilever N. V., Niederlande (Erfinder: William Arthur Kelly und Harry Davis Hamilton), **Herstellung von Transparentseifen.** Man regelt den Salz-Geh.

einer Feinseifenmasse, die in geschmolzenem Zustand 30—32% Feuchtigkeit enthält, derart, daß bei weiterem Feuchtigkeitsentzug auf 16—25% der Salz-Geh. ca. 0,5—1,8% beträgt. Die Trocknung muß möglichst schnell u. gleichmäßig, z. B. in einem Röhrentrockner, erfolgen. Die Herst. der Seifenstücke kann in gewöhnlichen Strangpressen unter normalen Arbeitsbedingungen stattfinden. Die Prodd. bleiben auch nach längerem Lagern transparent u. werden nicht fleckig u. klebend. — Diagramm. (**F. P. 1 165 840** vom 14/9. 1955, ausg. 29/10. 1958. A. Prior. 18/9. 1954.) W. Heyne. 7911

United States Borax & Chemical Corp., Los Angeles, Calif., V.St.A., **Waschmittel,** bestehend aus > 10 (%) Seifenpulver, 33—83 Borax u. Na-Acetat oder -Benzoat als Mittel zur Verhütung von Klumpenbildung. (**E. P. 907 494** vom 19/8. 1960, ausg. 3/10. 1962. A. Prior. 9/12. 1959.) C. Lüttgen. 7913

Procter & Gamble Co. (Erfinder: Henry Adam Dunlop jun. und Robert Homer Chaffes), Cincinnati, Ohio, V.St.A., **Festes, in einer wasserlöslichen Folie aus Polyvinylalkohol verpacktes Waschmittel** mit $Na_5P_3O_{10}$ (I) als wesentlichem Bestandteil, dad. gek., daß es neben den Waschmittelbestandteilen wenigstens ein Hydrat (III), bes. $Na_4P_2O_7 \cdot 10\,H_2O$, in solcher Menge enthält, daß 5—20% des Packungsinhaltes aus Hydratwasser (II) bestehen, wobei das II des I nicht mitgerechnet ist, daß das III bei $<49^0$, bes. $<32^0$, in einer Atmosphäre, deren relative Feuchtigkeit im Gleichgewicht mit dem Wasserdampfdruck des III steht, stabil ist, aber einen Teil seines II abgibt, wenn das Gleichgewicht der relativen Feuchtigkeit der Atmosphäre in der Packung durch Feuchtigkeitsverlust nach außen gestört ist. — Diagramme. (**D. A. S. 1 130 547** Kl. 23e vom 16/6. 1961, ausg. 30/5. 1962. A. Prior. 22/6. 1960.) C. Lüttgen. 7913

Continental Oil Co. (Erfinder: Horace E. Luntz und Daniel O. Popovac), Ponca, Okla., V.St.A., **Kontinuierliche Sulfonierung von Alkylarylkohlenwasserstoffen** erfolgt in einer kühlbaren zylindr., mit einem Abstreifer versehenen Vorr. dadurch, daß man bei 10—93, bes. 49—65,5°, durch den Einlaß der Vorr. auf deren zylindr. Innenwand einen Film aus Dodecylbenzol, Polydodecylbenzol oder Nonylnaphthalin aufbringt, diesem Film an mehreren Stellen ein Gemisch aus SO_3 u. einem inerten Gas (trockene Luft, bes. im Verhältnis 1 : 9—1 : 1, N_2, CO_2, SO_2) in solcher Menge zuführt, daß höchstens nur 80% des KW-Stoffes sulfoniert werden. Der teilweise sulfonierte KW-Stoff wird ggf. nach wiederholtem Aufbringen auf die gekühlten Innenflächen der Vorr. durch einen rasch umlaufenden Abstreifer abgetrennt u. der nach der Rk. mit weiterem SO_3 vollständig sulfonierte KW-Stoff dann abgezogen. Die Gesamtverweilzeit des KW-Stoffes in der Vorr. soll höchstens 5 Min. betragen. Die Sulfonsäure kann dann mit Alkalihydroxid, -carbonat oder einem Amin in das *Sulfonat* übergeführt werden. — Vorr., Zeichnungen. (**D. A. S. 1 129 474** Kl. 12o vom 27/4. 1955, ausg. 17/5. 1962. **E. P. 804 346** vom 25/3. 1955, ausg. 12/11. 1958.) G. Krauß. 7913

Elektrochemische Fabrik Kempen G. m. b. H., Kempen/Ndrh., **Reinigungsverstärker** für die in der Chemischreinigung gebräuchlichen Lösungsmittel. Es werden die Rk.-Prodd. der Ölsäure mit Diäthylentriamin, deren freie Aminogruppe noch mit Monochloressigsäure bzw. mit deren Alkalisalzen umgesetzt worden ist, verwendet. Die mit dem Mittel gereinigten Textilien können ohne Zwischenspülung sofort wasserabstoßend gemacht werden. (**D. B. P. 976 067** Kl. 23e vom 2/12. 1953, ausg. 28/2. 1963. Anmeldung bekanntgemacht 24/5. 1956.) C. Lüttgen. 7915

Zschimmer & Schwarz Chemische Fabrik und Gerbstoffwerk Oberlahnstein Akt.-Ges. (Erfinder: Willy Weiss), Oberlahnstein/Rh., **Synthetische Reinigungsmittel** aus oberflächenakt. Substanzen, wie aliphat. Schwefelsäureestern, Sulfonsäuren aromat. u. aliphat. Alkyl-Verbb., nichtionogenen Derivv. u. dgl., dad. gek., daß man diesen Stoffen hochmol. Amine der Formeln $HN(R_1{-}O{-}R_2)(R_1{-}OH)$, $N(R_1{-}O{-}R_2)(R_1{-}OH)_2$ oder $N(R_1{-}O{-}R_2)_2(R_1{-}OH)$ zusetzt, wobei R_1 ein aliphat. Rest mit 2—5, R_2 ein solcher mit 12—20 C-Atomen ist, z. B. Diäthanolamin, substituiert durch eine Laurylgruppe, Triäthanolamin, substituiert durch 2 Oleyl- oder Cetylgruppen. Die Prodd. dienen zur Haar- u. Körperpflege u. zum Reinigen empfindlicher Gegenstände, wie Autolackierungen. (**F. P. 1 159 770** vom 6/9. 1956, ausg. 2/7. 1958. **Belg. P. 550 853** vom 6/9. 1956, ausg. 18/12. 1959. Beide D. Prior. 10/9. 1955.) W. Heyne. 7917

Böhme Fettchemie G. m. b. H. (Erfinder: Ernst Götte und Alfred Kirstahler), Düsseldorf, **Spül- und Reinigungsmittel,** gek. durch einen Geh. an Anlagerungs-Prodd. von 40—80 Mol Äthylenoxid an höhermol., lipophile Reste enthaltende Verbb. mit wenigstens einem austauschbaren H-Atom, z. B. Stearinsäure, Nonylphenol, Cocosfettalkoholgemische. (**D. A. S. 1 139 229** Kl. 23e vom 8/4. 1961, ausg. 8/11. 1962.) C. Lüttgen. 7917

Council of Scientific and Industrial Research, Neu-Delhi (Erfinder: Subhash Maneklal Shah, Vasant Kashinath Hinge, Vyankatesh Vasudes

Mhaskar und Ramanlal Chhaganlal Shah, Bombay), Indien, **Gewinnung von Sisalwachs** aus Sisalabfällen (I). Die beim Röst-Verf. oder durch mechan. Abtrennung der Fasern anfallenden I werden mechan. in eine leichtere u. eine schwerere Fraktion getrennt. Die leichtere Fraktion wird mit Toluol extrahiert. Man erhält aus 100 (Teilen) 8 Wachs, F. 83—90°, das gepulvert, mit 32 A. verrührt u. filtriert wird. Nach Wiederholen der A.-Behandlung erhält man 6 eines Wachses, F. 88—91°, das in A. fast unlösl. ist. (**Ind. P. 65 440** vom 6/10. 1958, ausg. 9/11. 1961.) C. Lüttgen. 7925

Dow Corning Corp., V.St.A. (Erfinder: Chester C. Currie), **Bohnerwachs** aus einer wss. Emulsion eines Organopolysiloxans. Durch die Verw. eines unbeständigen Emulgiermittels wird eine instabile Emulsion erhalten, welche sich nach dem Auftragen auf die zu behandelnde Fläche zersetzt. Als Emulgiermittel dienen Verbb. $R_3NH \cdot OR'$ mit R = H oder Alkylrest mit ≥ 4 C-Atomen u. R' = 1wertiger monoacylierter aliphat. KW-Stoffrest mit 8—33 C-Atomen, z. B. Caproyl, Lauroyl, Palmitoyl, Stearoyl, Arachidoyl, Behenoyl, Oleoyl, Ricinoleoyl, Linoleoyl. Die Emulgiermittel werden durch Rk. von NH_3 oder Aminen mit den Fettsäuren erhalten. Ggf. werden noch weitere Reinigungs-, Netz- u. Emulgiermittel zugesetzt. — Zum Beispiel werden Dimethylpolysiloxan oder dessen Mischpolymerisate mit Methyläthyl-, Methylvinyl- u. Dicyclohexylsiloxan verwendet. (**F. P. 1 274 728** vom 11/10. 1960, ausg. 23/2. 1962. A. Prior. 16/11. 1959.) M. F. Müller. 7927

J. R. Geigy Soc. An., Schweiz, **Unter Druck zerstäubbares Parkettpflegemittel**, welches 5—15 (%) Wachs u. wachsartige Substanzen u. 20—60 eines Zerstäubungs-, Dispergiermittels u. Lsgm., z. B. eines niedermol. aliphat. Halogen-KW-Stoffes, wie Cl_2CF_2 (I), neben anderen Zusätzen enthält. — Beispiel: Man verwendet 12 (Gew.-Teile) eines synthet. Esters aus Montansäure (Braunkohlenwachssäure) u. höhermol. Alkoholen, 4 eines synthet. Esters aus Montansäure u. Äthylenglykol, 2,4 eines KW-Stoffgemisches aus Isoparaffinen, n- u. naphthen. KW-Stoffen (Molgew. 600—900; F. 88°), 1,6 Paraffin (F. 52—54°), 5 Dioxan, 0,33 Riechstoff, 74,67 Petrolfraktion (Kp. 180—220°) u. 60 I. (**F. P. 76 782** vom 21/12. 1959, ausg. 4/4. 1962. Schwz. Prior. 19/6. 1959. **Zusatz zu F. P. 1 226 564; C. 1962, 15810.**) M. F. Müller. 7927

H_{18a}. Holz. Cellulose. Zellstoff. Papier. Papierdruck. Celluloid. Linoleum

Rheologie von Holz. 5. Mitt. D. Narayanamurti und R. C. Gupta. (Appl. sci. Res., A **10**, 158—64, 1961; Dehra Dun, India, Forest Res. Inst., Composite Wood Branch; engl.) — 2. vgl. C. **1959**, 11 762. — Klötzchen von 0,5·0,5·0,5 cm Größe von 7 ind. Hölzern verschiedener Dichte (0,33—1,001 g/cm³) werden wiederholten Be- u. Entlastungen ausgesetzt. Der von der Hysteresisschleife umschriebene Bezirk wird mit jeder Wiederholung kleiner in Abhängigkeit von der Dichte u. der radialen oder tangentialen Druckrichtung. W. Wergin. 7952□

Elektronenmikroskopische Untersuchungen über die Zellwandstruktur von Zugholzfasern. Vorl. Mitt. Hanno Sachsse. (Holz Roh- u. Werkstoff **20**, 429—33, 1962; Reinbek, Bundesforsch.-Anst. für Forst- u. Holzwirtsch., Elektronenmkr. Labor.; dt.) — Von saftfrischem Holz aus 4jährigen Pappelstämmen (*Populus euramericana cv. regenerata*) werden nach Os-Fixierung u. Methacrylateinbettung Ultradünnschnitte angefertigt. Nach Herauslösen des Einbettungsmittels erscheint elektronenmkr. in der gequollenen „gelatinösen Schicht" (G-Schicht) eine wabige Struktur mit einer dünnen lumenseitigen Abschlußschicht. In der nichtgequollenen G-Schicht ist die Wabenstruktur nicht sichtbar zu machen. Der Funktionsmechanismus der Zugholzfaser ist noch nicht geklärt. W. Wergin. 7952◇

Beschleunigte Leimung von hölzernen Baumaterialien und Konstruktionen mit Hilfe von Strömen hoher Frequenz. L. M. Kowaltschuk. (Baumaterialien [UdSSR] **6**, Nr. 6, 21—24, 1960; russ.) — Ergebnisse von Unterss. einer schnellen Leimung von Holzteilen u. -konstruktionen durch Erwärmen der Verbindungsflächen mit Hochfrequenzströmen. Als Leime wurden Kunstharze der Phenolformaldehyd-, Resorcin-Formaldehyd- u. Harnstoffgruppe geprüft. Die Elektroden u. Ströme müssen jeweils der Konstruktion angepaßt werden; die Härtungszeit läßt sich bis auf einige Min. herabsetzen. Der Vorteil des Hochfrequenzstromes liegt darin, daß nur die gut leitenden feuchten Verbindungsflächen bedeutend erwärmt werden. J. Tůmová. 7952◇

Eigenschaften und Natur der Oberfläche von Cellulose. 3. Mitt. **Cellulose in Berührung mit organischen Flüssigkeiten und wässerigen Lösungen mit verringerter Oberflächenspannung.** Karl Borgin. (Norsk Skogind. **14**, 485—495, 1960; Univ. of Stellenbosch, Union of South Africa, Inst. for Forestry and Wood Technol.; engl.) — 2. vgl. C. **1961**, 12310. — Die Abhängigkeit der Berührungswinkel (B.) zwischen Cellulose (**A**) u. organ. Fll., die hydrophile Gruppen enthalten, von der Zeit, der relativen Luftfeuchtigkeit u. dem Wasser-Geh. von **A** wird bestimmt. Weiter werden die B. zwischen **A** u. organ. Fll., die keine hydrophilen Gruppen enthalten, sowie die B. im Syst. W./**A**/KW-Stoff in Abhängigkeit von Zeit u. relativer Luftfeuchtigkeit untersucht. Der Einfl. von die Oberflächenspannung herabsetzenden Reagentien auf die B. in den Syst. W./**A**/Luft u. W./**A**/KW-Stoff sowie auf die capillare Benetzung von **A** wird festgestellt. St. Blumberg. 7954◇

Eine Untersuchung über systematische Fehler im Filtrationsstadium während der Filtrierbarkeitsbestimmungen von Viscose. 1. Mitt. **Fehler, die durch nicht konstanten Druck und Viscosität bedingt sind.** Stein Kolboe. (Norsk. Skogind. **14**, 348—53, 1960; Oslo, Norway, Norweg. Pulp and Paper Res. Inst.; engl.) — Eine Verallgemeinerung des *Filtrationsgesetzes* von Hermans u. Bredée [1935], die auch für *nicht konst. Druck* u. *Viscosität* von *Viscose* (**A**) gültig ist, wird abgeleitet. Mit diesem verallgemeinerten Filtrationsgesetz können richtige Filtrationswerte erhalten werden, auch wenn während der Filtration der Druck u./oder die Viscosität (Temp.) nicht konst. gehalten werden können. Für den bes. Fall einer linearen Zu- oder Abnahme von Druck oder Viscosität werden einfache Formeln aufgestellt. Diese Formeln zeigen, daß ein Filtrationswert durch nicht konst. Druck u./oder Viscosität weniger beeinflußt wird, wenn das Filter einen hohen Anfangsfiltrationswert hat u. sich schnell verstopft. Gut filtrierende **A** werden stark durch nicht konst. Druck oder Viscosität beeinflußt. Es wird darüber diskutiert, wie groß der Grad der Konstanz bei Druck u. Viscosität sein muß, um bei einer gewünschten Genauigkeit ohne Korrektur auszukommen. F. Zeidler. 7954◇

Eine Untersuchung über systematische Fehler im Filtrierungsstadium während der Filtrierbarkeitsbestimmungen von Viscose. 2. Mitt. **Die durch Filterquellung verursachten Fehler.** Stein Kolboe. (Norsk Skogind. **14**, 401—05, 1960; engl.) — 1. vgl. vorst. Referat. — Mathemat. Behandlung zur Eliminierung der durch die *Quellung* von *Baumwolle-* u. *Papierfiltern* bei der Best. der Filtrierbarkeit von *Viscose* verursachten Fehler. W. Borchers. 7954◇

Vergleich der Eigenschaften von Nadelholz- und Laubholzsulfitzellstoffen im Verlauf der Bleiche. 1. Mitt. **Das Verhalten von Hemicellulosen und Lignin während der Bleiche.** Hisaaki Toda und Tsuneaki Kijima. (J. Soc. Textile Cellulose Ind. Japan [Sen-i Gakkaishi] **17**, 765—72, 1961; Tokyo, Japan, Kohusaku Pulp Ind. Co. Ltd., Res. Labor.; jap., Auszug: engl. S. 764—65.) — Ungebleichte *Papierzellstoffe* aus *Nadelholz* (Fichte + Kiefer u. Kiefer allein) (I) u. *Laubholz* (gemischte Laubhölzer u. Birke allein (**II**) werden nach einem 3-Stufen-Verf. gebleicht u. im Hinblick auf ihr Verh. bei der *Bleiche* (Chlorierung, Alkaliextraktion, Hypochloritbehandlung) untersucht. Bei gleicher Sieber-Zahl erleidet **II** einen geringeren Bleichverlust als **I**. Es verbraucht mehr Alkali, erreicht dafür aber einen höheren Weißgehalt. In jedem Fall ist der Bleichverlust größer als der nach der Sieber-Zahl theoret. zu erwartende Wert. Der *Xylan-* u. *Mannan*-Verlust bei der Bleiche ist sehr klein, die Gesamtmenge Mannan + Xylan ist ca. 0,2% bei **I** u. **II** mit Sieber-Zahl 52. Bei **II** wird prakt. nur Xylan, bei **I** werden auch beträchtliche Mannanmengen in den gelösten Kohlenhydraten gefunden. Bei der Bleiche werden auch 20—30% des anfänglichen Uronsäure-Geh. aus beiden Zellstofftypen entfernt. Die *Lignin*-Geh. der ungebleichten Zellstoffe werden durch UV-Absorption in phosphorsaurer Lsg. bestimmt; es kann nachgewiesen werden, daß **II** bei gleicher Sieber-Zahl ca. 20% weniger Lignin enthält als **I**. Der Unterschied in der Ausbeute zwischen gebleichten **I** u. **II** scheint hauptsächlich auf unterschiedlichen Lignin-Geh. zurückzugehen. Die bei der Bleiche entfernten Ligninmengen werden gleichfalls durch UV-Absorption bestimmt. Aus **II** wird Lignin bei alkal. Extraktion leichter entfernt als aus **I**. Ca. 35% können durch 1std. Behandeln mit 1%ig. NaOH bei 20° herausgelöst werden. F. Lang. 7956◇

Vergleich der Eigenschaften von Nadelholz- und Laubholzsulfitzellstoffen im Verlauf der Bleiche. 2. Mitt. **Alkaliverbrauchende Substanzen in ungebleichten Sulfitzellstoffen.** Hisaaki Toda, Tsuneaki Kijima und Tadahira Hamada. (J. Soc. Textile Cellulose Ind. Japan [Sen-i Gakkaishi] **17**, 72—77, 1961; jap., Auszug: engl. S.765.) — 1. vgl. vorst. Referat. — Ungebleichte Laubholzzellstoffe (**I**) verbrauchen bei der Bleiche mehr Alkali bei der Extraktion nach der Chlorierung als Nadelholzzellstoffe (**II**). Die Ergebnisse von Leitfähigkeitsmessungen u. potentiometr. Titrationen an den alkal. Extrakten, gaschromatograph. Analysen dieser Lsgg. sowie von Hydrolysaten dieser Zellstofftypen zeigen, daß der unterschiedliche Alkaliverbrauch auf unterschiedlichen CH_3CO-Gruppen-Geh. zurückzuführen ist. Er beträgt bei **I** 0,6—1,0%, aber nur 0,1% bei **II**. Bei der Chlorierung werden die CH_3CO-Gruppen prakt. nicht angegriffen, bei der alkal. Extraktion aber prakt. vollständig herausgelöst. Es genügt 1std. Behandeln mit 1%ig. NaOH oder eine Bisulfit–Soda-Kochung. Die CH_3CO-Gruppen scheinen an jenem Xylan zu sitzen, das sich in den amorphen Bereichen der ungebleichten Sulfitzellstoffe befindet. F. Lang. 7956◇

Untersuchungen über die Peroxidbleiche von Holzschliffzellstoff. 1. Mitt. Über die Wasserstoffperoxidbleiche und den Einfluß der Vorbehandlung auf die Bleiche. 2. Mitt. Über die Bleiche von Holzschliffzellstoff mit einer Kombination von Wasserstoffperoxid und Zinkhydrosulfit und die Helligkeitsumkehr und die Kosten der Bleichchemikalien für den gebleichten Zellstoff. Isao Shimoda und Akihiro Shindo. (J. Soc. Textile Cellulose Ind., Japan [Sen-i-Gakkaishi] **18**, 46—63, 1962; Kiryu City, Gunma Prefect., Japan; Gunma Univ., Fac. of Engng.; jap., Auszug: engl.) — *Schliffzellstoff* aus Rotkiefer wird vorbehandelt u. dann mit H_2O_2 gebleicht; die Änderungen des Weißgeh. (WG) werden verfolgt. Zugabe von 1,0—1,5% Ca-Hypochlorit (als wirksames Cl) oder 2,0% $CaCl_2$ vor dem Bleichen bringt Verbesserung des WG um einen Punkt. Bei der H_2O_2-Bleiche wird der höchste WG bei Verw. von 1% H_2O_2 erreicht, wobei diese fast ganz verbraucht wird. Die Aufhellung hängt von dem H_2O_2-Verbrauch ab; wiederholtes Bleichen mit 1% H_2O_2 bringt keine Steigerung. Die Alkalität während des Bleichens ist von Einfl. auf den WG; anfangs ist pH 11 einzustellen, dann muß zurückgegangen werden. Alkaliüberschuß führt zur Vergilbung. Der Bleichverlust liegt bei 1% u. darunter. *Bleichen mit zuerst H_2O_2* u. *dann ZnS_2O_4*, am besten mit je 1% auf den Stoff, verbessert den WG; der Zuwachs liegt dabei um 50% höher als bei einer ausschließlichen einmaligen Bleiche mit ZnS_2O_4. Die einmalige H_2O_2-Bleiche führt zu Zellstoff mit höherer WG-Stabilität als die einmalige ZnS_2O_4-Bleiche, bei welcher der WG-Abfall durch eine anschließende H_2O_2-Bleiche vermindert werden kann. ZnS_2O_4-Bleiche in 2. Stufe vermehrt die WG-Anfälligkeit. Alle Bleicharten — H_2O_2, ZnS_2O_4, H_2O_2/ZnS_2O_4 — sind bzgl. der Chemikalienkosten wirtschaftlich. M. Hagedorn. 7956◇

Über das Sulfatlignin. 3. Mitt. Elementare Zusammensetzung und funktionelle Gruppen. Jozef Farkaš. (Chem. Zvesti **13**, 464—70, 1959; Bratislava, Výskumný ústav priemyslu celulózy; slowak. — C. **1962**, 15450.) R. Grundmann. 7966◇

Mahlungscharakteristika der PFI-Mühle. 1. Mitt. Eukalyptuszellstoff. A. J. Watson, F. H. Phillips und W. E. Cohen. (APPITA — J. Austral. New Zealand Pulp Paper Ind. techn. Assoc. **16**, 71—87, 1962; C.S.I.R.O., Div. of Forest Prod.; engl.) — Die *Mahlungscharakteristika* der *Labor.-PFI-Mühle* werden an *Eukalyptus-Sulfatzellstoff* untersucht. Die Mahlungskurve eines 5%ig. Stoffeintrages unterscheidet sich, bei sonst gleichen Bedingungen, wesentlich von denen, die bei 10- u. 20%ig. Eintrag erhalten werden. Mit Ausnahme des Fortreißwiderstandes u. des Mahlgrades werden kleinere, aber kennzeichnende Unterschiede bei 10—20% beobachtet. Bei ihnen erbringt ein Mahldruck von 3,4 kg/cm eine bessere Festigkeits-Entw. innerhalb einer gegebenen Mahldauer, als ein Druck von 1,8 kg/cm mit Ausnahme kürzerer Mahlperioden. Drucklos macht der Läufer 1,437 U/min, das Gehäuse 527, 719 u. 970 U/min, je nach der Übertragung; unter Druck dreht sich der Läufer langsamer, das Gehäuse schneller. In dem Maß, wie die relativen Geschw. zwischen Läufer u. Gehäuse sich erhöhen, erhöht sich auch das Ausmaß der Mahlung, was sich bei allen Eigg., mit Ausnahme des Fortreißwiderstandes u. der Reißlänge, zeigt. Der Läufer kann so eingestellt werden, daß zwischen ihm u. dem Gehäuse ein bestimmter minimaler Zwischenraum besteht, wodurch der Zellstoff eher gebürstet als gemahlen wird. Die Ergebnisse der unter diesen Bedingungen durchgeführten Mahlungen werden beurteilt. Mahlverss. an Sulfatstoff aus *E. camaldulensis*, der viel dickere Zellwände hat, ergeben ungefähr die gleichen Ergebnisse. Die allg. Arbeitsweise der PIF-Mühle u. die Art, wie jede Variable die Mahlung beeinflußt, werden diskutiert. Reproduzierbare Ergebnisse während längerer Betriebsdauer mit kurzfaserigen Zellstoffen sind, wie die Verss. zeigen, zu erwarten. F. Zeidler. 7976◇

Sulfonierte Harnstoff-Formaldehyd-Harze für die Papierindustrie. 2. Mitt. Krystyna Starzyńska. (Tworzywa wielkocząsteczkowe **6**, 53—56, 1961, I.T.S. Pracownia Aminoplastów; pol.) — 1. vgl. C. **1962**, 3307. — *Harnstoff* (I) u. CH_2O werden bei 93—97° in Ggw. von 0,05—0,7 Mol $NaHSO_3$ (bezogen auf 1 Mol I) kondensiert. Der optimale pH-Wert wird durch Zugabe von 0,5%ig. HCl konst. gehalten. Harze mit ca. 0,2 Mol $NaHSO_3$/Mol I sind bes. zur Herst. von naßfestem *Papier* geeignet. F. Urban. 7986□

Untersuchungen über die anorganischen Bestandteile in Holz. 1. Mitt. Über die Verteilung von anorganischen Bestandteilen in Holz und über den Nachweis von Elementen in der Asche mit Hilfe der emissionsspektrographischen Analyse. Eiichi Yoshida. (J. Fac. Agric., Iwate Univ. [Japan] **5**, 87—95, März 1961; jap., Auszug: engl.) — Untersucht wird die *Asche* aus Stamm, Blatt, Rinde, Zweig u. Wurzel von *Pinus densiflora, Cryptomeria japonica, Chaemaecyparis obtusa, Castanea crenata* u. *Quercus serrata*. Blätter u. Rinde enthalten ca. 10—20mal mehr Asche als der Stamm, dessen oberer Teil aschereicher als die Basis ist. Laubbäume besitzen mehr Asche als Nadelbäume. Von den 17 durch emissionsspektrograph. Analyse festgestellten *Elementen* in der Asche kamen *K*,

Na, Ca, Mg, Al, Ba, Cu in allen Proben, *B, Fe, Mn, Si, Sr* in fast allen Bäumen u. *Ag, P, Pb, Sn, Zn* nur in einzelnen Baumarten oder in bes. Baumteilen vor. Kiefer enthält die größte Zahl, Buche die geringste Zahl an Elementen. W. Wergin. 8004□

Form und Intensität des Termitenangriffes an Hölzern verschiedener Struktur und Rohdichte. 1. Mitt. **Prüfungen an getrenntem Früh- und Spätholz.** Günter Schultze-Dewitz. (Holz Roh- u. Werkstoff **18,** 365—67, 1960; Reinbek; dt.) — Tangential gespaltene Frühholz- u. Spätholzstreifen aus dem Kernholz der Kiefer, dem stamminneren Reifholz der Fichte u. dem Kern- u. Splintholz der Stieleiche werden dem Fraß von *Reticulitermes lucifugus Rossi* (italien. Bodentermite) in Feucht-Verss. mit Erdreich ausgesetzt. Die Termiten bevorzugen in diesen Verss. die Radialflächen u. fressen in tangentialer Richtung weiter. Zuerst wird der Frühholzanteil angegriffen. Ganz allg. nimmt der Holzabbau mit steigender Rohdichte ab. W. Wergin. 8004◇

Form und Intensität des Termitenangriffes an Hölzern verschiedener Struktur und Rohdichte. 2. Mitt. **Prüfungen von Hölzern mit verschiedener Jahrringbreite und verschiedenem Spätholzanteil.** Günter Schultze-Dewitz. (Holz Roh- u. Werkstoff **18,** 413—15, 1960; dt.) — 1. vgl. vorst. Referat. — Die engringigen Holzproben (gleiches Material wie 1. Mitt.) werden von der Bodentermite weniger angegriffen als die weitringigen. Der Spätholzanteil im Jahresring u. die Hirnholzhärte beeinflussen den Fraß der Tiere nur wenig. W. Wergin. 8004◇

Form und Intensität des Termitenangriffes an Hölzern verschiedener Struktur und Rohdichte. 3. Mitt. **Einfluß der Rohdichte des Holzes auf den Termitenangriff.** Günter Schultze-Dewitz. (Holz Roh- u. Werkstoff **18,** 445—46, 1960; dt.) — 2. vgl. vorst. Referat. — In Ergänzung zur 2. Mitt. wird auf Grund mathemat. Auswertung der Ergebnisse gezeigt, daß die Abhängigkeit des Holzverlustes durch Termitenfraß bei Kiefer, Fichte u. Stieleiche von der Rohdichte statist. gesichert ist. Das weiche Frühholz wird bevorzugt angegriffen. Je dünner die Zellwände des Frühholzes sind, um so größer ist der Gew.-Verlust der Hölzer nach Termitenfraß. W. Wergin. 8004□

Aktivierungsanalyse von Mangan in Zellstoff. Ingrid Fineman und Torbjörn Westermark. (Int. J. appl. Radiat. Isotopes **8,** 186—91, 1960; Stockholm, Sweden, Roy. Inst. of Technol., Div. of Phys. Chem.; engl.) — Die Best. von Mn in Zellstoff durch Aktivierungsanalyse im Bereich von $0{,}25 \cdot 10^{-4}$ bis 10^{-2}% wird beschrieben. Die Best. kann mit einem Fehler von 5% durchgeführt werden.

H. Schroeder. 8006◇

Harzschwierigkeiten bei Bisulfitpapierzellstoff. Charley Gustafsson, Viljo Tammela und Thorsten Lindh. (Papeterie **77,** 831—42, 1955; Helsinki, Labor. Central; franz. — Vgl. C. **1955,** 10887.) H. Czech. 8006◇

Eine gaschromatographische Untersuchung der durch Gegenstromverteilung fraktionierten Fettsäuren des Tallöls. Vorl. Mitt. Y. Aho, O. Harva und S. Nikkilä. (Teknillisen Kemian Aikakauslehti [Z. techn. Chem.] **19,** 390—92, 1962; Helsinki, Finland, Tekn. Korkeakoulu; engl.) — Bei der gaschromatograph. Trennung der mit CH_2N_2 veresterten Fettsäuren aus Tallöl werden neben *Myristin-, Palmitin-, Stearin-, Palmitöl-, Öl-, Linol-* u. *Linolensäure* 14 weitere Fettsäuren unbekannter Konstit. gefunden. Eine von ihnen konnte als *cis-Octadecatrien-(5.9.12)-carbonsäure* identifiziert werden. E. Moisar. 8008◇

Analyse von Druckfarben. 3. Mitt. E. A. Apps. (Paint Manufact. **32,** 395—97, 1962; engl.) — 2. vgl. C. **1963,** 6429. — Erörterung über die Verff. zur *Analyse* von *Schnellpressen-, Offsetpressen-* u. *Walzenbezugsfarben.* W. Wesly. 8014◇

Giuseppe Carloni, Franco Ferrarini und Alberto Vecchi, Bologna, Italien, **Herstellung von Kunstholz** aus zerkleinertem Holz u. Kunstharzbindemitteln, dad. gek., daß man die Gemische mit Bergalaun versetzt u. zwischen zwei als Kathode u. Anode geschalteten Metallplatten hindurchführt. Gleichmäßige Polymerisation des Bindemittels. (**It. P. 554 198** vom 11/6. 1956.) K. Koebke. 7953

Eastman Kodak Co., Rochester, N.Y. (Erfinder: James Cuthbert und Kent Combs Brannock, Kingsport, Tenn.), V.St.A., **Weichmachen von Celluloseestern,** dad. gek., daß als Weichmacher Ester der Formel I verwendet werden, in der R eine Methyl- oder eine Äthylgruppe u. R′ ein H-Atom, eine Alkyl- oder eine Phenylgruppe, bes. eine Alkylgruppe mit ≦12 C-Atomen u. bes. mit ≦9 C-Atomen bedeutet. Bes. für Celluloseacetobutyrat. — Beispiele: 2.2.4.4-Tetramethylcyclobutan-1.3-dioldiacetat; 2.2-Dimethyl-4 4-diäthylcyclobutan-1 3-dioldiisobutyrat; 2.2.4.4-Tetraäthylcyclobutan-1.3-dioldi-n-hexanoat u. 11 weitere Verbindungen. (**D. A. S. 1 142 695** Kl. 39b vom 9/4. 1960, ausg. 24/1. 1963. A. Prior. 13/4. 1959.) W. Overbeck. 7971

I

National Starch and Chemical Corp., New York, N.Y. (Erfinder: Morton Wolf Rutenberg, North Plainfield, und Joseph Louis Volpe, New Brunswick, N.J.), V.St.A., **Stärkeäther mit Sulfoniumverbindungen** der allg. Formel $[X-O-R_1-S(R_2)-R_3]^+[Y]^-$ (X = Stärke; R_1 = Alkylen-, Hydroxyalkylen-, Aralkylen-, Cycloalkylen- oder Phenylenrest; R_2 u. R_3 = Alkyl-, Aryl-, Aralkyl-, Cycloalkyl- oder Alkylensulfoniumrest, ggf. mit Äthersauerstoffbindungen u. Aminogruppen; Y = Anion) erhält man durch Rk. von Stärke mit einer Sulfonium-Verb. der allg. Formel $[Y]^- \cdot [R_3-S(R_2)-R_1Z]^+$ (R_1, R_2, R_3 u. Y wie oben; Z = Halogen, Vinyl- oder Epoxidgruppe; R_1Z = Vinyl- oder Epoxidgruppe, die zur Äther-Bldg. geeignet ist) in Ggw. eines Alkalis als Katalysator. — Man rührt z. B. in eine Suspension von 2 (Teilen) $Ca(OH)_2$ in 125 W. 100 Kornstärke [Maisstärke?; der Referent] u. dann 6 2-Chloräthylmethyläthylsulfoniumjodid bei 22,2° ein, verd. das Gemisch mit 500 ml W. u. verd. HCl bis zu pH 3—3,5, filtriert, wäscht u. trocknet das Prod., das nach Erwärmen (20 Min. auf 93°) in 12 W. bei pH 4 eine weit stabilere Viscosität als unmodifizierte Stärke besitzt. — Mengenbeispiele u. Tabelle für die Verw. von Wachsmais-, Kartoffel- u. Tapioka- bzw. verkleisterter Stärke bzw. von Benzylmethyl-2-chloräthylsulfoniumjodid. — *Leim* für Papierstoff, *Klebstoff* für Papier u. *Verdickungsmittel* für Textilien. (**D. A. S. 1 145 601** Kl. 12o vom 14/4. 1960, ausg. 21/3. 1963. A. Prior. 22/4. 1959.) G. Vogel. 7979

Lipaco Soc. An., Basel, Schweiz (Erfinder: James Hill Filling, Mobile, Ala., V.St.A.), **Herstellen von Papier** aus oder zumindest teilweise aus Regeneratfasern auf nassem Wege unter Zusatz eines Dispergierhilfsmittels, dad. gek., das der Faserdispersion in W. Polyacrylsäure (Molgew. bes. 200000—860000) in Mengen von 0,01 bis 1%, bes. bei pH 6,5—8, zugesetzt wird. (**D. A. S. 1 144 580** Kl. 55f vom 31/12. 1960, ausg. 28/2. 1963. A. Prior. 7/1. 1960.) A. Gradl. 7987

Maurice Charles Abel Milloux, Paris, Frankreich, **Herstellung von anticancerogenem Zigarettenpapier** durch Imprägnieren mit chlorophyllhaltigen Pflanzenextrakten, dad. gek., daß die Imprägnier-Lsg. aus einem im kalten Zustand bzw. unterhalb 38° gewonnenen, ca. 0,7%ig. äther. Gesamtextrakt chlorophyllhaltiger Pflanzen besteht. (**D. A. S. 1 144 100** Kl. 55f vom 30/6. 1958, ausg. 21/2. 1963.) A. Gradl. 7987

Timefax Corp., New York, N.Y. (Erfinder: Harold Richard Dalton, Jenkintown, Pa.), V.St.A., **Elektrisch beschreibbare Flachdruckfolie.** Eine Unterlage, z. B. aus glattem, naßfestem Papier, erhält mehrere, getrennt aufgetragene, haftend verbundene Schichten, von denen jede pulverförmiges, in einem filmbildenden Harz gleichmäßig verteiltes, elektr. leitfähiges Material, z. B. Kohlenstoff, aufweist sowie einen hydrophilen, Druckfarbe abstoßenden Deckaufstrich, z. B. aus Casein u. einem Härtemittel, z. B. HCHO. Die an der Unterlage anliegende Schicht hat eine höhere elektr. Leitfähigkeit als die nahe dem Deckaufstrich befindliche Schicht. (**D. A. S. 1 142 372** Kl. 15l vom 2/5. 1955, ausg. 17/1. 1963. A. Prior. 26/7. 1954.) C. Kittler. 7989

Minnesota Mining & Mfg. Co. (Erfinder: Emil W. Grieshaber), Saint Paul, Minn., V.St.A., **Thermographisches Kopierverfahren.** Das Original wird durch ein strahlungsdurchlässiges, wärmeempfindliches Kopierblatt kurz u. stark bestrahlt, wobei im letzteren ein strahlungsabsorbierendes u. sichtbares Muster entsteht. Dieses wird dann auf die Empfangsoberfläche gelegt u. einer weiteren kurzen, mindestens gleich starken Bestrahlung ausgesetzt, wobei die Übertragung des Musters erfolgt. (**D. A. S. 1 145 643** Kl. 15k vom 19/10. 1959, ausg. 21/3. 1963. A. Prior. 20/10. 1958.) C. Kittler. 7989

Minnesota Mining & Mfg. Co. (Erfinder: Thomas G. Wartmann), Saint Paul, Minn., V.St.A., **Thermographisches Kopierblatt** enthält als Schicht in homogener Verteilung ca. 5 Vol.-Teile einer Ag-Verb. mit einer organ. Säure, z. B. Behen-, Laurinsäure, 1—8 ZnO, ca. $^2/_5$—$^2/_3$ des Vol. der Schicht ein durchsichtiges, hartes, inertes, schmelzbares Harz, z. B. Terpenharz, ferner ein Bindemittel, z. B. Polyvinylacetat, u. ein Red.-Mittel, z. B. Hydrochinon. (**D. A. S. 1 146 078** Kl. 15k vom 19/10. 1959, ausg. 28/3. 1963. A. Prior. 20/10. 1958.) C. Kittler. 7989

International Business Machines Corp., New York (Erfinder: Carl B. Blake, Great Neck, und Lewis F. Miller, New Paltz), N.Y., V.St.A., **Magnetische Druckfarbe.** Die magnet. Farbstoffteilchen können oberflächlich nitriert oder phosphatiert sein u. erhalten einen wasserabstoßenden Überzug, um ihre Emulgierungsneigung herabzusetzen. Der Überzug kann z. B. durch chem. Rk. auf der Oberfläche der Teilchen erzeugt werden oder aus einem Isophthalsäure–Alkydharz-Lack bestehen. (**D. A. S. 1 144 743** Kl. 15l vom 17/12. 1959, ausg. 7/3. 1963. A. Prior. 30/12. 1958.) C. Kittler. 7991

H_{18b}. Textilfasern

Einiges über Schlichtemittel. H. Schmink. (Prakt. Chem. [Wien] **13**, 334, 339 bis 340, 1962; Karl-Marx-Stadt; dt.) — Ausführungen über den gegenwärtigen Stand der Schlichtemittel, Stärke-, Leim-, Cellulose- u. Schlichtemittel auf Kunstharzbasis, werden gemacht. I. Beßer. 8028◇

Die Verwendung von Katexol als oberflächenaktiver Stoff. L. E. Andrejewa, E. Ja. Sarina und E. K. Tschecholskaja. (Chemiefasern [UdSSR] **1962**, Nr. 5, 67—68; Klin, Chemiefaserwerk; russ.) — Erfahrungsbericht über die Verw. von *Lauryl-pyridiniumchlorid* (Katexol) als Mittel zur Koagulation des im Spinnbad entstehenden Koll.-S u. zur Verbesserung der damit verbundenen Lichtdurchlässigkeit des Spinnbades. T. Lukanoff. 8030◇

Eine theoretische und experimentelle Untersuchung der Fasersuspensionsdrainage im turbulenten System. 1. Mitt. Darstellung einer neuen Theorie für die turbulente Drainage von Fasersuspensionen. C. K. Meadley. (Canad. J. chem. Engng. **40**, 256—63, 1962; Quebec, Canada, Laval Univ., Dep. of Mech. Engng., Aerodynamics Labor.; engl.) — Eine neue *Theorie* über die *Fasersuspensionsdrainage* im *turbulenten Syst.* als Funktion der Faser, des Fasergeflechts u. der Maschinen-Eigg. wird dargelegt u. diskutiert. Es wird angenommen, daß der Druckabfall mehr der turbulenten Zerstreuung als den viscosen Scherspannungsverlusten zuzuschreiben ist, so daß der Widerstand dem Quadrat der Drainage-Geschw. proportional ist. Es wird eine Widerstandsfunktion formuliert, die die Drainagewiderstandskenngrößen mit bestimmten Faser- u. Fasermatten-Eigg. in Beziehung setzt u. worin der Parameter m, der die Frontalfestigkeit der Draht-Faser-Matte u. seine Widerstandsfunktion in Beziehung bringt u. von der Temp. u. der Reynolds-Zahl abhängt sowie der Parameter β, der die makroskop. Draht-Matten-Festigkeit mit der mkr. Faseroberfläche in Beziehung bringt u. von der Faserorientierung abhängt, experimentell bestimmt werden müssen. Aus der Widerstandsfunktion u. der entsprechenden Bewegungsgleichung für die Drainagemechanik lassen sich Drainageprofile berechnen. H. Harenz. 8038◇

Mit Kautschuk und Kunststoff beschichtete Gewebe. Kurt Rüttger. (Adhäsion **4**, 120—24, 225—28, 453—57, 629—35, 1960; Klein-Auheim; dt.) — Übersicht über Chemismus u. Technologie der elastomeren, natürlichen u. synthet. Hochpolymeren, die in der *Gummierungstechnik* zum Schutz von *natürlichen* u. *synthet. Geweben* gegen Oxydation, Sonnen- u. Witterungs-Einfl. angewendet werden u. über die mit Kautschuk u. Kunststoff beschichteten Gewebe. W. Wesly. 8038◇

Polynosische Fasern. N. Ss. Nikolajewa und A. A. Konkin. (Chemiefasern UdSSR] 1962, Nr. 5, 5—15; Mytischtschi bei Moskau, Allunionsforschungsinst. für Kunstfasern; Moskau, Textil-Inst.; russ.) — Literaturübersicht. 38 Literaturhinweise. T. Lukanoff. 8040◇

Chemische Untersuchungen über Dispergiermittel für Fasern. 2. Mitt. Seishi Machida und Yasushi Yoshino. (J. Soc. Textile Cellulose Ind., Japan [Sen-i Gakkaishi] **18**, 981—84, 1962; Kyoto, Japan, Kyoto Univ. of Ind. Arts and Text. Fibers, Chem. Labor. of Text. Fibers; jap., Auszug: engl.) — 1. vgl. C. **1963**, 7982. — Bei Zusatz von starken Elektrolyten zu einer Lsg. von teilhydrolysiertem Polyäthylacrylat, in der Cellulosefasern dispergiert sind, nehmen die Viscosität ab u. die Sedimentations-Geschw. zu. Die Wirksamkeit des Elektrolytzusatzes hängt vom HOOC-Gruppen-Geh. des Polymeren ab. Die Änderung der Viscosität wird auf eine Änderung der Mol.-Gestalt zurückgeführt. G.-D. Gollnisch. 8040◇

Strukturelle Eigenschaften von Baumwollfasern: 1. Mitt. Drehungswinkel und seine Beziehung zur Reißfestigkeit. S. M. Betrabet, K. P. R. Pillai und R. L. N. Iyengar. (J. sci. ind. Res. [New Delhi], Sect. A **19**, 91—94, 1960; Bombay, Indian Central Cotton Comm., Technol. Labor.; engl.) — Eine schnelle Meth. zur Best. der Zahl der Drehungen pro Längeneinheit einer *Baumwollfaser* u. dadurch des *Drehungswinkels* wird beschrieben. Eine enge Beziehung zwischen *Reißfestigkeit* u. Drehungswinkel wird bei 22 Baumwollen, die alle Arten, die in Indien angebaut werden, darstellen, festgestellt. Ebenso wird bei 13 Baumwollen eine gute Beziehung zwischen Röntgenstrahlen- u. Drehungswinkel beobachtet. Unabhängig von den einzelnen Sorten wird festgestellt, daß ind. Baumwollen mit der Beziehung zwischen Festigkeit u. Drehungswinkel übereinstimmen, abweichend von der Feststellung von Meredith. L. Jentgen. 8044◇

Aktuelle Wege der Baumwollveredlung. 2. Mitt. R. Allscher. (Melliand Textilber. **44**, 80—81, 1963; Mannheim, Chem. Fabr. Theodor Rotta; dt.) — 1. vgl. C. **1962**, 12512. — Der Vgl. zwischen No-iron (**I**)-Belfast (**II**) u. TEB-x-cel. (**III**) ausgerüstetem *Gewebe* zeigt deutlich, daß sowohl bei Trocken- u. Naßknitterwinkel sowie im opt.

Bild **II** u. **III** bessere Werte ergeben als **I**. Das Cottonova (**IV**)-Gewebe zeigt die besten Eigenschaften. Nach 5maliger Wäsche u. 5maligem Tragen zeigen mit F-Donator-62 ausgerüstete Gewebe bessere Eigg. als verschiedene **IV**-Hemden. Es empfiehlt sich, Kunststoffemulsionen, die effektunterstützend u. gleichzeitig eine günstige Griffbeeinflussung bewirken, mitzuverwenden. H. H. Michel. 8044◇

Gesetzmäßige Zusamenhänge zwischen Knittererholung und Festigkeitsverlusten bei ausgerüsteter Baumwolle. 1. Mitt. **Abhängigkeit der Reißfestigkeitsverluste von der Knittererholung bei der klassischen Ausrüstung.** W. Rüttiger, W. Rümens und A. Feinauer. (Melliand Textilber. **44**, 296—301, 1963; Ludwigshafen/Rh., BBSF AG, Anwendungstechn. Abt., Textiltechn. Labor.; dt.) — Bei der klass. Ausrüstung für die allein durch die Vernetzung bedingten (temporären) Reißfestigkeitsverluste der Baumwolle in dem für den wash-and-wear-Artikel interessanten Bereich besteht eine lineare Abhängigkeit von der Knittererholung, die vom chem. Aufbau des niedermol. Vernetzers nicht abhängt; dieser Zusammenhang wird als Vernetzungsgesetz deklariert. Die Möglichkeiten einer Vorausberechnung der optimalen klass. Ausrüstung bzgl. Knitterwinkel u. Reißfestigkeiten werden an Hand einer graph. Meth. erläutert. I. Beßer. 8044◇

Mechanische Eigenschaften von mit Schwefelsäure pergamentierten Baumwollgarnen. A. G. Chitale, S. V. Gokhale und P. C. Mehta. (J. sci. ind. Res. [New Delhi], Sect. A **19**, 138—44, 1960; Ahmedabad, Ahmedabad Text. Ind. Res. Assoc.; engl.) — *Bruchfestigkeit* u. *Dehnung* einfacher *Baumwollgarne*, die während verschiedener Zeiten mit 70%ig. H_2SO_4 behandelt wurden, werden bestimmt, ebenso wird der Einfl. der Temp., des Zusatzes von HCHO u. der Vormercerisierung an Garnen der Nm 60 u. 98, beide mit 2 verschiedenen Drehungen, untersucht. Garne mit höheren Drehungen zeigen mit zunehmender Behandlungsdauer fortschreitenden Verlust an Festigkeit, während solche mit niedrigeren Drehungen erst an Festigkeit zu- u. dann abnehmen; die Dehnung nimmt in allen Fällen ab. Erhöhung der Behandlungs-Temp. verursacht Festigkeitsverlust. Zusatz von HCHO verzögert die Wrkg. von H_2SO_4 u. ermöglicht eine längere Behandlungszeit. Der chem. Abbau ist gering u. zeigt keinen Zusammenhang mit dem Festigkeitsverlust. L. Jentgen. 8044◇

Warme Röstung des Flachses unter Verwendung einer Wasser-Luft-Emulsion in den Flachswirtschaften Lettlands. W. N. Sacharow. (Flachs u. Hanf [UdSSR] **7 (24)**, Nr. 10, 25—28, 1962; russ.) — Die Vorteile dieses Verf. sind: schnellerer Röstprozeß, geringere Wasserverluste auf der Filterfläche, da die Röst-Fl. mehrfach benutzt wird, Abkürzung der Röstdauer auf 76 bzw. 64 Std., Mehrertrag 20—25%. Nach Sortieren u. Auswahl einheitlicher Partien von Flachsstroh nach Farbe, Länge u. Durchmesser im Rohstofflager erfolgt vertikales Einladen in die Behälter, Aeration der Fl. mittels Regeneratoren, kombiniert mit anaerober Red. (Fl.-Temp. 35—38°, pH im Regenerator 6,5—7,8, Füllen des Behälters 40—60 Min., Entleeren 40—45 Min., pH der Röst-Fl. in den Röstbehältern 5,5—6,5). Die Röstdauer ist von den Wachstumsbedingungen u. dem Reifegrad des Flachses abhängig. Sie beträgt 40—95 Stunden. Nach Röstbeendigung u. Ablassen in den Regenerator wird die Fl. dort aeriert u. der anaeroben Red. unterzogen. Zum Ausspülen u. Wringen des Flachses wird eine Maschine *OPL-2* verwendet. A. Kropotkin. 8050◇

Spurenelemente in der Flachswirtschaft. D. Ss. Olchowski. (Flachs u. Hanf [UdSSR] **7 (24)**, Nr. 10, 33—35, 1962; russ.) — *B* in Spuren bewirkt beim Flachsbau bessere Ernten an Samen u. Fasern, qual. bessere Fasern u. höchsten Widerstand gegen Bakteriose. Kalken des Bodens verringert den B-Geh. im Flachs wegen Bldg. schlecht assimilierbarer Verbindungen. Die gebräuchlichsten B-Düngemittel sind: Borax, Borsäure, B–Mg-Verbb. u. Borazitmehl mit Ca, Mg sowie mit B-haltigen Spurenelementen. Borax u. Mineraldünger beschleunigen Blühen u. Reifen des Flachses. Bei Einbringung des B-Düngers vor der Aussaat (wobei B–Mg-Dünger wirksamer als Borax ist, da er den Widerstand der Flachssamen gegen Krankheiten erhöht) vergrößert sich der Ertrag an Flachsstroh u. -samen. Laut Beobachtungen verringert sich bei gleichzeitiger Aussaat der Samen u. B-, Cu-, Mn- u. Zn-haltiger Spurenelementdüngung die Ansteckungsgefahr für den Flachs mit Fusariose, Antraknose u. Bakteriose. A. Kropotkin. 8050◇

Viscosimetrische Untersuchungen von Cellulose in Jutefasern während der mechanischen Verarbeitung. H. Chatterjee und A. K. Mazumdar. (J. sci. ind. Res. [New Delhi], Sect. B **19**, 369—70, 1960; Calcutta, Indian Central Jute Comm., Technol. Res. Labor.; engl.) — Durch Messung der *Cuoxamviscosität* wird der α-Cellulose-Geh. von *Jute* als Rohfaser, nach dem Batschen, Brechen u. Strecken sowie im Garn bestimmt. Es sind keine Veränderungen durch die mechan. Verarbeitung nachweisbar. G.-D. Gollnisch. 8052◇

Die Veränderung der Eigenschaften des Haarüberzuges von Schaffellen beim Veredlungsprozeß. A. M. Rodionow, A. M. Subin und S. N. Tscharuchina. (Leder- u. Schuhwaren-Ind. [UdSSR] **5,** Nr. 4, 21—23, 1963; russ.) — Die durch Behandlung der Wolle mit *Formaldehyd* (I) u. Säuren eintretende Veränderung der Wolle wird beschrieben. Die geringste Veränderung wird bei Behandlung mit I u. *Ameisen-* oder *Monochloressigsäure* beobachtet. Durch die I- u. H_2SO_4-Einw. wird die Oberflächenschicht der Wolle am stärksten beeinflußt. Der Aminosäuren-Geh. der Wolle wird durch I u. Säuren verändert. Der Cystin-, Lysin- u. Serin-Geh. verringert sich, Tyrosin verschwindet, nur Phenylalanin bleibt konstant. Durch I allein u. Bügeln bildet sich ein festes Syst. von Querverbindungen der Makromoll.; als Resultat hat die Wolle eine beständige ausgerichte Form, erhält Glanz u. verliert die Fähigkeit zum Verfilzen. Dagegen tritt bei Behandlung mit I, Säuren u. heißem Bügeln eine Zers. der Fasern ein.
J. v. Schroeder. 8060◇

Beiträge zur Untersuchung der Chromierung von Wolle. Misilim Grindea, Leonia Stoicescu-Crivetz und Savel Ifrim. (Bull. Inst. polytehn. Iaşi [N. S.] **4 (8),** Nr. 1—2, 247—52, 1958; Iaşi, Inst. Politehn., Cateden de Tehnol. Chim.-Text.; rum.) — Die optimalen Bedingungen für die günstigsten Wrkg. von K_2CrO_4 auf *Wolle* werden untersucht. Die besten Konzz. an K_2CrO_4 ergeben sich bei bestimmten Chromierbedingungen aus den Löslichkeiten der Fasern in Alkali als Maßstab für ihren oxydativen Abbau. Es wird festgestellt, daß die Löslichkeit in Alkali mit den physikal.-mechan. Eigg. der Fasern (Bruchfestigkeit u. Dehnung) übereinstimmt.
L. Jentgen. 8060◇

Die Adsorption von Säuren aus Säuregemischen an Wolle. 2. Mitt. **Die Sorption von Salzsäure und Trichloressigsäure.** P. Larose und R. Donovan. (J. Soc. Dyers Colourists **79,** 95—97, 1963; Ottawa, Ontario, Canada, Nat. Res. Council, Div. of Pure Chem.; engl.) — 1. vgl. C. **1963,** 1124. — Die *Sorptionsmessungen* werden auf Gemische aus $HCl + CCl_3{\cdot}COOH$ (I) in wss. Lsg. ausgedehnt, auch auf Messungen mit nur I oder nur $CH_2Cl{\cdot}COOH$ (II). Der Zusammenhang zwischen den an *Wolle* (**A**) adsorbierten Mengen von HCl u. I u. der Anionen-Konz. in der Lsg. beim Gleichgewicht ist der gleiche wie bei HCl + II u. HCl + $CHCl_2{\cdot}COOH$ der 1. Mitt. (l. c.); nur ist die Affinität von I zu **A** sehr viel höher. Die Menge der an **A** adsorbierten HCl + I kann ebenfalls aus den End-Konzz. der Lsgg. beim Gleichgewicht berechnet werden, aber unter Verw. einer nur von der Cl^--Konz. abhängigen Korrektur, deren physikal. Bedeutung noch unklar ist.
M. Hagedorn. 8060◇

Untersuchungen über Kaninhaare. 38. Mitt. **Eine versuchsweise Behandlung von Tierhaar verändernde Faktoren.** Sakio Ikeda. (J. Soc. Textile Cellulose Ind., Japan [Sen-i Gakkaishi] **16,** 1014—19, 1960; Takatsuki City, Japan, Asahi Chem. Ind. Co. Ltd., Text. Res. Inst.; jap., Auszug: engl.) — 37. vgl. C. **1961,** 17059. — Beschreibung einer *Meth.* zur *Best.* von möglichen Faktoren, welche die Reibungs-Eigg. *gebeizter Kaninhaare* in Richtung Wurzel–Spitze u. umgekehrt beeinflussen.
H.-G. Fröhlich. 8066◇

Untersuchungen über Kaninhaare. 39. Mitt. **Beziehungen zwischen den Beizbedingungen und den verschiedenen physikalischen Eigenschaften der Haare in der gebeizten Haarmasse.** Sakio Ikeda. (J. Soc. Textile Cellulose Ind., Japan [Sen-i Gakkaishi] **17,** 21—26, 1961; jap., Auszug: engl.) — 38. vgl. vorst. Referat. — Aus einer größeren Menge *Hg-gebeizter Kaninhaare* werden einzelne Haare entnommen u. deren *mechan. Eigg.* einschließlich der Reibung u. Kräuselungsfähigkeit bestimmt. Die hierbei erhaltenen Ergebnisse werden mit der *Filzfähigkeit* des gebeizten Haares in Zusammenhang gebracht u. ausführlich diskutiert. H.-G. Fröhlich. 8066◇

Untersuchungen über Kaninhaare. 40. Mitt. **Beziehungen zwischen der Dichte des Filzes und den physikalischen Eigenschaften des Haares in der gebeizten Haarmasse.** Sakio Ikeda. (J. Soc. Textile Cellulose Ind., Japan **17,** 100—05, 1961; jap., Auszug: engl.) — 39. vgl. vorst. Ref.; 41. vgl. C. **1962,** 8841. — Die Zusammenhänge zwischen der *Dichte* des *Filzes* einerseits u. den *mechan.* u. *Reibungs-Eigg.* der *gebeizten Haare* andererseits werden untersucht. Die Ergebnisse zeigen, daß das Standvermögen der gebeizten Haare im Filz (Masse) um so geringer ist, je höher die Dichte des Filzes u. je höher die Konz. an $NaNO_2$ (0—0,4%) in der Beiz-Lsg. sind.
H.-G. Fröhlich. 8066◇

Untersuchungen über die Metalle im Wasser bei der Seidenspinnerei. 1. Mitt. **Über die Schwermetalle (Fe, Cu) im Spinnereiheißwasser und in der Rohseide.** Aio Kitamura. (J. sericult. Sci. Japan **29,** 525—28, 1960; Tokyo, Landwirtsch. Hochsch., Faserwiss. Abt.; jap.) — Die elektrophotometr. Best. von *Fe* (mit o-Phenanthrolin) u. *Cu* (mit Na-Diäthyldithiocarbamat) gibt, nach nasser Verbrennung ($HNO_3/H_2SO_4/HClO_4$) organ. Anteile, folgende Geh. (ppm): Im angewandten W.: 0,28 Fe u. Spuren Cu, in der gemischten Brühe aus den verschiedenen Abteilungen des automat. perkolierenden (bzw. dialysierenden) Kokonlöse-App. (Syst. Chiba), bei pH 7,93: 8,50 Fe u. 3,04 Cu; in der Brühe der mehrteiligen Abspul- u. Spinn-App. (Masuzawa), bei pH 7,6—7,15: 6,88 Fe u. 0,24 Cu; in der Brühe der automat. Abspul- u. Spinn-App. (Chiba), bei pH 7,16 bzw. 6,83: 13,75 Fe u. 2,32 Cu. Im Kokonmantel finden sich (in mg/kg Trockensubstanz) 68,7 Fe u. 6,37 Cu, im eigentlichen Puppenkörper 136,2 Fe u. 13,3 Cu, in der erzeugten Rohseide mit dem App. nach Masuzawa 58,6 Fe u. 49,6 Cu, mit dem automat. nach Chiba 73,0 Fe u. 74,5 Cu. L. Schuler. 8068◇

Über das Vergilben von Seide durch H_2O_2-Oxydation. Mutsuo Kuga. (J. sericult. Sci. Japan **29**, 529—33, 1960; Uji, Nippon Reyon K. K.; jap.) — Aus Verss. über die Wrkg. der Behandlung von *Seide* (**A**) mit H_2O_2 (3,7 u. 30%) während 2—20 Tagen, bes. bzgl. des Auftretens von Vergilbung u. den nach der Behandlung ausgeführten Farb-Rkk. (nach Millon, Xanthoprotein-Rk. usw.) sowie dem Nachw. von *DOPA* (**I**) ergibt sich: Bei weitgehender Oxydation bis zum pulvrigen Zerfall von **A** tritt keine Vergilbung mehr auf u. die **I**-Rk. bleibt aus. Als empfindlichste Rk. auf die erfolgte Einw. von H_2O_2 erweist sich die je nach dem pH (11—12 bzw. 2—3) umkehrbare Farb-Rk. auf **I**. Selbst wenn, bei leichter Anoxydation, noch keine Änderung der Weißfärbung erkennbar ist, tritt sie auf. Während die Indol-Rk. nach Belichtung von **A** positiv ist, ist sie nach H_2O_2-Einw. negativ. Vorherige Behandlung von **A** mit CH_2N_2 verhindert das Vergilben mit H_2O_2. Doch bleibt die **I**-Rk. positiv (pH 12), selbst wenn infolge der geringen Menge noch unmethylierten *Tyrosins* im **A**-Mol. noch keine sichtbare Vergilbung durch H_2O_2 erfolgt ist. L. Schuler. 8068◇

Das Erspinnen einer Faser aus modifizierten und nichtmodifizierten Viscosen in Zinksulfat enthaltenden Fällbädern. H. Klare, A. Gröbe, R. Maron, G. Mann, Ch. Jost und G. Casperson. (Chemiefasern [UdSSR] **1962**, Nr. 6, 14—21; Teltow-Seehof, Inst. für Faserstofforsch.; russ.) — Im Inneren der Viscosefaser findet keine Bldg. von *Zn-Xanthogenat* (**I**) statt, sondern nur an ihrer Oberfläche. Die Annahme von Morehead u. Sisson, wonach die Mantelzone des Faserquerschnitts mit dem Bereich der Bldg. von **I** gleichbedeutend ist, konnte nicht bestätigt werden. Dagegen wurde die von Cumberbirch gegebene Erklärung, daß sich die verschiedenartige Anfärbbarkeit des Mantels u. des Kerns auf unterschiedliche Dehydratation dieser Faserbereiche zurückführen läßt, durch die Unterss. erhärtet. Die Modifikatoren wirken auf den Prozeß der Sol–Gel-Umwandlung ein, was in einer elektronenmkr. beobachtbaren Änderung des Zustandes der Strukturelemente in der obersten Faserschicht zum Ausdruck kommt. Die Frage nach dem Wrkg.-Mechanismus der Modifikatoren bleibt nach Ansicht der Vff. nach wie vor ungeklärt. R. Wittwer. 8074◇

Der Mechanismus der Bildung von Querverbindungen in Hydratcellulosefasern. L. Ss. Gerassimowa und A. B. Pakschwer. (Chemiefasern [UdSSR] **1962**, Nr. 6, 22—25; Moskau, Allunions-Fernschule der Textil- u. Leichtind.; russ.) — Die Vernetzung der *Cellulose* durch Umsetzung mit *Formaldehyd* (**I**) verläuft in drei Stadien: unterhalb von 65° erfolgt Gleichgewichtssorption u. Bindung von **I** durch die OH-Gruppen über Wasserstoffbrücken; zwischen 65 u. 105° ist monofunktionelle Bindung von **I** u. Bldg. von Methylolgruppen zu verzeichnen; oberhalb von 105° kann die Sorption je nach der Einw.-Dauer entweder durch monofunktionelle Bindung von **I** oder die Bldg. von Querbindungen zwischen den Cellulosemakro-Moll. beendet werden. R. Wittwer. 8074◇

Die Anwendung des Präparates OS-20 bei der Herstellung von Viscosefasern. W. P. Telepnewa. (Chemiefasern [UdSSR] **1962**, Nr. 6, 55—56; russ.) — Die Verschmutzung der Spinndüsen wird durch einen Zusatz des Präp. *OS-20* zur Viscose (0,035%, berechnet auf α-Cellulose) stark verringert. Der Zusatz bewirkt ferner eine Verlangsamung des Reifeprozesses der Viscose u. eine merkliche Herabsetzung ihrer Oberflächenspannung. Die Viscosität der Viscose u. der Querschnitt der erhaltenen Faser werden dagegen nicht beeinflußt. R. Wittwer. 8074◇

Über die Möglichkeit der Bildung von komplexen Verbindungen bei dem Verspinnen von Viscosefasern mit Modifikatoren. A. Ss. Schewtschenko, A. A. Konkin und A. T. Sserkow. (Chemiefasern [UdSSR] **1962**, Nr. 5, 27—30; Mytischtschi bei Moskau, Allunionsforsch.-Inst. für Kunstfasern; Moskau, Textilinst.; Moskau, Staatskomitee für Chemie; russ.) — Aus einem Vgl. der Instabilitäts-Konst. von Komplexen, die Zn-, Hg- u. Mn-Ionen mit dem Viscosemodifikatoren *Diäthylentriamin* u. *Triäthylentetramin* bilden, mit der Neutralisations- u. der Xanthogenat-Zers.-Geschw. von modifikatorhaltigen Viscosen beim Verspinnen in Spinnbädern, welche Sulfate von genannten Metallen enthalten, ziehen Vff. die Schlußfolgerung, daß beim Viscosespinnen modifikatorhaltige Metallkomplexe gebildet werden. Als Unters.-Objekte dienten Viscosefolien. T. Lukanoff. 8074◇

Eine dreistufige Desulfurierung von Viscoseseide. A. Ja. Rosenberg, K. Ja. Iofina und M. R. Donzowa. (Chemiefasern [UdSSR] **1962**, Nr. 6, 50—52; russ.) — Wird die Viscoseseide (in Kuchenform) nacheinander mit Lsgg. von Na_2SO_3 (I) wechselnder Konz. (1. Stufe 5—6 (g/Liter), 2. Stufe 15—17, 3. Stufe 5—6] gewaschen, so kann der Verbrauch an I ohne Erhöhung des S-Geh. der Viscoseseide um die Hälfte gesenkt werden. Die Wäsche erfolgt bei 75° u. dauert jeweils 27 Minuten. R. Wittwer. 8074◇

Verbesserung der Eigenschaften von Viscosecord beim Zwirnen. M. W. Denissowa und Ju. W. Ssergejew. (Chemiefasern [UdSSR] **1962**, Nr. 6, 25—27; Allunions-Kunstfaser-Forsch.-Inst.; russ.) — Werden die *Cordfäden* in der Zwirnmaschine auf einen Abstand von 75 mm (2fädiger Cord) oder 40 mm (3fädiger Cord) getrennt, so ist eine Zunahme der Festigkeit, Dehnung u. des Ermüdungswiderstandes des Cords zu verzeichnen. R. Wittwer. 8074◇

Ein neues Mattierungsverfahren für Acetatseide. W. A. Ssokolowa, W. A. Krjashewa und A. I. Nitischinskaja. (Chemifasern [UdSSR] **1962**, Nr. 3, 37—39; russ.) — Es wird ein neues Verf. zur Herst. mattierter *Acetatseide* beschrieben, das gegenüber älteren Meth. mehrere Vorteile bietet. TiO_2 (I) wird im trockenen Zustand mit gut zerkleinerter Acetylcellulose im Verhältnis 1 : 200 in einem speziell konstruierten App. gemischt u. die Mischung zur Spinn-Lsg. weiterverarbeitet. Die Vorteile liegen in einer gleichmäßigeren Verteilung von I in der Spinn-Lsg., geringeren Verlusten an I bei der Filtration u. einer geringeren Ausschußquote bei der Acetatseide. K. Schwabe. 8076◇

Methoden zur Charakteristik der Titandioxidsuspension. W. M. Charitonow und L. A. Morgun. (Chemiefasern [UdSSR] **1962**, Nr. 2, 20—23; Klin. Kunstfaserwerk; russ.) — Zur Qualitätsbeurteilung der TiO_2-Suspension (Mattierung von Polyamidfasern) unter Betriebsbedingungen wurden folgende Schnellmeth. vorgeschlagen: 1. Dispersitäts-Best. mit Hilfe der Sedimentationsanalyse nach einem Pipetten-Verf.; 2. Konz.-Best. von TiO_2 mittels einer Trübungsmessung; 3. Stabilitäts-Best. der Suspension durch Trübungsmessungen in Abhängigkeit von der Dauer der Zentrifugierung. T. Lukanoff. 8080◇

Messung der Stärke der Doppelbrechung von Chemiefasern. Ss. A. Nowikowa und R. Ss. Iwanowa. (Chemiefasern [UdSSR] **1962**, Nr. 6, 34—36; Allunions-Kunstfaser-Forsch.-Inst.; russ.) — Die Doppelbrechung von Fasern mit rundem Querschnitt wird nach der Kompensations-Meth. unter Verw. eines Quarzkeiles bestimmt. Bei Fasern mit unregelmäßigem Querschnitt wird die Immersions-Meth. angewandt. Sofern keine beträchtlichen Unterschiede in der Mikrostruktur der Fasern vorhanden sind, ergeben beide Meth. prakt. die gleichen Werte, im anderen Falle sind erhebliche Abweichungen zu verzeichnen. R. Wittwer. 8080◇

Die Gewinnung von Monofilfasern aus Pasten von Polytetrafluoräthylen. 1. Mitt. Zur Frage der Herstellung von Polytetrafluoräthylenfasern. M. B. Ssigal und T. N. Kosiorowa. (Chemifasern [UdSSR] **1962**, Nr. 5, 25—27; Mytischtschi bei Moskau, Allunions-Forsch.-Inst. für Kunstfasern; russ.) — Zur Herst. von Monofilfasern aus Polytetrafluoräthylen (I) verwendeten Vff. eine Paste von I, die ca. 18—20% „Schmiermittel", wie z. B. Bzn. oder A., enthielt. Nach dem Verspinnen mit Hilfe eines Extruders (C. **1962**, 7750) wurden die Fasern bei 365—386° 15 Min. lang gesintert, dann abgeschreckt u. kalt verstreckt. Der minimale Ø der erhaltenen Fasern beträgt 0,12 mm. T. Lukanoff. 8080◇

Die chemische Modifizierung von Polypropylenfasern durch die Pfropfung von Methylmethacrylat. I. Pavlinec, M. Lazar und S. Mamjasek. (Chemiefasern [UdSSR] **1962**, Nr. 5, 21—25; Bratislava, Chem. Inst. der Slovak. Akad. der Wiss.; russ.) — Zur Pfropfung von *Methylmethacrylat* (I) auf *Polypropylenstapelfasern* (PPF) wurden als Initiator Peroxidgruppen verwendet, die bei der Ozonisierung von PPF bei einer Rk.-Dauer von 10 Min. u. Temp. von 25° entstehen. Die Pfropfung kann entweder mit reinem I oder mit seinen Lsgg. oder Dämpfen durchgeführt werden. Das Homopolymere von I wird durch die Extraktion mit Aceton entfernt. Die Wirksamkeit der Pfropfung $W = P_{pf}/(P_{pf} + P_H)$, wobei P_{pf} u. P_H die Mengen des Pfropf- bzw. des Homopolymeren sind, nimmt mit steigendem Verhältnis PPF : I u. sinkender Temp. zu. Mit Hilfe der Messung der durch Äthergruppen gebundenen Polymethylmethacrylatketten (durch Abspaltung mit HJ nach Zeisel) wurde festgestellt, daß die Pfropfung nur zur Hälfte durch Peroxide, zur anderen Hälfte jedoch durch die Kettenübertragung bewerkstelligt wird. Nach der gleichen Meth. wurde auch ein Copolymer von I mit Maleinsäureanhydrid auf PPF angepfropft. Durch die Pfropfung mit I werden die Thermostabilität, die Wasseraufnahme u. die Anfärbbarkeit von PPF wesentlich verbessert. T. Lukanoff. 8080◇

Untersuchung des Acetalisierungsprozesses von Fasern aus Polyvinylalkohol. K. Je. Perepelkin und L. Je. Utewski. (Chemiefasern [UdSSR] **1962**, Nr. 6, 7—10; Allunions-Kunstfaser-Forsch.-Inst., Fil. Leningrad; russ.) — Um die Beständigkeit von therm. behandelten *Polyvinylalkohol*-Fasern gegenüber W. zu verbessern, werden diese mit *Formaldehyd* umgesetzt. Die Acetalisierung erfolgt in 2 Stufen: a) rasche Substitution der OH-Gruppen in den leicht zugänglichen amorphen Bereichen; b) allmähliche Substitution der Hydroxyle in den schwer zugänglichen Bereichen. R. Wittwer. 8080◇

Die Pfropfung von Polyacrylonitril und Polyvinylacetat auf Polypropylenfasern. Shun-Shui U, S. A. Rogowin und A. A. Konkin. (Chemifasern [UdSSR] **1962**, Nr. 6, 11—14; Moskau, Textil-Inst.; russ.) — Nach Oxydation einer ohne Antioxydans ersponnenen Polypropylenfaser gelang es, *Polyacrylonitril* u. *Polyvinylacetat* (I) aufzupfropfen. Im Falle einer unter Zusatz des Antioxydans *P-24* ersponnenen Faser konnte jedoch nur I aufgepfropft werden. Die Seitenketten des letzteren ließen sich verseifen, wodurch die Festigkeit der Faser merklich erhöht wurde. Mittels Toluylendiisocyanat war eine Vernetzung der Seitenketten möglich. R. Wittwer. 8080◇

Die Gewinnung faserbildender Copolymerer aus Acrylonitril und Vinylacetat. I. Ss. Dorochina, W. Ss. Klimenkow und A. D. Abkin. (Chemiefasern [UdSSR] **1962**, Nr. 5, 16—21; Mytischtschi bei Moskau, Allunions-Forsch.-Inst. für Kunstfasern; russ.) — Zur Herst. von modifizierten Acrylfasern mit optimalen Eigg. ist das Verhältnis *Acrylonitril* (**I**) : *Vinylacetat* (**II**) im Copolymeren von 90 : 10 am geeignetsten. Die Synth. des Copolymeren wurde nach der Meth. der Emulsionspolymerisation unter folgenden Bedingungen durchgeführt: Monomere : W. = 1 : 3, **I** : **II** im Ausgangsgemisch = 68 :32, Temp. 50°, Rk.-Dauer 4 Std., Initiator ($K_2S_2O_8$) 0,7%, Emulgator 3,0% (beide auf die Monomerenmenge bezogen). Der Rest von **I** bis zu einem Verhältnis von **I** : **II** = 80 : 20 wurde während der Copolymerisation dem Rk.-Gemisch zugesetzt. Die Copolymerisation ist infolge der hohen Rk.-Fähigkeit der freien Radikale von **II** empfindlicher gegenüber den Verunreinigungen, bes. gegenüber O_2, deren Geh. im als Schutzgas benutzten N_2 0,5—0,8% nicht überschreiten darf. Beim Verspinnen des hergestellten Copolymeren nach einem W.–Dimethylformamidspinn-Verf. wurden Stapelfasern mit einer Zugfestigkeit von 25—40 Rkm, einer Dehnung von 20—25% u. einer relativen Schlingenfestigkeit von 60—80% erhalten Die Festigkeit der Fasern u. des daraus erhaltenen Garnes zeigte keine Abhängigkeit vom Molgew. des Copolymeren im Bereich der spezif. Viscosität zwischen 1,2 u. 1,9. Die Fasern konnten mit bas. u. Acetatfarbstoffen angefärbt werden, wiesen jedoch etwas niedrigere Übergangs-Temp. zweiter Ordnung als die reine Polyacrylonitrilfasern auf (bei 10% **II** 80—82°, bei 20% **II** 65—70°, reine Polyacrylonitrilfasern 85—90°). T. Lukanoff. 8080◇

Reaktive Fasern. 1. Mitt. **Copolymerisation und Copolymere von Acrylonitril mit Glycidylmethacrylat und mit Glycidylacrylat.** Yoshio Iwakura, Toshikazu Kurosaki und Nobuo Nakabayashi. (Makromolekulare Chem. **44—46**, 570—90, 1961; Ookayma Meguro-ku Tokyo, Resources Utilisation Tokyo, Inst. of Technol., Res. Labor.; engl.) — Durch Copolymerisation von *CH_2=CHCN* (**I**) mit Methacrylsäureglycidylester (**II**, $Kp._{15}$ 85°; n_D^{25} 1,4476, aus Na-Methacrylat u. Epichlorhydrin in Ggw. von Benzyltrimethylammoniumchlorid u. α-Naphthylamin oder Hydrochinon bei 95—100°) oder *Acrylsäureglycidylester* (**III**, $Kp._{20}$ 83°; n_D^{20} 1,4472) in Tetrahydrofuran in Ggw. von Azo-bis-isobutyronitril werden *Copolymere* erhalten. Sie sind in $HCON(CH_3)_2$ (**IV**) lösl. u. enthalten noch über 50% der ursprünglich vorhandenen Epoxygruppen, so daß das Copolymere zu Rkk. mit Aminen u. Phenolen unter so milden Bedingungen fähig ist, daß weder die NC- noch die Estergruppe reagiert. — In **IV** gelöst reagiert ein **I**–**II**-*Copolymeres* (**V**) mit z. B. 9,12 Gew.-% **II**-Geh. u. $[\eta]$ = 1,25 mit Diäthanolamin (**VI**) oder Dibutylamin (**VII**) nach einer Rk. 2. Ordnung mit den Rk.-Konst. (RK.) $(0{,}95 \pm 0{,}043)\cdot 10^{-4}$ bzw. $(1{,}66 \pm 0{,}031)\cdot 10^{-4}$ [Liter/mol·sec]. Der Unterschied der RK. beruht auf der unterschiedlichen Basizität von **VI** u. **VII**. Die RK. ist unabhängig vom Molgew. von **V**. Die RK. der Rk. eines **I**–**III**-*Copolymeren* (**VIII**) mit **VI** ist nahezu gleich der entsprechenden von **V**. — **V** u. **VIII** mit einem mittleren Molgew. von 33000 bzw. 29000 lassen sich aus einer ca. 15%ig. **IV**-Lsg. zu Fäden mit einer Reißlänge von 2,9 bzw. 2,3 g/den u. einer Dehnung von 13,5 bzw. 10,6% verspinnen. **V**-Fasern reagieren mit **VI** u. **VII**, wenn das Amin in Aceton (**IX**), dagegen nicht, wenn es in Isopropanol (**X**) gelöst ist. Infolge der geringen Affinität von **X** zu **V** kann vermutlich das Amin nicht in die Faser diffundieren. **VIII**-Fasern reagieren auch bei Verw. von **IX** nicht mit dem Amin. Eine Erklärung wird in der unterschiedlichen Verteilung der Seitenketten in **V** u. **VIII** gesucht. — Die mit **VII** aminierten **V**-Fasern lassen sich leicht mit sauren, die mit **VI** aminierten auch mit direkt ziehenden Farbstoffen (A) aus der Flotte färben. A geht dabei mit dem N-Atom bzw. mit der OH-Gruppe von **V** eine feste Bindung ein. Die Aminierung von **V**-Fasern mit dem Na-Salz von α-Aminosäuren oder Na-β-Aminoäthylsulfonat in

IV-Wasser-Lsg. gibt amphotere Fasern, die sich mit sauren, bas. u. direkt ziehenden **A** anfärben lassen. Schließlich können **A**, die selbst H_2N- oder phenol. HO-Gruppen enthalten, direkt mit der Epoxygruppe reagieren u. so an die **V**-Faser chem. gebunden werden. R. Helbig. 8080◇

Capronfasern mit nicht rundem Querschnitt. W. M. Charitonow, G. L. Smirnowa, Ss. A. Kudrjaschow, A. G. Borik, G. N. Charitonowa und Je. G. Toropowa. (Chemiefasern [UdSSR] **1962,** Nr. 5, 49—51; Kalinin, Allunionsforsch.-Inst. für Synthesefasern, Klin. Chemiefaserwerk; russ.) — Erfahrungsbericht über die Herst. von profilierten *Polyamidfasern* nach der Meth. von Bolland. T. Lukanoff. 8080◇

Veränderung der zwischenmolekularen Struktur der Capronfaser bei Wärmebehandlung. L. I. Pokrowski und A. B. Pakschwer. (Hochschulnachr. [Iwanowo] Technol. Textil-Ind. **1959,** Nr. 5, 121—24; Iwanowo, Chem.-Technol. Inst. u. Unions-Fern-Inst. für Textil- u. Leicht-Ind.; russ.) — Die Sorptions-Geschw. des Phenols u. der Farbstoffe durch *Capron*-Fasern wird bei Erwärmung der Fasern im Trockenschrank verringert u. beim Brühen im Autoklaven erhöht. Dieser Unterschied in den Eigg. der Capronfasern erklärt sich durch die bedeutende Veränderung der Makrostruktur der gebrühten Faser. Hierbei wird die Umhüllung der Polyamidfasern zerstört, u. es bilden sich mol. Poren. Die Größe des Diffusions-Koeff. hängt nicht nur von der Pakkungsdichte der Moll. in der Faser, sondern auch von der Makrostruktur der Faser ab. P. Scheer. 8080◇

Über die Gleichmäßigkeit der Eigenschaften von Capron-Cordfasern. 1. Mitt. W. K. Ponomarew. (Chemiefasern [UdSSR] **1962,** Nr. 5, 62—64; Klin. Chemiefaserwerk; russ.) — Von allen physikalmechan. Eigg. weist die Reißdehnung von *Capron-Cord*-Fasern die größte Ungleichmäßigkeit auf. Sie nimmt von der oberen Schicht der Spule in Richtung des Spuleninneren stetig ab. T. Lukanoff. 8080◇

Die Herstellung der Faser Adimin. W. M. Charitonow, A. I. Lebedewa, G. N. Charitonowa, Je. G. Toropowa und I. B. Kirijenko. (Chemiefasern [UdSSR] **1962,** Nr. 5, 47—48; Kalinin, Allunionsforschungsinst. für Synthesefasern; Klin. Chemiefaserwerk; russ.) — Erfahrungsbericht über die Herst. u. Eigg. von Fasern aus einem Copolymeren von *AH*-Salz (Hexamethylendiammoniumadipinat) mit ε-Caprolactam (90 : 10) (vgl. C. **1956,** 14536). T. Lukanoff. 8080◇

Veränderungen der Polyamide durch chemische und/oder physikalische Einwirkungen. 1. Mitt. **Untersuchungen über die Abbauprodukte sekundärer Diamide.** A. Cannepin und A. Baulenas. (Bull. Inst. Textile France **1962,** Nr. 101, 641—51; Inst. Text. de France, Labor. de Chim.; franz.) — 2 sek. Diamide, *N.N'-Dihexanoylhexamethylendiamin* (F. 144°) u. *N.N'-Dihexylhexansäurediamid* (F. 163°), werden als Modell-Moll. für die Unterss. über die Strukturveränderungen, die bei Polyamid 66 eintreten können, dargestellt. In ihren durch Thermooxydation entstandenen Abbau-Prodd. werden viele HOOC-Gruppen, aber überhaupt keine NH_2-Gruppen gefunden. Die UV-Spektren deuten auf die Entstehung von Verbb. hin, die stark in diesem Bereich absorbieren, ohne daß aber eine charakterist. Bande die Bldg. von Indolringen oder aliphat. Acylamidgruppen beweist. L. Jentgen. 8080◇

Elastomere Fasern auf Polyurethanbasis. 2. Mitt. **Isocyanatderivate und einige andere Polyadditionsverbindungen.** H. Rinke. (Chimia [Aarau, Schweiz] **16,** 93—105, 1962; Leverkusen, Farbenfabriken Bayer Akt.-Ges., Wissenschaftliches Hauptlabor.; dt.) — 1. vgl. C. **1963,** 3251. — Ausführungen über den hochelast. Zustand werden gemacht. Die Möglichkeiten der Bldg. u. des Rk.-Mechanismus von *Polyurethanfasern* u. der Einfl. des Lsgm. auf die Bldg. werden aufgeführt. Zur Best. der elast. Eigg. von Fäden wird ein neues Prüfgerät von den Farbenfabriken Bayer beschrieben. Die Eigg. der Fasern auf Polyurethanbasis werden besprochen. I. Beßer. 8080◇

Die Anwendung von radioaktiven Strahlenquellen in der Textilindustrie. 4. Mitt. **Weitere Anwendungsbeispiele.** Adolf Heger. (Faserforsch. u. Textiltechn. **13,** 370—76, 1962; Dresden, TU, Inst. für Textiltechn.; dt.) — 3. vgl. C. **1963,** 7896. — Die *Anwendungsmöglichkeiten radioakt. Isotope* bei der Herst. von *Chemiefasern,* in der Spinnerei, Weberei u. Textilveredlung sowie zur Beseitigung von elektrostat. Aufladungen werden beschrieben u. erläutert. Es wird ein umfassender Literaturüberblick gegeben. I. Beßer. 8096◇

Die Anwendung von radioaktiven Strahlenquellen in der Textilindustrie. 5. Mitt. **Die Anwendungsmöglichkeiten von β-Zählrohren.** Adolf Heger und Peter Sonntag. (Faserforsch. u. Textiltechn. **14,** 34—43, 1963; dt.) — 4. vgl. vorst. Referat. — Die Wirkungsweise u. Grenzen von *β-Zählrohren* sowie die Parameter, die ein β-Zählrohr kennzeichnen, werden erläutert. Ein exaktes Verf. zur Totzeit-Best. wird beschrieben, wobei bes. der Einfl. verschiedener Arbeitsspannungen auf die Totzeit untersucht wird. Formeln zur Fehlerabschätzung bei Messungen mit Zählrohren werden angegeben. I. Beßer. 8096◇

Über die Bestimmung von Phosphor in organischen Verbindungen. U. Bartels und H. Hoyme. (Lab. sci. [Milano] **10,** 119—21, 1962; ital.) — Für die quant. Best. von P in mit Hilfe von organ. P-Verbb. unentzündbar gemachten Textilien werden folgende Arbeitsvorschriften angegeben: 1. die modifizierte Trennung nach Schöniger, 2. abgeänderte Meth. nach Bolin u. Stamberg, 3. quant. Endbest. als Molybdat nach v. Lorenz, 4. gravimetr. Fällung als $Mg_2P_2O_7$, 5. komplexometr. Titration mit Komplexon III. Für Reihen-Best. mit hohem Geh. an P u. in Abwesenheit von anorgan. Ionen (Ca u. Mg) in den Proben ist Meth. 1 mit anschließender Meth. 3 u. 5 bes. geeignet, während 2 einen größeren Zeitaufwand erfordert. G. Platzer. 8100◇

Bemerkungen und Gedanken zur Auswertung von Meßergebnissen bei der Bestimmung des Knittererholungswinkels. Heino Martin. (Faserforsch. u. Textiltechn. **13,** 377—79, 1962; Dresden, DAW zu Berlin, Inst. für Technol. der Fasern; dt.) — Eine Beurteilung des *Aufspringwinkels* α_0 u. der *Gütezahl K* wird gegeben. Schlußfolgerungen, nach welchen Kenngrößen die *Knittererhöhung* beurteilt werden soll, werden aufgeführt. I. Beßer. 8100◇

Untersuchung über dynamisch-viscoelastische Eigenschaften von Reifencord. 1. Mitt. **Das Verhalten bei niedriger Amplitude.** Rinzo Onō und Naoji Komatsu. (J. Soc. Textile Cellulose Ind., Japan [Sen-i-Gakkaishi] **18,** 15—21, 1962; Kyoto, Jap. Nippon Rayon Co., Ltd., Res. Inst.; jap., Auszug: engl.) — Das viscoelast. Verh. von Cord (**A**)-Fäden unterschiedlicher Spinn- u. Zwirnbedingungen wird bei niedriger Amplitude (0,3% Dehnung) u. niederer Frequenz (1,21 Wechsel in der Sek.) in Hinblick auf die Strukturverhältnisse von Faser (**B**) u. **A** diskutiert. Unter den gewählten Vers.-Bedingungen hat die Kristallitstruktur der Einzel-**B** direkten Einfl. auf das viscoelast. Verh. von **A,** während Präparation u. Garnkonstruktion von zweitrangiger Bedeutung sind. H. Schmiedeknecht. 8100◇

Tryptophan in Wolle. 2. Mitt. **Der Tryptophangehalt modifizierter Wollen.** D. R. Graham und K. W. Statham. (Textile Res. J. **32,** 908—13, 1962; Leicester, England, Abbey Meadow Mills; engl.) — 1. vgl. C. **1961,** 13045. — Der Tryptophan-Geh. verschieden behandelter Wollen (acetyliert, verestert, nitriert, red., äthyliert, formalisiert, belichtet u. auf 130° erhitzt) wird bestimmt u. miteinander verglichen. Hierbei wird festgestellt, daß Tryptophan durch oxydativ wirkende Agentien rasch abgebaut bzw. angegriffen wird. Das gleiche erfolgt auch bei Einw. konz. H_2SO_4, beim 7—100std. Erhitzen auf 130°, beim Acetylieren, Nitrieren u. Formalisieren. Lediglich beim Kochen in schwach saurer oder alkal. Lsg., beim Verestern, Red. oder Äthylieren wurde keine Veränderung des Tryptophan-Geh. beobachtet. H.-G. Fröhlich. 8108◇

Die quantitative Bestimmung von Präparation auf Seide mit dem Spektrophotometer SF-4. A. Ja. Rosenberg und C. N. Kuritzina. (Chemiefasern [UdSSR] **1962,** Nr. 6, 63—64; russ.) — Die Fasereinwaage (1 bis 1,5 g) wird mit 50 ml *Dichloräthan* 5 Min. geschüttelt u. der erhaltene Extrakt bei 233 mμ photometriert (Spektrophotometer SF-4). Aus der gefundenen opt. Dichte der Lsgg. wird an Hand einer mit Lsgg. von reinem Vaselinöl in Dichloräthan erhaltenen Eichkurve der Geh. an Präparation bestimmt. Das Verf. ist jedoch nur auf Vaselinöl enthaltende Präparationen beschränkt. R. Wittwer. 8110◇

Ciba Ltd. (Erfinder: Adolf-Emil Siegrist und Franz Ackermann), **Herstellung von Diimidazolderivaten.** Inhaltlich ident. mit F. P. 1 140 366; C. **1958,** 4662. (**Aust. P. 207 147** vom 25/8. 1955, ausg. 18/4. 1957. Schwz. Prior. 27/8. 1954, 22/2. u. 5/7. 1955.) O. Roick. 8027

Ciba Ltd. (Erfinder: Adolf-Emil Siegrist), **Diimidazolderivate** der allg. Zus. **I** (A = ggf. SO_3H, Halogen, Alkyl oder Alkoxy enthaltender Bzl.-Kern,

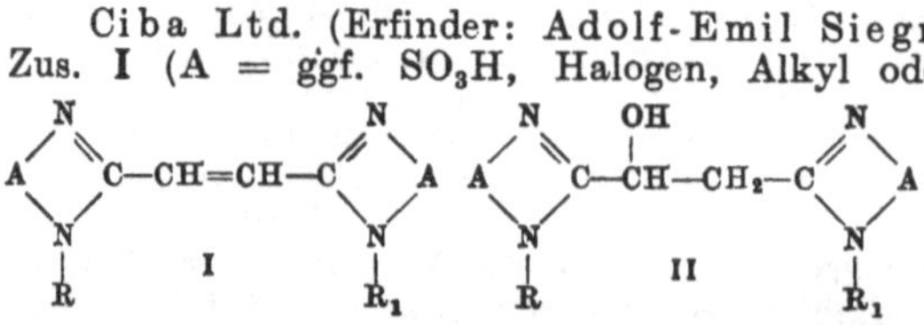

R u. R_1 = H, Alkyl, Hydroalkyl oder Aralkyl), *opt. Bleichmittel,* können in sehr reiner Form aus den Salzen von Verbb. der allg. Zus. **II** bei erhöhter Temp. durch Wasserabspaltung in konz. Essig-, Chloressig-, Propion- oder Glykolsäure mittels Harnstoff (**III**) erhalten werden. So erhält man z. B. durch 10std. mildes Kochen von 378 (Gew.-Teilen) $\alpha.\beta$-Di-[benzimidazolyl-(2)]-monohydroxyäthanmonosulfat u. 120 **III** in 500 Eisessig unter Luftabschluß in 86,5%ig. Ausbeute *α.β-Di-[benzimidazolyl-(2)]-äthylen* als schwachgelbliches Pulver. (**Aust. P. 230 367** vom 30/5. 1958, ausg. 13/10. 1960. Schwz. Prior. 19/7. 1957. **Zusatz zu Aust. P. 207 147; s. vorst. Ref.**) O. Roick. 8027

Stauffer Chemical Co., Chicago (Erfinder: Roger C. Steinhauer, Park Forest), Ill., V.St.A., **Phosphor und Stickstoff enthaltende Kondensationsprodukte** erhält man, indem man die Rk.-Prodd. aus wasserfreiem NH_3 u. P_2O_5 bzw. $POCl_3$ mit einem Atom-Verh. von N : P = 1—3 : 1, die mindestens eine an P gebundene NH_2 oder NH-Gruppe aufweisen, mit Äthylendiamin auf 40—120° erhitzt, bis prakt. kein NH_3 mehr abgespalten wird. *Dauerhafte Flammenschutzmittel für Cellulosefasern.* (**D. A. S. 1 147 228** Kl. 12o vom 19/10. 1959, ausg. 18/4. 1963. A. Prior. 20/10. 1958.) A. Jahn. 8045

Filatura di Grignasco, Grignasco, Novara, Italien, **Veredeln von Wolle.** Entfettete Wolle wird im Verhältnis 1 : 20 30 Min. bei 70° mit einer Lsg. behandelt, die bezogen auf die Wolle 2 (%) des Melaminharzes „Liofix CH“ u. 0,1 $CuSO_4$ enthält. Man bringt die Wolle in ein 2. Bad von 50° (1 : 5), welches mit 50 g/Liter $Na_4P_2O_7$ auf einen pH-Wert von ca. 10 gebracht wurde u. dem 150 cm³/Liter H_2O_2 (30%ig.) zugegeben wird. Die Wolle geht nicht ein. (**It. P. 554 182** vom 12/6. 1956.) K. Koebke. 8061

Chemische Fabrik Stockhausen & Cie. (Erfinder: Kurt Götze und Friedrich Hilgers), Krefeld, **Koagulieren von Viscose** in Fällbädern unter Verw. von Salz-Lsgg., dad. gek., daß man als Fällbad wss. Lsgg. von Salzen aus organ. Basen u. anorgan. oder organ. Säuren in hohen Salz-Konzz. von >1 Gew.-% verwendet u. dabei nur so viel Säure zufügt, daß das von der Viscose eingeschleppte Alkali neutralisiert wird. (**D. A. S. 1 144 000** Kl. 39b vom 13/12. 1958, ausg. 21/2. 1963.) W. Overbeck. 8075

Badische Anilin- & Soda-Fabrik Akt.-Ges. (Erfinder: Wilhelm Rümens, Norbert Götz und Rolf Zeidler), Ludwigshafen/Rh., **Knitterfestmachen von Textilien aus Cellulosezweieinhalbacetat** durch Imprägnieren mit Kunstharzvorprodd. u. Vergüten über 100° erfolgt derart, daß das imprägnierte Gut vor dem Vergüten bei unter 80° getrocknet wird. Bei der Vortrocknung unterhalb 80° tritt bei der Thermovergütung keine wesentliche Faserschwächung auf. 2 Kurven für Kette u. Schuß eines Gewebes, die die Abhängigkeit der Reißfestigkeit von der Vortrocknungs-Temp. anzeigen. — Kunstharzvorprodd. sind z. B. *Dimethylolharnstoffe, -biuret, -dicyandiamid, -guanidin, Trimethylolmelamin, Polyurethane, Trimethyloltriazone, Diglykoldiglycidäther* u. dgl. Netz-, Appretur-, Hydrophobiermittel können zusammen mit den Kunstharzvorkondensaten aufgebracht werden. (**D. A. S. 1 142 831** Kl. 8k vom 10/9. 1960, ausg. 31/1. 1963.) H. Möllering. 8077

Perfogit S.p.A., Mailand, Italien, **Schmelzspinnverfahren** für synthet. Linearpolymere, dad. gek., daß der Faden nach dem Kühlen durch strömende Luft mit geringem Feuchtigkeits-Geh. u. vor dem Imprägnieren mit der Ölemulsion u. vor dem Aufspulen durch eine Zone geführt wird, deren Temp. höher u. deren Feuchtigkeits-Geh. niedriger liegen, als im Bereich der Spülung. — Vorr., Zeichnung. (**It. P. 554 453** vom 18/5. 1956.) K. Koebke. 8081

Badische Anilin- & Soda-Fabrik Akt.-Ges., Ludwigshafen/Rh. (Erfinder: Gerhard Illing, Neuleiningen, Erich Schwartz, Mannheim, und Friedrich Mertes, Ludwigshafen/Rh.), **Polyamide** (Polymerisate, Polykondensate u. Polyaddukte) werden in ihrer Schmelzviscosität durch P-haltige Verbb. (I) in Mengen von 0,001—1% zusammen mit 0,01—2% Alkancarbonsäuren (**III**) stabilisiert. Als **I** sind genannt: Sauerstoffsäuren des Phosphors (H_2PO_3, H_3PO_3, H_3PO_4, $H_4P_2O_7$, Meta-, Polyphosphorsäuren oder Unterdiphosphorsäure oder deren Alkali-, Erdalkali- oder Thoriumsalze; als **III**: Alkandicarbonsäuren, mit 10—22 C-Atomen sowie deren Alkali-, Erdalkali- oder Zn-Salze. — Als weitere Zusätze sind ggf. Aufheller, Stabilisatoren, Gleitmittel, Füll- oder Farbstoffe geeignet. (**D. A. S. 1 142 696** Kl. 39b vom 6/10. 1960, ausg. 24/1. 1963.) E. Dörfel. 8081

Nopco Chemical Co., Harrison, übert. von: **Henry F. Leupold**, Nutley, und **Charles H. Lighthipe**, Bloomfield, N.J., V.St.A., *Schmälzmittel für Textilien.* (**Can. P. 569 619** vom 7/8. 1954, ausg. 27/1. 1959. A. Prior. 21/10. 1953. — **C. 1959**, 10105 [A. P. 2 824 832].)

Farbwerke Hoechst Akt.-Ges. vormals Meister Lucius & Brüning (Erfinder: **Paul Schlack** und **Walter Koller**), Frankfurt/M., *Herstellung von 2.5-disubstituierten Oxazolen.* (**D. A. S. 1 109 690** Kl. 12p vom 13/3. 1958, ausg. 29/6. 1961. — **C. 1962**, 15455 [F. P. 1 227 469].)

Shell Development Co., New York, N.Y., übert. von: **Carl W. Schroeder**, Orinda, und **Robert W. Sumers**, Monterey Park, Calif., V.St.A., *Einlauf- und knitterfeste Textilausrüstung.* (**Can. P. 561 489** vom 30/8. 1955, ausg. 5/8. 1958. A. Prior. 21/9. 1954. — **C. 1958**, 3200 [A. P. 2 774 691].)

Imperial Chemical Industries Ltd., London, übert. von: **Wilfred A. S. White** und **Norman F. Crowder**, Runcorn, Cheshire, England, *Kontinuierliches Bleichen von Celluloseitextilien.* (**Can. P. 561 039** vom 25/7. 1956, ausg. 29/7. 1958. E. Prior. 28/7. 1955. — C. **1960**, 6706 [E. P. 803 796].)

Imperial Chemical Industries Ltd., London, übert. von: **Wilfred A. S. White** und **Norman F. Crowder**, Runcorn Cheshire, England, *Kontinuierliches Bleichen von Celluloseitextilien.* (**Can. P. 561 040** vom 25/7. 1956, ausg. 29/7. 1958. E. Prior. 28/7. 1955. — C. **1960**, 6367 [E. P. 803 021].)

Canadian Titanium Pigments Ltd., Montreal, Quebec, Canada, übert. von: **Daniel Kaufman**, Fords, und **Irene M. Panik**, Elizabeth, N.J., V.St.A., *Behandlung von Fasern.* (**Can. P. 569 589** vom 6/4. 1954, ausg. 27/1. 1959. A. Prior. 7/4. 1953. — C. **1957**, 13846 [E. P. 754 473].)

E. I. du Pont de Nemours & Co., Wilmington, übert. von: **Henry G. Ingersoll**, Hockessin, Del., V.St.A., *Regenerierte Cellulose.* (**Can. P. 562 362** vom 8/7. 1955, ausg. 26/8. 1958. A. Prior. 2/8. 1954. — C. **1960**, 13567 [F. P. 1 134 521].)

American Viscose Corp., V.St.A. (Erfinder: **Rufus T. Carney** und **James E. Corr**), *Herstellung von Celluloseregeneratfasern.* (**F. P. 1 222 123** vom 17/4. 1959, ausg. 8/6. 1960. A. Prior. 17/4. 1958. — C. **1962**, 13629 [D. A. S. 1 114 608].)

Courtaulds Ltd., übert. von: **John H. Edwards** und **Ernest E. Tallis**, London, England, *Herstellung von Viscosekunstseide.* (**Can. P. 569 601** vom 13/5. 1954, ausg. 27/1. 1959. E. Prior. 25/6. 1953. — C. **1959**, 8005 [E. P. 755 469].)

Polymer Industrie Chimiche S. p. A., übert. von: **Domenico Maragliano** und **Enrico Cernia**, Mailand, Italien, *Herstellung homogener Lösungen von Polymerisaten.* (**Can. P. 562 152** vom 8/9. 1954, ausg. 19/8. 1958. It. Prior. 29/9. 1953. — C. **1960**, 15956 [Schwz. P. 332 146].)

Farbwerke Hoechst Akt.-Ges. vormals Meister Lucius & Brüning, Deutschland, *Herstellung ungewebter Waren aus Fasern.* (**F. P. 1 202 170** vom 12/2. 1958, ausg. 8/1. 1960. D. Prior. 13/2. 1957. — C. **1959**, 7675 [D. A. S. 1 034 477].)

Farbwerke Hoechst Akt.-Ges. vormals Meister Lucius & Brüning, Deutschland, *Kontinuierliche Herstellung von Polyvinylalkoholfäden.* (**F. P. 1 202 194** vom 19/2. 1958, ausg. 8/1. 1960. D. Prior. 19/2. 1957. — C. **1958**, 11113 [D. A. S. 1 022 750].)

Dow Chemical Co., Midland, übert. von: **Carl B. Havens**, Hope, **Albert J. Mason** und **Almar T. Widiger**, Midland, Mich., V.St.A., *Vinylidenchlorid-Copolymere.* (**Can. P. 562 345** vom 24/7. 1956, ausg. 26/8. 1958. A. Prior. 29/8. 1955. — C. **1959**, 9093 [E. P. 790 601].)

Firestone Tire & Rubber Co., Akron, Ohio, übert. von: **Thomas W. Fisher jun.** und **George P. Rowland jun.**, Pottstown, Pa., V.St.A., *Vinyliden–Vinylchlorid-Copolymere.* (**Can. P. 561 366** vom 23/3. 1954, ausg. 5/8. 1958. — C. **1957**, 13847 [E. P. 754 565].)

E. I. du Pont de Nemours & Co., V.St.A. (Erfinder: **Lawrence Forwood Beste** und **Curtis Wayne Stephens**), *Herstellung von Lösungen stickstoffhaltiger hochmolekularer Kondensationsprodukte.* (**F. P. 1 199 461** vom 27/2. 1958, ausg. 14/12. 1959. **Jap. A. S. 16 027/1960** vom 28/2. 1958, ausg. 24/10. 1960. Beide A. Prior. 27/3. 1957. — C. **1962**, 13630 [D. A. S. 1 107 399].)

American Cyanamid Co., V.St.A. (Erfinder: **Witold Roman Kocay** und **Marvin Wishman**), *Herstellung von Polyacrylnitril.* (**F. P. 1 222 811** vom 26/1. 1959, ausg. 13/6. 1960. A. Prior. 27/1. 1958. — C. **1962**, 10294 [D. A. SS. 1 093 990 u. 1 100 953].)

Monsanto Chemical Co., V.St.A. (Erfinder: **John Harpster Johnson** und **Joseph Edward Fields**), *Appretieren von Superpolyamidfäden.* (**F. P. 73 361** vom 4/10. 1957, ausg. 30/11. 1960. A. Prior. 5/10. 1956. Zusatz zu F. P. 1 171 287; C. 1961, 3862. — C. **1960**, 6017 [A. P. 2 854 357].)

Farbwerke Hoechst Akt.-Ges. vormals Meister Lucius & Brüning, Deutschland, *Färben aromatischer Polyester.* (**F. P. 1 207 034** vom 29/5. 1958, ausg. 12/2. 1960. D. Prior. 29/5. 1957. — C. **1961**, 15252 [Belg. P. 568 135].)

H_{19}. Brennstoffe. Erdöl. Mineralöle

Physikalische Charakteristika reiner Gase. Anonym. (J. Ind. Gaz **87**, 254 1963; franz.) — Tabellar. Zusammenstellung der Eigg. verschiedener reiner Brenngase (wie CH_4, C_2H_6, C_3H_8 usw.) auf der Basis 0° u. 1013 mbar. F. Rosendahl. 8120△

Extraktion eines Vitrinits und chemische Analyse der Fraktionen. A. Halleux und H. de Greef. (Fuel **42**, 185—202, 1963; Brüssel, Union Carbide European Res. Ass., s. a.; engl.) — Mit einer Ausbeute von 25% kann aus einem Anthroxylon aus dem Pittsburgher Kohlenrevier ein 99%ig. Vitrinit (**A**) gewonnen werden. **A** wird nacheinander mit Pyridin, Bzl. u. PAe. extrahiert, d. h. der aus einer Extraktion stammende unlösl. Anteil wird mit dem nachfolgenden Lsgm. extrahiert. Die Extraktion ist zugleich von einer Adsorptions- u. Dampfphasenchromatographie begleitet, deren Ergebnisse tabellar. zusammengestellt werden. Ebenso werden UV-, IR- u. Proton–Spin-Spektroskopie herangezogen. Die Natur des inakt. O wird als Äther-O erkannt, das an Aryl- u. Aralkylgruppen gebunden ist. Zur quant. Best. von O in **A** wird die Rk. mit Na in fl. NH_3 verwendet: nach der Red. u. Isolierung des Red.-Prod. wird ein aliquoter Teil mit einer bestimmten Menge Acetanhydrid (**I**) in Pyridin vermengt u. der Überschuß an **I** potentiometr. titriert. In den **A**-Fraktionen wird ein inakt. O-Geh. von 2,4—6 Gew.-% ermittelt. O ist auch teilweise heterocycl. gebunden. Nur bei den in Bzl. lösl. Anteilen von **A** kann spektroskop. eine CH_2-Brücke nachgewiesen werden. Trotzdem ist bei allen Fraktionen eine gleichmäßige Verteilung der Aromatizität u. der Aromatenhaufen festzustellen. Der Anteil an Aliphaten ist gering. Der in PAe. lösl. Anteil von **A** wird in Säuren, Phenole u. Basen zerlegt (1, 1 u. 2%). Außer *Isonicotyrin* konnte keine bestimmte Verb. isoliert werden. Neben den Säuren (Rk. mit CN_2H_2) u. Phenolen (Rk. mit Benzoylchlorid) liegen auch Säure–Phenol-Komplexe vor, die zur Keto–Enol-Tautomerie neigen. An KW-

Stoffen werden aus den Extrakten *Naphthalin* u. verschiedene *Methyl-Derivv.*, *Diphenylmethan*, *Dibenzofuran* u. *Äthyl-Derivv.* gewonnen. Da das Atomverhältnis O/C mit dem C-Geh. abnimmt u. ziemlich eng an die Zunahme der phenol. OH-Gruppen gebunden ist, während der Geh. an inakt. O konst. bleibt, wird angenommen, daß die Rk.-Fähigkeit zur Poly-Kondens. von „Kohlenmonomeren" durch die Ggw. von akt. O (Phenole) bedingt ist. Außer den eigenen Verss. wird auch das Schrifttum zum Beweis der verschiedenen Annahmen herangezogen. — 44 Literaturangaben. F. Rosendahl. 8126△

Der Wärmeinhalt des Wasserdampfes in Abgasen. G. Nonhebel. (J. Inst. Fuel **36**, 144—47, 1963; London, Imp. Chem. Ind. Ltd.; engl.) — Eine Reihe von Formeln wird entwickelt, mit denen die fühlbare u. die latente Wärme des Wasserdampfes in Abgasen berechnet werden können, bezogen a) auf den H-Geh. u. b) den Feuchtigkeits-Geh. des Brennstoffs. Die neue Formel kann bes. dann mit Erfolg zur Anwendung kommen, wenn Brennstoffe mit einem unterschiedlichen H-Geh. zum Einsatz kommen. F. Rosendahl. 8128△

Vergleich zwischen der Verwendung von Koksgeneratorgas und Stadtgas als Brennstoff in Hüttenregenerativöfen. J. A. Grainger und P. B. Simpson. (J. Inst. Fuel **36**, 148—67, 1963; Sheffield, Hadfields Ltd., u. East Midlands Gas Board; engl.) — Stadtgas zeigt einen besseren Wärmeeffekt als Koksgeneratorgas. Durch Umstellen aller Öfen auf Stadtgas kann ein Wärmegewinn von 20% erzielt werden. F. Rosendahl. 8128△

Über die Möglichkeit der Anwendung von Schaumreagentien bei der Flotation von Steinkohlenschlämmen. N. Ss. Wlassowa, W. I. Klassen und I. N. Plakssin. (Koks u. Chem. [UdSSR] **1960**, Nr. 4, 10—12; Bergbauinst. der Akad. der Wiss. der UdSSR; russ.) — Da, wie frühere Verss. zeigten, Fettalkohole mit 6—10 C-Atomen bei der Flotation von Kohlen mittleren Inkohlungsgrades als Sammler geeignet sind, wird ein als „*Schaumreagens*" (I) bezeichnetes Neben-Prod. der Herst. von synthet. Divinylkautschuk erprobt. I besteht aus höheren Alkoholen mit 6—8 C-Atomen, KW-Stoffen, höheren Aldehyden, Estern u. Harzen, spezif. Gew. 0,850—0,950, Bromzahl 62, Hydroxylzahl 7,6, SZ. 1,02, W. 3,1%. I ist anderen Mitteln u. sulfuriertem Kerosin überlegen. Der Bedarf, bezogen auf Kohle, ist 0,25—0,7 kg/t. F. Otto. 8134□

Einfluß von Trocknung und Vorerhitzung von Kokskohle auf den Ablauf der Verkokung und die Beschaffenheit des Kokses. 1. Mitt. Grundlagen. W. Baumann und D. Breidenbach. (Brennstoff-Chem. **43**, 321—24, 1962; Harpener Bergbau Akt.-Ges., Kokereibetrieb; dt.) — 2 Kohlenarten werden in einer halbtechn. Vers.-Anlage getrocknet u. vorerhitzt. Die Zeitdauer u. die Temp.-Lage der Vorerhitzung werden stufenweise erhöht u. deren Einfl. auf das Kokungsvermögen der untersuchten Kohlen beobachtet. Mit den so vorbehandelten Kohlen werden anschließend Verkokungs-Verss. durchgeführt, wobei die Abhängigkeit der Schütt-Gew., der Garungszeit u. der Beschaffenheit des Kokses vom Wasser-Geh. u. von der Vorerhitzungs-Temp. der Kohle untersucht werden. Es kann eine erhebliche Steigerung der Durchsatzleistung u. eine Verbesserung der Koks-Eigg. erzielt werden. K. Triems. 8134◇

Einfluß von Trocknung und Vorerhitzung von Kokskohle auf den Ablauf der Verkokung und die Beschaffenheit des Kokses. 2. Mitt. Praktische Nutzanwendung. W. Baumann und D. Breidenbach. (Brennstoff-Chem. **43**, 362—65, 1962; dt.) — 1. vgl. vorst. Referat. — Der Vers. wird gemacht, die für den Großbetrieb zu erwartenden Verkokungskosten in Abhängigkeit vom Wasser-Geh. der Einsatzkohle zu berechnen. Die Rechnung ergibt, die Verarbeitungskosten einer Besatzkohle von 10% W. = 100% gesetzt, für Trockenkohle eine Ersparnis von 28%, für eine Kohle mit 14% W. eine Verteuerung von 11%. Als Abschluß folgen einige Überlegungen u. Verss. über den Wärmefluß im trockenen u. feuchten Kammerbesatz. K. Triems. 8134◇

Das Erhitzen von Kohlen in einem Apparat mit gesteuerter Versetzung der Schwebeschicht. Je. Ja. Eidelman, P. L. Nowitzki und D. P. Ssemenenko. (Koks u. Chem. [UdSSR] **1960**, Nr. 4, 13—15; Donezk, Inst. für Ind.; russ.) — Die App. dient zur Trocknung u. therm. Vorbehandlung von Verkokungschargen. In eine kon. Kammer werden von unten so viel Verbrennungsgase als Wärmeträger durch einen Spalt in der Kante eingeblasen, daß auch die gröberen Kohleteilchen aufgewirbelt werden. An einer Schmalseite wird die Kohle eingetragen, durch einen unter der Förderschnecke eintretenden zusätzlichen Gasstrom im Fließen erhalten u. an der unteren Schmalseite ausgetragen. Der kon. Querschnitt bewirkt eine Klassierung der Kohleteilchen in vertikaler Richtung. Bei Heizgas-Temp. von 420 u. 970° erreicht die Kohle 180 u. 410°. Der Temp.-Unterschied zwischen Fein- u. Grobkorn beträgt nur ca. 3%. F. Otto. 8134□

Über die Rolle der Huminsäure bei der Brikettierung fester Brennstoffe. G. M. Wolkow. (Nachr. Akad. Wiss. UdSSR, Abt. techn. Wiss., Metallurg. Brennstoffe **1959**, 251—53; Moskau; russ.) — Der Einfl. des Zusatzes von *Huminsäuren* oder *Humaten* wird bei der Brikettierung der Steinkohle des metallurg. Kombinats von Kusnezk untersucht. Die Art der Huminsäuren aus alten u. jungen Braunkohlen hat nur einen geringen Einfl. auf die Festigkeit der Briketts. Freie Huminsäuren sowie NH_3-, Ca-, Al- u. Fe-Humate ergeben eine geringe Verbesserung, Na-Humate eine stärkere Erhöhung der Festigkeit der Briketts, was auf das höhere Dipolmoment der Na-Humate zurückgeführt wird.
W. v. Füner. 8136◇

Über die Gewinnung von Mischkoks aus Stein- und Braunkohle mit öligen Zusätzen. 2. Mitt. **Das Verhalten der braunen Glanzkohle.** D. Mirew und D. Rusčew. (Brennstoff-Chem. **43**, 324—27, 1962; Sofia, Bulgar. Akad. der Wiss., Chem. Inst. u. Chem. Technol. Inst.; dt.) — 1. vgl. C. **1963**, 9540. — Tiegel-Verss., plastometr. Unterss. u. Kammerverkokungen im Ofen von Nikolaev zur Gewinnung von *Hüttenkoks* aus backender *Steinkohle* (Gruben Sliven) u. brauner *Glanzkohle* (**A**) (Grube Bobow-Dol) oder aus deren bei 300, 400 u. 500° gewonnenem Schwelkoks unter Zuschlag von Steinkohlenteer als öligem Zusatz werden durchgeführt. Hierbei wird festgestellt, daß die Verw. von Schwelkoks (**C**) aus brauner **A** zur Gewinnung eines nicht so festen Mischkokses führt, dessen mechan. Festigkeit durch Zusatz von 10% Steinkohlenteer verbessert werden kann. Der *Mischkoks* (**B**) mit **C** von *Braunkohle* hat eine viel bessere Abriebfestigkeit als **B** von Braunkohle u. Steinkohle. Dabei weist der bis 400° erhaltene **C** bessere Eigg. auf als **C**, der durch Schwelung bis 500° erhalten wird. K. Triems. 8144◇

Versuch zur Mitteltemperaturverkokung von Gaskohlen des Kusnezkgebietes. N. M. Smoljaninowa und I. W. Gebler. (Nachr. sibir. Abt. Akad. der Wiss. der UdSSR **1959**, Nr. 4, 29—37; Tomsk, Polytechn. Ss. M. Kirow-Inst.; russ.) — Zur optimalen Verkokung der Gaskohlen des Kusnezkgebietes wird auf Grund von Labor.-Verss. vorgeschlagen, bei 700° mit Chargen aus 70% Gaskohle zweiter Sorte (Marke G 2) u. als Magerungszusatz mit 30% der minderwertigen Kohle TS zu arbeiten. Der erhaltene *Koks* entspricht in seiner Qualität (spezif. Gew., Porosität, Festigkeit) der mittleren Qualität eines Hochtemp.-Kokses. Bei 700° Verkokungs-Temp. werden maximale Ausbeuten an fl. Prodd. erreicht. Die Zusätze an TS-Kohle können in Grenzen von 10—50% variiert werden. Bei höherem TS-Kohlezusatz nimmt die Festigkeit von Koks bei gleichzeitiger Abnahme der Rissigkeit u. der Ausbeute an fl. Produkten zu. Bei erhöhter Temp. nimmt die Festigkeit des Kokses bei gleichzeitiger Zunahme der Rissigkeit u. Erniedrigung der Ausbeute an fl. Produkten zu. W. v. Füner. 8144◇

Zur Frage des zulässigen Aschegehaltes von Hochofenkoks und des optimalen Anreicherungsgrades von Kokskohlen. Ss. I. Pantschenko. (Koks u. Chem. [UdSSR] **1960**, Nr. 4, 3—6; Östl. Forschungsinst. für Kohlechemie; russ.) — Für die Brauchbarkeit eines *Hochofenkokses* ist nicht nur der Asche-Geh., sondern auch die Art der Asche wichtig. Gangart u. inerte (nichtbackende) Kohlekörner vermindern die Festigkeit im prakt. Hochofenbetrieb u. können so zu Betriebsstörungen führen. Unter diesen Gesichtspunkten erörtert Vf. die optimale Aufbereitung für mehrere sowjet. Kohlen. F. Otto. 8144□

Molekularsiebeigenschaften von aktiviertem Anthrazit. J. E. Metcalfe III, M. Kawahata und P. L. Walker jun. (Fuel **42**, 233—38, 1963; University Park, Pa., Pennsylvania State Univ., Fuel Technol. Dep.; engl.) — Roher Anthrazit, der bei 30° gute Molekularsieb-Eigg. gegenüber n-Butan, Isobutan u. Neopentan zeigt, wird mit CO_2 unter Verlust von 34,8% aktiviert. Hierdurch wird die Molekularsieb-Eig. in keiner Weise beeinflußt. F. Rosendahl. 8146△

Die Anreicherung von Generatorgasen mit flüssigem Brennstoff. K. R. Wlassow. (Glas u. Keram. [UdSSR] **18**, Nr. 2, 34—35, 1961; russ.) — Calorienarmes *Generatorgas* aus Brennstoffen mit 85—90 (%) Torf-Geh. (mittlerer Feuchtigkeits-Geh. 50, Asche-Geh. 10) u. 10—15 vergaster Kohle wird mit 10 Erdöl oder Motorbrennstoff unter 2,5—3 at angereichert u. dient zur rationellen Heizung von Glasschmelzöfen.
J. Lehmberg. 8150△

Die Verwendung von Erdölerzeugnissen durch die Gasindustrie im Mittelmeerraum. Bernard Coussy. (J. Usines Gaz **87**, 243—53, 1963; Gaz de France; franz.) — Unter Beifügung der entsprechenden Verf.-Schemata werden die verschiedenen Verff. zur Gaserzeugung aus Erdöl-Prodd. beschrieben. Kontinuierlich betrieben: Syst. „Grande Paroisse", „C.G.C.F." u. „Hercules-Powder"; cycl. betrieben: „Onia-Gegi", „Stein et Roubaix" u. „P 9". F. Rosendahl. 8156△

Die Reinigung von Koksofengasen mit Platinmetallkatalysatoren. H. C. Andersen und D. R. Steele. (Brit. chem. Engng. **5**, 864—65, 1960; Newark, N.J., Engelhard Ind., Inc., Res. Dev. Div.; engl.) — Bes. für Synth.-Zwecke ist infolge Harz-Bldg. der Geh. des Koksofengases an S-Verbb., N-Oxiden, Diolefinen u. C_2H_2 unerwünscht.

Durch Pt-, Pd- u. Ru-Katalysatoren werden NO u. NO_2 in NH_3 u. N_2, C_2H_2 in C_2H_4 u. C_2H_6, Diolefine in Olefine u. COS in H_2S übergeführt. Durch Druckerhöhung von 1 auf ca. 15 kp/cm² wird die schon sehr hohe Wirksamkeit der Katalysatoren noch weiter erhöht. I. Bramer. 8164◇

Eine neue Methode zur Gewinnung von Ammoniak aus Koksgas. G. D. Charlampowitsch, M. W. Goftman und N. D. Russjanowa. (Koks u. Chem. [UdSSR] **1960,** Nr. 4, 34—39; Uraler Polytechn. Inst.; russ.) — In einer kleintechn. App. wird die NH_3-Wäsche von Kokereigas mit $NH_4H_2PO_4$-Lsg. (**I**; 390 g/Liter) bei 36—40° untersucht. NH_3 kann vollständig absorbiert werden, während Pyridinbasen nur zum kleinen Teil aufgenommen werden. Die erhaltene $(NH_4)_2HPO_4$-Lsg. (**II**) kann bei 100—120° zu ca. 80% regeneriert u. auf 15—20%ig. NH_3-W. oder auf 97—98%ig. NH_3-Gas verarbeitet werden. Angaben über Löslichkeit, Dampfdruck u. Viscosität von **I** u. **II** werden gebracht. Legierte Stähle u. Buntmetalle sind gegen heiße **I**-Lsg. beständig. Die ungenügende Beständigkeit von C-Stahl kann durch Zusatz eines Inhibitors (0,2% Chinolinbasen u. 0,2% KSCN) zu der Lsg. verbessert werden. F. Otto. 8168□

Untersuchung einer neuen Methode zur Gewinnung von Ammoniak auf einer technischen Versuchsanlage. G. D. Charlampowitsch, N. D. Russjanowa, W. I. Melnikowa und S. K. Gordejewa. (Koks u. Chem. [UdSSR] **1962,** Nr. 2, 34—38; Uraler Polytechn. Inst.; russ.) — Vgl. vorst. Referat. — Die Gewinnung von NH_3 aus dem Koksgas im Labor. mit $NH_4H_2PO_4$-Lsg. wurde versuchstechn. im metallurg. Kombinat von Nishni-Tagilsk in einem Absorber mit 7 Böden durchgeführt. Die NH_3-Aufnahme der Lsg. bei 40—50° betrug 55—65 g/Liter. CO_2, H_2S u. Pyridinbasen wurden nur zu unwesentlichem Teil, HCN fast vollständig aufgenommen. W. Füner. 8168◇

Reinigung von Kohlendioxid durch Entschwefelung mit Hilfe katalytischer Oxydation. 2. Mitt. Kazuo Murayama. (J. Fuel Soc. Japan **40,** 556—63, 1961; Befu Chemical Co. Ltd.; jap., Auszug: engl. S. 563.) — 1. vgl. C. **1962,** 4783. — Die Entschwefelung (ES) von CO_2 durch katalyt. Oxydation ist bes. dann angebracht, wenn zur Vergasung unter Druck ein stark S-haltiges Öl verwendet wird u. wenn Generatorgas einer CO-Konvertierung ohne ES zugeführt wird. Nach der katalyt. Oxydation wird zunächst nicht angegriffenes S u. H_2S entfernt, dann SO_2 mit einer Sulfit/Bisulfit-Lsg. ausgewaschen, aus dieser SO_2 mit konz. H_2SO_4 zurückgewonnen u. die anfallende Lauge auf $(NH_4)_2SO_4$ verarbeitet. Die Ausbeute an SO_2 beträgt 99,5%. Das aus der ES kommende Gas enthält nur geringe Mengen an O_2, die bei Bedarf durch Rk. mit H_2 entfernt werden können. F. Rosendahl. 8172△

Reinigung von Kohlendioxid durch Entschwefelung mit Hilfe katalytischer Oxydation. 3. Mitt. Kazuo Murayama. (J. Fuel Soc. Japan **40,** 564—65, 1961; jap., Auszug: engl S. 565.) — 2. vgl. vorst. Referat. — Aus einem CO_2 [CO_2 97,7 (%), H_2S 1,2, O_2 0,1, CO 0,1, H_2 0,9 u. anorgan. S] werden durch Oxydation 2—2,5 mg S/m³ entfernt, wonach die Zus. des End-Prod. lautet: CO_2 99,2, O_2 0,1—0,2, CO 0,1, H_2 0,5; als Verunreinigung sind vorhanden: H_2S 2—3 (mg/m³), organ. S 7—15 u. SO_2 0,1. F. Rosendahl. 8172△

Über die Natur hydroxylhaltiger Substanzen neutraler Sauerstoffverbindungen des Teeres aus der Halbverkokung der Tscheremchow-Kohlen. G. P. Girina und S. T. Sonowa. (Nachr. Akad. Wiss. UdSSR, Abt. techn. Wiss., Metallurg. Brennstoffe **1959,** 246—48; Moskau; russ.) — Bei der selektiven Extraktion von *Phenolen* mit *Methanol* aus dem bei der Halbverkokung von Tscheremchow-Kohle anfallenden Mittelöl wurde dieses in Extrakt u. Raffinat unterteilt. Beide Teile wurden mit 13%ig. Ätzalkali-Lsg. u. 5%ig. H_2SO_4 behandelt u. darauf mit Silicagel in KW-Stoff- u. Nicht-KW-Stoffkomponenten (NKW) unterteilt. Letztere bestanden hauptsächlich aus neutralen O-Verbb. mit Beimengungen von N- u. S-Verbb. u. zeigten ähnliche elementare Zus.; sie wurden im Vakuum (10 mm) in mehrere Fraktionen bis 250° (beginnende Zers.) zerlegt. In den einzelnen Fraktionen wurde der akt. H nach Tschugajew-Zerewitinow bestimmt u. daraus errechnet, daß NKW aus Extrakt zu 80% u. NKW aus Raffinat zu 60% aus Hydroxyl-Verbb. bestehen. Die einzelnen Fraktionen wurden in Phenole, mit Ae. extrahierbare Stoffe u. in den neutralen Teil zerlegt u. in jedem Teil die Hydroxylgruppen bestimmt. Es erwies sich, daß der Hauptteil der Hydroxylgruppen als phenol. Hydroxyl-Verbb. mit schwachem saurem Charakter vorliegt. Die Hydroxyl-Verbb. des neutralen Teiles der Fraktionen zeigen so schwachen sauren Charakter, daß auf den Titrationskurven keine deutliche Kurvenumkehr zu beobachten ist, obwohl das Titriermittel verbraucht wird. W. v. Füner. 8176◇

Entfernen von Pyrit aus Ölschieferkonzentraten mit Hilfe von Lithiumaluminiumhydrid. D. L. Lawlor, J. I. Fester und W. E. Robinson. (Fuel **42,** 239—44, 1963; Laramie, Wyo., Bur. of Mines, US-Dep. of Interior, Laramie Petroleum Res. Center; engl.) — Nach einer Vorbehandlung mit HCl ist es möglich, aus Ölschieferkonzentraten

Pyrit vollständig zu entfernen. Zu einem Gemisch von 200 g Konzentrat u. 40 g $LiAlH_4$ (I) werden 1,5 Liter Tetrahydrofuran gegeben, u. das Ganze wird ½ Std. lang unter Rückfluß erhitzt, auf Raum-Temp. gekühlt u. filtriert, im Filterkuchen unverändert vorliegendes I mit W. zerstört, mit n-HCl angesäuert, zum Sieden erhitzt u. filtriert. Während der Behandlung entweicht S als H_2S u. Fe geht in $FeCl_2$ über. Durch Einw. von I wird der H-Geh. von Kerogen nur unwesentlich geändert, organ. gebundenes N u. S bleiben unverändert, nur O wird um 25% vermindert. Da nur O-Gruppen verändert werden, ist es möglich, an der erhaltenen organ. Substanz Strukturanalysen durchzuführen, um einen Einblick in die ursprüngliche Struktur zu erhalten.
F. Rosendahl. 8180△

Anwendung der Strahlenchemie auf Untersuchungen in der Petroleumindustrie. J. Maurin. (Chim. mod. **5**, 79—85, 1960; franz.) — Zusammenfassender Überblick an Hand der vorliegenden Literatur. Behandelt wird die Radiolyse von KW-Stoffen, die Radiolyse bei tiefer u. hoher Temp., homogene Alkylierungen, katalyt. Rkk. sowie KW-Stoffe u. Schmiermittel, die gegenüber einer Bestrahlung widerstandsfähig sind.
C. Gottfried. 8186

Vanadium und Nickel in den Kreideerdölen Dagestans. D. I. Sulfugarly und N. Ss. Umachanowa. (Ber. Akad. Wiss. AserbaidshanSSR **16**, 461—65; Aserbaidshan, Kirow-Univ.; russ., Auszug: aserbaidshan.) — Der V_2O_5- u. *NiO*-Geh. der Kreide- u. Tschokrak-Erdöle von Dagestan wird erörtert. Der mittlere Geh. der Asche von Kreideerdölen an V_2O_5 bzw. an NiO war 2,24 u. 1,12% (Verhältnis V/Ni = 1,88). In den Aschen der Tschokrak-Öle wurden V_2O_5- u. NiO-Geh. von 0,62—3,07 bzw. 0,82—1,64% gefunden. Das Verhältnis V/Ni betrug 0,70—3,04.
S. Baryschnikow. 8188△

Erdöl des Vorkommens von Chartum. G. Ch. Chodshajew, P. P. Dmitrijew, M. I. Ossipowa, M. F. Tschernow, A. N. Braude, D. Matjakubow, A. Ssamatow und L. M. Ssamssonowa. (Usbek. chem. J. **1959**, Nr. 1, 71—77; Chem. Inst. der Akad. der Wiss. der UsbekSSR; russ., Auszug: usbek.) — Das 1957 aus der ersten Aufschlußbohrung in Chartum gewonnene Erdöl ($D._4^{20}$ 0,8202, mittleres Molgew. 193,7, Flammpunkt 20°) war S-arm (0,13% S), paraffinbas., mit hohem Geh. an leichten Fraktionen: 27 (%) mit einem Kp von 200°, 23 mit 200—300°, 18 mit 300—400° (Gasölfraktion), 14 mit 400—520° (Leichtöle) u. 18 Goudron. Die Öle sind von geringer Viscosität, paraffinreich u. müssen entparaffiniert werden. Der Geh. an Hartparaffin beträgt bis 20% mit einem Tropfpunkt von 62—71°.
W. v. Füner. 8190◇

Einfluß des Austauschkations auf die katalytische Aktivität des Magnesiumsilicagels bei der Crackreaktion. N. A. Danilowa. (Nachr. Akad. Wiss. AserbaidshanSSR, Ser. physik.-techn. chem. Wiss. **1958**, Nr. 4, 133—41; russ.) — In Verss. wurden Proben des *Mg-Silicagel*-Katalysators mit folgenden Austauschkationen (in Sulfatform) aktiviert: Mg, NH_4, Al, NH_4 + Al, Mg u. danach NH_4, Al u. danach NH_4. Zur Prüfung der Wrkg. wurden Crack-Verss. mit der Fraktion 350—500° eines Erdöls u. dem Gasöl eines schweren Erdöls durchgeführt. Es zeigte sich, daß die größte Ausbeute an Bzn. durch Aktivieren des Katalysators mit Al- u. (Al + NH_4)-Sulfat erzielt wurde; die größte Ausbeute an Bzn. + Dieselöl (77%) wurde bei Aktivierung mit Mg u. NH_4 + Al erzielt. Zwischen der Anfangsaktivität u. der Aktivität nach der Dampfbehandlung besteht keine direkte Beziehung. Die stabilste Aktivität wurde nach Aktivierung mit NH_4 u. Al u. dem Gemisch beider Sulfate erreicht, die in stärkerem Maße aromatisierend wirken als Mg u. NH_4. Demnach kann man durch Auswahl der Austauschionen, die als Sulfate zugesetzt werden, bis 70% u. mehr Bzn. + Dieselkraftstoff erzeugen, wobei die Dieselfraktionen 50% der Ausbeute betragen (mit 40% aromat. KW-Stoffen). Es ergeben sich somit verschiedene Anwendungsmöglichkeiten dieser Katalysatoren bei geeigneter Auswahl der Austauschkationen.
A. v. Wilpert. 8196□

Erfahrungen mit neuen Ölen. H. Richter. (Maschinenschaden **33**, 129—32, 1960; Düsseldorf-Benrath; dt.) — Überblick über legierte Turbinenöle, legierte Getriebeöle u. schwer entflammbare Öle.
R. Grundmann. 8220◇

Die Wirkung des Zuschlages auf die Verkokung eines Petroleumkoks–Pech-Gemisches. L. Girolami. (Fuel **42**, 229—32, 1963; Arvida, Quebec, Aluminium Labor. Ltd.; engl.) — Werden *Pech* u. *Petrolkoks* (PK) miteinander in verschiedenen Verhältnissen vermischt u. dann auf 130° erhitzt, so zeigen die dabei entstehenden Pasten ganz verschiedenes Äußeres. Die Übergänge sind scharf u. das Pech/PK-Verhältnis ist für eine Anzahl von Pechen verschieden, z. T. sogar bei Pechen mit gleichen Erweichungspunkten. 30—70% PK wurden dem Pech zugesetzt. Das gut vorbereitete Gemisch kommt in einen Porzellantiegel mit Deckel u. wird nun in einen Ni-Tiegel mit PK-Füllung gesetzt. Nach ½ std. Erhitzen auf 200° u. ½ std. Erhitzen auf 300° im Muffelofen wird 2 Std. lang bei 550° verkokt. Wird das Gemisch nicht vorgewärmt, so tritt keine Änderung in der Koksausbeute ein, ebensowenig bei einem niederen Geh. an PK. Wird aber der PK-Geh. allmählich gesteigert, so tritt bei einem Geh. von 50% plötzlich eine starke Steigerung der Koksausbeute ein. Die plötzliche Steigerung ist auch zugleich mit einer gut erkennbaren äußeren Veränderung des Gemisches begleitet. Wird der PK-Zusatz noch weiter gesteigert, so bleibt die hohe Koksausbeute erhalten. F. Rosendahl. 8228△

Die Genauigkeit von IP-Untersuchungsmethoden. I. J. Smith. (J. Inst. Petroleum **49,** 155—67, 1963; The Assoc. Octeol Co. Ltd.; engl.) — Statist. Unterss. beweisen, daß die IP-Unters.-Meth. abs. zuverlässig sind. F. Rosendahl. 8242△

Prüfung von chromathermographischen Gasanalysatoren. T. G. Garnowa, L. Je. Slotnikow, M. B. Moschinskaja, N. G. Paradshanowa und W. P. Schwarzman. (Betriebs-Lab. **25,** 157—59, 1959; Moskau, Erdölraffinerie; russ.) — Die chromathermograph. Gasanalysatoren *ChT-2* u. *ChT-3* werden auf ihre Verwendbarkeit zur Betriebskontrolle von Gasfraktionierungsanlagen in der Erdölverarbeitung untersucht. Mit ChT-2 wird die obere Fraktion der Propankolonne fortlaufend u. period. überprüft. Bei einer Analysendauer von 6 Min. können die gesätt. u. ungesätt. KW-Stoffe bis Butan, einschließlich der Isomeren des Butans, bestimmt werden. Der ChT-3, der zur Überprüfung des Trockengases, der oberen Fraktionen u. des Rückstandes der Propan- u. Butankolonnen sowie des Rohprod. der Gasfraktionierungsanlage herangezogen wird, gestattet die Best. der gesätt. u. ungesätt. KW-Stoffe u. aller Isomeren von Butan, Butylen, Pentan u. Amylen (15—20 Komponenten). ChT-2 u. ChT-3 ermöglichen eine Überwachung des Produktionsprozesses; außerdem wird gegenüber den herkömmlichen Unters.-Meth. (Tief-Temp.-Rektifikation) eine 1000mal geringere Probenmenge benötigt. H. Pietsch. 8242◇

Über die physikalischen und chemischen Eigenschaften der Steinkohlengefügebestandteile. 14. Mitt. **Die Hochvakuumzersetzung.** Carl Kröger und Rainer Brücker. (Brennstoff-Chem. **42,** 245—54, 1961; Aachen, TH, Inst. für Brennstoff-Chem. [Kohlechem.]; dt.) — 13. vgl. C. **1962,** 5156. — Zur Konstit.-Aufklärung von Kohle wird die Meth. der Hochvakuum-Zers. bei 10^{-4} bis 10^{-3} Torr verwendet. Abgebaut werden dabei die Macerale Vitrinit, Exinit u. Mikrinit bei 300—575° in Stufen von 25 bzw. 50°; aus der Bldg.-Geschw. der entbundenen Gasmengen (H_2, CO, CO_2, C_1—C_4-KW-Stoffe) werden die Rk.-Geschw.-Konst. bestimmt, aus denen im Arrhenius-Diagramm einzelnen Zers.-Bereichen zugehörige diskrete Geraden erhalten werden. Alle Gase, außer den C_3- u. C_4-KW-Stoffen, besitzen mehrere Bldg.-Bereiche, die einer stufenweisen Zers. unterschiedlicher Strukturelemente entsprechen. M. Finke. 8246◇

Über die physikalischen und chemischen Eigenschaften der Steinkohlengefügebestandteile. 15. Mitt. **Hochvakuumpyrolyse und Kohlenkonstitution.** Carl Kröger und Rainer Brücker. (Brennstoff-Chem. **42,** 305—11, 1961; dt.) — 14. vgl. vorst. Referat. — Bei der Hochvakuum-Zers. erfolgt die Bldg. der verschiedenen Gase (**A**) in mehreren Stufen. Durch Verbindung der für Vitrinit (**B**), Mikrinit (**C**) u. Exinit (**D**) des Flözes Zollverein erhaltenen Geschw.-Konst. u. Aktivierungswärmen für die einzelnen Gase mit den Rk.-Enthalpien können diesen Stufen Zers.-Rkk. bestimmter Strukturelemente zugeordnet werden. An Hand der für die einzelnen Zers.-Stufen angenommenen Rkk. u. der dabei anfallenden **A**-Mengen werden die Mengenanteile der in den Kohlen vorliegenden Strukturelemente berechnet. Die Strukturelemente u. Mengenanteile der Macerale werden in g-Atomen bzw. in Mol, bezogen auf eine N- u. S-freie Struktureinheit mit 100 C-Atomen, aufgeführt. Die Angaben sind auf 25 Strukturelemente bezogen, die in **B, C** u. **D** in unterschiedlicher Menge vorliegen. Ferner werden ein Pyrolyseschema mitgeteilt u. Angaben über den Ablauf der Pyrolyse gemacht. Die Bldg. von flüchtigem Bitumen (**E**) u. von Teer wird durch vorhandene CH_2-Brücken zwischen aromat. u. hydroaromat. Strukturen bestimmt. Nichtflüchtiges **E** ist über O—CH_2-Brücken mit der Restkohle verbunden. Die O–CH_2-Brücken sind auch für die Extrakt-Bldg. verantwortlich, u. die Pyridinextrakte enthalten deshalb nur die über O–CH_2-Brücken gebundenen Anteile von flüchtigem u. nichtflüchtigem O—**E**. P. Bornemann. 8246□

Die thermische Zersetzung von Steinkohlen in Abhängigkeit von der Korngröße. 1. Mitt. **Mikroskopische und thermogravimetrische Untersuchungen.** Horst Luther und Bernhard Bußmann. (Brennstoff-Chem. **43,** 353—61, 1962; Clausthal, Bergakad., Inst. für Chem. Technol. u. Brennstofftechn.; Wattenscheid, Rheinelbe Bergbau A.G., Hauptlabor.; dt.) — Im Verkokungs-Kleinofen nach Ritter-Juranek werden eine Reihe enger Kornfraktionen zwischen 2 u. 0,1 mm Korndurchmesser von Kohlen mit **34,** 28 u. 20% flüchtigen Bestandteilen bis 500° in der für das Verf. üblichen Art verkokt. An den Prodd. wird bes. die Temp. beginnender Poren-Bldg. mkr. ermittelt. Sie ist dem reziproken Durchmesser, d. h. dem Verhältnis von Oberfläche zu Vol., direkt proportional. Parallel zu diesen Messungen werden die Gew.-Verluste von Vitriten der gleichen Kohlen im Korngrößenbereich von 3—0,1 mm mit einer Vakuummikrowaage bis 500° thermogravimetr. bestimmt. Die Stärke der Entgasung ist von der Korngröße abhängig. Dabei beeinflußt die Oberflächenvergrößerung beim Blähen der Kohlen den Entgasungsverlauf. Der Einfl. der Erhitzungs-Geschw. auf die Transportvorgänge während der Pyrolyse kann gezeigt werden. K. Triems. 8246◇

Untersuchung über die Bildung flüchtiger Verkokungsprodukte. Tschshao-Ssjun Wan und G. N. Makarow. (Koks u. Chem. [UdSSR] **1960,** Nr. 4, 15—19; Moskau, Mendelejew-Inst. für chem. Technol.; russ.) — Die Kohlenprobe (40 g) wird in dünner Schicht in eine von unten beheizte Retorte eingebracht, die mit einem belastbaren, gelochten Kolben verbunden ist, durch welchen die flüchtigen Stoffe entweichen u. dem Teerabscheider u. den Gasometern zugeführt werden können. Mittels eines durch eine Stopfbüchse geführten Hebelwerks wird die Bewegung des Kolbens aufgezeichnet. Untersucht werden junge Steinkohlen, Gaskohlen u. Gasflammkohlen bei einer Belastung von 0,5 kg/cm² u. einem Temp.-Anstieg von 4°/Minute. Die Teer-Bldg. beginnt bei den einzelnen Kohlenproben zwischen 260 u. 325°, erreicht zwischen 350 u. 430° ein Maximum u. ist bei 600° beendet. Ungefähr die Hälfte aller flüchtigen Prodd. wird zwischen 310 u. 430° ausgeschieden. Die starke Bldg. flüchtiger Prodd. in dieser Periode ist nicht ohne Einfl. auf das Backen der Kohle u. die Rißbildung. Die zwischen 350 u. 390° sowie 390 u. 430° gewonnenen Teere haben das höchste H/C-Verhältnis. Die Gas-Bldg hat 2 Maxima, die bei ca. 470 u. 700° liegen. Der H_2-Geh. steigt mit der Temp., der KW-Stoff-Geh. nimmt ab. Bei erhöhtem Temp.-Gradienten (5°/Min.) wird das Temp.-Gebiet intensiver Teer-Bldg. erhöht, der Koks wird etwas fester. Die Koksausbeute ist von der Erhitzungs-Geschw. prakt. unabhängig. Vff. betonen die Wichtigkeit der Regulierung der Teer- u. Gas-Bldg.-Intensität für die Verkokung junger Steinkohlen. F. Otto. 8246□

Verbesserung der Laboratoriumsmethode zur Bestimmung der Ausbeute an chemischen Verkokungsprodukten. M. Ss. Kotelenetz und A. I. Solotuchin. (Koks u. Chem.] [UdSSR] **1960,** Nr. 4, 41—44; Östl. Forsch.-Inst. für Kohlechemie; russ.) — Einige Abänderungen der von Nowikow [1946] eingeführten Meth. u. App. zur Unters. von Verkokungs-Prodd. werden beschrieben. F. Otto. 8246□

Analyse von Teersäuren durch Papierchromatographie. Kenji Negoro. (J. chem. Soc. Japan, ind. Chem. Sect. [Kōgyō Kagaku Zassi] **59,** 546—47, 1956; Osaka, City Ind. Res. Inst.; jap.) — Saure Bestandteile des Teers (*Phenol, Kresole, Xylenole, Thymole* usw.) werden mit Chloressigsäure behandelt u. papierchromatograph. unter Verw. des Na-Salzes der 2-[2.4-Dinitrophenylazo]-α-naphthol-3.6-disulfonsäure getrennt. Vf. entwickelt mit einem Gemisch aus 4 Teilen Butanol u. 1 Teil 15%ig. NH_4OH. Die R_F-Werte sind angegeben. Gottfried Schreiber. 8248△

Über eine Methode zur Bestimmung von Stickoxid im Kokereigas. N. A. Grusdewa und L. A. Chochlowa. (Koks u. Chem. [UdSSR] **1960,** Nr. 4, 44—48; Östl. Forsch.-Inst. für Kohlechemie; russ.) — An Mischungen von Kokereigas oder N_2 mit NO zeigen Vff., daß nach der in GOST 8330-57 angegebenen Berechnungsweise 6—8 mal zu hohe Werte bei der Best. von *NO* im Kokereigas gefunden werden. Eine bessere Formel wird angegeben. Die photocolorimetr. Best. mit Grießschem Reagens wird empfohlen. F. Otto. 8250□

Chemische Analyse in der Brennkammerentwicklung. B. Toone. (Progr. Combust. Sci. Technol. **1,** 37—59, 1960; Derby, Rolls-Royce Ltd.; engl.) — Die bei der Entw. von Brennkammern für Gasturbinen auftretenden Probleme sind experimentell kaum zu lösen, wenn nicht sehr kostspielige Brennstandprüfungen durchgeführt werden. Eine Brennkammer läßt sich jedoch häufig in 4 Teile (Treibstoff-Zersprüh-, Rk.-, Umkehr- u. Verdünnungs-Zone) zerlegen, die getrennt untersucht werden können. Neben chem. u. physikal. Unters.-Meth. eignet sich zur Best. des Treibstoff/Luft-Verhältnisses, des Verbrennungs-Wrkg.-Grades u. a. bes. die kontinuierliche Strömungsanalyse, die einen neuen interessanten Weg in der Brennkammer-Entw. eröffnet. Sie ermöglicht die Unters. der Einzelheiten der Gasströmung u. Beziehungen zwischen der Strömung u. den lokalen Treibstoff-Rk.-Geschwindigkeiten. Sie kann unter Umständen auch zu einem besseren Verständnis der Änderungen im Flammrohraufbau führen. H. Pförtner. 8254◇

Spektrographische Analyse eines Crackkatalysatores. Tomio Okada, Shigeo Nakai und Tsunehide Kohzuma. (J. chem. Soc. Japan, ind. Chem. Sect. [Kōgyō Kagaku Zassi] **59,** 495—98, 1956; Shimozu, Wakayama, Maruzen Oil Co. Ltd.; jap.) — Für die spektrograph. Analyse von Fe, Ni, Cu, V u. Na in geringen Mengen eines pulverisierten Katalysators wird die Verw. einer „pushing-up-electrode" beschrieben. Einige Analysenergebnisse sind angegeben. Gottfried Schreiber. 8254△

Erkennung und Bestimmung von wasserlöslichen, die Eisbildung verhütenden Additiven in Kohlenwasserstoffbrennstoffen durch Infrarotspektroskopie. Gilbert I. Jenkins und Mary R. Scruton. (J. Inst. Petroleum **49,** 176 —79, 1963; Sunbury-on-Thames, Middlesex, Brit. Petroleum Co., Ltd.; engl.) — 100ml des zu untersuchenden Brennstoffs werden 2 Min. lang mit 1 ml dest. W. geschüttelt. Die wss. Schicht wird in einem Rohr spektroskop. untersucht. Das Verf. kann bis zu Konzz. des Additivs $\leqq$0,1% — auch bei Gemischen — angewendet werden. Bei Konzz. von $\geqq$1% ist die Meth. ungeeignet. Die Unters. dauert ca. 30 Minuten. Ausgearbeitet wird die Meth. zur Best. von Isopropanol u. Hexylen in Bzn. u. von Cellosolve in Kerosin.
F. Rosendahl. 8254△

Die quantitative Bestimmung der Antikorrosionseigenschaften von konsistenten Schmiermitteln mit Hilfe radioaktiver Indicatoren. A. A. Kusnetzow und W. Ss. Lunewa. (Chem. Technol. Brennstoffe Öle [UdSSR] **5,** Nr. 9, 61—64, 1960; russ.) — Die Verss. erfolgen mit ^{59}*Fe* zur Best. der Schutz-Eig. von Schmierölen gegen Verschleiß u. Korrosion bei 40, 50 u. 80° u. einer relativen Feuchtigkeit von 98—100% während 3—120 Stunden. Mit steigender Temp. erhöht sich der Übergang des Metalls sowohl in die KW-Stoffe als auch in die Seifen enthaltenden Schmiermittel. Bei Senkung der relativen Feuchtigkeit verzögert sich der Übergang. Die Gegenüberstellung der nach der polarograph. u. der radiochem. Meth. erhaltenen Resultate ergeben, daß die Best. mit radioakt. Indicatoren genauer ist u. um 3—4mal weniger Zeit erfordert.
J. Lehmberg. 8258△

Bestimmung der Schmierfähigkeit mit Hilfe der Folienlagermaschine. D. J. Grosse. (J. Inst. Petroleum **49,** 168—75, 1963; Banbury, Oxfordshire, Aluminium Labor. Ltd.; engl.) — Zur Unters. von Schmiermitteln, die in Wälzlagern von Kaltwalzwerken in Al-Betrieben verwendet werden sollen, wird eine neue Maschine entwickelt, die in Wort u. Bild mit den bekannten Maschinen verglichen wird. Die Maschine hat sich als sehr günstig erwiesen, um die verschiedenen Schmiermittel untereinander vergleichen zu können, weil es mit ihrer Hilfe möglich ist, zu zeigen, wie Druck u. Geschw. gegeneinander abgestimmt werden müssen, bis eine direkte Berührung zwischen den Lageroberflächen eintritt. Ihre Vers.-Ergebnisse stehen in guter Übereinstimmung mit bekannten Methoden. Lagerabrieb, der unter krit. Bedingungen vor sich geht, kann mit Hilfe des anfallenden abgeriebenen Metalls bestimmt werden. Bei der Unters. neuer Öle können diese bei Vgl. mit bekannten Ölen ohne weiteres in die Wälzlager eingesetzt werden. F. Rosendahl. 8258△

Über die Zusammensetzung der Braunkohle. 3. Mitt. **Über die Zusammensetzung der Wachsanteile des Montanwachses.** V. Wollrab, M. Streibl und F. Šorm. (Collect. czechoslov. chem. Commun. **27,** 757—58, 1962; Prag, Tschechoslov. Akad. der Wiss., Inst. für Org. Chem. u. Biochem.; dt.) — 2. vgl. C. **1962,** 7758. — Nach Abtrennen des Harzanteiles mit Essigester u. nach Entfernen der Asphaltstoffe mit Isopropylalkohol wird der Wachsanteil aus böhm. Montanwachs (Bituma, Pila bei Karlsbad) untersucht. Eine Gruppentrennung wird an einer mit aktiviertem Silicagel gefüllten Säule bei erhöhter Temp. vorgenommen. Mit Cyclohexan werden die KW-Stoffe u. Ester (die eigentlichen Wachse), mit CCl_4 die restlichen (wahrscheinlich gleichfalls freie Alkohole) u. freie Carbonsäuren, mit Bzl. der Hauptanteil an freien Säuren u. mit einem Gemisch von Bzl./CH_3COOH dunkelbraune Stoffe, die keinen wachsartigen Charakter besitzen, eluiert. Die durch Verseifen der Ester erhaltenen Säuren erweisen sich auf papierchromatograph. Weg mit Lignocerinsäure, Cerotinsäure, Montansäure, Triakontan-, Dotriakontan- u. Tetratriakontansäure identisch. Die betreffenden Alkohole werden von den Säuren an einer Ionenaustauschersäule getrennt. Die nach der Oxydation erhaltenen u. papierchromatograph. identifizierten Carbonsäuren entsprechen der Ggw. von folgenden prim. Alkoholen: Dokosanol, Tetrakosanol, Hexakosanol, Octakosanol, Triakontanol u. Dotriakontanol. Die Zus. der freien Säuren ist qual. dieselbe wie die der gebundenen Carbonsäuren. Die Ggw. von ungeradzahligen Säuren in keinen Mengen ist nicht ausgeschlossen. J. Vaněček/Prag. 8262△

Die elektrischen Eigenschaften einiger natürlicher Wachse. Thomas D. Callinan und Ann M. Parks. (J. electrochem. Soc. **107,** 799—803, 1960; New York, N.Y., Internat. Business Machines Corp.; engl.) — Die *dielektr. Konst.* u. *dielektr. Verlustfaktoren* von *Carnauba-*, *Ouricuri-* u. *American-Montan-*Wachs über einen Temp.-Bereich von —60° bis 90° bei Frequenzen von 0,1, 1, 10 u. 100 kHz werden ermittelt. Es wird festgestellt, daß die enthaltenen ω-Hydroxysäureester im festen Zustand innerhalb des Temp.-Bereichs von 25—70° rotieren. Es wird weiterhin durch Dipolmomentmessungen festgestellt, daß die Moll. trans-trans-Konfiguration besitzen. Ergebnis: Montan-Wachs: Alkylester 53%, Hydroxysäureester 12—14%, KW-Stoffe 3%, spezif. Gew. 1,020, F. 77°, Molgew. 834, ε'^{18} 2,66—2,55, ε''^{18} 0,122—0, Mol.-Polarisation 885,

Mol.-Refr. 472, Dipolmoment 4,5; Ouricuri-Wachs: 61%, 0%, 7%, 1,0661, 69°, 848, 2,84—2,64, 0,036—0, 4200, 3037, 7,5; Carnauba-Wachs: 85%, 55%, 3%, 0,9988, 79°, 920, 2,59—2,44, 0,066—0,016, 2040, 1568, 4,8. G. Jordan. 8262 □

Francesco Pensa und Imo Ronconi, Valmadrera, Como, Italien, **Verbrennen von flüssigen Brennstoffen** in Verbrennungsmotoren, dad. gek., daß man die Kraftstoffe vor dem Vermischen mit Luft, die ozonhaltig sein kann, der Einw. elektromagnet. Wellen aussetzt. 25—35% Erhöhung der Leistung. (**It. P. 542 558** vom 28/9. 1955.) K. Koebke. 8129

Humphreys & Glasgow Ltd., London, England (Erfinder: Jack Malcolm Hawes), **Carburieren von Wassergas,** indem die Verbrennungsluft in einem mit feuerfestem Material ausgestatteten Raum (I) vorerhitzt u. in den oberen Teil des Carburiergefäßes (II) zwecks Verbrennens des dort abgelagerten C geführt wird, während der Dampf in I überhitzt u. durch den Generator geleitet wird; das Wassergas wird entweder durch II oder um II herum in ein Sammelgefäß abgeführt. — Abbildung. (**E. P. 780 341** vom 9/12. 1954, ausg. 31/7. 1957. **Zusatz zu E. P. 713976.**) K. Demmler. 8159

Ministerul Industriei Petrolului şi Chimiei, Bukarest (Erfinder: Nicolae Petcu, Cîmpina), Rumänien, **Gewinnung verschiedener Kohlenwasserstofffraktionen aus Sondengas** unter Benutzung gekörnter A-Kohle als Festbettadsorbent, dad. gek., daß ein heißes Gasgemisch über einen heißen Adsorbenten im Festbett geleitet u. sodann das Desorptionsmittel mit einer Temp., die höher als die des Adsorbenten ist, zugeführt wird. — Vorr., Zeichnung. (**D. A. S. 1 144 861** Kl. 23b vom 22/5. 1959, ausg. 7/3. 1963. Rumän. Prior. 31/5. 1958.) E. Kahles. 8187

Heinrich Koppers G.m.b.H. (Erfinder: Willi Rühl, Essen), **Pyrolytische Spaltung von Kohlenwasserstoffen,** dad. gek., daß der KW-Stoff zunächst mittels eines heißen gas- oder dampfförmigen Wärmeträgers in einer aus einem freien Rk.-Raum bestehenden Hochtemp.-Pyrolysezone mit Temp. $>1000^{0}$ in eine gasförmige u. eine kondensierbare Phase aufgespalten wird, daß in einer unmittelbar daran anschließenden, aus einem von außen beheizten Röhrenbündel bestehenden Tieftemp.-Pyrolysezone mit Temp. $<1000^{0}$ weitergespalten wird, daß bei Einsatz eines KW-Stoffes, von dem nach der Spaltung bei 300—600° kondensierende Rest-KW-Stoffe verbleiben, die Rohre innen ständig mit Rückstandöl gespült werden, wobei die leichter sd. Bestandteile dieses Spülöls abdest. werden u. der anfallende teerähnliche Rückstand zur Dekkung des Gesamtwärmeverbrauchs des Verf. dient u. daß der 2. Pyrolysezone ggf. noch eine weitere nachgeschaltet wird. — Vorr., Zeichnungen. (**D. A. S. 1 143 602** Kl. 26a vom 2/9. 1960, ausg. 14/2. 1963.) E. Kahles. 8197

Feldmühle Akt.-Ges., Düsseldorf (Erfinder: Theodor Ploetz, Hösel, Hermann Richtzenhain, Köln, Wilhelm Deiters, Lülsdorf, und Johann Giesen, Haldenstein, Schweiz), **Herstellung von niedrigsiedenden Spaltprodukten aus Lignin** durch kontinuierliche *Druckhydrierung* in Ggw. organ. Fl., dad. gek., daß die Druckhydrierung mehrstufig durchgeführt wird, die Verweilzeiten in der 1. Stufe bes. auf 10—30 Min. gehalten werden u. daß in 1. Stufe durch entsprechende Einstellung von Temp. u. Druck nur eine teilweise Spaltung des Lignins bewirkt wird. — Zeichnung. (**D. A. S. 1 142 853** Kl. 12o vom 26/4. 1956, ausg. 31/1. 1963.) E. Kahles. 8199

I. B. Rapoport und B. P. Wainschtein, **Fe-Katalysator zur Kohlenwasserstoffsynthese** aus CO u. H_2. Auf 100 (Teile) Fe enthält der Katalysator 25 Cu u. 4 Mn bei Zusatz von 4—6 eines Prod., das bei der Behandlung von SiO_2 mit KOH entsteht (K-Silicat in KOH): Erhöhung der Synth.-Ausbeute bei 220—230° auf 130 bis 140 ml fl. KW-Stoffe pro m^3 Synth.-Gas. (**UdSSR. P. 117 534** vom 20/2. 1947.) B. Pankow. 8201

Badische Anilin- & Soda-Fabrik Akt.-Ges. (Erfinder: Wilhelm Münster, August Spaeth und Franz Jantsch), Ludwigshafen/Rh., **Treibstoffe für Verbrennungsmotoren,** gek. durch einen *Zusatz von Polyglykolestern* von aliphat. oder aromat. Carbonsäuren, die durch Umsetzung von Äthylenoxid oder Propylenoxid bzw. Gemischen dieser Alkylenoxide mit aliphat. oder aromat. Carbonsäuren hergestellt worden sind. — Zeichnungen. (**D. A. S. 1 142 465** Kl. $46a^6$ vom 9/10. 1959, ausg. 17/1. 1963.) E. Kahles. 8205

Badische Anilin- & Soda-Fabrik Akt.-Ges. (Erfinder: Wilhelm Münster, August Spaeth und Franz Jantsch), Ludwigshafen/Rh., **Treibstoff für Verbrennungsmotoren,** gek. durch einen *Zusatz von Polyylykolestern*, die durch Um-

setzung von Äthylenoxid oder Propylenoxid mit Kolophonium hergestellt worden sind. — Zeichnungen. (**D. A. S. 1 144 054** Kl. 46a[6] vom 5/11. 1959, ausg. 21/2. 1963.)
E. Kahles. 8205

Shell Internationale Research Mij. N. V., Den Haag, Niederlande (Erfinder: Hellmuth Grosze-Oetringhaus, Friedrich Guenther und Rolf Konau, Hamburg), **Schmiermittelkonzentrat (I) und Öl-in-Wasser-Emulsion (II) für die Metallbearbeitung. I** besteht zu 50—90 (Gew.-%) aus einem vorzugsweise aromatenarmen KW-Stoffdestillat u. zu 50—10 aus den folgenden, als Zusatz für Metallbearbeitung an sich bekannten, Zusatzstoffen: a) einer gesätt. oder ungesätt. aliphat. Carbonsäure mit mindestens 8 C-Atomen; b) einem Aminoalkohol; c) einem nicht ionenbildenden Emulgator u. d) einer Alkylsulfonamidocarbonsäure oder einem Salz derselben. **II** besteht aus 1—10 **I** u. 99—90 Wasser. — Beispiel für **I**: 75 (Gew.-Teile) Spindelöl einer Viscosität von 15,5 cSt bei 20°; 10 eines nicht ionenbildenden Emulgators, hergestellt aus 5 Mol Äthylenoxid u. 1 Mol eines Gemisches prim. Alkylamine mit 12—20 C-Atomen; 10 Natriumsulfamidacetat mit einem Alkylrest von 12—20 C-Atomen; 5 eines Gemisches aus 3 Teilen Ölsäure u. 2 Teilen Diäthanolamin (Molverhältnis 1 : 1,8). (**D. A. S. 1 143 953** Kl. 23c vom 15/5. 1961, ausg. 21/2. 1963.)
E. Drews. 8221

Carlito Melle, Turin, Italien, **Reinigung von Mineral- oder Schmierölen** durch Waschen mit wss. H_2SO_4. Wird gegen Ende des Waschvorgangs CH_2O (0,5—2%, bezogen auf das behandelte Öl) zugegeben, so bildet sich keine Schlammphase. (**It. P. 548 843** vom 11/2. 1956.) K. Koebke. 8221

J. R. Geigy Akt.-Ges., Basel, Schweiz (Erfinder: Stuart Walter Critchley, Hale Barns, Cheshire, England), **Herstellung von Estergemischen** aus gesätt. aliphat. Monocarbonsäuren (**I**) u. gesätt. aliphat. Polyalkoholen (**II**), dad. gek., daß man C_5—C_{15}-**II** der allg. Formel HO—CH_2—CR^1R^2—CH_2—OH (R^1 = Alkyl C_1—C_4 oder —CH_2OH; R^2 = Alkyl C_1—C_4 oder —CH_2—O—R^3; R^3 = H, gesätt. aliphat. KW-Stoffrest oder O-haltiger KW-Stoffrest C_5—C_{10} mit ein oder mehreren prim. OH-Gruppen) oder deren Gemische mit einem **I**-Gemisch, das durch Oxydation von Caprylalkohol (**III**) oder Methylhexylketon (**IV**) oder einem diese Verbb. enthaltenden Gemisch erhalten wurde, verestert. Man verwendet bes. ein **I**-Gemisch, das durch Oxydation des bei der Herst. von Sebacinsäure durch oxydative Alkalispaltung von Ricinolsäure-Derivv. als Nebenprod. erhaltenen **III** (= Octanol-2) u./oder **IV** (= Octanon-2) mit HNO_3 gewonnen wurde. — *Weichmacher* u. *Schmiermittel*. (**D. A. S. 1 142 596** Kl. 12o vom 9/11. 1960, ausg. 24/1. 1963. E. Prior. 10/11. 1959 u. 14/10. 1960.) O. Müller-Meiningen. 8223

Albright & Wilson Ltd., London, England (Erfinder: Daniel Swern, Philadelphia, und Hogan Barnes Knight, Ambler, Pa., V.St.A.), **Bisphosphonoester organischer Säuren** der allg. Formel $(RO)_2P(:O)$—Q—O—CO—$(CH_2)_n$—CO—O—Q—$P(:O)(OR)_2$ erhält man durch Rk. von Dialkyl- oder Diarylphosphiten der allg. Formel $(RO)_2P(:O)H$ mit einem organ. Diester der allg. Formel XO—CO—$(CH_2)_n$—CO—OX mit einem Radikalbildner, bes. tert.-Butylbenzoat, bes. bei ca. 100—110° [Q = —$(CH_2)_2$— oder —$(CH_2)_3$—, die jeweils durch CH_3 substituiert sein können; n = ganze Zahl von 0—12; R = Alkyl- oder Arylrest; X = Alkenylrest mit 2—4 C-Atomen). — Mit Polyvinylchloridharzen verträgliche *Weichmacher* geringer Flüchtigkeit, *hydraul. Fll.*, *Schmiermittelzusätze*. (**D. A. S. 1 145 171** Kl. 12o vom 12/4. 1961, ausg. 14/3. 1963. A. Prior. 18/4. 1960.) A. Jahn. 8223

Dr. C. Otto & Co. G. m. b. H., Bochum, *Synthesegas durch Spaltung von Kohlenwasserstoffen.* (**Ung. P. 145 218** vom 27/5. 1957, ausg. 15/9. 1959. Oe. Prior. 19/1. 1956. — C. **1961**, 14517 [F. P. 1 164 487].)

Allied Chemical & Dye Corp., übert. von: **Leonhard T. Hartmann**, New York, N.Y., V.St.A., *Behandlung von Koksofengas.* (**Can. P. 559 938** vom 3/5. 1957, ausg. 8/7. 1958. A. Prior. 8/6. 1956. — C. **1962**, 6267 [D. A. S. 1 064 189].)

Chemische Werke Hüls Akt.-Ges., Marl, *Entfernen des Rußes aus Gasen, die durch Cracken von Kohlenwasserstoffen erhalten wurden.* (**E. P. 818 127** vom 28/10. 1957, ausg. 12/8. 1959. D. Prior. 16/5. 1957. Zusatz zu E. P. 809 888; C. 1962, 6591. — C. **1960**, 1720 [D. A. S. 1 046 821].)

Aug. Klönne, Dortmund, *Entfernen von Schwefelwasserstoff aus Steinkohlengasen.* (**Ind. P. 70 094** vom 17/12. 1959. — C. **1962**, 10698 [D. A. S. 1 107 882].)

Texaco Development Corp., Wilmington, Del., übert. von: **Alfred C. Nestle**, Long Beach, Calif., V.St.A., *Bohrflüssigkeit.* (**Can. P. 560 148** vom 5/8. 1949, ausg. 8/7. 1958. A. Prior. 15/9. 1948. — C. **1954**, 8264 [A. P. 2 601 050].)

California Research Corp., Wilmington, Del., übert. von: **Clarke N. Simm**, Fullerton, Calif., V.St.A., *Ölgewinnung.* (**Can. P. 561 980** vom 9/8. 1954, ausg. 19/8. 1958. A. Prior. 11/9. 1953. — C. **1959**, 997 [A. P. 2 771 951].)

Oil Recovery Corp., übert. von: **James W. Martin**, New York, N.Y., **Frederick A. Hessel**, **John B. Rust** und **Irving P. Hammer**, Montclair, N.J., V.St.A., *Sekundäre Gewinnung von Erdöl.* (**Can. PP. 562 447** vom 31/1. 1950, ausg. 26/8. 1958. A. Prior. 27/6. 1949 u. **562 448** vom 31/1. 1950, ausg. 26/8. 1958. A. Prior. 30/6. u. 6/7. 1949. — C. **1954**, 10389 [E. P. 669 216].)

Texaco Development Corp., Wilmington, Del., übert. von: **Robert E. Manley**, New York, N.Y., V.St.A., *Lösungsmittelextraktion von Öl.* **(Can. P. 560 152** vom 30/1. 1956, ausg. 8/7. 1958. — **C. 1960,** 5045 [E. P. 808 661].)

British Petroleum Co. Ltd., übert. von: **Roy P. Northcott** und **Ernest C. Housam**, London, England, *Desulfurierungskatalysator.* **(Can. P. 561 975** vom 28/2. 1956, ausg. 19/8. 1958. E. Prior. 10/3. 1955. — **C. 1959,** 2335 [E. P. 784 426].)

British Petroleum Co. Ltd., übert. von: **Frederick W. B. Porter** und **Ernest C. Housam**, London, England, *Desulfurierung.* **(Can. P. 562 599** vom 1/12. 1955, ausg. 2/9. 1958. E. Prior. 8/12. 1954. — **C. 1960,** 6021 [F. P. 1 137 181].)

Sun Oil Co., Philadelphia, Pa., übert. von: **Rolland G. Bowers**, Toledo, Ohio, V.St.A., *Süßen von Petrolkohlenwasserstoffen.* **(Can. P. 560 142** vom 19/12. 1955, ausg. 8/7. 1958. A. Prior. 31/5. 1955. — **C. 1960,** 695 [A. P. 2 853 431].)

British Petroleum Co. Ltd., übert. von: **Eric K. Rideal** und **Eric McNeill**, London, England, *Regenerierung mercaptidhaltiger Lösungen.* **(Can. P. 562 292** vom 4/11. 1954, ausg. 26/8. 1958. E. Prior. 23/11. 1953. — **C. 1958,** 9657 [E. P. 762 965].)

British Petroleum Co. Ltd. vormals Anglo-Iranian Oil Co. Ltd., übert. von: **Eric McNeill** und **Brian Robson**, London, England, *Regenerierung mercaptanhaltiger Lösungen.* **(Can. P. 562 293** vom 8/1. 1955, ausg. 26/8. 1958. E. Prior. 20/1. 1954. — **C. 1958,** 6715 [E. P. 777 944].)

Universal Oil Products Co., Des Plaines, Ill., V.St.A., *Stabilisieren von Erdölkohlenwasserstoffen.* **(Ind. P. 70 363** vom 13/1. 1960. — **C. 1962,** 9953 [D. A. S. 1 114 970].)

Shell Development Co., übert. von: **Frederick Kunreuther**, New York, N.Y., V.St.A., *Herstellung von Gasolin aus Erdölrückständen.* **(Can. P. 559 810** vom 17/5. 1956, ausg. 1/7. 1958. A. Prior. 28/6. 1955. — **C. 1960,** 8399 [A. P. 2 871 184].)

W. R. Grace & Co., Norwalk, Conn., übert. von: **Jacob E. Ahlberg** und **Joseph W. Cox jun.**, Baltimore, Md., V.St.A., *Tonerdekatalysator.* **(Can. P. 561 746** vom 3/7. 1952, ausg. 12/8. 1958. A. Prior. 10/7. 1951. — **C. 1956,** 903 [E. P. 721 237].)

American Cyanamid Co., New York, N.Y. (Erfinder: **William Beveridge Innes, Malden Ward Michael**, Stamford, Conn., und **Nicholas Chomitz**, Yonkers, N.Y.), V.St.A., *Herstellung von kleinkugligen Siliciumdioxid–Aluminiumoxid-Crackkatalysatoren.* **(D. A. S. 1 144 860** Kl. 23b vom 9/6. 1959, ausg. 7/3. 1963. A. Prior. 16/6. 1958. — **C. 1963,** 11484 [E. P. 874 506].)

Union Carbide & Carbon Corp., New York, N.Y., übert. von: **Thomas G. Day**, South Charleston, und **George F. Hurley**, St. Albans, W.Va., V.St.A., *Kohlenwasserstoffsynthese.* **(Can. P. 561 856** vom 22/12. 1952, ausg. 12/8. 1958. A. Prior. 4/1. 1952. — **C. 1955,** 11093 [D. B. P. 924 384].)

Ruhrchemie Akt.-Ges., Oberhausen-Holten, und **Lurgi Gesellschaft für Wärmetechnik m. b. H.**, Frankfurt/M., übert. von: **Friedrich Schnur**, Oberhausen-Sterkrade, *Aufarbeiten von Kohlenoxid-Hydrierungsprodukten.* **(Can. P. 570 337** vom 5/3. 1954, ausg. 10/2. 1959. D. Prior. 5/3. 1953. — **C. 1957,** 3426 [D. B. P. 947 467].)

M. W. Kellogg Co., Jersey City, übert. von: **James L. Patton**, Ramsey, **George W. Stanford**, Linden, und **William P. Burton**, Little Silver, N.J., V.St.A., *Isomerisierung von Kohlenwasserstoffen.* **(Can. P. 570 094** vom 28/10. 1955, ausg. 3/2. 1959. A. Prior. 7/3. 1955. — **C. 1959,** 9774 [A. P. 2 834 823].)

Esso Research and Engineering Co., Elizabeth, übert. von: **Walter R. F. Guyer**, Short Hills, und **Erving Arundale**, Westfield, N.J., V.St.A., *Pt-Al_2O_3-Katalysator mit $AlCl_3$-Zusatz.* **(Can. P. 560 026** vom 25/10. 1954, ausg. 8/7. 1958. A. Prior. 27/11. 1953. — **C. 1958,** 9658 [E. P. 762 728].)

Esso Research and Engineering Co., Elizabeth, N.J., übert. von: **Edward A. Hunter, A. Segura**, Baton Rouge, La., und **Charles E. Hemminger**, Westfield, N.J., V.St.A., *Hydroformierungskatalysator.* **(Can. P. 562 032** vom 8/4. 1954, ausg. 19/8. 1958. A. Prior. 19/5. 1953. — **C. 1957,** 6638 [E. P. 756 702].)

Esso Research and Engineering Co., Elizabeth, N.J., übert. von: **Elroy M. Gladrow**, Baton Rouge, La.' V.St.A., *Hydroformierungskatalysator.* **(Can. P. 562 376** vom 2/11. 1955, ausg. 26/8. 1958. A. Prior. 29/12. 1954. — **C. 1958,** 9105 [D. A. S. 1 017 311].)

W. R. Grace & Co., New York, N.Y., übert. von: **Wayne T. Barrett**, Arnold, Md., V.St.A., *Reformierungskatalysator.* **(Can. P. 561 747** vom 18/2. 1955, ausg. 12/8. 1958. A. Prior. 30/3. 1954. — **C. 1960,** 9431 [A. P. 2 861 958].)

Atlantic Refining Co., Philadelphia, übert. von: **William K. Griesinger**, Drexel Hill, und **John C. Reid**, Wynnewood, Pa., V.St.A., *Olefinpolymerisation.* **(Can. P. 570 074** vom 29/7. 1955, ausg. 3/2. 1959. A. Prior. 5/8. 1954. — **C. 1960,** 3430 [A. P. 2 855 447].)

California Research Corp., Wilmington, Del., übert. von: **Paul Munk** und **John R. B. Ellis**, San Francisco, Calif., V.St.A., *Phosphorsäurepolymerisation von Olefinen.* **(Can. P. 559 978** vom 29/3. 1951, ausg. 8/7. 1958. A. Prior. 9/5. 1950. — **C. 1955,** 4977 [F. P. 1 039 666].)

California Research Corp., Wilmington, Del., übert. von: **Robert A. Stayner**, Albany, und **Warren Lowe**, Berkeley, Calif., V.St.A., *Treibstoffe.* **(Can. P. 570 116** vom 7/2. 1956, ausg. 3/2. 1959. A. Prior. 22/3. 1955. — **C. 1958,** 11119 [D. A. S. 1 025 670].)

Esso Research and Engineering Co., Elizabeth, übert. von: **George A. Weisgerber**, Iselin, und **Gordon W. Duncan**, Westfield, N.J., V.St.A., *Treibstoffgemisch.* **(Can. P. 562 374** vom 18/6. 1953, ausg. 26/8. 1958. A. Prior. 1/11. 1952. — **C. 1956,** 14545 [E. P. 745 238].)

Gulf Oil Corp., Pittsburgh, übert. von: **Troy L. Cantrell, John G. Peters**, Philadelphia, und **Paul K. Kuhne**, Pittsburgh, Pa., V.St.A., *Schiffstreibstoffe.* **(Can. P. 569 864** vom 9/1. 1956, ausg. 3/2. 1959. A. Prior. 13/7. 1955. — **C. 1960,** 3091 [E. P. 791 397].)

Gulf Oil Corp., Pittsburgh, übert. von: **Troy L. Cantrell, John G. Peters**, Philadelphia, und **Paul K. Kuhne**, Pittsburgh, Pa., V.St.A., *Düsentreibstoffe.* **(Can. P. 570 105** vom 9/1. 1956, ausg. 3/2. 1959. A. Prior. 9/5. 1955. — **C. 1961,** 5665 [E. P. 789 778].)

National Aluminate Corp., übert. von: **George W. Luvisi**, Chicago, Ill., V.St.A., *Korrosionsschutzmittel.* **(Can. P. 562 441** vom 30/10. 1952, ausg. 26/8. 1958. A. Prior. 15/11. 1951. — **C. 1955,** 6434 [A. P. 2 668 100].)

United States Borax & Chemical Corp., Los Angeles, Calif., V.St.A., *Organoborazole.* **(E. P. 881 820** vom 4/2. 1960, ausg. 8/11. 1961. A. Prior. 6/3. 1959. — **C. 1963,** 14533 [D. A. S. 1 133 372].)

Esso Research and Engineering Co., Elizabeth, N.J., V.St.A., übert. von: **Peter J. V. J. Anglus** und **Peter R. Morris**, Abingdon, Berkshire, **Thomas A. Garbett**, Botley near Oxford, Oxfordshire, und **Joan D. Bryan**, Westbury Park, Bristol, England, *N-haltige Polymere.* **(Can. P. 570 956** vom 13/6. 1956, ausg. 17/2. 1959. E. Prior. 24/6. 1955. — C. **1959,** 17585 [E. P. 798 542].)

California Research Corp., Wilmington, Del., übert. von: **William T. Stewart, Alfred Goldschmidt** und **Oliver L. Harle**, San Francisco, Calif., V.St.A., *Schmieröl.* **(Can. P. 571 123** vom 5/12. 1952, ausg. 24/2. 1959. A. Prior. 11/12. 1951. — C. **1950/54,** 2214 S [A. P. 2 687 378].)

„Shell" Research Ltd., London, England, *Schmieröl.* **(Ind. P. 69 128** vom 21/9. 1959. E. Prior. 22/9. 1958. — C. **1961,** 15979 [D. A. S. 1 102 327].)

Esso Research and Engineering Co., Elizabeth, N.J., V.St.A., *Synthetisches Schmieröl.* **(D. B. P. 976 185** Kl. 23c vom 29/1. 1953, ausg. 18/4. 1963. A. Prior. 16/2. 1952. Anmeldung bekanntgemacht 15/3. 1956. — C. **1956,** 311 [A. P. 2 692 233].)

Esso Research and Engineering Co., Elizabeth, übert. von: **Harry W. Rudel**, Roselle, und **Marion Gargisa**, Elizabeth, N.J., V.St.A., *Rostschützende Schmier- und Mineralölmischung.* **(Can. P. 561 714** vom 24/5. 1955, ausg. 12/8. 1958. A. Prior. 30/6. 1954. — C. **1959,** 1323 [E. P. 770 729].)

Esso Research and Engineering Co., Elizabeth, übert. von: **Alfred H. Matuszak**, Westfield, N.J., **Harold R. Ready**, Lancaster, Pa., und **William E. Lifson**, Union, N.J., V.St.A., *Schmierölzusätze.* **(Can. P. 561 716** vom 15/12. 1955, ausg. 12/8. 1958. A. Prior. 4/1. 1955. — C. **1959,** 11452 [A. P. 2 837 562].)

Pure Oil Co., Chicago, übert. von: **Allan Manteuffel**, Union, **Paul R. Chapman** und **George R. Cook**, Crystal Lake, Ill., V.St.A., *Transmissionsflüssigkeit.* **(Can. P. 571 144** vom 28/10. 1953, ausg. 24/2. 1959. A. Prior. 7/11. 1952. — C. **1962,** 9213 [A. P. 2 851 422].)

Shell Internationale Research Mij. N. V., Den Haag, Niederlande, *Herstellung öllöslicher stickstoffhaltiger Verbindungen.* **(Ind. P. 69 699** vom 16/11. 1959. — C. **1963,** 755 [Niederl. P. 98 081].)

N. V. de Bataafsche Petroleum Mij., Den Haag, Niederlande, *Herstellung von Schmierfett.* **(Ind. P. 66 123** vom 15/12. 1958, ausg. 22/12. 1961. — C. **1960,** 1723 [D. A. S. 1 062 864].)

„Shell" Research Ltd., London, England, *Wässeriges Walzfett.* **(Ind. P. 69 818** vom 25/11. 1959. E. Prior. 27/11. 1958. — C. **1961,** 12323 [D. A. S. 1 100 217].)

C. C. Wakefield & Co. Ltd., London, übert. von: **William Helmore**, Kingston Hill, Surrey, England, *Schmiermittel.* **(Can. P. 560 166** vom 21/2. 1948, ausg. 8/7. 1958. E. Prior. 27/2., 20/5. u. 26/8. 1947. — C. **1954,** 7101 [Schwed. P. 131 026].)

British Petroleum Co. Ltd., übert. von: **Samuel R. Pethrick** und **Maurice B. Sparke**, London, England, *Synthetische Schmiermittel.* **(Can. P. 560 604** vom 1/3. 1956, ausg. 22/7. 1958. E. Prior. 4/3. 1955. — C. **1961,** 11954 [E. P. 824 249].)

Monsanto Chemical Co., St. Louis, übert. von: **John K. Craver**, Webster Groves, Mo., V.St.A., *Arylalkylsulfonatschmiermittel.* **(Can. P. 560 092** vom 21/4. 1953, ausg. 8/7. 1958. A. Prior. 21/4. 1952. — C. **1957,** 12644 [E. P. 756 666].)

Gulf Research & Development Co., übert. von: **Harold Beuther** und **Richard G. Goldthwait**, Pittsburgh, Pa., V.St.A., *Festes Erdölpech.* **(Can. P. 562 400** vom 25/2. 1955, ausg. 26/8. 1958. A. Prior. 16/3. 1954. — C. **1958,** 4072 [E. P. 764 731].)

Esso Research and Engineering Co., Elizabeth, N.J., übert. von: **Joseph A. Smith**, Baltimore, Md., V.St.A., *Asphalt.* **(Can. P. 562 033** vom 13/6. 1955, ausg. 19/8. 1958. A. Prior. 19/7. 1954. — C. **1958,** 11414 [A. P. 2 802 798].)

N. V. de Bataafsche Petroleum Mij., Niederlande (Erfinder: **Warren Candler Simpson**), *Asphalt-Bitumen.* **(F. P. 1 200 129** vom 10/9. 1959, ausg. 18/12. 1959. A. Prior. 10/9. 1956. — C. **1961,** 8173 [E. P. 818 810].)

Atlas Powder Co., übert. von: **Sherwood T. Cross**, Wilmington, Del., V.St.A., *Bitumenemulsion.* **(Can. P. 560 269** vom 3/10. 1951, ausg. 15/7. 1958. A. Prior. 4/10. 1950. — C. **1955,** 11136 [A. P. 2 690 978].)

Esso Standard Soc. An. Française, Frankreich (Erfinder: **J. Suprin, R. Flagigny** und **E. Prevost**), *Erhöhung der Haftfähigkeit von Bitumenemulsionen.* **(F. P. 1 132 352** vom 26/1. 1955, ausg. 11/3. 1957. — C. **1959,** 12741 [E. P. 792 648].)

Esso Standard Soc. An. Française, Frankreich (Erfinder: **Lucien Hemmer** und **Robert Dupas**), *Herstellung saurer wässeriger Bitumenemulsionen für Bauzwecke.* **(F. P. 70 915** vom 13/8. 1956, ausg. 30/9. 1959. Zusatz zu F. P. 1 132 352; s. vorst. Ref. — C. **1962,** 1089 [D. A. S. 1 106 236].)

Gilman B. Mollring, V.St.A., *Herstellung eines bituminösen Straßenbaustoffes.* **(F. P. 1 172 421** vom 22/2. 1957, ausg. 10/2. 1959. — C. **1959,** 7682 [A. PP. 2 783 162 u. 2 783 163].)

Shanks & McEwan Ltd. und **Colvilles Ltd.**, England, *Bituminöse Straßenbaustoffe.* **(F. P. 1 175 707** vom 23/5. 1957, ausg. 1/4. 1959. E. Prior. 27/6. 1956. — C. **1960,** 10116 [A. P. 2 875 084].)

N. V. de Bataafsche Petroleum Mij., Niederlande (Erfinder: **Richard L. Woodruff** und **Robert M. Ellsworth**), *Asphaltverbesserung.* **(F. P. 1 175 198** vom 15/5. 1957, ausg. 20/3. 1959. A. Prior. 24/5. 1956. — C. **1961,** 4573 [Belg. P. 557 707].)

H_{20}. Schieß- und Sprengstoffe. Zündmittel

Der hypergolische Wert von Xylidin als Funktion seiner isomeren Zusammensetzung und seines Gehaltes an gewöhnlichen Verunreinigungen. Paul Tavernier, Étienne Cheylan, Jean Boisson und Maurice Thomas. (Mém. Poudres **40,** 325—36, 1958; franz.) — Die Entzündungszeiten von techn. Xylidin (I) u. seiner Isomeren (in Gemischen mit Triäthylamin) mit rauchender HNO_3 u. die Einfll. einer Überdosierung der Isomeren u. der in Handels-Prodd. gewöhnlich enthaltenen Verunreinigungen werden bestimmt. Die Isomeren u. die Verunreinigungen zeigen sehr verschiedene, hypergol. Eigenschaften. Die Zus. von gewöhnlichem I muß stark verändert werden, damit sich die Entzündungszeiten merklich ändern. W. Wesly. 8292◇

Versuch der Bestimmung der Gewalt von Sprengstoffen. Paul Tavernier, Philippe le Roy und Jean Boisson. (Mém. Poudres **40,** 127—57, 1958; franz.) —

Die Einfll. verschiedener Faktoren auf die Ergebnisse von Verss. zur Best. der Gewalt von Sprengstoffen werden ermittelt; sie bestimmen die erreichbare Genauigkeit.
W. Wesly. 8294◇

Statistische Überwachung der Länge von Pulverkörnern. Beschreibung eines automatischen Meßgerätes. André Roche und Antoine Fioramonti. (Mém. Poudres **40,** 183—94, 1958; franz.) — Beschreibung einer statist. Messung der Länge von Pulverkörnern u. eines Gerätes, das automat. Mittelwert u. mittleres Fehlerquadrat der Verteilung anzeigt. W. Wesly. 8298◇

In Pulverblöcken großer Abmessungen bei plötzlichen Temperaturschwankungen geschaffene Spannungen. Paul Tavernier und Jean Boisson. (Mém. Poudres **40,** 297—323, 1958; franz.) — Die in großen Pulverblöcken bei plötzlichen Temp.-Schwankungen auftretenden Wärmespannungen werden berechnet.
W. Wesly. 8300◇

Rheologie von B-Pulver. Mischung, Konsistenz und Ziehen der Pasten, Einfluß verschiedener Faktoren. Stanislas Ronssin. (Mém. Poudres **40,** 195—216, 1958 franz.) — Übersicht über die Herst. der Pasten, die Geräte zur Best. der Konsistenz, das Ziehen von Pasten u. Kollodiumwolle u. die Einfll. verschiedener Faktoren (Lsgm.-Menge, Zerkleinerung, Viscosität, N-Geh. von Nitrocellulose) bei der Verarbeitung von Schießbaumwolle. W. Wesly. 8300◇

Einfluß der Ladebedingungen. Über die Geschwindigkeit und den Druck beim Schießen mit T-Pulver. Paul Tavernier, Jean Roure und Claude Napoly. (Mém. Poudres **40,** 159—82, 1958; franz.) — Die Einfll. der Ladebedingungen auf die Geschw. der Pb-Kugel u. den höchsten, registrierten Druck beim Abfeuern eines mit Pulver T geladenen Jagdgewehres werden bestimmt. W. Wesly. 8300◇

Herstellung von 2-Nitrodiphenylamin. Gérard Desseigne und Bernard Rabussier. (Mém. Poudres **40,** 225—39, 1958; franz.) — Zur Herst. von 2-Nitrodiphenylamin läßt man o-Nitrochlorbenzol (I) mit Anilin (II) unter Sieden bei atmosphär. Druck in Ggw. von gepulvertem Na_2CO_3 reagieren, wobei das entstehende W. in Form eines bin. W.-**II**-Gemisches eliminiert wird. Bei 9std. Rk. setzen sich ca. 60% **I** um; die auf die umgesetzten **I**- u. **II**-Mengen bezogene Ausbeute beträgt 96%. Das Verf. wird zur Herst. von 2-Nitro-N-methyldiphenylamin, 2-Nitro-4-acetyldiphenylamin, 2-Nitro-4-acetyl-2'-methyldiphenylamin, 2-Nitro-4-acetyl-3'-methyldiphenylamin u. 2-Nitro-4-acetyl-4'-methyldiphenylamin angewandt. Die Eigg. dieser Verbb. werden beschrieben.
W. Wesly. 8304◇

Herstellung von Dimethylnitrosamin. Gérard Desseigne und André Audiffren. (Mém. Poudres **40,** 337—41, 1958; franz.) — Unterss. über die Herst. von Dimethylnitrosamin (I) aus $NaNO_2$ u. Dimethylaminsulfat in wss. Lsg. zeigen, daß der Brechungsindex der I-W.-Gemische u. die Gleichgewichtskurve Fl.-Dampf der Gemische beim Sieden unter atmosphär. Druck mit der Zus. schwanken. Ein azeotropes Gemisch (Kp. 99,3°) enthält 23% **I.** W. Wesly. 8304◇

Spurzeichner für Spezialmaschinen. Initialzündung unter geringem Druck und bei niedriger Temperatur. Du Gardin. (Mém. Poudres **40,** 367—76, 1958; franz.) — Eine in großen Höhen, also bei geringem Druck u. tiefer Temp., sicher auslösende Initialzündung besteht aus 84 (g) Pb_3O_4, 16 Si, 1 Butylphthalat u. 15 g 14%ig. Cellulosekollodium, wobei im Mischer Pb_3O_4 zuletzt zugesetzt wird. Die (nicht im Wärmeschrank) getrocknete Paste zeigt nach 15tägiger Erwärmung auf 100° keine Zers., entzündet sich bei —45° u. 100 mm Hg sowie bei Zimmer-Temp. u. 20 mm Hg.
W. Wesly. 8308

Maschinen mit festen Treibmitteln. Einfluß des Verhältnisses der Massen und des spezifischen Vortriebs des Treibmittels auf die Leistung selbstfahrender Maschinen. Jean Delacarte. (Mém. Poudres **40,** 351—66, 1958; franz.) — Die Bedeutung des Verhältnisses der Massen von Treibmittel/Maschine u. des spezif. Vortriebes des Treibmittels zur Erzielung hoher Geschw. selbstfahrender Maschinen wird gezeigt. Die Erhöhung der von der Maschine erreichten Geschw. wird als Funktion des Verhältnisses der Massen berechnet. W. Wesly. 8310◇

Ein Verfahren zur Schnellbestimmung der Hygroskopizität von Pulver. Maurice Parpaillon. (Mém. Poudres **40,** 247—59, 1958; franz.) — Zur Schnell-Best. der Hygroskopizität von Pulver wird durch dieses ein Gasstrom bestimmter Feuchtigkeit bei konst. Temp. geleitet. Man mißt die Feuchtigkeit des Pulvers durch Trocknen in einem Strom trockener Luft im gleichen Gefäß. W. Wesly. 8322◇

Bestimmung des Feuchtigkeitsgleichgewichtsgehaltes von Pulver in Atmosphären verschiedener Feuchtigkeitsgrade. Paul Fabre und Henri Liogier. (Mém. Poudres **40,** 261—67, 1958; franz.) — Zur Best. des Feuchtigkeits-Gleichgewichts-Geh. von Pulver ohne Lsgm. in Atmosphären verschiedener Feuchtigkeitsgrade dient eine registrierende Präzisionswaage, wobei das verschiedenen Gewichten ausgesetzte Prod. abgekapselt ist u. die Waage selbst sich in einem Raum von 20 $\pm$ 1° befindet. Nach Auswertung der Aufzeichnung der Gewichtsschwankungen als Funktion der Zeit durch Trocknen oder Feuchtigkeitsaufnahme werden die Kurven (relative Feuchtigkeit, Wassergeh.) der Pulver-Zus. konstruiert. W. Wesly. 8322◇

Scheinbares, calorimetrisches Potential der rauchlosen Pulver. Bestimmung der typischen Abweichung. Maurice Lamouroux. (Mém. Poudres **40,** 241—45, 1958; franz.) — Die Best. des scheinbaren calorimet. Potentials von Pulver > 850 cal/g führt zu Abweichungen von 0.25%. Bei geringeren Potentialwerten sind die Ergebnisse unsicherer; in den meisten Fällen ergibt sich: $Q_a \pm$ 1,5 cal. W. Wesly. 8322◇

Chromatographische Analyse von Pulver. Lise Marvillet. (Mém. Poudres **40,** 273—87, 1958; franz.) — Übersicht über Grundzüge, Zubehör u. Ausführung der chromatograph. Analyse u. Beschreibung ihrer Anwendung zur Unters. der Hauptbestandteile von Pulver (nach Abtrennung von Nitrocellulose u. den anorgan. Salzen durch Extraktion mit Methylenchlorid), bes. von Gemischen von Nitroglycerin, Centralit, Diphenylformamid, Diphenylamin, 2-Nitrodiphenylamin u. Triacetin. W. Wesly. 8322◇

Ein Schnellverfahren zur Analyse von Salpeterbrei. Maurice Parpaillon. (Mém. Poudres **40,** 217—24, 1958; franz.) — Die Feuchtigkeit in Salpeterbrei wird bestimmt, indem man einen raschen Strom trockener Luft durch die auf einem geeigneten Filter ausgebreitete Probe leitet. Zur Best. von Nitroglycerin behandelt man die Probe auf dem Filter mit Ae., saugt die Fl. nach einer bestimmten Kontaktzeit ab u. wiederholt Ae.-Extraktion u. Absaugen bis zur Gewichtskonstanz. W. Wesly. 8324

Chemische Bestimmung einiger Sprengstoffe und Sprengstoffgemische. Paul Aubertein und Héléne Pascal. (Mém. Poudres **40,** 113—25, 1958; franz.) — Übersicht über die chem. Best. von Sprengstoffen. Am geeignetsten sind das Na-Methylat-Verf. zur Best. von Hexogen, das $FeSO_4$-Verf. zur Best. von Pentaerythrit, Tetryl u. Nitroguanidin u. das Methylenblau-Veif. oder das acidimetr. Verf. zur Best. von Mellinit. — 54 Literaturangaben. W. Wesly. 8324

Neue Reaktion der colorimetrischen Mikrobestimmung von Chloracetophenon. André Lamouroux und Yves le Duigou. (Mém. Poudres **40,** 377—83, 1958; franz.) — Zur Mikrobest. von Chloracetophenon (I) dient die Färbung, die sich in der Wärme bei Rk. von I mit Pyridin entwickelt (Absorptionsmaximum bei 4500 Å) u. noch 0,6 mg I je m³ Luft bei Anwendung von 10 Liter Luft zu erfassen erlaubt. W. Wesly. 8324◇

Colorimetrische Mikrobestimmung von primärem Lewisit. René-Michel Fournier. (Mém. Poudres **40,** 385—88, 1958; franz.) — Zur Best. des in prim. Lewisit enthaltenen, organ. As_2O_3 behandelt man die Probe mit $NaHCO_3$-Lsg., oxydiert As(III) mit J_2–KJ-Lsg. zu As(V), wandelt dieses zu As-Molybdat um, das nach Red. zu Mo-Blau colorimetr. ermittelt wird. Die in 15 Min. ausführbare Best. gestattet die Erfassung von 0,35 μg As_2O_3 je cm³ Luft. W. Wesly. 8328◇

Schnellbestimmung von $KClO_3$ und $K_2Cr_2O_7$ in der zur Streichholzherstellung benötigten Masse. Zygmunt Marczenko und Zofia Skorko-Trybuła. (Chem. analit. [Warszawa] **5,** 71—77, 1960; Warszawa, Polytechn. Inst., Dep. of Analyt. Chem.; pol.) — Die Summe $KClO_3$ · $K_2Cr_2O_7$ wird manganometr. durch Rücktitration eines zugegebenen Überschusses an $(NH_4)_2Fe(SO_4)_2 \cdot 6\,H_2O$; $K_2Cr_2O_7$ durch Colorimetrie seiner schwefelsauren Lsg. bestimmt. Die Colorimetrie störende Azofarbstoffe werden mit $(NH_4)_2S_2O_8$ im ammoniakal. Medium zerstört. Unlösl., schwer abzufiltrierende Stoffe werden durch Fällen u. Abfiltrieren der Hydroxide von zugesetztem Al^{3+} u. Fe^{3+} entfernt. P. Kurzmann. 8329◇

H_{24}. Photographie

Über den Rückgang des latenten photographischen Bildes. Yoshitada Tomoda und Masami Kawasaki. (Rep. Government chem. ind. Res. Inst., Tokyo **54,** 37—42, 1959; jap., Auszug: engl. S. V.) — Vff. untersuchten den Rückgang des latenten Bildes bei verschiedenen photograph. Materialien, z. B. Positivfilm, Gaslichtpapier, Röntgenfilm, nach Belichten mit verschiedenen Lichtquellen, z. B. normalen Licht, Röntgen- oder Gammastrahlen. Bei Positiv- u. Gaslichtpapieremulsionen hängt die Stabilität des latenten Bildes von der Strahlungsart ab; bei diesen Materialien ist das durch Gammastrahlen erzeugte latente Bild höchst instabil. Bei 30° u. relativen Feuchtigkeiten von 54 u. 63% geht der Rückgang nach folgender Formel vor sich: $D/D_0 = \exp(-c\sqrt{t})$, wobei D_0 die photograph. Dichte des entwickelten Bildes kurz nach der Belichtung u. D die Dichte nach Lagerung von t Tagen bedeuten. Bei einer relativen Feuchtigkeit von 75% klingt das latente Bild jedoch schneller ab, als nach der Formel zu erwarten wäre. Unter diesen Lagerbedingungen zeigen bes. Gaslichtpapieremulsionen mit höheren D_0-Werten eine geringe Stabilität. Dagegen ist der Rückgang des latenten Bildes unter normalen Feuchtigkeitsbedingungen größer bei niedrigen D_0-Werten.

W. Günther. 8594◇

Untersuchung zur Bestimmung der Eigenschaften von Defektelektronen in Silberbromid. J. Malinowski und P. Süpitz. (Z. wiss. Photogr., Photophysik Photochem. **57**, 4—13, 1963; Berlin, Dt. Akad. der Wiss., Inst. für Kristallphysik; dt.) — Es werden zwei Meth. beschrieben, mit denen es möglich ist, die Bewegung von *Defektelektronen* in *AgBr-Kristallen* quant. zu verfolgen u. die Driftbeweglichkeit zu bestimmen. Als Indikator für die Defektelektronen wird die Ausbleichung von *photolyt. Silber* im Kristallinnern bzw. eines *latenten Bildes* auf der Kristalloberfläche verwendet. Für die Driftbeweglichkeit der Defektelektronen in AgBr bei Zimmer-Temp. ergibt sich ein Wert von ca. 1 cm^2/Vs. Die Länge der festgestellten Elektronenwanderung ist abhängig von der Versuchsdauer. Dies wird darauf zurückgeführt, daß das Vorrücken der Defektelektronen einem Anlaufvorgang gleicht u. die Lebensdauer der Defektelektronen in den von Haftstellen befreiten Abschnitten erheblich größer ist als die Impulszeit (4,5 μs). Kristalle verschiedener Vorgeschichte unterscheiden sich sehr stark in ihrer anfänglichen Konz. von Defektelektronenfallen. Sie ist am geringsten in Kristallen, die unter Br gezüchtet worden sind. H. Czech. 8594◇

Untersuchungen über die Topographie des latenten Innen- und Außenbildes. E. Moisar und S. Wagner. (Ber. Bunsenges. physik. Chem. **67**, 356—59, 1963; Leverkusen, Agfa Akt.-Ges., Wiss.-Phot. Labor.; dt.) — Durch ein Verf. mit gesteuertem Doppeleinlauf wurden homodisperse photograph. *Silberhalogenidemulsionen* mit regelmäßigen, kub. Kristallen u. geschichtetem Kornaufbau hergestellt. Die Körner enthielten an definierter Lage im Korninnern bzw. an der Oberfläche *latente Bildkeime* oder *Reifkeime*. Aus dem Verh. photograph. Schichten mit derartig innenverschleierten Körnern kann auf die Tiefen-Wrkg. der photograph. Entw. oder der Silberoxydationsbäder geschlossen werden. Bei *Körnern mit Innenkeimen* (IK) bildet sich ein latentes Oberflächenbild infolge Konkurrenz der Elektronenfallen später aus, als bei IK-freien Emulsionen. Verschleiert man Emulsionen mit u. ohne IK oberflächlich, so tritt bei den Körnern mit IK eine Solarisation des Oberflächenschleiers bei Belichtung bereits bei geringen Belichtungsintensitäten auf (Modellfall für den Intensitäts-Umkehreffekt).

E. Moisar. 8594◇

Photographische Emulsionen zur Registrierung ionisierender Teilchen. E. Klein und E. Moisar. (Photograph. u. Wiss. **11**, Nr. 1, 3—12, 1962; Leverkusen, Agfa Akt.-Ges., Wiss.-Photograph. Labor.; dt.) — Kurze Übersicht über Eigg. u. Verw. der *Kernspuremulsionen* mit bes. Berücksichtigung der Vorgänge bei Bldg. u. Wachstum der *Silberhalogenidkristalle*. E. Moisar. 8596◇

Spontane Bildung von Silberkeimen am Halogensilber beim Belichten mit hohen Lichtintensitäten. R. Matejec. (Z. Elektrochem., Ber. Bunsenges. physik. Chem. **66**, 459—62, 1962; Leverkusen, Agfa Akt.-Ges., Wiss. Photograph. Labor.; dt.) — Halogensilberkörner ohne Reifkeime u. Fehlstellen an der Oberfläche zeigen bei hohen Lichtintensitäten spontane Keimbildung. Im elektr. Feld (10^5 V/cm) zeigt sich spontane Keim-Bldg. nur in einem der Kathodenseite zugekehrten Bereich, dessen Breite von der eingestrahlten Lichtintensität abhängt. Voraussetzung für die spontane Keim-Bldg. ist demnach, daß das Prod. aus Zwischengittersilberionen-Konz. u. Photoelektronen-Konz. einen bestimmten Wert überschreitet. Vorbelichtung ohne Feld u. anschließende Nachbelichtung im Feld zeigt, daß die zunächst statistisch verteilten Keime auf die Kathodenseite eines jeden Korns umgelagert werden. G. Pankow. 8596□

Die theoretische Beziehung zwischen optischer Dichte, entwickeltem Silber und Belichtung. Eugene F. Haugh. (Photogr. Sci. Engng. **6**, 370—75, 1962; Parlin, E. I. du Pont de Nemours Co., Inc., Photo Prod. Dep.; engl.) — Vf. behandelt das Problem, darzustellen, wie die opt. Dichte einer photograph. Schicht u. die Menge des entwickelten Ag von der Belichtung abhängen. Es werden Gleichungen abgeleitet, die für folgende Voraussetzungen gelten: 1. normale Kornverteilung, 2. Abschwächung des Lichtes in der Schicht nach einer Exponentialfunktion, die von der Schichtdicke abhängt, 3. die Abweichung der Quanten, die von Körnern der gleichen Größe in der gleichen Schichtebene absorbiert werden, genügt der Poissonschen Verteilung u. 4. der effektive Quantenbedarf für die Entwickelbarkeit einer Kornsorte kann sich nach einer bestimmten Funktion ändern. Es wird gezeigt, wie die entsprechenden Parameterwerte für die explizit abgeleiteten Beziehungen experimentell aufzunehmenden Schwärzungskurven entnommen werden können. Voraussetzung ist, daß die zu untersuchende Emulsion den oben angegebenen Bedingungen entspricht. Spezialfälle werden gesondert diskutiert. Besitzt z. B. eine Emulsion eine Kornverteilung, die sich aus zwei verschiedenen Normalverteilungen zusammensetzt, so ist die entsprechende Schwärzungskurve als Summe von zwei verschiedenen Komponenten aufzufassen. W. Günther. 8596◇

Untersuchungen an AgCl-Einkristallen über den Einfluß der Belichtung auf die Gitterkonstante. H. Peisl und W. Waidelich. (Z. wiss. Photogr., Photophysik Photochem. **57**, 14—17, 1963; München, TH, Phys. Inst.; dt.) — An Bindemittel-freien *AgCl-Einkristallen* wurde der Einfl. einer *UV-Belichtung* auf die Gitter-Konst. untersucht. Mit steigender Belichtung ergibt sich zunächst eine Zunahme der Gitter-Konst. bis zu einer maximalen relativen Änderung von $2 \cdot 10^{-4}$. Bei weiterer Belichtung geht die Gitterdehnung wieder zurück. Durch Mischkristall-Bldg. im ansteigenden Bereich u. durch Ausscheidungsvorgänge im Bereich hinter dem Maximum der Gitteraufweitung kann dieses Verh. erklärt werden. H. Czech. 8598◇

Gelatine als Schutzkolloid. P. J. Hillson. (Nature [London] **195**, 1298—99, 1962; Wealdstone, Harrow, Middlesex, Kodak Ltd., Res. Labor.; engl.) — Unterss. an photograph. Gelatinen zeigen, daß die *Gelatine-Lsgg.* einen Teil ihrer Schutz-Wrkg. verlieren bevor sie in den Gelzustand übergehen. Das Zurückgehen der Schutz-Wrkg. hängt dabei eng mit der Bldg. von Mol.-Aggregaten in der *Gelatine* zusammen. Diese Aggregate vermögen an dem frisch gebildeten Nd. nicht schnell genug adsorbiert zu werden, um einen ausreichenden Schutz zu bewirken. G. M. Neumann. 8600◇

Untersuchungen über Kernspuremulsionen mit Polyvinylalkohol. 2. Mitt. **Die Gammastrahlenempfindlichkeit von PVA-Kernemulsionen.** Etsuo Fujii. (Rep. Government chem. ind. Res. Inst., Tokyo **56**, 233—40, 1961; jap., Auszug: engl. S. 28). — Vgl. auch C. **1961**, 18588. — Inhaltlich ident. mit der C. **1963**, 18698 referierten Arbeit. W. Günther. 8600◇

Stereochemische Faktoren, die die optische Sensilibisierung beeinflussen. G. de W. Anderson. (Sci. Photogr., Proc. int. Colloqium, Liège **1959**, 487—511, 1962; Blackley, Manchester, I.C.I.Ltd., Dyestuffs Div.; engl.) — An einem umfangreichen Material von *Merocyaninen* wurde das Problem untersucht, ob zwischen der stereochem. Konst. eines Cyaninfarbstoffes u. seinem opt. Sensibilisierungsvermögen Zusammenhänge bestehen. Bei diesen Farbstoffen ist eine cis-trans-Isomerie an den Doppelbindungen sowie an den enständigen heterocycl. Kernen möglich. Nach Scheibe wird die Neigung zur Bldg. von Farbstoffaggregaten, die für die Verschiebung des Sensibilisierungsmaximums nach langen Wellen hin verantwortlich sind, um so größer, je weniger Stereoisomere möglich sind. Bei einem *Dimethinrhodamerocyanin* sind beispielsweise 4 coplanare trans-Isomere denkbar, während cis-Formen nicht sensibilisieren können. Zur Frage über den Zusammenhang zwischen Konstit. u. Polymerisierbarkeit wurden Verbb. der nachst. allg. Formeln auf ihren Sensibilisierungseffekt in Chlorbromsilberemulsionen geprüft: $A{=}(CH{-}CH)_n{=}C(CN)_2$ (n = 1, 2, 3), $A{=}CH{-}CH{=}C(CN) \cdot CONH_2$, $A{=}CH{-}CH{=}C(CHO)_2$, $A{=}CH{-}CH{=}C{-}CO{-}NH{-}CO{-}NH{-}CO$, $A{=}CH{-}CH{=}C{-}CO{-}NC_2H_5 \cdot {-}CS{-}NC_2H_5{-}CO$, $A{=}CH{-}CH{=}C{-}CO{-}NC_6H_5{-}NC_6H_5{-}CO$, $A{=}CH{-}CH{=}C{-}CO{-}N{=}C{-}[N{-}(CH_3)_2]{-}N{=}C{-}(OH)$, wobei **A** substituierte, in der Cyaninchemie gebräuchliche heterocycl. Kerne bedeuten. Die Bldg.-Möglichkeit von Isomeren wird eingeschränkt, wenn die Endgruppen des Farbstoff-Mol. eine symm. Konstit. aufweisen. Die Fähigkeit, J-Banden zu bilden, nimmt in vinylhomologen Reihe mit Verlängerung der Methinkette ab. Vf. kommt zu dem Schluß, daß die Elektronensymmetrie der Cyaninendgruppen wichtiger für die Farbstoffaggregat-Bldg. ist als die strukturelle Symmetrie. — Diskussionsbemerkungen. W. Günther. 8604◇

Über kettensubstituierte Cyaninfarbstoffe. H. von Rintelen. (Mitt. Forsch.-Lab. AGFA Leverkusen/München **2**, 141—47, 1958; dt.) — Vf. untersuchte, welchen Einfl. die Einführung einer Pyridyl- oder Pyridyliumgruppe als Substituent in die Methinkette von Carbo- oder Merocyaninen auf die Absorption u. die Sensibilisierung einer photograph. Emulsion ausübt. — Die Darst. der beschriebenen *Cyanine* erfolgt durch Rk. von *2-Methyl-3-äthylbenzthiazoliumtoluolsulfonat* (**I**) mit *Nicotin-* bzw. *Isonicotinsäurechlorid* zu dem entsprechenden Keton, das mit P_2S_5 in das *Thioketon* **II** übergeführt werden kann. **II** setzt sich mit 2 Mol eines Alkylierungsmittels zu einer reaktionsfähigen Methylmercapto-Verb. um, die mit einem weiteren Mol **I** oder *3-Äthylrhodanin* die entsprechenden meso-substituierten Carbocyanine oder Merocyanine ergibt. Zum Vgl. wurden aus **II** durch Kondens. mit *3-* u. *4-Pyridinaldehyd* die Styrylfarbstoffe hergestellt, die mit einem weiteren Mol Alkylierungsmittel die N-Äthylpyridyliumjodide ergeben. In einer Tabelle sind Absorptions- (**AM**), Sensibilisierungsmaxima (**SM**), die mol. dekad. Extinktions-Koeff. u. die relativen Empfindlichkeiten einer mit den Farbstoffen sensibilisierten harten Chlorbromsilberemulsion, bezogen auf die analogen phenylsubstituierten Farbstoffe, angegeben. — Der Ersatz einer Phenylgruppe in der meso-Stellung der Methinkette von Carbocyaninen durch einen Pyridinrest bewirkt nur eine geringe Verschiebung (1—3 mμ) der **AM** nach langen Wellen. Wird jedoch das freie Elektronenpaar des Pyridinstickstoffs durch Quaternierung festgelegt, so ist eine Verschiebung nach langen Wellenlängen um 5—10 mμ mit einem gleichzeitigen Absinken der Extinktion zu beobachten. Bei den Merocyaninen werden die **AM** um 11—16 mμ nach kürzeren Wellenlängen verschoben. Die sensibilisierende Wrkg. auf photograph. Halogensilberemulsionen ist bei allen pyridinsubstituierten Cyaninen geringer als bei den gleichen phenylsubstituierten. Diese Feststellung wird im Sinne der Kendallschen Regel diskutiert.

Versuche: *2-[Pyridyl-(3)-carbonylmethyliden]-3-äthylbenzthiazolin*, $C_{16}H_{14}N_2OS$, F. 180—182°, aus I u. salzsaurem Nicotinsäurechlorid in Pyridin. — *2-[Pyridyl-(3)-thiocarbonylmethyliden]-3-äthylbenzthiazolin* (II), F. 185—190° (Methanol), aus vorst. Verb. mit P_2S_5 in Chlf. — *N.N'-Diäthyl-9-[N''-methyl-(3)-pyridyl]-benzthiacarbocyanindijodid*, aus vorst. Thioketon, Dimethylsulfat u. I in A. unter Zusatz von Triäthylamin u. Ausfällen mit KJ, $C_{22}H_{22}J_2N_3S_2$, F. 272°, **AM** 568,5 mμ, **SM** 592 mμ. — *N.N'-Diäthyl-9-[pyridyl-(3)]-benzthiacarbocyaninjodid*, $C_{26}H_{24}JN_3S_2$, F. 259°, aus vorst. Verb. durch Entmethylierung mit Isochinolin, **AM** 558 mμ, **SM** 590 mμ. — *2-[Pyridyl-(4)-carbonylmethyliden]-3-äthylbenzthiazolin*, $C_{16}H_{14}N_2OS$, F. 224—228°, aus Isonicotinsäurechlorid. — *Thioketon* aus vorst. Verb., $C_{16}H_{14}N_2OS_2$. — *N.N'-Diäthyl-9-[N''-methylpyridylio]-(4)-benzthiacarbocyanindijodid*, $C_{27}H_{27}J_2N_3S_2$, F. 277—279°, **AM** 565,5 mμ, sensibilisiert nicht. — *N.N'-Diäthyl-9-pyridyl-(4)-benzthiacarbocyaninjodid*, $C_{26}H_{24}JN_3S_2$, F. 264°, **AM** 561 mμ, **SM** 590 mμ. — *2-[β-Pyridyl-(3)-äthenyl]-3-äthylbenzthiazoliumjodid*, aus I u. Pyridin-3-aldehyd in A. unter Zusatz von Triäthylamin u. Ausfällen mit KJ, **AM** 561 mu, **SM** 592 mμ, F. 263°. — *2-{β-[N''-Äthylpyridylio-(3)]-äthenyl}-3-äthylbenzthiazoliumdijodid*, F. 264 bis 265°, aus vorst. Verb. mit Äthyltosylat u. KJ, **AM** 566°, **SM** ca. 595 mμ. — *2-[β-Pyridyl-(4)-äthenyl]-3-äthylbenzthiazoliumjodid*, $C_{16}H_{15}JN_2S$, F. 269—271°, **AM** aus I u. Pyridin-4-aldehyd, 562,5 mμ, **SM** 588 mμ. — *2-{β-[N''-Äthylpyridylio-(3)]}-äthenyl-3-äthylbenzthiazoliumjodid*, F. 274—275° **AM** 567 mμ sensibilisiert nicht. — *5-{β-[3-Äthylbenzthiazolinyliden-(2)]-α-[pyridyl-(3)]-äthyliden}-3-äthylrhodaninmethojodid*, $C_{22}H_{22}JN_3OS_3$, F. 258 bis 260°, aus **II**, Dimethylsulfat u. 3-Äthylrhodanin in A. unter Zusatz von Triäthylamin u. Fällen mit KJ, **AM** 525 mμ, sensibilisiert nicht. — *3-Äthyl-5-{α-[pyridyl-(3)]-β-[N-äthylbenzthiazolyliden]-äthyliden}-rhodanin*, $C_{21}H_{19}N_3OS_3$, F. 263—264°, aus vorst. Verb. durch Erhitzen mit Isochinolin auf 175°, **AM** 451 mμ **SM** 586 mμ. — Analog das α-[*N''-Methylpyridylio-(4)-Deriv.*, $C_{22}H_{22}N_3JOS_3$, F. 276°, **AM** 531 mμ, sensibilisiert nicht, u. das α-[*Pyridyl-(4)-Deriv.*, $C_{21}H_{19}N_3OS_3$, F. 264—265°, **AM** 542 mμ. W. Günther. 8604◇

Merocyanine und andere Neutrocyanine. Holger Meyer. (Svensk kem. Tidskr. **73**, 389—98, 1961; Stockholm, Kungl. Tekniska Högskolan, Inst. f. fotografi; schwed.) — Vgl. C. **1963**, 17547. — Einführende Übersicht. A. Senning. 8604◇

Die D-E-t-Oberfläche einer photographischen Platte. Chris Candler. (Z. wiss. Photogr., Photophysik, Photochem. **57**, 68—74, 1963; Nort Terrace, Adelaide, Australien, South Austral Inst. of Technol.; engl.) — Die Hurter-Gleichung der *Schwärzungskurve* wird in Beziehung gebracht zu der Fallengleichung der Abweichungen von der Reziprozitätsregel, um eine Gleichung der *D-E-t-Oberfläche* zu erhalten. Die Schwarzschildsche Gleichung ist diejenige der Asymptote einer Kurve der Abweichungen von der Reziprozitätsregel. Die Differenz der Steilheit der Schwärzungskurve bei konst. Zeit u. konst. Intensität ist gleich der Steilheit der Abweichungskurve von der Reziprozitätskurve. H. Czech. 8604◇

Die Schwärzungskurven einiger farbstoffsensibilisierter Platten. Chris Candler. (Z. wiss. Photogr., Photophysik Photochem. **57**, 48—67, 1963; Nort Terrace, Adelaide, Australien, South Austral Inst. of Technol.; engl.) — Die *Schwärzungskurven* einiger Ilford-Astra-VIII- u. Eastman 103a-F-Platten, welche im Royal Observatory, Edinburgh, aufgenommen wurden, wurden untersucht. Die Schwärzungskurven waren Intensitätsskalen bei Schwärzungszeiten von 2 bis 48 Minuten. Die Änderung der Form mit der Belichtungszeit wurde bzgl. der Photonenzahl u. dem Entw.-Faktor K verfolgt u. nicht, wie man erwarten sollte, bzgl. der Abweichungen von der Reziprozitätsregel. Der Grund für die Änderung bzgl. P u. K wurde kurz diskutiert. H. Czech. 8604◇

Über den Mechanismus der schleierverhindernden und sensibilisierenden Wirkung von Edelmetallsalzen auf die photographische Emulsion. P. A. Faelens und B. H. Tavernier. (J. physic. Chem. **66**, 2411—16, 1962; Mortsel, Gevaert Photo-Producten N.V., Res. Labor.; engl.) — Es wurde gefunden, daß die schleiervermindernde Wrkg.

nicht nur in Ggw. von kombinierten Sensibilisatoren, $Na_2S_2O_3$ (I) u. AuSCN (II), sondern auch dann auftritt, wenn nach der ersten Reifung mit I II hinzugefügt wird. Daraus wird geschlossen, daß die Empfindlichkeitszentren u. Schleierzentren (wahrscheinlich Silbersulfide) in Ggw. von Goldsalzen ineinander umgewandelt werden können. Reifung in Ggw. von Au(I)-Thiosulfat steigert nicht nur die Empfindlichkeit, sondern hat auch den gleichen Gradationszuwachs wie in Ggw. von I zur Folge. Dagegen steigt bei Reifung mit II die Gradation nicht. Der Gradationszuwachs in Ggw. von Au- oder Ag-Sulfiden wird einer relativ stärkeren Bromacceptor-Wrkg. der Sulfide im Bereich stärkerer Belichtungen zugeschrieben. G. Pankow. 8604◇

Die photographischen Eigenschaften von Emulsionen mit Silbersalzen organischer Säuren. 2. Mitt. **Photographische Empfindlichkeiten von Emulsionen mit Silbersalzen von aromatischen Carbonsäuren.** Masami Kawasaki. (Rep. Government chem. ind. Res. Inst., Tokyo **57,** 507—16, 1962; jap., Auszug: engl. S. 54.) — 1. vgl. C. **1963,** 18699. — Vf. stellte *photograph. Emulsionen* aus Salzen der *Benzoesäure, Salicylsäure* u. *Zimtsäure* her u. untersuchte ihre sensitometr. Eigenschaften. Die Emulsionen wurden bei 16° mit sauren Entwicklern behandelt, deren Redoxpotential unter + 0,543 eV liegt. Die Lichtempfindlichkeit der beschriebenen Emulsionen liegt um den Faktor 10^{-2} unter der von *AgCl-Emulsionen* u. entspricht damit annähernd den von fettsauren Ag-Salzen. Zur Empfindlichkeitserhöhung u. zur Kontraststeigerung eignen sich Aktivgelatinen besser als Inertgelatinen. Die Spektralempfindlichkeit reicht vom UV bis 4072 oder 4405 Å. Emulsionen mit Silbersalzen aus aliphat. oder aromat. Säuren eignen sich für die Gammastrahlendosimetrie in der Größenordnung von 10^6 r. W. Günther. 8604◇

Die durch Titansulfat und Selenigsäure auf die Schwärzung von Bromsilberpapier und Film ausgeübte Inhibierung. B. Di Silverio und S. Di Silverio. (Boll. Soc. ital. Biol. sperim. **38,** 1124—26, 1962; Bologna, Osped, Maggiore, Reparto Radiol; ital.) — Da Lsgg. von Ti^{4+}-Salzen chem. H_2O_2 unter Bldg. von TiO_2 binden, wird geprüft, ob durch Blockierung der durch Strahlung erzeugten freien Radikale mit Ti(IV)-Salz die empfindliche Gelatine vor der Schwärzung durch Röntgenstrahlen geschützt werden kann. Ebenso bindet SeO_2 chem. H_2O_2 unter Bldg. von Selensäure. Es zeigt sich, daß mit einer Schicht von AgBr versehenes Papier in Lsgg. von $Ti(SO_4)_2$ oder H_2SeO_3 die Lichtempfindlichkeit verlieren. F. Kren. 8610◇

Die hypersensibilisierende Wirkung des Triäthanolamins auf Kernspuremulsionen. E. Ranz. (Photogr. u. Wiss. **11,** Nr. 1, 16—18, 1962; München, TH, Inst. für wiss. Photogr.; dt.) — Als Ursache für die *Hypersensibilisierung* von *Kernspuremulsionen* durch Triäthanolamin (I) kommen folgende Eigg. des I in Frage: a) pH-Erhöhung der Schicht, b) Komplex-Bldg. mit Metallionen, c) Red.-Wrkg., d) Wrkg. als Halogenacceptor u. e) Energieüberträger zwischen Gelatinematrix u. Silberhylogenidkorn. E. Moisar. 8610◇

Elektrodentheorie der photographischen Entwicklung. R. Matejec und R. Meyer. (Z. wiss. Photogr., Photophysik Photochem. **57,** 18—47, 1963; Leverkusen, Agfa Akt.-Ges., Wiss. Photogr. Labor.; dt.) — Unter der Annahme, daß die Diffusions-Transportvorgänge die geschwindigkeitsbestimmenden Vorgänge sind, werden die „Stromspannungskurven" des kathod. u. des anod. Teilprozesses berechnet. Im stationären Entwicklungsstand sind die Stromstärke des kathod. Teilprozesses u. die des anod. Teilprozesses beide gleich der Entw.-Stromstärke des Gesamtprozesses. Über die „Stromspannungskurven" des anod. u. des kathod. Teilprozesses läßt sich deshalb die Entw.-Stromstärke des Gesamtprozesses u. ihre Zeitfunktion aus den Entw.-Bedingungen ermitteln. Unter gewissen Vereinfachungen läßt sich nach dieser Theorie der zeitliche Verlauf der *physikal.* u. der *chem. Entw.* quant. berechnen. H. Czech. 8618◇

Probleme bei der Entwicklung von Kernspuremulsionen. G. Heimann. (Photogr. u. Wiss. **11,** Nr. 1, 13—15, 1962; München, TH, Inst. für wss. Photogr.; dt.) — Überblick über Verff. zur *Entwicklung* von *Kernspuremulsionen.* E. Moisar. 8618◇

Neue Schwarzweiß-Duplikat-Filme aus Wolfen. Herbert Franke und Horst Eilhardt. (Bild u. Ton **16,** 167—70, 1963; Wolfen; dt.) — Vff. geben einen Überblick über die vom VEB Filmfabrik AGFA-Wolfen hergestellten *Schwarzweiß-Duplikatfilme.* Es werden die relative Empfindlichkeit, die Körnigkeitszahl, das Auflösungsvermögen u. die Konturenschärfe sowie die Einsatzmöglichkeiten der einzelnen Typen beschrieben. Als bes. vorteilhaft erwiesen sich die neu entwickelten panchromat. Filme: Dup-Positivfilm Typ 487 u. Dup-Negativfilm Typ 488. W. Günther. 8624◇

Elektrographische Registrierverfahren. 2. Mitt. Horst Köllner. (Bild u. Ton **16,** 39—44, 1963; Wolfen, VEB Filmfabrik AGFA, Abt. Forsch. u. Entw.; dt.) — 1. vgl. C. **1963,** 17551. — Überblick über die geschichtliche Entw. der *Xerographie*: Ursache u.

Ausschaltung des Randeffektes, Möglichkeiten zur Steuerung der Gradation, Überblick über das latente xerograph. Bild, Zusammenhang zwischen Xerographie u. Photoelektrete. — 41 Literaturhinweise. W. Günther. 8642◇

Neues Kriterium der Qualität photographischer Papiere. M. I. Schor, B. G. Wol und G. A. Sarankina. (J. wiss. angew. Photogr. Kinematogr. [UdSSR] **5,** 28—33, Leningrad, Photopapierfabrik; russ.) — Erläuterung von ΔlgS (Lichtempfindlichkeit) mit Ermittlung der Werte für Photopapiere verschiedener Herkunft (russ. u. a.). ΔlgS wird von dem Stabilisierungszusatz der Gelatine, der Oberflächen-Konz. von Ag sowie dem Geh. an prim. AgJ in der Gelatine nicht beeinflußt. Einen bes. Einfl. üben jedoch die Gelatineart u. die pBr-Werte aus (sinkender pBr-Wert setzt auch ΔlgS herab); ΔlgS wird weiter von den Prozessen der prim. u. sek. Reifung beeinflußt. Eine Verdoppelung der Emulsion verringert ΔlgS. Die Entwicklersubstanz beeinflußt ΔlgS nicht, doch mit steigender Entwickler-Temp. steigt auch ΔlgS. J. Tůmová. 8660◇

Untersuchung über die Wiedergabe kleiner Details mit Hilfe von photographischen Verstärkern. Je. Ju. Braitschewskaja. (J. wiss. angew. Photogr. Kinematogr. [UdSSR] **5,** 7—9, 1960; Kiew, Forschungsinst. für Gerichtsexpertisen; russ.) — Unterss. über die Bildhelligkeit von Isoorthochromplatten 9 ×9 nach doppelter Belichtung unter Zonenblende (Scheibenform) im Sensitometer vor u. nach der Behandlung in verschiedenen Verstärkungsbädern. Die Kurven der opt. Dichte in Abhängigkeit von der Exposition zeigen eine gute Unterscheidungsfähigkeit beim Verstärken bei opt. Dichten bis 0,4—0,5; bei höheren Dichten geht der Effekt verloren. Die besten Ergebnisse zeigen das Uranverstärkungsbad u. das Bad nach Christensen; es kann eine 5—6malige Unterbelichtung brauchbar gemacht werden. J. Tůmová. 8660◇

Über die Dichtemessung von optischen Keilen für die Sensitometrie photographischer Papiere. Yoshitada Tomoda und Takaaki Ohtsu. (Rep. Government chem. ind. Res. Inst., Tokyo **56,** 416—23, 1961; jap., Auszug: engl. S. 47.) — Mit Hilfe einer spektralphotometr. Meth. wird gezeigt, daß gewöhnliche Photopapiere für das Spektralgebiet zwischen 340 u. 500 mμ empfindlich sind. Ein opt. Keil, der für papiersensitometr. Zwecke Verw. finden soll, muß in diesem Spektralgebiet eine gleichmäßige spektrale Durchlässigkeit besitzen. Um die Durchlässigkeitsdichte von Keilen zu bestimmen, werden 2 Belichtungs-Meth. vorgeschlagen: 1. Belichtung mit Keil, 2. Belichtung ohne Keil durch Änderung der Entfernung Lichtquelle–Papier, wobei die Lichtintensität unabhängig von der Wellenlänge wird. Der Vgl. beider Meth. läßt Rückschlüsse auf die spektrale Durchlässigkeit eines Keiles zu. W. Günther. 8660◇

Die Auswertung von Astroplatten mit schwachen Bahnspuren. Emily W. Good, J. H. Berbert und J. D. Oosterhout. (Photogr. Sci. Engng. **6,** 324—27, 1962; University Park, N. M., New Mexico, State Univ., Phys. Sci. Labor.; Greenbelt, Md., Goddard Space Flight Center; engl.) — Zur Beobachtung von Erdsatelliten u. Ermittlung ihrer Winkel-Geschw. werden Messungen von sog. Minitrackstationen durchgeführt. Zu ihrer Eichung wird ein hoch fliegendes Flugzeug, das mit einer Sendeanlage ausgestattet ist u. Lichtsignale geben kann, gegen den Sternenhimmel als Hintergrund mit einer Astrokamera photographiert. Die relative Lage der Lichtimpulse zu den benachbarten Sternen ermöglicht Rückschlüsse auf die Winkelstellung des Flugzeuges mit dem Sendegerät. Die für das Verf. notwendigen mathemat. Gleichungen werden abgeleitet. W. Günther. 8662◇

Über ein neues Verfahren zur Aufnahme von Isoklinenbildern mit Hilfe der Farbphotographie. D. Kockott. (Abh. dtsch. Akad. Wiss. Berlin, Kl. Math., Physik Techn. **1962,** Nr. 4, 77—78; Magdeburg, Dtsch. Anst. für Material- u. Warenprüfung; dt.) — Zur Aufnahme von Isoklinenbildern werden auf einem dreischichtigen Farbfilm (Agfacolor-Negativfilm) 3 Einzelbilder hergestellt u. gleichzeitig registriert. W. Wesly. 8662◇

Eastman Kodak Co. (Erfinder: Leonard Thomas McLaughlin und Bill Ramsey Burks), Rochester, N.Y., V.St.A., **Photographische Gelatineschichten.** Man setzt der photograph. Emulsion oder Gelatine-Lsgg. für Hilfsschichten wie Schutz- u. Zwischenschichten, m-Digallussäure im Gemisch mit Verbb. zu, die einen hydrophoben Rest u. eine Sulfonsäure–Carbonsäure- oder Aminocarbonsäuresalzgruppe enthalten. Bes. geeignet sind z. B. das Na-Salz der *3.8.13-Triaza-4.12-dioxo-5.11-dioxa-8-lauroyl-pentadecan-1.15-di-säure*, Salze der *Maleopimarsäure*, *Tetranatriummaleopimaroyl-glutamat* oder *-aspartat*. Hierdurch wird ein bes. guter u. fleckenfreier Auftrag der Gelatineschichten erreicht. (**D. A. S. 1 150 276** Kl. 57b vom 2/6. 1961, ausg. 12/6. 1963.) E. Fuchs. 8603

Koepff & Söhne G. m. b. H. (Erfinder: Ernst Kinkel, Hermann Seiz und Hans Jerenz), Heilbronn/Neckar, **Herstellung von Ausflockungsemulsionen.** Die Flockung erfolgt ohne Empfindlichkeitsverlust im alkal. Gebiet mit Hilfe von Mischpolymerisaten aus Vinylpyridinsulfon- oder -disulfonsäure u. einer Vinyl-Verb., bes. Acrylsäure, Styrolsulfonsäure; Acrylnitril + Acrylsäure; Acrylester + Acrylsäure; Styrolsulfonsäure + Acrylsäure. Zur Ausflockung verwendet man z. B. eine 2%ig. Lsg. des Polymerisates in NaOH mit pH 8—8,5. Das Koagulat kann ohne Silberverlust gut ausgewässert werden. Die Redispergierung erfolgt in üblicher Weise in einer Gelatinelösung. (**D. A. S. 1 140 813** Kl. 57b vom 15/3. 1960, ausg. 6/12. 1962. **E. P. 911 886** vom 7/2. 1961, ausg. 28/11. 1962. D. Prior. 15/3. 1960.) E. Fuchs. 8603

Eastman Kodak Co., übert. von: John W. Gates jun., Rochester, N.Y., V.St.A., **Reinigen von wasserlöslichen acylierten Polypeptiden** (Acylrest mit 8—18 C-Atomen, 1—10 Peptidreste) von anorgan. Salzen, dad. gek., daß man dem Rohstoff eine wss. Gelatine-Lsg. einverleibt, so daß die Masse 75—25% Peptid-Deriv. u. 25—27% Gelatine enthält, die Masse kühlt, so daß sie ein festes Gel bildet, dieses in kleine Stücke teilt u. die Salze mit kaltem W. aus den Stücken auswäscht. Man mischt z. B. eine Lsg. aus 5 lbs. 11 ozs. Knochengelatine u. 22 lbs. W. bei 60° unter Rühren mit einer bei der Herst. von Oleolylpolypeptid anfallenden 16,9%ig. Masse mit 60°, rührt die Mischung 30 Min., kühlt über Nacht, preßt die Masse durch eine perforierte Platte, wäscht die gebildeten „Nudeln" 3 Std. mit W. u. trocknet sie im Warmluftstrom. Das Prod. erleichtert das Auftragen von *photograph.* u. anderen wss. *Gelatineemulsionen.* (**A. P. 2 824 015** vom 27/5. 1955, ausg. 18/2. 1958.) G. Vogel. 8603

Eastman Kodak Co. (Erfinder: Arthur Herman Herz), Rochester, N.Y., V.St.A., **Chemische Sensibilisierung photographischer Emulsionen.** Eine gute Empfindlichkeitssteigerung ohne störenden Schleier u. ohne Flecken-Bldg. wird durch den Zusatz eines Gemisches von elementarem S oder einer S frei machenden Verb., bes. Dithiodimorpholin, u. einem organ. Thiol oder einer ein solches frei machenden Verb., wie Thioäthern oder Disulfiden, erreicht. Geeignet sind z. B. Gemische von S bzw. Dithiomorpholin u. N-Methylbenzthiazoliummethosulfat oder S u. Carboxymethylisothioharnstoff, 1.2-Äthan-bis-(isothiouroniumbromid), Bis-(o-carboxyphenyl)-disulfid, Bis-(o-N-methylcarboxamidophenyl)-disulfid, Thiocaprylsäure oder Dithiodibuttersäure. (**D. A. S. 1 150 277** Kl. 57b vom 3/11. 1962, ausg. 12/6. 1963. A. Prior. 6/11. 1961.) E. Fuchs. 8605

M. A. Alperowitsch, M. K. Gretschko und L. T. Bogoljubskaja, **Sensibilisierung von Halogensilber-Emulsionen** für Schwarzweiß- u. Farbphotographie, wobei man bes. für orthochromat. Filme die Empfindlichkeit im Bereich von 500—580 mμ durch Zusatz von Carbocyaninfarbstoffen ($64 \cdot 10^{-6}$ bis $256 \cdot 10^{-6}$ Mol auf 1 Mol Ag in der Emulsion erhöht. Man verwendet *3.3'-Diäthyl-5.5'-dinaphthyloxacarbocyaninnitrat, 3.3'-Diäthyl-5.5'-dinaphthyl-9-methyloxacarbocyaninperchlorat, 3.3'-Diäthyl-5.5'-dithienyl-9-methyloxacarbocyaninjodid,* bes. aber *3.3'-Diäthyl-9-methyl-* oder *3.3'.9-Triäthyl-5.5'-di-[α-thienyl]-oxacarbocyaninjodid.* — Die sensibilisierende Wrkg. wird teilweise durch Anwesenheit der Purpurkomponente, z. B. 1-[4'-(p-Phenoxy)-3'-sulfophenyl]-3-octadecylpyrazolon-(5), bis auf das 5fache erhöht. (**UdSSR. P. 124 306** vom 13/4. 1959.) B. Pankow. 8605

M. A. Alperowitsch, M. K. Gretschko, L. N. Tjurina und I. K. Uschenko, **Sensibilisierung von Halogensilber-Emulsionen** für Schwarzweiß- u. Farbphotographie mit $128—192 \cdot 10^{-6}$ Mol (auf 1 Mol Ag) Merocyaninfarbstoff der Formel I ($R = CH_3$, C_2H_5, C_6H_5 oder OC_2H_5). Sensibilisiert wird der Bereich von 500 bis 650 mμ durch *3-Äthyl-5-[3'-äthyl-6'-styrylbenzthiazolinyliden-(2')-α-methyläthyliden]-thiazolidinthion-(2)-on-(4),* z. B. maximal bei 610 mμ. (**UdSSR. P. 124 307** vom 13/4. 1959.) B. Pankow. 8605

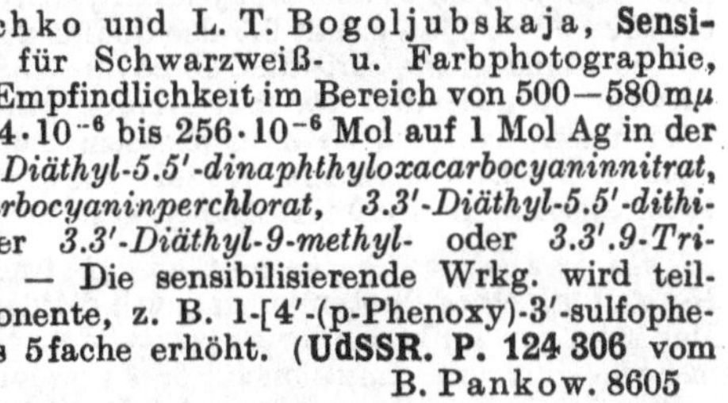

I

Eastman Kodak Co., übert. von: Dorothy J. Beavers, Charles V. Wilson und James L. Graham, Rochester, N.Y., V.St.A., **Allgemeinsensibilisatoren** bilden bisquart. Verbb. der allg. Formeln $Q \cdot ROOC \cdot A \cdot (COOR')_{n-1} \cdot Q'$ u. $Q \cdot R \cdot COO \cdot A \cdot (OOC \cdot R')_{n-1} - Q'$. Hierin sind Q u. Q' ein quart. N-Atom enthaltende Verbb. (z. B. Pyridinium, Chinolinium, Alkyl- oder Cycloalkylammonium-Verbb.; Q kann ident. mit Q' sein. R u. R' sind (gleiche oder verschiedene) 2wertige organ. Reste, die n = 1—10 C-Atome enthalten, z. B. $-(CH_2)_n-$, $-(CH_2)_n-O-(CH_2)_n$ oder $-(CH_2)_n-S-(CH_2)_n$'. **A ist** eine gerade C-Kette, die auch S-, O- u. N-Atome enthalten kann. — Beispiele: $(CH_2)_n$, $[(CH_2)_nO(CH_2)_n]_{n'}$, $(CH_2)_n \cdot CONH \cdot (CH_2)_{n'}$, $(CH_2)_n \cdot COO \cdot (CH_2)_{n'}$, $(CH_2)_n \cdot S \cdot (CH_2)_n$, $(CH_2)_n \cdot C_6H_4 \cdot (CH_2)_{n'}$, Diphenyl, Naphthyl. Hierbei darf Q von Q' durch nicht mehr als 30 u. nicht weniger als 14 C-Atome getrennt sein. — Beispiele: *12-Oxa-11-oxodocosan-1.22-bis-(pyridinium-perchlorat)*, $C_{31}H_{50}Cl_2N_2O_{10}$, weiße Nadeln, F. 60—62,5°; *symm. 7.18-Dioxa-8.17-dioxotetracosan-1.24-bis-(pyridiniumperchlorat)*, $C_{32}H_{50}Cl_2N_2O_{12}$, F. 112 bis 115°; *7.10.13.16.19-Pentoxa-6.20-dioxopentacosan-1.25-dibromid*, wasserunlösl. gelbes Öl; *7.10.13.16.19-Pentoxa-6.20-dioxopentacosan-1.24-bis-(pyridiniumperchlorat)*, $C_{30}H_{46} \cdot Cl_2N_2O_{15}$, braunes, wasserlösl. Öl, *7.18-Dioxa-6.19-dioxotetracosan-1.24-bis-(pyridinium-perchlorat)*, $C_{32}H_{50}Cl_2N_2O_{12}$, F. 65—67,5°; *6.17-Dioxa-7.16-dioxodocosan-1.22-bis-(trimethylammonium-p-toluolsulfonat)*, $C_{40}H_{68}N_2O_{10}S_2$, F. 144—146°; *5.12-Dioxa-6.11-dioxohexadekan-1.16-bis-(pyridinium)-perchlorat*; *11.22-Dioxa-12.21-dioxotriacontan-1.32-bis-(pyridiniumperchlorat)*. Darst. aller Verbb. u. Zwischenprodd. im Original. Die Verbb. können nur insofern als „Sensibilisatoren" bezeichnet werden, als sie Empfindlichkeitsausnutzung bei der Entw. verbessern u. den Empfindlichkeitsverlust während der Lagerung verhindern; Dosierung: 0,75—3,0 g auf 1 Mol Halogensilber als Gießzusatz. (**A. P. 2 940 855** vom 27/11. 1957, ausg. 14/6. 1960.) A. Kalix. 8605

General Aniline & Film Corp., New York, N.Y., V.St.A. (Erfinder: M. Robert Curtis Wilson), **Dicarbocyaninfarbstoffe** der allg. Formel I (Z = zur Vervollständigung eines 5—6gliedrigen heterocycl. Ringes erforderliche Atomgruppierung, R = Alkyl oder Aralkyl, X = Anion) erhält man in reiner Form u. guter Ausbeute durch Rk. von quatern. heterocycl. N-Verb. mit akt. Alkylgruppe in α- oder γ-Stellung zum N-Atom mit einem Malonaldehyddiacetal der allg. Formel $RO(R_1O) \cdot CH \cdot CH_2 \cdot CH(OR_2)OR_3$ (R, R_1, R_2 u. R_3 = Alkyl mit 1 bis 8 C-Atomen) in Ggw. alkal. Kondensationsmittel. — *Photograph. Sensibilisatoren.* — 15 (g) 2-Methylbenzothiazoläthojodid u. 10,5 Malonaldehyddiäthyläthylmethyldiacetal (II) erhitzt man ca. 2 Std. bei 112—115°. Man erhält 9,3 des Jodids des 3.3'-Diäthylthiadicarbocyanins der Formel III leuchtend grüne Kristalle, F. 257,9—258,1°, in Methylendichlorid lebhaft blau lösl., Absorptionsmaximum 655 mμ. Analog erhält man weitere Farbstoffe aus II u. den Äthiodiden von: 2-Methylbenzoselenazol, F. 236—237°; 6-Methoxy-2-methylbenzoxazol; 2.6-Dimethylbenzothiazol; 2.6-Dimethylchinolin. (**F. P. 1 220 956** vom 9/1. 1959, ausg. 30/5. 1960. A. Prior. 13/1. 1958.) O. Roick. 8605

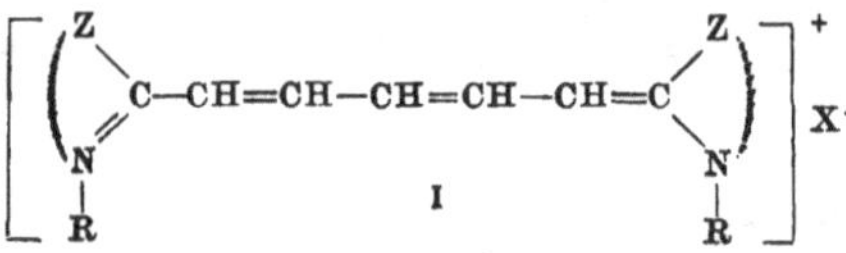

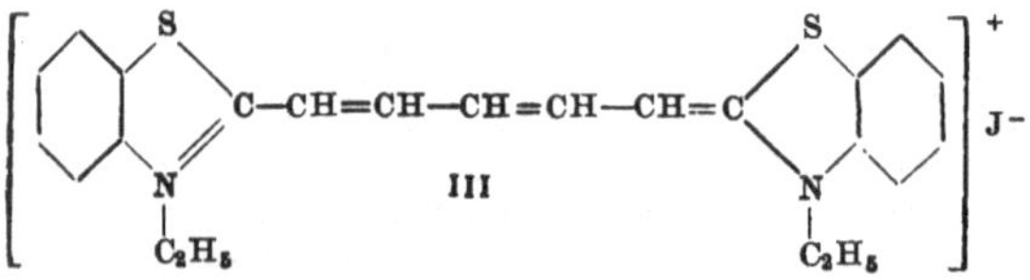

Leonar-Werke Akt.-Ges. (Erfinder: Karl-Ewald Jansen), Hamburg, **Herstellung eines Photomaterials mit diffusionsfest eingelagerten optischen Aufhellern.** Man setzt den Aufheller der Barytage, dem Schichtträger oder der photograph. Emulsion in Form einer wss. Emulsion zu, deren organ. Phase aus einer Lsg. des betreffenden Aufhellers in einem oder mehreren in W. nicht lösl. Lsgm. mit einem Kp. $>175°$ oder in W. unlösl. Harzen, Kunst- oder Naturstoffen besteht. Dieses hochsd. Lsgm. kann mit Lsgm. mit einem Kp. $<175°$, bes. Aceton, A., Äthylacetat oder Bzl., verd. werden. (**D. A. S. 1 150 274** Kl. 57b vom 21/3. 1959, ausg. 12/6. 1963.) E. Fuchs. 8611

Audio Devices, Inc., New York, N.Y., übert. von: George M. Sutheim und Harold I. Southcomb, Stamford, Conn., V.St.A., **Eine magnetisierbare Schicht zur Übertragung magnetisierbarer Bilder** besteht aus a) wenigstens 50 Gew.-% eines feinverteilten, magnetisierbaren Materials, wie Ferroferrioxid, γ-Eisenoxid, metall. Fe, Fe-Legg. oder Ferrite, b) einem fettähnlichen Material, wie einem weichen Mineralwachs, einem Tier- oder Pflanzenfett, c) einem Ergänzungsmaterial, wie einer Fettsäure mit 12—18 C-Atomen, deren Ester oder Metallsalz, d) einem hydrophoben, öllösl. Polymerisat, wie einem chlorierten Kautschuk, Celluloseestern oder Celluloseäthern u. e) einem flüchtigen, organ. Lsgm. für die Stoffe b) bis d). (**A. P. 3 029 157** vom 18/11. 1958, ausg. 10/4. 1962.) R. Hartinger. 8613

Hogan Faximile Corp., übert. von: Arthur N. Mones, Brooklyn, Gerald Mandel, Flushing, N.Y., und Arthur W. Sperling, Emerson, N.J., V.St.A., **Schutzschichten für elektrolytisch hergestellte Kopien** enthalten Thiocarbonyl-Verbb. wie Thioharnstoff (I), Thioacetamid, Allyl-I, Tetramethyl-I, Phenyl-I, Dithiobiuret oder

Dithiooxamid, die ggf. zusammen mit einer UV-absorbierenden Verb., z. B. einem Benzophenon-Deriv. in einem Bindemittel (II) dispergiert sind. Als **II** werden Kolophonium, Phthalsäureglycerinester oder Polyvinylacetat verwendet. Die Schutzschichten eignen sich bes. für Schwarzweiß-Kopien mit einer Bildsubstanz aus einem Polyhydroxyphenol u. einem Metall. — 13 Literaturangaben. (**A. P. 3 028 252** vom 26/7. 1957, ausg. 3/4. 1962.) R. Hartinger. 8613

National Cash Register Co., Dayton, Ohio, Md., V.St.A., **3-Alkyl-3[1]-methylspiro-[benzoxazol-2.2[1]-(2[1]H-1[1]-benzopyrane)]** der allg. Formel **I** (R = Alkyl) erhält man durch Rk. von Salicylaldehyd mit einem 2-Äthyl-3-alkylbenzoxazol in Ggw. von Pyridin als Lsgm. u. Piperidin als Katalysator. — *Opt. Filter.* (**E. P. 889 186** vom 1/7. 1960, ausg. 7/2. 1962. A. Prior. 16/7. 1959.) A. Jahn. 8613

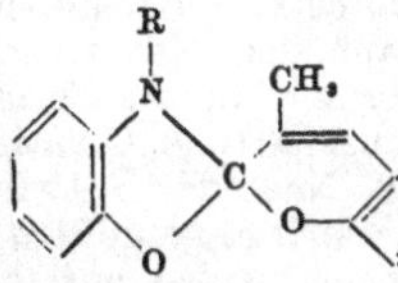
I

General Electric Co., Schenectady, N.Y., V.St.A., **Blitzlichtlampen** für photograph. Zwecke enthalten CS_2, während der elektr. Glühdraht eine Überzugsschicht aus einem festen O u. N enthaltendem Material besitzt, das bei therm. Zers. ein gasförmiges N-Oxid zu bilden vermag, z. B. aus Alkali- oder Erdalkalinitrat oder -nitrit, Ammonium-, Mercuri- oder Cu-Nitrat. Beim Aufglühen des Drahtes reagiert das gebildete N-Oxid unter Aufleuchten mit dem CS_2. Derartige Lampen sind besser lagerfähig als solche, die ein Gemisch aus CS_2 u. einem N-Oxid enthalten, da letzteres infolge der prakt. unvermeidbaren Anwesenheit von Luft u. Feuchtigkeit HNO_2 bildet, die den Glühdraht zerstört. (**Niederl. P. 103298** vom 13/12. 1956, ausg. 17/12. 1962. A. Prior. 13/12. 1955.) F. Böhm. 8615

Karlheinz Wagenfeld, Südlengern, **Entwicklung von Röntgenfilmen bei Tageslicht.** Es wird ein mit einer lichtdichten, mit Entwickler-Lsg. getränkten u. anschließend getrockneten Umhüllung aus stark saugfähigem Papier versehener Röntgenfilm verwendet, der in einen Kunststoffbeutel geschoben u. darin verschweißt ist. Nach der Belichtung wird der Kunststoffbeutel etwas aufgeschnitten, zur Verflüssigung der Entw.-Substanzen mit W. aufgefüllt u. so entwickelt. (**D. A. S. 1 150 576** Kl. 57b vom 26/1. 1961, ausg. 20/6. 1963.) R. Hartinger. 8619

General Aniline & Film Corp., New York (Erfinder: Curt Bruno Roth, Binghamton), N.Y., V.St.A., **Bildherstellung nach dem Diffusionsübertragungsverfahren.** Man belichtet eine Auskopieremulsion, die AgCl u. einen Überschuß an wasserlösl. Ag-Salzen enthält u. bringt die Emulsionsschicht in Ggw. von W. oder Feuchtigkeit mit einer bildaufnehmenden, Red.-Mittel enthaltenden Schicht so lange in Berührung, bis die nicht belichteten lösl. Ag-Salze auf die Bildempfangsschicht (**I**) übertragen u. hierin red. worden sind. Für **I** verwendet man z. B. ein mit einer Barytschicht überzogenes Papier, das einen Überzug aus $MnSO_4$, Ascorbinsäure, Phenylmercaptotetrazol, ZnO, $Mn(O\text{-Säurerest})_2$, TiO_2, Na_2S, $Zn(NO_3)_2$, ZnS, Kieselerde in feindisperGierter Form oder koll. Ag besitzt. (**D. A. S. 1 131 091** Kl. 57b vom 4/8. 1960, ausg. 7/6. 1962. A. Prior. 6/8. 1959. **A. P. 3 042 514** vom 6/8. 1959, ausg. 3/7. 1962.) E. Fuchs. 8619

Eastman Kodak Co. (Erfinder: Paul Brewster Gilman, Jean Elmore Jones und Arthur Allyn Rasch), Rochester, N.Y., V.St.A., **Silbersalzdiffusionsübertragungsverfahren.** Die Bildübertragung erfolgt in Ggw. eines Ag-Salz-Lsgm. u. eines dithia-bis-quatern. Ammoniumsalzes der allg. Formel $Q-R-S-R_1-S-R_2-Q_1$. Hierin ist Q u. Q_1 jeweils eine quatern. Ammoniumsalzgruppe, R u. R_2 eine Alkylengruppe u. R_1 eine Alkylengruppe oder eine Bis-methylenpiperaziniumgruppe. Ggf. kann auch eine S-Verb. anwesend sein. Q u. Q_1 können auch eine Trialkylammoniumsalzgruppe der allg. Formel $(A)_3N^+-X$ sein, worin A eine Alkylgruppe u. X ein Anion oder ein Säurerest ist. Ferner können für Q u. Q_1 jeweils Pyridiniumsalzgruppen der allg. Formel **I** $\overset{\diagup Z \diagdown}{C-N^+}-X^-$ stehen, worin Z die zur Vervollständigung eines heterocycl. Ringes notwendigen Atome u. X Säurereste oder Anionen bedeuten. Das quatern. Ammoniumsalz kann aus 1.4-Bis-(8-aza-6-oxa-7-oxo-3-thiadodecyl-1.4-dimethylpiperazinium-p-toluolsulfonat, 7.13-Dithia-nonadecan-1.19-bis-(pyridinium-p-toluolsulfonat) oder 3.8-Dithiadecan-1.10-bis-(N-methylpiperidinium-p-toluolsulfonat) bestehen. Als zusätzliche S-Verb. kann 3-Mercapto-1.2.4-triazol oder 1-Methyl-1.2.3.6-tetra-1.3.5-triazin-4-thiol verwendet werden. Durch diese Zusätze erhält man neutralgraue Töne im Übertragungsbild. (**D. A. S. 1 144 593** Kl. 57b vom 21/8. 1962, ausg. 28/2. 1963. A. Prior. 27/9. 1961.) E. Fuchs. 8619

Polaroid Corp., übert. von: Edwin H. Land, Cambridge, Mass., V.St.A., **Auswaschen und Schützen von photographischen Silberbildern,** die Reste der Agentien von ihrer Bldg. enthalten, mit einer Dispersion aus einem Vinylpyridinpolymeren, einem Hydantoin–HCHO-Kondens.-Polymeren, einem Schwermetallsalz, das ein unlösl. Sulfid bildet (z. B. Zn-Acetat), W. u. einem mit W. mischbaren organ. Lsgm.; die Dispersion bildet eine dünne Schutzschicht. (**Can. P. 569 628** vom 22/10. 1954, ausg. 27/1. 1959. A. Prior. 25/2. 1954.) H.-J. Nitzschke. 8621

Agfa Akt.-Ges. (Erfinder: Edith Weyde), Leverkusen, **Direkte Positive nach dem Silbersalzdiffusionsverfahren.** Es wird ein photograph. Material verwendet, bei dem auf der Negativschicht die Bildempfangsschicht unmittelbar aufgetragen u. leichter quellbar ist als die Negativschicht. Sie besteht z. B. aus Carboxymethylcellulose oder ungehärteter Gelatine, wenn die Negativschicht als Bindemittel gehärtete Gelatine enthält. Nach der Entw. u. Trocknung wird das Material auf eine saugfähige angefeuchtete Unterlage gepreßt u. letztere gemeinsam mit der Positivschicht von dem Negativ abgezogen, wobei ggf. erwärmt werden kann. (**D. B. P. 976 310** Kl. 57b vom 23/12. 1954, ausg. 20/6. 1963. Anmeldung bekanntgemacht 17/3. 1955.) E. Fuchs. 8625

Minnesota Mining & Mfg. Co. (Erfinder: Carl Albert Kuhrmeyer, Donal Gale Kimble und Carl Stinson Miller), St. Paul, Minn., V.St.A., **Herstellung von Faksimilekopien.** Man belichtet unter einer graph. Vorlage z. B. einer Buchseite ein wärmeempfindliches Blatt, dessen Schicht durch die nur bildmäßig durchgelassene Wärmestrahlung in der Färbung verändert, z. B. dunkelgefärbt oder umgefärbt wird. Eine schwach rötliche Schicht von dispergiertem Ferristearat u. Gallussäure mit Äthylcellulose als Bindemittel wird beim Erwärmen auf 90—120° bräunlichschwarz. Der Zusatz von Pigmenten wie TiO_2, Gasruß, erhöht Empfindlichkeit u. Kontrast. Eine Schicht aus Guajakharz u. Cerstearat in Äthylcellulosebindemittel dispergiert, ist anfänglich schwach gefärbt. Bei kurzem Erhitzen wird sie dunkelblau u. bei weiterer Wärmebestrahlung wieder leicht gefärbt. Man kopiert auf eine durch Wärme dunkel gewordene Schicht, wobei ein blaues Bild auf gelblichem Grunde entsteht. (**Schwz.P. 362 602** vom 8/10. 1957, ausg. 31/7. 1962.) E. Fuchs. 8625

Haloid Xerox, Inc., New York, übert. von: Frank A. Steinhilper, Rochester, N.Y., V.St.A., **Aufladung von photoleitfähigen Schichten für die Xerographie.** Eine photoleitfähige Schicht (I), die sich auf einem isolierenden Träger (**II**) befindet, wird unter starker Bestrahlung mit einer Coronaelektrode (negativ oder positiv) aufgeladen. Infolge der gleichzeitigen Belichtung wird die Ladung in die unteren Zonen von **I** „getrieben“, die **II** benachbart sind. Darauf wird auf **I** durch eine Coronaelektrode im Dunkeln eine zweite Ladung aufgebracht, deren Potential dem der ersten entgegengesetzt ist. Bei der bildmäßigen Belichtung findet dann an den belichteten Stellen ein „innerer Ladungsausgleich“ statt, so daß der sonst notwendige leitende **II** für **I** wegfallen kann. (**A. P. 2 955 938** vom 1/8. 1955, ausg. 11/10. 1960.) A. Kalix. 8625

Radio Corp. of America, übert. von: Edward C. Giaimo jun., Princeton, N.J., V.St.A., **Elektrostatisches Druckverfahren.** Eine photoleitende Schicht wird vor dem Belichten mindestens 1 Std. im Dunkeln gehalten, dann auf ca. 30° erwärmt u. belichtet u. lediglich unter Ausnutzung der triboelektr. Ladung des Pulvers entwickelt. (**A. P. 2 990 280** vom 24/10. 1958, ausg. 27/6. 1961.) C. Kittler. 8625

N. I. Schirokowa, G. N. Lapschin, T. G. Tkatschenko, I. I. Lewkojew und W. Ss. Tschelzow, **Herstellung gelber Teilbilder auf Kinofilmen** unter Verw. von Benzoylessigsäureaniliden, die im Benzoylrest in 4-Stellung durch Aryl- oder Alkylsulfaminogruppen substituiert sind, als Farbkomponente, bes. *4-[p-Toluolsulfamido]*- u. *4-Methansulfamidobenzoylessigsäure-4'-carboxy-3''-stearoylaminoanilid*; Absorptionsmaximum 442 mμ nach Entw. mit Diäthyl-p-phenylendiamin. — Tabelle. (**UdSSR. P. 127 135** vom 2/6. 1959.) L. Großner. 8631

Kodak Ltd., London, England (Erfinder: Arnold Weissberger, Ilmari Fritiof Salminen und Paul Miller Mader), **Nachbehandlung von entwickelten farbkupplerhaltigen Halogensilberschichten.** Die bei der Entw. nicht verbrauchten Mengen an Farbkuppler (I) werden durch Einw. einer alkal. H_2O_2-Lsg. in sehr leicht auswaschbare Komponenten gespalten. Das Verf. ist bis für **I** mit den allg. Formeln $X-CO-CO-R_1$, $X-COOR_2$, $X-OCO-R_2$ u. $X-SO_2-OR_3$ geeignet in denen durch H_2O_2 die Estergruppe verseift u. die Diketogruppe abgetrennt wird. Hierbei ist X ein Rest mit einem Molgew. < 300 u. einer kuppelnden Funktion, R_1 ist ein ggf. substituierter Benzolring, R_2 ist ein Alkylrest mit 12—18 C-Atomen u. R_3 ist eine Dodecylgruppe. — Beispiele: 1-Hydroxy-N-[3-(4-methoxyphenyl-glyoxylyl)-phenyl]-2-naphthamid, Tetradecyl-1-hydroxy-4-sulfo-2-naphthoat·H_2O, 1-Hydroxy-4-chlor-N-[β-(3-dodecyloxy-sulfonylbenzamido)-äthyl]-2-naphthamid. Konz. der H_2O_2-Lsg.: 2% $Na_2CO_3 \cdot H_2O$, 0,2% H_2O_2; Einw.-Zeit: 20 Minuten. (**E. P. 843 940** vom 26/9. 1956, ausg. 10/8. 1960. A. Prior. 27/9. 1955.) A. Kalix. 8631

International Polaroid Corp., Jersey, N.J. (Erfinder: Howard Gardner Rogers, Weston, Mass.), V.St.A., **Herstellung korrigierter photographischer Farbbilder mit Hilfe von Masken.** Eine das Farbbild korrigierende Farbmaske wird innerhalb eines photograph. Materials dadurch hergestellt, daß man ein lichtempfindliches Mehrschichtenmaterial, das für grünes, rotes oder blaues Licht empfindliche Schichten aus Halogensilberemulsionen besitzt, u. ferner eine Farbstoffentwicklersubstanz (I), d. h., eine Halogensilber entwickelnde Verb. mit Farbstoffcharakter enthält, die durch eine abhydrolysierbare Gruppe, wie eine Acylester- oder Acylamidgruppe, substituiert ist, belichtet, die belichtete Emulsion entwickelt u. dadurch I in den entwickelbaren Gebieten oxydiert, worauf durch Behandlung mit einem eine Hydrolyse bewirkenden Mittel die abhydrolysierbaren Gruppen in I abgespalten werden. Für I ist z. B. geeignet: *1-Acetoxy-2-(p-[β-(hydrochinonyl)-äthyl]-phenylazo)-4-methoxynaphthalin.* (**D. A. S. 1 131 990** Kl. 57b vom 22/1. 1960, ausg. 20/6. 1962. A. Prior. 26/1. 1959.)
E. Fuchs. 8631

Perutz Photowerke G. m. b. H. (Erfinder: Hans Glockner und Ernst Meier), München, **Empfindlichkeitskorrektur farbphotographischer Mehrschichtenmaterialien.** Man versieht die Materialien mit einer Überzugsschicht, die diffusionsfeste Oxonolfarbstoffe enthält der allg. Formel I. Hierin sind R_1, R_2 Alkylgruppen, von denen mindestens eine einen diffusionsfestmachenden Rest mit 10 u. mehr C-Atomen darstellt; R_4 ist eine wasserlöslichmachende Gruppe ($-SO_3H$, $-COOH$) in mindestens einem der beiden Phenylreste, die noch in bei Benzolringen üblicher Weise substituiert sein können; n = 1 oder 2. Zur Herst. eines Farbstoffes mit R_1 u. R_2 = $-C_{17}H_{35}$ u. R_4 = je $-SO_3H$ werden 12,2 g β-Anilidoacroleinanil·HCl in 60 vom A. zu einer Lsg. von 50 g 1-(4-Sulfophenyl)-3-heptadecylpyrazolon-(5), 140 cm³ A., 39 cm³ NH_3 (25%ig.) u. 13,5 cm³ Pyridin gegeben, das Gemisch unter öfterem Umrühren 30 Min. im Wasserbad bei 70° gehalten, anschließend abgekühlt u. angesäuert. Der Nd. wird mit Aceton ausgewaschen. Der erhaltene Purpurfarbstoff hat ein Absorptionsmaximum bei 525 mμ, mit dem ein grünstichiges Farbumkehrmaterial korrigiert werden kann. Hierzu löst man 0,1 g Farbstoff mit 0,05 cm³ Triäthylamin in 10 cm³ W. u. fügt 1 Liter einer 0,5%ig. Gelatine-Lsg. zu. Nach Zugabe eines Netzmittels wird die Lsg. auf das zu korrigierende Mehrschichtmaterial vergossen. (**D. A. S. 1 130 697** Kl. 57b vom 17/11. 1961, ausg. 30/5. 1962.) E. Fuchs. 8631

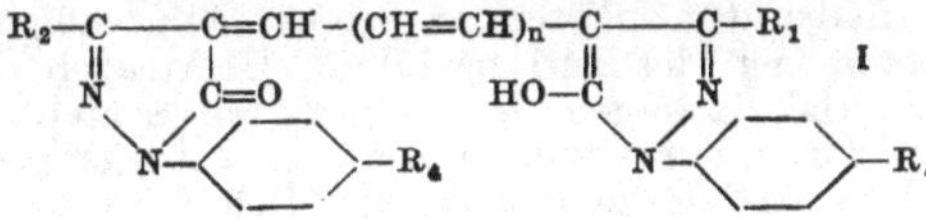
I

Technicolor Corp. of America, Hollywood, Calif., V.St.A., **Gelatinebildreliefs durch härtende Entwicklung.** Zur Versträkung des Bildreliefs beim Absaugedruck, bes. zur Herst. von Mehrfarbenbildern u. zur besseren Farbaufnahme wird das gerbend entwickelte Bildrelief mit der wss. Lsg. einer durch saure Äscherung erhaltenen Schweinsledergelatine behandelt. Der pH-Wert dieser Gelatine soll zwischen den isoelektr. Punkten letzterer u. der zur Relief-Herst. dienenden Leimgelatine liegen u. beträgt ca. 5,6. Andere Werte zwischen 5,0 u. 7,5 sind auch noch zulässig. (**E. P. 897 552** vom 20/11. 1959, ausg. 30/5. 1962.) E. Fuchs. 8631

S. p. A. Ferrania, Mailand (Erfinder: Domenico Bellone und Remo Magagnoli, Cairo Montenotte, Savona), Italien, **Farbkuppler für die farbige Entwicklung.** Es werden Verbb. der allg. Formel I verwendet (R = H-Atom, Alkyl- oder Arylgruppe, eine $-COOY-$, $-NH_2$- u. $-NR'X$-Gruppe oder ein heterocycl. Ring, wobei Y = H-Atom, Methyl- oder Äthylgruppe, R' = H-Atom, Alkyl-, Aryl- oder Aralkylgruppe, X ein Alkyl-, Aryl-, Aralkyl-, Acyl-, Carbamyl- oder Phenylcarbamylrest, ggf. phenylsubstituiert, u. R'' = H-Atom, eine Alkylgruppe oder ein ggf. substituierter Arylrest). Im Mol. können sich ein oder mehrere lösl. machende Gruppen u./oder eine oder mehrere diffusionsfest machende Ketten befinden. — Zum Beispiel gibt *1-p-Chlorsulfophenylcarbamyl-3-anilino-5-pyrazolon* einen Purpurbildfarbstoff mit einem Absorptionsmaximum bei 556—558 mμ. Die Farbstoffe aus diesen Farbkupplern sind sehr beständig u. zeigen allg. ein nach den längeren Wellenlängen des Spektrums verschobenes Absorptionsmaximum. (**D. A. S. 1 150 577** Kl. 57b vom 5/12. 1961, ausg. 20/6. 1963.) E. Fuchs. 8631

I
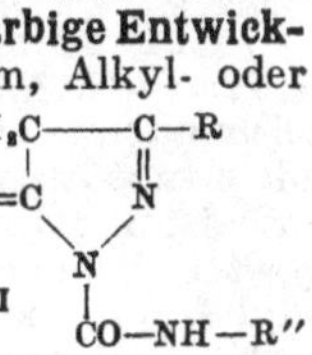

Agfa Akt.-Ges. (Erfinder: Erhard Hellmig), Leverkusen, **Farbkorrektur von Farbauszügen.** Man verwendet orangefarbene Masken, die von der Vorlage mit gelbem Licht hergestellt werden. Die Maske kann einen gewissen Schwarz-Geh. aufweisen. Ferner können zusätzlich mit blauem Licht angefertigte violette, purpurne, rote oder neutralgraue Masken verwendet werden. (**D. A. S. 1 149 987** Kl. 57b vom 9/8. 1961, ausg. 6/6. 1963.) E. Fuchs. 8631

Xerox Corp., New York, N.Y., übert. von: John Bardeen, Champaign, Ill., V.St.A., **Photoleitfähiges Aufzeichnungsmaterial** besteht aus einem elektr. leitenden Schichtträger (I), einer 0,1—5 μ dicken photoleitfähigen Schicht (II), einer weiteren, ebenso dicken, photoleitfähigen Schicht (III) u. einer elektr. isolierenden Schicht (IV). II hat die gleiche Polarität (n-Typ oder p-Typ) wie IV, III die entgegengesetzte u. ein großes Vermögen, Ladungen aufzunehmen. Die Aufladung des Aufzeichnungsmaterials sinkt im Dunkeln nur langsam ab. — Zeichnungen. (**A. P. 3 041 166** vom 12/2. 1958; ausg. 26/6. 1962.) R. Hartinger. 8643

Xerox Corp., Rochester, und International Business Machines Corp., New York, N.Y., übert. von: Robert M. Blakney, Rochester, N.Y., Donald E. Bode, Santa Barbara, Calif., James H. Neyhart, Rochester, und Eugene R. Potok, Salt Point, N.Y., V.St.A., **Xerographisches Verfahren.** Zur Erhöhung des Kontrastes von xerograph. Bildern u. zur Verlängerung der Lebensdauer Se enthaltender xerograph. Aufzeichnungsmaterialien wird bei einem z. B. in einem Kopiergerät oft hintereinander wiederholten xerograph. Verf. die isolierende Schicht des Aufzeichnungsmaterials entgegengesetzt aufgeladen u. ggf. total belichtet. Das Aufzeichnungsmaterial besteht aus einer elektr. leitenden Unterlage, einer photoleitfähigen Schicht u. einer isolierenden Schicht. Die Verf.-Schritte des xerograph. Verf. sind: Aufladen der isolierenden Schicht, bildmäßiges Belichten der photoleitfähigen Schicht, Entwickeln des Ladungsbildes, Übertragen des sichtbaren Bildes auf ein Empfangsmaterial, Reinigen der isolierenden Schicht, Aufladen der isolierenden Schicht mit Ladungen zur ersten Aufladung entgegengesetzter Polarität, wobei gleichzeitig die photoleitfähige Schicht total belichtet werden kann. Unmittelbar anschließend können Verf.-Schritte wiederholt werden. (**A. P. 3 041 167** vom 19/8. 1959, ausg. 26/6. 1962.) R. Hartinger. 8643

Rank Xerox Ltd., London, England, **Elektrophotographisches und magnetisierbares Aufzeichnungsmaterial** besteht aus einer photoleitfähigen Schicht (I), einer magnetisierbaren Schicht (II) u. ggf. aus einem Schichtträger (III). I besteht aus Se, Anthracen, S, einem Sulfid oder Selenid, CaO, ZnO oder CdO, dispergiert in einem Bindemittel, II aus feinen Teilchen eines magnet. Oxids in einem Bindemittel. III besteht aus Papier, Gewebe, Kunststoff oder Glas. Die I wird im Dunkeln aufgeladen u. bildmäßig belichtet, wobei die Ladungen entweder von II oder III abgeleitet werden. I u. II brauchen nicht in zusammenhängender Form vorliegen. (**E. P. 902 480** vom 17/7. 1958, ausg. 1/8. 1962. A. Prior. 18/7. 1957.) R. Hartinger. 8643

Rank Xerox Ltd., London, England, **Elektrophotographisches und magnetisierbares Aufzeichnungsmaterial** enthält auf einem Schichtträger (I) eine Schicht aus einem photoleitfähigen Material (II) u. einem magnetisierbaren Material (III) in einem Bindemittel. II u. III sind in einem schachbrettartigen Mosaik angeordnet. I besteht aus Papier, Kunststoff oder dgl. u. muß Ladungen aus den photoleitfähigen Bereichen ableiten können. II besteht aus Se, Anthracen, S, einem Sulfid, Selenid, CaO, ZnO oder CdO, III aus feinen Teilchen eines magnet. Oxides. (**E. P. 902 481** vom 17/7. 1958, ausg. 1/8. 1962. A. Prior. 18/7. 1957.) R. Hartinger. 8683

Xerox Corp., New York, N.Y., übert. von: Joseph F. Rosenthal, Rochester, N.Y., V.St.A., **Xerographisch-magnetisches Aufzeichnungsverfahren.** Das Aufzeichnungsmaterial (I) besteht aus einer Schicht mit magnet. Teilchen u. einer Schicht mit photoleitfähigen Teilchen oder aus einer Schicht, die beide Teilchenarten vermischt enthält, u. ggf. aus einem Schichtträger. I wird einem bildmäßigen magnet. Feld ausgesetzt, dann elektr. aufgeladen u. bildmäßig (mit einem zweiten Bild) belichtet. Dann wird I mit einem Entwickler, der sowohl magnet. als auch elektr. geladene Teilchen enthält, entwickelt. — Vorr. für kontinuierliche Bilderzeugung, bei der auf ein Grundbild (Text) von Kopie zu Kopie verschiedene Bilder zusätzlich aufgebracht werden können. — Zeichnungen. (**A. P. 3 043 685** vom 18/7. 1957, ausg. 10/7. 1962.) R. Hartinger. 8643

Xerox Corp., New York, N.Y., übert. von: William E. Bixby, Columbus, Ohio, V.St.A., **Xerographische Herstellung zweifarbiger Bilder.** Bei der gleichzeitigen Entw. von positiven u. negativen Ladungsbildern zur Herst. zweifarbiger Bilder wird ein Entw.-Pulver aus einem Träger u. zwei Tonern verwendet, wobei der eine positiv, der andere negativ geladen ist. Die beiden Toner haben eine Korngröße von ca. 20 μ, sind unterschiedlich gefärbt u. haften im Entwicklerpulver elektrostat. an den ca. 200 mesh großen Trägerkörnern. (**A. P. 3 013 890** vom 8/7. 1958, ausg. 19/12. 1961.) R. Hartinger. 8643

Mikrokopie G. m. b. H., Hamburg, **Elektrophotographisches Verfahren.** Ein Ladungsbild wird mit einem Entwicklerpulver in Berührung gebracht, welches wenigstens einen Bestandteil (I) enthält, der beim Befeuchten chem. reagiert u. eine bleibende Färbung annimmt. Soll das Bild auf dem Aufzeichnungsmaterial bleiben, so wird eine zweite Rk.-Komponente (II) in die photoleitfähige Schicht eingelagert; soll es übertragen werden, so wird II in das Bildempfangsmaterial eingelagert. II kann jedoch auch im Entwicklerpulver enthalten sein. Zur Beschleunigung der chem. Rk. können Katalysatoren oder Wärme angewendet werden. Folgende Rk.-Komponenten sind geeignet: I: N-pyrrolidinthiocarbaminsaures oder N-piperidinthiocarbaminsaures Na; II: $FeNH_4 \cdot (SO_4)_2$; I stearinsaures Fe, II: Gallussäure; I: $ZnCl_2$-Doppelsalz der Diazo-Verb. aus 5-Amino-2-benzoylamino-1.4-diäthoxybenzol u. NaH_2PO_4; Phloroglucin; I: p-Aminodiphenylaminhydrochlorid, II: VCl_5, $KHSO_4$ u. $K_2S_2O_8$; I: Anilinhydrochlorid, II: $K_2Cr_2O_7$, $CuSO_4$ u. $KHSO_4$; I: $K_2Cr_2O_7$, $CuSO_4$ u. $KHSO_4$, II: Anilinhydrochlorid; I: $CuSO_4$, $Pb(NO_3)_2$ oder $AgNO_3$, II: Na_2S. Zum Befeuchten dienen W., wss. Lsgg., Lsgm. wie A., wss. A. oder Aceton. Bes. gut kann mit Essig-, Propion- oder Buttersäure acyliertes Eosin im Entwicklerpulver u. Na_2CO_3, phosphor- oder stearinsaures Na im Bildempfangsmaterial verwendet werden, wenn man mit Aceton befeuchtet u. auf höhere Temp. erhitzt. Da das Bild durch die chem. Rk. verstärkt werden kann, braucht nur eine geringe Menge Entwicklerpulver am Ladungsbild haften bleiben. (**E. P. 898 354** vom 16/6. 1958, ausg. 6/6. 1962. D. Prior. 14/6. u. 15/11. 1957.) R. Hartinger. 8643

Gevaert Photo-Producten N. V. (Erfinder: Albert Emiel van Hoof und Georges Arthur Holvoet), Belgien, **Herstellung von Klischees** für photograph. Verff., bei denen der Farbstoff von der Farbstoffschicht des Klischees auf ein Kopierpapier übertragen wird, wobei das Papier mit dem Klischee in Ggw. von A. als Übertragungs-Fl. in Berührung gebracht wird. Zur Best. des Klischees, welches zum Abziehen unter Verw. von A. geeignet ist, wird ein Blatt, welches eine farbstoffhaltige Schicht enthält, gegen eine feuchte Schicht gepreßt, die eine Silberhalogenidemulsion enthält, in welcher ein entwickeltes photograph. Bild enthalten ist u. deren Gelatine härter ist in denjenigen Zonen, in denen das Silberhalogenid ein entwickeltes Silberbild darstellt. — 1 kg Halogensilberemulsion wird mit 50 g Harnstoff versetzt, auf Papier aufgetragen u. getrocknet. Das mit einem Original reflektograph. belichtete Papier wird danach bei 32° mit einem Entwickler folgender Zus. behandelt: 60 (g) Harnstoff, 30 Na_2CO_3, 1 NaBr als 5%ig. alkohol. Lsg., 6 Brenzcatechin, 1 Ascorbinsäure-K-Borat, 1000 Wasser. Die nicht belichteten Stellen der Emulsionsschicht sind schwarz u. gehärtet u. bilden ein Spiegelbild von dem Original. — 9 Zeichnungen. (**F. P. 1 283 187** vom 29/10. 1960, ausg. 20/6. 1962. E. Prior. 29/10., 3/12. 1959 u. 23/2. 1960.) M. F. Müller. 8645

Gevaert Photo-Producten N. V., Mortsel, Belgien, **Herstellung von Druckformen** aus 2 verschiedenen Metallen, wobei das Bildmetall aus Ag besteht, das auf photograph. Wege durch Anwendung des Halogensilberdiffusionsübertragungs-Verf. auf das Trägermetall aufgebracht wird. Dabei wird ein Trägermetall verwendet, das keine Silberfällungs- oder Red.-Keime enthält. Das Trägermetall wird vor oder während der Bilderzeugung von jeder Oxidschicht befreit. Es nimmt akt. an der Red. des diffundierenden komplexierten Halogensilbers teil. Das Trägermetall besteht aus Al oder aus einer hauptsächlich aus Al bestehenden Legierung. Es wird in Anwesenheit eines Halogensilber-Lsgm. u. eines Cd- oder Zn-Salzes mit der belichteten u. mindestens teilweise entwickelten Halogensilberemulsionsschicht in Berührung gebracht. Die Cd- oder Zn-Salze dienen als haftförderndes Mittel für das Silberbild auf das Aluminium. Die Halogensilberentwickler-Lsg. enthält einen aliphat. Alkohol u. eine Komplexverb. zur Verhinderung der Wrkg. von Erdalkalimetallionen, welche eine verzögernde Wrkg. auf das alkal. Angriffs-Verf. der Al-Oxidschicht ausüben. — Eine gießfertige Chlorsilberemulsion wird mit $CdCl \cdot 2\,H_2O$ versetzt, so daß die nach dem Vergießen gebildete Emulsionsschicht 1,43 g Ag u. 0,51 g Cd pro m^2 Schicht enthält. Die Emulsion wird auf eine mit einer Barytschicht überzogene Papierunterlage vergossen u. das Papier belichtet. Das belichtete Negativ u. eine Al-Folie werden durch ein Gerät für das Diffusionsübertragungs-Verf. geführt, welches eine Entwickler-Lsg. folgender Zus. enthält: 11 (g) NaOH, 100 Na_2SO_3 (wasserfrei), 6 $Na_2S_2O_3$ (wasserfrei), 1,5 KBr, 9 Hydrochinon, 1,5 1-Phenylpyrazolidon-(3), 4 Tri-Na-Salz der Äthylendiamintetraessigsäure, 1000 Wasser. Nach dem Durchlauf durch diese Lsg. werden das Negativ u. die Al-Folie zwischen 2 Gummiwalzen zusammengepreßt. Danach wird die die Emulsionsschicht tragende Papierfolie von der Al-Folie getrennt, wobei ein Silberbild auf der Al-Folie zurückbleibt, das fest auf der Oberfläche der genannten Folie haftet. Unmittelbar darauf wird die bildtragende Folie weiter mit einem in einem lithograph. Präp. der folgenden Zus. eingetauchten Wattebausch 30 Sek. eingerieben: 3,24 (g) Carboxymethylcellulose, 0,6 Na_3PO_4,

0,3 H_3PO_4, 0,06 Cetyltrimethylammoniumbromid, 1 einer wss. 20%ig. Formaldehyd-Lsg. u. W. bis 100 cm^3. Danach ist die lithograph. Druckplatte gebrauchsfertig. (**Oe. P. 217 057** vom 18/1. 1960, ausg. 11/9. 1961. E. Prior. 19/1. 1959.) M. F. Müller. 8645

Gevaert Photo-Producten N.V., Mortsel, Belgien, **Herstellen von Bimetall-Flach-, Tief- oder Hochdruckformen.** Unter Anwendung der Halogensilberdiffusions-Meth. wird ein entwickeltes Halogensilberbild in Ggw. eines Lsgm. für das Halogensilber gegen eine Metallplatte fest angepreßt, wobei das Plattenmetall das diffundierende Halogensilberkomplex reduziert. (**Belg. P. 572 336** vom 24/10. 1958, ausg. 15/6. 1962. E. Prior. 25/10. 1957.) C. Kittler. 8645

Xerox Corp., New York, N.Y., übert. von: Philip F. Kurz, Columbus, Ohio, V.St.A., **Xerographische Herstellung von Flachdruckformen.** Eine Flachdruckplatte wird mit einer xerograph. Schicht überzogen, die Metalloxide oder -sulfide enthält. Nach dem Aufbelichten eines latenten Bildes wird dieses mit einem wasserabstoßenden Pulver entwickelt u. dann fixiert. Die Bildoberfläche der Platte wird mit der wss. Lsg. einer Säure behandelt, die mit dem xerograph. Pigment unter Bldg. der entsprechenden Metallkationen reagiert. Die Lsg. enthält ferner Anionen, die mit den Metallkationen eine hydrophile Verb. bilden, die in der wss. Lsg. unlösl. ist. Die Lsg. enthält als Anionen die eines Ferrocyanids, Ferricyanids, Vanadats, Molybdats, Phosphats, Wolframats, Tartrats, Tannats oder Oxalats. (**A. P. 3 001 872** vom 18/3. 1957, ausg. 26/9. 1961.) C. Kittler. 8645

General Aniline & Film Corp., New York (Erfinder: Paul Chebiniak, Johnson City), N.Y., V.St.A., **Herstellen von Flachdruckplatten.** Die Metallplatte wird nicht länger als 3 Min. in einer 50—100° heißen wss. Lsg. behandelt, die ein Alkaliphosphat, ein wasserlösl. Silicat u. ein wasserlösl. Borat oder Silicomolybdat oder Phosphormolybdat enthält. Die erhaltene Schicht wird mit einer Diazoverb. lichtempfindlich gemacht. (**E. P. 882 856** vom 8/2. 1960, ausg. 22/11. 1961. A. Prior. 12/2. 1959.) C. Kittler. 8645

Polychrome Corp., Yonkers, N.Y., V.St.A., **Lichtempfindliche Flachdruckplatte.** Die Metallunterlage wird mit H_3PO_3 oder Oxalsäure vorbehandelt, dann mit einer wss. Lsg. von Zr-Hexahalogenid bei 90—160° F behandelt u. dann mit einer Diazo-Verb. lichtempfindlich gemacht. (**E. P. 884 110** vom 19/11. 1959, ausg. 6/12. 1961. A. Prior. 29/12. 1958.) C. Kittler. 8645

Dilith Corp. Soc. An., Luxemburg, Luxemburg, übert. von: Valentin Dietz, Boedigheim, **Herstellen von Flach- und Tiefdruckformen.** Eine auf einem Träger befindliche Gelatineschicht wird teilweise gehärtet u. dann mittels einer Bichromat-Lsg. die zu druckende Schrift oder das Bild aufgetragen. Durch Behandeln der Schicht mit Hydroxylamin oder Monomethyl-p-aminophenol werden die Bildstellen red. u. fertig gehärtet. (**A. P. 2 962 961** vom 28/1. 1954, ausg. 6/12. 1960.) C. Kittler. 8645

Badische Anilin- & Soda-Fabrik Akt.-Ges. (Erfinder: Björn Olsen, Herbert Bittermann und Wilhelm Schütte, Ludwigshafen/Rh.), **Druckplatten oder -zylinder aus Polyamiden** für die photomechan. Herst. von Druckformen. Die Platten oder Zylinder bestehen aus mehreren Schichten, von denen mindestens eine dünne Oberschicht durch Verarbeiten eines Polyamids aus der Lsg. hergestellt ist. (**D. A. S. 1 136 721** Kl. 151 vom 1/4. 1961, ausg. 20/9. 1962.) C. Kittler. 8645

Kalle Akt.-Ges., Wiesbaden, **Desensibilisierung von auf photomechanischem Wege hergestellten Druckplatten.** Die in bekannter Weise unter einer Vorlage belichteten vorsensibilisierten Schichtträger werden mit wss. Desensibilisierungsmitteln behandelt, die 0,0005—0,1 Gew.-% F-Ionen enthalten, z. B. mit Na-Silicofluorid, NH_4-Zirkoniumfluorid, NH_4-Ferrifluorid, NH_4-Borfluorid, Borfluorwasserstoffsäure. Durch die Ggw. der Fluorionen in den Desensibilisierungs-Lsgg. findet eine stark verbesserte Desensibilisierung der nicht zum Bild gehörenden Bereiche statt. Durch die Verw. der Lsgg. als Wischwässer in einer Offsetdruckpresse wird die Druckplatte ständig mit der Lsg. feucht gehalten, u. es genügen schon Spuren von Fluorionen, um die nicht zum Bild gehörenden Bereiche in einem desensibilisierten Zustand zu halten. (**Oe. P. 221 541** vom 19/9. 1960, ausg. 12/6. 1962. A. Prior. 18/9. 1959.) M. F. Müller. 8645

Kodak Ltd., London, England (Erfinder: Reginald Burford Morris), **Werkschablonen,** deren Schicht mit Stahl oder Diamantstiften geschnitten wird, bestehen aus einer Glasplatte mit darauf chem. niedergeschlagener Ag-Schicht von $30—200 \cdot 10^{-6}$ mm Dicke, darüber einer elektrolyt. niedergeschlagenen Cu-Schicht von $10—70 \cdot 10^{-6}$ mm Dicke u. einer wasserabstoßenden Schutzschicht, z. B. aus Polyvinylphthalat, die ein helles Pigment, z. B. TiO_2, enthält. (**E. P. 906 381** vom 15/7. 1960, ausg. 19/9. 1962.) C. Kittler. 8645

General Aniline & Film Corp. (Erfinder: Steven Levinos), New York, N.Y., V.St.A., **Herstellung von Druckformen durch Photopolymerisation.** Als lichtempfindliches Material dient ein hydrophiler, koll. Träger aus einem Vinylmonomeren, einem Vernetzungsmittel u. einer kleinen Menge eines Uranylsalzes einer aliphat. Säure mit 1 oder 2 Carboxygruppen u. nicht mehr als 8 C-Atomen. Nach dem Belichten werden die unpolymerisierten Stellen ausgewaschen. (**E. P. 906 143** vom 14/4. 1960, ausg. 19/9. 1962. A. Prior. 25/6. 1959.) C. Kittler. 8645

E. I. du Pont de Nemours & Co., übert. von: Arhur Livingston Barney, Vaughn Arthur Engelhardt und Louis Plambeck jun., Wilmington, Del., V.St.A., **Photopolymerisierbare Schicht** besteht aus einer photopolymerisierbaren Verb. (**I**) mit wenigstens einem endständigen, äthylen. ungesätt. Rest, einem mehrkernigen Chinon (**II**) u. einem Vernetzungsmittel (**III**). Als **I** wird Dimethacrylsäureäthylenglykolester, Methacrylsäuremethylester, Methacrylsäureäthylester, Diacrylsäuretetramethylenester, Dimethacrylsäuretetramethylenester, Methacrylamid, Acrylnitril, Methacrylsäure oder Vinylacetat verwendet. Als **II** sind 9.10-Anthrachinon, 2-tert.-Butyl-9.10-anthrachinon, 9.10-anthrachinon-2-sulfonsaures Na oder 9.10-anthrachinon-1.8-disulfonsaures K, als **III** Polyäthylenglykol, Triäthylenglykol, Glycerin, 1.2-Propylenglykol, Isopropanol, Methyl-, Äthyl-, n-Propylalkohol, Bis-(2-äthoxyäthyl)-äther, Diessigsäuretriäthylenglykolester, N-Allylthioharnstoff, Dodecylmercapton, 2-Mercaptobenzthiazol, N-Allyl-N'-phenylthioharnstoff, Tetramethylthiurammonosulfid, Thioharnstoff, N-Allyl-N'-diäthylthioharnstoff, Di-n-butylsulfid, N-Allyl-N'-(p-methylthiomethylphenyl)-thioharnstoff, N-Allyl-N'-(p-äthoxyphenyl)-thioharnstoff, N.N'-Diallylthioharnstoff oder N.N'-Dicyclohexylthioharnstoff geeignet. Die photopolymerisierbare Schicht kann mit einer Lichthofschutzschicht versehen u. zur *Herst. von Druckformen* verwendet werden. (**A. P. 3 046 127** vom 7/10. 1957, ausg. 24/7. 1962.) R. Hartinger. 8645

Wilhelm Ritzerfeld und Gerhard Ritzerfeld, Berlin, **Herstellung von Druckformen für hektographische Abzüge.** Eine einen klebfähig zu machenden Stoff enthaltende Halogensilberemulsion wird zu einem positiven Reliefspiegelbild härtend entwickelt. Dieses wird gegen ein hektograph. Farbblatt gepreßt, das über der Farbschicht eine latente Klebstoffschicht besitzt. Diese wird entweder durch die Behandlungs-Fl. der Druckform allein oder durch eine zusätzlich in die Gelatineschicht eingearbeitete, bes. latente Klebstoffkomponente zu den gehärteten Gelatinebildstellen der Druckform klebfähig gemacht. Bei Trennung der Druckform von dem Farbblatt geht die latente Klebstoffschicht mit der Farbstoffschicht des Farbblattes an den Bildstellen auf die Druckform über. (**D. A. S. 1 149 022** Kl. 15k vom 5/4. 1962, ausg. 22/5. 1963. **Zusatz zu D. A. S. 1 124 977; C. 1962, 17632.**) C. Kittler. 8645

E. I. du Pont de Nemours & Co., Wilmington, Del., übert. von: Norman Thomas Notley, Highland Park, N.J., V.St.A., **Oxydationsschutzschicht.** Ein photopolymerisierbares Material zur *Herst. von Druckformen* besteht aus einem Schichtträger (**I**), einer Oxydationsschutzschicht (**II**) einer photopolymerisierbaren Schicht (**III**) u. ggf. einer Lichthofschutzschicht. **I** ist vorzugsweise biegsam u. besteht aus Al, Stahl oder einem Kunststoff. **II** enthält roten P, $SnCl_2$, $CrCl_3$, Na_2S oder saures Na-Phosphit, dispergiert in einem Bindemittel, sowie ggf. eine Lichthofschutzsubstanz. **III** besteht aus einem Acrylsäure- oder α-Alkylacrylsäurepolyäthylenglykolester, einem unterhalb 85° inakt. Polymerisationskatalysator, einem Carbonsäurecelluloseester als Bindemittel u. ggf. einem therm. Polymerisationsinhibitor. Das photopolymerisierbare Material ist bes. lange lagerfähig. (**A. P. 3 036 916** vom 16/6. 1958, ausg. 29/5. 1962.) R. Hartinger. 8645

R. R. Donnelley & Sons Co., übert. von: Rolland H. Caine, Park Ridge, Ill., V.St.A., **Herstellung von Tiefdruckformen.** Eine photograph. Emulsion für hohe Kontraste wird mit aufgelegter Halbtonkopiervorlage durch einen Gravurraster in bestimmtem Abstand u. mit relativ weit streuendem Licht belichtet, so daß in der Emulsionsschicht ein 1. latentes Bild entsteht, in dem die belichteten Bildflächen in ihrer Größe sich umgekehrt zur Dichte der positiven Kopiervorlage verhalten. Dann wird die Schicht nur durch den Raster mit eng streuender Lichtquelle belichtet, so daß in der Schicht ein scharfes latentes Bild des Rasters im Register mit dem 1. latenten Bild entsteht. Die Schicht wird zu einer negativen gerasterten Kopiervorlage entwickelt. Durch das hiervon erhaltene Positiv u. getrennt davon durch die Halbtonvorlage wird eine lichtempfindliche, ätzfeste Schicht auf der Druckplatte belichtet u. diese geätzt. (**A. P. 2 984 566** vom 10/4. 1957, ausg. 16/5. 1961.) C. Kittler. 8645

E. I. du Pont de Nemours & Co., Wilmington, Del., V.St.A., übert. von: Norman Thomas Notley, Putney, England, **Photopolymerisierbare Schicht** besteht aus einer photopolymerisierbaren Verb. mit 1—4 endständigen äthylen. Resten (**I**), einem unter 85° therm. inakt. Polymerisationskatalysator (II), einer Mischung aus Polyäthylenoxyiden (III), einem Celluloseester (IV), einem Polyvinylpyridin (V) oder einem Polyvinylpyrrolidon (VI) u. ggf. einem Polymerisationsinhibitor (VII). Als I werden Ester aus Acrylsäure u. einem Alkohol der Formel $HO(CH_2CH_2O)_nH$, in der n = eine ganze Zahl zwischen 1 u. 30, Vinylmonomere oder andere Ester der Acryl- oder Methacrylsäure verwendet. Als II wird Diacetyl, Benzil, Benzoin, Pivaloin, Benzoinmethyläther, Benzoinäthyläther, α-Methylbenzoin, α-Alkylbenzoin, α-Phenylbenzoin, 9.10-Anthrachinon, 1-Chloranthrachinon, 2-Chloranthrachinon, 2-Methylanthrachinon, 2-tert.-Butylanthrachinon, Octamethylanthrachinon, 1.4-Naphthochinon, 9.10-Phenanthrenchinon, 1.2-Benzanthrachinon, 2.3-Benzanthrachinon, 2-Methyl-1.4-naphthochinon, 2.3-Dichlornaphthochinon, 1.4-Dimethylanthrachinon, 2.3-Dimethylanthrachinon, 2-Phenylanthrachinon, 2.3-Diphenylanthrachinon, anthrachinon-α-sulfonsaures Na, 3-Chlor-2-methylanthrachinon, Retenchinon, 7.8.9.10-Tetrahydronaphthacenchinon oder 1.2.3.4-Tetrahydrobenz-[a]-anthracen-7.12-dion verwendet. III hat ein Molgew. zwischen 100000 u. 2000000. Als IV wird Celluloseacetat (VIII), VIII-propionat, VIII-butyrat, VIII-succinat oder VIII-glutarat, VIII-phthalat verwendet. Als VII wird p-Methoxyphenol, ggf. alkyl- oder arylsubstituierte Hydrochinone, tert.-Butylbrenzcatechin, Pyrogallol, Kupfersalze von Harzsäuren, Naphthylamin, β-Naphthol, CuCl, 2.6-Di-tert.-butyl-p-kresol, Phenthiazin, Pyridin, Nitrobenzol, Dinitrobenzol, p-Toluchinon oder Chloranil verwendet. Die photopolymerisierbaren Schichten werden zur *Herst. von wenig spröden Flach- oder Tiefdruckformen* auf einen Schichtträger aufgebracht, bildmäßig belichtet u. die nichtbelichteten Bildteile mit wss. Alkali ausgewaschen. Ebenso können sie als Ätzschutzschicht oder als Schablone verwendet werden. (**A. P. 3 036 915** vom 27/1. 1960, ausg. 29/5. 1962. **F. P. 1 286 749** vom 23/1. 1961, ausg. 25/7. 1962. A. Prior. 27/1. 1960.) R. Hartinger. 8645

Maurice Rambault, Paris, Frankreich, **Transparentzeichenpapier** wird einseitig mit einem wasserfesten Firnis, z. B. aus Polyvinylalkohol, überzogen, so daß es biegsam, durchsichtig u. fettfarbeannehmend ist, aber sich nicht mehr rollt. Mit dieser Schicht wird es gegen eine mit Fettfarbe eingefärbte Ferrogelatinekopie gedrückt, so daß eine Umkehrzeichnung entsteht. (**E. P. 905 482** vom 22/4. 1960, ausg. 12/9. 1962. F. Prior. 11/9. 1959.) C. Kittler. 8647

Helmut Jahn, Werther, **Herstellung farbwertrichtiger Farbauszüge** für Reproduktionen. Auf das Original wird ein Farbfilterauszugsnegativ projiziert u. durch eine stufenlos regulierbare Lichtquelle wird das Verhältnis vom positiven Original zum projizierten Negativ einreguliert, wobei auf dem Original ein veränderbares Kompensativ entsteht, das durch eine Reproduktionskamera über ein entsprechendes Farbfilter aufgenommen wird. — Vorrichtung. (**Schwz.P. 366 452** vom 29/1. 1959, ausg. 15/2. 1963. D. Prior. 3/2. 1958.) C. Kittler. 8647

Eugene Dietzgen Co., Chicago, Ill., übert. von: Robert J. Klimkowski, Chicago, Ill., und John W. Krueger, Cottage Grove, Wis., V.St.A., **Wärmeentwickelbares Zweikomponenten-Diazotypiematerial** besteht aus einer Schicht (I), die bei Erwärmen auf über 400° F alkal. Dämpfe abspaltet, aus einem Schichtträger (II), aus einer lichtempfindlichen Schicht (III), ggf. aus einer Zwischenschicht (IV) zwischen I u. II u. ggf. einer Schutzschicht (V). I enthält Harnstoff, alkylsubstituierten Harnstoff, Guanidin, Ammoniumacetat, -carbonat, diglykolsaures, ölsaures Ammonium, Äthylendiamin oder N'-(2-Hydroxyäthyl)-2-methyl-1.2-propandiamin, ferner als Stabilisator Wein-, Citronen-, Diglykol-, Oxal-, Essig- oder Malonsäure. Als II wird Papier oder ein poröses Gewebe verwendet. III enthält eine Diazo-Verb., die durch Diazotieren von p-Amino-N.N-dimethylanilin, p-Amino-N.N-diäthylanilin, p-Amino-N-äthylanilin, p-Amino-N-äthyl-N-β-hydroxyäthylanilin, p-Amino-N-methyl-N-β-hydroxyäthylanilin, p-Amino-m-äthoxy-N.N-diäthylanilin, p-Amino-N-äthyl-o-toluidin, p-Amino-N-äthyl-m-toluidin, p-Amino-N-äthyl-N-benzylanilin, p-Amino-N.N-diäthyl-m-toluidin, p-Amino-N-äthyl-N-β-hydroxyäthyl-m-toluidin, N-p-Aminophenylmorpholin, p-Aminodiphenylamin oder 3-Aminocarbazol hergestellt werden kann, ferner eine Kupplungskomponente, z. B. 2.3-Dihydroxynaphthalin, 2.3-Dihydroxynaphthalin-6-sulfonsäure, Resorcin, Phloroglucin, Acetoacetanilid, 7-Hydroxy-1.2-naphthimidazol, 1-Phenyl-3-methyl-5-pyrazolon oder 2-Naphthol-3.6-disulfonsäure, ferner ggf. Metallsalze u./oder Stabilisatoren wie Säuren, bes. Citronensäure oder $SnCl_4$ u. ggf. SiO_2 u./oder eine hygroskop. Substanz wie $ZnCl_2$, Glycerin, Äthylenglykol oder Diäthylenglykol. Als IV u. V können Polystyrole, Polyacryl- oder Polyvinyl-Verbb., z. B. Butadien–Styrol-Mischpolymerisate, Polyvinylacetate oder Polyacrylsäureester verwendet werden. Die in IV u. V verwendeten Polymerisate können auch als Bindemittel in I u. III verwendet werden. (**A. P. 3 046 128** vom 3/7. 1958, ausg. 24/7. 1962.) R. Hartinger. 8647

Kalvar Corp., übert. von: Floyd T. Neth, New Orleans, La., V.St.A., **Träger für lichtempfindliche wärmeentwickelbare Schichten.** Hierfür dient linear orientiertes Polyäthylen oder Polypropylen, das frei von diffundierbaren Weichmachern ist. Die lichtempfindliche Schicht enthält in Polyvinyl-Verbb., wie Polyvinylidenchlorid oder Vinylchlorid–Acrylnitril-Mischpolymerisat als Bindemittel, lichtempfindliche Diazonium-Verbb., die nach der Belichtung unter einer Bildvorlage durch Wärmebehandlung entwickelt werden, wobei durch bildgemäße Zers. ein Bild aus lichtstreuenden Gasbläschen entsteht. (**A. P. 3 037 862** vom 22/7. 1958, ausg. 5/6. 1962.) E. Fuchs. 8647

Brunetto Pellegrineschi, Verres, Aosta, Italien, **Photographischer Film,** dad. gek., daß er an seinem außerhalb der Bildfläche liegenden Rande einen Streifen der lichtempfindlichen Emulsion trägt, welcher in seinem Verlaufe mit steigenden Zeiten belichtet wurde u. bei der Entw. des belichteten Bildes als Richtmaß für die Entw.-Dauer dient. (**It. P. 553 978** vom 29/5. 1956.) K. Koebke. 8655

Agfa Akt.-Ges., Leverkusen, übert. von: **Wolfgang Himmelmann**, Leverkusen, **Harald von Rintelen**, Köln, und **Ottmar Wahl**, Baden-Baden, *Photographische Gelatinederivatemulsionen.* (**A. P. 3 061 436** vom 4/12. 1959, ausg. 30/10. 1962. D. Prior. 6/12. 1958. — C. **1961**, 13788 [D. A. S. 1 105 272].)

Agfa Akt.-Ges., Leverkusen (Erfinder: **Armin Ossenbrunner**, Leverkusen, **Hermann Schnell**, Krefeld-Uerdingen, **Hellfried Klockgether**, **Julius Geiger**, Leverkusen, und **Joachim Freier**, Krefeld), *Schichtträger für photographisches Material.* (**Schwz. P. 361 715** vom 31/12. 1957, ausg. 15/6. 1962. D. Prior. 31/12. 1956 u. 9/3. 1957. — C. **1960**, 2404 [D. A. S. 1 060 710] u. C. **1960**, 4724 [D. A. S. 1 062 544].)

Eastman Kodak Co., übert. von: **Donald M. Burness**, **Kenneth C. Kennard** und **Bernard C. Cossar**, Rochester, N.Y., V.St.A., *Photographische Emulsionen.* (**A. P. 3 061 437** vom 26/10. 1959, ausg. 30/10. 1962. — C. **1963**, 2310 [D. A. S. 1 125 277].)

Eastman Kodak Co., übert. von: **John R. Dann** und **John W. Gates jun.**, Rochester, N.Y., V.St.A., *Sensibilisierung von Halogensilberemulsionen.* (**A. P. 3 062 646** vom 6/3. 1959, ausg. 6/11. 1962. — C. **1962**, 15103 [D. A. S. 1 124 349].)

Horizons, Inc., Princeton, N.J., übert. von: **Meyer L. Freedman** und **Martin A. Levitin**, Cleveland, Ohio, V.St.A., *Halogensilberschichten auf Al.* (**Can. P. 570 712** vom 27/4. 1953, ausg. 17/2. 1959. — C. **1957**, 311 [D. B. P. 942 187].)

General Aniline & Film Corp., New York, übert. von: **E. Scudder Mackey** und **Ray E. Rice**, Binghamton, N.Y., V.St.A., *Antistatischer photographischer Film.* (**A. P. 3 053 662** vom 25/9. 1958, ausg. 11/9. 1962. — C. **1963**, 15272 [E. P. 878 258].)

Agfa Akt.-Ges., Leverkusen, *Herstellung photographischer Bilder mit Spezialemulsionen.* (**E. P. 920 277** vom 7/1. 1960, ausg. 6/3. 1963. D. Prior. 10/1. 1959. — C. **1962**, 2974 [D. A. S. 1 110 519].)

John Eggert, Zollikon, Zürich, Schweiz, *Herstellung von Direktduplikaten.* (**Schwz. P. 367 706** vom 11/3. 1958, ausg. 11/4. 1963. — C. **1963**, 1526 [E. P. 882 690].)

Ilford Ltd., Ilford, England (Erfinder: **George Frank Duffin** und **Douglas James Fry**), *Direktpositivemulsion.* (**E. P. 907 367** vom 1/7. 1960, ausg. 3/10. 1962. **F. P. 1 293 915** vom 30/6. 1961, ausg. 19/10. 1962. E. Prior. 1/7. 1960. — C. **1963**, 17933 [D. A. S. 1 129 369].)

Agfa Akt.-Ges., Leverkusen, *Verbesserung der Tonwertwiedergabe beim Kopieren.* (**E. P. 902 829** vom 17/6. 1959, ausg. 9/8. 1962. D. Prior. 19/6. 1958. — C. **1962**, 3697 [D. A. S. 1 110 008].)

General Aniline & Film Corp., New York, übert. von: **Herman H. Duerr**, Binghamton, N.Y., V.St.A., *Photographisches Bildübertragungsverfahren.* (**A. P. 3 060 022** vom 13/7. 1959, ausg. 23/10. 1962. — C. **1962**, 4054 [D. A. S. 1 106 172].)

General Aniline & Film Corp., V.St.A. (Erfinder: **Joseph Raymond Sottysiak**, **John Proe** und **Charles Michael Hovancik**), *Bildübertragung nach dem Diffusionsverfahren.* (**F. P. 1 287 915** vom 28/4. 1961, ausg. 22/8. 1962. A. Prior. 2/5. 1960. — C. **1963**, 14167 [D. A. S. 1 132 798].)

International Polaroid Corp., Jersey City, N.J., V.St.A., *Direkte Positive nach dem Diffusionsbildübertragungsverfahren.* (**Belg. P. 551 270** vom 25/9. 1956, ausg. 18/12. 1959. — C. **1959**, 10453 [D. A. S. 1 045 229].)

Columbia Ribbon & Carbon Mfg. Co., Inc., Long Island, N.Y., V.St.A., *Spiritusvervielfältigungsverfahren.* (**D. A. S. 1 138 076** Kl. 15k vom 13/6. 1957, ausg. 18/10. 1962. A. Prior. 19/7. 1956. — C. **1961**, 1079 [F. P. 1 180 702].)

International Polaroid Corp., New Jersey, N.J., V.St.A. (Erfinder: **Howard Gardner Rogers**, **Arthur Ben Goulston** und **Myron Sidney Simon**), *Silbersalzdiffusionsbildübertragungsverfahren.* (**E. P. 905 701** vom 6/1. 1960, ausg. 12/9. 1962. — C. **1962**, 6278 [D. A. S. 1 111 938] u. C. **1962**, 10714 [D. A. S. 1 116 532].)

International Polaroid Corp., V.St.A. (Erfinder: **Howard Clyde Haas**), *Farbdiffusionsbildübertragungsverfahren.* (**F. P. 1 298 152** vom 21/8. 1961, ausg. 26/11. 1962. A. Prior. 22/8. 1960. — C. **1963**, 13032 [D. A. S. 1 138 319].)

Ciba Soc. An., Schweiz, *Emulsionsschichten für das Silberfarbbleichverfahren.* (**F. P. 1 292 672** vom 20/6. 1961, ausg. 28/9. 1962. Schwz. Prior. 22/7. 1960. — C. **1963**, 13032 [D. A. S. 1 139 378].)

Ciba Soc. An., Schweiz, *Silberfarbbleichverfahren.* (**F. P. 1 284 463** vom 22/3. 1961, ausg. 4/7. 1962. Schwz. Prior. 25/3. 1960. — C. **1963**, 14899 [D. A. S. 1 138 316].)

Eastman Kodak Co. (Erfinder: **Burt Haring Carroll**, **Jean Elmore Jones** und **John Spence**), Rochester, N.Y., V.St.A., *Farbphotographische Halogensilberemulsion.* (**D. A. S. 1 150 279** Kl. 57b vom 2/10. 1956, ausg. 12/6. 1963. A. Prior. 12/10. 1955. — C. **1961**, 1791 [D. A. S. 1 081 312].)

Agfa Akt.-Ges., Leverkusen (Erfinder: **Josef Nogradi**, **Hans Ulrich**, **Willibald Pelz**, **Walter Püschel** und **Hans Schellenberger**), *Verfestigung photographischer Emulsionsschichten.* (**F. P. 1 303 090** vom 26/7. 1961, ausg. 2/1. 1963. D. Prior. 26/7. 1960. — C. **1963**, 18311 [D. A. S. 1 123 913].)

General Aniline & Film Corp., V.St.A. (Erfinder: **Aaron Ben-Ezra** und **E. Scudder Mackey**), *Einverleibung von Farbkomponenten in photographische Emulsionen.* (**F. P. 1 291 391** vom 7/6. 1961, ausg. 17/9. 1962. A. Prior. 9/6. 1960. — C. **1963**, 15274 [D. A. S. 1 135 757].)

Agfa Akt.-Ges., Leverkusen (Erfinder: **K. H. Menzel, W. Pelz, O. Wahl, E. Reckziegel** und **L. Burgardt**), *Farbkuppler für die Farbentwicklung.* (**Belg. P. 572 971** vom 14/11. 1958, ausg. 7/9. 1962. D. Prior. 14/11. 1957. — C. **1959**, 10782 [D. A. S. 1 046 496].)

Gevaert Photo-Producten N. V., Belgien (Erfinder: **Arthur Henri Decat, Raphael Karel Van Poucke** und **Marcel Hendrick Verbrugghe**), *Gelbkuppler für die farbige photographische Entwicklung.* (**F. P. 1 290 572** vom 18/5. 1961, ausg. 5/9. 1962. D. Prior. 19/5. 1960. — C. **1963**, 763 [D. A. S. 1 126 400].)

Agfa Akt.-Ges., Deutschland (Erfinder: **Bernhard Morcher, Karl Frank** und **Max Heilmann**), *Bleichfixierverfahren für die Farbentwicklung.* (**F. P. 1 284 492** vom 23/3. 1961, ausg. 4/7. 1962. D. Prior. 23/3. 1960. — C. **1963**, 18311 [D. A. S. 1 127 715].)

Agfa Akt.-Ges., Leverkusen (Erfinder: **Walter Püschel**, Köln, **Ottmar Wahl**, Baden-Baden, **Willibald Pelz**, Opladen, und **Hans Schellenberger**, Leverkusen), *Herstellung farbiger Direktpositivbilder.* (**D. A. S. 1 150 275** Kl. 57b vom 29/1. 1957, ausg. 12/6. 1963. — C. **1962**, 8490 [Oe. P. 209 719].)

Azoplate Corp., Murray Hill, N.J., V.St.A., übert. von: **Wilhelm Neugebauer, Oskar Süs** und **Hans-Reiner Stumpf**, Wiesbaden, *Lichtempfindliches Material.* (**A. P. 3 050 387** vom 28/7. 1958, ausg. 21/8. 1962. D. Prior. 1/8. 1957. — C. **1960**, 14578 [D. A. S. 1 053 930].)

Kalle Akt.-Ges., Wiesbaden-Biebrich, *Kopiermaterial, insbesondere für Druckformen.* (**Oe. P. 217 054** vom 5/1. 1960, ausg. 11/9. 1961. D. Prior. 14/1. 1959. — C. **1962**, 19079 [D. A. S. 1 124 817].)

Kalle Akt.-Ges., Wiesbaden-Biebrich, *Kopiermaterial, besonders für Druckformen.* (**Oe. P. 217 055** vom 15/1. 1960, ausg. 11/9. 1961. D. Prior. 17/1. 1959. — C. **1963**, 382 [D. A. S. 1 120 273].)

Kalle Akt.-Ges., Wiesbaden-Biebrich, *Kopiermaterial, besonders für Druckformen.* (**Oe. P. 217 056** vom 18/1. 1960, ausg. 11/9. 1961. D. Prior. 21/1. 1959. — C. **1963**, 382 [D. A. S. 1 118 606].)

Azoplate Corp., Murray Hill, N.J., V.St.A., übert. von: **Wilhelm Neugebauer, Oskar Süs** und **August Rebenstock**, Wiesbaden, *Lichtempfindliche Kopierschichten zur Herstellung von Flachdruckformen hoher mechanischer Widerstandsfähigkeit.* (**A. P. 3 062 644** vom 26/9. 1958, ausg. 6/11. 1962. D. Prior. 5/10. 1957. — C. **1960**, 2067 [D. A. S. 1 067 307].)

Azoplate Corp., Murray Hill, N.J., V.St.A., übert. von: **Wilhelm Neugebauer, Oskar Süs** und **August Rebenstock**, Wiesbaden, *Negativ arbeitende Kopierschicht für die photomechanische Herstellung von Flachdruckformen.* (**A. P. 3 050 388** vom 28/7. 1958, ausg. 21/8. 1962. D. Prior. 3/8. 1957. — C. **1960**, 15281 [D. A. S. 1 075 950].)

Azoplate Corp., Murray Hill, N.J., V.St.A., übert. von: **Fritz Uhlig, Fritz Endermann** und **Wilhelm Neugebauer**, Wiesbaden, *Lichtempfindliche Schichten für Druckplatten.* (**A. P. 3 061 430** vom 7/1. 1960, ausg. 30/10. 1962. D. Prior. 14/1. 1959. — C. **1962**, 19079 [D. A. S. 1 124 817].)

Azoplate Corp., Murray Hill, N.J., V.St.A., übert. von: **Martha Tomanek** und **Wilhelm Neugebauer**, Wiesbaden, *Lichtempfindliche Druckplatten.* (**A. P. 3 061 435** vom 5/9. 1957, ausg. 30/10. 1962. D. Prior. 3/4. 1954. — C. **1957**, 6644 [D. B. P. 950 618].)

Azoplate Corp., Murray Hill, N.J., V.St.A., übert. von: **Wilhelm Neugebauer, Oskar Süs** und **August Rebenstock**, Wiesbaden, *Lichtempfindliche Diazodruckplatten.* (**A. P. 3 061 429** vom 16/1. 1958, ausg. 30/10. 1962. D. Prior. 27/7. 1957. — C. **1960**, 13252 [D. A. S. 1 059 766].)

Kalle & Co. Akt.-Ges., Wiesbaden, *Diazotypieschichten zur Herstellung von Zwischenkopien.* (**E. P. 911 109** vom 8/6. 1959, ausg. 21/11. 1962. D. Prior. 14/6. 1958. — C. **1961**, 15268 [D. A. S. 1 086 124 u. Oe. P. 213 235].)

Chemische Fabriek L. van der Grinten N. V. (Erfinder: **Arie Van Loon** und **Karel Maria Hutgens**), Venlo, Niederlande, *Herstellung von positiven Diazotypiekopien und lichtempfindliches Material zur Durchführung dieses Verfahrens.* (**Schwz. P. 366 743** vom 15/1. 1958, ausg. 28/2. 1963. Niederl. Prior. 5/2. 1957. — C. **1961**, 7100 [D. A. S. 1 092 767].)

Kodak Ltd., London, England (Erfinder: **Paul Harold Stewart**), *Photoleitfähige Schichten für die Elektrophotographie.* (**E. P. 885 718** vom 23/12. 1957, ausg. 28/12. 1961. A. Prior. 12/3. 1957. — C. **1962**, 4792 [F. P. 1 202 286].)

J. R. Geigy Akt.-Ges., Basel, übert. von: **Roderich Konig**, Riehen, und **Karl Keller**, Basel, Schweiz, *Fluorescierende Folien aus Polymeren.* (**A. P. 2 983 686** vom 1/10. 1956, ausg. 9/5. 1961. Schwz. Prior. 7/10. 1955. — C. **1960**, 13582 [Schwz. P. 341 994].)

Agfa Akt.-Ges., Leverkusen, *Duplikatkopien nach Farbbildern.* (**E. P. 899 066** vom 1/9. 1958, ausg. 20/6. 1962. D. Prior. 2/9. 1957. — C. **1959**, 10453 [D. A. S. 1 038 915].)

Gevaert Photo-Producten N. V., Mortsel bei Antwerpen, Belgien, *Farbbildner.* (**Belg. PP. 565 655** u. **565 656** vom 13/3. 1958, ausg. 15/7. 1960. Beide E. Prior. 15/3. 1957. — C. **1963**, 2694 [A. P. 2 992 920].)

Gevaert Photo-Producten N. V., Mortsel (Erfinder: **Jan Jaeken**, Hove-Antwerpen), Belgien, *Farbkuppler für die farbige Entwicklung.* (**E. P. 873 125** vom 19/6. 1958, ausg. 19/7. 1961. D. Prior. 19/6. 1957. — C. **1959**, 12743 [D. A. S. 1 038 916].)

Agfa Akt.-Ges., Leverkusen (Erfinder: **Willibald Pelz**, Opladen, **Lothar Burgardt**, München, und **Ottmar Wahl**, Opladen), *Photographischer Entwickler.* (**Schwz. P. 365 613** vom 5/12. 1957, ausg. 29/12. 1962. D. Prior. 22/12. 1956. — C. **1959**, 6682 [D. A. S. 1 029 229].)

General Aniline & Film Corp., New York, N.Y., V.St.A. (Erfinder: **Andre Kurt Schwerin, Steven Levinos** und **Fritz Walter Hellmut Mueller**), *Photographisches Bildübertragungsverfahren.* (**E. P. 906 141** vom 25/8. 1959, ausg. 19/9. 1962. A. Prior. 30/12. 1958. — C. **1961**, 9662 [D. A. S. 1 085 423].)

Kalle Akt.-Ges., Wiesbaden, *Wärmeempfindliches Material für Kopierzwecke.* (**E. P. 910 511** vom 19/2. 1959, ausg. 14/11. 1962. D. Prior. 8/3. 1958. — C. **1961**, 16347 [D. A. S. 1 100 464].)

Kodak Ltd., London, England (Erfinder: **Keith Elden Whitmore** und **Paul Miller Mader**), *Farbenphotographisches Farbdiffusionsverfahren.* (**E. P. 904 365** vom 11/9. 1958, ausg. 29/8. 1962. A. Prior. 9/5. 1958. — C. **1961**, 15267 [D. A. S. 1 095 115].)

General Aniline & Film Corp., New York (Erfinder: **Curt Bruno Roth** und **Fritz Walter Hellmut Mueller**, Binghamton), N.Y., V.Sz.A., *Einverleibung von Farbkupplern in photographische Emulsionen.* (**E. P. 902 266** vom 11/4. 1960, ausg. 1/8. 1962. — C. **1963**, 2694 [D. A. S. 1 120]274].)

Agfa Akt.-Ges., Leverkusen (Erfinder: **Walter Püschel**, Düsseldorf), *Herstellung von Farbenphotographien.* (**Schwz. P. 364 693** vom 11/9. 1957, ausg. 15/11. 1962. D. Prior. 18/9. 1956. — C. **1960**, 14931 [Oe. P. 201 431].)

Kodak Ltd., London, England (Erfinder: **Catherine Marilyn Spath**), *Farbentwickler.* (**E. P. 886 723** vom 22/1. 1958, ausg. 10/1. 1962. A. Prior. 24/1. 1957. — C. **1962**, 3332 [A. P. 2 849 306].)

Agfa Akt.-Ges., Leverkusen, *Farbkuppler für die Farbentwicklung.* (**E. P. 892 886** vom 14/11. 1958, ausg. 4/4. 1962. D. Prior. 14/11. 1957. — C. **1959**, 10782 [D. A. S. 1 046 496].)

Eastman Kodak Co., übert. von: **Jack L. R. Williams** und **Bernard C. Cossar**, Rochester, N.Y., V.St.A., *Sensibilisierung photographischer Halogensilberemulsionen.* (**A. P. 3 021 215** vom 1/10. 1959, ausg. 13/2. 1962. — C. **1962**, 15469 [D. A. S. 1 124 350].)

Agfa Akt.-Ges., übert. von: **Erhard Hellmig**, Leverkusen, *Photographische Tonkorrektur.* (**A. P. 3 035 913** vom 18/9. 1957, ausg. 22/5. 1962. D. Prior. 26/9. 1956. — C. **1960**, 4083 [D. A. S. 1 066 090].)

Azoplate Corp., Murray Hill, N.J., V.St.A., übert. von: **Oskar Süs**, Wiesbaden, *Lichtempfindliche o-Chinondiazidsulfonsäureamide für Druckformen.* (**A. P. 3 046 122** vom 3/3. 1958, ausg. 24/7. 1962. D. Prior. 1/8. 1950. — C. **1955**, 10904 [Oe. P. 179 194].)

E. I. du Pont de Nemours & Co., Wilmington, Del., V.St.A., *Herstellung photopolymerisierbarer Produkte.* (**Niederl. P. 102 156** vom 14/8. 1957, ausg. 15/8. 1962. A. Prior. 14/8. 1956. — C. **1962**, 17992 [D. A. S. 1 121 928].)

Agfa Akt.-Ges., Leverkusen (Erfinder: **Alfred Miller**, München, und **Hildegard Haydn**, Leverkusen), *Herstellung von flächenförmigen Materialien mit lichtleitfähigen Schichten für elektrophotographische Verfahren.* (**Schwz. P. 365 944** vom 5/12. 1957, ausg. 15/1. 1963. D. Prior. 14/12. 1956. — C. **1961**, 9274 [Oe. P. 205 516].)

Azoplate Corp., Murray Hill, N.J., V.St.A., übert. von: **Maximilian Paul Schmidt**, Wiesbaden, *Lichtempfindliches Material.* (**A. P. 3 046 121** vom 14/2. 1958, ausg. 24/7. 1962. D. Prior. 23/7. 1949. — C. **1950/54**, 7223S [Niederl. P. 76 414].)

Azoplate Corp., Murray Hill, N.J., V.St.A., übert. von: **Maximilian Paul Schmidt**, Wiesbaden, *Lichtempfindliches Material.* (**A. P. 3 046 116** vom 14/2. 1958, ausg. 24/7. 1962. D. Prior. 24/3. 1951. — C. **1963**, 384 [D. B. P. 928 621].)

E. I. du Pont de Nemours & Co., Wilmington, Del., übert. von: **Marion Burg**, Metuchen, N.J., V.St.A., *Haftschicht für photopolymerisierbare Schichten.* (**A. P. 3 036 913** vom 25/7. 1958, ausg. 29/5. 1962. — C. **1963**, 2696 [E. P. 864 041].)

Agfa Akt.-Ges., Leverkusen, *Verhinderung des Randeffekts bei der elektrophotographischen Bilderzeugung.* (**E. P. 908 779** vom 4/3. 1959, ausg. 24/10. 1962. D. Prior. 5/3. 1958. — C. **1961**, 12332 [D. A. S. 1 098 814].)

Agfa Akt.-Ges., übert. von: **Wilhelm Bunge**, **Heinrich Seibert** und **Hildegard Haydn**, Leverkusen, *Herstellung elektrostatischer Bilder.* (**A. P. 3 025 160** vom 3/6. 1958, ausg. 13/3. 1962. D. Prior. 8/6. 1957. — C. **1959**, 17596 [D. A. S. 1 052 811].)

Gevaert Photo-Producten N. V., Mortsel, Belgien, *Diffusionsverhinderung in photographischen Schichten.* (**E. P. 907 739** vom 4/8. 1960, ausg. 10/10. 1962. Belg. Prior. 4/8. 1959. — C. **1962**, 4792 [D. A. S. 1 095 120].)

Plastic Coating Corp., Holyoke, Mass., V.St.A., *Photoleitfähiges Material für die elektrophotographische Reproduktion.* (**E. P. 912 835** vom 25/3. 1959, ahsg. 12/12. 1962. A. Prior. 10/4. 1958. — C. **1962**, 1484 [D. A. S. 1 109 033].)

Agfa Akt.-Ges., Leverkusen, *Photographischer Film zum Messen von Strahlung hoher Energie.* (**E. P. 901 162** vom 7/11. 1958, ausg. 18/7. 1962. D. Prior. 11/11. 1957. — C. **1960**, 17335 [D. A. S. 1 082 120]—)

Eastman Kodak Co., übert. von: **John W. Gates jun.**, **Paul E. Miller** und **James E. Koller**, Rochester, N.Y., V.St.A., *Photographische Emulsion.* (**A. P. 3 011 890** vom 21/7. 1958, ausg. 5/12. 1961. — C. **1962**, 11795 [D. A. S. 1 122 833].)

Radio Corp. of America, Del., übert. von: **Harold G. Greig**, Princeton, N.J., V.St.A., *Aufzeichnungsmaterial für die elektrostatische Bilderzeugung.* (**A. P. 2 979 402** vom 31/7. 1956, ausg. 11/4. 1961. — C. **1959**, 8382 [D. A. S. 1 044 613].)

Kodak (Australasia) Proprietary Ltd. (Erfinder: **Dorothy Johnson Beavers**, **Charles Vernon Wilson** und **James Leo Graham**), *Allgemeinsensibilisatoren.* (**Aust. P. 233 870** vom 25/11. 1958, ausg. 15/6. 1961. A. Prior. 27/11. 1957. — C. **1962**, 10711 [A. P. 2 940 851].)

Farbwerke Hoechst Akt.-Ges., vormals Meister Lucius & Brüning (Erfinder: **Ludwig Berlin** und **Paul Helmke**), Frankfurt/M., *Sensibilisierungsfarbstoffe.* (**Schwz. P. 364 312** vom 27/1. 1956, ausg. 31/10. D. Prior. 29/1. 1955. Zusatz zu Schwz. P. 344 158; C. 1961, 2500. — C. **1958**, 10546 [D. A. S. 1 023 841].)

Gevaert Photo-Producten N. V., Mortsel, Belgien (Erfinder: **Jean Marie Nys** und **Henri de Poorter**), *Sensibilisierung photographischer Emulsionen.* (**E. P. 904 332** vom 5/7. 1957, ausg. 29/8. 1962. — C. **1961**, 6367 [D. A. S. 1 081 311].)

Agfa Akt.-Ges., Leverkusen (Erfinder: **B. Morcher**, **G. Kolb** und **I. Dennstedt**), *Mattierung photographischer Schichten.* (**Belg. P. 570 810** vom 30/8. 1958, ausg. 17/11. 1961. D. Prior. 30/8. 1957. — C. **1959**, 17593 [D. A. S. 1 058 835].)

Kodak Ltd., London, England (Erfinder: **John Frank Tinker**), *Stabilisierung von Halogensilberemulsionsschichten.* (**E. P. 869 882** vom 25/9. 1957, ausg. 7/6. 1961. A. Prior. 28/9. 1956. — C. **1961,** 9660 [A. P. 2 852 375].)

Agfa Akt.-Ges. (Erfinder: **Peter Neukirchen** und **Edith Weyde**), *Herstellung von direkten Positionen nach dem Silbersalzdiffusionsverfahren.* (**Aust. P. 234 309** vom 13/3. 1959, ausg. 20/7. 1961. D. Prior. 20/3. 1958. — C. **1961,** 11591 [D. A. S. 1 091 864].)

Kodak (Australasia) Proprietary Ltd. (Erfinder: **Leonard Warren Tregillus** und **Arthur Allyn Rasch**), *Silbersalzdiffusionsverfahren.* (**Aust. P. 236 143** vom 19/12. 1958, ausg. 23/11. 1961. l. Prior. 31/3. 1958. — C. **1960,** 9090 [D. A. S. 1 070 029].)

Cormac Chemical Corp., New York, N.Y., V.St.A., *Fixierentwicklung.* (**E. P. 906 034** vom 28/10. 1958, ausg. 19/9. 1962. A. Prior. 29/10. 1957. — C. **1962,** 1866 [F. P. 1 204 273].)

General Aniline & Film Corp. (Erfinder: **Douglas Straw** und **Dilfford Ernest Herrick jun.**), *Farbige Reproduktionen.* (**Aust. P. 236 174** vom 3/6. 1959, ausg. 23/11. 1961. A. Prior. 17/6. 1958. — C. **1963,** 3076 [E. P. 865 507].)

Time, Inc., New York, N.Y., V.St.A., *Photopolymerisierbare Gemische zur Herstellung von Druckplatten.* (**E. P. 875 378** vom 15/4. 1958, ausg. 16/8. 1961. A. Prior. 22/4. 1957. Zusatz zu E. P. 767 912; C. 1959, 16857. — C. **1962,** 6279 [F. P. 1 205 506].)

Plastic Coating Corp. (Erfinder: **Victor Broto**), *Photoleitfähiges Material.* (**Aust. P. 235 090** vom 12/2. 1959, ausg. 14/9. 1961. A. Prior. 10/4. 1958. — C. **1962,** 9962 [D. A. SS. 1 105 275 u. 1 105 276].)

Haloid Co., Rochester, N.Y., V.St.A., *Xerographieplatten.* (**E. P. 876 569** vom 20/8. 1957, ausg. 6/9. 1961. — C. **1960,** 14579 [D. A. S. 1 077 976].)

Plastic Coating Corp. (Erfinder: **Victor Broto**), *Photoleitfähiges Material.* (**Aust. P. 235 091** vom 12/12. 1959, ausg. 14/9. 1961. A. Prior. 10/4. 1958. — C. **1962,** 1484 [D. A. S. 1 109 033].)

Kodak Ltd., London, England (Erfinder: **Paul Harold Stewart** und **James Gordon Jarvis**), *Photoleitfähige Schichten für die Elektrophotographie.* (**E. P. 877 432** vom 23/9. 1957, ausg. 13/9. 1961. A. Prior. 1956. — C. **1962,** 5339 [F. P. 1 192 222].)

Kalle & Co. Akt.-Ges., Wiesbaden, *Photoleitfähiges Material für die Xerographie.* (**Oe. P. 213 702** vom 3/12. 1959, ausg. 27/2. 1961. D. Prior. 19/11. 1958. — C. **1962,** 8131 [D. A. S. 1 101 145].)

Redaktionsschluß: 4. Oktober 1963

Herausgeber: Prof. Dr. Heinrich Bertsch, Berlin, u. Prof. Dr. Dr. h. c. Wilhelm Klemm, Münster. Chefredakteure und verantwortlich für den Inhalt: Dr. Eugen Klever, Berlin 30, Geisbergstraße 39, Fernsprecher: 249541, u. Prof. Dr.-Ing. Eberhard Leibnitz, Berlin N 4, Schiffbauerdamm 19, Fernsprecher: 425571.

©

Verlag: Akademie-Verlag GmbH, Berlin W 8, Leipziger Str. 3—4 (Fernsprecher: 220441, Telex-Nr. 011773, Postscheckkonto Berlin 35021), und Verlag Chemie, GmbH, Weinheim/Bergstr. (Fernsprecher: Weinheim 3635 [Sammelnummer]; Fernschreiber: 0465516 chemieverlwhn; Postscheckkonten: Frankfurt/M. 145314 u. Berlin [West] 7430). Bestellnummer: 1007/134. Das Chemische Zentralblatt erscheint wöchentlich. Preis des Jahrganges einschl. Autoren-, Patent-, Sach- u. Formelregister: DM 1200,—; einseitig bedruckte Ausgabe: DM 1350,—. Abgabe der Zeitschrift nur mit sämtlichen Registern. Abbestellungen nur bis spätestens 6 Wochen vor Ablauf des Kalenderjahres.

**Satz u. Druck: VEB Leipziger Druckhaus, Leipzig, III/18/203. XII. 63.
Veröffentlicht unter der Lizenznummer 1273 des Presseamtes beim Vorsitzenden des Ministerrates.
Printed in Germany.**

FSC
www.fsc.org
MIX
Papier | Fördert
gute Waldnutzung
FSC® C083411

Kolibri 360 GmbH
Ferdinand-Jühlke-Straße 7
99095 Erfurt, Deutschland
produktsicherheit@kolibri360.de